工程软件应用精解

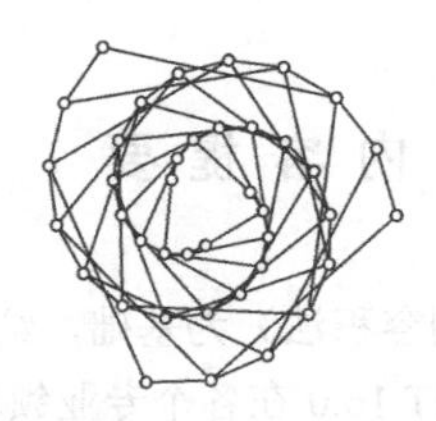

ANSYS FLUENT 16.0 超级学习手册

唐家鹏 编著

人民邮电出版社

北京

图书在版编目（CIP）数据

ANSYS FLUENT 16.0超级学习手册 / 唐家鹏编著. --
北京 : 人民邮电出版社, 2016.6（2023.8重印）
ISBN 978-7-115-42204-0

Ⅰ. ①A… Ⅱ. ①唐… Ⅲ. ①工程力学－流体力学－有限元分析－应用软件－手册 Ⅳ. ①TB126-39

中国版本图书馆CIP数据核字(2016)第093204号

内 容 提 要

本书以有限体积分析法（又称为控制容积法）为基础，结合作者多年的使用和开发经验，通过丰富的工程实例详细介绍 ANSYS FLUENT 16.0 在各个专业领域的应用。

全书分为基础和实例两个部分，共 16 章。基础部分详细介绍了流体力学的相关理论基础知识和 ANSYS FLUENT 16.0 软件，包括 FLUENT 软件、前处理、后处理、常用的边界条件等内容；实例部分包括导热问题、流体流动与传热、自然对流与辐射换热、凝固和融化过程、多相流模型、离散相、组分传输与气体燃烧、动网格问题、多孔介质内部流动与换热、UDF 基础应用和燃料电池问题等的数值模拟。本书每个实例都有详细的说明和操作步骤，读者只需按书中的方法和步骤进行软件操作，即可完成一个具体问题的数值模拟和分析，进而逐步学会 ANSYS FLUENT 16.0 软件的使用。本书光盘配有书中实例的几何模型以及实例的网格模型，方便读者查阅。

本书内容翔实，既可以作为动力、能源、水利、航空、冶金、海洋、环境、气象、流体工程等专业领域的工程技术人员参考用书，也可以作为高等院校相关专业高年级本科生、研究生的学习用书。

◆ 编　　著　唐家鹏
责任编辑　王峰松
责任印制　焦志炜

◆ 人民邮电出版社出版发行　　北京市丰台区成寿寺路 11 号
邮编　100164　　电子邮件　315@ptpress.com.cn
网址　https://www.ptpress.com.cn
北京盛通印刷股份有限公司印刷

◆ 开本：787×1092　1/16
印张：35.75　　　　2016 年 6 月第 1 版
字数：849 千字　　　2023 年 8 月北京第 19 次印刷

定价：109.00 元（附光盘）

读者服务热线：(010)81055410　印装质量热线：(010)81055316
反盗版热线：(010)81055315
广告经营许可证：京东市监广登字 20170147 号

前　言

流体的流动规律以三大守恒定律为基础，即质量守恒定律、动量守恒定律和能量守恒定律。这些定律由数学方程组来描述，但由于这些方程组都是非线性的，对于一些复杂问题，传统的求解方法很难得到分析解。另一方面，随着计算机技术的不断发展和进步，计算流体动力学（CFD）逐渐在流体力学研究领域崭露头角，它通过计算机数值计算和图像显示方法，在时间和空间上定量描述流场的数值解，从而达到研究物理问题的目的。它兼具理论性和实践性，成为继理论流体力学和实验流体力学之后的又一种重要研究手段。

CFD 软件最早于 20 世纪 70 年代诞生于美国，但其较广泛的应用是近十几年的事。目前，它已成为解决各种流体流动与传热问题的强有力工具，在水利、航运、海洋、环境、流体机械与流体工程等各种技术学科都有广泛的应用。

FLUENT 是国际上流行的商用 CFD 软件包，包含基于压力的分离求解器、基于压力的耦合求解器、基于密度的隐式求解器、基于密度的显式求解器。它具有丰富的物理模型、先进的数值方法和强大的前后处理功能，可对高超音速流场、传热与相变、化学反应与燃烧、多相流、旋转机械、动/变形网格、噪声、材料加工复杂激励等流动问题进行精确的模拟，具有较高的可信度。

本书以 ANSYS FLUENT 16.0 作为软件平台，详尽地讲解了 FLUENT 软件的使用，全书共 16 章，各章的主要内容安排如下。

第 1 章：流体力学与计算流体力学基础。首先介绍了流体力学的基础理论知识，在此基础上介绍了计算流体力学的相关知识等内容。

第 2 章：FLUENT 软件介绍。讲解 FLUENT 软件的特点、FLUENT 与 ANSYS Workbench 之间的关系以及在 Workbench 中使用 FLUENT 的方法等内容，并在此基础上讲解了 FLUENT 的基本操作，最后通过一个“水流计算”的简单实例介绍了 FLUENT 的数值模拟方法。

第 3 章：前处理方法。首先简要介绍了主流前处理软件 Gambit、ANSYS ICEM CFD、TGrid、GridPro 和 Gridgen 的功能及特点，接着重点介绍了 Gambit 和 ANSYS ICEM CFD 16.0 的基本功能、基本用法和应用实例。通过实例介绍了用 Gambit 进行网格划分的基本步骤，详细介绍了用 ANSYS ICEM CFD 划分三维结构化网格的方法。

第 4 章：后处理方法。介绍了 3 种对 FLUENT 结果文件进行后处理的途径：FLUENT 内置后处理、Workbench CFD-Post 通用后处理器及 Tecplot 后处理软件，详细介绍了运用这些途径进行可视化图形处理、渲染以及图表、曲线和报告的生成方法。

第 5 章：FLUENT 中常用的边界条件。首先对 FLUENT 中提供的各种边界条件进行了分类，接着阐述了 FLUENT 中流动入口和出口边界的各种参数确定方法，重点介绍了 FLUENT 中若干种常用边界条件的使用条件及方法。

第 6 章：导热问题的数值模拟。介绍了导热的基础理论，即傅里叶定律，然后通过两个实例对导热问题进行具体的数值模拟分析，包括有内热源的导热问题以及钢球非稳态冷却过程的数值模拟。

第 7 章：流体流动与传热的数值模拟。首先介绍了流体的两种流动状态——层流和湍流，然后介绍了 FLUENT 中的湍流模型，包括 Spalart-Allmaras 模型、k-ε 模型、k-ω 模型等。最后通过 5 个实例对其流场和温度场进行数值模拟。

其中引射器内流场、圆柱绕流和二维离心泵内流场的数值模拟属于流体流动的数值模拟；扇形教室空调通风的数值模拟属于流体流动与换热的数值模拟；地埋管流固耦合换热的数值模拟属于强制对流与导热耦合的数值模拟。

第 8 章：自然对流与辐射换热的数值模拟。首先介绍了自然对流与辐射换热的理论知识，然后通过 3 个实例分别对自然对流与辐射换热进行数值模拟。

两相连方腔内自然对流换热的数值模拟，左侧高温壁面以自然对流的形式通过中间壁面向右侧壁面传热，通过数值模拟可准确预测其内部温度场、压力场和速度场。

烟道内烟气对流辐射换热的数值模拟，主要是烟气中的三原子气体、非对称结构的双原子气体等对壁面有辐射换热，通过数值模拟可准确预测其内部的温度场、速度场。

室内通风问题模拟的是在英国菲尔德 FLUENT 欧洲办事处接待区的通风问题，考虑了不同材质墙体的传热和辐射问题，同时加载了夏季的太阳模型，得到室内温度分布情况和墙面太阳热流分布。

第 9 章：凝固和融化过程的数值模拟。介绍了凝固融化模型的基础理论。然后通过一个实例对其进行数值模拟，通过数值模拟可清晰地看到融化过程固液相的变化，并计算出冰块融化所需要的时间。

第 10 章：多相流模型的数值模拟。首先介绍了多相流的基础知识，然后介绍了 FLUENT 中的 3 种多相流模型，最后通过 5 个实例进行数值模拟。

其中孔口出流、水中气泡的上升和储油罐液面问题属于 VOF 模型，气穴现象的数值模拟属于 Mixture 模型，水流对沙滩冲刷过程的数值模拟属于 Eulerian 模型。

第 11 章：离散相的数值模拟。首先介绍了离散相模型的基础知识，然后通过两个实例进行详细的数值模拟分析。

引射器离散相流场的数值模拟，是在第 7.2 节引射器内流场的基础上添加离散相模型，用于模拟其内部烟灰的流动特性；喷淋过程的数值模拟是利用离散相的喷雾模型，对喷淋过程进行数值模拟。

第 12 章：组分传输与气体燃烧的数值模拟。首先介绍了基础理论知识，然后通过 3 个实例进行数值模拟分析。

室内甲醛污染物浓度的数值模拟，利用数值模拟方法准确预测室内甲醛的浓度；焦炉煤气燃烧和预混气体化学反应的模拟，利用数值模拟方法对多组分气体燃烧进行模拟，得到其温度场、速度场和各组分的浓度场。

第 13 章：动网格问题的数值模拟。首先介绍了 FLUENT 动网格的基础理论知识，然后通过 4 个实例进行数值模拟，包括两车交会过程、运动物体强制对流换热、双叶轮旋转流场和单级轴流涡轮机模型内部流场的数值模拟。

第 14 章：多孔介质内流动与换热的数值模拟。首先介绍了多孔介质的基础理论知识，然后介绍了 FLUENT 多孔介质模型，最后通过 3 个实例进行数值模拟分析。

第 15 章：UDF 基础应用。首先介绍了 UDF（用户自定义函数）的基本用法，然后用 3 个实例演示了 UDF 在定义物性参数、求解多孔介质和定义运动参数等方面的应用。

第 16 章：燃料电池问题模拟。主要向读者介绍如何使用 FLUENT 中的燃料电池附件模块来求解单通道逆流聚合物电解质膜（PEM）燃料电池问题。

通过本书的学习，读者可以在较短时间内把握 FLUENT 16.0 软件的学习要领，掌握 FLUENT 16.0 的详细操作步骤。各章所用到的实例均可从本书的配套光盘中找到。

本书以 FLUENT 16.0 版本为基础，其操作界面与老版本有较大不同，因此对新版本的操作界面进行了详细的说明，使读者能较快地掌握新版本的特点。

本书内容丰富、结构清晰，所有实例均经过精心设计与筛选，代表性强，并且每个实例都通过用户图形交互界面进行全过程操作。编写本书的主要目的不是求解多么复杂的物理问题，而是让读者学习 FLUENT 软件的求解思路和数值模拟软件的求解方法，强调软件的实用性，比如导热问题的数值模拟，其求解过程并不复杂，以往的书籍很少有涉及此问题的数值模拟，但实际工程中却有广泛的应用。

本书紧跟 ANSYS 软件发展的最前沿，对目前最新版 FLUENT 16.0 软件的部分新功能进行了详细的介绍与案例分析，希望对渴望入门的读者有所帮助。

本书由唐家鹏编著，虽然作者在本书的编写过程中力求叙述准确、完善，但由于水平有限，书中欠妥之处在所难免，希望读者能够及时指出，共同促进本书质量的提高。

读者在学习过程中遇到与本书有关的问题，可以发邮件到邮箱 book_hai@126.com，或者访问博客 http://blog.sina.com.cn/tecbook，作者会尽快给予解答。

目　录

第 1 章　流体力学与计算流体力学基础

流体力学是力学的一个重要分支，它主要研究流体本身的静止状态和运动状态，以及流体和固体界壁间有相对运动时的相互作用和流动的规律，在生活、环保、科学技术及工程中具有重要的应用价值。

计算流体力学或计算流体动力学（Computational Fluid Dynamics，CFD），是用电子计算机和离散化的数值方法对流体力学问题进行数值模拟和分析的一个分支。

本章先介绍流体力学中支配流体流动的基本物理定律，然后在此基础上介绍用数值方法求解流体力学问题的基本思想，进而阐述计算流体力学的相关基础知识，最后简要介绍常用的计算流体力学商业软件。

学习目标：

- 学习流体力学的基础知识，包括基本概念和重要理论；
- 学习计算流体力学的相关理论和方法；
- 了解 CFD 软件的构成；
- 了解常用的商业 CFD 软件。

1.1　流体力学基础

流体力学是连续介质力学的一个分支，是研究流体（包含气体及液体）现象以及相关力学行为的科学。

1.1.1　流体力学概述

1738 年，伯努利在他的专著中首次采用了水动力学这个名词并作为书名；1880 年前后出现了空气动力学这个名词；1935 年以后，人们概括了这两方面的知识，建立了统一的体系，统称为流体力学。

在人们的生活和生产活动中随时随地都可遇到流体，因此流体力学是与人类日常生活和生产密切相关的。大气和水是最常见的两种流体，大气包围着整个地球，地球表面的 70% 是水面。大气运动、海水运动（包括波浪、潮汐、中尺度涡旋、环流等）乃至地球深处熔浆的流动都是流体力学的研究内容。

20 世纪初，世界上第一架飞机出现以后，飞机和其他各种飞行器得到迅速发展。20 世纪 50 年代开始的航天飞行，使人类的活动范围扩展到其他星球和银河系。航空航天事业的蓬勃发展是同流体力学的分支学科——空气动力学和气体动力学的发展紧密相联的。这些学科是流体力学中最活跃、最富有成果的领域。

石油和天然气的开采、地下水的开发利用，要求人们了解流体在多孔或缝隙介质中的运动，这是流体力学分支之一——渗流力学研究的主要对象。渗流力学还涉及土壤盐碱化的防治，化工中的浓缩、分离和多孔过滤，燃烧室的冷却等技术问题。

燃烧离不开气体，这是有化学反应和热能变化的流体力学问题，是物理化学流体动力学的内容之一。爆炸是猛烈的瞬间能量变化和传递过程，涉及气体动力学，从而形成了爆炸力学。

沙漠迁移、河流泥沙运动、管道中的煤粉输送、化工中气体催化剂的运动等，都涉及流体中带有固体颗粒或液体中带有气泡等问题，这类问题是多相流体力学研究的范围。

等离子体是自由电子、带等量正电荷的离子以及中性粒子的集合体。等离子体在磁场作用下有特殊的运动规律。研究等离子体运动规律的学科称为等离子体动力学和电磁流体力学，它们在受控热核反应、磁流体发电、宇宙气体运动等方面有广泛的应用。

风对建筑物、桥梁、电缆等的作用使它们承受载荷和激发振动，废气和废水的排放造成环境污染，河床冲刷迁移和海岸遭受侵蚀，研究这些流体本身的运动及其同人类、动植物间的相互作用的学科称为环境流体力学（其中包括环境空气动力学、建筑空气动力学）。这是一门涉及经典流体力学、气象学、海洋学和水力学、结构动力学等学科的新兴边缘学科。

生物流变学研究人体或其他动植物中有关的流体力学问题。例如血液在血管中的流动，心、肺、肾中的生理流体运动和植物中营养液的输送。此外，还研究鸟类在空中的飞翔，动物在水中的游动等。

因此，流体力学既包含自然科学的基础理论，又涉及工程技术科学方面的应用。

目前，研究流体力学问题的方法有理论分析研究、实验模拟研究和数值模拟方法研究3种。

流体力学理论分析的一般过程是：建立力学模型，用物理学基本定律推导流体力学数学方程，用数学方法求解方程，然后检验和解释求解结果。理论分析结果能揭示流动的内在规律，物理概念清晰，物理规律能公式化，具有普遍适用性，但分析范围有限，只能分析简单的流动。而且，线性问题能得到结果，非线性问题分析非常困难。

实验研究的一般过程是：在相似理论的指导下建立模拟实验系统，用流体测量技术测量流动参数，处理和分析实验数据。

典型的流体力学实验有风洞实验、水洞实验、水池实验等。测量技术有热线、激光测速，粒子图像、迹线测速，高速摄影，全息照相，压力密度测量等。现代测量技术在计算机、光学和图像技术配合下，在提高空间分辨率和实时测量方面已取得长足进步。

实验结果能反映工程中的实际流动规律，发现新现象，检验理论结果等，现象直观，测试结果可靠。但流体的实验研究对测试设备要求较高，设计制造周期长，且调试复杂。实验研究的方法只能得到有限的实验数据，真实模拟物理问题比较困难。

数值研究的一般过程是：对流体力学数学方程进行简化和数值离散化，编制程序进行数值计算，将计算结果与实验结果比较。

常用的数值模拟方法有有限差分法、有限元法、有限体积法、边界元法、谱分析法等。计算的内容包括飞机、汽车、河道、桥梁、涡轮机等流场的计算，湍流、流动稳定性、非线性流动等的数值模拟。大型工程计算软件已成为研究工程流动问题的有力武器。数值模拟方法的优点是能计算理论分析方法无法求解的数学方程（适用于线性和非线性问题），能处理各种复杂流动问题，比实验方法省时省钱。但毕竟是一种近似解方法，适用范围受数学模型的正确性和计算机的性能所限制。

流体力学的 3 种研究方法各有优缺点，在实际研究流体力学问题时，应结合实际问题，取长补短，互为补充和印证。

1.1.2 连续介质模型

如固体一样，流体也是由大量的分子组成的，而分子间都存在比分子本身尺度大得多的间隙，同时，由于每个分子都在不停地运动，因此，从微观的角度看，流体的物理量在空间分布上是不连续的，且随时间不断变化。

在流体力学中仅限于研究流体的宏观运动，其特征尺寸（如日常见到的是 m、cm、mm 那样的量级）比分子自由程大得多。描述宏观运动的物理参数，是大量分子的统计平均值，而不是个别分子的值。在这种情形下，流体可近似用连续介质模型处理。

连续介质模型认为，物质连续地分布于其所占有的整个空间，物质宏观运动的物理参数是空间及时间的可微连续函数。

根据连续介质模型假设，可以把流体介质的一切物理属性，如密度、速度、压强等都看作是空间的连续函数。因而，对于连续介质模型，微积分等现代数学工具可以加以应用。

连续介质模型假设成立的条件是建立在流体平均自由程远远小于物体特征尺寸的基础上的，即

$$L \gg \lambda \tag{1-1}$$

在式 1-1 中，L 为求解问题中物体或空间的特征尺寸；λ 为流体分子的平均自由程。

在某些情况下，例如，在 120 km 的高空，如果空气分子的平均自由程和飞行器的特征尺寸在同一数量级，连续介质模型假设就不再成立。这时，必须把空气看成是不连续的介质，这个范围属于稀薄空气动力学范畴。

1.1.3 流体的基本概念及性质

1. 密度

流体的密度定义为单位体积所含物质的多少，以 ρ 表示。密度是流体的一种固有物理属性，国际单位为 kg/m^3 。对于均质流体，设其体积为 V，质量为 m，则其密度为

$$\rho = \frac{m}{V} \tag{1-2}$$

对于非均质流体，不同位置的密度不同。若取包含某点的流体微团，其体积为 ΔV ，质量为 Δm ，则该点的密度定义为

$$\rho = \lim_{\Delta V \to 0} \frac{\Delta m}{\Delta V} \tag{1-3}$$

液体和气体的密度可以查询相关手册，这里为了方便读者，表 1-1 给出部分常见液体和气体的密度。

表 1-1 常见气体和液体的密度（25℃常压情况下）

物　质	密度/(kg/m³)	物　质	密度/(kg/m³)
环己胺	773.89	空气	1.169
癸烷	726.53	氨气	0.694
十二烷	745.73	氩气	1.613
乙醇、酒精	785.47	丁烷	2.416
重水	110 4.5	丁烯	2.327
庚烷	679.60	二氧化碳	1.784
己烷	654.78	一氧化碳	1.130
异己烷	648.60	二甲醚	1.895
异戊烷	614.98	乙烷	1.222
甲醇	786.33	乙烯	1.138
壬烷	714.09	氢气	0.081
辛烷	698.27	氢化硫	1.385
戊烷	620.83	异丁烷	2.407
R113	156 3.2	异丁烯	2.327
R123	146 3.9	氪气	3.387
R141b	123 3.8	甲烷	0.648
R365mfc	125 7.1	氖气	0.814
甲苯	862.24	新戊烷	3.021
水	997.05	氮气	1.130
碳酸二甲酯	106 1.5	氧化二氮	1.785
碳酸二乙酯	970.12	氧气	1.292
甲基叔丁醚	734.91	仲氢	0.081

2. 质量力和表面力

作用在流通微团上的力可分为质量力与表面力。

与流体微团质量大小有关并且集中作用在微团质量中心上的力称为质量力，如在重力场中的重力 mg、直线运动的惯性力 ma 等。质量力是一个矢量，一般用单位质量所具有的质量力来表示，其形式为

$$\boldsymbol{f}=f_x\boldsymbol{i}+f_y\boldsymbol{j}+f_z\boldsymbol{k} \tag{1-4}$$

式 1-4 中，f_x、f_y、f_z 为单位质量力在 x、y、z 轴上的投影，或简称为单位质量分力。

大小与表面面积有关而且分布作用在流体表面上的力称为表面力。表面力按其作用方向可分为两种：一种是沿表面内法线方向的压力，称为正压力；另一种是沿表面切向的摩擦力，称为切向力。

作用在静止流体上的表面力只有表面内法线方向的正压力，单位面积上所受到的表面力称为这一点处的静压强。静压强有两个特征：

- 静压强的方向垂直指向作用面。

- 流场内一点处静压强的大小与方向无关。

对于理想流体流动，流体质点只受到正压力，没有切向力。

对于黏性流体流动，流体质点所受到的表面力既有正压力，也有切向力。单位面积上所受到的切向力称为切应力。对于一元流动，切应力由牛顿内摩擦定律给出；对于多元流动，切应力可由广义牛顿内摩擦定律求得。

3. *绝对压强、相对压强和真空度*

单位面积上受到的压力叫作压强。在流体静力学中压强的定义是：作用在浸没于流体中物体表面上单位面积上的法向正应力。

压强在国际单位制中的单位是 N/m^2 或者 Pa（Pascal 或帕斯卡）。另外压强也常用液柱高（汞柱、水柱等）、标准大气压（atm）和 bar 等单位进行度量，常用转换关系如下：

$$
\begin{gathered}
1\mathrm{Pa} = 1\mathrm{N/m^2} \\
1\mathrm{bar} = 10^5\mathrm{Pa} \\
p = \rho g h \\
1\mathrm{atm} = 10.33\mathrm{mH_2O} = 760\mathrm{mmHg} = 101\,325\mathrm{Pa}
\end{gathered}
\tag{1-5}
$$

一个标准大气压的压强是 760 mmHg，相当于 101 325 Pa，通常用 p_{atm} 表示。

若压强大于标准大气压，则以标准大气压为计算基准得到的压强称为相对压强，也称为表压强（Gauge Pressure），通常用 p_r 表示。

在 FLUENT 软件中求解器运算过程中实际使用的压强值都是表压强。FLUENT 中默认的参考压力为一个标准大气压，用户可以指定参考压力。

若压强小于标准大气压，则压强低于大气压的值就称为真空度，通常用 p_v 表示。

绝对压强 p_s、相对压强 p_r 和真空度 p_v 之间的关系为

$$
\begin{gathered}
p_r = p_s - p_{atm} \\
p_v = p_{atm} - p_s
\end{gathered}
\tag{1-6}
$$

所以在 FLUENT 中，如果用户将参考压力设置为 0，表压强就等于绝对压强，有时候这么做可以方便边界条件的设置。

在流体力学中有如下约定：对于液体来说，压强用相对压强；对于气体，特别是马赫数大于 0.3 的流动，压强用绝对压强。

4. *静压、动压和总压*

物体在流体中运动时，在正对流体运动的方向的表面，流体完全受阻，此处的流体速度为 0，其动能转变为压力能，压力增大，其压力称为全受阻压力（简称全压或总压），它与未受扰动处的压力（即静压）之差称为动压，即

$$
p_t = p + \frac{1}{2}\rho v^2 \tag{1-7}
$$

式 1-7 中，p_t 为总压，p 为静压，$\frac{1}{2}\rho v^2$ 为动压，ρ 为流体密度，v 为流体速度。也可以表达为：对于不考虑重力的流动，总压就是静压和动压之和。

根据伯努利方程的物理意义可知，对于一条理想流体，在一条流线上流体质点的机械

能是守恒的，不可压缩流动的表达式为

$$\frac{p}{g}+\frac{v^2}{2g}+z=H \tag{1-8}$$

式 1-8 中，$\frac{p}{g}$ 称为压强水头，也是压能项，p 为静压；$\frac{v^2}{2g}$ 为速度水头，也是动能项；第三项 z 为位置水头，也是重力势能项。这三项之和就是流体质点的总机械能，等式右边的 H 称为总水头。

将式 1-8 的左右两边同时乘以 ρg，则有

$$p\rho+\frac{1}{2}\rho v^2+\rho gz=\rho gH \tag{1-9}$$

5. 黏性

黏性是施加于流体的应力和由此产生的变形速率以一定的关系联系起来的流体的一种宏观属性，表现为流体的内摩擦。由于黏性的耗能作用，在无外界能量补充的情况下，运动的流体将逐渐停止下来。

黏性对物体表面附近的流体运动产生重要作用，使流速逐层减小并在物面上为零，在一定条件下也可使流体脱离物体表面。

黏性又称黏性系数、动力黏度，记为 μ。牛顿黏性定律指出，在纯剪切流动中，相邻两流体层之间的剪应力（或黏性摩擦应力）为

$$\tau=\mu\frac{\mathrm{d}u}{\mathrm{d}y} \tag{1-10}$$

式中，τ 为剪切应力，$\frac{\mathrm{d}u}{\mathrm{d}y}$ 为垂直流动方向的法向速度梯度。黏性数值上等于单位速度梯度下流体所受的剪应力。

速度梯度也表示流体运动中的角变形率，故黏性也表示剪应力与角变形率之间比值关系。按国际单位制，黏性的单位为 kg/(m • s)。

黏性系数与密度之比称为运动黏性系数，常记作 ν，则有

$$\nu=\frac{\mu}{\rho} \tag{1-11}$$

液体的黏性系数随温度的增加而减小，气体的黏性系数随温度的增加而变大。对于气体而言，黏性系数与温度的关系可以用萨瑟兰公式表示：

$$\frac{\mu}{\mu_0}=\left(\frac{T}{T_0}\right)^n \tag{1-12}$$

式 1-12 中，μ_0 和 T_0 分别为参考黏性系数和参考温度。

这里为了方便读者，表 1-2 列出了部分常见液体和气体的动力黏度和运动黏度。

表 1-2　常见气体和液体的动力黏度和运动黏度（25℃常压情况下）

物　质	动力黏度 /(μPa·s)	运动黏度 /(mm²/s)	物　质	动力黏度 /(μPa·s)	运动黏度 /(mm²/s)
环己胺	884.69	1.143	空气	18.448	15.787

续表

物　质	动力黏度/(μPa·s)	运动黏度/(mm²/s)	物　质	动力黏度/(μPa·s)	运动黏度/(mm²/s)
癸烷	848.10	1.167	氨气	10.093	14.539
十二烷	1 358.8	1.822	氩气	22.624	14.030
乙醇、酒精	1 084.9	1.381	丁烷	7.406	3.065
重水	1 095.1	0.991	丁烯	8.163	3.507
庚烷	388.48	0.572	二氧化碳	14.932	8.369
己烷	296.28	0.452	一氧化碳	17.649	15.614
异己烷	272.80	0.421	二甲醚	9.100	4.801
异戊烷	216.43	0.352	乙烷	9.354	7.654
甲醇	543.71	0.691	乙烯	10.318	9.066
壬烷	654.01	0.916	氢气	8.915	109.69
辛烷	509.72	0.730	氢化硫	12.387	8.942
戊烷	217.90	0.351	异丁烷	7.498	3.115
R113	653.61	0.418	异丁烯	8.085	3.474
R123	417.60	0.285	氪气	25.132	7.419
R141b	408.35	0.331	甲烷	11.067	17.071
R365mfc	407.56	0.324	氖气	31.113	38.239
甲苯	556.25	0.645	新戊烷	7.259	2.403
水	890.08	0.893	氮气	17.805	15.753
碳酸二甲酯	582.02	0.548	一氧化二氮	14.841	8.314
碳酸二乙酯	751.9	0.775	氧气	20.550	15.910
甲基叔丁醚	330.02	0.449	仲氢	8.915	109.69

6. 传热性

当气体中沿某一方向存在温度梯度时，热量就会由温度高的地方传向温度低的地方，这种性质称为气体的传热性。实验证明，单位时间内所传递的热量与传热面积成正比，与沿热流方向的温度梯度成正比，即

$$q = -\lambda \frac{\partial T}{\partial n} \tag{1-13}$$

式中，q 为单位时间通过单位面积的热量，负号表示热流量传递的方向永远和温度梯度 $\frac{\partial T}{\partial n}$ 的方向相反。

流体的导热系数λ随流体介质而不同，同一种流体介质的导热系数随温度变化而略有差异。

7. 扩散性

当流体混合物中存在组元的浓度差时，浓度高的地方将向浓度低的地方输送该组元的物质，这种现象称为扩散。

流体的宏观性质，如扩散、黏性和热传导等，是分子输运性质的统计平均。由于分子

的不规则运动，在各层流体间交换着质量、动量和能量，使不同流体层内的平均物理量均匀化。这种性质称为分子运动的输运性质。质量输运在宏观上表现为扩散现象，动量输运表现为黏性现象，能量输运则表现为热传导现象。

理想流体忽略了黏性，即忽略了分子运动的动量输运性质，因此，在理想流体中也不应考虑质量和能量输运性质——扩散和热传导，它们具有相同的微观机制。

8. 流线和迹线

所谓流线，就是这样一种曲线，在某时刻，曲线上任意一点的切线方向正好与那一时刻该处的流速方向重合。可见，流线是由同一时刻的不同流点组成的曲线，它给出了该时刻不同流体质点的速度方向，是速度场的几何表示。

所谓迹线，就是流体质点在各时刻所行路径的轨迹线（或流体质点在空间运动时所描绘出来的曲线），如喷气式飞机飞过后留下的尾迹、台风的路径、纸船在小河中行走的路径等。

流线具有以下性质。

（1）同一时刻的不同流线，不能相交。

（2）流线不能是折线，而是一条光滑的曲线。

（3）流线族的疏密反映了速度的大小。

（4）实际流场中，除驻点或奇点外，流线不能突然转折。

流线的微分方程为

$$\frac{\mathrm{d}x}{u(x,y,z,t)}=\frac{\mathrm{d}y}{v(x,y,z,t)}=\frac{\mathrm{d}z}{w(x,y,z,t)} \tag{1-14}$$

式1-14中，$u(x,y,z,t)$、$v(x,y,z,t)$和$w(x,y,z,t)$分别表示点(x,y,z)在t时刻的速度在x、y和z方向上的分量。

迹线的微分方程为

$$\frac{\mathrm{d}x}{u(x(t),y(t),z(t),t)}=\frac{\mathrm{d}y}{v(x(t),y(t),z(t),t)}=\frac{\mathrm{d}z}{w(x(t),y(t),z(t),t)}=\mathrm{d}t \tag{1-15}$$

式1-15中，t为关于时间的自变量，$x(t)$、$y(t)$、$z(t)$为t时刻此流体质点的空间位置。u、v和w分别为流体质点速度在x、y和z方向上的分量。

可见，对于定常流动，流线的形状不随时间变化，而且流体质点的迹线与流线重合。

9. 流量和净通量

（1）流量。单位时间内流过某一控制面的流体体积称为该控制面的流量Q，其单位为m^3/s。若单位时间内流过的流体是以质量计算的，则称为质量流体Q_m，不加说明时，“流量”一词概指体积流量。在曲面控制面上有

$$Q=\iint_A \boldsymbol{v}\cdot\boldsymbol{n}\,\mathrm{d}A \tag{1-16}$$

（2）净流量。在流场中取整个封闭曲面作为控制面A，封闭曲面内的空间称为控制体。流体经一部分控制面流入控制体，同时也有流体经另一部分控制面从控制体中流出。此时流出的流体减去流入的流体，所得出的流量称为流过全部封闭控制面A的净流量（或净通量），计算式为

$$q = \oiint_A \boldsymbol{v} \cdot \boldsymbol{n} \mathrm{d}A \tag{1-17}$$

对于不可压流体来说，流过任意封闭控制面的净通量等于 0。

10. 流速和音速

当把流体视为可压缩流体时，扰动波在流体中的传播速度是一个特征值，称为音速。音速方程式的微分形式为

$$c = \sqrt{\frac{\mathrm{d}p}{\mathrm{d}\rho}} \tag{1-18}$$

音速在气体中的传播过程是一个等熵过程。将等熵方程式 $p = c\rho^k$ 代入式 1-18，并由理想气体状态方程 $p = \rho RT$ ，得到音速方程为

$$c = \sqrt{kRT} \tag{1-19}$$

对于空气来说，k=1.4，R=287 J/(kg • K)，得到空气中的音速为

$$c = 20.1\sqrt{T} \tag{1-20}$$

流速是流体流动的速度，而音速是扰动波的传播速度，两者之间的关系为

$$v = Ma \cdot c \tag{1-21}$$

式 1-21 中，Ma 称为马赫数。

11. 马赫数和马赫锥

（1）马赫数。流体流动速度 v 与当地音速 c 之比称为马赫数，用 Ma 表示为

$$Ma = \frac{v}{c} \tag{1-22}$$

Ma<1 的流动称为亚音速流动，Ma>1 的流动称为超音速流动，Ma>3 的流动称为高超音速流动。

（2）马赫锥。对于超音速流动，扰动波传播范围只能允许充满在一个锥形的空间内，这就是马赫锥，其半锥角 θ 称为马赫角，计算式如下：

$$\sin\theta = \frac{1}{Ma} \tag{1-23}$$

12. 滞止参数和等熵关系

（1）滞止参数。流场中速度为 0 的点上的各物理量称为滞止参数，用下标“0”表示，如滞止温度 T_0、滞止压强 p_0、滞止密度 ρ_0 等。

（2）等熵流动基本关系式。流动参数与滞止参数及马赫数之间的基本关系为

$$\frac{T_0}{T} = 1 + \frac{k-1}{2} Ma^2 \tag{1-24}$$

$$\frac{\rho_0}{\rho} = \left(1 + \frac{k-1}{2} Ma^2\right)^{\frac{1}{k-1}} \tag{1-25}$$

$$\frac{p_0}{p} = \left(1 + \frac{k-1}{2} Ma^2\right)^{\frac{k}{k-1}} \tag{1-26}$$

式1-24的使用条件是绝热流动，式1-25和式1-26的使用条件是等熵流动。

13. 正激波和斜激波

气流发生参数发生显著、突跃变化的地方，称为激波。激波常在超音速气流的特定条件下产生；激波的厚度非常小，约为 10^{-4} mm，因此一般不对激波内部的情况进行研究，所关心的是气流经过激波前后参数的变化。气流经过激波时受到激烈的压缩，其压缩过程是很迅速的，可以看作是绝热的压缩过程。

（1）正激波。

激波面与气流方向垂直，气流经过激波后方向不变，这称为正激波。

假设激波固定不动，激波前的气流速度、压强、温度和密度分别为 v_1、p_1、T_1 和 ρ_1，经过激波后突跃地增加到 v_2、p_2、T_2 和 ρ_2。设激波前气流马赫数为 Ma_1，则激波前后气流应满足如下公式。

连续性方程

$$\rho_1 v_1 = \rho_2 v_2 \tag{1-27}$$

动量方程

$$p_2 - p_1 = \rho_1 {v_1}^2 - \rho_2 {v_2}^2 \tag{1-28}$$

能量方程（绝热过程）

$$\frac{{v_1}^2}{2} + \frac{k}{k-1}\frac{p_1}{\rho_1} = \frac{{v_2}^2}{2} + \frac{k}{k-1}\frac{p_2}{\rho_2} \tag{1-29}$$

状态方程

$$\frac{p_1}{\rho_1 T_1} = \frac{p_2}{\rho_2 T_2} \tag{1-30}$$

由 $Ma_1 = \frac{v_1}{c_1}$，${c_1}^2 = k\frac{p_1}{\rho_1}$ 可将式1-30改写成

$$\frac{v_1}{v_2} = 1 - \frac{1}{k{Ma_1}^2}\left(\frac{p_2}{p_1} - 1\right) \tag{1-31}$$

在以上几个基本关系式的基础上，可导出以下的重要关系式。

$$\frac{p_2}{p_1} = \frac{2k}{k+1}{Ma_1}^2 - \frac{k-1}{k+1} \tag{1-32}$$

$$\frac{v_2}{v_1} = \frac{k-1}{k+1} + \frac{2}{(k+1){Ma_1}^2} \tag{1-33}$$

$$\frac{\rho_2}{\rho_1} = \frac{\frac{k-1}{k+1}{Ma_1}^2}{\frac{2}{k-1} + {Ma_1}^2} \tag{1-34}$$

$$\frac{T_2}{T_1} = \left(\frac{2k{Ma_1}^2 - k + 1}{k+1}\right)\left(\frac{2 + (k-1){Ma_1}^2}{(k+1){Ma_1}^2}\right) \tag{1-35}$$

$$\frac{Ma_2^2}{Ma_1^2}=\frac{Ma_1^{-2}+\frac{k-1}{2}}{kMa_1^2-\frac{k-1}{2}} \tag{1-36}$$

（2）斜激波。

气流经过激波后方向发生改变，这种激波称为斜激波。v_{1t}、v_{2t} 和 v_{1n}、v_{2n} 各表示斜激波前后速度 v_1 和 v_2 的切向分速度和法向分速度，α为气流折转角，β为激波角。

由于沿激波面没有切面压强的变化，所以气流经过斜激波后，沿激波面的分速度没有变化，即有

$$v_{1t}=v_{2t}=v_t \tag{1-37}$$

因为发生变化的只有法向分速度，所以斜激波相当于法向分速度的正激波。

由于斜激波是相当于法向分速度的正激波，所以只要把正激波关系式中各下标“1”、“2”换成“1n”、“2n”，则正激波有关方程式可以应用于斜激波。

对于斜激波前后气流参数之间的关系，有如下的关系式：

$$\frac{p_2}{p_1}=\frac{2k}{k+1}Ma_1^2\sin^2\beta-\frac{k-1}{k+1} \tag{1-38}$$

$$\frac{\rho_2}{\rho_1}=\frac{\frac{k+1}{k-1}Ma_1^2\sin^2\beta}{\frac{2}{k-1}+Ma_1^2\sin^2\beta} \tag{1-39}$$

$$\frac{T_2}{T_1}=\left[\frac{2kMa_1^2\sin^2\beta-(k-1)}{k+1}\right]\left[\frac{2+(k-1)Ma_1^2\sin^2\beta}{(k+1)Ma_1^2\sin^2\beta}\right] \tag{1-40}$$

激波角β与气流折转角α之间满足如下的关系式：

$$\tan\alpha=2\cot\beta\frac{Ma_1^2\sin^2\beta-1}{Ma_1^2(k+\cos2\beta)+2} \tag{1-41}$$

1.1.4 流体流动分类

1. 理想流体与黏性流体

如果忽略流动中流体黏性的影响，则可以近似地把流体看成是无黏的，称为无黏流体（inviscid liquid），也叫作理想流体。这时的流动称为理想流动，理想流体中没有摩擦，也就没有耗散损失。

事实上，真正的理想流体是不存在的。但是在一定的情形下，至少在特定的流动区域中，某些流体的流动非常接近于理想的流动条件，在分析处理中可以当作理想流体。

例如，在空气绕物体的流动（空气动力学）中，除去邻近与物体表面的薄层（称为边界层）之外，在其余的流动区域中，空气动力学中都处理成理想流动，此时所求解的控制方程组是不考虑黏性的欧拉方程组。

2. 牛顿流体与非牛顿流体

根据内摩擦剪应力与剪应力变率的关系不同，黏性流体又可分为牛顿流体与非牛顿流体。

如果流体的剪应力与剪应力变率遵守牛顿内摩擦定律，即公式$\tau=\mu\dfrac{\mathrm{d}u}{\mathrm{d}y}$，则这种流体就称为牛顿流体。尽管这个线性的牛顿关系式只是一种近似，但是却很好地适用于一类范围很广的流体。水、空气和气体等绝大多数工业中常用的流体都是牛顿流体。

但是，对于某些物质而言，剪应力不只是速度梯度的函数（速度梯度和剪应变率是相同的），通常还可以是应变的函数，这种物质称为黏-弹性流体。剪应力只依赖于速度梯度的简单黏性流体，也可以不是牛顿流体。

事实上存在这样的流体，其剪应力与应变率之间有着相当复杂的非线性关系。如果流体的应力-应变关系还取决于实际的工况，即应变工况，则称为触变流体（如印刷油墨）。

非牛顿流体具有塑性行为，其特征是有一个表现的屈服应力，在达到表现的屈服应力之前，流体的性态像固体一样，一旦超过这个表现的屈服应力，则和黏性流体一样。

塑性流体的另一个极端情形是：在低应变率时，黏性系数很小，很容易流动，但随着应变率的增加，变得越来越像固体（如流沙）。这种流体称为膨胀流体。在图1-1中用曲线说明了牛顿流体和非牛顿流体的特征。

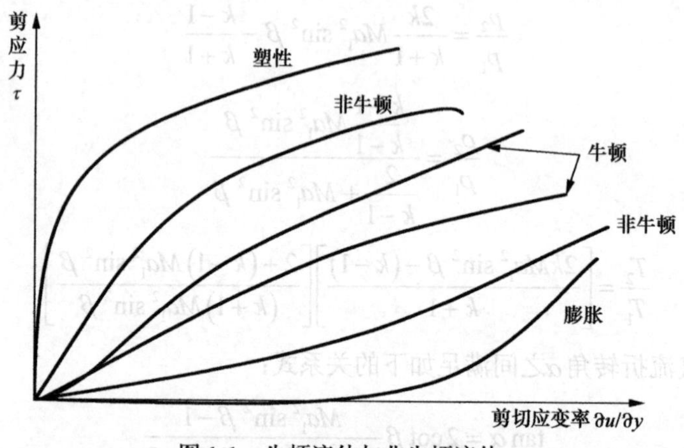

图1-1　牛顿流体与非牛顿流体

3. 可压流体与不可压流体

流体的压缩性是指在外界条件变化时，其密度和体积发生了变化。这里的条件有两种，一种是外部压强发生了变化，另一种就是流体的温度发生了变化。描述流体的压缩性常用以下两个量。

（1）流体的等温压缩率β。

当质量为m，体积为V的流体外部压强发生Δp的变化时，相应其体积也发生了ΔV的变化，则定义流体的等温压缩率为

$$\beta=-\frac{\Delta V/V}{\Delta p}\tag{1-42}$$

这里的负号是考虑到ΔV与Δp总是符号相反的缘故；β的单位为1/Pa。流体等温压缩率的物理意义是，当温度不变时，每增加单位压强所产生的流体体积的相对变化率。

考虑到压缩前后流体的质量不变，式1-42还有另外一种表示形式，即

$$\beta = \frac{\mathrm{d}\rho}{\rho \mathrm{d}p} \tag{1-43}$$

将理想气体状态方程代入式 1-43，得到理想气体的等温压缩率为

$$\beta = 1/p \tag{1-44}$$

（2）流体的体积膨胀系数α。

当质量为 m，体积为 V 的物体温度发生ΔT 的变化时，相应其体积也发生了ΔV 的变化，则定义流体的体积膨胀系数为

$$\alpha = \frac{\Delta V / V}{\Delta T} \tag{1-45}$$

考虑到膨胀前后流体的质量不变，式 1-45 还有另外一种表示形式，即

$$\alpha = -\frac{\mathrm{d}\rho}{\rho \mathrm{d}T} \tag{1-46}$$

这里的负号是考虑到随着温度的升高，体积必然增大，则密度必然减少；α的单位为 1/K。体积膨胀系数的物理意义是，当压强不变时，每增加单位温度所产生的流体体积的相对变化率。

对于物理气体，将气体状态方程代入式 1-46，得到

$$\alpha = 1/T \tag{1-47}$$

在研究流体流动过程时，若考虑到流体的压缩性，则称为可压缩流动，相应地称流体为可压缩流体，如马赫数较高的气体流动。若不考虑流体的压缩性，则称为不可压缩流动，相应地称流体为不可压缩流体，如水、油等液体的流动。

4. *定常流动与非定常流动*

根据流体流动过程以及流动过程中的物理参数是否与时间相关，可将流动分为定常流动与非定常流动两种。

流体流动过程中，各物理量均与时间无关的流动称为定常流动。

流体流动过程中，某个或某些物理量与时间有关的流动称为非定常流动。

5. *层流流动与湍流流动*

流体的流动分为层流流动和湍流流动，从试验的角度来看，层流流动就是流体层与层之间相互没有任何干扰，层与层之间既没有质量的传递也没有动量的传递；而湍流流动中层与层之间相互有干扰，而且干扰的力度还会随着流动的加速而加大，层与层之间既有质量的传递，又有动量的传递。

判断流动是层流还是湍流，是看其雷诺数是否超过临界雷诺数。雷诺数的定义如下

$$Re = \frac{vL}{\nu} \tag{1-48}$$

式中，v 为截面的平均速度，L 为特征长度，ν 为流体的运动黏度。

对于圆形管内流动，特征长度 L 取圆管的直径 d，即

$$Re = \frac{vd}{\nu} \tag{1-49}$$

一般认为临界雷诺数为 2 000，当 Re<2 000 时，管内流动是层流，否则为湍流。

对于异型管道内的流动，特征长度L取水力直径d_{H}，则雷诺数的计算式为

$$Re=\frac{vd_{\mathrm{H}}}{\nu} \tag{1-50}$$

异型管道水力直径的定义为

$$d_{\mathrm{H}}=4\frac{A}{S} \tag{1-51}$$

式中，A为过流断面的面积；S为过流断面上流体与固体接触的周长，称为湿周。

1.1.5 流体流动描述的方法

描述流体物理量有两种方法，一种是拉格朗日描述，另一种是欧拉描述。

拉格朗日（Lagrange）描述也称随体描述，它着眼于流体质点，并将流体质点的物理量认为是随流体质点及时间变化的，即把流体质点的物理量表示为拉格朗日坐标及时间的函数。

设拉格朗日坐标为（a，b，c），以此坐标表示的流体质点的物理量，如矢径、速度、压强等在任意时刻t的值，便可以写为a、b、c及t的函数。

若以f表示流体质点的某一物理量，其拉格朗日描述的数学表达式为

$$f=f(a,b,c,t) \tag{1-52}$$

例如，设时刻t流体质点的矢径，即t时刻流体质点的位置以r表示，其拉格朗日描述为

$$r=r(a,b,c,t) \tag{1-53}$$

同样，质点速度的拉格朗日描述为

$$v=v(a,b,c,t) \tag{1-54}$$

欧拉描述也称空间描述，它着眼于空间点，认为流体的物理量随空间点及时间而变化，即把流体物理量表示为欧拉坐标及时间的函数。设欧拉坐标为（q_1，q_2，q_3），用欧拉坐标表示的各空间点上的流体物理量，如速度、压强等，在任意时刻t的值，可写为q_1、q_2、q_3及t的函数。

从数学分析知道，当某时刻一个物理量在空间的分布一旦确定，该物理量在此空间形成一个场。因此，欧拉描述实际上描述了一个个物理量的场。

若以f表示流体的一个物理量，其欧拉描述的数学表达式为（设空间坐标取用直角坐标）

$$f=F(x,y,z,t)=F(r,t) \tag{1-55}$$

如流体速度的欧拉描述为

$$v=v(x,y,z,t) \tag{1-56}$$

拉格朗日描述着眼于流体质点，将物理量视为流体坐标与时间的函数；欧拉描述着眼于空间点，将物理量视为空间坐标与时间的函数。它们可以描述同一物理量，必定互相相关。

设表达式$f=f(a,b,c,t)$表示流体质点（a，b，c）在t时刻的物理量；表达式$f=F(x,y,z,t)$表示空间点（x，y，z）在时刻t的同一物理量。如果流体质点（a，b，c）在t时刻恰好运动到空间点（x，y，z）上，则应有

$$\begin{cases} x = x(a,b,c,t) \\ y = y(a,b,c,t) \\ z = z(a,b,c,t) \end{cases} \tag{1-57}$$

$$F(x,y,z,t) = f(a,b,c,t) \tag{1-58}$$

事实上，将式 1-57 代入式 1-58 左端，即有

$$\begin{aligned} F(x,y,z,t) &= F[x(a,b,c,t), y(a,b,c,t), z(a,b,c,t), t] \\ &= f(a,b,c,t) \end{aligned} \tag{1-59}$$

或者反解式 1-57，得到

$$\begin{cases} a = a(x,y,z,t) \\ b = b(x,y,z,t) \\ c = c(x,y,z,t) \end{cases} \tag{1-60}$$

将式 1-60 代入式 1-58 的右端，也应有

$$\begin{aligned} f(a,b,c,t) &= f[a(x,y,z,t), b(x,y,z,t), c(x,y,z,t), t] \\ &= F(x,y,z,t) \end{aligned} \tag{1-61}$$

由此，可以通过拉格朗日描述推出欧拉描述，同样也可以由欧拉描述推出拉格朗日描述。

1.1.6 流体力学基本方程组

流体力学基本方程组包括质量守恒方程、动量守恒方程、组分质量守恒方程、能量守恒方程、本构方程、状态方程及通用形式守恒方程。

下面对各种形式方程进行总结和对比，并分析它们之间的转化关系，以帮助读者理解流体力学基本方程组的数学物理意义，为离散计算这些方程组打下基础。

1. 质量守恒方程

质量守恒方程可由 4 种方法得到，分别在拉格朗日法（L 法）下对有限体积和体积元应用质量守恒定律、在欧拉法（E 法）下对有限体积应用质量守恒定律及在直角坐标系中直接应用质量守恒定律。

（1）L 法有限体积分析。

取体积为 τ，质量为 m 的一定流体质点团，则有

$$m = \int_\tau \rho \mathrm{d}\tau \Rightarrow \frac{\mathrm{D}m}{\mathrm{D}t} = \frac{\mathrm{D}}{\mathrm{D}t}\int_\tau \rho \mathrm{d}\tau = 0 \Rightarrow \frac{\mathrm{D}}{\mathrm{D}t}\int_\tau \rho \mathrm{d}\tau = \int_\tau \frac{\mathrm{D}\rho}{\mathrm{D}t}\mathrm{d}\tau + \int_\tau \rho \frac{\mathrm{D}}{\mathrm{D}t}\mathrm{d}\tau = 0 \tag{1-62}$$

因为速度散度的物理意义是相对体积膨胀率及密度的随体导数，即

$$\mathrm{div}\boldsymbol{v} = \frac{1}{\mathrm{d}\tau}\frac{\mathrm{D}}{\mathrm{D}t}\mathrm{d}\tau \tag{1-63}$$

$$\frac{\mathrm{D}\rho}{\mathrm{D}t} = \frac{\partial \rho}{\partial t} + u\frac{\partial \rho}{\partial x} + v\frac{\partial \rho}{\partial y} + w\frac{\partial \rho}{\partial z} = \frac{\partial \rho}{\partial t} + (\boldsymbol{v}\cdot\nabla)\rho \tag{1-64}$$

代入式 1-62，得

$$\int_\tau \frac{\mathrm{D}\rho}{\mathrm{D}t}\mathrm{d}\tau + \int_\tau \rho\frac{\mathrm{D}}{\mathrm{D}t}\mathrm{d}\tau = \int_\tau \left(\left(\frac{\partial \rho}{\partial t} + (\boldsymbol{v}\cdot\nabla)\rho\right) + \rho\,\mathrm{div}\boldsymbol{v}\right)\mathrm{d}\tau = \int_\tau \left(\frac{\partial \rho}{\partial t} + \mathrm{div}(\rho\boldsymbol{v})\right)\mathrm{d}\tau = 0 \tag{1-65}$$

运用奥高定理

$$\iiint_{\tau}\left(\frac{\partial u}{\partial x}+\frac{\partial v}{\partial y}+\frac{\partial w}{\partial z}\right)\mathrm{d}\tau=\iint_{S}u\mathrm{d}y\mathrm{d}z+v\mathrm{d}z\mathrm{d}x+w\mathrm{d}x\mathrm{d}y$$
$$=\iint_{S}(u\cos\alpha+v\cos\beta+w\cos\gamma)\mathrm{d}S \tag{1-66}$$
$$=\iint_{S}\boldsymbol{v}\cdot\boldsymbol{n}\mathrm{d}S=\iint_{S}v_n\mathrm{d}S$$

得

$$\int_{\tau}\left(\frac{\partial\rho}{\partial t}+\mathrm{div}(\rho\boldsymbol{v})\right)\mathrm{d}\tau=\int_{\tau}\frac{\partial\rho}{\partial t}\mathrm{d}\tau+\int_{S}\rho\boldsymbol{v}_n\mathrm{d}S=0 \tag{1-67}$$

式1-67即是连续性方程的积分形式。

假定被积函数连续，而且体积τ是任意选取的，由此可知被积函数必须等于0，即

$$\frac{\mathrm{D}\rho}{\mathrm{D}t}+\rho\mathrm{div}\boldsymbol{v}=0\Leftrightarrow\frac{\mathrm{D}\rho}{\mathrm{D}t}+\rho\frac{\partial v_i}{\partial x_i}=0 \tag{1-68}$$

或

$$\frac{\partial\rho}{\partial t}+\mathrm{div}(\rho\boldsymbol{v})=0\Leftrightarrow\frac{\partial\rho}{\partial t}+\frac{\partial(\rho v_i)}{\partial x_i}=0 \tag{1-69}$$

在直角坐标系中，连续性方程为

$$\frac{\partial\rho}{\partial t}+\frac{\partial(\rho u)}{\partial x}+\frac{\partial(\rho v)}{\partial y}+\frac{\partial(\rho w)}{\partial z}=0 \tag{1-70}$$

或

$$\frac{\mathrm{D}\rho}{\mathrm{D}t}=-\rho\left(\frac{\partial u}{\partial x}+\frac{\partial v}{\partial y}+\frac{\partial w}{\partial z}\right) \tag{1-71}$$

式1-71表明，密度变化（随时间和位置）等于密度和体积变形的乘积。

（2）L法体积元分析。

考虑质量为dm的体积元dτ，对其用拉格朗日观点，根据质量守恒定律有

$$\frac{\mathrm{D}}{\mathrm{D}t}\mathrm{d}m=0\Rightarrow\frac{\mathrm{D}}{\mathrm{D}t}(\rho\mathrm{d}\tau)=0 \tag{1-72}$$

$$\frac{\mathrm{D}}{\mathrm{D}t}(\rho\mathrm{d}\tau)=\rho\frac{\mathrm{D}}{\mathrm{D}t}\mathrm{d}\tau+\mathrm{d}\tau\frac{\mathrm{D}}{\mathrm{D}t}\rho=0 \tag{1-73}$$

两边同除以$\rho\mathrm{d}\tau$，得

$$\frac{1}{\mathrm{d}\tau}\frac{\mathrm{D}}{\mathrm{D}t}\mathrm{d}\tau+\frac{1}{\rho}\frac{\mathrm{D}\rho}{\mathrm{D}t}=0 \tag{1-74}$$

或写成

$$\mathrm{div}\boldsymbol{v}+\frac{1}{\rho}\frac{\mathrm{D}\rho}{\mathrm{D}t}=0 \tag{1-75}$$

式1-75表明，要维持质量守恒定律，相对体积变化率必须等于负的相对密度变化率。

（3）E 法有限体积分析。

着眼坐标空间，取空间中以 S 面为界的有限体积 τ，则称 S 面为控制面，τ 为控制体。取外法线方向为法线的正方向，$\boldsymbol{n}$ 为外法线方向的单位矢量。考虑该体积内流体质量的变化，该变化主要由以下两方面原因引起。

① 通过表面 S 有流体流出或流入，单位时间内流出流入变化的总和为

$$\int_S \rho v_n \mathrm{d}S = \int_S \boldsymbol{n}\cdot\rho\boldsymbol{v}\mathrm{d}S \xlongequal{\text{奥高公式}} \int_\tau \mathrm{div}(\rho\boldsymbol{v})\mathrm{d}\tau \tag{1-76}$$

② 由于密度场的不定常性（注意，欧拉观点下空间点是固定的，密度的变化只由场的不定常性刻画），单位时间内体积 τ 的质量将变化，变化量为

$$-\int_\tau \frac{\partial\rho}{\partial t}\mathrm{d}\tau \tag{1-77}$$

上述两者应相等，即

$$\int_\tau \mathrm{div}(\rho\boldsymbol{v})\mathrm{d}\tau = -\int_\tau \frac{\partial\rho}{\partial t}\mathrm{d}\tau \tag{1-78}$$

由于体积 τ 是任意的，且被积函数连续，则

$$\frac{\partial\rho}{\partial t} + \mathrm{div}(\rho\boldsymbol{v}) = 0 \tag{1-79}$$

（4）E 法直角坐标系分析。

控制体体积如图 1-2 所示，单位时间内通过表面 $EFGH$ 的通量为 $\rho u\mathrm{d}y\mathrm{d}z$。

通过表面 $ABCD$ 的通量为

$$\left[\rho u + \frac{\partial(\rho u)}{\partial x}\mathrm{d}x\right]\mathrm{d}y\mathrm{d}z$$

其他两对表面类似。另外，该控制体内质量的变化率为

$$-\frac{\partial\rho}{\partial t}\mathrm{d}x\mathrm{d}y\mathrm{d}z$$

则

$$\frac{\partial\rho}{\partial t} + \frac{\partial(\rho u)}{\partial x} + \frac{\partial(\rho v)}{\partial y} + \frac{\partial(\rho w)}{\partial z} = 0 \tag{1-80}$$

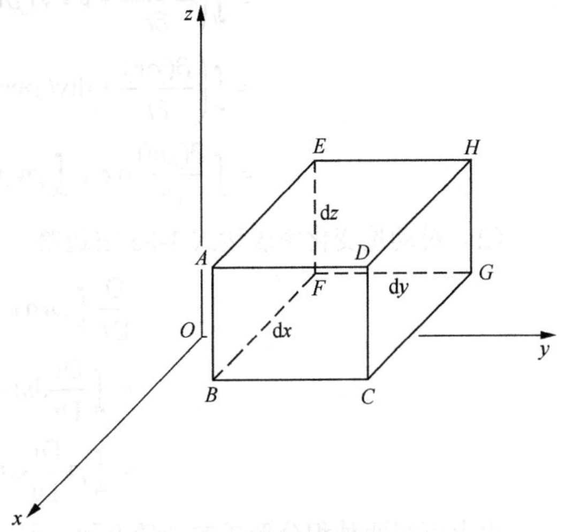

图 1-2 控制体体积

特殊情况下的连续性方程为

定常态 $$\frac{\partial\rho}{\partial t} = 0 \Rightarrow \mathrm{div}(\rho\boldsymbol{v}) = 0 \tag{1-81}$$

不可压缩流体 $$\frac{D\rho}{Dt} = 0 \Rightarrow \mathrm{div}\boldsymbol{v} = 0 \tag{1-82}$$

2. *动量守恒方程*

任取一个体积为 τ 的流体，它的边界为 S。根据动量定理，体积 τ 中流体动量的变化率等于作用在该体积上的质量力和面力（应力）之和。

单位面积上的面力 $\boldsymbol{p}_n=\boldsymbol{n}\cdot\boldsymbol{P}$，其中 $\boldsymbol{P}$ 是二阶对称应力张量，所以 $\boldsymbol{p}_n$ 不是通常指的 $\boldsymbol{p}$ 在 $\boldsymbol{n}$（单位体积面元的法线方向）方向的分量。单位质量上的质量力为 $\boldsymbol{F}$，则作用在该体积上的质量力和面力分别为

$$\int_\tau \rho \boldsymbol{F}\mathrm{d}\tau \tag{1-83}$$

及

$$\int_S \boldsymbol{p}_n \mathrm{d}S=\int_S \boldsymbol{n}\cdot\boldsymbol{P}\mathrm{d}S \xlongequal{\text{奥高公式}} \int_\tau \mathrm{div}\boldsymbol{P}\mathrm{d}\tau \tag{1-84}$$

动量变化率为

$$\frac{\mathrm{D}}{\mathrm{D}t}\int_\tau \rho\boldsymbol{v}\mathrm{d}\tau=\int_\tau \frac{\mathrm{D}(\rho\boldsymbol{v})}{\mathrm{D}t}\mathrm{d}\tau+\int_\tau \rho\boldsymbol{v}\frac{\mathrm{D}}{\mathrm{D}t}\mathrm{d}\tau \tag{1-85}$$

上述动量变化率的表达式可采用如下两种处理方法。

（1）求解式 1-85 右边第二项内对体积元的随体导数，则

$$\begin{aligned}&\int_\tau \frac{\mathrm{D}(\rho\boldsymbol{v})}{\mathrm{D}t}\mathrm{d}\tau+\int_\tau \rho\boldsymbol{v}\frac{\mathrm{D}}{\mathrm{D}t}\mathrm{d}\tau\\&=\int_\tau\left(\frac{\partial(\rho\boldsymbol{v})}{\partial t}+\boldsymbol{v}\cdot\nabla(\rho\boldsymbol{v})\right)\mathrm{d}\tau+\int_\tau(\rho\boldsymbol{v})\mathrm{div}\boldsymbol{v}\mathrm{d}\tau\\&=\int_\tau\left(\frac{\partial(\rho\boldsymbol{v})}{\partial t}+\boldsymbol{v}\cdot\nabla(\rho\boldsymbol{v})+(\rho\boldsymbol{v})\nabla\cdot\boldsymbol{v}\right)\mathrm{d}\tau\\&=\int_\tau\left(\frac{\partial(\rho\boldsymbol{v})}{\partial t}+\mathrm{div}(\rho\boldsymbol{v}\boldsymbol{v})\right)\mathrm{d}\tau\\&=\int_\tau\frac{\partial(\rho\boldsymbol{v})}{\partial t}\mathrm{d}\tau+\int_S\rho v_n\boldsymbol{v}\mathrm{d}S\end{aligned} \tag{1-86}$$

（2）对动量变化率表达式 1-85 右边第二项应用质量守恒定律

$$\begin{aligned}\frac{\mathrm{D}}{\mathrm{D}t}\int_\tau\rho\boldsymbol{v}\mathrm{d}\tau&=\frac{\mathrm{D}}{\mathrm{D}t}\int_\tau\boldsymbol{v}\mathrm{d}m\\&=\int_\tau\frac{\mathrm{D}\boldsymbol{v}}{\mathrm{D}t}\mathrm{d}m+\int_\tau\boldsymbol{v}\frac{\mathrm{D}}{\mathrm{D}t}\mathrm{d}m\\&=\int_\tau\rho\frac{\mathrm{D}\boldsymbol{v}}{\mathrm{D}t}\mathrm{d}\tau\end{aligned} \tag{1-87}$$

由上可得两种积分形式的动量方程，即

$$\int_\tau\frac{\partial(\rho\boldsymbol{v})}{\partial t}\mathrm{d}\tau+\int_S\rho v_n\boldsymbol{v}\mathrm{d}S=\int_\tau\rho\boldsymbol{F}\mathrm{d}\tau+\int_\tau\mathrm{div}\boldsymbol{P}\mathrm{d}\tau \tag{1-88}$$

或

$$\int_\tau\left(\frac{\partial(\rho\boldsymbol{v})}{\partial t}+\mathrm{div}(\rho\boldsymbol{v}\boldsymbol{v})\right)\mathrm{d}\tau=\int_\tau\rho\boldsymbol{F}\mathrm{d}\tau+\int_\tau\mathrm{div}\boldsymbol{P}\mathrm{d}\tau \tag{1-89}$$

动量方程的微分形式为

$$\rho\frac{\mathrm{D}\boldsymbol{v}}{\mathrm{D}t}-\rho\boldsymbol{F}-\mathrm{div}\boldsymbol{P}=0\Leftrightarrow\rho\frac{\mathrm{D}v_i}{\mathrm{D}t}-\rho F_i-\frac{\partial p_{ij}}{\partial x_j}=0 \tag{1-90}$$

或

$$\frac{\partial(\rho \boldsymbol{v})}{\partial t}+\operatorname{div}(\rho \boldsymbol{v}\boldsymbol{v})-\rho \boldsymbol{F}-\operatorname{div}\boldsymbol{P}=0 \Leftrightarrow \frac{\partial(\rho v_i)}{\partial t}+\operatorname{div}(\rho v_i \boldsymbol{v})-\rho F_i-\frac{\partial p_{ij}}{\partial x_j}=0 \tag{1-91}$$

微分方程中各项的物理意义为，$\rho\frac{\mathrm{D}\boldsymbol{v}}{\mathrm{D}t}$表示单位体积上惯性力，$\rho\boldsymbol{F}$为单位体积上的质量力，$\operatorname{div}\boldsymbol{P}$为单位体积上应力张量的散度，它是与面力等效的体力分布函数（由奥高公式转化而来）。

在直角坐标系下以应力表示的运动方程可采取下列形式。

$$\begin{cases}\rho\left(\frac{\partial u}{\partial t}+u\frac{\partial u}{\partial x}+v\frac{\partial u}{\partial y}+w\frac{\partial u}{\partial z}\right)=\rho F_x+\frac{\partial p_{xx}}{\partial x}+\frac{\partial p_{xy}}{\partial y}+\frac{\partial p_{xz}}{\partial z}\\ \rho\left(\frac{\partial v}{\partial t}+u\frac{\partial v}{\partial x}+v\frac{\partial v}{\partial y}+w\frac{\partial v}{\partial z}\right)=\rho F_y+\frac{\partial p_{yx}}{\partial x}+\frac{\partial p_{yy}}{\partial y}+\frac{\partial p_{yz}}{\partial z}\\ \rho\left(\frac{\partial w}{\partial t}+u\frac{\partial w}{\partial x}+v\frac{\partial w}{\partial y}+w\frac{\partial w}{\partial z}\right)=\rho F_z+\frac{\partial p_{zx}}{\partial x}+\frac{\partial p_{zy}}{\partial y}+\frac{\partial p_{zz}}{\partial z}\end{cases} \tag{1-92}$$

或

$$\begin{cases}\frac{\partial(\rho u)}{\partial t}+\frac{\partial(\rho uu)}{\partial x}+\frac{\partial(\rho vu)}{\partial y}+\frac{\partial(\rho wu)}{\partial z}=\rho F_x+\frac{\partial p_{xx}}{\partial x}+\frac{\partial p_{xy}}{\partial y}+\frac{\partial p_{xz}}{\partial z}\\ \frac{\partial(\rho v)}{\partial t}+\frac{\partial(\rho uv)}{\partial x}+\frac{\partial(\rho vv)}{\partial y}+\frac{\partial(\rho wv)}{\partial z}=\rho F_y+\frac{\partial p_{yx}}{\partial x}+\frac{\partial p_{yy}}{\partial y}+\frac{\partial p_{yz}}{\partial z}\\ \frac{\partial(\rho w)}{\partial t}+\frac{\partial(\rho uw)}{\partial x}+\frac{\partial(\rho vw)}{\partial y}+\frac{\partial(\rho ww)}{\partial z}=\rho F_z+\frac{\partial p_{zx}}{\partial x}+\frac{\partial p_{zy}}{\partial y}+\frac{\partial p_{zz}}{\partial z}\end{cases} \tag{1-93}$$

这两种表达方式的等号左边实际只差了一个连续性方程，由基本微分公式

$$\operatorname{div}(\varphi \boldsymbol{a})=\varphi\operatorname{div}\boldsymbol{a}+\operatorname{grad}\varphi\cdot\boldsymbol{a} \tag{1-94}$$

得

$$\frac{\partial(\rho v_i)}{\partial t}+\operatorname{div}(\rho v_i\boldsymbol{v})=\rho\frac{\partial v_i}{\partial t}+v_i\frac{\partial\rho}{\partial t}+v_i\operatorname{div}(\rho\boldsymbol{v})+\rho\boldsymbol{v}\cdot\operatorname{grad}v_i \tag{1-95}$$

由连续性方程知

$$v_i\frac{\partial\rho}{\partial t}+v_i\operatorname{div}(\rho\boldsymbol{v})=v_i\left(\frac{\partial\rho}{\partial t}+\operatorname{div}(\rho\boldsymbol{v})\right)=0 \tag{1-96}$$

所以有

$$\frac{\partial(\rho v_i)}{\partial t}+\operatorname{div}(\rho v_i\boldsymbol{v})=\rho\left(\frac{\partial v_i}{\partial t}+\boldsymbol{v}_i\cdot\operatorname{grad}v_i\right) \tag{1-97}$$

上述运动方程是以应力表示的黏性流体的运动方程，它们对任何黏性流体和任何运动状态都是适用的。但它们没有反映出不同属性的流体受力后的不同表现。

另外，方程数和未知量之数不等，运动方程有3个，加上连续性方程共4个，但未知量却有9个（6个应力张量分量（9个张量分量因对称关系减少为6个）和3个速度分量），所以该方程组不封闭。为使该方程组可解，必须考虑应力张量和变形速度张量之间的关系（将应力张量用速度分量表示出来），补足所需的方程。

3. 本构方程

本构方程是表征流体宏观性质的一种微分方程，它用于表达流体黏性定律的应力张量和变形速度张量之间的关系。

最简单的应力与应变之间的关系是对牛顿流体作一维运动，即牛顿剪切定律可写为

$$\tau=\mu\frac{\mathrm{d}u}{\mathrm{d}y} \tag{1-98}$$

要得到普遍意义上的广义牛顿定律需做一定的假设，但首先应理解流体速度分解定理和变形速度张量。

（1）流体速度分解定理。

刚体运动包括平动和转动两部分，一般可表为

$$\boldsymbol{v}=\boldsymbol{v}_0+\boldsymbol{\omega}\times\boldsymbol{r} \tag{1-99}$$

其中$\boldsymbol{v}_0$是刚体中选定一点O上的平动速度，$\boldsymbol{\omega}$是刚体绕O点转动的瞬时角速度矢量，$\boldsymbol{r}$是要确定速度那一点到O点的矢径。转动角速度可用$\boldsymbol{v}$表示。因为

$$\boldsymbol{\omega}=\frac{1}{2}\mathrm{rot}\boldsymbol{v} \tag{1-100}$$

故

$$\boldsymbol{v}=\boldsymbol{v}_0+\frac{1}{2}\mathrm{rot}\boldsymbol{v}\times\boldsymbol{r} \tag{1-101}$$

流体运动除平动、转动外，还有变形运动。设微团内M_0点的速度为$\boldsymbol{v}_0$，邻域内任一点M的速度为$\boldsymbol{v}$。将$\boldsymbol{v}$在M_0点泰勒展开并略去二阶无穷小项，得

$$\boldsymbol{v}=\boldsymbol{v}_0+\frac{\partial\boldsymbol{v}}{\partial x}\mathrm{d}x+\frac{\partial\boldsymbol{v}}{\partial y}\mathrm{d}y+\frac{\partial\boldsymbol{v}}{\partial z}\mathrm{d}z\Leftrightarrow v_i=v_{0i}+\frac{\partial v_i}{\partial x_j}\mathrm{d}x_j \tag{1-102}$$

显然，$\frac{\partial v_i}{\partial x_j}$是一个二阶张量（局部速度梯度张量），由张量分解定理可将该张量分解成对称张量$\boldsymbol{S}$和反对称张量$\boldsymbol{A}$之和，于是

$$\frac{\partial v_i}{\partial x_j}=\frac{1}{2}\left(\frac{\partial v_i}{\partial x_j}-\frac{\partial v_j}{\partial x_i}\right)+\frac{1}{2}\left(\frac{\partial v_i}{\partial x_j}-\frac{\partial v_j}{\partial x_i}\right)=a_{ij}+s_{ij}=\boldsymbol{A}+\boldsymbol{S} \tag{1-103}$$

所以

$$v_i=v_{0i}+\frac{\partial v_i}{\partial x_j}\mathrm{d}x_j=v_{0i}+a_{ij}\mathrm{d}x_j+s_{ij}\mathrm{d}x_j \tag{1-104}$$

式1-104右边第二项、第三项可具体表示为

$$a_{ij}\mathrm{d}x_j=\frac{1}{2}\mathrm{rot}\boldsymbol{v}\times\mathrm{d}\boldsymbol{r} \tag{1-105}$$

及

$$s_{ij}\mathrm{d}x_j=\boldsymbol{S}\cdot\mathrm{d}\boldsymbol{r}=\mathrm{grad}\phi \tag{1-106}$$

其中

$$\phi=\frac{1}{2}(\varepsilon_1\mathrm{d}x^2+\varepsilon_2\mathrm{d}y^2+\varepsilon_3\mathrm{d}z^2+\theta_1\mathrm{d}y\mathrm{d}z+\theta_2\mathrm{d}z\mathrm{d}x+\theta_3\mathrm{d}x\mathrm{d}y) \tag{1-107}$$

另外

$$S = s_{ij} = \begin{pmatrix} \varepsilon_1 & \frac{1}{2}\theta_3 & \frac{1}{2}\theta_2 \\ \frac{1}{2}\theta_3 & \varepsilon_2 & \frac{1}{2}\theta_1 \\ \frac{1}{2}\theta_2 & \frac{1}{2}\theta_1 & \varepsilon_3 \end{pmatrix}; \quad A = a_{ij} = \begin{pmatrix} 0 & -\omega_3 & \omega_2 \\ \omega_3 & 0 & -\omega_1 \\ -\omega_2 & \omega_1 & 0 \end{pmatrix} = -\varepsilon_{ijk}\omega_k \tag{1-108}$$

所以

$$v_i = v_1 + v_2 + v_3 = v_{0i} + \frac{\partial v_i}{\partial x_j}\mathrm{d}x_j = v_{0i} + \frac{1}{2}\mathrm{rot}\boldsymbol{v} \times \mathrm{d}\boldsymbol{r} + \mathrm{grad}\phi \tag{1-109}$$

式 1-109 表明流体运动可分为平动、转动和变形 3 种形式，$\boldsymbol{S}$ 称为变形速度张量，该定理称为亥姆霍兹（Helmholtz）速度分解定理。

另外，流变学中常用应变速率张量 $\dot{\gamma}$ 来表示流体的变形和拉伸（或压缩），而用转动张量 Ω_{ij} 表示转动，它们与流体力学中的变形速度张量和转动张量的关系为

$$s_{ij} = \frac{1}{2}\dot{\gamma}_{ij} \tag{1-110}$$

$$\dot{\gamma}_{ij} = \frac{\partial v_i}{\partial x_j} + \frac{\partial v_j}{\partial x_i} = 2s_{ij} \tag{1-111}$$

$$\Omega_{ij} = \frac{\partial v_i}{\partial x_j} - \frac{\partial v_j}{\partial x_i} = 2a_{ij} \tag{1-112}$$

（2）变形速度张量的物理意义。

变形速度 v_3 的表达式为

$$\begin{pmatrix} u_3 \\ v_3 \\ w_3 \end{pmatrix} = \begin{pmatrix} \varepsilon_1 & \frac{1}{2}\theta_3 & \frac{1}{2}\theta_2 \\ \frac{1}{2}\theta_3 & \varepsilon_2 & \frac{1}{2}\theta_1 \\ \frac{1}{2}\theta_2 & \frac{1}{2}\theta_1 & \varepsilon_3 \end{pmatrix} \begin{pmatrix} \mathrm{d}x \\ \mathrm{d}y \\ \mathrm{d}z \end{pmatrix} \tag{1-113}$$

经分析可得

$$\begin{cases} \varepsilon_1 = \dfrac{\partial u}{\partial x} = \dfrac{1}{\mathrm{d}x}\dfrac{\mathrm{D}}{\mathrm{D}t}\mathrm{d}x \\ \varepsilon_2 = \dfrac{\partial v}{\partial y} = \dfrac{1}{\mathrm{d}y}\dfrac{\mathrm{D}}{\mathrm{D}t}\mathrm{d}y \\ \varepsilon_3 = \dfrac{\partial w}{\partial z} = \dfrac{1}{\mathrm{d}z}\dfrac{\mathrm{D}}{\mathrm{D}t}\mathrm{d}z \end{cases}; \quad \begin{cases} \theta_1 = \dfrac{\partial w}{\partial y} + \dfrac{\partial v}{\partial z} = -\dfrac{\mathrm{D}\gamma_{yz}}{\mathrm{D}t} = -\dot{\gamma}_{yz} \\ \theta_2 = \dfrac{\partial u}{\partial z} + \dfrac{\partial w}{\partial x} = -\dfrac{\mathrm{D}\gamma_{zx}}{\mathrm{D}t} = -\dot{\gamma}_{zx} \\ \theta_3 = \dfrac{\partial v}{\partial x} + \dfrac{\partial u}{\partial y} = -\dfrac{\mathrm{D}\gamma_{xy}}{\mathrm{D}t} = -\dot{\gamma}_{xy} \end{cases} \tag{1-114}$$

其中 $\dot{\gamma}_{yz}$、$\dot{\gamma}_{zx}$ 及 $\dot{\gamma}_{xy}$ 是角变形速率，亦称剪切应变速率（$\dot{\gamma}_{xx}$ 称拉伸应变速率）。

由上可知，变形速度张量的对角线分量 ε_1、ε_2、ε_3 的物理意义分别是 x、y、z 轴线上线段元 dx、dy、dz 的相对拉伸速度或相对压缩速度。

而非对角线分量 θ_1、θ_2、θ_3 的物理意义分别是 y 轴与 z 轴、z 轴与 x 轴、x 轴与 y 轴之间夹角的剪切速率的负值。

（3）广义牛顿定律及基本假设。

① 运动流体的应力张量在运动停止后应趋于静止流体的应力张量。据此将应力张量$\boldsymbol{P}$写成各向同性部分$-p\boldsymbol{I}$和各向异性部分$\boldsymbol{P}'$是方便的，因此

$$\boldsymbol{P}=-p\boldsymbol{I}+\boldsymbol{P}' \Leftrightarrow p_{ij}=-p\delta_{ij}+\tau_{ij} \tag{1-115}$$

$\boldsymbol{P}'$是除去$-p\boldsymbol{I}$后得到的张量，称为偏应力张量。当运动消失时它趋于0。可见，偏应力张量和应力张量一样也是对称张量。

② 偏应力张量的各分量τ_{ij}是局部速度梯度张量$\dfrac{\partial v_i}{\partial x_j}$各分量的线性齐次函数。当速度在空间均匀分布时，偏应力张量为0；当速度偏离均匀分布时，在黏性流体中产生了偏应力，它力图使速度恢复到均匀分布情形。

③ 流体是各向同性的，即流体性质不依赖于方向或坐标系的转换。

根据假设②，有

$$\tau_{ij}=c_{ijkl}\frac{\partial v_k}{\partial x_l}=c_{ijkl}s_{kl}-c_{ijkl}\varepsilon_{klm}\omega_m \tag{1-116}$$

显然c_{ijkl}是一个四阶张量，它是表征流体黏性的常数，共$3^4=81$个。根据假设③，c_{ijkl}是各向同性张量且对i、j对称，故

$$c_{ijkl}=\lambda\delta_{ij}\delta_{kl}+\mu(\delta_{ik}\delta_{jl}+\delta_{il}\delta_{jk}) \tag{1-117}$$

观察式1-117可知，c_{ijkl}对k、l也是对称的，物性常数减少至只有2个，即第二黏度λ和黏度μ。将式1-117代入偏应力表达式1-116（反对称项为零），得

$$\tau_{ij}=\lambda\delta_{ij}\delta_{kl}s_{kl}+\mu(\delta_{ik}\delta_{jl}+\delta_{il}\delta_{jk})s_{kl}=\lambda s_{kk}\delta_{ij}+2\mu s_{ij} \tag{1-118}$$

则应力张量为

$$p_{ij}=(-p+\lambda s_{kk})\delta_{ij}+2\mu s_{ij} \tag{1-119}$$

引进

$$\mu'=\lambda+\frac{2}{3}\mu \Rightarrow \lambda=\mu'-\frac{2}{3}\mu \tag{1-120}$$

则

$$\begin{aligned} p_{ij}&=-p\delta_{ij}+\left(\mu'-\frac{2}{3}\mu\right)s_{kk}\delta_{ij}+2\mu s_{ij} \\ &=-p\delta_{ij}+2\mu\left(s_{ij}-\frac{1}{3}s_{kk}\delta_{ij}\right)+\mu' s_{kk}\delta_{ij} \end{aligned} \tag{1-121}$$

根据式1-121，可知

$$p_{xx}=-p+2\mu\left(\frac{\partial u}{\partial x}-\frac{1}{3}\mathrm{div}\boldsymbol{v}\right)+\mu'\mathrm{div}\boldsymbol{v} \tag{1-122}$$

$$p_{yy}=-p+2\mu\left(\frac{\partial v}{\partial y}-\frac{1}{3}\mathrm{div}\boldsymbol{v}\right)+\mu'\mathrm{div}\boldsymbol{v} \tag{1-123}$$

$$p_{zz}=-p+2\mu\left(\frac{\partial w}{\partial z}-\frac{1}{3}\mathrm{div}\boldsymbol{v}\right)+\mu'\mathrm{div}\boldsymbol{v} \tag{1-124}$$

将式 1-122、式 1-123 和式 1-124 相加，得

$$\frac{1}{3}(p_{xx}+p_{yy}+p_{zz})=-p+\mu'\mathrm{div}\boldsymbol{v} \tag{1-125}$$

对于可压缩流体，流体的体积在运动过程中发生膨胀或收缩，将引起平均法应力（由奥高公式可证某固定点处所有方向上法应力的平均值等于 x、y、z 三个方向上法应力的平均值，这是一个不随坐标系改变的不变量）的值发生 $\mu'\mathrm{div}\boldsymbol{v}$ 的改变，μ' 称为第二黏性系数，亦称膨胀黏性系数。应用斯托克斯假定，即 $\mu'=0$，则本构方程为

$$\frac{1}{3}(p_{xx}+p_{yy}+p_{zz})=-p \tag{1-126}$$

$$p_{ij}=-p\delta_{ij}+2\mu\left(s_{ij}-\frac{1}{3}s_{kk}\delta_{ij}\right) \tag{1-127}$$

$$\boldsymbol{P}=-p\boldsymbol{I}+2\mu\left(\boldsymbol{S}-\frac{1}{3}\boldsymbol{I}\mathrm{div}\boldsymbol{v}\right) \tag{1-128}$$

一般处理的是不可压缩流体，则

$$\frac{1}{3}(p_{xx}+p_{yy}+p_{zz})=-p \tag{1-129}$$

$$p_{ij}=-p\delta_{ij}+2\mu s_{ij} \tag{1-130}$$

$$\boldsymbol{P}=-p\boldsymbol{I}+2\mu\boldsymbol{S} \tag{1-131}$$

$$\tau_{ij}=2\mu s_{ij} \tag{1-132}$$

在直角坐标系下有

$$\begin{cases}
p_{xx}=\sigma_{xx}=-p+2\mu s_{xx}=-p+2\mu\dfrac{\partial u}{\partial x}\\
p_{yy}=\sigma_{yy}=-p+2\mu s_{yy}=-p+2\mu\dfrac{\partial v}{\partial y}\\
p_{zz}=\sigma_{zz}=-p+2\mu s_{zz}=-p+2\mu\dfrac{\partial w}{\partial z}\\
p_{xy}=p_{yx}=\sigma_{xy}=\sigma_{yx}=\tau_{xy}=\tau_{yx}=\mu\left(\dfrac{\partial u}{\partial y}+\dfrac{\partial v}{\partial x}\right)\\
p_{xz}=p_{zx}=\sigma_{xz}=\sigma_{zx}=\tau_{xz}=\tau_{zx}=\mu\left(\dfrac{\partial u}{\partial z}+\dfrac{\partial w}{\partial x}\right)\\
p_{zy}=p_{yz}=\sigma_{yz}=\sigma_{zy}=\tau_{zy}=\tau_{yz}=\mu\left(\dfrac{\partial v}{\partial z}+\dfrac{\partial w}{\partial y}\right)\\
\tau_{xx}=2\mu\dfrac{\partial u}{\partial x}\\
\tau_{yy}=2\mu\dfrac{\partial v}{\partial y}\\
\tau_{zz}=2\mu\dfrac{\partial w}{\partial z}
\end{cases} \tag{1-133}$$

这里 $p_{ij}=\sigma_{ij}$，有的文献中将应力张量用 σ_{ij} 表示。将上述应力张量与变形速度张量的关系式代入运动方程，得

$$\frac{\partial(\rho v_i)}{\partial t}+\mathrm{div}(\rho v_i \boldsymbol{v})=\rho F_i+\frac{\partial p_{ij}}{\partial x_j}=\rho F_i+\frac{\partial(-p\delta_{ij}+2\mu s_{ij})}{\partial x_j} \tag{1-134}$$

即

$$\frac{\partial(\rho v_i)}{\partial t}+\mathrm{div}(\rho v_i \boldsymbol{v})=-\frac{\partial}{\partial x_j}(p\delta_{ij})+\frac{\partial}{\partial x_j}(2\mu s_{ij})+\rho F_i \tag{1-135}$$

写成直角坐标系下的形式为

$$\begin{cases}\dfrac{\partial(\rho u)}{\partial t}+\dfrac{\partial(\rho uu)}{\partial x}+\dfrac{\partial(\rho vu)}{\partial y}+\dfrac{\partial(\rho wu)}{\partial z}\\ =\rho F_x-\dfrac{\partial p}{\partial x}+\dfrac{\partial}{\partial x}\left(2\mu\dfrac{\partial u}{\partial x}\right)+\dfrac{\partial}{\partial y}\left[\mu\left(\dfrac{\partial u}{\partial y}+\dfrac{\partial v}{\partial x}\right)\right]+\dfrac{\partial}{\partial z}\left[\mu\left(\dfrac{\partial u}{\partial z}+\dfrac{\partial w}{\partial x}\right)\right]\\ \dfrac{\partial(\rho v)}{\partial t}+\dfrac{\partial(\rho uv)}{\partial x}+\dfrac{\partial(\rho vv)}{\partial y}+\dfrac{\partial(\rho wv)}{\partial z}\\ =\rho F_y-\dfrac{\partial p}{\partial y}+\dfrac{\partial}{\partial x}\left[\mu\left(\dfrac{\partial u}{\partial y}+\dfrac{\partial v}{\partial x}\right)\right]+\dfrac{\partial}{\partial y}\left(2\mu\dfrac{\partial v}{\partial y}\right)+\dfrac{\partial}{\partial z}\left[\mu\left(\dfrac{\partial v}{\partial z}+\dfrac{\partial w}{\partial y}\right)\right]\\ \dfrac{\partial(\rho w)}{\partial t}+\dfrac{\partial(\rho uw)}{\partial x}+\dfrac{\partial(\rho vw)}{\partial y}+\dfrac{\partial(\rho ww)}{\partial z}\\ =\rho F_z-\dfrac{\partial p}{\partial z}+\dfrac{\partial}{\partial x}\left[\mu\left(\dfrac{\partial u}{\partial z}+\dfrac{\partial w}{\partial x}\right)\right]+\dfrac{\partial}{\partial y}\left[\mu\left(\dfrac{\partial v}{\partial z}+\dfrac{\partial w}{\partial y}\right)\right]+\dfrac{\partial}{\partial z}\left(2\mu\dfrac{\partial w}{\partial z}\right)\end{cases} \tag{1-136}$$

有些文献中常把式1-136等号右边表示分子黏性作用的3项做如下变化，以第一式为例。

$$\begin{aligned}&\frac{\partial}{\partial x}\left(2\mu\frac{\partial u}{\partial x}\right)+\frac{\partial}{\partial y}\left[\mu\left(\frac{\partial u}{\partial y}+\frac{\partial v}{\partial x}\right)\right]+\frac{\partial}{\partial z}\left[\mu\left(\frac{\partial u}{\partial z}+\frac{\partial w}{\partial x}\right)\right]\\ &=\frac{\partial}{\partial x}\left(\mu\frac{\partial u}{\partial x}\right)+\frac{\partial}{\partial y}\left(\mu\frac{\partial u}{\partial y}\right)+\frac{\partial}{\partial z}\left(\mu\frac{\partial u}{\partial z}\right)+\frac{\partial}{\partial x}\left(\mu\frac{\partial u}{\partial x}\right)+\frac{\partial}{\partial y}\left(\mu\frac{\partial v}{\partial x}\right)+\frac{\partial}{\partial z}\left(\mu\frac{\partial w}{\partial x}\right)\\ &=\mathrm{div}(\mu\,\mathrm{grad}u)+s_x\end{aligned} \tag{1-137}$$

其中

$$s_x=\frac{\partial}{\partial x}\left(\mu\frac{\partial u}{\partial x}\right)+\frac{\partial}{\partial y}\left(\mu\frac{\partial v}{\partial x}\right)+\frac{\partial}{\partial z}\left(\mu\frac{\partial w}{\partial x}\right) \tag{1-138}$$

据此，有

$$\begin{aligned}s_y&=\frac{\partial}{\partial x}\left(\mu\frac{\partial u}{\partial y}\right)+\frac{\partial}{\partial y}\left(\mu\frac{\partial v}{\partial y}\right)+\frac{\partial}{\partial z}\left(\mu\frac{\partial w}{\partial y}\right)\\ s_z&=\frac{\partial}{\partial x}\left(\mu\frac{\partial u}{\partial z}\right)+\frac{\partial}{\partial y}\left(\mu\frac{\partial v}{\partial z}\right)+\frac{\partial}{\partial z}\left(\mu\frac{\partial w}{\partial z}\right)\end{aligned} \tag{1-139}$$

及

$$\begin{aligned}
&\frac{\partial(\rho u)}{\partial t}+\operatorname{div}(\rho u \boldsymbol{v})=\operatorname{div}(\mu \operatorname{grad} u)-\frac{\partial p}{\partial x}+S_u \\
&\frac{\partial(\rho v)}{\partial t}+\operatorname{div}(\rho v \boldsymbol{v})=\operatorname{div}(\mu \operatorname{grad} v)-\frac{\partial p}{\partial y}+S_v \\
&\frac{\partial(\rho w)}{\partial t}+\operatorname{div}(\rho w \boldsymbol{v})=\operatorname{div}(\mu \operatorname{grad} w)-\frac{\partial p}{\partial z}+S_w
\end{aligned} \tag{1-140}$$

其中广义源项定义为

$$S_u=\rho F_x+s_x,\quad S_v=\rho F_y+s_y,\quad S_w=\rho F_z+s_z \tag{1-141}$$

当流体黏度不变且不可压缩时（牛顿流体），有

$$\begin{aligned}
s_x&=\frac{\partial}{\partial x}\left(\mu\frac{\partial u}{\partial x}\right)+\frac{\partial}{\partial y}\left(\mu\frac{\partial v}{\partial x}\right)+\frac{\partial}{\partial z}\left(\mu\frac{\partial w}{\partial x}\right)\\
&=\mu\left(\frac{\partial^2 u}{\partial x^2}+\frac{\partial^2 v}{\partial x\partial y}+\frac{\partial^2 w}{\partial x\partial z}\right)\\
&=\mu\left(\frac{\partial}{\partial x}\frac{\partial u}{\partial x}+\frac{\partial}{\partial x}\frac{\partial v}{\partial y}+\frac{\partial}{\partial x}\frac{\partial w}{\partial z}\right)\\
&=\mu\frac{\partial}{\partial x}(\operatorname{div}\boldsymbol{v})\\
&=0
\end{aligned} \tag{1-142}$$

所以运动方程简化为

$$\begin{aligned}
&\frac{\partial u}{\partial t}+\operatorname{div}(u \boldsymbol{v})=\operatorname{div}(\upsilon \operatorname{grad} u)-\frac{1}{\rho}\frac{\partial p}{\partial x}+F_x \\
&\frac{\partial v}{\partial t}+\operatorname{div}(v \boldsymbol{v})=\operatorname{div}(\upsilon \operatorname{grad} v)-\frac{1}{\rho}\frac{\partial p}{\partial y}+F_y \\
&\frac{\partial w}{\partial t}+\operatorname{div}(w \boldsymbol{v})=\operatorname{div}(\upsilon \operatorname{grad} w)-\frac{1}{\rho}\frac{\partial p}{\partial z}+F_z
\end{aligned} \tag{1-143}$$

其中υ是运动黏度，亦是动量扩散系数，单位为m^2/s。

本构方程和运动方程是紧密联系在一起的，通过本构方程可将应力张量用变形速度张量表示出来，即应力可用应变速率表示，而应变速率实际由速度分量决定，故使运动方程和连续性方程原则上封闭可解。

> **注意**：这里讨论的本构方程仅局限于牛顿流体。符合广义牛顿定律的流体称为牛顿流体，否则称为非牛顿流体。非牛顿流体的本构方程不能用广义牛顿定律描述，如对聚合物溶液等流体应该参考相关文献。

4. 能量守恒方程

由能量守恒定律知，体积τ内流体的动能和内能的变换率等于单位时间内质量力和表面力所做的功加上单位时间内给予体积τ的热量。

体积τ内流体的动能和内能的总和为

$$\int_{\tau}\rho\left(U+\frac{V^2}{2}\right)\mathrm{d}\tau \tag{1-144}$$

其中U是单位体积内的流体内能。质量力对体积τ内流体所做的功（单位时间内移动距离$\boldsymbol{v}$，点积求做功）为

$$\int_{\tau}\rho\boldsymbol{F}\cdot\boldsymbol{v}\mathrm{d}\tau \tag{1-145}$$

表面力对体积τ内流体所做的功（单位时间内移动距离$\boldsymbol{v}$，点积求做功）为

$$\int_{S}\boldsymbol{p}_n\cdot\boldsymbol{v}\mathrm{d}S \tag{1-146}$$

单位时间内以热传导方式通过表面S传给体积τ的热量为

$$\int_{S}k\frac{\partial T}{\partial n}\mathrm{d}S \tag{1-147}$$

式 1-147 中的被积函数实际就是傅里叶热传导定律，即热流密度矢量正比于传热面法向温度梯度。单位时间内由于辐射或其他原因（反应、蒸发等）传入τ内的总热量（q为单位时间内传入单位质量的热量分布函数）为

$$\int_{\tau}\rho q\mathrm{d}\tau \tag{1-148}$$

将式 1-144～式 1-148 进行守恒计算，得

$$\frac{\mathrm{D}}{\mathrm{D}t}\int_{\tau}\rho\left(U+\frac{V^2}{2}\right)\mathrm{d}\tau=\int_{\tau}\rho\boldsymbol{F}\cdot\boldsymbol{v}\mathrm{d}\tau+\int_{S}\boldsymbol{p}_n\cdot\boldsymbol{v}\mathrm{d}S+\int_{S}k\frac{\partial T}{\partial n}\mathrm{d}S+\int_{\tau}\rho q\mathrm{d}\tau \tag{1-149}$$

这是积分形式的能量守恒方程。求解体积分的随体导数并运用奥高公式把面积分转化为体积分，可得到微分形式的能量守恒方程，即

$$\begin{aligned}&\frac{\mathrm{D}}{\mathrm{D}t}\int_{\tau}\rho(U+\frac{V^2}{2})\mathrm{d}\tau\\&=\frac{\mathrm{D}}{\mathrm{D}t}\int_{\tau}\left(U+\frac{V^2}{2}\right)\mathrm{d}m\\&=\int_{\tau}\frac{\mathrm{D}}{\mathrm{D}t}\left(U+\frac{V^2}{2}\right)\mathrm{d}m+\int_{\tau}\left(U+\frac{V^2}{2}\right)\frac{\mathrm{D}}{\mathrm{D}t}\mathrm{d}m\end{aligned} \tag{1-150}$$

由质量守恒定律可得

$$\int_{\tau}\left(U+\frac{V^2}{2}\right)\frac{\mathrm{D}}{\mathrm{D}t}\mathrm{d}m=0 \tag{1-151}$$

所以

$$\frac{\mathrm{D}}{\mathrm{D}t}\int_{\tau}\rho\left(U+\frac{V^2}{2}\right)\mathrm{d}\tau=\int_{\tau}\rho\frac{\mathrm{D}}{\mathrm{D}t}\left(U+\frac{V^2}{2}\right)\mathrm{d}\tau \tag{1-152}$$

另外

$$\begin{aligned}\int_{S}\boldsymbol{p}_n\cdot\boldsymbol{v}\mathrm{d}S&=\int_{S}\boldsymbol{n}\cdot\boldsymbol{P}\cdot\boldsymbol{v}\mathrm{d}S=\int_{S}\boldsymbol{n}\cdot(P_{ij}e^ie^j\cdot v_ke^k)\mathrm{d}S\\&=\int_{S}\boldsymbol{n}\cdot(P_{ij}v_k\delta_{jk}e^i)\mathrm{d}S=\int_{S}\boldsymbol{n}\cdot(P_{ij}v_je^i)\mathrm{d}S\\&=\int_{\tau}\mathrm{div}(\boldsymbol{P}\cdot\boldsymbol{v})\mathrm{d}\tau\end{aligned} \tag{1-153}$$

$$\int_S k\frac{\partial T}{\partial n}\mathrm{d}S=\int_S k\boldsymbol{n}\cdot \mathrm{grad}T\mathrm{d}S=\int_\tau \mathrm{div}(k\mathrm{grad}T)\mathrm{d}\tau \tag{1-154}$$

则能量方程的微分形式为

$$\rho\frac{\mathrm{D}}{\mathrm{D}t}\left(U+\frac{V^2}{2}\right)=\rho\boldsymbol{F}\cdot\boldsymbol{v}+\mathrm{div}(\boldsymbol{P}\cdot\boldsymbol{v})+\mathrm{div}(k\mathrm{grad}T)+\rho q \tag{1-155}$$

或

$$\rho\frac{\mathrm{D}}{\mathrm{D}t}\left(U+\frac{v_iv_i}{2}\right)=\rho F_iv_i+\frac{\partial(p_{ij}v_j)}{\partial x_i}+\frac{\partial}{\partial x_i}\left(k\frac{\partial T}{\partial x_i}\right)+\rho q \tag{1-156}$$

或

$$\begin{aligned}&\rho\left(\frac{\partial}{\partial t}+u\frac{\partial}{\partial x}+v\frac{\partial}{\partial y}+w\frac{\partial}{\partial z}\right)\left[U+\frac{1}{2}(u^2+v^2+w^2)\right]\\&=\rho(uF_x+vF_y+wF_z)\\&\quad+\frac{\partial}{\partial x}(p_{xx}u+p_{xy}v+p_{xz}w)+\frac{\partial}{\partial y}(p_{yx}u+p_{yy}v+p_{yz}w)+\frac{\partial}{\partial z}(p_{zx}u+p_{zy}v+p_{zz}w)\\&\quad+\frac{\partial}{\partial x}\left(k\frac{\partial T}{\partial x}\right)+\frac{\partial}{\partial y}\left(k\frac{\partial T}{\partial y}\right)+\frac{\partial}{\partial z}\left(k\frac{\partial T}{\partial z}\right)\\&\quad+\rho q\end{aligned} \tag{1-157}$$

式 1-157 各项的物理意义为：左边第一、第二项代表内能和动能的随体导数，右边第一项是单位体积内的质量力做的功，第二项是单位体积内面力所做的功，第三项是单位体积内热传导输入的热量，最后一项表示由于辐射或其他物理或化学原因的热量贡献。

能量守恒方程的另一种形式为

$$\begin{aligned}&\rho\frac{\partial U}{\partial t}+u\frac{\partial U}{\partial x}+v\frac{\partial U}{\partial y}+w\frac{\partial U}{\partial z}\\&=p_{xx}\frac{\partial u}{\partial x}+p_{yy}\frac{\partial v}{\partial y}+p_{zz}\frac{\partial w}{\partial z}+p_{xy}\left(\frac{\partial v}{\partial x}+\frac{\partial u}{\partial y}\right)+p_{yz}\left(\frac{\partial w}{\partial y}+\frac{\partial v}{\partial z}\right)+p_{zx}\left(\frac{\partial u}{\partial z}+\frac{\partial w}{\partial x}\right)\\&\quad+\frac{\partial}{\partial x}\left(k\frac{\partial T}{\partial x}\right)+\frac{\partial}{\partial y}\left(k\frac{\partial T}{\partial y}\right)+\frac{\partial}{\partial z}\left(k\frac{\partial T}{\partial z}\right)\\&\quad+\rho q\end{aligned} \tag{1-158}$$

式 1-158 的物理意义为：单位体积内由于流体变形，面力所做的功加上热传导及辐射等其他原因传入的热量恰好等于单位体积内的内能在单位时间内的增加。将该式进一步简化，有

$$\begin{aligned}&p_{xx}\frac{\partial u}{\partial x}+p_{yy}\frac{\partial v}{\partial y}+p_{zz}\frac{\partial w}{\partial z}+p_{xy}\left(\frac{\partial v}{\partial x}+\frac{\partial u}{\partial y}\right)+p_{yz}\left(\frac{\partial w}{\partial y}+\frac{\partial v}{\partial z}\right)+p_{zx}\left(\frac{\partial u}{\partial z}+\frac{\partial w}{\partial x}\right)\\&=-p\mathrm{div}\boldsymbol{v}+\mu\left\{2\left[\left(\frac{\partial u}{\partial x}\right)^2+\left(\frac{\partial v}{\partial y}\right)^2+\left(\frac{\partial w}{\partial z}\right)^2\right]+\left(\frac{\partial v}{\partial x}+\frac{\partial u}{\partial y}\right)^2+\left(\frac{\partial w}{\partial y}+\frac{\partial v}{\partial z}\right)^2+\left(\frac{\partial u}{\partial z}+\frac{\partial w}{\partial x}\right)^2\right\}\end{aligned} \tag{1-159}$$

设

$$\phi=\mu\left\{2\left[\left(\frac{\partial u}{\partial x}\right)^2+\left(\frac{\partial v}{\partial y}\right)^2+\left(\frac{\partial w}{\partial z}\right)^2\right]+\left(\frac{\partial v}{\partial x}+\frac{\partial u}{\partial y}\right)^2+\left(\frac{\partial w}{\partial y}+\frac{\partial v}{\partial z}\right)^2+\left(\frac{\partial u}{\partial z}+\frac{\partial w}{\partial x}\right)^2\right\} \quad (1\text{-}160)$$

ϕ为由于黏性作用机械能转化为热能的部分，称为耗散函数。另外，在考虑液体流体时，比焓h与内能值可看作相等，即$h=U+pV=U$，压力不做功，则

$$\begin{aligned}&\rho\frac{\partial U}{\partial t}+u\frac{\partial U}{\partial x}+v\frac{\partial U}{\partial y}+w\frac{\partial U}{\partial z}\\&=\rho\frac{\partial h}{\partial t}+u\frac{\partial h}{\partial x}+v\frac{\partial h}{\partial y}+w\frac{\partial h}{\partial z}\\&=\rho\left(\frac{\partial h}{\partial t}+\boldsymbol{v}\cdot\mathrm{grad}h\right)\\&=\frac{\partial(\rho h)}{\partial t}+\mathrm{div}(\rho h\boldsymbol{v})\end{aligned} \quad (1\text{-}161)$$

所以有

$$\frac{\partial(\rho h)}{\partial t}+\frac{\partial(\rho uh)}{\partial x}+\frac{\partial(\rho vh)}{\partial y}+\frac{\partial(\rho wh)}{\partial z}=-p\mathrm{div}\boldsymbol{v}+\phi+\mathrm{div}(k\mathrm{grad}T)+S_h \quad (1\text{-}162)$$

其中$S_h=\rho q$是单位体积内热源或由于辐射或其他物理或化学原因的热量贡献。$p\mathrm{div}\boldsymbol{v}$一般较小，可以忽略。对液体及固体可以取$h=c_pT$，进一步取$c_p$为常数，并把耗散函数纳入源项$S_T=S_h+\phi$，于是

$$\frac{\partial(\rho T)}{\partial t}+\mathrm{div}(\rho\boldsymbol{v}T)=\mathrm{div}\left(\frac{k}{c_p}\mathrm{grad}T\right)+\frac{S_T}{c_p} \quad (1\text{-}163)$$

对于不可压缩流体，有

$$\frac{\partial T}{\partial t}+\mathrm{div}(\boldsymbol{v}T)=\mathrm{div}\left(\frac{k}{\rho c_p}\mathrm{grad}T\right)+\frac{S_T}{\rho c_p} \quad (1\text{-}164)$$

对于可以忽略黏性耗散作用的稳态低速流，能量方程可以简化为

$$\mathrm{div}(\rho\boldsymbol{v}h)=\mathrm{div}(k\mathrm{grad}T)+S_h \quad (1\text{-}165)$$

及

$$\mathrm{div}(\rho\boldsymbol{v}T)=\mathrm{div}\left(\frac{k}{c_p}\mathrm{grad}T\right)+\frac{S_h}{c_p} \quad (1\text{-}166)$$

取速度为0，则可得到稳态的热传导方程（对流项消失）为

$$\mathrm{div}(k\mathrm{grad}T)+S_h=0 \quad (1\text{-}167)$$

5. *状态方程*

由连续性方程、运动方程、能量方程确定的未知量有u、v、w、p、T、ρ共6个，但方程数只有5个，为使方程组封闭，需补充一个联系p、ρ的状态方程：

$$\rho = f(p,T) \tag{1-168}$$

6. 组分质量守恒方程

在一个特定的系统中可能存在质的交换，或者存在多种化学组分，每一种组分都需要遵守组分质量守恒定律，即系统内某种化学组分对时间的变化率等于通过系统界面的净扩散流量与由反应产生的生成率之和，可表示为

$$\frac{\partial(\rho m_l)}{\partial t} + \text{div}(\rho \boldsymbol{v} m_l + \boldsymbol{J}_l) = S_l \tag{1-169}$$

其中 $\frac{\partial(\rho m_l)}{\partial t}$ 代表单位体积内组分 l 的质量变化率，$\rho \boldsymbol{v} m_l$ 是组分 l 的对流流量密度。$\boldsymbol{J}_l$ 代表扩散流量密度，它由费克定律给出。S_l 是单位体积内组分 l 的生成率。费克定律可表示为

$$J_l = -D_l \text{grad} m_l \tag{1-170}$$

其中 D_l 为扩散系数。将扩散定律代入守恒方程，得

$$\frac{\partial(\rho m_l)}{\partial t} + \text{div}(\rho \boldsymbol{v} m_l) = \text{div}(D_l \text{grad} m_l) + S_l \tag{1-171}$$

为便于以后引用，表 1-3 列出了本节的守恒型控制方程。

表 1-3 常用流动与传热问题的守恒型控制方程

方程名称	方程形式
连续性方程	$\frac{\partial \rho}{\partial t} + \text{div}(\rho \boldsymbol{v}) = 0$
x 动量方程	$\frac{\partial(\rho u)}{\partial t} + \text{div}(\rho u \boldsymbol{v}) = \text{div}(\mu \text{grad} u) - \frac{\partial p}{\partial x} + S_u$
y 动量方程	$\frac{\partial(\rho v)}{\partial t} + \text{div}(\rho v \boldsymbol{v}) = \text{div}(\mu \text{grad} v) - \frac{\partial p}{\partial y} + S_v$
z 动量方程	$\frac{\partial(\rho w)}{\partial t} + \text{div}(\rho w \boldsymbol{v}) = \text{div}(\mu \text{grad} w) - \frac{\partial p}{\partial z} + S_w$
能量方程	$\frac{\partial(\rho T)}{\partial t} + \text{div}(\rho \boldsymbol{v} T) = \text{div}\left(\frac{k}{c_p} \text{grad} T\right) + \frac{S_T}{c_p}$
状态方程	$\rho = f(p,T)$

1.1.7 湍流模型

描述流体运动（层流）的流体力学基本方程组是封闭的，而描述湍流运动的方程组由于采用了某种平均（时间平均或网格平均等）而不封闭，必须对方程组中出现的新未知量采用模型而使其封闭，这就是 CFD 中的湍流模型。

湍流模型的主要作用是将新未知量和平均速度梯度联系起来。目前，工程应用中湍流的数值模拟主要分三大类：直接数值模拟（DNS）、大涡模拟（LES）和基于雷诺平均 N-S 方程组（RANS）的模型。

1. 直接数值模拟（DNS）

直接数值模拟（DNS）方法直接求解湍流运动的N-S方程，得到湍流的瞬时流场，即各种尺度的随机运动，可以获得湍流的全部信息。

随着现代计算机的发展和先进数值方法的研究，DNS方法已经成为解决湍流的一种实际的方法。但由于计算机条件的约束，目前只能限于一些低*Re*数的简单流动，不能用于处理工程中的复杂流动问题。

目前国际上正在做的湍流直接数值模拟还只限于较低的雷诺数（*Re*约200）和非常简单的流动外形，如平板边界层、完全发展的槽道流以及后台阶流动等。

2. 大涡模拟（LES）

大涡模拟（LES）方法即对湍流脉动部分的直接模拟，将N-S方程在一个小空间域内进行平均（或称之为滤波），以便从流场中去掉小尺度涡，导出大涡所满足的方程。

小涡对大涡的影响会出现在大涡方程中，再通过建立模型（亚格子尺度模型）来模拟小涡的影响。

由于湍流的大涡结构强烈地依赖于流场的边界形状和边界条件，难以找出普遍的湍流模型来描述具有不同的边界特征的大涡结构，所以宜做直接模拟。

相反地，由于小尺度涡对边界条件不存在直接依赖关系，而且一般具有各向同性性质，所以亚格子尺度模型具有更大的普适性，比较容易构造，这是它比雷诺平均方法要优越的地方。

LES方法已经成为计算湍流的最强有力的工具之一，应用的方向也在逐步扩展，但是仍然受计算机条件等的限制，使之成为解决大量工程问题的成熟方法仍有很长的路要走。

3. 基于雷诺平均N-S方程组（RANS）的模型

目前能够用于工程计算的方法就是模式理论。所谓湍流模式理论，就是依据湍流的理论知识、实验数据或直接数值模拟结果，对雷诺应力做出各种假设，即假设各种经验的和半经验的本构关系，从而使湍流的平均雷诺方程封闭。

从对模式处理的出发点不同，可以将湍流模式理论分成两大类：一类称为二阶矩封闭模式（雷诺应为模式），另一类称为涡黏性封闭模式。

（1）雷诺应力模式。

雷诺应力模式即二阶矩封闭模式，是从雷诺应力满足的方程出发，将方程右端未知的项（生成项、扩散项、耗散项等）用平均流动的物理量和湍流的特征尺度表示出来。

典型的平均流动的变量是平均速度和平均温度的空间导数。这种模式理论由于保留了雷诺应力所满足的方程，如果模拟得好，可以较好地反映雷诺应力随空间和时间的变化规律，因而可以较好地反映湍流运动规律。

因此，二阶矩封闭模式是一种较高级的模式，但是，由于保留了雷诺应力的方程，加上平均运动的方程，整个方程组总计15个方程，是一个庞大的方程组，应用这样一个庞大的方程组来解决实际工程问题，计算量很大，这就极大地限制了二阶矩封闭模式在工程问题中的应用。

（2）涡黏性封闭模式。

在工程湍流问题中得到广泛应用的模式是涡黏性封闭模式。这是由Boussinesq仿照分子黏性的思路提出的，即设雷诺应力为

$$\overline{u_i u_j} = -\nu_T\left(U_{i,j} + U_{j,i} + \frac{2}{3}U_{k,k}\delta_{ij}\right) + \frac{2}{3}k\delta_{ij} \tag{1-172}$$

这里$k=\frac{1}{2}\overline{u_iu_j}$是湍动能，$\nu_T$称为涡黏性系数，这是最早提出的基准涡黏性封闭模式，即假设雷诺应力与平均速度应变率成线性关系。当平均速度应变率确定后，6个雷诺应力只需要通过确定一个涡黏性系数ν_T就可完全确定，且涡黏性系数各向同性，可以通过附加的湍流量来模化，如湍动能k、耗散率ε、比耗散率ω以及其他湍流量$\tau=k/\varepsilon$、$l=k^{3/2}/\varepsilon$、$q=\sqrt{k}$。根据引入的湍流量的不同，可以得到不同的涡黏性模式，如常见的k-ε、k-ω模式，以及后来不断得到发展的k-τ、q-w、k-l等模式，涡黏性系数可以分别表示为

$$\nu_T=C_\mu k^2/\varepsilon，\ \nu_T=C_\mu\frac{k}{\omega}，\ \nu_T=C_\mu k\tau，\ \nu_T=C_\mu\frac{q^2}{\omega}，\ \nu_T=C_\mu\sqrt{k}l$$

为了使控制方程封闭，引入多少个附加的湍流量，就要同时求解多少个附加的微分方程，根据求解的附加微分方程的数目，一般可将涡黏性模式划分为4类：零方程模式、半方程模型、一方程模式和两方程模式。

① 零方程模式。

所谓零方程模式，就是试图直接用平均流动物理量模化ν_T，而不引入任何湍流量（如k、ε等）。

例如，Prandtl的混合长理论就是一种零方程模式：

$$\nu_T\propto l^2\left|\frac{\partial U}{\partial y}\right| \tag{1-173}$$

式中，l称为混合长。

在零方程模式的框架下，得到最为广泛应用的是Baldwin-Lomax模式（BL模式）。该模式是对湍流边界层的内层和外层采用不同的混合长假设。

这是因为靠近壁面处，湍流脉动受到很大的抑制，含能涡的尺度减小很多，因此长度尺度减小很多；另一方面，在边界层外缘，湍流呈间歇状，质量、动量和能量的输运能力大大下降，即湍流的扩散能力减小。

这样，应用混合长理论来确定涡黏性系数在这两个不同的区域应该有不同的形式。Baldwin-Lomax模式的具体数学描述如下。

$$\nu_T=\begin{cases}(\nu_T)_{\text{in}} & y\leqslant y_c\\(\nu_T)_{\text{out}} & y>y_c\end{cases} \tag{1-174}$$

这里y_c是$(\nu_T)_{\text{in}}=(\nu_T)_{\text{out}}$的离壁面最小距离$y$值。

对于内层，即$y\leqslant y_c$，有

$$(\nu_T)_{\text{in}}=l^2\Omega \tag{1-175}$$

Ω是涡量，$\Omega=\left|\varepsilon_{ijk}U_{k,j}\right|$，$l$是长度尺度。

$$l=ky(1-\exp(-y^+/A^+)) \tag{1-176}$$

式中，k=0.4是Karman常数，A^+是模化常数，y^+是无量纲法向距离。

$$y^+=u_\tau y/\nu_{\text{w}} \tag{1-177}$$

其中u_τ是摩擦速度，其含义为

$$u_\tau = \sqrt{\nu \left. \frac{\partial U}{\partial y} \right|_{\mathrm{w}}} \tag{1-178}$$

此处下标 w 表示壁面。

对于外层，即 $y > y_c$，有

$$(\nu_T)_{\mathrm{out}} = F_{\mathrm{wake}} F_{\mathrm{kleb}}(y) \tag{1-179}$$

其中

$$F_{\mathrm{wake}} = \min(y_{\max} F_{\max}, C_{\mathrm{wk}} y_{\max} U_{\mathrm{dif}}^2 / F_{\max}) \tag{1-180}$$

$F_{\max}$ 是函数 $F(y)$ 的最大值。

$$F(y) = y\Omega(1 - \exp(-y^+ / A^+)) \tag{1-181}$$

而 $y_{\max}$ 是 $F(y)$ 达到最大值的位置。F_{kleb} 是 Klebanoff 间歇函数。

$$F_{\mathrm{kleb}}(y) = \left(1 + 5.5\left(\frac{C_{\mathrm{kleb}} \cdot y}{y_{\max}}\right)^6\right)^{-1} \tag{1-182}$$

U_{dif} 是平均速度分布中最大值和最小值之差。

几个模化常数的值如下。

$$A^+ = 26.0 \quad C = 0.02668 \quad C_{\mathrm{kleb}} = 0.3 \quad C_{\mathrm{wk}} = 1.0 \quad k = 0.4$$

由上述模化关系可以看出，雷诺应力完全由当时当地的平均流参数用代数关系式决定。

平均流场的任何变化立刻为当地的湍流所感知，这表明零方程模式是一个平衡态模式，假定湍流运动永远处于与平均运动的平衡之中。

实际上对于大多数湍流运动而言并非如此，特别是对于平均流空间和时间有剧烈变化的情形，再有因为坐标 y 显式地出现在湍流模式中，零方程模式不具有张量不变性，所以将它应用到复杂几何外形的流动的数值模拟会带来困难。

当流动发生分离时，Baldwin-Lomax 模式会遇到困难，这是因为在分离点和再附点附近，摩擦速度 u_τ 为 0，此时要引入一些人为的干涉来消除这些困难。

计算实践表明，只要流动是附体的，零方程模式一般都可以较好地确定压强分布，但是摩阻和传热率的估算不够准确，特别是当流动有分离和再附时。这是因为附体流压强分布对湍流应力不敏感。

总之，对于附体流动，如果只关心压强分布，应用零方程模式通常可以给出满意的结果，而且模式应用起来十分简便。但是对于计算摩阻的需求，零方程模式是不能满足要求的。对于有分离、再附等复杂流动，零方程模式是不适用的。

② 半方程模式。

为了能计算具有较强压强梯度，特别是较强逆压梯度的非平衡湍流边界层，Johnson-King 于 1985 年提出了一个非平衡代数模式（JK 模式），该模式仍采用涡黏性假设，把涡黏性的分布与最大剪切应力联系在一起，内层涡黏性与外层涡黏性分布用一个指数函数作为光滑拟合，外层涡黏性系数作为一个自由参数，由描述最大剪切应力沿流向变化的常微分方程来确定，此常微分方程是由湍流动能方程导出的，故此模式又称为半方程模式。

JK 模式虽然仍采用涡黏性假设，却包含雷诺应力模式的特点。由于求解常微分方程比一方程、两方程模式中求解偏微分方程要简单、省时得多，故用 JK 模式的工作量只略高于通常平衡状态的零方程代数模式的工作量。

③ 一方程模式。

Baldwin-Barth（BB）模式是在两方程模型中，将某一导出的应变量作为基本物理量而得到的，应用此一方程模式可避免求解两方程时会遇到的某些数值困难。BB 一方程模式所选择的导出应变量为“湍流雷诺数”Re_t。

BB 模式对计算网格的要求低，壁面的网格可以与采用 BL 代数模式的相当，而不像两方程 k-ε 模式那样要求壁面网格很细，这样就避免了在 k-ε 模式中流场求解的刚性问题。

Spalart-Allmaras（SA）模式与 BB 模式不同，它不是直接利用 k-ε 两方程模式加以简化而得，而是从经验和量纲分析出发，由针对简单流动再逐渐补充发展，进而适用于带有层流流动的固壁湍流流动的一方程模式。该模式中选用的应变量是与涡黏性 ν_T 相关的量 $\tilde{\nu}$，除在黏性次层外，$\tilde{\nu}$ 与 ν_T 是相等的。

上述两种一方程模式具有相似的特点，它们不像代数模式那样需要分为内层模式、外层模式或壁面模式、尾流模式，同时也不需要沿法向网格寻找最大值，因此易于应用到非结构网格中；但由于在每个时间步长内，需要对整个流场求解一组偏微分方程，故比 BL 和 JK 模式更费机时。

④ 两方程模式。

常用的两方程模式有标准 k-ε 两方程模式、可实现型 k-ε 两方程模式、低雷诺数 k-ε 模式及 k-ω 两方程模式等。

- 标准 k-ε 两方程模式。

k-ε 模式是最为人所知和应用最广泛的两方程涡黏性模式，为积分到壁面的不可压缩/可压缩湍流的两方程涡黏性模式。

雷诺应力的涡黏性模式为

$$\tau_{tij} = -\rho \overline{u u_j} = 2\mu_t (S_{ij} - S_{nn}\delta_{ij}/3) - 2\rho k \delta_{ij}/3 \tag{1-183}$$

其中 μ_t 为涡黏性（eddy viscosity），S_{ij} 为平均速度应变率张量（mean-velocity strain-rate tensor），ρ 为流体密度，k 为湍动能，δ_{ij} 为克罗内克算子（Kronecker delta）。涡黏性定义为湍动能 k 和湍流耗散率 ε 的函数。

$$\mu_t = C_\mu f_\mu \rho k^2 / \varepsilon \tag{1-184}$$

基于量纲分析，涡黏性由流体密度 ρ、湍流速度尺度 k^2 和长度尺度 $k^{3/2}/\varepsilon$ 来标度，衰减函数 f 由湍流雷诺数 $Re_t = \rho k^2/(\varepsilon\mu)$ 来模化。

湍流输运方程可表示成湍流能量输运方程 1-185 和能量耗散输运方程 1-186。

$$\frac{\partial(\rho k)}{\partial t} + \frac{\partial}{\partial x_j}\left(\rho u_j \frac{\partial k}{\partial x_j} - \left(\mu + \frac{\mu_t}{\sigma_k}\right)\frac{\partial k}{\partial x_j}\right) = \tau_{tij} S_{ij} - \rho\varepsilon + \phi_k \tag{1-185}$$

$$\frac{\partial(\rho\varepsilon)}{\partial t} + \frac{\partial}{\partial x_j}\left(\rho u_j \varepsilon - \left(\mu + \frac{\mu_t}{\sigma_\varepsilon}\right)\frac{\partial \varepsilon}{\partial x_j}\right) = c_{\varepsilon 1}\frac{\varepsilon}{k}\tau_{tij} S_{ij} - c_{\varepsilon 2} f_2 \rho \frac{\varepsilon^2}{k} + \phi_\varepsilon \tag{1-186}$$

其中右端项分别表示生成项（production term）、耗散项（dissipation term）和壁面项（wall term）。

模式中各常数的值如下。

$$C_\mu=0.09 \qquad c_{\varepsilon1}=1.45 \qquad c_{\varepsilon2}=1.92$$

$$\sigma_k=1.0 \qquad \sigma_\varepsilon=1.3 \qquad \mathrm{Pr}_t=0.9$$

近壁衰减函数

$$f_\mu=\exp(-3.4/(1+0.02\,Re_t)^2)$$

$$f_2=1-0.3\exp(-Re_t^2) \tag{1-187}$$

$$Re_t=\frac{\rho k^2}{\mu\varepsilon} \tag{1-188}$$

壁面项

$$\phi_k=2\mu\left(\frac{\partial\sqrt{k}}{\partial y}\right)^2 \tag{1-189}$$

$$\phi_\varepsilon=2\mu\frac{\mu_t}{\rho}\left(\frac{\partial^2 u_s}{\partial y^2}\right)^2 \tag{1-190}$$

其中 u_s 为平行于壁面的流动速度。

积分到壁面的无滑移边界条件为

$$k=0 \qquad \varepsilon=0$$

- 可实现型 k - ε 两方程模式。

上述标准 k - ε 模式，对于高平均切变率流动会出现非物理的结果（如当 $Sk/\varepsilon>3.7$ 时，其中 $S=\sqrt{2S_{ij}S_{ij}}$ ）。为了保证模式的可实现性，模式函数 C_μ 不应该是常数，而应当是平均切变率的函数。实验表明，对边界层流动和均匀切变流，C_μ 的值是不同的。为此，根据可实现性对模式的约束条件，建议采用以下形式的 C_μ。

$$C_\mu=\frac{1}{A_0+A_sU^*\dfrac{k}{\varepsilon}} \tag{1-191}$$

式 1-191 中

$$U^*=\sqrt{S_{ij}S_{ij}+\Omega_{ij}^*\Omega_{ij}^*}$$

$$\Omega_{ij}^*=\Omega_{ij}-2\varepsilon_{ijk}\omega_k \tag{1-192}$$

$$\Omega_{ij}=\overline{\Omega_{ij}}-\varepsilon_{ijk}\omega_k$$

$\overline{\Omega_{ij}}$ 是在以角速度 ω_k 旋转的旋转坐标系中得到的平均旋转速率。

$$A_s=\sqrt{6}\cos\phi,\quad \phi=\frac{1}{3}\cos^{-1}(\sqrt{6}W)$$

$$W=\frac{S_{ij}S_{jk}S_{ki}}{\tilde{S}^3} \quad \tilde{S}=\sqrt{S_{ij}S_{ij}} \tag{1-193}$$

关系式 1-191 中唯一未确定的系数是 A_0。为简单起见，可以设其为常数。对边界层流动，可以取 $A_0=4.0$；对于其他流动，A_0 的数值可以调节。

- 低雷诺数 k-ε 模式。

上述几种 k-ε 模式适用于高雷诺数情形。但是对于近壁区，湍流雷诺数很低，对湍流动力学而言，黏性效应非常重要，此时湍流雷诺数的效应必须加以考虑。研究摩阻的计算关注的恰恰是近壁区，因此低雷诺数 k-ε 模式的研究是十分重要的。

现将有关结果整理如下。

低雷诺数下的涡黏性和 k-ε 模式方程为

$$\mu_T = C_\mu f_\mu \rho \frac{k\left(k+\sqrt{\nu\varepsilon}\right)}{\varepsilon} \tag{1-194}$$

$$\frac{\partial(\rho k)}{\partial t}+\frac{\partial(\rho U_i jk)}{\partial x_j}=\frac{\partial}{\partial x_j}\left[\left(\mu+\frac{\mu_T}{\sigma_k}\right)\frac{\partial k}{\partial x_j}\right]-\rho\overline{u_i u_j}U_{i,j}-\rho\varepsilon \tag{1-195}$$

$$\begin{aligned}\frac{\partial(\rho\varepsilon)}{\partial t}+\frac{\partial(\rho U_i j\varepsilon)}{\partial x_j}=\frac{\partial}{\partial x_j}\left[\left(\mu+\frac{\mu_T}{\sigma_\varepsilon}\right)\frac{\partial\varepsilon}{\partial x_j}\right]+C_1 f_1\rho S\varepsilon- \\ C_2 f_2\rho\frac{\varepsilon^2}{k+\sqrt{\nu\varepsilon}}+C_3\frac{\mu\mu_T}{\rho}\frac{\partial S}{\partial x_j}\frac{\partial S}{\partial x_i}\end{aligned} \tag{1-196}$$

式中

$$\begin{aligned}&S=\sqrt{2S_{ij}S_{ij}},\quad S_{ij}=\frac{1}{2}(U_{i,j}+U_{j,i}) \\ &-\rho\overline{u_i u_j}=-\frac{2}{3}\rho k\delta_{ij}+\mu_T(U_{i,j}+U_{j,i}-\frac{2}{3}U_{k,k}\delta_{ij})\end{aligned} \tag{1-197}$$

所有模化常数如下。

$$\begin{aligned}&C_\mu=\frac{1}{4+A_s U^*\dfrac{k}{\varepsilon}} \\ &C_1=\max\left\{0.43,\frac{\eta}{5+\eta}\right\} \\ &\eta=\frac{Sk}{\varepsilon} \\ &C_2=1.9,\quad C_3=1.0 \\ &\sigma_k=1.0,\quad \sigma_\varepsilon=1.2 \\ &U^*=\sqrt{S_{ij}^*S_{ij}^*+\Omega_{ij}\Omega_{ij}} \\ &S_{ij}^*=S_{ij}-\frac{1}{3}U_{k,k}\delta_{ij} \\ &f_\mu=1-\exp\left[-\left(a_1R+a_2R^2+a_3R^3+a_4R^4+a_5R^5\right)\right] \\ &f_1=1-\exp\left[-\left(a_1'R+a_2'R^2+a_3'R^3+a_4'R^4+a_5'R^5\right)\right] \\ &f_2=1-0.22\exp\left(-\frac{R_t^2}{36}\right)\end{aligned} \tag{1-198}$$

其中

$$R=\frac{k^{\frac{1}{2}}(k+\sqrt{\nu\varepsilon})^{\frac{3}{2}}}{\nu\varepsilon} \qquad R_t=\frac{k^2}{\nu\varepsilon} \tag{1-199}$$

此处，f_μ 和 f_1、f_2 称为阻尼函数，是用来反映近壁区低雷诺数效应的一个经验公式，系数 a_i、a_i' 见表 1-4。

表 1-4　系数 a_i、a_i'

i	1	2	3	4	5
a_i	3.3×10^{-3}	-6.0×10^{-5}	6.6×10^{-7}	-3.6×10^{-9}	8.4×10^{-12}
a_i'	2.53×10^{-3}	-5.7×10^{-5}	6.55×10^{-7}	-3.6×10^{-9}	8.3×10^{-12}

- k-ω两方程模式。

k-ω模式是积分到壁面的不可压缩/可压缩湍流的两方程涡黏性模式，最主要的文献来自 Wilcox。

下面求解湍动能 k 和它的 $\omega=\varepsilon/k$，$\tau=k/\varepsilon$，$l=k^{3/2}/\varepsilon$，$q=\sqrt{k}$ 的对流输运方程。

雷诺应力的涡黏性模型为

$$\tau_{tij}=2\mu_t(S_{ij}-S_{nn}\delta_{ij}/3)-2\rho k\delta_{ij}/3 \tag{1-200}$$

这里 μ_t 为涡黏性，S_{ij} 为平均速度应变率张量，ρ 为流体密度，k 为湍动能，δ_{ij} 为克罗内克算子。涡黏性定义为湍动能 k 和比耗散率ω的函数。

$$\mu_t=\rho k/\omega \tag{1-201}$$

k 和ω的输运方程为

$$\frac{\partial(\rho k)}{\partial t}+\frac{\partial}{\partial x_j}\left(\rho u_j k-(\mu+\sigma^*\mu_t)\frac{\partial k}{\partial x_j}\right)=\tau_{tij}S_{ij}-\beta^*\rho\omega k \tag{1-202}$$

$$\frac{\partial(\rho\omega)}{\partial t}+\frac{\partial}{\partial x_j}\left(\rho u_j\omega-(\mu+\sigma\mu_t)\frac{\partial\omega}{\partial x_j}\right)=\alpha\frac{\omega}{k}\tau_{tij}S_{ij}-\beta\rho\omega^2 \tag{1-203}$$

模式中各常数的值如下。

$$\alpha=\frac{5}{9} \qquad \beta=\frac{3}{40} \qquad \beta^*=\frac{9}{100}$$

$$\sigma=0.5 \qquad \sigma^*=0.5 \qquad \mathrm{Pr}_t=0.9$$

对于边界层流动，壁面无滑移边界条件为

$$k=0$$

$$\omega=10\frac{6\mu}{\beta\rho(y_1)^2} \tag{1-204}$$

这里 y_1 为离开壁面第一个点的距离，且 $y_1^+<1$。

除以上介绍的 FLUENT 中常用的湍流模型外，还有众多诸如 SST 两方程模式、k-τ 模型、q-ω 模型、双尺度两方程模式等湍流模型，在此不再一一详细介绍，感兴趣的读者可以查阅相关文献。

在实际求解中，选用什么模型要根据具体问题的特点来决定。选择的一般原则是精度高，应用简单，节省计算时间，同时也具有通用性。

不同软件所包含的湍流模型有略微区别，但常用的湍流模型一般 CFD 软件都包含。图 1-3 为常用的湍流模型及其计算量的变化趋势。

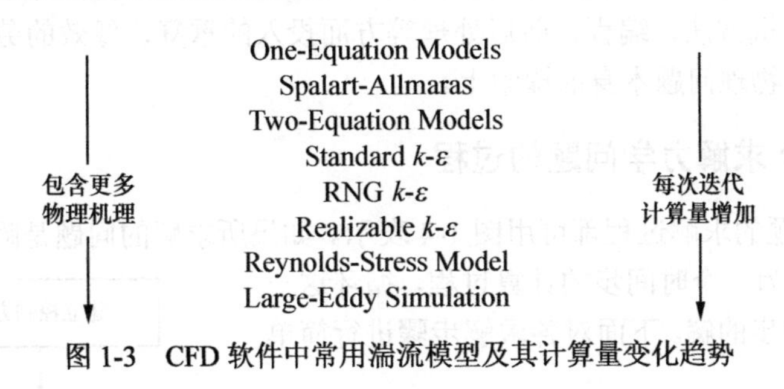

图 1-3 CFD 软件中常用湍流模型及其计算量变化趋势

1.2 计算流体力学（CFD）基础

计算流体动力学（Computational Fluid Dynamics，CFD）是近代流体力学、数值数学和计算机科学结合的产物，是一门具有强大生命力的边缘科学。

1.2.1 CFD 概述

CFD 以电子计算机为工具，应用各种离散化的数学方法，对流体力学的各类问题进行数值实验、计算机模拟和分析研究，以解决各种实际问题。

计算流体力学和相关的计算传热学、计算燃烧学的原理是用数值方法求解非线性联立的质量、能量、组分、动量和自定义的标量的微分方程组，求解结果能预报流动、传热、传质、燃烧等过程的细节，并成为过程装置优化和放大定量设计的有力工具。计算流体力学的基本特征是数值模拟和计算机实验，它从基本物理定理出发，在很大程度上替代了耗资巨大的流体动力学实验设备，在科学研究和工程技术中产生巨大的影响。

计算流体力学是目前国际上一个强有力的研究领域，是进行传热、传质、动量传递及燃烧、多相流和化学反应研究的核心和重要技术，广泛应用于航天设计、汽车设计、生物医学工业、化工处理工业、涡轮机设计、半导体设计、HAVC&R 等诸多工程领域，板翅式换热器设计是 CFD 技术应用的重要领域之一。

CFD 在最近 20 年中得到飞速的发展，除了计算机硬件工业的发展给它提供了坚实的物质基础外，还主要因为无论分析的方法或实验的方法都有较大的限制。例如，由于问题的复杂性，既无法作分析解，也因费用昂贵而无力进行实验确定，而 CFD 的方法正具有成本低和能模拟较复杂或较理想的过程等优点。

经过一定考核的 CFD 软件可以拓宽实验研究的范围，减少成本昂贵的实验工作量。在给定的参数下用计算机对现象进行一次数值模拟相当于进行一次数值实验，历史上也曾有过首先由 CFD 数值模拟发现新现象而后由实验予以证实的例子。

CFD 软件一般都能推出多种优化的物理模型，如定常和非定常流动、层流、紊流、不可压缩和可压缩流动、传热、化学反应等。对每一种物理问题的流动特点，都有适合它的数值解法，用户可选择显式或隐式差分格式，以期在计算速度、稳定性和精度等方面达到最佳。

CFD 软件之间可以方便地进行数值交换，并采用统一的前、后处理工具，这就省去了科研工作者在计算机方法、编程、前后处理等方面投入的重复、低效的劳动，而可以将主要精力和智慧用于物理问题本身的探索上。

1.2.2　CFD 求解力学问题的过程

所有 CFD 问题的求解过程都可用图 1-4 表示。如果所求解的问题是瞬态问题，则可将图 1-4 的过程理解为一个时间步的计算过程，循环这一过程求解下个时间步的解。下面对各求解步骤进行简单介绍。

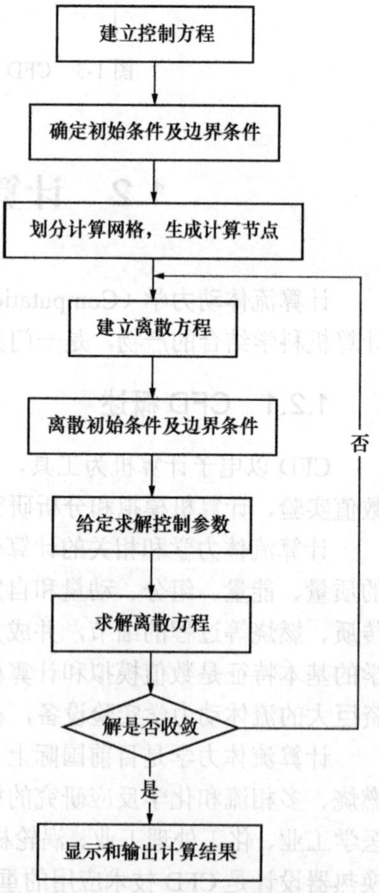

1. 建立控制方程

建立控制方程是求解任何问题前都必须首先进行的。一般来讲，这一步是比较简单的。因为对于一般的流体流动而言，可直接写出其控制方程。假定没有热交换发生，则可直接将连续方程与动量方程作为控制方程使用。一般情况下，需要增加湍流方程。

2. 确定边界条件和初始条件

初始条件与边界条件是控制方程有确定解的前提，控制方程与相应的初始条件、边界条件的组合构成对一个物理过程完整的数学描述。

初始条件是所研究对象在过程开始时刻各个求解变量的空间分布情况。对于瞬态问题，必须给定初始条件。对于稳态问题，不需要初始条件。

边界条件是在求解区域的边界上所求解的变量或其导数随地点和时间的变化规律。对于任何问题，都需要给定边界条件。

建立控制方程
确定初始条件及边界条件
划分计算网格，生成计算节点
建立离散方程
离散初始条件及边界条件
给定求解控制参数
求解离散方程
解是否收敛
否
是
显示和输出计算结果

图 1-4　CFD 求解流程框图

3. 划分计算网格

采用数值方法求解控制方程时，都是想办法将控制方程在空间区域上进行离散，然后求解得到离散方程组。要想在空间域上离散控制方程，必须使用网格。现已发展出多种对各种区域进行离散以生成网格的方法，这些方法统称为网格生成技术。

不同的问题采用不同数值解法时，所需要的网格形式是有一定区别的，但生成网格的方法基本是一致的。目前网格分结构网格和非结构网格两大类。

简单地讲，结构网格在空间上比较规范，如对一个四边形区域，网格往往是成行成列分布的，行线和列线比较明显。而非结构网格在空间分布上没有明显的行线和列线。

对于二维问题，常用的网格单元有三角形和四边形等形式；对于三维问题，常用的网格单元有四面体、六面体、三菱体等形式。在整个计算域上，网格通过节点联系在一起。

目前各种 CFD 软件都配有专用的网格生成工具，如 FLUENT 使用 Gambit 作为前处理软件。多数 CFD 软件可接收采用其他 CAD 或 CFD/FEM 软件产生的网格模型。例如，FLUENT 可以接收 ANSYS 所生成的网格。

4. 建立离散方程

对于在求解域内所建立的偏微分方程，理论上是有真解（或称精确解或解析解）的。但由于所处理问题自身的复杂性，一般很难获得方程的真解。因此就需要通过数值方法把计算域内有限数量位置（网格节点或网格中心点）上的因变量值当作基本未知量来处理，从而建立一组关于这些未知量的代数方程组，然后通过求解代数方程组来得到这些节点值，而计算域内其他位置上的值则根据节点位置上的值来确定。

由于所引入的应变量在节点之间的分数假设及推导离散化方程的方法不同，所以形成了有限差分法、有限元法、有限体积法等不同类型的离散化方法。

对于瞬态问题，除了在空间域上的离散外，还要涉及在时间域上的离散。离散后，将要涉及使用何种时间积分方案的问题。

5. 离散初始条件和边界条件

前面所给定的初始条件和边界条件是连续性的，如在静止壁面上速度为 0，现在需要针对所生成的网格，将连续型的初始条件和边界条件转化为特定节点上的值，如静止壁面上共有 90 个节点，则这些节点上的速度值应均设为 0。

商用 CFD 软件往往在前处理阶段完成网格划分后，直接在边界上指定初始条件和边界条件，然后由前处理软件自动将这些初始条件和边界条件按离散的方式分配到相应的节点上。

6. 给定求解控制参数

在离散空间上建立了离散化的代数方程组，并施加离散化的初始条件和边界条件后，还需要给定流体的物理参数和湍流模型的经验系数等。此外，还要给定迭代计算的控制精度、瞬态问题的时间步长和输出频率等。

7. 求解离散方程

进行上述设置后，生成了具有定解条件的代数方程组。对于这些方程组，数学上已有相应的解法，如线性方程组可采用 Gauss 消去法或 Gauss-Seidel 迭代法求解，而对于非线性方程组，可采用 Newton-Raphson 方法。

商用 CFD 软件往往提供多种不同的解法，以适应不同类型的问题。这部分内容属于求解器设置的范畴。

8. 显示计算结果

通过上述求解过程得出了各计算节点上的解后，需要通过适当的手段将整个计算域上的结果表示出来，这时，可采用线值图、矢量图、等值线图、流线图、云图等方式来表示计算结果。

- 线值图是指在二维或三维空间上，将横坐标取为空间长度或时间历程，将纵坐标取为某一物理量，然后用光滑曲线或曲面在坐标系内绘制出某一物理量沿空间或时间的变化情况。

- 矢量图是直接给出二维或三维空间里矢量（如速度）的方向及大小，一般用不同颜色和长度的箭头表示速度矢量。矢量图可以比较容易地让用户发现其中存在的漩涡区。
- 等值线图是用不同颜色的线条表示相等物理量（如温度）的一条线。
- 流线图是用不同颜色的线条表示质点运动轨迹。
- 云图是使用渲染的方式，将流场某个截面上的物理量（如压力或温度）用连续变化的颜色块表示其分布。

1.2.3　CFD数值模拟方法和分类

CFD的数值解法有很多分支，这些方法之间的区别主要在于对控制方程的离散方式。根据离散原理的不同，CFD大体上可以分为有限差分法（FDM）、有限元法（FEM）和有限体积法（FVM）。

1. 有限差分法

有限差分法（FDM）是计算机数值模拟最早采用的方法，至今仍被广泛运用。该方法将求解域划分为差分网格，用有限个网格节点代替连续的求解域。

有限差分法以Taylor级数展开的方法，把控制方程中的导数用网格节点上的函数值的差商代替，从而创建以网格节点上的值为未知数的代数方程组。

该方法是一种直接将微分问题变为代数问题，从而可以用近似数值解法求解，数学概念直观，表达简单，是发展较早且比较成熟的数值方法。

从有限差分格式的精度来划分，有一阶格式、二阶格式和高阶格式；从差分的空间形式来考虑，可分为中心格式和逆风格式；考虑时间因子的影响，差分格式还可分为显格式、隐格式、显隐交替格式等。

目前常见的差分格式主要是上诉几种格式的组合，不同的组合构成不同的差分格式。差分方法主要适用于有结构网格，网格的步长一般根据实际情况和柯郎稳定条件决定。

2. 有限元法

有限元法（FEM）的基础是变分原理和加权余量法，其基本求解思想是把计算域划分为有限个互不重叠的单元，在每个单元内，选择一些合适的节点作为求解函数的插值点，将微分方程中的变量改写成由各变量或其导数的节点值与所选用的插值函数组成的线性表达式，借助于变分原理或加权余量法，将微分方程离散求解。

采用不同的权函数和插值函数形式，便于构成不同的有限元方法。有限元法最早应用于结构力学，后来随着计算机的发展逐渐用于流体力学的数值模拟。

在有限元法中，把计算域离散剖分为有限个互不重叠且相互连接的单元，在每个单元内选择基函数，用单元基函数的线性组合来逼近单元中的真解，整个计算域上总体的基函数可以看作由每个单元基函数组成，而整个计算域内的解可以看作由所有单元上的近似解构成。

有限元方法的基本思路和解题步骤可归纳如下。

（1）建立积分方程。根据变分原理或方程余量与权函数正交化原理，建立与微分方程初边值问题等价的积分表达式，这是有限元法的出发点。

（2）区域单元剖分。根据求解区域的形状及实际问题的物理特点，将区域剖分为若干相互连接、不重叠的单元。区域单元划分是采用有限元方法的前期准备工作，这部分工作量比较大，除了给计算单元和节点进行编号和确定相互之间的关系之外，还要表示节点的位置坐标，并列出自然边界和本质边界的节点序号和相应的边界值。

（3）确定单元基函数。根据单元中节点数目及对近似解精度的要求，选择满足一定插值条件的插值函数作为单元基函数。有限元方法中的基函数是在单元中选取的，由于各单元具有规则的几何形状，所以在选取基函数时可遵循一定的法则。

（4）单元分析。将各个单元中的求解函数用单元基函数的线性组合表达式进行逼近；再将近似函数代入积分方程，并对单元区域进行积分，可获得含有待定系数（即单元中各节点的参数值）的代数方程组（称为单元有限元方程）。

（5）总体合成。在得出单元有限元方程之后，将区域中所有单元有限元方程按一定法则进行累加，形成总体有限元方程。

（6）边界条件的处理。一般边界条件有 3 种形式，分别为本质边界条件（狄里克雷边界条件）、自然边界条件（黎曼边界条件）、混合边界条件（柯西边界条件）。对于自然边界条件，一般在积分表达式中可自动得到满足。对于本质边界条件和混合边界条件，需按一定法则对总体有限元方程进行修正满足。

（7）解有限元方程。根据边界条件修正的总体有限元方程组，是含所有待定未知量的封闭方程组，采用适当的数值计算方法求解，可求得各节点的函数值。

3. 有限体积法

有限体积法（Finite Volume Method，FVM）又称为控制体积法。其基本思路是：将计算区域划分为一系列不重复的控制体积，并使每个网格点周围有一个控制体积；将待解的微分方程对每一个控制体积积分，便得出一组离散方程。

其中的未知数是网格点上的因变量的数值。为了求出控制体积的积分，必须假定值在网格点之间的变化规律，即假设值分段分布的剖面。

从积分区域的选取方法看来，有限体积法属于加权剩余法中的子区域法；从未知解的近似方法看来，有限体积法属于采用局部近似的离散方法。简而言之，子区域法属于有限体积法的基本方法。

有限体积法的基本思路易于理解，并能得出直接的物理解释。离散方程的物理意义就是因变量在有限大小的控制体积中的守恒原理，如同微分方程表示因变量在无限小的控制体积都得到满足，在整个计算区域，自然也就得到满足一样，这是有限体积法吸引人的优点。

某些离散方法，如有限差分法，仅当网格极其细密时，离散方程才满足积分守恒；而有限体积法即使在粗网格情况下，也显示出准确的积分守恒。

就离散方法而言，有限体积法可视为有限单元法和有限差分法的中间物，有限单元法必须假定值符号网格点之间的变化规律（即插值函数），并将其作为近似解；有限差分法只考虑网格点上的数值而不考虑其在网格点之间如何变化；有限体积法只寻求节点值，这与有限差分法相类似，但有限体积法在寻求控制体积的积分时，必须假定值在网格点之间的分布，这又与有限单元法相类似。

在有限体积法中，插值函数只用于计算控制体积的积分，得出离散方程后，便可忘掉插值函数；如果需要的话，可以对微分方程中不同的项采取不同的插值函数。

1.2.4　有限体积法计算区域的离散

从前面的介绍中可以看出，有限体积法是一种分块近似的计算方法，因此其中比较重要的步骤是计算区域的离散和控制方程的离散。

所谓区域的离散化，实际上就是用一组有限个离散的点来代替原来的连续空间。一般的实施过程是：把所计算的区域划分成许多个互不重叠的子区域（sub-domain），确定每个子区域中的节点位置及该节点所代表的控制体积。区域离散后，得到以下4种几何要素。

- 节点：需要求解的未知物理量的几何位置。
- 控制体积：应用控制方程或守恒定律的最小几何单位。
- 界面：定义了与各节点相对应的控制体积的界面位置。
- 网格线：连接相邻两节点面形成的曲线簇。

一般把节点看成是控制体积的代表。在离散过程中，将一个控制体积上的物理量定义并存储在该节点处。一维问题的有限体积法计算网格如图1-5所示，二维问题的有限体积法计算网格如图1-6所示。

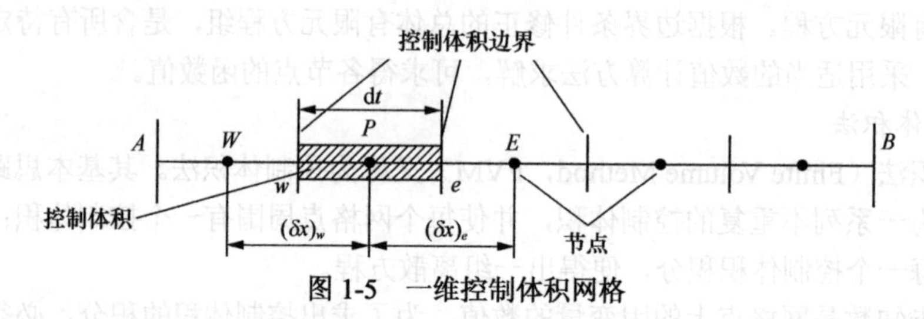

图1-5　一维控制体积网格

计算区域离散的网格有两类：结构化网格和非结构化网格。

结构化网格（structured grid）的节点排列有序，即给出了一个节点的编号后，立即可以得出其相邻节点的编号，所有内部节点周围的网格数目相同。

结构化网格具有实现容易、生成速度快、网格质量好、数据结构简单化的优点，但不能实现复杂边界区域的离散。

非结构化网格的内部节点以一种不规则的方式布置在流场中，各节点周围的网格数目不尽相同。这种网格虽然生成过程比较复杂，但却有极大的适应性，对复杂边界的流场计算问题特别有效。

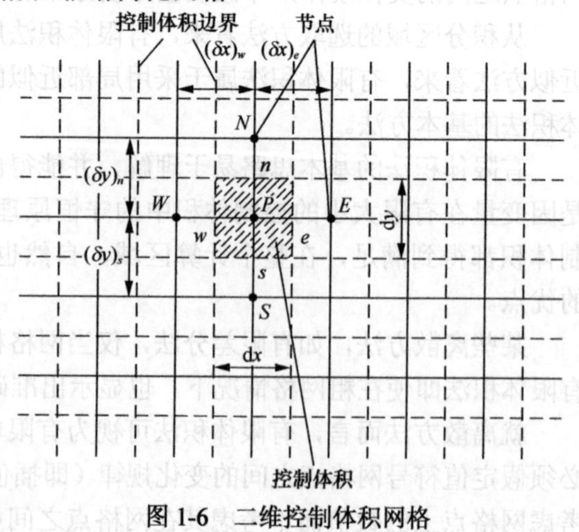

图1-6　二维控制体积网格

1.2.5　有限体积法控制方程的离散

前面给出的流体流动问题的控制方程，无论是连续性方程、动量方程，还是能量方程，都可写成如式1-205所示的通用形式。

$$\frac{\partial(\rho u\phi)}{\partial t}+\operatorname{div}(\rho u\phi)=\operatorname{div}(\Gamma\operatorname{grad}\phi)+S \qquad (1\text{-}205)$$

对于一维稳态问题，其控制方程如式 1-206 所示。

$$\frac{\mathrm{d}(\rho u\phi)}{\mathrm{d}x}=\frac{\mathrm{d}}{\mathrm{d}x}\left(\Gamma\frac{\mathrm{d}\phi}{\mathrm{d}x}\right)+S \qquad (1\text{-}206)$$

式 1-206 中，从左到右各项分别为对流项、扩散项和源项。方程中的 ϕ 是广义变量，可以是速度、温度或浓度等一些待求的物理量。Γ 是相应于 ϕ 的广义扩散系数，S 是广义源项。变量 ϕ 在端点 A 和 B 的边界值为已知。

有限体积法的关键一步是在控制体积上积分控制方程，在控制体积节点上产生离散的方程。对一维模型方程 1-206，在图 1-5 所示的控制体积 P 上进行积分，有

$$\int_{\Delta V}\frac{\mathrm{d}(\rho u\phi)}{\mathrm{d}x}\mathrm{d}V=\int_{\Delta V}\frac{\mathrm{d}}{\mathrm{d}x}\left(\Gamma\frac{\mathrm{d}\phi}{\mathrm{d}x}\right)\mathrm{d}V+\int_{\Delta V}S\mathrm{d}V \qquad (1\text{-}207)$$

式 1-207 中，ΔV 是控制体积的体积值。当控制体积很微小时，ΔV 可以表示为 $\Delta V\cdot A$，这里 A 是控制体积界面的面积。从而有

$$(\rho u\phi A)_e-(\rho u\phi A)_w=\left(\Gamma A\frac{\mathrm{d}\phi}{\mathrm{d}x}\right)_e-\left(\Gamma A\frac{\mathrm{d}\phi}{\mathrm{d}x}\right)_w+S\Delta V \qquad (1\text{-}208)$$

从式 1-208 可以看到，对流项和扩散项均已转化为控制体积界面上的值。有限体积法最显著的特点之一就是离散方程中具有明确的物理插值，即界面的物理量要通过插值的方式由节点的物理量来表示。

为了建立所需形式的离散方程，需要找出如何表示式 1-208 中界面 e 和 w 处的 ρ、u、Γ、ϕ 和 $\frac{\mathrm{d}\phi}{\mathrm{d}x}$。在有限体积法中规定，$\rho$、$u$、$\Gamma$、$\phi$ 和 $\frac{\mathrm{d}\phi}{\mathrm{d}x}$ 等物理量均是在节点处定义和计算的。因此，为了计算界面上的这些物理参数（包括其导数），需要一个物理参数在节点间的近似分布。

可以想象，线性近似是可以用来计算界面物性值的最直接，也是最简单的方式。这种分布叫作中心差分。如果网格是均匀的，则单个物理参数（以扩散系数 Γ 为例）的线性插值结果是

$$\begin{cases}\Gamma_e=\dfrac{\Gamma_P+\Gamma_E}{2}\\[2mm]\Gamma_w=\dfrac{\Gamma_W+\Gamma_P}{2}\end{cases} \qquad (1\text{-}209)$$

$(\rho u\phi A)$ 的线性插值结果是

$$\begin{cases}(\rho u\phi A)_e=(\rho u)_e A_e\dfrac{\phi_P+\phi_E}{2}\\[2mm](\rho u\phi A)_w=(\rho u)_w A_w\dfrac{\phi_W+\phi_P}{2}\end{cases} \qquad (1\text{-}210)$$

与梯度项相关的扩散通量的线性插值结果是

$$\begin{cases}\left(\Gamma A\dfrac{\mathrm{d}\phi}{\mathrm{d}x}\right)_e=\Gamma_e A_e\dfrac{\phi_E-\phi_P}{(\delta x)_e}\\[2mm]\left(\Gamma A\dfrac{\mathrm{d}\phi}{\mathrm{d}x}\right)_w=\Gamma_w A_w\dfrac{\phi_P-\phi_W}{(\delta x)_w}\end{cases} \qquad (1\text{-}211)$$

对于源项 S，它通常是时间和物理量ϕ的函数。为了简化处理，将 S 转化为如下线性方式：

$$S = S_C + S_P\phi_P \tag{1-212}$$

式中，S_C是常数，S_P是随时间和物理量ϕ变化的项。将式 1-210～式 1-212 代入式 1-208，有

$$(\rho u)_e A_e \frac{\phi_P+\phi_E}{2} - (\rho u)_w A_w \frac{\phi_W+\phi_P}{2} = \Gamma_e A_e \frac{\phi_E-\phi_P}{(\delta x)_e} - \Gamma_w A_w \frac{\phi_P-\phi_W}{(\delta x)_w} + (S_C + S_P\phi_P)\Delta V \tag{1-213}$$

整理后得到

$$\left[\frac{\Gamma_e}{(\delta x)_e}A_e + \frac{\Gamma_w}{(\delta x)_w}A_w - S_P\Delta V\right]\phi_P = \left[\frac{\Gamma_w}{(\delta x)_w}A_w + \frac{(\rho u)_w}{2}A_w\right]\phi_W + \left[\frac{\Gamma_e}{(\delta x)_e}A_e - \frac{(\rho u)_e}{2}A_e\right]\phi_E + S_C\,\Delta V \tag{1-214}$$

记为

$$a_P\phi_P = a_W\phi_W + a_E\phi_E + b$$

式 1-214 中

$$\begin{cases} a_W = \dfrac{\Gamma_w}{(\delta x)_w}A_w + \dfrac{(\rho u)_w}{2}A_w \\ a_E = \dfrac{\Gamma_e}{(\delta x)_e}A_e - \dfrac{(\rho u)_e}{2}A_e \\ a_P = \dfrac{\Gamma_e}{(\delta x)_e}A_e + \dfrac{\Gamma_w}{(\delta x)_w}A_w - S_P\,\Delta V \\ \quad = a_E + a_W + \dfrac{(\rho u)_e}{2}A_e - \dfrac{(\rho u)_w}{2}A_w - S_P\,\Delta V \\ b = S_C\,\Delta V \end{cases} \tag{1-215}$$

对于一维问题，控制体积界面 e 和 w 处的面积A_e和A_w均为 1，即单位面积。这样$\Delta V = \Delta x$，式 1-215 各系数可转化为

$$\begin{cases} a_W = \dfrac{\Gamma_w}{(\delta x)_w} + \dfrac{(\rho u)_w}{2} \\ a_E = \dfrac{\Gamma_e}{(\delta x)_e} - \dfrac{(\rho u)_e}{2} \\ a_P = a_E + a_W + \dfrac{(\rho u)_e}{2} - \dfrac{(\rho u)_w}{2} - S_P\,\Delta x \\ b = S_C\,\Delta x \end{cases} \tag{1-216}$$

根据 $a_P\phi_P = a_W\phi_W + a_E\phi_E + b$，每个节点上都可建立此离散方程，通过求解方程组，就可得到各物理量在各节点处的值。

为了方便，定义两个新的物理量 F 和 D，其中 F 表示通过界面上单位面积的对流质量通量（convective mass flux），简称对流质量流量，D 表示界面的扩散传导性（diffusion conductance）。定义表达式为

$$\begin{cases} F = \rho u \\ D = \dfrac{\Gamma}{\delta x} \end{cases} \tag{1-217}$$

这样，F 和 D 在控制界面上的值分别为

$$\begin{cases} F_w = (\rho u)_w, F_e = (\rho u)_e \\ D_w = \dfrac{\Gamma_w}{(\delta x)_w}, D_e = \dfrac{\Gamma_e}{(\delta x)_e} \end{cases} \tag{1-218}$$

在此基础上，定义一维单元的 Peclet 数 Pe 为

$$Pe = \frac{F}{D} = \frac{\rho u}{\Gamma / \delta x} \tag{1-219}$$

式 1-219 中，Pe 表示对流与扩散的强度之比。当 Pe 为 0 时，对流扩散演变为纯扩散问题，即流场中没有流动，只有扩散；当 $Pe>0$ 时，流体沿 x 方向流动，当 Pe 数很大时，对流扩散问题演变为纯对流问题。一般在中心差分格式中，有 $Pe<2$ 的要求。

将式 1-218 代入式 1-216 中，有

$$\begin{cases} a_W = D_w + \dfrac{F_w}{2} \\ a_E = D_e - \dfrac{F_e}{2} \\ a_P = a_E + a_W + \dfrac{F_e}{2} - \dfrac{F_w}{2} - S_P\,\Delta x \\ b = S_C\,\Delta x \end{cases} \tag{1-220}$$

瞬态问题与稳态问题相似，主要是瞬态项的离散。其一维瞬态问题的通用控制方程为

$$\frac{\partial(\rho\phi)}{\partial t} + \frac{\partial(\rho u\phi)}{\partial x} = \frac{\partial}{\partial x}\left(\Gamma\frac{\partial\phi}{\partial x}\right) + S \tag{1-221}$$

该方程是一个包含瞬态及源项的对流扩散方程。从左到右，方程中的各项分别是瞬态项、对流项、扩散项及源项。方程中的 ϕ 是广义变量，如速度分量、温度、浓度等，Γ 为相应于 ϕ 的广义扩散系数，S 为广义源项。

对瞬态问题用有限体积法求解时，在将控制方程对控制体积进行空间积分的同时，还必须对时间间隔 Δt 进行时间积分。对控制体积所作的空间积分与稳态问题相同，这里仅叙述对时间的积分。

将式1-221在一维计算网格上对时间及控制体积进行积分，有

$$\int_t^{t+\Delta t}\int_{\Delta V}\frac{\partial(\rho\phi)}{\partial t}\mathrm{d}V\mathrm{d}t+\int_t^{t+\Delta t}\int_{\Delta V}\frac{\partial(\rho u\phi)}{\partial x}\mathrm{d}V\mathrm{d}t \\ =\int_t^{t+\Delta t}\int_{\Delta V}\frac{\partial}{\partial x}\left(\Gamma\frac{\partial\phi}{\partial x}\right)\mathrm{d}V\mathrm{d}t+\int_t^{t+\Delta t}\int_{\Delta V}S\mathrm{d}V\mathrm{d}t \tag{1-222}$$

整理后，有

$$\int_{\Delta V}\left[\int_t^{t+\Delta t}\frac{\partial(\rho\phi)}{\partial t}\mathrm{d}t\right]\mathrm{d}V+\int_t^{t+\Delta t}[(\rho u\phi A)_e-(\rho u\phi A)_w]\mathrm{d}t \\ =\int_t^{t+\Delta t}\left[\left(\Gamma A\frac{\mathrm{d}\phi}{\mathrm{d}x}\right)_e-\left(\Gamma A\frac{\mathrm{d}\phi}{\mathrm{d}x}\right)_w\right]\mathrm{d}t+\int_t^{t+\Delta t}S\Delta V\mathrm{d}t \tag{1-223}$$

式1-223中，A是图1-5中控制体积P的界面处的面积。

在处理瞬态项时，假定物理量ϕ在整个控制体积P上均具有节点处值ϕ_P，并用线性插值$(\phi_P-\phi_P^0)/\Delta t$来表示$\partial\phi/\partial t$。源项也分解为线性方式$S=S_C+S_P\phi_P$。对流项和扩散项的值按中心差分格式通过节点处的值来表示，则有

$$\rho(\phi_P-\phi_P^0)\Delta V+\int_t^{t+\Delta t}\left[(\rho u)_e A_e\frac{\phi_P+\phi_E}{2}-(\rho u)_w A_w\frac{\phi_W+\phi_P}{2}\right]\mathrm{d}t \\ =\int_t^{t+\Delta t}\left(\Gamma_e A_e\frac{\phi_E-\phi_P}{(\delta x)_e}-\Gamma_w A_w\frac{\phi_P-\phi_W}{(\delta x)_W}\right)\mathrm{d}t+\int_t^{t+\Delta t}(S_C+S_P\phi_P)\Delta V\mathrm{d}t \tag{1-224}$$

假定变量ϕ_P对时间的积分为

$$\int_t^{t+\Delta t}\phi_P\mathrm{d}t=\left[f\phi_P-(1-f)\phi_P^0\right]\Delta t \tag{1-225}$$

式1-225中，上标0代表t时刻；ϕ_P是时刻的值；f为0与1之间的加权因子，当f=0时，变量取老值进行时间积分，当f=1时，变量采用新值进行时间积分。将ϕ_P、ϕ_E、ϕ_W及$S_C+S_P\phi_P$进行时间积分，由式1-224可得到

$$\rho(\phi_P-\phi_P^0)\frac{\Delta V}{\Delta t}+f\left[(\rho u)_e A_e\frac{\phi_P+\phi_E}{2}-(\rho u)_w A_w\frac{\phi_W+\phi_P}{2}\right]+ \\ (1-f)\left[(\rho u)_e A_e\frac{\phi_P^0+\phi_E^0}{2}-(\rho u)_w A_w\frac{\phi_W^0+\phi_P^0}{2}\right] \\ =f\left(\Gamma_e A_e\frac{\phi_E-\phi_P}{(\delta x)_e}-\Gamma_w A_w\frac{\phi_P-\phi_W}{(\delta x)_w}\right)+ \\ (1-f)\left(\Gamma_e A_e\frac{\phi_E^0-\phi_P^0}{(\delta x)_e}-\Gamma_w A_w\frac{\phi_P^0-\phi_W^0}{(\delta x)_w}\right)+ \\ [f(S_C+S_P\phi_P)+(1-f)(S_C+S_P\phi_P^0)]\Delta V \tag{1-226}$$

整理后得

$$\left\{\rho\frac{\Delta V}{\Delta t}+f\left[\frac{(\rho u)_e A_e}{2}-\frac{(\rho u)_w A_w}{2}\right]+f\left[\frac{\Gamma_e A_e}{(\delta x)_e}+\frac{\Gamma_w A_w}{(\delta x)_w}\right]-fS_P\Delta V\right\}\phi_P$$

$$=\left[\frac{(\rho u)_w A_w}{2}+\frac{\Gamma_w A_w}{(\delta x)_w}\right][f\phi_W+(1-f)\phi_W^0]+$$

$$\left[\frac{\Gamma_e A_e}{(\delta x)_e}-\frac{(\rho u)_e A_e}{2}\right][f\phi_E+(1-f)\phi_E^0]+ \tag{1-227}$$

$$\left\{\rho\frac{\Delta V}{\Delta t}-(1-f)\left[\frac{\Gamma_e A_e}{(\delta x)_e}+\frac{(\rho u)_e A_e}{2}\right]-\right.$$

$$\left.(1-f)\left[\frac{\Gamma_w A_w}{(\delta x)_w}-\frac{(\rho u)_w A_w}{2}\right]+(1-f)S_P\Delta V\right\}\phi_P^0+S_C\Delta V$$

扩展 F 和 D 的定义，即乘以面积 A，有

$$\begin{cases}F_w=(\rho u)_w A_w, F_e=(\rho u)_e A_e\\ D_w=\dfrac{\Gamma_w A_w}{(\delta x)_w}, D_e=\dfrac{\Gamma_e A_e}{(\delta x)_e}\end{cases} \tag{1-228}$$

代入方程 1-227，得

$$\left[\rho\frac{\Delta V}{\Delta t}+f(D_e+D_w)+f\left(\frac{F_e}{2}-\frac{F_w}{2}\right)-fS_P\Delta V\right]\phi_P$$

$$=\left(\frac{F_w}{2}+D_w\right)[f\phi_W+(1-f)\phi_W^0]+\left(D_e-\frac{F_e}{2}\right)[f\phi_E+(1-f)\phi_E^0]+ \tag{1-229}$$

$$\left\{\rho\frac{\Delta V}{\Delta t}-(1-f)\left[D_e+\frac{F_e}{2}\right]-(1-f)\left[D_w-\frac{F_w}{2}\right]+(1-f)S_P\Delta V\right\}\phi_P^0+$$

$$S_C\Delta V$$

同样也向稳态问题引入 a_P、a_W 和 a_E，式 1-229 变为

$$a_P\phi_P=a_W[f\phi_W+(1-f)\phi_W^0]+a_E[f\phi_E+(1-f)\phi_E^0]+$$

$$\left\{\rho\frac{\Delta V}{\Delta t}-(1-f)\left[D_e+\frac{F_e}{2}\right]-(1-f)\left[D_w-\frac{F_w}{2}\right]+(1-f)S_P\Delta V\right\}\phi_P^0+ \tag{1-230}$$

$$S_C\Delta V$$

式 1-230 中

$$\begin{cases}a_P=a_P^0+f(a_E+a_W)+f(F_e-F_w)-fS_P\Delta V\\ a_W=D_w+\dfrac{F_w}{2}\\ a_E=D_e-\dfrac{F_e}{2}\\ a_P^0=\rho\dfrac{\Delta V}{\Delta t}\end{cases} \tag{1-231}$$

根据 f 的取值，瞬态问题对时间的积分有几种方案，当 f=0 时，变量的初值出现在方程 1-230 的右端，从而可直接求出在现时刻的未知变量值，这种方案称为显式时间积分方案。

当 $0<f<1$ 时，现时刻的未知变量出现在方程的两端，需要解由若干方程组成的方程组才能求出现时刻的变量值，这种方案称为隐式时间积分方案。

- 当 f=1 时，称为全隐式时间积分方案。
- 当 f=1/2 时，称为 Crank-Nicolson 时间积分方案。

进一步将一维问题扩展为二维与三维问题。在二维问题中，计算区域离散见图 1-6。发现只是增加第二坐标 y，控制体积增加的上下界面，分别用 n（north）和 s（south）表示，相应的两个邻点记为 N 和 S。在全隐式时间积分方案下的二维瞬态对流-扩散问题的离散方程为

$$a_P\phi_P = a_W\phi_W + a_E\phi_E + a_N\phi_N + a_S\phi_S + b \tag{1-232}$$

式 1-232 中

$$\begin{cases} a_P = a_P^0 + a_E + a_W + a_S + a_N + (F_e - F_w) + (F_n - F_s) - S_P\Delta V \\ a_W = D_w + \max(0, F_w) \\ a_E = D_e + \max(0, -F_e) \\ a_S = D_s + \max(0, F_s) \\ a_N = D_n + \max(0, -F_n) \\ a_P^0 = \rho_P^0 \dfrac{\Delta V}{\Delta t} \\ b = S_C\Delta V + a_P^0 + \phi_P^0 \end{cases} \tag{1-233}$$

在三维问题中，计算区域离散如图 1-7 所示（两个方向的投影）。在二维的基础上增加第三坐标 z，控制体积增加的前后界面，分别用 t（top）和 b（bottom）表示，相应的两个邻点记为 T 和 B。在全隐式时间积分方案下的三维瞬态对流扩散问题的离散方程为

$$a_P\phi_P = a_W\phi_W + a_E\phi_E + a_N\phi_N + a_S\phi_S + a_T\phi_T + a_B\phi_B + b \tag{1-234}$$

式 1-234 中

$$\begin{cases} a_P = a_P^0 + a_E + a_W + a_S + a_N + (F_e - F_w) + (F_n - F_s) + (F_t - F_b) - S_P\Delta V \\ a_W = D_w + \max(0, F_w) \\ a_E = D_e + \max(0, -F_e) \\ a_S = D_s + \max(0, F_s) \\ a_N = D_n + \max(0, -F_n) \\ a_T = D_t + \max(0, -F_t) \\ a_B = D_b + \max(0, F_b) \\ a_P^0 = \rho_P^0 \dfrac{\Delta V}{\Delta t} \\ b = S_C\Delta V + a_P^0 + \phi_P^0 \end{cases} \tag{1-235}$$

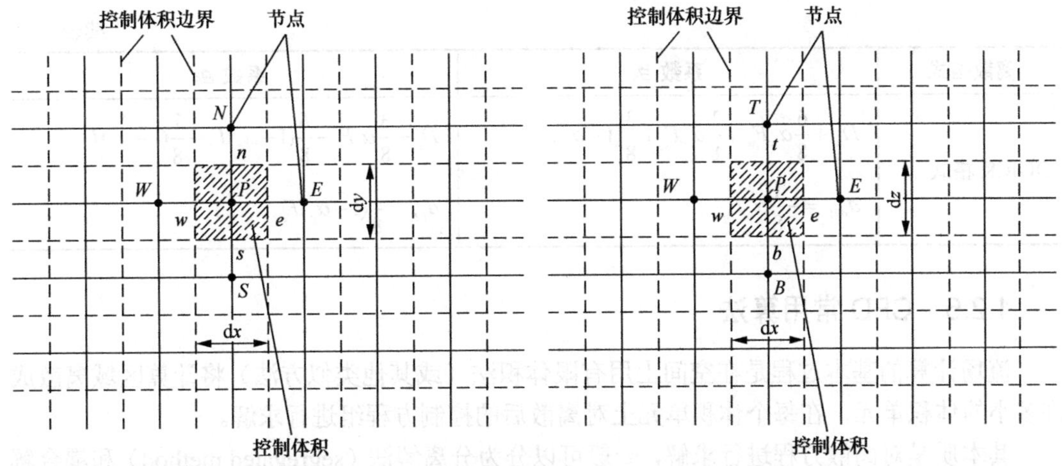

图 1-7 三维计算区域离散网格在两个方向上的投影

有限体积法常用的离散格式有中心差分格式、一阶迎风格式、混合格式、指数格式、乘方格式、二阶迎风格式、QUICK 格式。

各种离散格式对一维、稳态、无源项的对流-扩散问题的通用控制方程（如式 1-236 所示），均能得到如式 1-237 所示的形式，对于高阶情况如式 1-238 所示。

$$\frac{\mathrm{d}(\rho u\phi)}{\mathrm{d}x}=\frac{\mathrm{d}}{\mathrm{d}x}\left(\Gamma\frac{\mathrm{d}\phi}{\mathrm{d}x}\right) \tag{1-236}$$

$$a_P\phi_P=a_W\phi_W+a_E\phi_E \tag{1-237}$$

$$a_P\phi_P=a_W\phi_W+a_{WW}\phi_{WW}+a_E\phi_E+a_{EE}\phi_{EE} \tag{1-238}$$

式 1-238 中，对于一阶情况，$a_P=a_W+a_E+(F_e-F_w)$，对于二阶情况，$a_P=a_W+a_E+a_{WW}+a_{EE}+(F_e-F_w)$，其中系数 a_W 和 a_E 取决于所使用的离散格式（高阶还有 a_{WW} 和 a_{EE}）。各种离散格式系数 a_W 和 a_E 的计算公式见表 1-5。

表 1-5 不同离散格式下系数 a_W 和 a_E 的计算公式

离散格式	系数 a_W	系数 a_E
中心差分格式	$D_w+\frac{F_w}{2}$	$D_e-\frac{F_e}{2}$
一阶迎风格式	$D_w+\max(F_w,0)$	$D_e+\max(0,-F_e)$
混合格式	$\max\left[F_w,\left(D_w+\frac{F_w}{2}\right),0\right]$	$\max\left[-F_e,\left(D_e-\frac{F_e}{2}\right),0\right]$
指数格式	$\frac{F_w\exp(F_w/D_w)}{\exp(F_w/D_w)-1}$	$\frac{F_e}{\exp(F_e/D_e)-1}$
乘方格式	$D_w\max[0,(1-0.1\|P_e\|)^3]+\max[F_w,0]$	$D_e\max[0,(1-0.1\|P_e\|)^3]+\max[-F_e,0]$
二阶迎风格式	$D_w+\frac{3}{2}\alpha F_w+\frac{1}{2}\alpha F_e$ $a_{WW}=-\frac{1}{2}\alpha F_w$	$D_e-\frac{3}{2}(1-\alpha)F_e-\frac{1}{2}(1-\alpha)F_w$ $a_{EE}=\frac{1}{2}(1-\alpha)F_e$

续表

离散格式	系数 a_W	系数 a_E
QUICK 格式	$D_w+\frac{6}{8}\alpha_w F_w+\frac{1}{8}\alpha_w F_e+\frac{3}{8}(1-\alpha_w)F_w$ $a_{WW}=-\frac{1}{8}\alpha_w F_w$	$D_e-\frac{3}{8}\alpha_e F_e-\frac{6}{8}(1-\alpha_e)F_e-\frac{1}{8}(1-\alpha_e)F_w$ $a_{EE}=\frac{1}{8}(1-\alpha_e)F_e$

1.2.6 CFD 常用算法

流场计算的基本过程是在空间上用有限体积法（或其他类似方法）将计算区域离散成许多小的体积单元，在每个体积单元上对离散后的控制方程组进行求解。

其本质是对离散方程进行求解，一般可以分为分离解法（segregated method）和耦合解法（coupled method）两大类，各自又根据实际情况扩展成具体的计算方法。

分离解法不直接求解联立方程组，而是顺序地、逐个地求解各变量代数方程组。分离解法中应用广泛的是压力修正法，其求解基本过程如下。

（1）假定初始压力场。

（2）利用压力场求解动量方程，得到速度场。

（3）利用速度场求解连续方程，使压力场得到修正。

（4）根据需要，求解湍流方程及其他标量方程。

（5）判断当前时间步上的计算是否收敛。若不收敛，返回第二步，迭代计算；若收敛，重复上述步骤，计算下一时间步的物理量。

压力修正法有很多实现方式，其中，压力耦合方程组的半隐式方法（SIMPLE 算法）应用最为广泛，也是各种商用 CFD 软件普遍采纳的算法。

耦合解法同时求解离散方程组，联立求解出各变量（等），其求解过程如下。

（1）假定初始压力和速度等变量，确定离散方程的系数及常数项等。

（2）联立求解连续方程、动量方程、能量方程。

（3）求解湍流方程及其他标量方程。

（4）判断当前时间步上的计算是否收敛。若不收敛，返回第二步，迭代计算；若收敛，重复上述步骤，计算下一时间步的物理量。

1. SIMPLE 算法

SIMPLE 算法就是求解压力耦合方程的半隐方法（Semi-Implicit Method for Pressure Linked Equations），它是 Patankar 与 Spalding 在 1972 年提出的。

在常规离散方法中，压力梯度项$\left(-\frac{\partial p}{\partial x}\right)$的离散会遇到问题。

如图 1-8 所示，对 P 控制体积分后，$\left(-\frac{\partial p}{\partial x}\right)$的贡献为 P_w-P_e，如 w 和 e 为单元中点，则

$$P_w-P_e=\frac{P_W+P_P}{2}-\frac{P_P+P_E}{2}=\frac{1}{2}(P_W-P_E) \tag{1-239}$$

因此，动量方程将包含相间隔（而非相邻）节点间的压力差。

这样导致求解精度降低，且形成锯齿状的压力场，如图 1-9 所示。

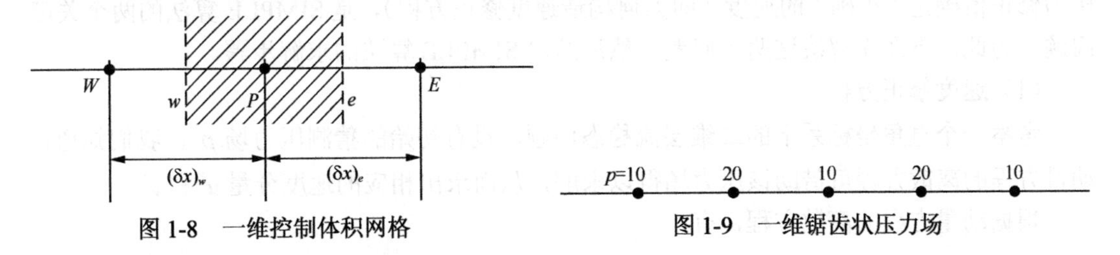

图 1-8 一维控制体积网格　　图 1-9 一维锯齿状压力场

这类锯齿状压力场对动量方程而言与均匀场相同（奇偶差），因此，高度不均匀的压力场将被动量方程的特殊离散化当作均匀的压力场处理。

连续方程的离散也会遇到问题，如对于一维问题。

$$\frac{\mathrm{d}u}{\mathrm{d}x}=0$$

对控制体积分后： $u_e-u_w=0$

即 $\dfrac{u_P+u_E}{2}-\dfrac{u_W+u_P}{2}=0$

则 $u_E-u_W=0$（跳开了 P 点）

这样也会导致奇偶差。

对以上出现的离散问题，用交错网格法能较好地解决，如图 1-10 所示。在此方法中，将速度变量 u、v 直接设置在 P 控制体的边界面上，即 P 控制体边界面上的 u、v 不再通过主节点上的值求得，而是直接解得。

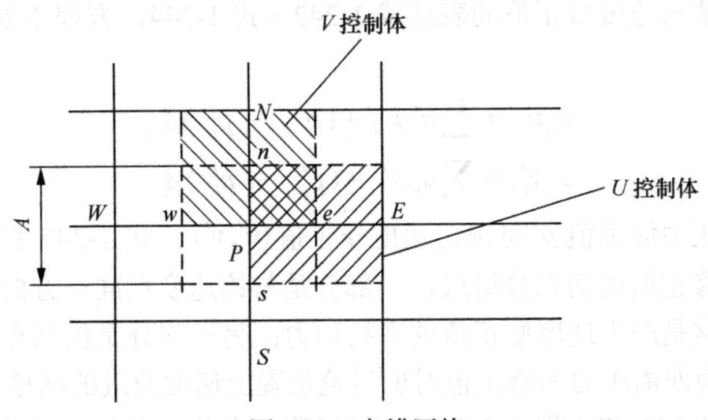

图 1-10 交错网格

SIMPLE 算法的基本思想可描述为：对于给定的压力场（它可以是假定的值，或是上一次迭代计算所得到的结果），求解离散形式的动量方程，得出速度场。因为压力场是假定的或不精确的，这样，由此得到的速度场一般不满足连续方程，因此，必须对给定的压力场加以修正。

修正的原则是：与修正后的压力场相对应的速度场能满足这一迭代层次上的连续方程。据此原则，把由动量方程离散形式所规定的压力与速度的关系代入连续方程的离散形式，从而得到压力修正方程，由压力修正方程得出压力修正值，接着根据修正后的压力场，求得新的速度场，然后检查速度场是否收敛，若不收敛，用修正后的压力值作为给定的压力场，开始下一层次的计算；如此反复，直到获得收敛的解。

在上述求解过程中，如何获得压力修正值（即如何构造压力修正方程），以及如何根据压力修正值确定“正确”的速度（即如何构造速度修正方程），是SIMPLE算法的两个关键问题。为此，下面先解决这两个问题，然后给出SIMPLE算法的求解步骤。

（1）速度修正方程。

考察一个直角坐标系下的二维层流稳态问题。设有初始的猜测压力场p^*，我们知道，动量方程的离散方程可借助该压力场得以求解，从而求出相应的速度分量u^*和v^*。

根据动量方程的离散方程，有

$$a_{I,J}u_{I,J}^* = \sum a_{nb}u_{nb}^* + (p_{I-1,J}^* - p_{I,J}^*)A_{I,J} + b_{I,J} \tag{1-240}$$

$$a_{I,J}v_{I,J}^* = \sum a_{nb}v_{nb}^* + (p_{I,J-1}^* - p_{I,J}^*)A_{I,J} + b_{I,J} \tag{1-241}$$

现在，定义压力修正值p'为正确的压力场p与猜测的压力场p^*之差，有

$$p = p^* + p' \tag{1-242}$$

同样地，定义速度修正值u'和v'，以联系正确的速度场(u,v)与猜测的速度场(u^*,v^*)，有

$$u = u^* + u' \tag{1-243}$$

$$v = v^* + v' \tag{1-244}$$

将正确的压力场p代入动量离散方程，得到正确的速度场(u,v)。现在，通过离散的动量方程与式1-240和式1-241，并假定源项b不变，有

$$a_{i,j}(u_{i,j} - u_{i,j}^*) = \sum a_{nb}(u_{nb} - u_{nb}^*) + [(p_{i-1,j} - p_{i-1,j}^*) - (p_{i,j} - p_{i,l}^*)]A_{i,j} \tag{1-245}$$

$$a_{i,j}(v_{i,j} - v_{i,j}^*) = \sum a_{nb}(v_{nb} - v_{nb}^*) + [(p_{i,j-1} - p_{i,j-1}^*) - (p_{i,j} - p_{i,l}^*)]A_{i,j} \tag{1-246}$$

引入压力修正值与速度修正值的表达式1-242～式1-244，方程1-245和方程1-246可写成

$$a_{i,j}u_{i,j}' = \sum a_{nb}u_{nb}' + (p_{i-1,j}' - p_{i,j}')A_{i,j} \tag{1-247}$$

$$a_{i,j}v_{i,j}' = \sum a_{nb}v_{nb}' + (p_{i,j-1}' - p_{i,j}')A_{i,j} \tag{1-248}$$

可以看出，由压力修正值p'可求出速度修正值(u',v')。式1-247和式1-248还表明，任意一点上速度的修正值由两部分组成：一部分是与该速度在同一方向上的相邻两节点间压力修正值之差，这是产生速度修正值的直接动力；另一部分是由邻点速度的修正值所引起的，这又可以视为四周压力的修正值对所讨论位置上速度改进的间接影响。

为了简化方程1-247和方程1-248的求解过程，在此，引入如下近似处理：略去方程中与速度修正值相关的$\sum a_{nb}u_{nb}'$和$\sum a_{nb}v_{nb}'$。该近似是SIMPLE算法的重要特征。略去后的影响将在后面介绍的SIMPLEC算法中讨论。于是有

$$u_{i,J}' = d_{i,J}(p_{I-1,J}' - p_{I,J}') \tag{1-249}$$

$$v_{I,j}' = d_{I,j}(p_{I,J-1}' - p_{I,J}') \tag{1-250}$$

以上两式中

$$d_{i,J} = \frac{A_{i,J}}{a_{i,J}},\ d_{I,j} = \frac{A_{I,j}}{a_{I,j}} \tag{1-251}$$

将式 1-249 和式 1-250 所描述的速度修正值代入方程 1-243 和方程 1-244，有

$$u_{I,J}=u_{I,J}^*+d_{I,J}(p'_{I-1,J}-p'_{I,J}) \tag{1-252}$$

$$v_{I,J}=v_{I,j}^*+d_{I,J}(p'_{I,J-1}-p'_{I,J}) \tag{1-253}$$

对于$u_{i+1,J}$和$v_{I,j-1}$，存在类似的表达式

$$u_{i+1,J}=u_{i+1,J}^*+d_{i+1,J}(p'_{i,J}-p'_{i+1,J}) \tag{1-254}$$

$$v_{I,j+1}=v_{I,j+1}^*+d_{I,j+1}(p'_{I,j}-p'_{I,j+1}) \tag{1-255}$$

以上两式中

$$d_{i+1,J}=\frac{A_{i+1,J}}{a_{i+1,J}},\ d_{I,j+1}=\frac{A_{I,j+1}}{a_{I,j+1}} \tag{1-256}$$

式 1-252～式 1-256 表明，如果已知压力修正值p'，便可对猜测的速度场(u^*,v^*)作出相应的速度修正，得到正确的速度场(u,v)。

（2）压力修正方程。

在上面的推导中，只考虑了动量方程，其实，如前所述，速度场还受连续方程的约束。这里暂不讨论瞬态问题。对于稳态问题，连续方程可写为

$$\frac{\partial(\rho u)}{\partial x}+\frac{\partial(\rho v)}{\partial y}=0 \tag{1-257}$$

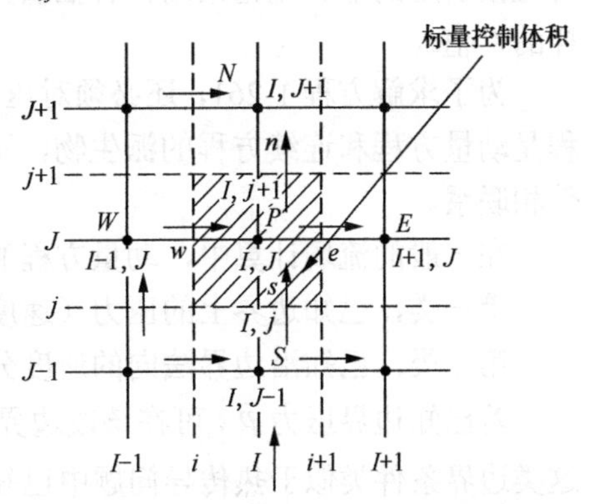

图 1-11 离散连续方程的标量控制体积

针对图 1-11 所示的标量控制体积，连续方程满足如下离散形式。

$$[(\rho uA)_{i+1,j}-(\rho uA)_{i,j}]+[(\rho vA)_{i,j+1}-(\rho vA)_{i,j}]=0 \tag{1-258}$$

将正确的速度值，即式 1-252～式 1-256，代入连续方程的离散方程 1-258，有

$$\begin{aligned}&\{\rho_{i+1,J}A_{i+1,J}[u_{i+1,J}^*+d_{i+1,J}(p'_{I,J}-p'_{I+1,J})]-\rho_{i,J}A_{i,J}[u_{i,J}^*+d_{i,J}(p'_{I-1,J}-p'_{I,J})]\}+\\&\{\rho_{I,j+1}A_{I,j+1}[v_{I,j+1}^*+d_{I,j+1}(p'_{I,J}-p'_{I,J+1})]-\rho_{I,j}A_{I,j}[v_{I,j}^*+d_{I,j}(p'_{I,J-1}-p'_{I,J})]\}=0\end{aligned} \tag{1-259}$$

整理后，得

$$\begin{aligned}&[(\rho dA)_{i+1,J}+(\rho dA)_{i,J}+(\rho dA)_{I,j+1}+(\rho dA)_{I,j}]p'_{I,J}\\&=(\rho dA)_{i+1,J}p'_{I+1,J}+(\rho dA)_{i,J}p'_{I-1,J}+(\rho dA)_{I,j+1}p'_{I,J+1}+(\rho dA)_{I,j}p'_{I,J-1}+\\&[(\rho u^*A)_{i,J}-(\rho u^*A)_{i+1,J}+(\rho v^*A)_{I,j}-(\rho v^*A)_{I,j+1}]\end{aligned} \tag{1-260}$$

式 1-260 可简化为

$$a_{I,J}p'_{I,J}=a_{I+1,J}p'_{I+1,J}+a_{I-1,J}p'_{I-1,J}+a_{I,J+1}p'_{I,J+1}+a_{I,J-1}p'_{I,J-1}+b'_{I,J} \tag{1-261}$$

式 1-261 中

$$a_{I+1,J}=(\rho dA)_{i+1,J}$$

$$a_{I-1,J}=(\rho dA)_{i,J}$$

$$a_{I,J+1} = (\rho dA)_{I,j+1}$$

$$a_{I,J-1} = (\rho dA)_{I,j}$$

$$a_{I,j} = a_{I+1,J} + a_{I-1,J} + a_{I,J+1} + a_{I,J-1}$$

$$b'_{I,J} = (\rho u^* A)_{i,J} - (\rho u^* A)_{i+1,J} + (\rho v^* A)_{I,j} - (\rho v^* A)_{I,j+1}$$

式 1-261 表示连续方程的离散方程，即压力修正值 p' 的离散方程。方程中的源项 b' 是由于不正确的速度场 (u^*,v^*) 所导致的“连续性”不平衡量。通过求解式 1-261，可得到空间所有位置的压力修正值 p'。

ρ 是标量控制体积界面上的密度值，同样需要通过插值得到，这是因为密度 ρ 是在标量控制体积中的节点（即控制体积的中心）定义和存储的，在标量控制体积界面上不存在可直接引用的值。无论采用何种插值方法，对于交界面所属的两个控制体积，必须采用同样的 ρ 值。

为了求解方程 1-261，还必须对压力修正值的边界条件作出说明。实际上，压力修正方程是动量方程和连续方程的派生物，不是基本方程，故其边界条件也与动量方程的边界条件相联系。

在一般的流场计算中，动量方程的边界条件通常有两类。

第一类，已知边界上的压力（速度未知）。

第二类，已知沿边界法向的速度分量。

若已知边界压力 $\bar{p}$，可在该段边界上令 $p^* = \bar{p}$，则该段边界上的压力修正值 p' 应为零。这类边界条件类似于热传导问题中已知温度的边界条件。

若已知边界上的法向速度，在设计网格时，最好令控制体积的界面与边界相一致，这样，控制体积界面上的速度为已知。

（3）SIMPLE 算法的计算步骤。

至此，已经得出了求解速度分量和压力所需要的所有方程。根据前面介绍的 SIMPLE 算法的基本思想，可给出 SIMPLE 算法的计算流程，如图 1-12 所示。

2. 其他算法

基于 SIMPLE 算法的改进算法包括 SIMPLEC、SIMPLER 和 PISO。下面介绍这些改进算法，并对各算法进行对比。

（1）SIMPLER 算法。

SIMPLER 是英文 SIMPLE revised 的缩写，是 SIMPLE 算法的改进版本。它是由 SIMPLER 算法的创始人之一 Patankar 完成的。

在 SIMPLER 算法中，为了确定动量离散方程的系数，一开始就假定了一个速度分布，同时又独立地假定了一个压力分布，两者之间一般是不协调的，从而影响了迭代计算的收敛速度。

实际上，与假定的速度场相协调的压力场是可以通过动量方程求出的，因此不必在初始时刻单独假定一个压力场。

另外，在 SIMPLER 算法中对压力修正值 p' 采用了欠松弛处理，而松弛因子是比较难确定的，因此，速度场的改进与压力场的改进不能同步进行，最终影响收敛速度。于是，

Patankar 便提出了这样的想法：p'只用修正速度，压力场的改进则另谋更合适的方法。将上述两方面的思想结合起来，就构成了 SIMPLER 算法。

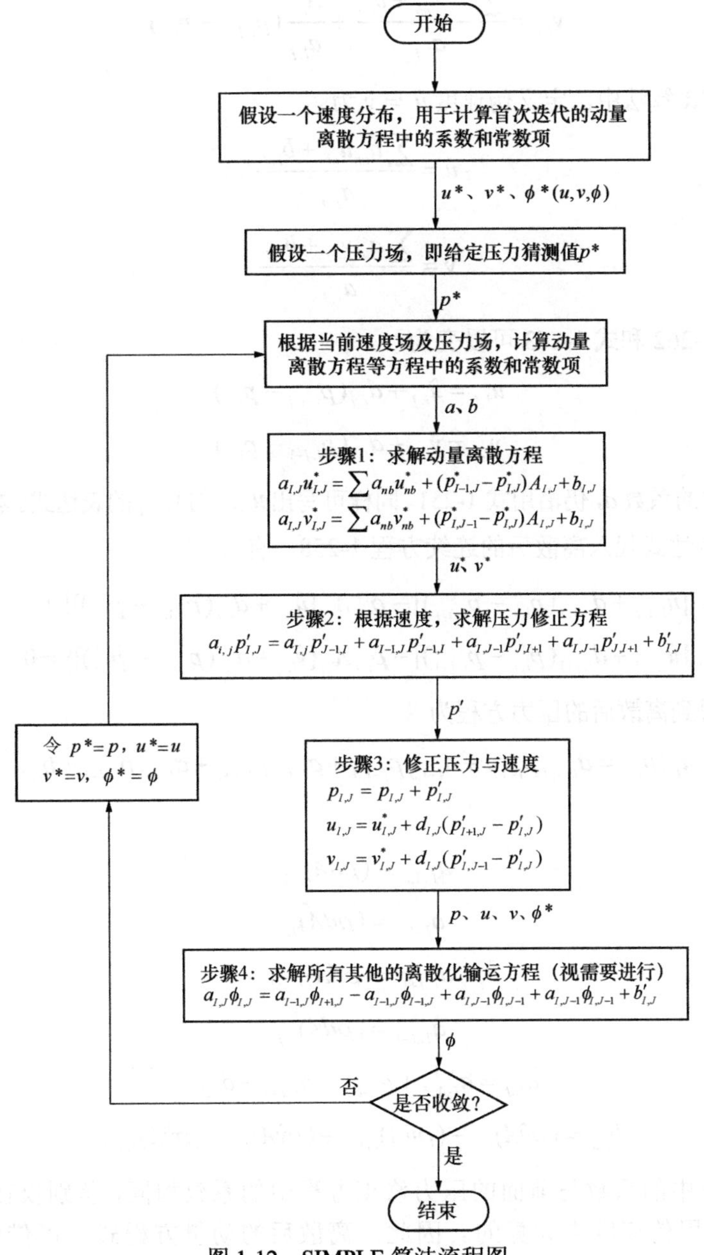

图 1-12 SIMPLE 算法流程图

在 SIMPLER 算法中，经过离散后的连续方程 1-258 用于建立一个压力的离散方程，而不用来建立压力修正方程，从而可直接得到压力，而不需要修正。但是，速度仍需要通过 SIMPLE 算法中的方程 1-252～方程 1-256 来修正。

将离散后的动量方程式重新改写后，有

$$u_{i,j}=\frac{\sum a_{nb}u_{nb}+b_{i,j}}{a_{i,j}}+\frac{A_{i,j}}{a_{i,j}}(p_{i-1,j}-p_{i,j}) \tag{1-262}$$

$$v_{i,j}=\frac{\sum a_{nb}v_{nb}+b_{i,j}}{a_{i,j}}+\frac{A_{i,j}}{a_{i,j}}(p_{i,j-1}-p_{i,j}) \tag{1-263}$$

在 SIMPLER 算法中，定义伪速度$\hat{u}$与$\hat{v}$为

$$\hat{u}=\frac{\sum a_{nb}u_{nb}+b_{I,J}}{a_{I,J}} \tag{1-264}$$

$$\hat{v}=\frac{\sum a_{nb}v_{nb}+b_{I,J}}{a_{I,J}} \tag{1-265}$$

这样，式 1-262 和式 1-263 可以变为

$$u_{i,j}=\hat{u}_{i,j}+d_{i,j}(p_{i-1,j}-p_{i,j}) \tag{1-266}$$

$$v_{i,j}=\hat{v}_{i,j}+d_{i,j}(p_{i,j-1}-p_{i,j}) \tag{1-267}$$

以上两式中的系数d，仍沿用式 1-251。同样可写出$u_{i+1,j}$与$v_{i,j+1}$的表达式。然后将$u_{i,j}$、$v_{i,j}$、$u_{i+1,j}$与$v_{i,j+1}$的表达式代入离散后的连续方程 1-258，有

$$\begin{aligned}&\left\{\rho_{i+1,j}A_{i+1,j}[\hat{u}_{i-1,j}+d_{i+1,j}(p_{i,j}-p_{i+1,j})]-\rho_{i,j}A_{i,j}[\hat{u}_{i,j}+d_{i,j}(p_{i-1,j}-p_{i,j})]\right\}+\\&\left\{\rho_{i,j+1}A_{i,j+1}[\hat{u}_{i,j+1}+d_{i,j+1}(p_{i,j}-p_{i,j+1})]-\rho_{i,j}A_{i,j}[\hat{v}_{i,j}+d_{i,j}(p_{i,j-1}-p_{i,j})]\right\}=0\end{aligned} \tag{1-268}$$

整理后，得到离散后的压力方程为

$$a_{I,J}p_{I,J}=a_{I+1,J}p_{I+1,J}+a_{I-1,J}p_{I-1,J}+a_{I,J+1}p_{I,J+1}+a_{I,J-1}p_{I,J-1}+b_{I,J} \tag{1-269}$$

式 1-269 中

$$a_{I+1,J}=(\rho dA)_{i+1,J}$$

$$a_{I-1,j}=(\rho dA)_{I,J}$$

$$a_{I,J+1}=(\rho dA)_{I,j+1}$$

$$a_{I,J-1}=(\rho dA)_{I,j}$$

$$a_{I,J}=a_{I+1,J}+a_{I-1,J}+a_{I,J+1}+a_{I,J-1}$$

$$b_{I,J}=(\rho\hat{u}A)_{i,J}-(\rho\hat{u}A)_{i+1,J}+(\rho\hat{v}A)_{I,j}-(\rho\hat{v}A)_{I,j+1}$$

方程 1-269 中的系数与前面的压力修正方程中的系数相同，差别仅在于源项b。这里的源项b是用伪速度来计算的。因此，离散后的动量方程式，可借助上面得到的压力场来直接求解。这样，可求出速度分量u^*和v^*。SIMPLER 算法流程图如图 1-13 所示。

在 SIMPLER 算法中，初始的压力场与速度场是协调的，且由 SIMPLER 算法算出的压力场不必作欠松弛处理，迭代计算时比较容易得到收敛解。但在 SIMPLER 的每一层迭代中，要比 SIMPLE 算法多解一个关于压力的方程组，一个迭代步内的计算量较大。总体而言，SIMPLER 算法的计算效率要高于 SIMPLE 算法。

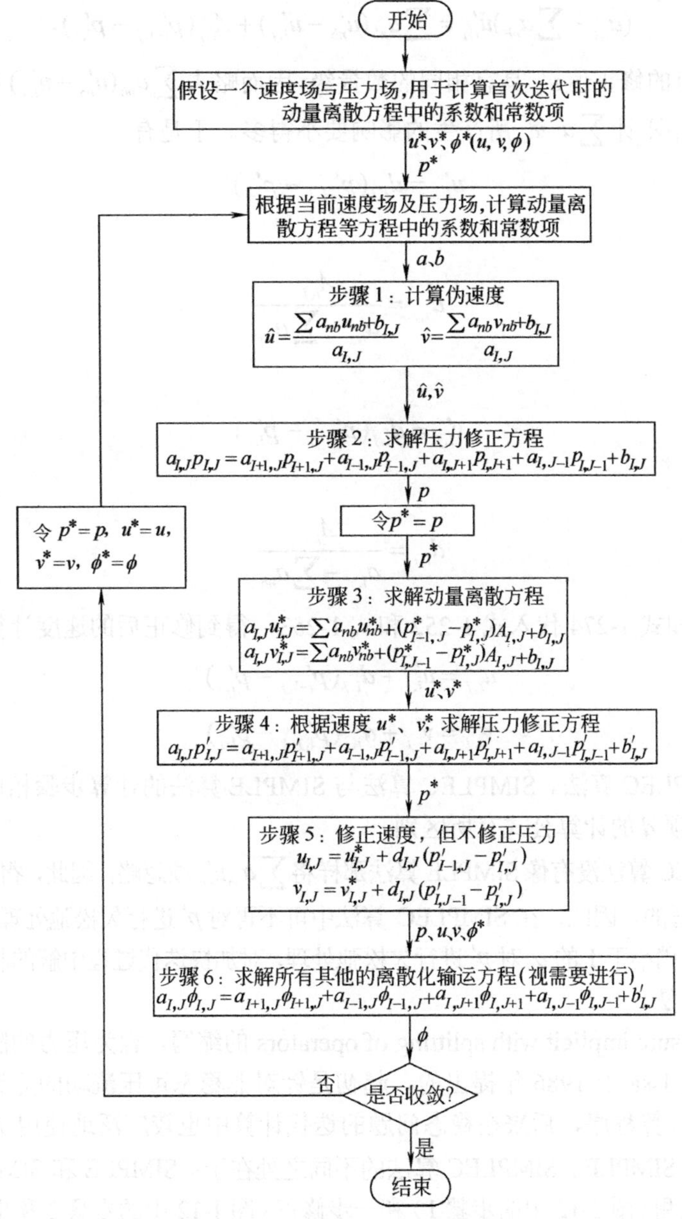

图 1-13 SIMPLER 算法流程图

（2）SIMPLEC 算法。

SIMPLEC 是英文 SIMPLE consistent 的缩写，意为协调一致的 SIMPLE 算法。它也是 SIMPLE 的改进算法之一。

在 SIMPLE 算法中，为求解的方便，略去了速度修正方程中的 $\sum a_{nb}u'_{nb}$ 项，从而把速度的修正完全归结为由于压差项的直接作用。这一做法虽然不影响收敛解的值，但加重了修正值 p' 的负担，使得整个速度场迭代收敛速度降低。

在略去 $\sum a_{nb}u'_{nb}$ 时，犯了一个“不协调一致”的错误。为了能略去 $a_{nb}u'_{nb}$ 而同时又能使方程基本协调，在方程 1-247 的等号两端同时减去 $\sum a_{nb}u'_{i,j}$ ，有

$$(a_{i,j}-\sum a_{nb})u'_{i,j}=\sum a_{nb}(u'_{nb}-u'_{i,j})+A_{i,j}(p'_{i-1,j}-p'_{i,j}) \tag{1-270}$$

$u'_{i,j}$ 与其邻点的修正值 u'_{nb} 具有相同的数量级，因而略去 $\sum a_{nb}(u'_{nb}-u'_{i,j})$ 所产生的影响远比在方程 1-247 中不计 $\sum a_{nb}u'_{nb}$ 所产生的影响要小得多。于是有

$$u'_{i,j}=d_{i,j}(p'_{i-1,j}-p'_{i,j}) \tag{1-271}$$

式 1-271 中

$$d_{i,j}=\frac{A_{i,j}}{a_{i,j}-\sum a_{nb}} \tag{1-272}$$

类似地，有

$$v'_{i,j}=d_{i,j}(p'_{i,j-1}-p'_{i,j}) \tag{1-273}$$

式 1-273 中

$$d_{i,j}=\frac{A_{i,j}}{a_{i,j}-\sum a_{nb}} \tag{1-274}$$

将式 1-273 和式 1-274 代入式 1-252 和式 1-253，得到修正后的速度计算式：

$$u_{i,j}=u^*_{i,j}+d_{i,j}(p'_{i-1,j}-p'_{i,j}) \tag{1-275}$$

$$v_{i,j}=v^*_{i,j}+d_{i,j}(p'_{i,j-1}-p'_{i,j}) \tag{1-276}$$

这就是 SIMPLEC 算法。SIMPLEC 算法与 SIMPLE 算法的计算步骤相同，只是速度修正方程中的系数项 d 的计算公式有所区别。

由于 SIMPLEC 算法没有像 SIMPLE 算法那样将 $\sum a_{nb}u'_{nb}$ 项忽略，因此，得到的压力修正值 p' 一般是比较合适的，因此，在 SIMPLEC 算法中可不再对 p' 进行欠松弛处理。但据作者的经验，适当选取一个稍小于 1 的 a_p 对 p' 进行欠松弛处理，对加快迭代过程中解的收敛也是有效的。

（3）PISO 算法。

PISO 是 pressure implicit with splitting of operators 的缩写，意为压力的隐式算子分割算法。PISO 算法是 Issa 于 1986 年提出的，起初是针对非稳态可压流动的无迭代计算所建立的一种压力速度计算程序，后来在稳态问题的迭代计算中也较广泛地使用了该算法。

PISO 算法与 SIMPLE、SIMPLEC 算法的不同之处在于：SIMPLE 和 SIMPLEC 算法是两步算法，即一步预测（图 1-12 中的步骤 1）和一步修正（图 1-12 中的步骤 2 和步骤 3）；而 PISO 算法增加了一个修正步，包含一个预测步和两个修正步，在完成了第一步修正得到 (u,v,p) 后寻求二次改进值，目的是使它们更好地同时满足动量方程和连续方程。PISO 算法由于使用了预测—修正—再修正 3 步，从而可加快单个迭代步中的收敛速度。下面介绍这 3 个步骤。

① 预测步。

使用与 SIMPLE 算法相同的方法，利用猜测的压力场 p^*，求解动量离散方程式 1-240 与式 1-241，得到速度分量 u^* 与 v^*。

② 第一步修正。

所得到的速度场（u^*，v^*）一般不满足连续方程，除非压力场 p^* 是准确的。现引入对 SIMPLE 的第一个修正步，该修正步给出一个速度场（u^{**}，v^{**}），使其满足连续方程。此

处的修正公式与 SIMPLE 算法中的完全一致，只不过考虑到在 PISO 算法还有第二个修正步，因此，使用不同的记法。

$$p^{**} = p^{*} + p' \tag{1-277}$$

$$u^{**} = u^{*} + u' \tag{1-278}$$

$$v^{**} = v^{*} + v' \tag{1-279}$$

这组公式用于定义修正后的速度 u^{**} 与 v^{**}。

$$u_{i,j}^{**} = u_{i,j}^{*} + d_{i,j}(p'_{i-1,j} - p'_{i,j}) \tag{1-280}$$

$$v_{i,j}^{**} = v_{i,j}^{*} + d_{i,j}(p'_{i,j-1} - p'_{i,j}) \tag{1-281}$$

就像在 SIMPLE 算法中一样，将式 1-280 和式 1-281 代入连续方程 1-258，得到压力修正方程。求解该方程，产生第一个压力修正值 p'。一旦压力修正值已知，可通过式 1-280 和式 1-281 获得速度分量 u^{**} 与 v^{**}。

③ 第二步修正。

为了强化 SIMPLE 算法的计算，PISO 要进行第二步的修正。u^{**} 和 v^{**} 的动量离散方程如下。

$$a_{i,j}u_{i,j}^{**} = \sum a_{nb}u_{nb}^{*} + (p_{i-1,j}^{**} - p_{i,j}^{**})A_{i,j} + b_{i,j} \tag{1-282}$$

$$a_{i,j}v_{i,j}^{**} = \sum a_{nb}v_{nb}^{*} + (p_{i,j-1}^{**} - p_{i,j}^{**})A_{i,j} + b_{i,j} \tag{1-283}$$

再次求解动量方程，可以得到两次修正的速度场 (u^{***}, v^{***})。

$$a_{i,j}u_{i,j}^{***} = \sum a_{nb}u_{nb}^{**} + (p_{i-1,j}^{***} - p_{i,j}^{***})A_{i,j} + b_{i,j} \tag{1-284}$$

$$a_{i,j}v_{i,j}^{***} = \sum a_{nb}v_{nb}^{**} + (p_{i,j-1}^{***} - p_{i,j}^{***})A_{i,j} + b_{i,j} \tag{1-285}$$

注意修正步中的求和项是用速度分量 u^{**} 和 v^{**} 来计算的。

从式 1-284 中减去式 1-282，从式 1-285 中减去式 1-283，有

$$u_{i,j}^{***} = u_{i,j}^{**} + \frac{\sum a_{nb}(u_{nb}^{**} - u_{nb}^{*})}{a_{i,j}} + d_{i,j}(p''_{i-1,j} - p''_{i,j}) \tag{1-286}$$

$$v_{i,j}^{***} = v_{i,j}^{**} + \frac{\sum a_{nb}(v_{nb}^{**} - v_{nb}^{*})}{a_{i,j}} + d_{i,j}(p''_{i,j-1} - p''_{i,j}) \tag{1-287}$$

式 1-286 和式 1-287 中，记号 p'' 是压力的二次修正值。有了该记号，p^{***} 可表示为

$$p^{***} = p^{**} + p'' \tag{1-288}$$

将 u^{***} 和 v^{***} 的表达式代入连续方程 1-258，得到二次压力修正方程：

$$a_{i,j}p''_{i,j} = a_{i+1,j}p''_{i+1,j} + a_{i-1,j}p''_{i-1,j} + a_{i,j+1}p''_{i,j+1} + a_{i,j-1}p''_{i,j-1} + b''_{i,j} \tag{1-289}$$

式 1-289 中，$a_{i,j} = a_{i+1,j} + a_{i-1,j} + a_{i,j+1} + a_{i,j-1}$。可写出各系数如下。

$$a_{i+1,j} = (\rho dA)_{i+1,j} \tag{1-290}$$

$$a_{i-1,j} = (\rho dA)_{i,j} \tag{1-291}$$

$$a_{i,j+1} = (\rho dA)_{i,j+1} \tag{1-292}$$

$$a_{i,j-1} = (\rho dA)_{i,j} \tag{1-293}$$

$$b_{I,J}^{*}=\left(\frac{\rho A}{a}\right)_{i,J}\sum a_{nb}(u_{nb}^{**}-u_{nb}^{*})-\left(\frac{\rho A}{a}\right)_{i+1,J}\sum a_{nb}(u_{nb}^{**}-u_{nb}^{*})+\left(\frac{\rho A}{a}\right)_{I,j}\sum a_{nb}(v_{nb}^{**}-v_{nb}^{*})-\left(\frac{\rho A}{a}\right)_{I,j+1}\sum a_{nb}(v_{nb}^{**}-v_{nb}^{*}) \tag{1-294}$$

现在，求解方程 1-289，就可得到二次压力修正值 p''，从而可得到二次修正的压力场。

$$p^{***}=p^{**}+p''=p^{*}+p'+p'' \tag{1-295}$$

最后，求解方程 1-286 与方程 1-287，得到二次修正的速度场。

在瞬态问题的非迭代计算中，压力场 p^{***} 与速度场（u^{***}，v^{***}）被认为是准确的。对于稳态流动的迭代计算，PISO 算法的实施过程如图 1-14 所示。

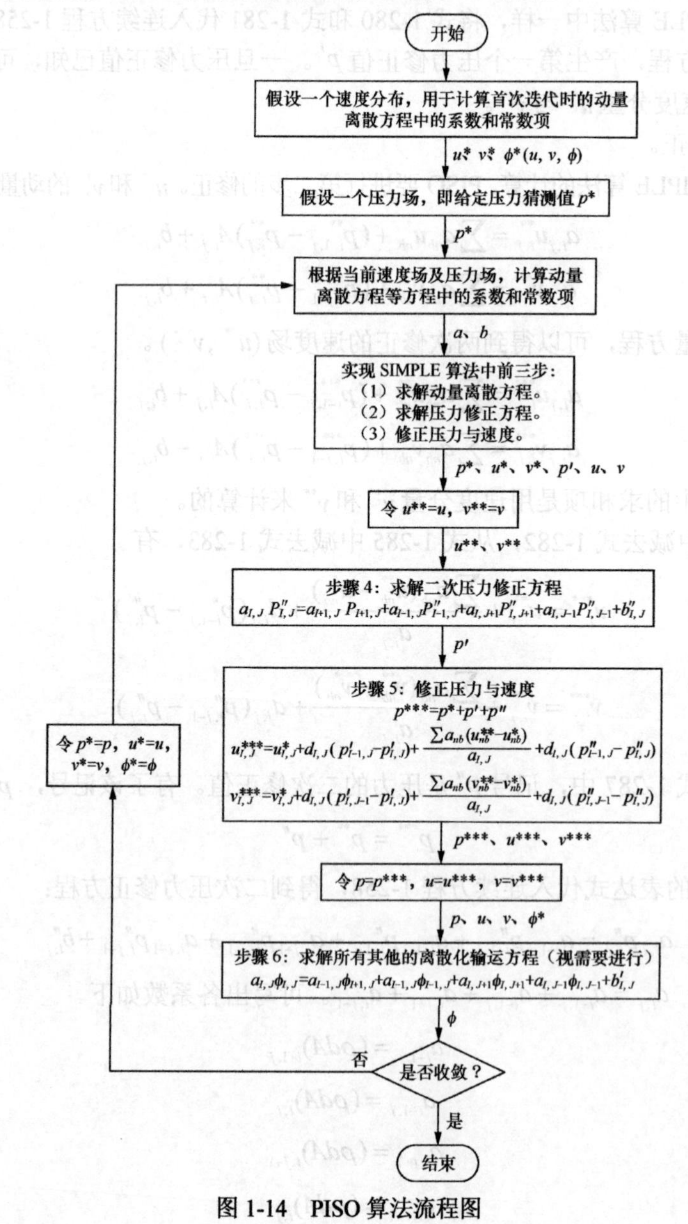

图 1-14　PISO 算法流程图

PISO 算法要两次求解压力修正方程，因此，它需要额外的存储空间来计算二次压力修正方程中的源项。尽管该方法涉及较多的计算，但对比发现，它的计算速度很快，总体效率比较高。FLUENT 的用户手册推荐，对于瞬态问题，PISO 算法有明显的优势；而对于稳态问题，可能选择 SIMPLE 或 SIMPLEC 算法更合适。

3. SIMPLE 系列算法的比较

SIMPLE 算法是 SIMPLE 系列算法的基础，目前在各种 CFD 软件中均提供这种算法。SIMPLE 的各种改进算法主要是提高了计算的收敛性，从而可缩短计算时间。

在 SIMPLE 算法中，压力修正值 p' 能够很好地满足速度修正的要求，但压力修正不是十分理想。改进后的 SIMPLER 算法只用压力修正值 p' 来修正速度，另外构建一个更加有效的压力方程来产生“正确”的压力场。

由于在推导 SIMPLER 算法的离散化压力方程时，没有任何项被忽略，因此所得到的压力场与速度场相适应。

在 SIMPLER 算法中，正确的速度场将导致正确的压力场，而在 SIMPLE 算法中则不是这样。因此 SIMPLER 算法是在很高的效率下正确计算压力场的，这一点在求解动量方程时有明显优势。

虽然 SIMPLER 算法的计算量比 SIMPLE 算法高出 30%左右，但其较快的收敛速度使得计算时间减少 30%～50%。

SIMPLEC 算法和 PISO 算法总体上与 SIMPLER 算法具有同样的计算效率，相互之间很难区分谁高谁低，对于不同类型的问题每种算法都有自己的优势。

一般来讲，动量方程与标量方程（如温度方程）如果不是耦合在一起的，则 PISO 算法在收敛性方面显得很好，且效率较高。而在动量方程与标量方程耦合非常密切时，SIMPLEC 和 SIMPLER 算法的效果可能更好些。

1.2.7 计算域网格生成技术

网格分布是流动控制方程数值离散的基础，因此，网格生成技术是 CFD 成功实现数值模拟的关键前提之一，网格质量的好坏直接影响到计算的敛散性及结果的精度。

网格生成的难度和耗费在整个模拟计算程序中占有较大的比重，“从某种角度看，自动生成绕复杂外形的理想网格甚至比编制一个三维的流场解程序更困难，即使在 CFD 高度发达的国家，网格生成仍占一个计算任务全部人力与时间的 60%”，由此可见网格生成在实现流场解算功能过程中的重要性。

网格生成的实质是物理求解域与计算求解域的转换。一般而言，物理域与计算域间的转换应满足下述基本条件。

（1）生成的网格使物理求解域上的计算节点与计算求解域上的计算节点一一对应，不致于出现物理对应关系不确定的多重映射节点。

（2）生成的网格能够准确反映求解域的复杂几何边界形状变化，能够便于边界条件的处理。

（3）物理求解域上的网格应连续光滑求导，保证控制方程离散过程中一阶甚至多阶偏导数的存在性、连续性。网格中出现的尖点、突跃点都将导致算法发散。

（4）网格的疏密易于控制，能够在气动参数变化剧烈的位置，如击波面、壁面等处加密网格，而在气动参数变化平缓的位置拉疏网格。

计算机技术的发展为计算流体力学步入工程实用阶段提供了可能，如何有效地处理复杂的物面边界，生成高质量的计算网格，是目前计算流体力学一个重要的研究课题。

结构化网格在拓扑结构上相当于矩形域内的均匀网格，其节点定义在每一层的网格线上，因此对于复杂外形物体要生成贴体的结构网格是比较困难的。而非结构化网格节点的空间分布完全是随意的，没有任何结构特性，适应性强，因而适合于处理复杂几何外形，并且由于非结构化网格在其生成过程中都要采用一定的准则进行优化判定，因而生成的网格质量较高。

Wimslow 最早在 20 世纪 60 年代利用有限面积法用三角形网格对 Poisson 方程进行了数值求解；而 20 世纪 90 年代以后，国外学者 Dawes、Hah、Prekwas 等采用了非结构化网格进行流场的数值求解，国外的著名商业 CFD 软件，如 FLUENT、Star-CD 等在 20 世纪 90 年代后都将结构化网格计算方法推广到非结构化网格上。

近年来，国内学者也开始对非结构化网格进行深入的研究与探讨，由此可见非结构化网格已成为目前计算流体力学学科中的一个重要方向。

非结构化网格的生成方法有很多，较常用到的有两种：Delaunay 三角化方法和推进阵面法（advancing front method）。

（1）Delaunay 三角化方法。

Delaunay 三角化方法是按一定的方式在控制体内布置节点。定义一个凸多边形外壳，将所有的点都包含进去，并在外壳上进行三角化的初始化。

将节点逐个加入已有的三角化结构中，根据优化准则破坏原有的三角化结构，并建立新的三角化结构，对有关数据结构进行更新后，继续加点，直到所有的节点都加入其中，三角化过程结束。所生成的三角形网格，可以通过光顺技术进一步提高质量。

常用的一种网格光顺方法称为 Laplacian 光顺方法，这种光顺方法是通过将节点向这个节点周围的三角形所构成的多边形的形心的移动来实现的。

（2）推进阵面法。

推进阵面法是网格和节点同时生成的一种生成方法，它的基本方法为：根据网格密度控制的需要，在平面上布置一些控制点，给每一个控制点定义一个尺度。根据这些控制点将平面划分成大块的三角形背景网格。

每一个背景网格中的所有点的尺度都可以根据其 3 个顶点的尺度插值得到。因此相当于布置了一个遍布整个平面的网格尺度函数。根据内边界定义初始阵面，按顺时针方向进行阵面初始化。初始化阵面上的每一条都称为活动边。

由初始阵面上的一条活动边开始推进，根据该活动边的中点所落入的背景网格插值确定该点的尺度，根据该点的尺度及有关的规则确定将要生成的节点位置。

判定该节点是否应被接纳，并根据情况生成新的三角形单元，更新阵面，并沿阵面的方向继续推进生成三角形，直至遇到外边界，网格生成结束。

1.3　CFD 软件的构成

CFD 软件一般由前处理器、求解器、后处理器 3 部分组成。这三大模块各有其独特的作用。

1.3.1 前处理器

前处理器（preprocessor）用于完成前处理工作。前处理环节是向 CFD 软件输入所求问题的相关数据，该过程一般是借助与求解器相对应的对话框等图形界面来完成的。流动问题的解是在单元内部的节点上定义的，解的精度由网格中单元的数量所决定。

一般来讲，单元越多，尺寸越小，所得到的解的精度越高，但所需要的计算机内存资源及 CPU 时间也相应增加。

为了提高计算精度，在物理量梯度较大的区域，以及我们感兴趣的区域，往往要加密计算网格。在前处理阶段生成计算网格的关键是把握好计算精度与计算成本之间的平衡。在前处理阶段需要用户进行以下工作。

（1）定义所求问题的几何计算域。

（2）将计算域划分成多个互不重叠的子区域，形成由单元组成的网格。

（3）对所要研究的物理和化学现象进行抽象，选择相应的控制方程。

（4）定义流体的属性参数。

（5）为计算域边界处的单元指定边界条件。

（6）对于瞬态问题，指定初始条件。

1.3.2 求解器

求解器（solver）的核心是数值求解算法。常用的数值求解方案如 1.2.6 节所述。总体上讲这些方法的求解过程大致相同，包括以下步骤。

（1）使用简单函数近似待求的流动变量。

（2）将该近似关系代入连续性的控制方程中，形成离散方程组。

（3）求解代数方程组。

各种数值求解方案的主要差别在于流动变量被近似的方式及相应的离散化过程。

1.3.3 后处理器

后处理的目的是有效地观察和分析流动计算结果。随着计算机图形处理功能的提高，目前的 CFD 软件均配备了后处理器（postprocessor），它提供了较为完善的后处理功能，具体包括以下几方面。

（1）计算域的几何模型及网格显示。

（2）矢量图（如速度矢量线）。

（3）等值线图。

（4）填充型的等值线图（云图）。

（5）*XY* 散点图。

（6）粒子轨迹图。

（7）图像处理功能（平移、缩放、旋转等）。

借助后处理功能，可以动态模拟流动效果，直观地了解 CFD 的计算结果。

1.4 常用的商业CFD软件

下面介绍近30年来，出现的较为著名的商业CFD软件，包括Phoenics、CFX、STAR-CD和FLUENT等。

1.4.1 Phoenics软件

Phoenics是英国CHAM公司开发的模拟传热、流动、反应、燃烧过程的通用CFD软件，有30多年的历史。网格系统包括直角、圆柱、曲面（包括非正交和运动网格，但在其VR环境不可以）、多重网格、精密网格。

它可以对三维稳态或非稳态的可压缩流或不可压缩流进行模拟，包括非牛顿流、多孔介质中的流动，并且可以考虑黏度、密度、温度变化的影响。

在流体模型上面，Phoenics内置了22种适合于各种*Re*数场合的湍流模型，包括雷诺应力模型、多流体湍流模型和通量模型及*k-e*模型的各种变异，共计21个湍流模型、8个多相流模型和十多个差分格式。

Phoenics的VR（虚拟现实）彩色图形界面菜单系统是CFD软件中前处理最方便的一个，可以直接读入Pro/Engineer建立的模型（需转换成STL格式），使复杂几何体的生成更为方便，在边界条件的定义方面也极为简单，并且网格自动生成。但其缺点则是网格比较单一粗糙，不能细分复杂曲面或曲率小的地方的网格，即不能在VR环境里采用贴体网格。

Phoenics的VR后处理也不是很好。要进行更高级的分析则要采用命令格式进行，但这在易用性上比其他软件就要差了。

另外，Phoenics自带了1 000多个例题与验证题，附有完整的可读可改的输入文件。其中就有CHAM公司做的一个PDC钻头的流场分析。Phoenics的开放性很好，提供对软件现有模型进行修改、增加新模型的功能和接口，可以用FORTRAN语言进行二次开发。

1.4.2 STAR-CD软件

STAR-CD的创始人之一Gosman与Phoenics的创始人Spalding都是英国伦敦大学同一教研室的教授。STAR是Simulation of Turbulent flow in Arbitrary Region的缩写，CD是Computational Dynamics Ltd的缩写。

STAR-CD是基于有限容积法的通用流体计算软件，在网格生成方面，采用非结构化网格，单元体可为六面体、四面体、三角形界面的棱柱、金字塔形的锥体以及6种形状的多面体，还可与CAD、CAE软件接口，如ANSYS、IDEAS、NASTRAN、PATRAN、ICEMCFD、GRIDGEN等，这是STAR-CD在适应复杂区域方面的特别优势。

STAR-CD能处理移动网格，用于多级透平的计算，在差分格式方面，纳入了一阶迎风、二阶迎风、CDS、QUICK以及一阶迎风与CDS或QUICK的混合格式。

在压力耦合方面采用SIMPLE、PISO以及称为SIMPLO的算法。

在湍流模型方面，有*k-e*、RNK-*ke*、*ke*两层等模型，可计算稳态、非稳态、牛顿流体、非牛顿流体、多孔介质、亚音速、超音速和多项流等问题。STAR-CD的强项在于汽车工业、汽车发动机内的流动和传热。

1.4.3 ANSYS CFX 软件

ANSYS CFX 系列软件是拥有世界级先进算法的成熟商业流体计算软件。功能强大的前处理器、求解器和后处理模块使得 ANSYS CFX 系列软件的应用范围遍及航空、航天、船舶、能源、石油化工、机械制造、汽车、生物技术、水处理、火灾安全、冶金、环保等众多领域。

ANSYS CFX 软件系列包括 CFX Solver、BladeModeler、TurboPre、TurboPost、TurboGrid 等软件，如图 1-15 所示。

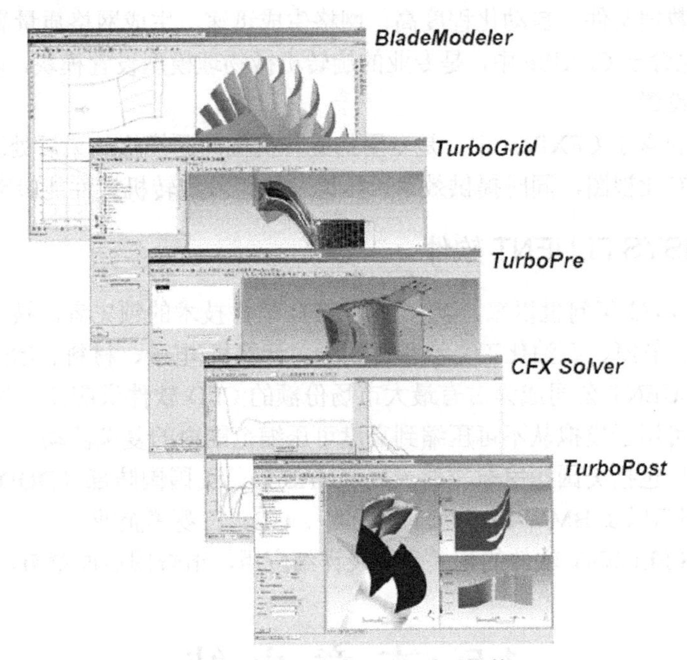

图 1-15 ANSYS CFX 系列软件

DeSignModeler 基于 ANSYS 的公共 CAE 平台——Workbench，提供了完全参数化的几何生成、几何修正、几何简化，以及概念模型的创建能力，它与 Workbench 支持的所有 CAD 软件能够直接双向关联。

CFX 软件提供了从网格到流体计算以及后处理的整体解决方案。核心模块包括 CFXMesh、CFXPre、CFXSolver 和 CFXPost 4 个部分。其中 CFXSolver 是 CFX 软件的求解器，是 CFX 软件的内核，它的先进性和精确性主要体现在以下方面。

（1）不同于大多数 CFD 软件，CFXSolver 采用基于有限元的有限体积法，在保证有限体积法守恒特性的基础上，吸收了有限元法的数值精确性。

（2）CFXSolver 采用先进的全隐式耦合多网格线性求解，再加上自适应多网格技术，同等条件下比其他流体软件快 1～2 个数量级。

（3）CFXSolver 支持真实流体、燃烧、化学反应和多相流等复杂的物理模型，这使得 CFX 软件在航空工业、化学及过程工业领域有着非常广泛的应用。

ANSYS CFX 特别为旋转机械定制了完整的软件体系，向用户提供从设计到 CFD 分析的一体化解决方案，因此，ANSYS CFX被公认为是全球最好的旋转机械工程CFD软件，被旋转机械领域80%以上的企业选作动力分析和设计工具，包括GE、Pratt & Whitney、Rolls-Royce、Westinghouse、ABB、Siemens等企业界巨头。

ANSYS CFX包含的专用旋转机械设计分析工具有BladeModeler、TurboGrid、TurboPre和TurboPost。

BladeModeler：是交互式涡轮机械叶片设计软件，用户通过修改元件库参数或完全依靠BladeModeler中提供的工具设计各种旋转和静止叶片元件及新型叶片。软件简单实用，模块丰富，具有自动化程度高和叶片几何生成迅速的特点。

TurboGrid：是专业的涡轮叶栅通道网格划分软件，用户只需提供叶片数目、叶片及轮毂和外罩的外形数据文件。自动化程度高，网格生成迅速，生成网格质量高是它的优点。

TurboPre：包含于CFXPre中，是专业的旋转机械物理模型设置模块，以旋转机械的专业术语完成模型设置。

TurboPost：包含于CFXPost中，是专用的旋转机械问题模拟结果后处理模块，可以自动生成子午面等专业视图，同时提供效率、压比和扭矩等旋转机械性能参数。

1.4.4 ANSYS FLUENT软件

FLUENT自1983年问世以来，就一直是CFD软件技术的领先者，被广泛应用于航空航天、旋转机械、航海、石油化工、汽车、能源、计算机/电子、材料、冶金、生物、医药等领域，这使FLUENT公司成为占有最大市场份额的CFD软件供应商。作为通用的CFD软件，FLUENT可用于模拟从不可压缩到高度可压缩范围内的复杂流动。

其代表性客户包括美国国家航空航天局（NASA）、美国国防部（DOD）、美国能源部（DOE）等政府部门以及BMW-RR、波音、福特、GE、三菱等企业。

关于ANSYS FLUENT软件的相关介绍及详细应用，请查阅后面章节。

1.5 本章小结

为了方便初学者迅速进入学习计算流体动力学的大门，本章首先介绍流体力学中支配流体流动的基本物理定律，包括一些基本假设、概念及流体力学基本方程组等。

在此基础上介绍了用数值方法求解流体力学问题的基本思想，进而阐述计算流体力学（CFD）的相关基础知识，包括CFD数值模拟方法、空间和方程的离散方法及CFD常用算法等。最后简要介绍常用计算流体力学商业软件。学好本章能为读者更好地学习计算流体力学以及掌握CFD软件打下坚实的基础。

第2章 FLUENT软件介绍

CFD 商业软件 FLUENT 是通用 CFD 软件包，用来模拟从不可压缩到高度可压缩范围内的复杂流动。由于采用了多种求解方法和多重网格加速收敛技术，因而 FLUENT 能达到最佳的收敛速度和求解精度。灵活的非结构化网格和基于解的自适应网格技术及成熟的物理模型，使 FLUENT 在转换与湍流、传热与相变、化学反应与燃烧、多相流、旋转机械、动/变形网格、噪声、材料加工、燃料电池等方面有广泛的应用。

学习目标：

- 学习 FLUENT 软件的主要特点；
- 了解 FLUENT 16.0 的新特性和功能模块；
- 了解 ANSYS Workbench 的基本操作方法；
- 学习 FLUENT 16.0 的基本操作步骤和方法；
- 通过一个简单的实例学习 FLUENT 16.0 的操作。

2.1 FLUENT 软件特点简介

2006 年 5 月，FLUENT 成为全球最大的 CAE 软件供应商——ANSYS 大家庭中的重要成员。所有的 FLUENT 软件都集成在 ANSYS Workbench 环境下，共享先进的 ANSYS 公共 CAE 技术。

FLUENT 是 ANSYS CFD 的旗舰产品，ANSYS 加大了对 FLUENT 核心 CFD 技术的投资，确保 FLUENT 在 CFD 领域的绝对领先地位。ANSYS 公司收购 FLUENT 以后做了大量高技术含量的开发工作，具体如下。

- 内置六自由度刚体运动模块配合强大的动网格技术。
- 领先的转捩模型精确计算层流到湍流的转捩以及飞行器阻力精确模拟。
- 非平衡壁面函数和增强型壁面函数加压力梯度修正大大提高了边界层回流计算精度。
- 多面体网格技术大大减小了网格量并提高计算精度。
- 密度基算法解决高超音速流动。
- 高阶格式可以精确捕捉激波。
- 噪声模块解决航空领域的气动噪声问题。
- 非平衡火焰模型用于航空发动机燃烧模拟。
- 旋转机械模型加虚拟叶片模型广泛用于螺旋桨旋翼 CFD 模拟。
- 先进的多相流模型。

- HPC大规模计算高效并行技术。

图2-1为一个FLUENT的计算图例，是FLUENT在航空领域的应用实例，显示了飞机滑行过程中起落架附近的涡流分布。

图2-1　FLUENT的计算图例

2.1.1　网格技术

计算网格是任何计算流体动力学（Computational Fluid Dynamics，CFD）计算的核心，它通常把计算域划分为几千甚至几百万个单元，在单元上计算并存储求解变量。FLUENT使用非结构化网格技术，这就意味着可以有各种各样的网格单元，具体如下。

- 二维的四边形和三角形单元。
- 三维的四面体核心单元。
- 六面体核心单元。
- 棱柱和多面体单元。

这些网格可以使用FLUENT的前处理软件Gambit自动生成，也可以选择在ICEM CFD工具中生成。

在目前的CFD市场上，FLUENT以其在非结构网格的基础上提供丰富的物理模型而著称，主要有以下特点。

（1）完全非结构化网格。

FLUENT软件采用基于完全非结构化网格的有限体积法，而且具有基于网格节点和网格单元的梯度算法。

（2）先进的动/变形网格技术。

FLUENT软件中的动/变形网格技术主要解决边界运动的问题，用户只需指定初始网格和运动壁面的边界条件，余下的网格变化完全由解算器自动生成。FLUENT解算器包括NEKTON、FIDAP、POLYFLOW、ICEPAK以及MIXSIM。

网格变形方式有3种：弹簧压缩式、动态铺层式以及局部网格重生式。其中，局部网格重生式是FLUENT所独有的，而且用途广泛，可用于非结构网格、变形较大问题以及物体运动规律事先不知道而完全由流动所产生的力所决定的问题。

（3）多网格支持功能。

FLUENT软件具有强大的网格支持能力，支持界面不连续的网格、混合网格、动/变形网格以及滑动网格等。值得强调的是，FLUENT软件还拥有多种基于解的网格的自适应、动态自适应技术以及动网格与网格动态自适应相结合的技术。

2.1.2 数值技术

在 FLUENT 软件当中，有两种数值方法可以选择：基于压力的求解器和基于密度的求解器。从传统上讲，基于压力的求解器是针对低速、不可压缩流开发的，基于密度的求解器是针对高速、可压缩流开发的。但近年来这两种方法被不断地扩展和重构，这使得它们突破了传统上的限制，可以求解更为广泛的流体流动问题。

FLUENT 软件基于压力的求解器和基于密度的求解器完全在同一界面下，确保 FLUENT 对于不同的问题都可以得到很好的收敛性、稳定性和精度。

1. 基于压力的求解器

基于压力的求解器采用的计算法则属于常规意义上的投影方法。在投影方法中，首先通过动量方程求解速度场，继而通过压力方程的修正使得速度场满足连续性条件。

由于压力方程来源于连续性方程和动量方程，从而保证整个流场的模拟结果同时满足质量守恒和动量守恒。

由于控制方程（动量方程和压力方程）的非线性和相互耦合作用，所以需要一个迭代过程，使得控制方程重复求解直至结果收敛，用这种方法求解压力方程和动量方程。

FLUENT 软件中包含以下两种基于压力的求解器。

（1）基于压力的分离求解器。

如图 2-2 所示，分离求解器顺序地求解每一个变量的控制方程，每一个控制方程在求解时被从其他方程中“解耦”或分离，并且因此而得名。

分离求解器的内存效率非常高，因为离散方程仅仅在一个时刻需要占用内存，收敛速度相对较慢，因为方程是以“解耦”方式求解的。

工程实践表明，分离求解器对于燃烧、多相流问题更加有效，因为它提供了更为灵活的收敛控制机制。

（2）基于压力的耦合求解器。

如图 2-2 所示，基于压力的耦合求解器以耦合方式求解动量方程和基于压力的连续性方程，它的内存使用量大约是分离求解器的 1.5～2 倍；由于以耦合方式求解，所以它的收敛速度具有 5～10 倍的提高。

基于压力的耦合求解器同时还具有传统压力算法物理模型丰富的优点，可以和所有动网格、多相流、燃烧和化学反应模型兼容，同时收敛速度远远高于基于密度的求解器。

2. 基于密度的求解器

基于密度的求解器直接求解瞬态 N-S 方程（瞬态 N-S 方程在理论上是绝对稳定的），将稳态问题转化为时间推进的瞬态问题，由给定的初场时间推进到收敛的稳态解，这就是通常说的时间推进法（密度基求解方法）。这种方法适用于求解亚音速、高超音速等流场的强可压缩流问题，且易于改为瞬态求解器。

FLUENT 软件中基于密度的求解器源于 FLUENT 和 NASA 合作开发的 RAMPANT 软件，因此被广泛应用于航空航天工业。

FLUENT 增加了 AUSM 和 Roe-FDS 通量格式，AUSM 对不连续激波提供了更高精度的分辨率，Roe-FDS 通量格式减小了在大涡模拟计算中的耗散，从而进一步提高了 FLUENT

在高超声速模拟方面的精度。

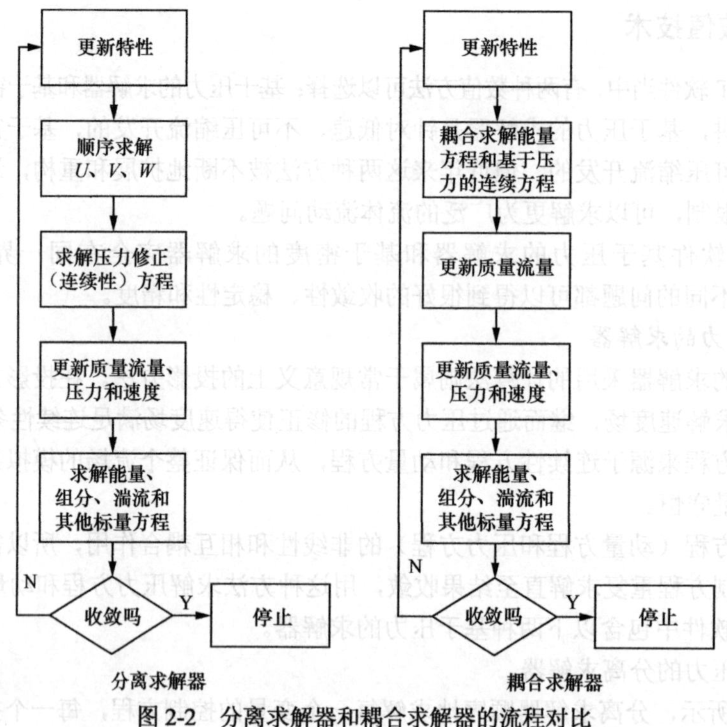

图 2-2 分离求解器和耦合求解器的流程对比

2.1.3 物理模型

FLUENT软件包含丰富而先进的物理模型，具体有以下几种。

1. 传热、相变、辐射模型

许多流体流动伴随传热现象，FLUENT提供一系列应用广泛的对流、热传导及辐射模型。对于热辐射，P1和Rossland模型适用于介质光学厚度较大的环境；基于角系数的surface to surface模型适用于介质不参与辐射的情况；DO（Discrete Ordinates）模型适用于包括玻璃在内的任何介质。DRTM模型（Discrete Ray Tracing Module）也同样适用。

太阳辐射模型使用光线追踪算法，包含了一个光照计算器，它允许光照和阴影面积的可视化，这使得气候控制的模拟更加有意义。

其他与传热紧密相关的模型还有汽蚀模型、可压缩流体模型、热交换器模型、壳导热模型、真实气体模型和湿蒸汽模型。

相变模型可以追踪分析流体的融化和凝固。离散相模型（DPM）可用于液滴和湿粒子的蒸发及煤的液化。易懂的附加源项和完备的热边界条件使得FLUENT的传热模型成为满足各种模拟需要的成熟可靠的工具。

2. 湍流和噪声模型

FLUENT的湍流模型一直处于商业CFD软件的前沿，它提供的丰富的湍流模型中有经常使用到的湍流模型，包括Spalart-Allmaras模型、k-ω模型组、k-ε模型组。

随着计算机能力的显著提高，FLUENT已经将大涡模拟（LES）纳入其标准模块，并且开发了更加高效的分离涡（DES）模型，FLUENT 提供的壁面函数和加强壁面处理的方法可以很好地处理壁面附近的流动问题。

气动声学在很多工业领域中倍受关注，模拟起来却相当困难，如今，使用 FLUENT 可以有多种方法计算由非稳态压力脉动引起的噪声，瞬态大涡模拟（LES）预测的表面压力可以使用 FLUENT 内嵌的快速傅里叶变换（FFT）工具转换成频谱。

Ffowcs-Williams & Hawkings 声学模型可以用于模拟从非流线型实体到旋转风机叶片等各式各样的噪声源的传播，宽带噪声源模型允许在稳态结果的基础上进行模拟，这是一个快速评估设计是否需要改进的非常实用的工具。

3. 化学反应模型

化学反应模型，尤其是湍流状态下的化学反应模型在 FLUENT 软件中一直占有很重要的地位，多年来，FLUENT 强大的化学反应模拟能力帮助工程师完成了对各种复杂燃烧过程的模拟。

涡耗散概念、PDF 转换以及有限速率化学模型已经加入 FLUENT 的主要模型中：涡耗散模型、均衡混合颗粒模型、小火焰模型以及模拟大量气体燃烧、煤燃烧、液体燃料燃烧的预混合模型。预测 NO_x 生成的模型也被广泛地应用与定制。

许多工业应用中涉及发生在固体表面的化学反应，FLUENT 表面反应模型可以用来分析气体和表面组分之间的化学反应及不同表面组分之间的化学反应，以确保准确预测表面沉积和蚀刻现象。

对催化转化、气体重整、污染物控制装置及半导体制造等的模拟都受益于这一技术。FLUENT 的化学反应模型可以和大涡模拟（LES）及分离涡（DES）湍流模型联合使用，只有将这些非稳态湍流模型耦合到化学反应模型中，才有可能预测火焰稳定性及燃尽特性。

4. 多相流模型

多相流混合物广泛应用于工业中，FLUENT 软件是多相流建模方面的领导者，其丰富的模拟能力可以帮助工程师洞察设备内那些难以探测的现象，Eulerian 多相流模型通过分别求解各相的流动方程的方法分析相互渗透的各种流体或各相流体，对于颗粒相流体，采用特殊的物理模型进行模拟。

很多情况下，占用资源较少的混合模型也用来模拟颗粒相与非颗粒相的混合。FLUENT 可用来模拟三相混合流（液、颗粒、气），如泥浆气泡柱和喷淋床的模拟。可以模拟相间传热和相间传质的流动，这使得模拟均相及非均相成为可能。

FLUENT 标准模块中还包括许多其他的多相流模型，对于其他的一些多相流流动，如喷雾干燥器、煤粉高炉、液体燃料喷雾，可以使用离散相模型（DPM）。射入的粒子、泡沫及液滴与背景流之间进行发生热、质量及动量的交换。

VOF（Volume of Fluid）模型可以用于对界面预测比较感兴趣的自由表面流动，如海浪。汽蚀模型已被证实可以很好地应用到水翼艇、泵及燃料喷雾器的模拟。沸腾现象可以很容易地通过用户自定义函数实现。

2.1.4 FLUENT 的独有特点

FLUENT 具有以下特点。

- FLUENT 可以方便地设置惯性或非惯性坐标系、复数基准坐标系、滑移网格以及动静翼相互作用模型化后的接续界面。

- FLUENT 内部集成丰富的物性参数的数据库，里面有大量的材料可供选用，此外用户可以非常方便地定制自己的材料。
- 高效率的并行计算功能提供多种自动/手动分区算法；内置 MPI 并行机制大幅度提高并行效率。另外，FLUENT 特有的动态负载平衡功能确保全局高效并行计算。
- FLUENT 软件提供了友好的用户界面，并为用户提供了二次开发接口（UDF）。
- FLUENT 软件后置处理和数据输出，可对计算结果进行处理，生成可视化的图形及给出相应的曲线、报表等。

上述各项功能和特点使得 FLUENT 在很多领域得到了广泛的应用，主要有以下几个方面。

- 油/气能量的产生和环境应用。
- 航天和涡轮机械的应用。
- 汽车工业的应用。
- 热交换应用。
- 电子/HVAC 应用。
- 材料处理应用。
- 建筑设计和火灾研究。

2.1.5 FLUENT 系列软件简介

FLUENT 系列软件包括：通用的 CFD 软件 FLUENT、POLYFLOW、FIDAP，工程设计软件 FloWizard、FLUENT for CATIAV5，前处理软件 Gambit、TGrid、G/Turbo，CFD 教学软件 FlowLab，面向特定专业应用的 ICEPAK、AIRPAK、MIXSIM 软件等。

FLUENT 软件包含基于压力的分离求解器、基于压力的耦合求解器、基于密度的隐式求解器、基于密度的显式求解器。多求解器技术使 FLUENT 软件可以用来模拟从不可压缩到高超音速范围内的各种复杂流场。

FLUENT 软件包含非常丰富的、经过工程确认的物理模型，可以模拟高超音速流场、转捩、传热与相变、化学反应与燃烧、多相流、旋转机械、动/变形网格、噪声、材料加工等复杂机理的流动问题。

FLUENT 软件的动网格技术处于绝对领先地位，并且包含了专门针对多体分离问题的六自由度模型，以及针对发动机的两维半动网格模型。

POLYFLOW 是基于有限元法的 CFD 软件，专用于模拟黏弹性材料的层流流动。它适用于塑料、树脂等高分子材料的挤出成型、吹塑成型、拉丝、层流混合、涂层过程中的流动及传热和化学反应问题。

FloWizard 是高度自动化的流动模拟工具，它允许设计和工艺工程师在产品开发的早期阶段迅速而准确地验证他们的设计。它引导从头至尾地完成模拟过程，使模拟过程变得非常容易。

FLUENT for CATIAV5 是专门为 CATIA 用户定制的 CFD 软件，将 FLUENT 完全集成在 CATIAV5 内部，用户就像使用 CATIA 其他分析环境一样地使用 FLUENT 软件。

Gambit 是专业的 CFD 前处理软件，包括功能强大的几何建模和网格生成能力。

G/Turbo 是专业的叶轮机械网格生成软件。

AIRPAK 是面向 HVAC 工程师的 CFD 软件，并依照 ISO7730 标准提供舒适度、PMV、PPD 等衡量室内外空气质量（IAQ）的技术指标。

MIXSIM 是专业的搅拌槽 CFD 模拟软件。

2.2 FLUENT 16.0 的新特性

FLUENT 16.0 相对于以往的 FLUENT 版本，在操作界面、网格处理、并行运算、物理模型和求解精度控制方面有了很多改进。

2.2.1 新的操作界面

如图 2-3 所示，FLUENT 16.0 的操作界面较先前版本有了一些变化。原来的列单式项目树改成了与 ANSYS CFX 类似的导航树，使 ANSYS 系列的界面风格趋向统一。树状图形界面中包含了所有的设置步骤。

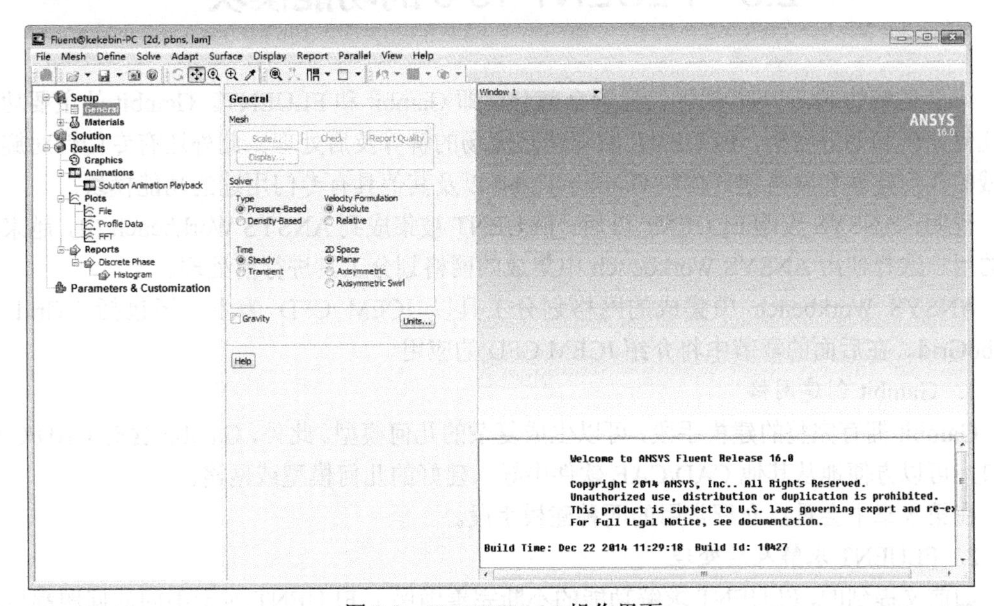

图 2-3 FLUENT 16.0 操作界面

ANSYS FLUENT 16.0 既可单独使用，也可以在 ANSYS Workbench 环境下使用。

2.2.2 功能上的改进

最新版 ANSYS FLUENT 16.0 在功能上做了如下改进。

- 具备更加强大的伴随求解器，更高效的处理大尺寸工程案例。
- 可以同时在多个边界上定义约束，可以利用鼠标定义控制点及其运动。
- 改进了求解过程中对低质量网格的处理。

- 增加了区域之间交界面的耦合选项，支持界面之间的热传递和辐射。
- 增加了新的声波边界，包括阻抗边界、流动力输运边界等。
- 改进了激波捕捉能力，将 Roe 模型加入基于压力求解器的选项。
- 增加了湍流模型 BSL-w 模型和混合应力耗散涡模型。
- 对 VOF 模型进行了改进，能够更可靠快捷地模拟自由液面，如图 2-4 所示。
- 改进了 S2S 辐射模型，提高多面体网格地辐射换热系数计算效率。
- 提供了更高效的选择机械计算工具。

除此之外，FLUENT 16.0 还在动画控制、视图显示、后处理等其他方面进行了改进，在此不一一列举了。

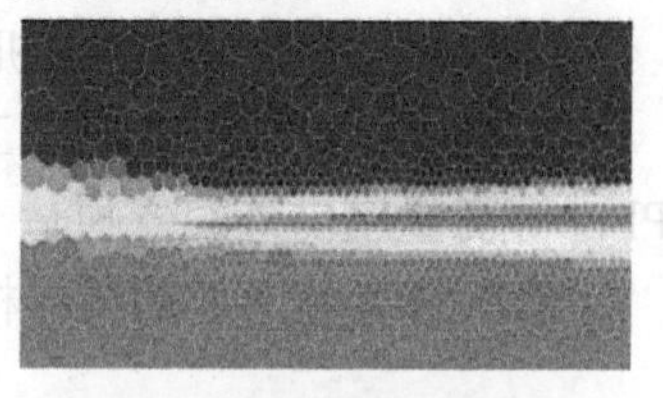

（a）改进前的模拟结果

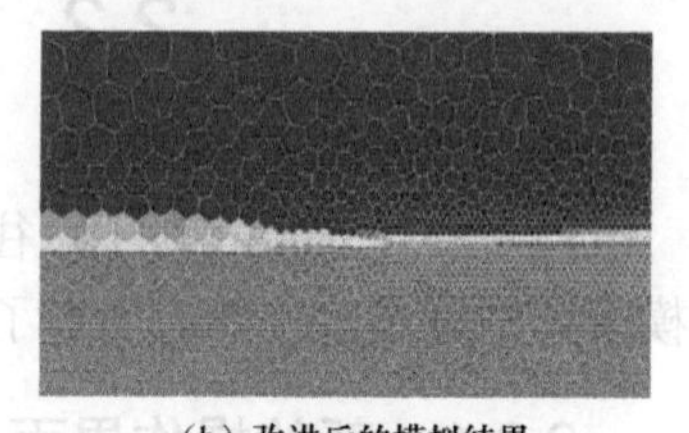

（b）改进后的模拟结果

图 2-4　在 FLUENT 16.0 中自由液面模拟的改进

2.3　FLUENT 16.0 的功能模块

一套传统的 FLUENT 软件包含两个部分，即 Gambit 和 FLUENT。Gambit 的主要功能是几何建模和划分网格，FLUENT 的功能是流场的解算及后处理。此外还有专门针对旋转机械的几何建模和网格划分模块 Gambit/Turbo 以及其他具有专门用途的功能模块。

说明：ANSYS 收购 FLUENT 以后，FLUENT 被集成到 ANSYS Workbench 中，越来越多的用户选择使用 ANSYS Workbench 中集成的网格划分工具进行前处理。

ANSYS Workbench 中集成的网格划分工具以 ICEM CFD 为主，还包括 TGrid 和 TurboGrid。在后面的章节中将介绍 ICEM CFD 的应用。

1. Gambit 创建网格

Gambit 拥有完整的建模手段，可以生成复杂的几何模型。此外，Gambit 含有 CAD/CAE 接口，可以方便地从其他 CAD/CAE 软件中导入建好的几何模型或网格。

在第 3 章中会重点介绍常用的两种建模手段。

2. FLUENT 求解及后处理

如前文提到的，FLUENT 求解功能的不断完善确保了 FLUENT 对于不同的问题都可以得到很好的收敛性、稳定性和精度。

FLUENT 具有强大的后置处理功能，能够完成 CFD 计算所要求的功能，包括速度矢量图、等值线图、等值面图、流动轨迹图，并具有积分功能，可以求得力、力矩及其对应的力和力矩系数、流量等。

对于用户关心的参数和计算中的误差可以随时进行动态跟踪显示。对于非定常计算，FLUENT 提供非常强大的动画制作功能，在迭代过程中将所模拟非定常现象的整个过程记录成动画文件，供后续进行分析演示。

3. Gambit/Turbo 模块

该模块主要用于旋转机械的叶片造型及网格划分，该模块是根据 Gambit 的内核定制出来的，因此它与 Gambit 直接耦合在一起。采用 Turbo 模块生成的叶型或网格，可以直接用 Gambit 的功能进行其他方面的操作，从而可以生成更加复杂的叶型结构。

例如，对于涡轮叶片，可以先采用 Turbo 生成光叶片，然后通过 Gambit 的操作直接在叶片上开孔或槽，也可以通过布尔运算或切割生成复杂的内冷通道等。因此 Turbo 模块可以极大地提高叶轮机械的建模效率。

4. Pro/E Interface 模块

该模块用于同 Pro/Engineer 软件直接传递几何数据、实体信息，提高建模效率。

5. Deforming Mesh 模块

该模块主要用于计算域随时间发生变化情况下的流场模拟，如飞行器姿态变化过程的流场特性的模拟、飞行器分离过程的模拟、飞行器轨道的计算等。

6. Flow-Induced Noise Prediction 模块

该模块主要用于预测所模拟流动的气动噪声，对于工程应用可用于降噪，如用于车辆领域或风机等领域，降低气流噪声。

7. Magnetohydro dynamics 模块

该模块主要用于模拟磁场、电场作用时对流体流动的影响，主要用于冶金及磁流体发电领域。

8. Continuous Fiber Modeling 模块

该模块主要应用于纺织工业中纤维拉制成型过程的模拟。

2.4 FLUENT 与 ANSYS Workbench

FLUENT 16.0 被集成到 ANSYS Workbench 平台后，其使用方法有了一些新特点。为了让读者更好地在 ANSYS Workbench 平台中使用 FLUENT，本节将简要介绍 ANSYS Workbench 及其与 FLUENT 之间的关系。

2.4.1 ANSYS Workbench 简介

ANSYS Workbench 提供了多种先进工程仿真技术的基础框架。全新的项目视图概念将整个仿真过程紧密地组合在一起，引导用户通过简单的鼠标拖曳操作完成复杂的多物理场分析流程。

Workbench 所提供的 CAD 双向参数互动、强大的全自动网格划分、项目更新机制、全面的参数管理和无缝集成的优化工具等，使 ANSYS Workbench 平台在仿真驱动产品设计方面达到了前所未有的高度。

ANSYS Workbench 大大推动了仿真驱动产品的设计。各种仿真流程的紧密集成使得设置变得前所未有的简单，并且为一些复杂的多物理场仿真提供了解决方案。

ANSYS Workbench 环境中的应用程序都是支持参数变量的，包括 CAD 几何尺寸参数、材料属性参数、边界条件参数以及计算结果参数等。在仿真流程各环节中定义的参数可以直接在项目窗口中进行管理，因而很容易研究多个参数变量的变化。

在项目窗口中，可以很方便地形成一系列表格形式的“设计点”，然后一次性地自动进行多个设计点的分析来完成“What-If”研究。

ANSYS Workbench 全新的项目视图功能改变了工程师的仿真方式。仿真项目中的各项任务以互相连接的图形化方式清晰地表达出来，使用户对项目的工程意图、数据关系和分析过程一目了然。

只要通过鼠标的拖曳操作，就可以非常容易地创建复杂的、含多个物理场的耦合分析流程，在各物理场之间的数据传输也会自动定义好。

项目视图系统使用起来非常简单，直接从左边的工具栏中将所需的分析系统拖到项目视图窗口即可。完整的分析系统包含了所选分析类型的所有任务节点及相关应用程序，自上而下执行各个分析步骤即可完成整个分析。

2.4.2　ANSYS Workbench 的操作界面

ANSYS Workbench 的操作界面主要由菜单栏、工具栏、工具箱和项目概图区组成，如图 2-5 所示。

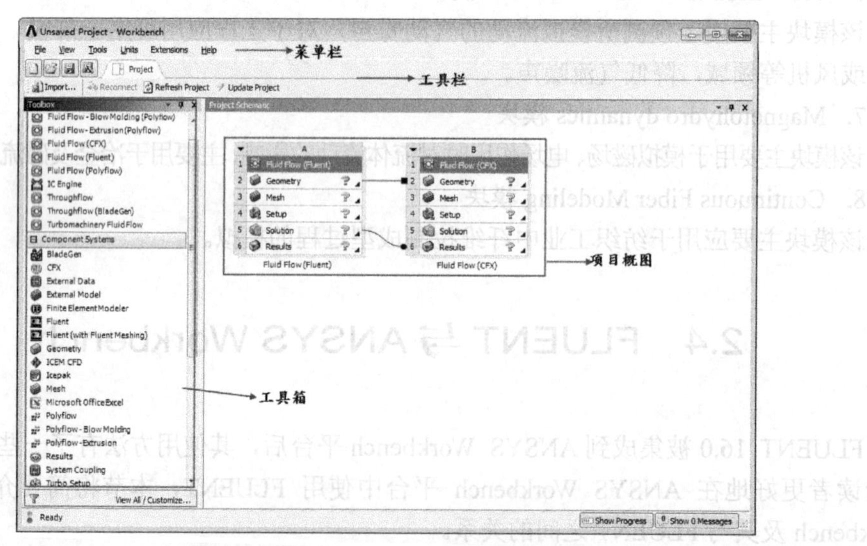

图 2-5　ANSYS Workbench 的操作界面

工具箱包括以下 5 个组，如图 2-6 所示。

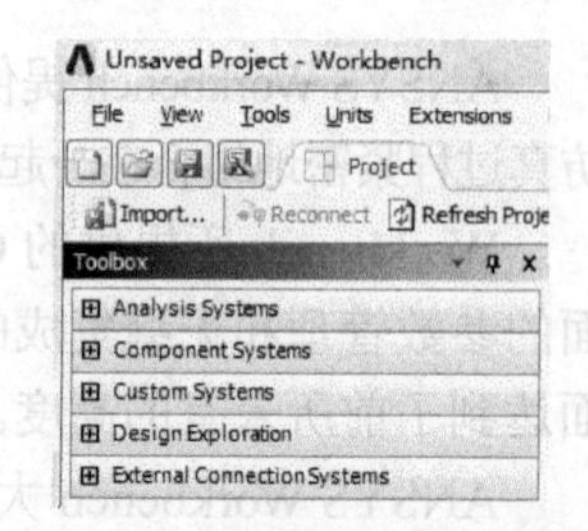

图 2-6　工具箱中的 5 个组

- Analysis Systems：可用的预定义的模板。
- Component Systems：可存取多种程序来建立和扩展分析系统。
- Custom Systems：为耦合应用预定义分析系统（FSI、thermal-stress 等）。用户也可以建立自己的预定义系统。
- Design Exploration：参数管理和优化工具。
- External Connection Systems：用于建立与其他外部程序之间的数据连接。

需要进行某种项目分析时，可以通过两种方法在项目概图区生成相关分析项目的概图。一种是在工具箱中双击相关项目，另一种是用鼠标将相关项目拖至项目概图区内。

生成项目概图后，只需按照概图的顺序，从顶向下逐步完成，就可以实现一个完整的仿真分析流程。

2.4.3 在 ANSYS Workbench 中打开 FLUENT

在 ANSYS Workbench 中可以按如下步骤创建 FLUENT 分析项目并打开 FLUENT。

（1）在 Windows 系统下执行“开始”→“所有程序”→ANSYS 16.0 →Workbench 命令，启动 ANSYS Workbench 16.0，进入主界面。

（2）双击主界面 Toolbox（工具箱）中的 Component Systems→Geometry（几何体）选项，即可在项目管理区创建分析项目 A，如图 2-7 所示。

（3）将工具箱中的 Component Systems→Mesh（网格）选项拖到项目管理区中，悬挂在项目 A 中的 A2 栏“Geometry”上，当项目 A2 的 Geometry 栏红色高亮显示时，即可放开鼠标创建项目 B，项目 A 和项目 B 中的 Geometry 栏（A2 和 B2）之间出现了一条线相连，表示它们之间可共享几何体数据，如图 2-8 所示。

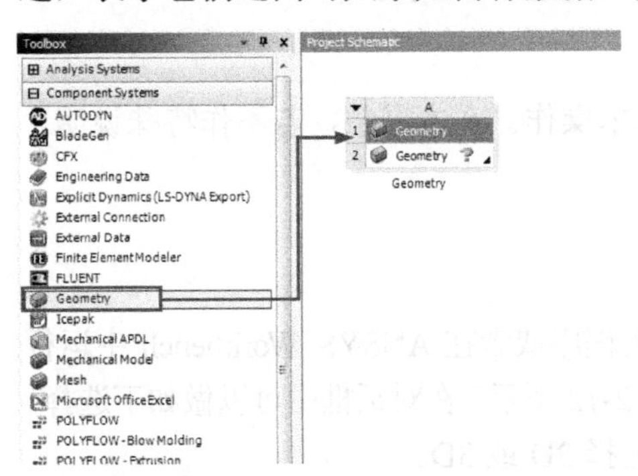

图 2-7 创建 Geometry（几何体）分析项目

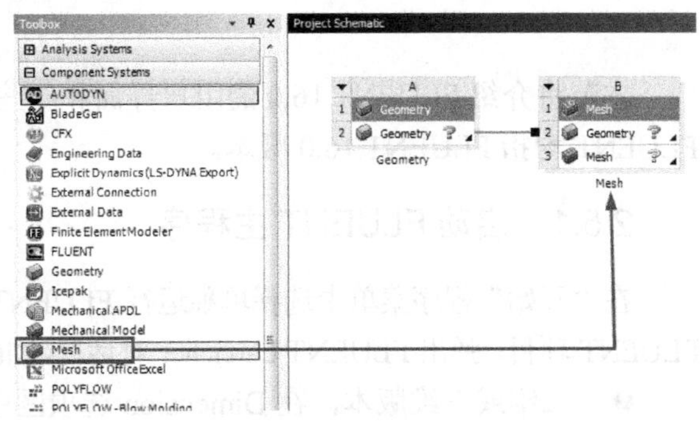

图 2-8 创建 Mesh（网格）分析项目

（4）将工具箱中的 Analysis Systems→Fluid Flow(FLUENT) 选项拖到项目管理区中，悬挂在项目 B 中的 B3 栏“Mesh”上，当项目 B3 的 Mesh 栏红色高亮显示时，即可放开鼠标创建项目 C。

项目 B 和项目 C 中的 Geometry 栏（B2 和 C2）和 Mesh 栏（B3 和 C3）之间各出现了一条线相连，表示它们之间可共享数据，如图 2-9 所示。

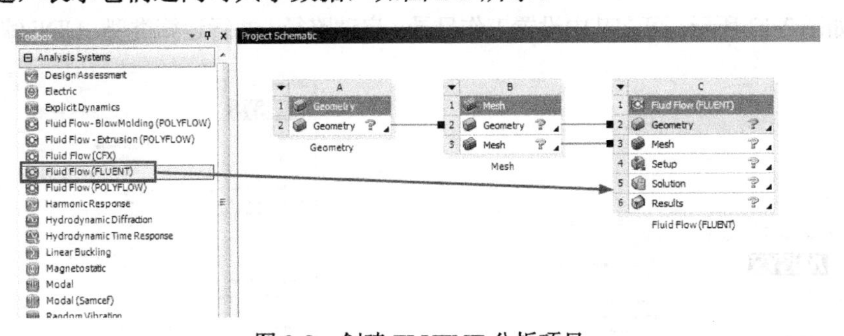

图 2-9 创建 FLUENT 分析项目

也可以直接生成图 2-9 中的项目 C 而不生成项目 A 和项目 B，如图 2-10 所示，这样就不必使用 ANSYS Workbench 中集成的 CAD 模块 DesignModeler 生成和处理几何体。

还可以直接生成单独的 FLUENT 分析项目（不包含前后处理），这与单独运行 FLUENT 的效果完全相同，如图 2-11 所示。

双击图 2-9～图 2-11 中的任意一个 FLUENT 分析项目中的 Setup 项均可启动 FLUENT 软件。

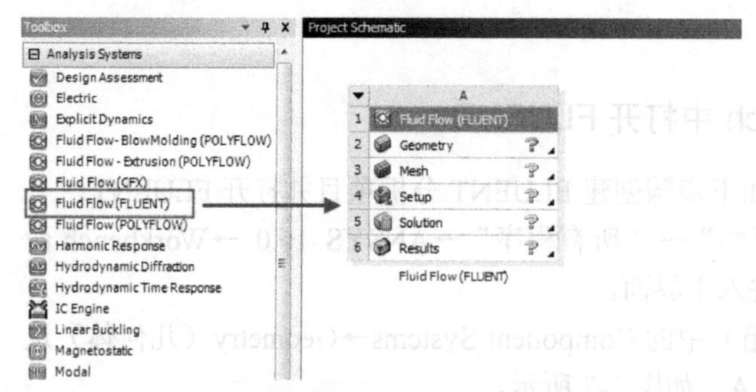

图2-10　直接生成FLUENT分析项目

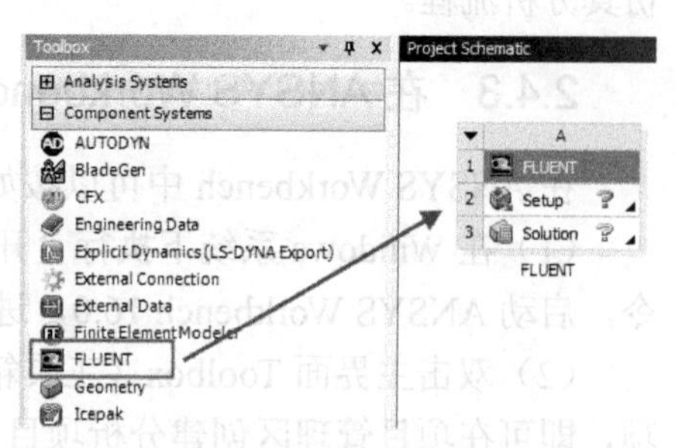

图2-11　生成单独的FLUENT分析项目（不包含前后处理）

2.5　FLUENT 16.0的基本操作

本节将介绍FLUENT 16.0的用户界面和一些基本操作。在本书中，若不作特殊说明，FLUENT均指FLUENT 16.0版本。

2.5.1　启动FLUENT主程序

在“开始”程序菜单中选择单独运行FLUENT主程序或者在ANSYS Workbench中运行FLUENT项目，弹出FLUENT Launcher对话框，如图2-12所示。在对话框中可以做如下选择。

- 二维或三维版本，在Dimension选项区中选择2D或3D。
- 单精度或双精度版本，默认为单精度，当选中Double Precision时选择双精度版本。
- 并行运算选项，可选择单核运算或并行运算版本。选择Serial时运行单核运算版本，选择Parallel时可利用多核处理器进行并行计算，并可设置使用处理器的数量。
- 界面显示设置（Display Options），一般保持默认设置。
- 当单击Show More Options前面的⊞图标时，会得到展开的FLUENT Launcher对话框，如图2-13所示，可在其中设置工作目录、启动路径、并行运算类型、UDF编译环境等。

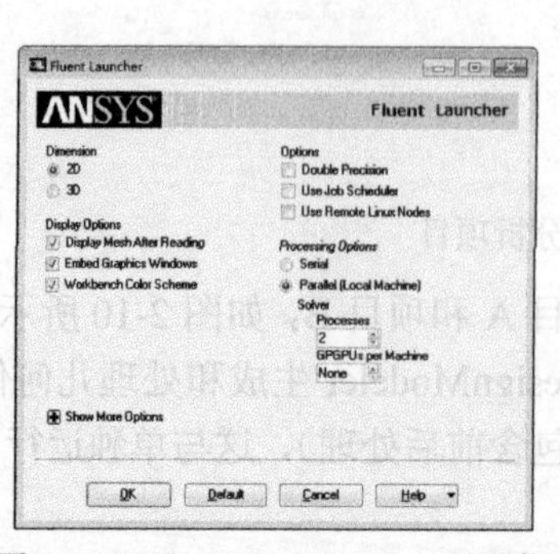

图2-12　FLUENT Launcher对话框

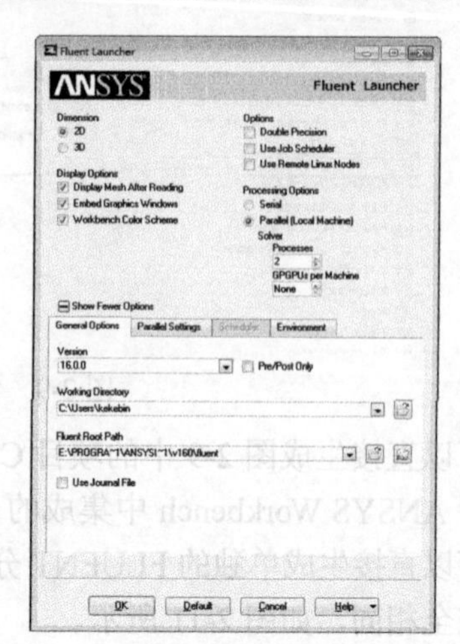

图2-13　展开的FLUENT Launcher对话框

2.5.2　FLUENT 主界面

设置完毕后，单击 FLUENT Launcher 对话框中的 OK 按钮，打开如图 2-14 所示的 FLUENT 主界面。FLUENT 主界面由标题栏、菜单栏、工具栏、项目树、控制面板、图形窗口和文本窗口组成。

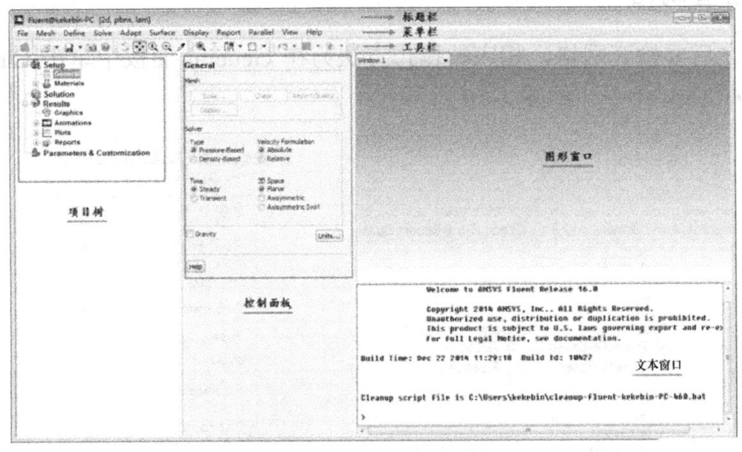

图 2-14　FLUENT 主界面

（1）标题栏中显示运行的 FLUENT 版本和物理模型的简要信息，以及文件名。例如，FLUENT [2d, pbns，lam]是指运行的 FLUENT 版本为 2D 单精度版本，运算基于压力求解，而且采用层流模型。

（2）菜单栏中包括 File、Mesh、Define、Solve、Adapt、Surface、Display、Report、Parallel、View 和 Help 菜单。

（3）工具栏中包含文件读取、保存、视图控制等常用命令的快捷图标。

（4）在项目树中可以打开参数设置、求解器设置、后处理的面板。

（5）控制面板中显示从项目树中选中的面板，在其中进行设置和操作。

（6）图形窗口用来显示网格、残差曲线、动画及各种后处理显示的图像。

（7）文本窗口中显示各种信息提示，包括版本信息、网格信息、错误提示等信息。

2.5.3　FLUENT 读入网格

通过执行 File→Read→Mesh 命令，读入准备好的网格文件，如图 2-15 所示。

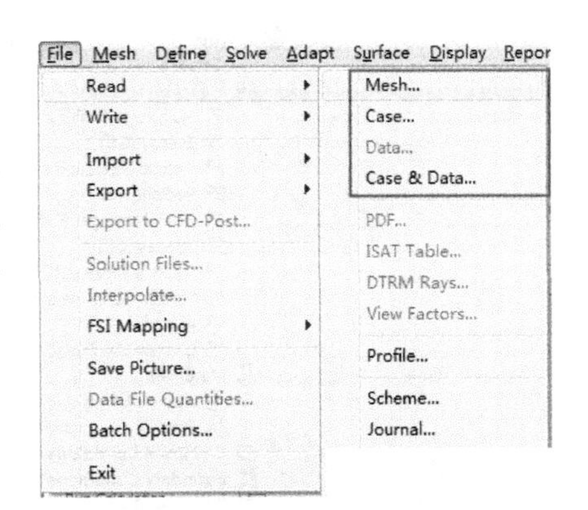

图 2-15　读入网格文件

在 FLUENT 中，Case 和 Data 文件（默认读入可识别的 FLUENT 网格格式）的扩展名分别为.cas 和.dat。一般说来，一个 Case 文件包括网格、边界条件和解的控制参数。

如果网格文件是其他格式，相应地执行 File→Import 命令。

另外，FLUENT 中常见的几种主要的文件形式如下。

- .jou 文件：日志文档，可以编辑运行。

- .dbs 文件：Gambit 工作文件。
- .msh 文件：从 Gambit 输出的网格文件。
- .cas 文件：经 FLUENT 定义的文件。
- .dat 文件：经 FLUENT 计算的数据结果文件。

2.5.4　检查网格

读入网格之后要检查网格，相应的操作方法为在 General 面板中单击 Check 按钮，或者执行 Mesh→Check 命令，如图 2-16 所示。

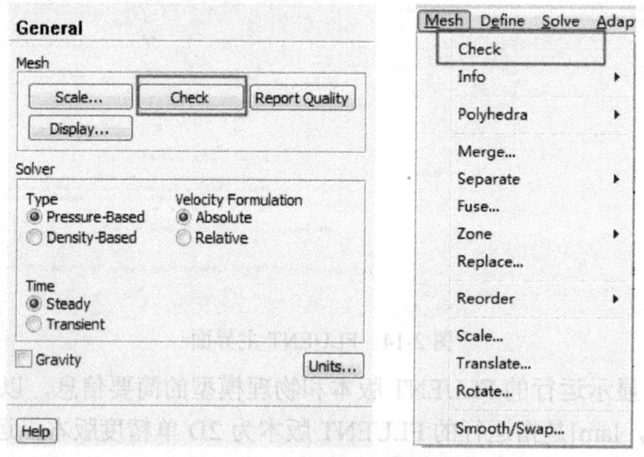

图 2-16　检查网格的操作

在检查网格的过程中，用户可以在控制台窗口中看到区域范围、体积统计以及连通性信息。网格检查最容易出现的问题是网格体积为负数。如果最小体积是负数，就需要修复网格以减少解域的非物理离散。

2.5.5　选择基本物理模型

单击项目树中的 Models 项，打开 Models 面板，可以选择采用的基本物理模型，如图 2-17 所示，包括多相流模型、能量方程、湍流模型、辐射模型、换热器模型、组分传输模型、离散相模型、融化和凝固模型、噪声模型等。

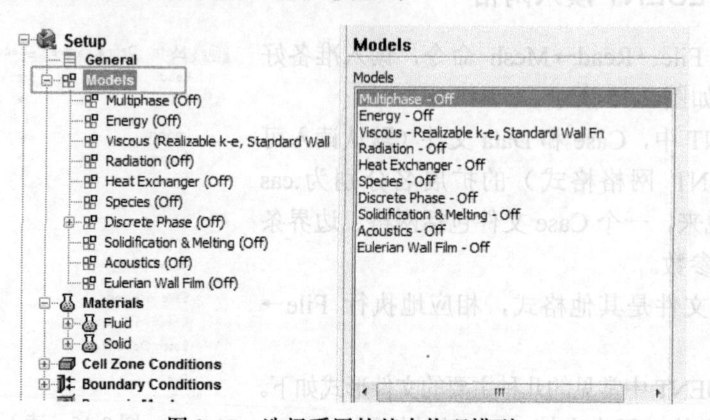

图 2-17　选择采用的基本物理模型

在 FLUENT 16.0 中，也可以在项目树中进行参数项的选取和设置，采用何种方式取决于用户的习惯，以下为演示功能，均采用项目树中选取项目，控制面板中设置参数的顺序，其他方式不再赘述。

单击相应的物理模型后，会弹出相应的对话框对模型参数进行设置。

2.5.6 设置材料属性

单击项目树中的 Materials 项，打开 Materials 面板，可以看到材料列表，如图 2-18 所示。单击 Materials 面板中的 Creat/Edit 按钮，可以打开材料编辑对话框，如图 2-19 所示。

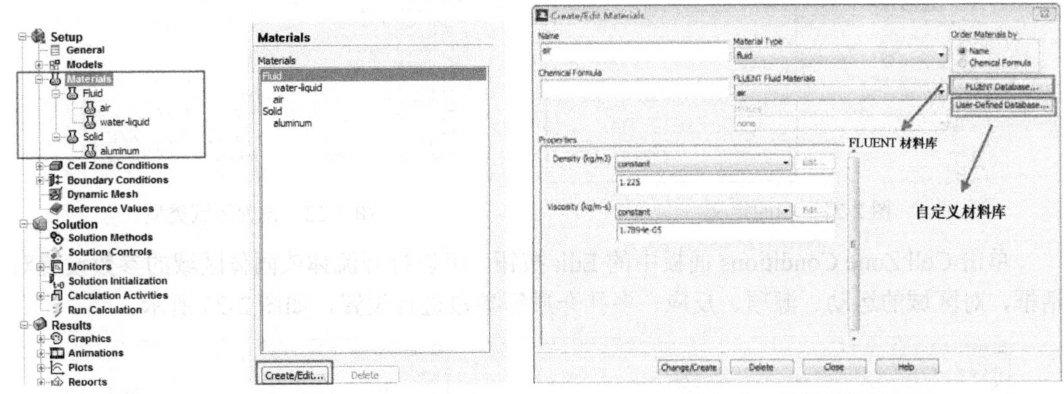

图 2-18 Materials 面板中的材料列表　　图 2-19 材料编辑对话框

在材料编辑对话框中单击 FLUENT Database 按钮，可以打开 FLUENT 的材料库选择材料，如图 2-20 所示。也可以单击 User-Defined Datebase 按钮，自定义材料属性。

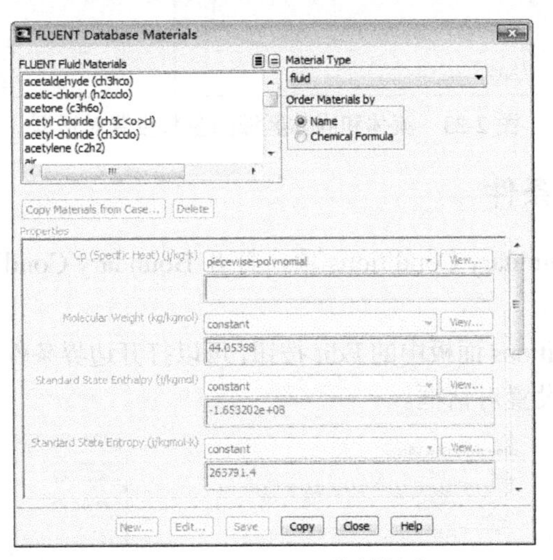

图 2-20 FLUENT 的材料库

2.5.7 相的定义

在进行多相流计算时，选择完多相流计算模型后，项目树中的 Modles→Multiphase 下面会出现 Phases 和 Phase Interactions 的分支，可以双击项目树中的 Phases 项，打开 Phases 面板，单击 Edit 按钮，可以进行相和相界面的定义。图 2-21 所示定义的是空气相和水相。

2.5.8　设置计算区域条件

单击项目树中的 Cell Zone Conditions 项，可以打开 Cell Zone Conditions 面板设置区域类型，如图 2-22 所示。

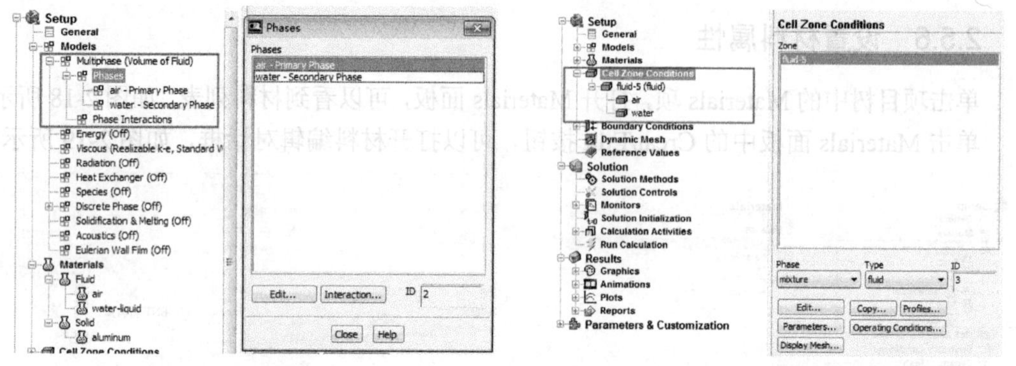

图 2-21　相的定义　　　　图 2-22　设置区域类型

单击 Cell Zone Conditions 面板中的 Edit 按钮，可以打开流体或固体区域的参数设置对话框，对区域的运动、源项、反应、多孔介质等参数进行设置，如图 2-23 所示。

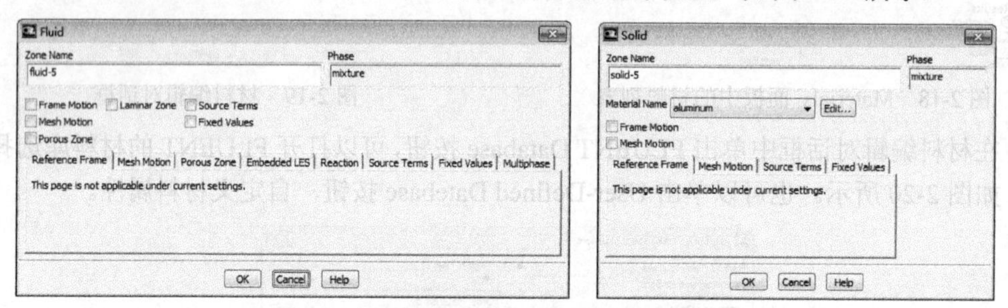

图 2-23　流体和固体区域的参数设置对话框

2.5.9　设置边界条件

单击项目树中的 Boundary Conditions 项，打开 Boundary Conditions 面板，可以选择边界类型，如图 2-24 所示。

单击 Boundary Conditions 面板中的 Edit 按钮，可以打开边界条件参数设置对话框。图 2-25 所示为壁面边界条件的设置对话框。

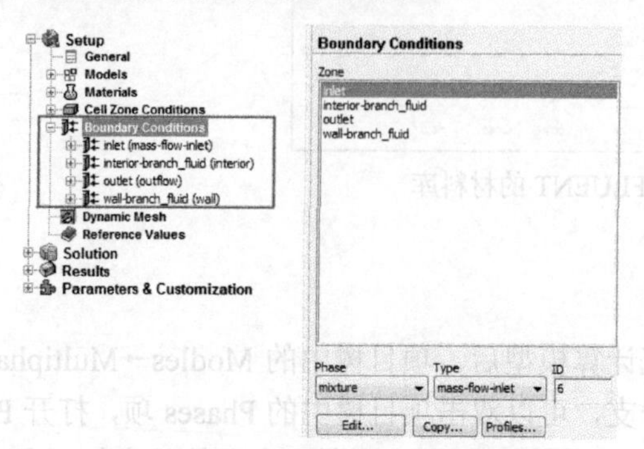

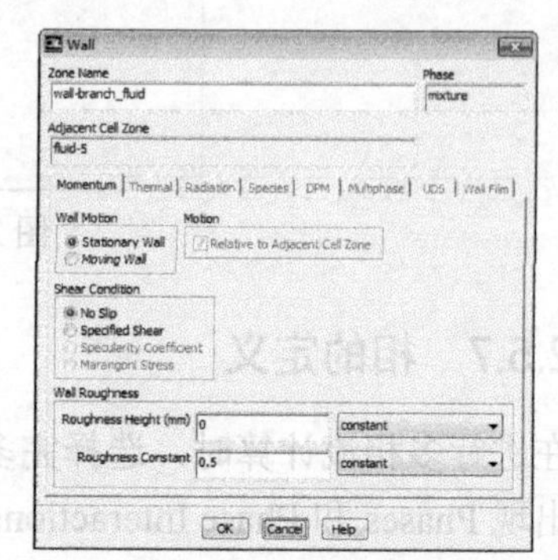

图 2-24　Boundary Conditions 面板　　　　图 2-25　壁面边界条件的设置对话框

边界条件的相关内容，将在第 5 章中详细介绍。

2.5.10 设置动网格

单击项目树中的 Dynamic Mesh 项，打开 Dynamic Mesh 面板，可以设置动网格的相关参数，如图 2-26 所示。在面板中可以设置局部网格更新方法：Smoothing（网格光滑更新）、Layering（网格层变）和 Remeshing（局部网格重新划分）。

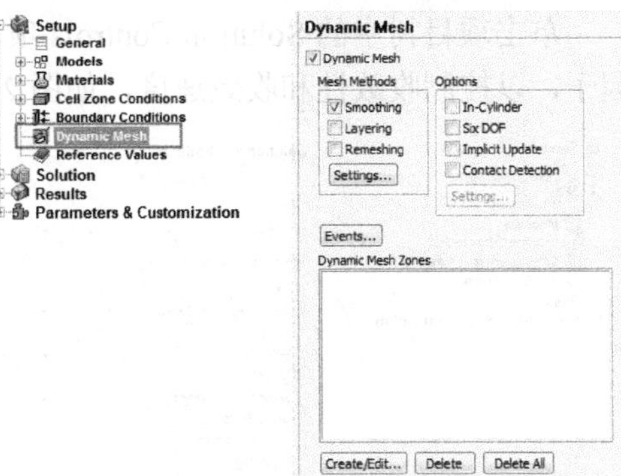

图 2-26 动网格设置面板

当选择 Smoothing 时，需要网格光滑更新的参数，包括弹性常数因子（Sping Constant Factor）、边界节点松弛（Boundary Node Relaxation）、收敛公差（Convergence Tolerance）和迭代数（Number of Iterations）。

当选择 Layering 网格更新方法时，选项包括常数高度（Constant Height）和常数变化率（Constant Ratio）。设置参数包括分裂因子（Split Factor）和合并因子（Collapse Factor）。

当选择 Remeshing 时，需要设置的参数有尺寸函数（Sizing Function）、必须改善扭曲（Must Improve Skewness）和面重划分（Face Remeshing）。

在 Dynamic Mesh 面板中的 Options 选项组中有 In-Cylinder（活塞内腔）、Six DOF（六自由度）和 Implicit Update（隐式更新）等选项。对于活塞内腔的往复运动，需要选中 In-Cylinder 选项。对于自由度的运动，需要选中 Six DOF 选项。

2.5.11 设置参考值

单击项目树中的 Reference Values 项，打开 Reference Values 面板，可以设置参考参数，如图 2-27 所示。这些参考参数用来计算如升力系数、阻力系数等与参考参数相关的值。具体操作方法请参考帮助文档。

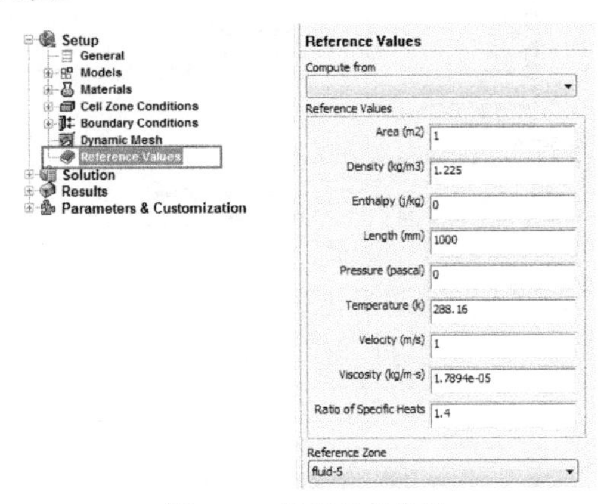

图 2-27 设置参考参数

2.5.12 设置算法及离散格式

单击项目树中的 Solution Methods 项，打开 Solution Methods 面板，如图 2-28 所示。可

以设置求解算法 SIMPLE、SIMPLEC、PISO 等，同时还可以设置各物理量或方程的离散格式。各种算法及离散格式的物理意义可参考第 1 章的相关内容，具体操作方法请参考帮助文档。

2.5.13　设置求解参数

单击项目树中的 Solution Controls 项，打开 Solution Controls 面板，可以设置求解松弛因子，以控制收敛性和收敛速度，如图 2-29 所示。具体操作方法请参考帮助文档。

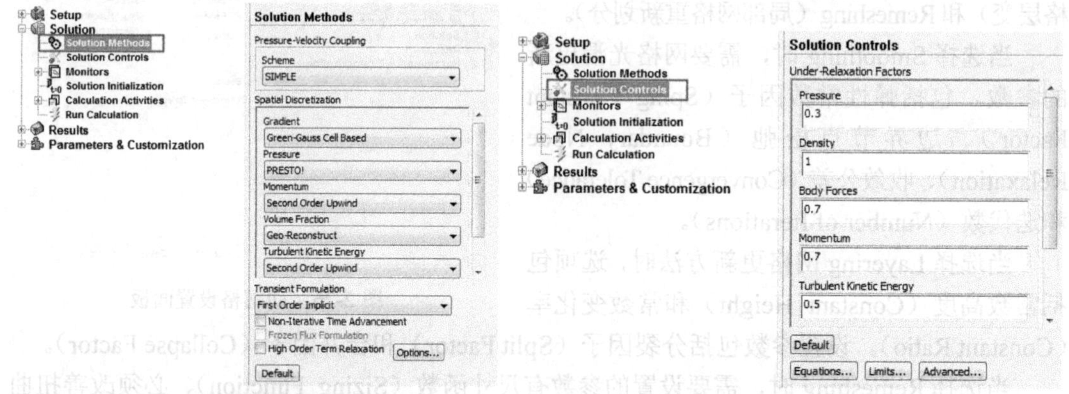

图 2-28　算法及离散格式设置面板　　　　图 2-29　求解参数设置

2.5.14　设置监视窗口

单击项目树中的 Monitors 项，打开 Monitors 面板，如图 2-30 所示。可以设置监视点、线、面、体上的压力、速度、流量、力等物理量随迭代次数或时间的变化，并绘制成曲线。最常用的是监视求解的残差曲线，也称为收敛曲线。具体操作方法请参考帮助文档。

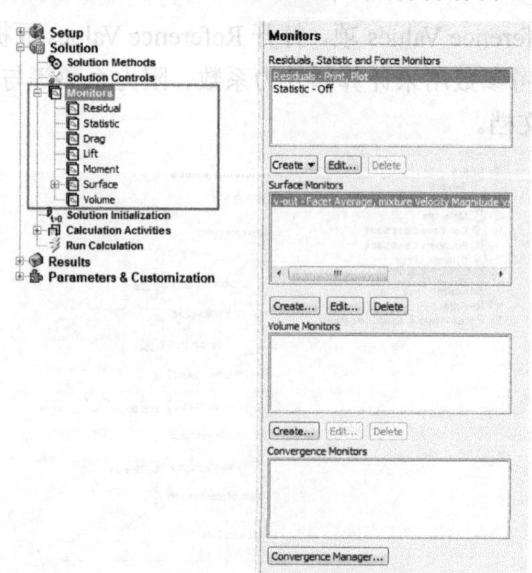

图 2-30　设置监视窗口

2.5.15　初始化流场

迭代之前要初始化流场，即提供一个初始解。用户可以从一个或多个边界条件算出初始解，也可以根据需要设置流场的数值。单击项目树中的 Solution Initialization 项，打开 Solution Initialization 面板，如图 2-31 所示。初始化时，设置流场初始化的源面或者具体物理量的值，单击 Initialize 按钮开始初始化。

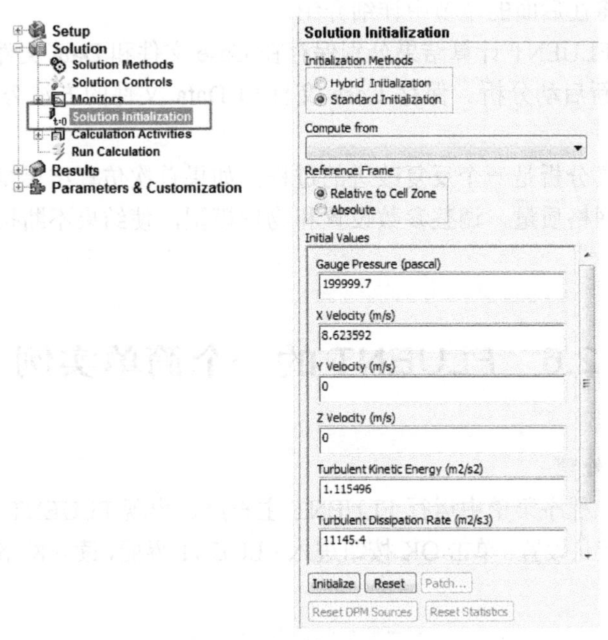

图 2-31 流场初始化面板

2.5.16 与运行计算相关的设置

在 Calculation Activities 和 Run Calculation 面板中，可以设置自动保存间隔步数、自动输出文件、求解动画、自动初始化、迭代步数、迭代步长等与运行计算相关的参数，如图 2-32 所示。具体操作方法请参考帮助文档。

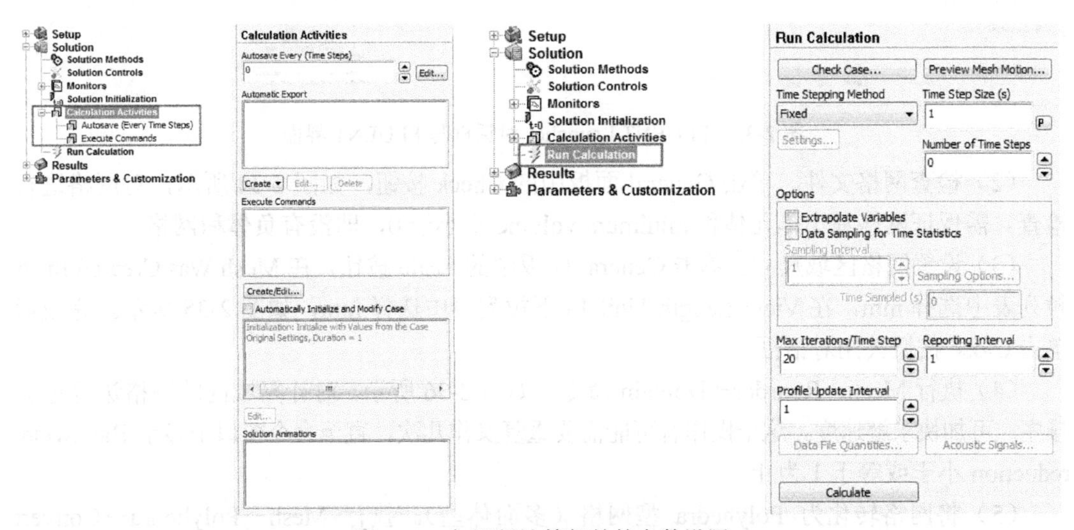

图 2-32 与运行计算相关的参数设置

2.5.17　保存结果

FLUENT 自带的后处理功能，分别在 Graphics and Animations 面板、Plots 面板及 Reports 面板中实现，这些将在后面的章节中详细介绍。

问题的定义和 FLUENT 计算结果分别保存在 Case 文件和 Data 文件中。必须保存这两个文件以便以后重新启动分析。保存 Case 文件和 Data 文件的方法为执行 File→Write→Case&Data 命令。

一般来说，仿真分析是一个反复改进的过程，如果首次仿真结果精度不高或不能反映实际情况，可提高网格质量，调整参数设置和物理模型，使结果不断接近真实值，提高仿真精度。

2.6　FLUENT 的一个简单实例

1. 网格导入与处理

（1）在“开始”程序菜单中运行 FLUENT 主程序，出现 FLUENT Launcher 对话框，选择 3D，其他保持默认设置，单击 OK 按钮进入 FLUENT 界面，读入网格文件 jointpipe.msh，如图 2-33 所示。

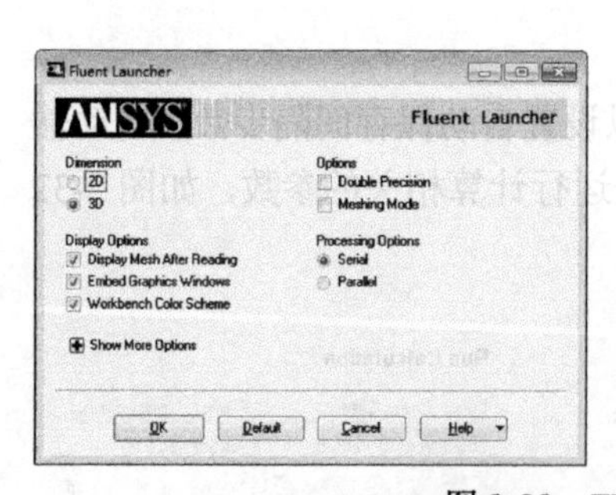

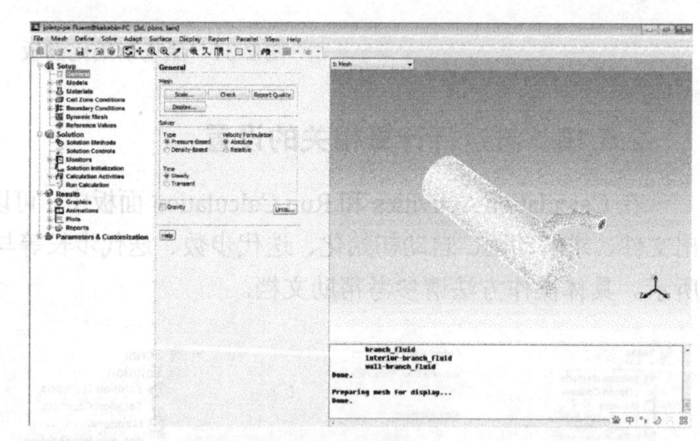

图 2-33　FLUENT Launcher 对话框与 FLUENT 界面

（2）检查网格文件。单击 General 面板中的 Check 按钮，如图 2-34 所示，对网格进行检查。需保证网格最小单元体积 minimum volume 不小于 0，即没有负体积网格。

（3）设置网格区域尺寸。单击 General 面板中的 Scale 按钮，在 Mesh Was Created In 下拉列表中选择 mm，在 View Length Unit In 下拉列表中选择 mm，如图 2-35 所示。完成后单击 Close 按钮关闭对话框。

（4）执行 Mesh→Reorder→Domain 命令，如图 2-36 所示。对计算域内的网格进行重新排序，可加快求解速度。这个操作有可能需要重复操作几次，直至命令窗口中显示 Bandwidth reduction 小于或等于 1 为止。

（5）将网格转化为 Polyhedra 型网格（多面体型）。执行 Mesh→Polyhedra→Convert Domain 命令，如图 2-37 所示。转化后的网格如图 2-38 所示。

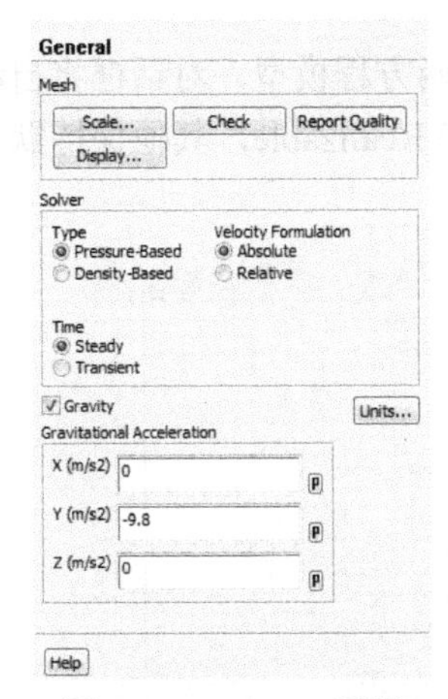

图 2-34 General 面板

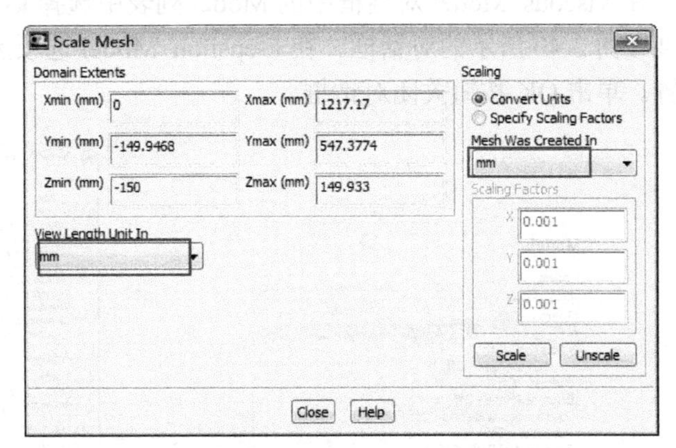

图 2-35 网格区域尺寸设置

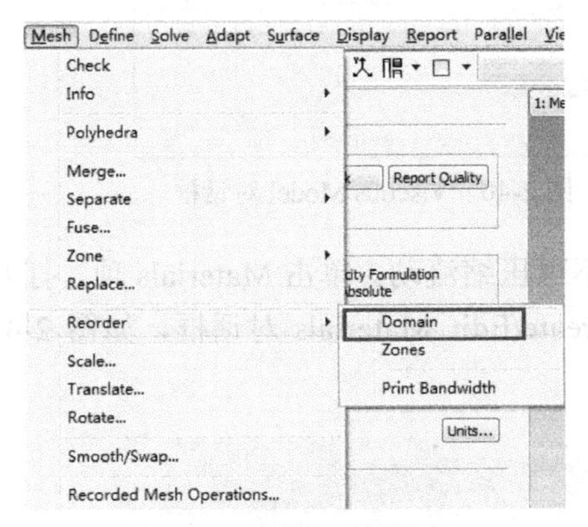

图 2-36 对网格重新排序

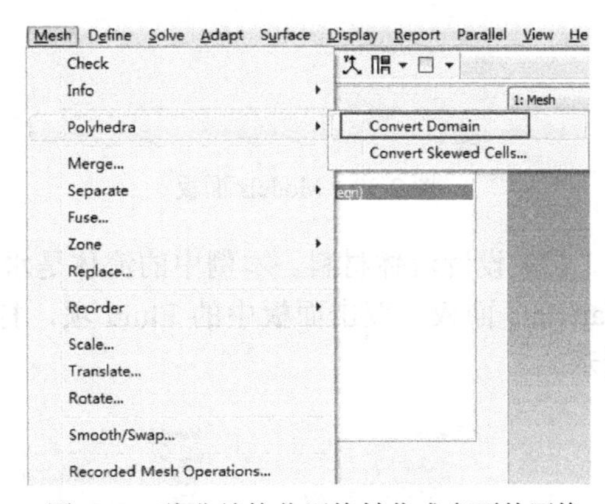

图 2-37 将非结构化网格转化成多面体网格

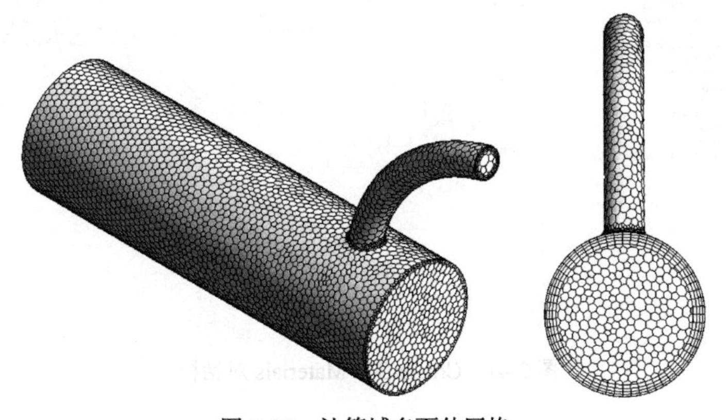

图 2-38 计算域多面体网格

2. 设置物理模型和材料

（1）设置求解器类型。本例选择基于压力的求解器（Pressure Based），求解定常流动。设置重力加速度为 Y 轴负方向，大小为 9.8 m/s²，如图 2-34 所示。

（2）选择湍流模型。单击项目树中的 Models，打开 Models 面板，如图 2-39 所示。双击Viscous Laminar项，打开Viscous Model对话框。

在Viscous Model对话框中的Model列表中选择k-epsilon两方程模型，对话框将自动扩展成图2-40所示的对话框。在k-epsilon Model选项区中选择Realizable，其他保持默认设置。单击OK按钮关闭对话框。

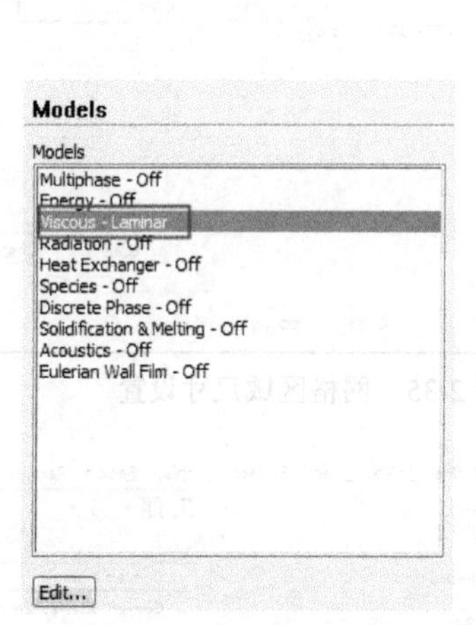

图2-39　Models面板

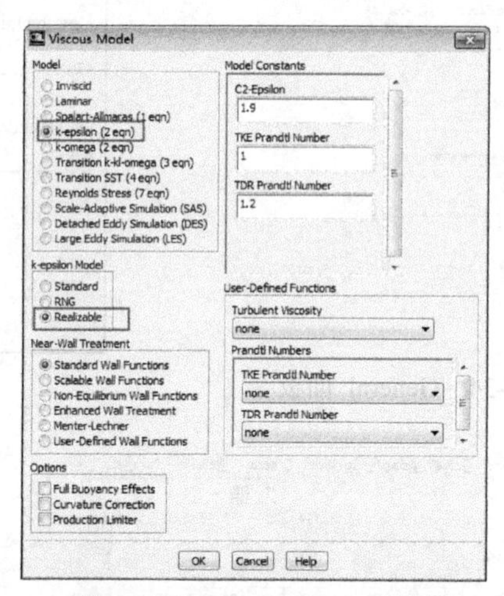

图2-40　Viscous Model对话框

（3）设置流体材料。本例中的流体是水，为不可压缩流动。单击Materials项，打开Materials面板，双击面板中的Fluid项，打开Create/Edit Materials对话框，如图2-41所示。

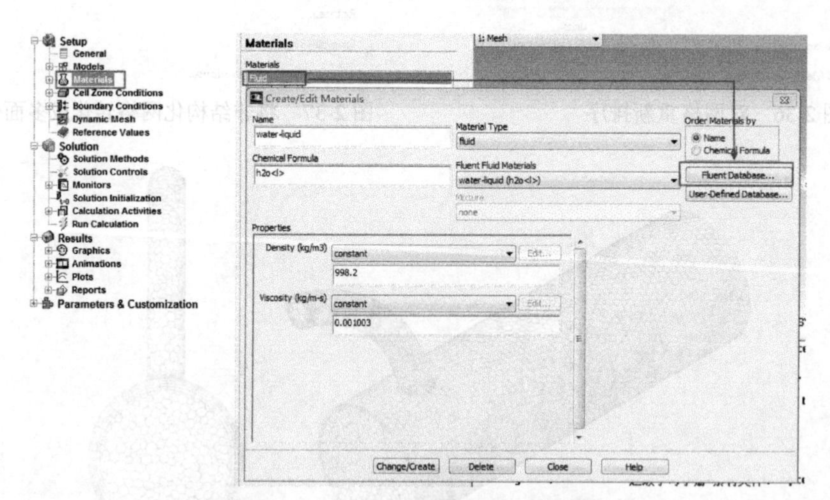

图2-41　Create/Edit Materials对话框

面板中的默认流体材料为空气（Air），固体材料为铝（Aluminum）。单击FLUENT Database按钮，打开FLUENT Database Materials对话框，在FLUENT Fluid Materials列表中选中water-liquid(h2o<l>)，即液态水，单击Copy按钮将材料参数复制到当前材料库中，单击Close按钮，关闭FLUENT Database Materials对话框，如图2-42所示。再单击Close按钮，关闭Create/Edit Materials对话框。

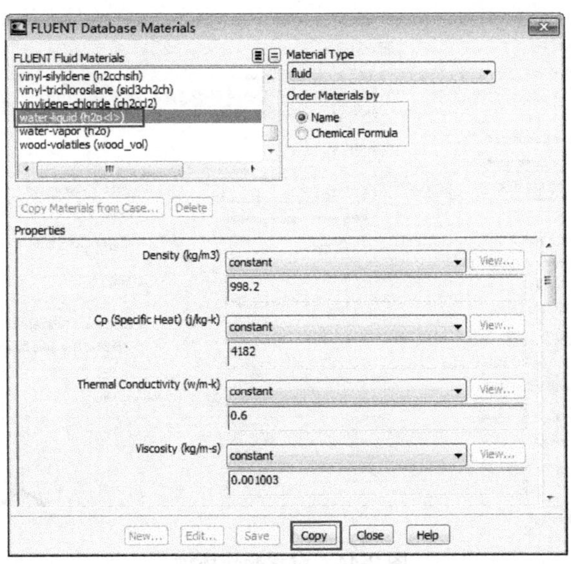

图 2-42 FLUENT Database Materials 对话框

单击项目树中的 Cell Zone Conditions 项，打开 Cell Zone Conditions 面板。双击 Zone 列表中的 branch-fluid 项，打开 Fluid 对话框，如图 2-43 所示。在 Material Name 右侧的下拉列表中选择 water-liquid，单击 OK 按钮，关闭 Fluid 对话框。

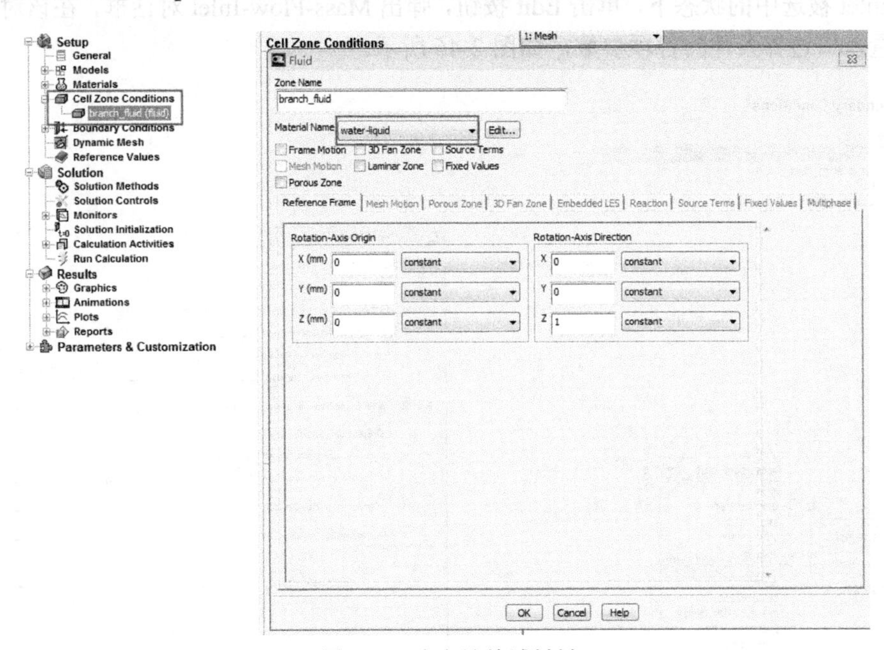

图 2-43 定义计算域材料

3. 设置操作环境和边界条件

（1）设置操作环境。执行 Define→Operating Conditions 命令，打开 Operating Conditions 对话框，如图 2-44 所示。在 Operating Pressure 下面的输入框中输入操作压强为 0 Pa，其他保持默认设置。单击 OK 按钮，关闭 Operating Conditions 对话框。

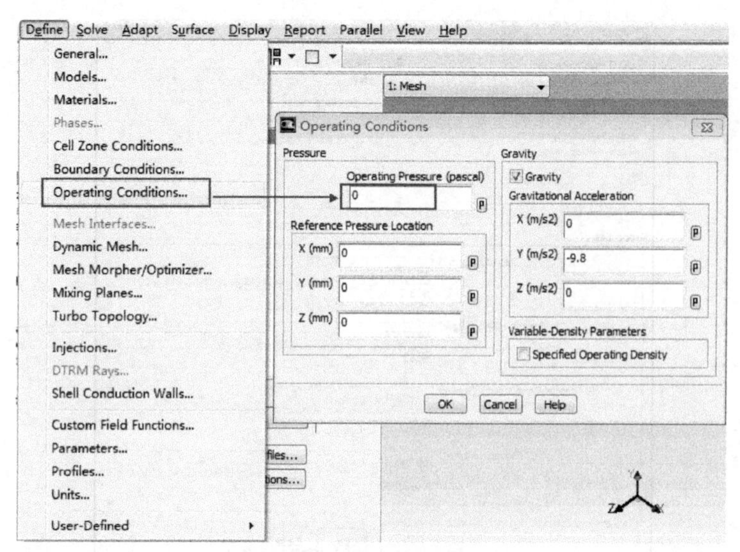

图2-44　设置操作环境

（2）设置边界条件。单击Boundary Conditions选项，打开Boundary Conditions面板。选中Zone列表中的inlet。inlet是流量入口边界条件。在inlet被选中的状态下，在Type下拉列表中选中mass-flow-inlet边界条件，如图2-45所示。

在inlet被选中的状态下，单击Edit按钮，弹出Mass-Flow-Inlet对话框，在该对话框中设置流量入口边界条件的各项参数，如图2-46所示。

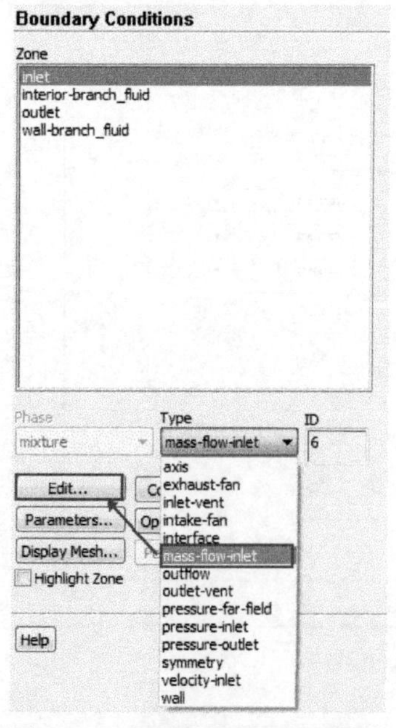

图2-45　选择流量入口边界条件

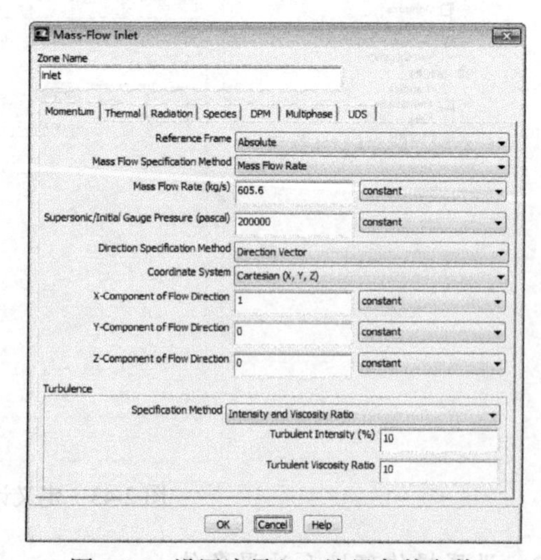

图2-46　设置流量入口边界条件参数

在Mass Flow Rate中输入605.6 kg/s，初始表压设置为200 000 Pa。

在Specification Method下拉列表中选择湍流强度的定义方法，此处选择Intensity and Viscosity Ratio，即用湍流强度和黏性比定义湍流，其值采用默认值10。

单击 OK 按钮，关闭流量入口边界条件设置对话框。

用同样的方法设置出口边界条件。出口边界条件为 Outflow，即自由出口边界条件，如图 2-47 所示。保持默认设置，单击 OK 按钮，关闭 Outflow 对话框。

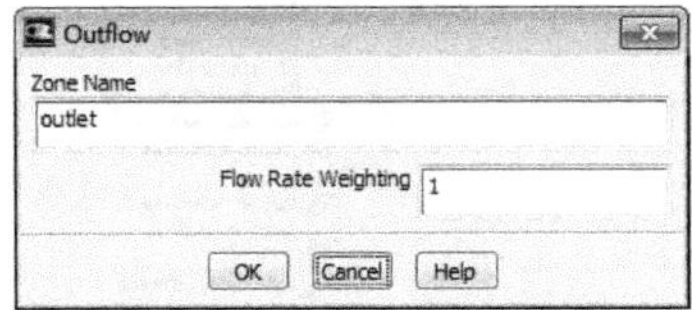

图 2-47　Outflow 对话框

4. 设置求解方法和控制参数

（1）设置求解方法。单击项目树中的 Solution Methods 选项，打开 Solution Methods 面板，对求解方法进行设置，选择求解的方程类型和微分方程离散格式。

在压力-速度耦合方式（Pressure-Velocity Coupling）下拉列表中选择 SIMPLE，即采用 SIMPLE 算法。

在微分离散格式选项中，梯度（Gradient）选择 Green-Gauss Cell Based，压力（Pressure）采用 PRESTO！格式，动量方程（Momentum）选择二阶迎风格式（Second Order Upwind），湍流脉动能量和湍流耗散率也采用二阶迎风格式。设置完成后的 Solution Methods 面板如图 2-48 所示。

（2）设置求解控制参数。单击项目树中的 Solution Controls 选项，打开 Solution Controls 面板，对求解过程中的控制参数进行设置，设置各项松弛因子如图 2-49 所示。

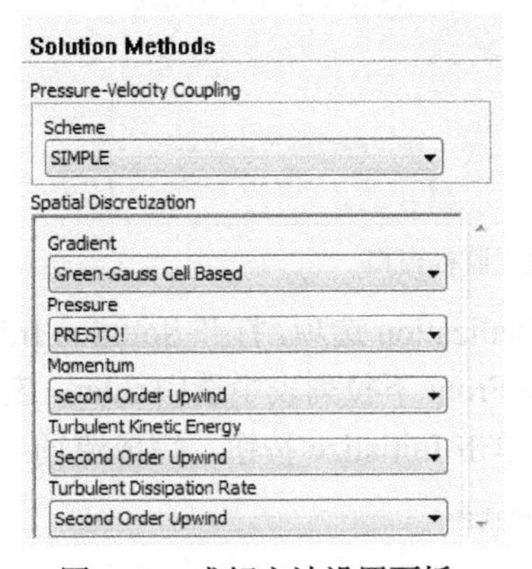

图 2-48　求解方法设置面板

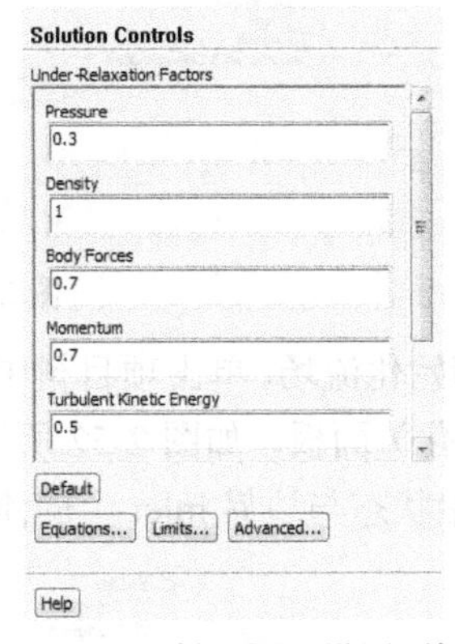

图 2-49　松弛因子设置面板

5. 设置监视窗口和初始化

（1）设置残差监视窗口。单击项目树中的 Monitors 选项，打开 Monitors 面板，双击 Monitors 面板中的 Residuals 项，打开残差监视器设置对话框。选中 Print to Console 和 Plot 选项，在 Convergence Criterion 下拉列表中选择 none，即不自动进行收敛判断。其他保持默认设置，如图 2-50 所示。

（2）设置出口速度监视窗口。单击项目树中的 Monitors 项，打开 Monitors 面板，单击 Monitors 面板中 Surface Monitors 列表下面的 Create 按钮，打开 Surface Monitor 对话框，如图 2-51 所示。选中 Print to Console、Plot 和 Write 选项。设置监视器窗口为 2 号窗口。

报告类型（Report Type）设置为 Facet Average，即表面平均值。

在场变量（Field Variable）下拉列表中选择 Velocity。

在 Surfaces 列表中选中 outlet。

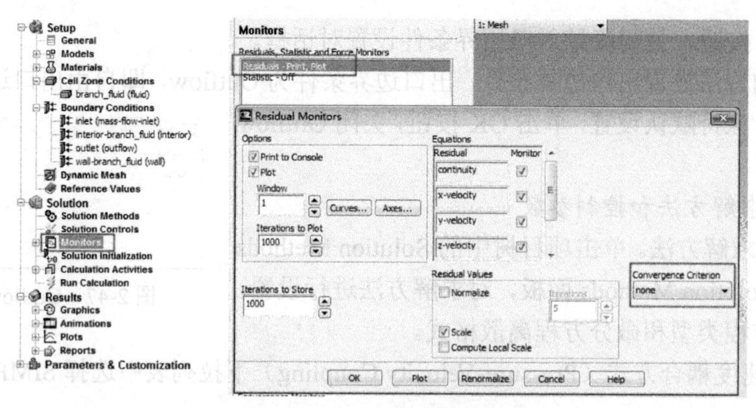

图 2-50 设置残差监视窗口

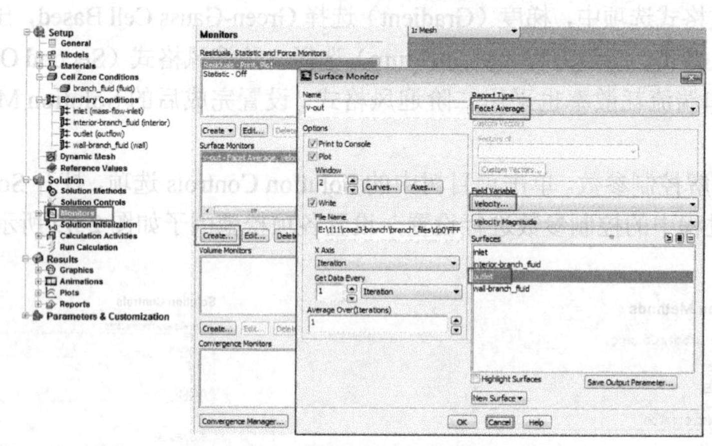

图 2-51 设置出口速度监视窗口

（3）初始化流场。单击项目树中的 Solution Initialization 选项，打开 Solution Initialization（流场初始化）面板，如图 2-52 所示。在 Compute From 下拉列表中选中 inlet，表示整个流场中的初始状态与边界 inlet 上的流场状态相同。单击 Initialize 按钮，完成流场的初始化。

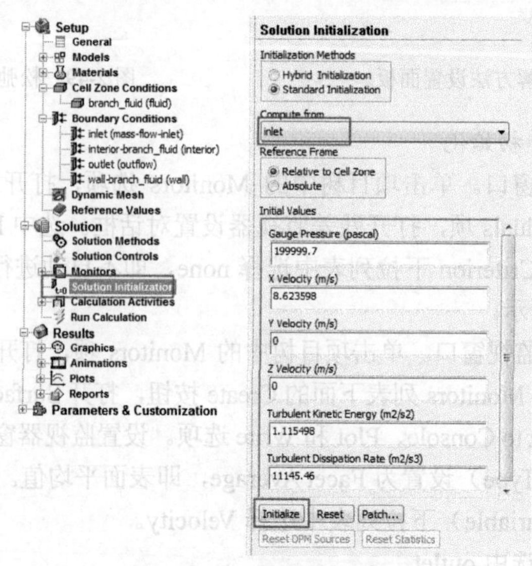

图 2-52 流场初始化面板

6. 求解

（1）开始迭代。单击项目树中的 Run Calculation 项，打开 Run Calculation 面板，在 Number of Iterations 下面的输入框中输入 500，即迭代 500 步，如图 2-53 所示。单击 Calculate 按钮，开始计算。

（2）迭代开始后，图形窗口中会动态显示残差值和出口平均水流速度随迭代过程的变化曲线。当迭代完 500 步后，出口速度收敛曲线如图 2-54 所示。由收敛曲线可以看出，出口平均水流速度基本不变化，可以认为计算已经收敛。

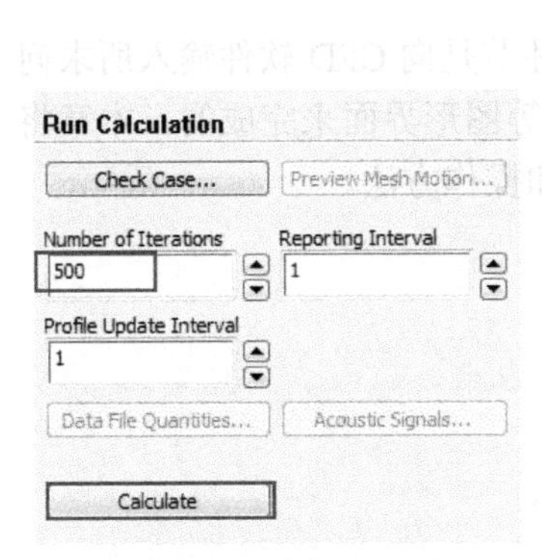

图 2-53 设置迭代步数

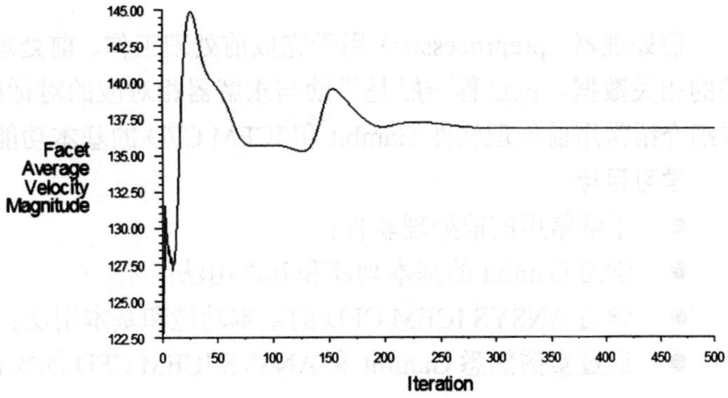

图 2-54 出口平均水流速度收敛曲线

7. 保存计算结果并退出

（1）执行 File→Write→Case&Data 命令，保存案例文件和计算结果。

（2）退出 FLUENT。单击 FLUENT 界面右上角的☒（关闭）按钮，在弹出的 Warning 对话框（见图 2-55）中，单击 OK 按钮，退出 FLUENT。

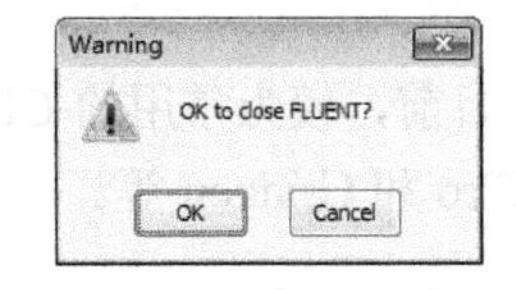

图 2-55 确认关闭 FLUENT

2.7 本 章 小 结

本章比较系统地介绍了通用 CFD 软件 FLUENT 的基本功能及新版本的特点，使读者初步了解 FLUENT 在 CFD 领域中的地位和作用。详细介绍了 FLUENT 16.0 的基本操作方法。本章最后介绍用 FLUENT 解决一个简单流体动力学问题的详细过程，使读者对 FLUENT 的使用流程有较清晰的认识。

第 3 章　前处理方法

前处理器（preprocessor）用于完成前处理工作。前处理环节是向 CFD 软件输入所求问题的相关数据，该过程一般是借助与求解器相对应的对话框等图形界面来完成的。本章将详细介绍常用前处理软件 Gambit 和 ICEM CFD 的基本功能和操作方法。

学习目标：

- 了解常用的前处理软件；
- 学习 Gambit 的基本功能和基本用法；
- 学习 ANSYS ICEM CFD 的基本功能和基本用法；
- 通过实例熟悉 Gambit 和 ANSYS ICEM CFD 的操作。

3.1　常用前处理软件

目前，较为常用的 CFD 前处理软件主要包括 Gambit、ANSYS ICEM CFD、TGrid、GridPro 和 Gridgen 等。

3.1.1　Gambit

Gambit 是为了帮助分析者和设计者建立并网格化计算流体力学（CFD）模型和其他科学应用而设计的一个软件包。

Gambit 通过其用户界面（GUI）来接受用户的输入。Gambit GUI 简单而又直接地做出建立模型、网格化模型、指定模型区域大小等基本步骤，这对很多的模型应用已经足够了。

面向 CFD 分析的高质量前处理器的主要功能包括几何建模和网格生成。由于 Gambit 本身所具有的强大功能，以及快速的更新，在目前所有的 CFD 前处理软件中，Gambit 稳居上游。Gambit 软件具有以下特点。

（1）ACIS 内核基础上的全面三维几何建模能力，通过多种方式直接建立点、线、面、体，而且具有强大的布尔运算能力，ACIS 内核已提高为 ACIS R12。该功能大大领先于其他 CAE 软件的前处理器。

（2）可对自动生成的 Journal 文件进行编辑，以自动控制修改或生成新几何与网格。

（3）可以导入 Pro/Engineer、UG、CATIA、SolidWorks、ANSYS、Patran 等大多数 CAD/CAE 软件所建立的几何和网格。

导入过程新增自动公差修补几何功能，以保证 Gambit 与 CAD 软件接口的稳定性和保真性，使得几何质量高，并大大减轻工程师的工作量。

（4）新增Pro/Egineer、CATIA等直接接口，使得导入过程更加直接和方便。

（5）强大的几何修正功能，在导入几何时会自动合并重合的点、线、面；新增几何修正工具条，在消除短边、缝合缺口、修补尖角、去除小面、去除单独辅助线和修补倒角时更加快速、自动、灵活，而且准确保证几何体的精度。

（6）G/Turbo 模块可以准确而高效地生成旋转机械中的各种风扇以及转子、定子等的几何模型和计算网格。

（7）强大的网格划分能力，可以划分包括边界层等CFD特殊要求的高质量网格。Gambit中专用的网格划分算法可以保证在复杂的几何区域内直接划分出高质量的四面体、六面体网格或混合网格。

（8）先进的六面体核心（HexCore）技术是Gambit所独有的，集成了笛卡儿网格和非结构网格的优点，使用该技术划分网格时更加容易，而且大大节省网格数量，提高网格质量。

（9）居于行业领先地位的尺寸函数（Size function）功能，使用户能自主控制网格的生成过程以及在空间上的分布规律，使得网格的过渡与分布更加合理，最大限度地满足CFD分析的需要。

（10）Gambit 可高度智能化地选择网格划分方法，可对极其复杂的几何区域划分出与相邻区域网格连续的完全非结构化的混合网格。

（11）可为 FLUENT、POLYFLOW、 FIDAP、ANSYS 等解算器生成和导出所需要的网格和格式。

3.1.2 ANSYS ICEM CFD

作为专业的前处理软件，ICEM CFD为世界流行的所有CAE软件提供高效可靠的分析模型。它拥有强大的CAD模型修复能力、自动中面抽取、独特的网格“雕塑”技术、网格编辑技术以及广泛的求解器支持能力。

ICEM CFD 同时作为 ANSYS 家族的一款专业分析环境，还可以集成于 ANSYS Workbench平台，获得Workbench的所有优势。ICEM CFD软件具有以下特点。

- 直接几何接口（CATIA、CADDS5、ICEM Surf/DDN、I-DEAS、SolidWorks、Solid Edge、Pro/Engineer和Unigraphics）。
- 忽略细节特征设置：自动跨越几何缺陷及多余的细小特征。
- 对CAD模型的完整性要求很低，它提供完备的模型修复工具，方便处理“烂模型”。
- 一劳永逸的Replay技术：对几何尺寸改变后的几何模型自动重划分网格。
- 方便的网格雕塑技术实现任意复杂的几何体纯六面体网格划分。
- 快速生成以六面体为主的网格。
- 自动检查网格质量、自动进行整体平滑处理、坏单元自动重划、可视化修改网格质量。
- 超过100种求解器接口，如FLUENT、ANSYS、CFX、Nastran、Abaqus、LS-Dyna。

3.1.3 TGrid

TGrid 是一款专业的前处理软件，用于在复杂和非常庞大的表面网格上产生非结构化的四面体网格以及六面体核心网格。TGrid 提供高级的棱柱层网格产生工具，包含冲突检测和尖角处理功能。

TGrid 还拥有一套先进的包裹程序，可以在一大组由小面构成的非连续表面基础上生成高质量的、基于尺寸函数的连续三角化表面网格。

TGrid 软件的健壮性以及自动化算法节省了前处理时间，产生的高质量网格提供给 ANSYS FLUENT 软件进行计算流体动力学分析。

表面或者体网格可以从 GaMbit、ANSYS 结构力学求解器、CATIA、I-DEAS、Nastran、Patran、Pro/Engineer、HyperMesh 等更多软件中直接导入 TGrid。

TGrid 拥有大量的修补工具，可以改善导入的表面网格质量，快速将多个部件的网格装配起来。

TGrid 方便的网格质量诊断工具使得对网格大小和质量的检查非常简单。

3.1.4 GridPro

GridPro 是美国 PDC 公司专为 NASA 开发的高质量网格生成软件，是目前世界上最先进的网格生成软件之一。它可以为航天、航空、汽车、医药、化工等领域研究的 CFD 分析提供最佳网格处理解决方案。

GridPro 能够快速而精确地分析所有复杂几何型体，并生成高质量的网格，能为任何细部结构提供精确的网格划分。GridPro 能够自动生成正交性极好的网格结果，网格质量大大高于其他网格系统。

网格精度的提高使得 CFD 分析的准确性也有了很大提高。GridPro 能够使求解器的收敛快 3～10 倍，自动化的过程能够大大减少交互时间，通常这也是网格生成过程中最慢也是最花时间的部分。原来需要花数月完成的网格划分，现在只需要几天甚至几小时就可以完成。

GridPro 的自动生成模板功能，使得用户只需简单地按几下鼠标就可以创建一个新的网格，可以在几何构型修改后实现网格的重用。模块化参数设计使得用户能够非常容易地切换网格并改变几何构型。

GridPro 能够非常方便地实现局部和边界层的网格加密，实现只在用户指定分区加密，并自动协调周边分区的网格密度，这既提高了局部的网格精度，又不影响其他区域网格的数量和计算速度。

3D 图形化界面使得用户能够非常容易地指定、构造并修改网格，内置的智能程序能够避免很多错误。生成的网格具有非常好的可视性，可以全方位地检查和评估各个细部的网格质量。独有的算法能够在任何复杂的几何型体中生成分块网格，并能够很容易地修改和测量这些网格。

先进的数学运算使得每一个网格都被充分优化，每一个元素都是平滑和正交的。强大的动态边界协调（DBC）技术，使得只需单击一下鼠标，就可以自动把拓扑线框映射到高质量的分块网格上。

3.1.5 Gridgen 简介

Gridgen 是 Pointwise 公司的旗舰产品。Gridgen 是专业的网格生成器，用于生成 CFD 网格和其他计算分析。它可以生成高精度的网格以使得分析结果更加准确，同时还可以分析并不完美的 CAD 模型，且不需要人工清理模型。

Gridgen 可以生成多块结构网格、非结构网格和混合网格，可以引进 CAD 的输出文件作为网格生成基础。生成的网格可以输出十几种常用商业流体软件的数据格式，直接让商业流体软件使用。

对用户自编的 CFD 软件，可选用公开格式（Generic），如结构网格的 PLOT3D 格式和结构网格数据格式。Gridgen 网格生成方法主要分为传统法和各种新网格生成方法。传统方法的思路是由线到面、由面到体的装配式生成方法。

各种新网格生成法，如推进方式可以高速地由线推出面，由面推出体。另外还采用了转动、平移、缩放、复制、投影等多种技术。可以说各种现代网格生成技术都能在 Gridgen 找到。Gridgen 是在工程实际应用中发展起来的，实用可靠是其特点之一。

3.2 Gambit 的应用

随着 CFD 技术应用的不断深入，CFD 能够模拟的工程问题也越来越复杂，因此对 CFD 的前处理器软件提出了严峻的挑战，要求前处理器能够处理真实的几何外形（如导弹、飞行器的复杂几何外形），同时能够高效率地生成满足 CFD 计算精度的网格。Gambit 就是 FLUENT 公司根据 CFD 计算的特殊要求而开发的专业 CFD 前处理软件。

3.2.1 Gambit 的基本功能

Gambit 软件作为专业的 CFD 前处理软件，具有非常完备的几何建模能力，同时可以和主流的 CFD 软件协同工作，实现从 CAD 到 CFD 的流水线作业。Gambit 同时具备功能非常强大的几何修复能力，为 Gambit 生成高质量的计算网格打下坚实的基础。

功能强大的几何建模能力：Gambit 可以生成的曲面包括放样曲面、拉伸曲面、回转曲面、雕刻曲面，可以很方便地生成回转体、拉伸体、放样体、利用现有曲面缝合实体等。

支持几何之间的布尔运算：通过布尔运算可以非常方便地利用简单的几何，通过搭积木的方法形成复杂的几何体。

FLUENT 公司在其强大的财力与研发投入下，软件的非结构化网格能力远远领先其竞争对手。Gambit 能够针对极其复杂的几何外形生成三维四面体、六面体的非结构化网格。Gambit 提供了对复杂的几何形体生成附面层内网格的重要功能，而且附面层内的贴体网格能很好地与主流区域的网格自动衔接，大大提高了网格的质量。另外，Gambit 能自动将四面体、六面体、三角柱和金字塔形网格混合起来，这对复杂几何外形来说尤为重要。FLUENT 软件的网格技术具有以下优势。

（1）分区结构化网格生成能力。

Gambit 具有分区结构化网格生成功能，通过布尔运算或者几何分裂，可以把复杂的工程结构分解为多个六面体块，在每一个六面体块中通过网格影射生成质量受到精确控制的结构化网格。

（2）子影射网格生成技术。

尽管分区结构化网格生成方法可以生成高质量的结构化网格，但复杂结构的分区过程费时费力，并且不同的网格分区策略对网格质量有着重要的影响，工程师的分区经验决定了网格质量。为了解决这一问题，Gambit 软件采用了子影射网格生成技术，当用户对某一个区域划分网格时，网格生成器在生成网格之前，自动从现有的边界线出发，将几何区域自动分割成多个六面体块，从而部分地减少了复杂的分区过程。例如，对于如图 3-1 所示的左侧几何图形无须分区就可以划分高质量的结构化网格。

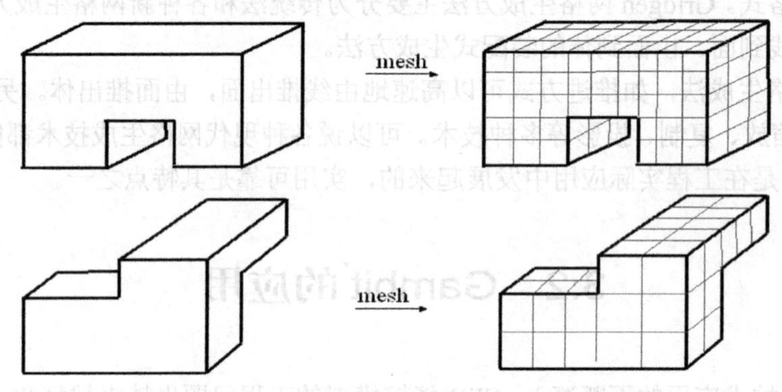

图 3-1 子影射网格技术划分的结构化网格

（3）四面体基元网格生成技术。

对于任意形状的逻辑四面体几何结构，Gambit 的网格生成器能够自动将逻辑四面体分割成 4 个六面体，然后在每一个六面体里划分结构化网格，这种分割完全是由网格生成器自动完成的，避免了人工分区过程。四面体基元网格生成技术的原理如图 3-2 所示。

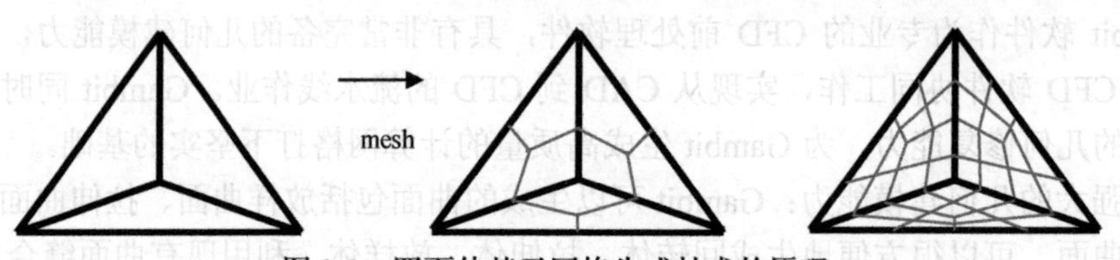

图 3-2 四面体基元网格生成技术的原理

（4）COOPER 网格生成技术。

COOPER 网格生成技术能够将一个较为复杂的工程机构自动分割成多个逻辑圆柱体，对于每一个逻辑圆柱体采用单向影射的方法生成结构化网格，分割圆柱的过程完全由网格生成器自动完成。图 3-3 是采用 COOPER 技术生成的网格，划分网格过程是完全自动的，不需要人工分区。

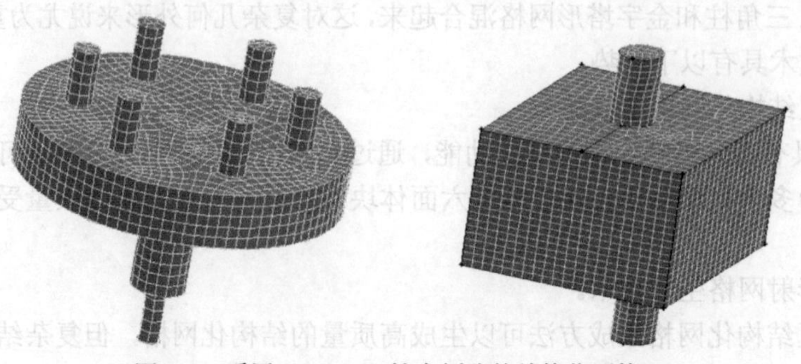

图 3-3 采用 COOPER 技术划分的结构化网格

（5）非结构化网格和混合网格技术。

对于特别复杂的工程结构，采用结构化网格方法分区工作量巨大，采用非结构化的四面体网格，能够在短时间之内生成复杂工程结构的计算网格，在四面体和六面体网格之间能够自动形成金字塔网格过渡，如图 3-4 所示。

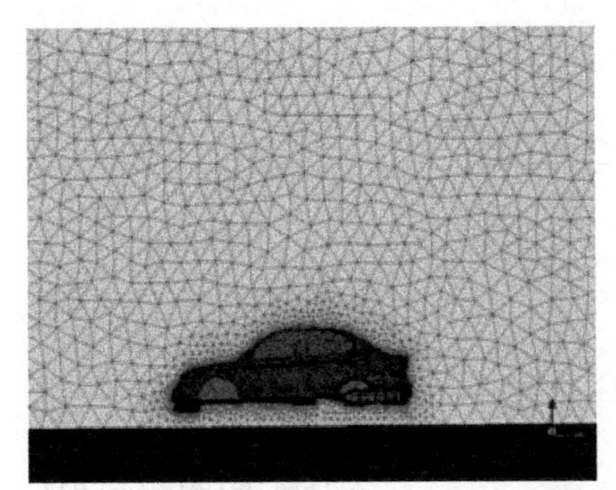
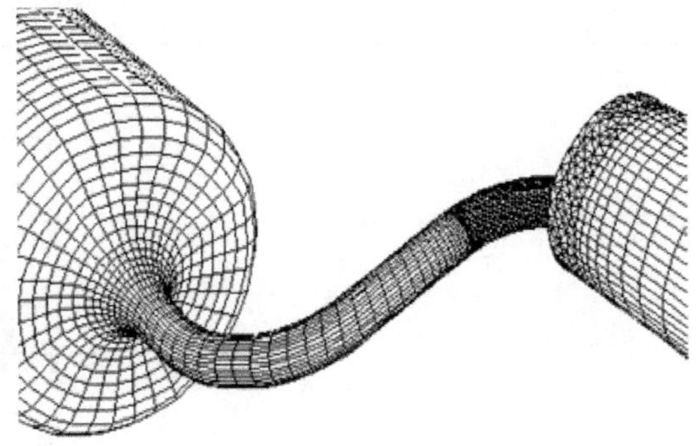

图 3-4 完全非结构化网格和混合网格

（6）六面体核心网格技术。

六面体核心网格技术使 Gambit 能自动在形状复杂的几何表面采用非结构化的四面体网格，在流体的中间采用结构化的六面体网格，二者之间采用金字塔网格过渡。六面体核心网格技术集成了非结构化网格几何适应能力强以及结构化网格数量少的优点。

（7）多面体网格技术。

ANSYS FLUENT 软件的求解器支持六面体网格，ANSYS FLUENT 包含一个网格自动转换开关，可以方便地把四面体网格转换为多面体网格。

有限体积法的计算量主要由网格数量决定，在节点总数（几何分辨率）不变的情况下，多面体网格量只有四面体网格的 1/5～1/3，因而将极大地降低解算时间。

（8）网格自适应技术。

ANSYS FLUENT 软件采用网格自适应技术，可根据计算中得到的流场结果反过来调整和优化网格，从而使得计算结果更加准确。这是目前在 CFD 技术中提高计算精度的最重要的技术之一。尤其对于有波系干扰、分离等复杂物理现象的流动问题，采用自适应技术能够有效地捕捉到流场中细微的物理现象，大大提高计算精度。

（9）边界层网格技术。

在靠近固体壁面的区域，由于壁面的作用，流体存在较大的速度梯度，为了准确地模拟壁面附近，要求壁面网格正交性好，同时具有足够高的网格分辨率，以满足壁面的黏性效应。

3.2.2 Gambit 的基本用法

1. Gambit 操作界面

（1）主界面。

如图 3-5 所示，Gambit 的用户界面可分为 7 个部分，分别为菜单栏、视图窗口、操作工具面板、命令显示窗口、命令解释窗口、命令输入栏和视图控制面板。Gambit 中可显示

4 个视图，以便于建立三维模型，同时也可以只显示一个视图。视图的坐标轴由视图控制面板决定。

（2）视图控制面板。

Gambit 的视图控制面板如图 3-6 所示。

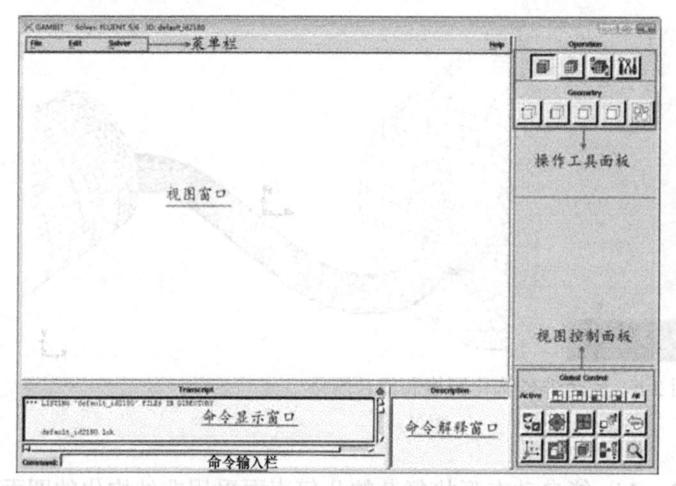

图 3-5　Gambit 操作界面

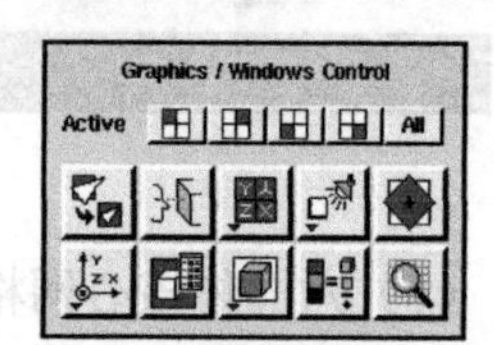

图 3-6　视图控制面板

视图控制面板中常用的按钮如下。

全图显示：缩放图形显示范围，使图形整体显示于当前窗口。

选择显示视图：使用上一次的菜单及窗口配置更新当前显示。

选择视图坐标：为模型显示确定方位坐标。

选择显示项目：指定模型是否可见等属性。

线框方式：用于指定模型显示的外观，包括线框方式、渲染方式和消隐方式等。

（3）操作工具面板。

操作工具面板位于 Gambit 操作界面的右上角，其中各部分对应的按钮说明如图 3-7 所示。

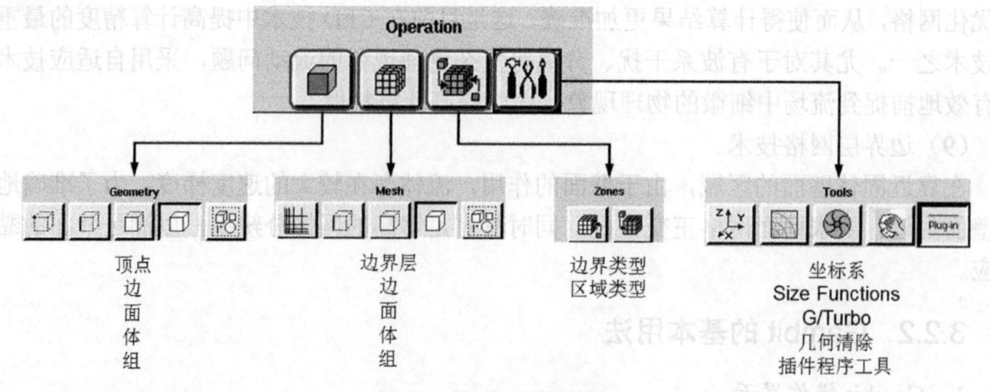

图 3-7　操作工具面板

（4）命令显示窗口和命令输入栏。

命令显示窗口和命令输入栏位于 Gambit 操作界面的左下方，如图 3-8 所示。命令显示窗口中记录了每一步操作的命令和结果，可以在命令输入栏中直接输入命令，其效果和单击命令按钮一样。

（5）命令解释窗口。

当鼠标移到操作工具面板中的任意一个按钮上时，Description 窗口（命令解释窗口）中会出现对该命令的解释，如图 3-9 所示。

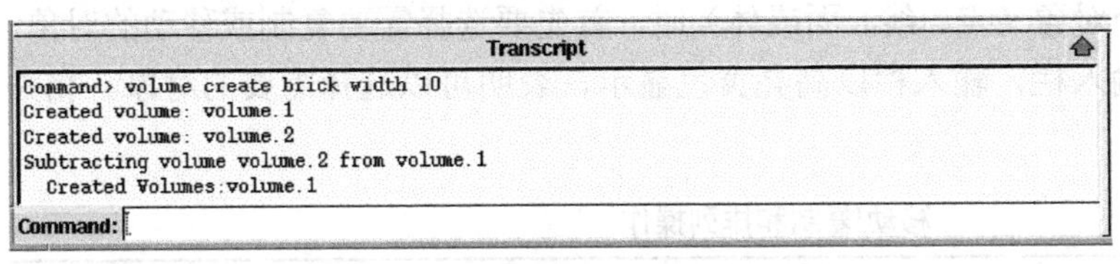

图 3-8 命令显示窗口和命令输入栏

Description

DESCRIPTION WINDOW- Displays a message describing the GUI component at the current mouse cursor position.

图 3-9 命令解释窗口

2. Gambit 键盘、鼠标操作

Gambit 的 GUI 是为三键鼠标而设计的。每个鼠标按键的功能根据鼠标是在菜单表格上还是在图形窗口上操作而不同。一些在图形窗口上的鼠标操作是和键盘操作同时进行的。

与 CAD 等工程制图软件不同，Gambit 菜单和表格的鼠标操作只要求左右键而且不涉及任何键盘操作，其中大部分只需用左键操作。右键用来打开涉及工具面板上命令按钮的菜单，如果一些表格包含文本窗口，右键还可以打开选项的隐藏菜单。

Gambit 的视图控制既用了鼠标的 3 个键，也用了键盘上的 Ctrl 键，Gambit 鼠标、键盘的基本用法见表 3-1。

表 3-1 Gambit 鼠标、键盘的基本用法

键盘/鼠标按键	鼠标动作	描 述
单击左键	拖曳鼠标	旋转模型
单击中键	拖曳鼠标	移动模型
单击右键	往垂直方向拖曳鼠标	缩放模型（向上拖动为缩小，向下拖动为放大）
单击右键	往水平方向移动指针	使模型绕图形窗口中心旋转
Ctrl+左键	指针对角移动	放大模型，保留模型比例。放开鼠标按键后，Gambit 放大了显示
单击两次中键		在当前视角前直接显示模型

Gambit 图形窗口任务操作允许用户在 Gambit 表格中选中实体并应用 3 个鼠标键和键盘上的 Shift 键。Gambit 任务操作类型包括选中实体和执行动作。Gambit 实体选中操作的两种类型以及执行动作的操作都用到 Shift 键。任务选择操作说明如表 3-2 所示。

表 3-2 Gambit 任务选择操作

键盘/鼠标按键	鼠标动作	描 述
Shift+左键	指针选择模型	选中模型或者模型的几何元素（注：该功能只在特定的操作过程中有效）
Shift+中键	指针选择模型	在给定类型的相邻实体间切换
Shift+右键	针对当前窗口	执行动作操作，等同于单击 Apply 按钮

3. Gambit 的几何生成及编辑工具

Gambit 软件包含了一整套易于使用的工具，可以快速地建立几何模型。另外，Gambit

软件在读入其他 CAD/CAE 网格数据时，可以自动完成几何清理（即清除重合的点、线、面）和进行几何修正。

（1）Gambit 的通用几何编辑工具。

① 移动/复制和排列。

当要复制或移动一个对象（点、线、面或体）时，首先要选择需要复制或移动的对象，在操作工具面板中单击输入栏，输入栏以高亮黄色显示，表明可以选择需要的对象。相关操作说明如表 3-3 所示。

表 3-3 移动/复制和排列操作

按 钮	功 能
Move/Copy	将所选择的几何移动或复制到新位置。共有 4 种方式：Translate（平移）、Scale（比例）、Reflect（镜像）、Rotate（旋转）
Align	重新排列对象

② 布尔运算。

典型的布尔运算包括并、交、减。布尔操作在绘制三维体时最为常用，其基本操作方法与复制一样，先选择对象再执行操作，这里不再重复。相关操作说明如表 3-4 所示。

表 3-4 布尔运算操作

按 钮	功 能
Unite	取两个面或两个体的并集作为一个新的面和实体
Subtract	从一个面或体上减去一个面或体得到一个新的面或体
Intersect	取两个面或体的交集为新的面或实体

③ 分裂与合并。

线、面和体的分裂与合并的操作方法类似，这里只介绍体的分裂与合并，相关操作说明如表 3-5 所示。

表 3-5 分裂与合并操作

按 钮	功 能
Split Volume	可以用一个面将另一个面分裂为两个面，也可以用一个体将另一个体分裂为两个体
Merge Volumes	把两个面合并为一个面，或把两个体合并为一个体

④ 连接与解除连接。

连接与解除连接体操作对应的按钮说明如表 3-6 所示。

表 3-6 连接与解除操作

按 钮	功 能
Connect	把完全重合的点、线、面合并
Disconnect	解除合并连接状态

⑤ 撤销、重复和删除。

撤销、重复和删除操作对应按钮的说明如表 3-7 所示。

表 3-7 撤销、重复和删除操作

按 钮	功 能
Undo	撤销上一条命令，在 Gambit 中撤销操作没有级数限制
Redo	重新执行上一条命令
	用来删除一些误操作或不需要的对象，如点、线、面、体、网格

（2）Gambit 的几何生成工具。

一般按照点、线、面的顺序来建立计算模型。

① 点的生成。

通过直接输入坐标值来建立几何点时，既可以使用笛卡儿坐标系，也可以使用柱坐标系，或者在一条曲线上生成点，将来可以用该点断开曲线。

在 Gambit 中点的创建方式有多种：根据坐标创建、在线上创建、在面上创建、在体上创建、在两条直线交叉处创建、在体的质心位置创建和通过投影的方式创建。可以根据不同的需要来选择不同的创建方式。各种创建点方式对应按钮的功能说明如表 3-8 所示。

表 3-8 点的生成

按 钮	功 能
From Coordinates	根据坐标创建点
On Edge	在线上创建点
On Face	在面上创建点
On Volume	在体上创建点
At Intersections	在两条直线交叉处创建点
At Centroid	在体的质心位置创建点
Project	通过投影的方式创建点

② 线的生成。

Gambit 线生成按钮除了创建直线外，还可以在生成点按钮上单击鼠标右键，从快捷菜单中选择创建其他的线段，如圆弧、圆、倒角、椭圆等。各种线生成按钮的功能说明如表 3-9 所示。

表 3-9 线的生成

按 钮	功 能
Straight	创建直线
Arc	创建弧线
Circle	创建圆
Ellipse	创建椭圆
Conic	创建二次曲线
Fillet	创建带状线
NURBS	创建样条曲线
Sweep	创建扫描线
Revolve	创建螺旋线
Project	通过投影的方式创建线

③ 面的生成。

要创建一个二维的网格模型，就必须创建一个面，只有线是不行的。面的创建十分简单，只需选择组成该面的相应线，然后单击 Apply 按钮即可。需要注意的是，构成面的这些线必须是封闭的。

用鼠标右键单击按钮，在快捷菜单中选择相应的按钮生成面。为方便读者查阅，表 3-10 列出了生成面的各按钮的功能。

表 3-10　面的生成

按　钮	功　能
Wireframe	通过 4 点连线生成平面
Parallelogram	通过 3 点生成平行四边形的平面
Polygon	通过选择多个点生成多边形面
Circle	通过选择一个中心和两个等距半径点生成圆面
Ellipse	通过选择一个中心和两轴顶点生成椭圆面
Skin Surface	通过空间的一组曲线生成一个放样曲面
Net Surface	通过两组曲线生成一个曲面
Vertex Rows	通过空间的点生成一个曲面
Sweep Edges	根据给定的路径和轮廓曲线生成扫掠曲面
Revolve Edges	通过绕选定轴旋转一条曲线生成一个回转曲面

④ 几何实体的生成。

在 Gambit 软件中创建三维网格模型时，必须创建体。可以直接生成块体、柱体、锥体、圆环体、金字塔体等。生成体的各种按钮的功能如表 3-11 所示。

表 3-11　生成几何实体

按　钮	功　能
Stitch Faces	把现有曲面缝合为一个实体
Sweep Faces	沿给定的路径扫掠形成一个断面
Revolve Faces	将一个断面图绕一个轴旋转生成回转体
Wireframe	在现有的拓扑结构上生成一个体

4. Gambit 网格生成工具

在操作工具面板中单击（Mesh）按钮，可以进入网格划分操作工具面板。在 Gambit 中，可以分别针对边界层、边、面、体和组划分网格。表 3-12 中给出了 5 个按钮的含义。

表 3-12　网格生成

按　钮	功　能
	Boundary Layer（边界层）
	Edge（边）

续表

按　钮	功　能
	Face（面）
	Volume（体）
	Group（组）

Gambit 软件提供了功能强大、灵活方便的网格划分工具，可以划分出满足 CFD 特殊需要的网格。

（1）生成线网格。

在线上生成网格，作为将在面上划分网格的网格种子，允许用户详细地控制线上节点的分布规律，Gambit 提供了满足 CFD 计算特殊需要的 5 种预定义的节点分布规律。

（2）生成面网格。

对于平面及轴对称流动问题，只需要生成面网格。对于三维问题，也可以先划分面网格，再拓展到体。

Gambit 根据几何形状及 CFD 计算的需要提供了 3 种网格划分方法。

映射网格划分技术是一种传统的网格划分技术。它仅适合于逻辑形状为四边形或三角形的面，允许用户详细控制网格的生成。在几何形状不太复杂的情况下，可以生成高质量的结构化网格。

为了提高结构化网格生成效率，Gambit 软件使用子映射网格划分技术。也就是说，当用户提供的几何外形过于复杂时，子映射网格划分方法可以自动对几何对象进行再分割，能在原本不能生成结构化网格的几何实体上划分出结构化网格。

子映射网格技术是 FLUENT 公司独创的一种新方法，它对几何体的分割只是在网格划分算法里进行，并不真正对用户提供的几何外形进行实际操作。

对于拓扑形状较为复杂的面，可以生成自由网格，用户可以选择合适的网格类型（三角形或四边形）。

在 Gambit 软件的网格操作面板中，需要选择要划分网格的面单元，定义网格单元类型（Elements）、网格划分类别（Type）、光滑度（Smoother）以及网格步长（Spacing）等。这里主要说明网格单元类别和网格划分的适应类型，详见表 3-13 和表 3-14。

表 3-13　　网格划分类别

网格划分类别	说　明
Map	创建四边形的结构化网格
Submap	将一个不规则的区域划分为几个规则区域并分别划分结构化网格
Pave	创建非结构化网格
TriPrimitive	将一个三角形区域划分为 3 个四边形区域并划分规则网格
WedgePrimitive	在一个楔形的尖端划分三角形网格，沿着楔形向外辐射，划分四边形网格

表 3-14　　网格划分适用类型

网格划分类别	适用类型		
	Quad	Tri	Quad/Tri
Map	×		×
Submap	×		
Pave	×	×	×
TriPrimitive	×		
WedgePrimitive			×

（3）边界层网格。

CFD对计算网格有特殊的要求，一是考虑到近壁黏性效应采用较密的贴体网格，二是网格的疏密程度与流场参数的变化梯度大体一致。

对于面网格，可以设置平行于给定边的边界层网格，可以指定第二层与第一层的间距比及总层数。

对于体网格，也可以设置垂直于壁面方向的边界层，从而可以划分出高质量的贴体网格。其他通用的CAE前处理器则主要根据结构强度分析的需要而设计，在结构分析中不存在边界层问题，因此采用这种工具生成的网格难以满足CFD计算要求，而Gambit软件解决了这个特殊要求。

边界层网格的创建需要输入4组参数中的任意3组，分别是第一个网格点距边界的距离（First Row）、网格的比例因子（Growth Factor）、边界层网格点数（Rows，垂直边界方向）以及边界层厚度（Depth）。这4个参数中只要任意输入3组参数值即可创建边界层网格。

5. Gambit的可视化网格检查技术和网格输出功能

该功能可以直观地显示网格质量，用户可以浏览单元畸变、扭曲、网格过渡、光滑性等质量参数，可以根据需要细化和优化网格，从而保证CFD的计算网格。用颜色代表网格的质量。

Gambit支持所有的FLUENT求解器，如FLUENT 4.5、FLUENT 5、NEKTON、POLYFLOW、FIDAP等求解器。Gambit支持面向图形的边界条件，也就是说，用户可以直接在几何图形上施加流动的边界条件，不需要在网格上进行操作。

6. CAD/CAE接口

Gambit软件可以直接存取主流的CAD/CAE系统的网格数据并支持标准的数据交换格式。

（1）Gambit软件支持的CAD软件几何接口。

ACIS：Gambit软件的图形就是基于ACIS核心，因而可以支持ACIS各种版本的几何数据。

Pro/Engineer VRML：Gambit可以直接输入PTC公司Pro/Engineer软件输出的VRML格式的数据。

Optegra Visulizer：Gambit可以直接输入PTC公司Optegra Visulizer数据格式。

IDEAS FTL：Gambit可以直接输入SDRC公司IDEAS FTL格式的数据。

IGES：Gambit软件可以读取IGES几何数据，并在读入时自动清理重复的几何元素。

STL：Gambit软件支持STL格式的数据。

Gambit软件还支持STEP、SET、VDAFS、PARASOLID、CATIA格式的几何数据。

（2）Gambit软件支持的CAE接口。

Gambit可以直接输入主流CAE软件的网格，而且在输入网格后可以自动反拓出相应的曲面或几何实体。Gambit 可以输入 ANSYS、Nastran、Patran、FIDAP 等软件的网格数据。

3.2.3 Gambit 生成网格文件的操作步骤

Gambit 生成网格文件的基本步骤如下。

（1）创建几何模型。Gambit 通常按照点、线、面的顺序来进行建模，或者直接利用 Gambit 体生成命令创建体，对于复杂外形，还可以在其他 CAD 软件生成几何模型后，导入 Gambit 中。

（2）划分网格。几何区域定义确定以后，就需要把这些区域离散化，也就是对其进行网格划分。这一步骤需要定义网格单元类型、网格划分类别、网格步长等有关选项。

一般根据模型特点进行线、面、体网格的划分。对于实体网格划分，还需要利用 Gambit 提供的网格显示方式功能按钮来观察网格内部情况。

（3）指定边界条件类型。在这一步骤中，Gambit 首先需要指定所使用的求解器名称（具体包括 FLUENT 5/6、FIDAP、ANSYS、RAMPANT 等），然后指定网格模型中各边界的类型，如图 3-10 所示。这里提供了 22 种流动进、出口条件，下面介绍常用的几种条件。

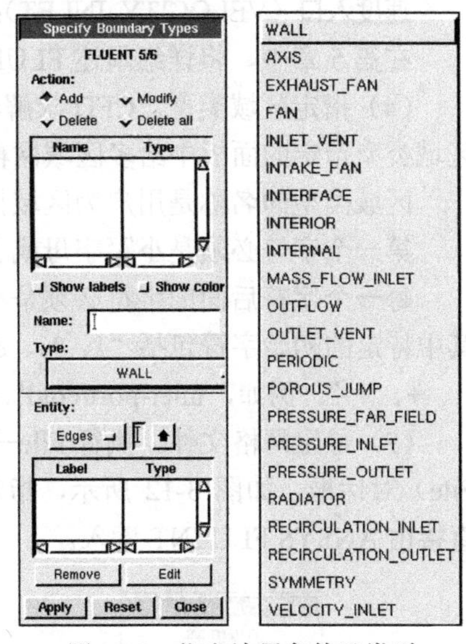

图 3-10 指定边界条件及类型

壁面（WALL）：用于限制流体和固体区域。在黏性流动中，壁面处默认为非滑移边界条件，也可以指定切向速度分量，或者通过指定剪切来模拟滑移壁面，从而分析流体和壁面之间的剪应力。如果要求解能量方程，则需要在壁面边界处定义热边界条件。

轴（AXIS）：轴边界类型必须使用在对称几何外形的中线处。在轴边界处不必定义任何边界条件。

排气扇（EXHAUST_FAN）：排气扇边界条件用于模拟外部排气扇，它具有指定的压力跳跃以及周围环境（排放处）的静压。

进风口（INLET_VENT）：进风口边界条件用于模拟具有指定的损失系数、流动方向以及周围（入口）环境总压和总温的进风口。

进气扇（INTAKE_FAN）：进气扇边界条件用于模拟外部进气扇，需要给定压降、流动方向以及周围（进口）总压和总温。

质量流动入口（MASS_FLOW_INLET）：质量流动入口边界条件用于可压流规定入口的质量流速。在不可压流中不必指定入口的质量流，因为当密度是常数时，速度入口边界条件就确定了质量流条件。

出口流动（OUTFLOW）：出口流动边界条件用于模拟之前未知的出口速度或者压力的情况。OUTFLOW 边界条件假定除压力之外的所有流动变量正法向梯度为零。该边界条件不适用于可压缩流动。

通风口（OUTLET_VENT）：通风口边界条件用于模拟通风口，它具有指定的损失系数以及周围环境（排放处）的静压和静温。

压力远场（PRESSURE_FAR_FIELD）：压力远场边界条件可用于模拟无穷远处的自由可压流动，该流动的自由流马赫数以及静态条件已经指定。注意：压力远场边界条件只适用于可压缩流动。

压力入口（PRESSURE_INLET）：压力入口边界条件用来定义流动入口边界的总压和其他标量。

压力出口（PRESSURE_OUTLET）：压力出口边界条件用于定义流动出口的静压（在回流中还包括其他的标量）。当出现回流时，使用压力出口边界条件来代替质量出口条件往往更容易收敛。

对称（SYMMETRY）：对称边界条件用于所计算的物理外形以及所期望的流动/热解具有镜像对称特征的情况。

速度入口（VELOCITY_INLET）：速度入口边界条件用于定义流动入口边界的速度和标量。

在第5章中，将详细阐述FLUENT中常用的边界条件。

（4）指定区域类型。CFD求解器一般会提供fluid和solid两种区域类型，因此需要在区域类型指定的面板中给多区域网格模型指定区域类型，如图3-11所示。

区域类型的名称是用户为区域指定的标志，有效区域的命名规则如下。

第一个字符必须是小写字母或者特定的初始字符。

每一个字符后面的字符必须是小写字母、特定的初始字符、数字或者特定的跟随字符，其中特定的初始字符包括“!、%、&、*、/、:、<、=、>、?、_、^”，特定的跟随字符包括“.、+、-”。例如，inlet-port/cold!、eggs/easy和e=m*c^2都是有效的区域名称。

（5）导出网格文件。执行File→Export→Mesh命令，打开输出网格文件（Export Mesh File）对话框，如图3-12所示，指定文件名，便可生成指定名称的网格文件。该文件可以直接由ANSYS FLUENT读入。

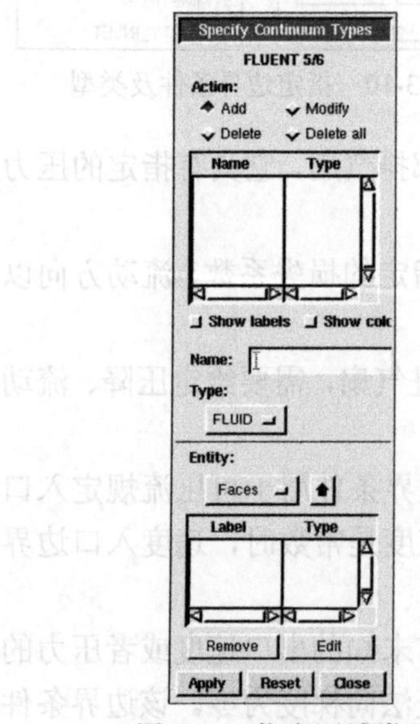

图3-11　指定区域类型

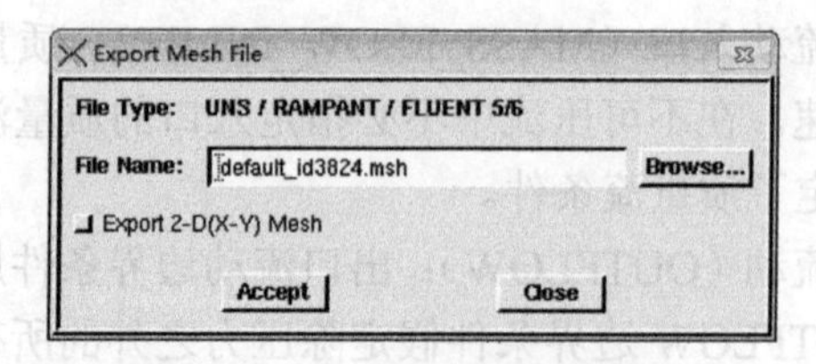

图3-12　从Gambit输出网格

3.2.4　Gambit应用实例

1. 问题的描述

图3-13是一个二维轴对称单孔喷嘴射流问题的计算区域。由于FLUENT的边界提法比

较粗糙，多为一类边界条件，因此建议在确定计算域时，可以适当加大计算范围。从图 3-13 中可以看出，计算区域为 $4D\times12D$，其中在喷嘴的左边取 $2D$ 的计算区域，就是为了减小边界条件对计算的影响。

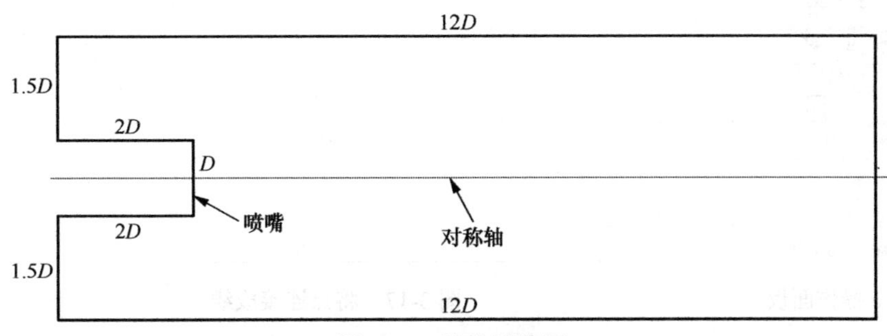

图 3-13 计算域简图

2. 创建几何模型

对于上述的计算域，在建立计算模型时按照点、线、面的顺序来进行。

（1）创建点（Vertex）。

单击操作工具面板中的 Vertex 按钮，进入 Vertex 面板，如图 3-14 所示。

单击 Vertex Create 按钮，在 Create Real Vertex 对话框中输入点的坐标，再单击 Apply 按钮，就可以创建点。计算出计算域的各个顶点的坐标，依次创建这些顶点，如图 3-15 所示。

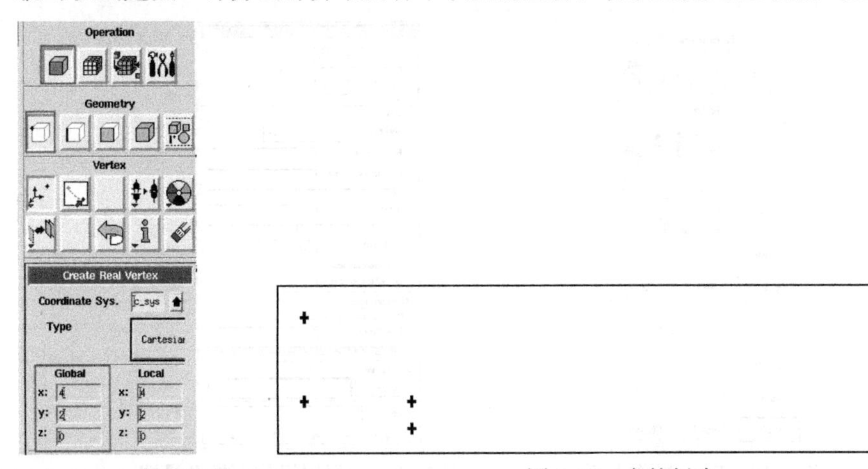

图 3-14 Vertex 操作面板

图 3-15 点的创建

（2）创建线（Edge）。

在操作工具面板中单击 Edge 按钮，进入 Edge 面板创建和编辑线，如图 3-16 所示。在 Gambit 中，最常用的操作是创建直线。

在 Edge 操作面板中单击 Create Straight Edge 按钮，在视图中选择需要连成线的点，单击 Apply 按钮即可，如图 3-17 所示。

（3）创建面（Face）。

面的创建十分简单，只需选择组成该面的线，单击 Apply 按钮即可（见图 3-18）。需要注意的是，这些线必须是封闭的，要创建一个二维的网格模型，就必须创建一个面，只有线是不行的。同样的道理，在创建三维网格模型时，就必须创建体。

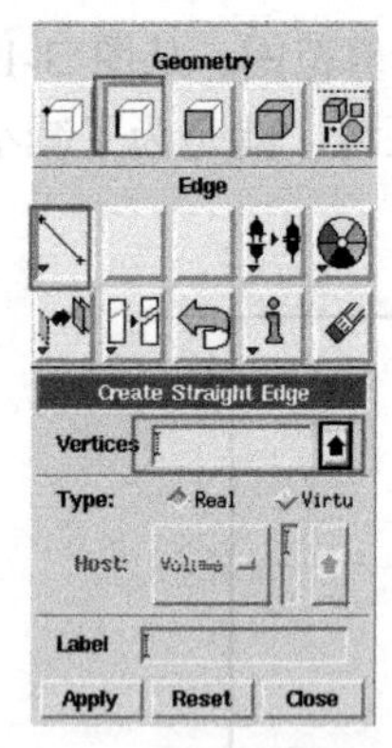

图3-16　Edge操作面板

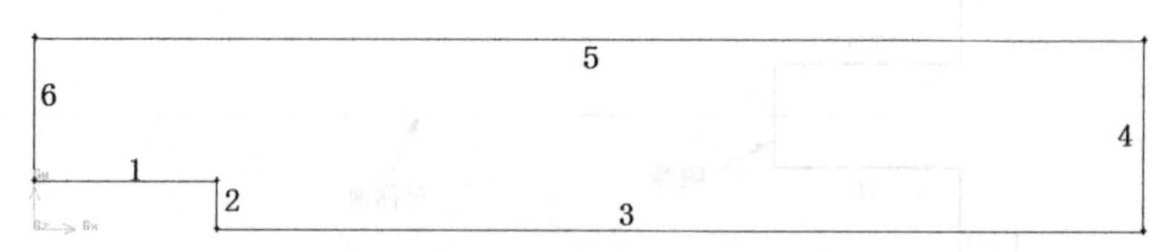

图3-17　将点连接成线

3. 划分网格

在操作工具面板中单击Mesh按钮，可以进入网格划分操作工具面板划分网格。在Gambit中，可以分别针对边界层、边、面、体和组划分网格。

（1）创建边界层网格。

单击Mesh按钮，选择Boundary Layer选项，进入边界层网格创建操作工具面板，如图3-19所示。输入参数值为：First row为0.1，Growth factor为1.2，Rows为10，选择创建形式为1。按住Shift键，单击图3-17中的线段1。

图3-18　Face操作面板

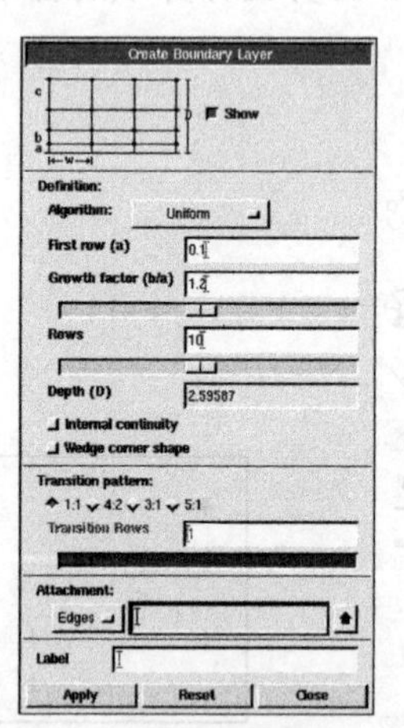

图3-19　边界层操作面板及设置

单击Apply按钮完成边界层的创建，如图3-20所示。

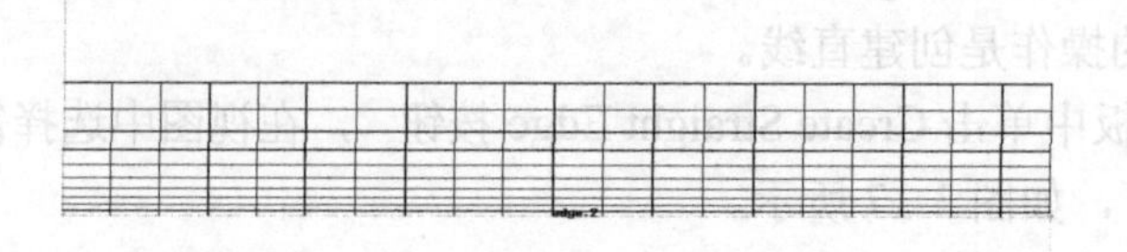

图3-20　创建的边界层

（2）划分边网格。

当划分的网格需要在局部加密或者划分不均匀网格时，首先要定义边上的网格点的数目和分布情况。

单击操作工具面板中网格划分工具下的□按钮，进入 Mesh Edges（面网格创建）面板，如图 3-21 所示。

选择图 3-17 中的线段 2，在操作工具面板中单击 Double sided 按钮，设置 Ratio1 和 Ratio2 为 1.1。

在操作工具面板中单击 Interval size 按钮，选择 Interval Count 选项，在 Interval Count 按钮的左边输入参数值 20。单击 Apply 按钮，观察视图中边上的网格点的生成，如图 3-22 所示。

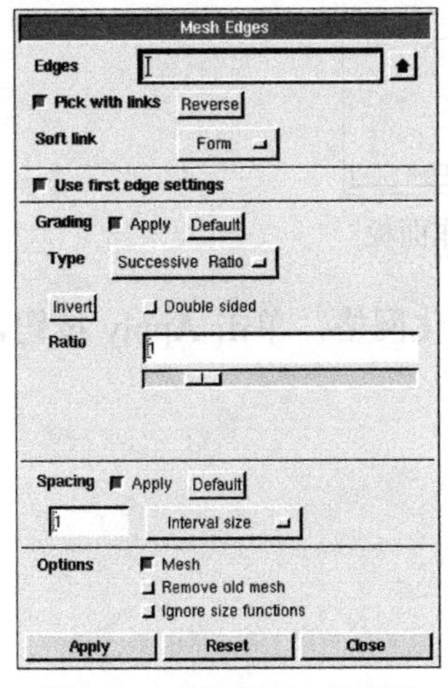

图 3-21　面网格创建面板

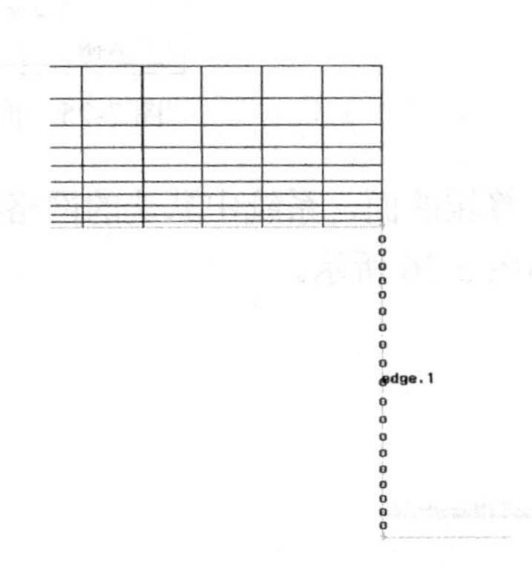

图 3-22　线段 2 上网格的创建

选择图 3-17 中的线段 3，取消对 Double sided 按钮的选择，设置 Ratio 为 1.05，Interval Count 为 80，观察视图中网格点的分布情况。视图中选中线段上的红色箭头代表 Edge 上网格点分布的变化趋势。如果 Ratio 大于 1，则沿箭头方向网格点的分布变疏；如果小于 1，则沿箭头方向网格点的分布变密，如图 3-23 所示。

图 3-23　线段 3 上的渐疏网格

依次选择视图中的其他线段，设置合理的网格点分布，如图 3-24 所示。

图 3-24　创建的边界网格

（3）划分面网格。

选择 Operation →Mesh →Face ，进入面网格创建操作工具面板，如图 3-25 所示。

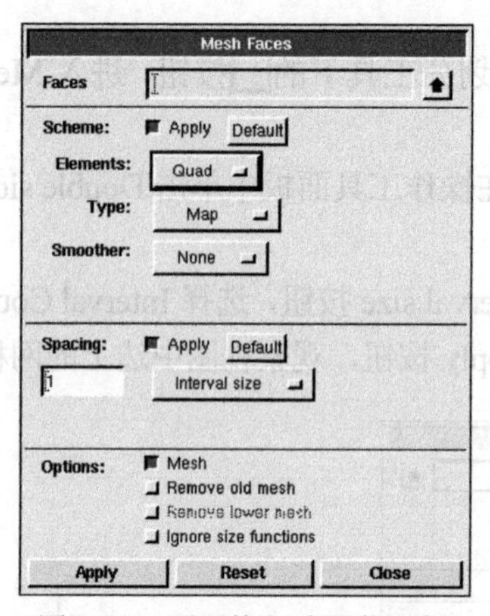

图 3-25　面网格创建操作面板

选择计算域的面，系统中默认的网格类型为结构化网格，单击 Apply 按钮，观察网格的生成，如图 3-26 所示。

图 3-26　结构化网格

保持网格类型为四边形，在操作工具面板的 Type 中选择网格生成方式为 Pave，单击 Apply 按钮，观察网格的生成，如图 3-27 所示。

图 3-27　非结构化四边形网格

选择 Element 类型为 Tri，网格生成方式为 Pave，单击 Apply 按钮，观察网格的生成，如图 3-28 所示。

图 3-28　非结构化三角形网格

4. 边界的定义

在 Gambit 中，用户可以先定义好各个边界条件的类型，具体的边界条件取值在 FLUENT 中确定。选择 Operation→Zones，打开 Specify Boundary Types 对话框，根据需要设定边界条件类型。

基本操作过程如下。

（1）添加一个边界条件。

按住 Shift+左键选择要指定的边，并在 Name 中输入名称。

（2）指定边界条件的类型。

在 Entity 中选择对应类型的几何单元，单击 Apply 按钮添加，重复上述操作可以对每条边定义边界条件。

选择 Entity 类型为 Edge。在视图中选择 Edge1，在 Name 区域中输入 Wall，选择 Type 为 Wall，即定义 Edge1 的边界条件为固壁条件，取名为 Wall。

选择 Edge2，定义边界条件为压力入流条件（Pressure Inlet），命名为 Inflow。

选择 Edge4，定义边界条件为压力出流条件（Pressure Outlet），命名为 Outflow。

选择 Edge5、Edge6，定义边界条件为远场压力条件（Pressure Far-field），命名为 Outflow1。

选择 Edge3，定义边界条件为轴对称条件（Axis），命名为 Axis。

5. 保存和输出

执行 File→Save as 命令，在对话框中输入文件的路径和名称（注意：在 Gambit 中要向一个文本框中输入文字或数字，必须先在文本框中单击选中文本框）。

执行 File→Export/Mesh 命令，输入文件的路径和名称。只有选中 Export2-D（X-Y）Mesh 选项才可以输出二维的.msh 文件，默认的文件路径为启动时指定的文件路径。

3.3 ANSYS ICEM CFD 16.0 的应用

与众多的前处理软件相比，ANSYS ICEM CFD 在结构化网格划分方面有着巨大的优势。其强大的结构化网格划分功能使其在 CFD 前处理过程中得到了极其广泛的应用，本节将介绍 ANSYS ICEM CFD 16.0 的基本特点和用法。

3.3.1 ANSYS ICEM CFD 的基本功能

ANSYS ICEM CFD 是一款世界顶级的 CFD/CAE 前处理器，为各种流行的 CFD/CAE 软件提供高效可靠的分析模型。ANSYS ICEM CFD 16.0 的操作界面如图 3-29 所示。

下面从模型接口、几何功能、网格划分、网格编辑等几个方面简单介绍该软件的基本功能。

1. 强大的模型接口

ANSYS ICEM CFD 模型接口具体功能如图 3-30 所示。

2. 几何体构造及编辑功能

几何体构造及编辑功能包括：创建点线面体、几何变换（平移、旋转、镜面、缩放）、布尔运算（相交、相加、切分）、高级曲面造型（抽取中面、包络面）、几何修复（拓扑重建、闭合缝隙、缝合装配边界）。

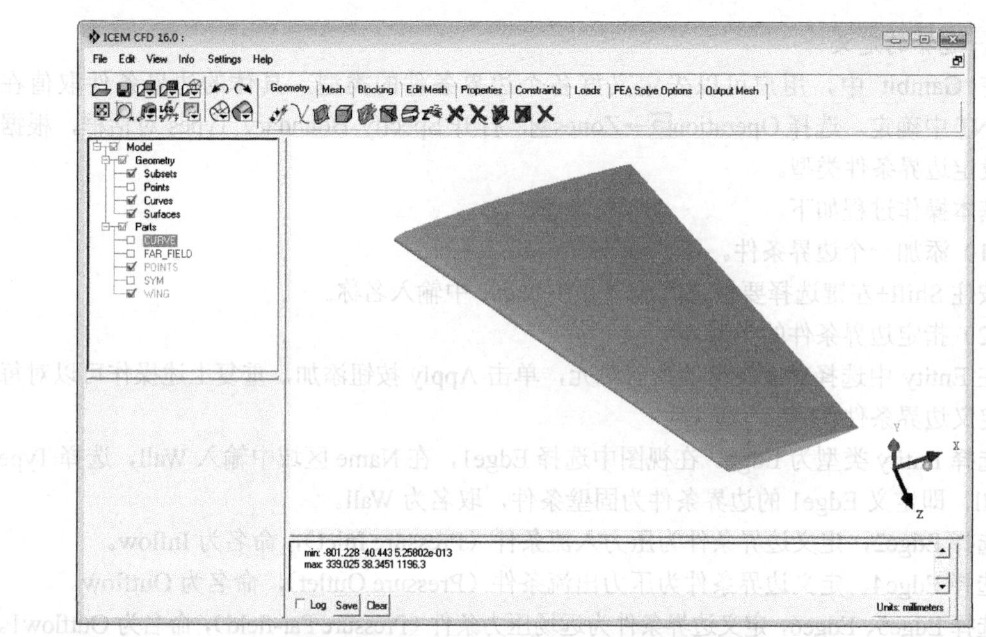

图 3-29　ANSYS ICEM CFD 16.0 的操作界面

3. 丰富的网格类型

网格类型包括四面体网格（Tetra Meshing）、棱柱网格（Prism Meshing）、六面体网格（Hexa Meshing）、锥形网格（Pyramid Meshing）、O 形网格（O-Grid Meshing）、自动六面体网格（AutoHexa）等。下面重点介绍 ANSYS ICEM CFD 最典型的 3 种网格划分模型。

（1）四面体网格。

四面体网格适合对结构复杂的几何模型进行快速高效的网格划分。在 ANSYS ICEM CFD 中，四面体网格的生成实现了自动化。

系统自动对 ANSYS ICEM CFD 已有的几何模型生成拓扑结构，用户只需要设定网格参数，系统就可以自动快速地生成四面体网格，如图 3-31 所示。系统还提供丰富的工具，使用户能够对网格质量进行检查和修改。

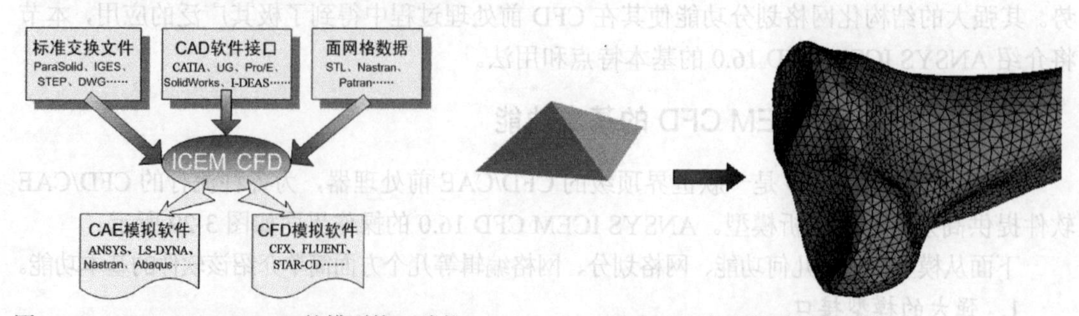

图 3-30　ANSYS ICEM CFD 的模型接口功能　　图 3-31　生成的四面体网格

Tetra 采用 8 叉树算法来对体积进行四面体填充并生成表面网格。Tetra 具有强大的网格平滑算法，以及局部适应性加密和粗化算法。

对于复杂模型，ANSYS ICEM CFD Tetra 具有如下优点。

- 基于 8 叉树算法的网格生成。

- 快速模型及快速算法，建模速度高达 1 500 cells/s。
- 网格与表面拓扑独立。
- 无须表面的三角形划分。
- 可以直接从 CAD 模型和 STL 数据中生成网格。
- 控制体积内部的网格尺寸。
- 采用自然网格尺寸（Natural Size）单独决定几何特征上的四面体网格尺寸。
- 四面体网格能够合并到混合网格中，并实施体积网格和表面网格的平滑、节点合并和边交换操作。图 3-32 为采用 Tetra 生成的棱柱和四面体混合网格。
- 单独区域的粗化。
- 表面网格编辑和诊断工具。
- 局部细化和粗化。
- 为多种材料提供一个统一的网格。

（2）棱柱网格。

Prism 网格（棱柱网格）主要用于四面体网格中对边界层的网格进行局部细化，或是用在不同形状网格（Hexa 和 Tetra）之间交接处的过渡。与四面体网格相比，Prism 网格的形状更为规则，能够在边界层处提供更好的计算网络。

此外针对物体表面分布层问题，特别加入了 Prism 正交性网格，通过内部品质（Quality）的平滑性（Smooth）运算，能够迅速产生良好的连续性格点。

（3）六面体网格。

在 ANSYS ICEM CFD 16.0 中，六面体网格划分采用了由顶至下和自底向上的“雕塑”方式，可以生成多重拓扑块的结构和非结构化网格，此外，方便的网格雕塑技术可以划分任意复杂的几何体纯六面体网格，如图 3-33 所示。整个过程半自动化，用户能在短时间内掌握原本只能由专家进行的操作。

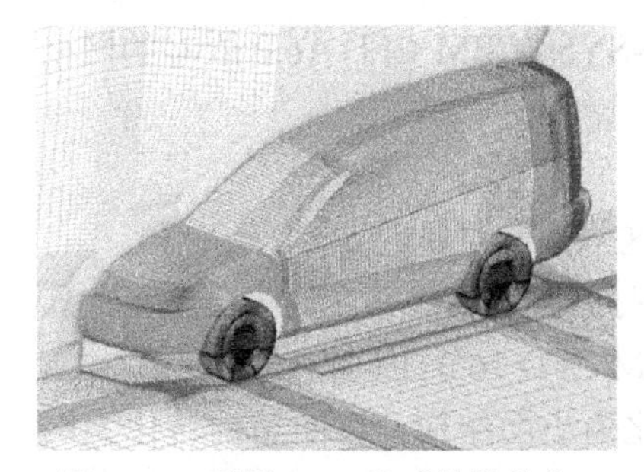

图 3-32 采用 Tetra 生成的棱柱和四面体混合网格

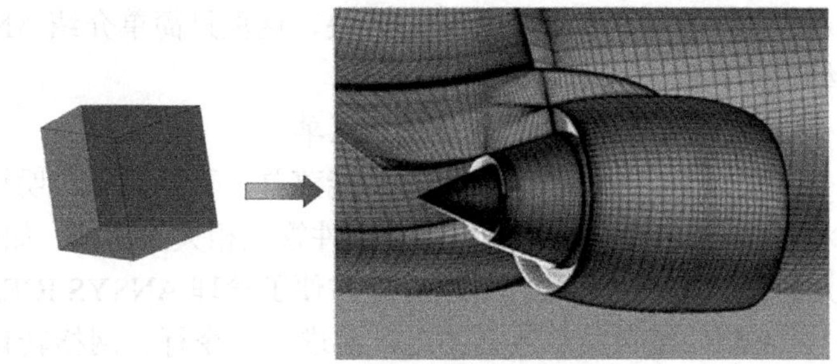

图 3-33 ANSYS ICEM CFD 16.0 生成的六面体网格

另外，ANSYS ICEM CFD 还采用了先进的 O-Grid 等技术，用户可以方便地在 ANSYS ICEM CFD 中对非规则几何形状划分出高质量的“O”形、“C”形、“L”形六面体网格，如图 3-34 所示。

ANSYS ICEM CFD 的网格工具还包括网格信息预报、网格装配工具、网格拖动工具。

4. 网格编辑功能

网格编辑功能具体如下。

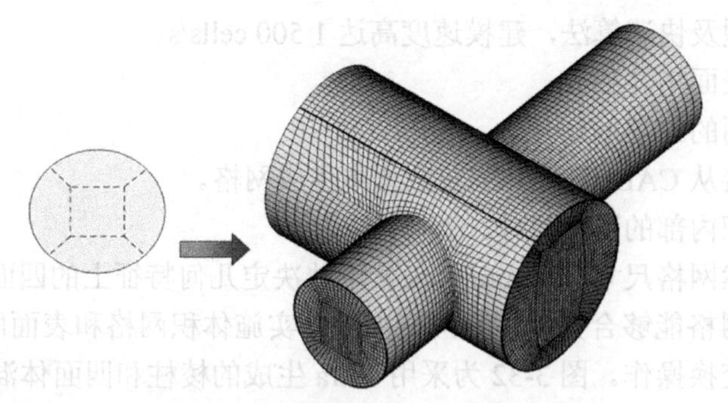

图 3-34 ANSYS ICEM CFD 16.0 生成的“O”形网格

- 网格质量检查功能（多种评价方式）。
- 网格修补及光顺功能（增删网格/自动 Smooth/缝合边界等）。
- 网格变换功能（平移/旋转/镜面/缩放）。
- 网格劈分功能（细化）。
- 网格节点编辑功能。
- 网格类型转换功能（实现 Tri→Quad/Quad→Tri/Tet→Hexa/所有类型→Tet 的转换）。

工程应用中经常采用网格自动划分实现模型的网格划分，一般操作的基本步骤如下。

（1）导入几何模型并修整模型。

（2）创建实体与边界，根据模型创建实体（Body），根据具体表面创建边界（Part）。

（3）指定网格尺寸，首先指定全局网格尺寸及合适的网格类型，然后划分并进行网格光顺处理。

（4）生成网格并导出，指定 CFD/CAE 软件和输出文件。

3.3.2 ANSYS ICEM CFD 16.0 的操作界面

由于篇幅所限及版本更新较快，这里只简单介绍 ANSYS ICEM CFD 16.0 版本的网格编辑器界面的基本用法。

1. ANSYS ICEM CFD 16.0 菜单

在操作界面的上方有一串功能菜单，下面简单说明这些基本菜单。

File：文件菜单提供许多与文件管理相关的功能，如打开文件、保存文件、合并和输入几何模型、存档工程，这些功能方便了管理 ANSYS ICEM CFD 16.0 工程。

Edit：编辑菜单包括回退、前进、命令行、网格转化为小面结构、小面结构转化为网格、结构化模型面等选项。

View：视图菜单包括合适窗口、放大、俯视、仰视、左视、右视、前视、后视、等角视、视图控制、保存视图、背景设置、镜像与复制、注释、加标记、清除标记、网格截面剖视等选项。

Info：信息菜单包括几何信息、面的面积、最大截面积、曲线长度、网格信息、单元体信息、节点信息、位置、距离、角度、变量、分区文件、网格报告等选项。

Settings：设置菜单包括常规、求解、显示、选择、内存、远程、速度、重启、网格划分等选项。

Help：帮助菜单包括启动帮助、启动用户指南、启动使用手册、启动安装指南、有关法律等选项。

2. 模型树

模型树位于操作界面左侧，通过几何实体、单元类型和用户定义的子集控制图形显示。

因为有些功能只对显示的实体发生作用，所以模型树在孤立需要修改的特殊实体时体现了重要性。用鼠标右键单击各个项目可以方便地进行相应的设置，如颜色标记和用户定义显示等。

3. 消息窗口

消息窗口显示 ANSYS ICEM CFD 提示的所有信息，使用户了解内部过程。消息窗口显示操作界面和几何、网格功能的联系。在操作过程中时刻注意消息窗口是很重要的，它将告诉用户进程的状态。

单击 Save 按钮，可将所有窗口内容写入一个文件，文件路径默认在工程打开的地方。

选中 Log 复选框，将只保存用户特定的消息。

3.3.3 ANSYS ICEM CFD 16.0 的文件系统

ANSYS ICEM CFD 16.0 在打开或者创建一个工程时，总是读入一个扩展名为 prj（project）的文件，即工程文件，其中包含了该工程的基本信息，包括工程状态及相关子文件的信息。

一个工程可能包含的子文件及文件说明如下（以“name”代表文件名）。

- name.tin（tetin）文件：几何模型文件，在其中可以包含网格尺寸定义的信息。
- name.blk（blocking）文件：六面体网格拓扑块文件。
- domain.n 文件：结构六面体网格分区文件，n 表示分区序号。
- name.uns（unstructured）文件：非结构网格文件。
- multi-block 文件：结构六面体网格文件，包含各个分区的链接信息，在输出网格用它来链接各个网格分区文件。
- name.jrf 文件：操作过程的记录文件，但不同于命令记录。
- family.boco（boundary condition）、boco 和 name.fbc 文件：边界条件文件。
- family_topo 和 top_mulcad_out.top 文件：结构六面体网格的拓扑定义文件。
- name.rpl（replay）文件：命令流文件，记录 ANSYS ICEM CFD 的操作命令码，可以通过修改或编写后导入软件，自动执行相应的操作命令。

> **提示**：对于已经划分网格的模型，当其几何参数发生改变，而几何元素的名称及所属的族名称没有发生变化时，就可以通过读入命令流文件重新执行所有命令，从而很方便地再生成网格。利用该功能通过记录一个模型网格划分的命令流，建立这类模型的操作模块将会节省大量时间。

3.3.4 ANSYS ICEM CFD 16.0 的操作步骤

首先介绍 ANSYS ICEM CFD 16.0 中鼠标和键盘的基本操作，具体如表 3-15 所示。

表 3-15　ANSYS ICEM CFD 16.0 鼠标、键盘操作方法

鼠标或键盘按键	操　作	功　能
鼠标左键	单击和拖动	旋转模型
鼠标中键	单击和拖动	平移模型
鼠标右键	单击和上下拖动	缩放模型
鼠标右键	单击和左右拖动	绕屏幕 Z 轴旋转模型
F9 键	按住 F9 键，然后单击任意鼠标键	操作时进行模型运动

ANSYS ICEM CFD 16.0 的功能非常强大，不但能进行非结构化网格的划分，还能够进行结构化网格的划分。划分结构化网格是 ANSYS ICEM CFD 16.0 的强项，也是用户使用该软件的主要目的。下面主要针对怎样使用 ANSYS ICEM CFD 16.0 进行结构化网格划分来说明这个软件的用法。

如果计算模型比较简单，可以直接使用 ANSYS ICEM CFD 16.0 的工具来建立几何模型，但是 ANSYS ICEM CFD 16.0 的建模功能还不够强大，一般的模型需要在 CATIA 或其他 CAD 软件中建立再导入进来。下面假设已经在 CATIA 中建立了一个模型，介绍怎样将模型导入并利用 ANSYS ICEM CFD 16.0 划分结构化网格。

1. 导入几何体。

执行 File→Geometry→Open Geometry 命令，选择好文件后在出现的对话框中进行相应的设置，即可将几何文件导入。在这里还可将其他类型的文件导入，如 msh 文件等。导入之后就可以进行相关操作了。

2. 几何操作

一般导入的几何体是非常粗糙的，还需要在 ANSYS ICEM CFD 16.0 中进行相应的修改，不过这里建议在 CATIA 等 CAD 软件中将几何模型尽量简化。图 3-35 为在对几何体进行操作时经常用到的一些工具。

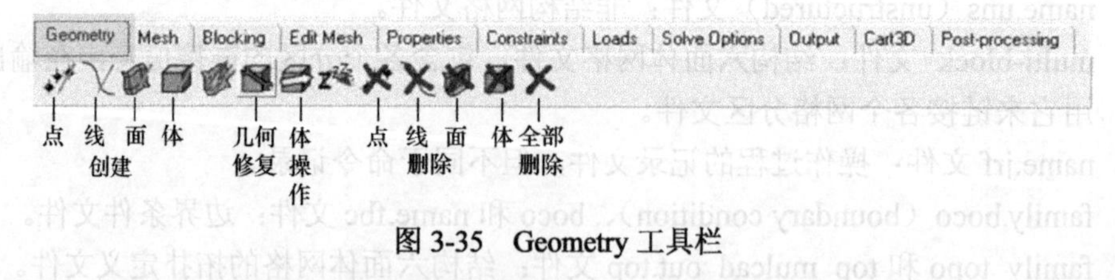

图 3-35　Geometry 工具栏

对导入进来的几何体进行相关的几何操作，以此得到想要的拓扑结构。只有得到很好的拓扑结构，才能更好地进行后续的操作。

3. 建立拓扑结构并与几何模型关联

在处理好几何体之后，接下来就要建立几何模型的拓扑结构。建立的方法是单击 Blocking 标签。其中的一些主要工具说明如图 3-36 所示。

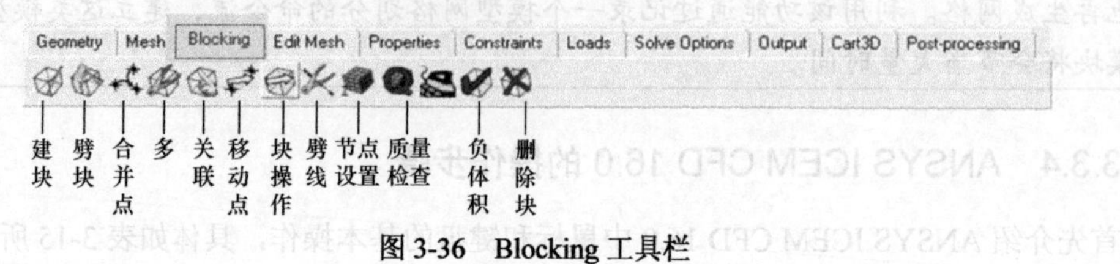

图 3-36　Blocking 工具栏

通过这些工具可以创建几何模型的拓扑结构，以及与几何模型对应的边和点。

4. 划分网格工具

在建立了几何模型的拓扑结构之后，接下来就是设置网格划分参数。单击 Mesh 标签，设置网格参数，如图 3-37 所示。根据几何线的长度以及流场的情况来设置网格划分参数。

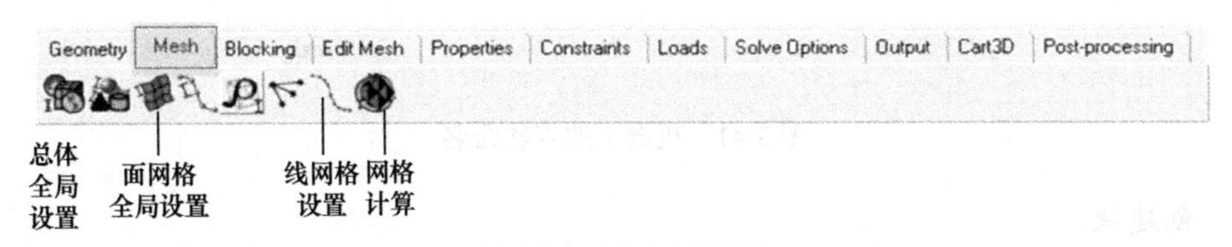

图 3-37 Mesh 工具栏

5. 设置求解器

在完成网格划分以后，需要设置求解器，然后输出为相应格式并保存，如图 3-38 所示。

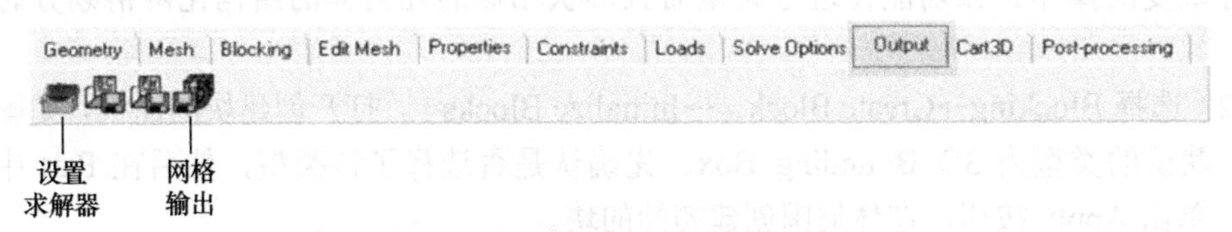

图 3-38 选择求解器并设置边界条件工具

3.3.5 ANSYS ICEM CFD 16.0 应用实例

下面介绍一个划分结构化网格的实例，让读者对 ANSYS ICEM CFD 16.0 的功能有一个初步的了解。如果想进一步学习，请参看 ANSYS ICEM CFD 16.0 的帮助文件。

1. 实例描述

FLUENT 常用来计算机翼的空气动力学属性，图 3-39 所示为一个机翼三维模型，为了计算其外部绕流，需对其外部区域划分网格。在本例中，导入 ICEM CFD 的几何模型中已经包含了整个计算区域的模型。

2. 打开几何体

首先将几何文件 tin 复制到工作目录下面。然后执行 File→Open Geometry 命令，选择文件，单击 Accept 按钮，即可将.tin 中创建的图形读入 ANSYS ICEM CFD 16.0，如图 3-40 所示。

图 3-39 机翼三维模型

图 3-40 机翼及外部计算区域（几何文件）

在这个几何体中，点、曲线和曲面均已经被分类并命名，如图 3-41 所示，因此可以直接进入分块的过程。

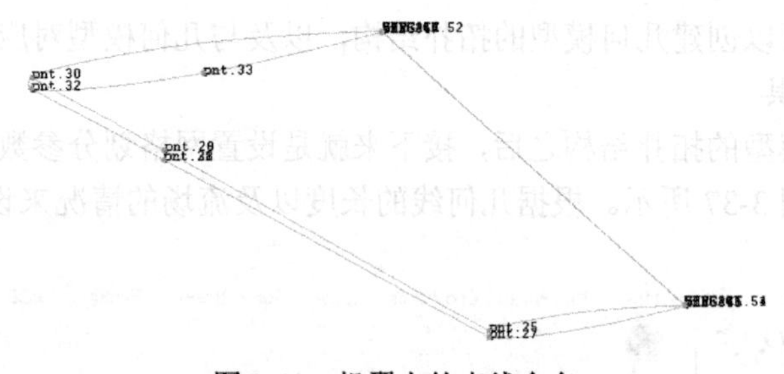

图 3-41　机翼上的点线命名

3．创建块

（1）执行 File→Replay Scripts→Replay Control 命令，开始记录在创建块的过程中输入的所有命令。以后在划分几何形状相同但尺寸有所不同的几何体的结构化网格时，只要将新几何体调入 ANSYS ICEM CFD 之后，将这个记录命令的文件调入执行即可，而不必进行重复的操作。该功能在进行大量而且形状相似的几何体的结构化网格划分时特别有用。

（2）选择 Blocking→Create Block→Initialize Blocks，打开创建块的面板，如图 3-42 所示，默认的类型为 3D Bounding Box。先确认是否选择了该类型，然后在 Part 中输入 Fluid，单击 Apply 按钮，在体周围创建初始的块。

（3）在显示树中，确认曲线被选中，并且曲线名字不被选中。右击 Geometry→Curves→Show Curve Names，关闭显示曲线名称。同样确认所有的曲面不显示。打开 Blocking→Vertices，并右击 Vertices→Numbers，显示点的数字。初始化块显示如图 3-43 所示。

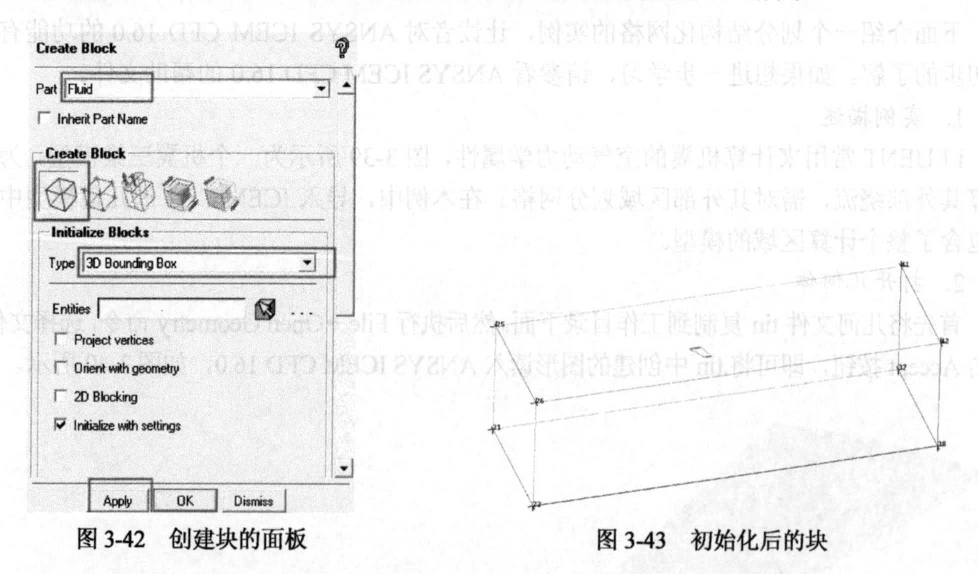

图 3-42　创建块的面板

图 3-43　初始化后的块

在显示树中选择 Points→Show Point Names，显示点。

（4）选择 Blocking→Split Block→Split Block。从 Split Method 下拉列表中选择 Prescribed point，如图 3-44 所示。

单击 Edge 按钮，并选择 25～41 线段，单击鼠标中键表示确定所选。点 25 和点 41 是这条线的端点，单击 Point 按钮，并选择机翼翼根上的 pnt.30，如图 3-45 所示。

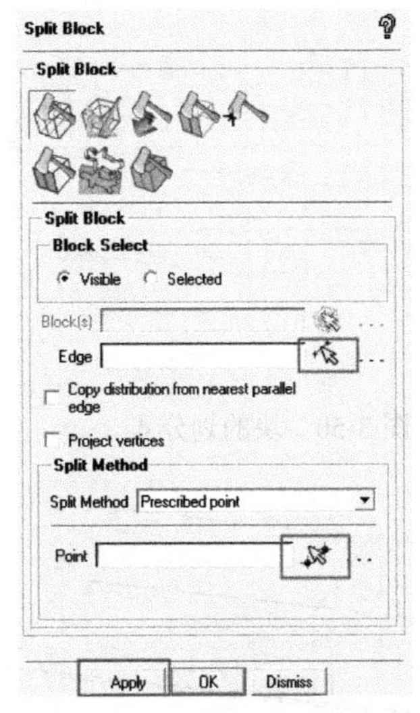

图 3-44 划分块设置面板

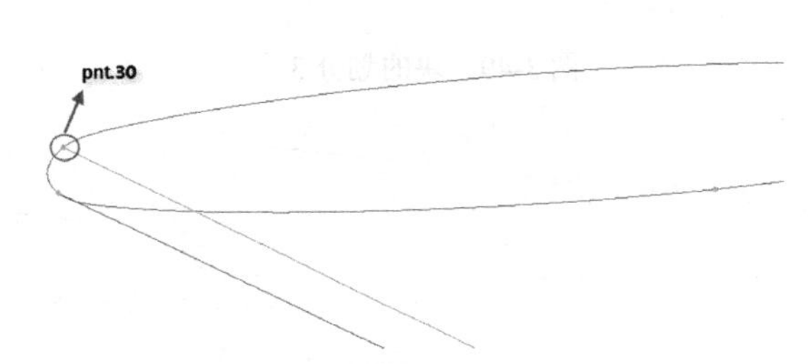

图 3-45 指定划分点

单击 Apply 按钮，即完成了通过指定点来分块，如图 3-46 所示。

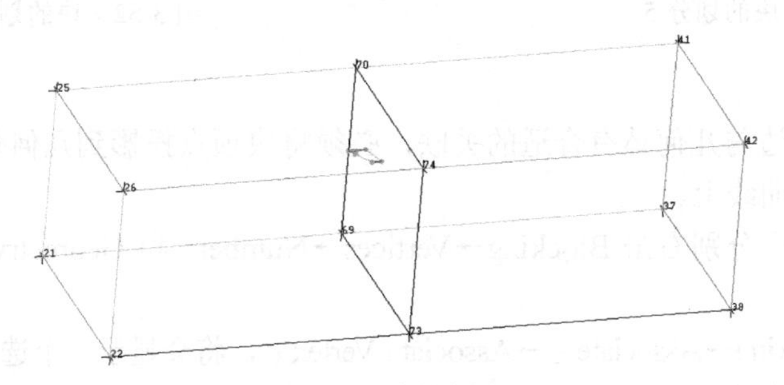

图 3-46 块的划分 1

（5）同样，选择由点 70 和点 41 定义的边。并选择 pnt.35（见图 3-47）作为 Prescribed point 来打断这条边。完成之后的块显示如图 3-48 所示。

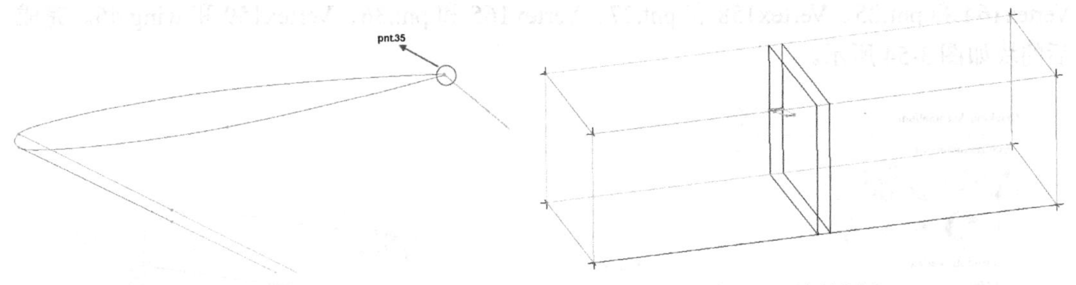

图 3-47 指定划分点 pnt.35

图 3-48 块的划分 2

（6）用 pnt.30 划分线 69～70，得到如图 3-49 所示的块。

（7）用 pnt.32 划分线 69～104，得到如图 3-50 所示的块（局部）。

（8）用翼稍的 pnt.36 划分线 105～111，得到如图 3-51 所示的块（局部）。

至此，块的划分已经完成，完成后的块如图 3-52 所示。

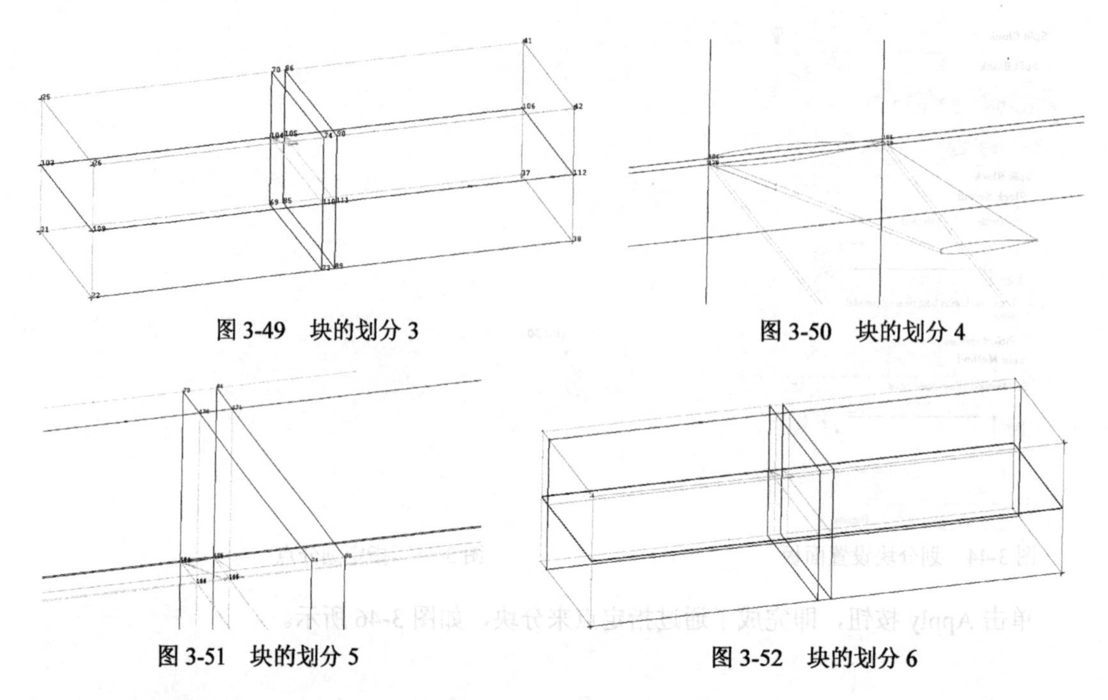

图 3-49　块的划分 3　　图 3-50　块的划分 4

图 3-51　块的划分 5　　图 3-52　块的划分 6

4．关联点

为了保证块的边与几何体有合适的关联，必须将块顶点投影到几何体的指定点上，然后将块边界投影到曲线上。

（1）在显示树中分别右击 Blocking→Vertices→Numbers 和 Geometry→Points，显示块和几何体的点。

（2）选择 Blocking→Associate→Associate Vertex，将会显示一个选择面板，如图 3-53 所示。确保关联的实体为 Point。

（3）单击 Vertex 按钮，选择 Vertex104，单击鼠标中键确认所选。单击 Point 按钮，选择 pnt.30，单击 Apply 按钮，完成 Vertex104 和 pnt.30 的关联。

以同样的方法，关联 Vertex128 和 pnt.32、Vertex105 和 pnt.35、Vertex129 和 pnt.34、Vertex164 和 pnt.25、Vertex158 和 pnt.27、Vertex165 和 pnt.36、Vertex159 和 wing.46。完成后的块如图 3-54 所示。

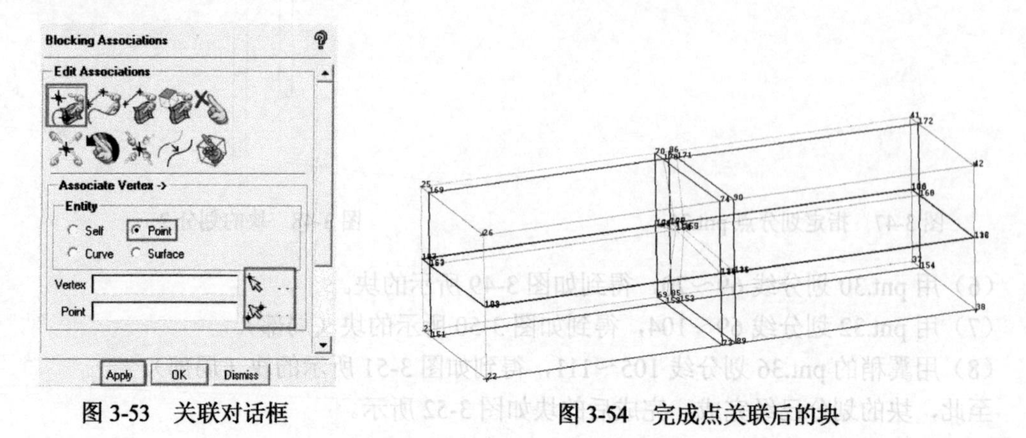

图 3-53　关联对话框　　图 3-54　完成点关联后的块

5. 调整点的分布

由于只是关联机翼表面的特征点，造成 Vertex 的分布不合理，因此需要调整 Vertex 的分布。单击 Blocking 工具栏中的按钮，打开 Move Vertices 面板，单击按钮，选中 Modify X 项，如图 3-55 所示。这样的操作将以选定参考点的 *X* 坐标为标准，把被移动点的 *X* 坐标调整为与参考点的 *X* 坐标相同。

单击 Ref.Vertex 框后面的按钮，然后选择参考 Vertex，此处选择 Vertex164。

单击 Vertices to Set 框后面的按钮，然后选择需要调整的 Vertex，此处选择 Vertex73、Vertex74、Vertex110、Vertex134、Vertex152、Vertex170，单击鼠标中键确认所选，单击 Apply 按钮完成调整。调整后的块如图 3-56 所示。

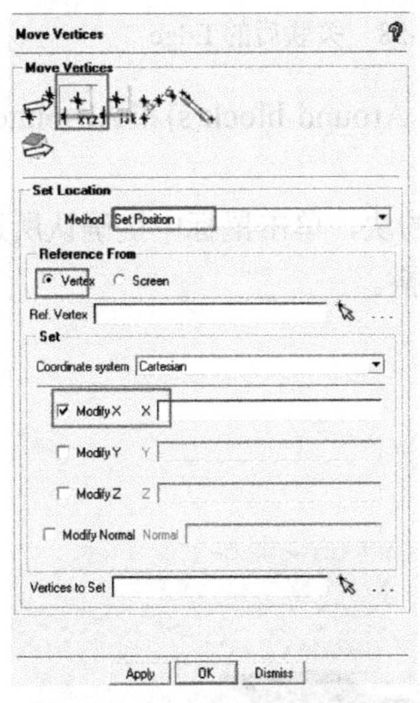

图 3-55 Move Vertices 面板

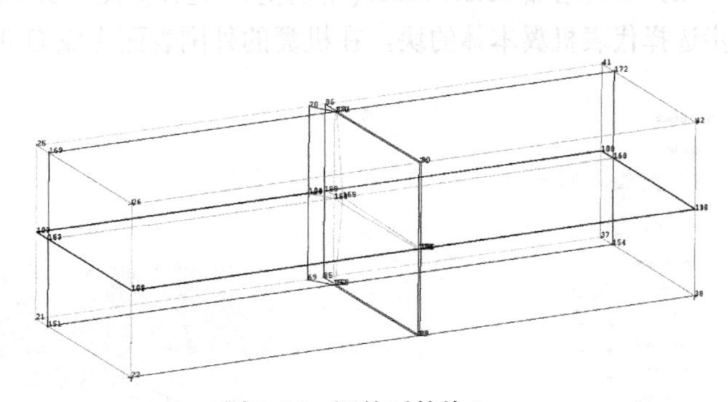

图 3-56 调整后的块 1

用同样的方法，以 Vertex165 为参考点，调整 Vertex89、Vertex90、Vertex111、Vertex135、Vertex153、Vertex171，得到最终调整的块，如图 3-57 所示。

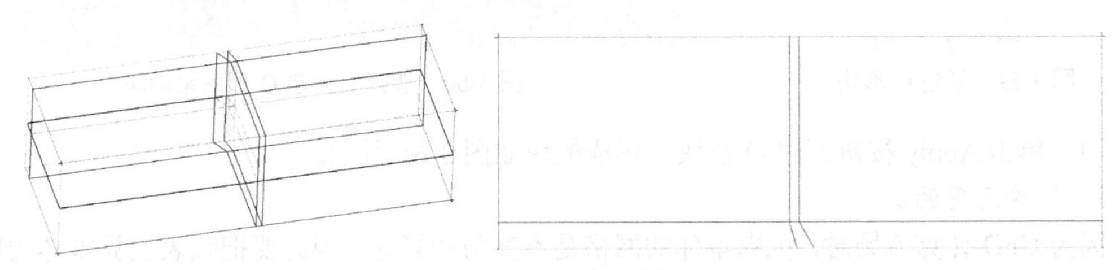

图 3-57 调整后的块 2

6. 建立机翼附近映射关系（边关联）

（1）打开 Curve 名和 Vertex 名。

（2）单击 Blocking 工具栏中的按钮，打开块调整面板，单击按钮，变成将 Edge 关联到 Curve。

（3）单击按钮，然后选择 Edge105-104-128-129（翼根处的 3 条 Edge 分别是 105-104、104-128、128-129）。

（4）单击按钮，然后选择曲线 F_78e77，单击鼠标中键确认所选，单击 Apply 按钮完成关联。

用同样的方法关联 Edge105-129 到曲线 box8.01e102、关联 Edge165-164-158-159 到曲线 F_142e33、关联 Edge165-159 到曲线 box8.01e100、关联 Edge165-105 到曲线 crv.23、关联 Edge159-129 到曲线 crv.25。

关联后的 Edge 都变成了绿色，如图 3-58 所示。

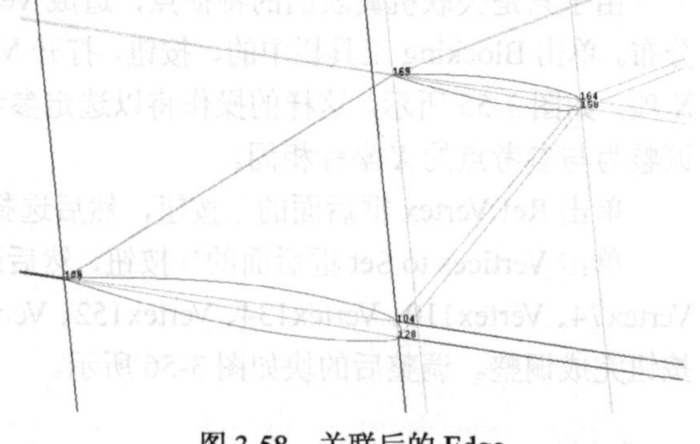

图 3-58　关联后的 Edge

7. 创建机翼外部的 O 形块

（1）选择 Blocking→Split Block→Ogrid Block，选中 Around block(s)和 Absolute，并将 Offset 设置为 30，如图 3-59 所示。

（2）单击增加 Select Block(s)图标，选择如图 3-60 所示的块，单击鼠标中键确认所选。此步选择代表机翼本体的块，在机翼的外围表面生成 O 形网格。

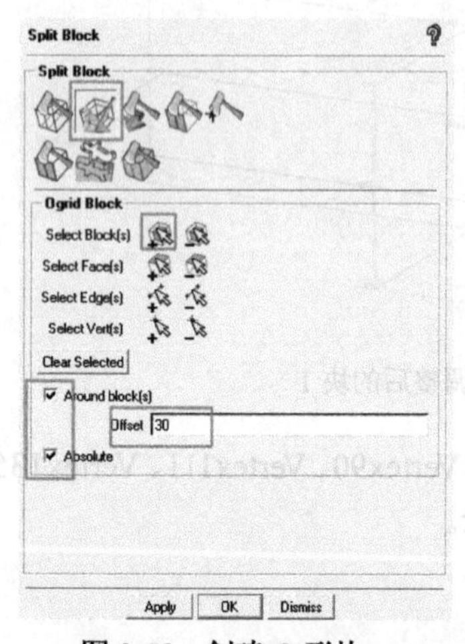

图 3-59　创建 O 形块

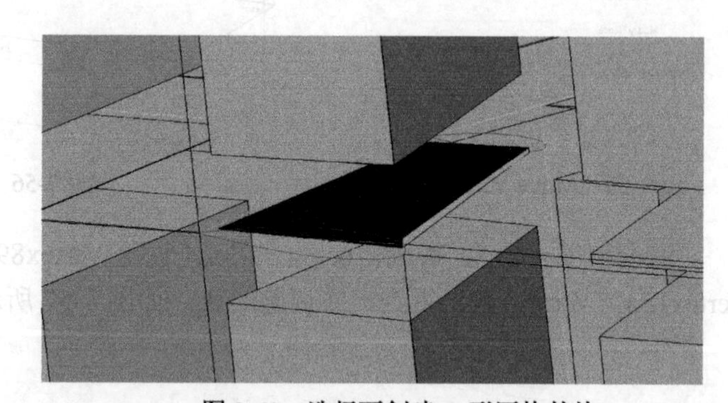

图 3-60　选择要创建 O 形网格的块

（3）单击 Apply 按钮创建 O 形块，形成的块如图 3-61 所示。

8. 删除无用的块

因为 CFD 计算流场时，机翼本体的网格是不参与计算的，因此要把代表机翼本体的块删除。选择 Blocking→Split Block→Delete Block，再选择代表机翼本体的块，单击鼠标中键确认所选，然后单击 Apply 按钮删除选中的块。

9. 定义网格节点分布

选择 Blocking→Pre-Parameters→Edge Params，选中 Copy Parameters，并在 Method 后选择 To All Parallel Edges。选择 Edge 后再选择需要设置的边，输入设置参数即可，如图 3-62 所示。

按表 3-16 设置各边的参数。

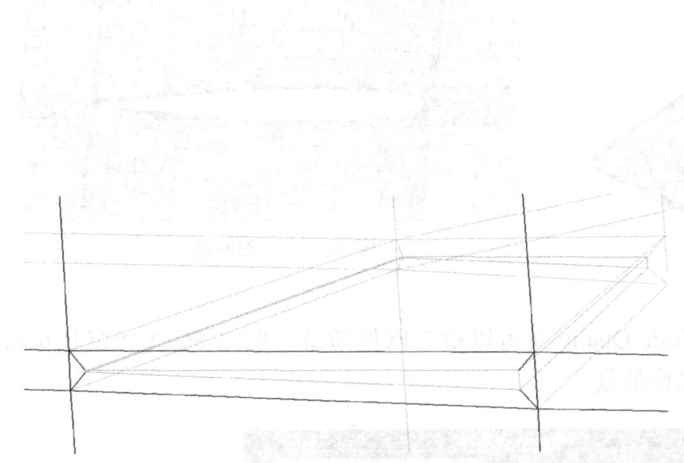

图 3-61　创建的 O 形块

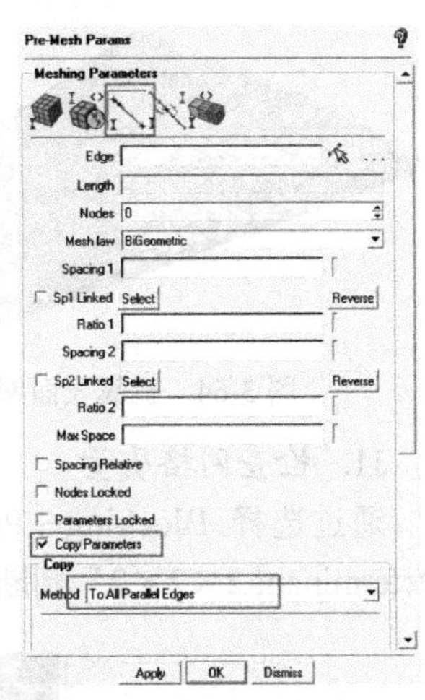

图 3-62　网格参数设置面板

表 3-16　　**各边网格划分参数**

Edge	Nodes	Mesh law	Spacing1	Ratio1	Spacing2	Ratio2
25-70	30	Exponential2	0	2	15	1.1
86-41	30	Exponential1	15	1.1	0	2
103-25	25	Exponential1	15	1.1	0	2
21-127	25	Exponential2	0	2	15	1.1
25-169	61	BiGeometric	0	2	0	2
169-26	30	Exponential1	15	1.1	0	2
180-182	16	BiGeometric	0	2	0	2
182-104	25	Exponential2	0	2	0.01	1.05
104-105	65	Biexponential	2	1.2	1	1.5

设置完成后，块的创建全部完成，此时最好保存块文件，执行 File→Blocking→Save Blocking As 命令，在弹出的对话框中输入文件名，将保存一个.blk 文件。

10. 生成网格

在模型树中选择 Model→Blocking→Pre-Mesh，即可完成网格的划分。完成后的计算域外部网格如图 3-63 所示。

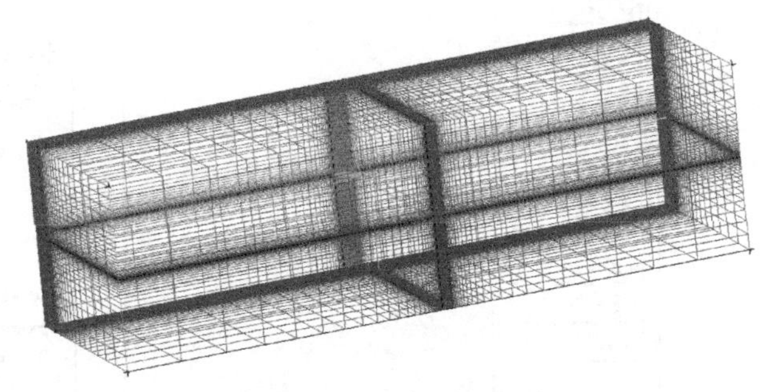

图 3-63　计算域外部网格

观察机翼表面，如图 3-64 所示。观察内部网格，如图 3-65 所示，可以看出网格质量较好。

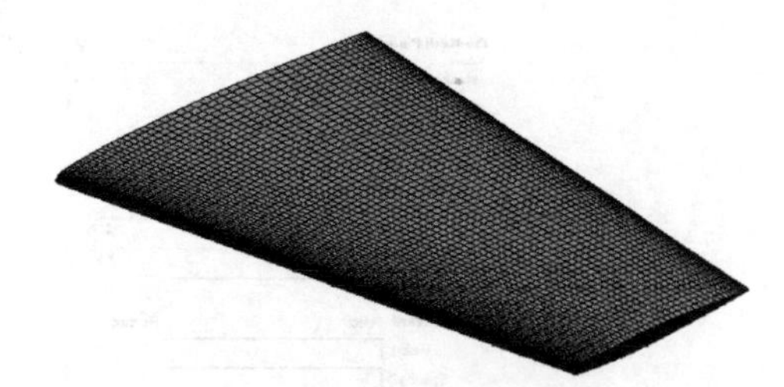

图 3-64　机翼表面网格

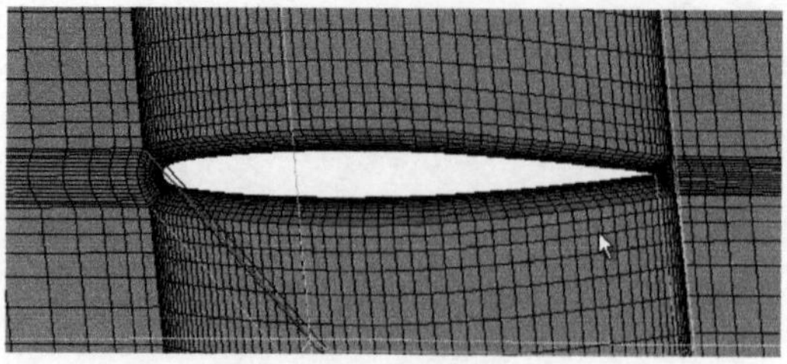

图 3-65　内部网格

11. 检查网格质量

通过选择 Blocking→Pre-Mesh Quality 可以检查网格质量。图 3-66 为以默认标准 “Determinant 2×2×2” 判断的网格质量。

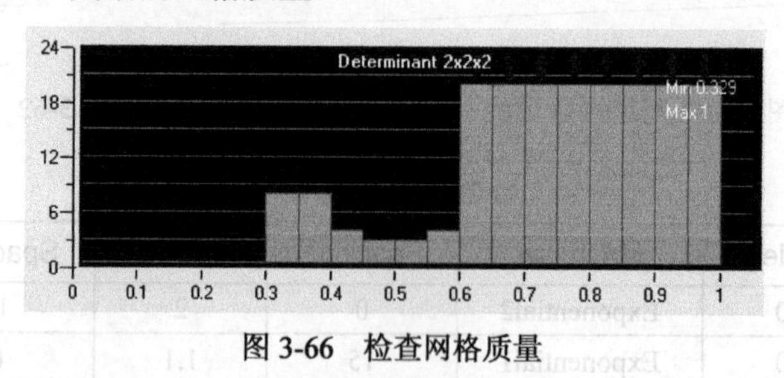

图 3-66　检查网格质量

12. 输出 msh 文件

接下来要将网格文件导出成为 ANSYS FLUENT 能够读入的 msh 文件。

（1）用鼠标右键单击模型树中的 Pre-Mesh，选择 Convert to Unstruct Mesh，将网格转换成非结构网格。

（2）选择 Output→Select Solver，在弹出的如图 3-67 所示的面板中选择 ANSYS FLUENT（对应的 ANSYS FLUENT 版本为 16.0）。

（3）选择 Boundary Condition，在弹出的如图 3-68 所示的面板中对边界条件进行设置。

（4）选择 Output→Write input，在出现的 Save Current Project First 面板中选择 No。在出现的选择文件对话框中选中相应的文件后，出现如图 3-69 所示的输出 msh 文件对话框，在这里进行相应的设置之后，单击 Done 按钮即可输出 msh 文件到指定路径，这样 FLUENT 软件就可以将这个文件导入了。

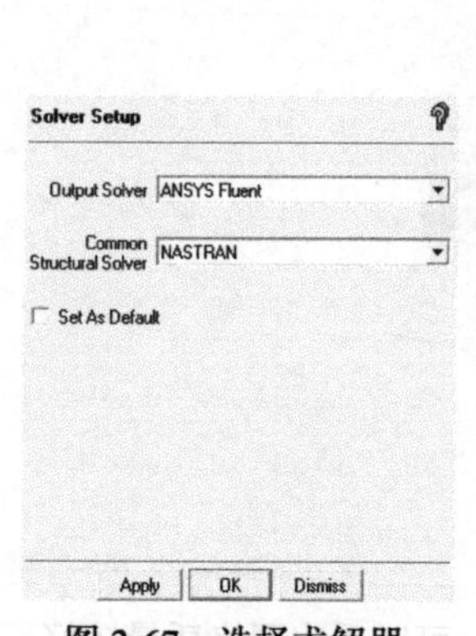

图 3-67　选择求解器

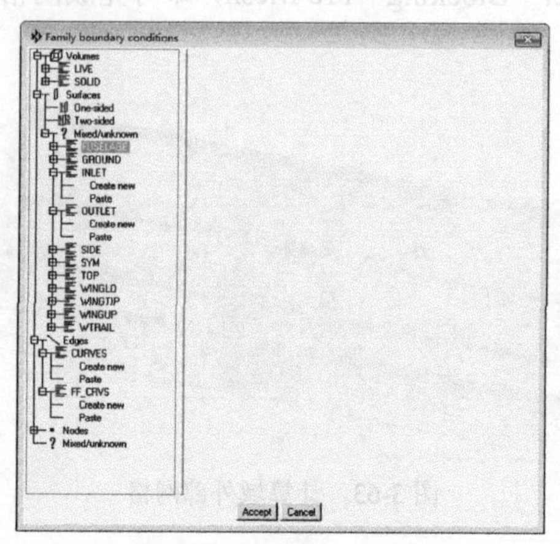

图 3-68　设置边界条件

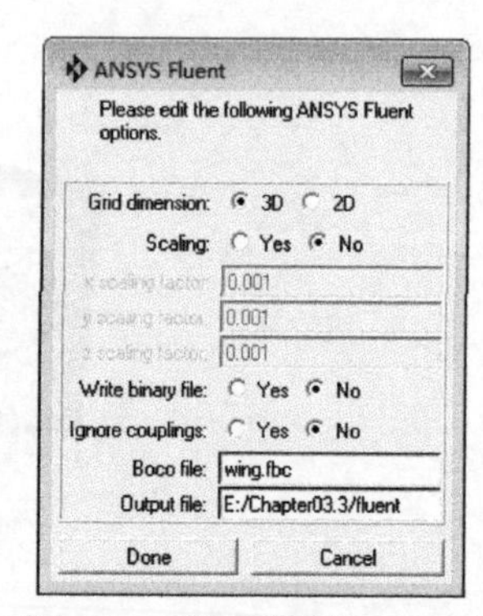

图 3-69　输出参数设置面板

3.4 本 章 小 结

本章首先简要介绍了几款比较著名的前处理软件，然后着重介绍了其中两款软件 Gambit 和 ANSYS ICEM CFD 的基本功能、操作界面和基本操作方法。针对这两款软件分别讲解了一个实例，通过实例的学习，读者应该能够用这两款软件进行一些简单的网格划分。

第4章　后处理方法

后处理的目的是有效地观察和分析流动计算结果，从而深刻理解所分析问题的物理本质，掌握流动规律。本章介绍对 FLUENT 结果文件进行后处理的 3 种途径：FLUENT 内置后处理、Workbench CFD-Post 通用后处理器及 Tecplot 后处理软件，详细介绍运用这些途径进行可视化图形处理、渲染以及图表、曲线和报告的生成方法。

学习目标：

- 学习 FLUENT 内置的后处理方法；
- 学习 Workbench CFD-Post 通用后处理器的使用方法；
- 学习使用 Tecplot 软件对 FLUENT 结果进行后处理的方法。

4.1　FLUENT 内置后处理方法

ANSYS FLUENT 16.0 软件具有强大的后处理功能，能够完成 CFD 计算所要求的功能，包括速度矢量图、云图、等值面图、流动轨迹图，并具有积分功能，可以求得力、力矩及其对应的力和力矩系数、流量等。该软件对于用户关心的参数和计算中的误差可以随时进行动态跟踪显示。对于非定常计算，FLUENT 提供非常强大的动画制作功能，在迭代过程中将所模拟非定常现象的整个过程记录成动画文件，供后续进行分析演示。

FLUENT 内置的后处理功能主要体现在以下几个方面。

- 创建面（Surface）。
- 显示及着色处理（Graphics and Animations）。
- 绘图功能（Plots）。
- 通量报告和积分计算（Reports）。

FLUENT 内置的后处理功能可以在如图 4-1 所示的菜单中实现。

在新版本的 FLUENT 中，还能通过项目树中激活的 Graphics and Animations 面板、Plots 面板和 Reports 面板来实现后处理功能，如图 4-2 所示。

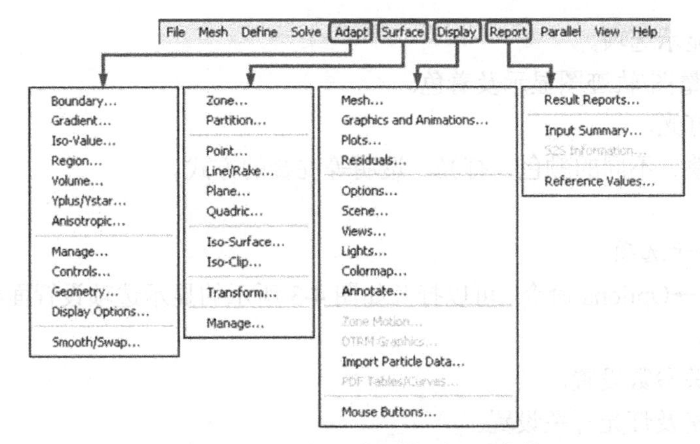

图 4-1 FLUENT 内置的后处理菜单

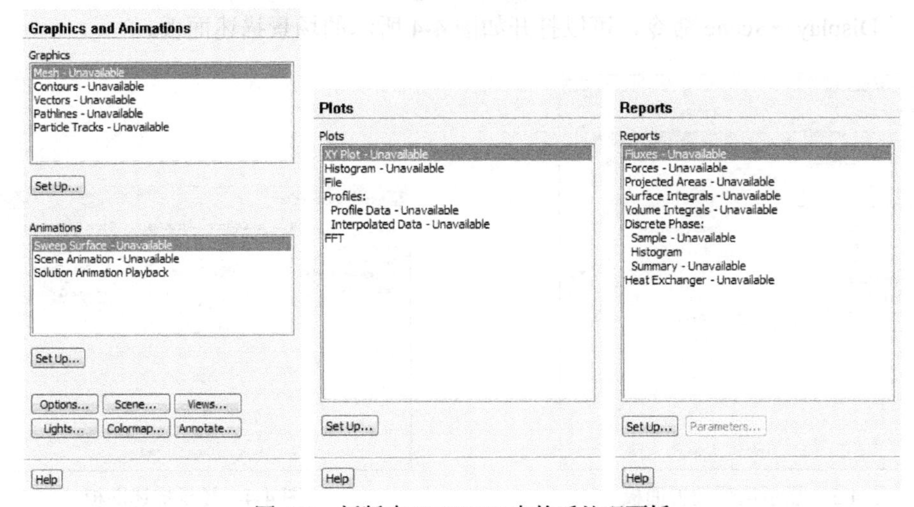

图 4-2 新版本 FLUENT 中的后处理面板

4.1.1 创建面

后处理函数一般在面上操作，FLUENT 可以自动产生面，也可以由用户产生。可以在 FLUENT 中选择域的一部分生成面，用来可视化流场；同时可以重命名、删除或移动面，写出面上的变量到文件。

FLUENT 中创建面的方法主要包括以下几种。

- Zone Surfaces（求解器自动从域中创建）。
- Plane Surfaces（指定域中一个特定的平面）。
- Iso-Surfaces（对指定变量有固定值的面）。
- Clipping Surfaces（特定角度内的等值面）。
- Point Surfaces（域中一个特定的位置）。
- Line and Rake Surfaces（用于显示颗粒迹线）。

4.1.2 显示及着色处理

FLUENT 中能实现多种显示和着色功能，具体如下。

- 视图和显示选项。
- 云图/矢量图/轨迹图显示及着色。
- 在面上打光。
- 使用重叠、不同的颜色、打光、透明等混合的方式。
- 动画。

1. 视图和显示选项

执行 Display→Options 命令，可以打开如图 4-3 所示的显示选项设置面板。在面板中可以进行以下设置。

- 渲染相关参数设置。
- 窗口风格及灯光开关设置。
- 窗口元素选择，包括标题、坐标轴、Logo、Colormap 等。

执行 Display→Scene 命令，可以打开如图 4-4 所示的场景描述面板。

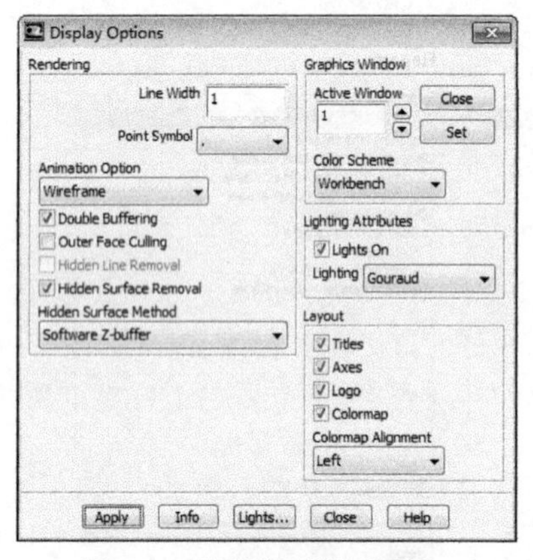

图 4-3　显示选项设置面板

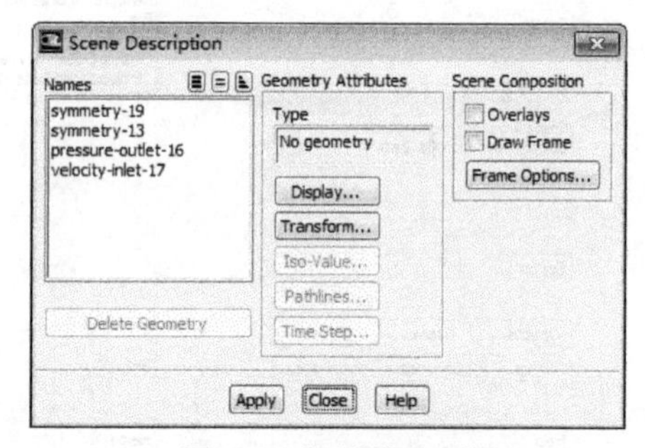

图 4-4　场景描述面板

单击场景描述面板中的 Display 按钮，可以打开如图 4-5 所示的显示特性设置面板，在该面板中可以对显示面进行色彩配置、透明设置等操作。

单击场景描述面板中的 Transform 按钮，可以打开如图 4-6 所示的平移设置面板，在该面板中可以设置参数，对显示的面进行平移、旋转和缩放操作。

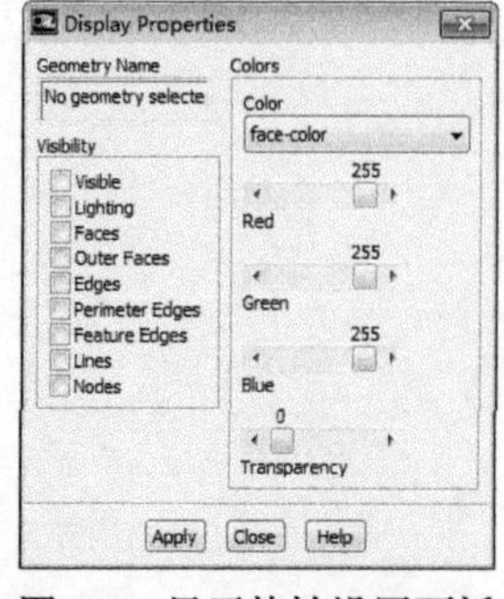

图 4-5　显示特性设置面板

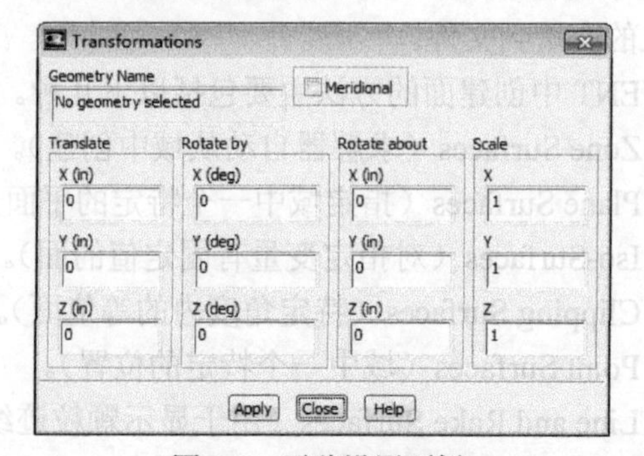

图 4-6　平移设置面板

执行 Display→Views 命令，可以打开如图 4-7 所示的视图控制面板，在该面板中可以控制显示视图、选择镜像面等，还可以根据需要命名并保存视图。

执行 Display→Lights 命令，可以打开如图 4-8 所示的光线设置面板，对光线进行设置。

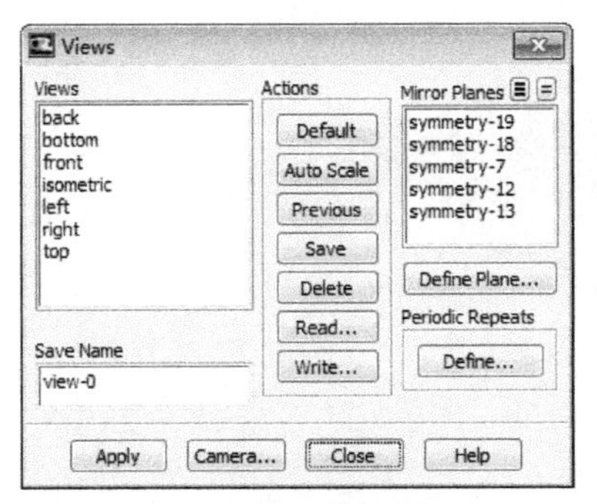

图 4-7 视图控制面板

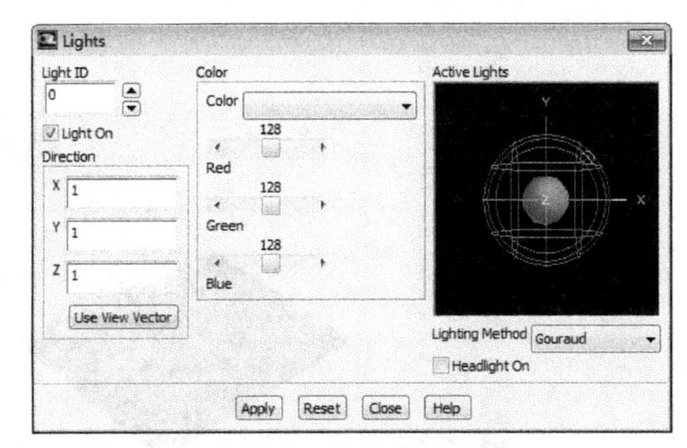

图 4-8 光线设置面板

2. 云图显示及着色

在 FLUENT 中，可以绘制等压线、等温线等。等值线由某个选定变量（压力或温度）为相等值的线所组成。而轮廓则是将等压（温）线沿一个参考矢量，并按照一定比例投影到某个面上形成的。

生成等值线的一般步骤如下。

（1）在 Graphics and Animations 面板中双击 Contours，打开 Contours 面板，如图 4-9 所示。

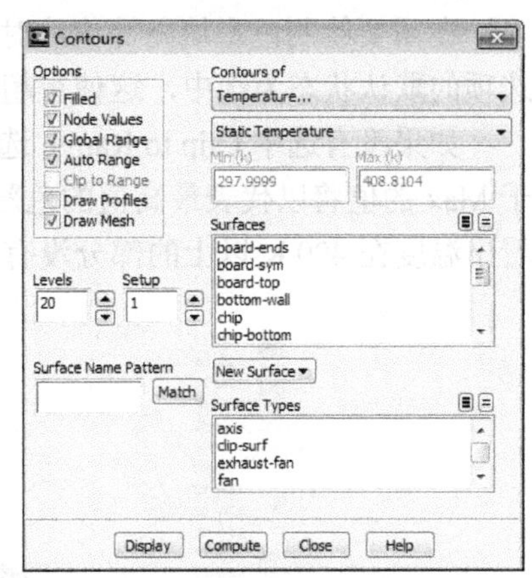

图 4-9 Contours 面板

（2）在 Contours of 下拉列表框中选择一个变量或函数作为绘制的对象。首先在上面的列表中选择所要显示对象的种类，然后在下面的列表中选择相关变量。

（3）在 Surfaces 列表中选择需要绘制等值线或轮廓的平面。对于二维情况，如果没有选取任何面，则会在整个求解对象上绘制等值线或轮廓。对于三维情况，则至少需要选择一个表面。

（4）在 Levels 编辑框中指定轮廓或等值线的数目，可以输入 1～100 的整数。

（5）设置 Contours 面板中的其他选项。包括颜色填充的等值线/轮廓线、指定待绘制等值线轮廓变量的范围、在等值线轮廓中显示部分网格、选择节点或单元的值进行显示和存储等值线轮廓相关设置等。色彩填充等值线或轮廓图是用连续色彩显示等值线或轮廓图形的，而不是仅仅使用线条来代表指定的值。可以在生成等值线和轮廓时选中 Contours 面板中的 Filled 选项来绘制一个色彩填充的等值线或轮廓图，如图 4-10 所示。

默认情况下，等值线或轮廓的变化范围通常被设置在求解对象结果的变化范围内。这意味着在求解对象内的色彩变化将以最小值（Min 区域的值）开始，以最大值（Max 区域的值）结束。

如果绘制的等值线或轮廓只是求解对象的一个子集（即一小段值的变化范围），绘制结果就可能只覆盖色彩变化的一部分。例如，假设用蓝色代表 0，用红色代表 100，而所关心的值位于 50～75，则所关心的值就会是同一种颜色的等值线。这样，当所需要的值在一个小范围内时，就需要设置显示的范围。

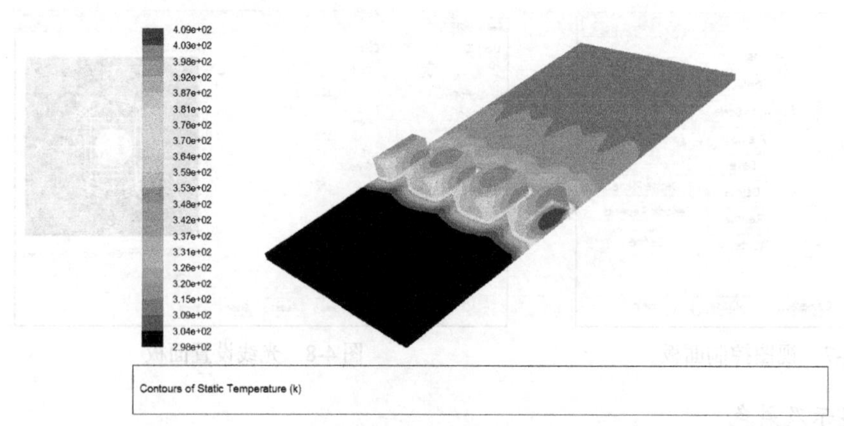

图 4-10　色彩填充的压力云图

此外，当需要了解哪些地方的应力超过了指定的值，只需要显示超过这个值的部分即可，其余部分不需要显示。如果想设置等值线的显示范围，首先选中 Contours 面板中的 Auto Range 选项，这样 Min 和 Max 文本框中就可以显示相应的值。在显示默认范围时，单击 Compute 按钮将更新 Min 和 Max 的值。

在需要绘制色彩填充等值线时，可以控制超过显示范围的值是否显示。Clip to Range 选项的默认状态为选中，这使得超出显示范围的值不被显示。

如果没有选中 Clip to Range 选项，低于 Min 的值将会以代表最低值的色彩显示，而高于 Max 的值将以代表最高值的色彩显示。图 4-11 为改变 Min 和 Max 后显示的云图，可以看出温度在 400 K 以上的部分没有显示。

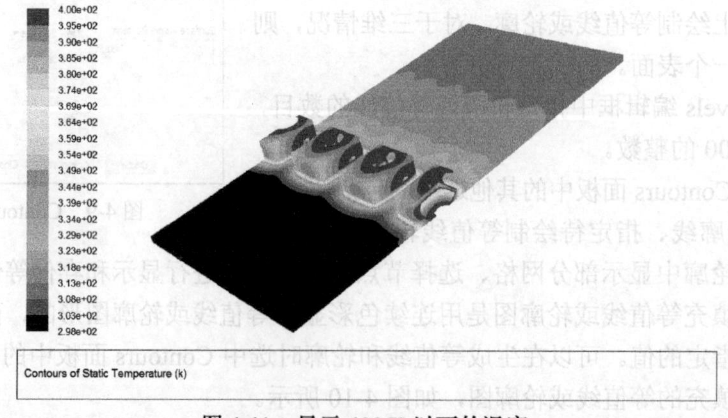

图 4-11　显示 400 K 以下的温度

对于一些问题，尤其是三维几何体，用户很可能希望在等值线中包含部分网格作为空间参考点，可能还希望在等值线中显示入口和出口的位置。选中 Draw Mesh 选项，可以在出现的 Mesh Display 对话框中设置网格显示参数。单击 Contours 面板中的 Display 按钮，在等值线中会显示出在 Mesh Display 对话框中定义的网格，如图 4-12 所示。

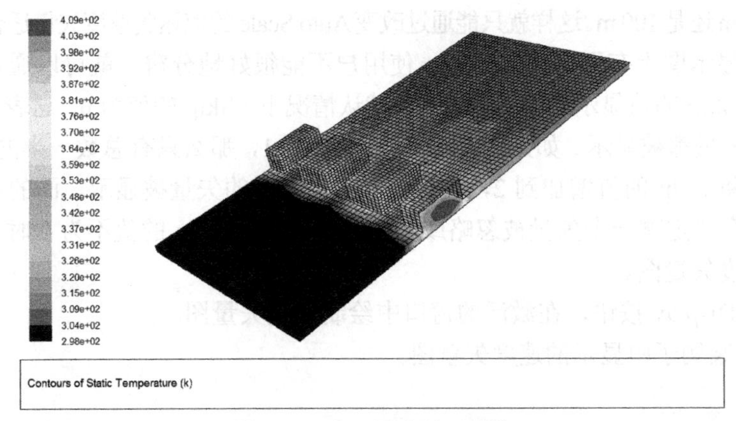

图 4-12 在云图中显示网格

（6）单击 Display 按钮，在激活的图形窗口中绘制指定的等值线和轮廓。

3. 矢量图显示及着色

在 FLUENT 中可以绘制速度矢量图。默认情况下，速度矢量被绘制在每个单元的中心（或在每个选中表面的中心），用长度和箭头的颜色代表其梯度。通过几个矢量绘制设置参数，可以修改箭头的间隔、尺寸和颜色。

在 FLUENT 中显示速度矢量的步骤如下。

（1）在 Graphics and Animations 面板中双击 Vectors，出现如图 4-13 所示的 Vectors（速度矢量）面板。

（2）在 Surfaces 列表中，选择希望绘制其速度矢量图的表面。

（3）设置 Vectors 面板中的其他选项，包括需要用矢量表示的物理量、着色的依据、显示范围、箭头大小、箭头类型和显示密度等。

如果想用某矢量场来对要显示的矢量场进行渲染，可以通过在 Color by 下拉列表中选择一个不同的变量或函数来实现。首先选择所希望的分类，然后从下面的列表框中选择相关量。如果选择了静态压力，速度矢量将仍和速度梯度有关，但是速度矢量的颜色将和每一点的压力有关。

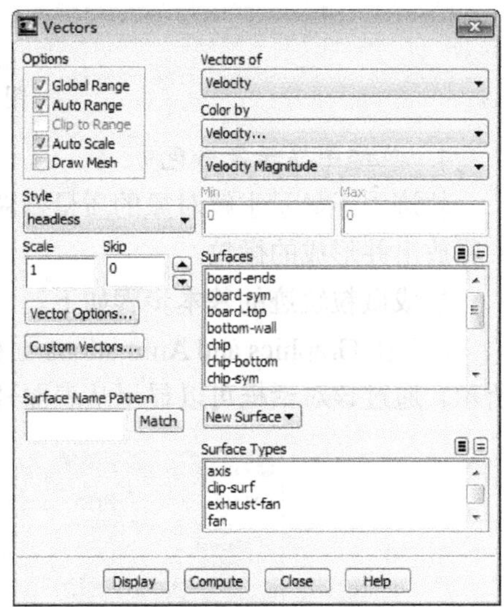

图 4-13 Vectors 面板

如果希望所有的矢量都以相同的颜色显示，可单击 Vectors 面板中的 Vector Options 按钮，打开矢量选项对话框中的 Color 下拉列表框，指定所使用的颜色。如果没有选择任何颜色（空格为默认选项），矢量的颜色将由速度矢量对话框中的值为 Field 的 Color by 的选项决定。单色矢量显示通常在等值线和速度矢量叠加图中很有用。

在默认情况下，速度矢量会自动缩放，这样会使在没有任何矢量被忽略时重叠的矢量箭头最少。选中 Auto Scale 选项，可以通过修改比例系数（默认情况为 1）增加或减少默认值。

或选中 Auto Scale 选项，速度矢量将会按照实际的尺寸和比例系数（默认为 1）进行绘制。一个矢量的尺寸表示该点的速度梯度。一个速度梯度为 10 的点矢量将被绘制成 100 m 长，不管求解对象是0.1 m还是100 m。这样就只能通过改变Auto Scale的值达到速度矢量适合显示的目的。

如果矢量显示图上有了太多的箭头，使用户不能很好地分辨，就可以通过设置速度矢量对话框中的Skip的值显示较少的矢量数。默认情况下，Skip的值为0，这表示每个求解对象或平面上的矢量都被显示。如果将Skip的值增大到1，那么只有总数一半的矢量被显示。

如果继续将Skip的值增加到2，就只会有总数1/3的矢量被显示。面的选择（或求解对象单元）将会决定哪一个矢量被忽略或被绘制，因此当Skip的值不为0时，调整选择顺序将会改变速度矢量图。

（4）单击Display按钮，在激活的窗口中绘制速度矢量图。

图4-14为某例子中显示的速度矢量图。

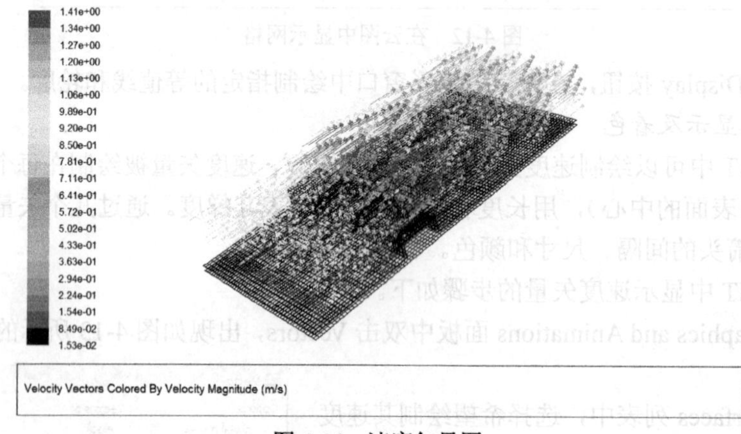

图4-14　速度矢量图

4. 轨迹图显示及着色

轨迹用于显示求解对象的质量微粒流。粒子是在Surface菜单中定义的一个或多个表面中释放出并形成的微粒。

生成微粒轨迹的基本步骤如下。

（1）在Graphics and Animations面板中双击Pathlines，打开Pathlines对话框，如图4-15所示。通过该对话框可以显示从表面开始的微粒轨迹图。

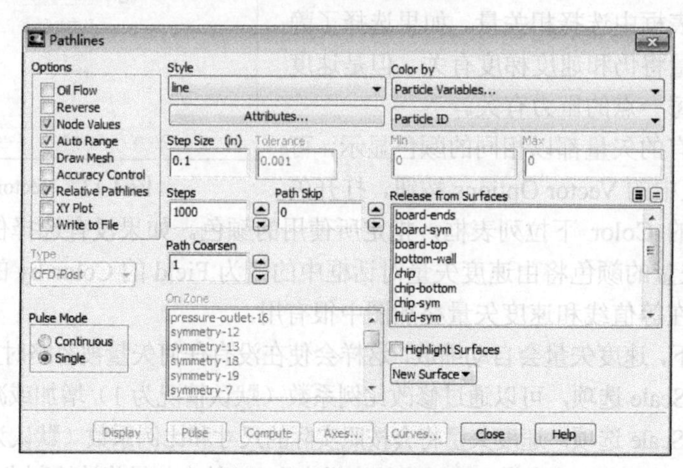

图4-15　Pathlines对话框

（2）在 Release from Surfaces 列表中选择相关平面。

（3）设置 Step Size 和 Steps 的最大数目。Step Size 设置长度间隔用来计算下一个微粒的位置。当一个微粒进入或离开一个表面时，其位置通常由计算得到，即便指定了一个很大的 Step Size，微粒在每个单元入口或出口的位置仍然可以被计算并显示。

Steps 用于设置一个微粒能够前进的最大步数。当一个微粒离开求解对象，并且其飞行的步数超过该值时，将停止。

如果希望微粒能够前进的距离超过一个长度大于 L 的距离时，应该使 Step Size 和 Steps 的乘积近似等于 L。

（4）其他选项在前面均有涉及，这里不再介绍。读者可以根据需要设置 Pathlines 对话框中的其他参数。

（5）单击 Display 按钮绘制轨迹线。单击 Pulse 按钮显示微粒位置的动画。在动画显示中 Pulse 按钮将变成 Stop 按钮，在动画运动过程中可以通过单击该按钮来停止动画的运行。

图 4-16 为某例子中生成的轨迹线，着色依据为静压强。

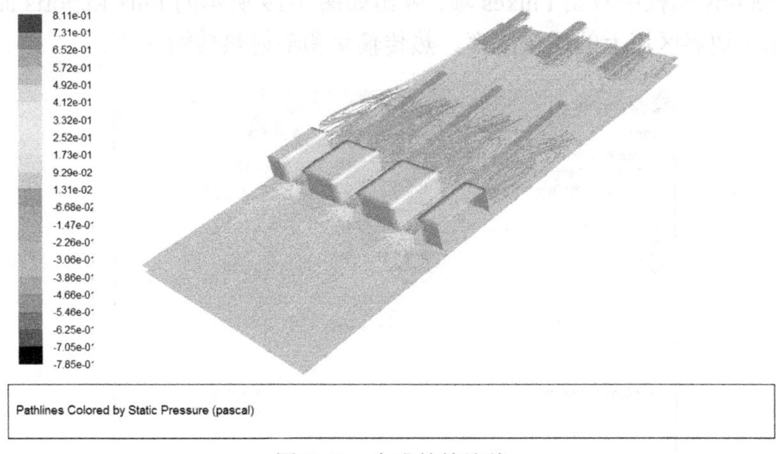

图 4-16 生成的轨迹线

4.1.3 曲线绘制功能

FLUENT 提供以下绘制结果数据的工具。

- 求解结果的 XY 图。
- 显示脉动频率的历史图。
- 快速傅里叶变换（FFT）。
- 残差图。

可以修改曲线的颜色、标题、图标、轴和曲线属性，其他数据文件（试验、计算）也可以读入以便比较。在如图 4-17 所示的绘制 XY 曲线的设置面板中，可以选择 X 轴或 Y 轴代表的位置量，并指定另外一个轴代表的物理量。在图 4-18 所示的曲线图例中，X 轴代表位置量，Y 轴为静温。

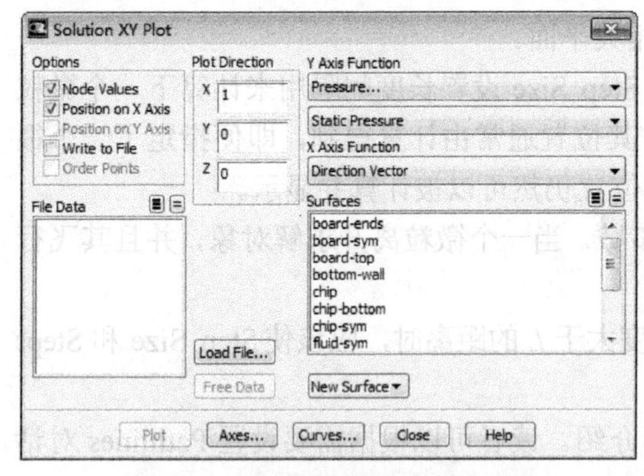

图 4-17　绘制 *XY* 曲线的设置面板

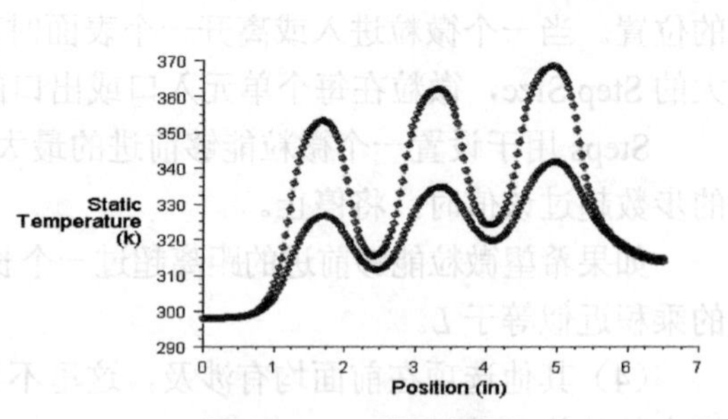

图 4-18　*XY* 曲线图例

4.1.4　通量报告和积分计算

1. 报告流量

流量文字报告产生的步骤如下。

（1）在 Reports 面板中双击 Fluxes 项，弹出如图 4-19 所示的 Flux Reports 面板，Results 列表框中显示了边界区域上的质量流率、热传输率和辐射热传输率等。

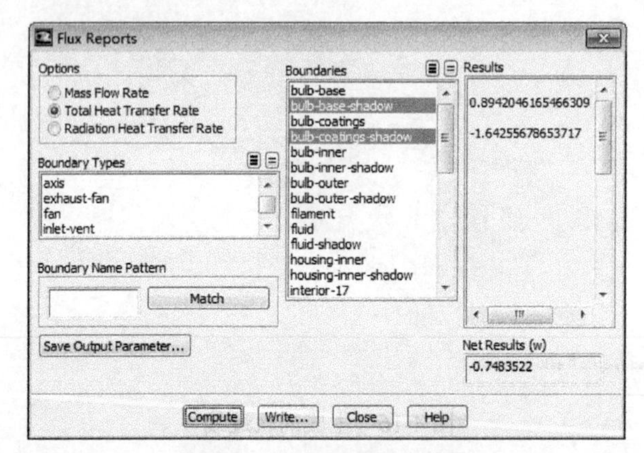

图 4-19　Flux Reports 面板

（2）从 Options 列表框中选中 Mass Flow Rate、Total Heat Transfer Rate 或者 Radiation Heat Transfer Rate 选择所要计算的流量。

（3）从 Boundaries 列表中选择想获得流量数据的边界区域。

（4）单击 Compute 按钮。

Results 列表框将显示已选择的每一个边界区域的选定流量计算结果，并在 Results 列表框下面的文本框中显示单个区域流量的总和结果。

2. 报告作用力

FLUENT 可以计算和报告沿着一个指定矢量方向的作用力以及关于选择区域的一个指定中心位置的力矩。这个特性可以被用于报告像升力、阻力及一个机翼需要计算的空气动力学系数等。

作用力文字报告产生的步骤如下。

（1）在 Reports 面板中双击 Forces 项，打开 Force Reports 面板，如图 4-20 所示。从中获得指定区域内沿着一个说明的矢量方向的作用力或关于一个指定中心位置的力矩的报告。

（2）在 Options 列表框中选择 Forces（力）、Moments（力矩）及 Center of Pressure（压力中心）来得到想要的报告。

（3）如果用户选择的是一个作用力（Force）报告，则需要在 Direction Vector 中输入 *X*、*Y* 和 *Z* 的值来指定所需要计算力的方向。如果选择的是一个力矩（Moments）报告，则需要在 Moment Center 中输入 *X*、*Y* 和 *Z* 坐标值来指定力矩中心。

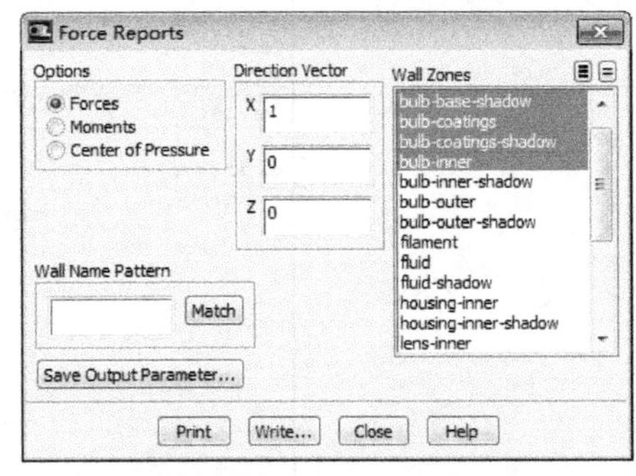

图 4-20 Force Reports 面板

（4）在 Wall Zones 列表中选择想要得到作用力和力矩信息报告的区域。在这里同样也可以用类似于显示流量的方法通过 Match 来快速选择所需要的墙区域。

（5）单击 Print 按钮，在 FLUENT 控制窗口中将显示已选择的墙沿着指定的作用力矢量方向或指定力矩中心的压力、黏度和总作用力或力矩，以及压力系数、黏度系数、总作用力或力矩系数。

3. 积分计算

（1）表面积分的计算。

在 FLUENT 中可以计算一个主体中选择面上选定的场变量，其中包括面积或质量流率、面积加权平均、质量加权平均、面平均、面最大值、面最小值、顶点平均、顶点最小值、顶点最大值等。

面是 FLUENT 软件在与用户使用的模型相关的每一个区域中创建的数据点，或者是用户定义的数据。

由于面可以被放置在主体的任意位置，而且每一个数据点处的变量值都是由节点值线性向内插值得到。对于一些变量，它们的节点值由求解器计算得到，然而另外一些变量，仅仅网格中心处的值被计算，节点处的值通过平均网格处的值得到。

为了获得所选表面的面积、质量流率、积分、流动速率、求和、面最大值、面最小值、顶点最大值、顶点最小值或质量、面积、面、顶点平均等指定变量的值，可通过 Surface Integrals 面板来生成报告。

在 Reports 面板中双击 Surface Integrals，打开如图 4-21 所示的 Surface Integrals 面板。

在 Report Type 下拉列表中选择 Area、Area-Weighted Average、Flow Rate、Mass Flow Rate 等来选择所需的报告类型。

在 Field Variable 下拉列表中选择在表面积分中使用的场变量。首先在上面的下拉列表中选择希望得到的变量值所属的类型，然后在下面的下拉列表中选择相关的变量。如果需要生成的是面积或质量流率报告，则省去这一步。

在 Surfaces 列表框中选择需要表面积分的面。与前面一样，可以利用 Surface Types 和 Match 来快速选择所需要的面。

单击 Compute 按钮，根据选择的不同，结果的标签会有相应的调整，图 4-21 所示显示的是 Mass Flow Rate。

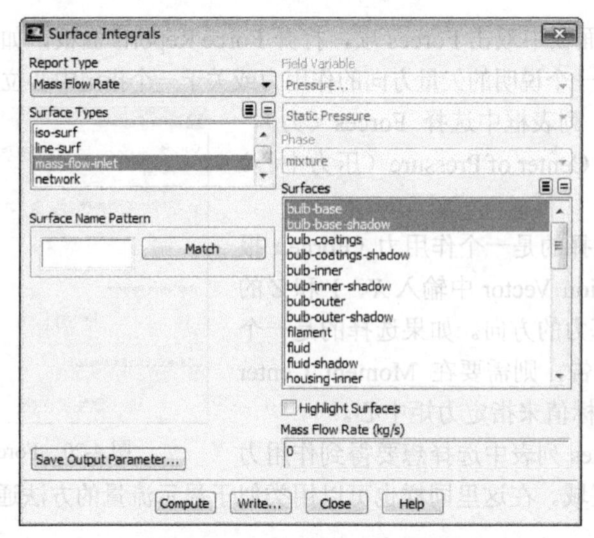

图 4-21　Surface Integrals 面板

（2）体积分的计算。

按照计算表面积分的方法可以计算体积分，获得指定网格区域的体积或者指定变量的体积积分、体积加权平均、质量加权积分或质量加权平均等。在 Reports 面板中双击 Volume Integrals 项，可以打开如图 4-22 所示的 Volume Integrals 面板。

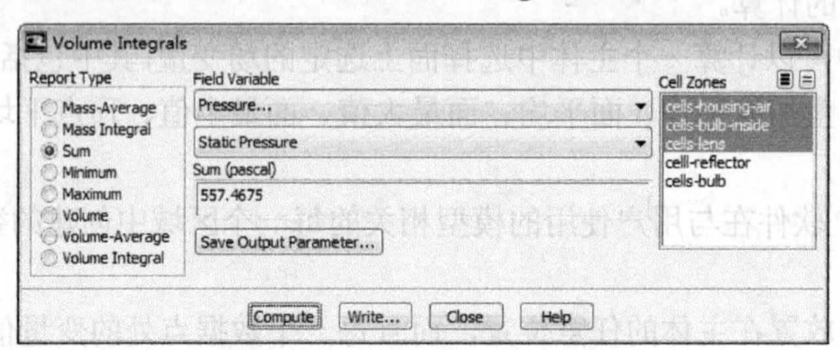

图 4-22　Volume Integrals 面板

① 在 Report Type 列表框中选择想要计算的类型，有体积、总和、最大值、最小值和体积积分等。

② 在 Field Variable 下拉列表中选择需要的积分类型，有压力、密度和速度等。先在上面的下拉列表中选择需要的种类，然后从下面的列表中选择相关的量。如果想要生成体积报告，则省去这一步。

③ 在 Cell Zones 列表框中选择需要计算的区域。

④ 单击 Compute 按钮，根据用户选择的不同，结果的标签将调整为相应的量，并在下面显示计算值。

4.2　Workbench CFD-Post 通用后处理器

ANSYS CFD-Post 是 ANSYS CFD 产品的新一代后处理工具，可以单独运行或在 Workbench 下运行。本节将简要介绍 CFD-Post 的用法。CFD-Post 后处理的一般流程如下。

（1）创建位置：数据会在这个位置抽取出来，各种图形也在这个位置产生。

（2）创建变量/表达式（根据需要）。

（3）在位置上生成定量的数据。

（4）在位置上生成定性的数据。

（5）生成报告。

4.2.1 启动 CFD-Post

启动 CFD-Post 有两种方法，一种是在 ANSYS Workbench 下启动，另一种是从开始菜单或命令行启动。

在 ANSYS Workbench 下启动时，在工具箱中，拖动 CFD-Post 到 FLUENT 项目上，或者创建一个单独的 CFD-Post 项目，如图 4-23 所示。

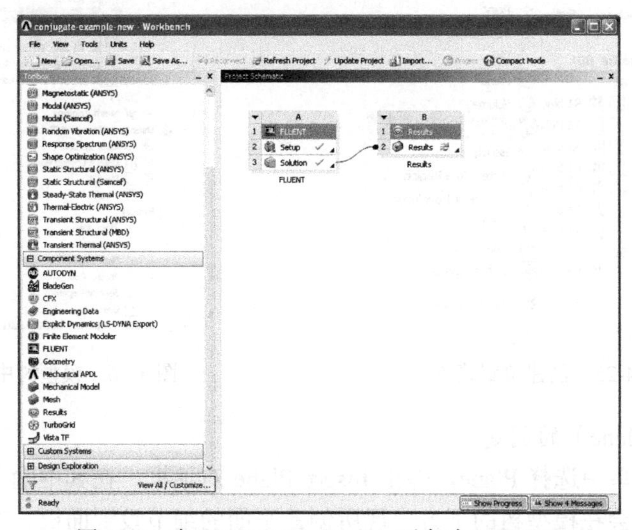

图 4-23 在 ANSYS Workbench 下启动 CFD-Post

从开始菜单或命令行启动时，选择 Start→Programs→ANSYS 16.0→ANSYS CFD-Post。ANSYS CFD-Post 的主界面如图 4-24 所示。

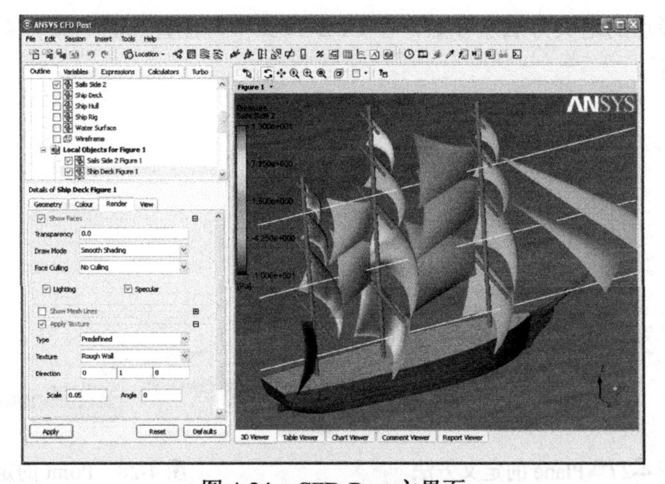

图 4-24 CFD-Post 主界面

4.2.2　创建位置

可以通过 Insert 菜单或工具栏创建位置，创建好的位置显示在 Outline 树中，如图 4-25 所示。在模型树中双击位置对象可以对其进行编辑，用鼠标右键单击对象可以复制或删除对象。

域、子域、边界和网格区域都属于位置，边界和网格区域可以编辑、用变量着色，网格区域从网格中提供所有内部或外部的二维/三维区域，用户创建的位置都罗列在 User Locations and Plots 菜单下，如图 4-26 所示。

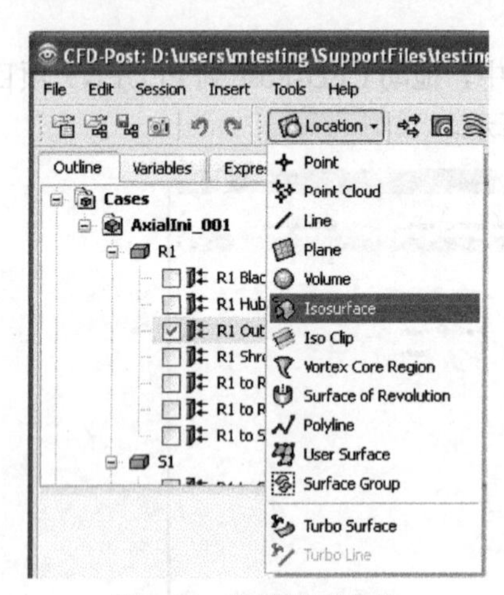

图 4-25　创建位置菜单

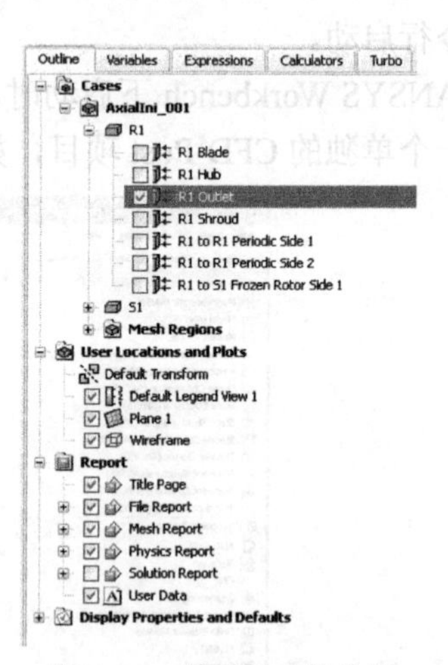

图 4-26　模型树中的位置

1. 位置面（Plane）的创建

在 Location 菜单中选择 Plane，弹出 Insert Plane 对话框，在其中输入创建面的名称。单击 OK 按钮后，会在模型树的下方出现所创建平面的细节设置面板。在细节设置面板中选择面的定义方法及参数，在 CFD-Post 中，位置面的定义有 5 种，如图 4-27 所示。

2. 位置点（Point）的创建

在 Location 菜单中选择 Point，弹出 Insert Point 对话框，在其中输入创建点的名称。在细节设置面板中选择点的定义方法及参数，在 CFD-Post 中，位置点的定义有 4 种，如图 4-28 所示。它们分别如下。

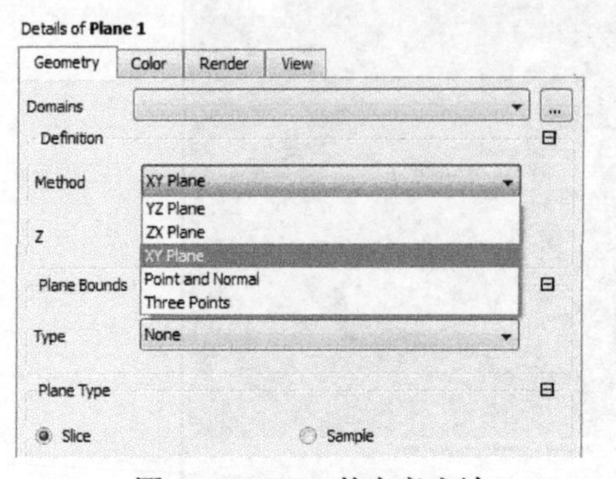

图 4-27　Plane 的定义方法

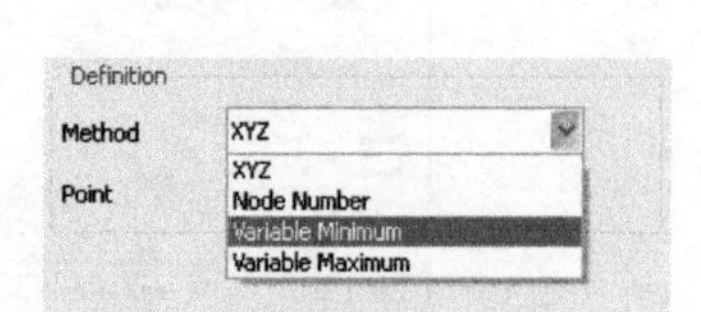

图 4-28　Point 的定义方法

- XYZ：坐标系创建或通过鼠标拾取。
- 节点数（Node Number）：一些求解器错误产生的节点数信息。
- 最大/最小变量：变量最大或最小值出现的点。

除了能创建单个的位置点外，还能创建点云（Point Cloud），即创建多个点。点云的定义方法如图 4-29 所示。

3. 直线（Line）的创建

直线用两点来定义，如图 4-30 所示。直线经常用于制作 *XY* 图表。

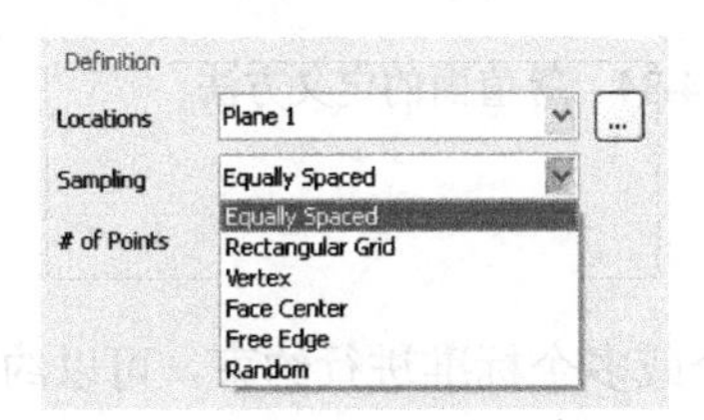

图 4-29　点云的定义方法

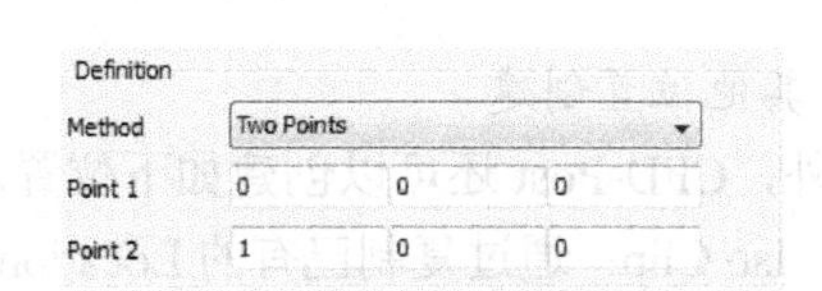

图 4-30　Line 的定义

4. 多段线（Polyline）的创建

多段线有 3 种定义方法：从文件中读入点、采用边界相交线和采用从云图中抽取的线，如图 4-31 所示。

采用边界相交线和从云图中抽取的线的区别如图 4-32 所示。

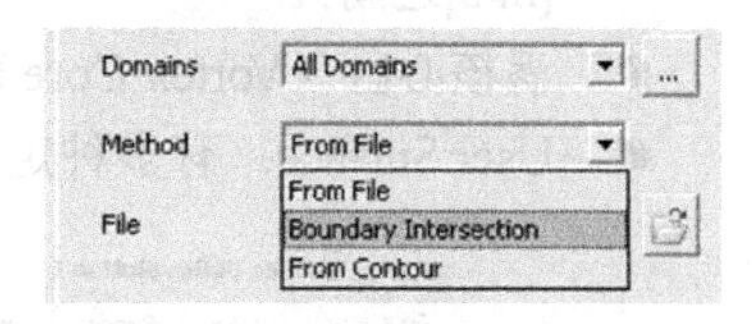

图 4-31　多段线的定义方法

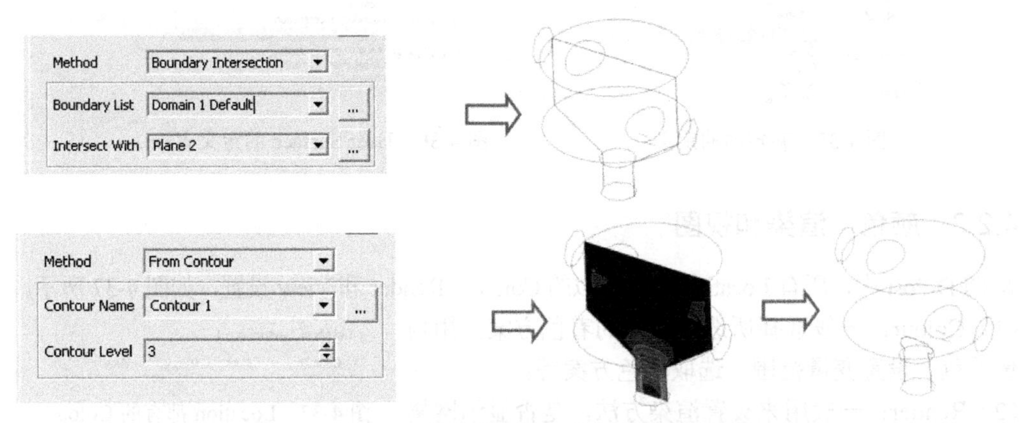

图 4-32　边界相交线和从云图中抽取的线

5. 体（Volume）的创建

可以以所选择的面构建成体，也可以基于变量值构建等值体，如图 4-33 所示。

6. 等值面的创建

等值面即指定变量相等的面，因此只需指定变量及其值，如图 4-34 所示。

7. 旋转面的创建

旋转面包括柱面（Cylinder）、锥面（Cone）、盘面（Disc）和球面（Sphere），通常是任何线（已存在的线、多段线、流线、粒子轨迹）绕某轴旋转形成面，如图 4-35 所示。

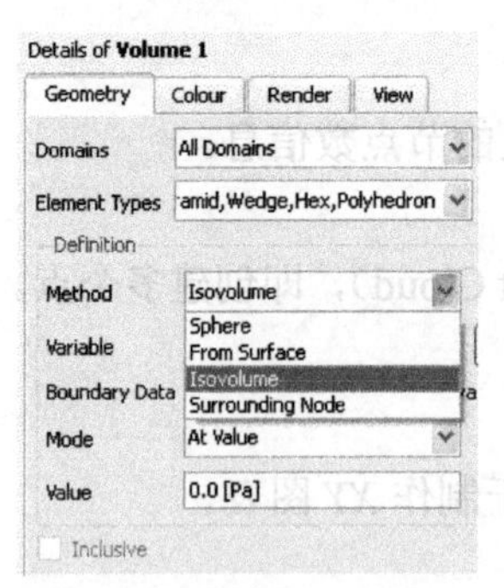

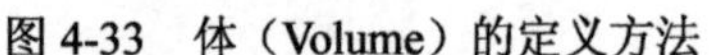

图 4-33　体（Volume）的定义方法

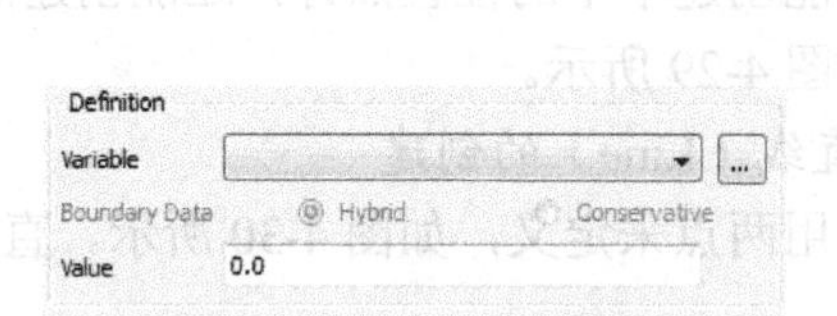

图 4-34　等值面的定义方法

8. 其他位置创建

此外，CFD-Post 还可以创建如下位置。

- Iso Clip：通过复制已有的 Location，并对一个或多个标准进行约束，可以约束任何变量，包括几何变量（例如，对出口边界条件将速度值界定在>= 10 [m/s]和<= 20 [m/s]之间）。
- 涡核心区（Vortex Core Region）：自动甄别涡核心区。
- User Surface：有多种定义方法，如图 4-36 所示。

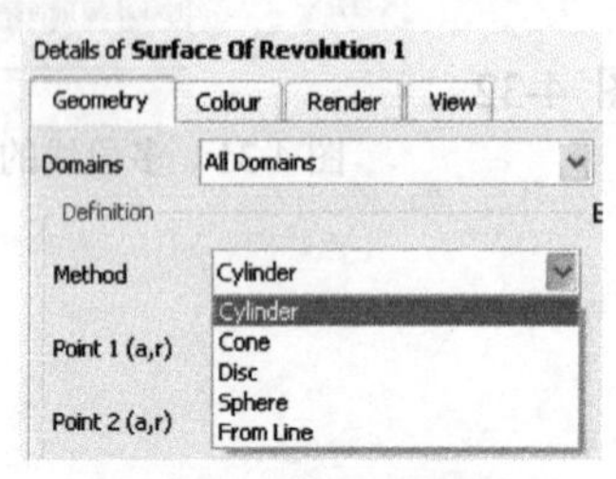

图 4-35　旋转面的定义

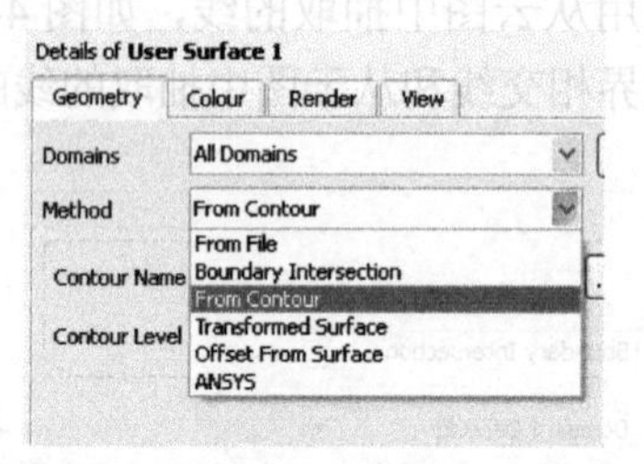

图 4-36　User Surface 的定义方法

4.2.3　颜色、渲染和视图

在 CFD-Post 中，所有 Location 都有类似的 Colour、Render 和 View 设置，如图 4-37 所示。

（1）Colour：一般选择所选位置上的着色方案，用何种变量着色、设置变量范围、选取配色方案等。

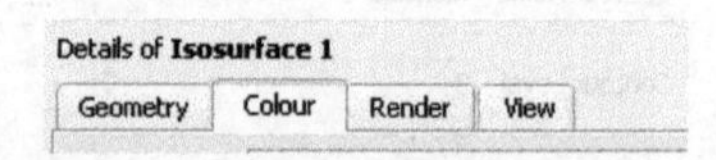

图 4-37　Location 都有的 Colour、Render 和 View 设置

（2）Render：一般用来设置渲染方法，是否显示网格线，设置纹理、灯光以及透明参数等。

（3）View：一般设置显示图像的旋转、平移、镜像和缩放等。

4.2.4　矢量图、云图及流线图的绘制

在 CFD-Post 中通常用工具栏中的按钮来绘制矢量图、云图及流线图，如图 4-38 所示。

图 4-38　矢量图、云图及流线图绘制按钮

1. 矢量图的绘制

矢量图中能绘制任何变量，通常对速度进行绘制。单击 按钮，出现矢量图命名对话框，输入名称后单击 OK 按钮，出现矢量图细节设置面板。图 4-39

为矢量图细节设置面板的 Geometry、Color 和 Symbol 选项卡。

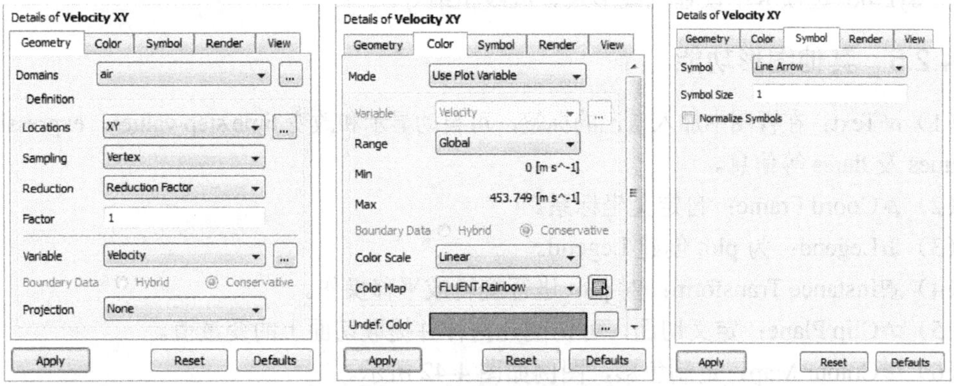

图 4-39 矢量图细节设置面板

在 Geometry 选项卡中，可以设置绘图区域、绘图位置、样式、缩放因子等参数。

在 Color 选项卡中，可以设置染色模式、范围和配色方案等。

在 Symbol 选项卡中，可以设置箭头形式和大小。

2. 云图的绘制

单击按钮，出现云图命名对话框，输入名称后单击 OK 按钮，出现云图细节设置面板，如图 4-40 所示。设置变量、显示范围、配色方案等，单击 Apply 按钮即可生成云图。

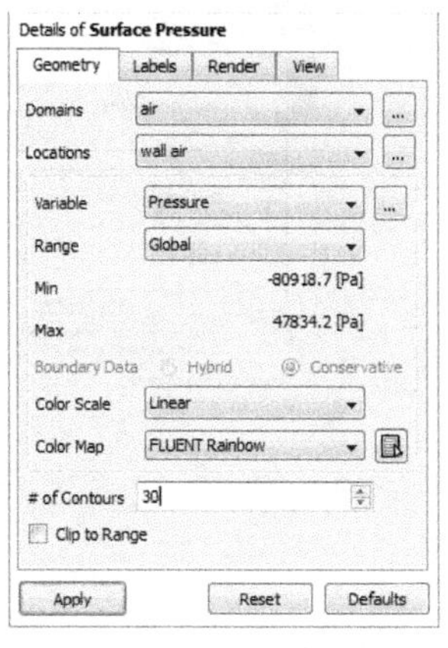

图 4-40 云图细节设置面板

3. 流线图的绘制

单击按钮，出现流线图命名对话框，输入名称后单击 OK 按钮，出现流线图细节设置面板，如图 4-41 所示。

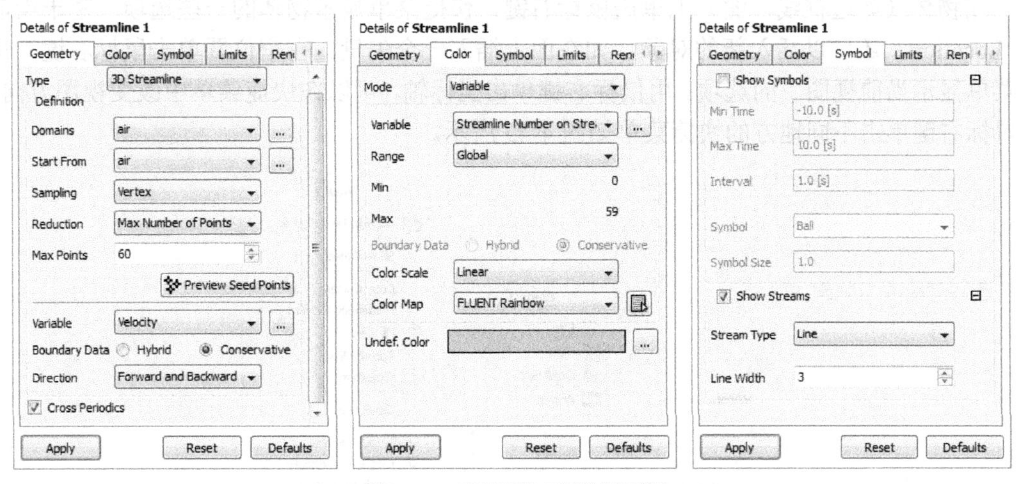

图 4-41 流线图细节设置面板

在 Geometry 选项卡中设置流线类型、绘图区域、流线起始位置、流线数量、变量、流线相对于起始面的方向等。

在 Color 选项卡中设置着色模式、着色变量、范围和配色方案等。

在 Symbol 选项卡中设置流线形式、流线粗细等。

4.2.5 其他图形功能

（1）Text：在视图中加入自己的标签，可自动显示和改变 time step/values、expressions、filenames 及 dates 等信息。

（2）Coord Frame：自定义坐标系。

（3）Legend：为 plot 创建 Legend。

（4）Instance Transform：对 plot 进行旋转或平移操作。

（5）Clip Plane：定义切面，可切割几何体并提取切面上的变量值。

（6）Colour Map：定制色彩，图例如图 4-42 所示。

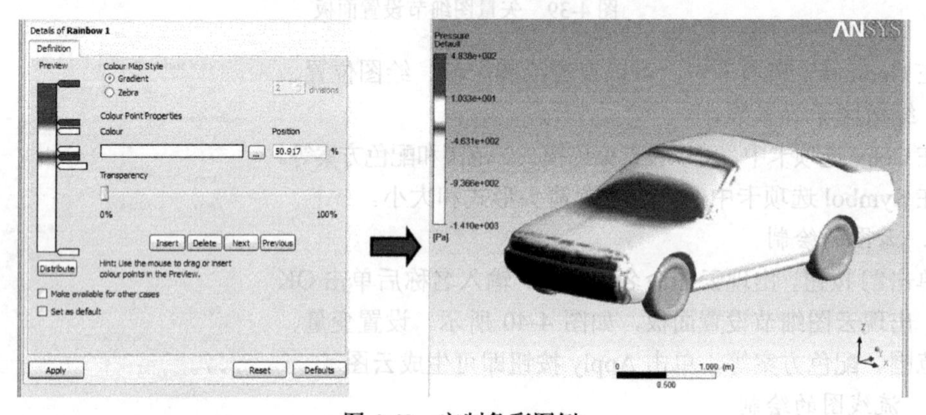

图 4-42 定制色彩图例

（7）Viewer 快捷菜单。

在物体（如边框线、面）上单击鼠标右键，快捷菜单显示物体的一些选项。基于当前的 Location，还可以插入新的对象，如在面上插入一个矢量。在空位置单击鼠标右键，快捷菜单显示当前视图下的选项。用鼠标右键单击坐标轴，可以在快捷菜单中改变视图方向。用鼠标右键单击不同地方的快捷菜单如图 4-43 所示。

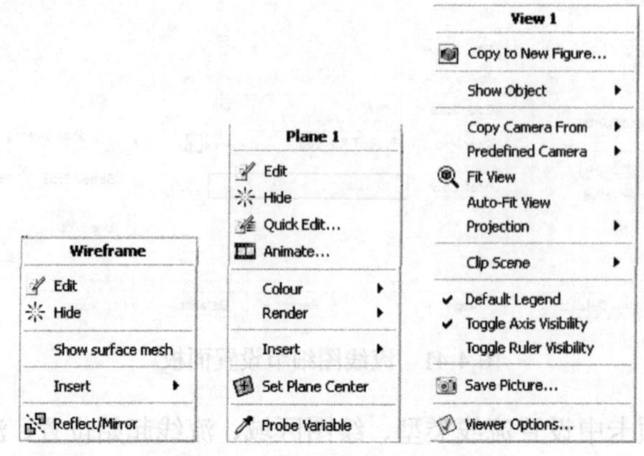

图 4-43 不同地方的快捷菜单

4.2.6 变量列表与表达式列表

1. 变量列表

变量列表显示所有可用变量的信息，如图 4-44 所示。其中各类信息的说明如下。

- Derived variables 是通过 CFD-Post 计算得到的，这些量不包括在结果文件中。
- Geometric variables 包括 *X*、*Y*、*Z*、法线、网格质量等。
- Solution variables 是来自结果文件的变量。
- Turbo variables 是透平机械算例自动创建的变量。

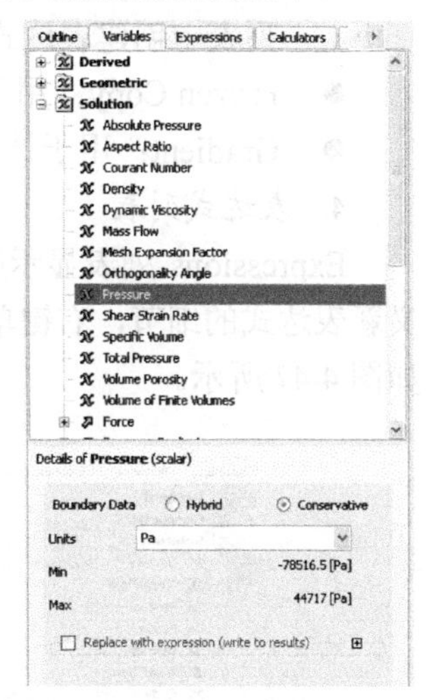

图 4-44 变量列表

在如图 4-44 所示的 Details of Pressure（细节面板）中显示变量的所有详细信息。

2. 混合变量和守恒变量

CFX-Solver 基于有限体积法，有限体积法是基于网格构建的，而并非等同于网格。网格节点位于控制体的中心，计算数据存储于节点，而非"平均地"存储于控制体，几乎所有 wall 边界上的半个控制体有非零的速度，这些非零的速度存储在壁面的节点上，但是，理论上壁面上的速度应该为零。为了解决这个矛盾，ANSYS CFD-Post 提出混合变量值和守恒变量值的概念。

- 守恒变量值=控制体积值。
- 混合变量值=指定边界条件上的值。

从图片观察的角度，ANSYS CFD-Post 采用混合值（Hybrid）为默认值，这个值不会出现壁面上速度非零的情况；从计算的角度，守恒值（Conservative）为默认值。图 4-45 为选择混合变量和守恒变量时的结果示例图。

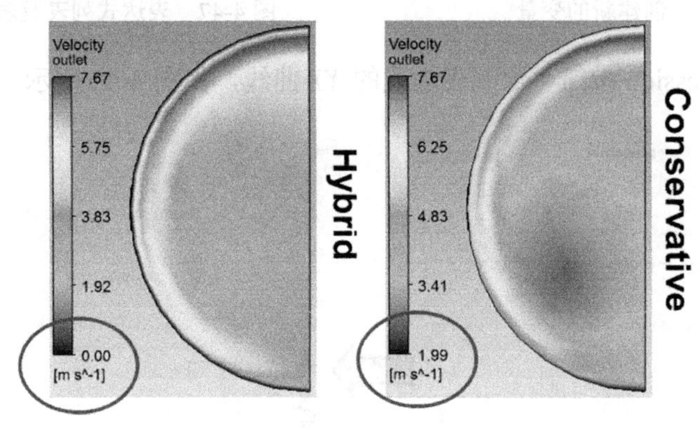

图 4-45 混合变量和守恒变量示例图

在大多数情况下，不用选择 Hybrid 或 Conservative，CFD-Post 的默认选项往往是正确的。如果采用定义变量，默认为 Conservative 值。如果选用 Hybrid 和 Conservative，变量值的范围将有所不同。

3. 用户自定义变量

在变量列表中单击鼠标右键，选择New，可以创建新的变量，如图4-46所示。定义变量有以下3种方法。

- Expression：通过表达式定义变量，可以定义为其他变量的函数（需要先在Expressions列表中创建表达式）。
- Frozen Copy：用于Case的比较。
- Gradient：用于计算任何存在的标量变量的梯度。

4. 表达式列表

Expressions列表显示所有存在的表达式，也可以创建新的表达式，在Definition下定义新表达式的细节，右键单击表达式将显示Functions、Variables等，可用于构建表达式，如图4-47所示。

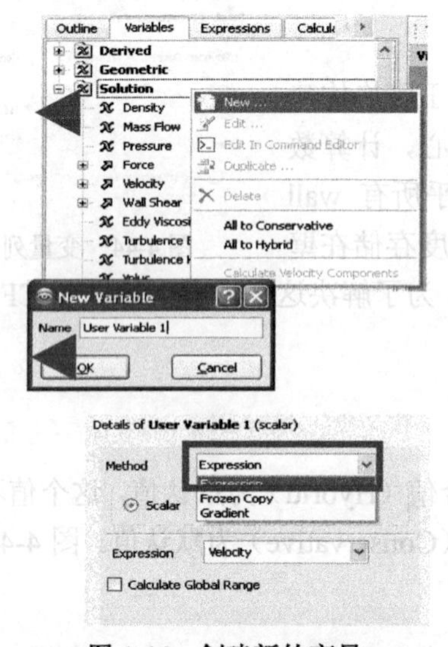

图4-46 创建新的变量

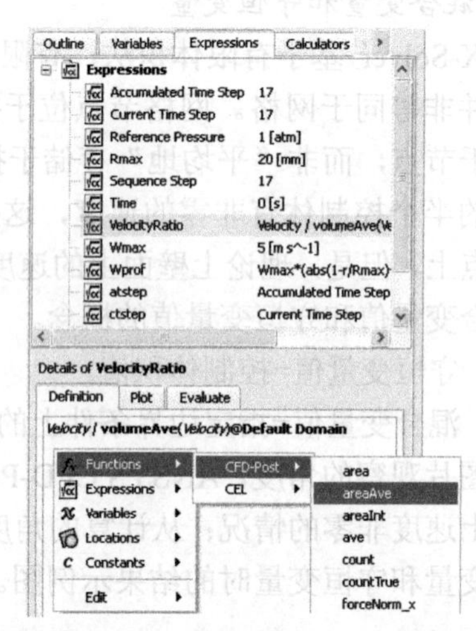

图4-47 表达式列表及表达式的构建

单击Plot Expression按钮可绘制表达式的*XY*曲线，如图4-48所示。

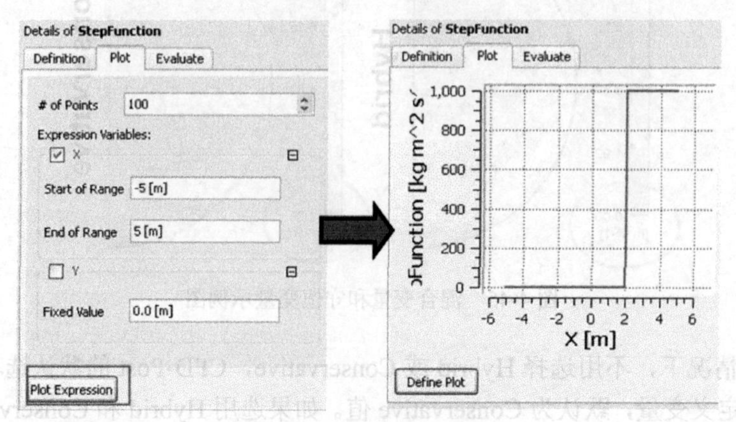

图4-48 表达式的*XY*曲线

4.2.7 创建表格和图表

1. 表格的创建

创建表格的步骤如下。

（1）在工具栏中单击 Tables 按钮，或执行 Insert→Table 命令，3D 视图将转化为 Table 视图。

（2）在 Tables 里添加数据和表达式，表达式用于当变量和/或位置变化时的计算和更新，Tables 可以自动添加到 Report 中。

表格的创建方法如图 4-49 所示。

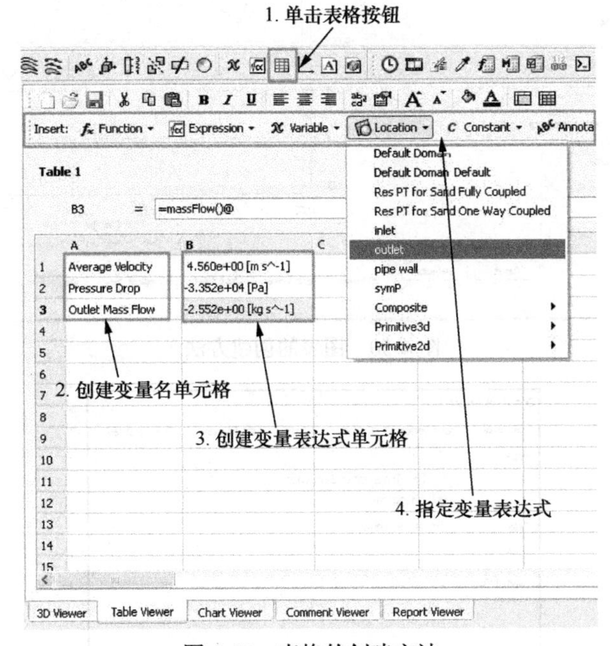

图 4-49 表格的创建方法

2. 制作图表

图表主要是沿着线/曲线显示两个变量之间的关系。创建图表的步骤如下。

（1）创建线、曲线、多段线、边界交线、等值线等。

（2）单击创建图表按钮。

（3）选择图表类型：XY、XY-Transient or Sequence 或者 Histogram。

（4）创建数据系列。

（5）指定 X 轴和 Y 轴变量。

图表的创建方法如图 4-50 所示。

在图 4-51 所示图表的 3 种类型中，XY 基于线；XY-Transient or Sequence 基于点，典型的应用是显示变量在某点的瞬态变化计算结果，数据必须是瞬态结果文件；Histogram 能建立各种数据类型的柱状图，X 轴变量为离散量，Y 轴为频率。

图表中数据系列和轴的每种数据对应于一个位置（line、point 等）。数据系列的设置和 X 轴、Y 轴的变量设置如图 4-52 所示。

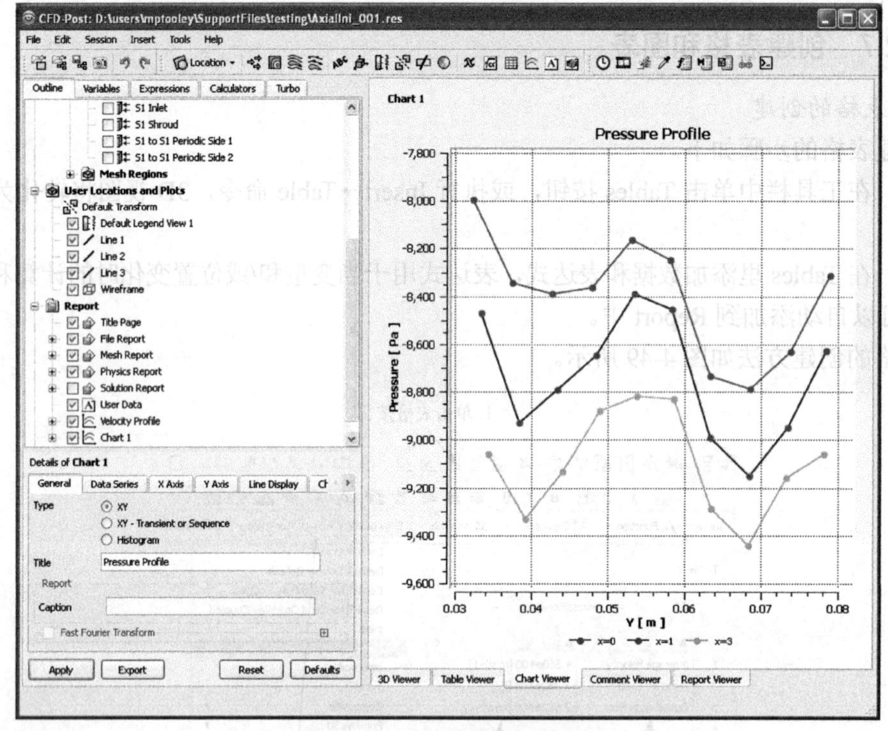

图 4-50　图表的创建方法

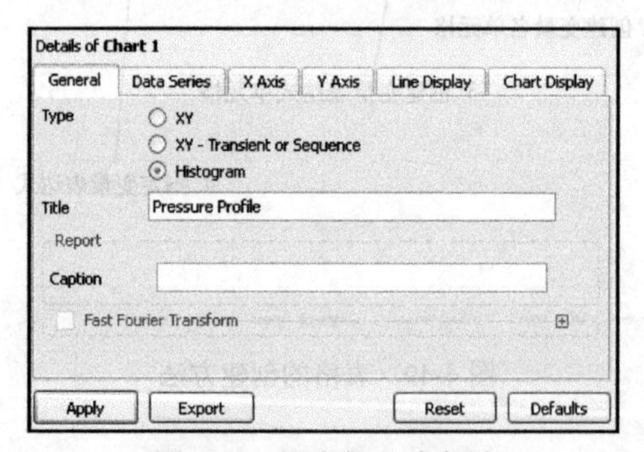

图 4-51　图表的 3 种类型

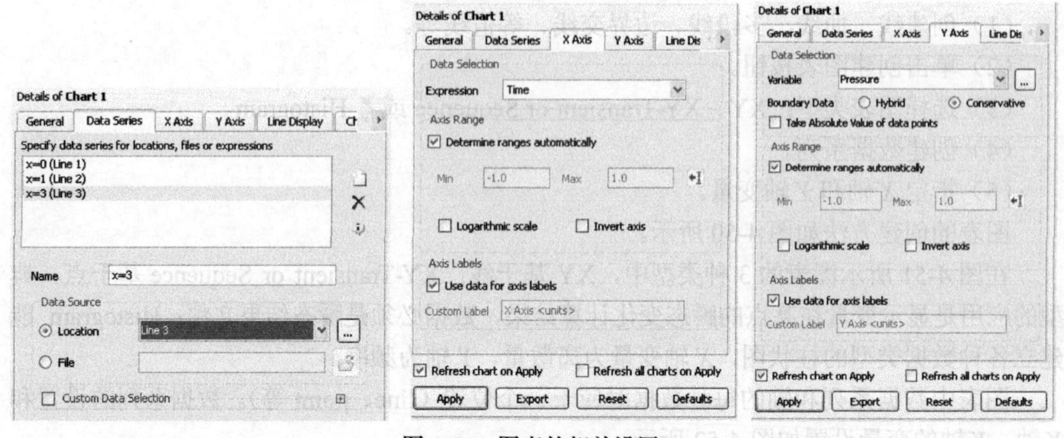

图 4-52　图表的相关设置

图表具有的快速傅里叶变换功能，可以将原始的压力信号转化为频率信号，其设置如图 4-53 所示。其效果示例如图 4-54 所示。

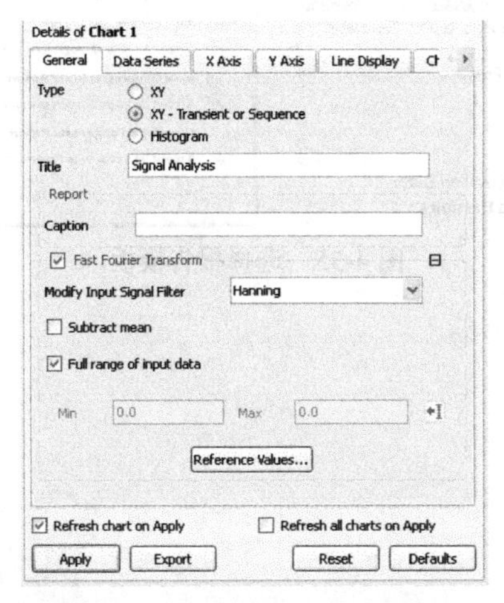

图 4-53 快速傅里叶变换设置

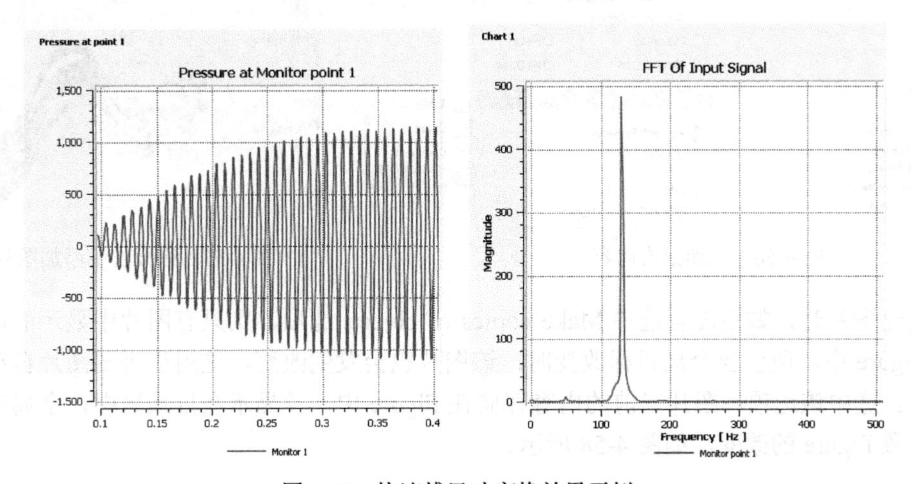

图 4-54 快速傅里叶变换效果示例

4.2.8 制作报告

使用 CFD-Post 的报告生成工具，可以通过定制报告的方式快速生成报告。具体步骤如下。

（1）选择报告模板。基于结果文件的类型，可以自动选择报告模板，用鼠标右键单击 Report，选择模板，也可以自己创建模板或修改已存在的模板，如加入公司的 Logo、Charts、Tables、Plots 等，如图 4-55 所示。

（2）选中报告里显示的内容，各显示内容可通过双击的方式进行编辑，Tables 和 Charts 可以自动加入报告里，其他的项目需要通过手动的方法添加进去。在 Report 上单击右键可以插入新的项目，如图 4-56 所示。

（3）添加图片。所有图片将列在视图窗左上角的下拉列表中，可以改变视图的角度、大小等，如图 4-57 所示。

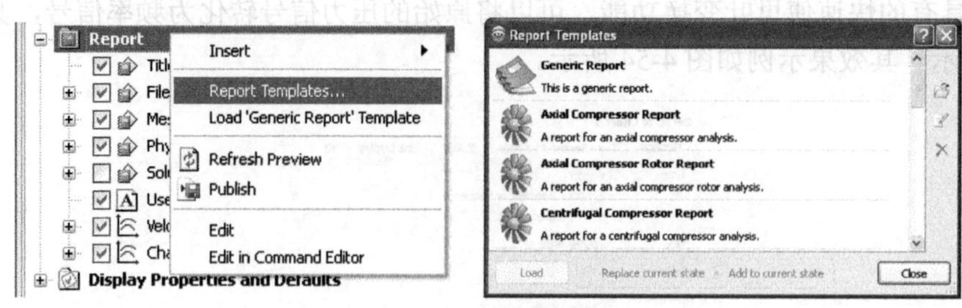

图 4-55 选择报告模板

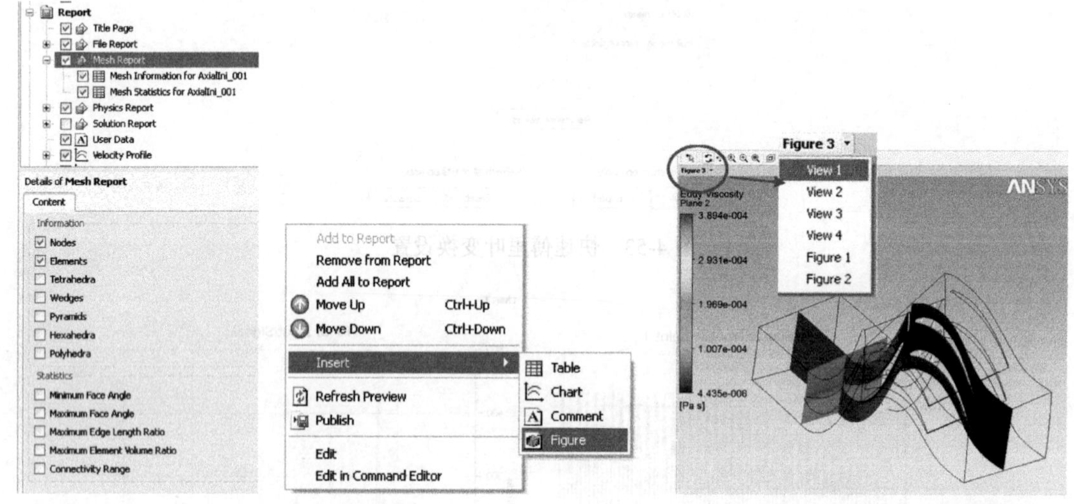

图 4-56 添加报告内容 图 4-57 往报告中添加图片

创建图片时，如果没有选中 Make copies of objects 选项，则只有图片中显示的内容存储于 Figure 中。所以当全局目标改变时，该图片也会发生改变，这用于需要图片自动更新的情况。选中该选项，图片当前的内容存储在 Figure 中，并显示在目录树中，全局改变，不会导致 Figure 的改变，如图 4-58 所示。

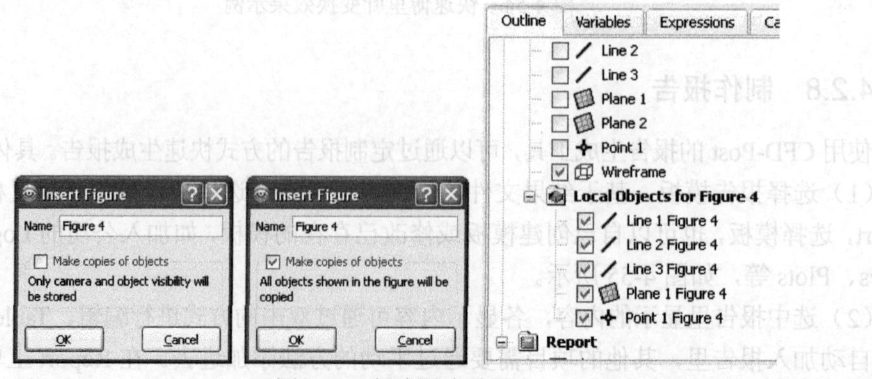

图 4-58 创建图片设置

单击 Report Viewer 按钮，显示 Report 内容，Report 的内容改变后，需要单击 Refresh 按钮，进行更新。

4.2.9 动画制作

CFD-Post 中创建动画的模式有 Quick 和 Keyframe 两种。

Quick 模式：在 Quick 动画模式下，仅需选取对象，单击 Play 按钮即可，主要的变量作为创建动画的对象，做有限的控制。

Keyframe 模式：Keyframe 模式提供了大量的控制，创建当前状态的一个影像储存于 Keyframe；创建一系列的影像储存于 Keyframes，代表一系列的不同状态。视图方向、显示的对象、时间步的选择等任何变量都可以不一样。动画的创建至少需要两个 Keyframe（一个作为开始，一个作为结束），每个 Keyframe 之间加入 # of Frames 数目。

两种模式的设置如图 4-59 所示。

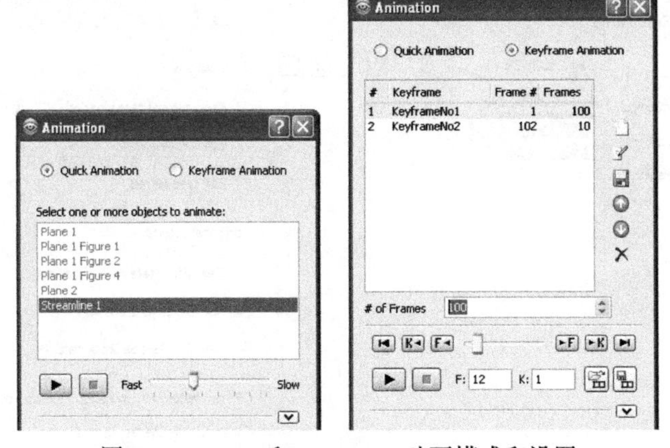

图 4-59 Quick 和 Keyframe 动画模式和设置

动画生成一般步骤如下。

（1）利用时间步选择器（Timestep Selector）调整到第一个时间步。

（2）创建必要的显示对象。

（3）创建第一个 Keyframe。

（4）导入最后一个 Timestep。

（5）创建最后一个 Keyframe。

（6）选择第一个 Keyframe，并设置 # of Frames。

（7）# of Frames 指在第一个和最后一个 Keyframe 之间的帧数，如果有 100 timesteps，设置# of Frames=98，将有 100 个 Frame（98 个加第一个和最后一个），意味着 1frame/1timestep。

（8）设置 Movie 选项。

（9）回到第一个 Keyframe 并单击 Play 按钮。

4.2.10 其他工具

除上述功能外，CFD-Post 中还提供了其他几个比较实用的工具，如图 4-60 所示。

图 4-60 其他工具

时间步选择器：瞬态计算结果的现实值为最后时刻的结果，可以在时间步选择器中选择不同的时间步。

动画创建：创建 MPEG 格式的动画视频。

快速编辑器：对每个项目提供快速的初值改变。

探测器：在视窗中拾取点，显示变量的值。

4.2.11 多文件模式

为了进行多个 CFD 结果的后处理和比较，CFD-Post 可以同时对多个文件进行后处理。导入多个结果文件的方法有以下几种。

- 导入文件时选择多个结果文件。
- 选用 Load complete history as→Separate cases。

导入其他的结果文件同时选中 Keep current cases loaded，如图 4-61 所示。

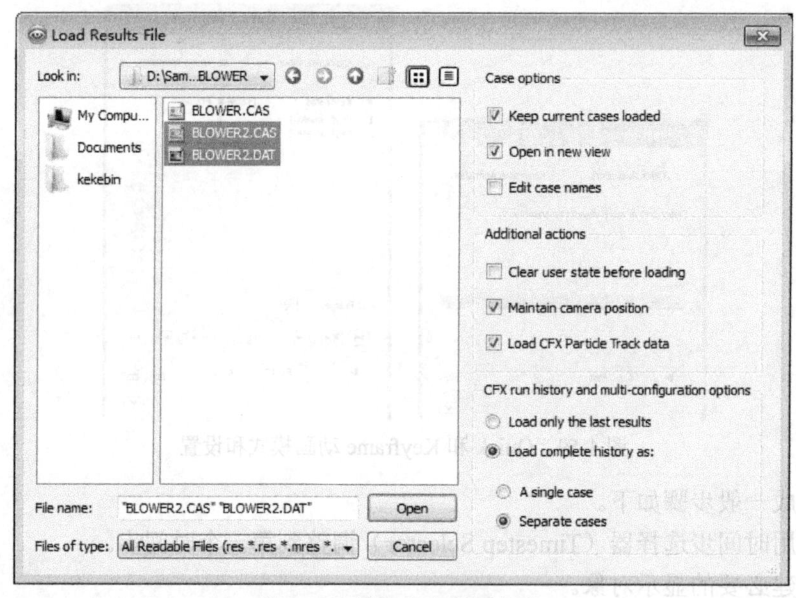

图 4-61 导入多个结果文件

每个文件都分别显示在目录树和视图窗中，如图 4-62 所示。

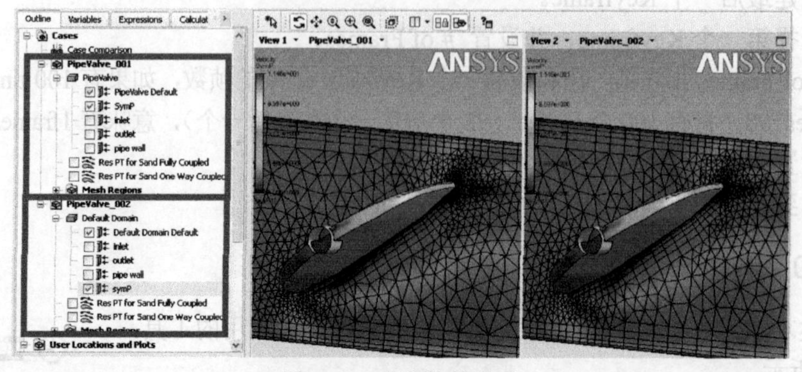

图 4-62 多文件的显示

导入多个结果文件后，可以选择需要比较的 Case，自动计算不同结果间的差异，将这个差异量作为变量，并显示成图形，如图 4-63 所示。

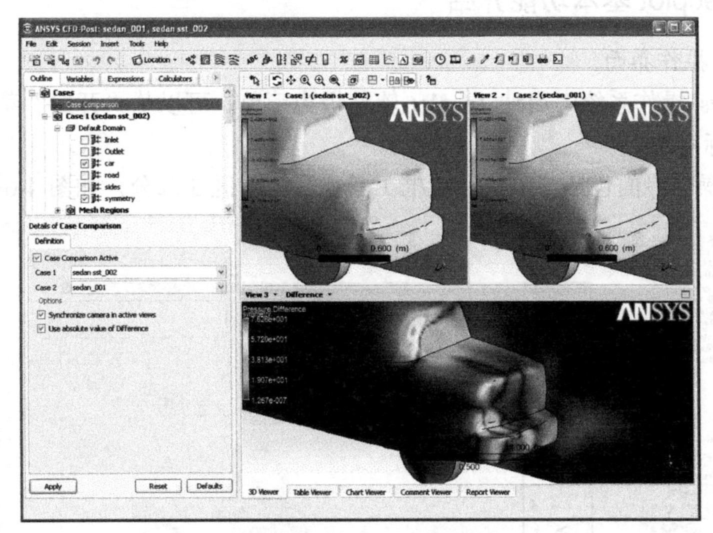

图 4-63 结果比较及差异量的显示

4.3 Tecplot 的用法

Tecplot 是 Amtec 公司推出的一个功能强大的科学绘图软件。它提供了丰富的绘图格式，包括 *X-Y* 曲线图，多种格式的 2D、3D 面绘图和 3D 体绘图。软件易学易用，界面友好。

4.3.1 概述

Tecplot 针对 FLUENT 软件有专门的数据接口，可以直接读入*.cas 和*.dat 文件，也可以在 FLUENT 软件中选择输出的面和变量，然后直接输出 tecplot 格式文档。

Tecplot 主要有以下功能。

- 可直接读入常见的网格、CAD 图形及 CFD 软件（PHOENICS、FLUENT、STAR-CD）生成的文件。
- 能直接导入 CGNS、DXF、EXCEL、GRIDGEN、PLOT3D 格式的文件。
- 能导出的文件格式包括 BMP、AVI、FLASH、JPEG 等常用格式。
- 能直接将结果在互联网上发布，利用 FTP 或 HTTP 对文件进行修改、编辑等操作。也可以直接打印图形，并在 Microsoft Office 中复制和粘贴。
- 可在 Windows 9x\Me\NT\2000\XP 和 UNIX 操作系统上运行，文件能在不同的操作平台上相互交换。
- 利用鼠标直接单击即可知道流场中任一点的数值，能随意增加和删除指定的等值线（面）。
- ADK 功能使用户可以利用 FORTRAN、C、C++等语言开发特殊功能。随着功能的扩展和完善，在工程和科学研究中，Tecplot 的应用日益广泛，包括航空航天、国防、汽车、石油等工业以及流体力学、传热学、地球科学等科研机构。

4.3.2 Tecplot基本功能介绍

1. Tecplot操作界面

在Windows操作系统中启动Tecplot软件极为简单，可以从“开始”菜单或者直接从桌面的快捷图标启动。

Tecplot的操作界面包括菜单栏、边框工具栏和工作区3部分，如图4-64所示。

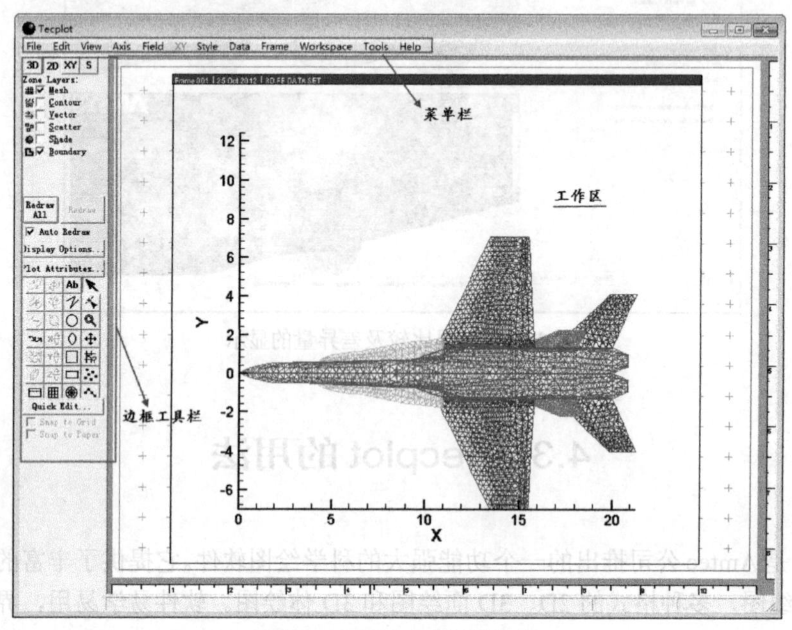

图4-64　Tecplot操作界面

2. Tecplot的菜单栏

Tecplot的菜单栏包括文件（File）菜单、编辑（Edit）菜单、视图（View）菜单、轴（Axis）菜单、域（Field）菜单、*XY*菜单、格式（Style）菜单、数据（Data）菜单、框架（Frame）菜单、工作空间（Workspace）菜单、工具（Tools）菜单和帮助（Help）菜单。下面简要介绍各个菜单的功能。

（1）文件菜单。

文件菜单的选项如图4-65所示。该菜单中主要包括一些图表和数据文件，还有一些与文件相关的操作。

- New Layout：主要用于删除现有的文本框，以备重新调入一个Tecplot图。
- Open Layout：弹出对话框，可以在确切的路径下恢复一个先前保存过的图文件。
- Save Layout as：以一个新的文件名来存储先前保存过的图形。

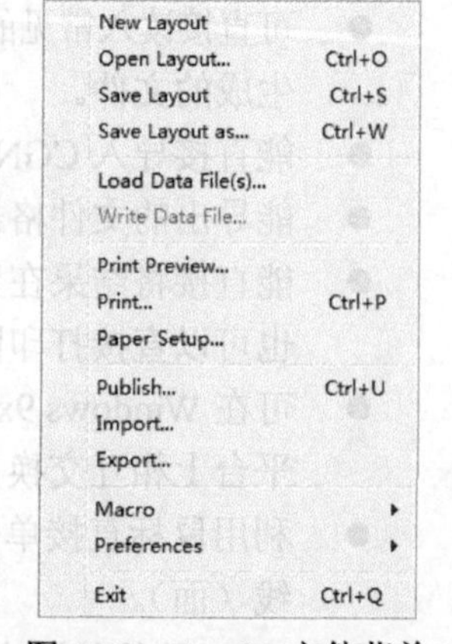

图4-65　Tecplot文件菜单

（2）编辑菜单。

编辑菜单的选项如图4-66所示。可以运用该菜单来对绘图进行重排列、复制、删除某图块，而不需要重新建立一个绘图。

- Select All：在弹出的对话框中为选择框、图域、文本、几何、线条等提供选择。
- Push：把已选择的项目推到当前图片堆的底部。往往 Tecplot 图是把位于图片堆的从底部到顶部的图块依次显示在屏幕上的。如文本、几何体、二维或 *XY* 网格、文本框这几种类型都有可能被推进栈内。
- Pop：用于把现有图片堆中的已选项从堆中取出，而如文本、几何体、二维图形或 *XY* 网格域、文本框就有可能被弹出。
- Copy Plot to Clipboard：把当前的图案复制到剪贴板中。

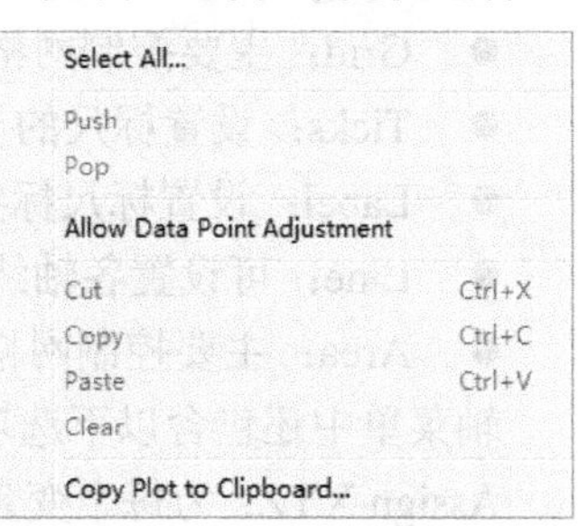

图 4-66 Tecplot 编辑菜单

（3）视图菜单。

视图菜单的选项如图 4-67 所示。使用视图菜单可以控制当前图形的视图效果，具有对视图进行缩放、调整其大小等功能。

- Redraw：用于刷新当前的图片框，以显示出所有悬而未决的变化。
- Zoom：可以对图形进行交互的缩放。
- Fit to Full Size：放大图形使之填满整个图片框。
- Center：可以把文本框的图形置于中心位置。
- Last：可以恢复 Tecplot 视图栈中先前的一个视图。
- 3D Rotate：用于实现对三维视图的旋转，在弹出的对话框中可以选择旋转模式、旋转速度等项。

（4）轴菜单。

轴菜单的选项如图 4-68 所示。运用此菜单可以控制 *XY* 图、二维和三维图形的轴线情况。

Edit：选择 Edit 选项可以打开 Edit Axis 对话框，设置 *X*、*Y*、*Z* 轴的显示与陈列情况，如图 4-69 所示。

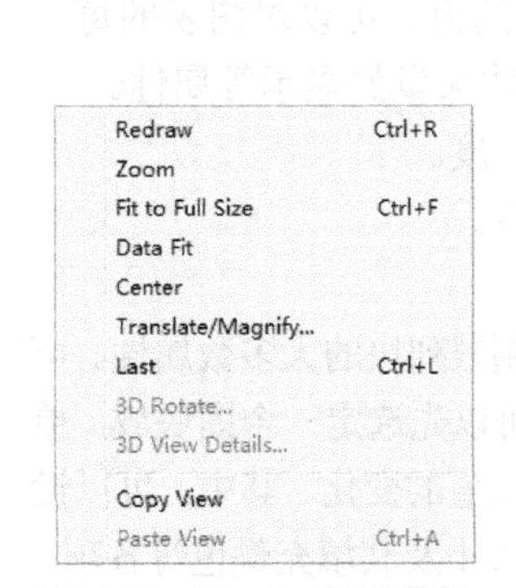

图 4-67 Tecplot 视图菜单

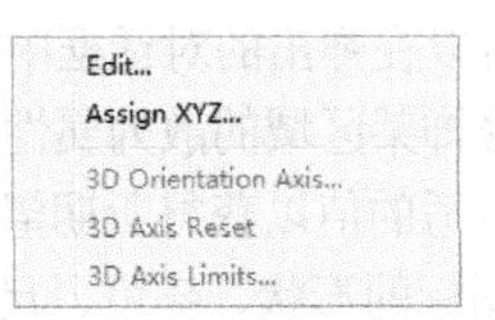

图 4-68 Tecplot 轴菜单

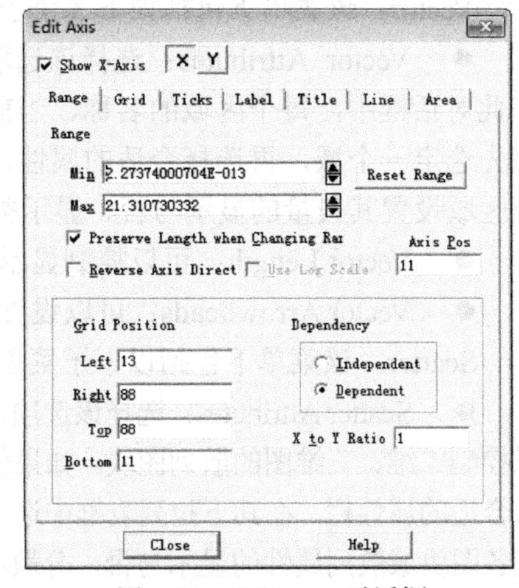

图 4-69 Edit Axis 对话框

Edit Axis 对话框主要包括 *X*、*Y* 两个区域。Show Axis：可以控制 *X*、*Y* 轴的显示与否，通过是否选中 Show Axis 来控制。

细节设置面板中的选项卡包括以下选项。

- Range：用于调整各坐标轴变量的范围（Axis）。
- Grid：主要控制网格线的显示与否及其显示时网格线的特征。
- Ticks：设置标尺的显示与否及其显示方式。
- Label：设置标尺标签的显示与否。
- Line：可设置各轴线的显示与否及轴线的颜色、厚度等项。
- Area：主要控制网格区域的格式，包括网格域的填充和网格边界线的属性等。

轴菜单中还包含以下选项。

Assign XYZ：为每个变量选择一个合适的参数，实现在三维图中轴线位置关系的变化。

3D Orientation Axis：可以设置三维方向轴的显示与否，以及显示的颜色、尺寸大小、显示位置等参数。

3D Axis Reset：重新设置三维图的轴线位置。

（5）域菜单。

域菜单的各个选项如图 4-70 所示。运用此菜单可控制二维、三维图各个域的属性，如网格、等值线、矢量、散列、阴影等属性。

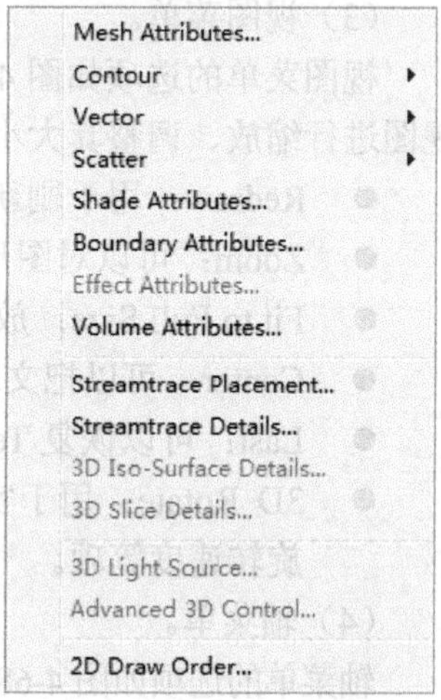

图 4-70　Tecplot 的域菜单

Mesh Attributes：可控制二维、三维图形的各块域，如各图块域的类型、网格线的模式等属性。

Contour：该菜单下包括以下 3 个子菜单。

- Contour Attributes：可设置等值线的颜色、图块类型等参数。
- Contour Variable：可根据需要设置不同的变量参数以显示其对应的等值线。
- Contour Line Mode：借此设置当前各图块等值线的类型。

Vector：该菜单下包括如下 3 个子菜单。

- Vector Attributes：选择该选项，可以在弹出的对话框中设置二维、三维矢量图。在此对话框中，每个区域的名称、当前的矢量属性均有显示。若想修饰某一区域的属性，可先选定一个域，再选择合适的属性，在其下拉列表中选择期望的值。可以对图表的每一个区域设置其矢量的显示与否、显示类型、矢量颜色、三维图切线矢量的显示等属性。
- Vector Length：可以控制显示在图块上的各矢量线段的长度。
- Vector Arrowheads：可以设置矢量上箭头方向的显示与否。

Scatter：该菜单下包括以下子菜单。

- Scatter Attributes：选择该选项，可以在弹出的对话框中控制散列块的大多数属性。可以控制二维、三维图的散列图块。如果想修饰某区域的散列属性，可以先选定一个图块域，单击合适的属性栏，在其下拉列表框中选择合适的值以获得所期望属性值的变化。其中，可以设置各图块域散列属性的显示与否，分散小图标的形状、颜色、尺寸大小及其填充颜色等各项。

Shade Attributes：可以控制二维、三维图形的阴影图块。选择该选项，可以在弹出的对话框中设置图域、阴影的显示与否，阴影图块的类型，阴影的颜色、透明度等均可以在其下拉列表框中选定。

Boundary Attributes：可以控制区域边界线的显示。

（6）*XY*菜单。

运用*XY*菜单可以控制*XY*图，它主要有以下几个选项。

Define XY-mapping：选择该选项，可以在弹出的对话框中建立、修改一维图形，也可设置每一个图形的显示与否。

Line Attributes：可以设置*XY*图中线条的类型、颜色、厚度等参数。

Symbol Attributes：可以控制*XY*图标志的类型、显示形状、尺寸大小、间距等属性。

Bar Chart Attributes：主要用来定义、修饰*XY*条形统计图表的类型，可使选定的图形以条形统计图表的形式显示，还可以设置条形轮廓线的颜色、条形图内部填充与否、尺寸大小、线条的厚度等参数。

XY Legend：在*XY*图边显示对应的数值表，可设置放置的位置、显示与否、数值书写的字体、字体的颜色等属性。

（7）格式菜单。

格式菜单如图 4-71 所示，主要用来在图表中增加文本和几何体（圆形、椭圆、正方形、矩形）、标记数据点、存储框架类型等。

Value Blanking：选择该选项，在弹出的对话框中选中 blank 后，可以使 Tecplot 图不显示。

Copy Style to File：把当前框架中的一些风格元素，如文本、几何体、轴线等复制下来以便今后使用。

Paste Style from File：把一个之前保存过的风格文件在当前框中恢复。

（8）数据菜单。

数据菜单如图 4-72 所示。可以利用此菜单来控制 Tecplot 数据，对数据进行一定的修饰，主要选项如下。

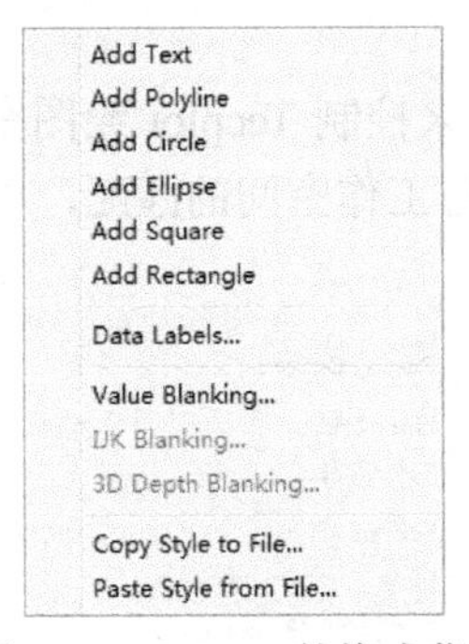

图 4-71 Tecplot 的格式菜单

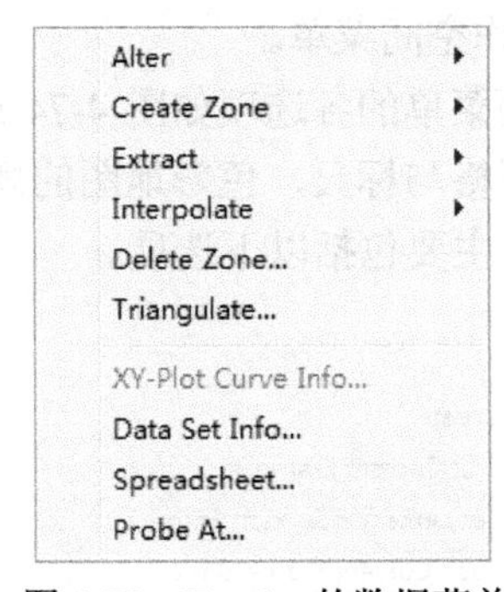

图 4-72 Tecplot 的数据菜单

Alter：包括如下转换其原始数据的选项。

- Secify Equations：选择该选项，在弹出的对话框中，可以给当前的数据设置、建立、修改一些变量值。对话框主要分 3 个部分，顶部用来规定方程式，中间区域用来规定修饰哪一个区域或索引范围，最后一部分是用来执行计算、关闭窗口、获得帮助的按钮域。
- Smooth：可以把二维、三维图形中的变量值修饰得平滑一些。
- 2D Rotate：可以对二维图的*X*、*Y*轴进行旋转。

Ceate Zone：包括如下建立新区域或数据设置的选项。

- 1D Line：可以通过规定的点数和具体的范围来建立一个 I 序的区域。
- Rectangular：可以用规定的尺寸来建立一个矩形区域。

- Circular：可以用规定的尺寸和具体的网格点数目来建立一个圆形区域。
- Duplicate：用于建立一个已存区域的复制域。
- Subzone：用于建立一个与已存区域的部分域相同的复制域。
- Mirror：用于建立一个新的域作为已存区域的镜像。

Extract：主要包括以下从当前数据集中挑选数据的选项。

- FE Boundary：用于抽取限定区域的边界线。
- Slice：用于抽取一个三维图数据集的二维空间的片段。

Interpolate：包括对每个 Tecplot 图的插补方法的若干选项。

Triangulate：可利用弹出的对话框，从一个或多个任意区域中对数据点做任意测量，以建立一个新的限定元素的表面区域。

Data Set Information：可以看到一些当前数据集的信息。

（9）框架菜单。

框架菜单的选项如图 4-73 所示。可以在屏幕上同时建立 128 个文本框，每个框内可包含一个绘图或草图，对框架可以进行修改、移动、建立、删除等操作。

文本框存储在框堆栈中，位于栈顶部的即为当前的文本框。此菜单包括如下建立、删除、切换、更改文本框的选项。

Create：用于建立一个新的文本框。

Edit Current Frame：可以精确地控制框架的大小、位置、格式等属性。

Push Current Frame Back：把当前框推到框堆栈的底部。

Fit all Frames to Paper：修改所有的文本框以与当前图纸的尺寸大小相匹配。

Delete Current Frame：删除当前的文本框。

（10）工作空间菜单。

工作空间菜单的各选项如图 4-74 所示。运用此菜单来控制 Tecplot 绘图空间的显示，它包括显示网格与标尺，色彩地图的规范，纸、文本框与工作空间的匹配，以及工作空间视图的控制。主要包括以下选项。

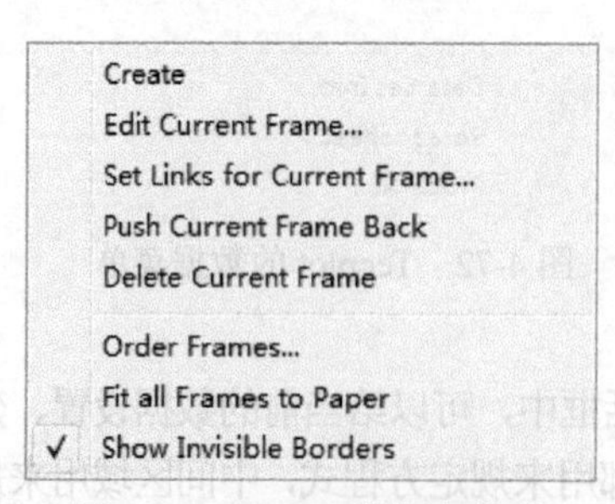

图 4-73　Tecplot 的框架菜单

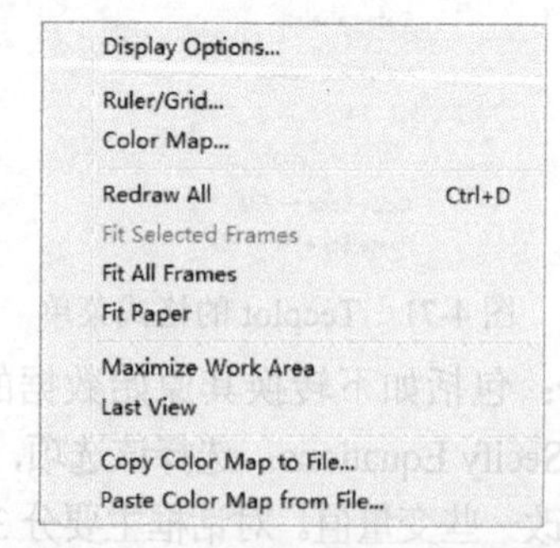

图 4-74　Tecplot 的工作空间菜单

Ruler/Grid：控制标尺和网格是否显示以及怎样显示。

Color Map：用于控制 Tecplot 的彩色地图，彩色地图一般用来控制等值线图块或多彩网格、分散图或矢量图内的颜色。

Fit Selected Frames：适当修改所有的文本框，使被选框可以在一维空间水平或垂直地填满整个工作空间。

Maximize Work Area：通过控制 Tecplot 的菜单栏、工具条来尽可能地扩大工作空间的尺寸大小。

（11）工具菜单。

运用工具菜单中的选项，可以打开快捷宏面板，快速进入先前定义过的快捷宏面板，也可进入 Tecplot 的活动菜单。Tecplot 可以允许激活一些区域、一维图形、等值线水平等。工具菜单主要有以下选项。

Quick Macro Panel：选择该选项，在弹出的对话框中，可以进入曾定义过的快捷宏面板。一个快捷宏是定义在文件 tecplot.mcr 里的任何一个宏的功能，当启动 Tecplot 时，它就会在 Tecplot 主目录中寻找 tecplot.mcr 文件。若文件存在，定义在那个文件上的宏功能的名称会显示在快捷宏面板的键按钮上。

Animate：包括如下一些激活 Tecplot 数据的选项。

- Zones：选择该选项，在弹出的对话框中可允许一次在一个区域里查看数据。用于显示在当前数据集中所有的或某一规定区域的子集，而且只允许一次显示一个。可以规定一个开始域、一个尾域和域的跳跃步伐在活动序列中的运用。
- XY-Mappings：允许一次查看一个数据，可以设置一个开始图、一个末尾图，以及在活动序列中图的跳跃步伐。
- Contour Levels：允许在等值线水平上一次性查找一个等值线图块。

工具菜单选项及 Animate 展开项如图 4-75 所示。

3．Tecplot 边框工具栏

在打开 Tecplot 的界面后，屏幕左端是边框工具栏，其中的工具在作图、对图进行效果处理时更显示出其方便性和快捷性，下面简单介绍这些工具的基本功能。

在边框工具栏的最上端有 4 个按钮：3D 2D XY S。

3D 顾名思义是三维的意思，2D 表示二维图，XY 表示一维，可以根据需要观察其对应的一维、二维、三维图形，S 则表示不显示视图。

边框工具栏的中间部分主要是 Redraw 按钮。在对 Tecplot 图重新进行效果处理与变动之后，Redraw 按钮就显得非常有效，它可以刷新当前的屏幕，以便显示修改过属性之后的 Tecplot 视图。

Tools 栏在边框工具栏中占了较大部分，它由 1 个 7 行 4 列的表格组成，如图 4-76 所示。

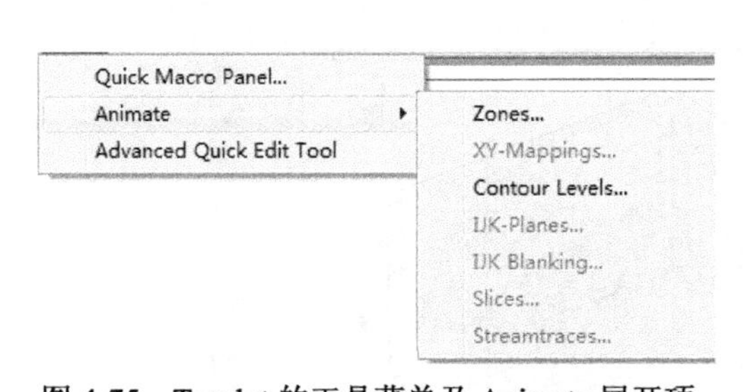

图 4-75 Tecplot 的工具菜单及 Animate 展开项

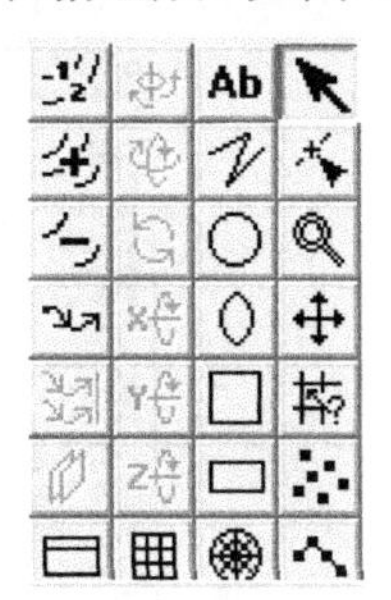

图 4-76 Tools 栏

下面按行逐个进行介绍。

第一行：有 4 个按钮，第一个主要用于显示等值线的标记，单击此按钮后，在 Tecplot 图上需要查看等值线标记的地方再单击一下，则会在相应的部位显示等值线标记；第二个是对 Tecplot 图进行球形旋转；第三个用来添加文本，单击此按钮后，Tecplot 文本框处于等待添加文本的状态；第四个用于将光标设置成选择模式。

第二行：有4个按钮，第一个用来添加一条等值线，有时用户对某一区域的等值线分布觉得不满意，可以在单击此按钮之后，再在图形的适当位置单击一下，则显示一条等值线；第二个是对图形进行滚球式旋转；第三个用来建立一个 polyline 形的几何体；第四个用于将鼠标设置成调整模式。

第三行：第一个按钮用于删除一条等值线；第二个按钮主要对图形进行扭曲旋转；第三个按钮用于新建一个圆形的几何体；最后一个按钮用于在活动框中缩放图形。

第四行：第一个按钮用于添加矢量图；第二个按钮主要用来使图形绕 *X* 轴旋转；第三个按钮用来建立一个椭圆形的几何体；最后一个按钮用于移动图形。

第五行：第一个按钮用于添加流线图；第二个按钮使图形绕 *Y* 轴旋转；第三个按钮可以建立一个正方形的几何体；最后一个按钮读取数值。

第六行：第一个按钮用来创建切片；第二个按钮可以使图形绕 *Z* 轴旋转；第三个按钮用来新建一个矩形的几何体；最后一个按钮可以从图形中抽取一些点。

第七行：第一个按钮用于创建动画的帧；第二个和第三个按钮用于建立一个矩形区域和圆形区域；最后一个按钮用于导出数据。

另外，在打开图文件之后，边框工具栏中还会显示一些工具：在一维图形中有 Lines、Symbols、Bars、Error Bars，在二维、三维图形中则有 Mesh、Contour、Vector、Scatter、Shade、Boundary 属性。

4.3.3 Tecplot 用法简介

下面通过例子来讲解 Tecplot 的使用方法。

1. 创建三维（3D）等值图

（1）执行 File→New Layout 命令。

（2）执行 File→Load Data File 命令，在 Tecplot 的安装目录下选择 Demo→plt→skirt.plt。

（3）单击界面左上角的 3D 按钮。在弹出的消息框中均单击“确定”按钮。

（4）在边框工具栏中单击“定 *Z* 轴旋转”按钮，拖动图像，使其旋转180°，直至面向用户，最终显示的网格如图4-77所示。

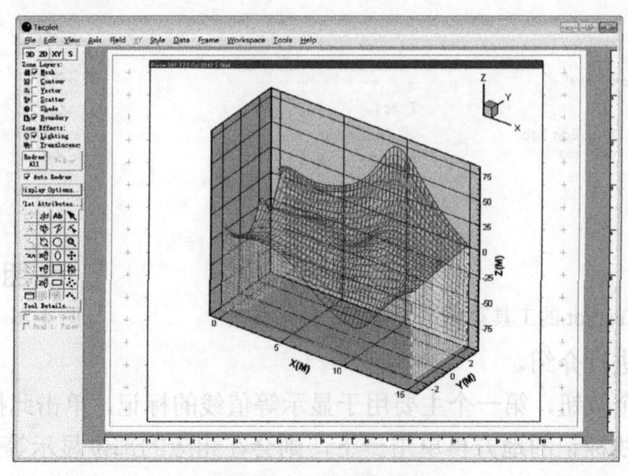

图4-77 显示网格

（5）在边框工具栏左上方的 Zone Layers 栏中，取消选中 Mesh，并选中 Contour。在弹出的 Contour Variable 对话框中选择 V4:P(N)，关闭对话框，等值图如图 4-78 所示。

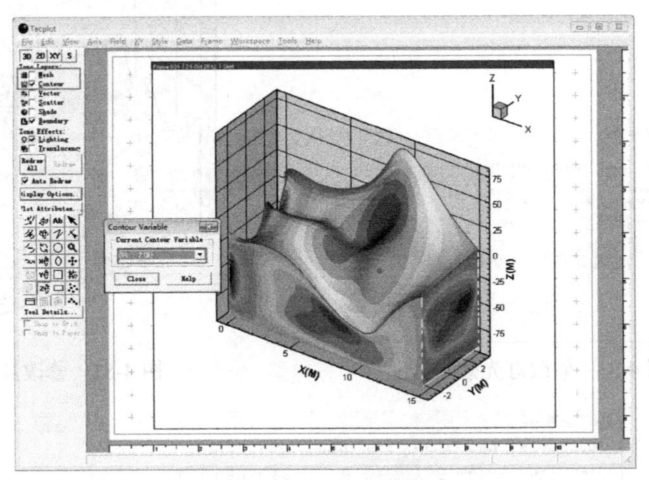

图 4-78　显示等值图

（6）执行 Field→Boundary Attributes 命令，在弹出的对话框中选择所有区域，然后将 Bndy Color 设置为 Black，如图 4-79 所示。

这样，等值图的边界颜色均变为黑色，如图 4-80 所示。

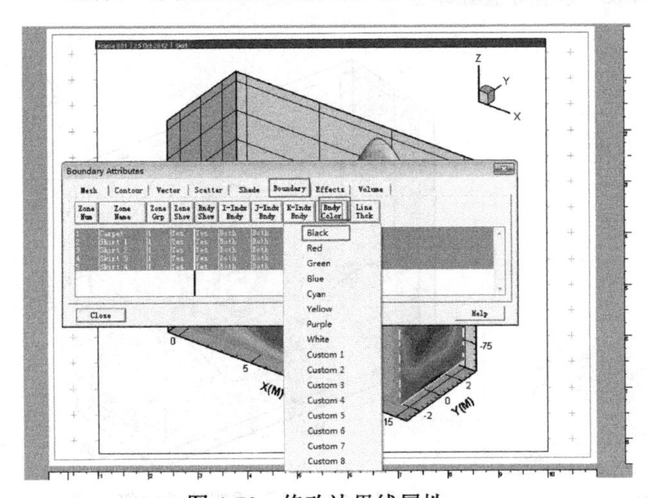

图 4-79　修改边界线属性

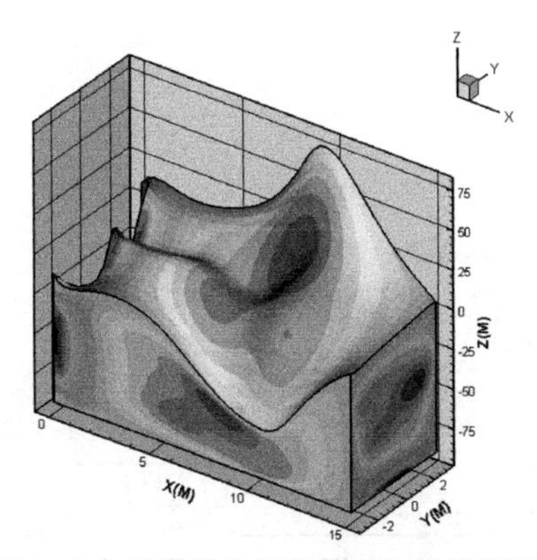

图 4-80　边界线条颜色为黑色的等值图

（7）在 Boundary Attributes 对话框中选择 Effects 标签，将 Lighting Effect 设置为 Gouraud，如图 4-81 所示，关闭对话框。结果如图 4-82 所示。

（8）执行 Field→Contour→Contour Attributes 命令，选中所有 Zones（区域），将 Contour Plot Type 设置为 Flood，如图 4-83 所示。

（9）选择 Effects 标签，将 Surface Translucency 设置为 40%，如图 4-84 所示。

（10）在主界面左侧边框工具栏中的 Zone Effects 部分选中 Translucency。

（11）单击 Boundary 标签，将 Bndy Color 设置为 Black。关闭对话框，最终结果如图 4-85 所示。

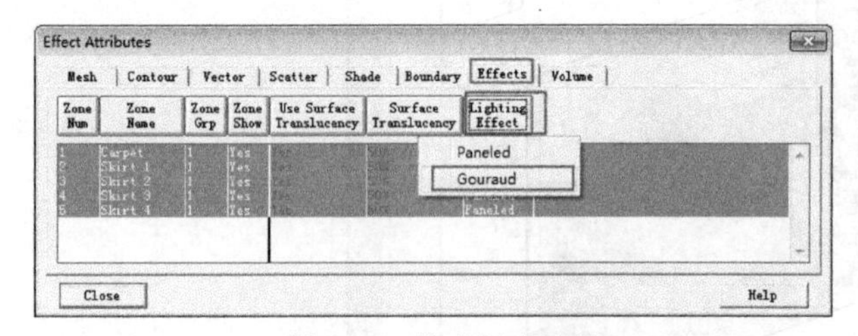

图 4-81　修改灯光效果

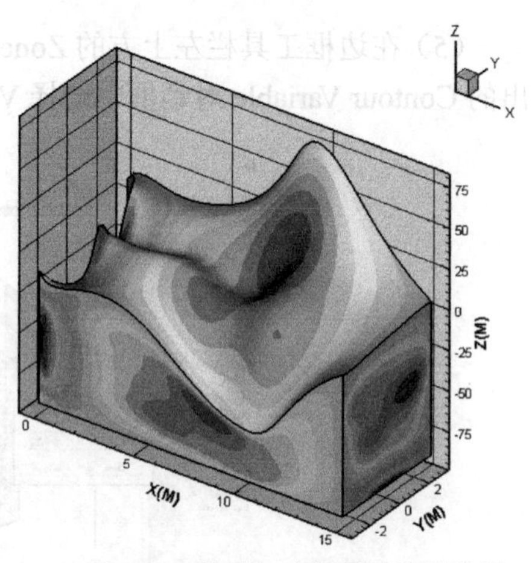

图 4-82　修改灯光效果后的等值图

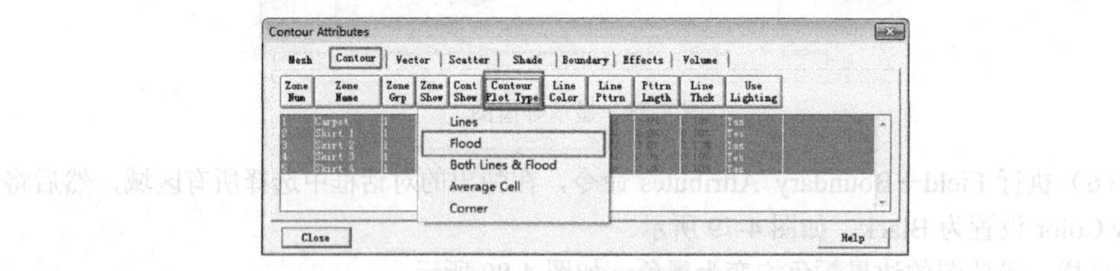

图 4-83　设置等值图属性

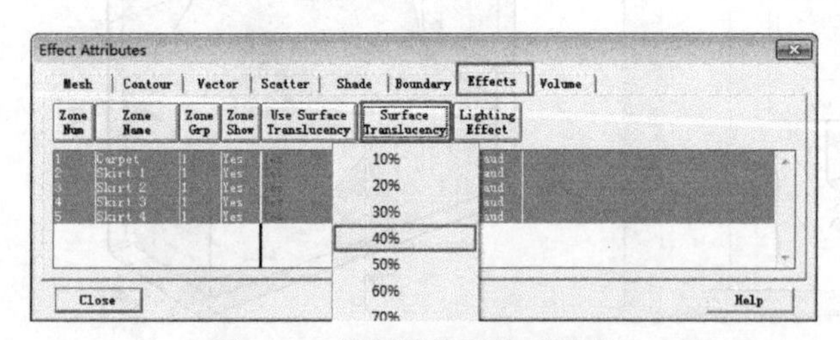

图 4-84　设置等值图的透明度

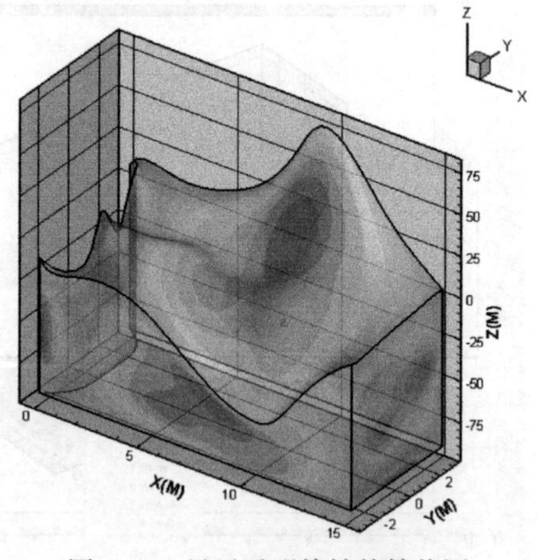

图 4-85　显示透明特性的等值图

2. 用结构化排列的数据绘制等值图

（1）执行 File→New Layout 命令。

（2）执行 File→Load Data File 命令，在 Tecplot 的安装目录下顺次选择 Demo→plt→cylinder.plt，显示二维网格图如图 4-86 所示。

（3）在边框工具栏左上方的 Zone Layers 处，取消选中 Mesh，并选中 Contour，在弹出的 Contour Variable 对话框中选择 V5：V（M/S），如图 4-87 所示。

（4）执行 Field→Contour→Contour Attributes 命令。选中 Zone 1，将 Contour Plot Type 设置为 Lines；选中 Zone 2，设置 Contour Plot Type 为 Flood；选中 Zone 3，设置 Contour Plot

Type 为 Fld&Line（Both Lines and Flood），如图 4-88 所示。这样，在 Zone 1 区域内显示等值线，在 Zone 2 区域内显示云图，在 Zone 3 区域内同时显示等值线和云图。

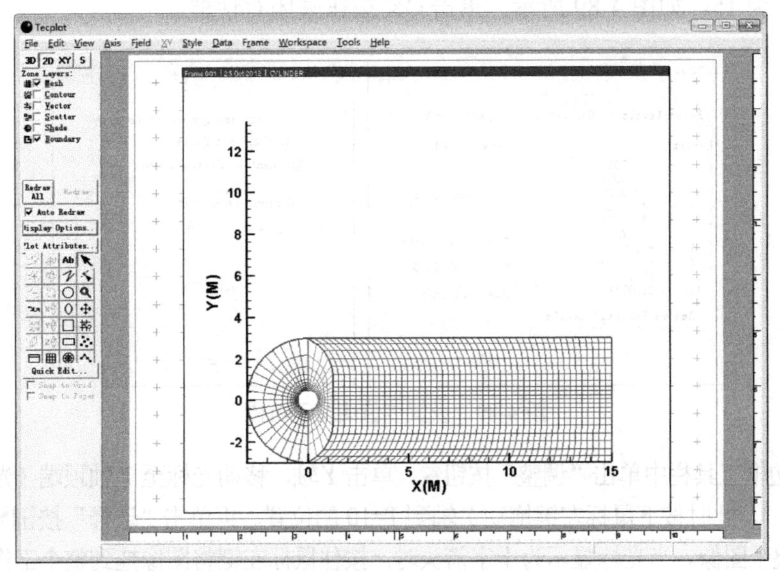

图 4-86 二维网格图

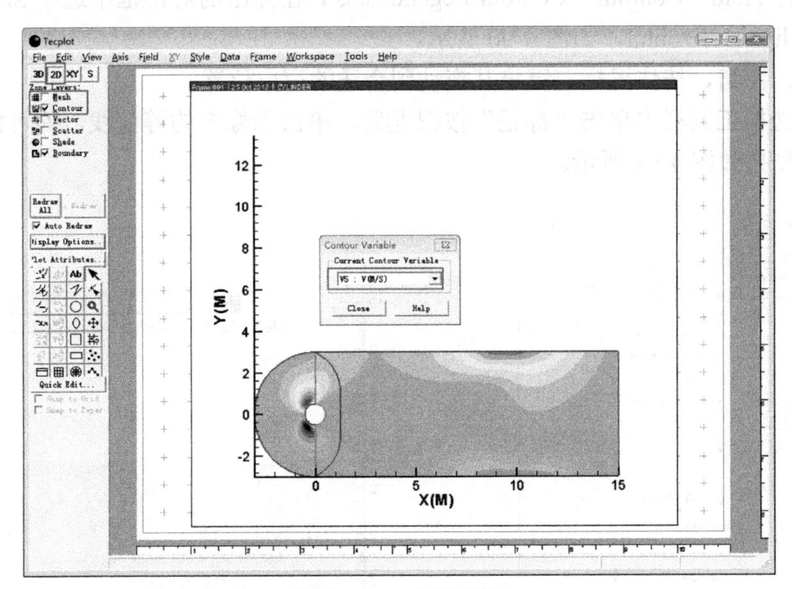

图 4-87 二维等值图

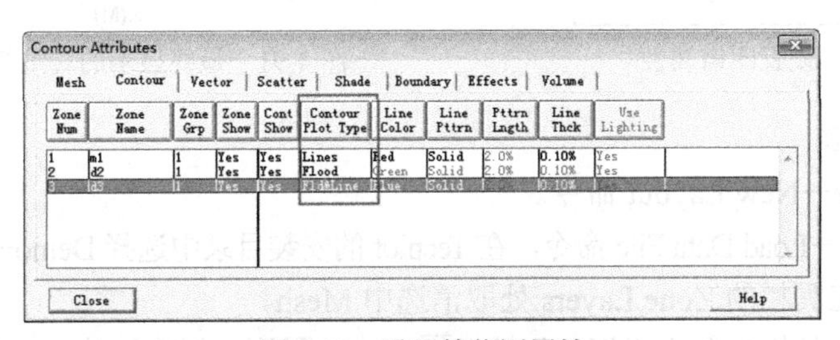

图 4-88 设置等值图属性

（5）执行 Field→Contour→Contour Levels 命令，在弹出的对话框中单击 New Levels 按钮。在新对话框中选中 Min，Max，and Delta 项，设置 Minimum Level 为−75，Maximum Level 为 75，Delta 为 15，如图 4-89 所示，单击 OK 按钮关闭对话框。

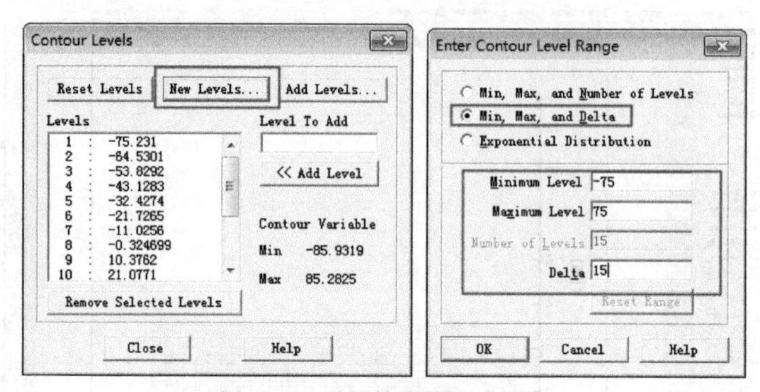

图 4-89　设置等值图显示范围

（6）在边框工具栏中单击“调整”按钮，单击 *Y* 轴，移动光标至 *Y* 轴顶端（光标会变为竖直向下的箭头），此时按下鼠标左键拖动 *Y* 轴到 *Y*=10 的位置。再单击“选择”按钮，然后单击坐标轴选中整个图像。当光标显示为十字箭头时，按住鼠标左键将图像拖到整个工作区的中央。

（7）执行 Field→Contour→Contour Legend 命令，在弹出的对话框中选中 Show Contour Legend 和 Align Horizontal，如图 4-90 所示。

（8）单击图谱，按住鼠标左键将其拖动到合适的空白位置。

（9）在边框工具栏中单击“标记”按钮后，单击图像中的等值线，即可标出其相应数值。最终结果如图 4-91 所示。

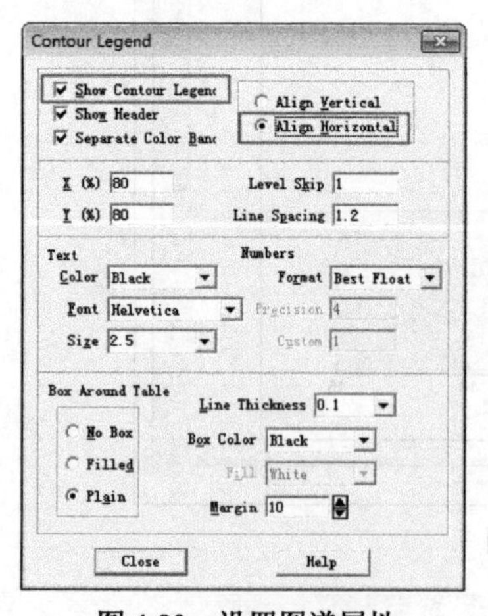

图 4-90　设置图谱属性

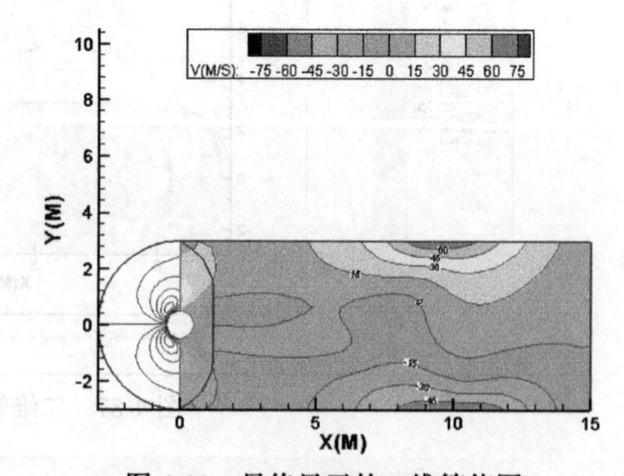

图 4-91　最终显示的二维等值图

3. 创建切片图

（1）执行 File→New Layout 命令。

（2）执行 File→Load Data File 命令，在 Tecplot 的安装目录中选择 Demo→plt→ijkortho.plt。

（3）在边框工具栏的 Zone Layers 处取消选中 Mesh。

（4）在边框工具栏中单击“切片”按钮，单击图片，创建切片一。选择 v5:E 作为等高值变量（Contour Variable）。取出切片的默认设置以 X 轴常量为准，如图 4-92 所示。

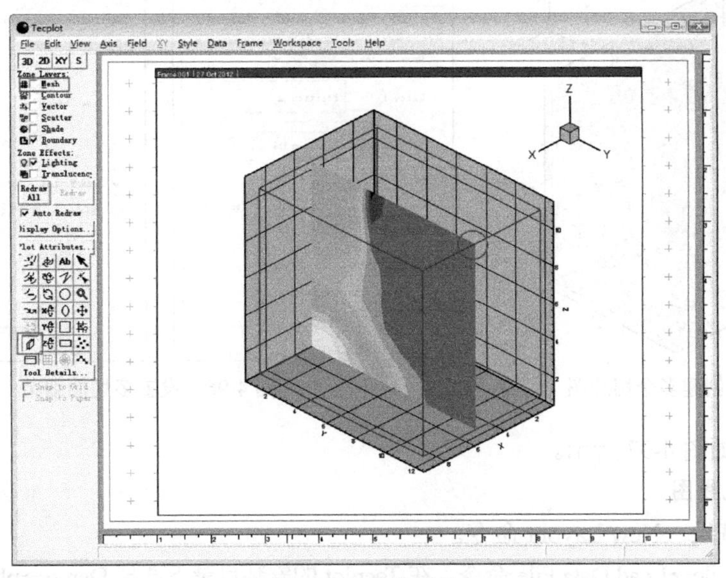

图 4-92　X 轴切片

（5）选中切片，按下“Z”键，将切片设置改为依照 Z 轴常量。

（6）单击切片，按下鼠标左键拖动切片至大约 Z=2 的位置，如图 4-93 所示。

（7）再次选中切片，按下“Y”键，将切片设置改为依照 Y 轴常量。

（8）单击切片，按下鼠标左键拖动切片至大约 Y=4 的位置，如图 4-94 所示。

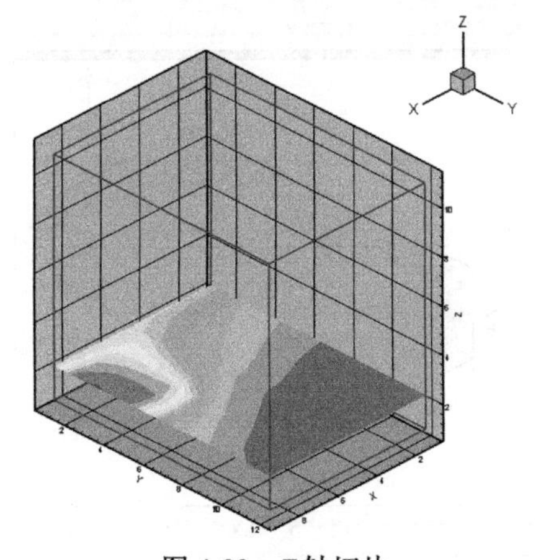

图 4-93　Z 轴切片

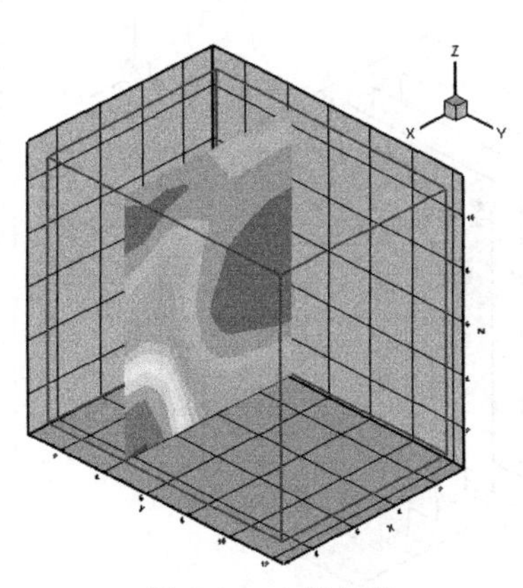

图 4-94　Y 轴切片

（9）按住 Shift 键选中图像，并单击图像，创建切片二。

（10）输入一个整数 n（n 为 1～9），将会在已有的两切片间创建 n 个切片（本例中输入的是 6），如图 4-95 所示。拖动切片一，或者按住 Shift 键的同时拖动切片二，此时中间的切片会自动调整。

（11）执行 Field→3D Slice Details 命令，或者单击边框工具栏中的 Tool Details... 按钮，打开 3D Slice Details 对话框。选择 Position 选项卡，输入两个切面的位置和切面的数量。然后选择 Other 选项卡，开启 Show Boundary 功能，设置如图 4-96 所示。

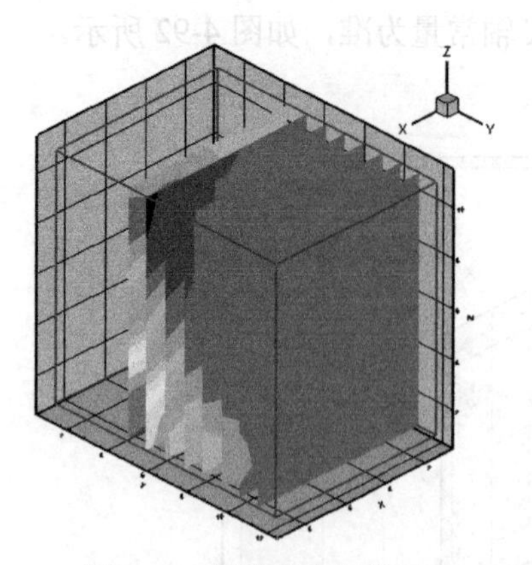

图 4-95　创建多个切片图

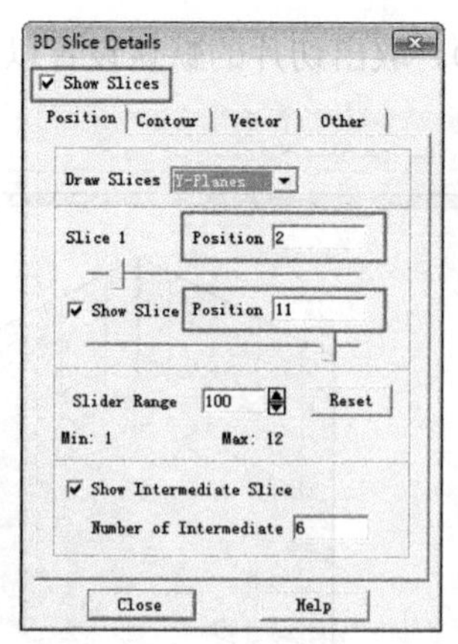

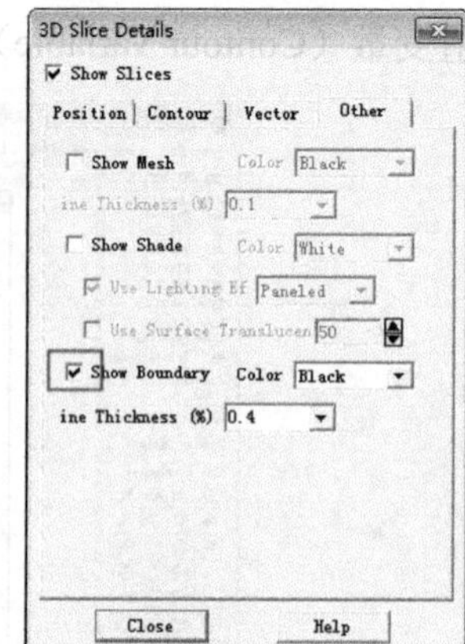

图 4-96　设置多切面细节

最终结果如图 4-97 所示。

4. 创建流线图

（1）执行 File→New Layout 命令。

（2）执行 File→Load Data File 命令，在 Tecplot 的安装目录下选择 Demo→plt→fetetra2.plt。

（3）在边框工具栏左上方的 Zone Layers 部分，取消选中 Mesh，并选中 Contour。在弹出的 Contour Variable 对话框中选择 V7：P（N），关闭对话框。

（4）在边框工具栏中的 Zone Effects 部分，选中 Translucency，打开透明特性，显示如图 4-98 所示的三维等值图。

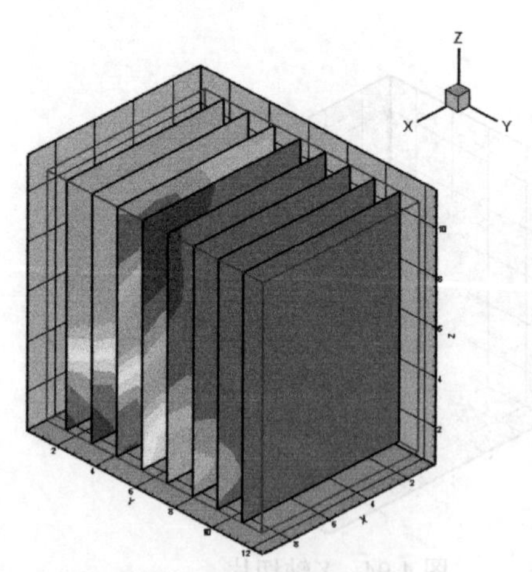

图 4-97　创建的切片图

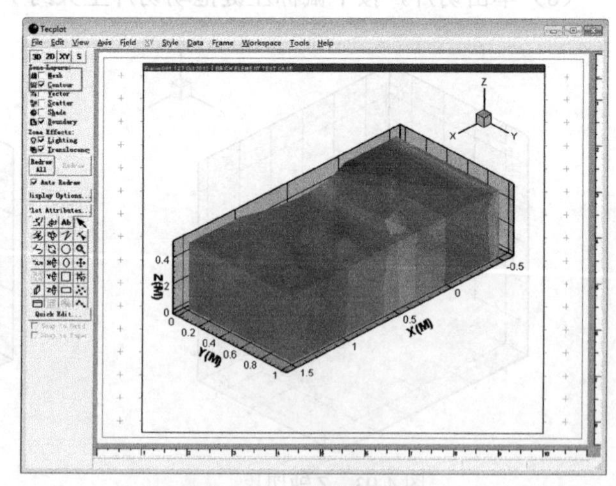

图 4-98　三维等值图

（5）执行 Field→Mesh Attributes 命令，然后选中 Zone 2，单击 Zone Show 按钮，选择 Deactivate，如图 4-99 所示。

（6）在边框工具栏中单击“切片”按钮，单击图片，创建切片一。打开切片细节设置对话框，选择绘制切片的位置常量为 *X* 平面，位置为 1，如图 4-100 所示。

（7）执行 Field→Streamtrace Placement 命令，在 Select Variables 对话框中将 U 设置为 V4：U(M/S)，V 设置为 V5：V(M/S)，W 设置为 V6：W(M/S)，如图 4-101 所示。然后在

Streamtrace Placement 对话框中将格式 Format 设置为 Volume Rod，方向 Direction 设置为 Both，如图 4-102 所示。关闭对话框。

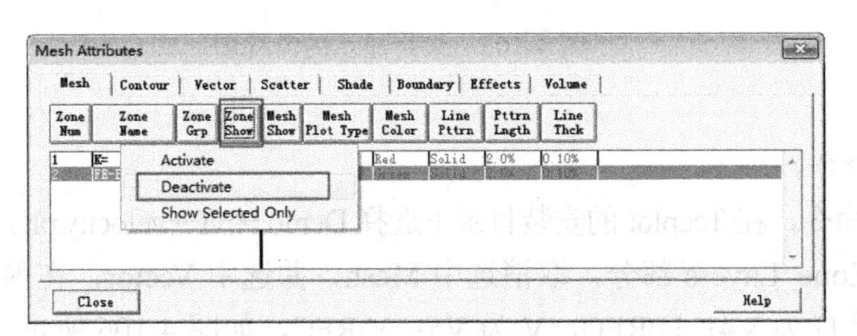

图 4-99　设置网格特性

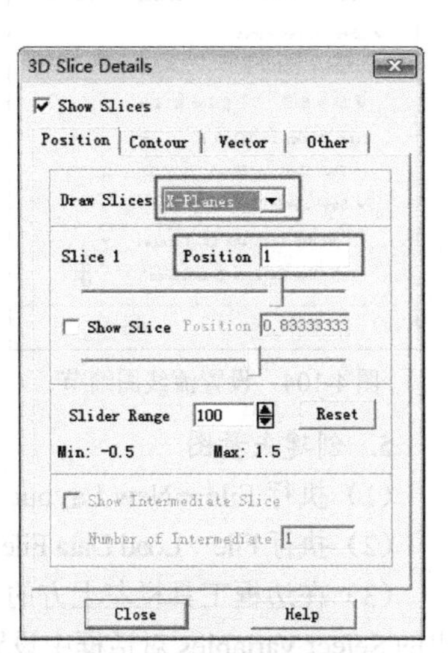

图 4-100　设置切面细节

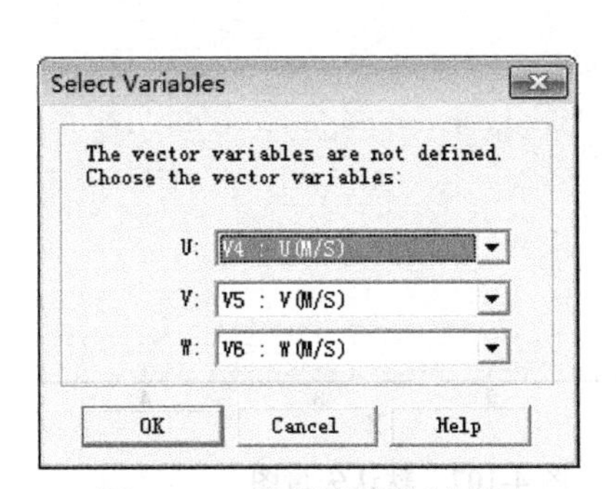

图 4-101　选择流线绘制变量

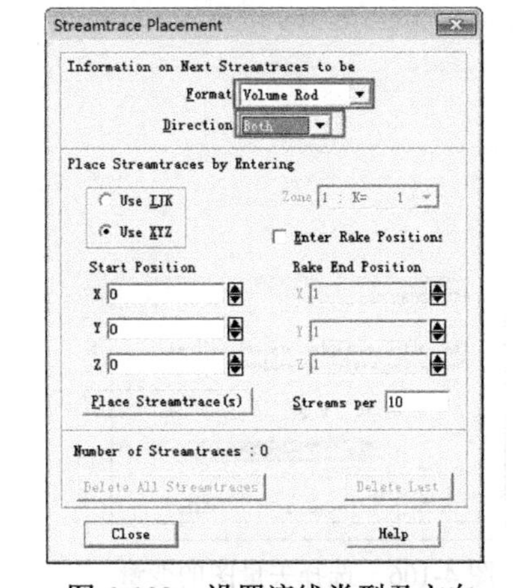

图 4-102　设置流线类型及方向

（8）在边框工具栏中单击“流线”按钮。按住 Alt 键的同时，在切片上的不同位置单击即可画出流线。如果想删除所画的流线，在按住 Alt 键单击流线的同时按下 Delete 键即可。流线图如图 4-103 所示。

（9）执行 Field→Streamtrace Details 命令，单击 Rod/Ribbon 标签，设置宽度 Width 为 0.05，Rod Points 为 4。选中 Show Mesh，将 Shade Color 改为 Blue，如图 4-104 所示。

最终结果如图 4-105 所示。

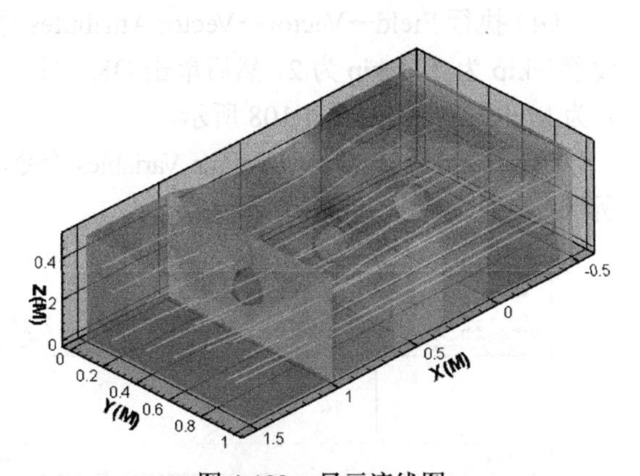

图 4-103　显示流线图

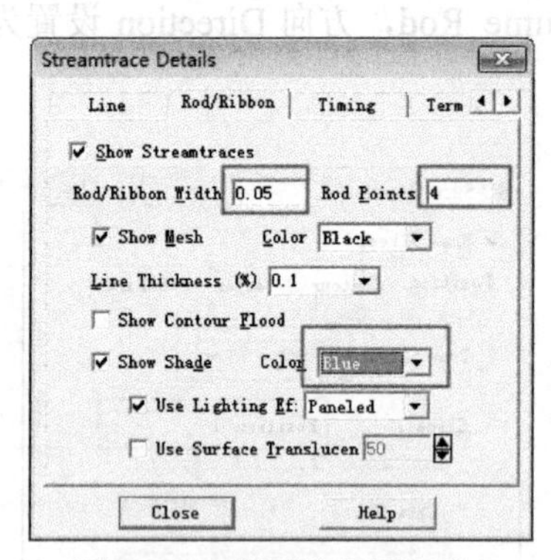

图 4-104　设置流线图细节

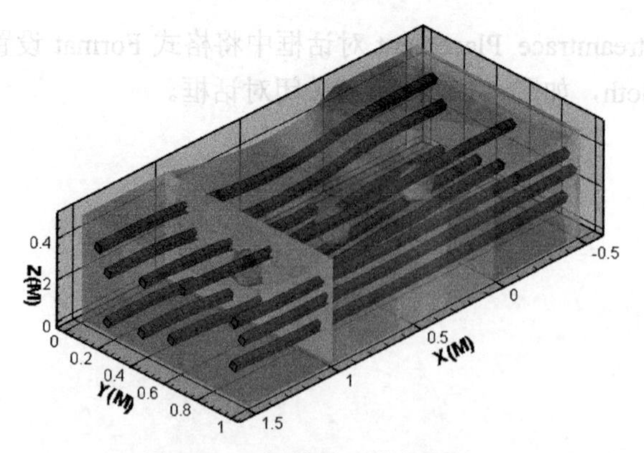

图 4-105　最终显示的流线图

5. 创建矢量图

（1）执行 File→New Layout 命令。

（2）执行 File→Load Data File 命令，在 Tecplot 的安装目录下选择 Demo→plt→velocity.plt。

（3）在边框工具栏左上方的 Zone Layers 部分，取消选中 Mesh，并选中 Vector，在弹出的 Select Variables 对话框中设置 U 为 V4：U/RFC，V 为 V5：V/RFC，如图 4-106 所示。单击 OK 按钮，得到如图 4-107 所示的默认矢量图。

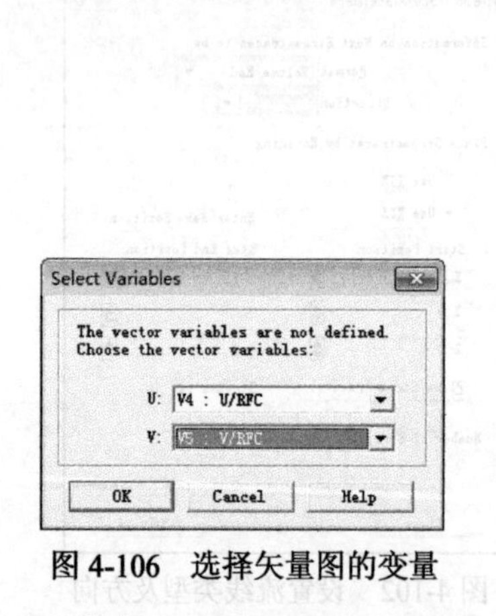

图 4-106　选择矢量图的变量

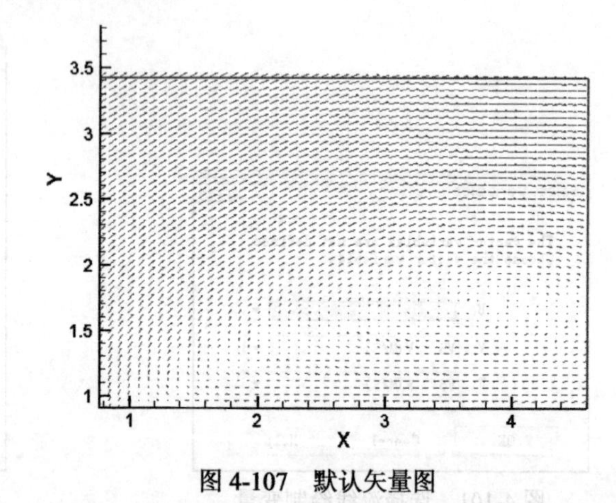

图 4-107　默认矢量图

（4）执行 Field→Vector→Vector Attributes 命令。单击 Index Skip 标签，选择 Enter Skip，设置 Iskip 为 2，Jskip 为 2，然后单击 OK 按钮。再将 Line Thck 设置为 0.4%，Vect Color 设置为 MultiColor，如图 4-108 所示。

执行 Field→Contour→Contour Variables 命令，在下拉列表中选择 V10:Vorticity，如图 4-109 所示，关闭对话框。

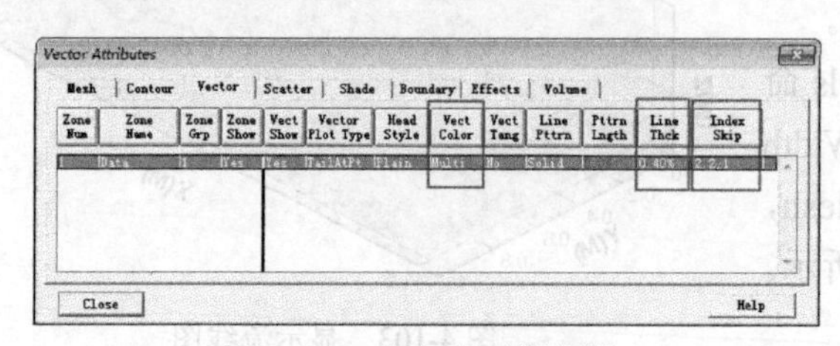

图 4-108　设置矢量图属性

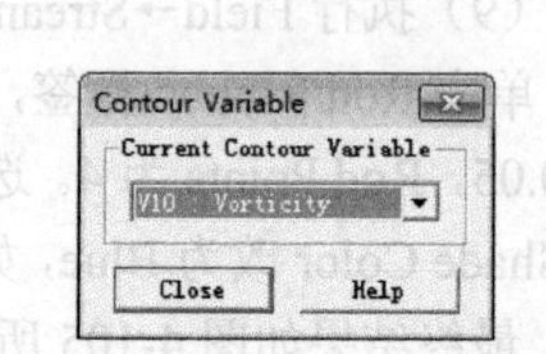

图 4-109　设置 Contour Variable

（5）执行 Field→Vector→Vector Length 命令，将 Relative（Grid Units/Magnitude）设置为 0.2，如图 4-110 所示，完成后关闭对话框。

（6）在边框工具栏中单击“流线”按钮，在图像中的矢量上单击画出流线，如图 4-111 所示。

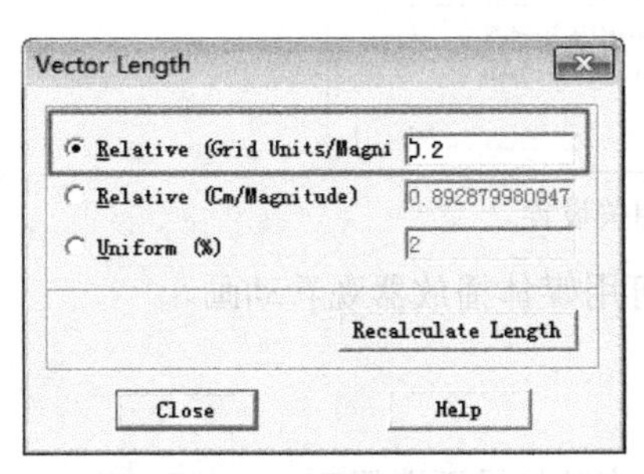

图 4-110 设置箭头长度

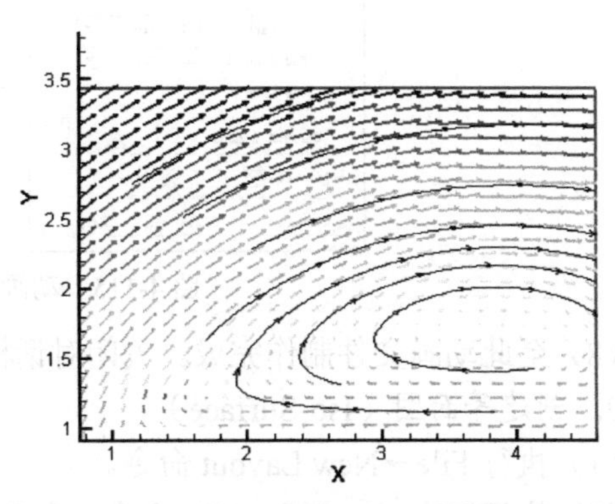

图 4-111 显示流线的矢量图 1

（7）在图像中拖曳鼠标（按住鼠标左键，拖动鼠标，然后放开鼠标左键）添加流线倾斜面。最终结果如图 4-112 所示。

6. 创建动画

（1）执行 File→New Layout 命令。

（2）选择 File→Load Data File，在 Tecplot 的安装目录下选择 Demo→plt→multizn.plt。

（3）在边框工具栏左上方的 Zone Layers 部分，取消选中 Mesh，并选中 Contour，在弹出的 Contour Variable 对话框中选择 V3：U（M/S），关闭对话框。

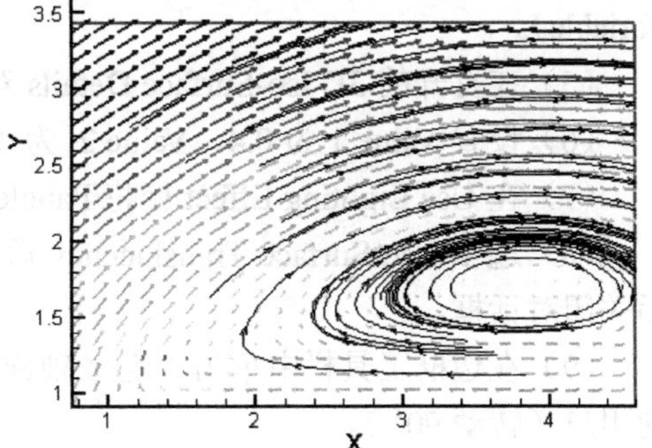

图 4-112 显示流线的矢量图 2

（4）执行 Field→Contour→Contour Attributes 命令。选中所有区域并且将 ContourPlot Type 设为 Both Lines and Flood，将 Line Color 设为 Red，如图 4-113 所示。

（5）单击 Boundary 标签，设置 Bndy Clolor 为 Black，I-Indx Bndy 为 None，关闭对话框，工作区显示如图 4-114 所示。

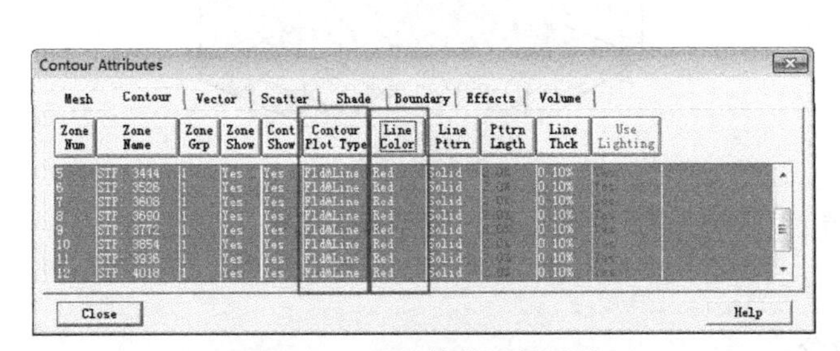

图 4-113 设置等值图的属性

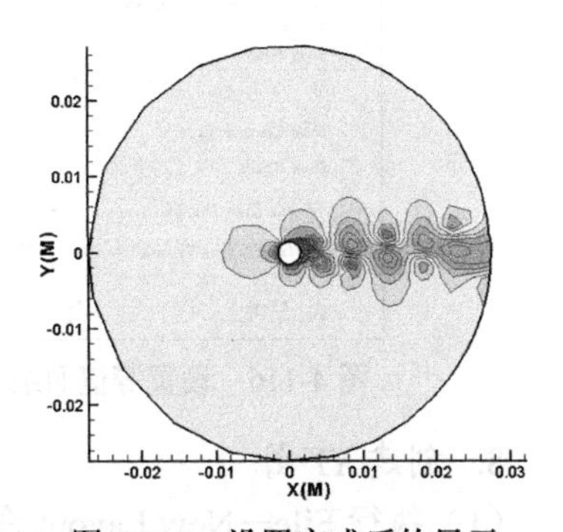

图 4-114 设置完成后的显示

（6）执行 Tools→Animate→Zones 命令。

（7）在 Animate 下拉列表中选择 to AVI File，然后单击 Animate 按钮，在打开的 AVI Exporter 对话框中将 Animation Speed 设置为 5，如图 4-115 所示。最后保存动画文件。

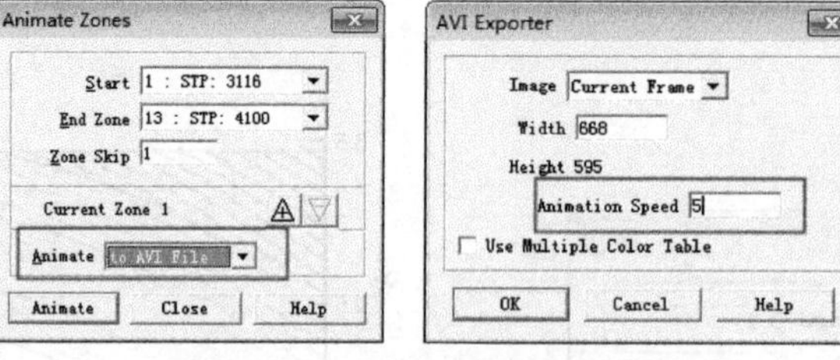

图 4-115 动画生成的相关设置

（8）至此动画文件制作完成。关闭对话框后，可用媒体播放器观看动画。

7. 创建等面图（Iso-Surface）

（1）执行 File→New Layout 命令。

（2）执行 File→Load Data File 命令，在 Tecplot 的安装目录下选择 Demo→plt→ijkcyl.plt。

（3）在边框工具栏左上方的 Zone Layers 部分取消选中 Mesh。

（4）执行 Field→3D Iso-Surface Details 命令。选择 V4:C 作为等值图变量（Contour Variable）。

（5）在打开的 3D Iso-Surface Details 对话框中，选中 Show Iso-Surfaces。

（6）设置 Value 1 为 0.4，Value 2 为 0.8，Value 3 为 1.4。

（7）在 Use Lighting Effect 处将 Paneled 改为 Gouraud。

（8）选中 Use Surface Translucency 后设置其值为 30。以上设置如图 4-116 所示，完成后关闭对话框。

（9）在边框工具栏中单击“定 *Z* 轴旋转”按钮。在图像上按住鼠标左键拖动旋转至面向用户（转动 90°）。

最终结果如图 4-117 所示。

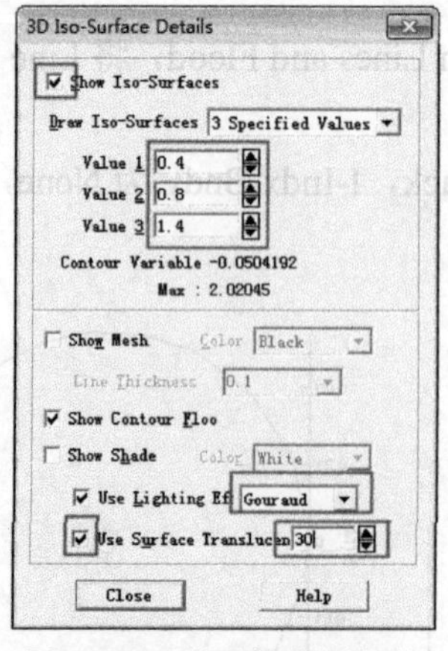

图 4-116 设置等值面细节

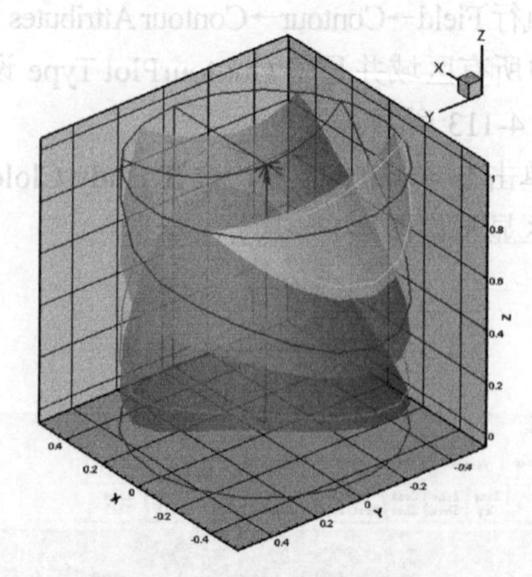

图 4-117 显示等值面图

8. 创建 *XY* 图

（1）执行 File→New Layout 命令。

（2）执行 File→Load Data File 命令，在 Tecplot 的安装目录下选择 Demo→plt→rain.plt。

（3）执行 XY→Define XY Mappings 命令。选中 Map 2 和 Map 3，然后将 Map Show 设置为 Activate，如图 4-118 所示。

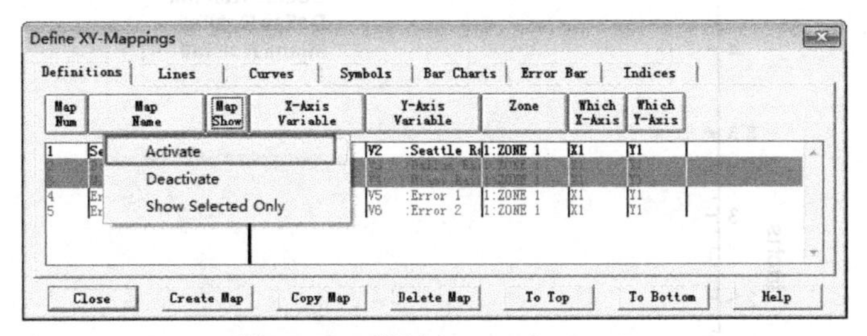

图 4-118 激活 Map 2 和 Map 3

（4）选择 Lines 标签，选中 Map 2，将 Line Pttrn 设置为 Dash Dot Dot；选中 Map 3，将 Line Pttrn 设置为 Dashed，并将 Line Thck 设置为 0.4%，如图 4-119 所示，关闭对话框。

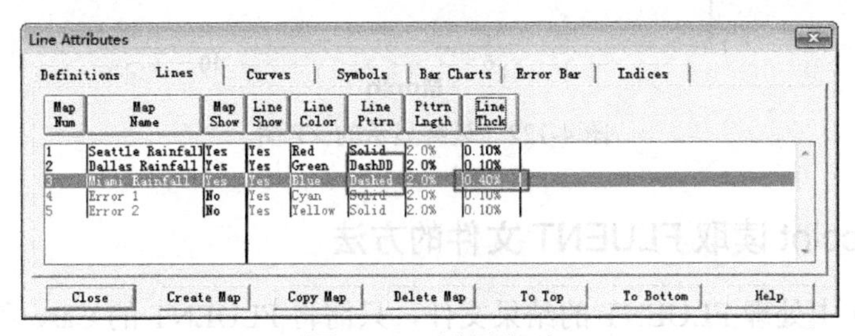

图 4-119 设置线型

（5）执行 View→Data Fit 命令，可调整坐标轴范围，显示完整曲线。

（6）执行 XY→XY Legend 命令，选中 Show XY Legend，显示标签，如图 4-120 所示，关闭对话框。

（7）单击标签，按住鼠标左键将其拖到合适的空白位置。

（8）执行 Axis→Title 命令。在对话框顶端部分单击 Y1，然后选中 Use Text，在其下的文本编辑栏中输入“inchs”，如图 4-121 所示，关闭对话框。

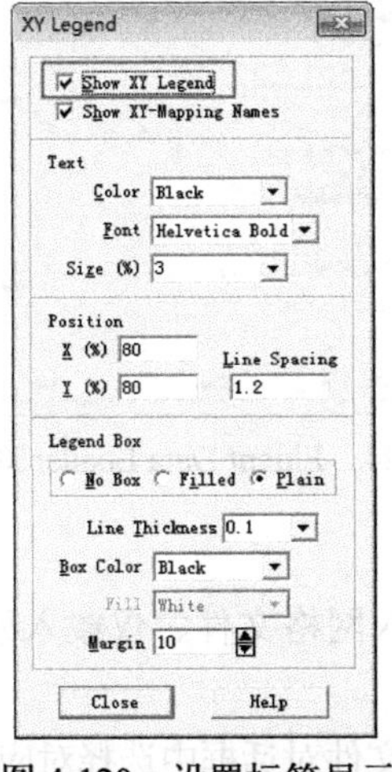

图 4-120 设置标签显示

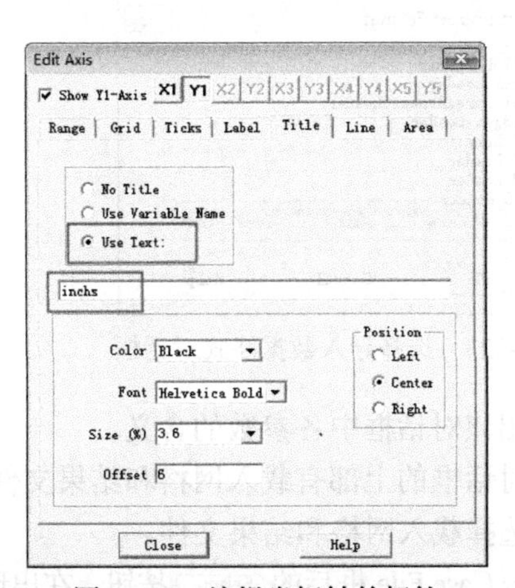

图 4-121 编辑坐标轴的标签

最终结果如图4-122所示。

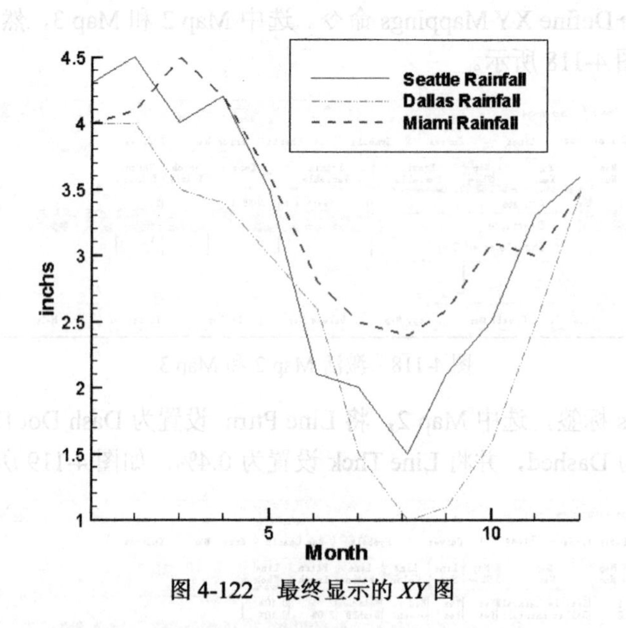

图4-122　最终显示的*XY*图

4.3.4　Tecplot读取FLUENT文件的方法

要在Tecplot中处理FLUENT的结果文件，只需将FLUENT的Case和Data文件导入Tecplot中，然后按照4.3.3节中介绍的方法绘制各种图形即可。

Tecplot读取FLUENT文件的步骤如下。

（1）执行File→Import命令，出现如图4-123所示的对话框。在对话框中选择Fluent Data Loader，单击OK按钮。

（2）出现如图4-124所示的Fluent Data Loader对话框，从中导入Case和Data文件。

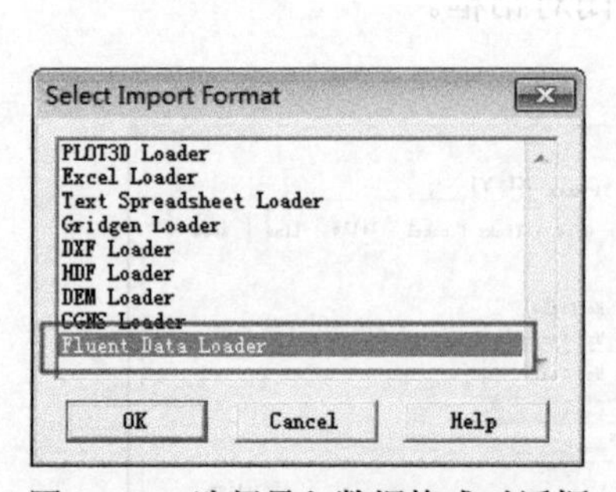

图4-123　选择导入数据格式对话框

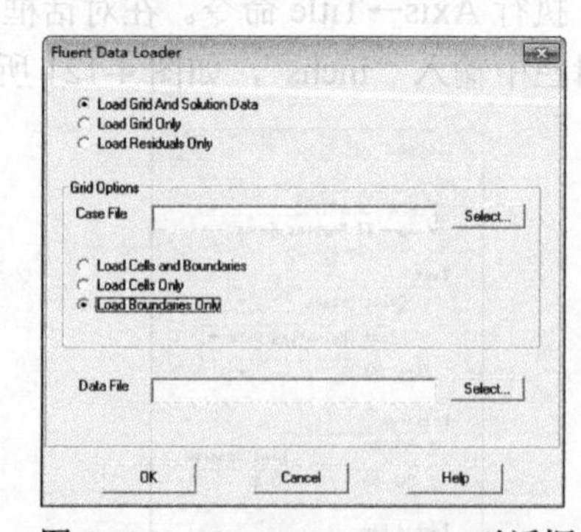

图4-124　Fluent Data Loader对话框

下面介绍该对话框中各参数的含义。

（1）该对话框的上部有载入网格和结果文件、仅载入网格文件、仅载入残差文件3个选项，这里选择载入网格和结果文件。

（2）单击Case File框后的Select...按钮，在出现的选择文件对话框中选择对应的Case文件。

（3）在 Grid Options 下拉列表中包括载入单元解和边界、仅载入单元解、仅载入边界 3 个选项，这里选择仅载入边界。

（4）单击 Data File 框后的 Select... 按钮，在出现的选择文件对话框中选择对应的 Data 文件。

设置完成后单击 OK 按钮，即可载入 Case 和 Data 文件。

载入 Case 和 Data 文件后，即可按照 4.3.3 节中介绍的方法进行后处理，此处不再介绍。

4.4 本章小结

本章详细介绍了运用 FLUENT 内置的后处理功能、ANSYS CFD-Post 以及 Tecplot 对 CFD 结果进行后处理的方法。通过本章的讲解，读者应该可以运用这 3 种软件绘制各种矢量图、云图、流线图，可以制作表格、图表和生成简单报告，还可以制作动画显示，并对不同的结果进行对比。

总之，合理运用后处理，不仅可以使计算结果直观，还可以全方位地阐述结果所表达出来的信息，对分析数据、了解物理现象有十分重要的作用。

第5章　FLUENT中常用的边界条件

根据前面的学习，我们知道要求解流动问题的连续性方程、动量方程、能量方程和组分方程等，必须确定求解的初始条件和边界条件。

通常情况下，对于一个收敛的问题，初始条件的给定是比较随意的，只要初始值符合一定的要求，其对计算结果的影响不大。而边界条件的设定对求解结果的影响十分关键，是使用FLUENT分析流动问题的重点和难点之一。因此，本章将详细介绍FLUENT中常用的边界条件。

学习目标：

- 了解FLUENT边界条件的分类；
- 学习FLUENT中边界条件的设置方法；
- 学习入口及出口边界上湍流参数的确定；
- 学习FLUENT中常用的边界条件。

5.1　FLUENT中边界条件的分类

边界条件是在进行FLUENT流动分析时最重要的设置参数，FLUENT提供的边界条件可以分为以下4类。

- 进出口边界条件：压力进口、速度进口、质量进口、进风口、进气扇、压力出口、压力远场、质量出口、出风口、排气扇。
- 壁面条件：壁面、对称、周期、轴。
- 内部单元区域：流体、固体（多孔是一种流动区域类型）。
- 内部表面边界：风扇、散热器、多孔跳跃、壁面、内部界面。

说明：内部表面边界条件定义在单元表面，这意味着它们没有有限厚度，并提供了流场性质每一步的变化。这些边界条件用来补充描述排气扇、细孔薄膜以及散热器的物理模型。内部表面区域的内部类型不需要输入任何参数。

5.2　边界条件设置及操作方法

在FLUENT 16.0中，通过Cell Zone Conditions和Boundary Conditions面板设置边界条件，如图5-1所示。

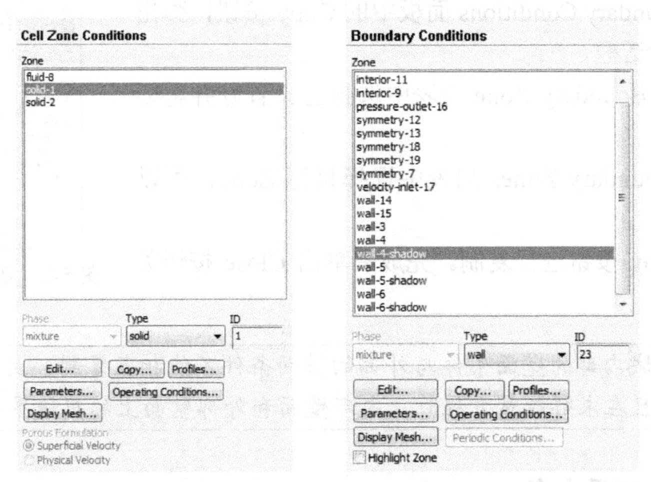

图 5-1 Cell Zone Conditions 和 Boundary Conditions 面板

5.2.1 边界条件的设置

执行 Define→Cell Zone Conditions 命令和 Define→Boundary Conditions 命令，或者从项目树中选择相应的项，都可以打开相应的面板。

Cell Zone Conditions 面板主要用于设置内部单元区域型的边界条件，如流体、固体等；Boundary Conditions 面板用于设置其他类型的边界条件。设置边界条件的步骤如下。

（1）在 Zone 列表中选择要设置的区域。

（2）在 Type 下拉列表中选择边界条件。

（3）单击 Edit 按钮，对某个边界的边界条件进行详细的参数设置。

5.2.2 边界条件的修改

设定任何边界条件之前，必须检查所有边界区域的区域类型，如有必要就作适当的修改。例如，如果网格是压力入口，但想要使用速度入口，就要把压力入口改为速度入口之后再设定。

改变边界类型的步骤如下。

（1）在区域下拉列表中选定所要修改的区域。

（2）在类型列表中选择正确的区域类型。

（3）如果有问题提示菜单出现，则单击确认按钮。

确认改变之后，区域类型将会改变，名称也会自动改变，设定区域边界条件的面板也将自动打开。

注意：这个方法不能用于改变周期性类型，因为该边界类型已经存在附加限制。

5.2.3 边界条件的复制

如果将要设置边界条件的 Zone 与已经设置好边界条件的 Zone 具有完全相同的边界条件，则可将已设置的 Zone 上的边界条件复制到将要设置边界条件的 Zone 上，步骤如下。

（1）单击Boundary Conditions面板中的Copy按钮，弹出如图5-2所示的对话框。

（2）在From Boundary Zone列表中选择已设置好并将要被复制的Zone。

（3）在To Boundary Zones列表中选择目标Zone，可以多选。

（4）单击Copy按钮进行复制。完成后单击Close按钮关闭对话框。

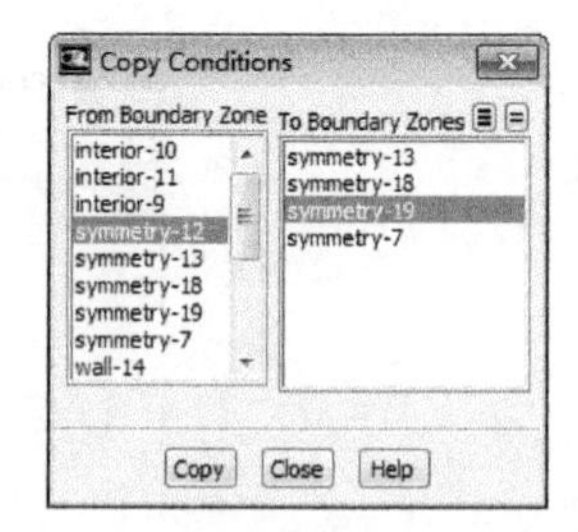

图5-2　复制边界条件对话框

注意：计算域内部的壁面条件与外部的壁面条件不能相互复制，因为内部壁面可能是双面边界，而且在求解能量方程时，内部壁面和外部壁面上的热边界条件是不同的。

5.2.4　边界的重命名

边界的名称由其类型和标号数（如pressure-inlet-7）组成。在某些情况下，需要为边界区域分配更多的描述名。

重命名边界的步骤如下。

（1）在边界条件的Zone列表选择所要重命名的区域。

（2）单击Edit按钮，打开所选区域的面板。

（3）在区域名称文本框中输入新的名称。

（4）单击OK按钮。

注意：如果指定区域的新名称然后改变它的类型，所改的名称将会被保留。如果区域名称是类型加标号，名称将会自动改变。

以上介绍了在FLUENT中设置基本边界条件的方法，设置其他复杂边界条件的方法请参阅相关帮助文档。

5.3　FLUENT中流动出入口边界条件及参数确定

FLUENT有很多的边界条件用来描述计算域的流动进入或者流出。对于流动的出入口，FLUENT提供了10种边界单元类型：速度入口、压力入口、质量入口、压力出口、压力远场、质量出口、进风口、进气扇、出风口以及排气扇。

FLUENT中的进出口边界条件选项如下。

- 速度入口边界条件：用于定义流动入口边界的速度和标量。
- 压力入口边界条件：用来定义流动入口边界的总压和其他标量。
- 质量入口边界条件：用于可压流规定入口的质量流速。在不可压流中不必指定入口的质量流，因为当密度是常数时，速度入口边界条件就确定了质量流条件。
- 压力出口边界条件：用于定义流动出口的静压（在回流中还包括其他的标量）。当出现回流时，使用压力出口边界条件来代替质量出口边界条件常常有更好的收敛速度。

- 压力远场边界条件：用于模拟无穷远处的自由可压流动，该流动的自由流马赫数以及静态条件已经指定了。该边界条件类型只用于可压流。
- Outflow 边界条件：用于在解决流动问题之前，所模拟的流动出口的流速和压力的详细情况还未知的情况。在流动出口是完全发展时，这一条件是适合的，这是因为 Outflow 边界条件假定除了压力之外的所有流动变量正法向梯度为零。对于可压流计算，这一条件是不适合的。
- 进风口边界条件：用于模拟具有指定的损失系数、流动方向以及周围（入口）环境总压和总温的进风口。
- 进气扇边界条件：用于模拟外部进气扇，它具有指定的压力跳跃、流动方向以及周围（进口）总压和总温。
- 出风口边界条件：用于模拟出风口，它具有指定的损失系数以及周围环境（排放处）的静压和静温。
- 排气扇边界条件：用于模拟外部排气扇，它具有指定的压力跳跃以及周围环境（排放处）的静压。

对于入口、出口或远场边界流入流域的流动，FLUENT 需要指定输运标量的值。下面介绍几种湍流参数的设置方法。

5.3.1 用轮廓指定湍流参量

在入口处要想准确地描述边界层和完全发展的湍流流动，就要通过实验数据和经验公式创建边界轮廓文件来设定湍流量。

如果有轮廓函数而不是数据点，也可以用这个函数来创建边界轮廓文件，创建轮廓函数后，就可以使用如下模型。

Spalart-Allmaras 模型：在湍流指定方法下拉列表中指定湍流黏性比，并在湍流黏性比后边的下拉列表中选择适当的轮廓名。通过将 m_t/m 和密度与分子黏性适当结合，FLUENT 为修改后的湍流黏性计算边界值。

k-ε 模型：在湍流指定方法下拉列表中选择 K 和 Epsilon，并在湍动能（Turb. Kinetic Energy）和湍流扩散速度（Turb. Dissipation Rate）后边的下拉列表中选择适当的轮廓名。

雷诺应力模型：在湍流指定方法下拉列表中选择雷诺应力部分，并在每一个单独的雷诺应力部分后边的下拉列表中选择适当的轮廓名。

5.3.2 湍流参量的估算

在某些情况下，流动流入开始时，将边界处的所有湍流量指定为统一值是适当的。例如，进入管道的流体、远场边界，甚至完全发展的管流中，湍流量的精确轮廓是未知的。

在大多数湍流流动中，湍流的更高层次产生于边界层而不是流动边界进入流域的地方，因此这就导致了计算结果相对于流入边界值不敏感。然而必须注意的是，要保证边界值不是非物理边界。

非物理边界会导致解不准确或者不收敛。对于外部流来说这一缺点尤其突出，如果自由流的有效黏性系数具有非物理性的大值，边界层就会找不到了。

可以使用轮廓指定湍流量中描述的湍流指定方法来输入同一数值取代轮廓。也可以选择用更为方便的量来指定湍流量，如湍流强度、湍流黏性比、水力直径以及湍流特征尺度等。

1. 湍流强度

湍流强度 I 定义为相对于平均速度 u_{avg} 的脉动速度 u' 的均方根。

小于或等于1%的湍流强度通常被认为是低强度湍流，大于10%被认为是高强度湍流。从外界测量数据的入口边界，可以很好地估计湍流强度。例如，如果模拟风洞试验，自由流的湍流强度通常可以从风洞指标中得到。在现代低湍流风洞中，自由流湍流强度通常低到0.05%。

对于内部流动，入口的湍流强度完全依赖于上游流动的历史，如果上游流动没有完全发展或者没有被扰动，就可以使用低湍流强度。

如果流动完全发展，湍流强度可能就达到了百分之几。完全发展的管流的核心湍流强度可以用下面的经验公式计算。

$$I \equiv \frac{u'}{u_{avg}} \cong 0.16(Re_{D_H})^{-1/8} \tag{5-1}$$

例如，在雷诺数为50 000时湍流强度为4%。

2. 湍流尺度

湍流尺度 l 是和携带湍流能量的大涡尺度有关的物理量。在完全发展的管流中，l 被管道的尺寸所限制，因为大涡不能大于管道的尺寸。管道的相关尺寸 L 和管的物理尺寸 l 之间的计算关系为

$$l=0.07L \tag{5-2}$$

其中因子0.07基于完全发展湍流流动混合长度的最大值，对于非圆形截面的管道，可以用水力学直径取代 L。

公式5-2并不适用于所有的情况，它只是在大多数情况下的近似。对于特定流动，选择 L 和 l 的原则如下。

- 对于完全发展的内部流动，选择强度和水力学直径指定方法，并在水力学直径流场中指定 $L=D_H$。
- 对于旋转叶片的下游流动、穿孔圆盘等，选择强度和水力学直径指定方法，并在水力学直径流场中指定流动的特征长度为 L。
- 对于壁面限制的流动，入口流动包含了湍流边界层。选择湍流强度和长度尺度方法并使用边界层厚度 $\delta_{99\%}$ 来计算湍流长度尺度 l，即 $l=0.4\delta_{99\%}$。
- 如果湍流的产生是由于管道中的障碍物等特征，最好用该特征长度作为湍流长度 L，而不用管道尺寸。

3. 湍流黏性比

湍流黏性比 μ_t/μ 直接与湍流雷诺数成比例：$Re_t=k^2/(\delta v)$。Re_t 在高湍流数的边界层、剪切层和完全发展的管流中较大（100～1 000）。

然而，在大多数外流的自由流边界层中，μ_t/μ 相当小。湍流参数的典型设定为 $1<\mu_t/\mu<10$。

要根据湍流黏性比来指定量，可以选择湍流黏性比（对于Spalart-Allmaras模型）或者强度和黏性比（对于 k-ε 模型或者RSM）。

4. 推导湍流参量的关系式

要获得更方便的湍流量的输运值，必须求助于经验公式，下面是FLUENT中常用的几个关系式。要获得修改的湍流黏性 $\tilde{\upsilon}$，它和湍流强度 I、尺度 l 有如下关系。

$$\tilde{\upsilon}=\sqrt{\frac{3}{2}}u_{\mathrm{avg}}Il \qquad (5\text{-}3)$$

湍动能 k 和湍流强度 I 之间的关系如下。

$$k=\frac{3}{2}(u_{\mathrm{avg}}I)^2 \qquad (5\text{-}4)$$

式中，u_{avg} 为平均流动速度。

如果知道湍流长度尺度 l，可以使用下面的关系式。

$$\varepsilon=C_\mu^{\frac{3}{4}}\frac{k^{\frac{3}{2}}}{l} \qquad (5\text{-}5)$$

式中，C_μ 是湍流模型中指定的经验常数（近似为 0.09），l 的公式在前面已经讨论了。

ε 的值也可以用式 5-6 计算，它与湍流黏性比 μ_t/μ 以及 k 有关。

$$\varepsilon=\rho C_\mu\frac{k^2}{\mu}\left(\frac{\mu_t}{\mu}\right)^{-1} \qquad (5\text{-}6)$$

如果是在模拟风洞条件，在风洞中模型被安装在网格和/或金属网格屏下游的测试段，可以用下面的公式。

$$\varepsilon\approx\frac{\Delta kU_\infty}{L_\infty} \qquad (5\text{-}7)$$

式中，Δk 是希望的在穿过流场之后 k 的衰减（假设为 k 入口值的 10%），U_∞ 是自由流的速度，L_∞ 是流域内自由流的流向长度。

当使用 RSM 时，如果不在雷诺应力指定方法下拉列表中选择雷诺应力选项，指定入口处的雷诺应力值，它们就会近似地由 k 的指定值来决定。

湍流假定为各向同性，保证

$$\overline{u_iu_j}=0 \qquad (5\text{-}8)$$

以及

$$\overline{u_\alpha u_\alpha}=\frac{2}{3}k \qquad (5\text{-}9)$$

如果在雷诺应力指定方法下拉列表中选择 k 或者湍流强度，FLUENT 就会使用这种方法。

大涡模拟模型的 LES 速度入口中指定的湍流强度值，被用于随机扰动入口处速度场的瞬时速度。

5.4 FLUENT 中常用的边界条件

本节详细介绍 FLUENT 中常用的边界条件，这些边界条件是进行 FLUENT 仿真求解的关键。

5.4.1 压力入口边界条件

压力入口边界条件用于定义流动入口的压力以及其他标量属性。它既可以适用于可压流，也可以用于不可压流。

压力入口边界条件可用于压力已知但流动速度和/或速率未知的情况。这一情况可用于很多实际问题，如浮力驱动的流动。压力入口边界条件也可用来定义外部或无约束流的自由边界。

压力入口边界条件在如图5-3所示的Pressure Inlet对话框中进行设置。

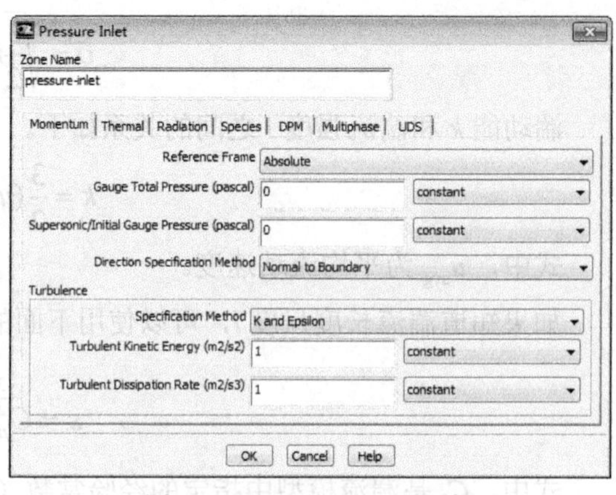

图5-3 Pressure Inlet对话框

1. 设置入口压力

FLUENT定义压力的方程式为

$$p_s' = \rho_0 g x + p_s \tag{5-10}$$

或者

$$\frac{\partial p_s'}{\partial x} = \rho_0 g + \frac{\partial p_s}{\partial x} \tag{5-11}$$

这一定义允许静压头放进体积力项中考虑，而且当密度一致时，静压头从压力计算中排除。因此压力输入不应该考虑静压的微分，压力的报告也不会显示静压的任何影响。

不可压流体的总压定义为

$$p_0 = p_s + \rho |v|^2 \tag{5-12}$$

可压流体的总压定义为

$$p_0 = p_s \left(1 + \frac{\gamma - 1}{2} Ma^2\right)^{\gamma/(\gamma-1)} \tag{5-13}$$

式中，p_0为总压，p_s为静压，Ma为马赫数，γ为比热比。

如果模拟轴对称涡流，v包括了旋转分量。如果相邻区域是移动的（即如果使用旋转参考坐标系、多重参考坐标系、混合平面或者滑移网格），而且使用分离解算器，那么速度（或者马赫数）将是绝对的，或者相对于网格速度。这依赖于解算器面板中绝对速度公式是否激活。对于耦合解算器，速度（或者马赫数）通常是在绝对坐标系下的速度。

压力入口边界条件的设置方法为：在压力入口面板中的Gauge Total Pressure中输入总压值。总压值是在操作条件面板中定义的与操作压力有关的总压值。

如果入口流动是超声速的，或者打算用压力入口边界条件来对解进行初始化，那么必须指定静压（Supersonic/Initial Gauge Pressure）。

只要流动是亚声速的，FLUENT会忽略Supersonic/Initial Gauge Pressure，它是由指定的驻点值来计算的。

如果打算使用压力入口边界条件来初始化解域，Supersonic/Initial Gauge Pressure是与计算初始值的指定驻点压力相联系的，计算初始值的方法有各向同性关系式（对于可压流）和伯努利方程（对于不可压流）两种。

2. 设置入口流动方向

可以用两种方法定义压力入口的流动方向：方向矢量和垂直于边界。

如果选择指定方向矢量，既可以设定笛卡儿坐标X、Y和Z的分量，也可以设（圆柱坐标的）半径、切线和轴向分量。

柱坐标的定义，正径向速度指向旋转轴的外向，正轴向速度和旋转轴矢量的方向相同，正切向方向用右手定则来判断，如图 5-4 所示。

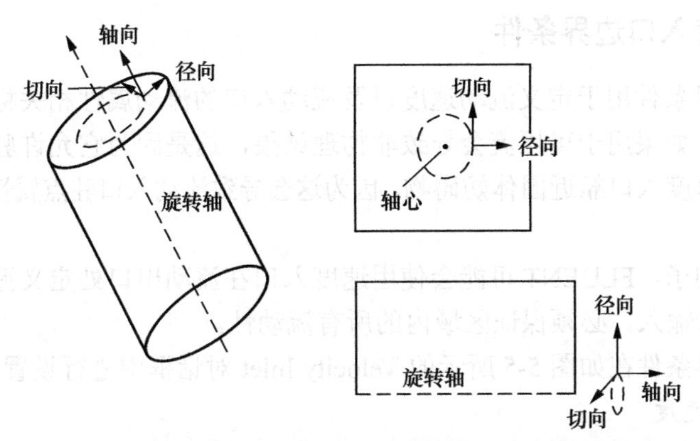

图 5-4 在二维、三维和轴对称区域的柱坐标速度分量

当地柱坐标系统允许对特定的入口定义坐标系，在压力入口面板中可以定义该坐标系统。具体操作方法为：在 Direction Specification Method 下拉列表中选择垂直于边界或者方向矢量。

3. 设置湍流参数

对于湍流计算，有以下几种方法来定义湍流参数。

首先在 Pressure Inlet 面板中的 Turbulence 选项组内选择 Specification Method，即湍流参数的定义方法，如 K and Epsilon、Intensity and Length Scale、Intensity and Viscosity Ratio、Intensity and Hydraulic Diameter 等。

对应不同的湍流参数定义方法，面板中会出现不同的输入框，要求输入相应的参数，此处不具体介绍，感兴趣的读者可参阅帮助文件。

至于湍流参量大小的计算请参阅 5.3 节。

4. 定义辐射参数

如果要使用 P-1 辐射模型、DTRM 或者 DO 模型，就需要在 Radiation 选项卡中设定 Internal Emissivity 以及 External Black Body Temperature。如果选用 Rosseland 辐射模型，则不需要任何输入。

5. 定义组分质量百分比

如果用有限速度模型来模拟组分输运，就需要在 Species 选项卡中设定组分质量百分比 Species Mass Fractions。

6. 定义 PDF/混合分数参数

如果用 PDF 模型模拟燃烧，就需要设定平均混合分数以及混合分数变化（如果用两个混合分数就还包括二级平均混合分数和二级混合分数变化）。

7. 定义预混合燃烧边界条件

如果使用预混合燃烧模型，就需要设定发展变量。

8. 定义离散相边界条件

离散相边界条件，只在使用了离散相轨道模型时可用。

9. 定义多相边界条件

对于多相流，如果使用VOF、cavitation或者代数滑移混合模型，就需要指定所有二级相的体积分数。

5.4.2 速度入口边界条件

速度入口边界条件用于定义流动速度以及流动入口的流动属性相关标量。该边界条件适用于不可压流，如果用于可压流会导致非物理结果，这是因为它允许驻点条件浮动。也应该小心不要让速度入口靠近固体妨碍物，因为这会导致流动入口驻点属性具有太高的非一致性。

对于特定的例子，FLUENT可能会使用速度入口在流动出口处定义流动速度。在这种情况下不使用标量输入，必须保证区域内的所有流动性。

速度入口边界条件在如图5-5所示的Velocity Inlet对话框中进行设置。

1. 定义流入速度

定义流入速度的步骤如下。

（1）选择定义入口速度的方法。在速度定义方法（Velocity Specification Method）下拉列表中有3种方法定义入口速度：Magnitude，Normal to Boundary、Magnitude and Direction和Components。

（2）如果临近速度入口的单元区域是移动的，可以指定相对或绝对速度，相对于临近单元区域或者参考坐标系下拉列表的绝对速度。如果临近单元区域是固定的，相对速度和绝对速度相等，这时不用查看下拉列表。

（3）根据第一步的选择，采用不同的操作方法。

- 如果选择的速度定义方法为Magnitude，Normal to Boundary，在Velocity Magnitude中输入速度矢量的大小，不用单独指定方向，因为方向垂直于边界流向计算区域。
- 如果在第一步中选择Components，在Coordinate System下拉列表中选择坐标系并输入各个坐标上速度矢量的分量，如图5-6所示。如果使用柱坐标系，输入流动方向的径向、轴向和切向的3个分量值，以及旋转角速度（可选）。

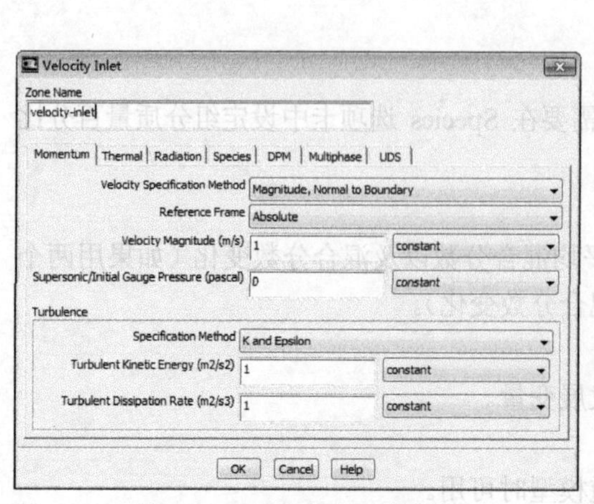

图5-5 Velocity Inlet对话框

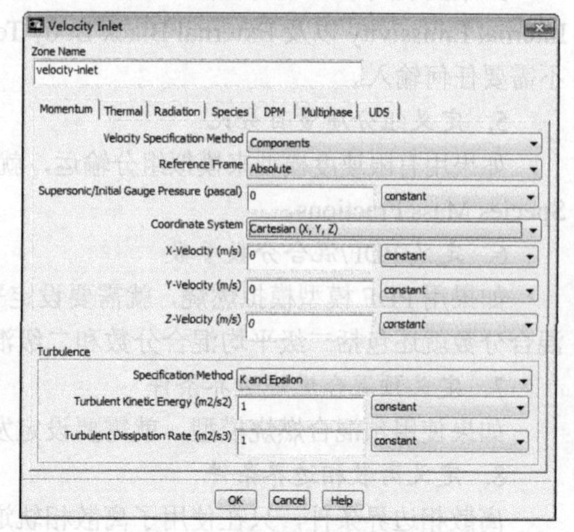

图5-6 用分量定义速度矢量

- 如果第一步选择的是 Magnitude and Direction，则需要定义速度矢量大小和方向矢量，方向矢量是在选择的坐标系中定义的，如图 5-7 所示。

2. 设置温度

在解能量方程时，需要在温度场中的速度入口边界设定流动的静温，如图 5-8 所示。

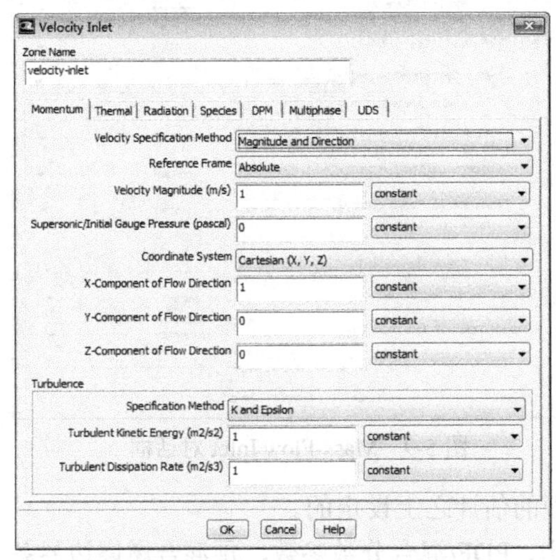

图 5-7 用速度大小和方向矢量定义速度矢量

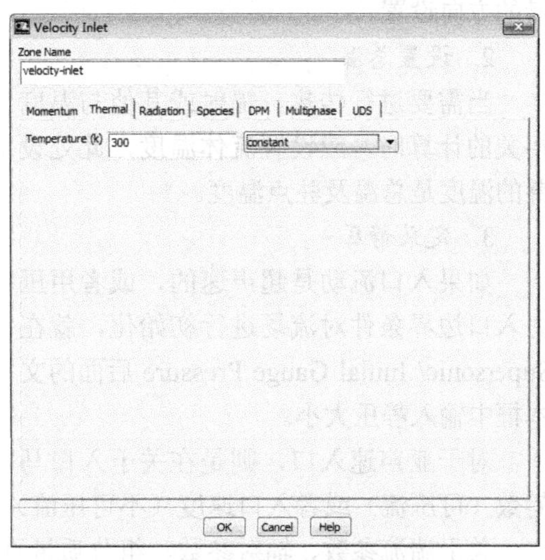

图 5-8 设置速度入口边界的温度

3. 定义流出标准压力

如果用耦合解算器，可以为速度入口边界指定流出标准压力。如果流动要在任何表面边界处流出区域，表面就会被处理为压力出口，该压力出口为流出标准压力场中规定的压力。

湍流参数、辐射参数、组分质量百分比、PDF/混合分数参数、预混合燃烧边界条件、离散相边界条件及多相边界条件的定义与压力入口边界条件的定义相同，这里不再赘述。

5.4.3 质量入口边界条件

质量入口边界条件用于规定入口的质量流量。为了实现规定的质量流量中需要的速度，就要调节当地入口总压。这和压力入口边界条件不同，在压力入口边界条件中，规定的是流入驻点的属性，质量流量的变化依赖于内部解。

当匹配规定的质量和能量流速而不是匹配流入的总压时，通常就会使用质量入口边界条件。例如，一个小的冷却喷流流入主流场并和主流场混合，此时，主流的流速主要由（不同的）压力入口/出口边界条件对控制。

调节入口总压可能会导致节的收敛，因此如果压力入口边界条件和质量入口条件都可以接受，应该选择压力入口边界条件。

在不可压流中不必使用质量入口边界条件，因为密度是常数，速度入口边界条件就已经确定了质量流。

质量入口边界条件在如图 5-9 所示的 Mass-Flow Inlet 对话框中进行设置。

1. 设置质量流量或质量流量密度

设置步骤如下。

（1）选择参考系：可以是绝对流量或相对流量，即选择 Absolute 或 Relative to Adjacent Cells。

（2）可以通过3种方式定义入口流量：Mass Flow Rate、Mass Flux和Mass Flux with Average Mass Flux。

（3）定义方向，参考5.4.2节中速度矢量的方向设置。

2. 设置总温

当需要进行传热、辐射或其他与温度相关的计算时，应设置流体温度，此处设置的温度是总温及驻点温度。

3. 定义静压

如果入口流动是超声速的，或者用压力入口边界条件对流场进行初始化，就在Supersonic/ Initial Gauge Pressure后面的文本框中输入静压大小。

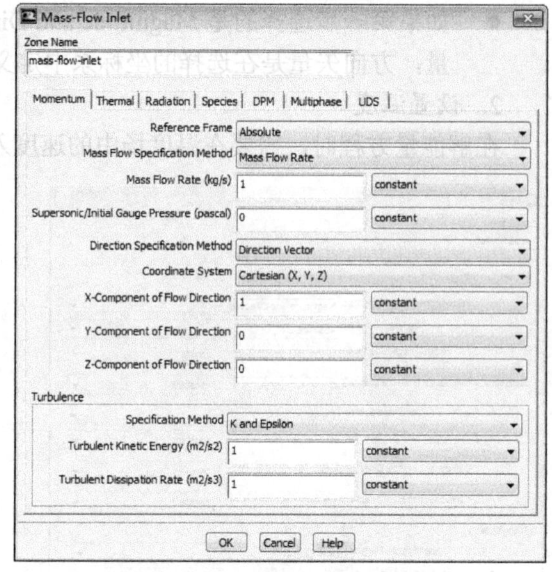

图5-9 Mass-Flow Inlet对话框

对于亚声速入口，则是在关于入口马赫数（可压流）或者入口速度（不可压流）合理的估计之上设定的。

关于湍流参数、辐射参数、组分质量百分比、PDF/混合分数参数、预混合燃烧边界条件、离散相边界条件及多相边界条件的定义，请参照压力入口边界条件的定义，这里不再赘述。

对入口区域使用质量入口边界条件，该区域每一个表面的速度都被计算出来，并且这一速度用于计算流入区域的流量。对于每一步迭代，调节计算速度以便于保证正确的质量流数值。

有两种指定质量流速的方法。第一种方法是指定入口的总质量流速 $\dot{m}$，第二种方法是指定质量流量（单位面积的质量流速）。

如果指定总质量流速，FLUENT会在内部通过将总流量除以垂直于流向区域的总入口面积得到统一质量流量。

$$\rho v = \frac{\dot{m}}{A} \tag{5-14}$$

如果直接使用质量流量指定选项，可以使用轮廓文件或者自定义函数来指定边界处的各种质量流量。

对于某一表面，须确定其密度值，找到垂直速度。密度获取的方法根据所模拟的是不是理想气体而不同。

如果是理想气体，则使用式5-15计算密度。

$$P=\rho RT \tag{5-15}$$

如果入口是超音速，式5-15中所使用的静压值为用户设置的静压值。如果是亚音速，静压是从入口表面单元内部推导出来的。

入口的静温是从总焓推出的，总焓是从边界条件所设的总温推出的。

入口的密度是理想气体定律使用静压和静温推导出来的。

如果模拟的是非理想气体或者液体，静温和总温相同。入口处的密度很容易从温度函数和组分质量百分比计算出来。速度可以用质量入口边界的计算程序中的方程计算出。

5.4.4 进风口边界条件

进风口边界条件用于模拟具有指定损失系数、流动方向以及环境（入口）压力和温度的进风口。设置进风口边界条件需输入以下参数。

- 总压即驻点压力。
- 总温即驻点温度。
- 流动方向。
- 静压。
- 湍流参数（对于湍流计算）。
- 辐射参数（对于 P-1 模型、DTRM 或者 DO 模型的计算）。
- 化学组分质量百分数（对于组分计算）。
- 混合分数和变化（对于 PDE 燃烧计算）。
- 发展变量（对于预混合燃烧计算）。
- 离散相边界条件（对于离散相计算）。
- 二级相的体积分数（对于多相流计算）。
- 损失系数。

进风口边界条件在如图 5-10 所示的 Inlet Vent 对话框中设置。

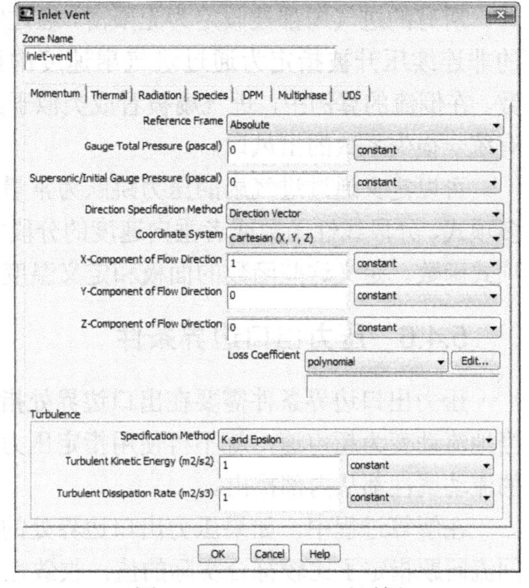

图 5-10　Inlet Vent 对话框

大部分参数设置可以参考前面介绍的边界条件设置，这里只介绍损失系数的意义。

FLUENT 中的进风口模型中的进风口假定为无限薄，假定通过进风口的压降和流体的动压成比例，并以经验公式确定所应用的损失系数。也就是说，压降 Δp 和通过进风口速度 v 的垂直分量的关系为

$$\Delta p = k_{\mathrm{L}} \frac{1}{2} \rho v^2 \tag{5-16}$$

式中，ρ 是流体密度，k_{L} 为无量纲的损失系数。

注意：Δp 是流向压降，因此即使是在回流中，进风口也会出现阻力。

可以定义通过进风口的损失系数为常量、多项式、分段线性函数或者垂向速度的分段多项式函数，定义这些函数的面板和定义温度相关属性的面板相同。

5.4.5 进气扇边界条件

进气扇边界条件用于定义具有特定压力跳跃、流动方向以及环境（进风口）压力和温度的外部进气扇流动。设置进气扇边界条件需输入以下参数。

- 总压即驻点压力。

- 总温即驻点温度。
- 流动方向。
- 静压。
- 湍流参数（对于湍流计算）。
- 辐射参数（对于 P-1 模型、DTRM 或者 DO 模型的计算）。
- 化学组分质量百分数（对于组分计算）。
- 混合分数和变化（对于 PDE 燃烧计算）。
- 发展变量（对于预混合燃烧计算）。
- 离散相边界条件（对于离散相计算）。
- 二级相的体积分数（对于多相流计算）。
- 压力跳跃。

上面的所有值都在如图 5-11 所示的 Intake Fan 对话框中输入。

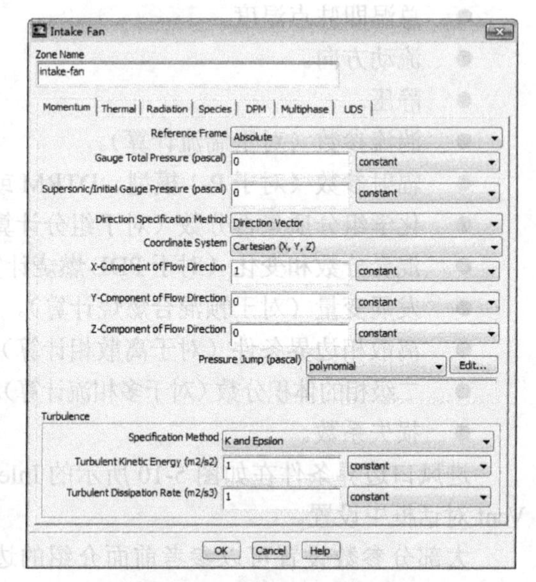

图 5-11　Intake Fan 对话框

上面前 11 项设定和压力入口边界的设定一样。

所有的进气扇都被假定为无限薄，通过它的非连续压升被指定为通过进气扇速度的函数。在倒流的算例中，进气扇被看成类似于具有统一损失系数的出风口。

可以定义通过进气扇的压力跳跃为常量、多项式、分段线性函数或者垂向速度的分段多项式函数。定义这些函数的面板和定义温度相关属性的面板相同。

5.4.6　压力出口边界条件

压力出口边界条件需要在出口边界处指定静压。静压的指定只用于亚声速流动。如果当地流动变为超声速，就不再使用指定压力了，此时压力要从内部流动中推断。所有其他的流动属性都从内部推出。

在解算过程中，如果压力出口边界处的流动是反向的，回流条件也需要指定。如果对回流问题指定了比较符合实际的值，收敛性困难就会被减到最小。

设置压力出口边界条件需要输入以下参数。

- 静压。
- 回流条件。
- 总温即驻点温度（用于能量计算）。
- 湍流参数（对于湍流计算）。
- 化学组分质量百分数（对于组分计算）。
- 混合分数和变化（对于 PDE 燃烧计算）。
- 发展变量（对于预混合燃烧计算）。
- 二级相的体积分数（对于多相流计算）。
- 辐射参数（对于 P-1 模型、DTRM 或者 DO 模型的计算）。

- 离散相边界条件（对于离散相计算）。

这些参数都在如图 5-12 所示的 Pressure Outlet 对话框中设置。

要在压力出口边界设定静压，请在压力出口面板设定适当的 Gauge 压力值。这个值只用于亚声速。如果出现当地超声速情况，压力要从上游条件推导出来。

需要注意的是，这个静压和在操作条件面板中的操作压力是相关的。请参阅有关压力输入和静压头输入的解释。

FLUENT 还提供了使用平衡出口边界条件的选项。要使这个选项激活，就要打开辐射平衡压力分布。当该选项被激活时，指定的 Gauge 压力只用于边界处的最小半径位置（相对于旋转轴）。其余边界的静压是从辐射速度可忽略不计的假定中计算出来的，压力梯度由式 5-17 给出。

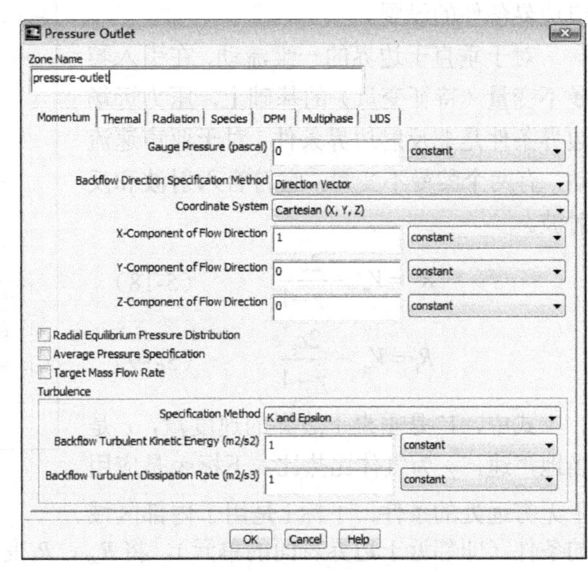

图 5-12 Pressure Outlet 对话框

$$\frac{\partial p}{\partial r}=\frac{\rho v_\theta^2}{r} \tag{5-17}$$

式中，r 是与旋转轴的距离，v_θ 是切向速度。

即使旋转速度为零，也可以使用压力出口边界条件。

其他参数的设置参考压力入口边界条件。

5.4.7 压力远场边界条件

FLUENT 中使用的压力远场边界条件用于模拟无穷远处的自由流条件，其中自由流马赫数和静态条件被指定了。压力远场边界条件通常被称为典型边界条件，因为它使用典型的信息（黎曼不变量）来确定边界处的流动变量。

压力远场边界条件只应用于当密度是用理想气体定律计算出来的情况，不适用于其他情况。要有效地近似无限远处的条件，必须将这个远场放到所关心的计算物体的足够远处，如在机翼升力计算中，远场边界一般都要设到 20 倍弦长的圆周之外。

设置压力远场边界条件需要输入以下参数。

- 静压。
- 马赫数。
- 温度。
- 流动方向。
- 湍流参数（对于湍流计算）。
- 辐射参数（对于 P-1 模型、DTRM 或者 DO 模型的计算）。
- 化学组分质量百分数（对于组分计算）。
- 离散相边界条件（对于离散相计算）。

压力远场边界条件在如图5-13所示的Pressure Far-Field对话框中设置。

压力远场的参数设置可以参考压力入口边界条件的设置。

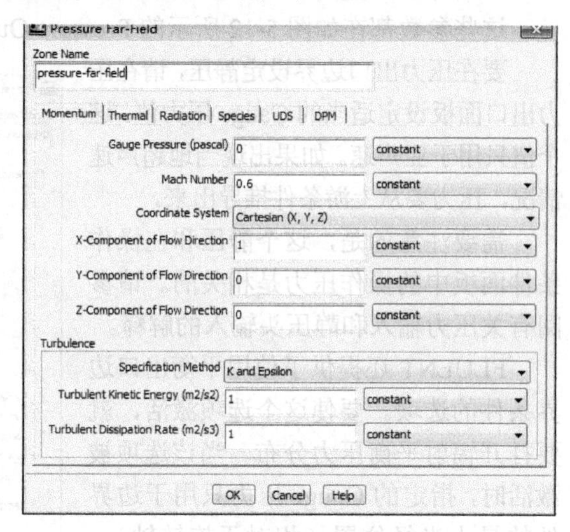

图5-13　Pressure Far-Field对话框

对于垂直于边界的一维流动，在引入黎曼不变量（特征变量）的基础上，压力远场边界条件是非反射边界条件。对于亚声速流动，有两个黎曼不变量，它符合入射波和反射波。

$$R_\infty = V_{n\infty} - \frac{2c_\infty}{\gamma - 1} \tag{5-18}$$

$$R_\mathrm{i} = V_{n_\mathrm{i}} - \frac{2c_\mathrm{i}}{\gamma - 1} \tag{5-19}$$

式中，V_n是垂直于边界的速度量，c是当地声速，γ为气体比热比。下标∞是应用于无穷远处的条件，下标i是用于内部区域的条件（即邻近于边界表面的单元）。将R_∞、R_i变量相加减有如下两式。

$$V_{n_\mathrm{i}} = \frac{1}{2}(R_\mathrm{i} + R_\infty) \tag{5-20}$$

$$c = \frac{\gamma - 1}{4}(R_\mathrm{i} - R_\infty) \tag{5-21}$$

其中，V_n和c变成边界处应用的垂直速度分量值和声速值。在通过流动出口的表面，切向分速度和焓由内部区域推导出来，流入表面部分被指定为自由流的值。使用V_n、c、切向速度分量以及熵可以计算出边界表面的密度、速度、温度以及压力值。

5.4.8　出风口边界条件

出风口边界条件用于模拟具有指定损失系数以及周围（流出）环境压力和温度的出风口。

设置出风口边界条件需要输入以下参数。

- 静压。
- 回流条件。
- 总温即驻点温度（用于能量计算）。
- 湍流参数（对于湍流计算）。
- 化学组分质量百分数（对于组分计算）。
- 混合分数和变化（对于PDE燃烧计算）。
- 发展变量（对于预混合燃烧计算）。
- 二级相的体积分数（对于多相流计算）。
- 辐射参数（对于P-1模型、DTRM或者DO模型的计算）。
- 离散相边界条件（对于离散相计算）。
- 损失系数。

这些参数在如图 5-14 所示的 Outlet Vent 对话框中设置。

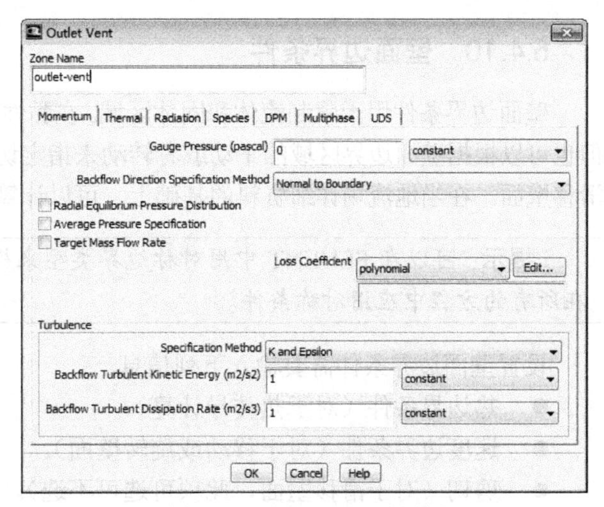

图 5-14 Outlet Vent 对话框

前 4 项参数的指定方法和压力出口边界条件的方法相同。

出风口被假定为无限薄，而且通过出风口的压降被假定为与流体的动压头成比例，同时也要使用决定损失系数的经验公式。通常可以定义通过出风口的损失系数为常量、多项式、分段线性函数或者垂向速度的分段多项式函数。

5.4.9 排气扇边界条件

排气扇边界条件用于模拟具有指定压力跳跃和周围（流出）环境压力的外部排气扇。

设置排气扇边界条件需要输入以下参数。

- 静压。
- 回流条件。
- 总温即驻点温度（用于能量计算）。
- 湍流参数（对于湍流计算）。
- 化学组分质量百分数（对于组分计算）。
- 混合分数和变化（对于 PDE 燃烧计算）。
- 发展变量（对于预混合燃烧计算）。
- 二级相的体积分数（对于多相流计算）。
- 辐射参数（对于 P-1 模型、DTRM 或者 DO 模型的计算）。
- 离散相边界条件（对于离散相计算）。
- 压力跳跃。

这些参数在如图 5-15 所示的 Exhaust Fan 对话框中设置。

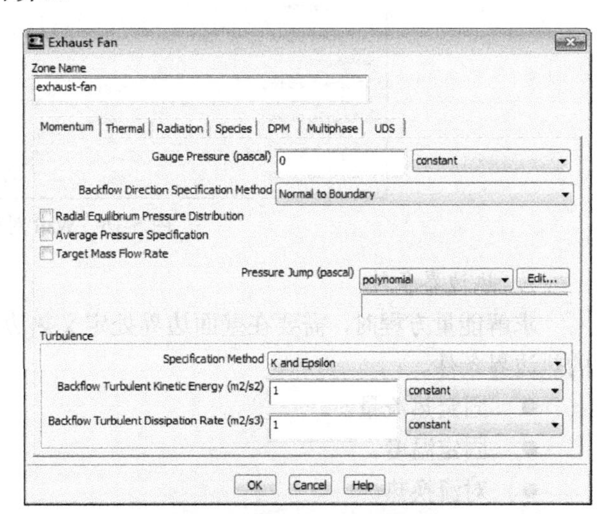

图 5-15 Exhaust Fan 对话框

FLUENT 中模拟了排气扇，排气扇被假定为无限薄，同时其两侧流体具有一定的压力差，压力差的大小是当地流体速度的函数。可以定义通过排气扇的压力跳跃为常量、多项式、分段线性函数或者分段多项式函数。

模拟排气扇必须保证通过排气扇向前的流动压力有所升高。在回流算例中，排气扇被看成是具有同一损失系数的进风口。

5.4.10 壁面边界条件

壁面边界条件用于限制流体和固体区域。在黏性流动中，壁面处默认为非滑移边界条件，但也可以根据壁面边界区域的平动或者转动来指定切向速度分量，或者通过指定剪切来模拟滑移壁面。在当地流场详细资料的基础上，可以计算出流体和壁面之间的剪应力和热传导。

> **提示：**可以在 FLUENT 中用对称边界类型来模拟滑移壁面，但使用对称边界就需要在所有的方程中应用对称条件。

设置壁面边界条件需要输入下列信息。

- 热边界条件（对于热传导计算）。
- 速度边界条件（对于移动或旋转壁面）。
- 剪切（对于滑移壁面，此项可选可不选）。
- 壁面粗糙程度（对于湍流，此项可选可不选）。
- 组分边界条件（对于组分计算）。
- 化学反应边界条件（对于壁面反应）。
- 辐射边界条件（对于 P-1 模型、DTRM 或者 DO 模型的计算）。
- 离散相边界条件（对于离散相计算）。

这些参数在如图 5-16 所示的 Wall 对话框中进行设置。

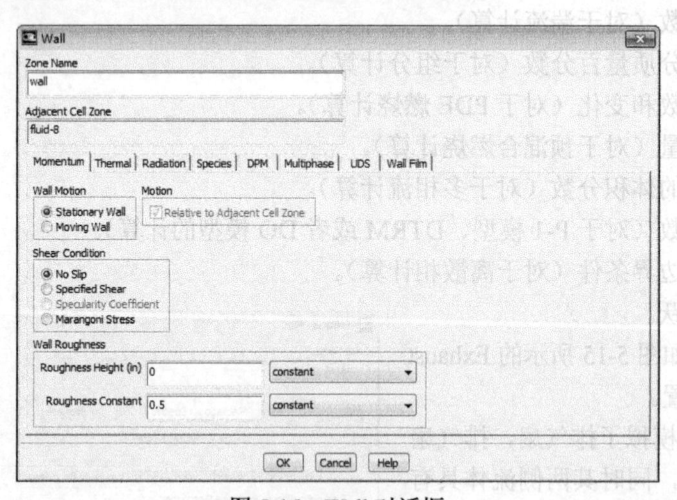

图 5-16 Wall 对话框

1. 热边界条件

求解能量方程时，需要在壁面边界处定义热边界条件。在 FLUENT 中有以下 5 种类型的热边界条件。

- 固定热流量。
- 固定温度。
- 对流换热。
- 外部辐射换热。
- 外部辐射换热和对流换热的结合。

如果壁面区域是双边壁面（在两个区域之间形成界面的壁面，如共轭热传导问题中的流/固界面），就可以得到这些热条件的子集，但也可以选择壁面的两边是否耦合。

如果壁面具有非零厚度，还应该设定壁面处薄壁面热阻和热生成。

热边界条件都在 Wall 对话框中的 Thermal 选项卡中设置，如图 5-17 所示。

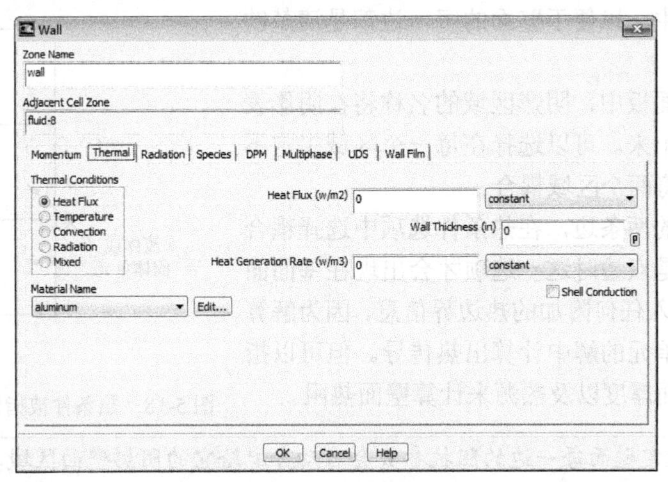

图 5-17 Thermal 选项卡

下面介绍这 5 种热边界条件的设置。

（1）固定热流量。

对于固定热流量条件，先在热条件（Thermal Conditions）选项中选择热流量，然后在热流量框中设定壁面处热流量的适当数值。设定零热流量条件就定义了绝热壁，这是壁面的默认条件。

（2）固定温度。

选择固定温度条件，在热条件（Thermal Conditions）选项中选择温度选项，并指定壁面表面的温度。

（3）对流换热。

对于对流换热壁面，在热条件中选择对流。输入热传导系数以及流体温度，FLUENT 就会用对流热传导边界条件中的对流换热方程计算壁面的热传导。

（4）外部辐射换热。

如果所模拟的是从外界而来的辐射换热，可以在热条件（Thermal Conditions）中选择辐射选项，然后设定外部发射率以及外部辐射温度。

（5）外部辐射换热和对流换热的结合。

如果选择混合选项，就可以选择对流和辐射结合的热条件。这时需要设定热传导系数、自由流温度、外部发射率以及外部辐射温度。

默认情况下，壁面厚度为零。但可以结合任何热条件来模拟两个区域之间材料的薄层。例如，可以模拟两个流体区域之间的薄金属片的影响，以及固体区域上的薄层或者两个固体区域之间的接触阻力。FLUENT 会解一维热传导方程来计算壁面所提供的热阻以及壁面内部的热生成。

在热传导计算中要包括这些影响，需要指定材料的类型、壁面的厚度以及壁面的热源。在材料名称下拉列表中选择材料类型，然后在壁面厚度框中指定厚度。

壁面的热阻为$\Delta x/\lambda$，其中λ是壁面材料的热传导系数，Δx是壁面厚度。所设定的热边界条件将在薄壁面的外侧指定，如图5-18所示，其中T_b为壁面处所指定的固定温度。

如果壁面区域的每一边都是流体或者固体区域。当具有这类壁面区域的网格读入FLUENT时，一个阴影区域会自动产生，以便于壁面的每一边都是清楚的壁面区域。

在壁面区域面板中，阴影区域的名称将在阴影表面区域框中显示出来。可以选择在每一个区域指定不同的热条件或者将两个区域耦合。

要耦合壁面的两条边，在热条件选项中选择耦合选项（只有壁面是双边时这一选项才会出现在壁面面板中）。不需要输入任何附加的热边界信息，因为解算器会直接从相邻单元的解中计算出热传导。但可以指定材料类型、壁面厚度以及热源来计算壁面热阻。

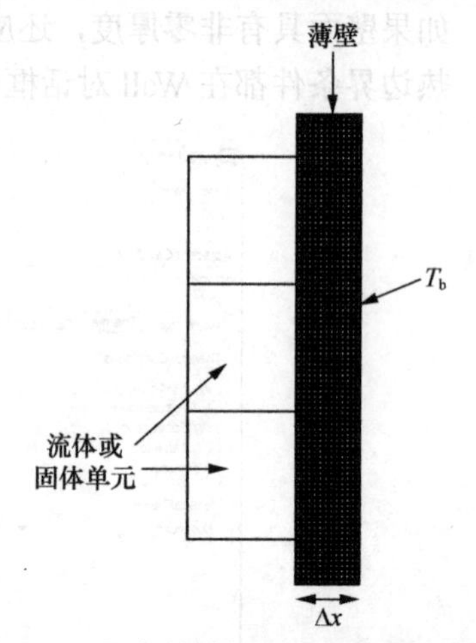

图5-18　热条件被指定在薄壁面的外侧

注意：所设定壁面每一边的阻抗参数会自动分配给它的阴影壁面区域。指定壁面内的热源是很有用的。例如，模拟已知电能分布，但是不知道热流量或者壁面温度的印制电路板。

要解耦壁面的两条边，并为每一条边指定不同的热条件，在热条件类型中选择温度或者热流作为热条件类型（对于双边壁面，不应用对流和热辐射）。

壁面及其阴影之间的关系会保留，以便于以后可以再次耦合它们。需要设定所选的热条件的相关参数，相关内容前面已经叙述过了，这里不再重复介绍。两个非耦合壁面具有不同的厚度，并且相互之间有效地绝缘。

对于非耦合壁面指定非零厚度的壁面，所设定的热边界条件会在两个薄壁的外侧的那个边指定，如图5-19所示，其中T_{b1}和T_{b2}分别是两个壁面的温度。

注意：图5-19中两个壁面之间的缺口并不是模型的一部分，它只是用来表明每一个非耦合壁面的热边界条件在哪里应用。

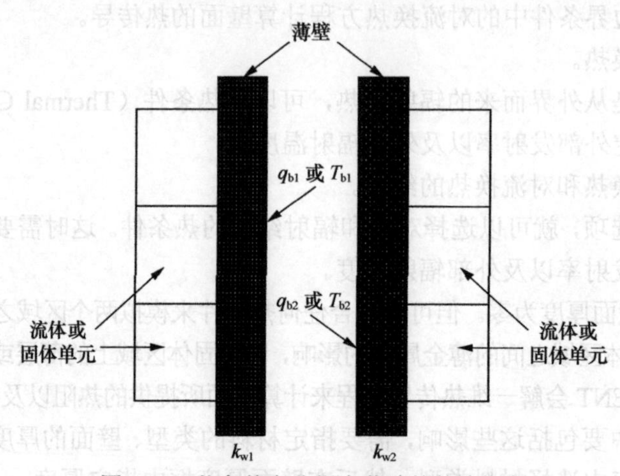

图5-19　热条件在非耦合薄壁的外边指定

2. 设置壁面的运动参数

壁面运动参数在壁面面板的运动（Motion）部分输入，如图5-20所示。

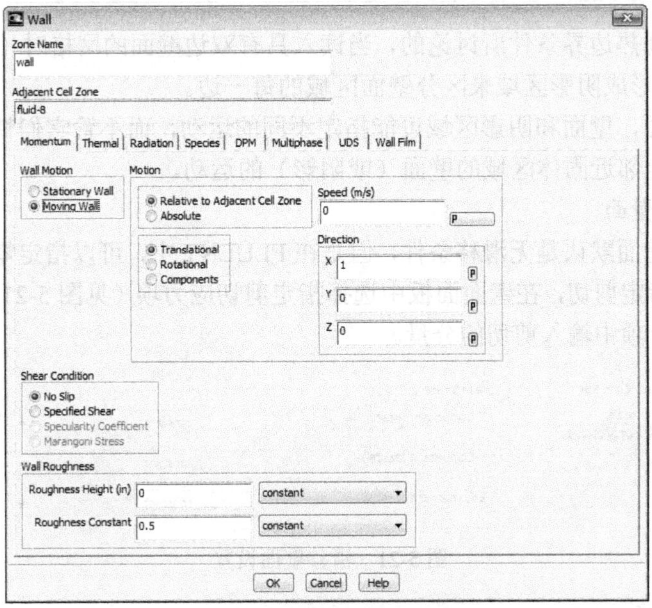

图5-20 设置壁面的运动参数

如果邻近壁面的单元区域是移动的（如使用移动参考系或者滑动网格），可以激活相对邻近单元区域选项来选择指定的相对移动区域的移动速度。

如果指定相对速度，那么相对速度为零意味着壁面在相对坐标系中是静止的，因此在绝对坐标系中以相对于邻近单元的速度运行。

如果选择绝对速度（激活绝对选项），速度为零就意味着壁面在绝对坐标系中是静止的，而且以相对于邻近单元的速度移动，但在相对坐标系中方向相反。

如果使用一个或多个移动参考系、滑动网格或者混合平面，并且希望壁面固定在移动参考系上，建议指定相对速度（默认）而不是绝对速度。之后修改邻近单元区域的速度，就像指定绝对速度一样，不需要对壁面速度做任何改变。

注意：如果邻近单元不是移动的，那么它和相对选项是等同的。

对于壁面边界是平动的问题（如以移动带作为壁面的矩形导管），可以激活平动选项，并指定壁面速度和方向。作为默认值，平动速度为零，壁面移动未被激活。

对于包括转动壁面运动的问题，可以激活转动选项，并对指定的旋转轴定义旋转速度。定义轴，要设定旋转轴方向和旋转轴原点。这个旋转轴和邻近单元区域所使用的旋转轴以及其他壁面旋转轴无关。

对于三维问题，旋转轴是通过指定坐标原点的矢量，它平行于在旋转轴方向框中指定的从（0,0,0）到（X,Y,Z）的矢量。对于二维问题，只需要指定旋转轴起点，旋转轴是通过指定点的Z向矢量。对于二维轴对称问题，不必定义旋转轴：通常是绕X轴旋转，起点为（0,0）。

注意：只有在壁面限制表面的旋转时，模拟切向旋转运动才是正确的（如圆环或者圆柱）。还要注意，只有静止参考系内的壁面才能指定旋转运动。

如定义壁面处热边界条件所讨论的，当读入具有双边壁面的网格时（它在流/固区域形成界面），会自动形成阴影区域来区分壁面区域的每一边。

对于双边壁面，壁面和阴影区域可能指定不同的运动，而不管它们耦合与否。需要注意的是，不能指定邻近固体区域的壁面（或阴影）的运动。

3．设置滑移壁面

无黏流动的壁面默认是无滑移条件，但是在FLUENT中，可以指定零或非零剪切来模拟滑移壁面。要指定剪切，在壁面面板中选择指定剪切应力项（见图5-21），然后在剪切应力（Shear Stress）项中输入剪切的分量。

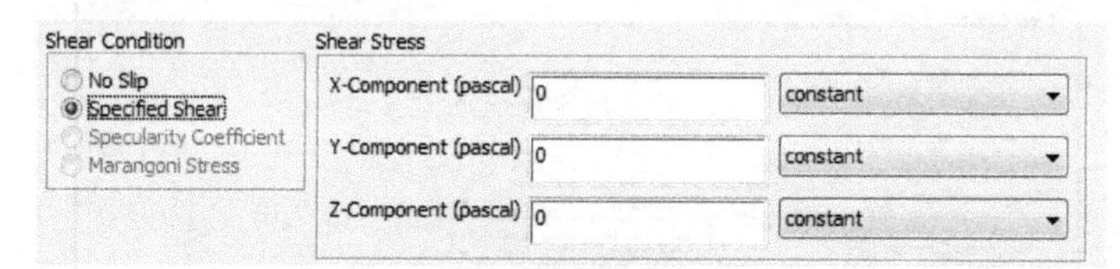

图5-21　滑移壁面设置

4．设置粗糙度

流过粗糙表面的流体会有各种各样的情况。例如，流过机翼表面、船体、涡轮机、换热器以及管系统的流动，还有具有各种粗糙度地面上的大气边界层。壁面粗糙度影响了壁面处的阻力、热传导和质量输运。

在模拟具有壁面限制的湍流流动时，壁面粗糙度的影响是很大的，可以通过修改壁面定律的粗糙度来考虑壁面粗糙度影响。

粗糙管和隧道的实验表明了当用半对数规则画图时，近粗糙壁面的平均速度分布具有相同的坡度（1/k），但具有不同的截止点（在对数定律中附加了常数B）。对于粗糙壁面，平均速度的壁面定律的形式为

$$\frac{u_p u^*}{\tau_w/\rho}=\frac{1}{\tau}\ln\left(E\frac{\rho u^* y_p}{\mu}\right)-\Delta B \tag{5-22}$$

式中，$u^*=C_m^{1/4}k^{1/2}$；ΔB是粗糙度函数，它衡量了由于粗糙影响而导致的截止点的转移。一般说来，ΔB依赖于粗糙的类型（如沙子、铆钉、螺纹、肋、铁丝网等）和尺寸，对于各种类型的粗糙情况没有统一而有效的公式。然而，对于沙粒粗糙情况和各种类型的统一粗糙单元，人们发现ΔB和无量纲高度K_s^+具有很好的相关性，其实验数据分析表明，粗糙函数ΔB并不是K_s^+的单值函数，而是依赖于K_s^+的值有不同的形式。观察表明有3种不同的类型。

- 液体动力光滑（$K_s^+<3$～5）。
- 过渡区（3～$5<K_s^+<70$～90）。
- 完全粗糙（$K_s^+>70$～90）。

根据上述数据，在光滑区域内粗糙度的影响可以忽略，但是在过渡区域就越来越重要了，在完全粗糙区域具有完全的影响。

在 FLUENT 中，整个粗糙区域分为 3 个区域。粗糙度函数 ΔB 的计算源于 Nikuradse's 数据基础上的由 Cebeci 和 Bradshaw 提出的公式。

对于液体动力光滑区域（$K_s^+ < 2.25$）：

$$\Delta B = 0 \tag{5-23}$$

对于过渡区（$2.25 < K_s^+ < 90$）：

$$\Delta B = \frac{1}{\kappa}\ln\left(\frac{K_s^+ - 2.25}{87.25} + C_{K_s} K_s^+\right) \times \sin[0.4258(\ln K_s^+ - 0.811)] \tag{5-24}$$

其中 C_{K_s} 为粗糙常数，依赖于粗糙的类型。

在完全粗糙区域（$K_s^+ > 90$）：

$$\Delta B = \frac{1}{\kappa}\ln\left(1 + C_{K_s} K_s^+\right) \tag{5-25}$$

在解算器中，给定粗糙参数之后，粗糙度函数 ΔB（K_s^+）用相应的公式计算出来。方程 5-22 中修改之后的壁面定律用于估计壁面处的剪应力以及其他对于平均温度和湍流量的壁面函数。

要模拟壁面粗糙的影响，必须指定两个参数：粗糙高度 K_s 和粗糙常数 C_{K_s}。默认的粗糙高度为零，这符合光滑壁面。对于产生影响的粗糙度，须指定非零的 K_s。

对于同一沙粒粗糙情况，沙粒的高度可以简单地看作 K_s。然而，对于非同一沙粒粗糙情况，沙粒平均直径应该是最有意义的粗糙高度。对于其他类型的粗糙情况，需要用同等意义上的沙粒粗糙高度 K_s。

适当的粗糙常数 C_{K_s} 主要由给定的粗糙情况决定。默认的粗糙常数（$C_{K_s} = 0.5$）用来满足在使用 k-ε 湍流模型时，可以在具有同一沙粒粗糙的充满流体的管中再现 Nikuradse's 阻力数据。

当模拟和同一沙粒粗糙不同的情况时，就需要调解粗糙常数了。例如，有些实验数据表明，对于非同一沙粒、肋和铁丝网，粗糙常数（C_{K_s} =0.5～1.0）具有更高的值。对于任意类型的粗糙情况还没有一个明确的选择粗糙常数 C_{K_s} 的指导方针。

注意：要求邻近壁面单元应该小于粗糙高度并不是物理意义上的问题。对于最好的结果来说，要保证从壁面到质心的距离比 K_s 大。

粗糙常数和粗糙高度在如图 5-22 所示的对话框中设置。

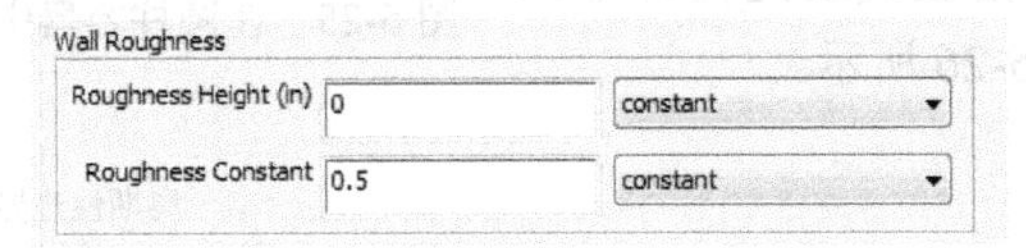

图 5-22 设置粗糙高度及粗糙常数

5.4.11 对称边界条件

对称边界条件用于所计算的物理外形以及所期望的流动/热解具有镜像对称特征的情况中，也可以用来模拟黏性流动的滑移壁面。

FLUENT 假定所有量通过对称边界的流量为零，因此对称边界的法向速度为零。通过对称平面没有扩散流量，因此所有流动变量的法向梯度在对称平面内为零。

如上所述，对称的定义要求这些条件决定流过对称平面的流量为零。因为对称边界的剪应力为零，所以在黏性流动计算中它也可以用滑移壁面来解释。

对称边界条件用于减少计算模拟的范围，它只需要模拟所有物理系统的一个对称子集。通过该种方法使用对称边界的两个例子如图 5-23 和图 5-24 所示。

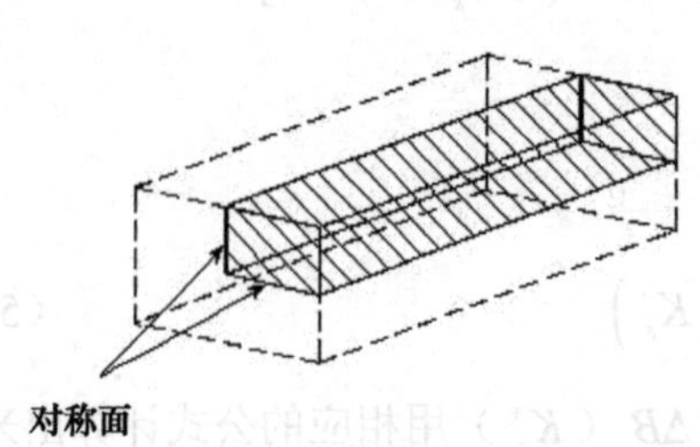

图 5-23　使用对称边界模拟三维管道的四分之一

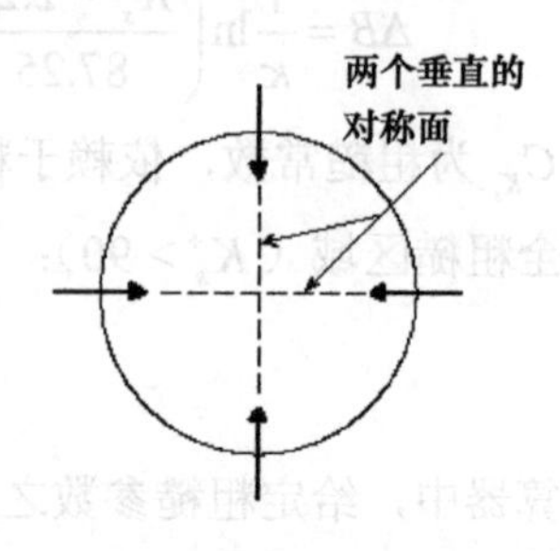

图 5-24　使用对称边界模拟圆形截面的四分之一

5.4.12　周期性边界条件

在流场的边界形状和流场结构存在周期性边和特征时，可以采用周期性边界条件。FLUENT 提供了两种类型的周期性边界条件。

- 第一种类型不允许通过周期性平面具有压降。
- 第二种类型允许通过平移周期性边界具有压降，它能够模拟完全发展的周期性流动。

周期性边界条件用于模拟通过计算模型内的两个相反平面的流动相同的情况。图 5-25 是周期性边界条件的典型应用。在这些例子中，通过周期性平面进入计算模型的流动和通过相反的周期性平面流出流场的流动是相同的。正如这些例子所示，周期性平面通常是成对使用的。

对于没有任何压降的周期性边界，只需要选择模拟的几何外形是旋转性周期还是平移性周期即可。

旋转性周期边界是指关于旋转对称几何外形中线形成了一个包括的角度，如图 5-25 所示。

平移性周期边界是指在直线几何外形内形成周期性边界，如图 5-26 所示。

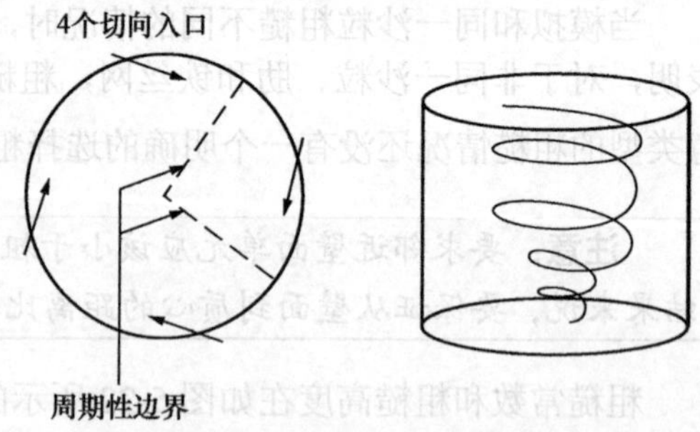

图 5-25　在圆柱容器中使用周期性边界定义涡流

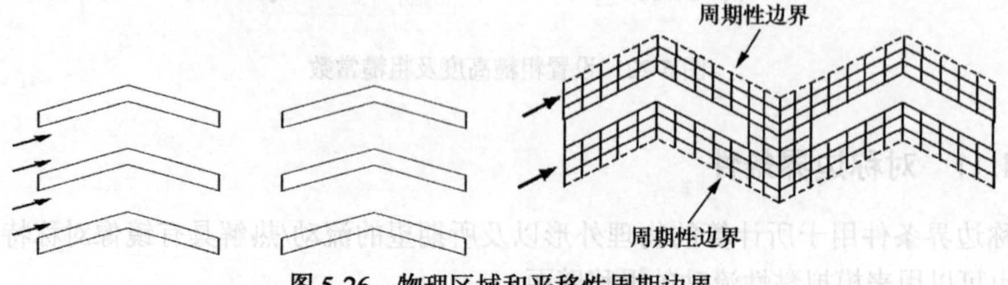

图 5-26　物理区域和平移性周期边界

5.4.13 流体区域条件

流体区域是一组所有现行的方程都被解出的单元。必须指明流体区域内包含哪种材料，以便于使用适当的材料属性。

如果模拟组分输运或者燃烧，就不必选择材料属性，当激活模型时，组分模型面板中会指定混合材料。相似地，对于多相流动也不必指定材料属性。

可设定热、质量、动量、湍流、组分以及其他标量属性的源项，也可以为流体区域定义运动。如果邻近流体区域内具有旋转周期性边界，就需要指定旋转轴。如果使用 k-ε 模型或者 Spalart-Allmaras 模型来模拟湍流，可以选择定义流体区域为层流区域。如果用 DO 模型模拟辐射，可以指定流体是否参加辐射。

流体区域条件在如图 5-27 所示的 Fluid 对话框中进行设置。

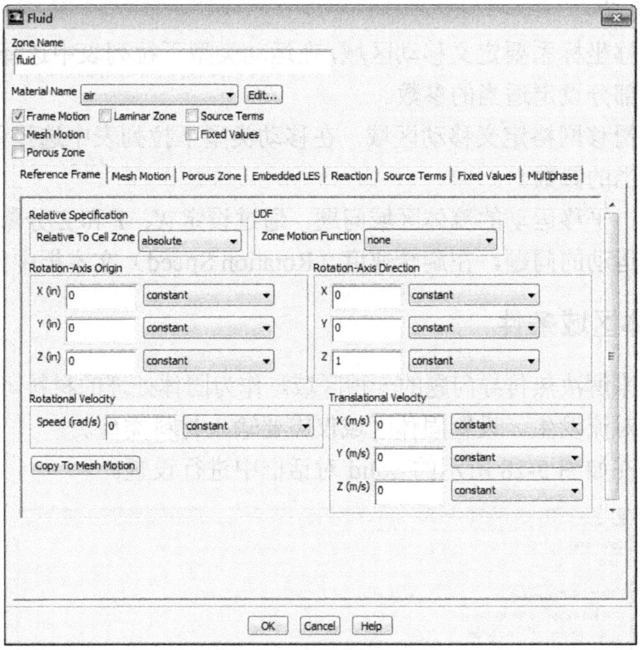

图 5-27 Fluid 对话框

在 Fluid 对话框中可以进行以下设置。

1. 定义流体材料

要定义流体区域内包含的材料，在材料名称下拉列表中选择适当的选项。该下拉列表中包含所有用户在材料面板中定义的流体材料（或者从材料数据库中加载的材料）。

2. 定义源项

如果希望在流体区域内定义热、质量、动量、湍流、组分以及其他标量属性的源项，可以激活源项选项来实现。

3. 指定层流区域

如果使用 k-ε 模型或者 Spalart-Allmaras 模型来模拟湍流，可以在指定的流体区域关掉湍流模拟（即使湍流生成和湍流黏性无效，但湍流性质的输运仍然保持）。如果知道在某一区域流动是层流，对有些计算很有帮助。例如，如果知道机翼上转捩点的位置，可以在层流单元区域边界和湍流区域边界创建一个层流/湍流过渡边界。这一功能允许模拟机翼上的湍流过渡。要在流体区域内取消湍流模拟，可在流体面板中打开层流区域选项。

4. 定义旋转轴

如果邻近流体区域存在旋转性周期边界，或者区域是旋转的，必须指定旋转轴。要定义旋转轴，需设定旋转轴的方向和起点。这个轴和任何邻近壁面区域或任何其他单元区域所使用的旋转轴是独立的。

对于三维问题，旋转轴起点是从旋转轴起点中输入的起点，方向为旋转轴方向选项中输入的方向。

对于二维非轴对称问题，需要指定旋转轴起点，方向就是通过指定点的 Z 方向（Z 向垂直于几何外形平面，以保证旋转出现在该平面内）。

对于二维轴对称问题，不必定义轴，旋转通常就是关于 X 轴的，起点为（0,0）。

5. 定义区域运动

对于旋转和平移坐标系要定义移动区域，在运动类型下拉列表中选择运动参考坐标系，然后在面板的扩展部分设定适当的参数。

要对移动或者滑移网格定义移动区域，在移动类型下拉列表中选择移动网格，然后在扩展面板中设定适当的参数。

对于包括线性、平移运动的流体区域问题，通过设定 X、Y 和 Z 分量来指定平移速度。

对于包括旋转运动的问题，在旋转速度（Rotation Speed）文本框中指定旋转速度。

5.4.14　固体区域条件

固体区域是用来解决热传导问题的一种区域。作为固体处理的材料可能事实上是流体，但是假定其中没有对流发生。设置固体区域仅需要输入材料类型。

固体区域条件在如图5-28所示的Solid对话框中进行设置。

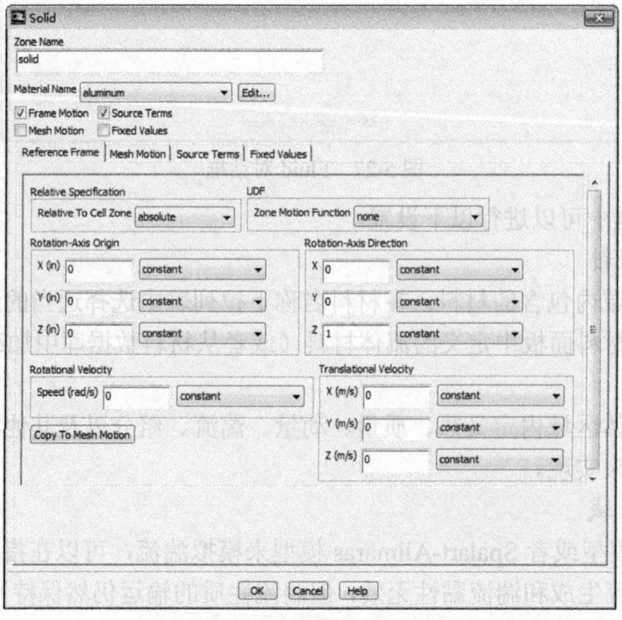

图5-28　Solid对话框

在Solid对话框中可以进行以下设置。

（1）定义固体材料。

要定义固体区域内包含的材料，其定义方法与流体区域条件的流体材料定义方法相同。

（2）定义热源。

激活源项选项，可以在固体区域内定义热源项。

（3）定义旋转轴，参考流体区域条件设置。

（4）定义区域运动，参考流体区域条件设置。

5.4.15 出流边界条件

当流动出口的速度和压力在解决流动问题之前是未知时，FLUENT会使用出流（Outflow）边界条件来模拟流动。不需要定义流动出口边界的任何条件（模拟辐射热传导、粒子的离散相或者分离质量流除外），FLUENT会从内部推导所需要的信息。

需要注意的是，下面的几种情况不能使用出流边界条件。

- 求解问题包含压力入口条件的，需要使用压力出口边界条件。
- 模拟可压缩流动时。
- 模拟变密度的非定常流，即使流动是不可压的也不行。
- 使用欧拉多相流模型时。

Outflow对话框如图5-29所示，用户只需要设置出流边界上流体流出量的权重，即占总流量的百分比。如果计算域只有一个出口，则Flow Rate Weighting默认为1。

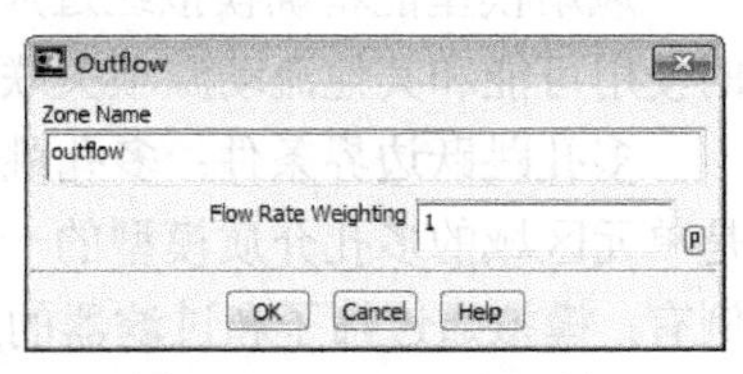

图5-29 Outflow对话框

FLUENT在出流边界所应用的零扩散流量条件在物理上接近于完全发展流动。所谓的完全发展流动，是指在流动方向上流动速度剖面（和/或其他诸如温度属性的轮廓）不改变。

> **注意：**在Outflow边界条件中，垂直于流向可能会有速度梯度。只有在垂直于出口平面的扩散流量才被假定为零。

也可以在流动没有完全发展的物理边界定义Outflow边界条件，在这种情况下，首先要保证出口处的零扩散流量对流动解没有太大的影响。下面是使用Outflow边界的一个例子。

Outflow边界的法向梯度可以忽略不计，图5-30是一个简单的二维问题，有几个可能的Outflow边界。

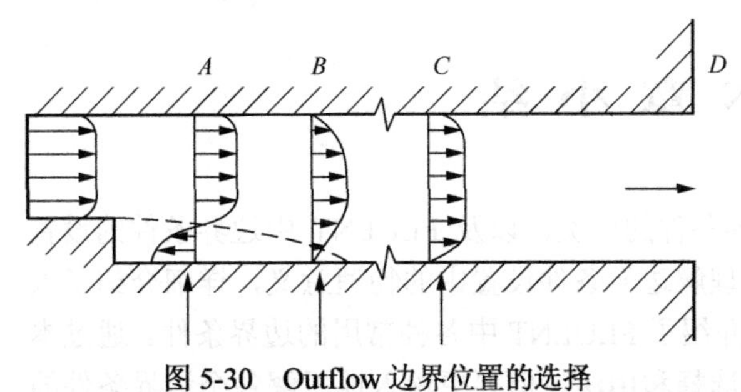

图5-30 Outflow边界位置的选择

位置*D*表明流动边界在通风口的出口。在这里，假定对流占支配优势，边界条件非常符合，质量出口的位置也很得当。

位置*C*是在通风口出口的上游，在这里流动是完全发展的，因此Outflow边界条件在这里也很合适。

Outflow边界的错误位置：位置*B*接近流动的再附着点，这样的选择是错误的。因为在回流点处垂直于出口表面的梯度相当大，它会对流场上游有很大的影响。因为

Outflow 边界条件忽略这些流动的轴向梯度，所以位置 *B* 是一个较差的 Outflow 边界。出口位置应该移到再附着点的下游。

位置 *A* 是第二个 Outflow 边界的错误位置。在这里流动又通过 Outflow 边界回流到了 FLUENT 计算域中。像这种情况，FLUENT 计算不会收敛，计算的结果根本没有用。这是因为当流动通过质量出口又回流到计算区域时，通过计算区域的质量流速是浮动的或者是未定义的。

除此之外，当通过质量出口流入计算区域时，流动的标量属性是未定义的（FLUENT 在流域内使用邻近于质量出口流体的温度来选择温度）。因此，应该以怀疑的观点来查看包括通过质量出口进入流域的所有计算。对于这样的计算，推荐使用压力出口边界条件。

注意：如果在计算中的任何点有回流流过 Outflow 边界，甚至解的最后结果不排除到区域内有任何的回流，收敛性都会受到影响，这一情况在湍流中尤其要注意。

5.4.16　其他边界条件

风扇（fan）边界条件：风扇模型是集总模型，可用于确定具有已知特征的风扇对于大流域流场的影响。风扇边界条件允许输入控制通过风扇单元头部（压升）和流动速率（速度）之间关系的经验曲线，也可以指定风扇旋转速度的径向和切向分量。

风扇模型能精确模拟经过风扇叶片的详细流动。它所预测的是通过风扇的流量。风扇的使用可能和其他流动源项关联，或作为模拟中流动的唯一源项。

多孔跳跃边界条件：多孔跳跃边界条件用于模拟已知速度/压降特征的薄膜。它本质上是单元区域的多孔介质模型的一维简化。应用的实例有：模拟通过筛子和过滤器的压降，模拟不考虑热传导影响的散热器。应该尽可能地使用这一简化模型取代完全的多孔介质模型，因为它具有很好的鲁棒性和收敛性。

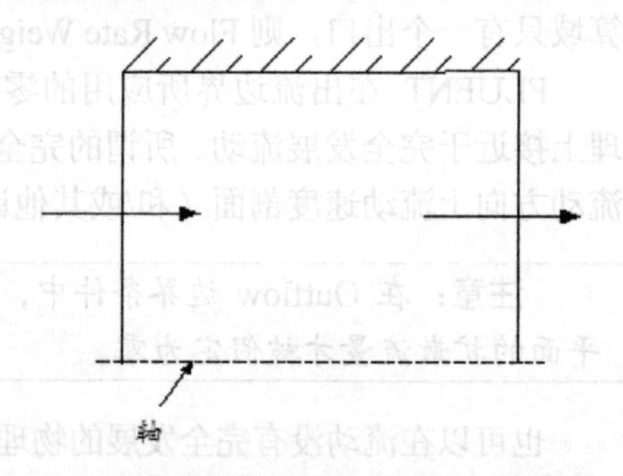

图 5-31　在轴对称几何外形的中线处轴边界条件的使用

散热器：是 FLUENT 提供的热交换单元（如散热器和冷凝器）的集总参数模型，散热器边界条件允许指定压降和热传导系数。

轴边界：轴边界条件必须使用在对称几何外形的中线处，如图 5-31 所示。它也可以用在圆柱两极的四边形和六面体网格的中线上。在轴边界处，不必定义任何边界条件。

5.5　本 章 小 结

本章首先简要介绍了 FLUENT 中边界条件的分类，以及 FLUENT 中边界条件的设置方法和一些基本操作。为了让读者更好地理解边界条件设置中的物理意义，详细介绍了入口及出口边界上湍流参数的确定方法。还介绍了 FLUENT 中各种常用的边界条件。通过本章的学习，读者可以初步掌握边界条件的选择和用法。但要更深入地了解各个边界条件的区别，还需要深入地了解各项设置的物理意义，并通过实例不断印证和比较。

第 6 章　导热问题的数值模拟

工程实际中经常遇到固体导热问题的计算，主要包括多层固壁导热计算、有内热源的导热计算、非稳态导热计算等，利用 FLUENT 16.0 计算流体动力学软件，这些问题都会得到很好的求解。通过充分学习本章内容，读者可对导热问题的数值解法有更加深入的认识，为以后的学习打下坚实的基础。

学习目标：

- 掌握导热问题数值求解的基本过程；
- 通过实例掌握导热问题数值求解的方法；
- 掌握导热问题边界条件的设置方法；
- 掌握导热问题计算结果的后处理及分析方法。

6.1　导热问题分析概述

导热是 3 种热量传递方式（导热、对流、辐射）中的一种，工程中的导热问题包括两种情况：稳态导热和非稳态导热。稳态导热是整个过程中物体中各点的温度不随时间变化，始终保持一个温度；非稳态导热是当设备处于变动工作条件下时，其内部温度场随时间变动，处于不稳定状态。

傅里叶定律揭示导热问题的基本规律：在导热现象中，单位时间内通过给定截面的热量，正比例于垂直该截面方向上的温度变化率和截面面积，而热量传递的方向与温度升高的方向相反。由傅里叶定律并结合能量守恒定律，建立了导热微分方程。

$$\rho c\frac{\partial t}{\partial \tau}=\frac{\partial t}{\partial x}\left(\lambda\frac{\partial t}{\partial x}\right)+\frac{\partial t}{\partial y}\left(\lambda\frac{\partial t}{\partial y}\right)+\frac{\partial t}{\partial z}\left(\lambda\frac{\partial t}{\partial z}\right)+\dot{\Phi}$$

等号左侧的项为非稳态项，等号右侧前 3 项为导热项，最后的一项为源项。

传统方法求解导热问题实际上就是对导热微分方程在定解条件下的积分求解，这种方法获得的解称为分析解。但工程技术中遇到的许多几何形状或者边界条件复杂的导热问题，由于数学上的困难而无法得到其分析解。

近几十年来，随着计算机技术的迅速发展，对物理问题进行离散求解的数值方法发展得十分迅速，并得到广泛应用。

数值解法的基本思想是：把原来在时间、空间坐标系中连续的物理量的场，用有限个离散点上的值的集合来代替，通过求解按一定方法建立起来的关于这些值的代数方程来获得离散点上被求物理量的值，这些离散点上被求物理量值的集合称为该物理量的数值解。

利用 FLUENT 软件来求解导热问题非常简单，因为导热过程只有热量的传递而没有流体的流动，只对温度场求解即可。求解导热问题首先要建立物理模型，其关键是边界条件的选择和设置，边界条件可归纳为以下 3 类。

- 第一类边界条件：规定了边界上的温度值。
- 第二类边界条件：规定了边界上的热流密度。
- 第三类边界条件：规定了边界上物体与周围流体的对流换热系数及周围流体的温度。

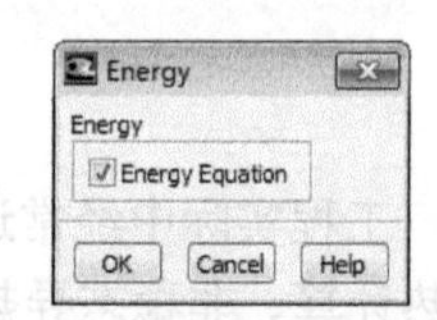

图 6-1 能量方程对话框

选择项目树 Setup→Models→Energy-Off 选项，弹出 Energy（能量方程）对话框，如图 6-1 所示。

导热计算的关键是开启能量方程，选中 Energy Equation 复选框即可，激活能量方程之后，其他诸如内热源项等，还需要在材料物性和边界条件中做相应设置。

6.2 有内热源的导热问题的数值模拟

下面通过分析一个简单的固壁有内热源的导热问题，并给出详细的操作步骤，使读者理解 FLUENT 16.0 数值模拟的基本流程。

6.2.1 案例简介

图 6-2 是一个核反应堆中燃料原件散热的简化图。该模型由三层平板组成，左右为铝板，厚度为 6 mm；中间为核燃料区，厚度为 14 mm；整体总高度为 100 mm。中间核燃料区为内热源，发热量为 1.5×10^7 W/m^3；铝板两侧受到温度为 150℃的高压水冷却；外表面传热系数为 3 500 W/（m^2·K），上下两侧绝热。

6.2.2 FLUENT 中求解计算

1. *启动 FLUENT-2D*

启动 FLUENT，进入如图 6-3 所示的启动界面。保持默认设置即可，单击 OK 按钮进入 FLUENT 16.0 主界面。

2. *读入并检查网格*

（1）执行 File→Read→Mesh 命令，在弹出的 Select File 对话框中读入 wall.msh 文件，得到如图 6-4 所示的反馈信息。

从反馈信息中可以看出，共有 11 457 个节点；zone 2 有 5 600 个四边形网格；zone 3 和 zone 4 分别有 2 800 个四边形网格，总共有 11 200 个网格。

（2）执行 Mesh→Check 命令，反馈信息如图 6-5 所示。查看最小体积或者最小面积是否为负数，如出现负数就说明网格有错误，需重新调整并划分网格。

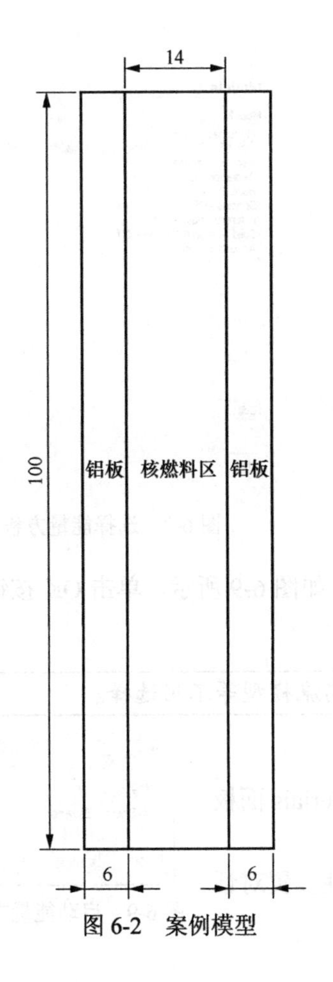

图 6-2 案例模型

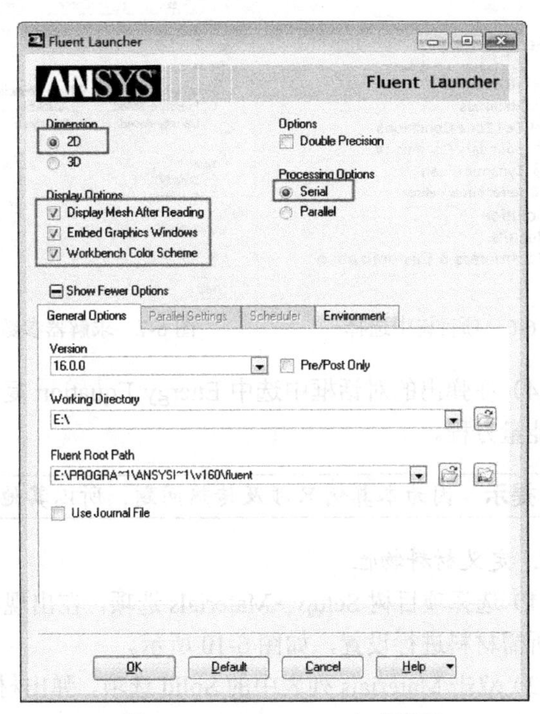

图 6-3 FLUENT 16.0 启动界面

```
> Reading "G:\wall\wall.msh"...
  11457 nodes.
    200 mixed wall faces, zone  5.
    200 mixed wall faces, zone  6.
     56 mixed wall faces, zone  7.
     56 mixed wall faces, zone  8.
  22144 mixed interior faces, zone 10.
   5600 quadrilateral cells, zone  2.
   2800 quadrilateral cells, zone  3.
   2800 quadrilateral cells, zone  4.
```

图 6-4 FLUENT 反馈信息

```
Mesh Check

 Domain Extents:
   x-coordinate: min (m) = -1.400000e-02, max (m) = 1.400000e-02
   y-coordinate: min (m) = -5.000000e-02, max (m) = 5.000000e-02
 Volume statistics:
   minimum volume (m3): 2.499982e-07
   maximum volume (m3): 2.500008e-07
     total volume (m3): 2.800000e-03
 Face area statistics:
   minimum face area (m2): 4.999973e-04
   maximum face area (m2): 5.000010e-04
 Checking mesh.........................
Done.
```

图 6-5 FLUENT 网格信息

3. 求解器参数设置

（1）单击工作界面左侧项目树中的 General 选项，如图 6-6 所示，在出现的 General 面板中设置求解器。

（2）面板中的 Scale 表示基本单位设置，保持默认单位 m 即可。Solver 下的各个参数保持默认设置，如图 6-7 所示。

（3）选择项目树 Setup→Models 选项，打开 Models 面板对求解模型进行设置。双击 Models 列表中的 Energy-Off 选项（或选中 Energy-Off，然后单击 Edit 按钮），如图 6-8 所示，打开 Energy 对话框。

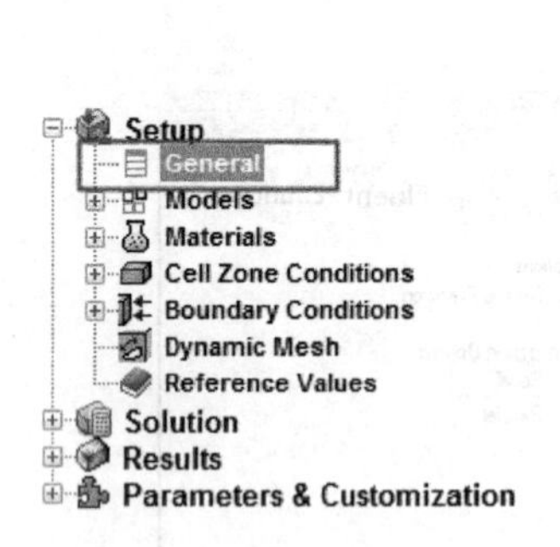

图 6-6　项目树中选择

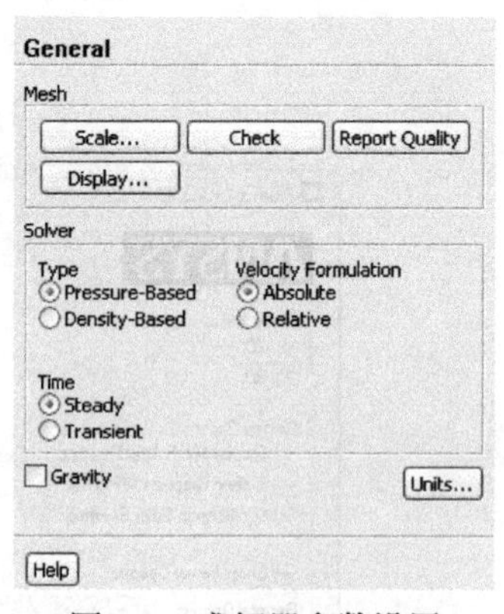

图 6-7　求解器参数设置

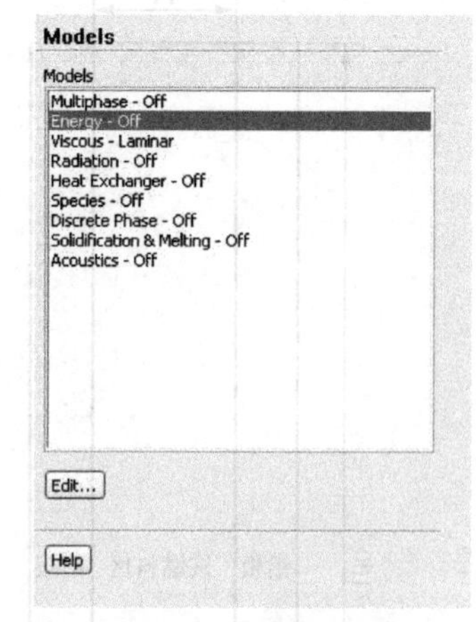

图 6-8　选择能量方程

（4）在弹出的对话框中选中 Energy Equation 复选框，如图 6-9 所示，单击 OK 按钮，启动能量方程。

提示：因为本算例只涉及传热问题，所以其他诸如湍流模型等不用选择。

4. 定义材料物性

（1）选择项目树 Setup→Materials 选项，在出现的 Materials 面板中对所需材料进行设置，如图 6-10 所示。

（2）双击 Materials 列表中的 Solid 选项，弹出材料物性设置对话框，如图 6-11 所示。

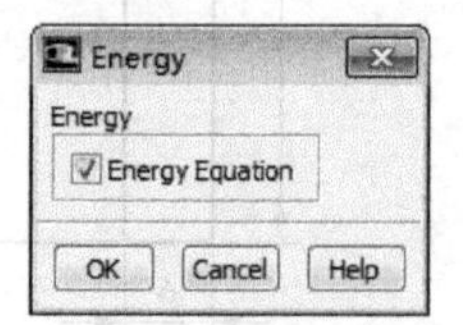

图 6-9　启动能量方程

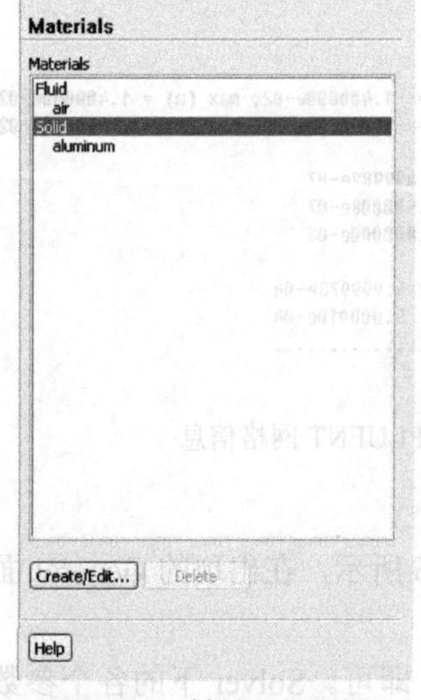

图 6-10　材料选择面板

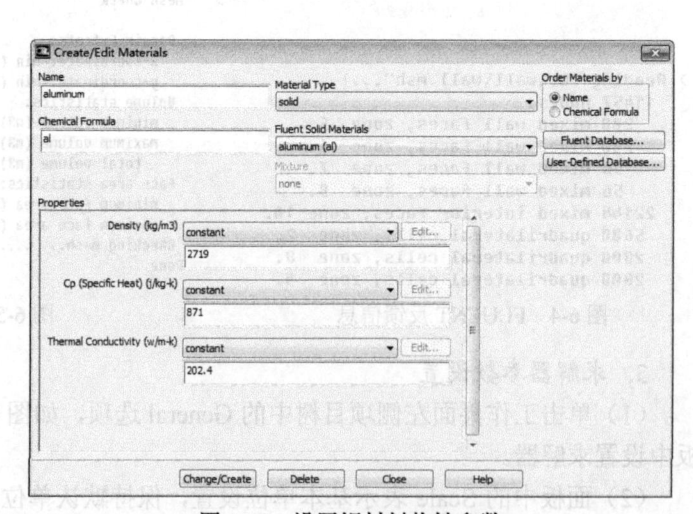

图 6-11　设置铝材料物性参数

说明：FLUENT 中的默认物性材料为铝，所以不用重新设置，本例只需设置铀材料物性即可。

（3）在 Name 文本框中输入 u，Chemical Formula 设置为空，在 Density 中设置密度为 19 070，在 Cp 中设置比热容为 116，在 Thermal Conductivity 中设置导热系数为 27.4，如图 6-12 所示。

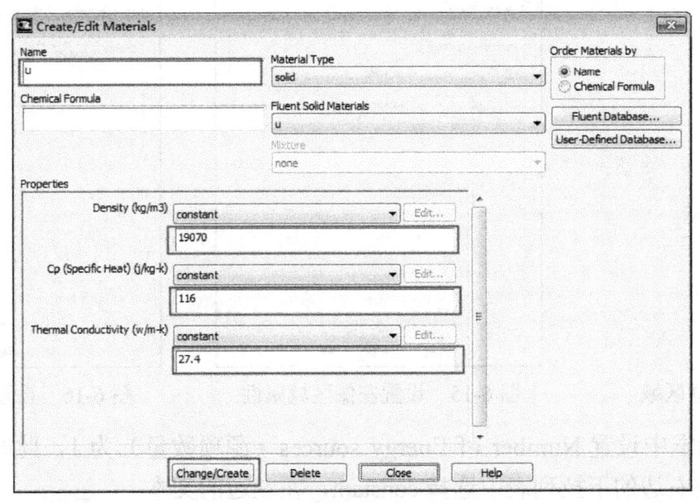

图 6-12 设置铀材料物性参数

（4）单击 Change/Create 按钮，弹出如图 6-13 所示的 Question 对话框，在对话框中单击 No 按钮，保留铝的材料属性。

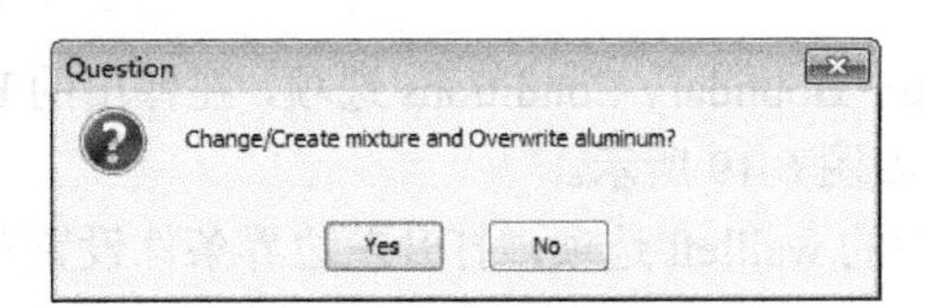

图 6-13 警示对话框

注意： 此处一定要单击 No 按钮，否则只会保留铀材料的物性参数，而铝材料的物性参数将被删除。

5. 设置区域条件

（1）选择项目树 Setup→Cell Zone Conditions 选项，在弹出的 Cell Zone Conditions 面板中对区域条件进行设置，如图 6-14 所示。

（2）双击 Zone 列表中的 zoneleft 选项，打开左边区域条件设置对话框，在 Material Name 下拉列表中选择 aluminum，如图 6-15 所示，单击 OK 按钮，完成 zoneleft 区域的设置。

（3）重复上述操作，把 zoneright 的区域材料设置为 aluminum。

（4）双击 Zone 列表中的 zonemiddle 选项，打开中间区域条件设置对话框，在 Material Name 下拉列表中选择 u，同时选中 Source Terms 复选框。然后选择下面的 Source Terms 选项卡，如图 6-16 所示。

（5）单击 Energy 后的 Edit 按钮，打开如图 6-17 所示的 Energy sources（能量源项设置）对话框。

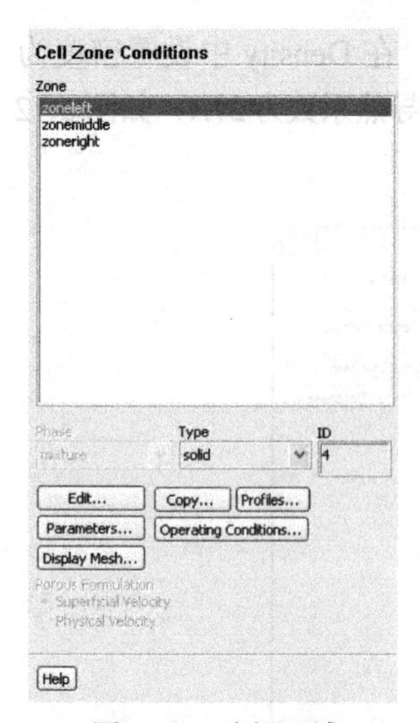

图 6-14　选择区域

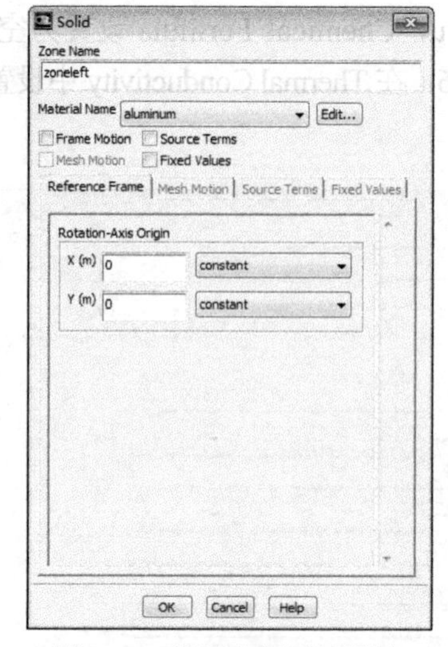

图 6-15　设置左侧区域属性

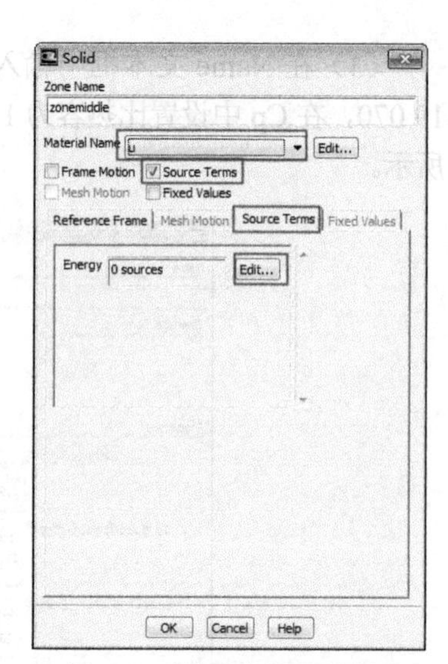

图 6-16　设置中间区域属性

（6）在对话框中设置 Number of Energy sources（源项数量）为 1，此时对话框变为如图 6-18 所示，在右边的下拉列表中选择 constant，在左边的文本框中输入源项数值为 1.5e7，单击 OK 按钮，完成源项的设置。

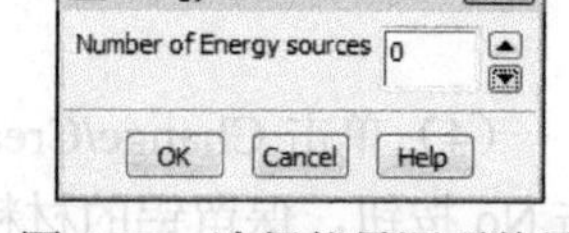

图 6-17　选择能量源项数量

（7）单击中间区域条件设置对话框中的 OK 按钮，完成中间区域的设置。

6. 设置边界条件

（1）选择项目树 Setup→Boundary Conditions 选项，在弹出的 Boundary Conditions 面板中对边界条件进行设置，如图 6-19 所示。

（2）双击 Zone 列表中的 wallleft 选项，打开左边界条件设置对话框。

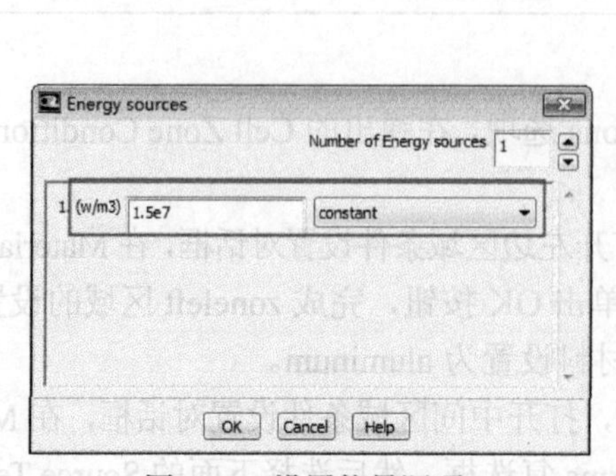

图 6-18　设置能量源项

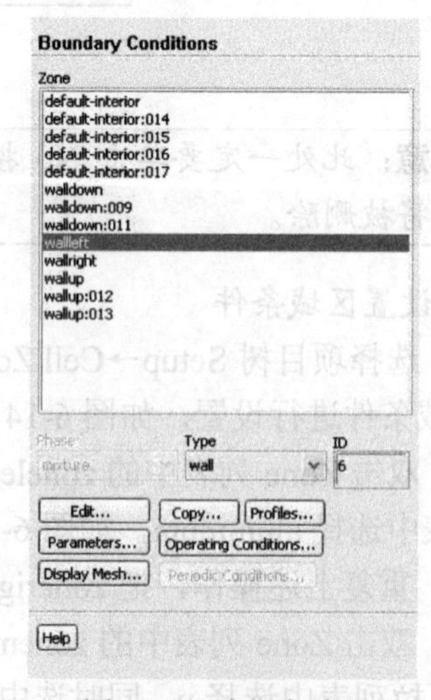

图 6-19　选择左边界

（3）在对话框中单击 Thermal 选项卡，选择 Thermal Conditions 下的 Convection 单选按钮，在 Heat Transfer Coefficient 文本框中输入 3 500，在 Free Stream Temperature 文本框中输入 423，如图 6-20 所示。单击 OK 按钮，完成左边界条件的设置。

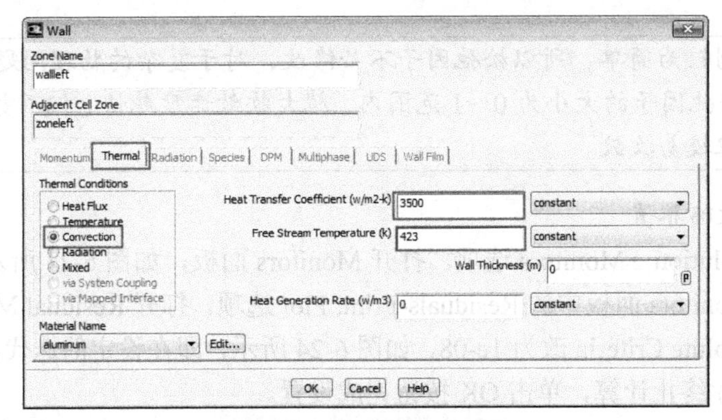

图 6-20 左边界条件设置

（4）在 Boundary Conditions 面板中双击 Zone 列表中的 wallright 选项，重复上述操作，完成右边界条件的设置。

提示：本算例中上下边界默认为绝热边界，不用设置。

7. 求解控制参数

提示：求解控制参数的设置主要是对连续方程、动力方程、能量方程的具体求解方式，以及节点的离散方法进行设置。

（1）选择 Solution→Solution Methods 选项，在弹出的 Solution Methods 面板中对求解控制参数进行设置。

（2）面板中的各个选项采用默认值，如图 6-21 所示。

8. 设置求解松弛因子

（1）选择 Solution→Solution Controls 选项，在弹出的 Solution Controls 面板中对求解松弛因子进行设置。

（2）面板中相应的松弛因子选择默认设置，如图 6-22 所示。

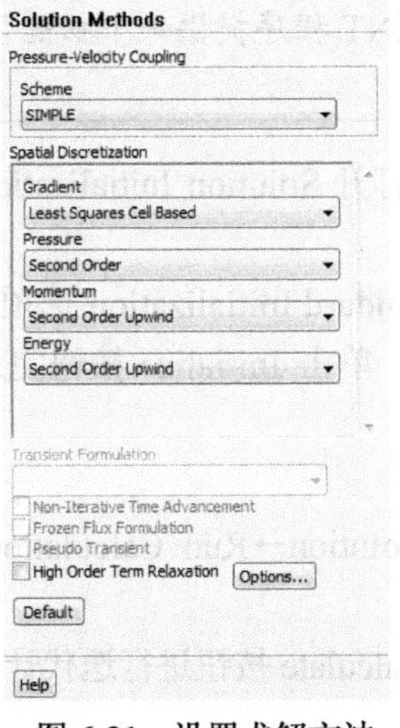

图 6-21 设置求解方法

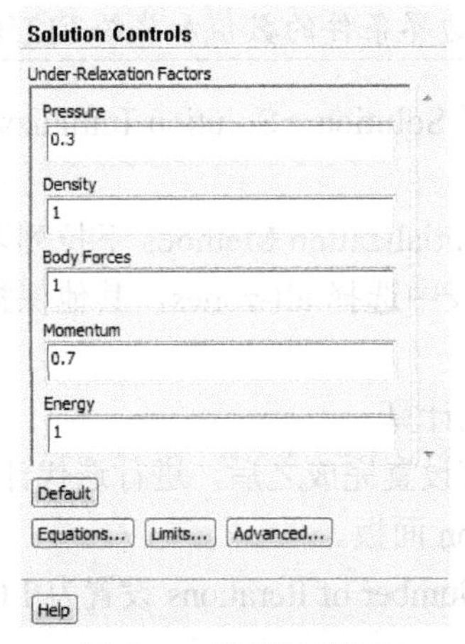

图 6-22 设置松弛因子

提示： 本例较为简单，所以松弛因子不必修改，对于复杂的物理问题，松弛因子是需要修改的。松弛因子的大小为0～1范围内，越大收敛速度越快，但不易收敛；越小收敛速度越慢，但较易收敛。

9. 设置收敛临界值

（1）选择Solution→Monitors选项，打开Monitors面板，如图6-23所示。

（2）双击Monitors面板中的Residuals-Print, Plot选项，打开Residual Monitors对话框，把energy的Absolute Criteria改为1e-08，如图6-24所示，即在设定的迭代次数内，只有当残差小于1e-08才终止计算，单击OK按钮完成设置。

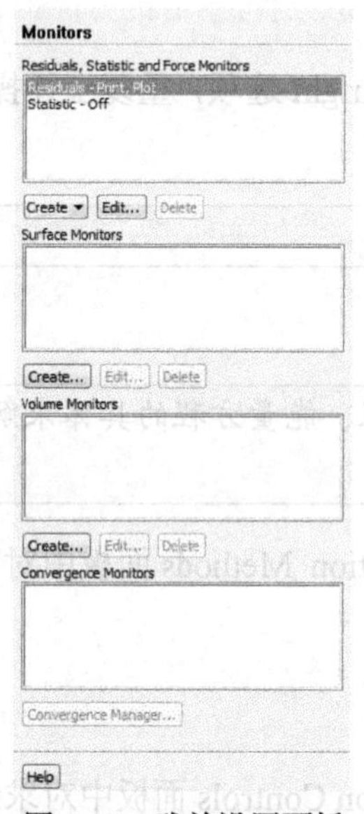

图6-23 残差设置面板

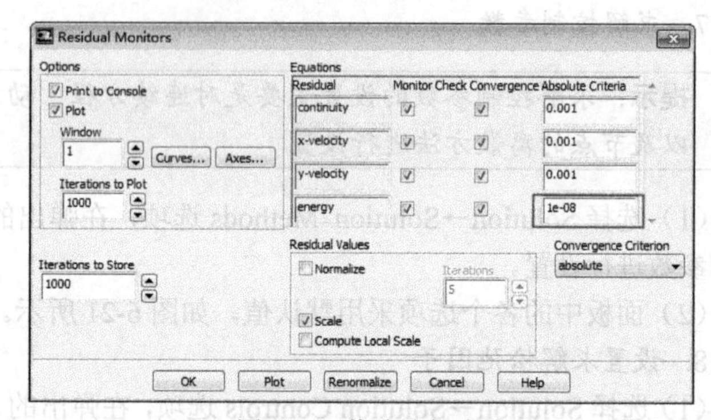

图6-24 修改迭代残差

10. 设置流场初始化

提示： 在开始迭代计算之前，用户必须给FLUENT程序提供一个初始值，也就是把前面设定的边界条件的数值加载给FLUENT。

（1）选择Solution→Solution Initialization选项，打开Solution Initialization面板进行初始化设置。

（2）在Initialization Methods下拉列表中选择Standard Initialization选项，在Compute from下拉列表中选择all-zones，其他保持默认设置，单击Initialize按钮完成初始化，如图6-25所示。

11. 迭代计算

（1）所有设置完成之后，进行迭代计算。选择Solution→Run Calculation选项，打开Run Calculation面板。

（2）将Number of Iterations设置为1 000，单击Calculate按钮进行迭代计算，如图6-26所示。

（3）单击 Calculate 按钮后，弹出 Working 对话框（见图 6-27）和残差监视窗口（见图 6-28）。

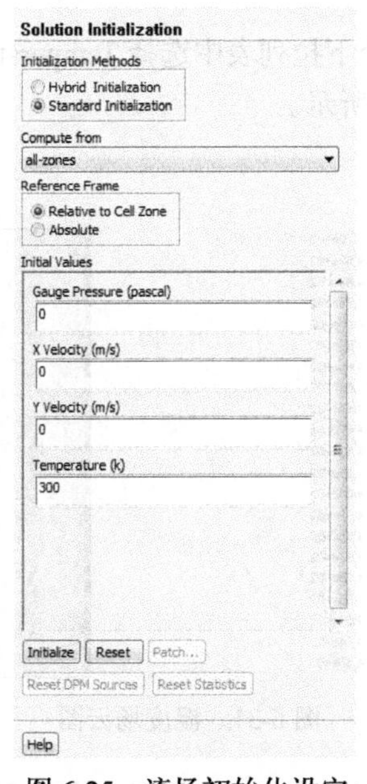

图 6-25 流场初始化设定

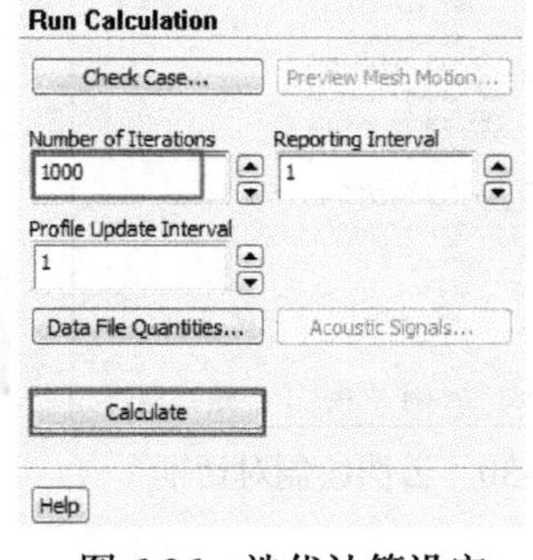

图 6-26 迭代计算设定

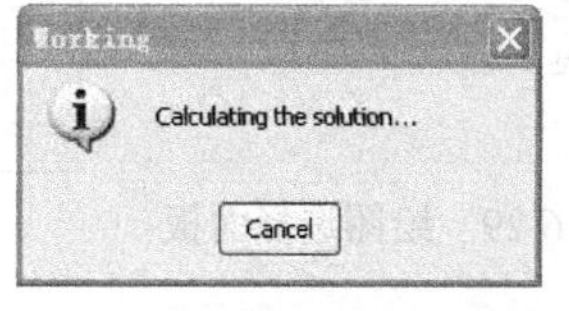

图 6-27 迭代计算对话框

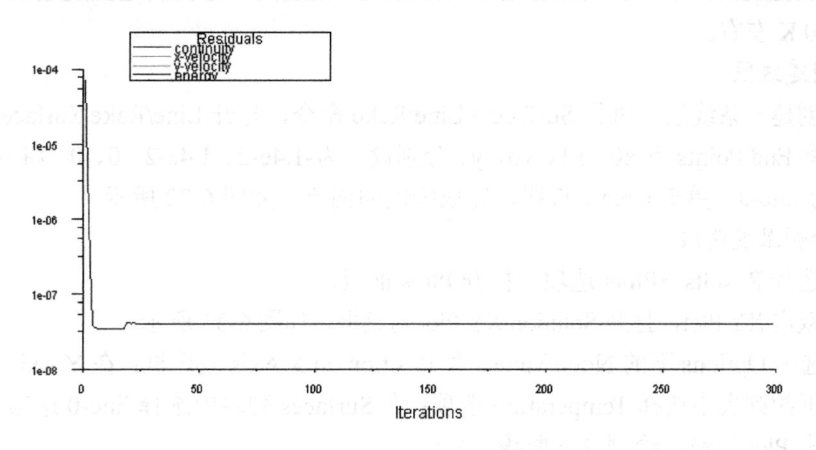

图 6-28 残差迭代收敛曲线

（4）由图 6-27 和图 6-28 可以看出，只有一条能量残差曲线，而且收敛非常快，虽然没有达到设置的最小误差限，但收敛曲线平直且残差也降到了 1e-07 以下，所以可以认为残差已经收敛了。

（5）保存数据文件。

执行 File→Write→Case&Data 命令，输入 wall 后，单击 OK 按钮，将计算结果保存到 wall.dat 文件中。

6.2.3 计算结果后处理

1. 温度云图绘制

（1）选择 Results→Graphics 选项，打开 Graphics and Animations 面板，如图 6-29 所示。

（2）双击 Graphics 列表中的 Contours 选项（或者选中 Contours 后单击 Set Up 按钮），打开 Contours 对话框，如图 6-30 所示。

（3）选中 Options 中的 Filled 复选框，在 Contours of 的第一个下拉列表中选择 Temperature 选项，单击 Display 按钮，显示计算区域的温度场，如图 6-31 所示。

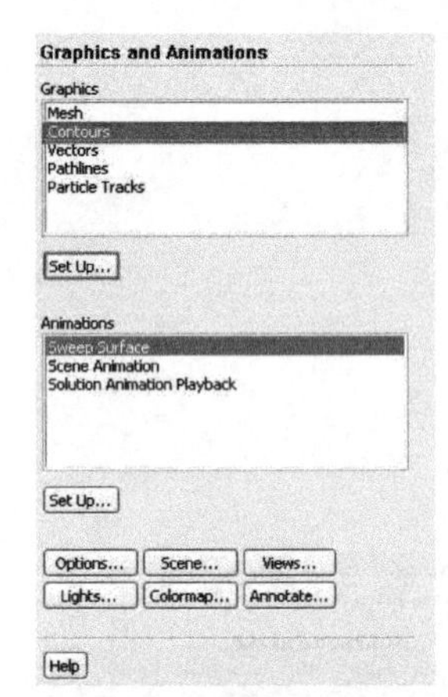

图 6-29　绘图选择面板

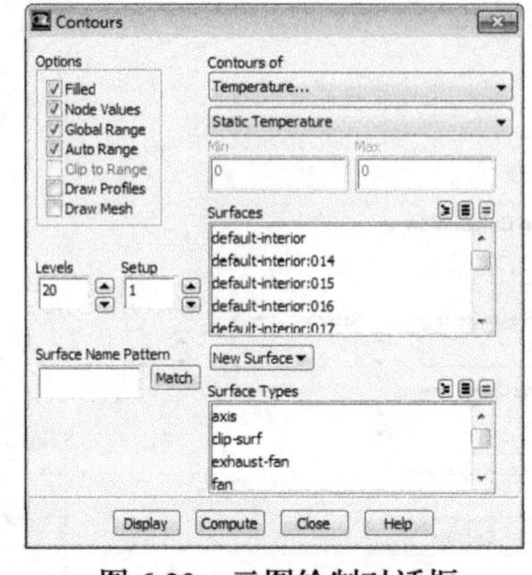

图 6-30　云图绘制对话框

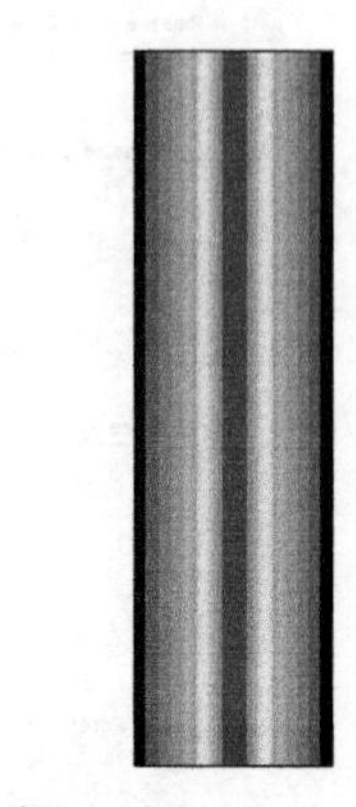

图 6-31　温度场云图

（4）从温度云图中可以明显看出中间热源区域温度高，越往两边温度越低，中间最高温度为 470 K 左右。

2. 创建线段

（1）创建一条线段。执行 Surface→Line/Rake 命令，打开 Line/Rake Surface 对话框。

（2）将 End Points 下 x0、x1、y0、y1 分别设置为-1.4e-2、1.4e-2、0、0，将 New Surface Name 改为 line-0，单击 Create 按钮，完成线段的创建，如图 6-32 所示。

3. 绘制温度曲线

（1）选择 Results→Plots 选项，打开 Plots 面板。

（2）双击 XY Plot，打开 Solution XY Plot 对话框，如图 6-33 所示。

（3）选中 Options 下的 Node Values 和 Position on X Axis 复选框；在 Y Axis Function 下的第一个下拉列表中选择 Temperature 选项；在 Surfaces 列表中选择 line-0 选项，如图 6-34 所示，单击 Plot 按钮，绘制温度曲线。

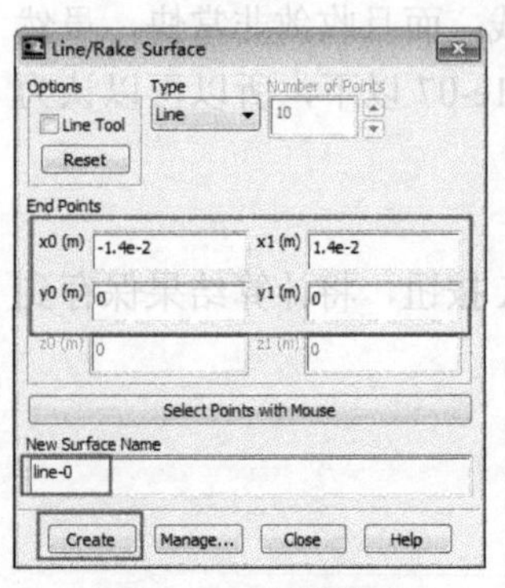

图 6-32　创建线段

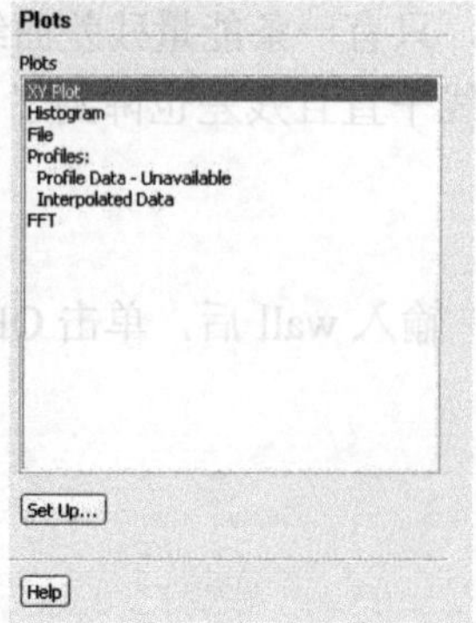
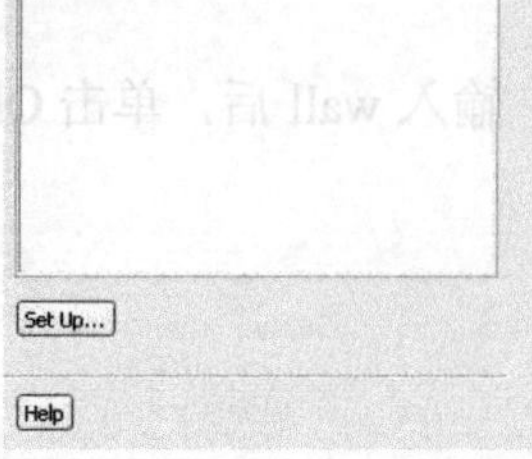

图 6-33　绘制曲线选择面板

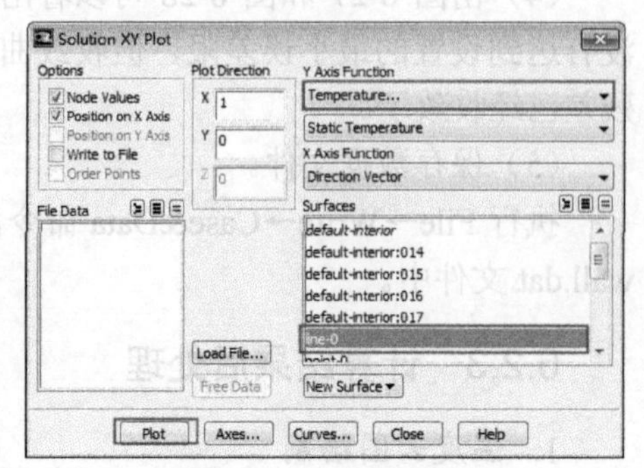

图 6-34　设置绘制曲线

（4）绘制的温度曲线如图 6-35 所示，由图可以看出，温度曲线呈现中间高两边低且对称的形状，在两边的铝板区域，由于没有内热源，温度曲线呈线性特征，而中间的内热源区域温度曲线呈二次曲线特征。

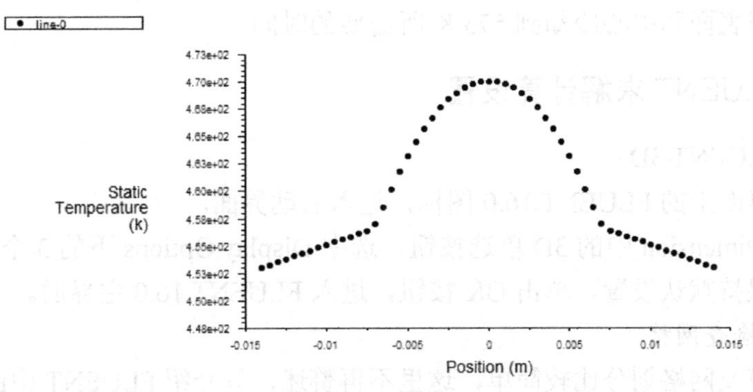

图 6-35 温度曲线

4. 保存数据

（1）选中 Options 中 Write to File 复选框，Plot 按钮变为 Write 按钮，如图 6-36 所示，单击 Write 按钮，把数据文件保存到相应的文件内。

（2）通过记事本打开温度数据文件，如图 6-37 所示，最高温度值为 470.059K，其横坐标为-2.1684e-19，默认的纵坐标为 0。

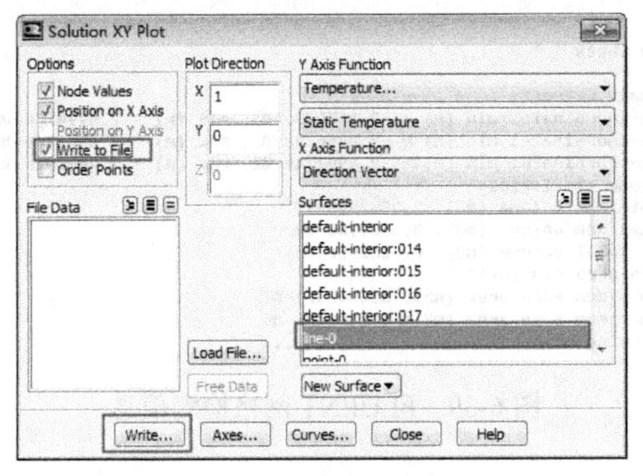

图 6-36 设置温度数据保存选项

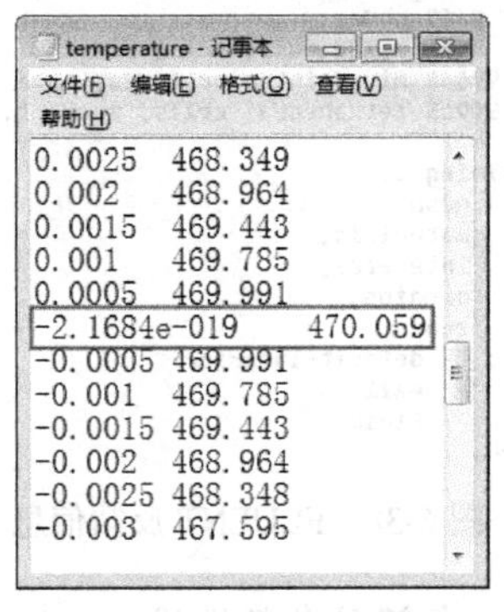

图 6-37 点的坐标与温度值

6.2.4 保存数据并退出

执行 File→Write→Case&Data 命令，替换原来保存的文件。执行 File→Exit 命令，退出 FLUENT 16.0 软件，全部计算过程结束。

6.3 钢球非稳态冷却过程的数值模拟

6.3.1 案例简介

一个直径为 5 cm 的钢球，放入加热设备中加热至 723 K，假设此时整个钢球温度均匀，然后突然被置于温度为 303 K 的空气中。

已知：钢球表面与周围环境的表面传热系数为 24 W/（m^2·K）；钢球的比热容为 480 J/（kg·K），密度为 7 753 kg/m^3，导热系数为 33 W/（m·K）。

求解：钢球表面和中心冷却到 573 K 所需要的时间。

6.3.2　FLUENT 求解计算设置

1. *启动 FLUENT-3D*

（1）双击桌面上的 FLUENT 16.0 图标，进入启动界面。

（2）选中 Dimension 中的 3D 单选按钮，选中 Display Options 下的 3 个复选框。

（3）其他保持默认设置，单击 OK 按钮，进入 FLUENT 16.0 主界面。

2. *读入并检查网格*

本例的建模及网格划分比较简单，这里不再赘述，只介绍 FLUENT 中的求解。

（1）执行 File→Read→Mesh 命令，在弹出的 Select File 对话框中读入 globe.msh 文件，得到如图 6-38 所示的反馈信息。从反馈信息中可以看出，共有 9 669 个节点、104 192 个网格面和 50 965 个四面体网格单元。

（2）执行 Mesh→Check 命令，反馈信息如图 6-39 所示。可以看到计算域三维坐标的上下限，检查最小体积和最小面积是否为负数。

```
> Reading "F:\globe.msh"...
   9669 nodes.
   4524 mixed wall faces, zone  3.
  99668 mixed interior faces, zone  5.
  50965 tetrahedral cells, zone  2.

Building...
     mesh
     materials,
     interface,
     domains,
     zones,
        default-interior
        wall
        fluid
Done.
```

图 6-38　FLUENT 反馈信息

```
Mesh Check

 Domain Extents:
   x-coordinate: min (m) = -2.497903e-02, max (m) = 2.499473e-02
   y-coordinate: min (m) = -2.498624e-02, max (m) = 2.499031e-02
   z-coordinate: min (m) = -2.499774e-02, max (m) = 2.499262e-02
 Volume statistics:
   minimum volume (m3): 2.383256e-10
   maximum volume (m3): 3.353058e-09
     total volume (m3): 6.528958e-05
 Face area statistics:
   minimum face area (m2): 6.404267e-07
   maximum face area (m2): 5.219605e-06
 Checking mesh.........................
Done.
```

图 6-39　FLUENT 网格检测信息

3. *求解器参数设置*

（1）选择工作界面左边的项目树 Setup→General 选项，在出现的 General 面板中设置求解器。

（2）单击 Scale 按钮，保持默认单位为 m；选中 Solver→Time→Transient 单选按钮，其他保持默认设置，如图 6-40 所示。

（3）选择项目树 Setup→Models 选项，对求解模型进行设置。双击 Models 列表中的 Energy-Off 选项（或选中 Energy-Off，然后单击 Edit 按钮），如图 6-41 所示，打开 Energy（能量方程）对话框。

（4）选择 Energy Equation 选项，如图 6-42 所示，单击 OK 按钮，启动能量方程。

提示：因为本算例只涉及传热问题，所以其他诸如湍流模型等不用选择。

4. *定义材料物性*

（1）选择项目树 Setup→Materials 选项，在出现的 Materials 面板中对所需材料进行设置。

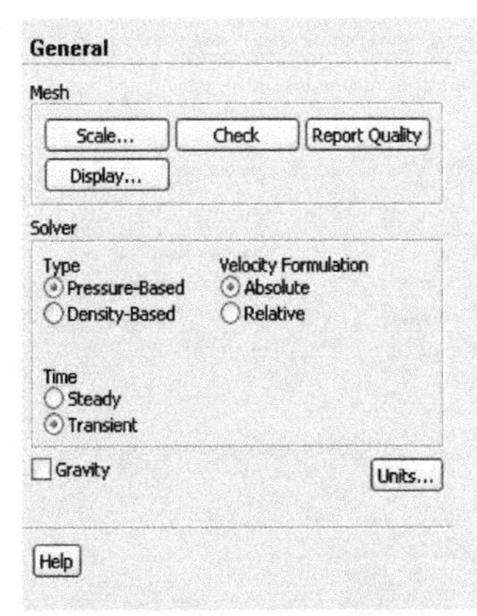

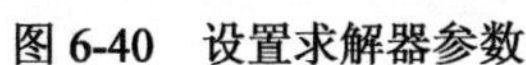

图 6-40 设置求解器参数

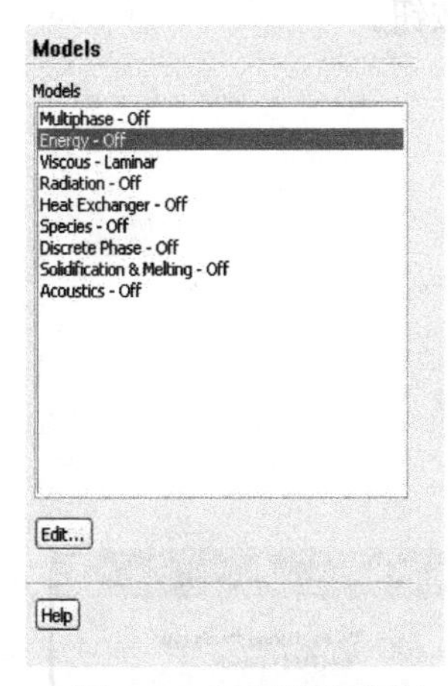

图 6-41 选择能量方程

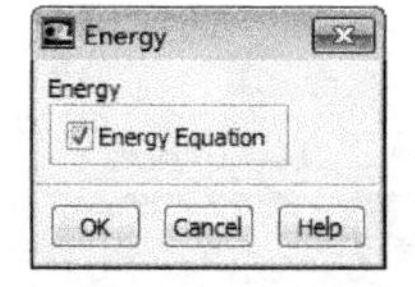

图 6-42 启动能量方程

（2）在面板中双击 Materials 列表中的 Solid 选项，如图 6-43 所示，弹出材料物性参数设置对话框。

（3）在 Name 文本框中输入 steel，Chemical Formula 设置为空，在 Density 中设置密度为 7 753，在 Cp 中设置为比热容为 480，在 Thermal Conductivity 中设置导热系数为 33，如图 6-44 所示。

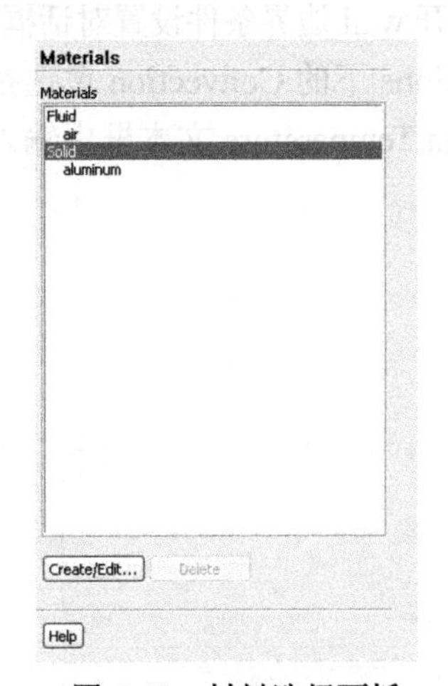

图 6-43 材料选择面板

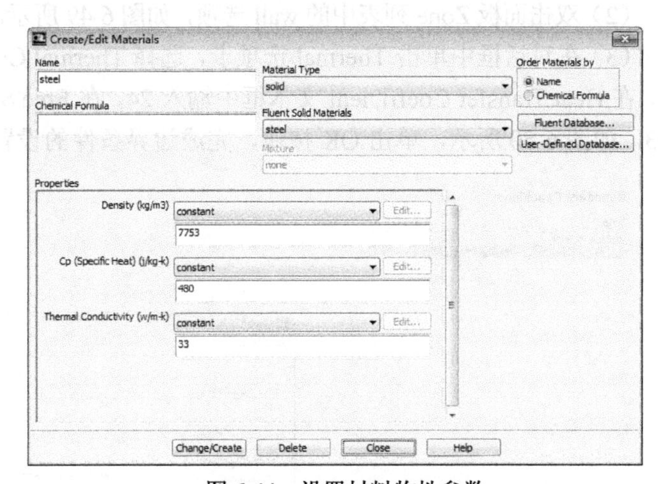

图 6-44 设置材料物性参数

（4）单击 Change/Create 按钮，弹出如图 6-45 所示的 Question 对话框，单击 Yes 按钮，删除铝的材料属性。

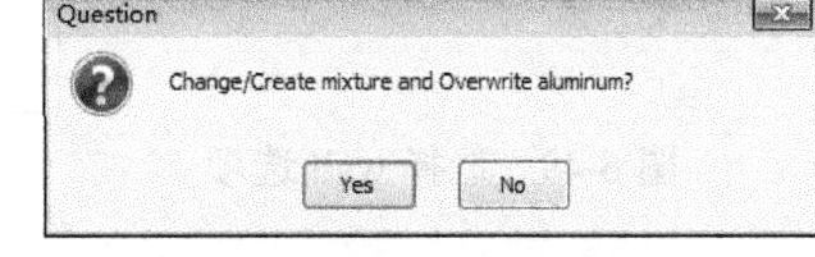

图 6-45 警示对话框

5. 设置区域条件

（1）选择项目树 Setup→Cell Zone Conditions 选项，在弹出的 Cell Zone Conditions 面板中对区域条件进行设置。

（2）在 Zone 列表中选择 fluid 选项，在 Type 下拉列表中选择 solid，如图 6-46 所示。弹出 Question 对话框，如图 6-47 所示，单击 Yes 按钮，弹出 Solid 对话框，保持默认设置，如图 6-48 所示，单击 OK 按钮。

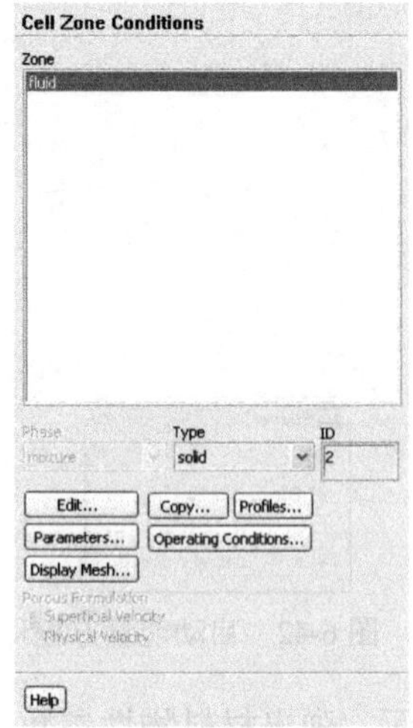

图 6-46　区域选择

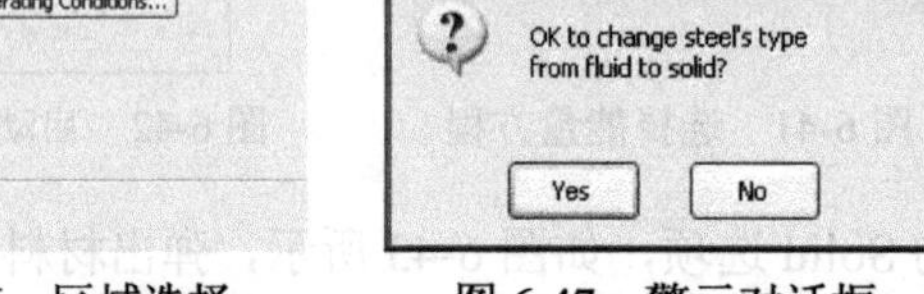

图 6-47　警示对话框

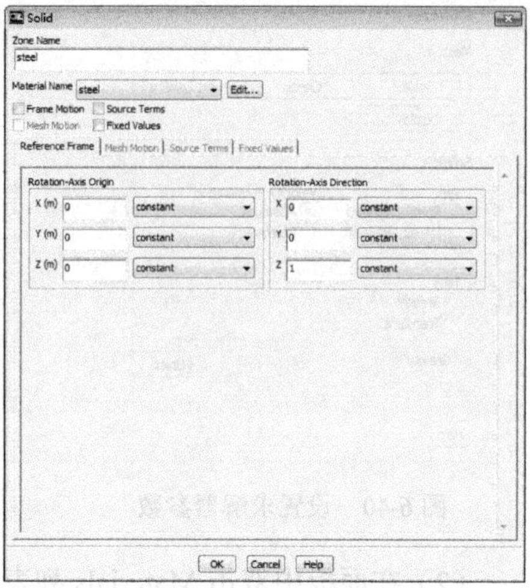

图 6-48　区域属性设置

6. 设置边界条件

（1）选择项目树 Setup→Boundary Conditions 选项，在弹出的 Boundary Conditions 面板中对边界条件进行设置。

（2）双击面板 Zone 列表中的 wall 选项，如图 6-49 所示，打开 wall 边界条件设置对话框。

（3）在对话框中单击 Thermal 选项卡，选择 Thermal Conditions 下的 Convection 单选按钮，在 Heat Transfer Coefficient 文本框中输入 24，在 Free Stream Temperature 文本框中输入 303，如图 6-50 所示，单击 OK 按钮，完成边界条件的设置。

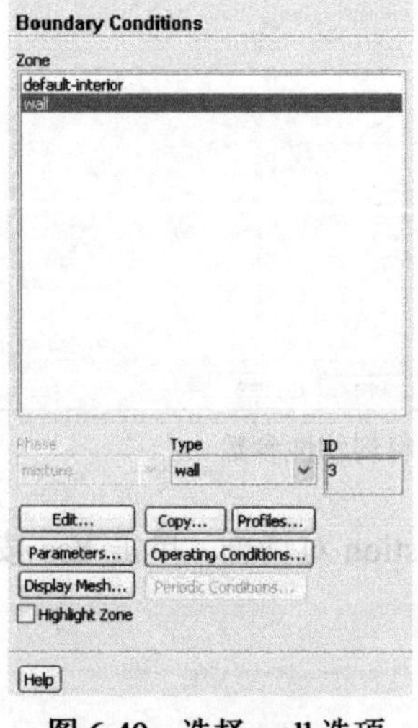

图 6-49　选择 wall 选项

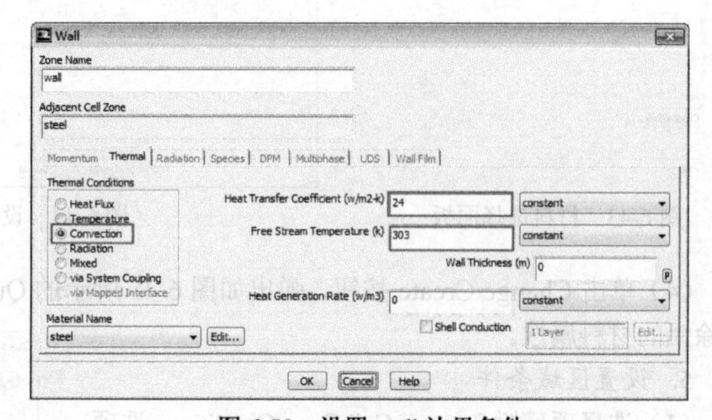

图 6-50　设置 wall 边界条件

6.3.3　求解计算

1. 求解控制参数

（1）选择 Solution→Solution Methods 选项，在弹出的 Solution Methods 面板中对求解

控制参数进行设置。

（2）面板中的各个选项采用默认值，如图 6-51 所示。

2. 设置求解松弛因子

（1）选择 Solution→Solution Controls 选项，在弹出的 Solution Controls 面板中对求解松弛因子进行设置。

（2）面板中相应的松弛因子选择默认设置，如图 6-52 所示。

3. 设置收敛临界值

（1）选择 Solution→Monitors 选项，打开 Monitors 面板，如图 6-53 所示。

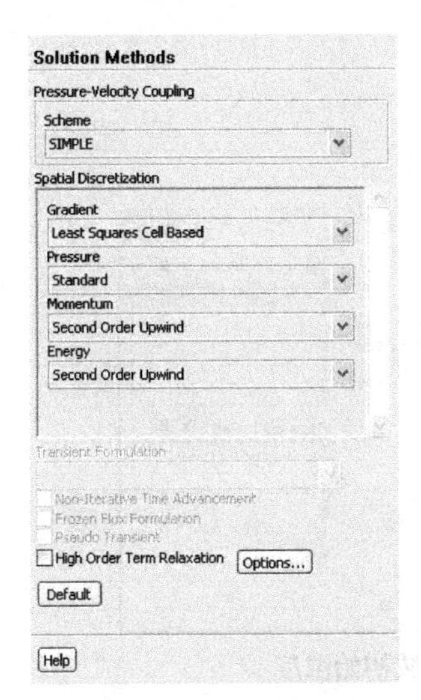

图 6-51 设置求解方法

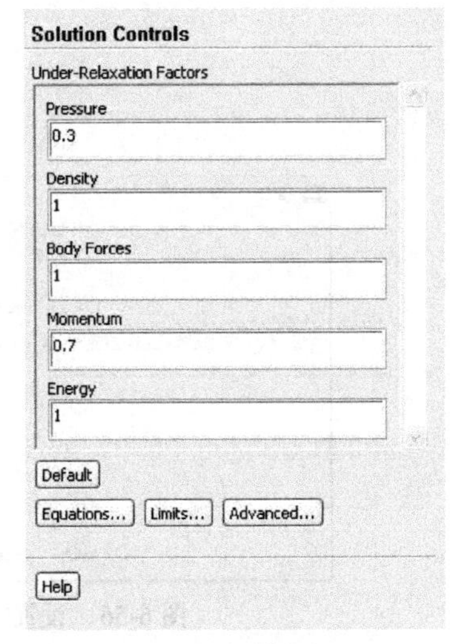

图 6-52 设置松弛因子

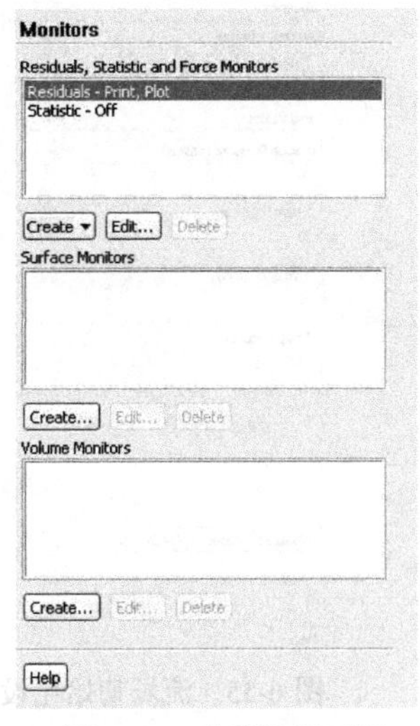

图 6-53 残差设置面板

（2）双击 Monitors 面板中的 Residuals-Print，Plot 选项，打开 Residual Monitors 对话框，把 energy 的 Absolute Criteria 改为 1e-09，如图 6-54 所示，即在设定的迭代次数内，只有当残差小于 1e-09 才终止计算，单击 OK 按钮完成设置。

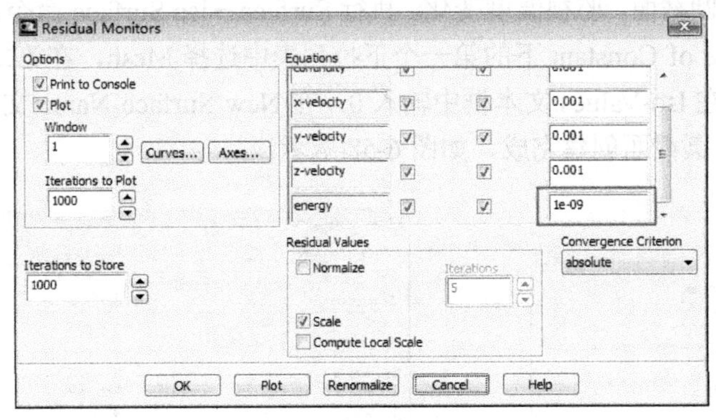

图 6-54 修改迭代残差

4. 流场初始化设置

（1）选择 Solution→Solution Initialization 选项，打开 Solution Initialization 面板进行初始化设置。

（2）选中 Initialization Methods 下的 Standard Initialization 单选按钮，在 Compute from 下拉列表中选择 all-zones，其他保持默认，单击 Initialize 按钮完成初始化，如图 6-55 所示。

（3）给定钢球的初始温度。单击 Solution Initialization 面板中的 Patch 按钮，弹出 Patch 对话框，在 Zones to Patch 下拉列表中选择 steel 选项，在 Variable 下拉列表中选择 Temperature 选项，在 Value 文本框中输入 723，单击 Patch 按钮，设置完成，如图 6-56 所示。

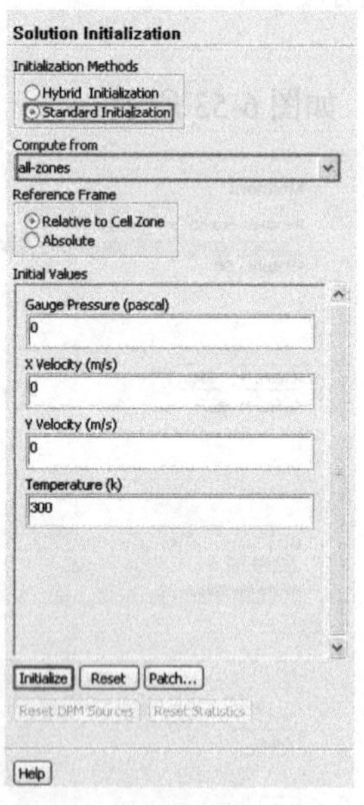

图 6-55　流场初始化设定

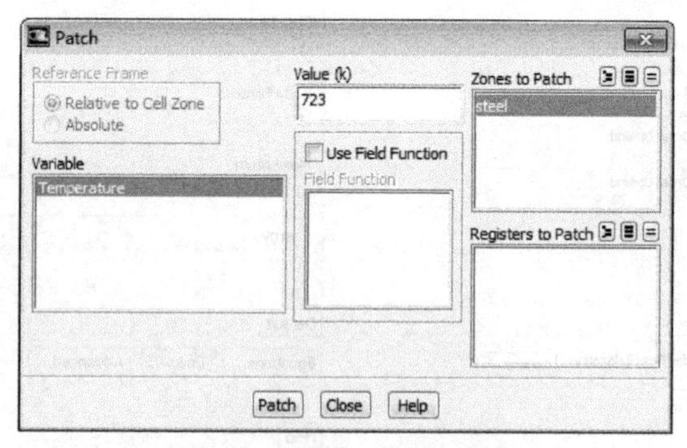

图 6-56　设置区域初始温度

5. 创建点和面

（1）在球心创建一个点，用于监视球心温度变化。执行 Surface→Point 命令，弹出 Point Surface 对话框，将 Coordinates 下的 x0，y0，z0 都改为 0，在 New Surface Name 文本框中输入 point-0，单击 Create 按钮，点创建完成，如图 6-57 所示。

（2）创建一个圆截面，监视温度变化。执行 Surface→Iso Surface 命令，弹出 Iso-Surface 对话框。在 Surface of Constant 下的第一个下拉列表中选择 Mesh，在第二个下拉列表中选择 Z-Coordinate，在 Iso-Values 文本框中输入 0，在 New Surface Name 文本框中输入 z-0，单击 Create 按钮，圆截面创建完成，如图 6-58 所示。

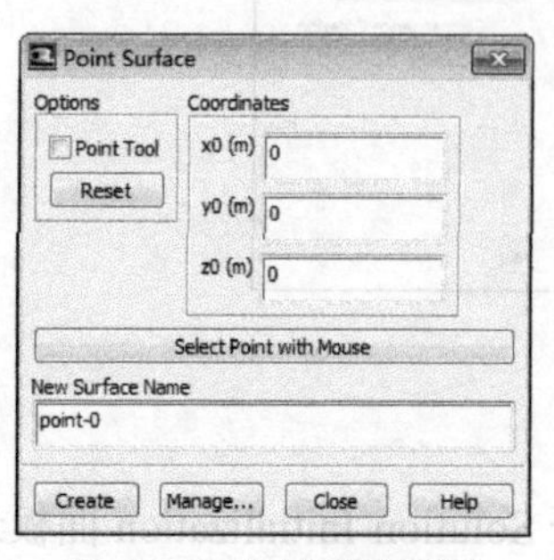

图 6-57　点创建对话框

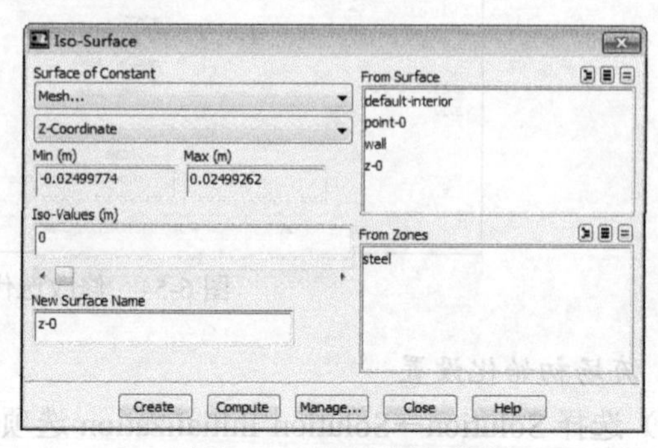

图 6-58　面创建对话框

6. 创建圆心点和外表面温度监视曲线

（1）选择工作界面左边的 Solution→Monitors 选项，弹出 Monitors 对话框。

（2）单击 Surface Monitors 下的 Create 按钮，弹出 Surface Monitor 对话框。

（3）选中 Options 下的 Plot 和 Write 复选框；在 X Axis 下拉列表中选择 Flow Time 选项；在 Report Type 下拉列表中选择 Area-Weighted Average 选项；在 Field Variable 的第一个下拉列表中选择 Temperature 选项；在 Surfaces 列表中选择 point-0 选项，在 File Name 文本框中将输出文件命名为 zhongxin.out，其他保持默认设置，单击 OK 按钮，圆心点的温度变化监视窗口创建成功，如图 6-59 所示。

（4）外表面温度监视曲线的设置与圆心点的设置相同，只是最后在 Surfaces 列表中选择 wall 选项即可，将输出文件命名为 wai.out，如图 6-60 所示。

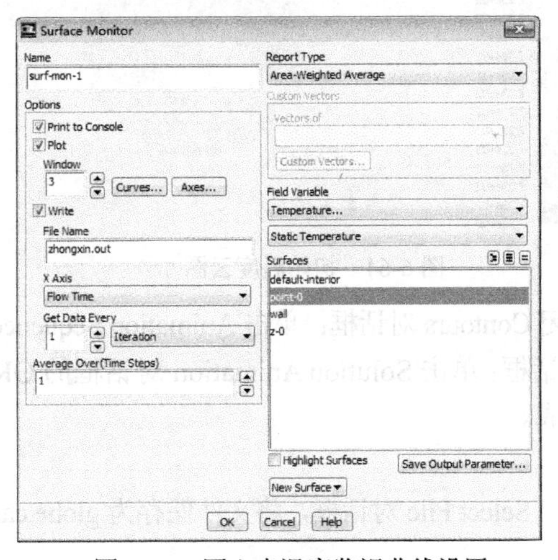

图 6-59 圆心点温度监视曲线设置

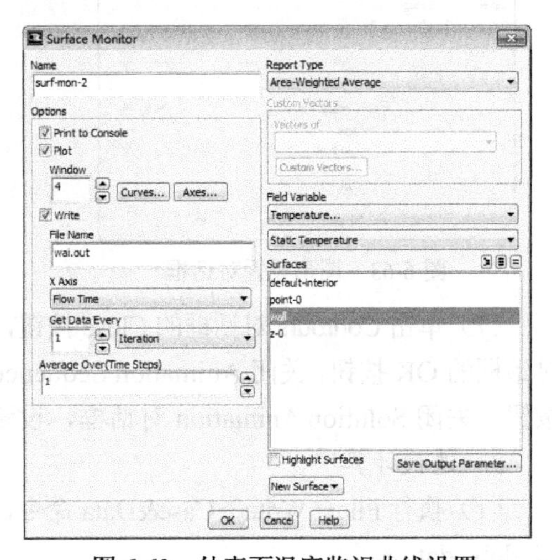

图 6-60 外表面温度监视曲线设置

7. 创建圆截面温度动态监视窗口

（1）选择 Solution→Calculation Activities 命令，弹出 Calculation Activities 面板。

（2）单击 Solution Animations 下的 Create/Edit 按钮，弹出 Solution Animation 对话框，设置 Animation Sequences 为 1，在 When 下拉列表中选择 Time Step，如图 6-61 所示。

（3）单击 Define 按钮，弹出 Animation Sequence 对话框，在 Storage Type 下选中 In Memory 单选按钮，如图 6-62 所示。

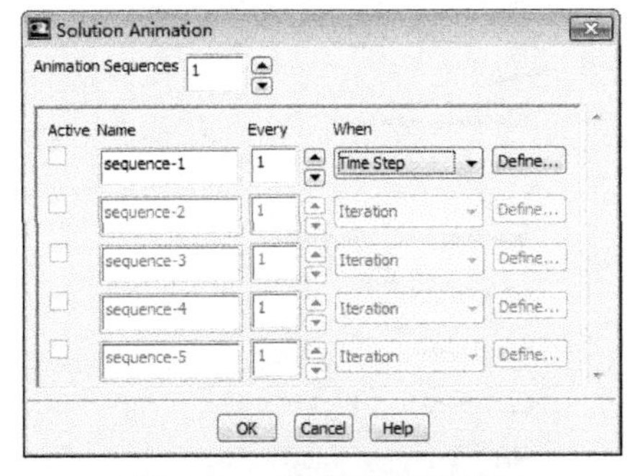

图 6-61 动画设置对话框 1

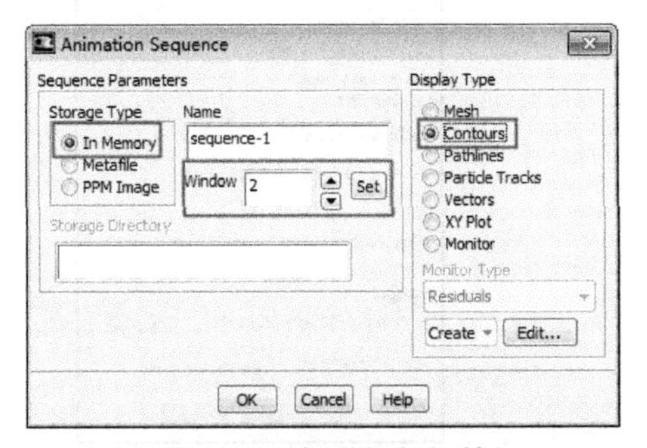

图 6-62 动画设置对话框 2

（4）单击 Set 按钮，弹出温度监视窗口，在 Display Type 下选中 Contours 单选按钮，弹出 Contours 对话框。

（5）在 Options 下选中 Filled 复选框，在 Contours of 下的第一个下拉列表中选择 Temperature 选项，在 Surfaces 列表中选择 z-0 选项，如图 6-63 所示。

（6）单击 Display 按钮，温度监视窗口中出现了圆截面的温度云图，如图 6-64 所示。

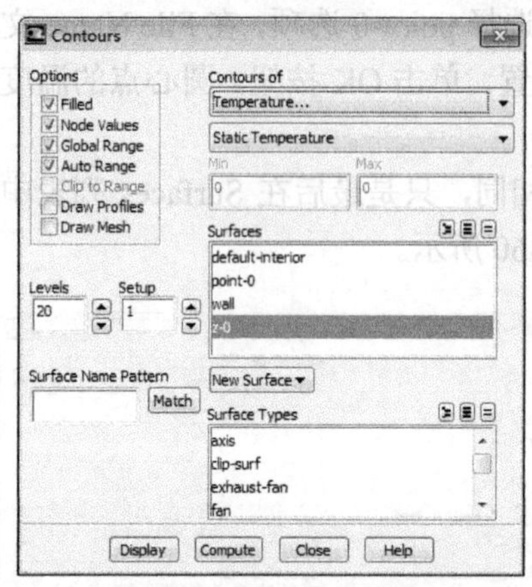

图 6-63 图形设置对话框

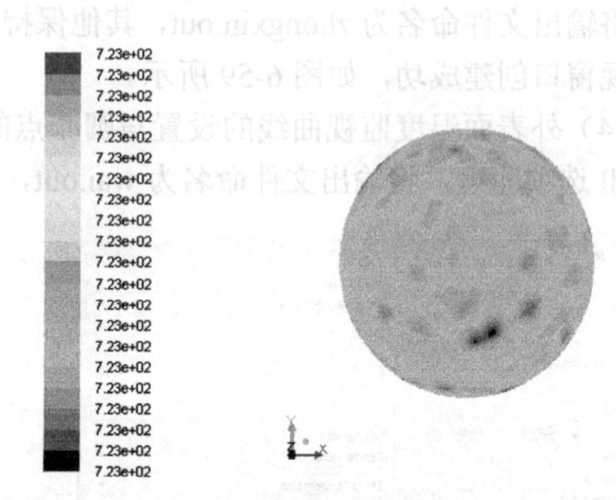

图 6-64 初始温度云图

（7）单击 Contours 对话框的 Close 按钮，关闭 Contours 对话框；单击 Animation Sequence 对话框的 OK 按钮，关闭 Animation Sequence 对话框；单击 Solution Animation 对话框的 OK 按钮，关闭 Solution Animation 对话框，设置完成。

8. 迭代计算

（1）执行 File→Write→Case&Data 命令，弹出 Select File 对话框，将文件保存为 globe.cas 和 globe.dat。

（2）执行 File→Write→Autosave 命令，弹出 Autosave 对话框，设置 Save Data File Every（Time Steps）为 3，表示每计算 3 个时间步保存一次计算数据，如图 6-65 所示。

（3）选择 Solution→Run Calculation 选项，打开 Run Calculation 面板。

（4）设置初始 Time Step Size 为 0.001，Number of Time Steps 设置为 10 000，Max Iterations/Time Step 设置为 10，表示每一个时间步最多进行 10 次迭代计算，如图 6-66 所示。

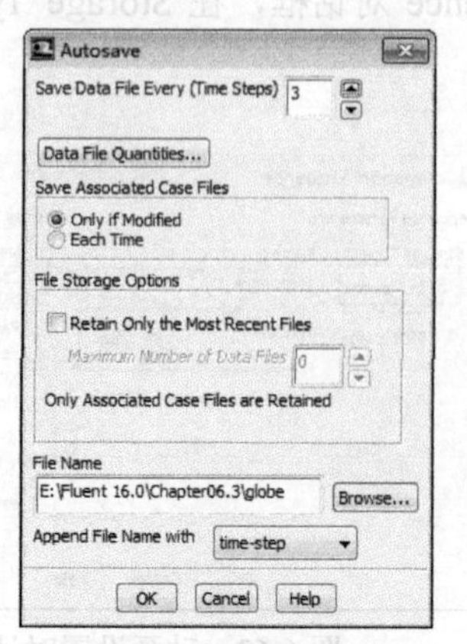

图 6-65 保存数据设置

图 6-66 迭代设置对话框

（5）单击 Calculate 按钮进行迭代计算，迭代计算过程中，要时时查看各个监视窗口，根据情况改变 Time Step Size 的数值，从而改变计算速度，快速完成计算。

6.3.4 计算结果后处理及分析

（1）单击 Calculate 按钮后，迭代计算开始，总共弹出 4 个窗口，分别为残差监视窗口，如图 6-67 所示；圆截面温度场监视窗口，如图 6-68 所示；中心点温度曲线监视窗口，如图 6-69 所示；外表面温度曲线监视窗口，如图 6-70 所示。

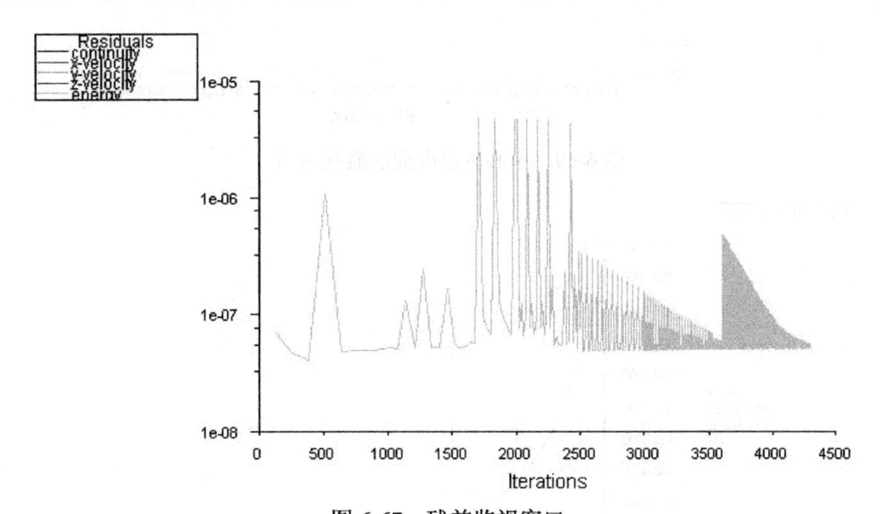

图 6-67 残差监视窗口

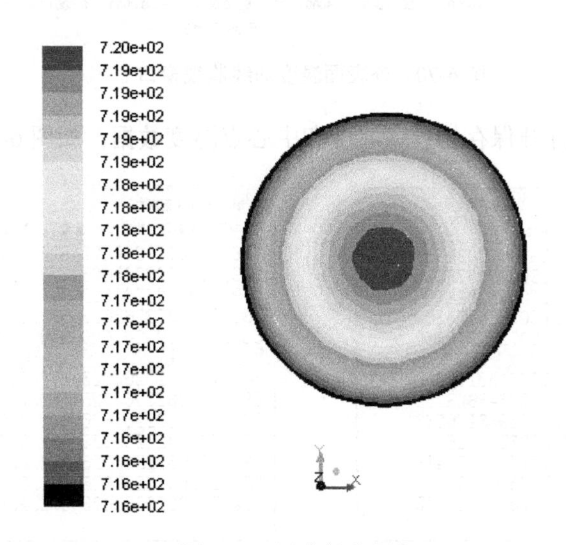

图 6-68 温度场监视窗口

（2）由图 6-68 可以看出，冷却过程进行到 17 s 时，外壁冷却到 716 K，而中心温度仍达到 720 K，中心与外壁存在 4 K 的温差。

（3）由图 6-69 和图 6-70 可以看出，钢球冷却开始时，温度下降很快，随着冷却时间的变长，温度下降变得缓慢，最终在 10 000 s 左右，冷却结束。

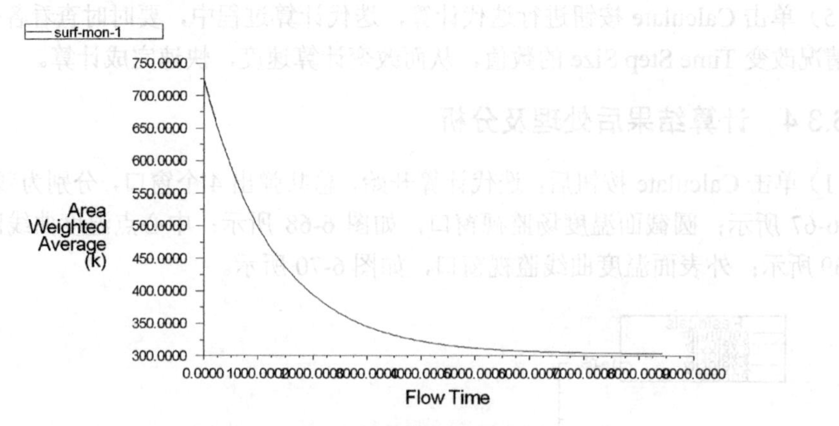

图 6-69　中心点温度曲线监视窗口

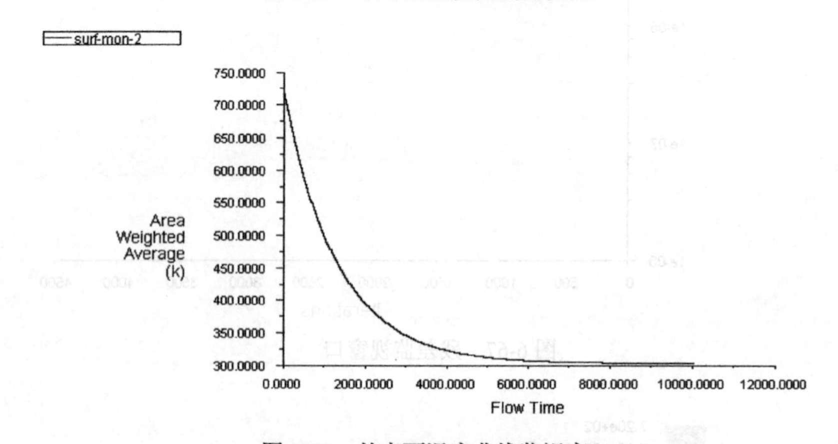

图 6-70　外表面温度曲线监视窗口

（4）分别用记事本打开保存的外壁温度和中心点温度数据，如图 6-71 和图 6-72 所示。

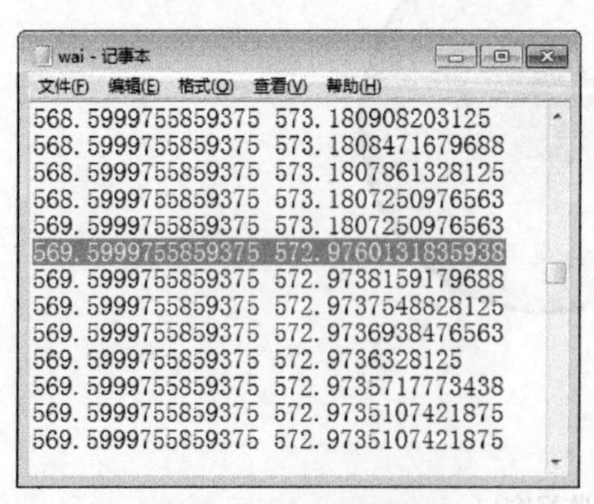

wai - 记事本

文件(F)　编辑(E)　格式(O)　查看(V)　帮助(H)

568. 5999755859375　573. 180908203125
568. 5999755859375　573. 1808471679688
568. 5999755859375　573. 1807861328125
568. 5999755859375　573. 1807250976563
569. 5999755859375　573. 1807250976563
569. 5999755859375　572. 9760131835938
569. 5999755859375　572. 9738159179688
569. 5999755859375　572. 9737548828125
569. 5999755859375　572. 9736938476563
569. 5999755859375　572. 9736328125
569. 5999755859375　572. 9735717773438
569. 5999755859375　572. 9735107421875
569. 5999755859375　572. 9735107421875

图 6-71　外壁温度数据

zhongxin - 记事本

文件(F)　编辑(E)　格式(O)　查看(V)　帮助(H)

578. 7330322265625　573. 497802734375
579. 2330322265625　573. 3941040039063
579. 7330322265625　573. 2906494140625
580. 2330322265625　573. 1869506835938
580. 7330322265625　573. 0835571289063
581. 2330322265625　572. 9800415039063
581. 7330322265625　572. 8765869140625
582. 2330322265625　572. 7731323242188
582. 7330322265625　572. 6697998046875
583. 2330322265625　572. 5664672851563
583. 7330322265625　572. 4632568359375
584. 2330322265625　572. 360107421875
584. 7330322265625　572. 2567749023438

图 6-72　中心点温度数据

（5）由图 6-71 和图 6-72 可看出，外壁冷却到 573 K（300℃）所需的时间为 569.6 s，这与采用集总参数法所计算的冷却时间 570 s 是相近的，而中心点冷却到 573 K 所需的时间为 581.2 s，两者相差 11.6 s。

（6）图 6-73 和图 6-74 分别为 $t = 569.6$ s 和 $t = 581.2$ s 时刻的温度场，由这两个图可以

看出，在 569.6 s 时，外壁冷却到了 573 K，而中心温度仍达到 575 K；在 581.2 s 时刻，中心温度冷却到 573 K，而外壁温度达到了 571 K。两个时刻，中心与外壁温差为 2 K。

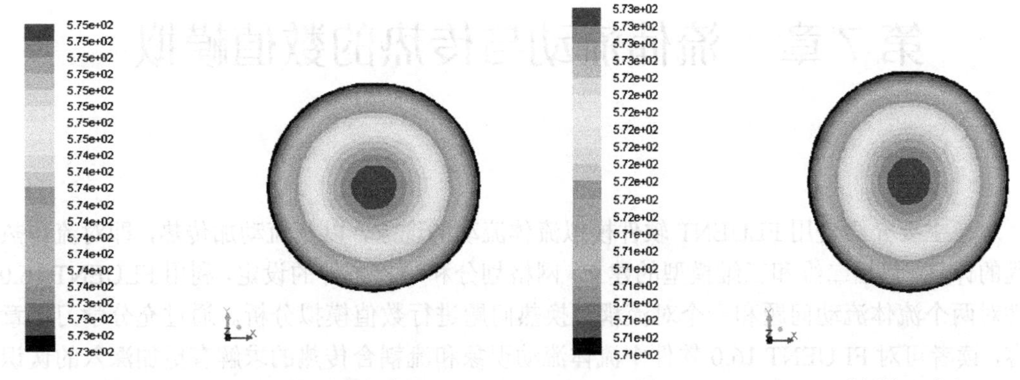

图 6-73 $t = 569.6$ s 时刻的温度场

图 6-74 $t = 581.2$ s 时刻的温度场

（7）由上述分析可知，由于集总参数法认为整个钢球在冷却过程中处于同一温度，也就是外表面温度和中心温度相同，所以采用集总参数法计算钢球冷却到 573K 所需时间（570 s）与数值计算结果（569.6 s）是相近的。

但数值计算表明，当外壁冷却到 573K 时，中心温度仍要高 2K，需继续冷却 11.6s 后，中心温度才降至 573 K。数值计算结果更精确，能更真实地反映物理过程的实际情况。

6.4 本章小结

本章首先介绍了导热问题的基础知识，然后说明了分析解和数值解的不同，以及数值解法的必要性，接着讲解了 3 类基本的边界条件，最后给出两个导热问题的算例，并对求解过程的设置以及结果后处理分析进行了详细说明。

通过本章的学习，读者可以掌握导热问题的建模、求解设置，以及结果后处理等相关知识。

第 7 章　流体流动与传热的数值模拟

本章主要介绍使用 FLUENT 软件模拟流体流动的现象，以及流动加传热，即对流传热过程的计算。包括二维和三维模型的建立，网格划分和边界条件的设定，利用 FLUENT 16.0 软件对两个流体流动问题和一个对流耦合换热问题进行数值模拟分析。通过充分学习本章内容，读者可对 FLUENT 16.0 软件中流体流动现象和流耦合传热的求解有更加深入的认识和理解，为求解此类实际问题打下坚实的基础。

学习目标：

- 掌握流体流动和传热数值求解的基本过程；
- 通过实例掌握流动和传热数值求解的方法；
- 掌握流动和传热问题边界条件的设置方法；
- 掌握流动和传热问题计算结果的后处理及分析方法。

7.1　流体流动与传热概述

流动有两种状态：层流和湍流。当流体处于层流状态时，流体的质点间没有相互掺混；当流体处于湍流状态时，流层间的流体质点相互掺混。层流现象较为简单，流体流速较低及管道较细时，多表现为层流。

湍流会使得流体介质之间相互交换动力、能量和物质，并且变化是小尺度、高频率的，因此在实际工程计算中，直接模拟湍流对计算机性能的要求非常高，大多数情况下不能直接模拟。

实际上，瞬时控制方程可能在时间上、空间上是均匀的，或者可以人为地改变尺度，这样修正后的方程就会耗费较少的计算时间。但是修正后的方程会引入其他变量，其需要用已知变量来确定。计算湍流时，FLUENT 采用一些湍流模型，常用的有 Spalart-Allmaras 模型、标准 k-ε 模型、RNG k-ε 模型、标准 k-ω 模型等。

1. Spalart-Allmaras 模型

在湍流模型中利用 Boussinesq 逼近，中心问题是如何计算漩涡黏度。这个模型由 Spalart 和 Allmaras 提出，用来解决因湍流动黏滞率而修改的数量方程。

Spalart-Allmaras 模型的变量中 $\tilde{\nu}$ 是湍流动黏滞率，模型方程如式 7-1 所示。

$$\frac{\partial}{\partial t}(\rho\tilde{\nu})+\frac{\partial}{\partial x_i}(\rho\tilde{\nu}u_i)=G_\nu+\frac{1}{\sigma_{\tilde{\nu}}}\left\{\frac{\partial}{\partial x_j}\left[(\mu+\rho\tilde{\nu})\frac{\partial\tilde{\nu}}{\partial x_j}\right]+C_{b2}\rho\left(\frac{\partial\tilde{\nu}}{\partial x_j}\right)^2\right\}-Y_\nu+S_{\tilde{\nu}} \tag{7-1}$$

其中，G_ν是湍流黏度生成的，Y_ν是被湍流黏度消去的，发生在近壁区域，$S_{\tilde{\nu}}$ 是用户定义的。

注意：湍流动能在 Spalart-Allmaras 中没有被计算，因为估计雷诺应力时没有被考虑。

2. 标准 k-ε 模型

标准 k-ε 模型是一个半经验公式，主要是基于湍流动能和扩散率。k 方程是一个精确方程，ε 方程是一个由经验公式导出的方程。

k-ε 模型假定流场完全是湍流，分子之间的黏性可以忽略。标准 k-ε 模型因而只对完全是湍流的流场有效，方程如式 7-2 和式 7-3 所示。

$$\frac{\partial}{\partial t}(\rho k)+\frac{\partial}{\partial x_i}(\rho k u_i)=\frac{\partial}{\partial x_j}\left[\left(\mu+\frac{\mu_t}{\sigma_k}\right)\frac{\partial k}{\partial x_j}\right]+G_k-Y_k+S_k \tag{7-2}$$

$$\frac{\partial}{\partial t}(\rho \varepsilon)+\frac{\partial}{\partial x_i}(\rho \varepsilon u_i)=\frac{\partial}{\partial x_j}\left[\left(\mu+\frac{\mu_t}{\sigma_\varepsilon}\right)\frac{\partial \varepsilon}{\partial x_j}\right]+c_{\varepsilon 1}\frac{\varepsilon}{k}(G_k+c_{\varepsilon 3}G_b)-c_{\varepsilon 2}\rho\frac{\varepsilon^2}{k}+S_\varepsilon \tag{7-3}$$

式中，G_k 表示由层流速度梯度而产生的湍流动能，G_b 是由浮力产生的湍流动能，Y_k 是由于在可压缩湍流中过渡的扩散产生的波动，$c_{\varepsilon1}$、$c_{\varepsilon2}$、$c_{\varepsilon3}$ 是常量，σ_k 和 σ_ε 是 k 方程和 ε 方程的湍流 Prandtl 数，S_k 和 S_ε 是用户定义的。

3. RNG k-ε 模型

RNG k-ε 模型是从暂态 N-S 方程中推出的，使用了一种叫"renormalization group"的数学方法。具体方程如式 7-4 和式 7-5 所示。

$$\frac{\partial}{\partial t}(\rho k)+\frac{\partial}{\partial x_i}(\rho k u_i)=\frac{\partial}{\partial x_j}\left(\alpha_k \mu_{\text{eff}}\frac{\partial k}{\partial x_j}\right)+G_k+G_b-\rho\varepsilon-Y_M+S_k \tag{7-4}$$

$$\frac{\partial}{\partial t}(\rho \varepsilon)+\frac{\partial}{\partial x_i}(\rho \varepsilon u_i)=\frac{\partial}{\partial x_j}\left(\alpha_\varepsilon \mu_{\text{eff}}\frac{\partial \varepsilon}{\partial x_j}\right)+c_{\varepsilon 1}\frac{\varepsilon}{k}(G_k+c_{\varepsilon 3}G_b)-c_{\varepsilon 2}\rho\frac{\varepsilon^2}{k}-R_\varepsilon+S_\varepsilon \tag{7-5}$$

式中，G_k 是由层流速度梯度而产生的湍流动能，G_b 是由浮力而产生的湍流动能，Y_M 是由于在可压缩湍流中过渡的扩散产生的波动，$c_{\varepsilon1}$、$c_{\varepsilon2}$、$c_{\varepsilon3}$ 是常量，α_k 和 α_ε 是 k 方程和 ε 方程的湍流 Prandtl 数，S_k 和 S_ε 是用户定义的，R_ε 是对湍流耗散率的修正项。

4. 标准 k-ω 模型

标准 k-ω 模型是一种经验模型，基于湍流能量方程和扩散速率方程，如式 7-6 和式 7-7 所示。

$$\frac{\partial}{\partial t}(\rho k)+\frac{\partial}{\partial x_i}(\rho k u_i)=\frac{\partial}{\partial x_j}\left(\Gamma_k\frac{\partial k}{\partial x_j}\right)+G_k-Y_k+S_k \tag{7-6}$$

$$\frac{\partial}{\partial t}(\rho \omega)+\frac{\partial}{\partial x_i}(\rho \omega u_i)=\frac{\partial}{\partial x_j}\left(\Gamma_\omega\frac{\partial \omega}{\partial x_j}\right)+G_\omega-Y_\omega+S_\omega \tag{7-7}$$

式中，G_k 是由层流速度梯度而产生的湍流动能，G_ω 是由 ω 方程产生的湍流功能，Γ_k 和 Γ_ω 表明了 k 和 ω 的扩散率，Y_k 和 Y_ω 是由于扩散产生的湍流，S_k 和 S_ω 是用户定义的。

上面介绍了单纯的流动过程，然而在实际生产中，伴随流动过程的还有传热过程，即对流耦合换热，因此在计算对流耦合换热问题时，还要计算流体温度场，在 FLUENT 16.0

软件中要开启能量方程。一般先对流场进行计算，流场计算收敛之后，再加载能量方程，对传热过程进行计算。

一般来说，实际问题复杂多变，任何一个湍流模型不可能适合所有的实际问题，因此在对实际问题进行数值求解时，先要进行简化分析，如流体是否可压、比热容和导热系数是否为常数，还有就是计算精度要求、计算机能力和计算时间的限制。

选择项目树 Setup→Models→Viscous-Laminar 选项，弹出 Viscous Model（湍流模型）对话框，如图 7-1 所示。

根据所要模拟的实际问题，选择相应的湍流模型，如 1 eqn、2 eqn 等，其他选项也要根据实际情况做出相应的选择。

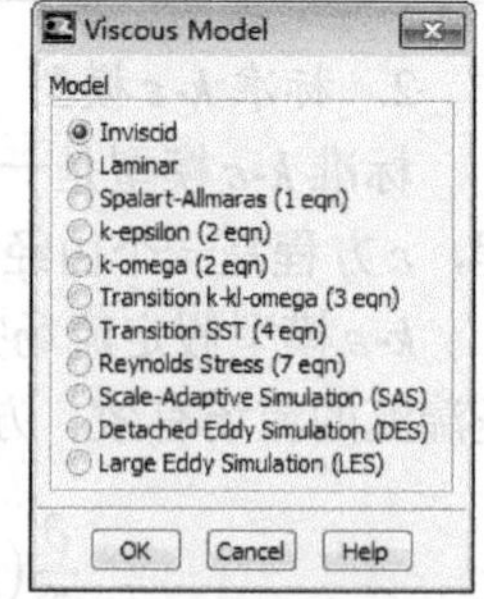

图 7-1　湍流模型对话框

7.2　引射器内流场数值模拟

7.2.1　案例简介

锅炉自吸式取样器是一种不需要动力，自动取灰的装置，其关键部分为一个拉法尔喷管引射器，如图 7-2 所示。

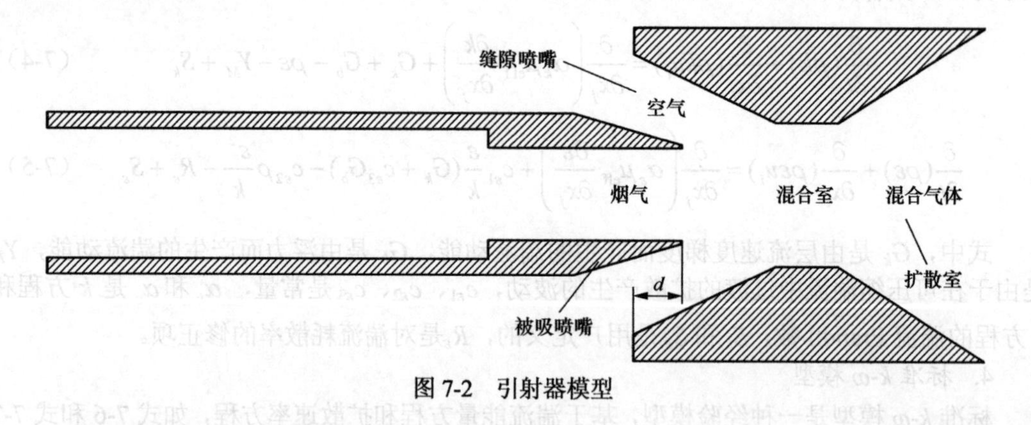

图 7-2　引射器模型

被吸喷嘴连接到锅炉尾部烟道，尾部烟道内是负压，外界常压空气便从缝隙流入混合室，在混合室内空气与锅炉烟气混合，然后进入扩散室，在扩散室中，压力经过速度转换一直升高到终压，最终混合气体进入旋风分离器，分离出锅炉烟灰。

本算例忽略了烟气中烟灰对流场的影响，只进行流场的数值模拟。

7.2.2　FLUENT 求解计算设置

1. *启动* FLUENT-2D

（1）双击桌面上的 FLUENT 16.0 图标，进入启动界面。

（2）选中 Dimension 中的 2D 单选按钮，取消选中 Display Options 下的 3 个复选框。

（3）其他保持默认设置，单击 OK 按钮，进入 FLUENT 16.0 主界面。

2. 读入并检查网格

（1）执行 File→Read→Mesh 命令，在弹出的 Select File 对话框中读入 ejector.msh 二维网格文件。

（2）执行 Mesh→Info→Size 命令，得到如图 7-3 所示的模型网格信息：共有 18 292 个节点、35 981 个网格面和 17 690 个网格单元。

（3）执行 Mesh→Check 命令，反馈信息如图 7-4 所示。可以看到计算域二维坐标的上下限，检查最小体积和最小面积是否为负数。

```
Mesh Size

Level    Cells    Faces    Nodes    Partitions
    0    17690    35981    18292             1

 1 cell zone, 8 face zones.
```

图 7-3　网格数量信息

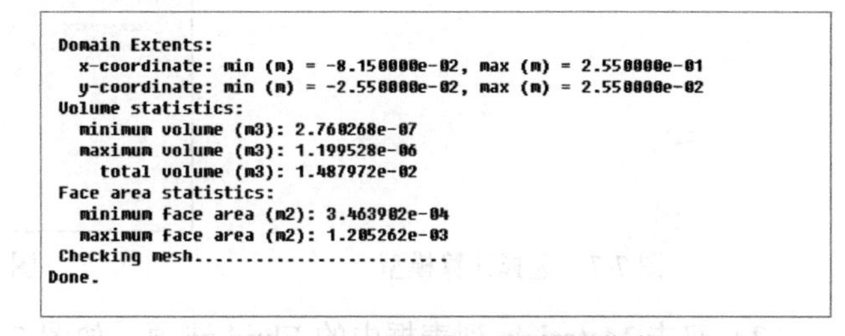

```
Domain Extents:
   x-coordinate: min (m) = -8.150000e-02, max (m) = 2.550000e-01
   y-coordinate: min (m) = -2.550000e-02, max (m) = 2.550000e-02
Volume statistics:
   minimum volume (m3): 2.760268e-07
   maximum volume (m3): 1.199528e-06
     total volume (m3): 1.487972e-02
Face area statistics:
   minimum face area (m2): 3.463902e-04
   maximum face area (m2): 1.205262e-03
 Checking mesh.........................
Done.
```

图 7-4　FLUENT 网格检测信息

3. 设置求解器参数

（1）单击选择工作界面左边的项目树 Setup→General 命令，在出现的 General 面板中设置求解器的参数。

（2）单击面板中的 Scale 按钮，弹出 Scale Mesh 对话框。在 Mesh Was Created In 下拉列表中选择 mm，单击 Scale 按钮，在 View Length Unit In 下拉列表中选择 mm，可以看到计算区域在 X 轴方向上的最大值和最小值分别为 255 mm 和−81.5 mm，在 Y 轴方向上的最大值和最小值分别为 25.5 mm 和−25.5 mm，如图 7-5 所示，单击 Close 按钮关闭对话框。

（3）其他求解参数保持默认设置，如图 7-6 所示。

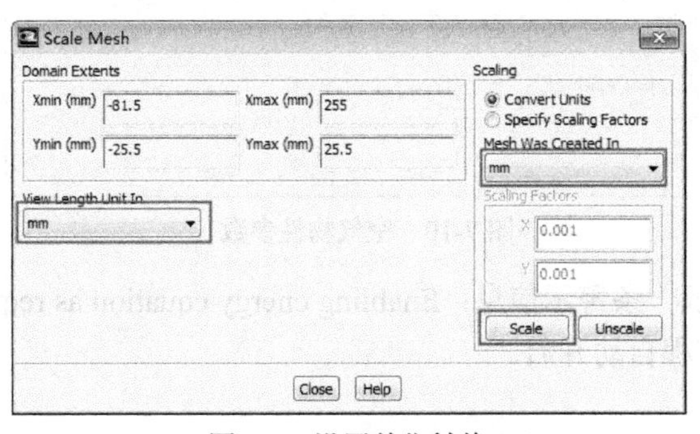

图 7-5　设置单位转换

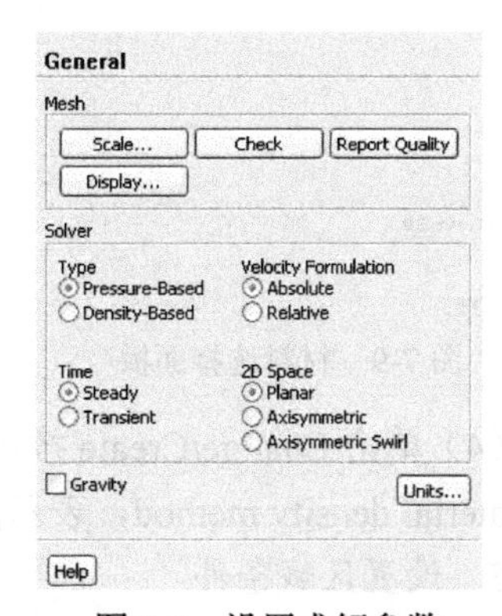

图 7-6　设置求解参数

（4）选择项目树 Setup→Models 选项，对求解模型进行设置。

（5）在 Models 面板中双击 Viscous-Laminar 选项，如图 7-7 所示，弹出 Viscous Model 对话框，在 Model 列表中选中 Spalart-Allmaras（1 eqn）单选按钮，如图 7-8 所示，单击 OK 按钮完成设置。

4. 定义材料物性

（1）选择项目树 Setup→Materials 选项，在出现的 Materials 面板中对所需材料进行设置。

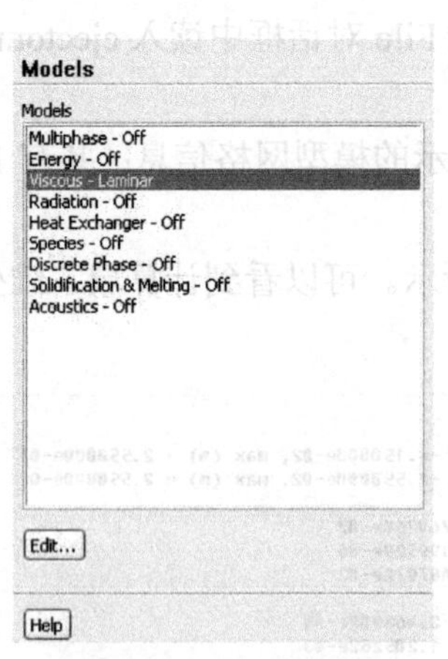

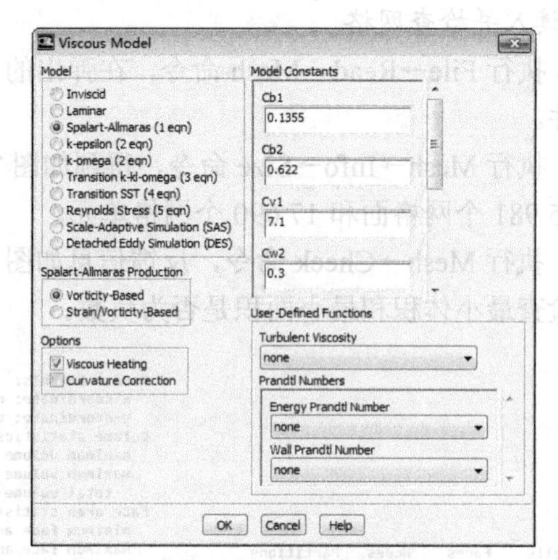

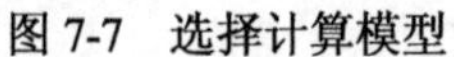

图 7-7 选择计算模型　　　　图 7-8 选择湍流模型

（2）双击 Materials 列表框中的 Fluid 选项，如图 7-9 所示，弹出材料物性参数设置对话框。

（3）在 Density 右侧下拉列表中选择 ideal-gas 选项，其他保持默认，如图 7-10 所示。

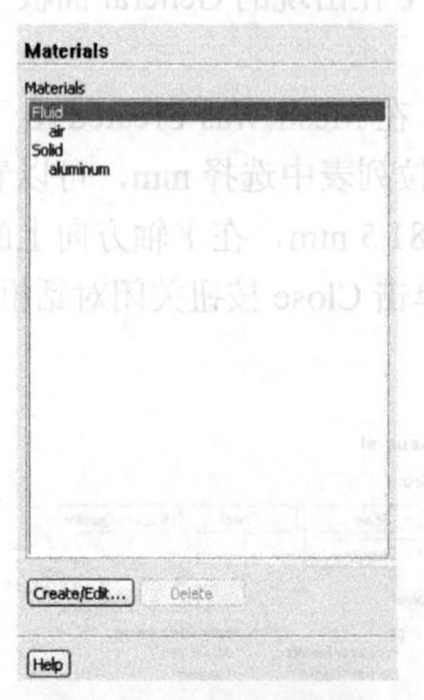

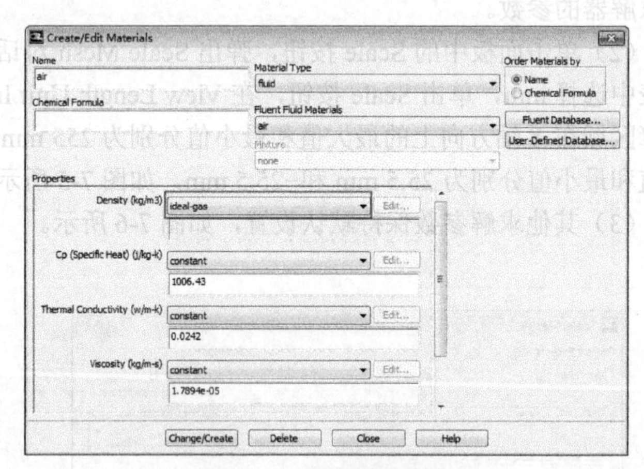

图 7-9 材料选择面板　　　　图 7-10 空气物性参数

（4）单击 Change/Create 按钮，出现一条警示信息：Enabling energy equation as required by material density method，表示能量方程自动开启。

5. 设置区域条件

（1）选择项目树 Setup→Cell Zone Conditions 选项，在弹出的 Cell Zone Conditions 面板中对区域条件进行设置，如图 7-11 所示。

（2）在面板中选择 Zone 列表中的 fluid 选项，单击 Edit 按钮，弹出 Fluid 对话框，保持默认参数，如图 7-12 所示，单击 OK 按钮完成设置。

6. 设置边界条件

（1）选择项目树 Setup→Boundary Conditions 选项，在打开的 Boundary Conditions 面板中对边界条件进行设置。

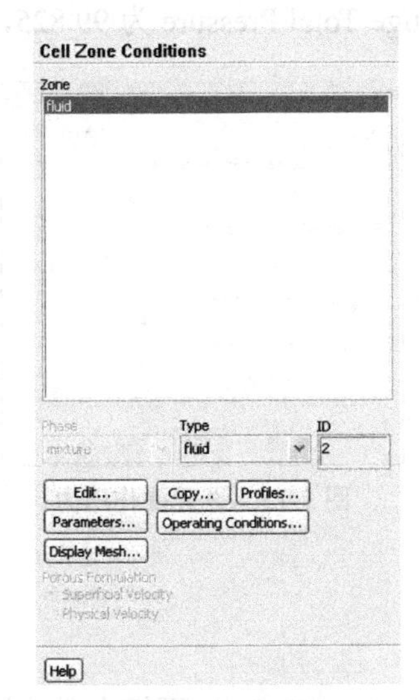

图 7-11 区域选择

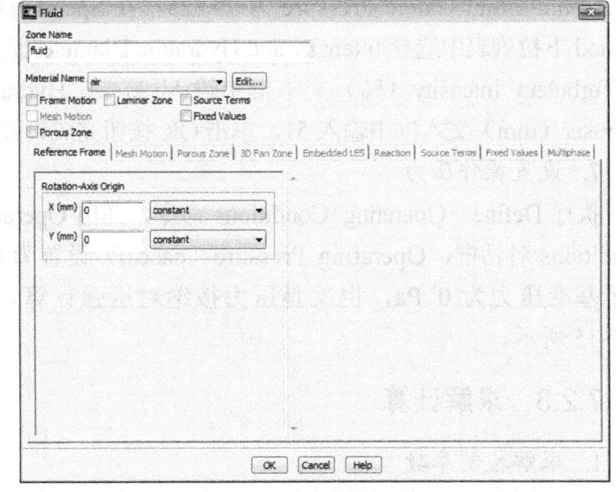

图 7-12 区域属性设置

（2）双击 Zone 列表中的 inair 选项，如图 7-13 所示，弹出 Pressure Inlet 对话框，对空气进口边界条件进行设置。

（3）在对话框中单击 Momentum 选项卡，Gauge Total Pressure 和 Supersonic/Initial Gauge Pressure 均设置为 101 325，在 Specification Method 下拉列表中选择 Intensity and Hydraulic Diameter 选项，在 Turbulent Intensity（%）文本框中输入 3，在 Hydraulic Diameter（mm）文本框中输入 9，如图 7-14 所示，单击 OK 按钮，完成空气进口边界条件的设置。

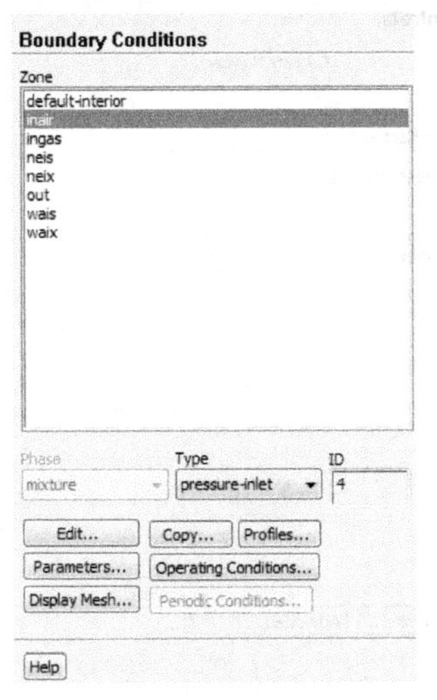

图 7-13 选择进口边界

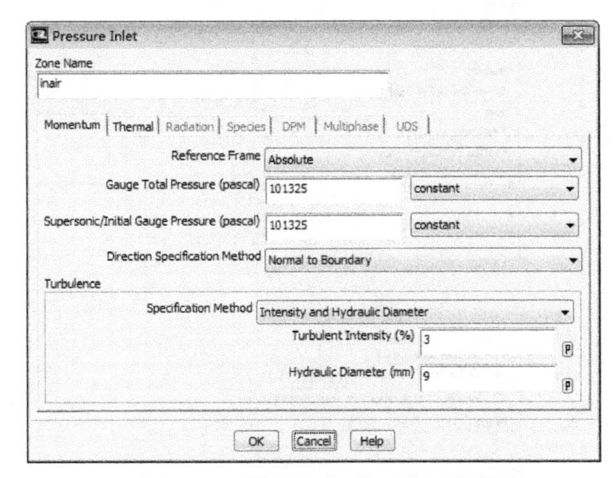

图 7-14 设置空气进口边界条件

（4）重复上述操作，对烟气进口边界进行设置。设置 Gauge Total Pressure 为 99 825，Supersonic/Initial Gauge Pressure 为 99 825，在 Specification Method 下拉列表中选择 Intensity and Hydraulic Diameter 选项，在 Turbulent Intensity（%）文本框中输入 3，在 Hydraulic Diameter（mm）文本框中输入 20，单击 OK 按钮完成设置。

（5）重复上述操作，对混合出口边界进行设置。设置 Gauge Total Pressure 为 99 825，Supersonic/Initial Gauge Pressure 为 99 825，在 Specification Method 下拉列表中选择 Intensity and Hydraulic Diameter 选项，在 Turbulent Intensity（%）文本框中输入 3，在 Hydraulic Diameter（mm）文本框中输入 51，单击 OK 按钮完成设置。

7. 设置操作压力

执行 Define→Operating Conditions 命令，弹出 Operating Conditions 对话框，Operating Pressure（pascal）设置为 0，表示基准压力为 0 Pa，也就是压力按绝对压强计算，如图 7-15 所示。

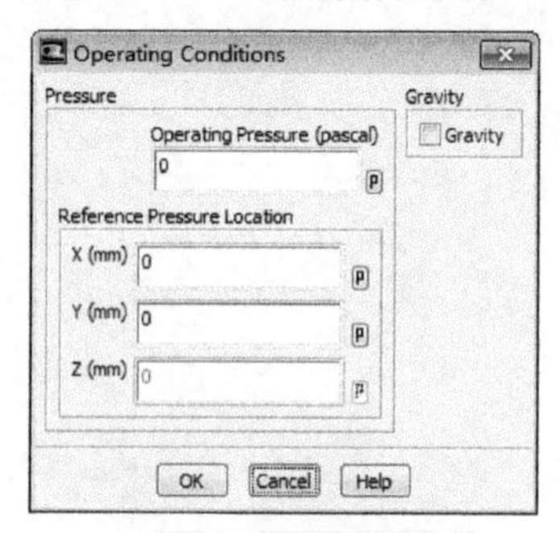

图 7-15　设置操作压力

7.2.3　求解计算

1. 求解控制参数

（1）选择 Solution→Solution Methods 选项，在弹出的 Solution Methods 面板中对求解控制参数进行设置。

（2）面板中的各个选项采用默认值，如图 7-16 所示。

2. 求解松弛因子设置

（1）选择 Solution→Solution Controls 选项，在弹出的 Solution Controls 面板中对求解松弛因子进行设置。

（2）保持面板中相应松弛因子的默认设置，如图 7-17 所示。

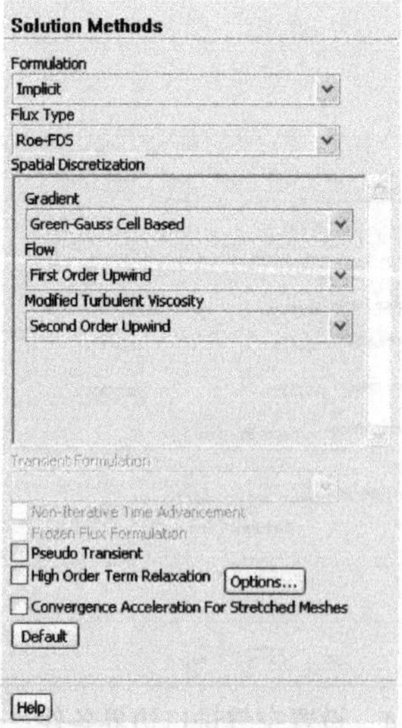

图 7-16　设置求解方法

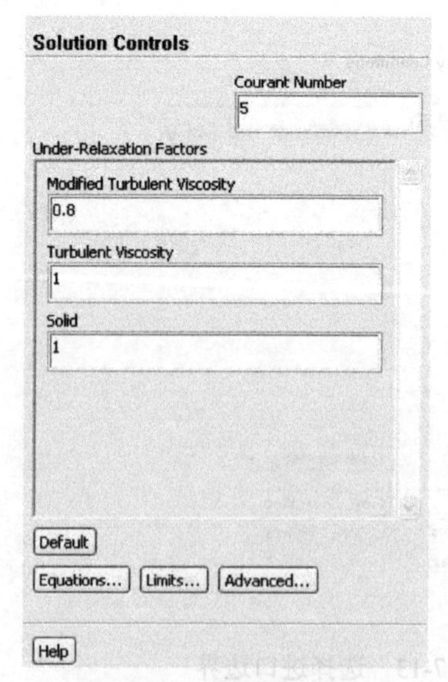

图 7-17　设置松弛因子

3. 设置收敛临界值

（1）选择 Solution→Monitors 选项，打开 Monitors 面板，如图 7-18 所示。

（2）双击 Monitors 面板中的 Residuals-Print，Plot 选项，打开 Residual Monitors 对话框，

保持默认设置，如图 7-19 所示，单击 OK 按钮完成设置。

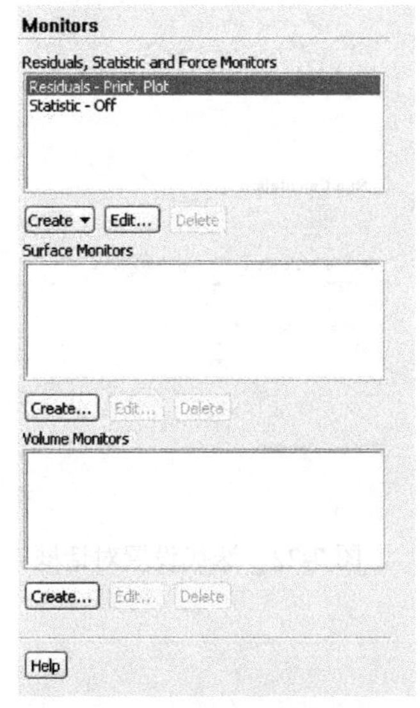

图 7-18　残差设置面板

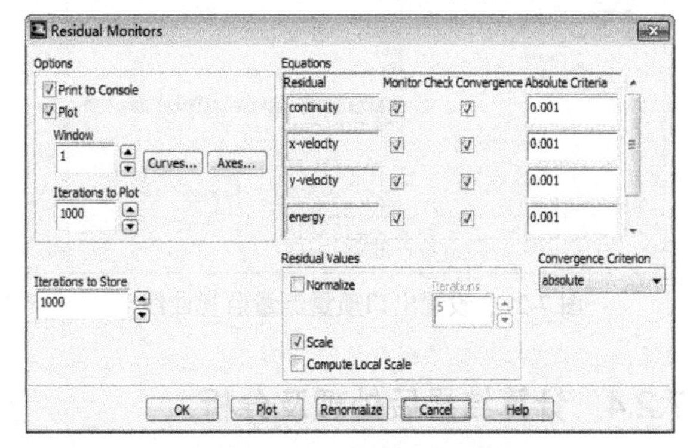

图 7-19　设置迭代残差

4. 设置流场初始化

（1）选择 Solution→Solution Initialization 选项，打开 Solution Initialization 面板进行初始化设置。

（2）在 Initialization Methods 下选中 Standard Initialization 单选按钮，在 Compute from 下拉列表中选择 inair，其他保持默认，单击 Initialize 按钮完成初始化，如图 7-20 所示。

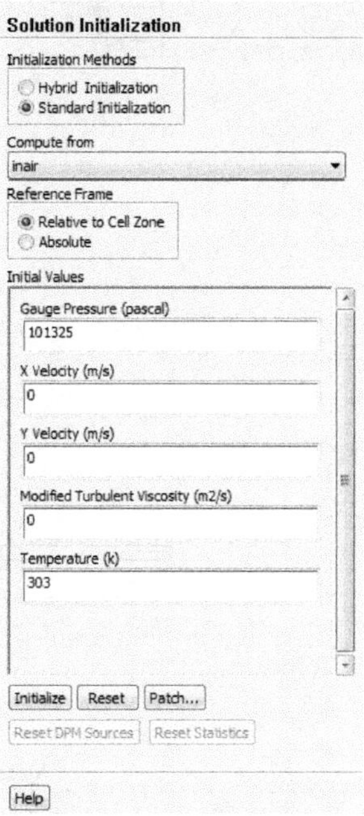

图 7-20　设定流场初始化

5. 出口质量流量监视曲线

（1）选择工作界面左边的 Solution→Monitors 选项，打开 Monitors 面板。

（2）单击 Surface Monitors 下的 Create 按钮，弹出 Surface Monitor 对话框。

（3）选中 Options 下的 Plot 复选框；在 X Axis 下拉列表中选择 Iteration 选项；在 Report Type 下拉列表中选择 Mass Flow Rate 选项；在 Surfaces 列表中选择 out 选项，其他保持默认设置，如图 7-21 所示，单击 OK 按钮完成设置。

6. 迭代计算

（1）执行 File→Write→Case&Data 命令，弹出 Select File 对话框，保存为 ejector.cas 和 ejector.dat。

（2）选择 Solution→Run Calculation 命令，打开 Run Calculation 面板。

（3）设置 Number of Iterations 为 10 000，如图 7-22 所示。

（4）单击 Calculate 按钮进行迭代计算。

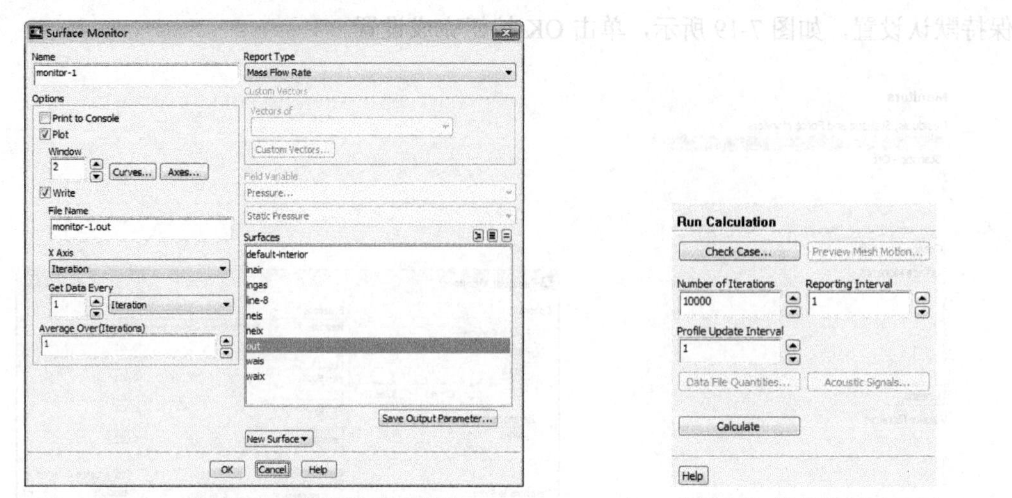

图 7-21　设置出口质量流量监视曲线

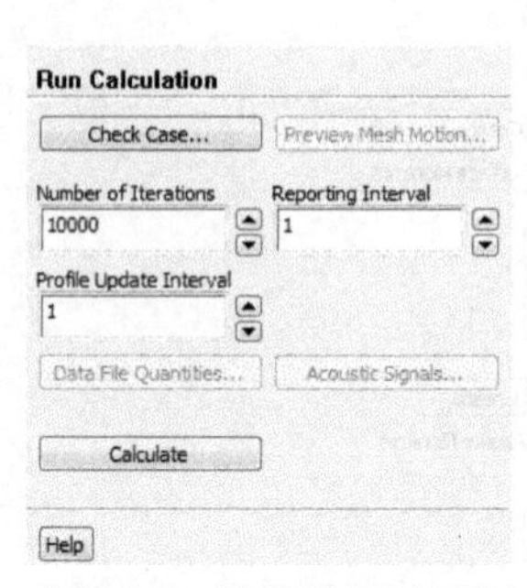

图 7-22　迭代设置对话框

7.2.4　计算结果后处理及分析

1．残差与出口质量流量曲线

（1）单击 Calculate 按钮后，迭代计算开始，弹出两个窗口：残差监视窗口和出口质量流量监视窗口，如图 7-23 和图 7-24 所示。

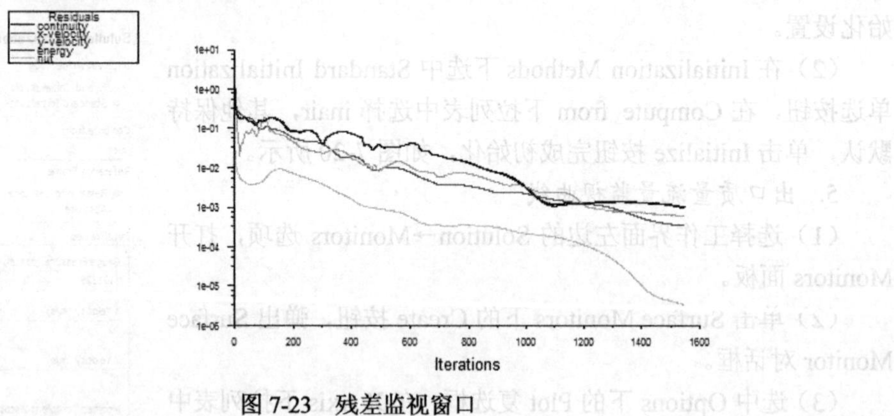

图 7-23　残差监视窗口

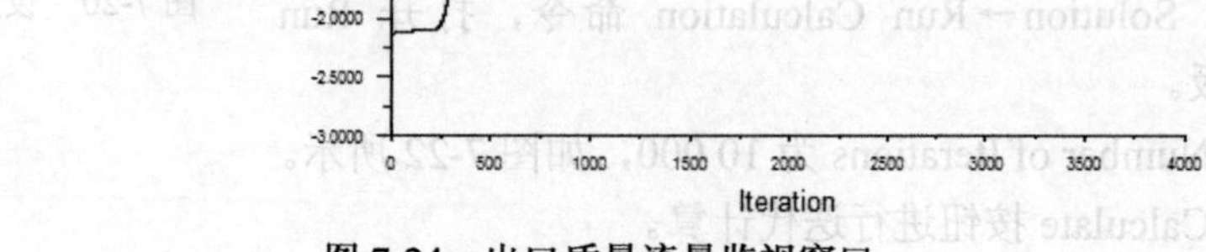

图 7-24　出口质量流量监视窗口

（2）计算至约 4 000 步时，残差达到收敛标准，计算结束。

2. 质量流量报告

（1）选择 Results→Reports 命令，打开 Reports 面板，如图 7-25 所示。

（2）在打开的面板中双击 Fluxes 选项，弹出 Flux Reports 对话框。在 Boundaries 列表中选中除 default-interior 选项外的其他所有选项，单击 Compute 按钮，显示进出口质量流量结果，如图 7-26 所示。

（3）由质量流量结果可看出，空气进口和烟气进口质量流量之和与混合出口质量流量不完全相等，这是由于计算误差的存在，但误差很小，可认为计算收敛，计算结果可信。

图 7-25 Reports 面板

3. 压力场与速度场

（1）选择 Results→Graphics 选项，打开 Graphics and Animations 面板。

（2）双击 Graphics 列表中的 Contours 选项（或者选中 Contours，然后单击 Set Up 按钮），打开 Contours 对话框，如图 7-27 所示。单击 Display 按钮，弹出压力云图，如图 7-28 所示。由于基准压力（操作压力）设置为 0，所以压力都为绝对压力，数值为正，压力呈上下对称分布，且喉部存在明显的负压区。

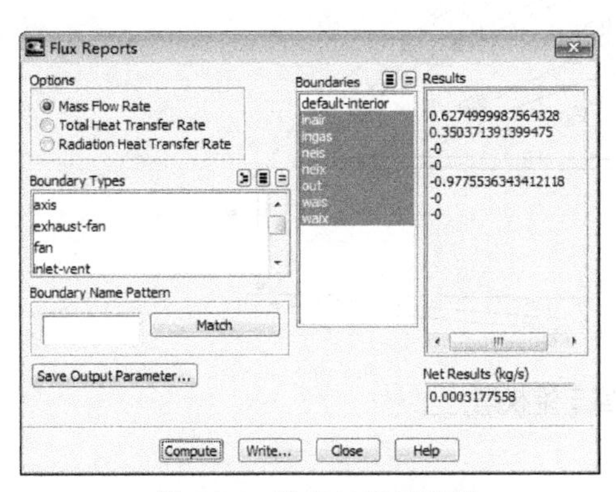

图 7-26 进出口质量流量

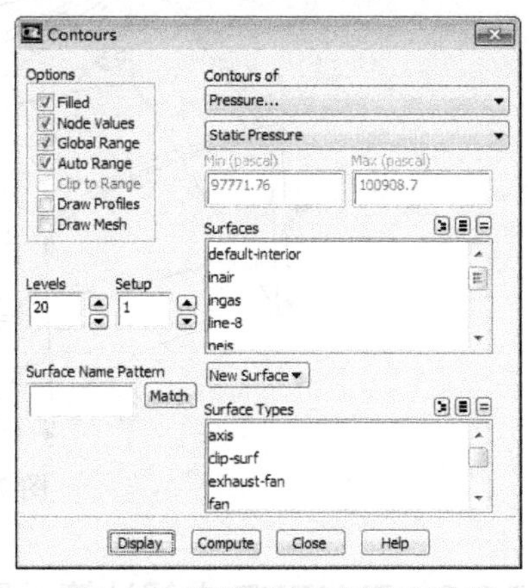

图 7-27 设置压力云图绘制选项

（3）重复步骤（2）的操作，在 Contours of 的第一个下拉列表中选择 Velocity，单击 Display 按钮，弹出速度云图，如图 7-29 所示，速度依然呈上下对称分布，且喉部速度最大。

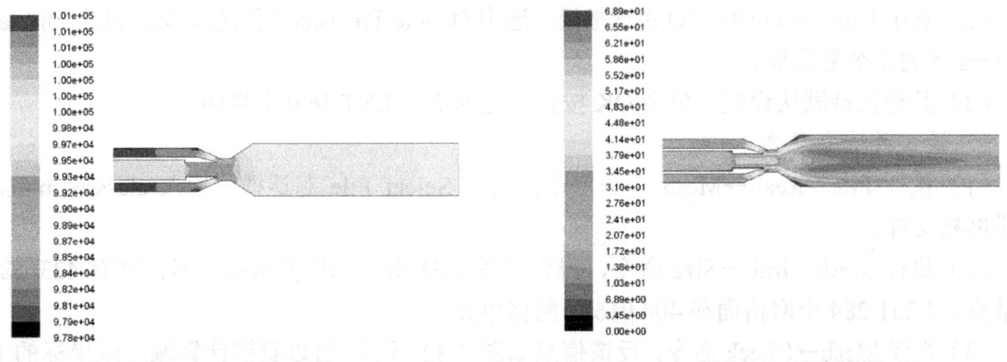

图 7-28 压力云图

图 7-29 速度云图

7.3　扇形教室空调通风的数值模拟

7.3.1　案例简介

本案例中的扇形教室采用中央空调系统进行制冷通风，实际的阶梯型台阶用斜坡代替，最后建立了三维物理模型。本阶梯型教室为扇形，其圆心角为 60°。

侧面上的 1 口为 300 mm × 600 mm 进口；顶棚上包括 6 个 200 mm × 400 mm 小进口；教室后上部包括 6 个尺寸为 100 mm × 200 mm 的小进口；4 口为总回风口，周围各个面为教室壁面。

冷风气流通过 1、2、3 口进入教室内部，通过壁面与外界高温环境进行换热，最后从 4 口流回空调，经过空调降温处理后，再次通过 1、2、3 口进入教室内部，形成一个循环，如图 7-30 所示。

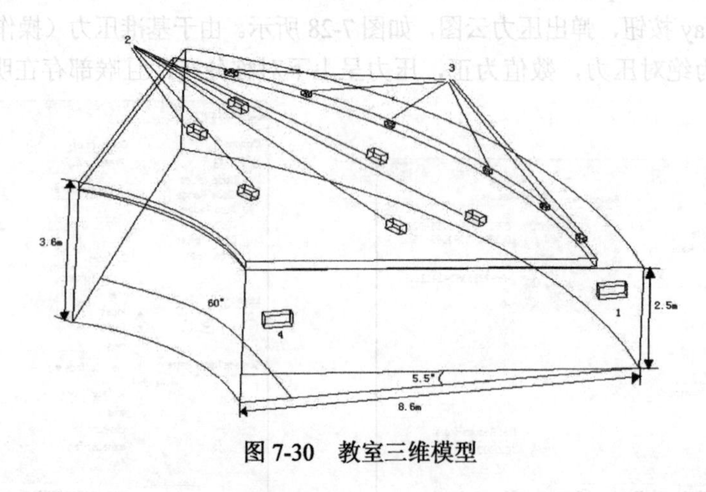

图 7-30　教室三维模型

7.3.2　FLUENT 求解计算设置

1. 启动 FLUENT-3D

（1）双击桌面上的 FLUENT 16.0 图标，进入启动界面。

（2）选中 Dimension 中的 3D 单选按钮，选中 Double Precision 复选框，取消选中 Display Options 下的 3 个复选框。

（3）其他保持默认设置，单击 OK 按钮，进入 FLUENT 16.0 主界面。

2. 读入并检查网格

（1）执行 File→Read→Mesh 命令，在弹出的 Select File 对话框中读入 classroom.msh 三维网格文件。

（2）执行 Mesh→Info→Size 命令，得到如图 7-31 所示的模型网格信息：共有 423 521 个节点、1 231 284 个网格面和 404 016 个网格单元。

（3）执行 Mesh→Check 命令，反馈信息如图 7-32 所示。可以看到计算域三维坐标的上下限，检查最小体积和最小面积是否为负数。

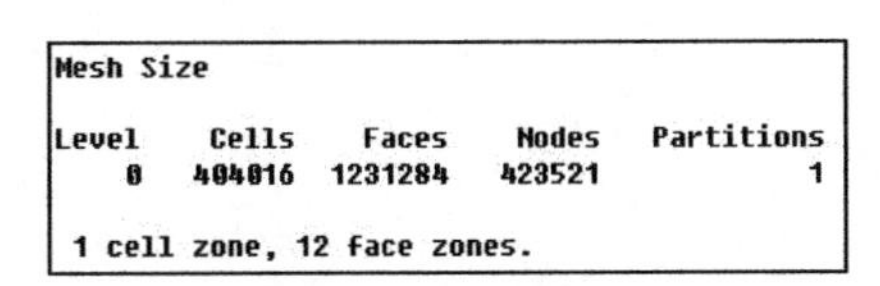

```
Mesh Size

Level    Cells    Faces    Nodes   Partitions
    0   404016  1231284   423521            1

 1 cell zone, 12 face zones.
```

图 7-31 网格数量信息

```
Domain Extents:
   x-coordinate: min (m) = 2.600000e+00, max (m) = 1.380000e+01
   y-coordinate: min (m) = -1.000000e-01, max (m) = 1.195115e+01
   z-coordinate: min (m) = 0.000000e+00, max (m) = 3.600000e+00
Volume statistics:
   minimum volume (m3): 2.642190e-04
   maximum volume (m3): 1.382792e-03
     total volume (m3): 2.568407e+02
Face area statistics:
   minimum face area (m2): 2.623474e-03
   maximum face area (m2): 1.382790e-02
Checking mesh..........................
Done.
```

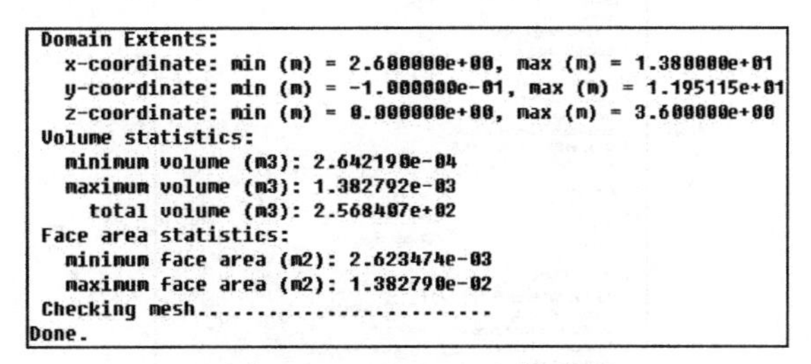

图 7-32 FLUENT 网格信息

3. 设置求解器参数

（1）选择项目树 Setup→General 选项，在出现的 General 面板中进行求解器的设置。

（2）单击 Scale 按钮，保持默认单位为 m，其他选项也保持默认设置，如图 7-33 所示。

（3）选择项目树 Setup→Models 选项，对求解模型进行设置。

（4）双击 Models 列表中的 Energy-Off 选项（或选中 Energy-Off 后单击 Edit 按钮），如图 7-34 所示，打开 Energy（能量方程）对话框。

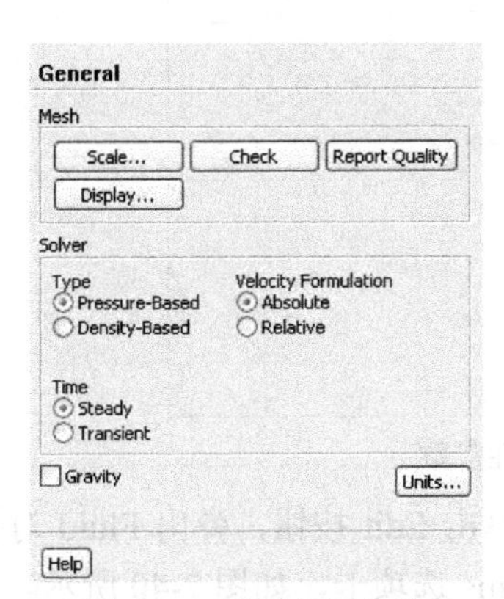

图 7-33 设置求解参数

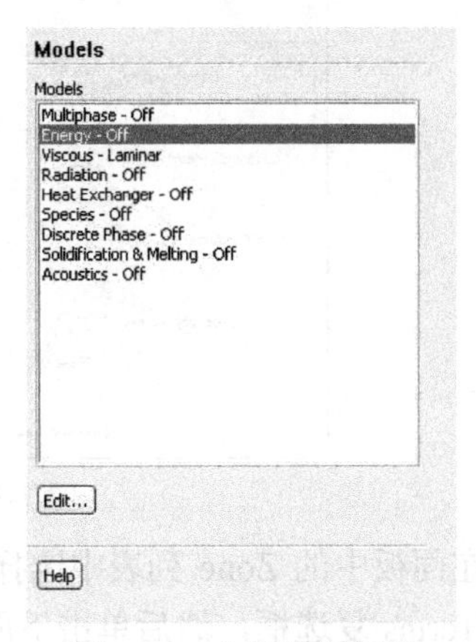

图 7-34 选择计算模型

（5）选择 Energy Equation 选项，如图 7-35 所示，单击 OK 按钮，启动能量方程。

（6）再次在 Models 面板中双击 Viscous-Laminar 选项，弹出 Viscous Model 对话框，在 Model 中选中 k-epsilon（2 eqn）单选按钮，如图 7-36 所示，单击 OK 按钮完成设置。

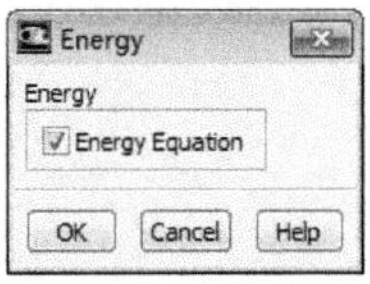

图 7-35 启动能量方程

4. 定义材料物性

（1）选择项目树 Setup→Materials 选项，在出现的 Materials 面板中对所需材料进行设置。

（2）双击 Materials 列表中的 Fluid 选项，如图 7-37 所示，弹出材料物性参数设置对话框。

（3）在材料物性参数设置对话框中保持默认设置，如图 7-38 所示，单击 OK 按钮完成设置。

5. 设置区域条件

（1）选择项目树 Setup→Cell Zone Conditions 选项，在弹出的 Cell Zone Conditions 面板中对区域条件进行设置，如图 7-39 所示。

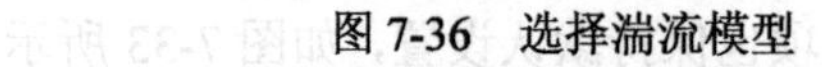

图 7-36　选择湍流模型

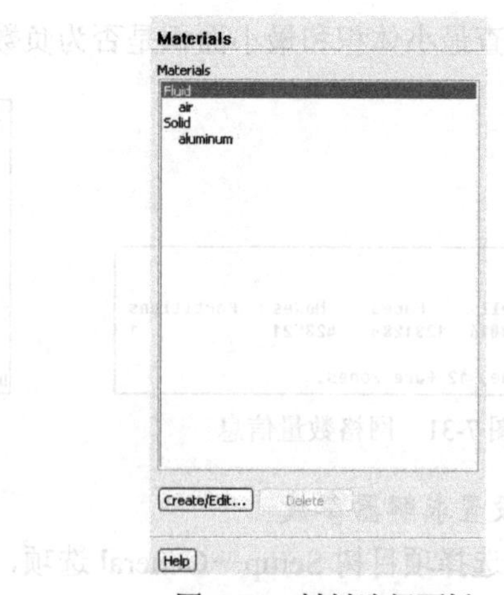

图 7-37　材料选择面板

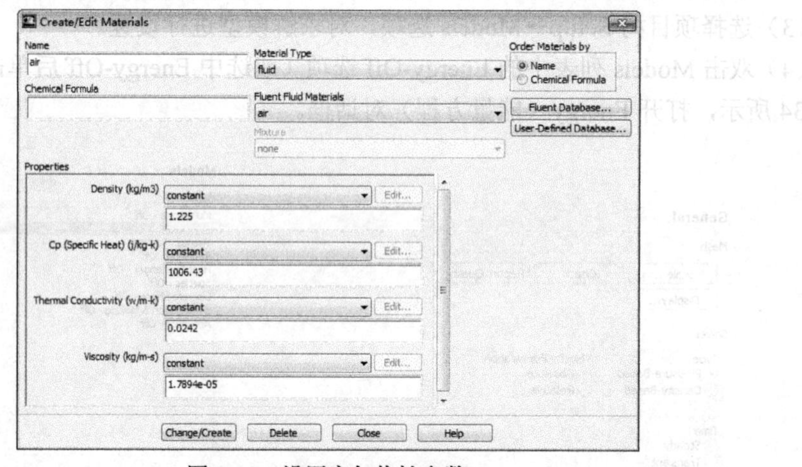

图 7-38　设置空气物性参数

（2）在面板中的 Zone 列表中选择 fluid 选项，单击 Edit 按钮，弹出 Fluid 对话框，选中 Source Terms 复选框，然后单击下面的 Source Terms 选项卡，如图 7-40 所示。

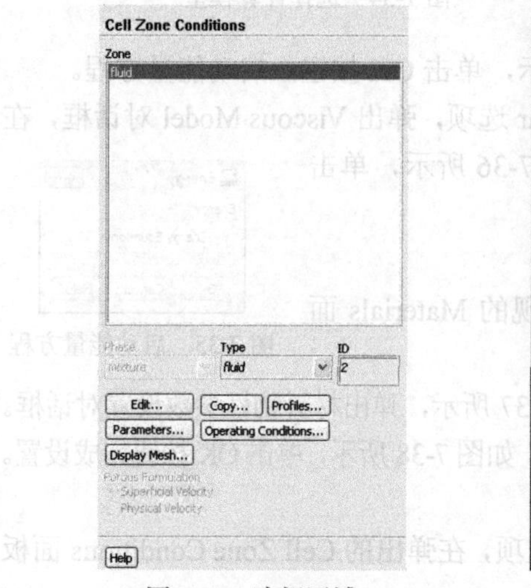

图 7-39　选择区域

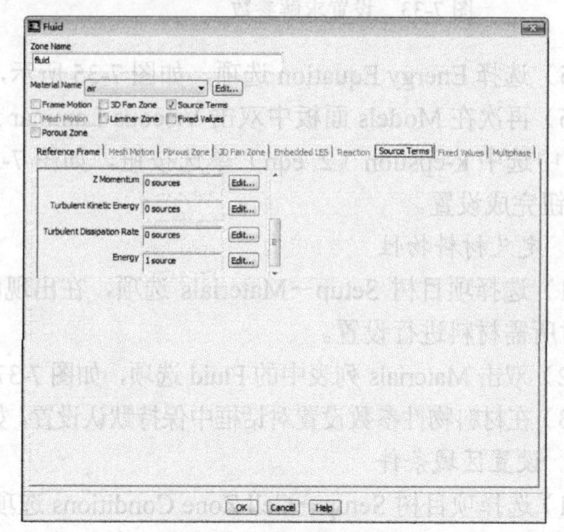

图 7-40　设置区域属性

（3）单击 Energy 后的 Edit 按钮，打开如图 7-41 所示的 Energy sources（能量源项设置）对话框。

（4）在对话框中设置 Number of Energy sources（源项数量）为 1，此时对话框变为如图 7-42 所示，在右边的下拉列表中选择 constant，在左边的文本框中输入源项数值为 92，单击 OK 按钮，完成源项的设置。

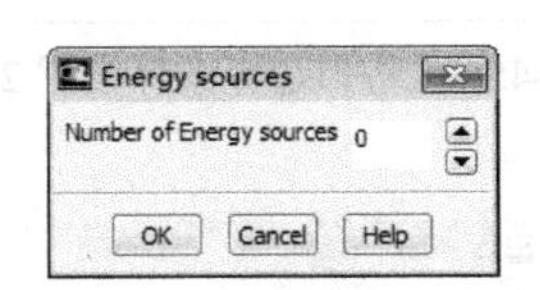

图 7-41 区域源项设置 1

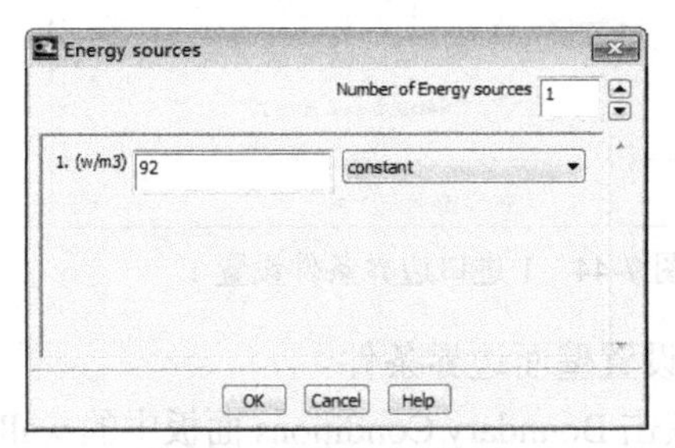

图 7-42 区域源项设置 2

6. 设置边界条件

（1）设置进出口边界条件。

① 选择项目树 Setup→Boundary Conditions 选项，在打开的 Boundary Conditions 面板中对边界条件进行设置。

② 双击面板中 Zone 列表中的 in1 选项，如图 7-43 所示，弹出 Velocity Inlet 对话框，对 1 进口进行设置。

③ 在 Momentum 选项卡中设置 Velocity Magnitude(m/s）为 3，在 Specification Method 下拉列表中选择 Intensity and Hydraulic Diameter 选项，在 Turbulent Intensity（%）文本框中输入 3，在 Hydraulic Diameter（m）文本框中输入 0.4，如图 7-44 所示。单击 Thermal 选项卡，在 Temperature（k）文本框中输入 295，如图 7-45 所示，单击 OK 按钮，完成 1 进口边界条件的设置。

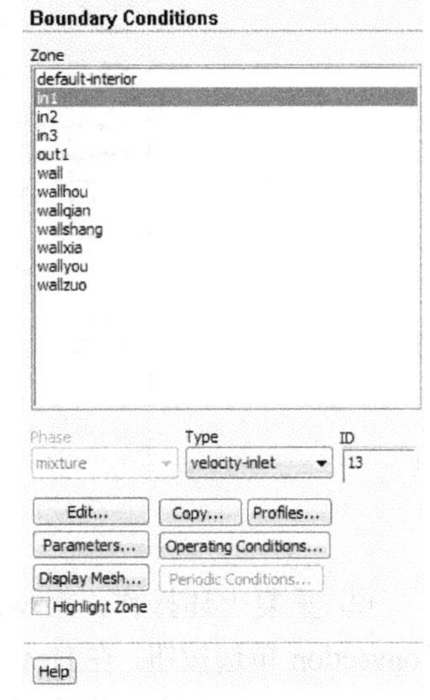

图 7-43 选择进口边界

④ 重复上述操作，设置 2 进口边界条件。在 Momentum 选项卡中设置 Velocity Magnitude（m/s）为 3，在 Specification Method 下拉列表中选择 Intensity and Hydraulic Diameter 选项，在 Turbulent Intensity（%）文本框中输入 3，在 Hydraulic Diameter（m）文本框中输入 0.133 333。单击 Thermal 选项卡，在 Temperature（k）文本框中输入 295。单击 OK 按钮完成设置。

⑤ 重复上述操作，设置 3 进口边界条件。在 Momentum 选项卡中设置 Velocity Magnitude（m/s）为 3，在 Specification Method 下拉列表中选择 Intensity and Hydraulic Diameter 选项，在 Turbulent Intensity（%）文本框中输入 3，在 Hydraulic Diameter（m）文本框中输入 0.266 67。单击 Thermal 选项卡，在 Temperature（k）文本框中输入 295。单击 OK 按钮完成设置。

⑥ 重复上述操作，完成出口边界条件设置，如图 7-46 所示。

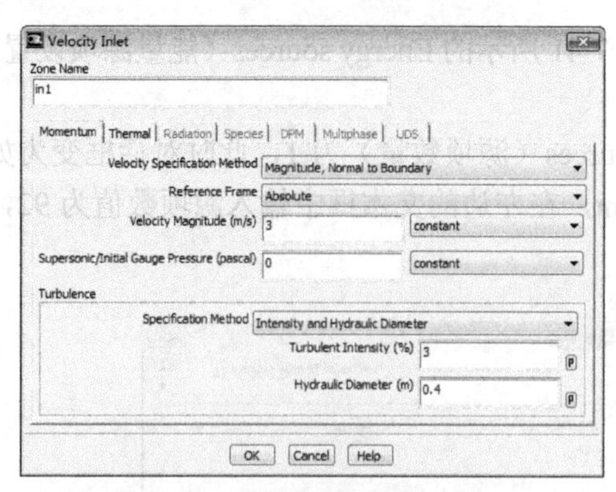

图7-44　1进口边界条件设置1

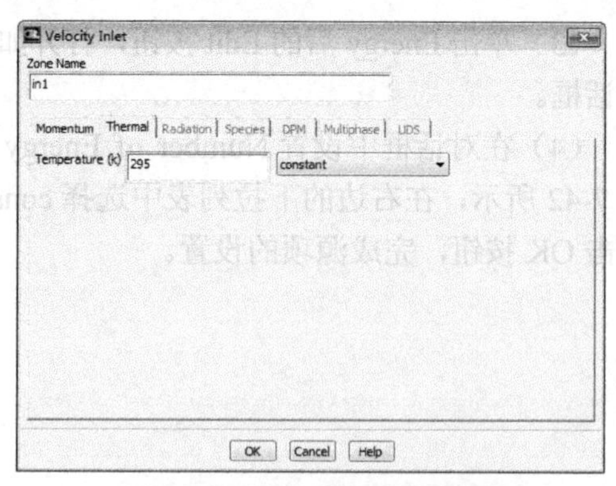

图7-45　1进口边界条件设置2

（2）设置壁面边界条件。

① 双击Boundary Conditions面板中的wallqian选项，弹出Wall对话框，选择Thermal Conditions下的Convection单选按钮，在Heat Transfer Coefficient（w/m2-k）文本框中输入0.5，在Free Stream Temperature(k)文本框中输入307，如图7-47所示，单击OK按钮完成设置。

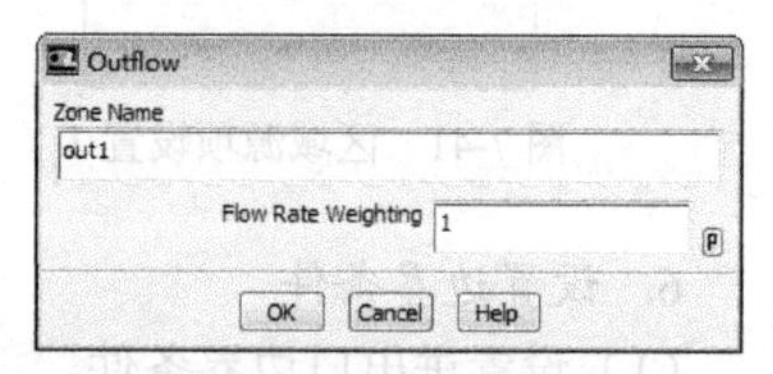

图7-46　设置出口边界条件

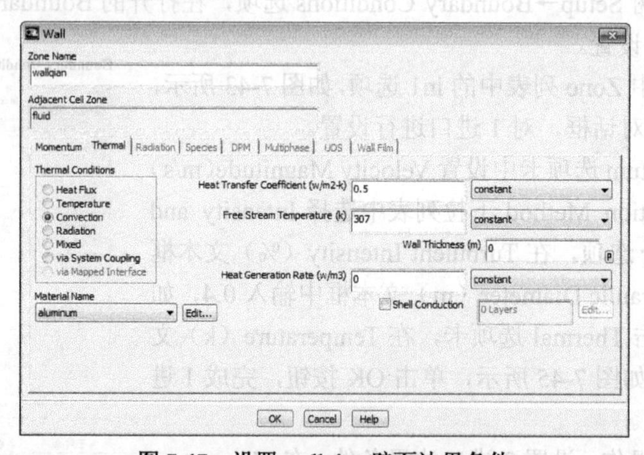

图7-47　设置wallqian壁面边界条件

② 重复上述操作，对wallhou壁面边界条件进行设置。选择Thermal Conditions下的Convection单选按钮，在Heat Transfer Coefficient（w/m2-k）文本框中输入4.66，在Free Stream Temperature（k）文本框中输入307，单击OK按钮完成设置。

③ 重复上述操作，对wallxia壁面边界条件进行设置。选择Thermal Conditions下的Convection单选按钮，在Heat Transfer Coefficient（w/m2-k）文本框中输入1.1，在Free Stream Temperature（k）文本框中输入299，单击OK按钮完成设置。

④ 重复上述操作，wallshang壁面边界条件设置与wallxia相同。

⑤ 重复上述操作，对wallyou壁面边界条件进行设置。选择Thermal Conditions下的Convection单选按钮，在Heat Transfer Coefficient（w/m2-k）文本框中输入0.5，在Free Stream Temperature（k）文本框中输入307，单击OK按钮完成设置。

⑥ 重复上述操作，wallzuo壁面边界条件设置与wallyou相同。

7.3.3 求解计算

1. 求解控制参数

（1）选择 Solution→Solution Methods 选项，在弹出的 Solution Methods 面板中对求解控制参数进行设置。

（2）面板中的各个选项采用默认值，如图 7-48 所示。

2. 设置求解松弛因子

（1）选择 Solution→Solution Controls 选项，在弹出的 Solution Controls 面板中对求解松弛因子进行设置。

（2）在面板中把 Momentum 改为 0.1，其他松弛因子保持默认设置，如图 7-49 所示。

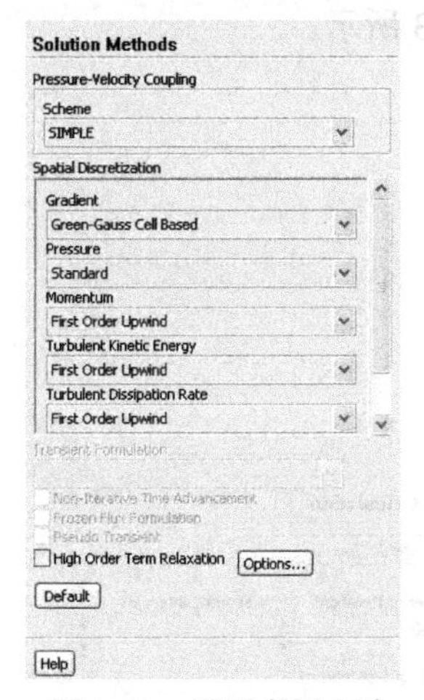

图 7-48 设置求解方法

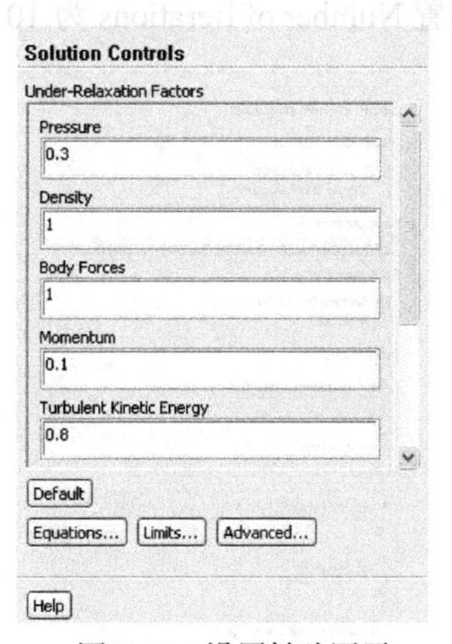

图 7-49 设置松弛因子

3. 设置收敛临界值

（1）选择 Solution→Monitors 选项，打开 Monitors 面板，如图 7-50 所示。

（2）双击 Monitors 面板中的 Residuals-Print，Plot 选项，打开 Residual Monitors 对话框，保持默认设置，如图 7-51 所示，单击 OK 按钮完成设置。

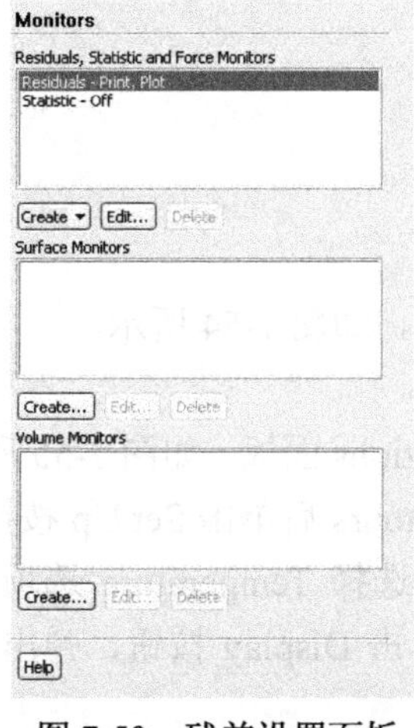

图 7-50 残差设置面板

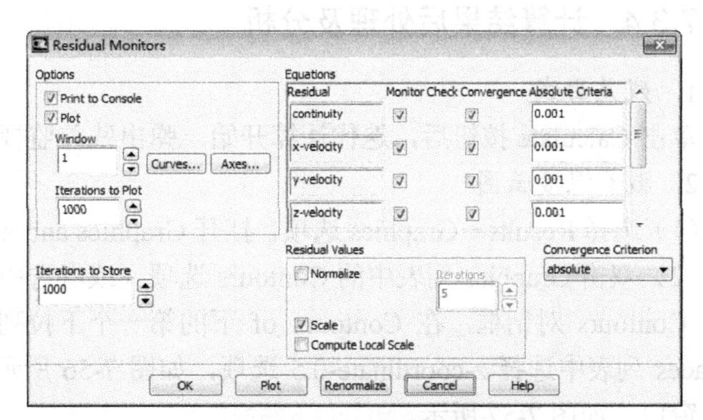

图 7-51 设置迭代残差

4. 设置流场初始化

（1）选择 Solution→Solution Initialization 选项，打开 Solution Initialization 面板进行初始化设置。

（2）在 Initialization Methods 下选中 Standard Initialization 单选按钮，在 Compute from 下拉列表中选择 all-zones，其他保持默认设置，单击 Initialize 按钮完成初始化，如图 7-52 所示。

5. 迭代计算

（1）执行 File→Write→Case&Data 命令，弹出 Select File 对话框，保存为 classroom.cas 和 classroom.dat。

（2）选择 Solution→Run Calculation 选项，打开 Run Calculation 面板。

（3）设置 Number of Iterations 为 10 000，如图 7-53 所示。

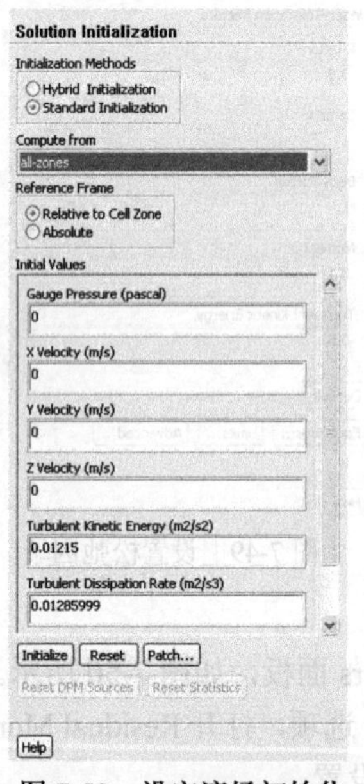

图 7-52 设定流场初始化

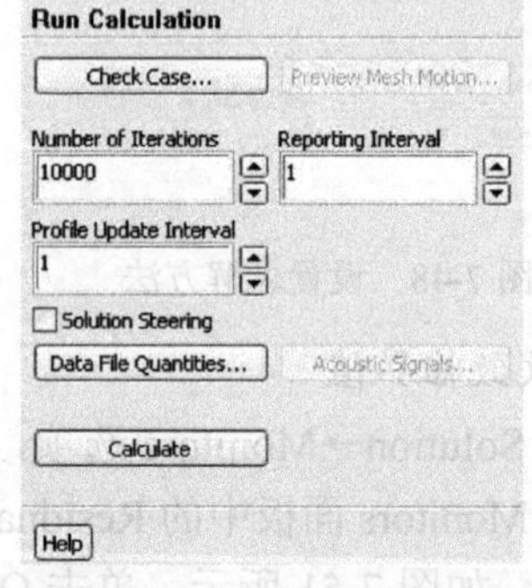

图 7-53 迭代设置对话框

（4）单击 Calculate 按钮进行迭代计算。

7.3.4 计算结果后处理及分析

1. 残差曲线

单击 Calculate 按钮后，迭代计算开始，弹出残差监视窗口，如图 7-54 所示。

2. 截面温度云图

（1）选择 Results→Graphics 选项，打开 Graphics and Animations 面板，如图 7-55 所示。

（2）双击 Graphics 列表中的 Contours 选项（或者选中 Contours 后单击 Set Up 按钮），打开 Contours 对话框，在 Contours of 下的第一个下拉列表中选择 Temperature 选项，在 Surfaces 列表中选择 z-coordinate-0.5 选项，如图 7-56 所示，单击 Display 按钮，弹出温度云图窗口，如图 7-57 所示。

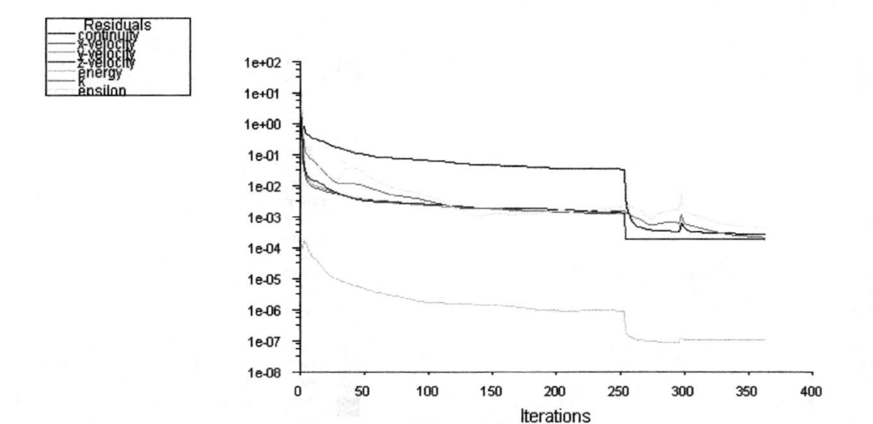

图 7-54 残差监视窗口

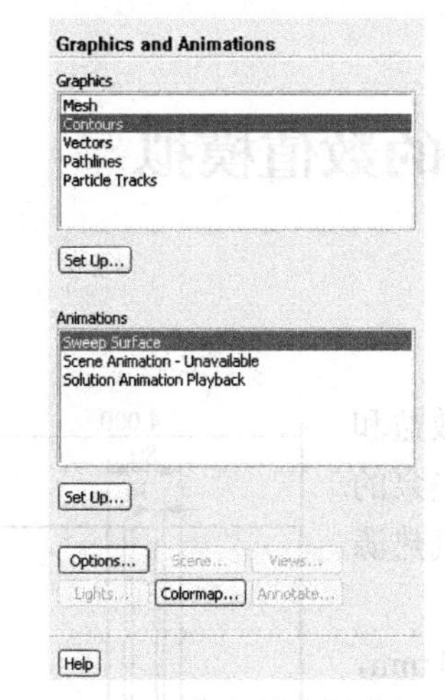

图 7-55 温度云图绘图设置 1

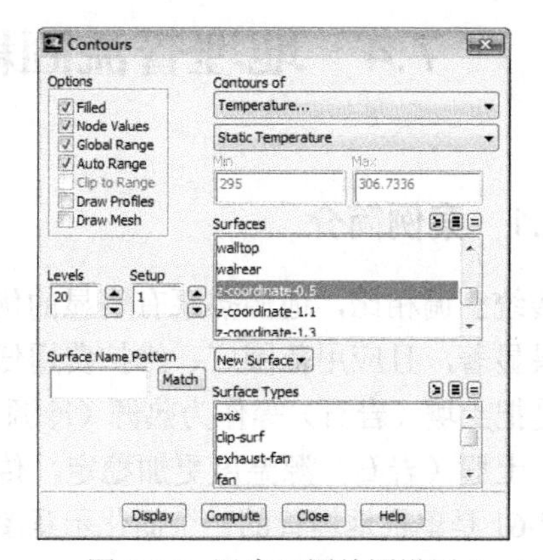

图 7-56 温度云图绘图设置 2

（3）重复上述操作，分别绘制出 $Z = 1.1$ m、$Z = 1.3$ m、$Z = 1.9$ m 三个断面处的温度场云图，如图 7-58～图 7-60 所示。

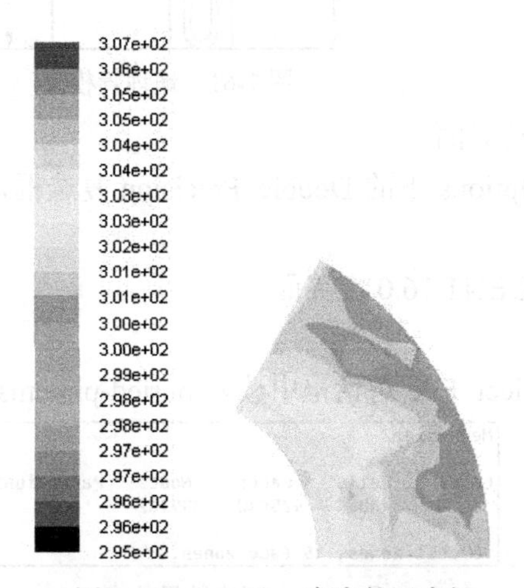

图 7-57 $Z = 0.5$ m 高度的温度场

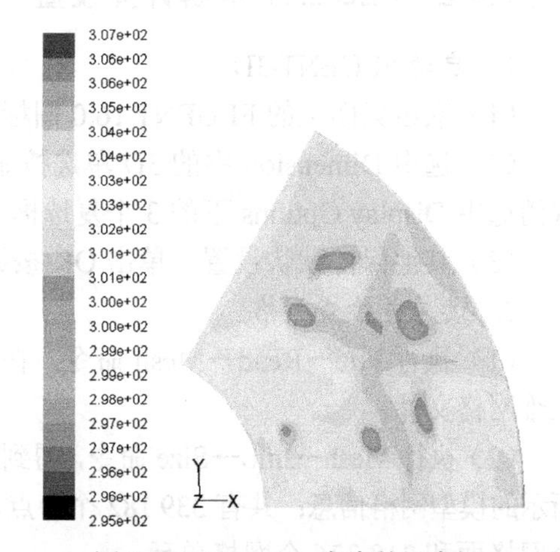

图 7-58 $Z = 1.1$ m 高度的温度场

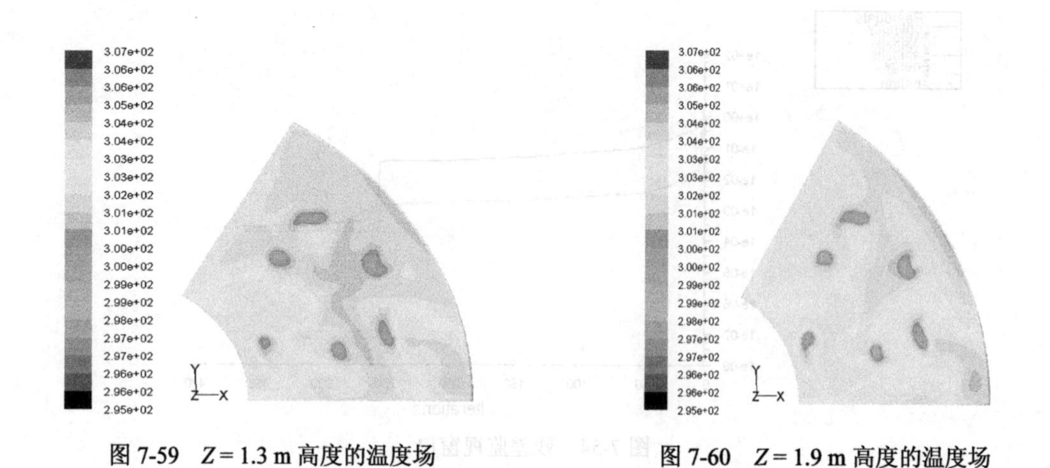

图 7-59　$Z = 1.3$ m 高度的温度场　　　图 7-60　$Z = 1.9$ m 高度的温度场

7.4　地埋管流固耦合换热的数值模拟

7.4.1　案例简介

与传统空调相比，地源热泵有明显的优势，其环境效益和节能效果显著，且应用范围广、维护费用低。使用地源热泵的关键就是把土壤（岩石）等作为热源（冷源），相对于空气热源（冷源），土壤（岩石）源温度更加稳定，传热效果更好。

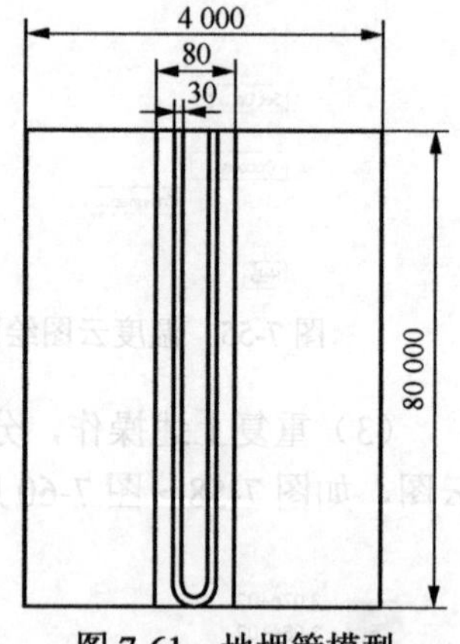

图 7-61　地埋管模型

图 7-61 是单根地埋管的一个简化示意图，管直径为 30 mm，孔井直径为 80 mm，管深为 80 000 mm，孔井间隔为 4 000 mm，因此在孔井周围取一个直径为 4 000 mm 的圆柱区域，模拟其温度场，判断两个孔井之间是否存在热干扰。

7.4.2　FLUENT 求解计算设置

1. *启动* FLUENT-3D

（1）双击桌面上的 FLUENT 16.0 图标，进入启动界面。

（2）选中 Dimension 中的 3D 单选按钮，选中 Options 下的 Double Precision 复选框，取消选中 Display Options 下的 3 个复选框。

（3）其他保持默认设置，单击 OK 按钮进入 FLUENT 16.0 主界面。

2. *读入并检查网格*

（1）执行 File→Read→Mesh 命令，在弹出的 Select File 对话框中读入 buried-pipe.msh 三维网格文件。

（2）执行 Mesh→Info→Size 命令，得到如图 7-62 所示的模型网格信息：共有 339 182 个节点、975 912 个网格面和 318 336 个网格单元。

```
Mesh Size

Level    Cells    Faces    Nodes    Partitions
    0   318336   975912   339182             1

 3 cell zones, 15 face zones.
```

图 7-62　网格数量信息

（3）执行 Mesh→Check 命令，反馈信息如图 7-63 所示，可以看到计算域三维坐标的上下限，检查最小体积和最小面积是否为负数。

```
Domain Extents:
  x-coordinate: min (m) = -2.689334e-15, max (m) = 2.000000e+00
  y-coordinate: min (m) = -2.000000e+00, max (m) = 2.000000e+00
  z-coordinate: min (m) = -3.500000e-02, max (m) = 8.000000e+01
Volume statistics:
  minimum volume (m3): 1.711654e-10
  maximum volume (m3): 2.553467e-02
    total volume (m3): 5.021863e+02
```

图 7-63　FLUENT 网格信息

3. 设置求解器参数

（1）选择工作界面左边的项目树 Setup→General 选项，在出现的 General 面板中进行求解器的设置。

（2）单击面板中的 Scale 按钮，弹出 Scale Mesh 对话框。在 Mesh Was Created In 下拉列表中选择 mm，单击 Scale 按钮，在 View Length Unit In 下拉列表中选择 mm，如图 7-64 所示，单击 Close 按钮关闭对话框。

（3）其他求解参数保持默认设置，如图 7-65 所示。

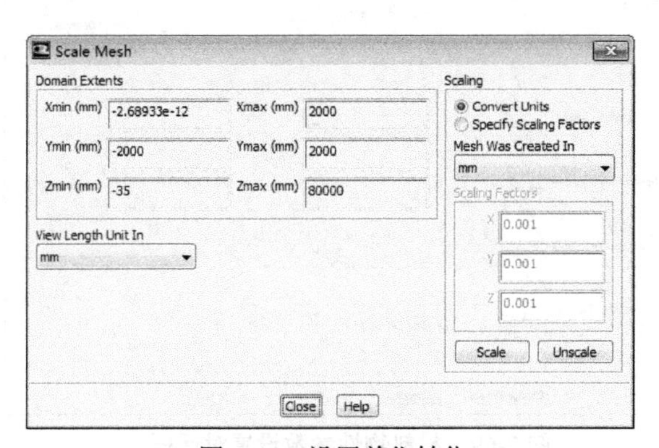

图 7-64　设置单位转化

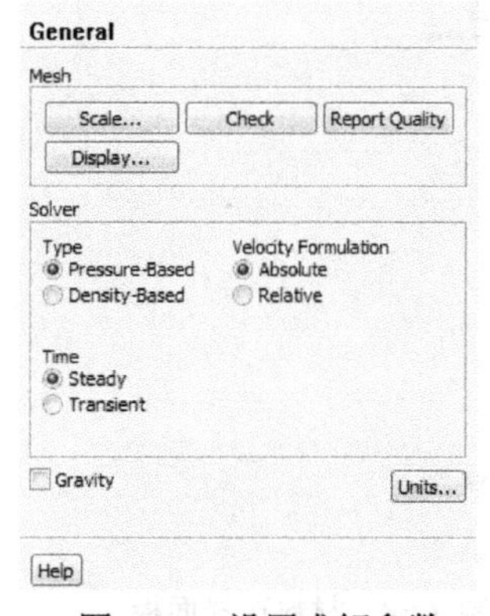

图 7-65　设置求解参数

（4）选择项目树 Setup→Models 选项，对求解模型进行设置。

（5）在 Models 面板中双击 Viscous-Laminar 选项，如图 7-66 所示，弹出 Viscous Model 对话框，在 Model 中选中 k-epsilon（2 eqn）选项，在 k-epsilon Model 中选中 RNG 单选按钮，其他保持默认设置，如图 7-67 所示，单击 OK 按钮完成设置。

注意： 由于本案例较复杂，先进行流场的计算，流场计算收敛之后再进行温度场的计算，所以首先只对湍流模型进行设置，能量方程暂不开启。

4. 定义材料物性

（1）选择项目树 Setup→Materials 选项，在出现的 Materials 面板中对所需材料进行设置，如图 7-68 所示。

（2）双击面板中 Materials 列表中的 Fluid 选项，弹出材料物性参数设置对话框，如图 7-69 所示。

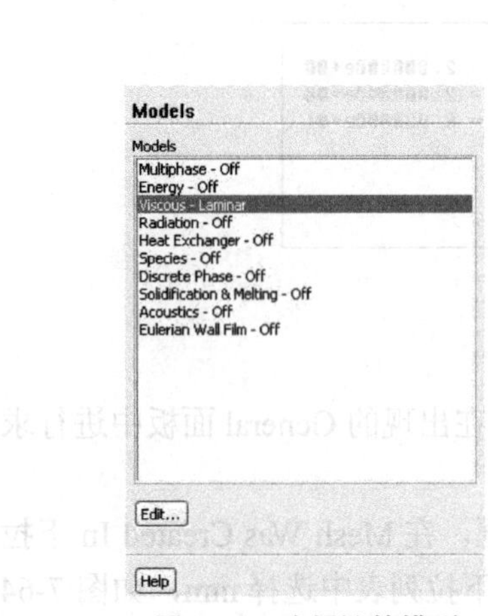

图 7-66　选择计算模型

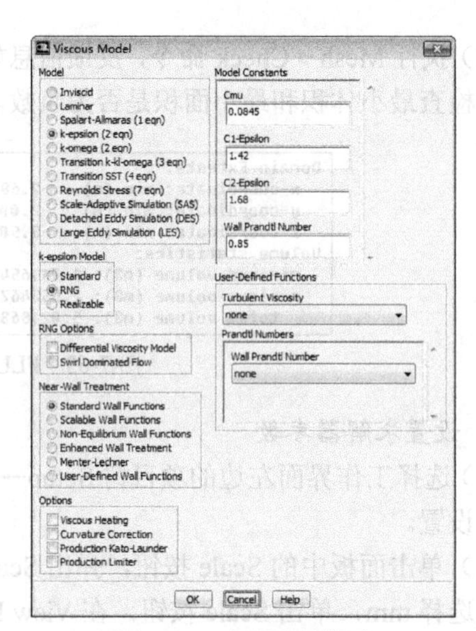

图 7-67　选择湍流模型

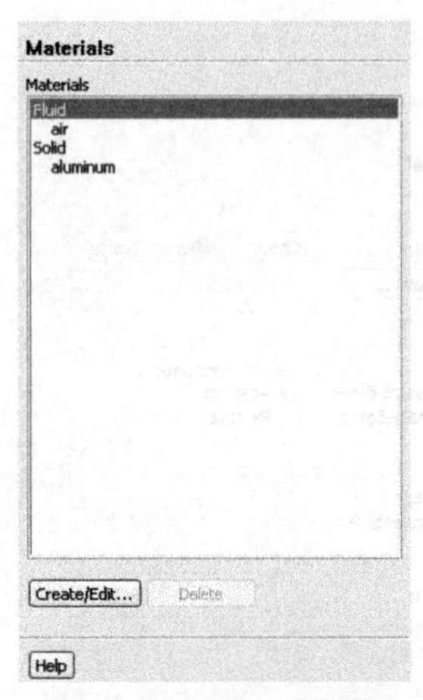

图 7-68　材料选择面板

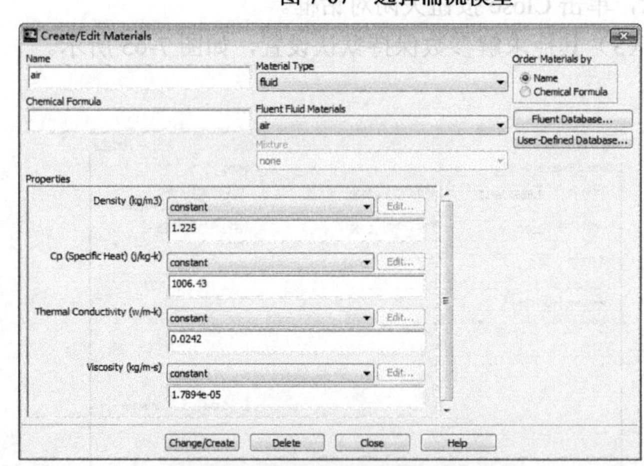

图 7-69　材料物性参数设置对话框

（3）单击 Fluent Database 按钮，弹出 Fluent Database Materials 对话框，在 Fluent Fluid Materials 列表中选择 water-liquid（h2o<1>）选项，单击 Copy 按钮，如图 7-70 所示，单击 Close 按钮关闭窗口，水的物性参数便选择好了，如图 7-71 所示。

（4）在 Create/Edit Materials 对话框的 Material Type 下拉列表中选择 solid 选项，在 Name 文本框中输入 rock，Chemical Formula 文本框清空，Density（kg/m3）设置为 2 500，如图 7-72 所示。单击 Change/Create 按钮，弹出警示对话框，单击 OK 按钮即可。

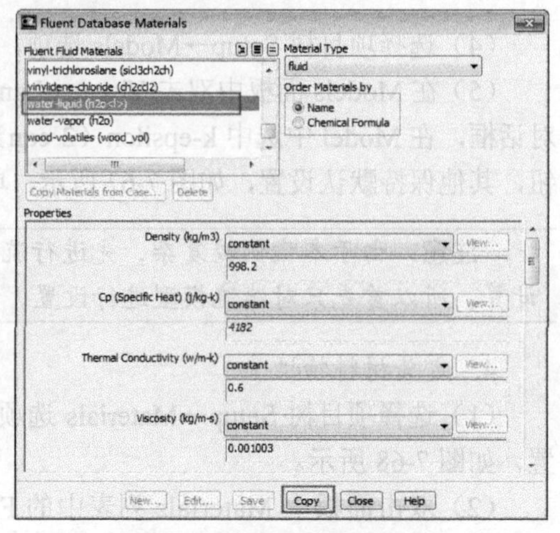

图 7-70　材料库选择材料

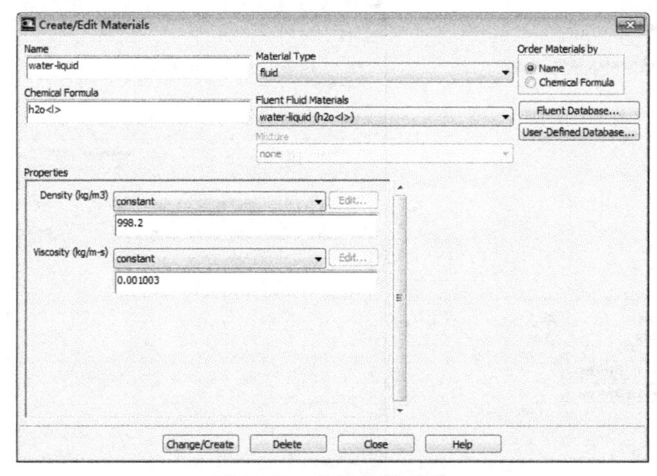

图 7-71　水的物性参数

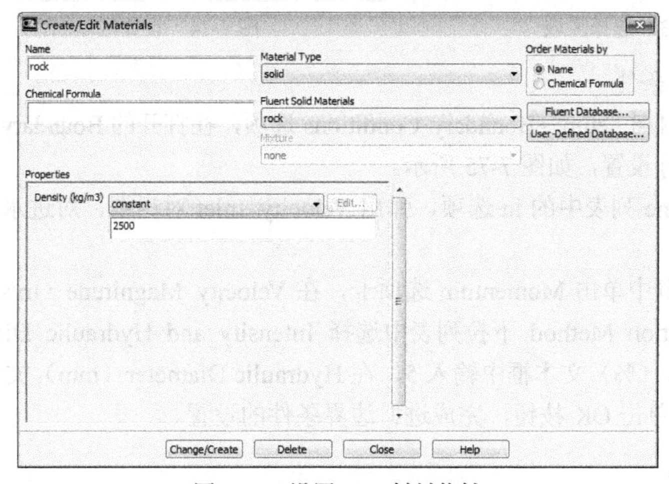

图 7-72　设置 rock 材料物性

（5）重复上述操作，在 Name 文本框中输入 concrete，Chemical Formula 文本框清空，Density（kg/m3）设置为 1 900，单击 Change/Create 按钮，弹出警示对话框，单击 OK 按钮即可。

（6）单击 Close 按钮，完成材料物性设置。

5. 设置区域条件

（1）选择项目树 Setup→Cell Zone Conditions 选项，在弹出的 Cell Zone Conditions 面板中对区域条件进行设置，如图 7-73 所示。

（2）选择 Zone 列表中的 concrete 选项，单击 Edit 按钮，弹出 Solid 对话框，在 Material Name 右侧的下拉列表中选择 concrete 选项，如图 7-74 所示，单击 OK 按钮完成设置。

（3）选择 Zone 列表中的 rock 选项，单击 Edit 按钮，弹出 Solid 对话框，在 Material Name 右侧的下拉列表中选择 rock 选项，单击 OK 按钮完成设置。

（4）选择 Zone 列表中的 water 选项，单击 Edit 按钮，弹出 Fluid 对话框，在 Material Name 右侧的下拉列表中选择 water-liquid 选项，单击 OK 按钮完成设置。

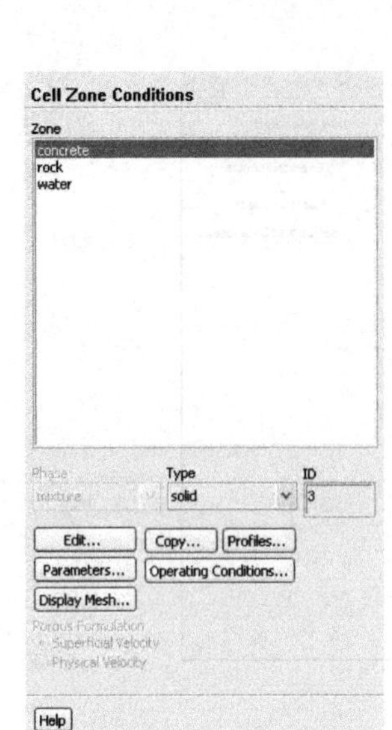

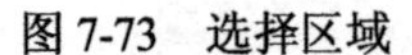

图 7-73　选择区域

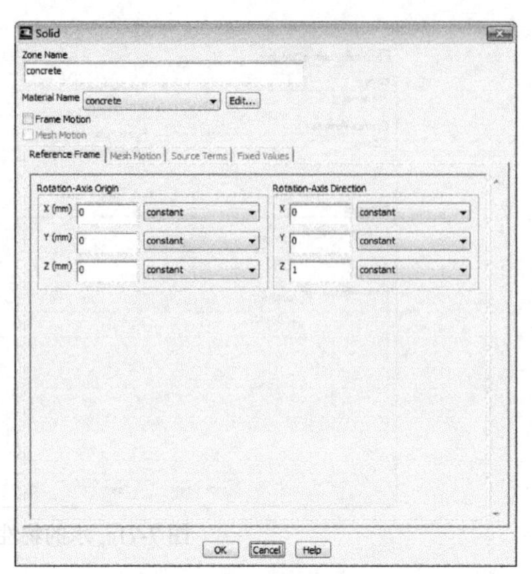

图 7-74　设置区域属性

6. 设置边界条件

（1）选择项目树 Setup→Boundary Conditions 选项，在打开的 Boundary Conditions 面板中对边界条件进行设置，如图 7-75 所示。

（2）双击 Zone 列表中的 in 选项，弹出 Velocity Inlet 对话框，对进水口边界条件进行设置。

（3）在对话框中单击 Momentum 选项卡，在 Velocity Magnitude（m/s）文本框中输入 0.6，在 Specification Method 下拉列表中选择 Intensity and Hydraulic Diameter 选项，在 Turbulent Intensity（%）文本框中输入 5，在 Hydraulic Diameter（mm）文本框中输入 30，如图 7-76 所示，单击 OK 按钮，完成进口边界条件的设置。

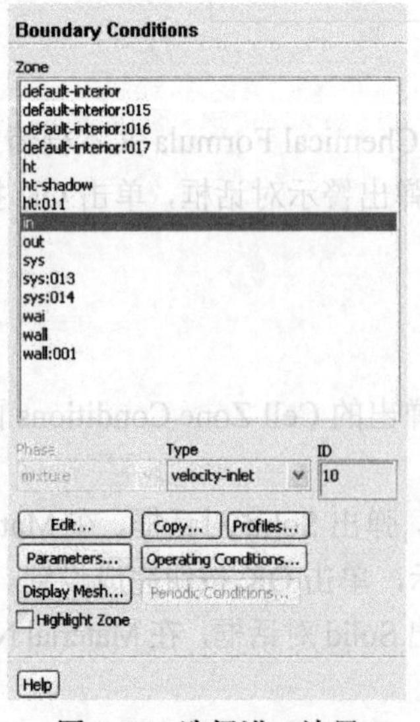

图 7-75　选择进口边界

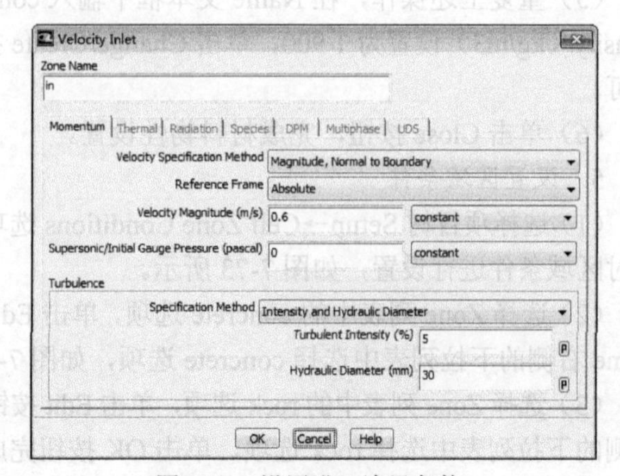

图 7-76　设置进口边界条件

（4）出口边界条件不用设置，采用默认值即可。

7.4.3　流场求解计算

1. 求解控制参数

（1）选择 Solution→Solution Methods 选项，在弹出的 Solution Methods 面板中对求解控制参数进行设置。

（2）面板中的各个选项采用默认值，如图 7-77 所示。

2. 设置求解松弛因子

（1）选择 Solution→Solution Controls 选项，在弹出的 Solution Controls 面板中对求解松弛因子进行设置。

（2）面板中相应的松弛因子保持默认设置，如图 7-78 所示。

3. 设置收敛临界值

（1）选择 Solution→Monitors 选项，打开 Monitors 面板，如图 7-79 所示。

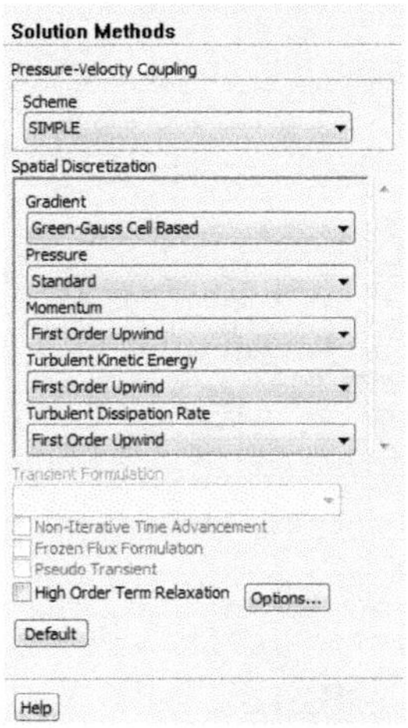

图 7-77　设置求解方法

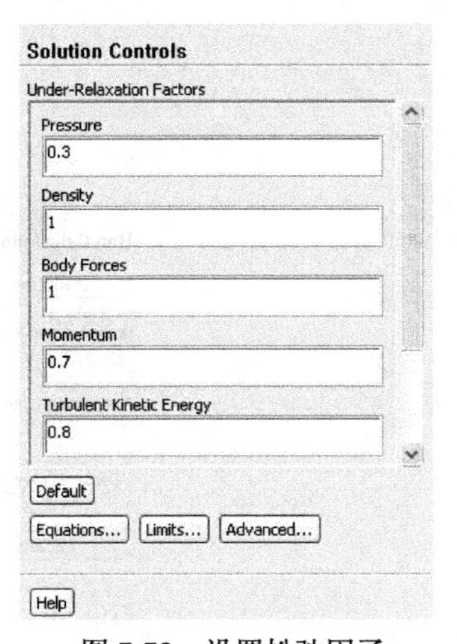

图 7-78　设置松弛因子

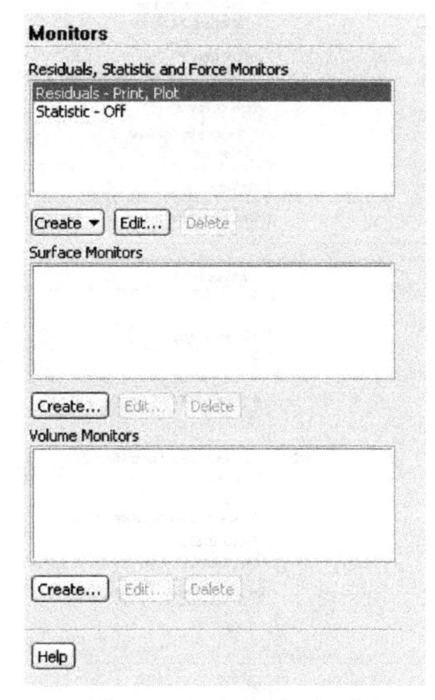

图 7-79　残差设置面板

（2）双击 Monitors 面板中的 Residuals-Print，Plot 选项，打开 Residual Monitors 对话框，保持默认设置，如图 7-80 所示，单击 OK 按钮完成设置。

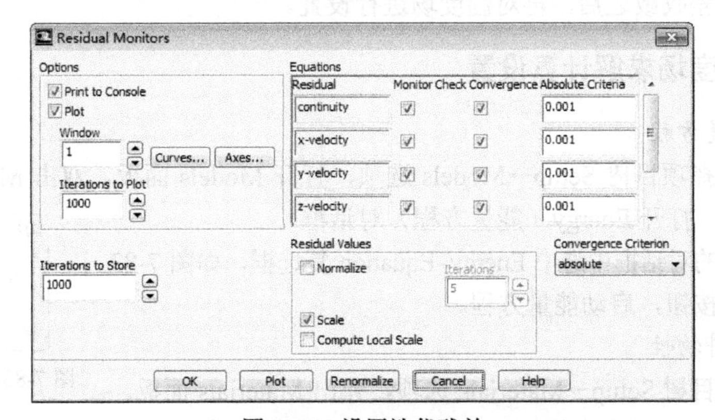

图 7-80　设置迭代残差

4. 设置流场初始化

（1）选择 Solution→Solution Initialization 选项，打开 Solution Initialization 面板进行初始化设置。

（2）在 Initialization Methods 下选中 Standard Initialization 单选按钮，在 Compute from 下拉列表中选择 all-zones，其他保持默认设置，单击 Initialize 按钮完成初始化，如图 7-81 所示。

5. 流场迭代计算

（1）执行 File→Write→Case&Data 命令，弹出 Select File 对话框，保存为 buried-pipe.cas 和 buried-pipe.dat。

（2）选择 Solution→Run Calculation 选项，打开 Run Calculation 面板。

（3）设置 Number of Iterations 为 200，如图 7-82 所示。

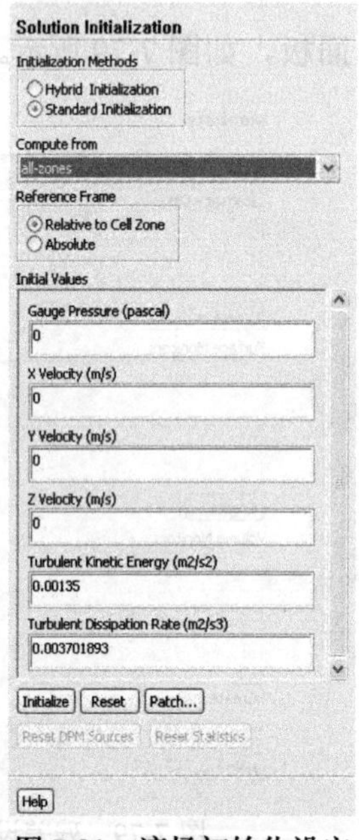

图 7-81　流场初始化设定

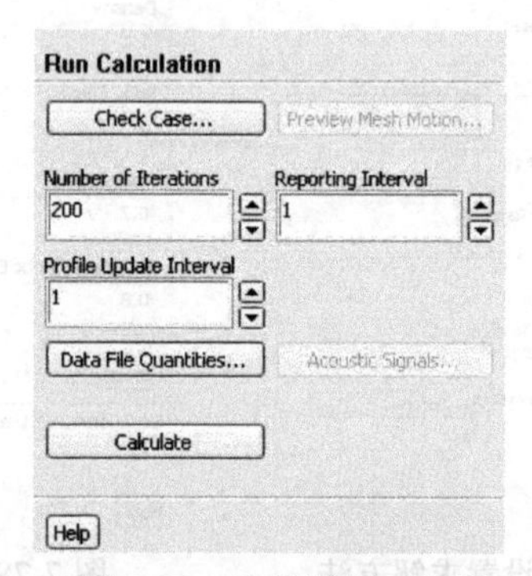

图 7-82　迭代设置对话框

（4）单击 Calculate 按钮进行迭代计算。

（5）迭代残差收敛之后，再对温度场进行设置。

7.4.4　温度场求解计算设置

1. 开启能量方程

（1）再次选择项目树 Setup→Models 选项，打开 Models 面板，双击 Models 列表中的 Energy-Off 选项，打开 Energy（能量方程）对话框。

（2）在弹出的对话框中选中 Energy Equation 复选框，如图 7-83 所示，单击 OK 按钮，启动能量方程。

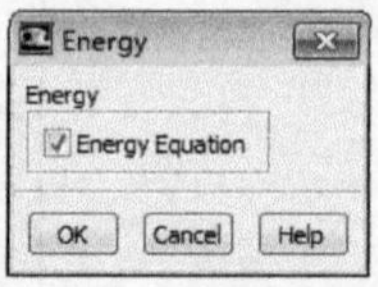

图 7-83　启动能量方程

2. 设置材料物性

（1）选择项目树 Setup→Materials 选项，弹出 Materials 面板，双击面板中 Materials 列表中的 Fluid 选项，弹出材料物性参数设置对话框，如图 7-84 所示，可以看到，水的物性中已增加了与传热有关的项。

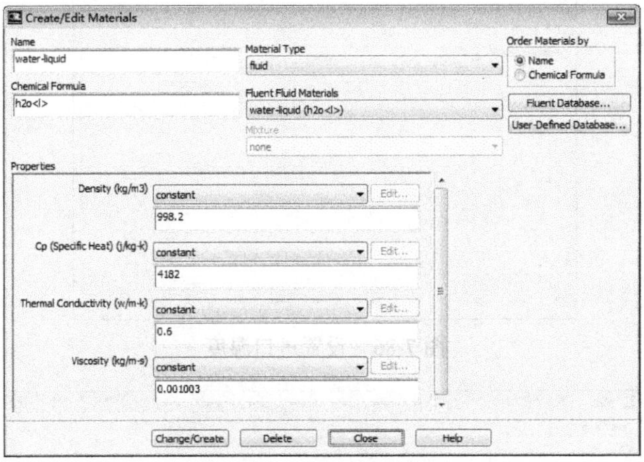

图 7-84 水的物性参数

（2）选择 Fluent Solid Materials 下拉列表中的 rock 选项，Cp 设置为 906，Thermal Conductivity 设置为 3.283，如图 7-85 所示，单击 OK 按钮完成设置。

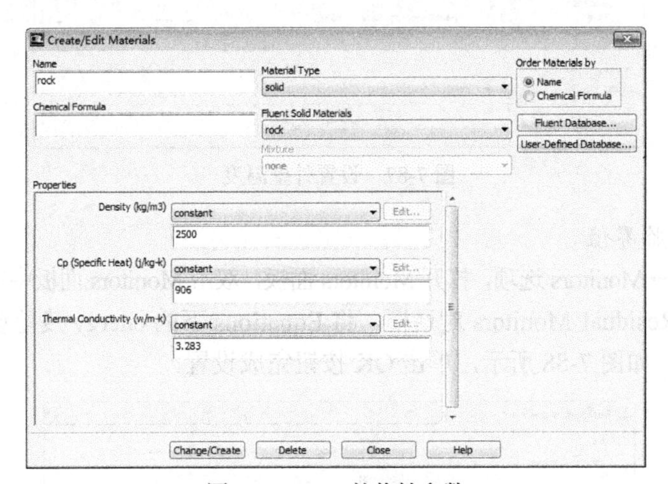

图 7-85 rock 的物性参数

（3）选择 Material Type 下拉列表中的 concrete 选项，Cp 设置为 1 880，Thermal Conductivity 设置为 2.5，单击 OK 按钮完成设置。

3. 设置边界条件

（1）选择项目树 Setup→Boundary Conditions 选项，再次打开 Boundary Conditions 面板，双击 Zone 列表中的 in 选项，弹出 Velocity Inlet 对话框，对水进口边界条件进行设置。

（2）选择 Thermal 选项卡，在 Temperature（k）文本框中输入 293，如图 7-86 所示，单击 OK 按钮完成设置。

（3）双击 Zone 列表中的 wai 选项，打开 Wall 对话框，选择 Thermal 选项卡，选中 Temperature 单选按钮，在 Temperature（k）文本框中输入 283，如图 7-87 所示，单击 OK 按钮完成设置。

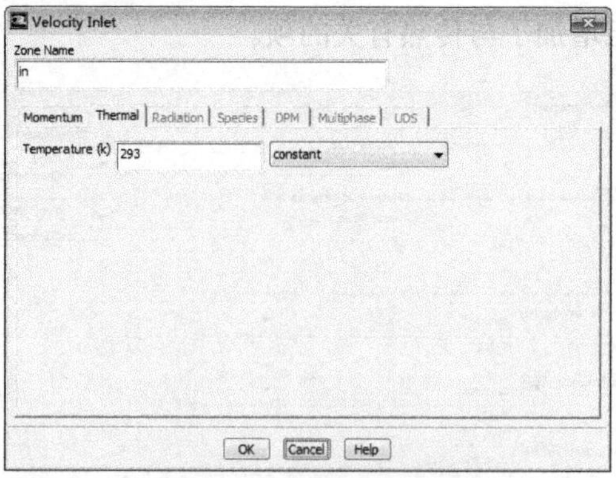

图 7-86　设置进口温度

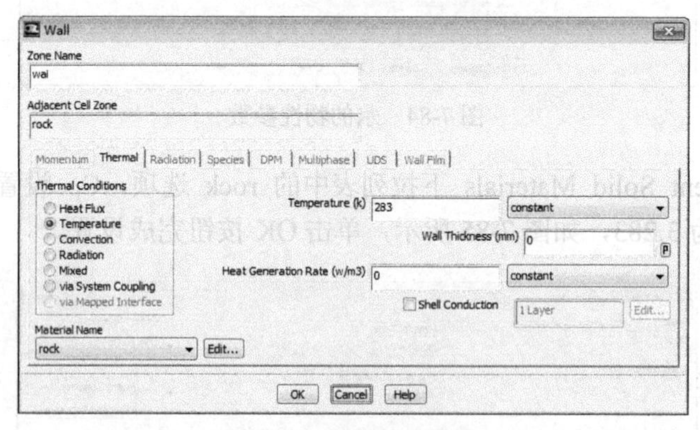

图 7-87　设置外壁温度

4. 设置收敛临界值

选择 Solution→Monitors 选项，打开 Monitors 面板，双击 Monitors 面板中的 Residuals-Print, Plot 选项，打开 Residual Monitors 对话框，将 Equations 下的 energy 残差设置为 1e-12，其他保持默认设置，如图 7-88 所示，单击 OK 按钮完成设置。

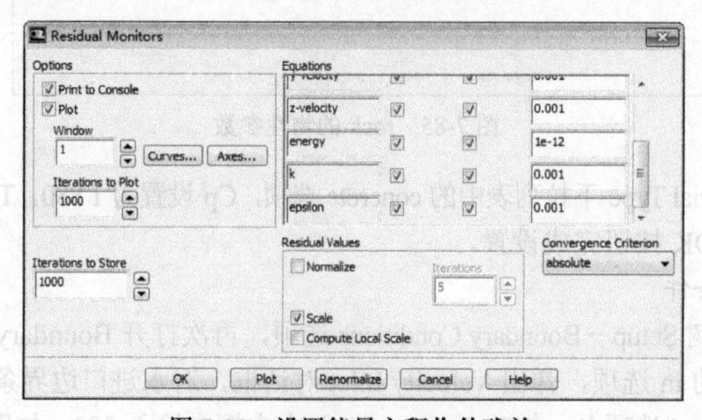

图 7-88　设置能量方程收敛残差

7.4.5　温度场求解计算

再次选择 Solution→Run Calculation 选项，打开 Run Calculation 面板，单击 Calculate 按钮进行迭代计算。弹出迭代残差窗口，最终的残差曲线图如图 7-89 所示。

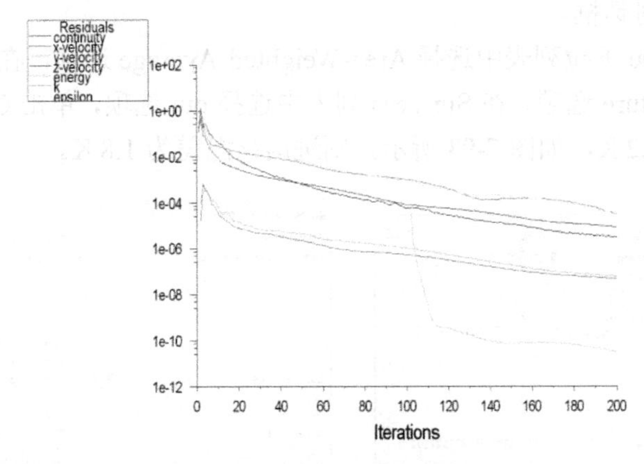

图 7-89 残差曲线图

7.4.6 计算结果后处理及分析

1. 进出口质量流量报告

（1）选择工作界面左边的 Results→Reports 选项，打开 Reports 面板，如图 7-90 所示。

（2）双击 Fluxes 选项，弹出 Flux Reports 对话框。在 Boundaries 列表中选择 in 和 out 选项，单击 Compute 按钮显示进出口质量流量结果，如图 7-91 所示。

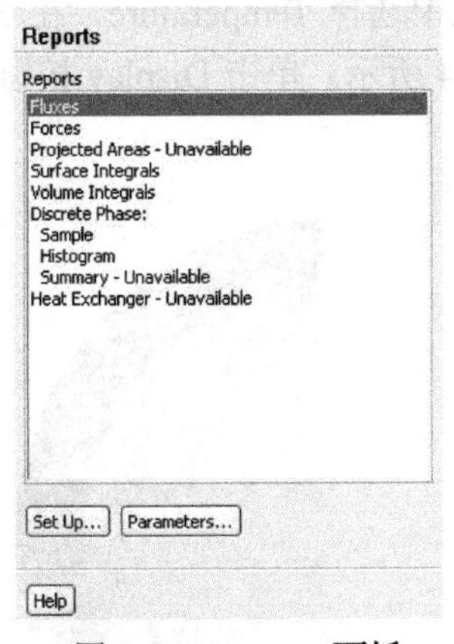

图 7-90 Reports 面板

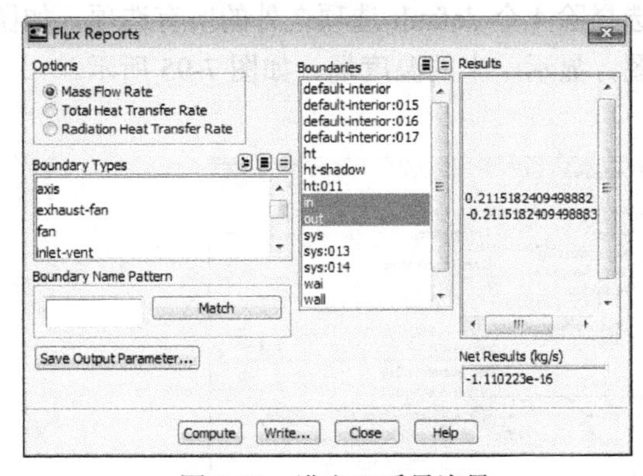

图 7-91 进出口质量流量

（3）由质量流量结果可看出，进出口质量流量相差很小，可以认为计算收敛，计算结果可信。

2. 地埋管散热量

（1）在 Flux Reports 对话框的 Boundaries 列表中选择 ht 和 wai 选项，如图 7-92 所示。

（2）由图 7-92 可知，流固耦合壁面（ht 面）的散热量与最外边界（wai 面）的散热量相差很小，可以认为能量守恒，计算结果可信。由于本案例只是对一半地埋管进行计算，所以总散热量为计算值的二倍，为 3 176 W。

3. 地埋管出口水温

（1）再次选择 Results→Reports 选项，打开 Reports 面板，双击 Surface Integrals 选项，

打开 Surface Integrals 对话框。

（2）在 Report Type 下拉列表中选择 Area-Weighted Average 选项，在 Field Variable 下拉列表中选择 Temperature 选项，在 Surfaces 列表中选择 out 选项，单击 Compute 按钮，计算出口平均温度为 291.2 K，如图 7-93 所示，则进出口温差为 1.8 K。

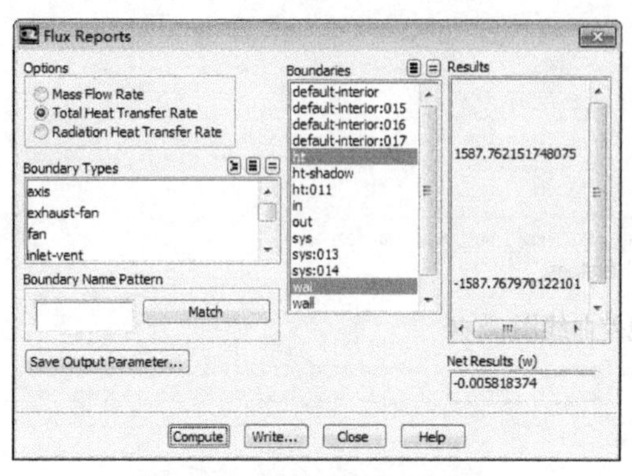

图 7-92　地埋管散热量计算

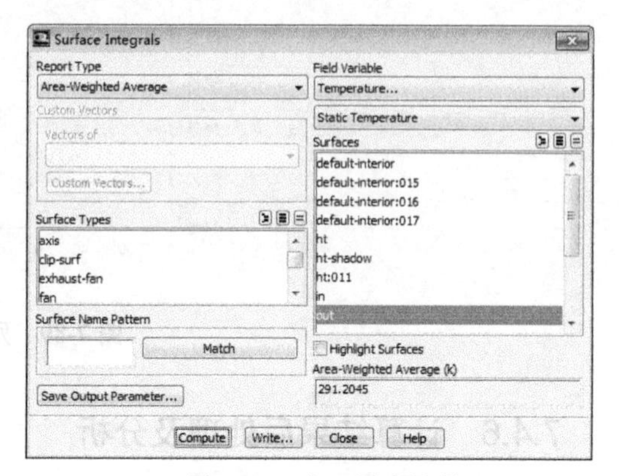

图 7-93　出口温度计算

4. 截面温度场

（1）选择 Results→Graphics 选项，打开 Graphics and Animations 面板。

（2）双击 Graphics 列表中的 Contours 选项（或者选中 Contours 后单击 Set Up 按钮），打开 Contours 对话框，在 Coutours of 的第一个下拉列表中选择 Temperature，在 Surfaces 列表中选择除 4 个 default 选项之外的所有选项，如图 7-94 所示。单击 Display 按钮，弹出温度云图，显示一半的温度场，如图 7-95 所示。

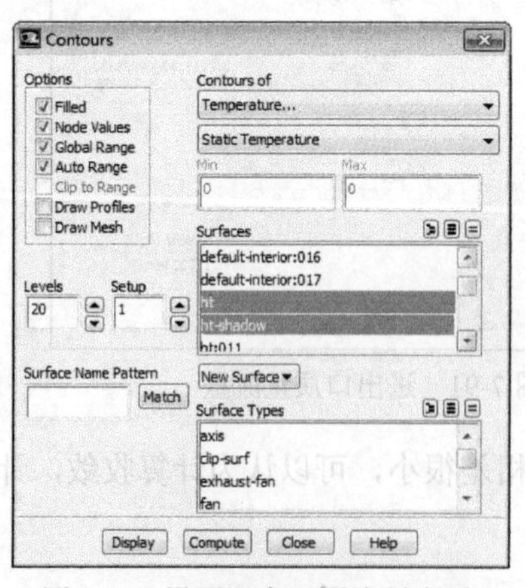

图 7-94　设置温度云图绘制选项

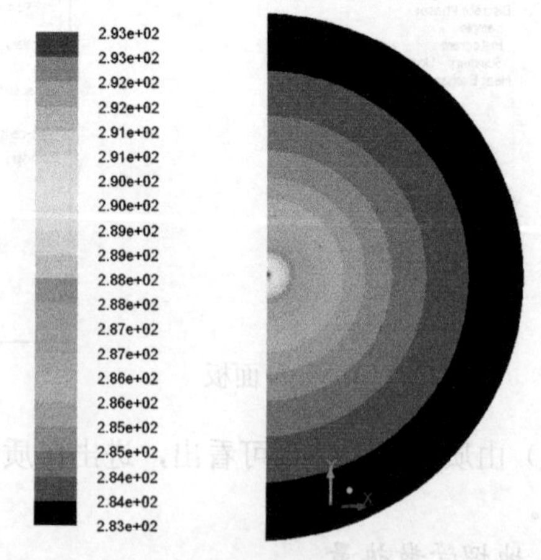

图 7-95　半区域温度云图

（3）执行 Display→Views 命令，打开 Views 对话框，选择 Mirror Planes 列表中的所有选项，如图 7-96 所示，单击 Apply 按钮，显示完整的温度场云图，如图 7-97 所示。

（4）由完整的温度场云图可以看出，温度由区域中心的地埋管向边界处呈现逐渐降低的趋势，且边界处（距地埋管 2 m 处）的温度并没有显著增加，可见孔井间距为 4 m 是可行的。

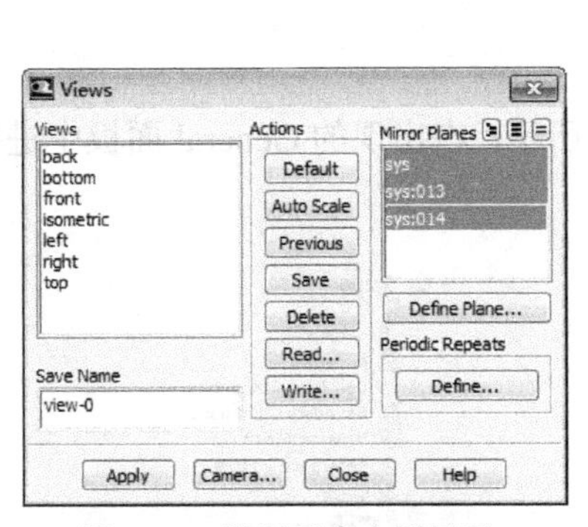

图 7-96 设置温度全图显示

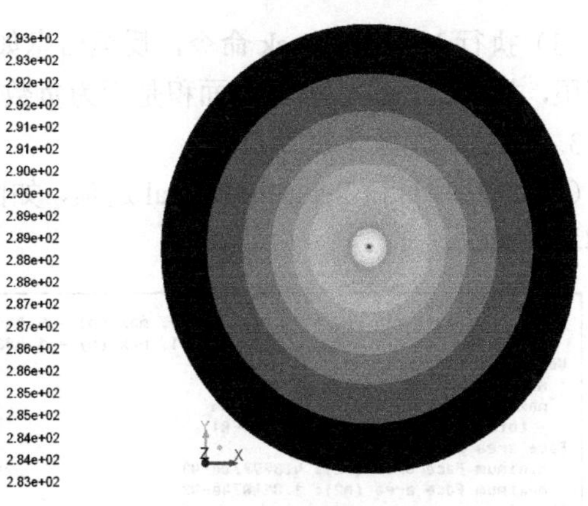

图 7-97 全区域温度云图

7.5 圆柱绕流流场的数值模拟

7.5.1 案例简介

黏性流体绕流圆柱时，其流场的特性随着 *Re* 变化，当 *Re* 为 10 左右时，流体在圆柱表面的后驻点附近脱落，形成对称的反向漩涡。随着 *Re* 的进一步增大，分离点前移，漩涡也会相应地增大。当 *Re* 大约为 46 时，脱体漩涡就不再对称，而是以周期性的交替方式离开圆柱表面，在尾部形成了著名的卡门涡街。涡街使其表面周期性变化的阻力和升力增加，从而导致物体振荡，产生噪声。

图 7-98 为圆柱绕流的计算区域的几何尺寸，计算区域长 1 m，宽 0.280 6 m，圆柱直径为 0.05 m，入口水流速度为 0.01 m/s。

图 7-98 绕流模型

7.5.2 FLUENT 求解计算设置

1. *启动* FLUENT-2D

（1）双击桌面上的 FLUENT 16.0 图标，进入启动界面。

（2）选中 Dimension 中的 2D 单选按钮，选中 Double Precision 复选框，取消选中 Display Options 下的 3 个复选框。

（3）其他保持默认设置，单击 OK 按钮，进入 FLUENT 16.0 主界面。

2. *读入并检查网格*

（1）执行 File→Read→Mesh 命令，在弹出的 Select File 对话框中读入 ejector.msh 二维网格文件。

（2）执行 Mesh→Info→Size 命令，得到如图 7-99 所示的模型网格信息：共有 4 535 个节点、8 902 个网格面和 4 367 个网格单元。

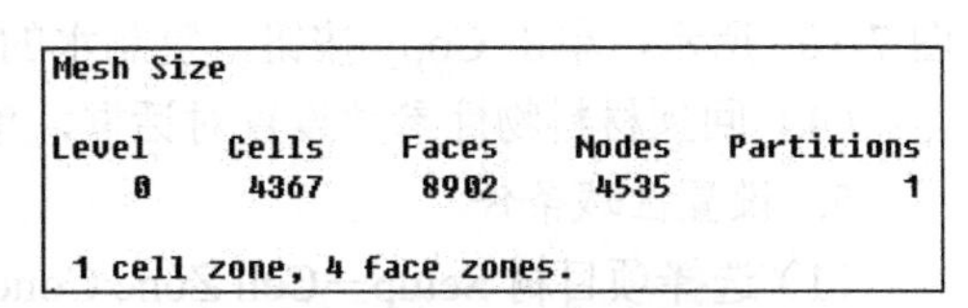
Mesh Size

Level	Cells	Faces	Nodes	Partitions
0	4367	8902	4535	1

1 cell zone, 4 face zones.

图 7-99 FLUENT 网格信息

（3）执行 Mesh→Check 命令，反馈信息如图 7-100 所示。可以看到计算域二维坐标的上下限，检查最小体积和最小面积是否为负数。

3. 设置求解器参数

（1）选择项目树 Setup→General 选项，如图 7-101 所示，在出现的 General 面板中进行求解器的设置。

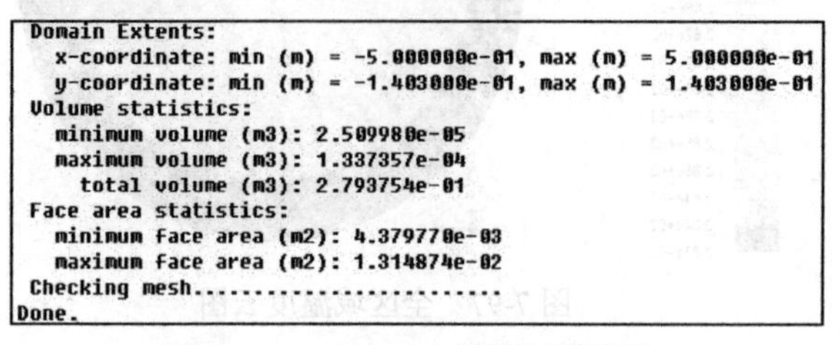

图 7-100　FLUENT 计算区域信息

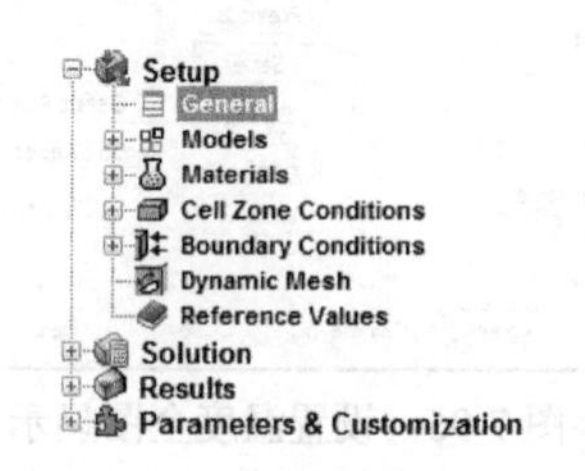

图 7-101　选择求解器项目树

（2）求解参数保持默认设置，如图 7-102 所示。

（3）选择项目树 Setup→Models 命令。

（4）在弹出的 Models 面板中双击 Viscous-Laminar 选项，如图 7-103 所示，弹出 Viscous Model 对话框，湍流模型保持默认选项 Laminar 即可，如图 7-104 所示。

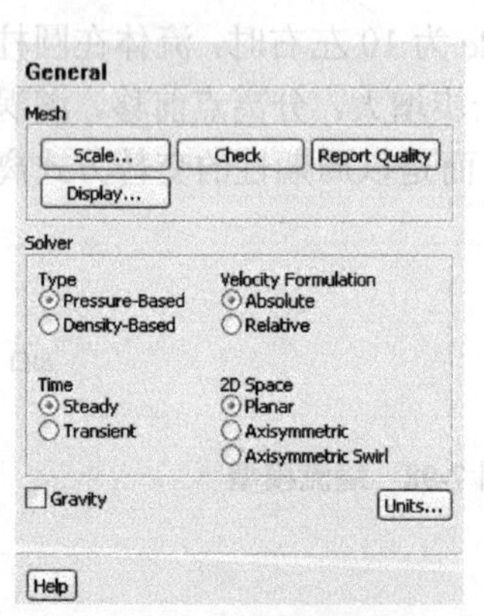

图 7-102　设置求解参数

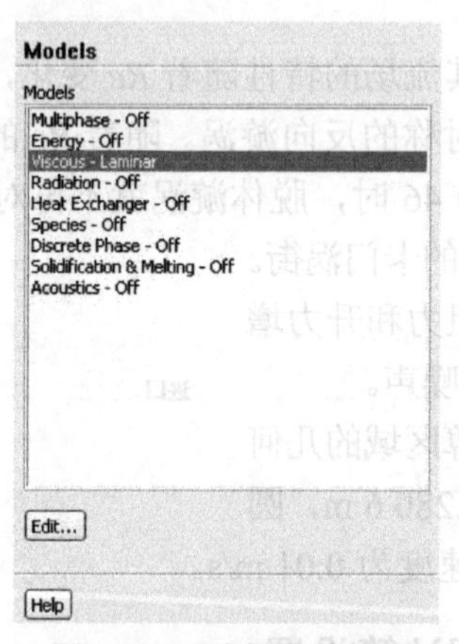

图 7-103　选择计算模型

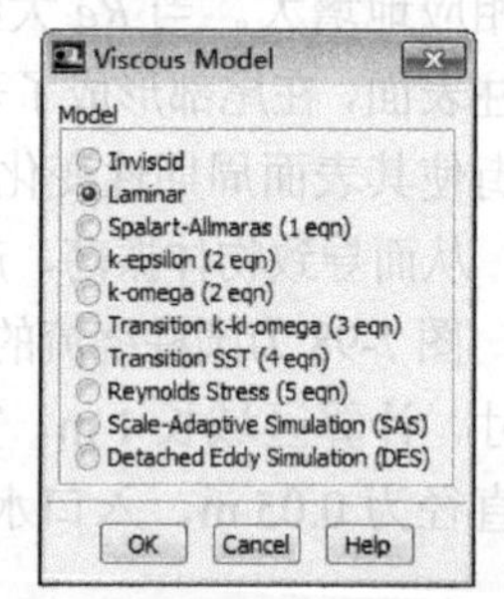

图 7-104　选择湍流模型

4. 定义材料物性

（1）选择项目树 Setup→Materials 选项，在出现的 Materials 面板中对所需材料进行设置，如图 7-105 所示。

（2）双击 Materials 列表中的 Fluid 选项，弹出材料物性参数设置对话框，如图 7-106 所示。

（3）在材料物性参数设置对话框中单击 Fluent Database 按钮，弹出 Fluent Database Materials 对话框，在 Fluent Fluid Materials 列表中选择 water-liquid（h2o<l>）选项，如图 7-107 所示，单击 Copy 按钮，复制水的物性参数。

（4）回到材料物性参数设置对话框，单击 Change/Create 按钮，保存水的物性参数。

5. 设置区域条件

（1）选择项目树 Setup→Cell Zone Conditions 选项，在弹出的 Cell Zone Conditions 面板中对区域条件进行设置，如图 7-108 所示。

图 7-105 材料选择面板

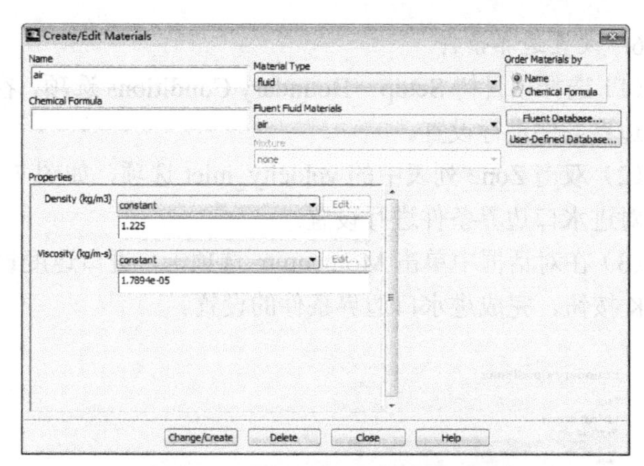

图 7-106 材料物性参数设置对话框

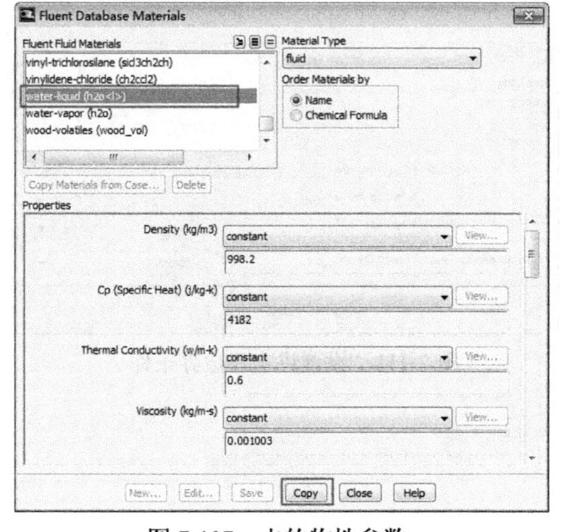

图 7-107 水的物性参数

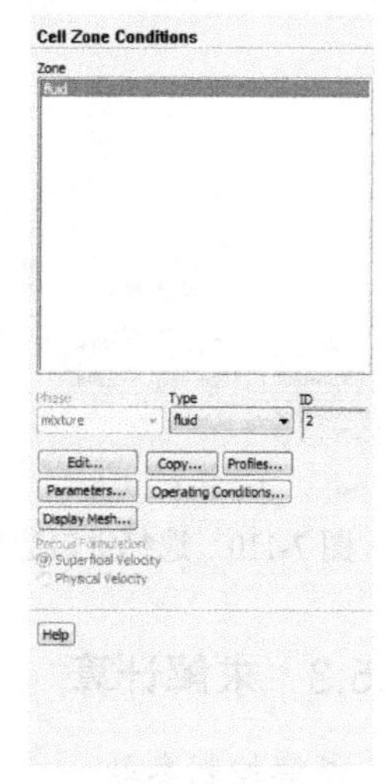

图 7-108 选择区域

（2）选择 Zone 列表中的 fluid 选项，单击 Edit 按钮，弹出 Fluid 对话框，在 Material Name 下拉列表中选择 water-liquid 选项，如图 7-109 所示，单击 OK 按钮完成设置。

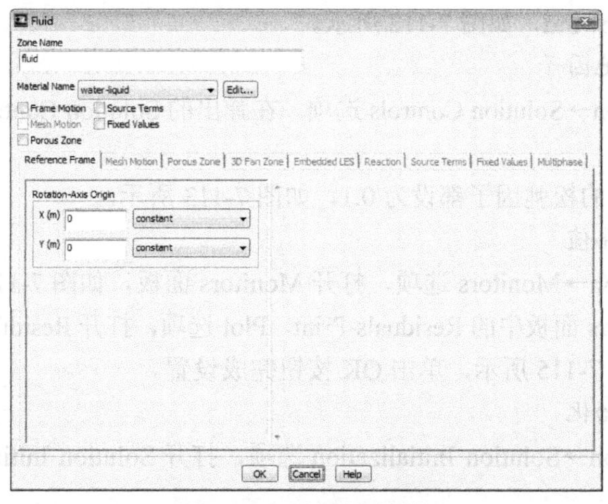

图 7-109 设置区域属性

6. 设置边界条件

（1）选择项目树 Setup→Boundary Conditions 选项，在打开的 Boundary Conditions 面板中对边界条件进行设置。

（2）双击 Zone 列表中的 velocity_inlet 选项，如图 7-110 所示，弹出 Velocity Inlet 对话框，对进水口边界条件进行设置。

（3）在对话框中单击 Momentum 选项卡，进口速度设为 0.01 m/s，如图 7-111 所示，单击 OK 按钮，完成进水口边界条件的设置。

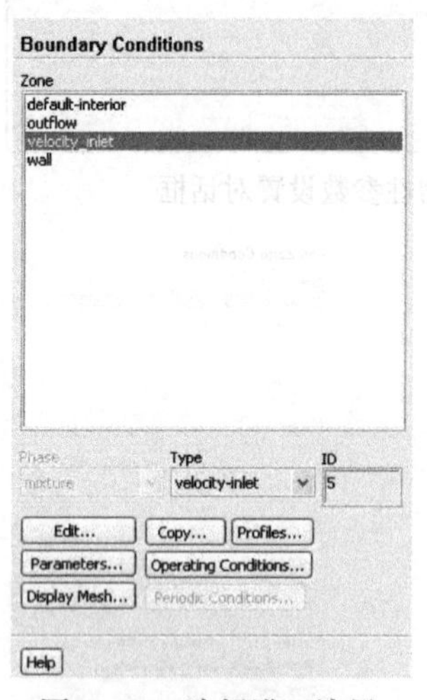

图 7-110　选择进口边界

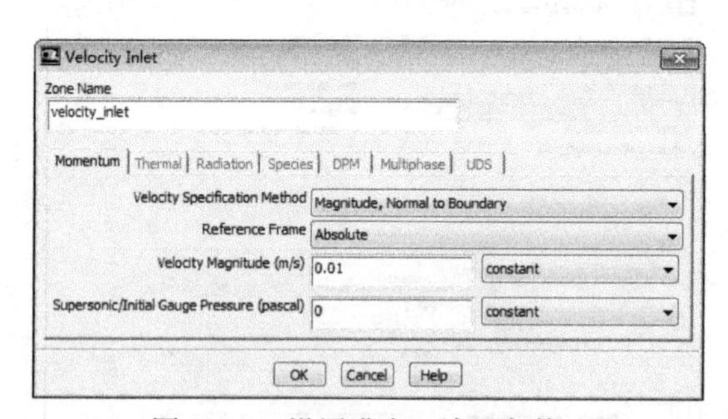

图 7-111　设置进水口边界条件

7.5.3　求解计算

1. 求解控制参数

（1）选择 Solution→Solution Methods 选项，在弹出的 Solution Methods 面板中对求解控制参数进行设置。

（2）在 Scheme 下拉列表中选择 SIMPLEC 选项，Pressure 设为 Second Order，Momentum 设为 Second Order Upwind，如图 7-112 所示。

2. 设置求解松弛因子

（1）选择 Solution→Solution Controls 选项，在弹出的 Solution Controls 面板中对求解松弛因子进行设置。

（2）面板中相应的松弛因子都设为 0.1，如图 7-113 所示。

3. 设置收敛临界值

（1）选择 Solution→Monitors 选项，打开 Monitors 面板，如图 7-114 所示。

（2）双击 Monitors 面板中的 Residuals-Print，Plot 选项，打开 Residual Monitors 对话框，保持默认设置，如图 7-115 所示，单击 OK 按钮完成设置。

4. 设置流场初始化

（1）选择 Solution→Solution Initialization 选项，打开 Solution Initialization 面板进行初始化设置。

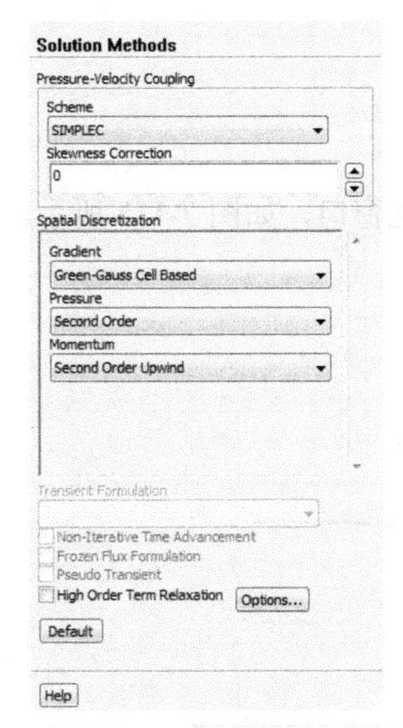

图 7-112　设置求解方法

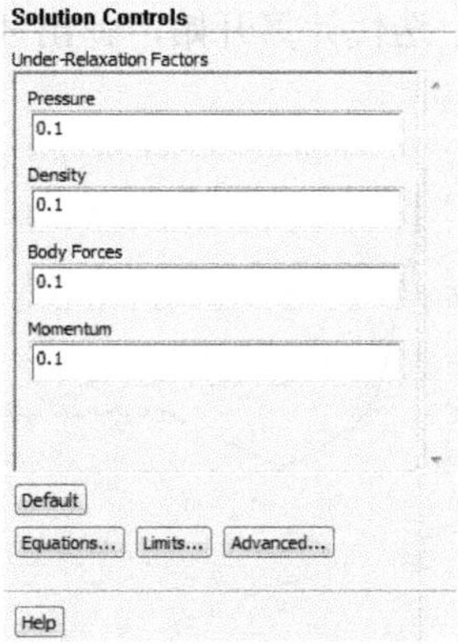

图 7-113　设置松弛因子

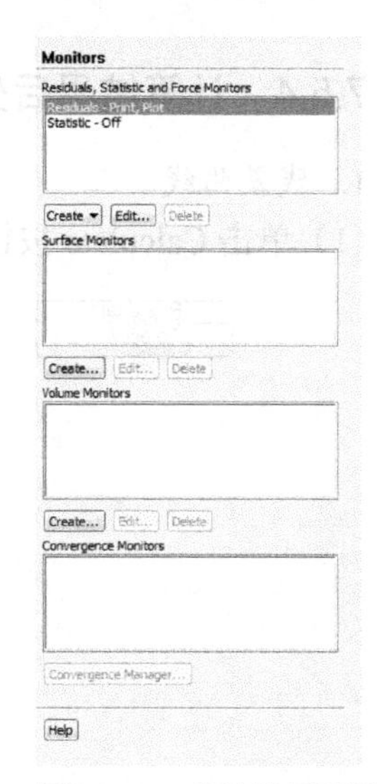

图 7-114　残差设置面板

（2）在 Initialization Methods 下拉列表中选择 Standard Initialization 选项，在 Compute from 下拉列表中选择 all-zones，其他保持默认，单击 Initialize 按钮完成初始化，如图 7-116 所示。

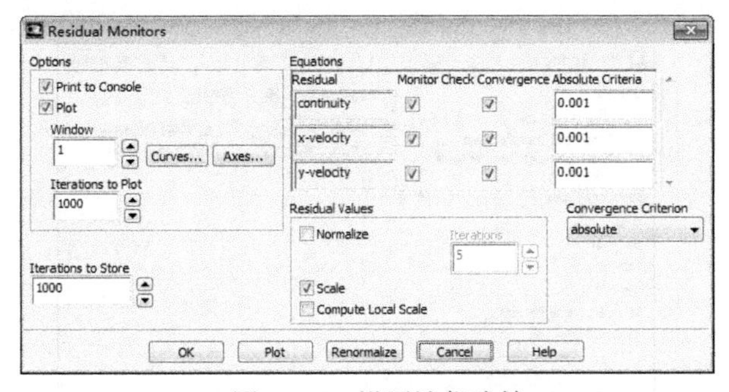

图 7-115　设置迭代残差

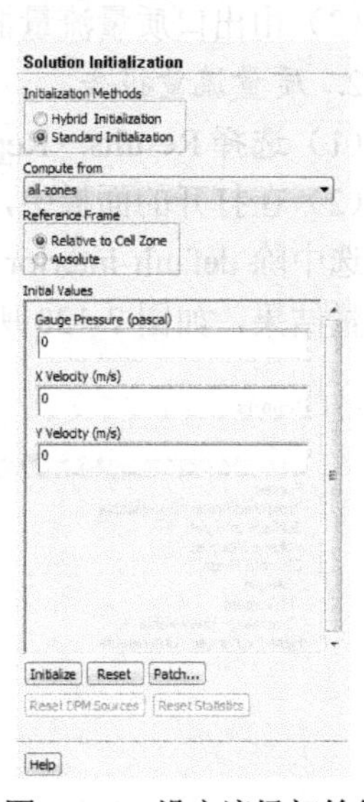

图 7-116　设定流场初始化

5. 迭代计算

（1）执行 File→Write→Case&Data 命令，弹出 Select File 对话框，保存为 streaming.cas 和 streaming.dat。

（2）选择 Solution→Run Calculation 选项，打开 Run Calculation 面板。

（3）设置 Number of Iterations 为 10 000，如图 7-117 所示。

（4）单击 Calculate 按钮进行迭代计算。

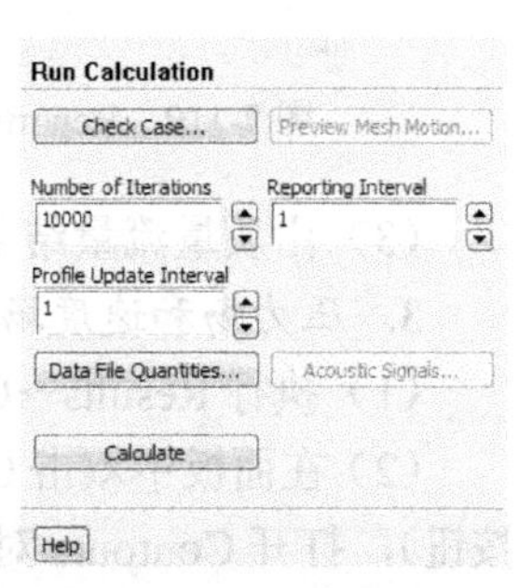

图 7-117　迭代设置对话框

7.5.4 计算结果后处理及分析

1. 残差曲线

（1）单击 Calculate 按钮后，迭代计算开始，弹出残差监视窗口，如图 7-118 所示。

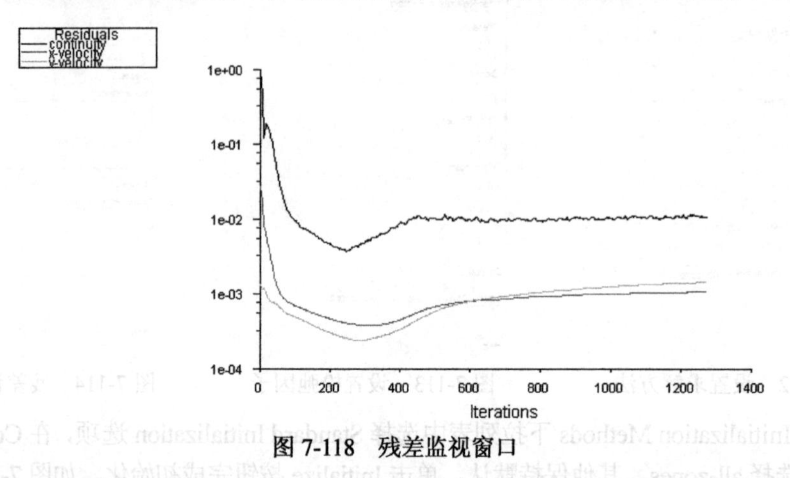

图 7-118　残差监视窗口

（2）由出口质量流量曲线看出，当迭代计算到 1 272 步时计算收敛，计算结束。

2. 质量流量报告

（1）选择 Results→Reports 选项，打开 Reports 面板，如图 7-119 所示。

（2）在打开的面板中，双击 Fluxes 选项，弹出 Flux Reports 对话框。在 Boundaries 列表中选中除 default-interior 和 wall 之外的其他所有选项，单击 Compute 按钮显示进出口质量流量结果，如图 7-120 所示。

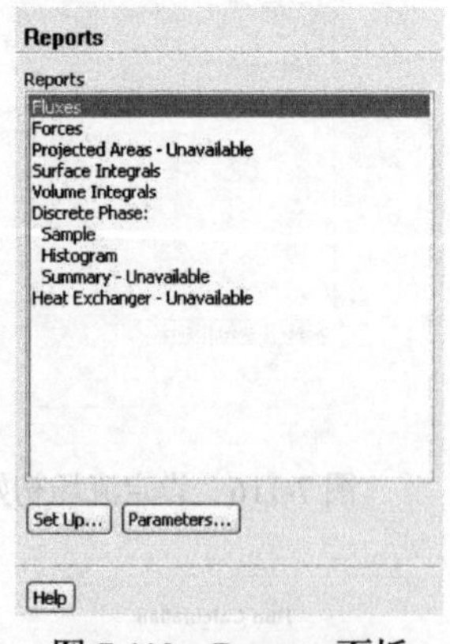

图 7-119　Reports 面板

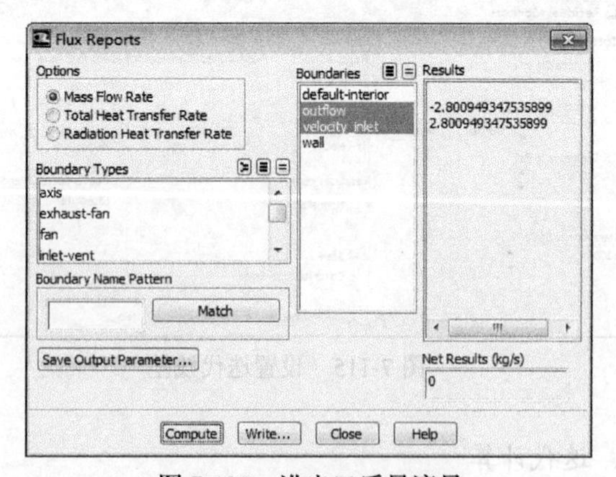

图 7-120　进出口质量流量

（3）由质量流量结果可看出，进出口质量流量相等，质量流量是守恒的。

3. 压力场和速度场

（1）执行 Results→Graphics 命令，打开 Graphics and Animations 面板。

（2）在面板中双击 Graphics 列表中的 Contours 选项（或者选中 Contours 后单击 Set Up 按钮），打开 Contours 对话框，如图 7-121 所示，单击 Display 按钮，弹出压力云图窗口，如图 7-122 所示。

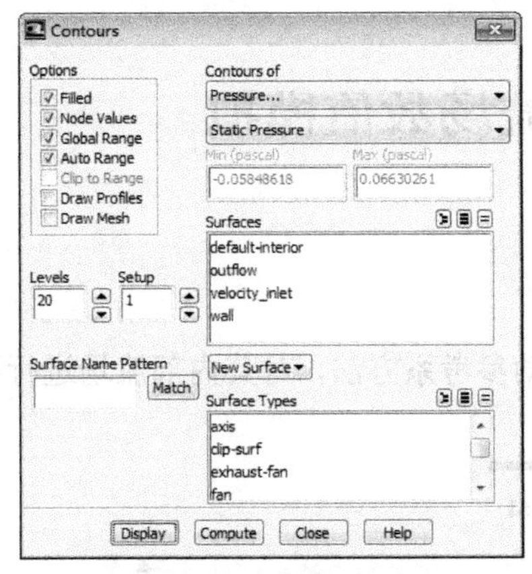

图 7-121 设置压力云图

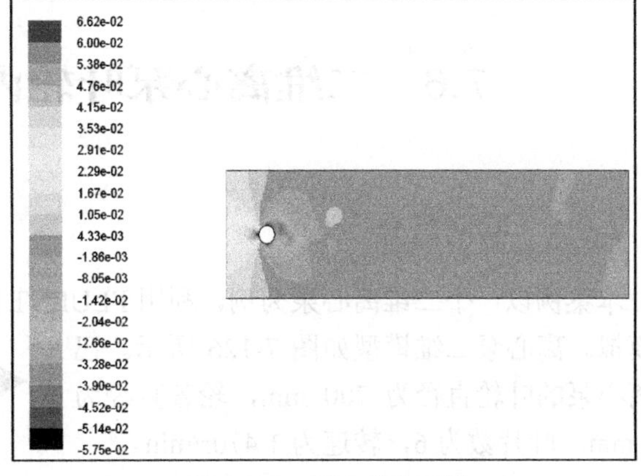

图 7-122 压力分布云图

（3）重复步骤（2）的操作，在 Contours of 的第一个下拉列表中选择 velocity，单击 Display 按钮，弹出速度云图，如图 7-123 所示。由速度云图可看出，水流经过圆柱之后，开始发生脱离，形成了非对称的绕流漩涡对，这就是卡门涡街。

（4）双击 Graphics and Animations 面板中的 Vectors 选项，弹出 Vectors 对话框，Scale 设置为 2，如图 7-124 所示。单击 Display 按钮，弹出速度矢量云图窗口，如图 7-125 所示。

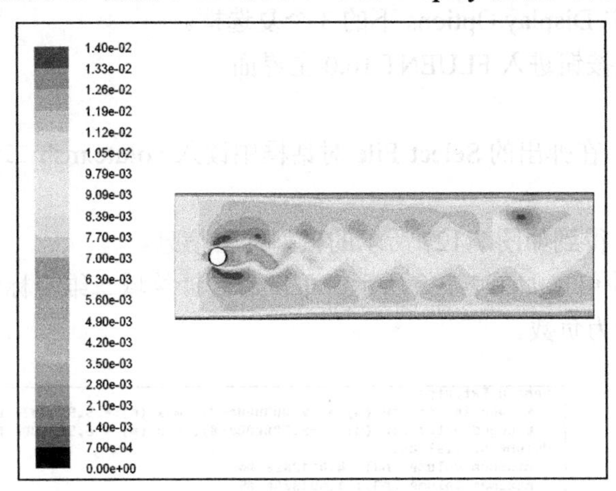

图 7-123 速度云图

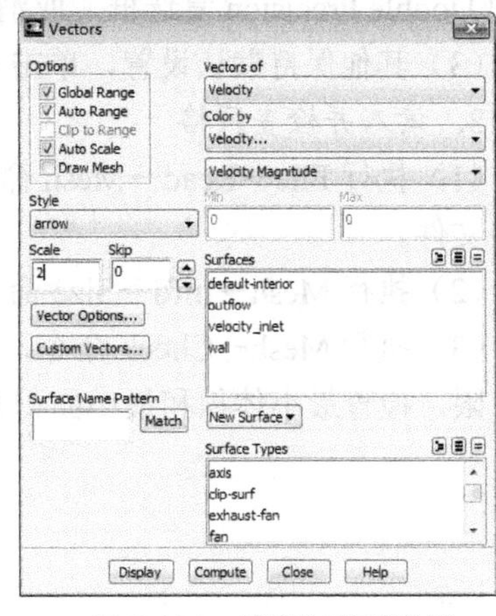

图 7-124 速度矢量对话框

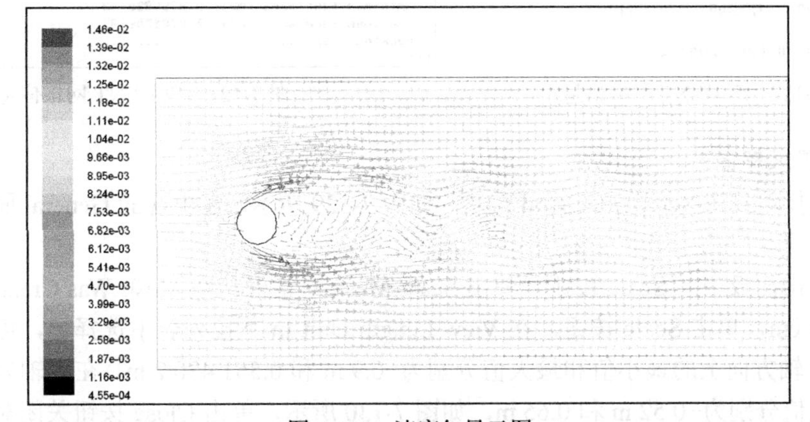

图 7-125 速度矢量云图

7.6 二维离心泵叶轮内流场数值模拟

7.6.1 案例简介

本案例以一个二维离心泵为例，利用 FLUENT 转动参考系方法，对其内部流场进行数值模拟。离心泵二维模型如图 7-126 所示。已知离心泵的叶轮直径为 700 mm，轮毂直径为 350 mm，叶片数为 6，转速为 1 470r/min。

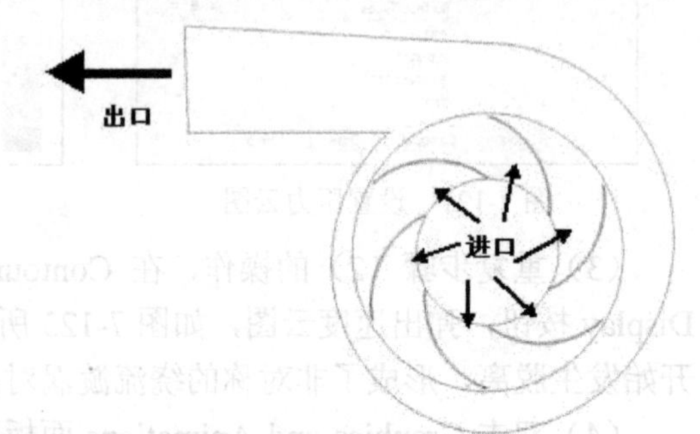

图 7-126 离心泵二维模型

7.6.2 FLUENT 求解计算设置

1. *启动 FLUENT-2D*

（1）双击桌面上的 FLUENT 16.0 图标，进入启动界面。

（2）选中 Dimension 中的 2D 单选按钮，选中 Double Precision 复选框，取消选中 Display Options 下的 3 个复选框。

（3）其他保持默认设置，单击 OK 按钮进入 FLUENT 16.0 主界面。

2. *读入并检查网格*

（1）执行 File→Read→Mesh 命令，在弹出的 Select File 对话框中读入 volute.msh 二维网格文件。

（2）执行 Mesh→Info→Size 命令，得到如图 7-127 所示的模型网格信息。

（3）执行 Mesh→Check 命令，反馈信息如图 7-128 所示。可以看到计算域二维坐标的上下限，检查最小体积和最小面积是否为负数。

```
Mesh Size

Level    Cells    Faces    Nodes   Partitions
    0    79998   121549    41551            1

 2 cell zones, 8 face zones.
```

图 7-127 FLUENT 网格信息

```
Domain Extents:
   x-coordinate: min (m) = -9.000000e-01, max (m) = 5.514302e-01
   y-coordinate: min (m) = -5.200000e-01, max (m) = 6.500000e-01
Volume statistics:
   minimum volume (m3): 4.411282e-06
   maximum volume (m3): 1.891374e-05
     total volume (m3): 9.121602e-01
Face area statistics:
   minimum face area (m2): 2.825503e-03
   maximum face area (m2): 7.278174e-03
Checking mesh.........................
Done.
```

图 7-128 FLUENT 网格信息

3. *设置求解器参数*

（1）选择项目树 Setup→General 选项，如图 7-129 所示，在出现的 General 面板中进行求解器的设置。

（2）单击面板中的 Scale 按钮，弹出 Scale Mesh 对话框。在 Mesh Was Created In 下拉列表中选择 cm，单击 Scale 按钮，在 View Length Unit In 下拉列表中选择 m，可以看到计算区域在 X 轴方向上的最小值和最大值分别为−0.9 m 和 0.551 430 2 m，在 Y 轴方向上的最小值和最大值分别为−0.52 m 和 0.65 m，如图 7-130 所示，单击 Close 按钮关闭对话框。

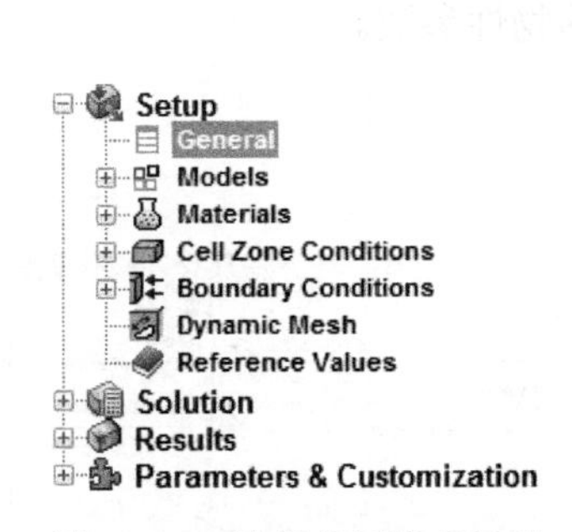

图 7-129 选择求解器项目树

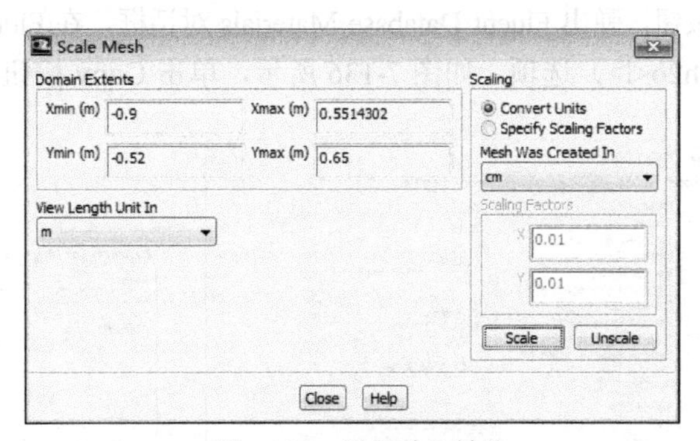

图 7-130 设置单位转化

（3）在 General 面板中选中 Gravity 复选框，定义 *Y* 方向的重力加速度为–9.81m/s^2，如图 7-131 所示。

（4）单击 Units 按钮，弹出 Set Units 对话框，在 Quantities 列表中选择 angular-velocity 选项，在 Units 列表中选择 rpm 选项，如图 7-132 所示。

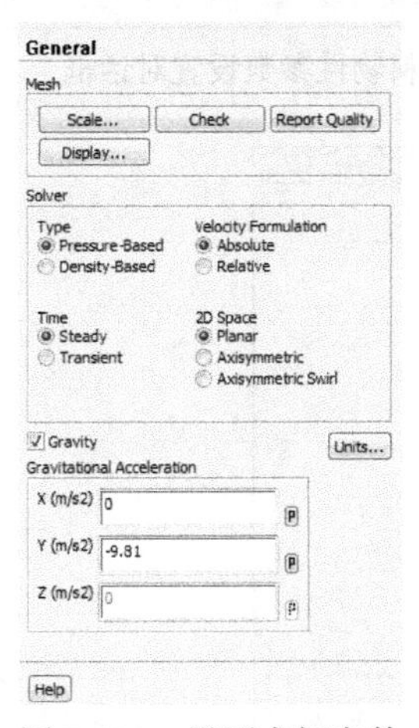

图 7-131 设置求解参数

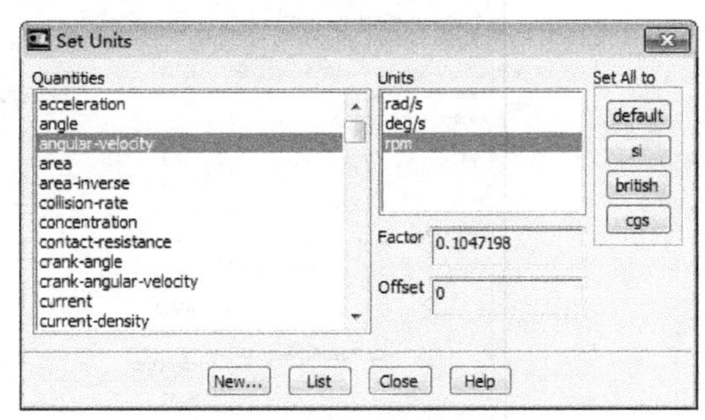

图 7-132 设置单位

（5）选择项目树 Setup→Models 选项，对求解模型进行设置。

（6）在 Models 面板中双击 Viscous-Laminar 选项，如图 7-133 所示，弹出 Viscous Model 对话框，在 Model 列表中选中 k-epsilon（2 eqn）单选按钮，如图 7-134 所示，单击 OK 按钮完成设置。

4. 定义材料物性

（1）选择项目树 Setup→Materials 选项，在出现的 Materials 面板中对所需材料进行设置。

（2）双击 Materials 列表中的 Fluid 选项，弹出材料物性参数设置对话框，如图 7-135 所示。

（3）在材料物性参数设置对话框中单击 Fluent Database

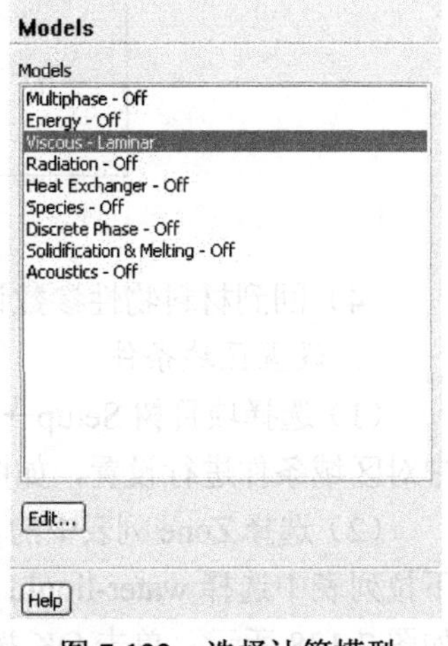

图 7-133 选择计算模型

按钮，弹出 Fluent Database Materials 对话框，在 Fluent Fluid Materials 列表中选择 water-liquid（h2o<l>）选项，如图 7-136 所示，单击 Copy 按钮，复制水的物性参数。

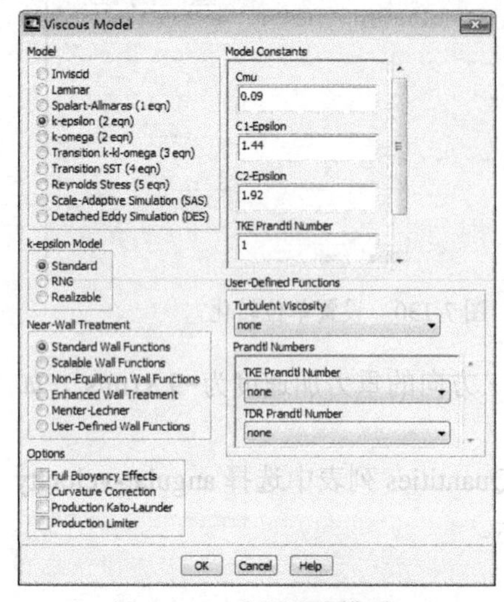

图 7-134　选择湍流模型

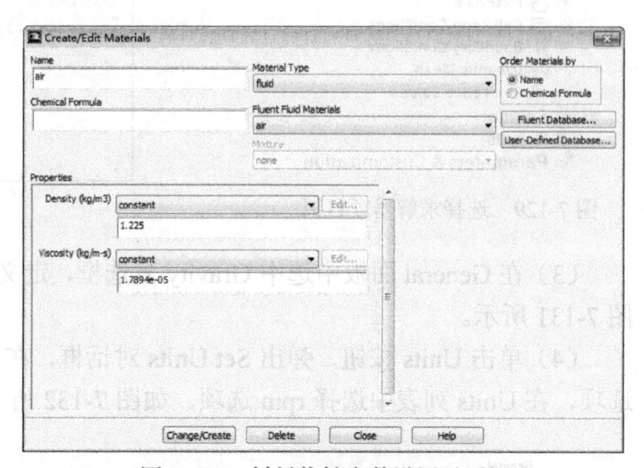

图 7-135　材料物性参数设置对话框

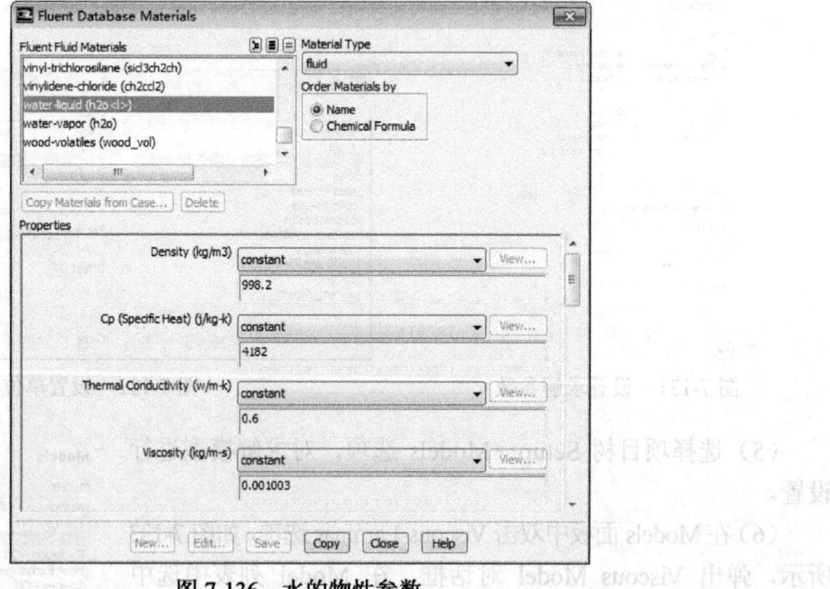

图 7-136　水的物性参数

（4）回到材料物性参数设置对话框，单击 Change/Create 按钮，保存水的物性参数。

5. 设置区域条件

（1）选择项目树 Setup→Cell Zone Conditions 选项，在弹出的 Cell Zone Conditions 面板中对区域条件进行设置，如图 7-137 所示。

（2）选择 Zone 列表中的 nei_1 选项，单击 Edit 按钮，弹出 Fluid 对话框，在 Material Name 下拉列表中选择 water-liquid 选项，选中 Frame Motion 复选框，Speed（rpm）设置为−1 470，如图 7-138 所示，单击 OK 按钮完成设置。

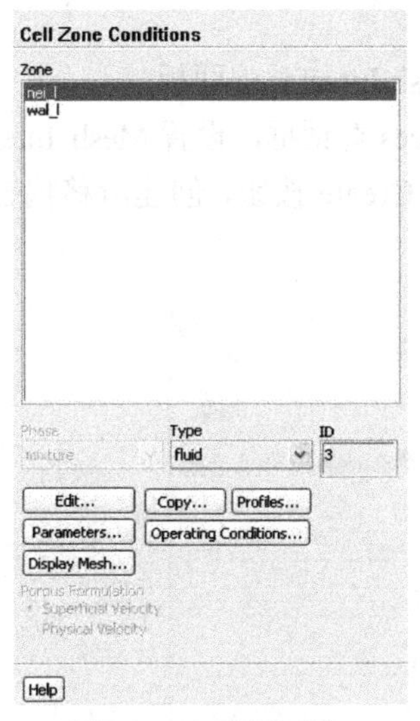

图 7-137 选择区域

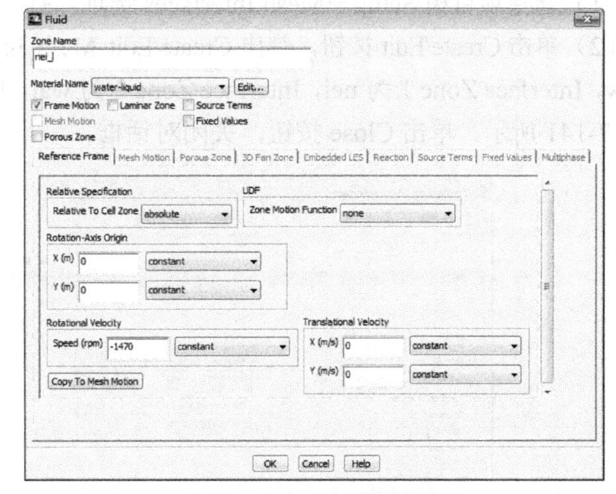

图 7-138 设置区域属性

（3）重复上述操作，对 wai_l 区域进行设置，在 Material Name 下拉列表中选择 water-liquid 选项，其他保持默认设置。

6. 设置边界条件

（1）选择项目树 Setup→Boundary Conditions 选项，在打开的 Boundary Conditions 面板中对边界条件进行设置。

（2）双击 Zone 列表中的 in 选项，如图 7-139 所示，弹出 Pressure Inlet 对话框，对进水口边界条件进行设置。

（3）将湍流定义方式改为 K and Epsilon，其他保持默认设置，如图 7-140 所示。

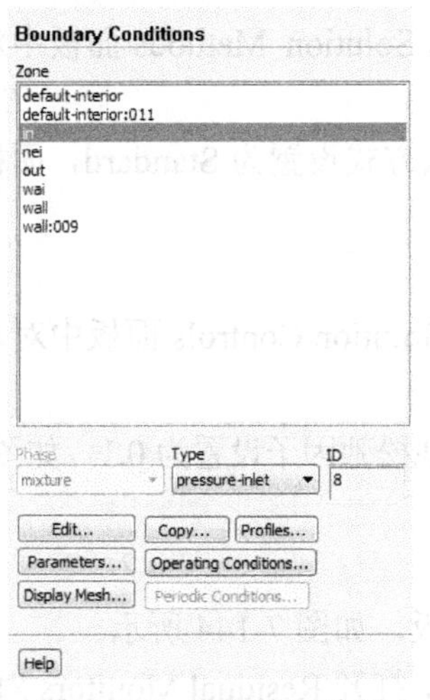

图 7-139 选择进口边界

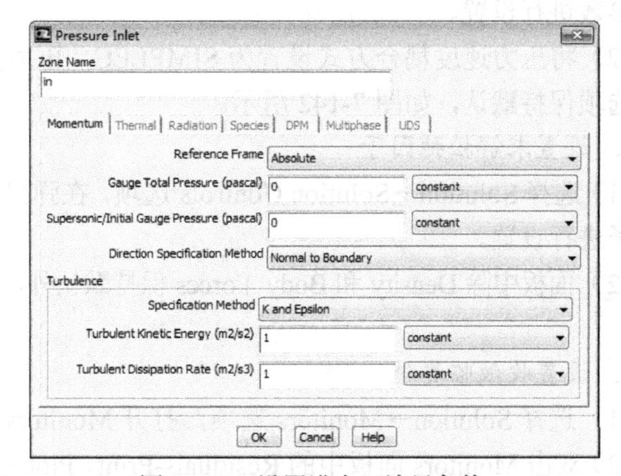

图 7-140 设置进水口边界条件

（4）重复以上步骤，将边界 out 设置为 Pressure Out 边界，将湍流定义方式改为 K and Epsilon，其他保持默认设置。

（5）将边界 nei 和边界 wai 的边界类型设置为 Interface。

7. 设置滑移耦合面

（1）选择项目树 Setup→Mesh Interfaces 选项，打开 Mesh Interfaces 面板。

（2）单击 Create/Edit 按钮，弹出 Create/Edit Mesh Interfaces 对话框，设置 Mesh Interface 为 nw，Interface Zone 1 为 nei，Interface Zone 2 为 wai，单击 Create 按钮，创建滑移耦合面，如图 7-141 所示，单击 Close 按钮，关闭对话框。

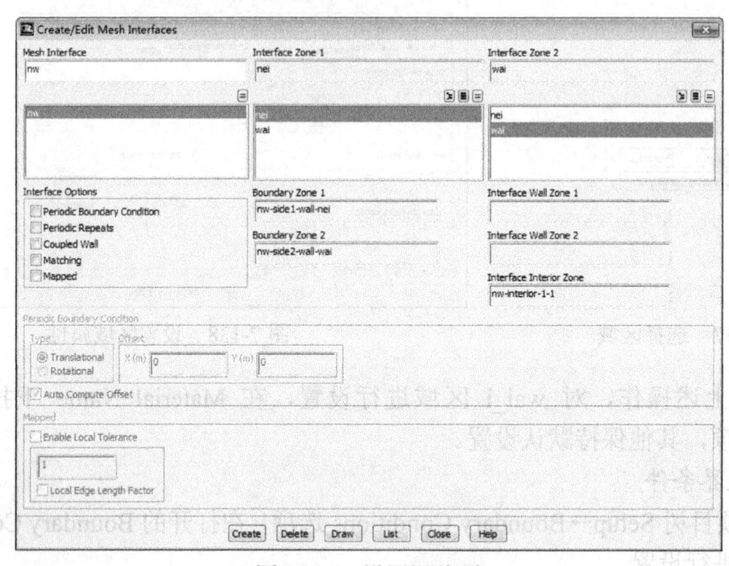

图 7-141　设置滑移面

7.6.3　求解计算

1. 求解控制参数

（1）选择 Solution→Solution Methods 选项，在弹出的 Solution Methods 面板中对求解控制参数进行设置。

（2）将压力速度耦合方式设置为 SIMPLEC，压力离散方式设置为 Standard，面板中的其他选项保持默认，如图 7-142 所示。

2. 设置求解松弛因子

（1）选择 Solution→Solution Controls 选项，在弹出的 Solution Controls 面板中对求解松弛因子进行设置。

（2）面板中除 Density 和 Body Forces 保持默认外，其他松弛因子设置为 0.1，如图 7-143 所示。

3. 设置收敛临界值

（1）选择 Solution→Monitors 选项，打开 Monitors 面板，如图 7-144 所示。

（2）双击 Monitors 面板中的 Residuals-Print，Plot 选项，打开 Residual Monitors 对话框，保持默认设置，如图 7-145 所示，单击 OK 按钮完成设置。

4. 设置流场初始化

（1）选择 Solution→Solution Initialization 选项，打开 Solution Initialization 面板进行初始化设置。

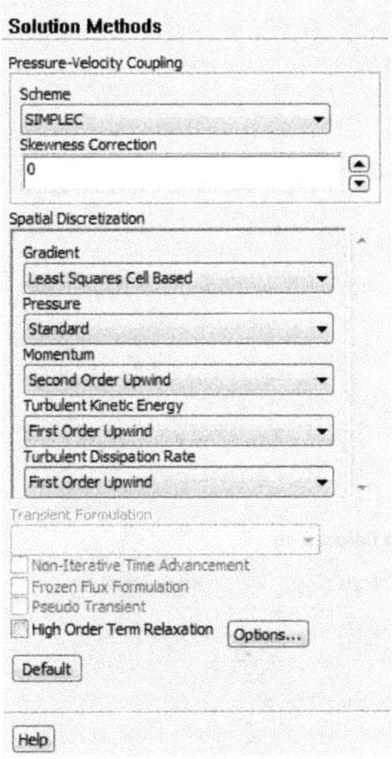

图 7-142 设置求解方法

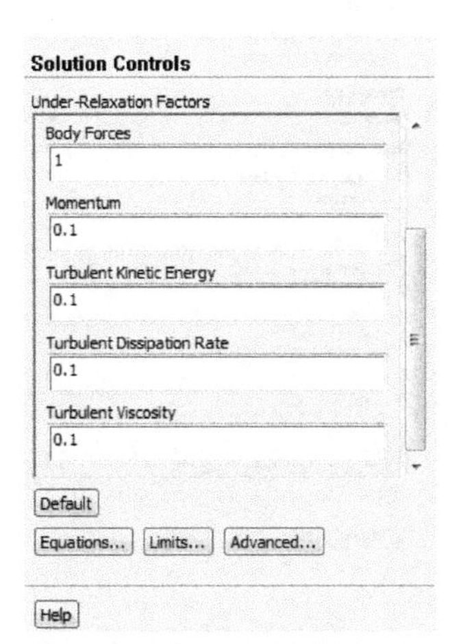

图 7-143 设置松弛因子

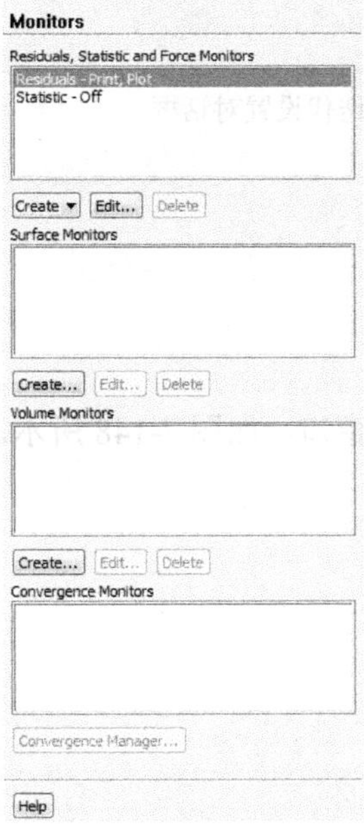

图 7-144 残差设置面板

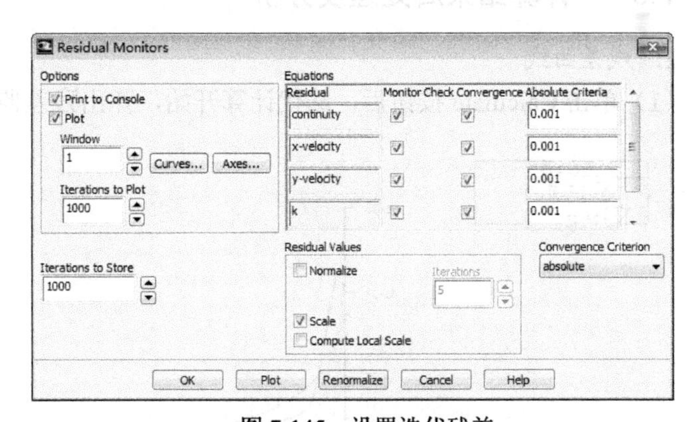

图 7-145 设置迭代残差

（2）在 Initialization Methods 下选择 Standard Initialization 选项，在 Compute from 下拉列表中选择 all-zones，在 Reference Frame 下选择 Absolute，其他保持默认，单击 Initialize 按钮完成初始化，如图 7-146 所示。

5. 迭代计算

（1）执行 File→Write→Case&Data 命令，弹出 Select File 对话框，保存为 volute.cas 和 volute.dat。

（2）选择 Solution→Run Calculation 选项，打开 Run Calculation 面板。

（3）设置 Number of Iterations 为 5 000，如图 7-147 所示。

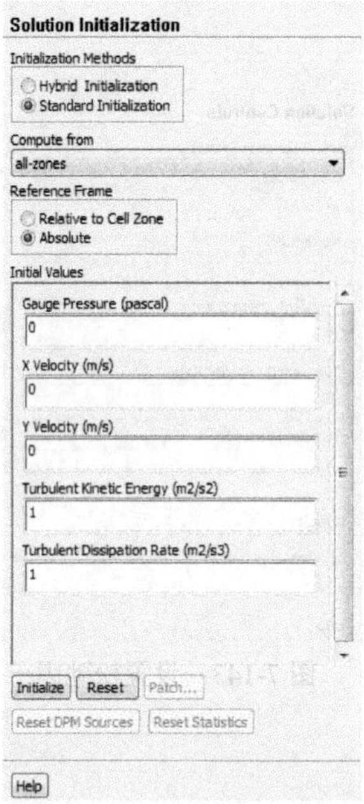

图 7-146　设定流场初始化

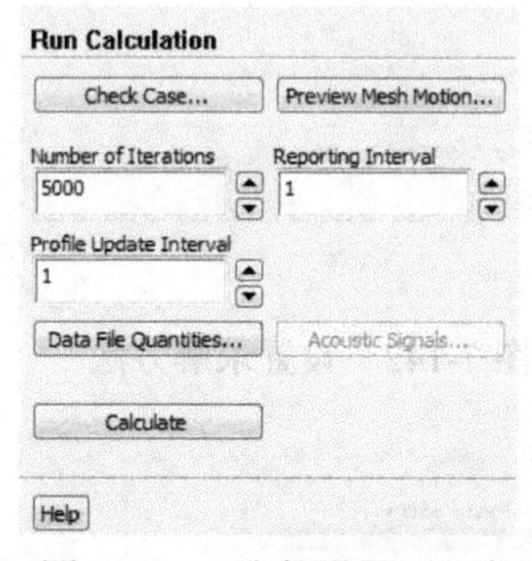

图 7-147　迭代设置对话框

（4）单击 Calculate 按钮进行迭代计算。

7.6.4　计算结果后处理及分析

1. 残差曲线

（1）单击 Calculate 按钮后，迭代计算开始，弹出残差监视窗口，如图 7-148 所示。

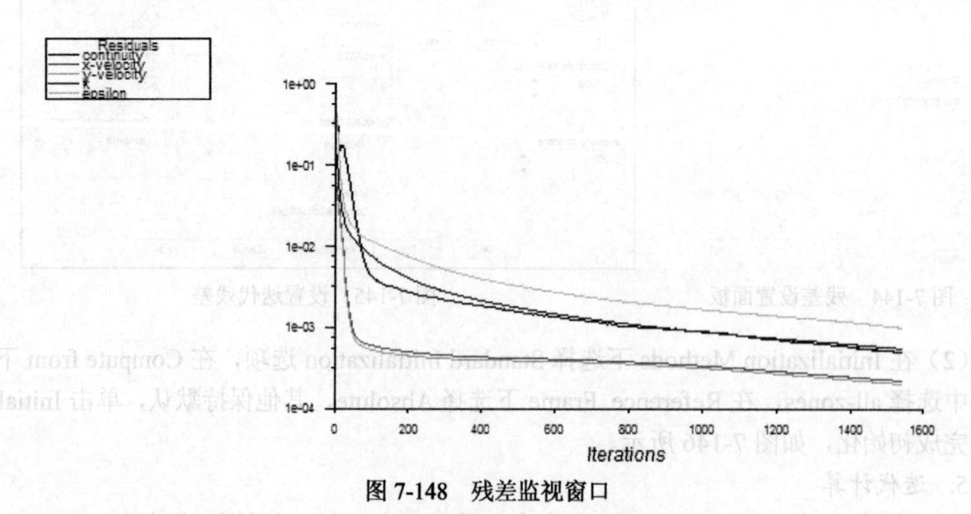

图 7-148　残差监视窗口

（2）计算约 1 500 步之后，达到收敛最低限，结果收敛。

2. 质量流量报告

（1）选择 Results→Reports 选项，打开 Reports 面板，如图 7-149 所示。

（2）在打开的面板中，双击 Fluxes 选项，弹出 Flux Reports 对话框。在 Boundaries 列表中选中 in 和 nei 选项，单击 Compute 按钮显示进出口质量流量结果，如图 7-150 所示。

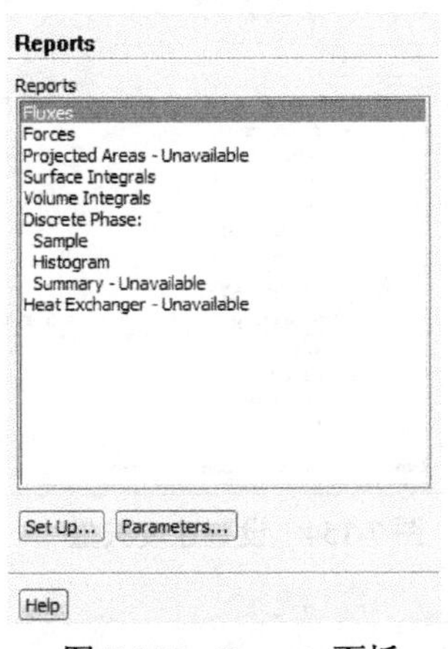

图 7-149 Reports 面板

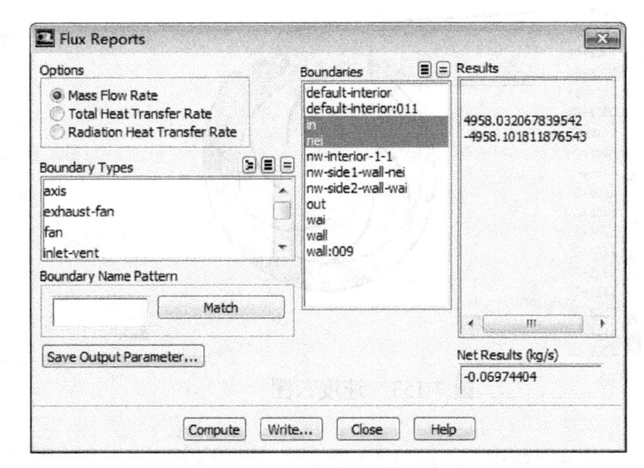

图 7-150 进出口质量流量

（3）由质量流量结果可以看出，进出口质量流量误差很小，质量流量是守恒的。

3. 压力场和速度场

（1）选择 Results→Graphics 选项，打开 Graphics and Animations 面板。

（2）双击 Graphics 列表中的 Contours 选项，打开 Contours 对话框，如图 7-151 所示，单击 Display 按钮，弹出压力云图窗口，如图 7-152 所示。

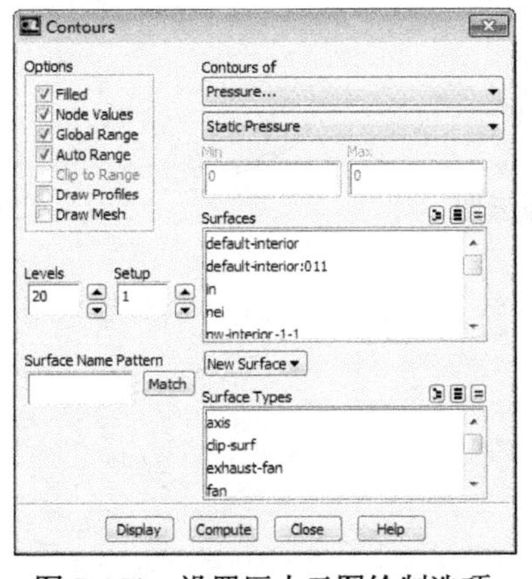

图 7-151 设置压力云图绘制选项

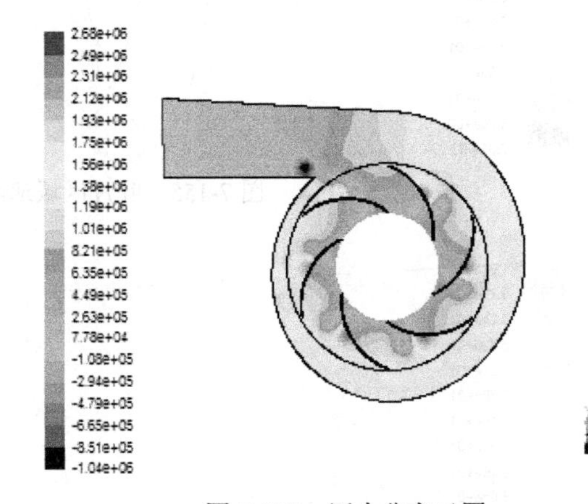

图 7-152 压力分布云图

（3）重复（2）的操作，在 Contours of 的第一个下拉列表中选择 Velocity，单击 Display 按钮，弹出速度云图，如图 7-153 所示。

（4）在 Graphics and Animations 面板中双击 Vectors 选项，弹出 Vectors 对话框，如图 7-154 所示。单击 Display 按钮，弹出速度矢量图，调整图的大小，显示局部的速度矢量。图 7-155 是叶片区域速度矢量云图，图 7-156 是出口区域速度矢量云图。

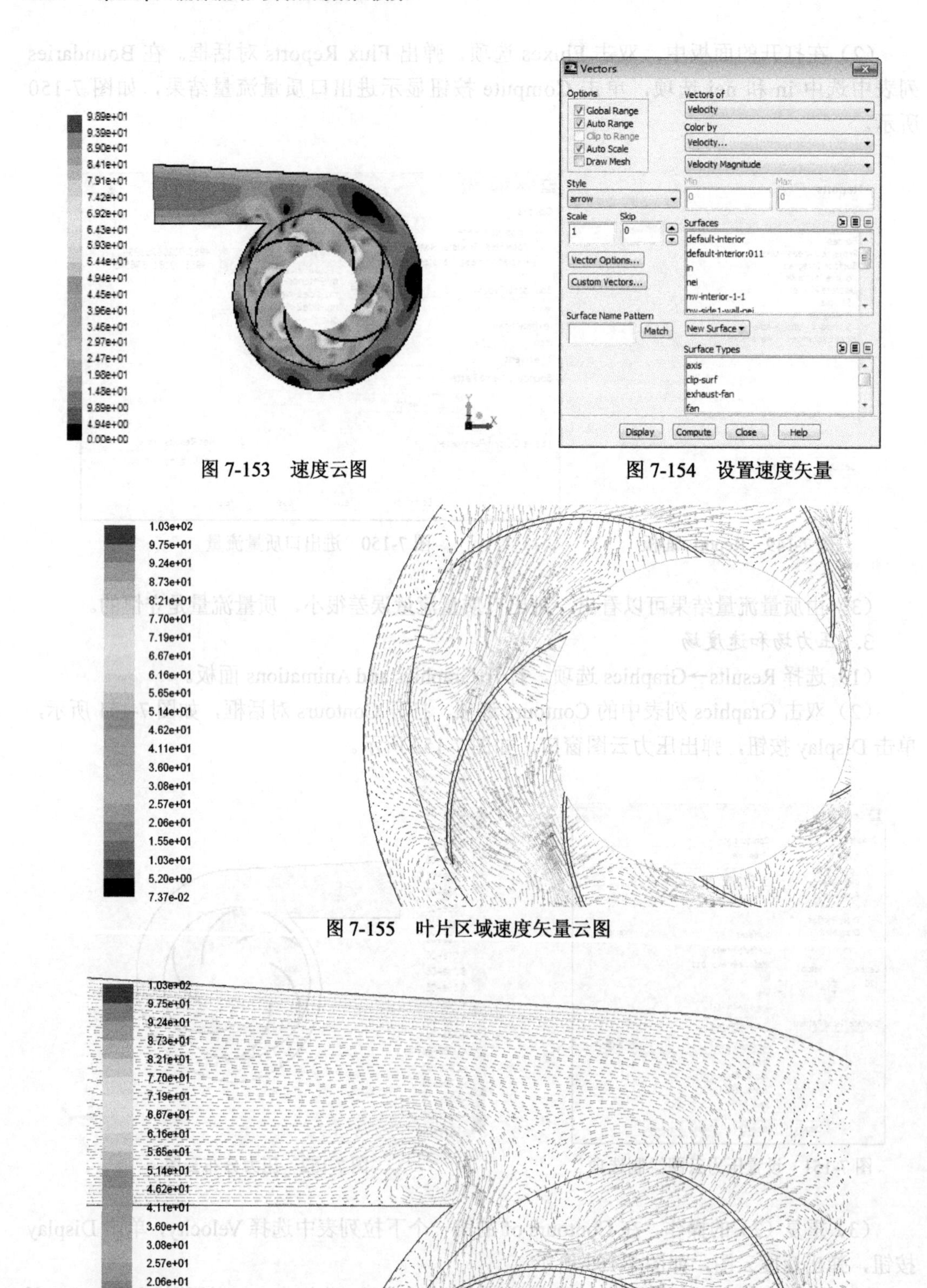

图 7-153　速度云图

图 7-154　设置速度矢量

图 7-155　叶片区域速度矢量云图

图 7-156　出口区域速度矢量云图

7.7 本章小结

本章介绍流体流动与传热的基础知识，包括层流和湍流、强制对流耦合传热，并通过 5 个实例，对流体流动与传热过程进行详细的分析，使读者对此类问题的数值求解有更深的认识和理解。

通过本章的学习，读者可以掌握流体流动与传热问题的建模、求解设置，以及结果后处理等相关知识。

第 8 章　自然对流与辐射换热的数值模拟

不依靠外界动力推动，由流体自身温度场的不均匀性引起的流动称为自然对流。物体通过电磁波来传递能量的方式称为辐射。本章通过 3 个算例对自然对流过程以及辐射换热过程进行求解，并对结果进行分析说明，通过本章的学习，读者能对自然对流换热和辐射换热过程有更新的认识与理解。

学习目标：

- 掌握自然对流和辐射换热数值模拟的基本过程；
- 通过实例掌握自然对流和辐射换热数值模拟的方法；
- 掌握设置自然对流和辐射换热问题边界条件的方法；
- 掌握自然对流和辐射换热问题计算结果的后处理及分析方法。

8.1　自然对流与辐射换热概述

自然对流不依靠外界动力，它是由流体自身温度场的不均匀引起密度差，在重力的作用下形成的一种自发的流动。例如，电子元件散热、冰箱排热管散热、房间中的暖气片散热及冷库中冷却管的吸热等，都是自然对流换热的实例。

不均匀温度场造成不均匀密度场所产生的浮升力是运动的动力，一般情况下，不均匀温度场仅发生在靠近换热壁面的薄层，即边界层之内。自然对流边界层有其特点，即其速度分布具有两头小中间大的形式，在贴壁处，由于黏性作用速度为 0，在薄层外缘，因为已经没有温压，所以速度亦为 0；在薄层的中间，速度有一个峰值。自然对流亦有层流和湍流之分。

自然界中各个物体都不停地向空间发出热辐射，同时又不断地吸收其他物体发出的热辐射。辐射与吸收过程的综合结果就造成了以辐射方式进行的物体间的热量传递——辐射换热。当热辐射投射到物体表面时，会发生吸收、反射和穿透现象。吸收率为 1 的物体叫作黑体；反射率为 1 的物体叫作镜体；穿透率为 1 的物体叫作透明体。

气体中的三原子气体、多原子气体以及不对称的双原子气体具有较大的辐射本领，气体辐射不同于固体和液体辐射，它具有两个突出的特点：一是气体辐射对波长有选择性；二是气体的辐射和吸收是在整个容积中进行的。

FLUENT 软件包含 5 种辐射模型，分别是离散换热辐射模型（DTRM）、P-1 辐射模型、Rosseland 辐射模型、离散坐标（DO）辐射模型和表面辐射模型（S2S）。

1. DTRM 模型

DTRM 模型的优点有：它是一个比较简单的模型，DTRM 模型可以通过增加射线数量来提高计算精度，同时这个模型可以用于任何光学厚度。

DTRM 模型的局限性包括：该模型假设所有表面都是漫射表面，即所有入射的辐射射线没有固定的反射角，而是均匀地反射到各个方向；计算中没有考虑辐射的散射效应；计算中假定辐射是灰体辐射；如果采用大量射线进行计算的话，会给 CPU 增加很大的负担；DTRM 模型不能用于动网格或存在拼接网格界面的情况，也不能用于并行计算。

2. P-1 模型

P-1 模型的辐射换热方程是一个计算量相对较小的扩散方程，同时模型中包含了散射效应。在燃烧等光学厚度很大的计算问题中，P-1 模型的计算效果都比较好。P-1 模型还可以在采用曲线坐标系的情况下计算复杂几何形状的问题。

P-1 模型的局限性有：其也是假设所有表面都是漫射表面，即所有入射的辐射射线没有固定的反射角，而是均匀地反射到各个方向；P-1 模型计算中采用灰体假设；如果光学厚度比较小，则计算精度会受到几何形状复杂程度的影响；在计算局部热源/热汇的问题时，P-1 模型计算的辐射射流通常容易出现偏高的现象。

3. Rosseland 模型

Rosseland 模型的优点是不用像 P-1 模型那样计算额外的输运方程，因此计算速度更快，需要的内存更少。Rosseland 模型的缺点是仅限用于光学厚度大于 3 的问题，同时计算中只能采用压力基本求解器进行计算。

4. DO 模型

DO 模型是使用范围最大的模型，它可以计算所有光学厚度的辐射问题，并且计算范围涵盖了从表面辐射、半透明介质辐射到燃烧问题中出现的参与性介质辐射在内的各种辐射问题。DO 模型采用灰带模型进行计算，因此既可以计算灰体辐射，也可以计算非灰体辐射。

5. S2S 模型

表面辐射模型适用于计算在没有参与性介质的封闭空间内的辐射换热，如飞船散热系统、太阳能集热器、辐射式加热器和汽车机箱内冷却过程等。与 DTRM 和 DO 模型相比，虽然视角因子的计算需要占用较多的 CPU 时间，但 S2S 模型在每个迭代步中的计算速度都很快。

S2S 摸型的局限性如下。

- S2S 模型假定所有表面都是漫射表面。
- S2S 模型采用灰体辐射模型进行计算。
- 内存等系统资源的要求随着辐射表面的增加而激增，计算中可以将辐射表面组成集群的方式来减少内存资源的占用。
- S2S 模型不能计算有参与性辐射介质的问题。
- S2S 模型不能用于带周期性边界条件或对称边界条件的计算，也不能用于二维轴对称问题的计算。
- S2S 模型不能用于多重封闭区域的辐射计算。
- S2S 模型只能用于单一封闭几何形状的计算。
- S2S 模型也不适用于拼接网格界面、悬挂节点存在的情况和网格的自适应计算。

选择项目树 Setup→Models→Radiation-Off 选项，弹出 Radiation Model 对话框，如图 8-1 所示。根据实际情况选择相应的辐射模型。选择某种辐射模型后，对话框会扩展以包含该模型相应的设置参数。

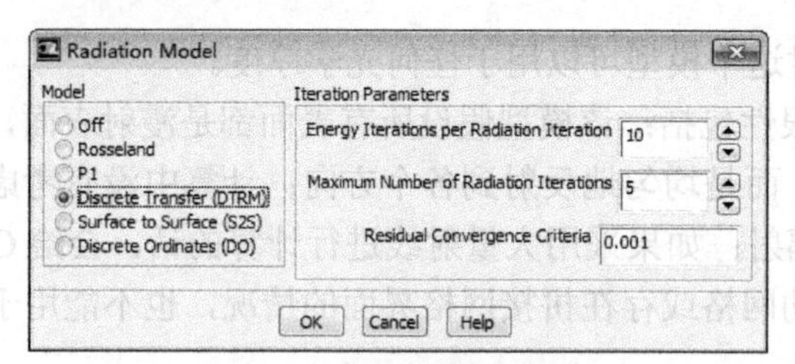

图 8-1　辐射模型对话框

注意：辐射模型只能使用分离式求解器。

8.2　相连方腔内自然对流换热的数值模拟

8.2.1　案例简介

本案例主要进行双方腔内自然对流的数值模拟。如图 8-2 所示，一个长 2 mm，宽 1 mm 的长方形方腔，在正中间被隔板隔开，形成两个正方形的方腔。两个方腔的上下壁面都为绝热面，左边 left 壁面恒温为 360K，右边 right 壁面恒温为 350K，左边壁面以自然对流和导热方式通过中间壁面把热量传给右边壁面。

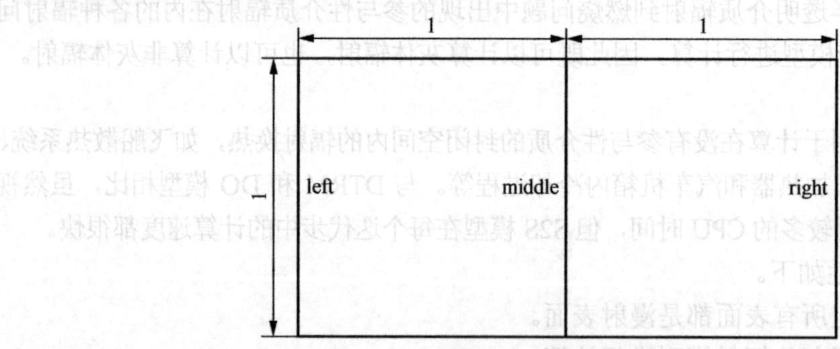

图 8-2　双方腔模型

通过模拟，可以得到两个方腔内的温度场、速度场以及换热量等结果。

8.2.2　FLUENT 求解计算设置

1. *启动 FLUENT-2D*

（1）双击桌面上的 FLUENT 16.0 图标，进入启动界面。

（2）选中 Dimension 中的 2D 单选按钮，取消选中 Display Options 下的 3 个复选框。

（3）其他保持默认设置，单击 OK 按钮，进入 FLUENT 16.0 主界面。

2. *读入并检查网格*

（1）执行 File→Read→Mesh 命令，在弹出的 Select File 对话框中读入 convection.msh 二维网格文件。

（2）执行 Mesh→Info→Size 命令，得到如图 8-3 所示的模型网格信息：共有 80 800 个节点、160 800 个网格面和 80 000 个网格单元。

（3）执行 Mesh→Check 命令，反馈信息如图 8-4 所示。可以看到计算域二维坐标的上下限，检查最小体积和最小面积是否为负数。

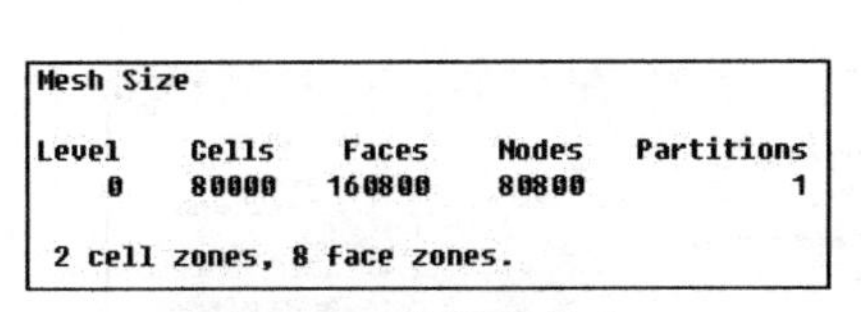

```
Mesh Size

Level    Cells    Faces    Nodes    Partitions
    0    80000   160800    80800             1

 2 cell zones, 8 face zones.
```

图 8-3 网格数量信息

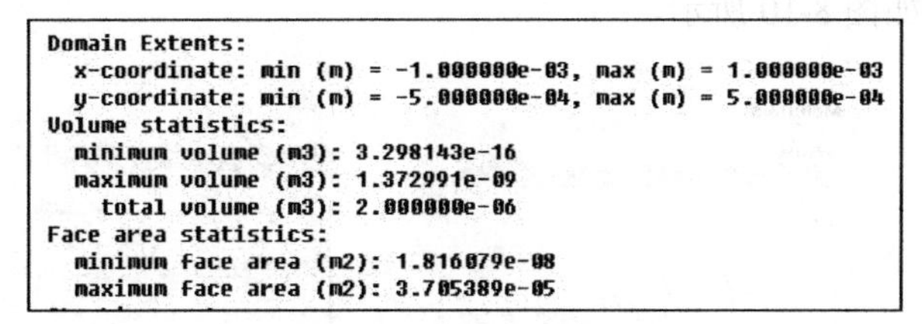

```
Domain Extents:
  x-coordinate: min (m) = -1.000000e-03, max (m) = 1.000000e-03
  y-coordinate: min (m) = -5.000000e-04, max (m) = 5.000000e-04
Volume statistics:
  minimum volume (m3): 3.298143e-16
  maximum volume (m3): 1.372991e-09
    total volume (m3): 2.000000e-06
Face area statistics:
  minimum face area (m2): 1.816079e-08
  maximum face area (m2): 3.705389e-05
```

图 8-4 FLUENT 网格信息

3. 设置求解器参数

（1）选择项目树 Setup→General 选项，在出现的 General 面板中进行求解器的设置。

（2）单击面板中的 Scale 按钮，弹出 Scale Mesh 对话框。在 Mesh Was Created In 下拉列表中选择 mm，单击 Scale 按钮，在 View Length Unit In 下拉列表中选择 mm，如图 8-5 所示，单击 Close 按钮关闭对话框。

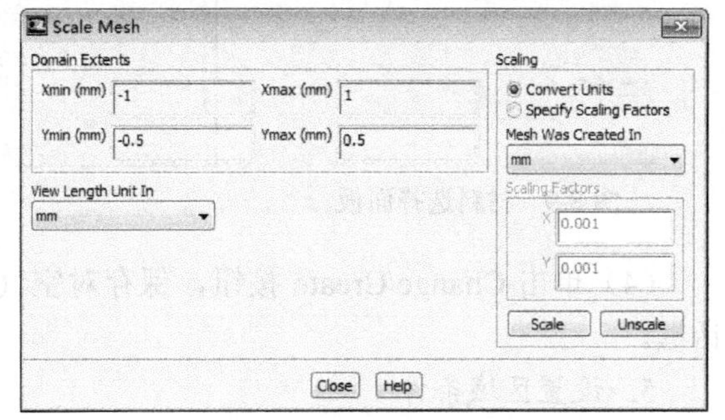

图 8-5 设置单位转换

（3）在 General 面板中开启重力加速度。选中 Gravity 复选框，在 Y（m/s2）文本框中输入−9.8，其他求解参数保持默认设置，如图 8-6 所示。

（4）选择项目树 Setup→Models 选项，对求解模型进行设置。

（5）双击 Models 列表中的 Energy-Off 选项，如图 8-7 所示，打开 Energy（能量方程）对话框。

（6）选中 Energy Equation 复选框，如图 8-8 所示，单击 OK 按钮，启动能量方程。

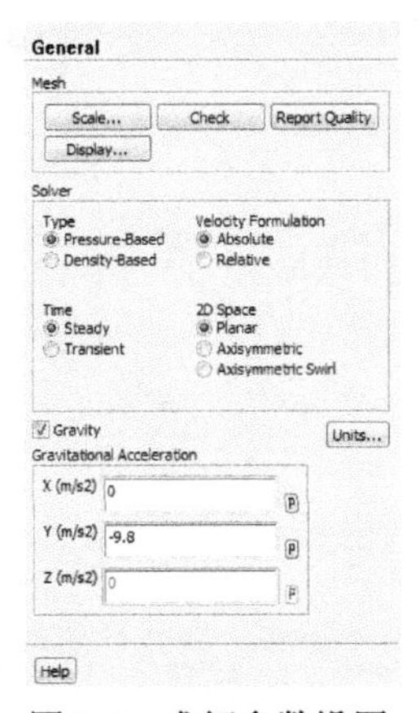

图 8-6 求解参数设置

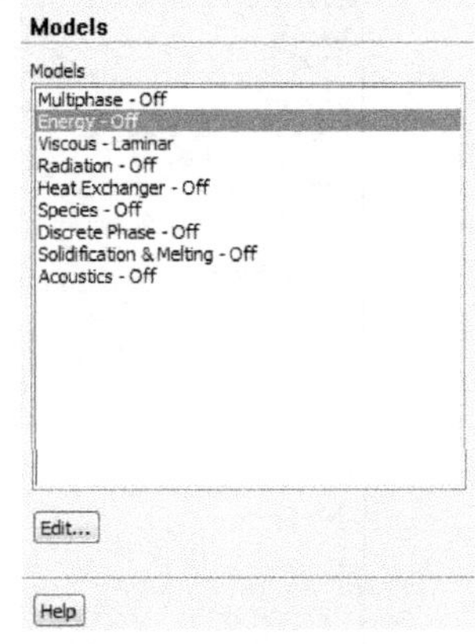

图 8-7 选择计算模型

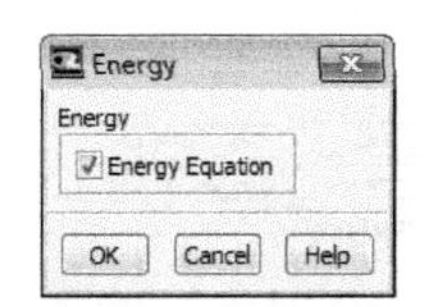

图 8-8 启动能量方程

（7）湍流模型保持默认的层流设置。

4. 定义材料物性

（1）选择项目树 Setup→Materials 选项，在出现的 Materials 面板中对所需材料进行设置。

（2）双击 Materials 列表中的 Fluid 选项，如图 8-9 所示，弹出材料物性参数设置对话框。

（3）在 Density 右侧下拉列表中选择 incompressible-ideal-gas 选项，其他保持默认设置，如图 8-10 所示。

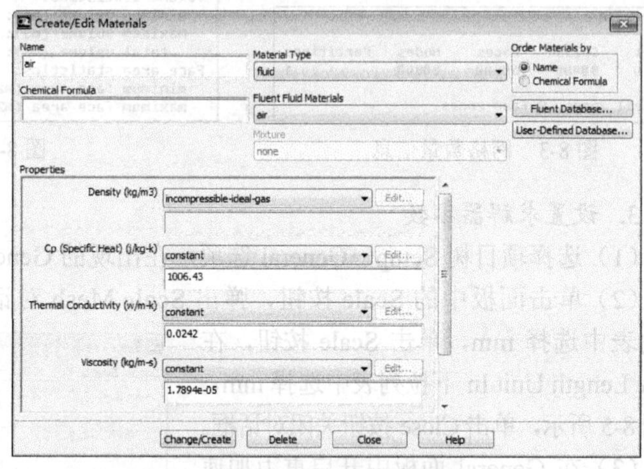

图 8-9　材料选择面板　　　　图 8-10　空气物性参数

（4）单击 Change/Create 按钮，保存对空气物性参数的更改，单击 Close 按钮关闭对话框。

5. 设置区域条件

（1）选择项目树 Setup→Cell Zone Conditions 选项，在弹出的 Cell Zone Conditions 面板中对区域条件进行设置，如图 8-11 所示。

（2）选择 Zone 列表中的 zone_left 选项，单击 Edit 按钮，弹出 Fluid 对话框，保持默认参数设置，如图 8-12 所示，单击 OK 按钮完成设置。

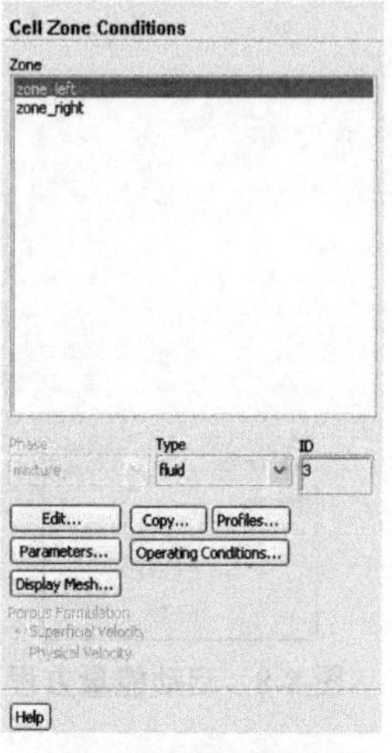

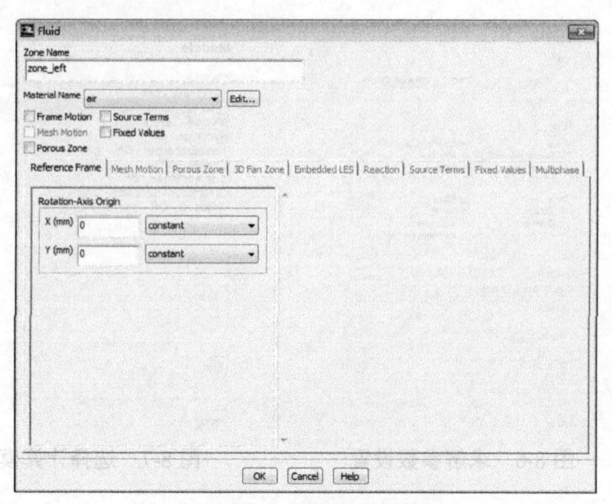

图 8-11　选择区域　　　　图 8-12　设置区域属性

（3）重复上述操作，完成对 zone_right 区域的设置。

6. 设置边界条件

（1）选择项目树 Setup→Boundary Conditions 选项，在打开的 Boundary Conditions 面板中对边界条件进行设置，如图 8-13 所示。

（2）双击 Zone 列表中的 left 选项，弹出 Wall 对话框，设置左壁面边界条件。

（3）在对话框中单击 Thermal 选项卡，在 Thermal Conditions 下选中 Temperature 单选按钮，在 Temperature（k）文本框中输入 360，如图 8-14 所示，单击 OK 按钮完成设置。

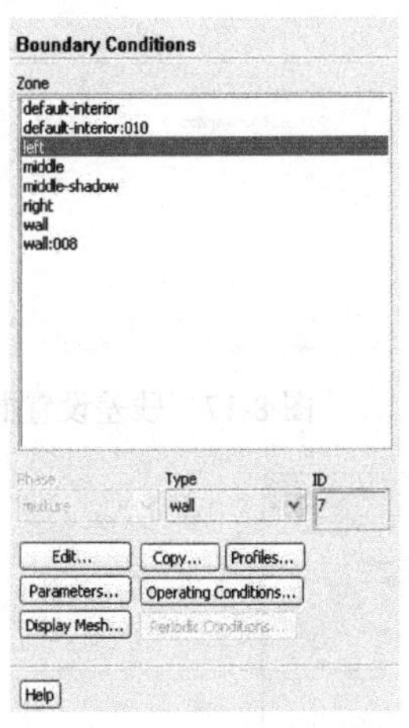

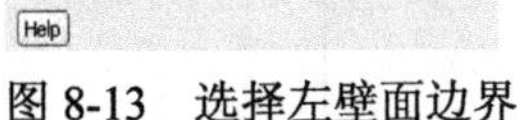

图 8-13　选择左壁面边界

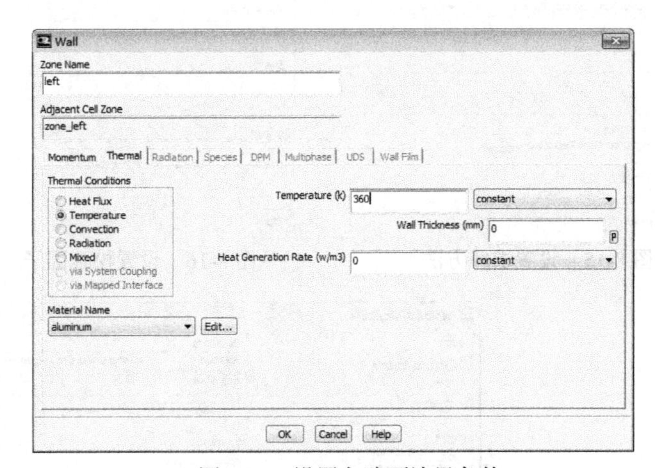

图 8-14　设置左壁面边界条件

（4）重复上述操作，对右壁面边界条件进行设置。在 Thermal Conditions 下选中 Temperature 单选按钮，在 Temperature（k）文本框中输入 350，单击 OK 按钮完成设置。

8.2.3　求解计算

1. 求解控制参数

（1）选择 Solution→Solution Methods 选项，在弹出的 Solution Methods 面板中对求解控制参数进行设置。

（2）面板中的压力离散方式选择 Standard，其他各个选项采用默认值，如图 8-15 所示。

2. 设置求解松弛因子

（1）选择 Solution→Solution Controls 选项，在弹出的 Solution Controls 面板中对求解松弛因子进行设置。

（2）面板中相应的松弛因子保持默认设置，如图 8-16 所示。

3. 设置收敛临界值

（1）选择 Solution→Monitors 选项，打开 Monitors 面板，如图 8-17 所示。

（2）双击 Monitors 面板中的 Residuals-Print，Plot 选项，打开 Residual Monitors 对话框，将 energy 残差修改为 1e-07，其他修改为 0.000 1，如图 8-18 所示，单击 OK 按钮完成设置。

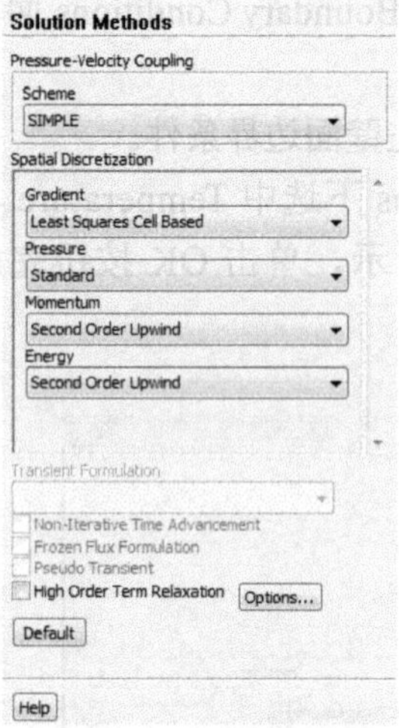

图 8-15　设置求解方法

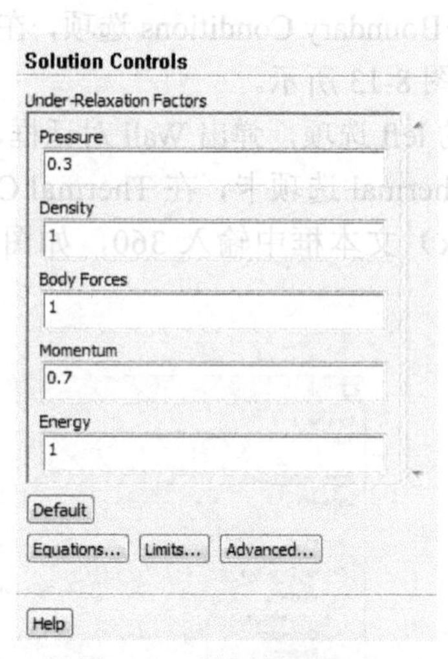

图 8-16　设置松弛因子

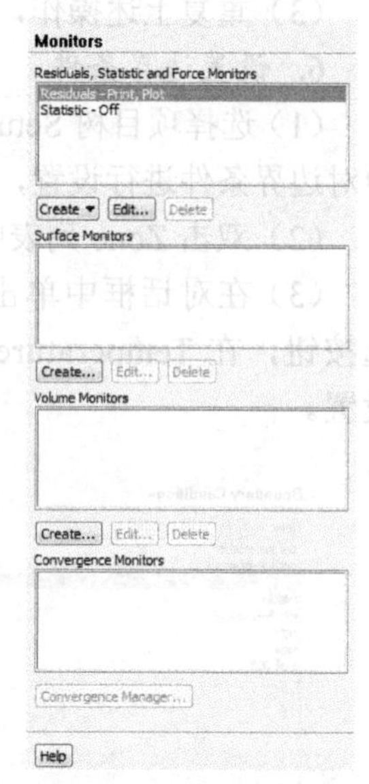

图 8-17　残差设置面板

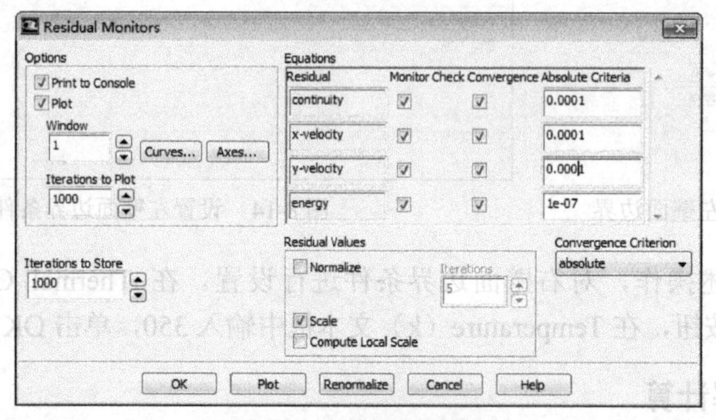

图 8-18　修改迭代残差

4. 设置流场初始化

（1）选择 Solution→Solution Initialization 选项，打开 Solution Initialization 面板。

（2）在弹出的 Solution Initialization 面板中进行初始化设置。在 Initialization Methods 下选中 Standard Initialization 单选按钮，在 Compute from 下拉列表中选择 all-zones，其他保持默认，单击 Initialize 按钮完成初始化，如图 8-19 所示。

5. 迭代计算

（1）执行 File→Write→Case&Data 命令，弹出 Select File 对话框，保存为 convection.cas 和 convection.dat。

（2）选择 Solution→Run Calculation 选项，打开 Run Calculation 面板。

（3）设置 Number of Iterations 为 1 000，如图 8-20 所示。

（4）单击 Calculate 按钮进行迭代计算。

（5）迭代计算至 816 步时，所有残差降至设置的残差最低限，计算完成，残差如图 8-21 所示。

Solution Initialization
Initialization Methods
Hybrid Initialization
Standard Initialization
Compute from
all-zones
Reference Frame
Relative to Cell Zone
Absolute
Initial Values
Gauge Pressure (pascal)
0
X Velocity (m/s)
0
Y Velocity (m/s)
0
Temperature (k)
355
Initialize　Reset　Patch...
Reset DPM Sources　Reset Statistics
Help

图 8-19　流场初始化设定

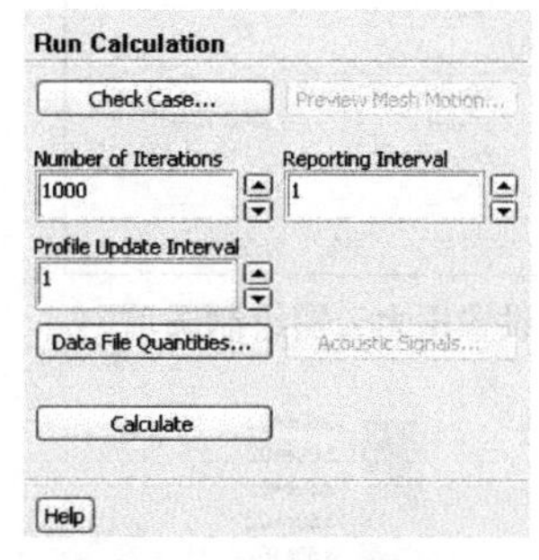

图 8-20　迭代设置对话框

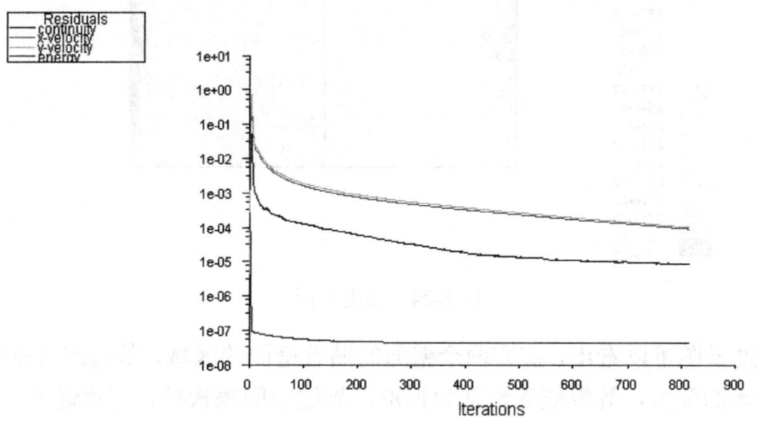

图 8-21　残差监视窗口

8.2.4　计算结果后处理及分析

1. *压力场*

（1）选择 Results→Graphics 选项，打开 Graphics and Animations 面板。

（2）双击 Graphics 中的 Contours 选项，打开 Contours 对话框，如图 8-22 所示，单击 Display 按钮，显示压力云图，如图 8-23 所示。

（3）由压力云图可以看出，左右两方腔的压力场均呈上高下低的状态，且从上至下压力呈分层的均匀分布。由于左侧方腔空气温度要高于右侧方腔，所以左侧方腔压力大于右侧方腔压力。

2. *温度场*

（1）在 Contours 对话框中的 Contours of 的第一个下拉列表中选择 Temperature 选项，单击 Display 按钮，显示温度云图，如图 8-24 所示。

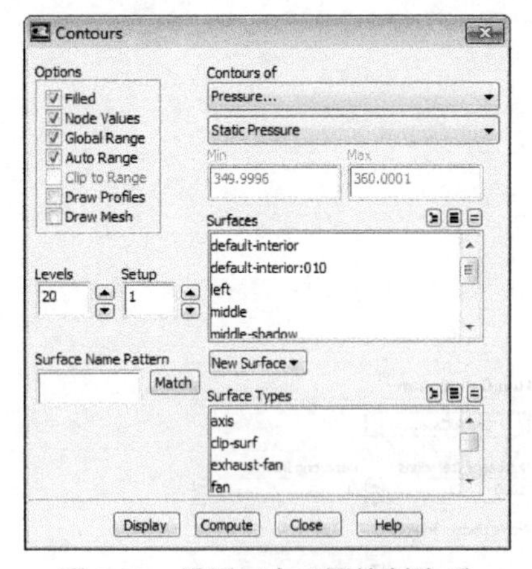

图 8-22　设置压力云图绘制选项

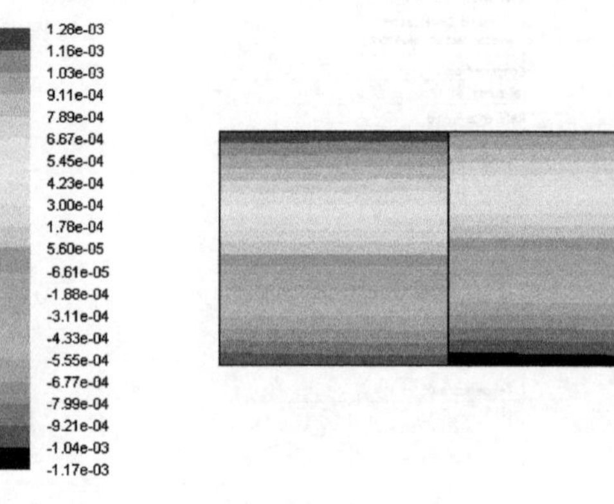

图 8-23　压力云图

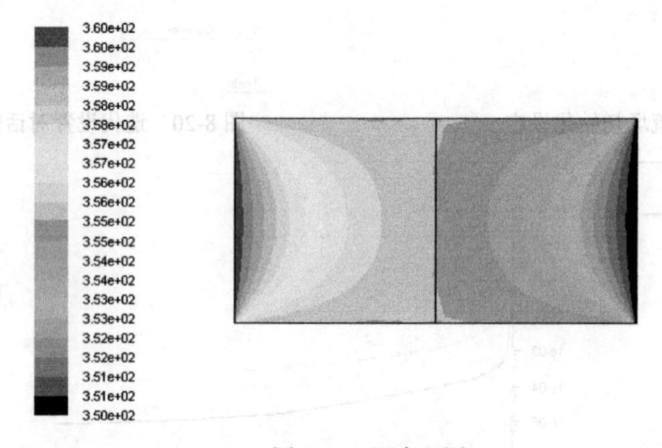

图 8-24　温度云图

（2）由温度云图可以看出，左右两个壁面的贴近壁面的区域，等温线与壁面近似平行，随着距壁面距离的变大，等温线逐渐变为弧形，到达中间隔板处，温度趋于一致。

3. *速度场*

（1）在 Contours 对话框中的 Contours of 第一个下拉列表中选择 Velocity 选项，单击 Display 按钮，显示速度云图，如图 8-25 所示。

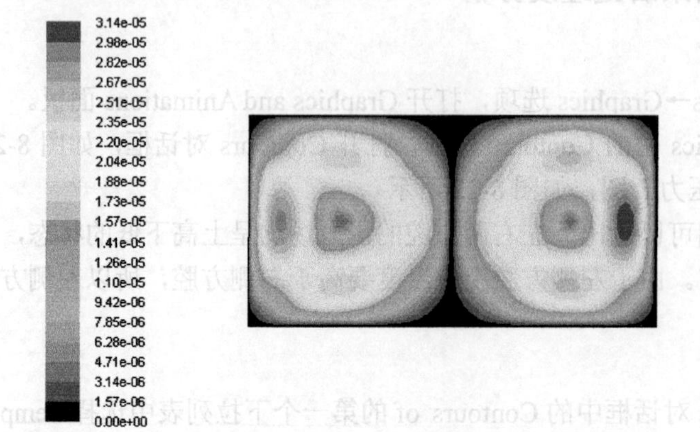

图 8-25　速度云图

（2）由速度云图可以看出，左右两个区域的速度场呈近似对称的结构，且两个方腔的中心区域速度都最低，近似为 0，右侧方腔的最高速度要大于左侧方腔。

4. 速度矢量

（1）在 Graphics and Animations 面板中双击 Vectors 选项，打开 Vectors 对话框，如图 8-26 所示，单击 Display 按钮，显示速度矢量图，如图 8-27 所示。

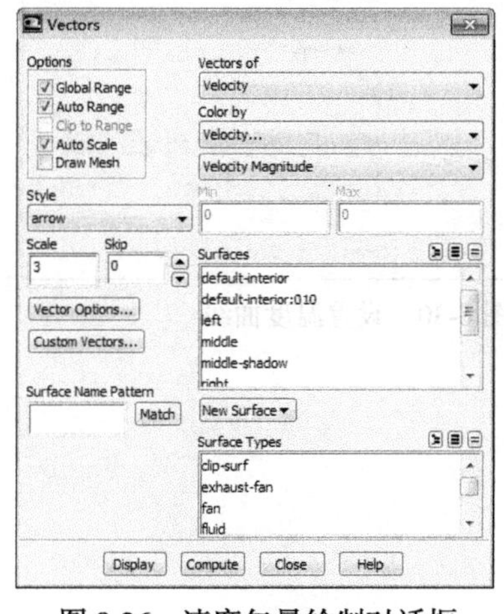

图 8-26 速度矢量绘制对话框

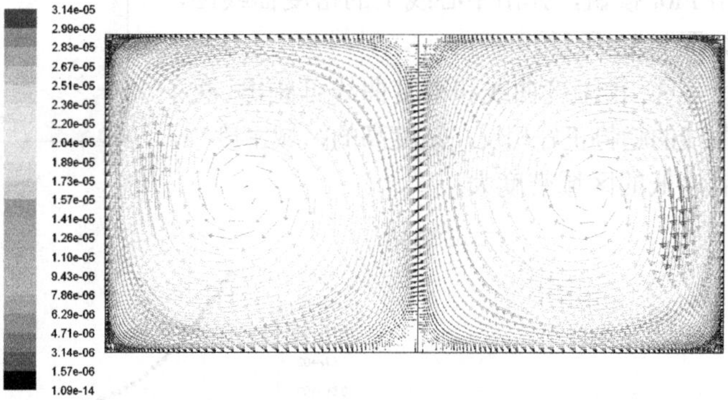

图 8-27 速度矢量图

（2）由速度矢量图可以看出，左右两个方腔内空气均呈顺时针旋转流动，形成了两个漩涡，漩涡也呈近似对称的结构。

5. 中心线上的计算结果

（1）创建中心线。

① 执行 Surface→Iso Surface 命令，弹出 Iso-Surface 对话框。

② 在 Surface of Constant 的第一个下拉列表中选择 Mesh 选项，在第二个下拉列表中选择 Y-Coordinate 选项，保持 Iso-Values 的默认值 0，在 New Surface Name 文本框中输入 y-coordinate-0，如图 8-28 所示，单击 Create 按钮，创建中心线。

（2）绘制中心线上的温度曲线和密度曲线。

① 选择 Results→Plot 选项，打开 Plots 面板，如图 8-29 所示。

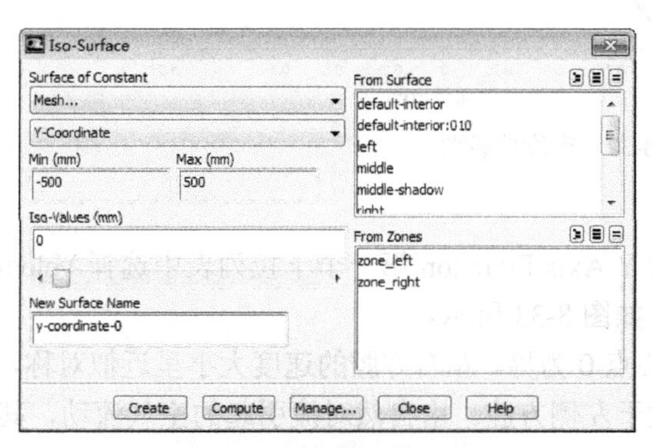

图 8-28 设置中心线选项

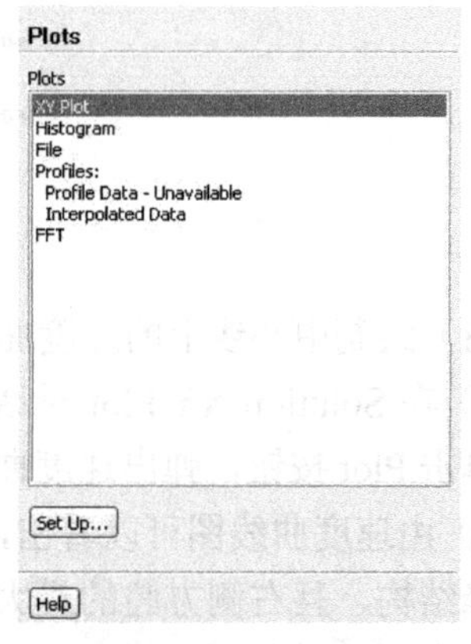

图 8-29 Plots 面板

② 双击 XY Plot 选项，打开 Solution XY Plot 对话框，在 Y Axis Function 的第一个下拉列表中选择 Temperature 选项，在 Surfaces 下选择 y-coordinate-0 选项，如图 8-30 所示。单击 Plot 按钮，弹出中心线上的温度曲线图，如图 8-31 所示。

③ 重复上述操作，在 Y Axis Function 的第一个下拉列表中选择 Density 选项，单击 Plot 按钮，弹出中心线上的密度曲线图，如图 8-32 所示。

④ 由温度曲线和密度曲线可看出，两条曲线的趋势正好相反，温度高的区域密度小，温度低的区域密度大。

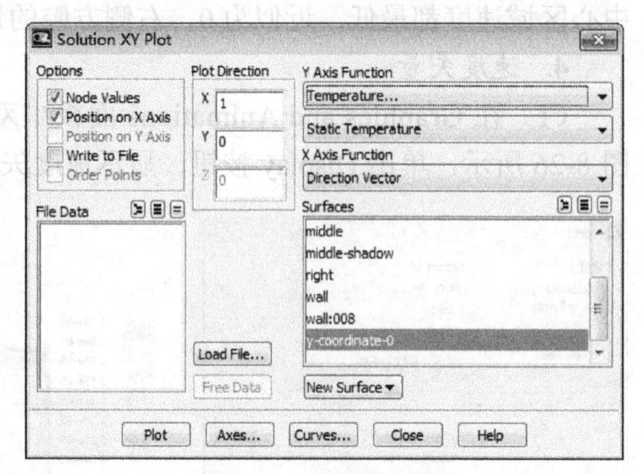

图 8-30　设置温度曲线

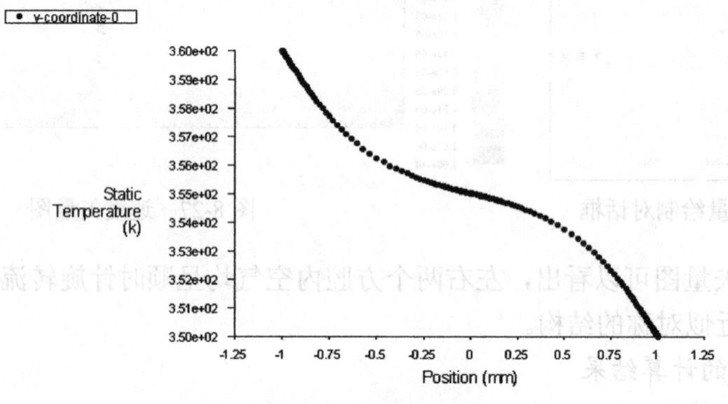

图 8-31　温度曲线图

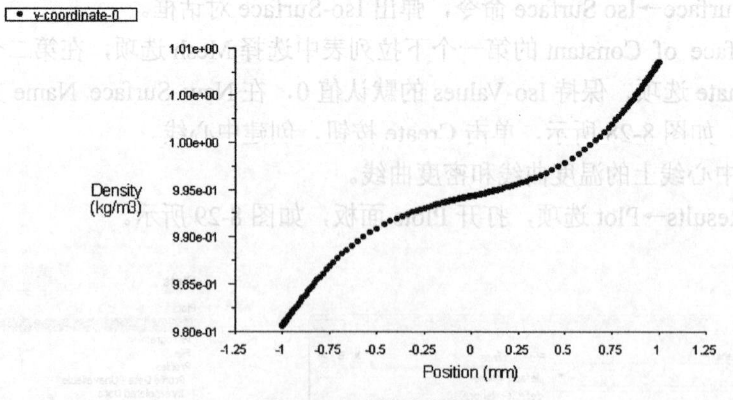

图 8-32　密度曲线图

（3）绘制中心线上的速度曲线。

① 在 Solution XY Plot 对话框中的 Y Axis Function 第一个下拉列表中选择 Velocity 选项，单击 Plot 按钮，弹出速度曲线图，如图 8-33 所示。

② 由速度曲线图可以看出，以中心点 0 为界，左右方腔的速度大小呈近似对称，均为双驼峰结构，且右侧方腔的最大速度大于左侧方腔。由自然对流引起的空气流动，其流速很小，为 10^{-5} 数量级。

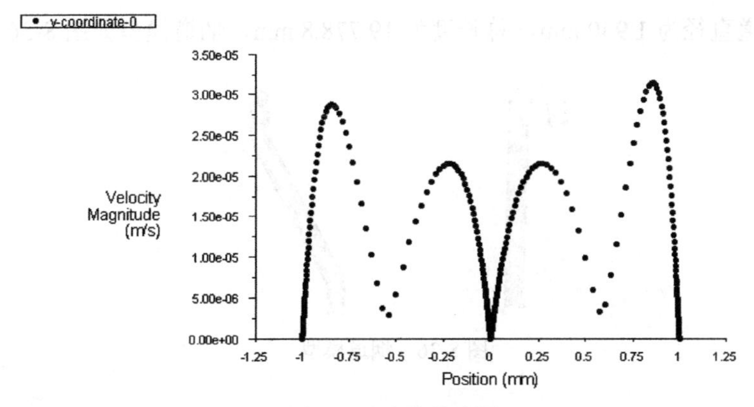

图 8-33 速度曲线图

6. 壁面换热量结果

（1）选择 Results→Reports 选项，打开 Reports 面板，如图 8-34 所示。

（2）双击 Fluxes 选项，弹出 Flux Reports 对话框。在 Options 下选中 Total Heat Transfer Rate 单选按钮，在 Boundaries 下选中 left 和 right 两个选项，单击 Compute 按钮显示边界传热量结果，如图 8-35 所示。

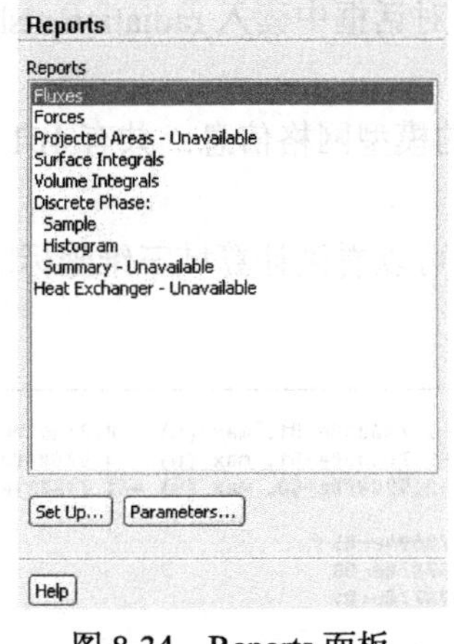

图 8-34 Reports 面板

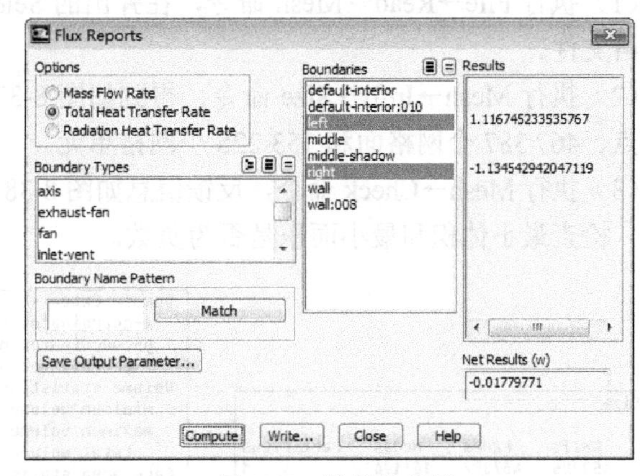

图 8-35 边界传热量

（3）由图 8-35 可知，左壁面散失的热量和右壁面获得的热量分别为 1.116 7 W 和 1.134 5 W，由于计算误差的存在，左右壁面得失热量相差 0.017 8 W，相对误差为 1.6%，可见误差较小，结果可信。

8.3 烟道内烟气对流辐射换热的数值模拟

8.3.1 案例简介

本案例中的烟道内有高温烟气流过，烟道由钢管焊接而成，水从钢管内流过，用于对高温烟气进行冷却，且可以回收烟气的余热，送入余热锅炉进行发电。

圆柱形烟道直径为 1 940 mm，总长度为 19 778.8 mm，烟道模型如图 8-36 所示。

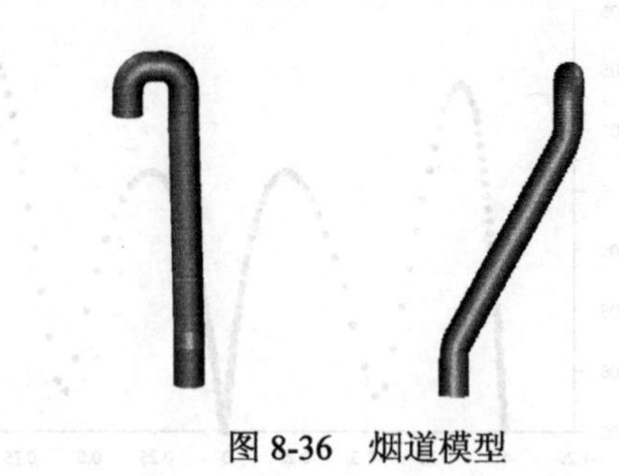

图 8-36　烟道模型

8.3.2　FLUENT 求解计算设置

1. 启动 FLUENT-3D

（1）双击桌面上的 FLUENT 16.0 图标，进入启动界面。

（2）选中 Dimension 中的 3D 单选按钮，取消选中 Display Options 下的 3 个复选框。

（3）其他保持默认设置，单击 OK 按钮，进入 FLUENT 16.0 主界面。

2. 读入并检查网格

（1）执行 File→Read→Mesh 命令，在弹出的 Select File 对话框中读入 radiation.msh 三维网格文件。

（2）执行 Mesh→Info→Size 命令，得到如图 8-37 所示的模型网格信息：共有 161 196 个节点、467 387 个网格面和 153 225 个网格单元。

（3）执行 Mesh→Check 命令，反馈信息如图 8-38 所示。可以看到计算域三维坐标的上下限，检查最小体积和最小面积是否为负数。

Mesh Size

Level	Cells	Faces	Nodes	Partitions
0	153225	467387	161196	1

1 cell zone, 4 face zones.

图 8-37　网格数量信息

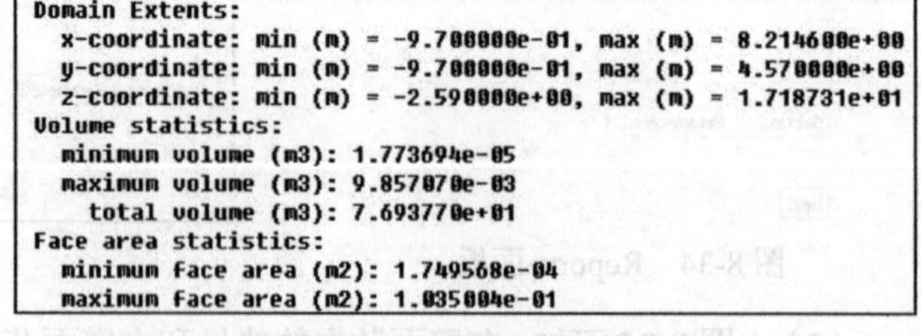

```
Domain Extents:
  x-coordinate: min (m) = -9.700000e-01, max (m) = 8.214600e+00
  y-coordinate: min (m) = -9.700000e-01, max (m) = 4.570000e+00
  z-coordinate: min (m) = -2.590000e+00, max (m) = 1.718731e+01
Volume statistics:
  minimum volume (m3): 1.773694e-05
  maximum volume (m3): 9.857070e-03
    total volume (m3): 7.693770e+01
Face area statistics:
  minimum face area (m2): 1.749568e-04
  maximum face area (m2): 1.035004e-01
```

图 8-38　FLUENT 网格信息

3. 设置求解器参数

（1）选择项目树 Setup→General 选项，在出现的 General 面板中进行求解器的设置。

（2）单击面板中的 Scale 按钮，弹出 Scale Mesh 对话框，保持默认设置，如图 8-39 所示，单击 Close 按钮关闭对话框。

（3）其他求解参数保持默认设置，如图 8-40 所示。

（4）开启能量方程。

① 选择项目树 Setup→Models 选项，对计算模型进行设置。

② 双击 Models 中的 Energy-Off 选项，如图 8-41 所示，打开 Energy（能量方程）对话框，选中 Energy Equation 复选框，如图 8-42 所示，单击 OK 按钮完成设置。

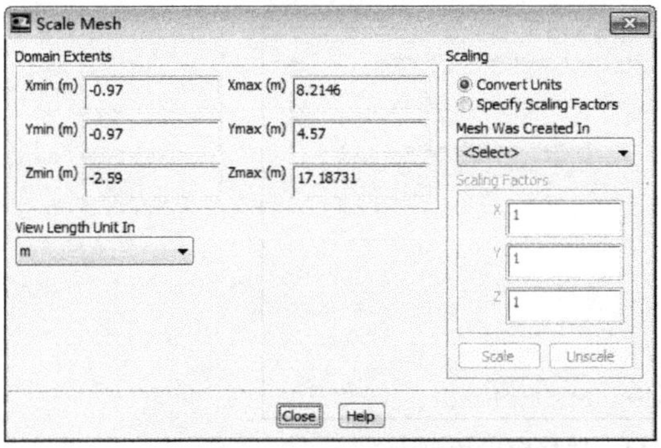

图 8-39 设置单位转化

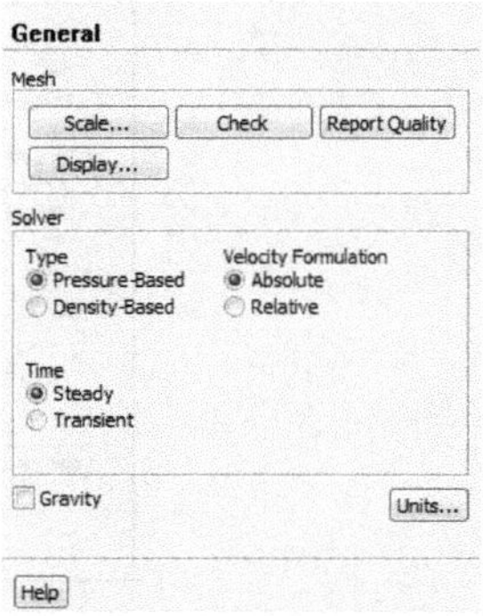

图 8-40 设置求解参数

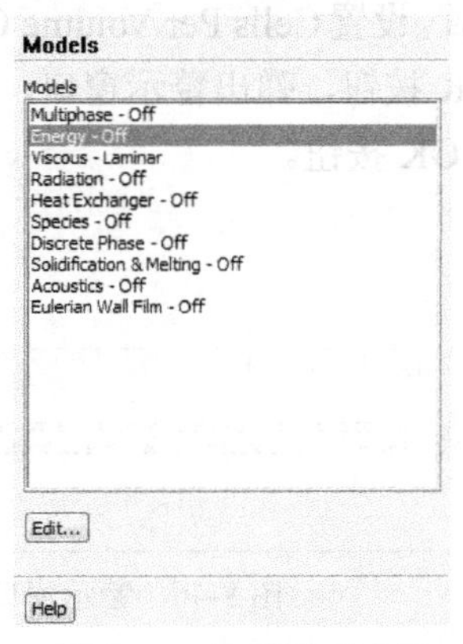

图 8-41 计算模型选择

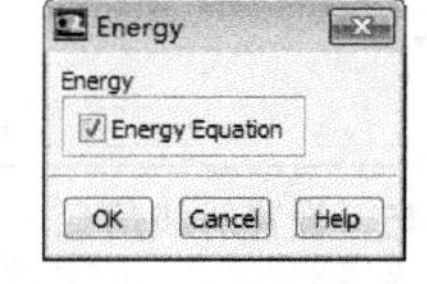

图 8-42 启动能量方程

（5）设置湍流模型。

在 Models 面板中双击 Viscous-Laminar 选项，弹出 Viscous Model 对话框，在 Model 下选择 k-epsilon（2 eqn）选项，在 k-epsilon Model 下选中 RNG 单选按钮，在 Near-Wall Treatment 下选中 Enhanced Wall Treatment 单选按钮，在 Enhanced Wall Treatment Options 下选中 Pressure Gradient Effects 和 Thermal Effects 复选框，在 Options 下选中 Viscous Heating 复选框，其他保持默认设置，如图 8-43 所示，单击 OK 按钮完成设置。

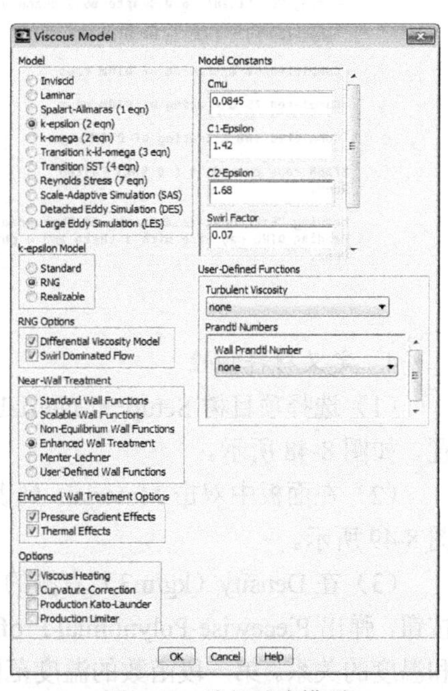

图 8-43 选择湍流模型

（6）辐射模型选择。

① 本案例涉及气体辐射换热，所以要选择辐射模型。在 Models 面板中双击 Radiation-Off 选项，打开 Radiation Model 对话框。

② 选中 Model 下的 Discrete Transfer（DTRM）单选按钮，如图 8-44 所示，单击 OK 按钮，弹出 DTRM Rays 对话框。

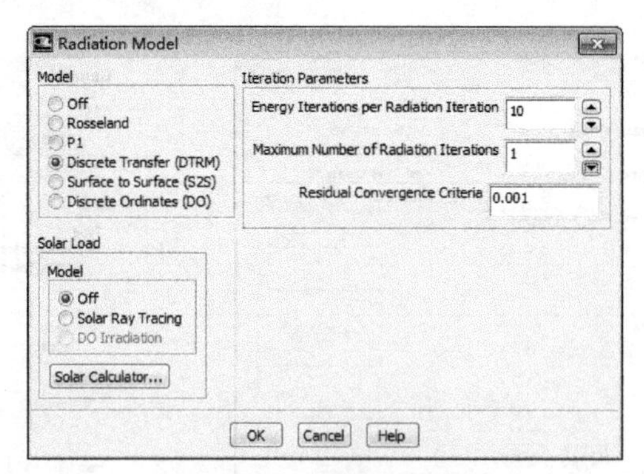

图 8-44　选择辐射模型

③ DTRM Rays 对话框用于对射线信息的设置，设置 Cells Per Volume Cluster 为 3，Faces Per Surface Cluster 为 3，如图 8-45 所示。单击 OK 按钮，弹出警示窗口，如图 8-46 所示，意为材料属性已改变，请确认属性的数值，单击 OK 按钮。

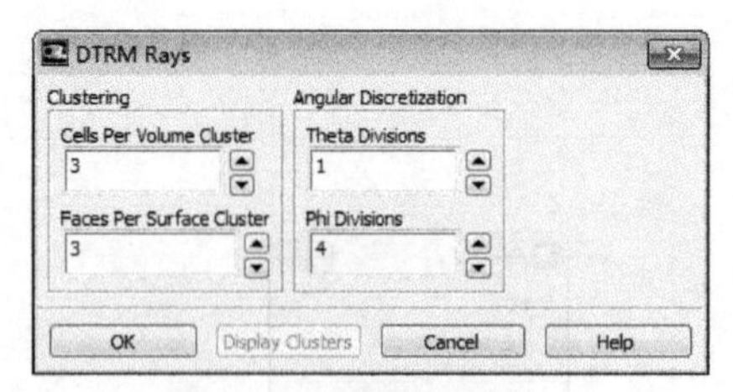

图 8-45　设置射线信息

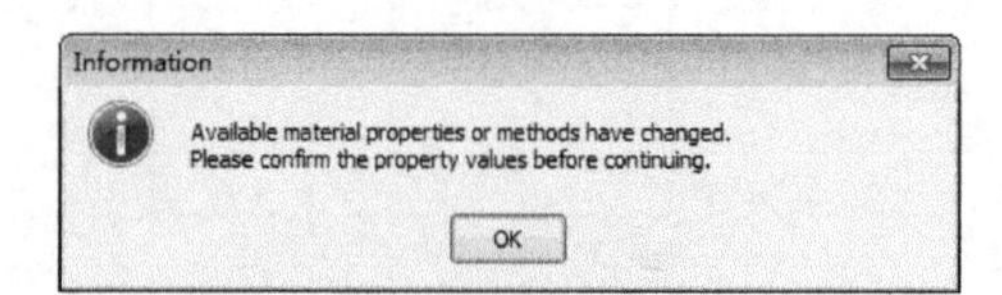

图 8-46　警示窗口

④ 程序开始计算射线信息，计算完成后，程序面板显示结果，如图 8-47 所示。

```
Writing "E:\Fluent 16.0\Chapter08.3\guandao.ray"...

 Completed 25 % tracing of DTRM rays

 Completed 50 % tracing of DTRM rays

 Completed 75 % tracing of DTRM rays

 Completed 100 % tracing of DTRM rays

27368 rays traced, 1 ( 0.00%) failed
Done.

Reading "E:\Fluent 16.0\Chapter08.3\guandao.ray"...
Reading DTRM ray file with 1 theta and 4 phi divisions, 51843 volume clusters and 6842 surface clusters ...Done.
Done.
```

图 8-47　射线信息

4. 定义材料物性

（1）选择项目树 Setup→Materials 选项，在出现的 Materials 面板中对所需材料进行设置，如图 8-48 所示。

（2）在面板中双击 Materials 列表中的 Fluid 选项，弹出材料物性参数设置对话框，如图 8-49 所示。

（3）在 Density（kg/m3）右侧的下拉列表中选择 piecewise-polynomial 选项，单击 Edit 按钮，弹出 Piecewise-Polynomial Profile 对话框，将 Ranges 设为 2，即由两段函数表示密度和温度的关系。第一段函数的温度范围为 273～900 K，如图 8-50 所示。第二段函数的温度范围为 900～2 500 K，如图 8-51 所示。

图 8-48 材料选择面板

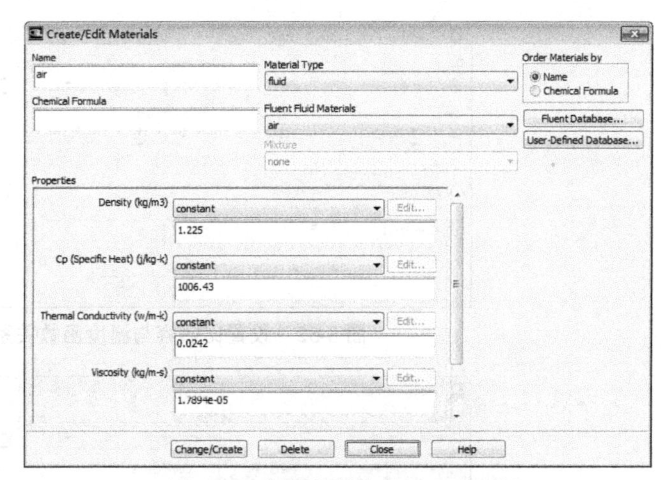

图 8-49 材料物性参数设置对话框

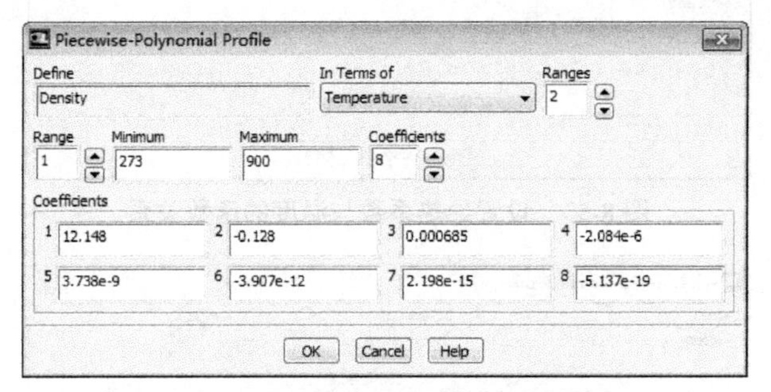

图 8-50 设置密度与温度函数关系 1

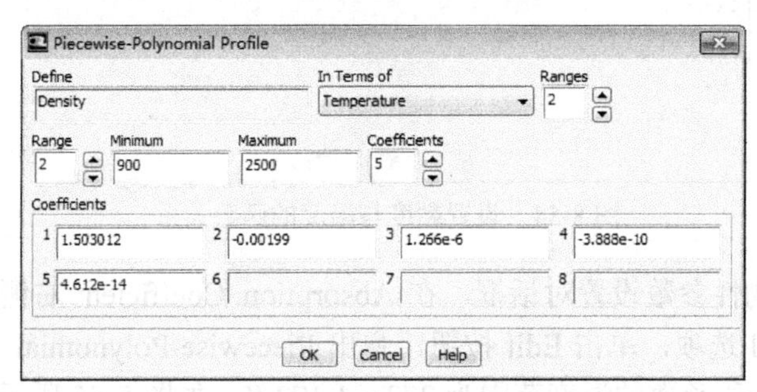

图 8-51 设置密度与温度函数关系 2

（4）回到材料物性参数设置对话框，在 Cp 右侧的下拉列表中选择 piecewise-polynomial 选项，单击 Edit 按钮，弹出 Piecewise-Polynomial Profile 对话框，将 Ranges 参数设为 1，温度范围为 273～2 500K，如图 8-52 所示。

（5）回到材料物性参数设置对话框，在 Thermal Conductivity 右侧的下拉列表中选择 piecewise-polynomial 选项，单击 Edit 按钮，弹出 Piecewise-Polynomial Profile 对话框，将 Ranges 设为 1，温度范围为 273～2 500 K，如图 8-53 所示。

（6）回到材料物性参数设置对话框，在 Viscosity 右侧的下拉列表中选择 piecewise-polynomial 选项，单击 Edit 按钮，弹出 Piecewise-Polynomial Profile 对话框，将 Ranges 参数设为 1，温度范围为 273～2 500 K，如图 8-54 所示。

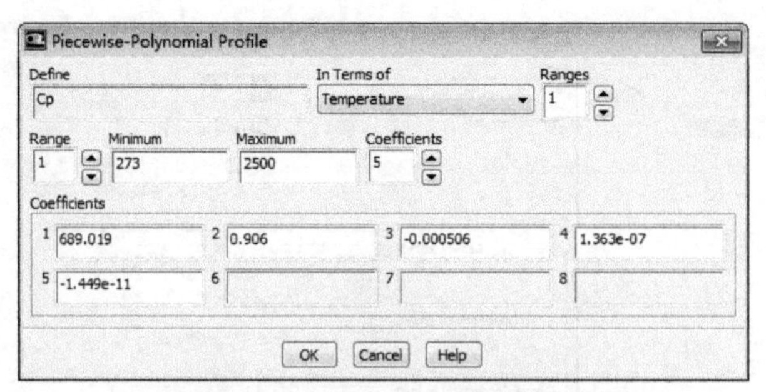

图 8-52　设置比热容与温度函数关系

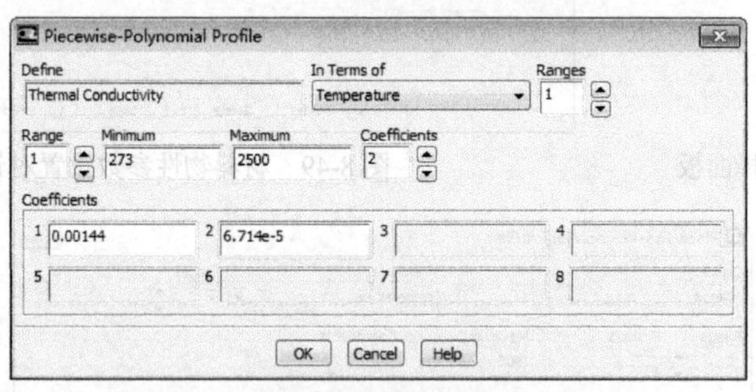

图 8-53　设置导热系数与温度的函数关系

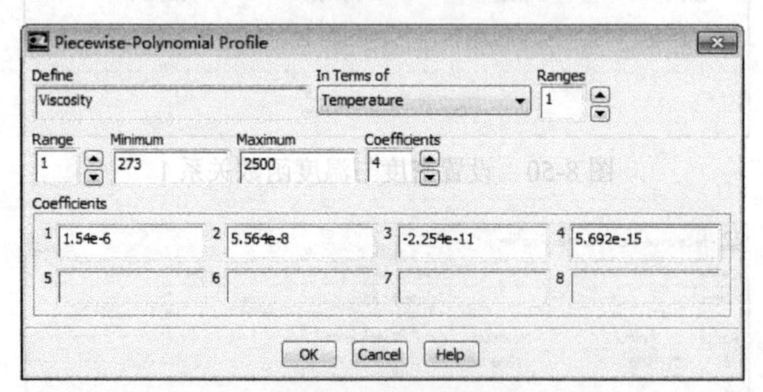

图 8-54　设置黏度与温度的函数关系

（7）回到材料物性参数设置对话框，在 Absorption Coefficient 右侧的下拉列表中选择 piecewise-polynomial 选项，单击 Edit 按钮，弹出 Piecewise-Polynomial Profile 对话框，将 Ranges 设为 2，第一段函数的温度范围为 273～1 173 K，如图 8-55 所示。第二段函数的温度范围为 1 173～2 500 K，如图 8-56 所示。

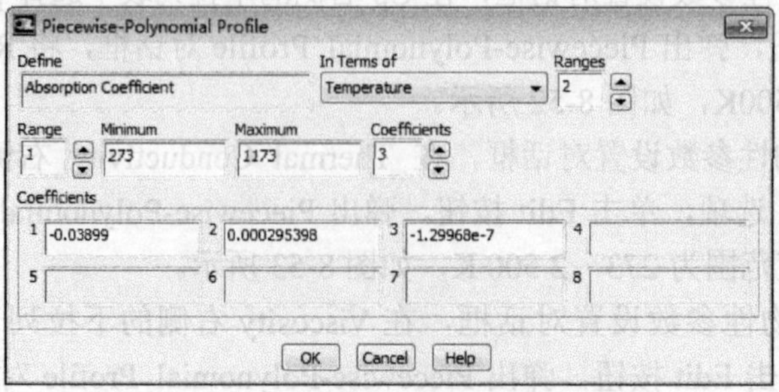

图 8-55　吸收系数与温度的函数关系 1

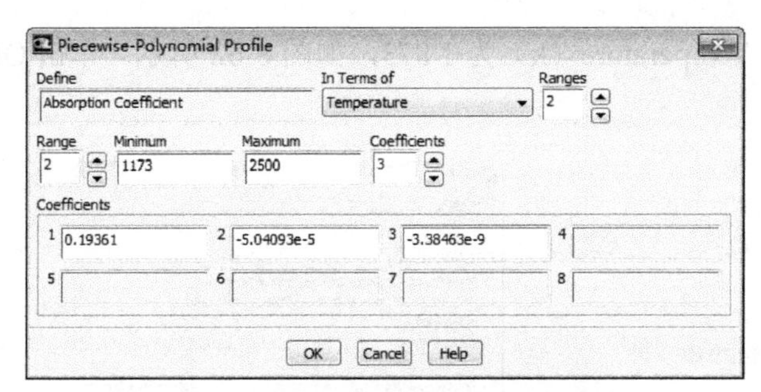

图 8-56 吸收系数与温度的函数关系 2

（8）回到材料物性参数设置对话框，把 Name 文本框中的名称改为 smoke，如图 8-57 所示，单击 Change/Create 按钮，完成烟气物性参数的设置。

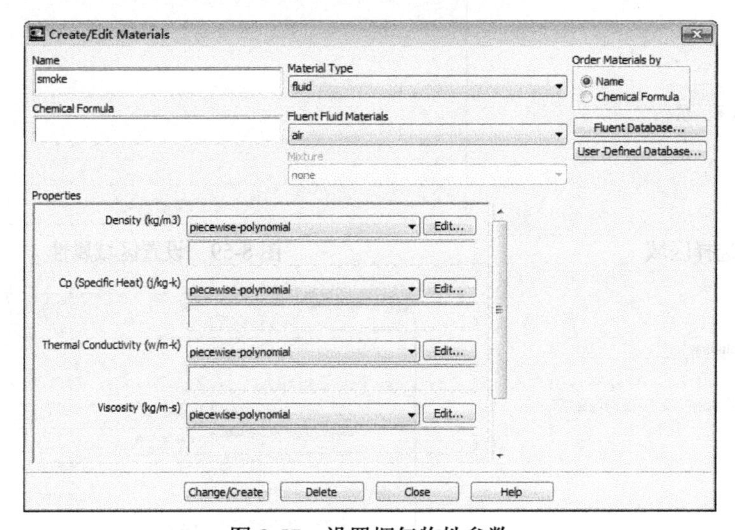

图 8-57 设置烟气物性参数

5. 设置区域条件

（1）选择项目树 Setup→Cell Zone Conditions 选项，在弹出的 Cell Zone Conditions 面板中对区域条件进行设置，如图 8-58 所示。

（2）选择 Zone 列表中的 fluid 选项，单击 Edit 按钮，弹出 Fluid 对话框，保持默认设置，如图 8-59 所示，单击 OK 按钮完成设置。

6. 设置边界条件

（1）选择项目树 Setup→Boundary Conditions 选项，在打开的 Boundary Conditions 面板中对边界条件进行设置，如图 8-60 所示。

（2）双击 Zone 列表中的 in 选项，弹出 Mass-Flow Inlet 对话框，对进口边界条件进行设置。

（3）在对话框中单击 Momentum 选项卡，在 Mass Flow Rate（kg/s）文本框中输入 10.79，将流速方向定义的坐标系设置为柱坐标系，矢量方向沿轴向。在 Specification Method 右侧的下拉列表中选择 Intensity and Hydraulic Diameter 选项，在 Turbulent Intensity（%）文本框中输入 10，在 Hydraulic Diameter（m）文本框中输入 1.94，如图 8-61 所示。单击 Thermal

选项卡，设置 Total Temperature（k）为 1 873，如图 8-62 所示。单击 OK 按钮，完成进口边界条件的设置。

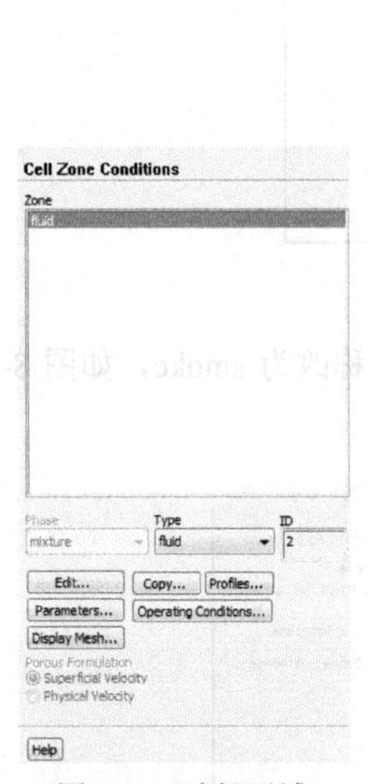

图 8-58　选择区域

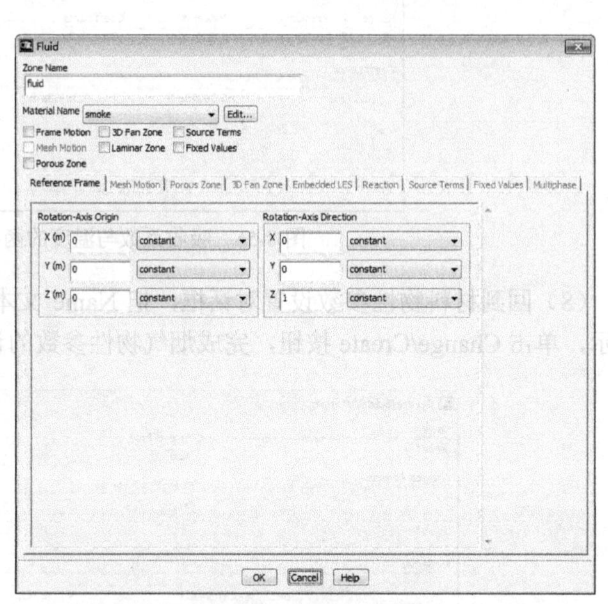

图 8-59　设置区域属性

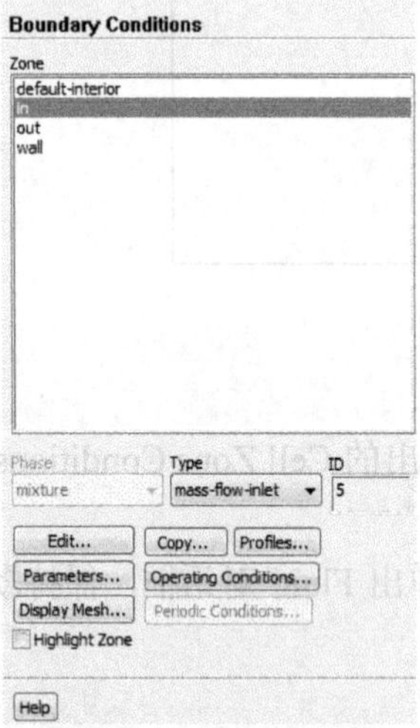

图 8-60　进口边界选择

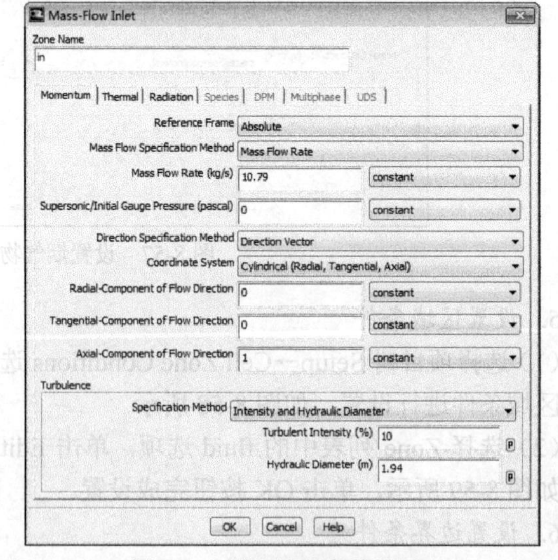

图 8-61　进口边界条件设置 1

（4）在 Boundary Conditions 面板中双击 out 选项，打开 Pressure Outlet 对话框，单击 Thermal 选项卡，在 Backflow Total Temperature（k）文本框中输入 1 073，单击 OK 按钮完成设置。

（5）在 Boundary Conditions 面板中双击 wall 选项，打开 Wall 对话框，单击 Thermal 选项卡，在 Thermal Conditions 下选中 Mixed 单选按钮，设置 Heat Transfer Coefficient（w/m2-k）为 70，Free Stream Temperature（k）为 420，External Emissivity 为 0.82，External Radiation Temperature（k）为 470，Internal Emissivity 为 0.8，Wall Thickness 为 0.007，如图 8-63 所示，单击 OK 按钮完成设置。

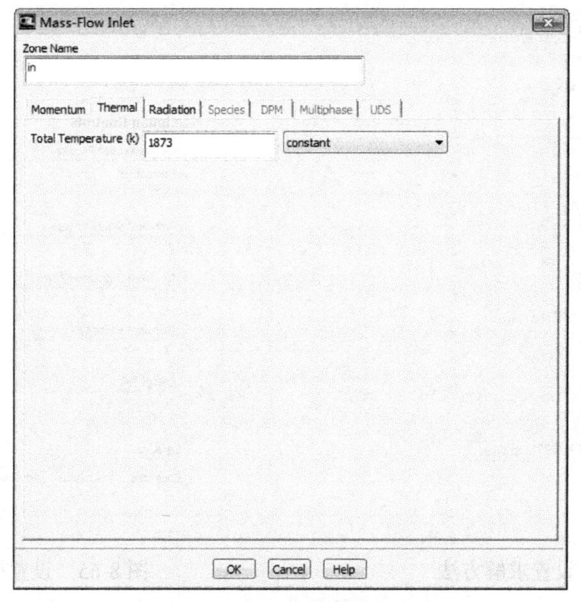

图 8-62 进口边界条件设置 2

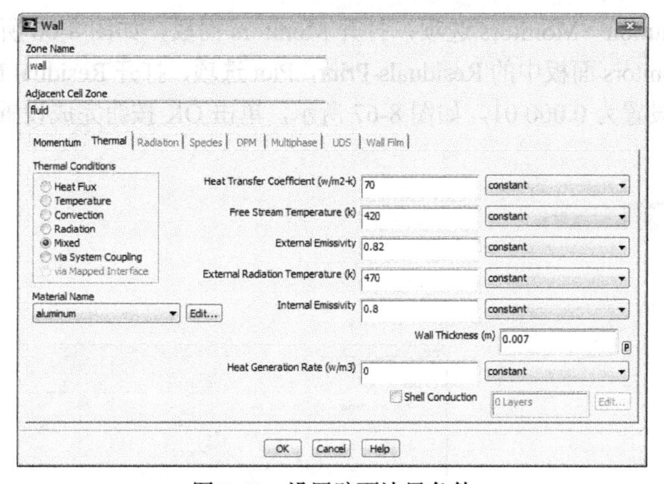

图 8-63 设置壁面边界条件

8.3.3 求解计算

1. 求解控制参数

（1）选择 Solution→Solution Methods 选项，在弹出的 Solution Methods 面板中对求解控制参数进行设置。

（2）面板中的各个选项采用值如图 8-64 所示。

2. 设置求解松弛因子

（1）选择 Solution→Solution Controls 选项，在弹出的 Solution Controls 面板中对求解松弛因子进行设置。

（2）面板中相应的松弛因子保持默认设置，如图 8-65 所示。

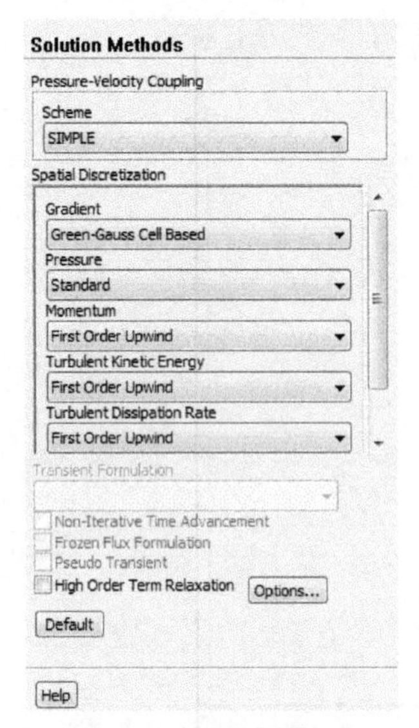

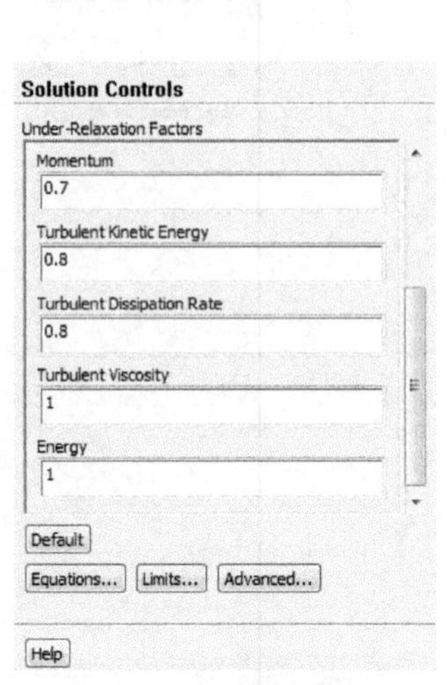

图 8-64　设置求解方法　　　　图 8-65　设置松弛因子

3. 设置收敛临界值

（1）选择 Solution→Monitors 选项，打开 Monitors 面板，如图 8-66 所示。

（2）双击 Monitors 面板中的 Residuals-Print，Plot 选项，打开 Residual Monitors 对话框，k 和 epsilon 残差设置为 0.000 01，如图 8-67 所示，单击 OK 按钮完成设置。

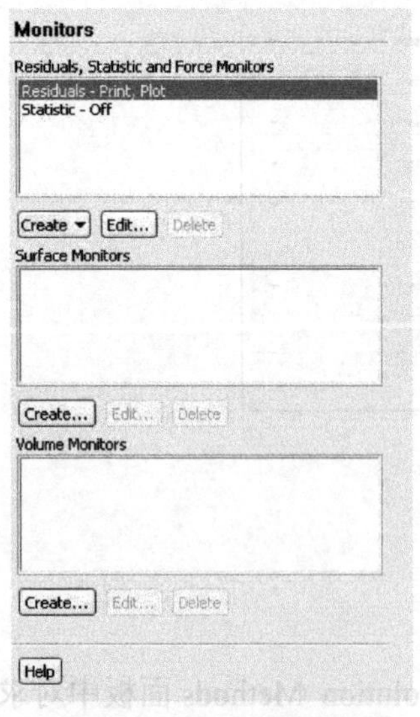

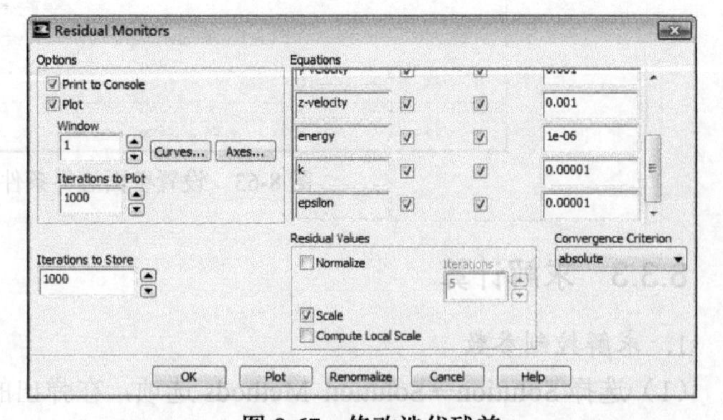

图 8-66　残差设置面板　　　　图 8-67　修改迭代残差

4. 设置流场初始化

（1）选择 Solution→Solution Initialization 选项，打开 Solution Initialization 面板进行初始化设置。

（2）在 Initialization Methods 下选中 Standard Initialization 单选按钮，在 Compute from 下拉列表中选择 all-zones，其他保持默认设置，单击 Initialize 按钮完成初始化，如图 8-68 所示。

5. 计算流场迭代

（1）执行 File→Write→Case&Data 命令，弹出 Select File 对话框，保存为 radiation.cas 和 radiation.dat。

（2）选择 Solution→Run Calculation 选项，打开 Run Calculation 面板。

（3）设置 Number of Iterations 为 1 000，如图 8-69 所示。

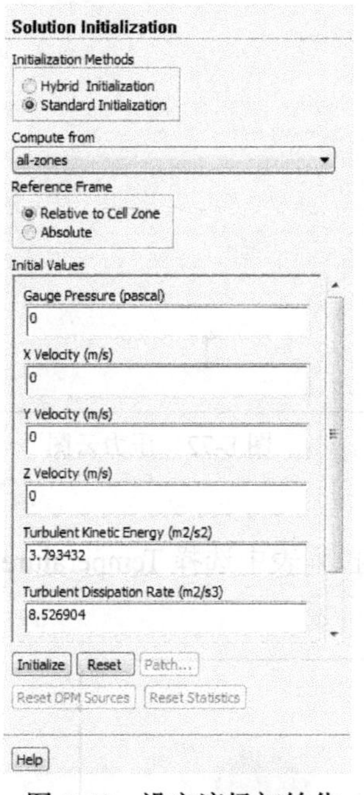

图 8-68 设定流场初始化

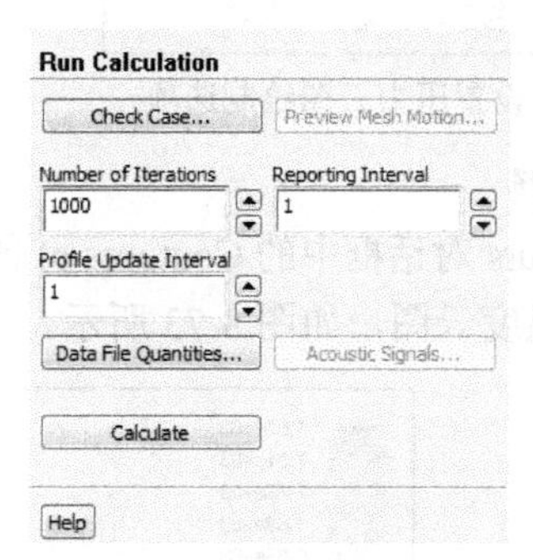

图 8-69 迭代设置对话框

（4）单击 Calculate 按钮进行迭代计算。

（5）迭代约 250 步之后，计算收敛，收敛残差曲线图如图 8-70 所示。

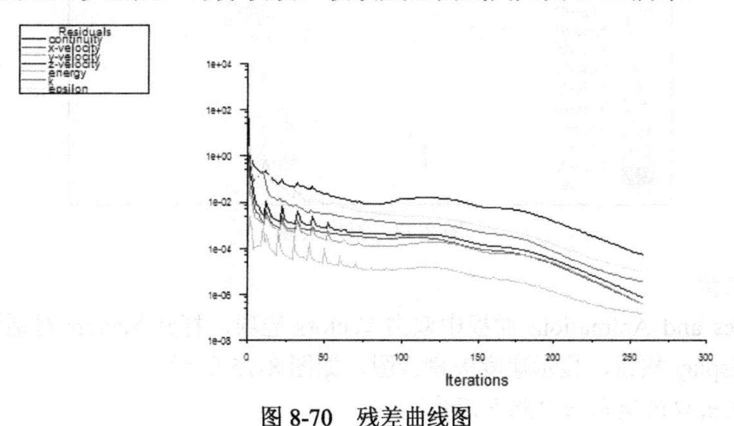

图 8-70 残差曲线图

8.3.4 计算结果后处理及分析

1. 压力场

（1）选择 Results→Graphics 选项，打开 Graphics and Animations 面板。

（2）双击 Graphics 中的 Contours 选项（或者选中 Contours 后单击 Set Up 按钮），打开 Contours 对话框，在 Surfaces 列表中选择 in、out 和 wall 三个选项，如图 8-71 所示，单击 Display 按钮，显示压力云图，如图 8-72 所示。

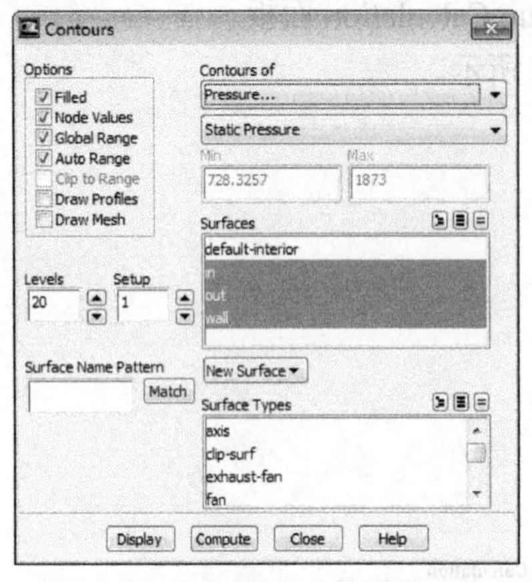

图 8-71　设置压力云图绘制选项

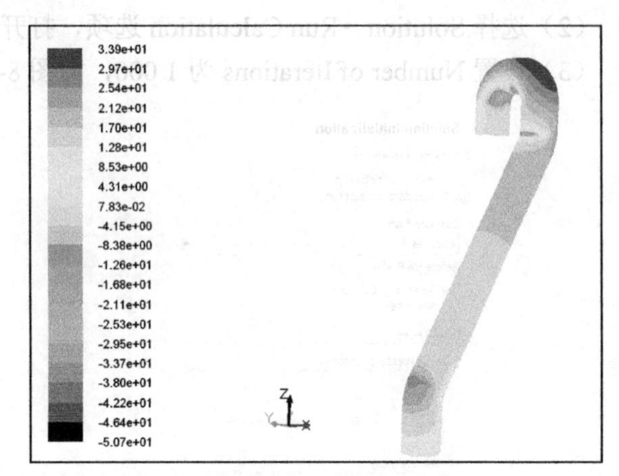

图 8-72　压力云图

2. 温度场

在 Contours 对话框中的 Coutours of 的第一个下拉列表中选择 Temperature，单击 Display 按钮，显示温度云图，如图 8-73 所示。

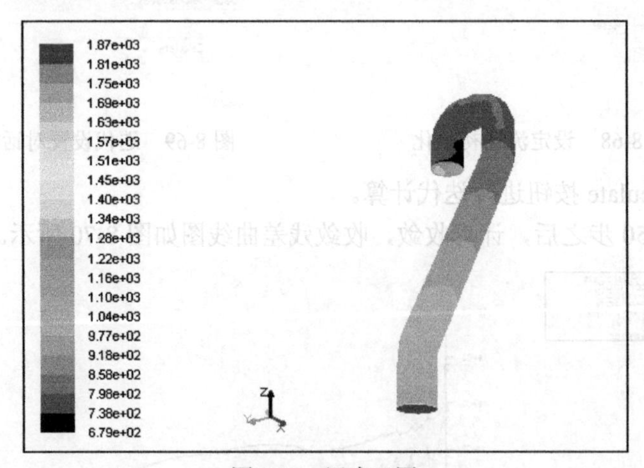

图 8-73　温度云图

3. 速度矢量

在 Graphics and Animations 面板中双击 Vectors 选项，打开 Vectors 对话框，如图 8-74 所示。单击 Display 按钮，显示速度矢量云图，如图 8-75 所示。

4. 设置进出口流速与出口烟气温度

（1）选择 Results→Reports 选项，打开 Reports 面板，如图 8-76 所示，双击 Surface Integrals 选项，打开 Surface Integrals 对话框。

（2）在 Report Type 下拉列表中选择 Area-Weighted Average 选项，在 Field Variable 下拉列表中选择 Velocity 选项，在 Surfaces 列表中选择 in 选项，单击 Compute 按钮，得到进口平均流速为 15.902 7 m/s，如图 8-77 所示。

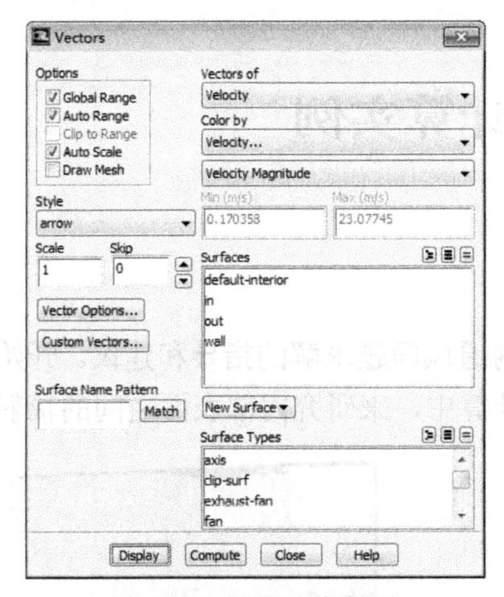

图 8-74　设置速度矢量

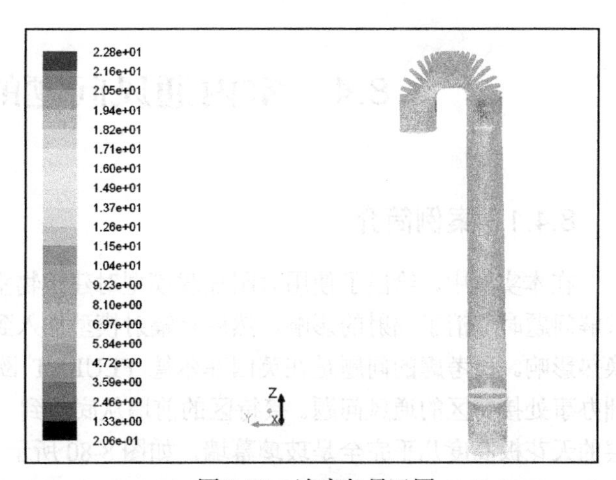

图 8-75　速度矢量云图

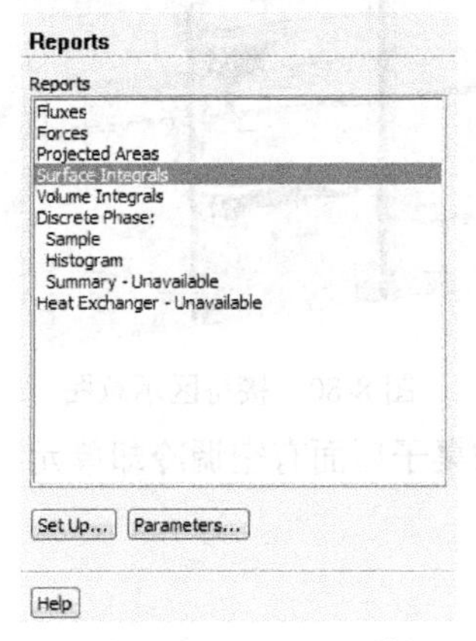

图 8-76　Reports 面板

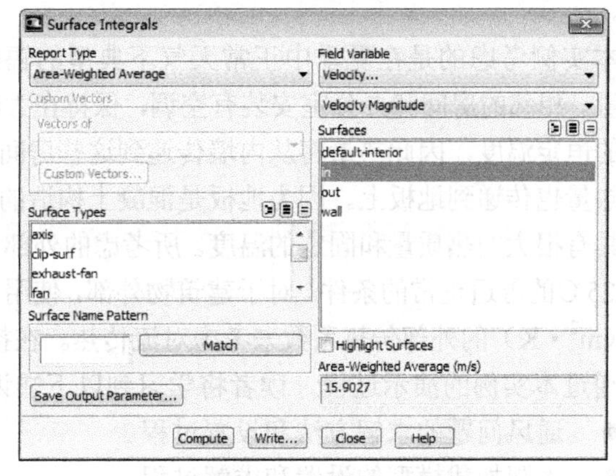

图 8-77　计算进口流速

（3）在 Surface Integrals 对话框的 Surfaces 列表中选择 out 选项，单击 Compute 按钮，得到出口平均流速为 10.588 23 m/s，如图 8-78 所示。

（4）在 Surface Integrals 对话框的 Field Variable 下拉列表中选择 Temperature 选项，在 Surfaces 列表中选择 out 选项，单击 Compute 按钮，得到出口平均温度为 1 212.05 K，即 939.05℃，如图 8-79 所示。

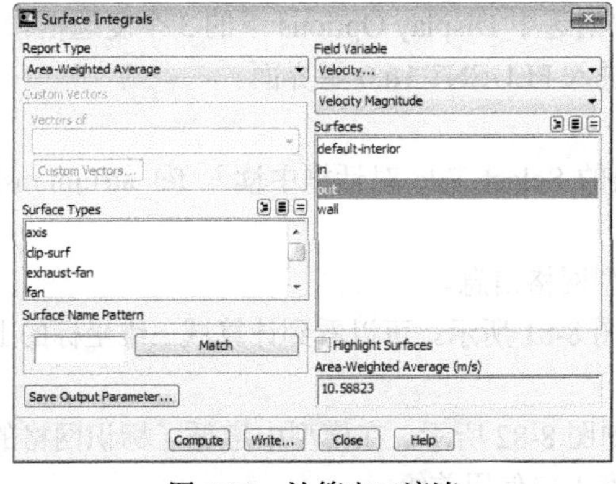

图 8-78　计算出口流速

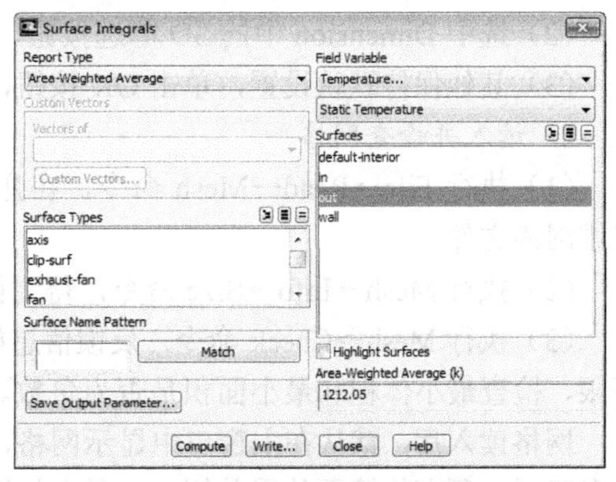

图 8-79　计算出口温度

8.4　室内通风问题的计算实例

8.4.1　案例简介

在本实例中，给出了使用太阳加载模型对建筑物室内通风问题求解的指导和建议。开始求解问题时取消了辐射的影响，然后将辐射模型加入到计算中，来研究内部表面之间的辐射换热影响。所考虑的问题是在英国菲尔德 FLUENT 欧洲办事处接待区的通风问题。接待区的前墙从底层到一层的天花板高度几乎完全是玻璃幕墙，如图 8-80 所示，在第二层地板的楼梯平台之上的屋顶上也是玻璃幕墙区域。

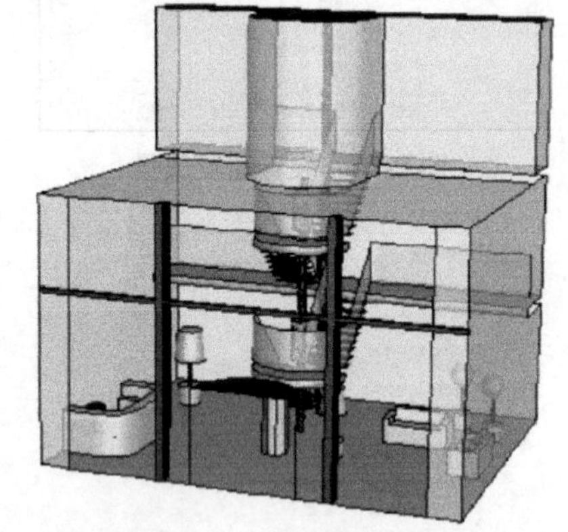

图 8-80　接待区示意图

本实例考虑的是在夏季中正常天气下典型的辐射负荷量。相邻的房间和办公室安装有空调，保持在大约 20℃的恒定温度，因此热量将从内墙传递到这些房间。一些热量也传递到地板上。因为地板是混凝土构造的，假定具有很大的热质量和固定的温度。所考虑的外部条件是 25℃的舒适正常的条件。对于建筑物外部，使用了 4W/（m^2・K）的外部传热系数来考虑对流传热。在接待员的桌子后面有空调冷却单元。

通过本实例的演示过程，读者将学习到以下知识。

- 通风问题的求解方法和设置过程。
- 太阳加载模型的设置和求解过程。
- 辐射模型的设置过程。
- 通风问题的数据处理和显示方法。

8.4.2　FLUENT 求解计算设置

1. *启动 FLUENT-3D*

（1）双击桌面上的 FLUENT 16.0 图标，进入启动界面。

（2）选中 Dimension 中的 3D 单选按钮，取消选中 Display Options 下的 3 个复选框。

（3）其他保持默认设置，单击 OK 按钮，进入 FLUENT 16.0 主界面。

2. *读入并检查网格*

（1）执行 File→Read→Mesh 命令，在弹出的 Select File 对话框中读入 fel_atrium.msh 三维网格文件。

（2）执行 Mesh→Info→Size 命令，得到模型网格信息。

（3）执行 Mesh→Check 命令，反馈信息如图 8-81 所示。可以看到计算域三维坐标的上下限，检查最小体积和最小面积是否为负数。

网格读入后，默认在主窗口中显示网格，如图 8-82 所示。在模型中遵循了标识网格的命名习惯，所有的墙面使用前缀 w，所有的速度入口使用前缀 v。

```
Domain Extents:
  x-coordinate: min (m) = -1.500000e+00, max (m) = 8.500000e+00
  y-coordinate: min (m) = 0.000000e+00, max (m) = 1.000000e+01
  z-coordinate: min (m) = 0.000000e+00, max (m) = 8.000000e+00
Volume statistics:
  minimum volume (m3): 3.463391e-06
  maximum volume (m3): 2.958774e-02
    total volume (m3): 5.690694e+02
Face area statistics:
  minimum face area (m2): 3.858207e-04
  maximum face area (m2): 2.253792e-01
Junction nodes 1961
  max deviation for Pressure: 0.000000e+00
  max deviation for Temperature: 3.051758e-05
Checking mesh.........................
Done.
```

图 8-81 FLUENT 网格信息

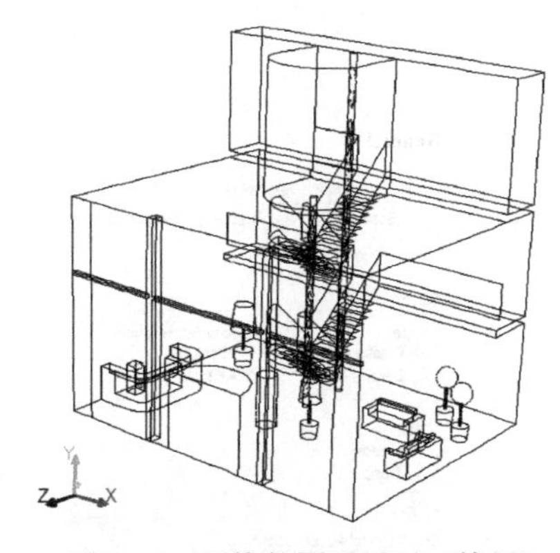

图 8-82 网格的图形显示（特征）

3. 设置求解器参数

（1）选择项目树 Setup→General 选项，在出现的 General 面板中进行求解器的设置。

（2）单击 General 面板中的 Units 按钮，打开单位设置对话框，如图 8-83 所示。将默认的温度单位改为摄氏度。从 Quantities 列表中选择 temperature，从 Units 列表中选择 c，单击 Close 按钮关闭 Set Units 对话框。

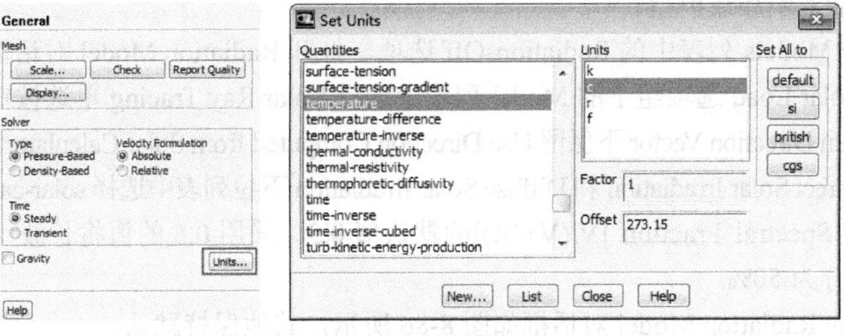

图 8-83 单位设置

（3）全局设置。

打开 General 面板，在面板中选中 Pressure-Based 和 Steady 单选按钮，即选择基于压力的求解器进行稳态求解。勾选 Gravity 复选框，设置重力加速度为$-Y$方向，大小为 9.81m/s^2，如图 8-84 所示。之所以要考虑重力加速度，是因为流动的主要部分受自然对流驱动。

（4）激活能量方程。

选择项目树 Setup→Models 选项，打开 Models 面板。双击 Models 列表中的 Energy-Off 选项，打开 Energy 对话框，在 Energy Equation 前面打勾，激活能量方程，单击 OK 按钮确认。

（5）湍流模型选择。

预期流动是湍流的，因此需要合适的湍流模型。

① 双击 Models 列表中的 Viscous-Laminar 选项，打开 Viscous Model 对话框。

② 从 Model 列表中选择 k-epsilon（2 eqn）选项。

③ 在 k-epsilon Model 列表中选择 RNG 选项。

④ 在 Options 列表中选中 Full Buoyancy Effects 复选框，如图 8-85 所示。

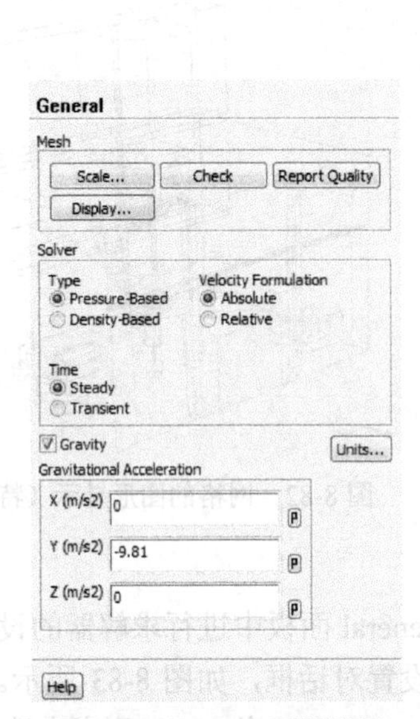

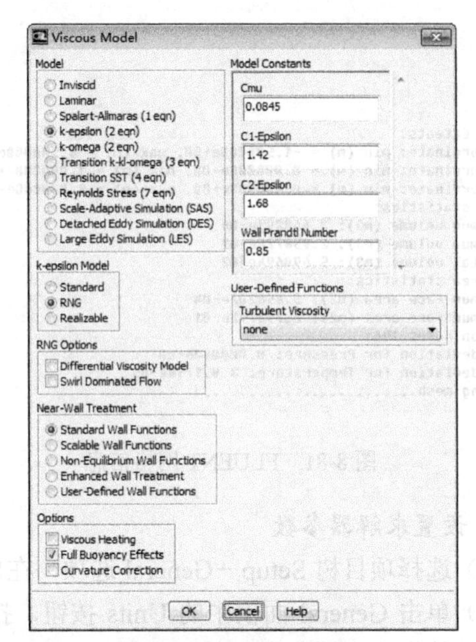

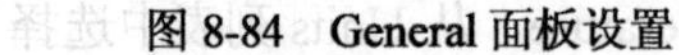

图 8-84　General 面板设置　　　　图 8-85　湍流模型的选择

⑤ 单击 OK 按钮，关闭 Viscous Model 对话框。

（6）激活太阳加载模型。

① 双击 Models 列表中的 Radiation-Off 选项，打开 Radiation Model 对话框。

② 在 Solar Load 选项组下的 Model 列表中选择 Solar Ray Tracing 单选按钮。

③ 在 Sun Direction Vector 下保留 Use Direction Computed from Solar Calculator 的默认选择。

④ 从 Direct Solar Irradiation 和 Diffuse Solar Irradiation 下拉列表中选择 solar-calculator 选项。

⑤ 保留 Spectral Fraction [V/(V+IR)]的默认值 0.5。采用 0.5 的值将长波（IR）和短波（V）辐射各分为 50%。

设置后的 Radiation Model 对话框如图 8-86 所示，其他保持默认。

⑥ 单击 Radiation Model 对话框中的 Solar Calculator 按钮，弹出如图 8-87 所示的 Solar Calculator 对话框。

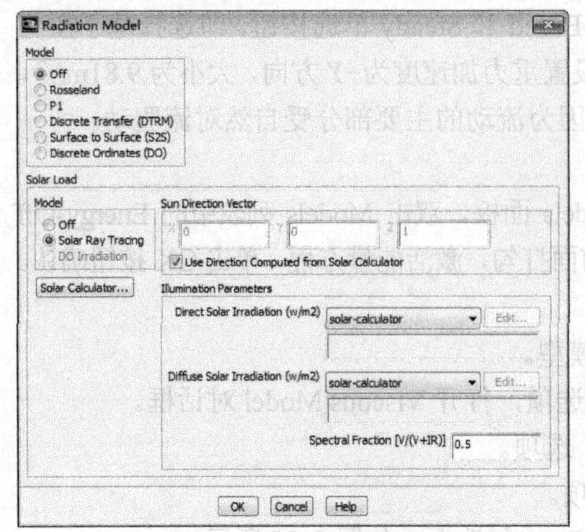

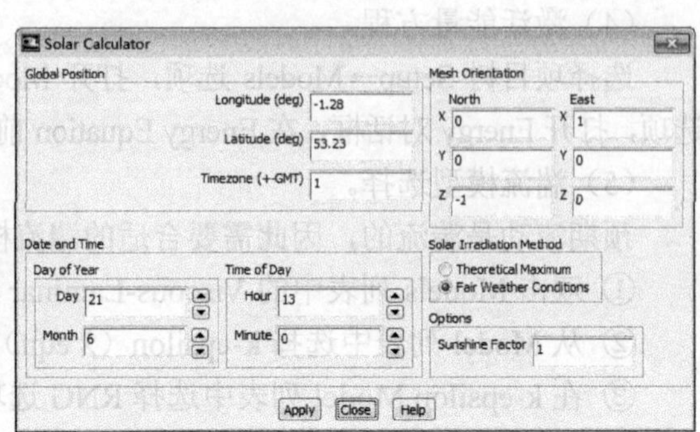

图 8-86　激活太阳加载模型　　　　图 8-87　Solar Calculator 对话框

- 在 Global Position 组合框中，对 Longitude 输入-1.28，对 Latitude 输入 53.23。
- 在 Global Position 组合框中，对 Timezone 输入 1，该值设置了英国的夏季时间。
- 在 Mesh Orientation 组合框中，对 North 输入 0，0，-1，对 East 输入 1，0，0。
- 保留对 Date and Time 的默认值。
  默认值为夏季中午条件。
- 在 Solar Irradiation Method 列表中，保留 Fair Weather Conditions 的默认选择。
  这些条件用于描述很少云层覆盖的晴朗天气条件。
- 保留对 Sunshine Factor 的默认值 1。
  用户可以假定是无云天气。
- 单击 Apply 按钮，关闭 Solar Calculator 对话框。
  在 FLUENT 控制台将会显示信息，表示将使用漫射和直射部分来计算太阳载荷。

⑦ 通过 TUI 来修改其他可用的模型参数。

- 保留对 ground-reflectivity 的默认值。

```
/define/models/radiation/solar-parameters> ground-reflectivity
Ground Reflectivity [0.2]
```

当对漫射辐射选择了太阳计算器选项后，地面的反射将被加入到背景总的漫射辐射中。地面反射辐射的量取决于其反射率，可以通过该参数进行设置。默认的大小 0.2 是合理的。

- 将 scattering fraction 减小到 0.75。

```
/define/models/radiation/solar-parameters> scattering-fraction
Scattering Fraction [0.75] 1
```

太阳射线跟踪模型只提供了其所到达的第一个不透明表面上的方向载荷，没有进行进一步的射线跟踪来考虑由于反射和发射的再次辐射。模型没有舍弃辐射反射的部分，而是在所有的参与性表面之间进行分配。

散射分数，即其所分配的反射部分的数量，默认值设置为 1。这表示所有反射的辐射都在计算域内进行分配。如果建筑物有很大的玻璃幕墙表面区域，反射部分中将有很大的一部分会通过外部的玻璃窗损失掉。这种情况下，要相应减小散射分数。

- 激活到相邻流体单元中的能量源项。

```
/define/models/radiation/solar-parameters> sol-adjacent-fluidcells
Apply Solar Load on  adjacent Fluid Cells? [no] yes
```

太阳载荷模型对受到太阳载荷的每个面都计算能量源项。默认情况下，如果使用了二维导热计算，该能量将作为到达相邻壳层导热单元的源项。否则，其将被加入到相邻的固体单元中。

如果相邻的单元既不是导热单元也不是固体单元，其将作为相邻流体单元的热源项。然而，如果网格过于粗糙，不能够准确地分辨出壁面传热（在建筑物研究的情况下经常遇到），那么更倾向于将其直接加入到流体单元中。这将有助于降低不自然的高壁面温度的可能性，并仍然能够得到传入房屋的能量。

4. 定义材料物性

该步骤中用户将修改空气的流体特性和钢的固体特性。在设置中用户还要创建新的物质（玻璃和一般的建筑物隔热材料）。

（1）打开 Materials 面板，双击材料列表中的 air，修改空气的特性参数。

① 从 Density 下拉列表中选择 boussinesq，并对 Density 输入 1.18。

密度值为 1.18kg/m^3 设置了在 25℃和 1atm 时对应的空气密度。对于包含自然对流的问题，这样的设置更稳定，对于温度中相对较小的变化是有效的。总之，如果温度范围超过了绝对温度（单位 K）的 10%～20%，那么应当考虑使用另外的方法。

② 对 Thermal Expansion Coeffcient 输入 0.003 35，并单击 Change/Create 按钮。

假定理想气体关系式是绝对温度（单位 K）的倒数，对于温度为 25℃的空气为 0.003 35 K^{-1}。

设置后的 air 的材料属性如图 8-88 所示。

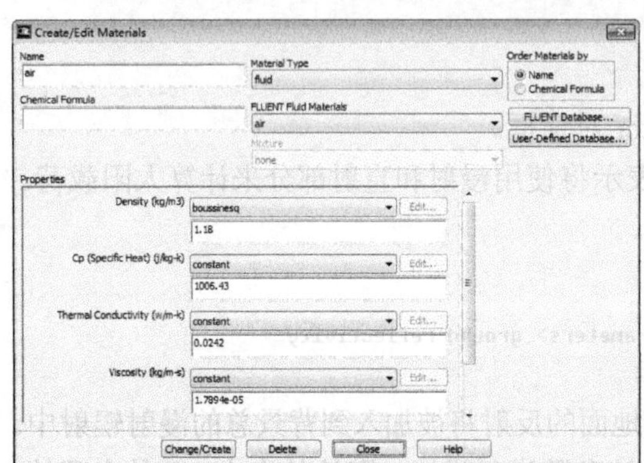

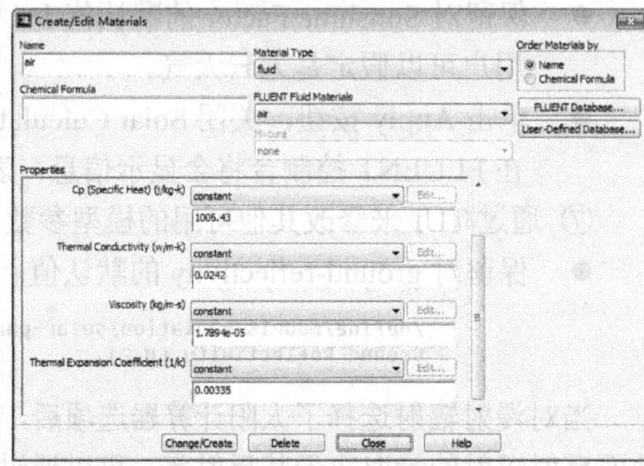

图 8-88 air 材料属性设置

（2）添加材料——钢。

① 单击 Materials 面板中的 Create/Edit 按钮，打开材料编辑对话框。

② 单击 FLUENT Database 按钮，打开 FLUENT Database Materials 对话框。

③ 从 Material Type 下拉列表中选择 solid，然后从 FLUENT Solid Materials 下拉列表中选择 steel，如图 8-89 所示。

④ 单击 Copy 按钮，将钢材料添加到当前材料列表中并关闭 FLUENT Database Materials 对话框。

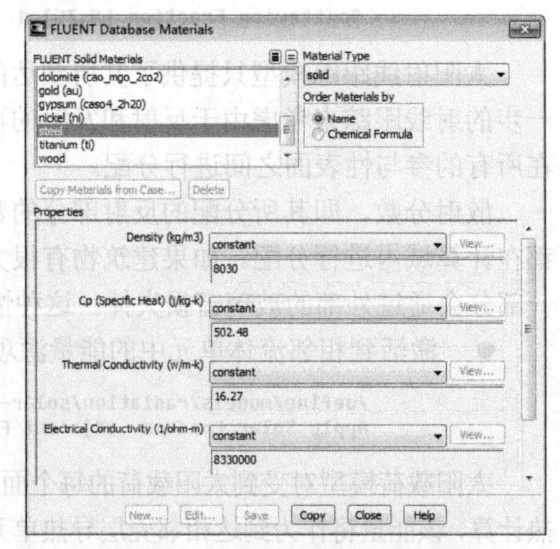

图 8-89 从材料库中选择钢材料

（3）创建名为玻璃的物质。

① 从 FLUENT Solid Materials 下拉列表中选择 steel，将其重新命名为 glass。

② 在 Create/Edit Materials 对话框中的 Name 下输入 glass 作为要创建物质的名称。

③ 设置如表 8-1 所示参数。

表 8-1 参数表 1

参 数	值
Density(kg/m3)	2 220
Cp(j/kg-k)	830
Thermal Conductivity(w/m-k)	1.15

④ 单击 Change/Create 按钮，并在随后的对话框中询问是否覆盖已存在的物质时，单击 NO 按钮。

设置后的材料 glass 如图 8-90 所示。

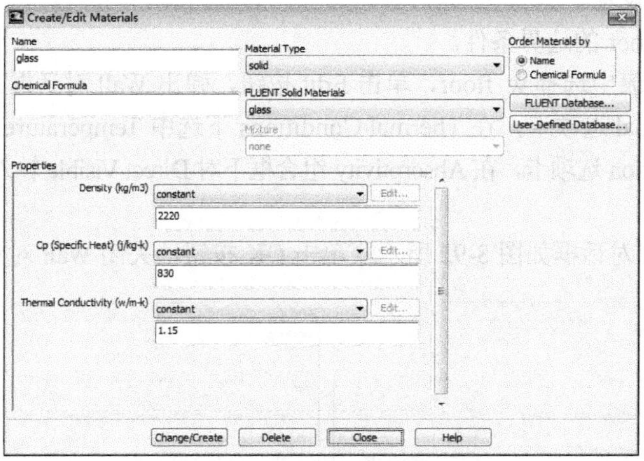

图 8-90 glass 材料属性设置

（4）类似地，创建名为 building-insulation 的另一种物质，特性如表 8-2 所示。

表 8-2 参数表 2

参 数	值
Density(kg/m3)	10
Cp(j/kg-k)	830
Thermal Conductivity(w/m-k)	0.1

5．设置区域条件

（1）选择项目树 Setup→Cell Zone Conditions 选项，在弹出的 Cell Zone Conditions 面板中对区域条件进行设置。

默认设置下，太阳射线跟踪技术中使用的所有的内部和外部平面都是不透明的。在该模型中所有的壁面都参与太阳射线跟踪过程。

（2）定义钢结构区域。

① 双击 Cell Zone Conditions 面板中的 solid-steel-frame，打开 Solid 对话框。

② 在 Material Name 下拉列表中选择 steel 选项。

Steel Frame 实际上是中空的单元，在本例中，其被描述成固体单元。钢的特性仅仅为了简化而被保留。

设置后的 solid-steel-frame 如图 8-91 所示。

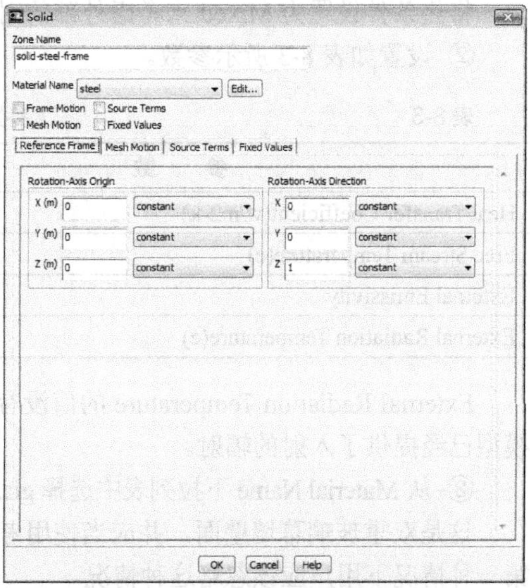

图 8-91 钢结构区域参数设置

③ 单击OK按钮，关闭Solid对话框。

6. 设置边界条件

（1）选择项目树 Setup→Boundary Conditions 选项，在打开的 Boundary Conditions 面板中对边界条件进行设置。

（2）设置 w_floor 的边界条件。

① 在 Zone 列表中选择 w_floor，单击 Edit 按钮，弹出 Wall 对话框。

② 单击 Thermal 选项卡，在 Thermal Conditions 下选中 Temperature 单选按钮。

③ 单击 Radiation 选项卡，在 Absorptivity 组合框下对 Direct Visible 输入 0.81，对 Direct IR 输入 0.92。

设置后的 Wall 对话框如图 8-92 所示，单击 OK 按钮，关闭 Wall 对话框。

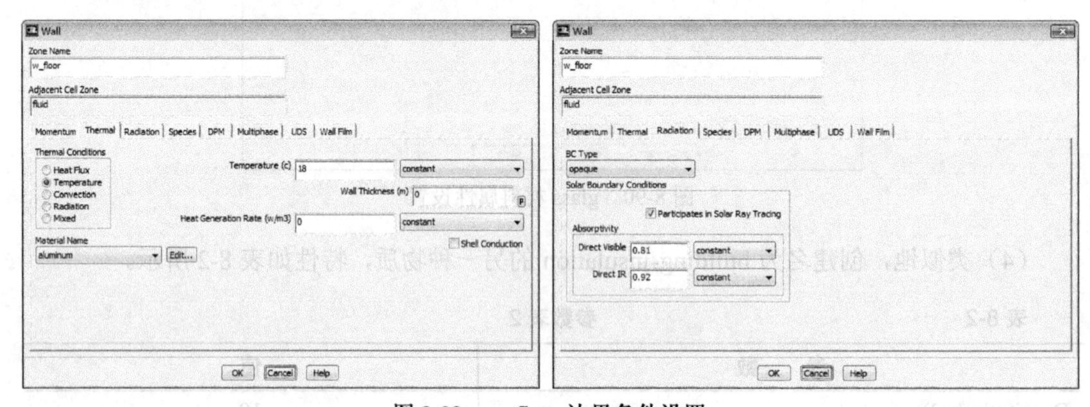

图 8-92　w_floor 边界条件设置

（3）对外部玻璃幕墙壁面（w_south-glass）设置边界条件。

① 依照同上的步骤，打开 Wall 边界 w_south-glass 的编辑对话框，单击 Thermal 选项卡，在 Thermal Conditions 下选中 Mixed 单选按钮。

将热条件设置为 Mixed 来考虑外部的对流传热和从玻璃窗单元的外部辐射损失。

② 设置如表 8-3 所示参数。

表 8-3　　参数表 3

参　数	值
Heat Transfer Coefficient(w/m2-k)	4
Free Stream Temperature(c)	22
External Emissivity	0.49
External Radiation Temperature(c)	−273

External Radiation Temperature 的值没有设置为外部背景温度的值，这是因为太阳加载模型已经提供了入射的辐射。

③ 从 Material Name 下拉列表中选择 glass 选项，并对 Wall Thickness（m）输入 0.01 的值。

这是双重玻璃幕墙壁面，并应当使用考虑两个面板之间的气体空隙的物质特性。但在第一种情况下用户应该忽略这种情况。

④ 单击 Radiation 选项卡，从 BC Type 下拉列表中选择 semi-transparent 选项。

- 在 Absorptivity 组合框中，对 Direct Visible、Direct IR 和 Diffuse Hemispherical 输入 0.49。
- 在 Transmissivity 组合框中，对 Direct Visible 和 Direct IR 输入 0.3，对 Diffuse Hemispherical 输入 0.32。

设置后的对话框如图 8-93 所示，单击 OK 按钮，关闭 Wall 对话框。

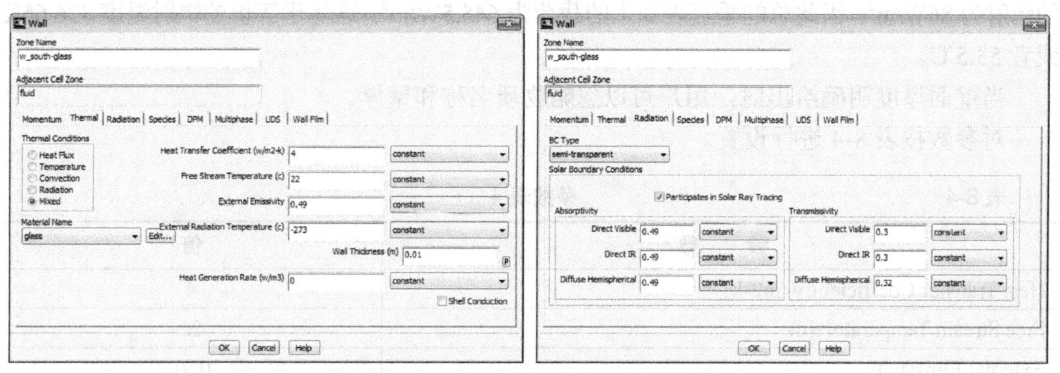

图 8-93 w_south-glass 边界条件设置

（4）类似地，设置 w_doors-glass 和 w_roof-glass 的边界条件。

（5）设置 w_roof_solid 的边界条件。

屋顶是不透明的外部表面，接受来自外部的太阳载荷。当其隔热性良好时，假定有很少热量能够穿过屋顶。可以使用默认的零热流条件。

① 打开 Wall 边界 w_roof_solid 的编辑对话框，保留 Thermal 选项卡中的默认设置。

② 单击 Radiation 选项卡。

- 在 BC Type 下拉列表中选择 opaque 选项，并选中 Participates in Solar Ray Tracing 复选框。
- 在 Absorptivity 组合框中，对 Direct Visible 输入 0.26，对 Direct IR 输入 0.9。

设置后的对话框如图 8-94 所示，单击 OK 按钮，关闭 Wall 对话框。

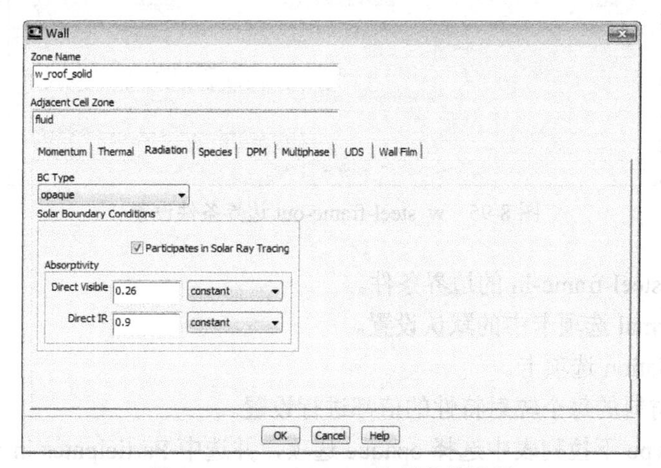

图 8-94 w_roof_solid 边界条件设置

（6）设置 w_steel-frame-out 的边界条件。

① 单击 Thermal 选项卡，选中 Thermal Conditions 下的 Mixed 单选按钮。

用户需要考虑外部太阳载荷和对流。计算的太阳载荷不应用到计算域边界上的任何不透明的外部表面上。相反，其将使用热条件进行限制。

当方向向量为（0.027 5，0.867，0.496）时，太阳计算器计算的直接太阳载荷为 859.1W/m^2。直接向南垂直表面上的载荷为 425W/m^2，另外，漫射垂直表面的载荷为 134.5W/m^2，地面反射的辐射为 86W/m^2，因此总的垂直表面上的载荷为 645.5W/m^2。这等于等价的辐射温度 326.65K 或者 53.5℃。

当壁面厚度明确给出时，用户可以忽略物质名称和壁厚。

对参数按表 8-4 进行设置。

表 8-4　参数表 4

参　数	值
Heat Transfer Coefficient(w/m2-k)	4
Free Stream Temperature(c)	25
External Emissivity	0.91
External Radiation Temperature(c)	53.5

② 在 Radiation 选项卡下保留默认的设置。

该壁面边界将不面对任何入射辐射，因为其与空气不相邻。

设置后的对话框如图 8-95 所示，单击 OK 按钮，关闭 Wall 对话框。

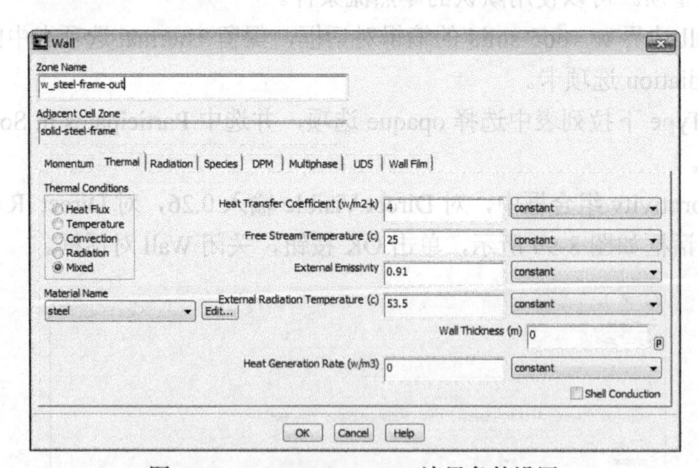

图 8-95　w_steel-frame-out 边界条件设置

（7）设置 w_steel-frame-in 的边界条件。

① 保留 Thermal 选项卡中的默认设置。

② 单击 Radiation 选项卡。

对深灰光滑材料的每个辐射特性的值都进行设置。

- 在 BC Type 下拉列表中选择 opaque 选项，并选中 Participates in Solar Ray Tracing 复选框。
- 在 Absorptivity 组合框中，对 Direct Visible 输入 0.78，对 Direct IR 输入 0.91。

设置后的对话框如图 8-96 所示，单击 OK 按钮，关闭 Wall 对话框。

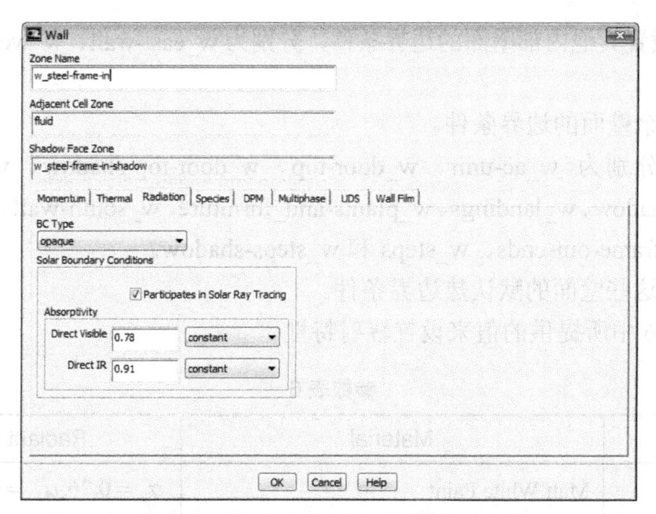

图 8-96　w_steel-frame-in 边界条件设置

（8）设置 w_north-wall 的边界条件。

① 单击 Thermal 选项卡，在 Thermal Conditions 下选择 Convection 单选按钮。

● 按表 8-5 进行参数的设置。

表 8-5　　　　参数表 5

参　数	值
Heat Transfer Coefficient(w/m2-k)	4
Free Stream Temperature(c)	20
Material Name	building-insulation
Wall Thickness(m)	0.1

② 单击 Radiation 选项卡。

对附表中提到的壁面，每个辐射特性的值都进行设置。

● 在 BC Type 下拉列表中选择 opaque 选项，并选中 Participates in Solar Ray Tracing 复选框。

● 在 Absorptivity 组合框中，对 Direct Visible 输入 0.26，对 Direct IR 输入 0.9。

设置后的对话框如图 8-97 所示，单击 OK 按钮，关闭 Wall 对话框。

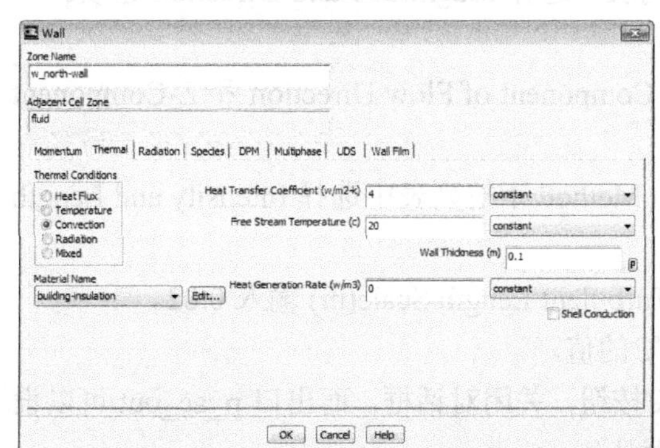

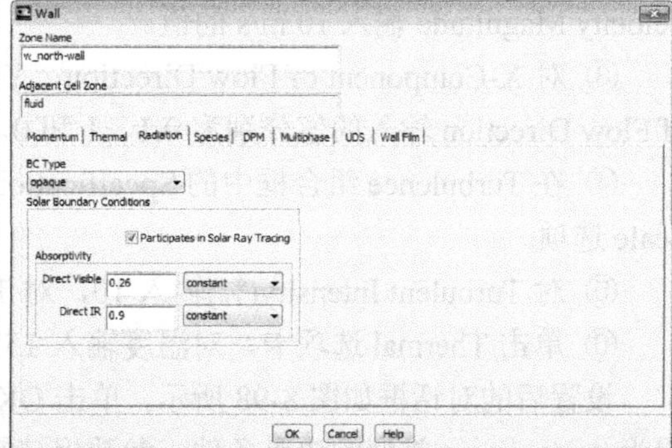

图 8-97　w_north-wall 边界条件设置

（9）类似地设置其他内部壁面的边界条件，分别为 w_east-wall、w_west-wall、w_room-walls 和 w_pillars。

（10）设置剩余壁面的边界条件。

剩余的壁面分别为 w_ac-unit、w_door-top、w_door-top-shadow、w_glass-barriers、w_glass-barriers-shadow、w_landings、w_plants-and_furniture、w_south-wall、w_steel-frame-in-shadow、w_steel-frame-out-ends、w_steps 和 w_steps-shadow。

① 保留所有这些壁面的默认热边界条件。

② 根据表 8-6 中所提供的值来设置辐射特性。

表 8-6 参数表 6

Surface	Material	Radiant Properties
Walls	Matt White Paint	$\alpha_V = 0.26, \alpha_{IR} = 0.9$
Flooring	Dark Grey Carpet	$\alpha_V = 0.81, \alpha_{IR} = 0.92$
Furnishings	Various, generally mid coloured matt	$\alpha_V = 0.75, \alpha_{IR} = 0.9$
Steel Frame	Dark gray gloss	$\alpha_V = 0.78, \alpha_{IR} = 0.91$
External Glass	Double glazed coated glass	$\alpha_V = 0.49, \alpha_{IR} = 0.49, \alpha_D = 0.49,$ $\tau_V = 0.3, \tau_{IR} = 0.3, \tau_D = 0.32$
Internal Glass	Single layer clear float glass	$\alpha_V = 0.09, \alpha_{IR} = 0.09, \alpha_D = 0.1,$ $\tau_V = 0.83, \tau_{IR} = 0.83, \tau_D = 0.75$

边界 w_ac-unit 和 w_plants-and_furniture 使用 Furnishings 辐射特性。边界 w_door-top、w_door-top-shadow 和 w_south-wall 使用 Walls 辐射特性。边界 w_glass-barriers 使用 Internal Glass 辐射特性。边界 w_landings、w_steps 和 w_steps-shadow 使用 Flooring 辐射特性。保留其余表面的默认辐射特性。

（11）设置空调设备的边界条件。

空调设备需要设置两个边界：入口 v_ac_in 和出口 p_ac_out。

① 打开 v_ac_in 边界的编辑对话框。

② 从 Velocity Specification Method 下拉列表中选择 Magnitude and Direction 选项。对 Velocity Magnitude 输入 10 m/s 的值。

③ 对 X-Component of Flow Direction、Y-Component of Flow Direction 和 Z-Component of Flow Direction 输入的值分别为 0.1、1 和 0。

④ 在 Turbulence 组合框中的 Specification Method 下拉列表中选择 Intensity and Length Scale 选项。

⑤ 对 Turbulent Intensity(%)输入 10，对 Turbulent Length Scale(m) 输入 0.02。

⑥ 单击 Thermal 选项卡，对温度输入 15℃的值。

设置后的对话框如图 8-98 所示，单击 OK 按钮，关闭对话框。而出口 p_ac_out 可以设置为 pressure out 类型的边界条件，参数保持默认。

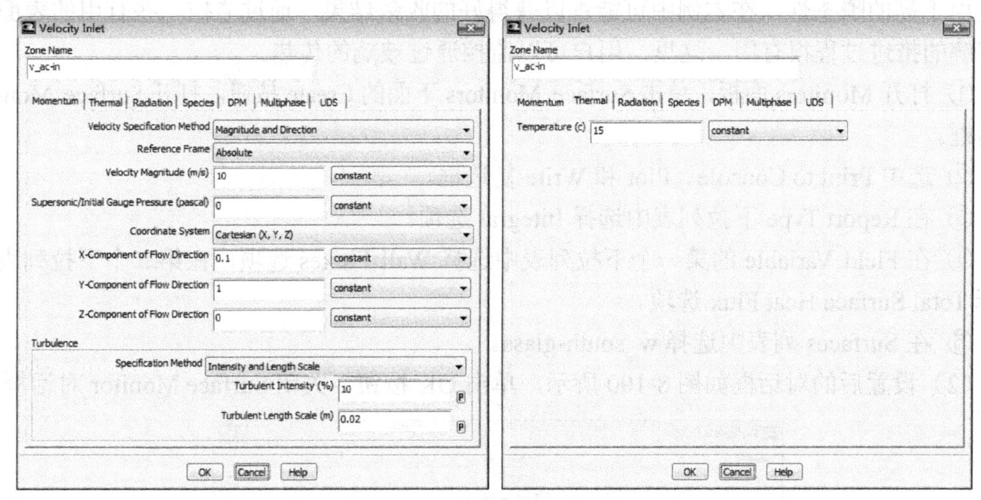

图 8-98 v_ac_in 边界条件设置

8.4.3 求解计算

1. 求解控制参数

（1）选择 Solution→Solution Methods 选项，在弹出的 Solution Methods 面板中对求解控制参数进行设置。

（2）设置求解方法。

① 打开 Solution Methods 面板，在 Scheme 下拉列表中选择 SIMPLE 选项。

② 在 Gradient 下拉列表中选择 Green-Gauss Node Based 选项。

③ Momentum、Turbulent Kinetic Energy 和 Turbulent Dissipation Rate 的离散格式均设置为 First Order Upwind。

④ 选择 Body Force Weighted 作为对 Pressure 的离散格式，自然对流问题本质上是不稳定的，在开始时使用一阶迎风离散格式进行求解比较好一些。设置后的面板如图 8-99 所示。

2. 设置求解松弛因子

（1）选择 Solution→Solution Controls 选项，在弹出的 Solution Controls 面板中对求解松弛因子进行设置。

（2）在 Under-Relaxation Factors 组合框中，对 Pressure 输入 0.3，对 Momentum 输入 0.2，对 Energy 输入 0.9。

用户可以使用初始的默认松弛因子求解该问题。输入的值能够保证在问题适当稳定时可以提供最佳的收敛速率。如果需要使用较大的松弛因子，建议 Momentum 为 0.3～0.5，Energy 为 0.8～0.9。

（3）单击 OK 按钮，关闭 Solution Controls 面板。

3. 设置收敛临界值

（1）选择 Solution→Monitors 选项，打开 Monitors 面板。

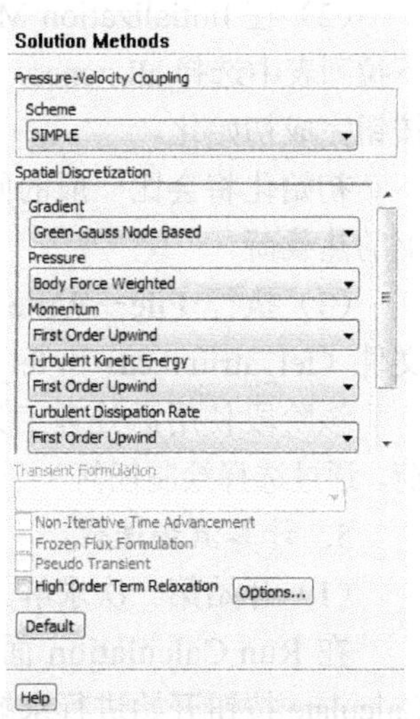

图 8-99 求解方法设置

由于高的瞬态性，在本例中可能难以获得好的收敛结果，通过监控一些有用的表面来观察解的推进过程很有用。这里，用户可以监控通过玻璃的传热。

① 打开 Monitors 面板，单击 Surface Monitors 下面的 Create 按钮，打开 Surface Monitor 对话框。

② 选中 Print to Console、Plot 和 Write 复选框。

③ 在 Report Type 下拉列表中选择 Integral 选项。

④ 在 Field Variable 的第一个下拉列表中选择 Wall Fluxes 选项，在第二个下拉列表中选择 Total Surface Heat Flux 选项。

⑤ 在 Surfaces 列表中选择 w_south-glass。

（2）设置后的对话框如图 8-100 所示，单击 OK 按钮，关闭 Surface Monitor 对话框。

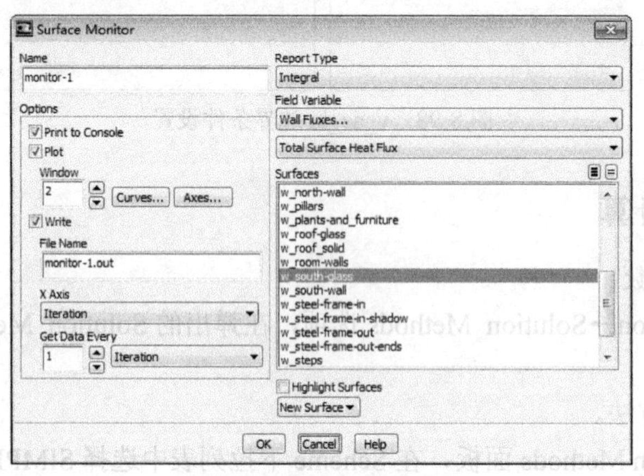

图 8-100　定义表面监控器

4. 设置流场初始化

（1）选择 Solution→Solution Initialization 选项，打开 Solution Initialization 面板进行初始化设置。

（2）在 Initialization Methods 下选中 Standard Initialization 单选按钮，在 Compute from 下拉列表中选择 all-zones，对 Temperature 输入 22，对所有剩余的参数输入 0，单击 Initialize 按钮完成初始化。

初始化将会比一般的问题占用稍长的时间，因为太阳加载模型要计算应用的所有表面上的热载荷。

（3）执行 File→Write→Case&Data 命令，保存工程和数据文件（fel_atrium.cas 和 fel_atrium.dat）。

该阶段使用后处理工具来检查每个表面上受到的太阳热载荷。通过选择绘制任何一个壁面热流的等值线都可以容易地实现。

5. 计算流场迭代

（1）开始第一次求解。

在 Run Calculation 面板中设置迭代步数为 1 000，单击 Calculate 按钮开始进行求解，如图 8-101 所示。

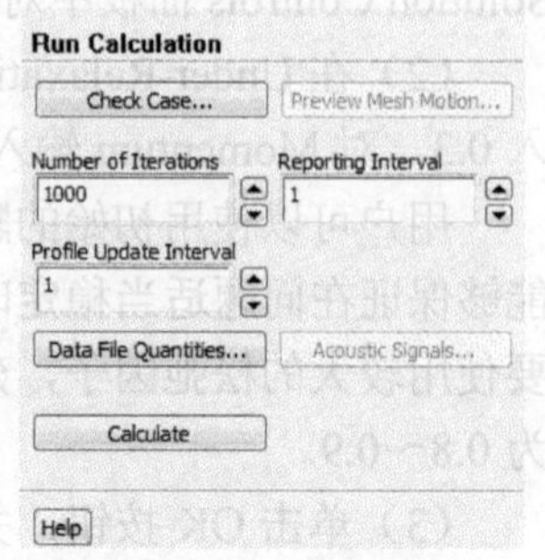

图 8-101　迭代求解

（2）迭代完成后，保存工程和数据文件（fel_atrium-1.cas 和 fel_atrium-1.dat）。

（3）加入辐射计算模型。

激活辐射模型来包括内部表面之间的辐射热交换。在检查初始结果后用户会见到更高的温度，尤其是在二楼。

① 激活 P1 或 S2S 辐射模型。

两个模型运行的速度相当，但 S2S 模型将使用几个小时来计算角系数。S2S 模型得到的结果更精确。

双击 Models 面板中的 Radiation-Off 选项，打开 Radiation Model 对话框，在 Model 列表中选中 Surface to Surface（S2S）模型，在 Iteration Parameters 下，将 Energy Iterations per Radiation Iteration 的值减小到 5，如图 8-102 所示。

单击 View Factors and Clustering 中的 Settings 按钮，在弹出的对话框中将 Faces per Surface Cluster for Flow Boundary Zones 设为 10，如图 8-103 所示。单击 Apply to All Walls 按钮，关闭对话框。

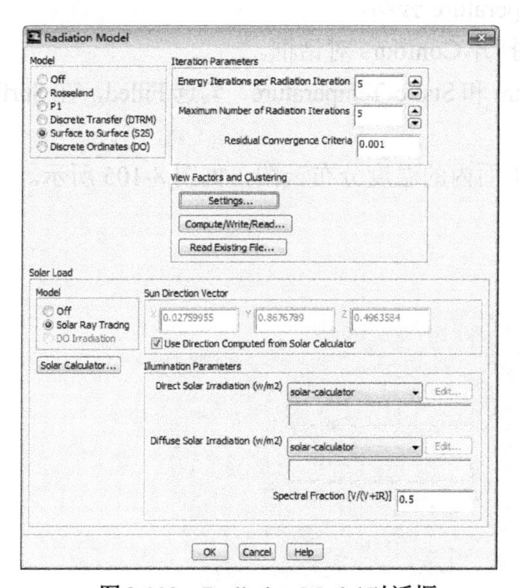

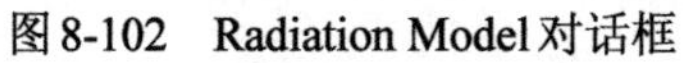
图 8-102 Radiation Model 对话框

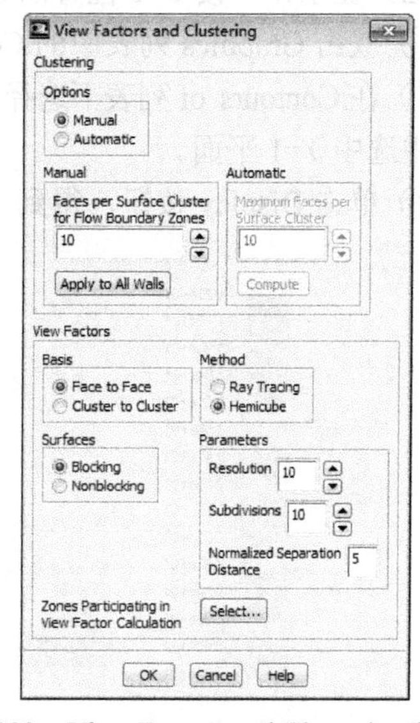

图 8-103 View Factors and Clustering 对话框

② 在 Boundary Conditions 面板上，对所有的 Wall boundaries 设置与 Direct IR absorptivity(α_{IR})相等的 Internal Emissivity。

③ 第二次求解，迭代 1 000 步。在 Run Calculation 面板中设置迭代步数为 1 000，单击 Calculate 按钮开始进行求解

④ 保存工程和数据文件（fel_atrium-p1.cas 和 fel_atrium-p1.dat）。

8.4.4 计算结果后处理及分析

（1）创建在位置 X=3.5 和 Y=1 处的等值面。

① 选择菜单 Surface→Iso-Surface，如图 8-104 所示。

② 弹出 Iso-Surface 对话框，在 Surface of Constant 的第一个下拉列表中选择 Mesh 选项，在第二个下拉列表中选择 X-Coordinate 选项，在 Iso-Values 中输入 3.5，即创建 X=3.5 的等值面。

③ 单击 Create 按钮。

④ 以同样方法创建 Y=1 的等值面。

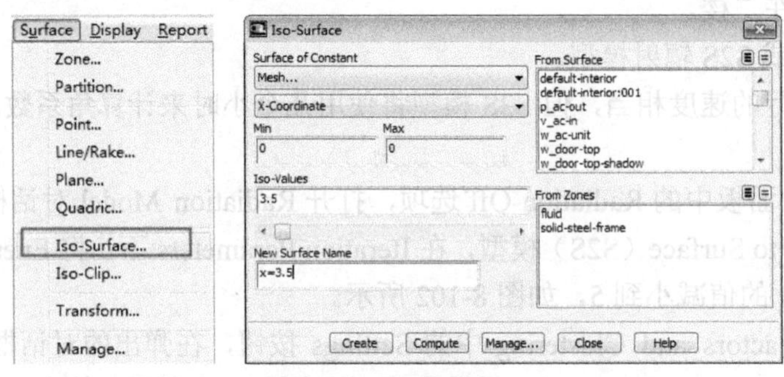

图 8-104　创建等值面

（2）显示在一楼 Y=1 位置的 Static Temperature 云图。

① 双击 Graphics 列表中的 Contours，打开 Contours 对话框。

② 在 Contours of 列表下选择 Temperature 和 Static Temperature，勾选 Filled，在 Surfaces 列表中选中 Y=1 平面。

③ 单击 Display 按钮，得到 Y=1 位置平面内的温度分布云图，如图 8-105 所示。

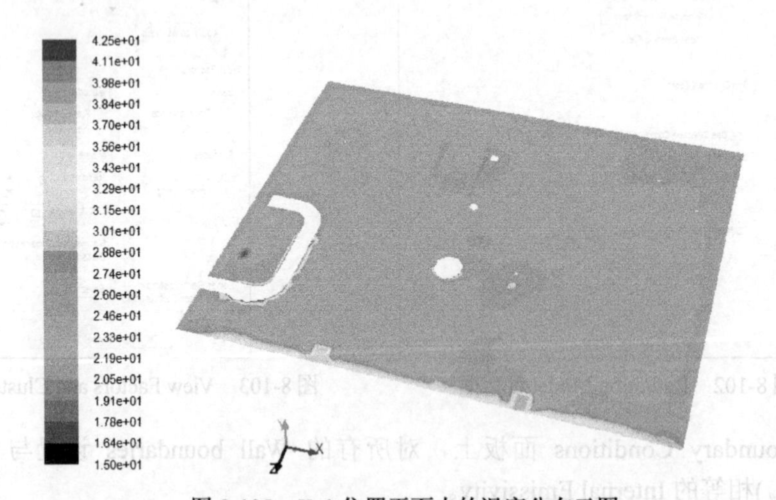

图 8-105　Y=1 位置平面内的温度分布云图

（3）显示 X=3.5 位置的 Static Temperature 云图。

① 双击 Graphics 列表中的 Contours，打开 Contours 对话框。

② 在 Contours of 列表下选择 Temperature 和 Static Temperature，勾选 Filled，在 Surfaces 列表中选中 X=3.5 平面。

③ 单击 Display 按钮，得到 X=3.5 位置平面内的温度分布云图，如图 8-106 所示。

（4）显示南墙及玻璃上的太阳热流。

① 双击 Graphics 列表中的 Contours，打开 Contours 对话框。

② 在 Contours of 列表下选择 Wall Fluxes 和 Solar Heat Flux，勾选 Filled，如图 8-107 所示。

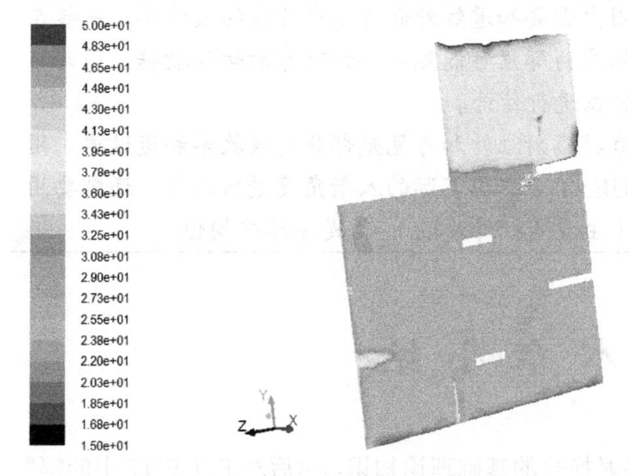

图 8-106　*X*=3.5 位置平面内的温度分布云图

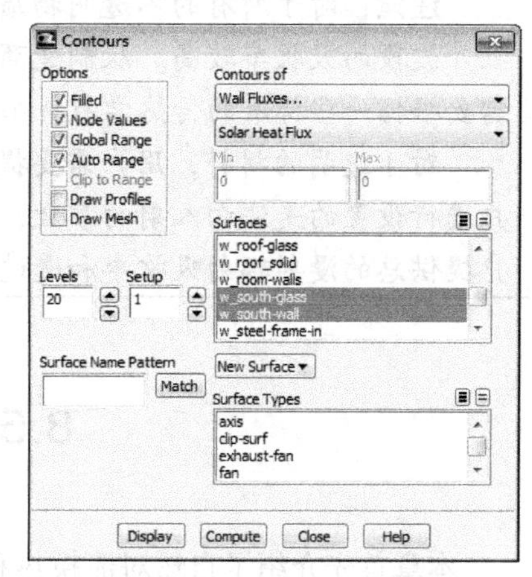

图 8-107　Contours 对话框

③ 单击 Display 按钮，得到南墙及玻璃上的太阳热流分布云图，如图 8-108 所示。

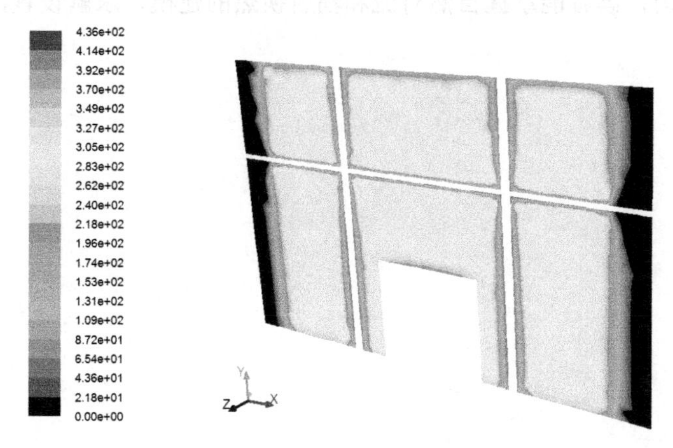

图 8-108　南墙及玻璃上的太阳热流分布云图

（5）显示南墙及玻璃上透过的太阳可见光热流分布云图，如图 8-109 所示。

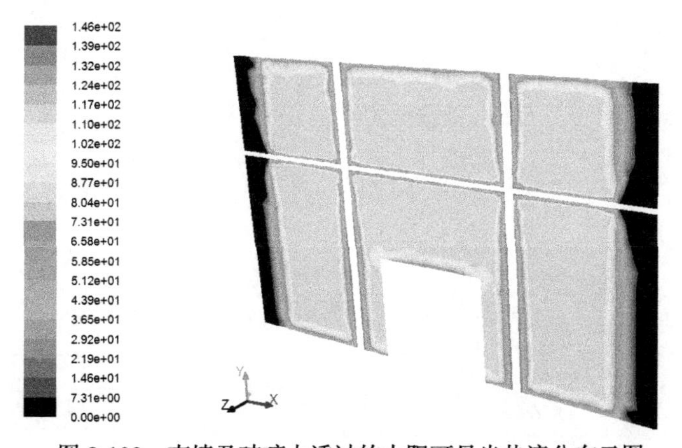

图 8-109　南墙及玻璃上透过的太阳可见光热流分布云图

注意：对于所有的不透明物质，用户需要知道红外和可见光波段的吸收率。一般在红外波段的吸收率较高。从制造商或供应商那里可能难以得到可靠的输入数据，因此，需要根据一些标准的传热学教科书的数据进行估计。

对于透明的材料，用户需要提供直接辐射红外和可见光部分的吸收率和透过率。用户进行设置的是法向入射的参数，FLUENT 会根据实际的入射角度进行调整。还需要用户提供总的漫射辐射吸收率和透过率（主要是红外波段），这是半球平均值。

8.5 本章小结

本章首先介绍了自然对流换热和辐射换热的基础理论知识，然后对 FLUENT 中的辐射模型进行了详细的介绍，并对求解过程的注意事项作了说明。接着对双方腔内自然对流过程和高温烟气管道内的对流辐射换热过程进行了数值模拟，并对结果进行了后处理。

通过本章的学习，读者能掌握自然对流和辐射换热的建模、求解设置，以及结果后处理方法等相关知识。

第 9 章　凝固和融化过程的数值模拟

在实际生活中经常会见到凝固和融化现象，并且在一些工程实际中也有大量与凝固和融化相关的问题。本章利用 FLUENT 16.0 中的凝固和融化模型，对冰块的融化过程进行数值模拟，通过这个模型的学习，读者能掌握凝固和融化模型的具体设置。

学习目标：

- 掌握凝固和融化数值模拟的基本过程；
- 通过实例掌握凝固和融化数值模拟的方法；
- 掌握设置凝固和融化问题边界条件的方法；
- 掌握凝固和融化问题计算结果的后处理，即分析方法。

9.1　凝固和融化模型概述

FLUENT 可用来求解包含凝固和融化的流体流动问题，这种凝固和融化现象既可以在一个特定的温度下发生，也可以在一个温度范围内发生。

液固模糊区域按多孔介质来处理，多孔部分等于液体所占份额，一个适当的动量“容器”被引入动量方程，以考虑因固体材料存在而引起的压降。在湍流方程中同样也引入了一个“容器”，以考虑在固体区域减少的多孔介质。

借助 FLUENT 的凝固和融化模型，可以计算纯金属及二元合金的液固凝结核融化，模拟连续的铸造过程、因空气间隙导致的固化材料与壁面之间的热接触阻抗，以及带有凝固和融化的组分传输等。

选择 Define→Models→Solidification & Melting 选项，弹出 Solidification and Melting 对话框，如图 9-1 所示。

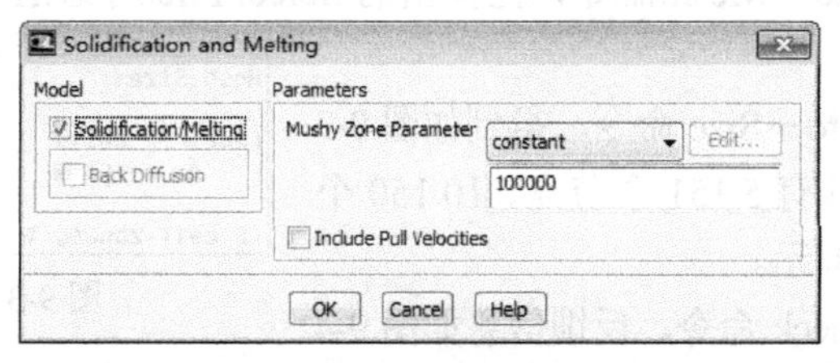

图 9-1　Solidification and Melting 对话框

选中 Solidification/Melting 复选框，同时需要给出 Mushy Zone Parameter 值，给出 10e + 4～10e + 7 中的一个数即可。激活该模型后，还需要在材料特性及边界条件中做相应设置。

9.2　冰融化过程的数值模拟

9.2.1　案例简介

FLUENT 中的 Solidification & Melting 模型可以模拟凝固融化过程。本案例对一块冰的融化过程进行数值模拟。

图 9-2 为简化后的二维图，其为一个方形容器，冰块放置在中间，初始时刻冰块温度为 270.15 K，4 个壁面温度都为 323.15 K，用数值模拟计算出其完全融化所需的时间。

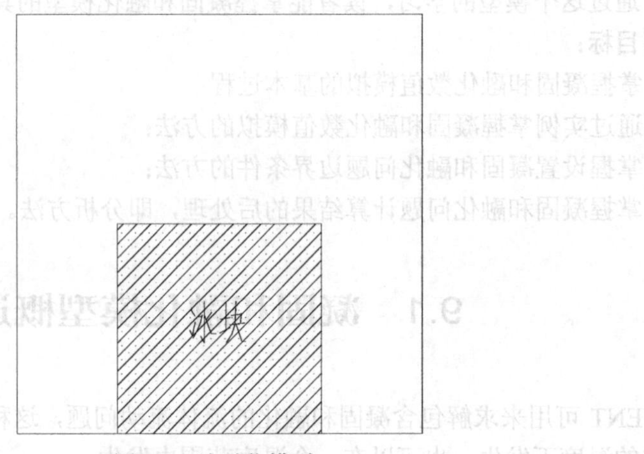

图 9-2　冰融化模型

9.2.2　FLUENT 求解计算设置

1．*启动 FLUENT-2D*

（1）双击桌面上的 FLUENT 16.0 图标，进入启动界面。

（2）选中 Dimension 中的 2D 单选按钮，取消选中 Display Options 下的 3 个复选框。

（3）其他保持默认设置，单击 OK 按钮进入 FLUENT 16.0 主界面。

2．*读入并检查网格*

（1）执行 File→Read→Mesh 命令，在弹出的 Select File 对话框中读入 melt.msh 二维网格文件。

（2）执行 Mesh→Info→Size 命令，得到如图 9-3 所示的模型网格信息：共有 5 151 个节点、10 150 个网格面和 5 000 个网格单元。

```
Mesh Size

Level    Cells    Faces    Nodes    Partitions
    0     5000    10150     5151             1

2 cell zones, 9 face zones.
```

图 9-3　网格数量信息

（3）执行 Mesh→Check 命令，反馈信息如图 9-4 所示。可以看到计算域二维坐标的上下限，检查最小体积和最小面积是否为负数。

3．*求解器参数设置*

（1）选择工作界面左边的项目树 Setup→General 选项，在出现的 General 面板中进行求解器的设置。

```
Domain Extents:
  x-coordinate: min (m) = -5.000000e-04, max (m) = 3.862461e-37
  y-coordinate: min (m) = -5.000000e-04, max (m) = 5.000000e-04
Volume statistics:
  minimum volume (m3): 9.999978e-11
  maximum volume (m3): 1.000004e-10
    total volume (m3): 5.000001e-07
Face area statistics:
  minimum face area (m2): 9.999989e-06
  maximum face area (m2): 1.000002e-05
Checking mesh.........................
Done.
```

图 9-4 FLUENT 网格信息

（2）单击面板中的 Scale 按钮，弹出 Scale Mesh 对话框。在 Mesh Was Created In 下拉列表中选择 mm，单击 Scale 按钮，在 View Length Unit In 下拉列表中选择 mm，如图 9-5 所示，单击 Close 按钮关闭对话框。

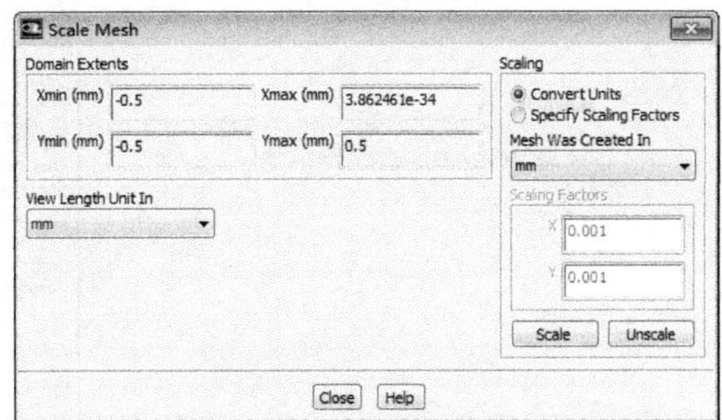

图 9-5 设置单位转换

（3）在 General 面板中选择 Time 下的 Transient 单选按钮，选中 Gravity 复选框，在 Y（m/s2）文本框中输入-9.8，其他保持默认设置，如图 9-6 所示。

（4）选择项目树 Setup→Models 选项，在弹出的 Models 面板中对求解模型进行设置。

（5）在 Models 面板中双击 Energy-Off 选项，如图 9-7 所示，弹出 Energy 对话框，选中 Energy Equation 复选框，如图 9-8 所示，单击 OK 按钮完成设置。

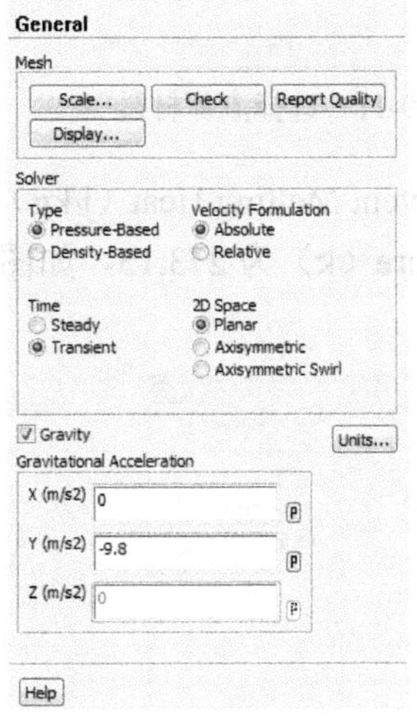

图 9-6 设置求解参数

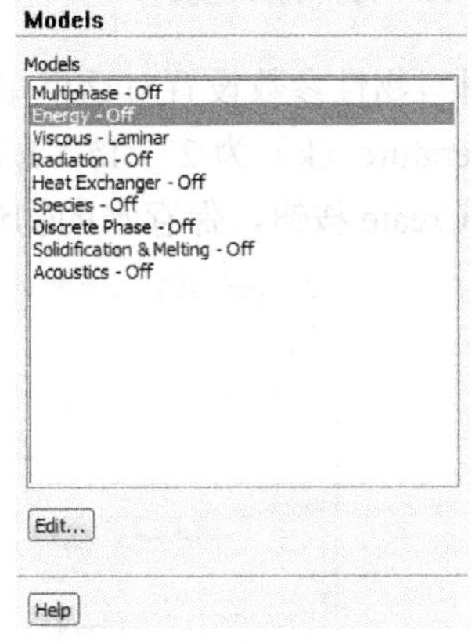

图 9-7 选择计算模型

（6）双击 Solidification & Melting-Off 选项，打开 Solidification and Melting 对话框，选中 Model 下的 Solidification/Melting 复选框，如图 9-9 所示，单击 OK 按钮完成设置。

4. 定义材料物性

（1）选择项目树 Setup→Materials 选项，在出现的 Materials 面板中对所需材料进行设置，如图 9-10 所示。

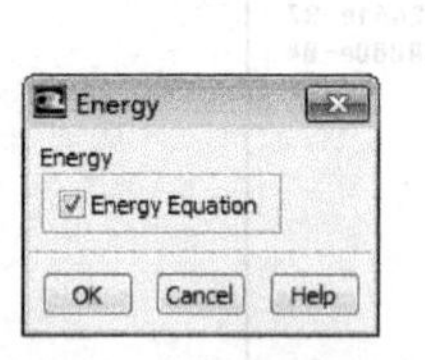

图 9-8　开启能量方程

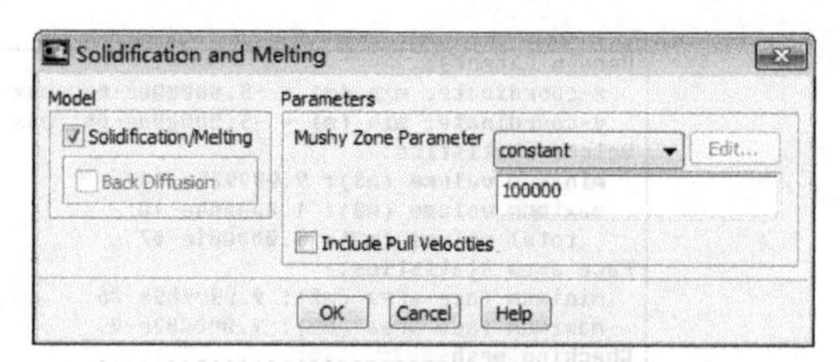

图 9-9　选择凝固融化模型

（2）双击 Materials 列表中的 Fluid 选项，弹出材料物性参数设置对话框。单击 Fluent Database 按钮，弹出 Fluent Database Materials 对话框，在 Fluent Fluid Materials 列表中选择 water-liquid（h2o<l>）选项，如图 9-11 所示，单击 Copy 按钮，回到材料物性参数设置对话框。

图 9-10　材料选择面板

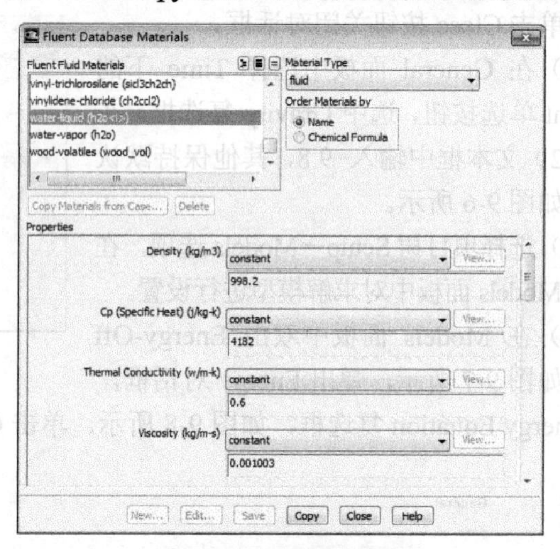

图 9-11　选择流体材料

（3）在材料物性参数设置对话框中，设置 Pure Solvent Melting Heat（j/kg）为 333 146，Solidus Temperature（k）为 273.15，Liquidus Temperature（k）为 273.15，如图 9-12 所示，单击 Change/Create 按钮，保存水的物性参数设置。

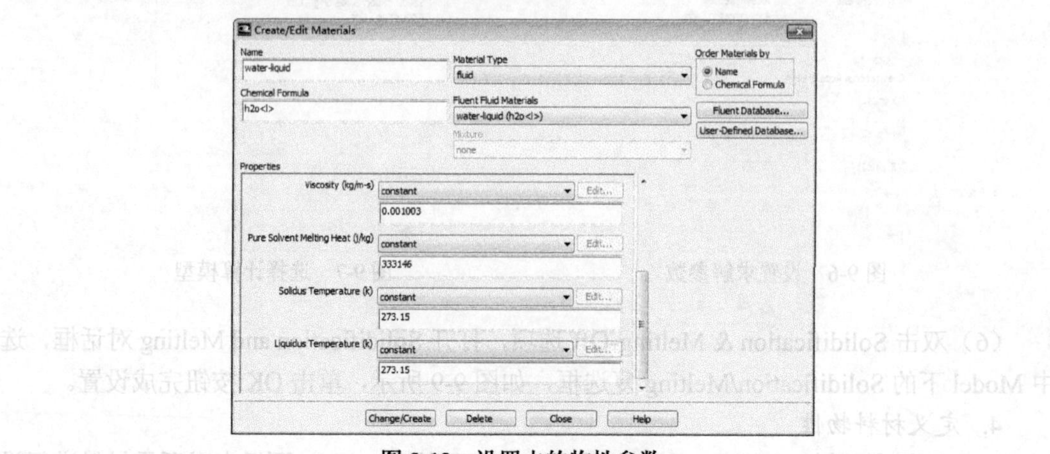

图 9-12　设置水的物性参数

5. 设置区域条件

（1）选择项目树 Setup→Cell Zone Conditions 选项，在弹出的 Cell Zone Conditions 面板中对区域条件进行设置，如图 9-13 所示。

（2）选择 Zone 列表中的 air 选项，单击 Edit 按钮，弹出 Fluid 对话框，在 Material Name 下拉列表中选择 air，如图 9-14 所示，单击 OK 按钮完成设置。

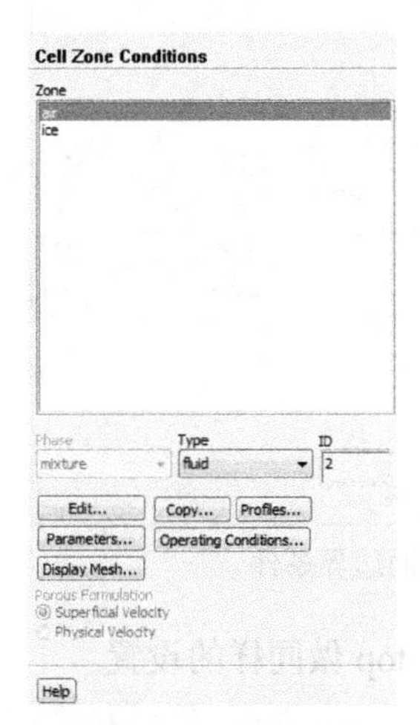

图 9-13　选择区域

图 9-14　区域属性设置 1

（3）重复上述操作，在 Cell Zone Conditions 面板的 Zone 列表中选择 ice，单击 Edit 按钮，弹出 Fluid 对话框，在 Material Name 下拉列表中选择 water-liquid，如图 9-15 所示，单击 OK 按钮完成设置。

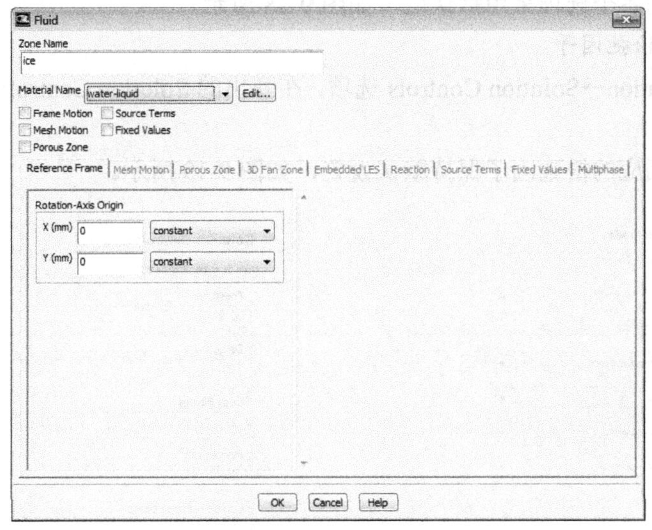

图 9-15　区域属性设置 2

6. 设置边界条件

（1）选择项目树 Setup→Boundary Conditions 选项，在打开的 Boundary Conditions 面板中对边界条件进行设置，如图 9-16 所示。

（2）双击 Zone 列表中的 wall_bottom 选项，弹出 Wall 对话框，选择 Thermal 选项卡，选中 Thermal Conditions 下的 Temperature 单选按钮，在 Temperature（k）文本框中输入 323.15，如图 9-17 所示。

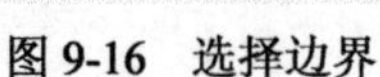
图 9-16　选择边界

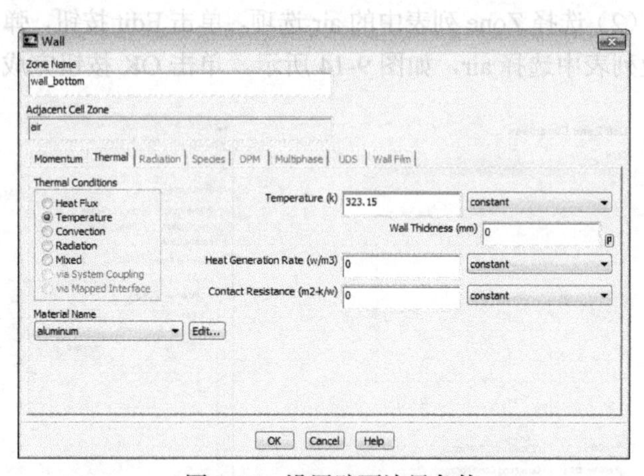

图 9-17　设置壁面边界条件

（3）重复上述操作，对 wall_bottom:010、wall_side 和 wall_top 做同样的设置。

9.2.3　求解计算

1. 求解控制参数

（1）选择 Solution→Solution Methods 选项，在弹出的 Solution Methods 面板中对求解控制参数进行设置。

（2）面板中的各个选项采用默认值，如图 9-18 所示。

2. 设置求解松弛因子

（1）选择 Solution→Solution Controls 选项，在弹出的 Solution Controls 面板中对求解松弛因子进行设置。

（2）面板中相应的松弛因子保持默认设置，如图 9-19 所示。

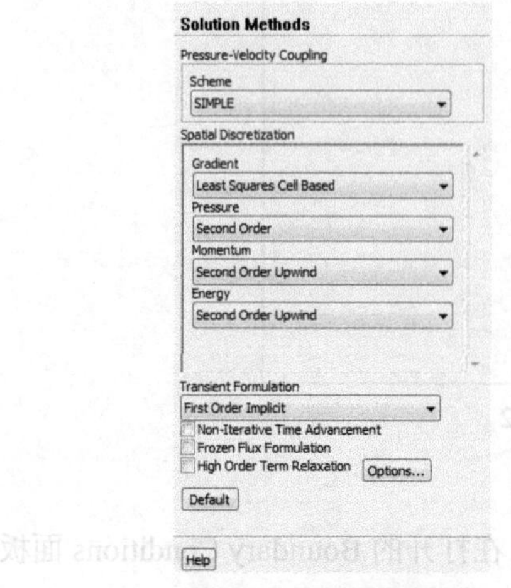

图 9-18　设置求解方法

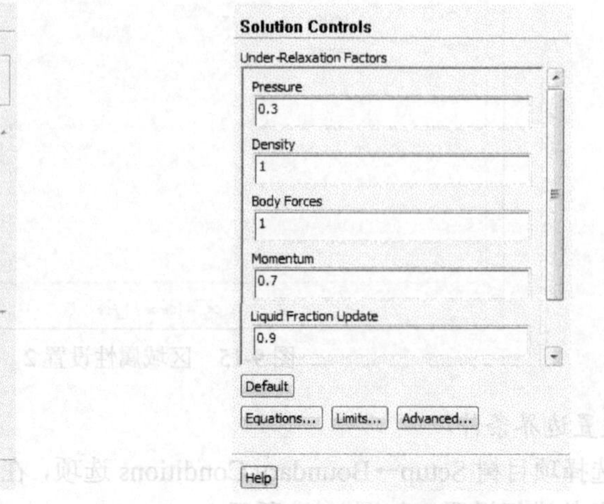

图 9-19　设置松弛因子

3. 设置收敛临界值

（1）选择 Solution→Monitors 选项，打开 Monitors 面板，如图 9-20 所示。

（2）双击 Monitors 面板中的 Residuals-Print，Plot 选项，打开 Residual Monitors 对话框，保持默认设置，如图 9-21 所示，单击 OK 按钮完成设置。

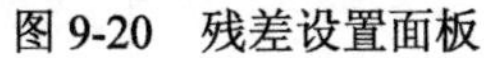

图 9-20 残差设置面板

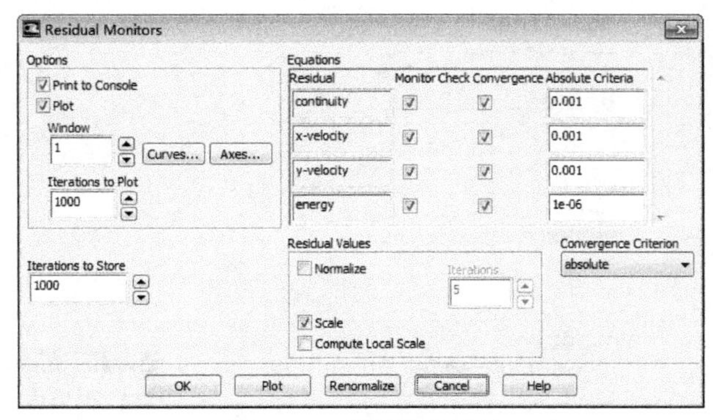

图 9-21 设置迭代残差

4. 设置流场初始化

（1）选择 Solution→Solution Initialization 选项，打开 Solution Initialization 面板进行初始化设置。

（2）在 Initialization Methods 下选中 Standard Initialization 单选按钮，在 Compute from 下拉列表中选择 all-zones，其他保持默认，单击 Initialize 按钮完成初始化，如图 9-22 所示。

（3）单击 Patch 按钮，弹出 Patch 对话框，在 Zones to Patch 列表中选择 ice 选项，在 Variable 列表中选择 Temperature 选项，在 Value（k）文本框中输入 270.15，如图 9-23 所示，单击 Patch 按钮，完成设置。

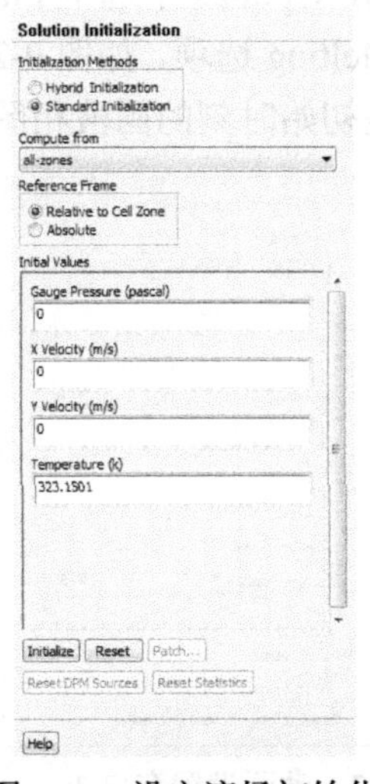

图 9-22 设定流场初始化

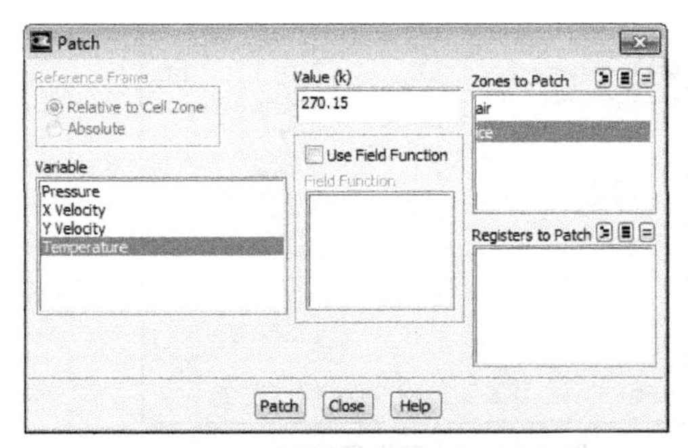

图 9-23 设置冰块初始温度

5. 动画设置

（1）选择 Solution→Calculation Activities 选项，打开 Calculation Activities 面板。

（2）在面板中设置 Autosave Every（Time Steps）为 3，表示每计算 3 个时间步长，保存一次数据，如图 9-24 所示。单击 Solution Animations 下的 Create/Edit 按钮，弹出 Solution Animation 对话框。

（3）在弹出的对话框中，设置 Animation Sequences 为 1，在 When 下拉列表中选择 Time Step 选项，如图 9-25 所示，单击 Define 按钮，弹出 Animation Sequence 对话框。

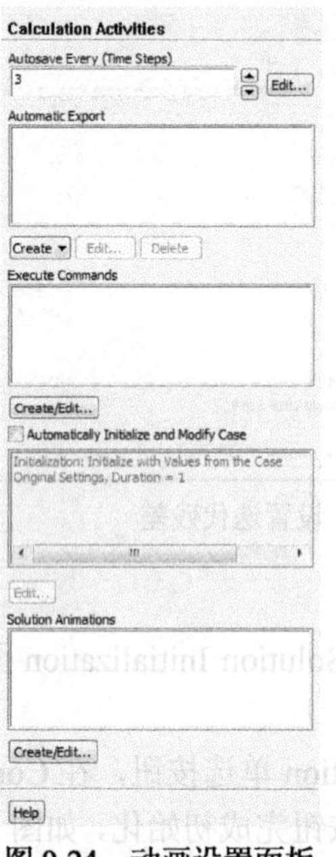

图 9-24　动画设置面板

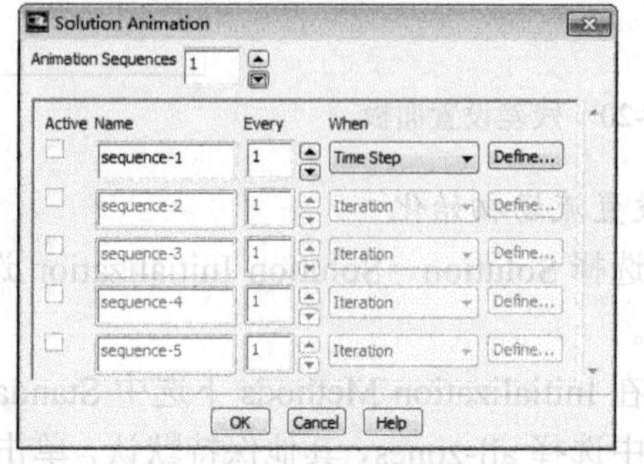

图 9-25　动画设置窗口 1

（4）在 Storage Type 下选中 In Memory 单选按钮，设置 Window 为 2。单击 Set 按钮，在 Display Type 下选中 Contours 单选按钮，如图 9-26 所示。

（5）选中 Contours 单选按钮后，弹出 Contours 对话框，在 Options 下选中 Filled 复选框，在 Contours of 下的第一个下拉列表中选择 Solidification/Melting 选项，如图 9-27 所示。单击 Display 按钮，动画监视窗口变为如图 9-28 所示，这就是初始时刻的固液相图。

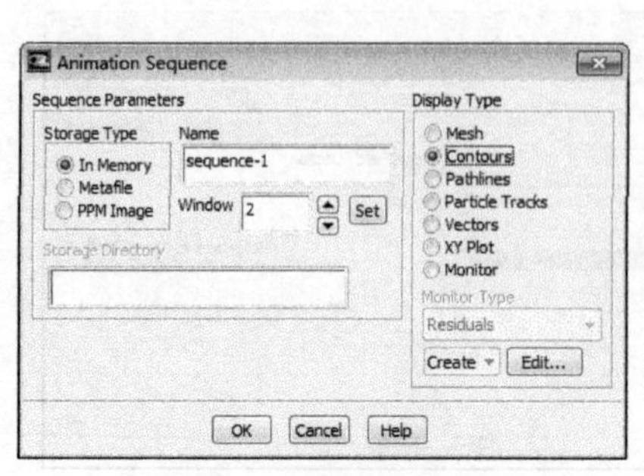

图 9-26　动画设置窗口 2

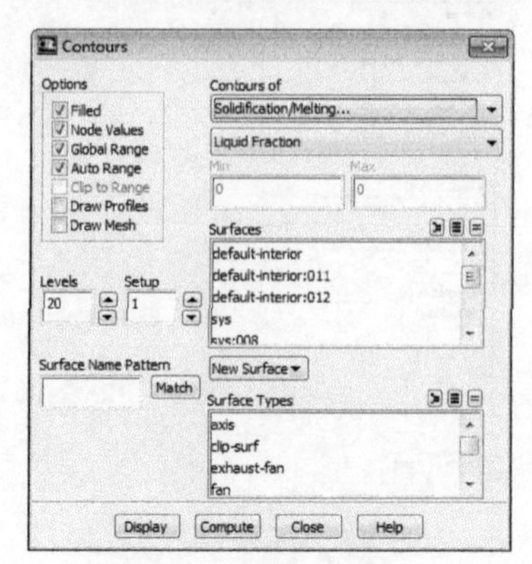

图 9-27　动画设置窗口 3

6. 迭代计算

（1）执行 File→Write→Case&Data 命令，弹出 Select File 对话框，保存为 melt.cas 和 melt.dat。

（2）选择 Solution→Run Calculation 选项，打开 Run Calculation 面板。

（3）设置 Time Step Size（s）为 1e-5，Number of Time Steps 为 10 000，其他保持默认设置，如图 9-29 所示。

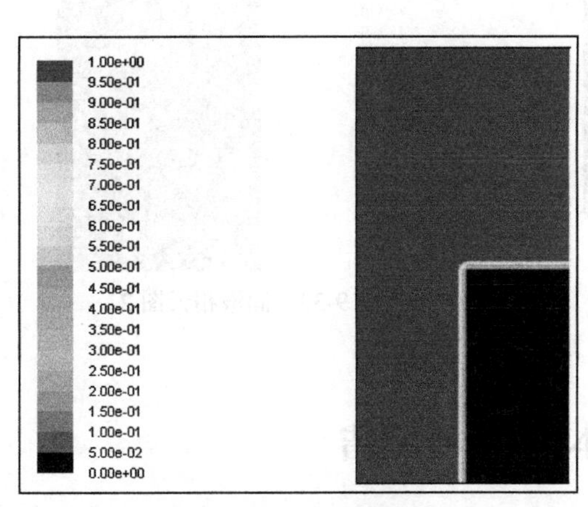

图 9-28 动画监视窗口

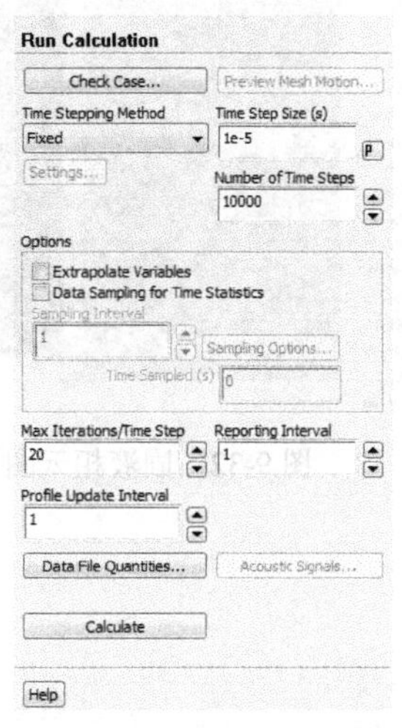

图 9-29 迭代设置对话框

（4）单击 Calculate 按钮进行迭代计算。

9.2.4 计算结果后处理及分析

（1）执行 File→Read→Data 命令，读入保存的数据文件 melt-1-00051.dat。

选择 Results→Graphics 选项，打开 Graphics and Animations 面板，如图 9-30 所示。

（2）双击 Graphics 列表中的 Contours 选项（或者选中 Contours 后单击 Set Up 按钮），打开 Contours 对话框，在 Contours of 下的第一个下拉列表中选择 Solidification/Melting 选项，如图 9-31 所示。单击 Display 按钮，弹出固液相云图窗口，如图 9-32 所示。此时，冰块刚刚开始融化，由于冰块底部直接与高温壁面接触，所以底部最先开始融化。

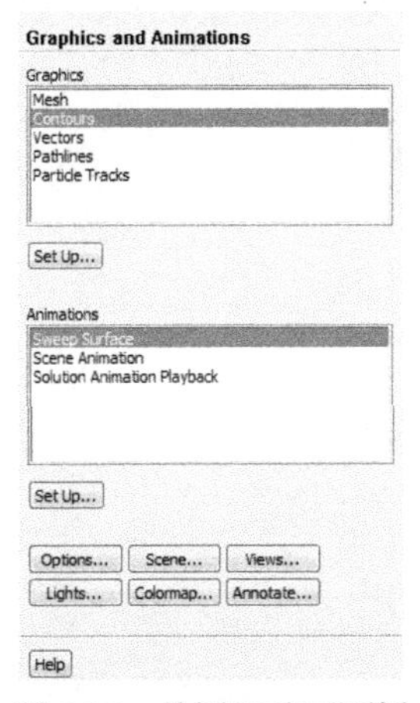

图 9-30 绘图和动画面板

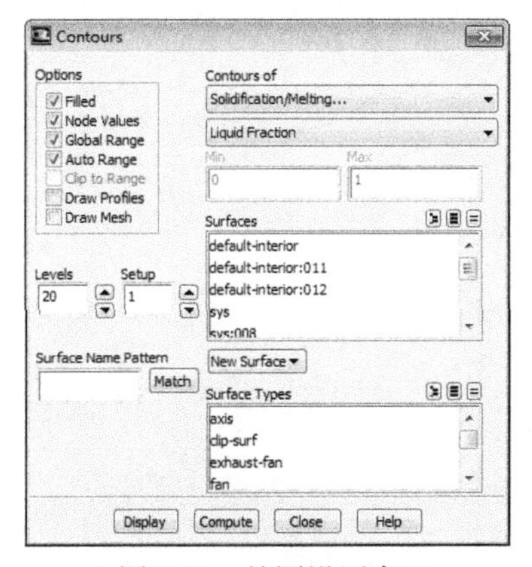

图 9-31 绘图设置窗口

（3）再次读入保存的数据文件 melt-11-00507.dat。重复上述操作，显示此时刻的固液相云图，如图 9-33 所示。此时，冰块已基本融化完毕。

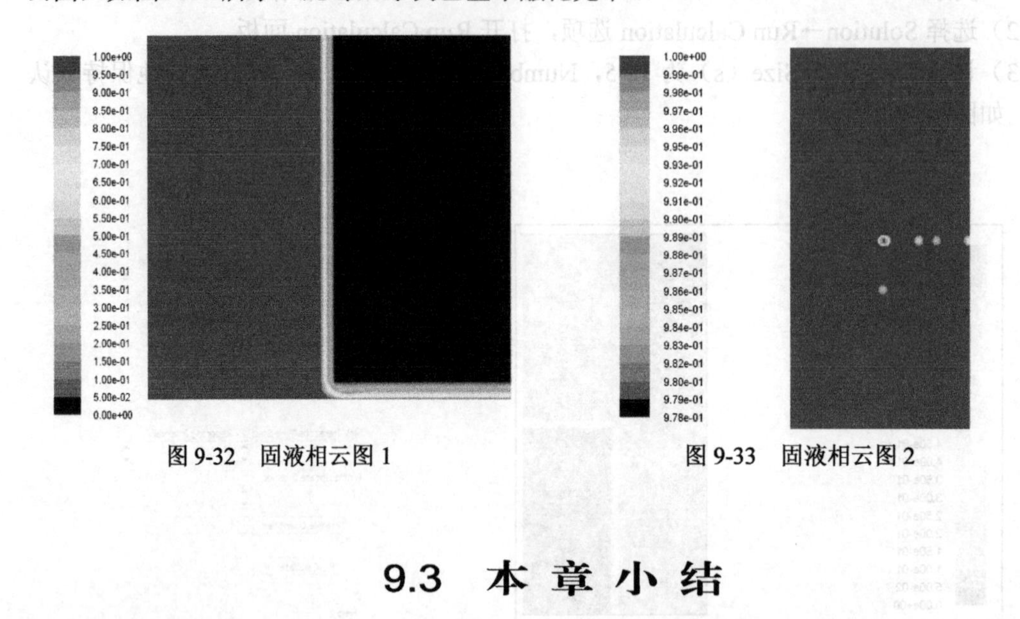

图 9-32 固液相云图 1　　　　图 9-33 固液相云图 2

9.3 本章小结

本章首先介绍了凝固融化模型的基础理论知识，然后对模拟设置过程中的注意事项进行了详细说明，最后通过一个实例对冰的融化过程进行了数值模拟，并对结果进行了后处理和分析说明。

通过本章的学习，读者可以熟练掌握和运用凝固融化模型，学会对结果进行后处理和分析，以及与实际情况进行对比分析。

第 10 章　多相流模型的数值模拟

本章主要介绍 FLUENT 中的多相流模型。首先介绍多相流的概念，然后通过对 5 个算例的详细讲解，使读者能够掌握利用 FLUENT 求解简单的多相流问题。

学习目标：

- 掌握 VOF 模型的应用；
- 掌握 Mixture 模型的应用；
- 掌握 Eulerian 模型的应用；
- 学会计算模型后处理的 3 种方法和结果分析。

10.1　多相流概述

自然界和工程问题中会遇到大量的多相流动。物质一般具有气态、液态和固态三相，但是在多相流系统中，相的概念具有更为广泛的意义。在通常所指的多相流动中，相可以定义为具有相同类别的物质，该类物质在所处的流动中具有特定的惯性响应并与流场相互作用。

例如，相同材料的固体物质颗粒如果具有不同尺寸，就可以把它们看成不同的相，因为相同尺寸粒子的集合对流场有相似的动力学响应。下面介绍 FLUENT 中的多相流模型。

FLUENT 软件是多相流建模方面的领导者，其丰富的模拟能力可以帮助设计者洞察设备内那些难以探测的现象，如 Eulerian 多相流模型通过分别求解各相的流动方程来分析相互渗透的各种流体或各相流体，对颗粒相流体，则采用特殊的物理模型进行模拟。很多情况下，占用资源较少的 Mixture 模型也用来模拟颗粒相与非颗粒相的混合。

FLUENT 可用来模拟三相混合流（液、颗粒、气），如泥浆气泡柱和喷淋床。可以模拟相间传热和相间传质的流动，使得对均相及非均相的模拟成为可能。

计算流体力学的发展为深入了解多相流动提供了基础。目前有两种处理多相流的数值计算方法：欧拉—拉格朗日方程和欧拉—欧拉方程。

FLUENT 中的拉格朗日离散相模型遵循欧拉—拉格朗日方程。流体相被处理为连续相，直接求解时均纳维—斯托克斯方程，而离散相是通过计算流场中大量的粒子、气泡或是液滴的运动得到的。离散相和流体相之间可以有动量、质量和能量的交换。该模型的一个基本假设是，作为离散的第二相的体积比率应很低，即便如此，较大的质量加载率仍能满足。

粒子或液滴运行轨迹的计算是独立的，它们被安排在流相计算的指定间隙完成。这样的处理能较好地符合喷雾干燥、煤和液体燃料燃烧，以及一些粒子负载流动，但是不适用于流—流混合物、流化床和其他第二相体积率等不容忽略的情形。

FLUENT 中的欧拉—欧拉多相流模型遵循欧拉—欧拉方程，不同的相被处理成互相贯穿的连续介质。由于一种相所占的体积无法再被其他相占有，故引入相体积率（phasic volume fraction）的概念。体积率是时间和空间的连续函数，各相的体积率之和等于 1。

从各相的守恒方程可以推导出一组方程，这些方程对于所有的相都具有类似的形式。从实验得到的数据可以建立一些特定的关系，从而能使上述方程封闭。另外，对于小颗粒流，则可以通过应用分子运动论的理论使方程封闭。

在 FLUENT 中，共有 3 种欧拉—欧拉多相流模型，分别为流体体积（VOF）模型、欧拉（Eulerian）模型以及混合物（Mixture）模型。

VOF 模型是一种在固定的欧拉网格下的表面跟踪方法。当需要得到一种或多种互不相融流体间的交界面时，可以采用这种模型。在 VOF 模型中，不同的流体组分共用一套动量方程，计算时在全流场的每个计算单元内，都记录下各流体组分所占有的体积率。

VOF 模型的应用例子包括分层流、自由面流动、灌注、晃动、液体中大气泡的流动、水坝决堤时的水流、对喷射衰竭（jet breakup）表面张力的预测，以及求得任意液—气分界面的稳态或瞬时分界面。

欧拉模型是 FLUENT 中最复杂的多相流模型。它建立了一套包含 n 个动量方程和连续方程的方程组来求解每一相。压力项和各界面交换系数是耦合在一起的。耦合的方式则依赖于所含相的情况，颗粒流（流—固）的处理与非颗粒流（流—流）是不同的。

对于颗粒流，可应用分子运动理论来求得流动特性。不同相之间的动量交换也依赖于混合物的类别。通过 FLUENT 用户自定义函数（user-defined functions），可以自己定义动量交换的计算方式。欧拉模型的应用包括气泡柱、上浮、颗粒悬浮以及流化床。

混合物模型可用于两相流或多相流（流体或颗粒）。因为在欧拉模型中，各相被处理为互相贯通的连续体，混合物模型求解的是混合物的动量方程，并通过相对速度来描述离散相。混合物模型的应用包括低负载的粒子负载流、气泡流、沉降以及旋风分离器。混合物模型也可用于没有离散相相对速度的均匀多相流。

FLUENT 标准模块中还包括许多其他的多相流模型，对于其他的一些多相流流动，如喷雾干燥器、煤粉高炉、液体燃料喷雾，可以使用离散相模型（DPM）。

解决多相流问题的第一步，就是从各种模型中挑选出最能符合实际流动的模型。这里将根据不同模型的特点，给出挑选恰当模型的最基本原则：对于体积率小于 10%的气泡、液滴和粒子负载流动，采用离散相模型；对于离散相混合物或者单独的离散相体积率超出 10%的气泡、液滴和粒子负载流动，采用混合物模型或者欧拉模型；对于活塞流和分层/自由面流动，采用 VOF 模型；对于气动输运，如果是均匀流动，则采用混合物模型，如果是粒子流，则采用欧拉模型；对于流化床，采用欧拉模型模拟粒子流；对于泥浆流和水力输运，采用混合物模型或欧拉模型；对于沉降，采用欧拉模型。

对于更加一般的，同时包含若干种多相流模式的情况，应根据最感兴趣的流动特征，选择合适的流动模型。此时由于模型只是对部分流动特征做了较好的模拟，其精度必然低于只包含单个模式的流动。

选择项目树 Setup→Models→Multiphase-Off 选项，弹出 Multiphase Model 对话框，从中选择不同的多相流模型，如图 10-1 所示。

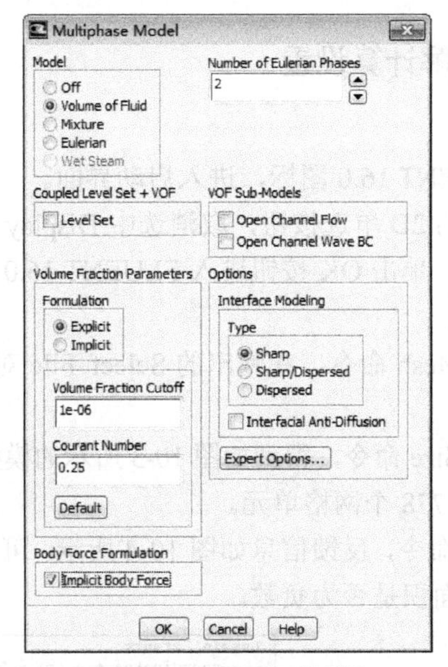

图 10-1 多相流对话框

选择某种多相流模型之后，对话框会进一步展开，以包含相应模型的有关参数。

10.2 孔口自由出流的数值模拟

10.2.1 案例简介

本案例主要是对孔口射流过程进行数值模拟。如图 10-2 所示，左右两侧是两个高 2 m，宽 1 m 的二维方腔，中间通过一根细管道相连。初始时刻，左边方腔有深 1.5 m 的水，右侧方腔为空，水在自身重力下通过细管流入右边方腔。

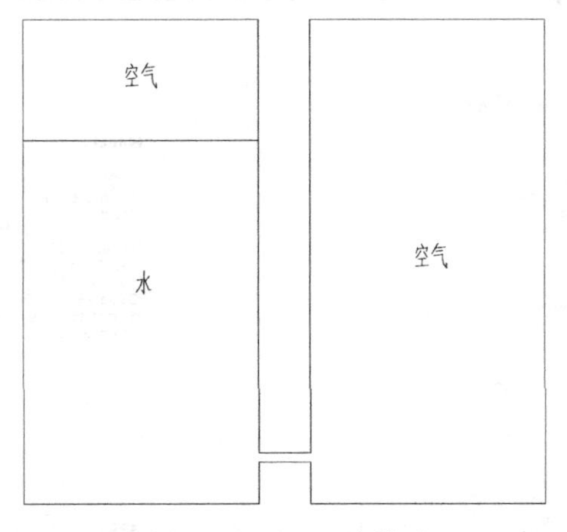

图 10-2 孔口出流模型

通过模拟，可以得到整个流动过程的速度场、压力场和气液相图。

10.2.2　FLUENT 求解计算设置

1. *启动* FLUENT-2D

（1）双击桌面上的 FLUENT 16.0 图标，进入启动界面。

（2）选中 Dimension 中的 2D 单选按钮，取消选中 Display Options 下的 3 个复选框。

（3）其他保持默认设置，单击 OK 按钮进入 FLUENT 16.0 主界面。

2. *读入并检查网格*

（1）执行 File→Read→Mesh 命令，在弹出的 Select File 对话框中读入 jet_flow.msh 二维网格文件。

（2）执行 Mesh→Info→Size 命令，得到如图 10-3 所示的模型网格信息：共有 11 144 个节点、21 921 个网格面和 10 778 个网格单元。

（3）执行 Mesh→Check 命令，反馈信息如图 10-4 所示。可以看到计算域二维坐标的上下限，检查最小体积和最小面积是否为负数。

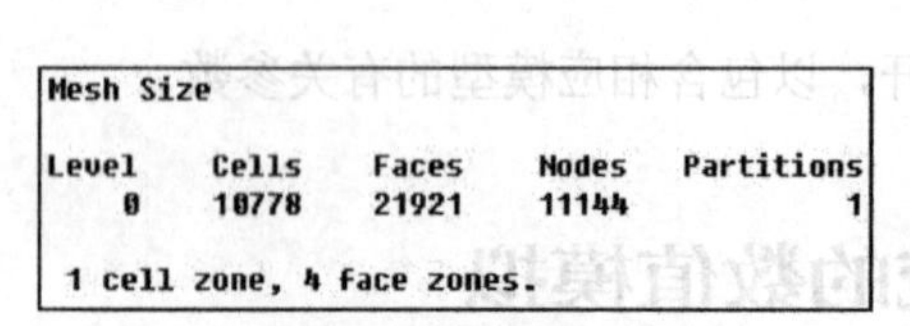

```
Mesh Size

Level    Cells    Faces    Nodes    Partitions
    0    10778    21921    11144             1

 1 cell zone, 4 face zones.
```

图 10-3　网格数量信息

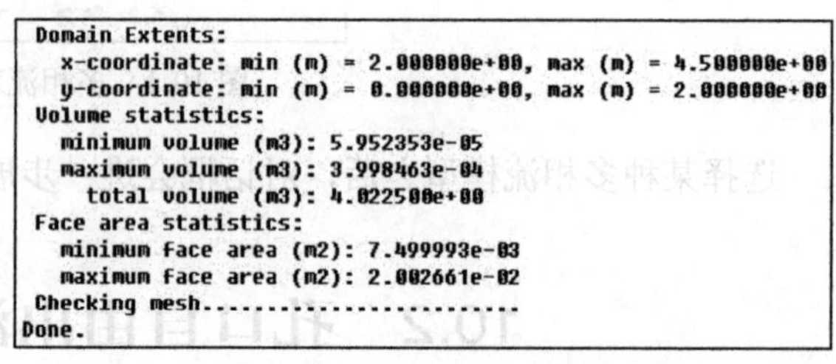

```
Domain Extents:
   x-coordinate: min (m) = 2.000000e+00, max (m) = 4.500000e+00
   y-coordinate: min (m) = 0.000000e+00, max (m) = 2.000000e+00
Volume statistics:
   minimum volume (m3): 5.952353e-05
   maximum volume (m3): 3.998463e-04
     total volume (m3): 4.022500e+00
Face area statistics:
   minimum face area (m2): 7.499993e-03
   maximum face area (m2): 2.002661e-02
Checking mesh.........................
Done.
```

图 10-4　FLUENT 网格信息

3. *设置求解器参数*

（1）选择工作界面左边的项目树 Setup→General 选项，在出现的 General 面板中进行求解器的设置。

（2）在 General 面板中开启重力加速度。选中 Gravity 复选框，在 Y（m/s2）文本框中输入−9.8，在 Time 下选中 Transient 单选按钮，其他求解参数保持默认设置，如图 10-5 所示。

（3）选择项目树 Setup→Models 选项，对求解模型进行设置，如图 10-6 所示。

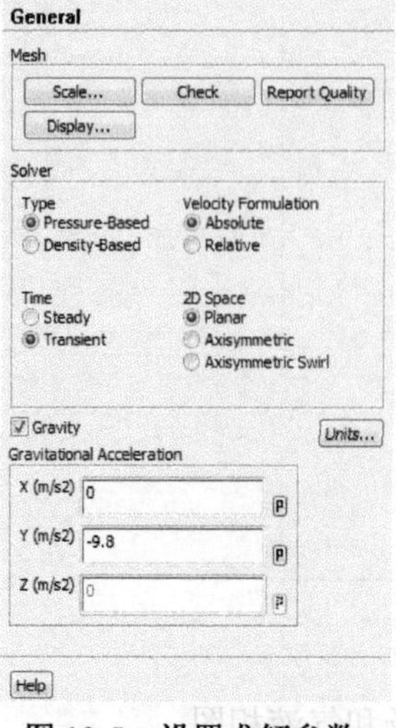

图 10-5　设置求解参数

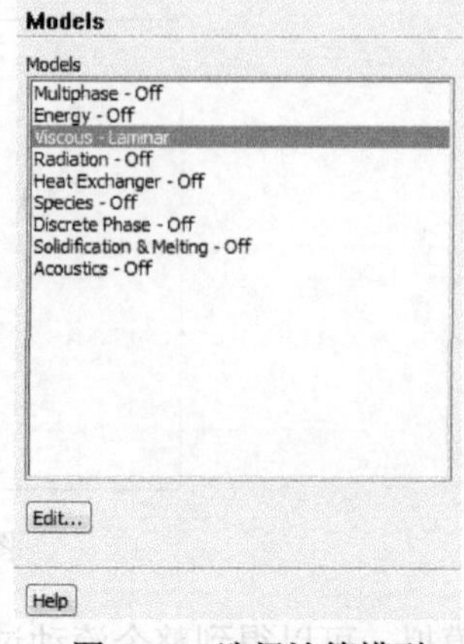

图 10-6　选择计算模型

（4）双击 Models 中的 Viscous-Laminar 选项（或选中 Viscous-Laminar 后单击 Edit 按钮），打开 Viscous Model 对话框。

（5）在 Model 下选中 k-epsilon（2 eqn）单选按钮，其他保持默认设置，如图 10-7 所示，单击 OK 按钮，启动 *k-ε*湍流方程。

（6）再次回到 Models 面板，双击 Multiphase-Off 选项，打开 Multiphase Model 对话框。选中 Model 下的 Volume of Fluid 单选按钮，选中 Body Force Formulation 下的 Implicit Body Force 复选框，Number of Eulerian Phases 设置为 2，如图 10-8 所示，单击 OK 按钮，完成设置。

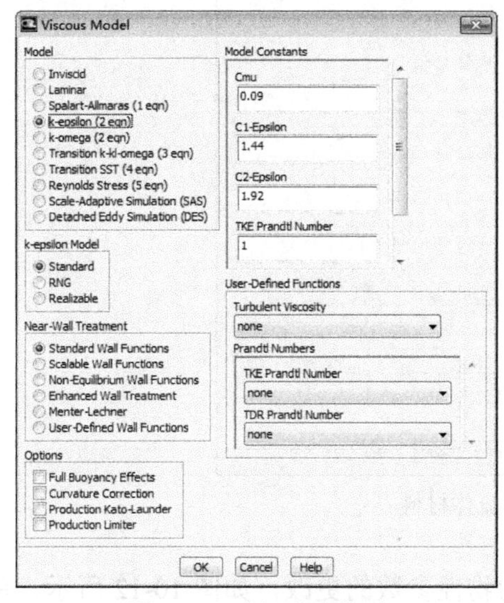

图 10-7　选择湍流模型

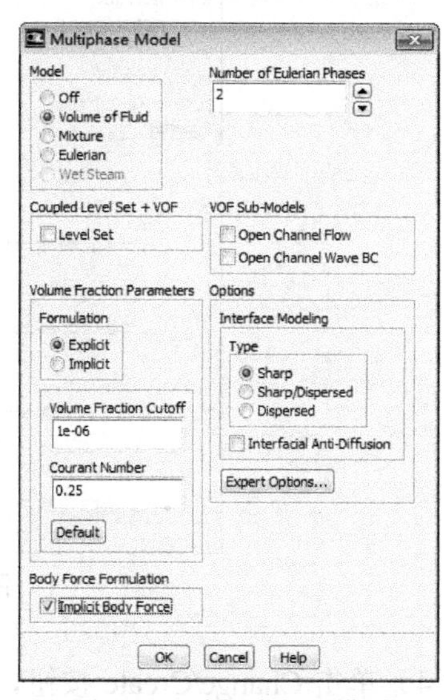

图 10-8　选择多相流模型

4. 定义材料物性

（1）选择项目树 Setup→Materials 选项，在出现的 Materials 面板中对所需材料进行设置，如图 10-9 所示。

（2）双击 Materials 列表中的 Fluid 选项，弹出材料物性参数设置对话框，如图 10-10 所示。

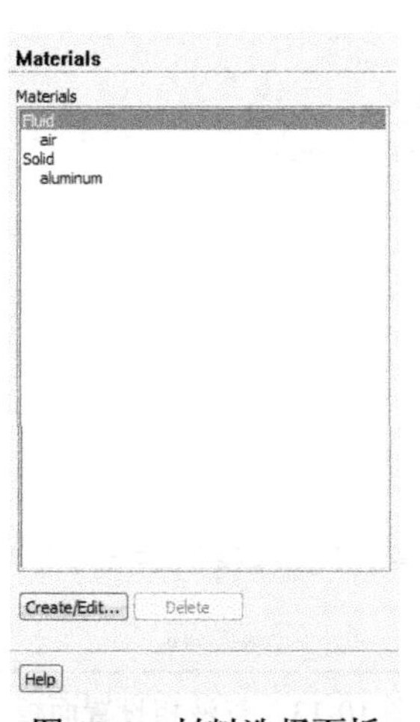

图 10-9　材料选择面板

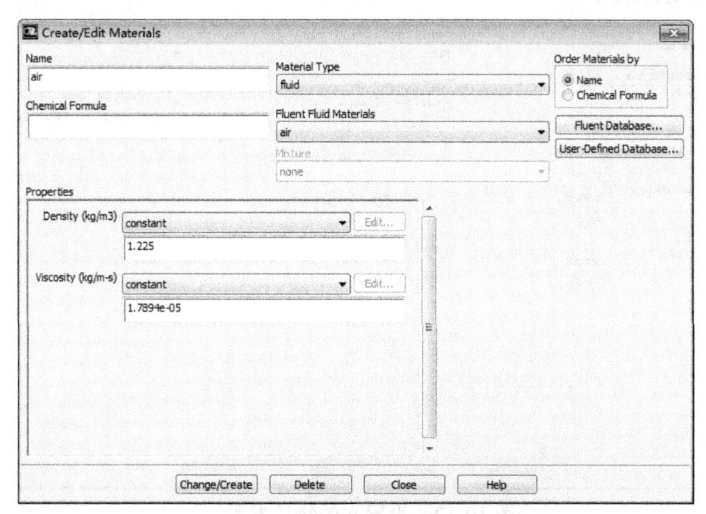

图 10-10　材料物性参数设置对话框

（3）在材料物性参数设置对话框中，单击 Fluent Database 按钮，打开 Fluent Database Materials 对话框，在 Fluent Fluid Materials 列表中选择 water-liquid（h2o<1>）选项，如图 10-11 所示，单击 Copy 按钮，复制水的物性参数。

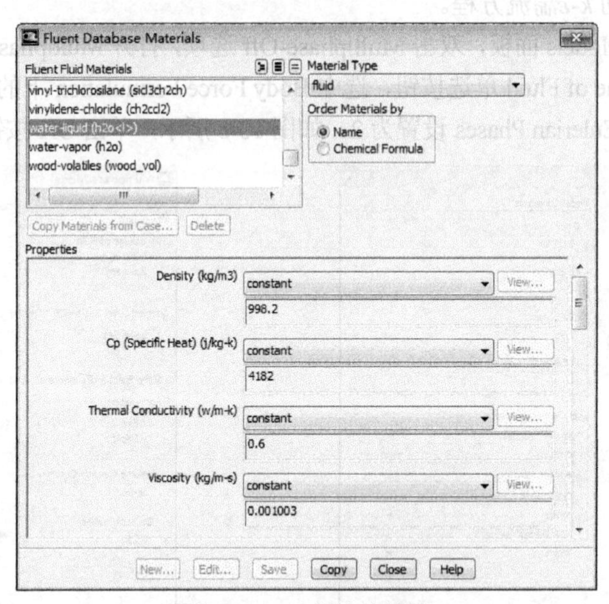

图 10-11　选择流体材料

（4）单击 Change/Create 按钮，保存对水的物性参数的更改，如图 10-12 所示，单击 Close 按钮关闭对话框。

5. 设置两相属性

（1）选择项目树 Setup→Models→Multiphase→Phases 选项，在出现的 Phases 面板中对所需材料进行设置，如图 10-13 所示。

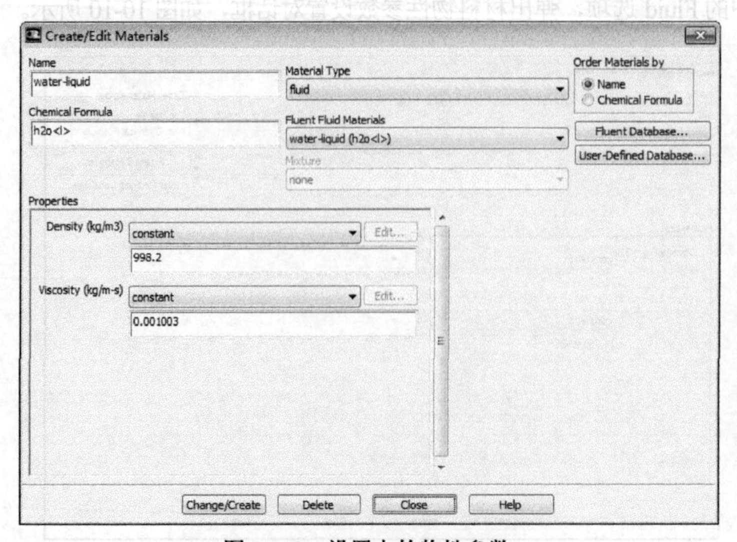

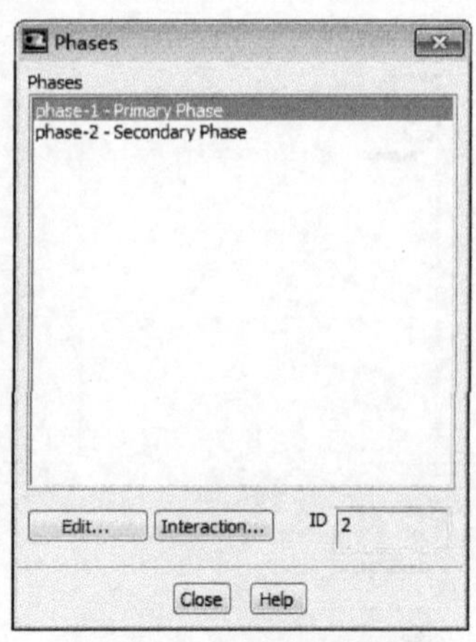

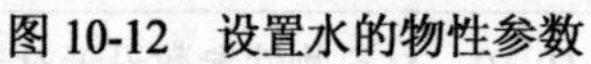

图 10-12　设置水的物性参数　　　　图 10-13　气液相设置面板

（2）双击 Phases 列表中的 phase-1-Primary Phase 选项，打开 Primary Phase 对话框，在 Name 文本框中输入 air，在 Phase Material 右侧的下拉列表中选择 air 选项，如图 10-14 所示。

（3）双击 Phases 面板的 Phases 列表中的 phase-2-Secondary Phase 选项，打开 Secondary Phase 对话框，在 Name 文本框中输入 water，在 Phase Material 右侧的下拉列表中选择 water-liquid 选项，如图 10-15 所示。

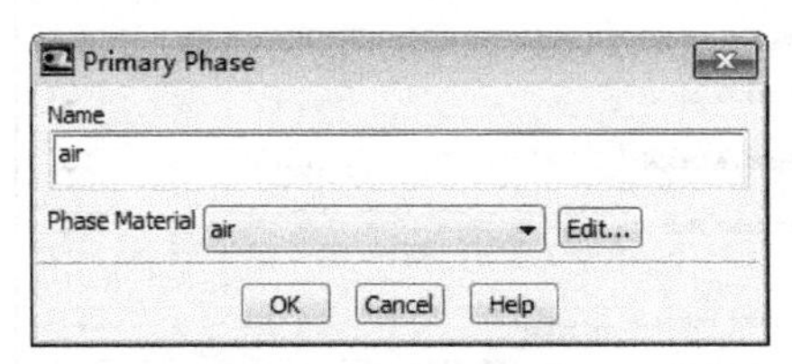

图 10-14 设置气相

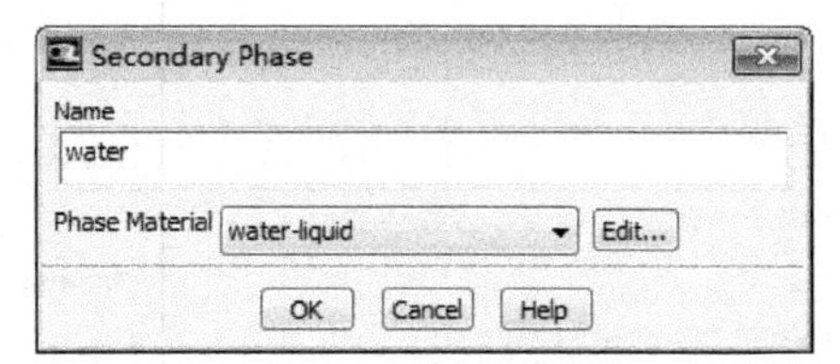

图 10-15 设置液相

（4）选择项目树 Models→Multiphase（Volume of Fluid）→Phases Interaction 选项，弹出 Phase Interaction 对话框，选择 Surface Tension 选项卡，选中 Surface Tension Force Modeling 复选框，气液的表面张力设为常数 constant，在文本框中输入 0.075，如图 10-16 所示，单击 OK 按钮完成设置。

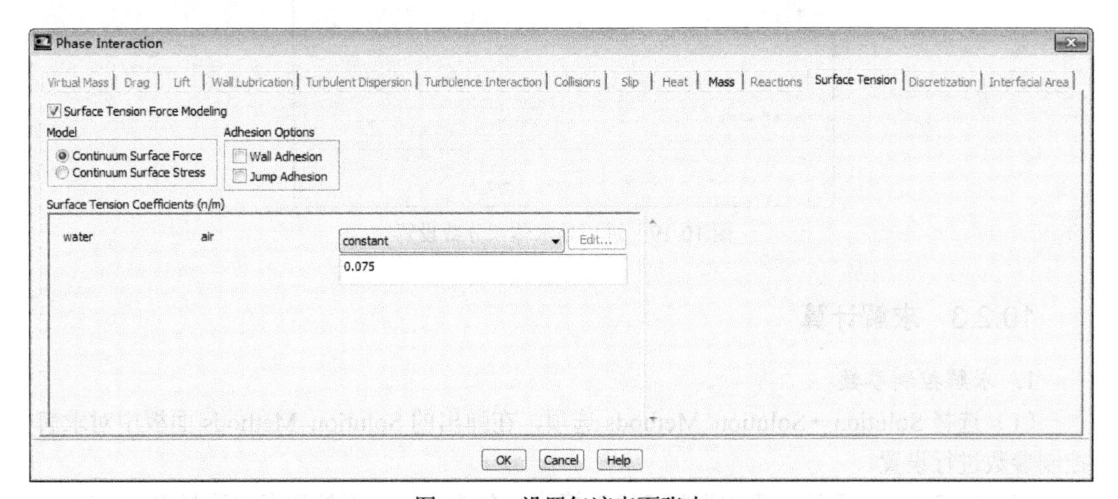

图 10-16 设置气液表面张力

6. 设置边界条件

（1）选择项目树 Setup→Boundary Conditions 选项，在打开的 Boundary Conditions 面板中对边界条件进行设置，如图 10-17 所示。

（2）双击 Zone 列表中的 in 选项，弹出 Pressure Inlet 对话框，对进口边界条件进行设置。

（3）在 Momentum 选项卡的 Specification Method 下拉列表中选择 K and Epsilon 选项，湍动能和湍流耗散率均设置为 0.01，如图 10-18 所示，单击 OK 按钮，完成设置。

（4）在 Boundary Conditions 面板中的 Phase 下拉列表中选择 water 选项，单击 Edit 按

钮，在弹出的对话框中保持默认设置，表明进口处水体积分数为0，只有空气，如图10-19所示。

（5）重复上述操作，完成出口边界条件的设置。

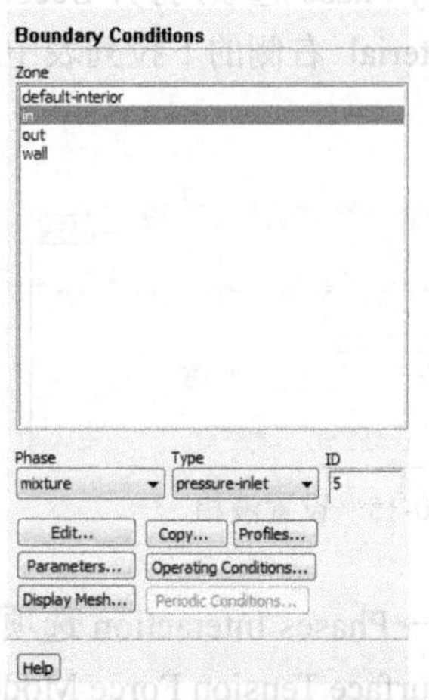

图10-17 选择进口边界

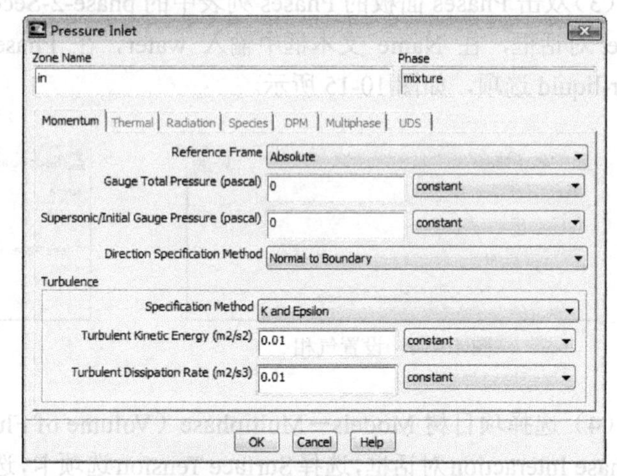

图10-18 设置进口边界条件

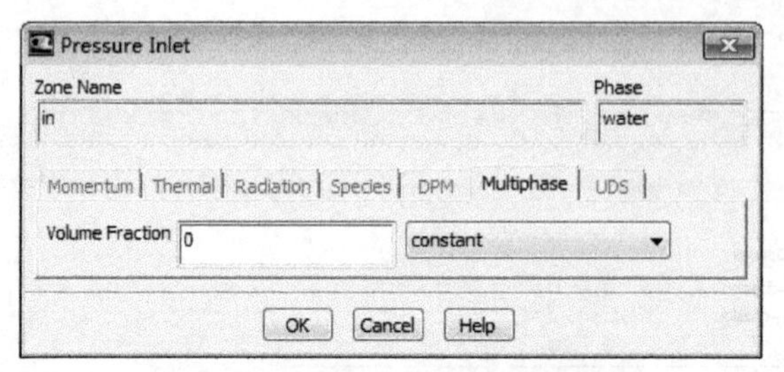

图10-19 进口处水体积分数设置

10.2.3 求解计算

1. 求解控制参数

（1）选择Solution→Solution Methods选项，在弹出的Solution Methods面板中对求解控制参数进行设置。

（2）在Scheme下拉列表中选择PISO算法，在Pressure下拉列表中选择Body Force Weighted，其他保持默认设置，如图10-20所示。

2. 设置求解松弛因子

（1）选择Solution→Solution Controls选项，在弹出的Solution Controls面板中对求解松弛因子进行设置。

（2）面板中相应的松弛因子保持默认设置，如图10-21所示。

3. 设置收敛临界值

（1）选择Solution→Monitors选项，打开Monitors面板，如图10-22所示。

（2）双击Monitors面板中的Residuals-Print, Plot选项，打开Residual Monitors对话框，将各参数保持默认设置，如图10-23所示，单击OK按钮完成设置。

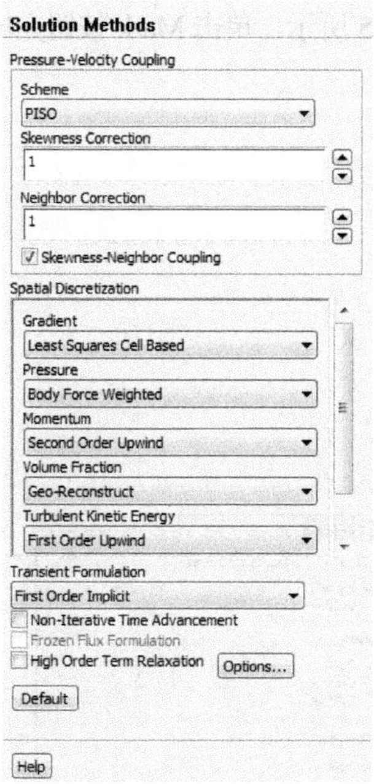

图 10-20 设置求解方法

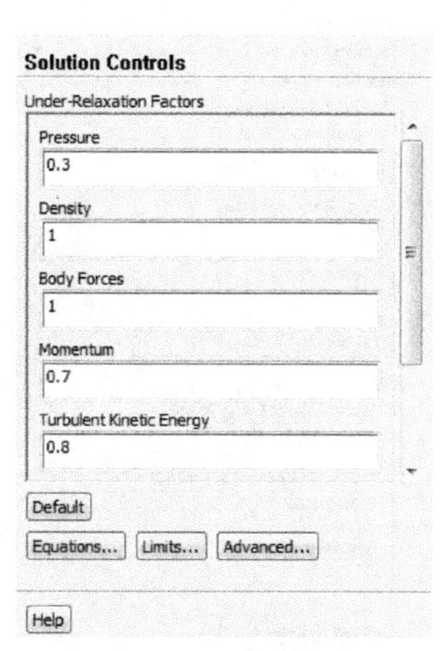

图 10-21 设置松弛因子

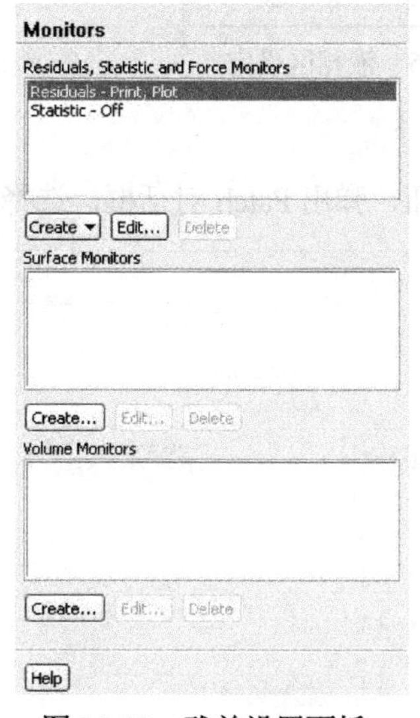

图 10-22 残差设置面板

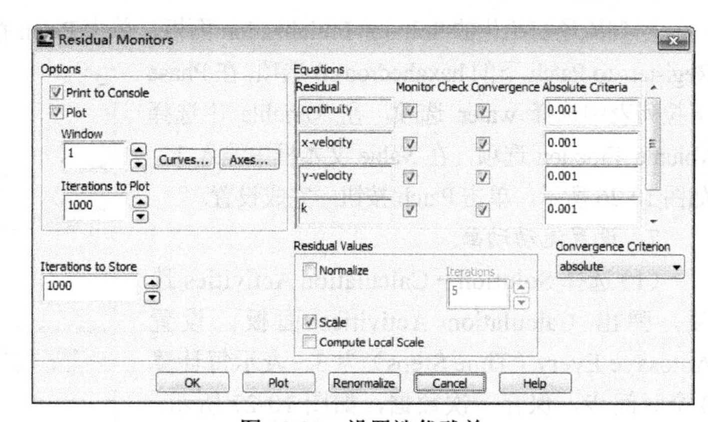

图 10-23 设置迭代残差

4. 设置流场初始化

（1）选择 Solution→Solution Initialization 选项，打开 Solution Initialization 面板进行初始化设置。

（2）在 Initialization Methods 下选中 Standard Initialization 单选按钮，在 Compute from 下拉列表中选择 all-zones，其他保持默认设置，单击 Initialize 按钮完成初始化，如图 10-24 所示。

5. 设置液相区域

执行 Adapt→Region 命令，打开 Region Adaption 对话框，设置 X Min（m）为 2，X Max（m）

为3.25，Y Min（m）为0，Y Max（m）为1.5，如图10-25所示，单击Mark按钮完成设置。

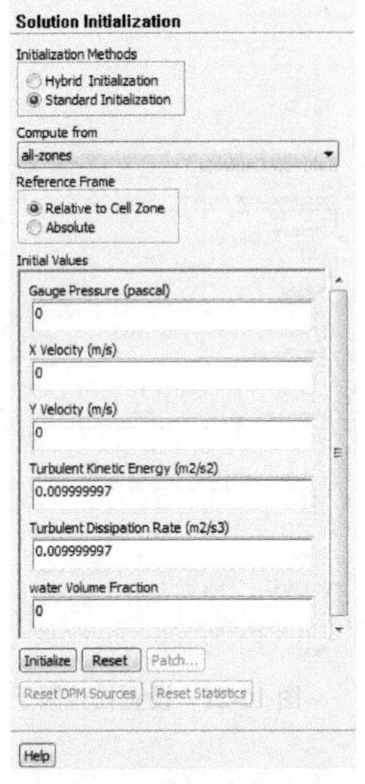

图10-24 设定流场初始化

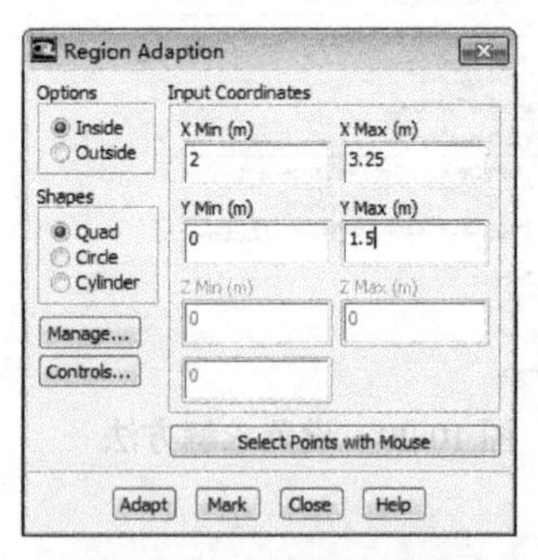

图10-25 液相区设定

6. 设置初始相

回到流场初始化的Solution Initialization面板，单击Patch按钮，弹出Patch对话框，选择Registers to Patch下的hexahedron-r0选项，在Phase下拉列表中选择water选项，在Variable中选择Volume Fraction选项，在Value文本框中输入1，如图10-26所示，单击Patch按钮，完成设置。

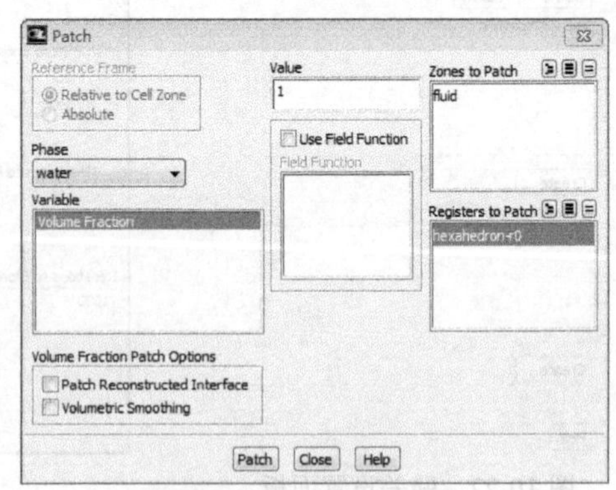

图10-26 初始相设定

7. 设置流动动画

（1）选择Solution→Calculation Activities选项，弹出Calculation Activities面板，设置Autosave Every（Time Steps）为3，表示每计算3个时间步，保存一次数据，如图10-27所示。

（2）单击Solution Animations列表下的Create/Edit按钮，弹出Solution Animation对话框，设置Animation Sequences为1，在When下拉列表中选择Time Step选项，如图10-28所示。

（3）单击Define按钮，弹出Animation Sequence对话框，在Storage Type下选中In Memory单选按钮，如图10-29所示。

（4）单击Set按钮，弹出监视窗口；在Display Type下选中Contours单选按钮，弹出Contours对话框。

（5）在Options下选中Filled复选框，在Contours of下的第一个下拉列表中选择Phases选项，如图10-30所示。

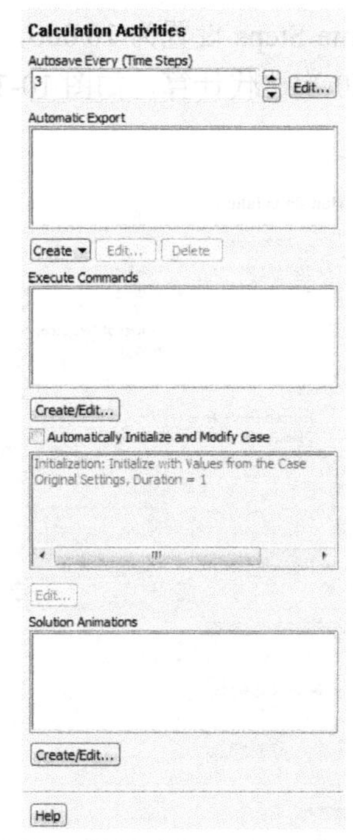

图 10-27 动画设置 1

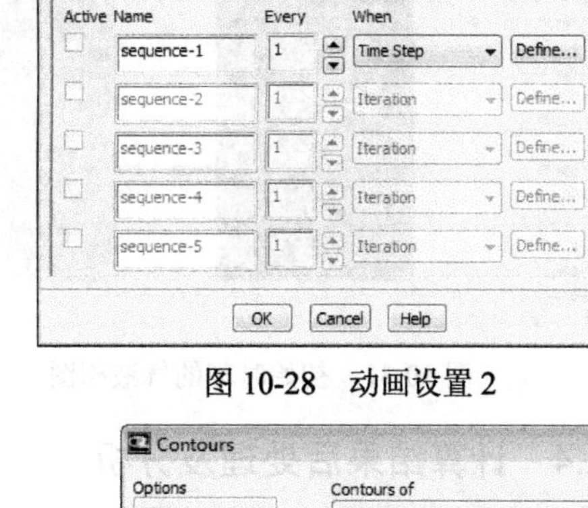

图 10-28 动画设置 2

图 10-29 动画设置 3

图 10-30 动画设置 4

（6）单击 Display 按钮，监视窗口中出现了初始时刻的气液相图，如图 10-31 所示。

（7）单击 Contours 对话框中的 Close 按钮，关闭 Contours 对话框；单击 Animation Sequence 对话框中的 OK 按钮，关闭 Animation Sequence 对话框；单击 Solution Animation 对话框中的 OK 按钮，关闭 Solution Animation 对话框，设置完成。

8. 迭代计算

（1）执行 File→Write→Case&Data 命令，弹出 Select File 对话框，保存为 jet_flow.cas 和 jet_flow.dat。

（2）选择 Solution→Run Calculation 选项，打开 Run Calculation 面板。

（3）设置初始 Time Step Size(s)为 0.000 1，Number of Time Steps 设置为 10 000，Max Iterations/Time Step 设置为 20，表示每一个时间步最多进行 20 次迭代计算，如图 10-32 所示。单击 Calculate 按钮进行迭代计算。

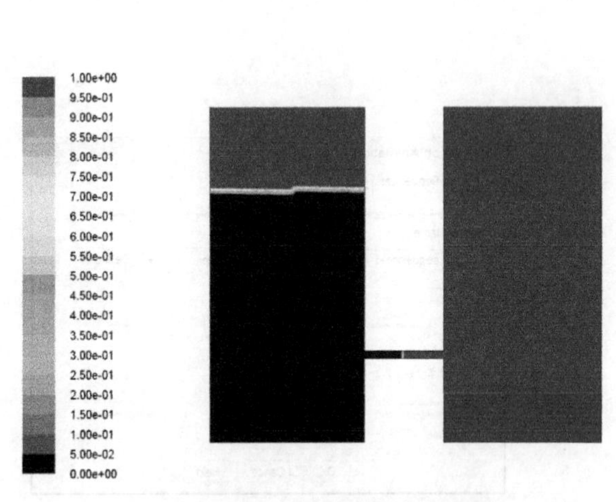

图 10-31 初始时刻的气液相图

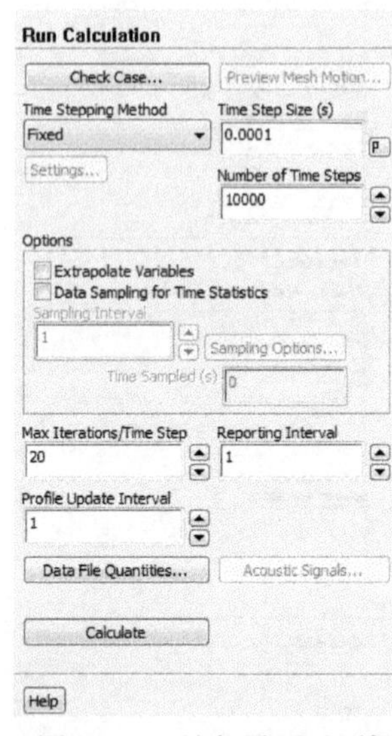

图 10-32 迭代设置对话框

10.2.4 计算结果后处理及分析

1. 0.16 s 时刻的计算结果

（1）气液相图。

① 读入 jet_flow-4-00300.dat 数据，选择 Results→Graphics 选项，打开 Graphics and Animations 面板。

② 双击 Graphics 中的 Contours 选项，打开 Contours 对话框，在 Options 下选中 Filled 复选框，在 Contours of 下的第一个下拉列表中选择 Phases 选项，在 Phase 下选择 water 选项，如图 10-33 所示，单击 Display 按钮，显示气液相云图，如图 10-34 所示。

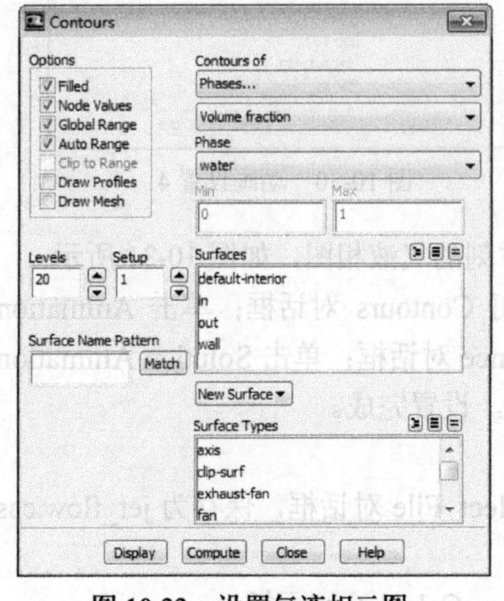

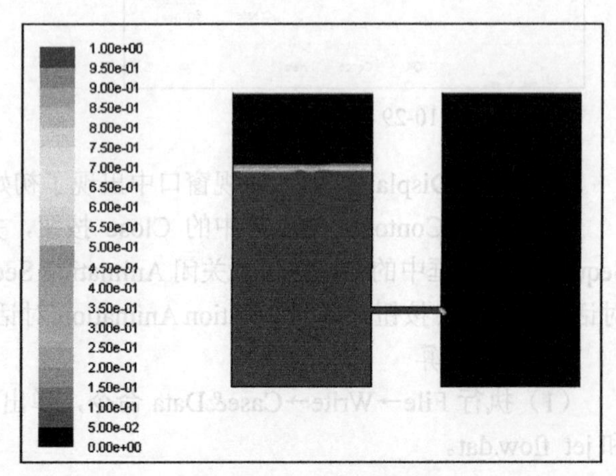

图 10-33 设置气液相云图　　图 10-34 气液相云图

③ 由气液相云图可看出，计算到 0.16 s 时，流体刚刚从细管道流出。

（2）速度场。

① 在 Contours 对话框中的 Contours of 的第一个下拉列表中选择 Velocity 选项，单击 Display 按钮，显示速度云图，如图 10-35 所示。

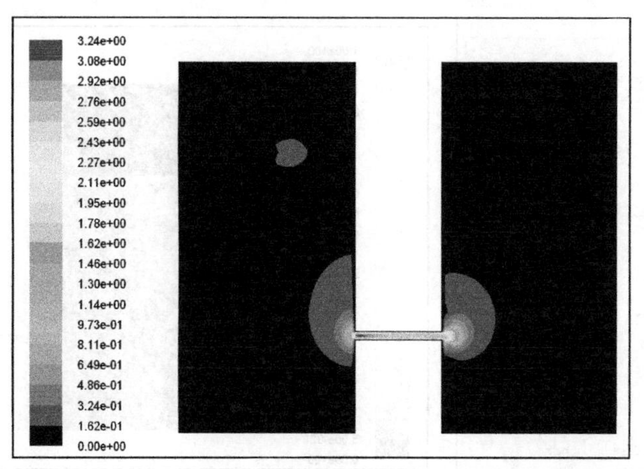

图 10-35 速度云图

② 由速度云图可以看出，中间细通道处的最大流速达到 3.24 m/s，并且也发现液相自由液面处的速度很小。

（3）压力场。

① 在 Contours 对话框中的 Contours of 的第一个下拉列表中选择 Pressure 选项，单击 Display 按钮，显示压力云图，如图 10-36 所示。

② 由压力云图可以看出，压力最大区域为左侧最底部。

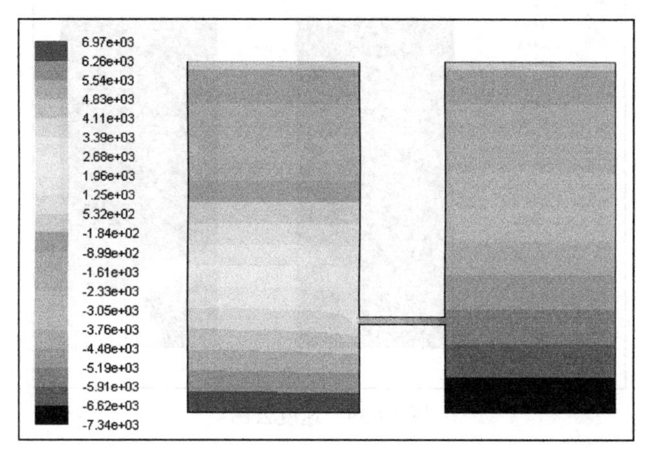

图 10-36 压力云图

2. 0.477 s 时刻的计算结果

（1）气液相图。

① 读入 jet_flow-4-00450.dat 数据，选择 Results→Graphics 选项，打开 Graphics and Animations 面板。

② 双击 Graphics 中的 Contours 选项，打开 Contours 对话框，在 Options 下选中 Filled 复选框，在 Contours of 下的第一个下拉列表中选择 Phases 选项，在 Phase 下选择 water 选项，如图 10-37 所示，单击 Display 按钮，显示气液相云图，如图 10-38 所示。

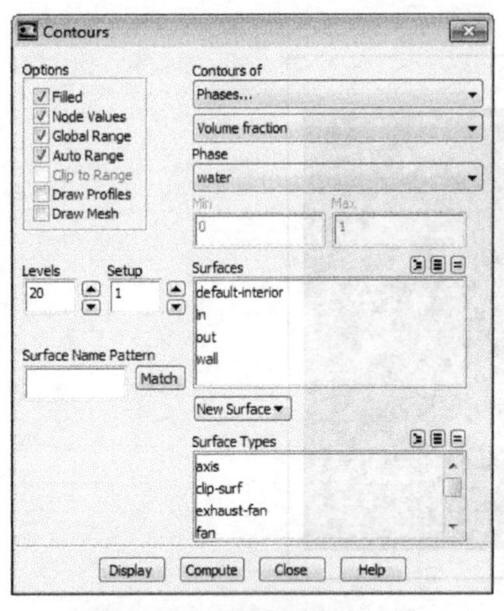

图 10-37　设置气液相云图

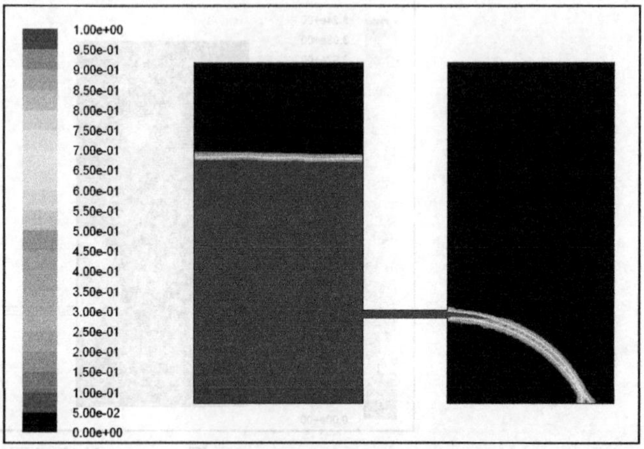

图 10-38　气液相云图

③ 由气液相云图可以看出，计算到 0.477 s 时，水流已经到达右侧底部。

（2）速度场。

① 在 Contours 对话框中的 Contours of 的第一个下拉列表中选择 Velocity 选项，单击 Display 按钮，显示速度云图，如图 10-39 所示。

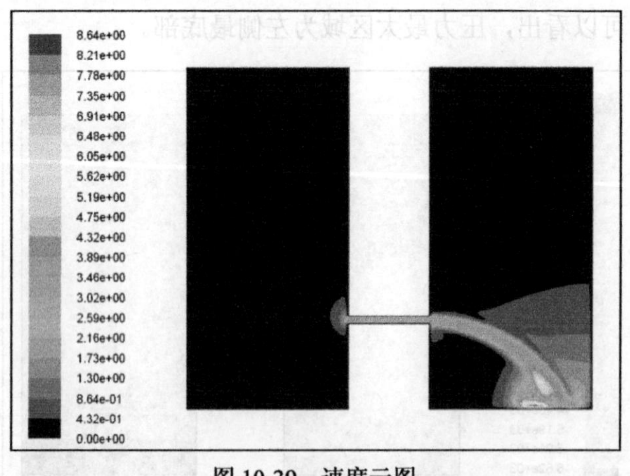

图 10-39　速度云图

② 由速度云图可以看出，在水流与右侧底部的接触区域，水流流速达到最大，为 8.64 m/s。

（3）压力场。

① 在 Contours 对话框中的 Contours of 的第一个下拉列表中选择 Pressure 选项，单击 Display 按钮，显示压力云图，如图 10-40 所示。

② 由压力云图可以看出，压力最大区域依然为左侧最底部，右侧底部与水流接触

的区域，由于水流的冲击力，明显有一个高压区。

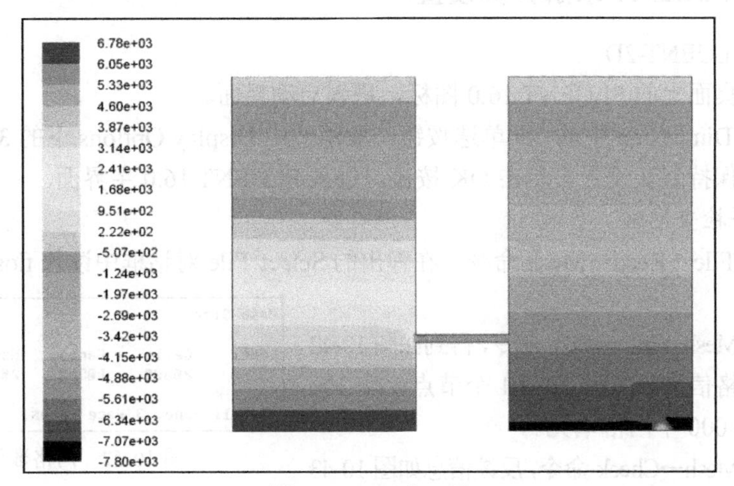

图 10-40 压力云图

10.3 水中气泡上升过程的数值模拟

10.3.1 案例简介

本案例主要是对水中的一个气泡的上升过程进行数值模拟。图 10-41 为简化的二维模型，水区域高为 100 mm，宽为 50 mm，水底部有一个初始半径为 2 mm 的气泡。

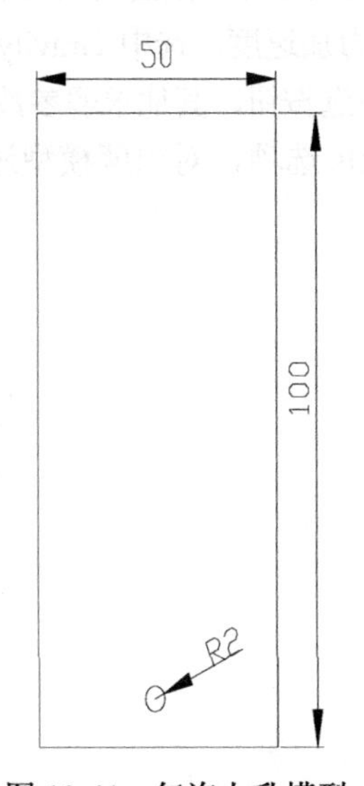

图 10-41 气泡上升模型

通过对气泡上升过程的数值模拟，可以准确地模拟气泡上升过程的翻转、路径及形态变化，最后计算出气泡上升到出口所需的时间。

10.3.2　FLUENT 求解计算设置

1. *启动* FLUENT-2D

（1）双击桌面上的 FLUENT 16.0 图标，进入启动界面。

（2）选中 Dimension 中的 2D 单选按钮，取消选中 Display Options 下的 3 个复选框。

（3）其他保持默认设置，单击 OK 按钮，进入 FLUENT 16.0 主界面。

2. *读入并检查网格*

（1）执行 File→Read→Mesh 命令，在弹出的 Select File 对话框中读入 floating.msh 二维网格文件。

（2）执行 Mesh→Info→Size 命令，得到如图 10-42 所示的模型网格信息：共有 20 301 个节点、40 300 个网格面和 20 000 个网格单元。

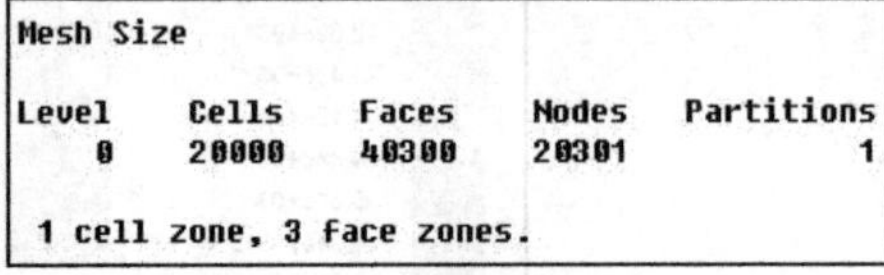

图 10-42　网格数量信息

（3）执行 Mesh→Check 命令，反馈信息如图 10-43 所示。可以看到计算域二维坐标的上下限，检查最小体积和最小面积是否为负数。

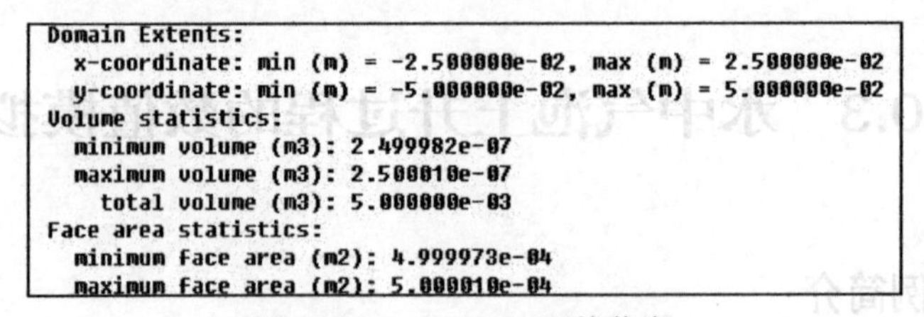

图 10-43　FLUENT 网格信息

3. *设置求解器参数*

（1）选择项目树 Setup→General 选项，在出现的 General 面板中进行求解器的设置。

（2）在 General 面板中开启重力加速度。选中 Gravity 复选框，在 Y（m/s2）文本框中输入−9.8，在 Time 下选中 Transient 单选按钮，其他求解参数保持默认设置，如图 10-44 所示。

（3）选择项目树 Setup→Models 选项，对求解模型进行设置，如图 10-45 所示。

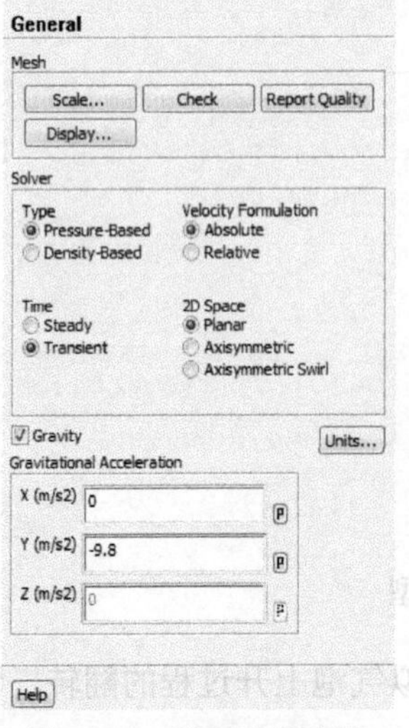

图 10-44　设置求解参数

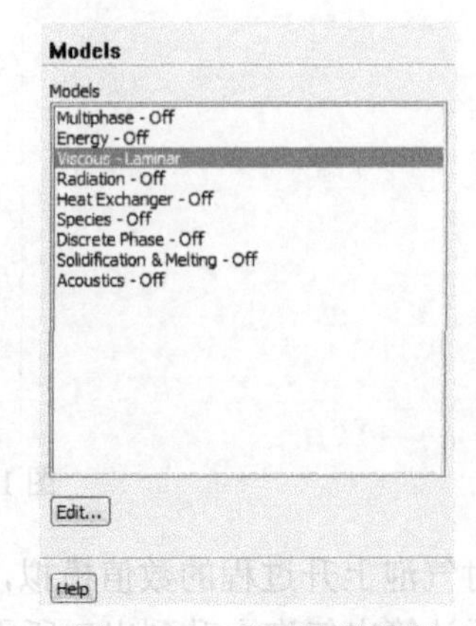

图 10-45　选择计算模型

（4）双击 Models 列表中的 Viscous-Laminar 选项，打开 Viscous Model 对话框。

（5）Viscous Model 对话框保持默认设置，如图 10-46 所示，单击 OK 按钮。

（6）再次回到 Models 面板，双击 Multiphase-Off 选项，打开 Multiphase Model 对话框。选中 Model 下的 Volume of Fluid 单选按钮，在 Body Force Formulation 下选中 Implicit Body Force 复选框，Number of Eulerian Phases 设置为 2，如图 10-47 所示，单击 OK 按钮，完成设置。

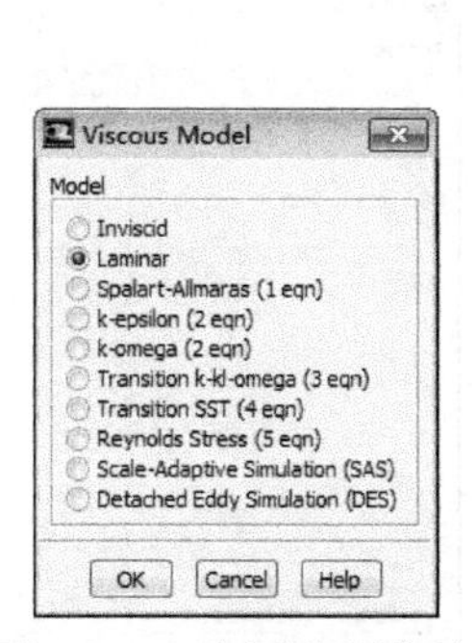

图 10-46　选择湍流模型

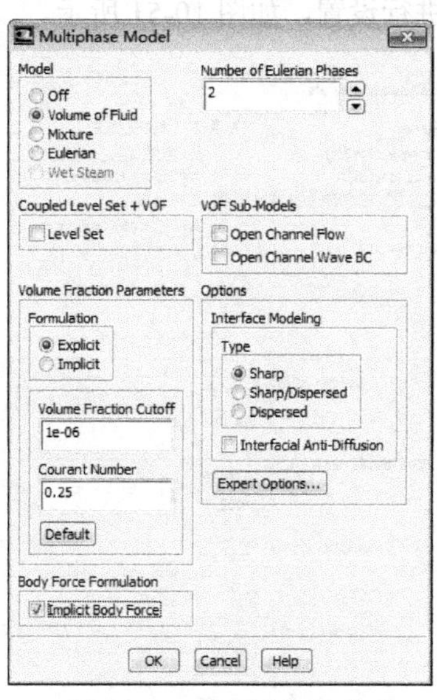

图 10-47　选择多相流模型

4. 定义材料物性

（1）选择项目树 Setup→Materials 选项，在出现的 Materials 面板中对所需材料进行设置，如图 10-48 所示。

（2）双击 Materials 列表中的 Fluid 选项，弹出材料物性参数设置对话框，如图 10-49 所示。

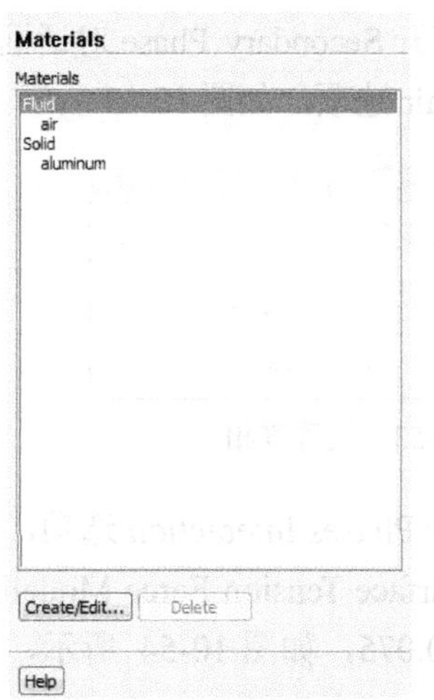

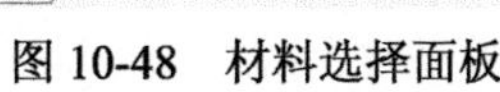
图 10-48　材料选择面板

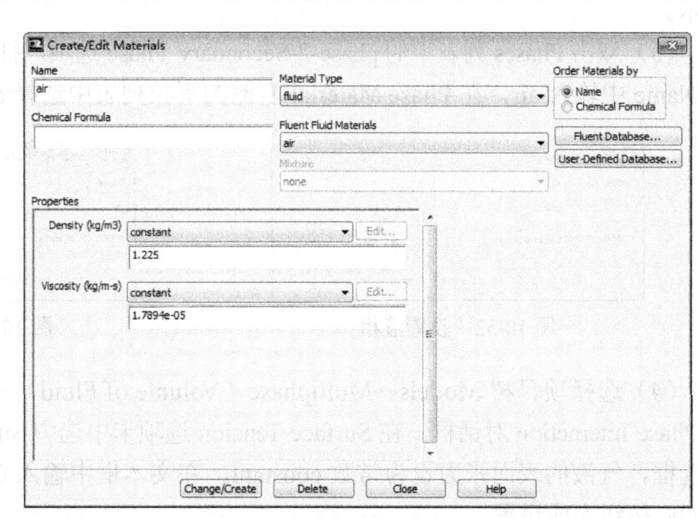

图 10-49　材料物性参数设置对话框

（3）单击 Fluent Database 按钮，打开 Fluent Database Materials 对话框，在 Fluent Fluid

Materials 下拉列表中选择 water-liquid（h2o<1>）选项，如图 10-50 所示，单击 Copy 按钮，复制水的物性参数。

（4）单击 Change/Create 按钮，保存对水的物性参数的更改，单击 Close 按钮关闭对话框。

5. 设置两相属性

（1）选择项目树 Setup→Models→Multiphase→Phases 选项，在出现的 Phases 面板中对所需材料进行设置，如图 10-51 所示。

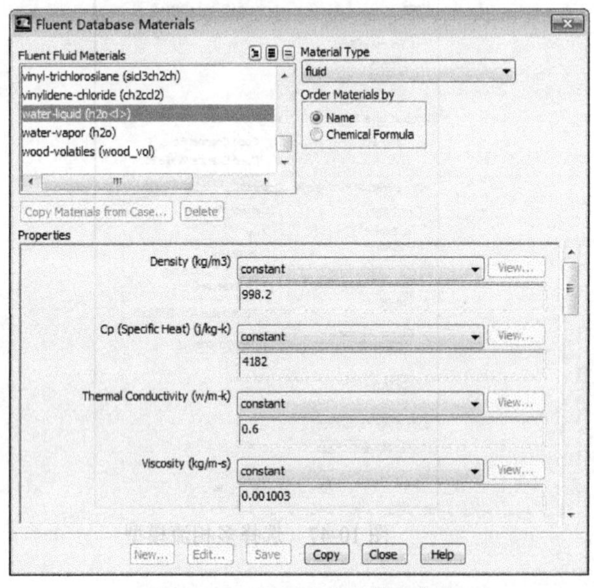

图 10-50　设置水的物性参数

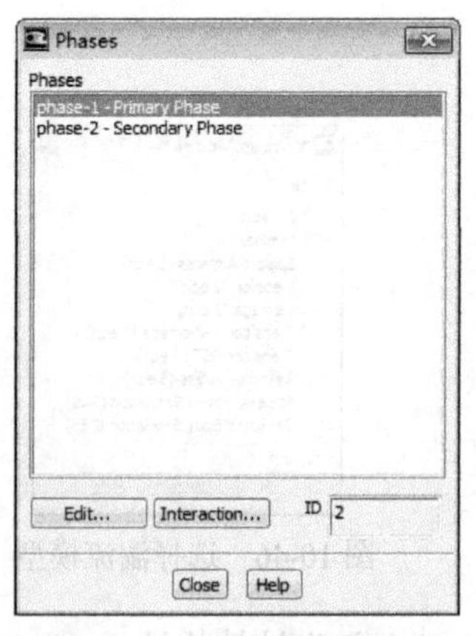

图 10-51　气液相设置选项

（2）双击 Phases 列表中的 phase-1-Primary Phase 选项，打开 Primary Phase 对话框，在 Name 中输入 water，在 Phase Material 右侧的下拉列表中选择 water-liquid 选项，如图 10-52 所示。

（3）双击 Phases 列表中的 phase-2-Secondary Phase 选项，打开 Secondary Phase 对话框，在 Name 中输入 air，在 Phase Material 右侧的下拉列表中选择 air 选项，如图 10-53 所示。

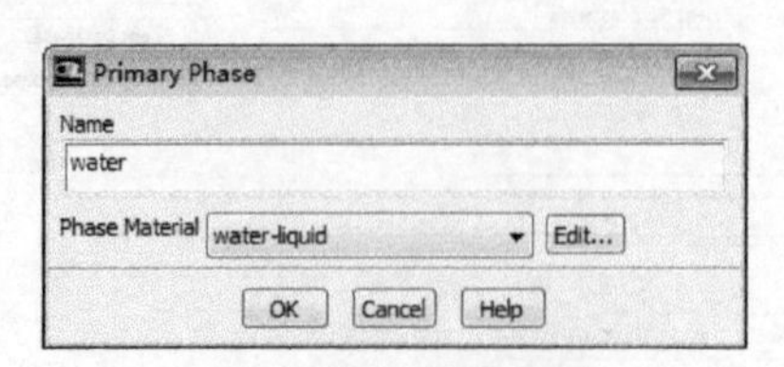

图 10-52　设置液相

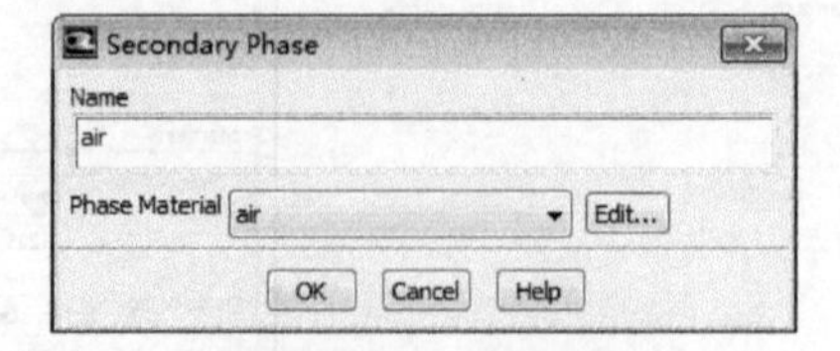

图 10-53　设置气相

（4）选择项目树 Models→Multiphase（Volume of Fluid）→Phases Interaction 选项，弹出 Phase Interaction 对话框，在 Surface Tension 选项卡中选中 Surface Tension Force Modeling 复选框，气液的表面张力设为常数 constant，在文本框中输入 0.075，如图 10-54 所示，单击 OK 按钮完成设置。

6. 设置边界条件

（1）选择项目树 Setup→Boundary Conditions 选项，在打开的 Boundary Conditions 面板

中对边界条件进行设置，如图 10-55 所示。

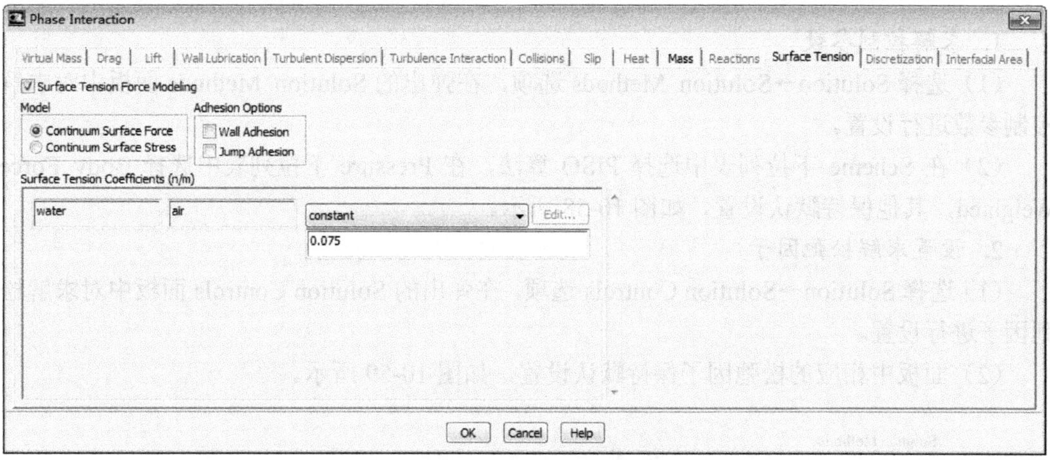

图 10-54 设置气液表面张力

（2）双击 Zone 列表中的 out 选项，弹出 Pressure Outlet 对话框，保持出口默认设置即可，如图 10-56 所示。

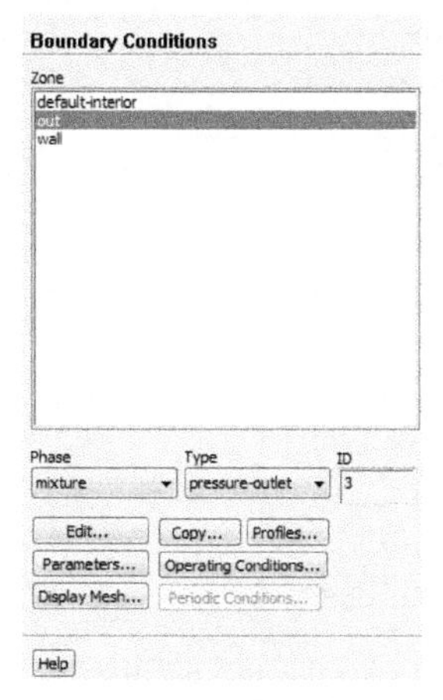

图 10-55 选择边界

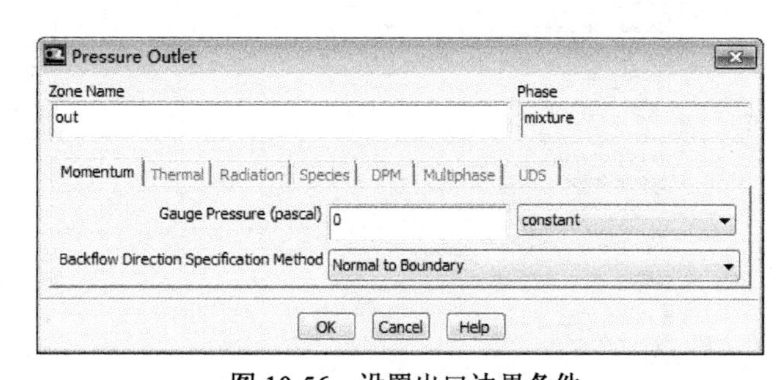

图 10-56 设置出口边界条件

（3）在 Boundary Conditions 面板中的 Phase 下拉列表中选择 air 选项，单击 Edit 按钮，在弹出的对话框中选择 Multiphase 选项卡，设置 Backflow Volume Fraction 为 1，表明出口处空气体积分数为 1，如图 10-57 所示。

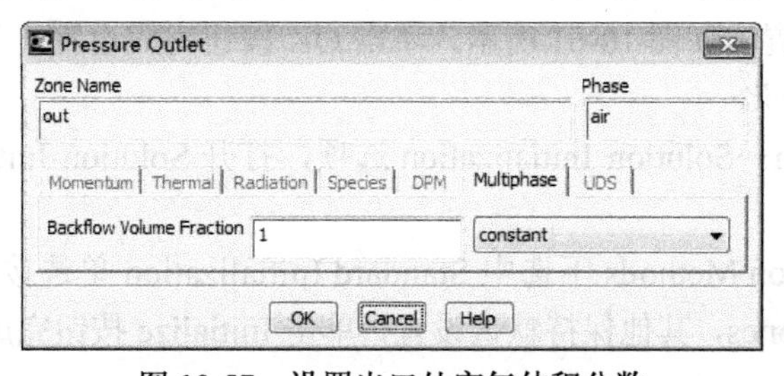

图 10-57 设置出口处空气体积分数

10.3.3　求解计算

1. 求解控制参数

（1）选择 Solution→Solution Methods 选项，在弹出的 Solution Methods 面板中对求解控制参数进行设置。

（2）在 Scheme 下拉列表中选择 PISO 算法，在 Pressure 下拉列表中选择 Body Force Weighted，其他保持默认设置，如图 10-58 所示。

2. 设置求解松弛因子

（1）选择 Solution→Solution Controls 选项，在弹出的 Solution Controls 面板中对求解松弛因子进行设置。

（2）面板中相应的松弛因子保持默认设置，如图 10-59 所示。

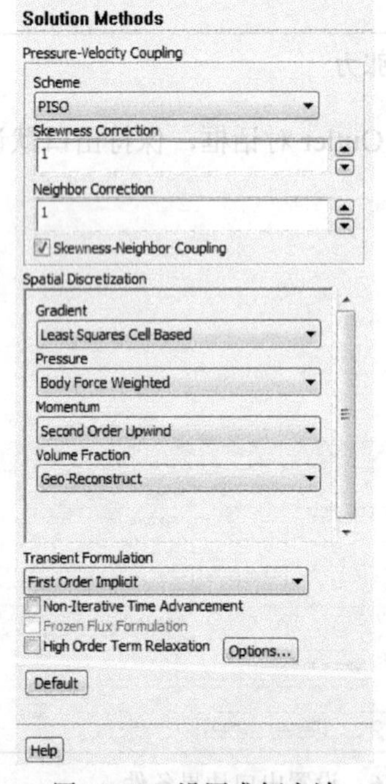

图 10-58　设置求解方法

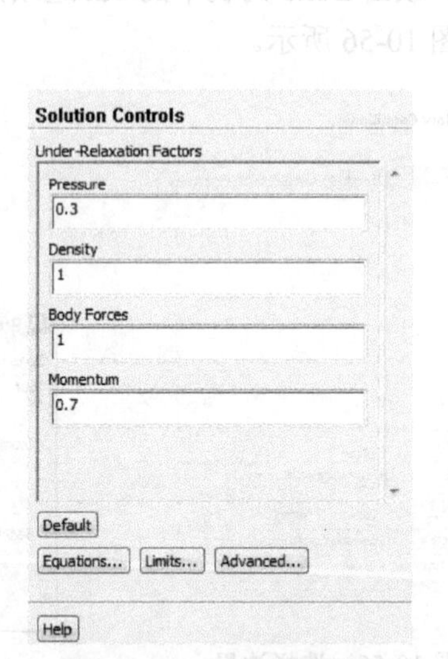

图 10-59　设置松弛因子

3. 设置收敛临界值

（1）选择 Solution→Monitors 命令，打开 Monitors 面板，如图 10-60 所示。

（2）双击 Monitors 面板中的 Residuals-Print，Plot 选项，打开 Residual Monitors 对话框，将各参数保持默认设置，如图 10-61 所示，单击 OK 按钮完成设置。

4. 设置流场初始化

（1）选择 Solution→Solution Initialization 选项，打开 Solution Initialization 面板进行初始化设置。

（2）在 Initialization Methods 下选中 Standard Initialization 单选按钮，在 Compute from 下拉列表中选择 all-zones，其他保持默认设置，单击 Initialize 按钮完成初始化，如图 10-62 所示。

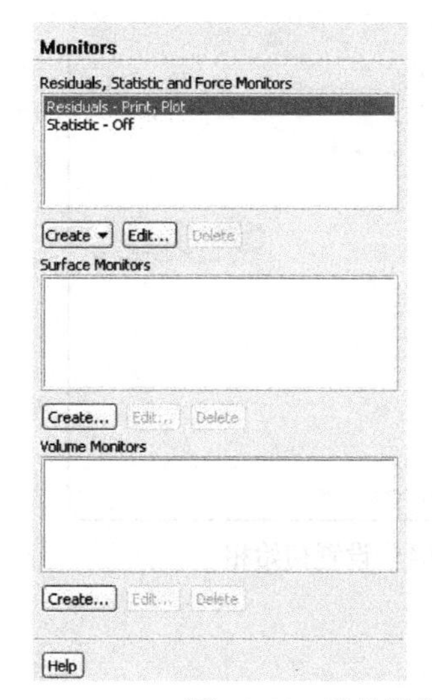

图 10-60 残差设置面板

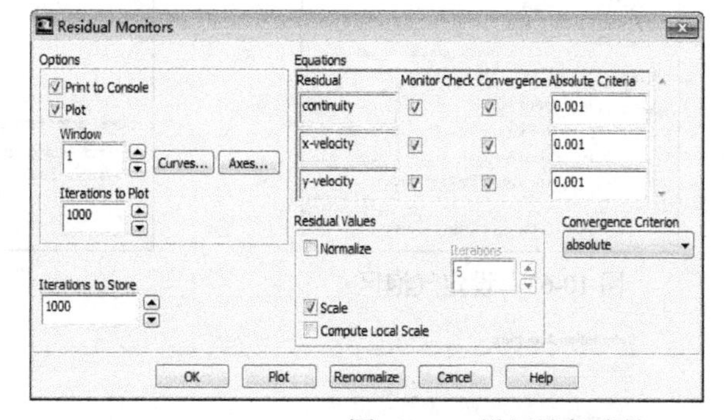

图 10-61 设置迭代残差

5. 设置液相区域

执行 Adapt→Region 命令，打开 Region Adaption 对话框，在 Shapes 下选中 Circle 单选按钮，设置 X Center（m）为 0，Y Center（m）为-0.04，Radius（m）为 0.002，如图 10-63 所示，单击 Mark 按钮完成设置。

6. 设置初始相

回到流场初始化的 Solution Initialization 面板，单击 Patch 按钮，弹出 Patch 对话框，选中 Registers to Patch 列表中的 sphere-r0 选项，在 Phase 下拉列表中选择 air 选项，在 Variable 列表中选择 Volume Fraction 选项，在 Value 文本框中输入 1，如图 10-64 所示，单击 Patch 按钮，完成设置。

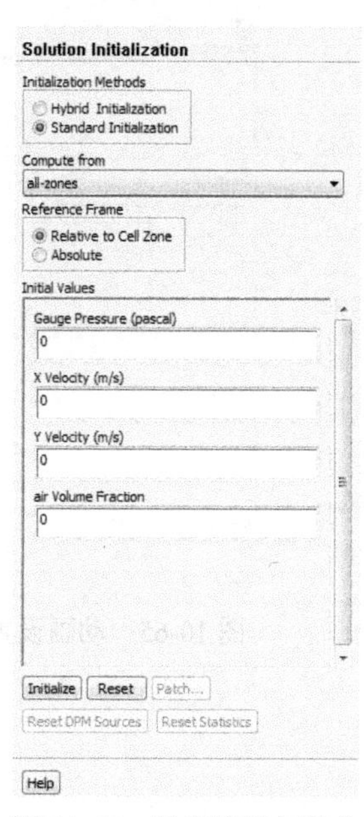

图 10-62 设定流场初始化

7. 设置流动动画

（1）选择 Solution→Calculation Activities 选项，弹出 Calculation Activities 面板，Autosave Every（Time Steps）设置为 3，表示每计算 3 个时间步，保存一次数据，如图 10-65 所示。

（2）单击 Solution Animations 列表框下的 Create/Edit 按钮，弹出 Solution Animation 对话框，设置 Animation Sequences 为 1，在 When 下拉列表中选择 Time Step 选项，如图 10-66 所示。

（3）单击 Define 按钮，弹出 Animation Sequence 对话框，在 Storage Type 下选中 In Memory 单选按钮，如图 10-67 所示。

（4）单击 Set 按钮，弹出监视窗口；在 Display Type 下选中 Contours 单选按钮，弹出 Contours 对话框。

（5）在 Options 下选中 Filled 复选框，在 Contours of 下的第一个下拉列表中选择 Phases 选项，如图 10-68 所示。

图 10-63　设定气泡区

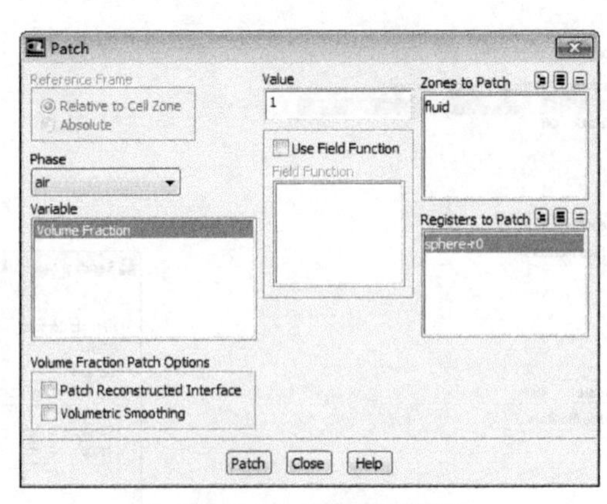

图 10-64　设置初始相

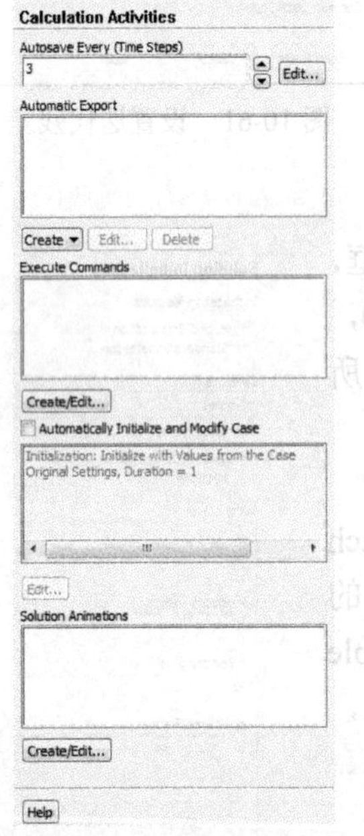

图 10-65　动画设置 1

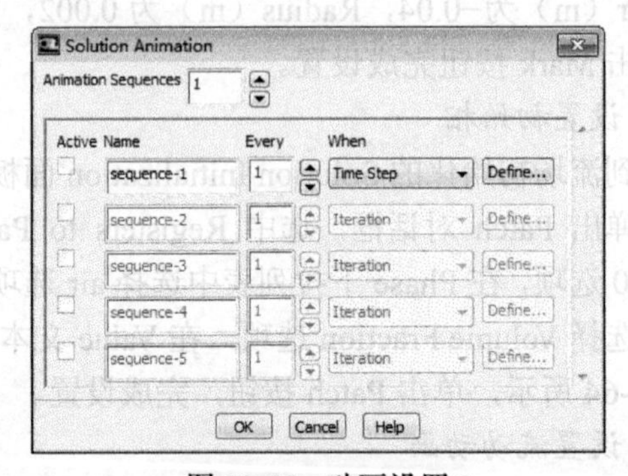

图 10-66　动画设置 2

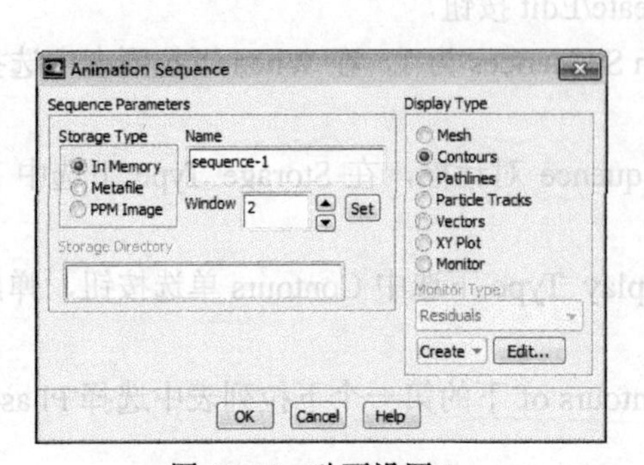

图 10-67　动画设置 3

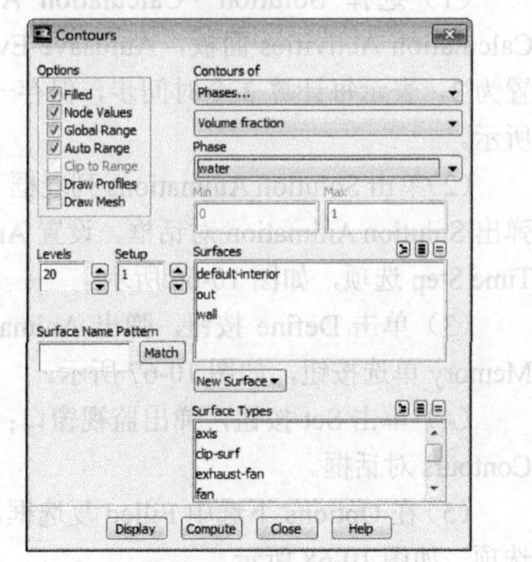

图 10-68　动画设置 4

（6）单击 Display 按钮，监视窗口中出现了初始时刻气液相图，如图 10-69 所示。

（7）单击 Contours 对话框中的 Close 按钮，关闭 Contours 对话框；单击 Animation Sequence 对话框中的 OK 按钮，关闭 Animation Sequence 对话框；单击 Solution Animation 对话框中的 OK 按钮，关闭 Solution Animation 对话框，设置完成。

8. 迭代计算

（1）执行 File→Write→Case&Data 命令，弹出 Select File 对话框，保存为 floating.cas 和 floating.dat。

（2）选择 Solution→Run Calculation 选项，打开 Run Calculation 面板。

（3）设置初始 Time Step Size(s)为 0.000 1，Number of Time Steps 为 10 000，Max Iterations/Time Step 为 20，表示每一个时间步最多进行 20 次迭代计算，如图 10-70 所示。单击 Calculate 按钮进行迭代计算。

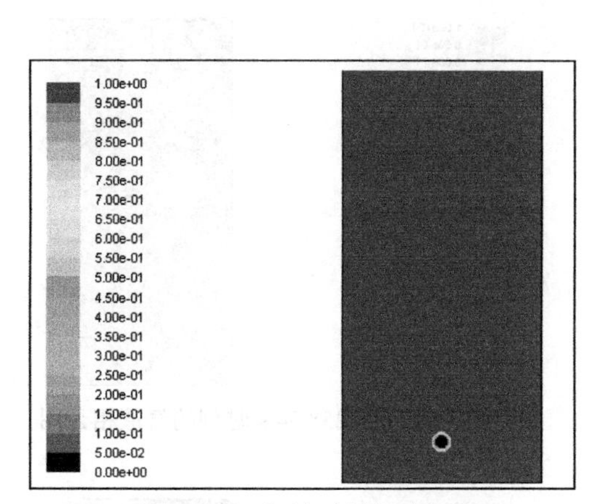

图 10-69 初始时刻气液相图

图 10-70 迭代设置对话框

10.3.4 计算结果后处理及分析

（1）读入 floating-1-00003.dat 数据，选择 Results→Graphics 选项，打开 Graphics and Animations 面板。

（2）双击 Graphics 中的 Contours 选项，打开 Contours 对话框，在 Options 下选中 Filled 复选框，在 Contours of 下的第一个下拉列表中选择 Phases 选项，在 Phase 下拉列表中选择 water 选项，如图 10-71 所示。单击 Display 按钮，显示气液相云图，如图 10-72 所示。

（3）此时计算进行到 0.003s，气泡刚刚开始运动，没有明显变化。

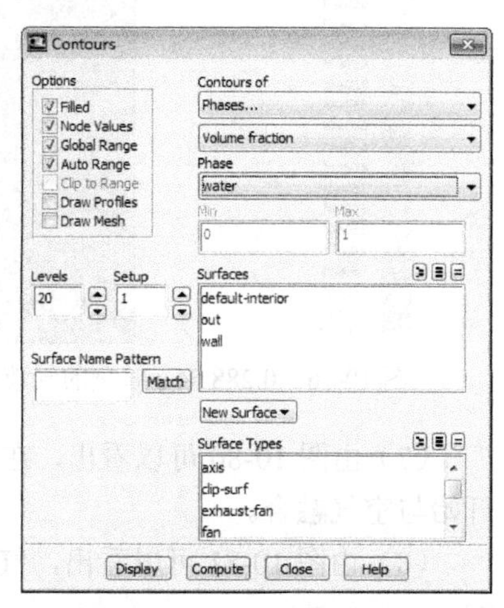

图 10-71 设置气液相云图

（4）重复上述操作，绘制不同时刻的气液相图，如图10-73～图10-81所示。

（5）由图10-73可知，0.048 54 s时刻，由于受到水压力以及上升阻力的影响，气泡在运动方向上被压缩，水平方向上被拉伸，气泡变得扁平。

（6）从0.198 54 s时刻至0.648 54 s时刻，气泡不断上升，在运动中发生旋转和变形。

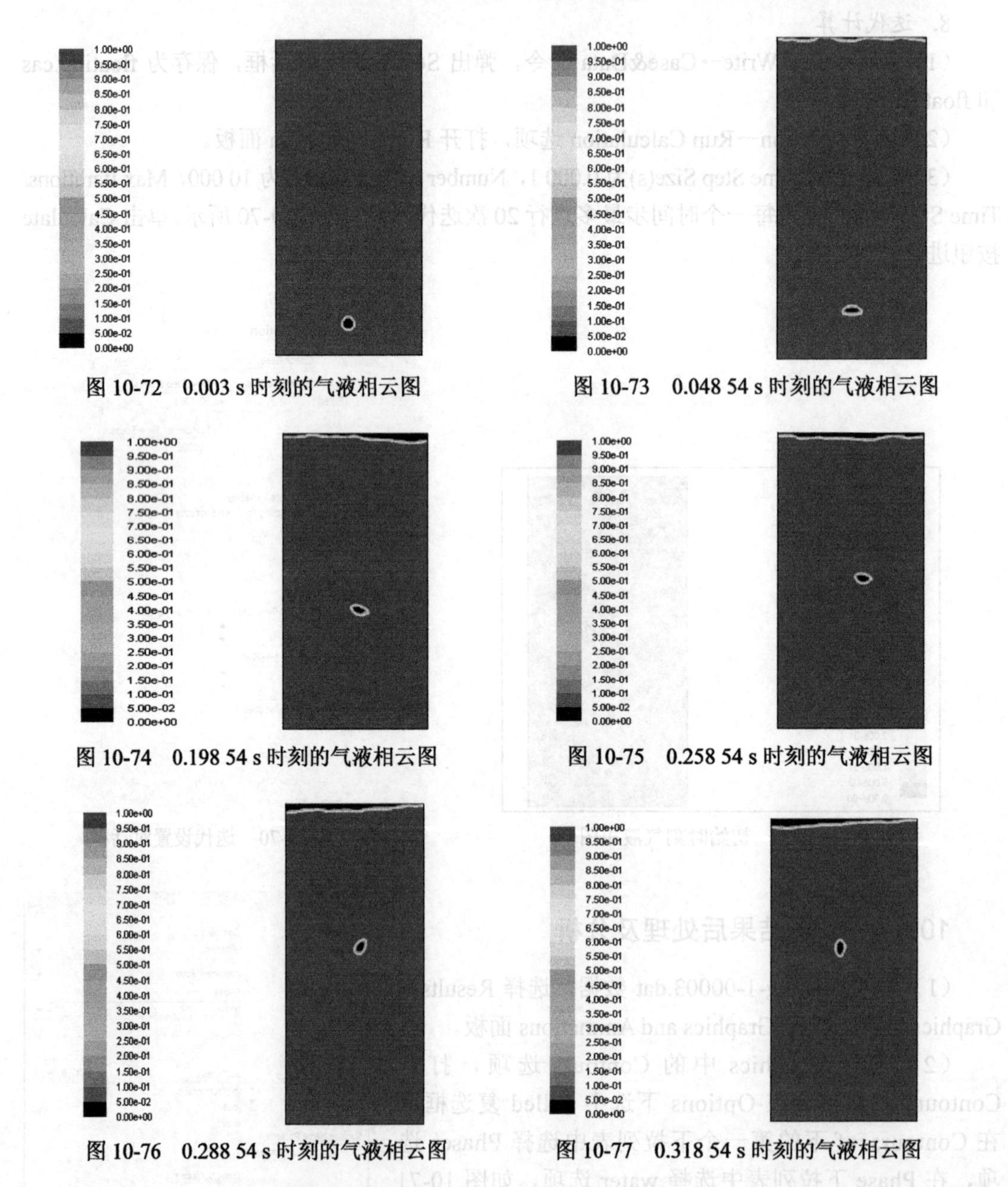

图10-72　0.003 s时刻的气液相云图

图10-73　0.048 54 s时刻的气液相云图

图10-74　0.198 54 s时刻的气液相云图

图10-75　0.258 54 s时刻的气液相云图

图10-76　0.288 54 s时刻的气液相云图

图10-77　0.318 54 s时刻的气液相云图

（7）由图10-80可以看出，在0.684 54 s时刻，气泡已经运动到了液面的最上端，且刚开始与空气融合。

（8）由图10-81可以看出，气泡已经完全由水中溢出，共耗时0.702 54 s，运动距离为90 mm。

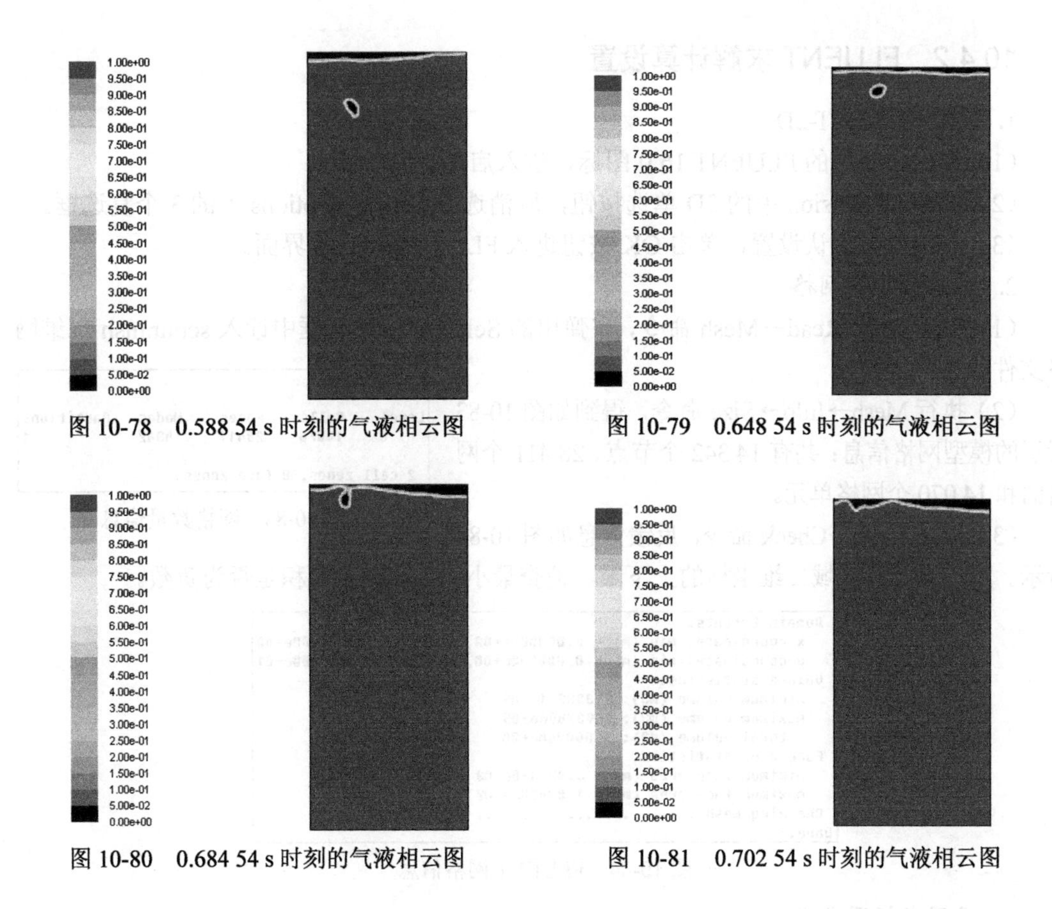

图 10-78 0.588 54 s 时刻的气液相云图

图 10-79 0.648 54 s 时刻的气液相云图

图 10-80 0.684 54 s 时刻的气液相云图

图 10-81 0.702 54 s 时刻的气液相云图

10.4 水流对沙滩冲刷过程的数值模拟

10.4.1 案例简介

本案例对水流冲刷沙滩过程的气固液三相流进行数值模拟。图 10-82 是一个简化的二维模型，区域总长度为 2 000 mm，总高度为 500 mm，下半部为一个倾斜的沙子区域。水流从左上角 100 mm 高的进口流入，进入区域冲刷沙子，然后从右侧 300 mm 高的出口流出。

通过模拟，可清楚地看到水流对沙滩的冲刷过程，以及气固液三相的分布情况。

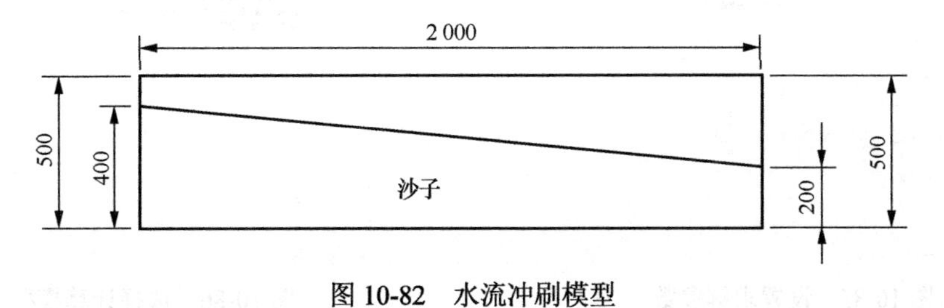

图 10-82 水流冲刷模型

10.4.2　FLUENT 求解计算设置

1. 启动 FLUENT-2D

（1）双击桌面上的 FLUENT 16.0 图标，进入启动界面。

（2）选中 Dimension 中的 2D 单选按钮，取消选中 Display Options 下的 3 个复选框。

（3）其他保持默认设置，单击 OK 按钮进入 FLUENT 16.0 主界面。

2. 读入并检查网格

（1）执行 File→Read→Mesh 命令，在弹出的 Select File 对话框中读入 scour.msh 二维网格文件。

（2）执行 Mesh→Info→Size 命令，得到如图 10-83 所示的模型网格信息：共有 14 342 个节点、28 411 个网格面和 14 070 个网格单元。

```
Mesh Size

Level    Cells    Faces    Nodes    Partitions
    0    14070    28411    14342             1

 2 cell zones, 8 face zones.
```

图 10-83　网格数量信息

（3）执行 Mesh→Check 命令，反馈信息如图 10-84 所示。可以看到计算域二维坐标的上下限，检查最小体积和最小面积是否为负数。

```
 Domain Extents:
   x-coordinate: min (m) = 0.000000e+00, max (m) = 2.000000e+00
   y-coordinate: min (m) = 0.000000e+00, max (m) = 5.000000e-01
 Volume statistics:
   minimum volume (m3): 3.333241e-05
   maximum volume (m3): 9.937896e-05
     total volume (m3): 1.000000e+00
 Face area statistics:
   minimum face area (m2): 3.333330e-03
   maximum face area (m2): 1.000002e-02
 Checking mesh.........................
Done.
```

图 10-84　FLUENT 网格信息

3. 设置求解器参数

（1）选择项目树 Setup→General 选项，在出现的 General 面板中进行求解器的设置。

（2）在 General 面板中开启重力加速度。选中 Gravity 复选框，在 Y（m/s2）文本框中输入−9.8，在 Time 下选中 Transient 单选按钮，其他求解参数保持默认设置，如图 10-85 所示。

（3）选择项目树 Setup→Models 选项，对求解模型进行设置，如图 10-86 所示。

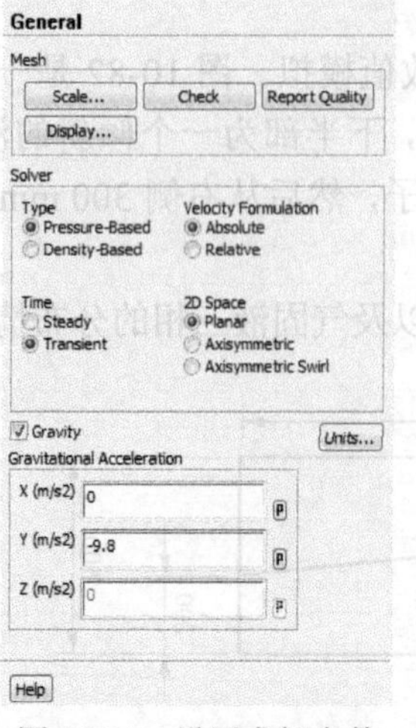

图 10-85　设置求解参数

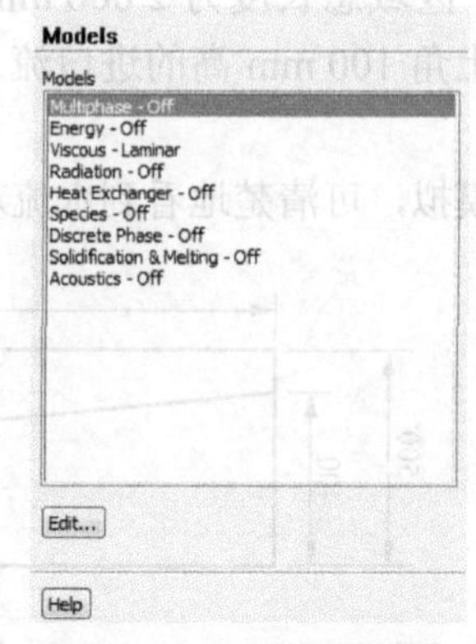

图 10-86　选择计算模型

（4）双击 Multiphase-Off 选项，打开 Multiphase Model 对话框。选中 Model 下的 Eulerian 单选按钮，设置 Number of Eulerian Phases 为 3，如图 10-87 所示，单击 OK 按钮完成设置。

（5）再次回到 Models 面板，双击 Models 中的 Viscous-Laminar 选项，打开 Viscous Model 对话框。

（6）在 Model 下选中 k-epsilon（2 eqn）单选按钮，其他保持默认，如图 10-88 所示，单击 OK 按钮，启动 k-ε湍流方程。

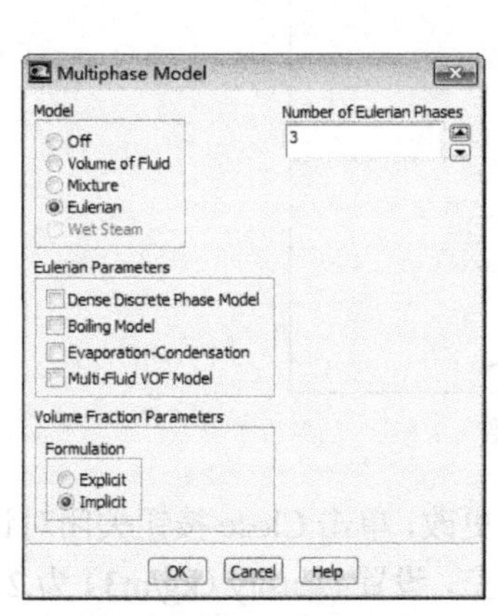

图 10-87 选择多相流模型

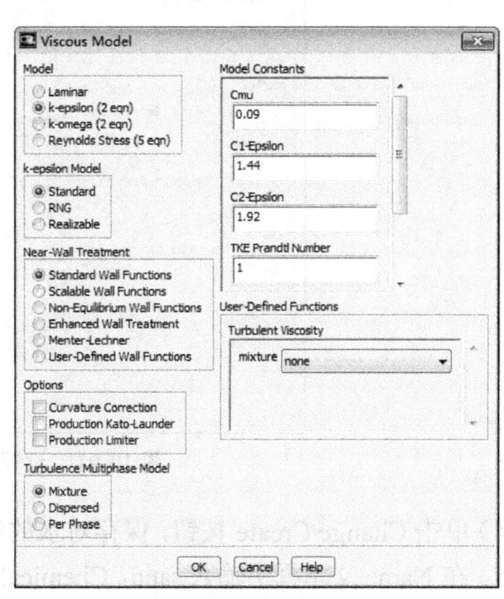

图 10-88 选择湍流模型

4. 定义材料物性

（1）选择项目树 Setup→Materials 选项，在出现的 Materials 面板中对所需材料进行设置，如图 10-89 所示。

（2）双击 Materials 列表中的 Fluid 选项，弹出材料物性参数设置对话框，如图 10-90 所示。

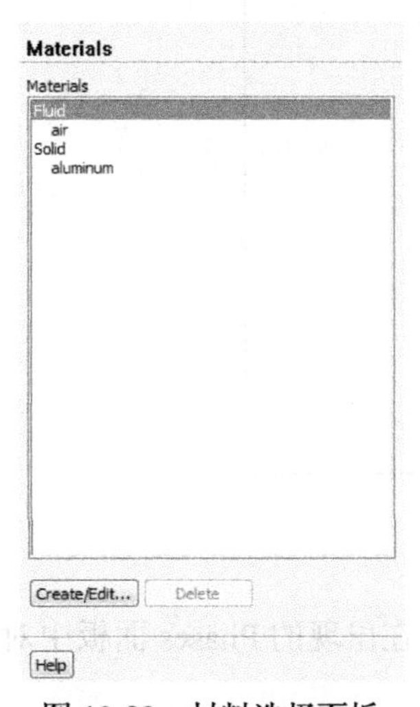

图 10-89 材料选择面板

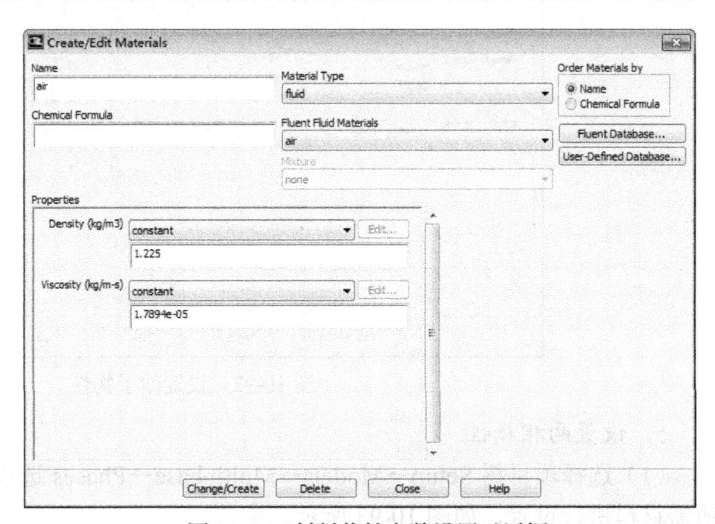

图 10-90 材料物性参数设置对话框

（3）单击 Fluent Database 按钮，打开 Fluent Database Materials 对话框，在 Fluent Fluid

Materials 下拉列表中选择 water-liquid（h2o<l>）选项，如图 10-91 所示，单击 Copy 按钮，复制水的物性参数。

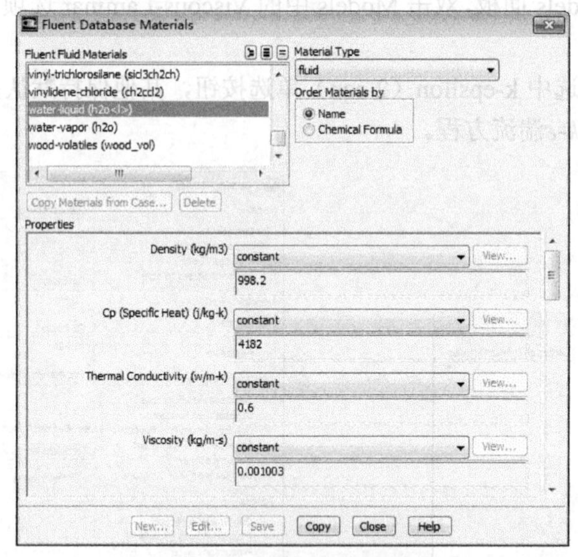

图 10-91 设置水的物性参数

（4）单击 Change/Create 按钮，保存对水的物性参数的更改，单击 Close 按钮关闭对话框。

（5）在 Name 文本框中输入 sand，Chemical Formula 清空，设置 Density（kg/m3）为 2 500，Viscosity（kg/m-s）为 10，如图 10-92 所示，单击 Change/Create 按钮，完成设置。

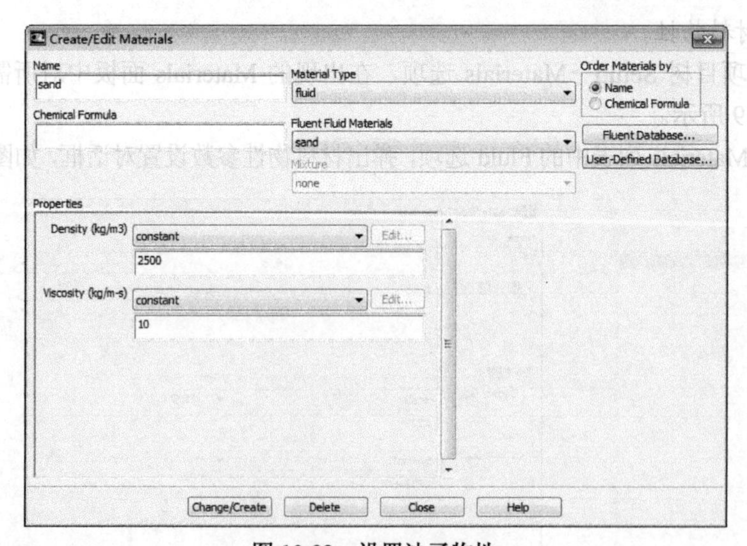

图 10-92 设置沙子物性

5. 设置两相属性

（1）选择项目树 Setup→Models→Multiphase→Phases 选项，在出现的 Phases 面板中对所需材料进行设置，如图 10-93 所示。

（2）双击 Phases 列表中的 phase-1-Primary Phase 选项，打开 Primary Phase 对话框，在 Name 文本框中输入 air，在 Phase Material 右侧下拉列表中选择 air 选项，如图 10-94 所示。

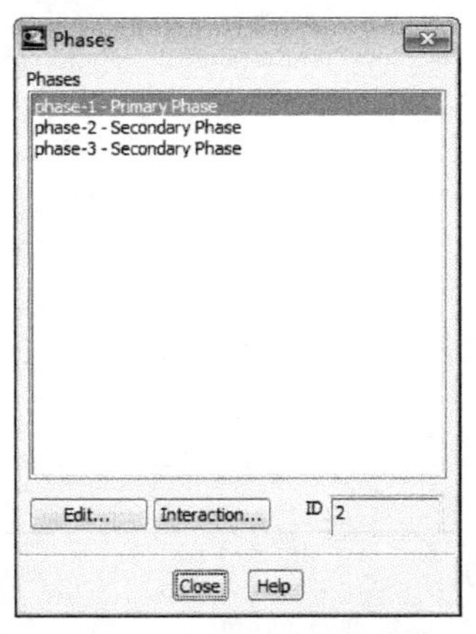

图 10-93 气固液相设置面板

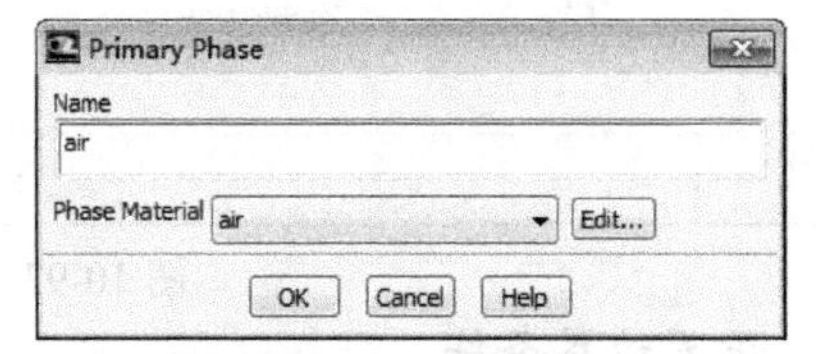

图 10-94 设置气相

（3）双击 Phases 列表中的 phase-2-Secondary Phase 选项，打开 Secondary Phase 对话框，在 Name 文本框中输入 water，在 Phase Material 右侧下拉列表中选择 water-liquid 选项，如图 10-95 所示。

（4）双击 Phases 列表中的 phase-3-Secondary Phase 选项，打开 Secondary Phase 对话框，在 Name 文本框中输入 sand，在 Phase Material 右侧下拉列表中选择 sand 选项，选中 Granular 复选框。在 Properties 选项区中，设置 Diameter（m）为 0.000 111，Granular Viscosity（kg/m-s）选择 gidaspow 选项，Granular Bulk Viscosity（kg/m-s）选择 lun-et-al 选项，设置 Packing Limit 为 0.6，如图 10-96 所示，单击 OK 按钮。

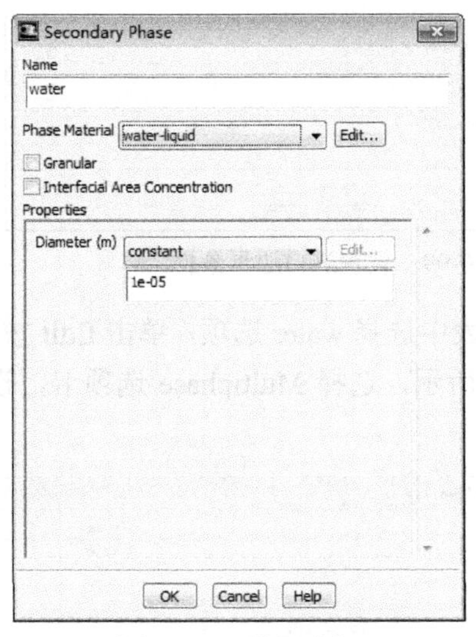

图 10-95 设置液相

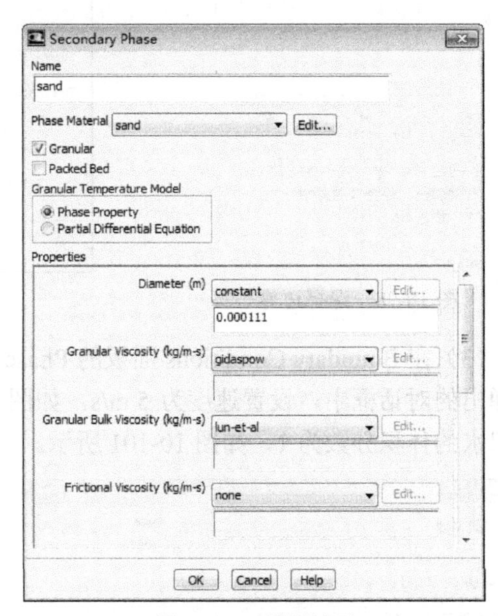

图 10-96 设置沙子

（5）选择项目树 Models→Multiphase（Volume of Fluid）→Phases Interaction 选项，弹出 Phase Interaction 对话框，在 Drag 选项卡中，相之间的拖曳力都设置为 schiller-naumann，如图 10-97 所示，单击 OK 按钮完成设置。

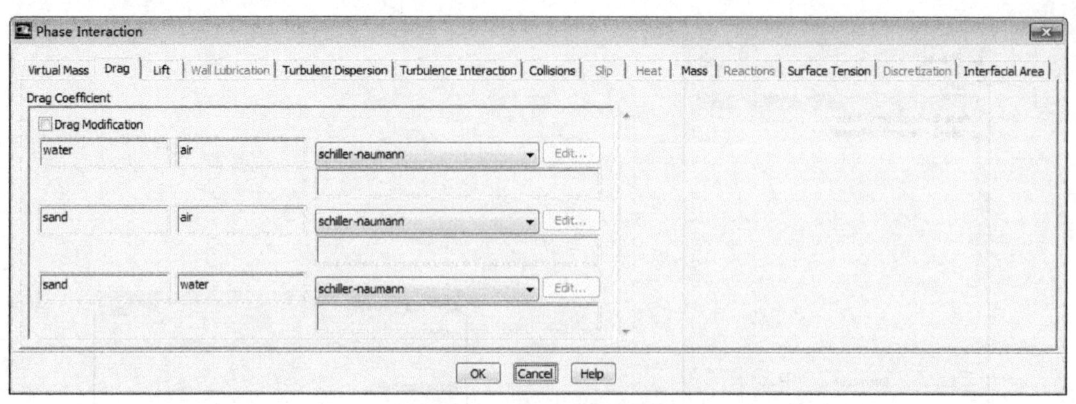

图 10-97　设置三相间拖曳力

6. 设置边界条件

（1）选择项目树 Setup→Boundary Conditions 选项，在打开的 Boundary Conditions 面板中对边界条件进行设置。

（2）双击 Zone 列表中的 in 选项，如图 10-98 所示，弹出 Velocity Inlet 对话框，湍动能和湍流耗散率都设置为 0.01，如图 10-99 所示，单击 OK 按钮完成设置。

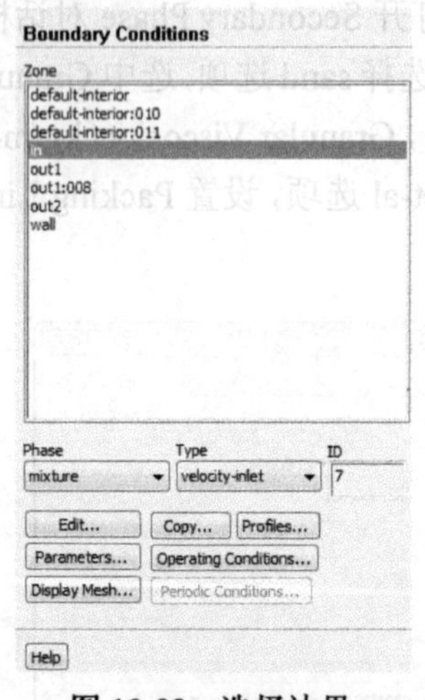

图 10-98　选择边界

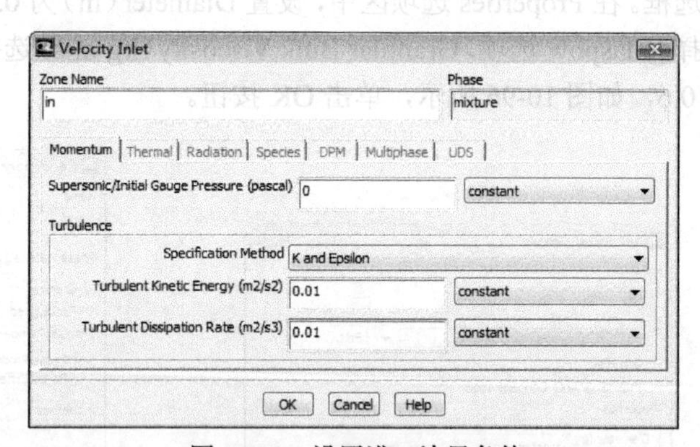

图 10-99　设置进口边界条件

（3）在 Boundary Conditions 面板的 Phase 下拉列表中选择 water 选项，单击 Edit 按钮，在弹出的对话框中，设置速度为 5 m/s，如图 10-100 所示，选择 Multiphase 选项卡，设置进口水的体积分数为 1，如图 10-101 所示。

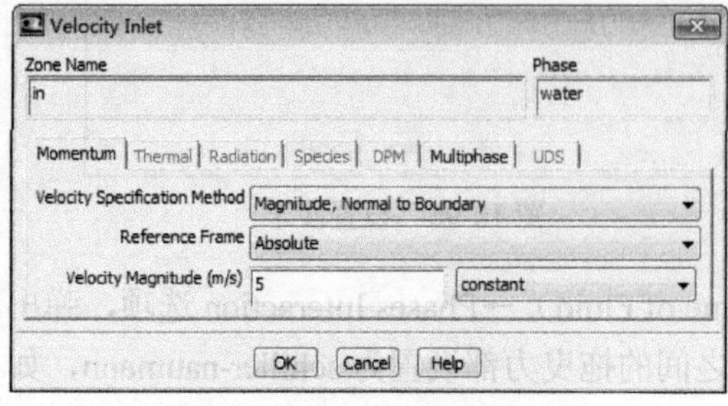

图 10-100　设置进口速度

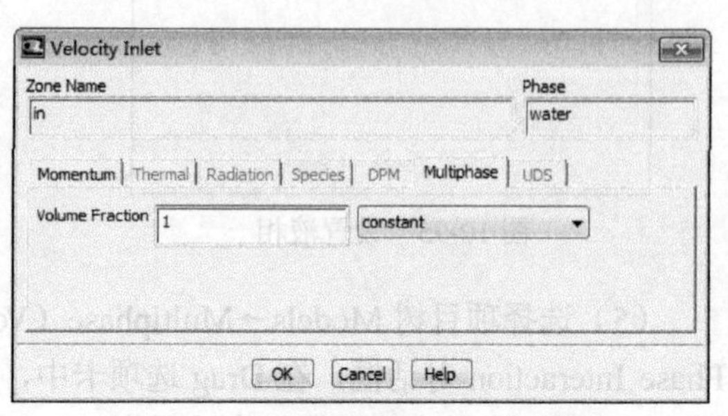

图 10-101　设置进口水的体积分数

10.4.3 求解计算

1. 求解控制参数

（1）选择 Solution→Solution Methods 选项，在弹出的 Solution Methods 面板中对求解控制参数进行设置。

（2）在 Scheme 下拉列表中选择 Coupled 算法，其他保持默认设置，如图 10-102 所示。

2. 设置求解松弛因子

（1）选择 Solution→Solution Controls 选项，在弹出的 Solution Controls 面板中对求解松弛因子进行设置。

（2）设置 Flow Courant Number 为 40，Momentum 和 Pressure 都设置为 0.5，Volume Fraction 设置为 0.4，如图 10-103 所示。

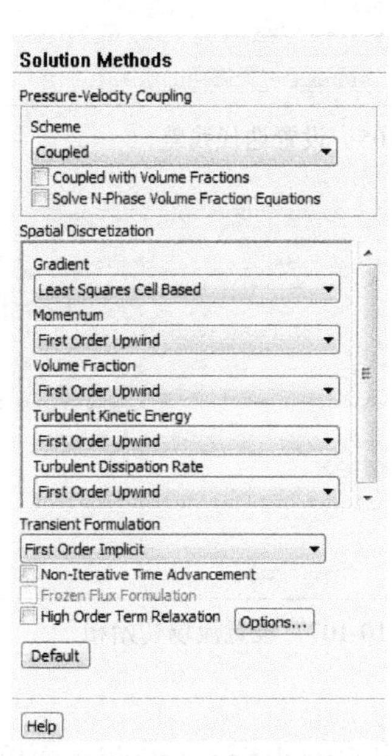

图 10-102 设置求解方法

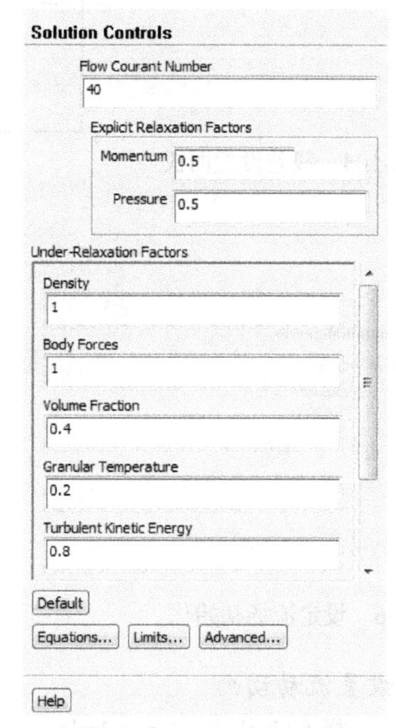

图 10-103 设置松弛因子

3. 设置收敛临界值

（1）选择 Solution→Monitors 选项，打开 Monitors 面板，如图 10-104 所示。

（2）双击 Monitors 面板中的 Residuals-Print，Plot 选项，打开 Residual Monitors 对话框，各参数保持默认设置，如图 10-105 所示，单击 OK 按钮完成设置。

4. 设置流场初始化

（1）选择 Solution→Solution Initialization 命令，打开 Solution Initialization 面板进行初始化设置。

（2）保持默认设置，单击 Initialize 按钮完成初始化，如图 10-106 所示。

（3）单击 Patch 按钮，打开 Patch 对话框，Zones to Patch 和 Phase 均选择 sand 选项，

在 Variable 列表中选择 Volume Fraction 选项，设置 Value 为 1，如图 10-107 所示，单击 Patch 按钮，完成设置。

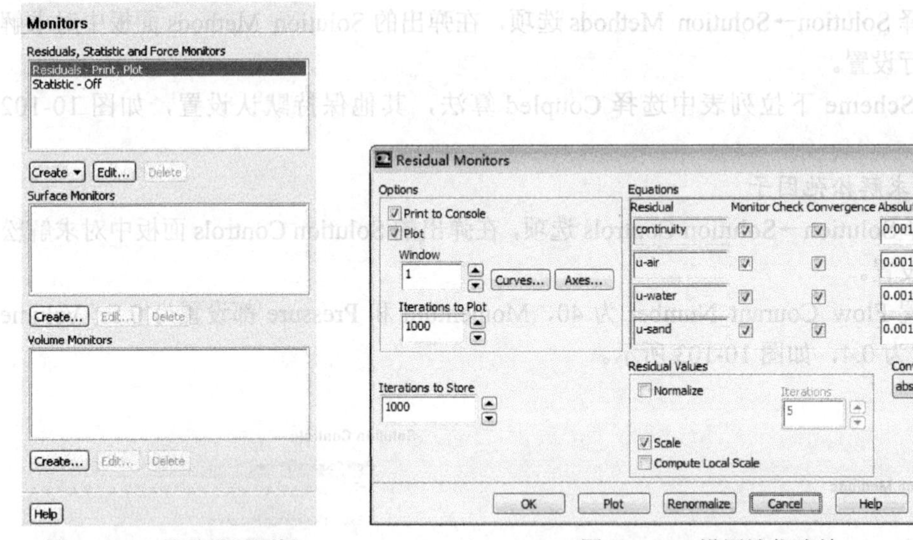

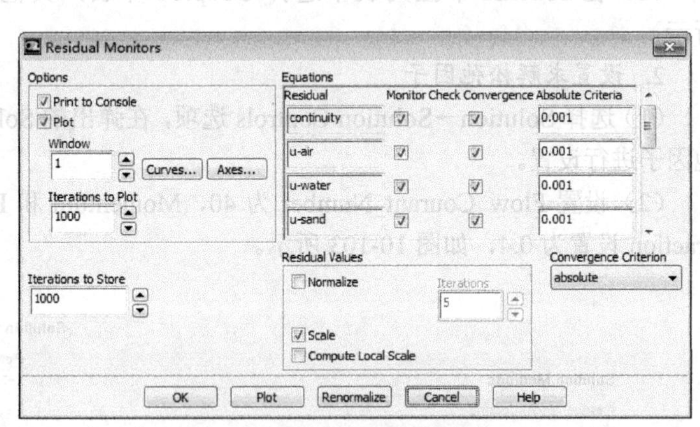

图 10-104　残差设置面板　　　　图 10-105　设置迭代残差

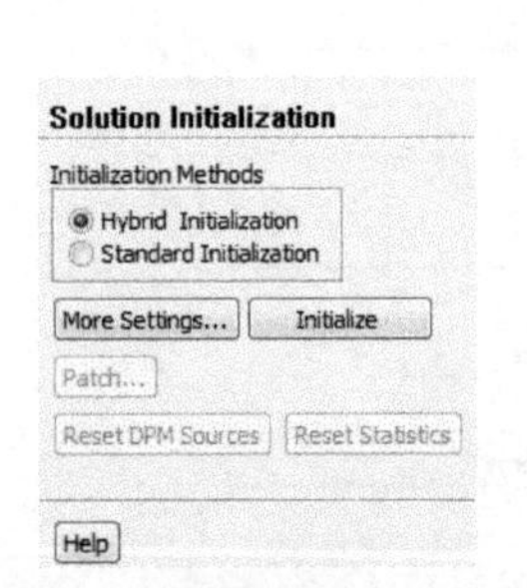

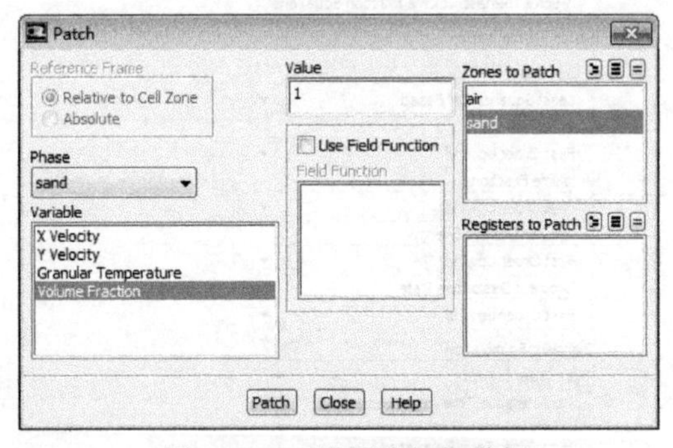

图 10-106　设定流场初始化　　　　图 10-107　设置流场初始相

5. 设置流动动画

（1）选择 Solution→Calculation Activities 选项，弹出 Calculation Activities 面板，设置 Autosave Every（Time Steps）为 3，表示每计算 3 个时间步，保存一次数据，如图 10-108 所示。

（2）单击 Solution Animations 列表框下的 Create/Edit 按钮，弹出 Solution Animation 对话框，设置 Animation Sequences 为 1，在 When 下拉列表中选择 Time Step，如图 10-109 所示。

（3）单击 Define 按钮，弹出 Animation Sequence 对话框，在 Storage Type 下选中 In Memory 单选按钮，如图 10-110 所示。

（4）单击 Set 按钮，弹出监视窗口，在 Display Type 下选中 Contours 单选按钮，弹出 Contours 对话框。

（5）在 Options 下选中 Filled 复选框，在 Contours of 下的第一个下拉列表中选择 Phases

选项，在 Phase 下拉列表中选择 air 选项，如图 10-111 所示。

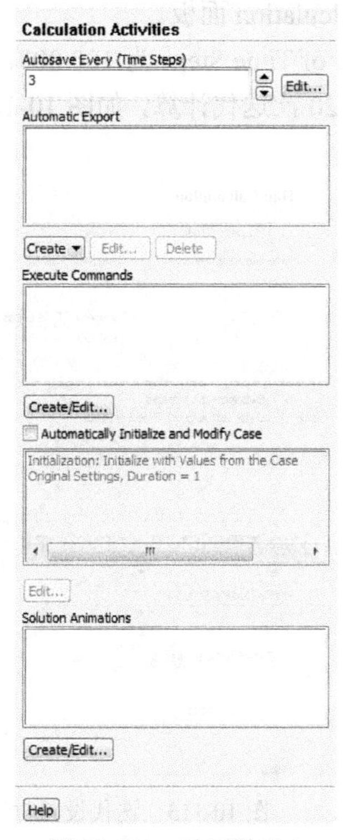

图 10-108　动画设置 1

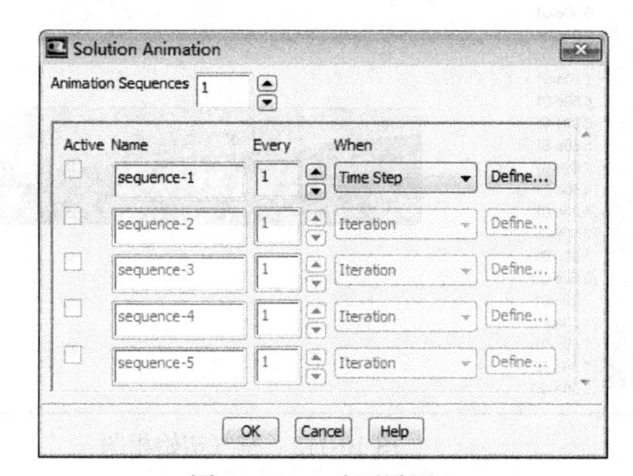

图 10-109　动画设置 2

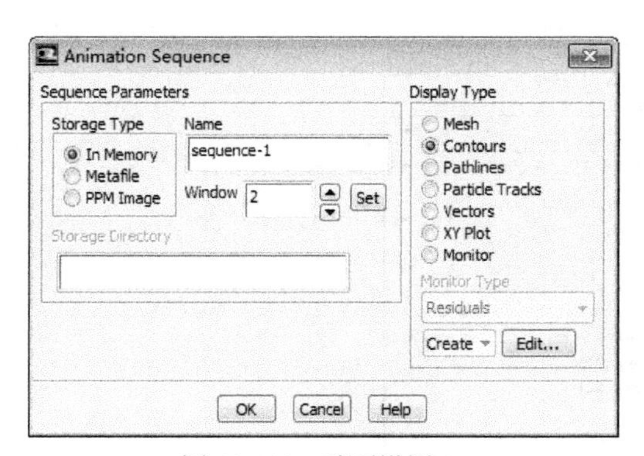

图 10-110　动画设置 3

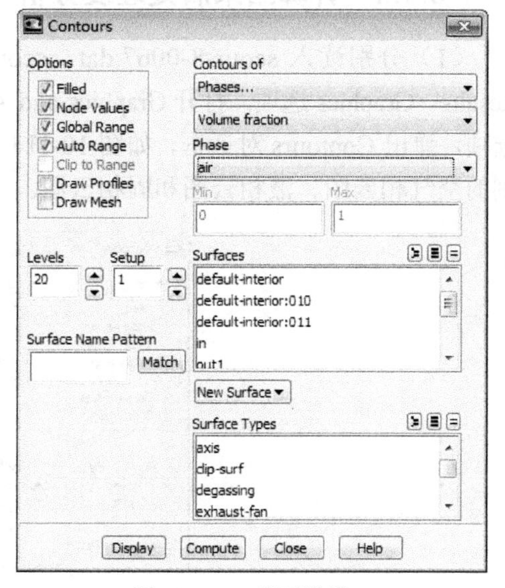

图 10-111　动画设置 4

（6）单击 Display 按钮，监视窗口中出现了初始时刻的空气相图，如图 10-112 所示。

（7）重复上述操作，完成对初始液相、固相的设置。

6. 迭代计算

（1）执行 File→Write→Case&Data 命令，弹出 Select File 对话框，保存为 scour.cas 和

scour.dat。

（2）选择 Solution→Run Calculation 选项，打开 Run Calculation 面板。

（3）设置初始 Time Step Size(s)为 0.000 1，设置 Number of Time Steps 为 100 000，Max Iterations/Time Step 设置为 20，表示每一个时间步最多进行 20 次迭代计算，如图 10-113 所示。单击 Calculate 按钮进行迭代计算。

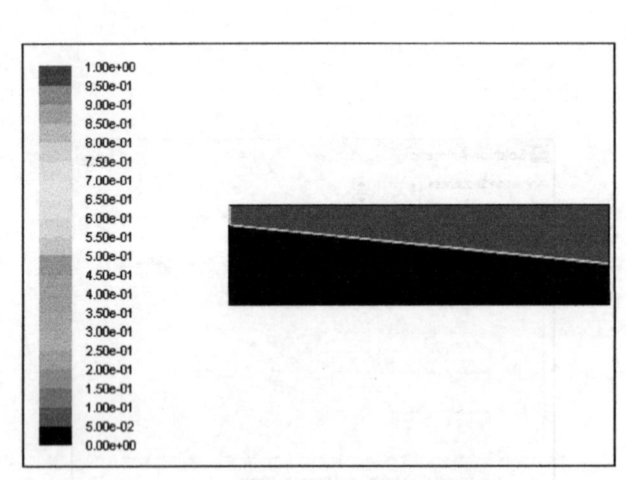

图 10-112　空气初始相图

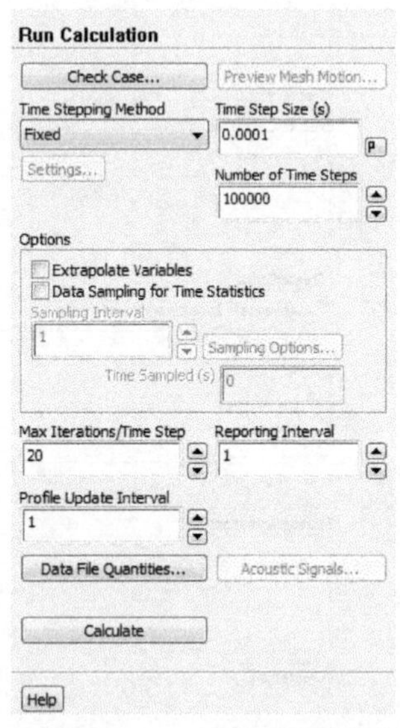

图 10-113　迭代设置对话框

10.4.4　计算结果后处理及分析

（1）分别读入 scour-8-0067.dat、scour-8-00119.dat 和 scour-8-00187.dat 数据，选择 Results→Graphics 选项，打开 Graphics and Animations 面板，然后双击 Graphics 下的 Contours 选项，弹出 Contours 对话框，如图 10-114 所示，分别绘制 0.299 s、0.599 s、0.900 s 三个时刻的空气相云图、液相云图和固相云图。

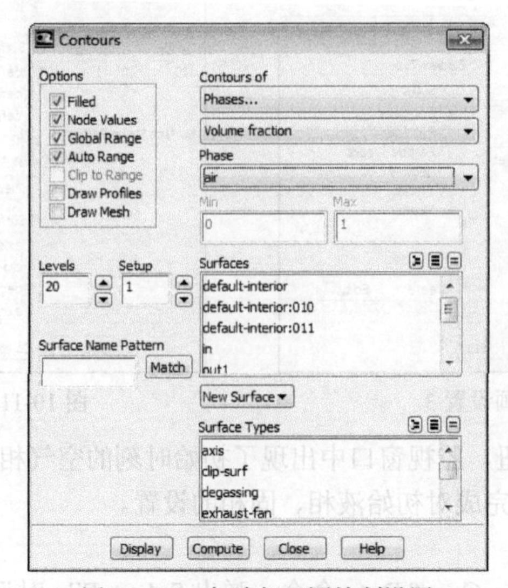

图 10-114　气液相云图绘制设置

（2）最终结果如图 10-115～图 10-126 所示。

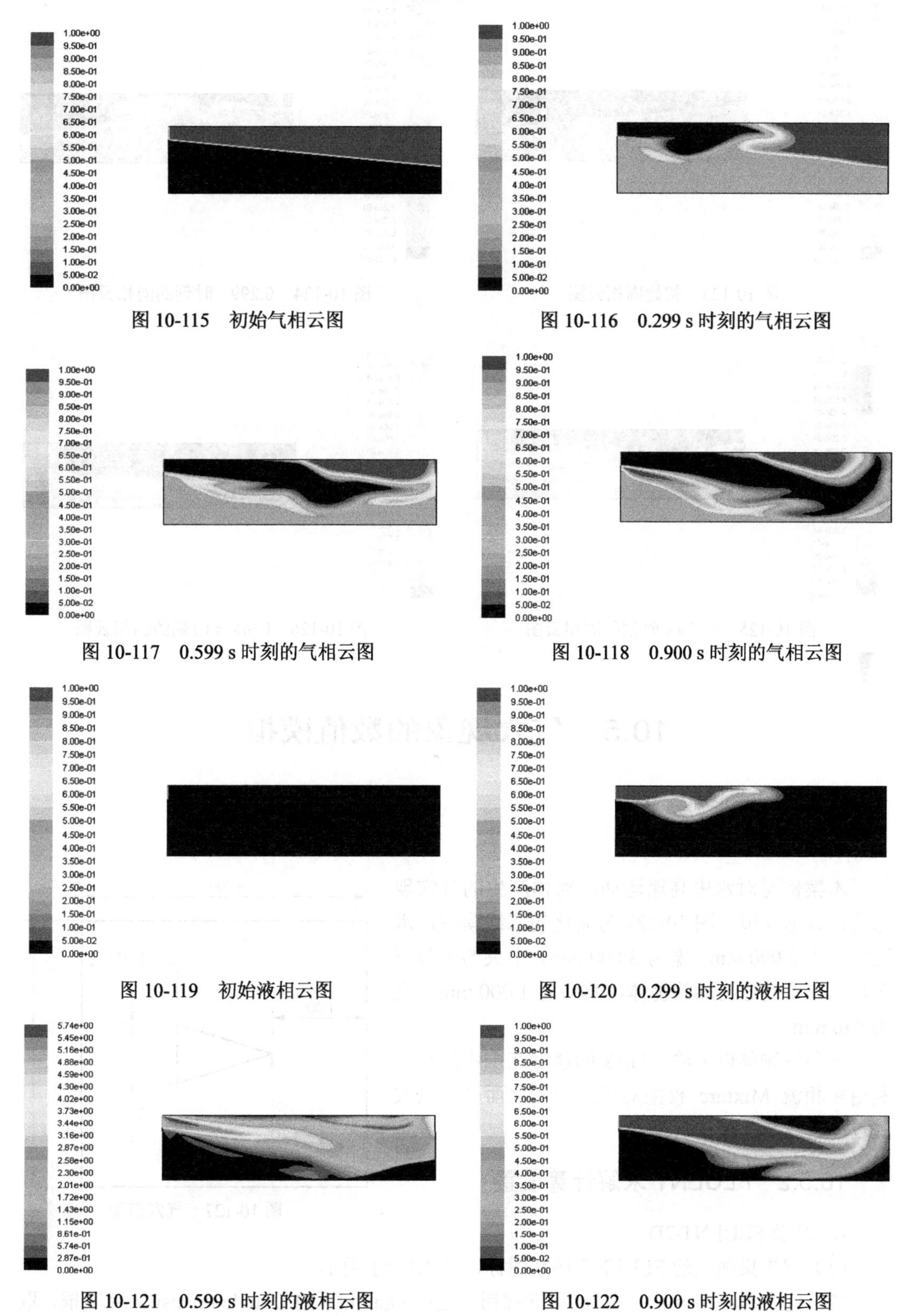

图 10-115　初始气相云图

图 10-116　0.299 s 时刻的气相云图

图 10-117　0.599 s 时刻的气相云图

图 10-118　0.900 s 时刻的气相云图

图 10-119　初始液相云图

图 10-120　0.299 s 时刻的液相云图

图 10-121　0.599 s 时刻的液相云图

图 10-122　0.900 s 时刻的液相云图

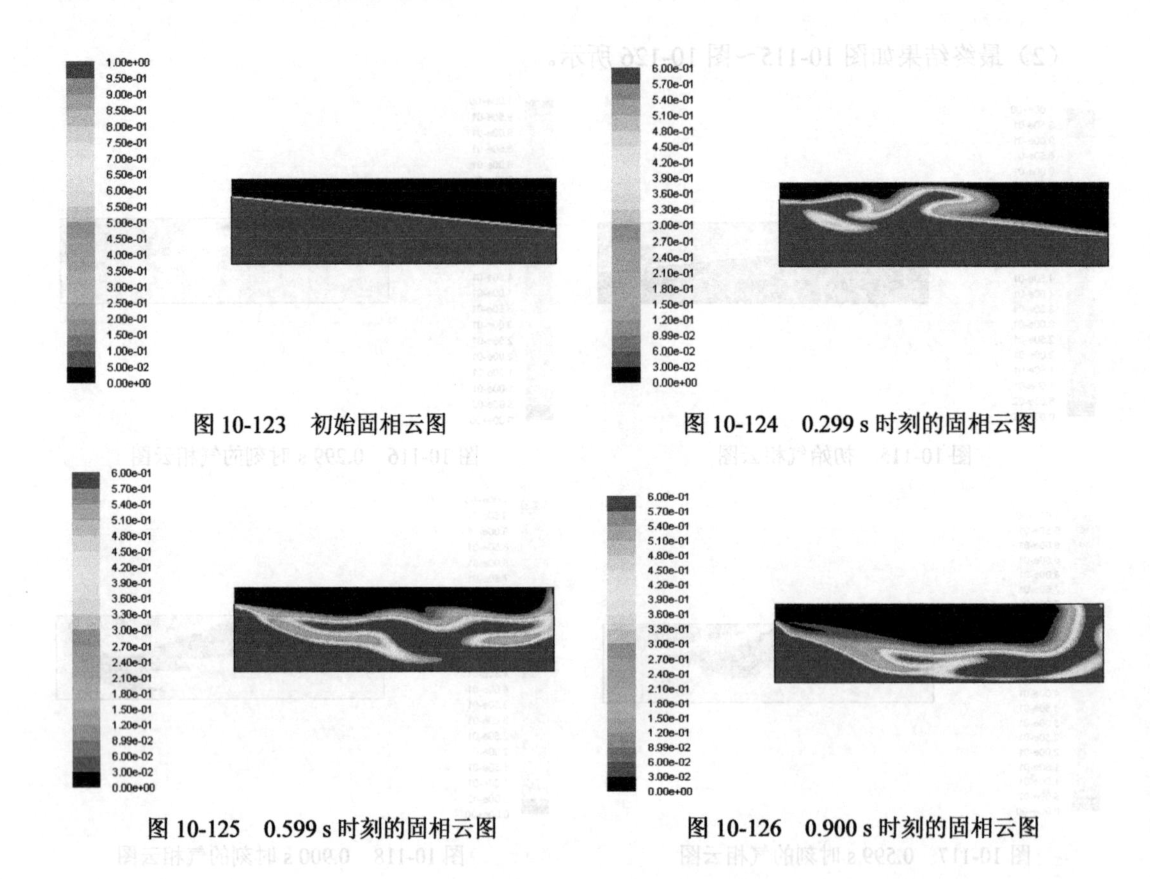

图 10-123　初始固相云图　　　图 10-124　0.299 s 时刻的固相云图

图 10-125　0.599 s 时刻的固相云图　　　图 10-126　0.900 s 时刻的固相云图

10.5　气穴现象的数值模拟

10.5.1　案例简介

本案例是对水中高速运动的物体产生的气穴现象进行数值模拟。图 10-127 为简化的二维模型，水区域高为 2 000 mm，宽为 3 000 mm，中央的等腰三角形为一个高速运动的物体，其高为 1 000 mm，底为 440 mm。

三角形物体以大约 28 m/s 的速度在水中运行。利用多相流 Mixture 模型对因压力变化而产生气穴的过程进行数值模拟。

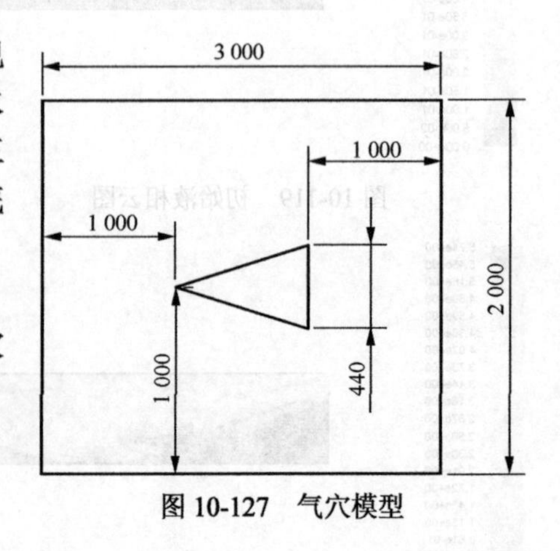

图 10-127　气穴模型

10.5.2　FLUENT 求解计算设置

1. *启动* FLUENT-2D

（1）双击桌面上的 FLUENT 16.0 图标，进入启动界面。

（2）选中 Dimension 中的 2D 单选按钮，选中 Option 下的 Double Precision 复选框，取

消选中 Display Options 下的 3 个复选框。

（3）其他保持默认设置，单击 OK 按钮进入 FLUENT 16.0 主界面。

2. 读入并检查网格

（1）执行 File→Read→Mesh 命令，在弹出的 Select File 对话框中读入 cavitation.msh 二维网格文件。

（2）执行 Mesh→Info→Size 命令，得到如图 10-128 所示的模型网格信息：共有 21 625 个节点、42 924 个网格面和 21 300 个网格单元。

（3）执行 Mesh→Check 命令，反馈信息如图 10-129 所示。可以看到计算域二维坐标的上下限，检查最小体积和最小面积是否为负数。

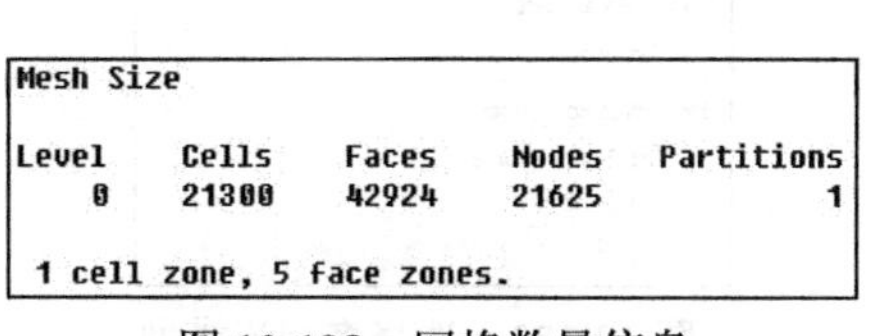

图 10-128 网格数量信息

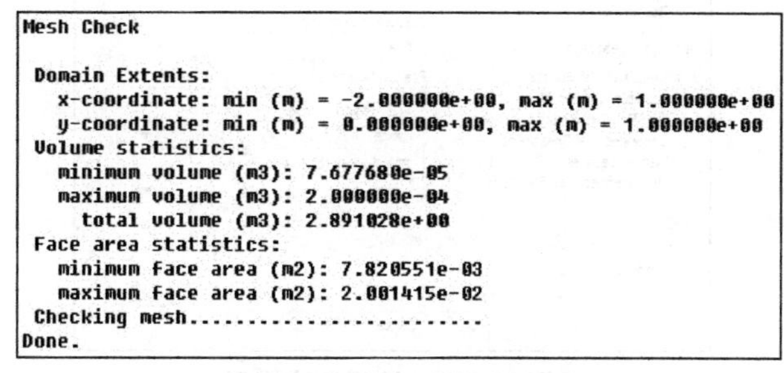

图 10-129 FLUENT 网格信息

3. 设置求解器参数

（1）选择项目树 Setup→General 选项，在出现的 General 面板中进行求解器的设置。

（2）在 General 面板中，保持默认设置即可，如图 10-130 所示。

（3）选择项目树 Setup→Models 选项，对求解模型进行设置，如图 10-131 所示。

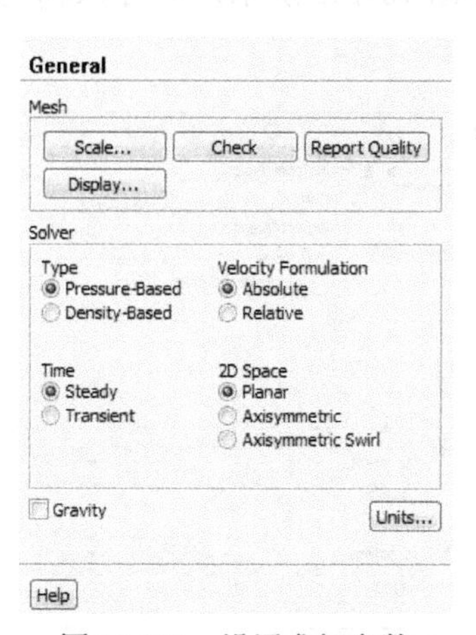

图 10-130 设置求解参数

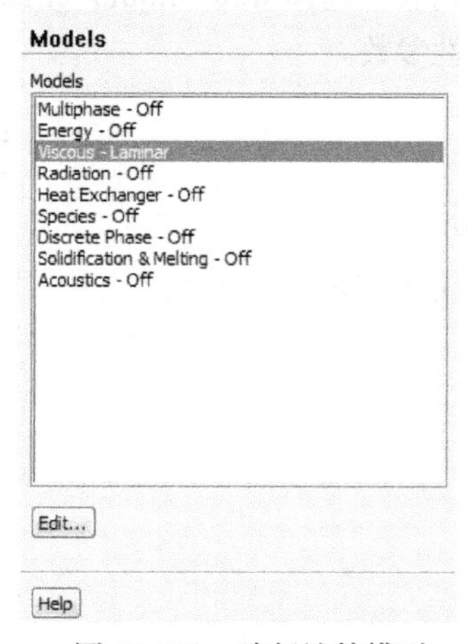

图 10-131 选择计算模型

（4）双击 Models 列表中的 Viscous-Laminar 选项，打开 Viscous Model 对话框。

（5）在 Model 下选中 k-epsilon（2 eqn）单选按钮，在 k-epsilon Model 下选中 Realizable 单选按钮，其他保持默认设置，如图 10-132 所示，单击 OK 按钮完成设置。

（6）再次回到 Models 面板，双击 Multiphase-Off 选项，打开 Multiphase Model 对话框。

选中 Model 下的 Mixture 单选按钮，设置 Number of Eulerian Phases 为 2，如图 10-133 所示，单击 OK 按钮，完成设置。

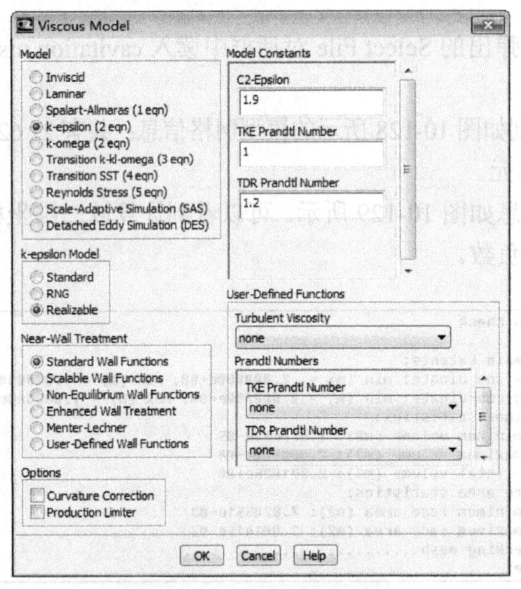

图 10-132　选择湍流模型

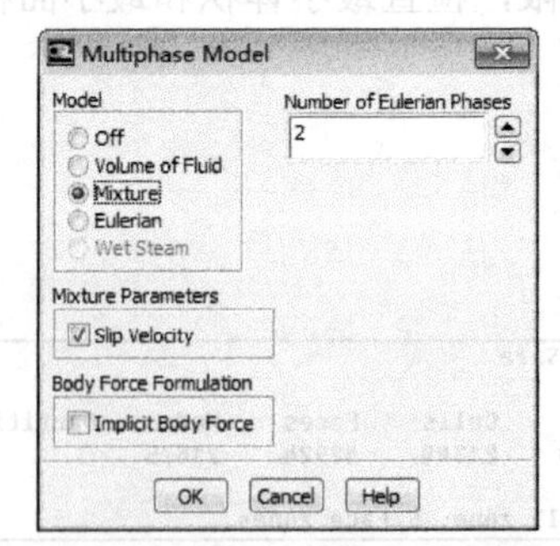

图 10-133　选择多相流模型

4. 定义材料物性

（1）选择项目树 Setup→Materials，在出现的 Materials 面板中对所需材料进行设置。

（2）双击 Materials 列表中的 Fluid 选项，如图 10-134 所示，弹出材料物性参数设置对话框。

（3）单击 Fluent Database 按钮，打开 Fluent Database Materials 对话框，在 Fluent Fluid Materials 列表中选择 water-liquid（h2o<1>）选项，如图 10-135 所示，单击 Copy 按钮，复制水的物性参数。

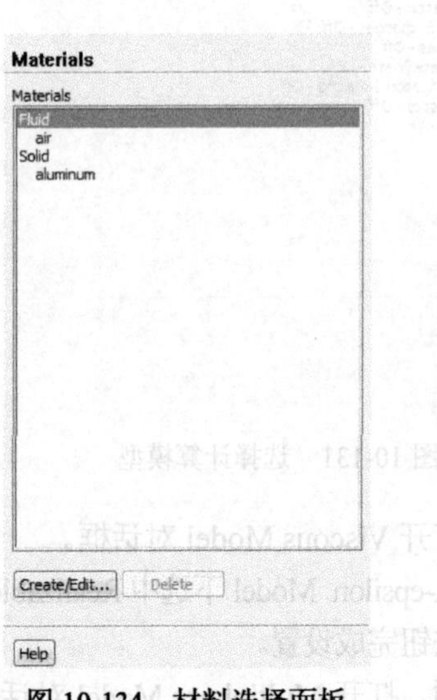

图 10-134　材料选择面板

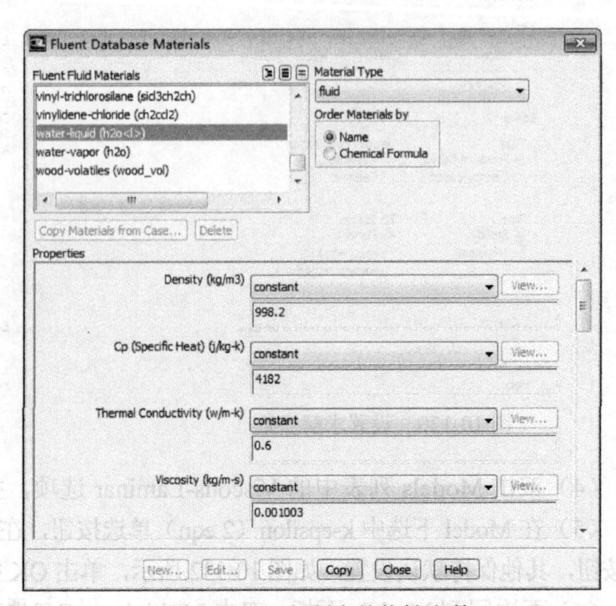

图 10-135　复制水的物性参数

（4）水的物性参数如图 10-136 所示，单击 Change/Create 按钮，保存对水的物性参数的更改，单击 Close 按钮关闭对话框。

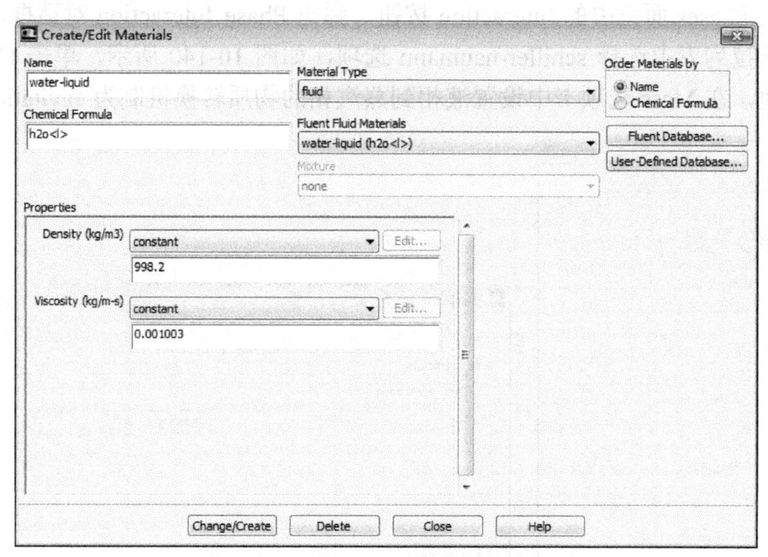

图 10-136 水的物性参数

（5）再次在材料物性参数设置对话框中单击 Fluent Database 按钮，打开 Fluent Database Materials 对话框，在 Fluent Fluid Materials 列表中选择 water-vapor（h2o）选项，单击 Copy 按钮，复制蒸汽的物性参数。最后单击 Change/Create 按钮，保存蒸汽的物性参数设置。

5. 设置两相属性

（1）选择项目树 Setup→Models→Multiphase→Phases 选项，在出现的 Phases 面板中对所需材料进行设置，如图 10-137 所示。

（2）双击 Phases 列表中的 phase-1-Primary Phase 选项，打开 Primary Phase 对话框，在 Name 文本框中输入 liquid，在 Phase Material 右侧的下拉列表中选择 water-liquid 选项，如图 10-138 所示。

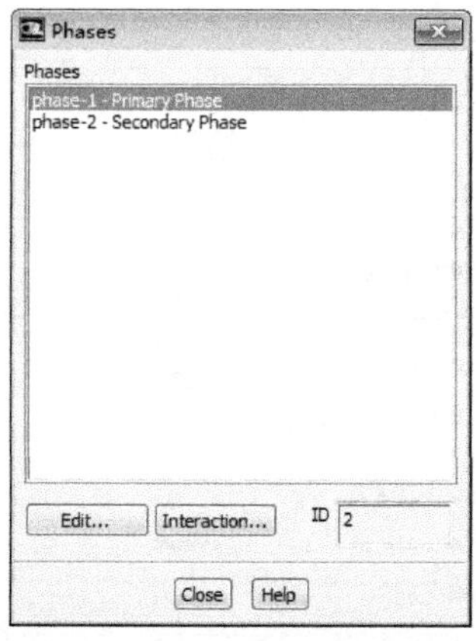

图 10-137 气液相设置面板

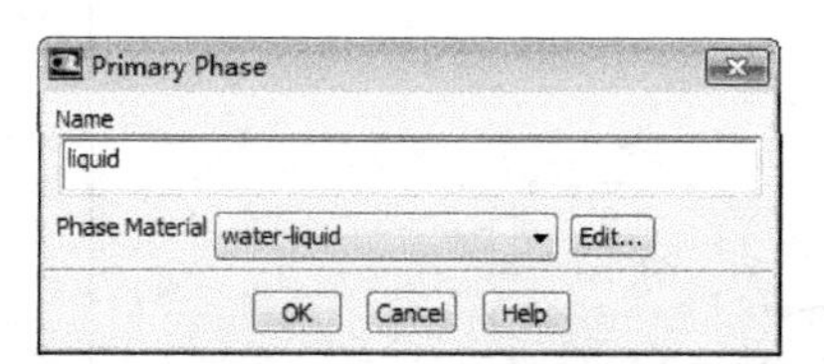

图 10-138 设置液相

（3）双击 Phases 列表中的 phase-2-Secondary Phase 选项，打开 Secondary Phase 对话框，

在 Name 文本框中输入 vapor，在 Phase Material 右侧的下拉列表中选择 water-vapor 选项，如图 10-139 所示。

（4）单击 Phases 面板中的 Interaction 按钮，弹出 Phase Interaction 对话框，在 Drag 选项卡右侧的下拉列表中选择 schiller-naumann 选项，如图 10-140 所示，单击 OK 按钮完成设置。类似地，在 Mass 选项卡中设置液相到蒸汽相的物质转换机制为 cavitation。

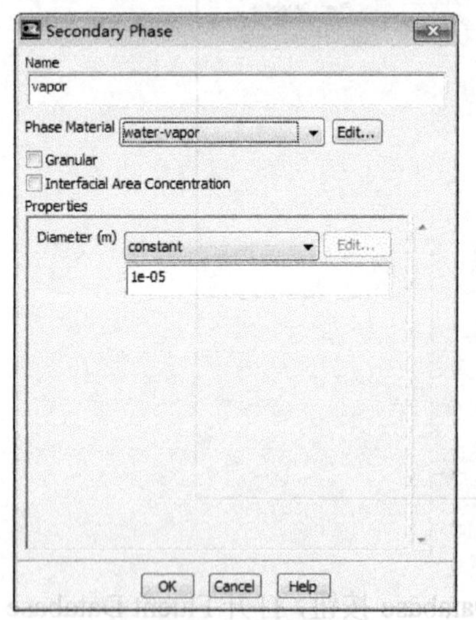

图 10-139　设置蒸汽相

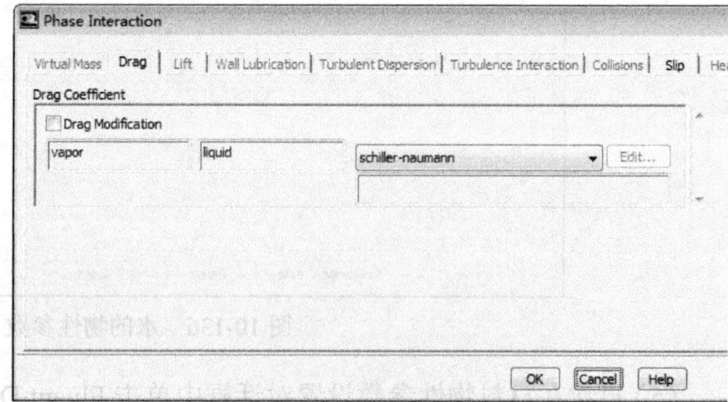

图 10-140　设置气液间拖曳力

6. 设置边界条件

（1）选择项目树 Setup→Boundary Conditions 选项，在打开的 Boundary Conditions 面板中对边界条件进行设置。

（2）双击 Zone 列表中的 in 选项，如图 10-141 所示，弹出 Pressure Inlet 对话框，Gauge Total Pressure（pascal）设置为 400 000，Turbulent Kinetic Energy（m2/s2）和 Turbulent Dissipation Rate（m2/s3）都设置为 0.01，如图 10-142 所示，单击 OK 按钮完成设置。

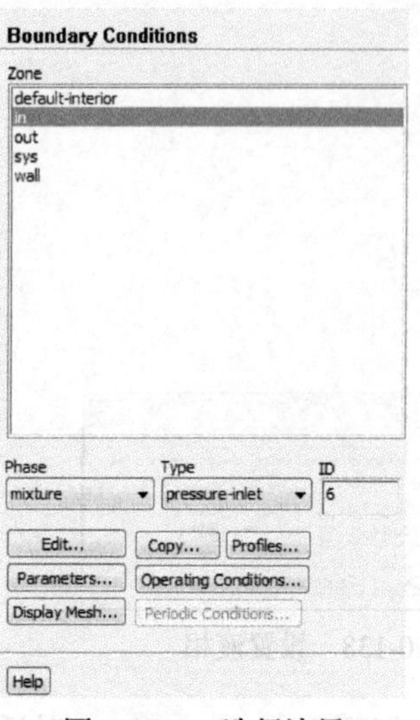

图 10-141　选择边界

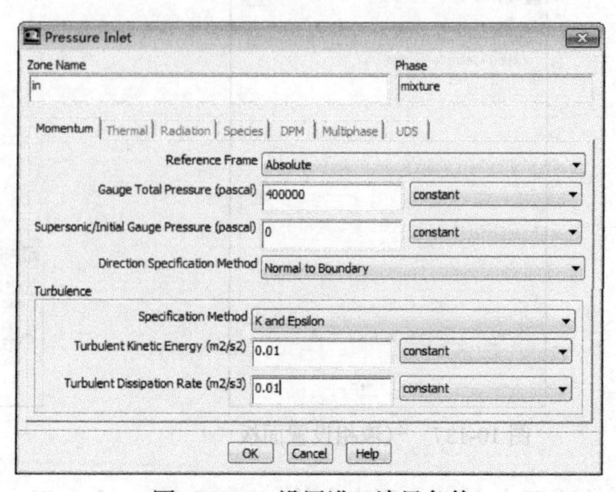

图 10-142　设置进口边界条件

（3）在 Boundary Conditions 面板中的 Phase 下拉列表中选择 vapor 选项，单击 Edit 按钮，弹出 Pressure Inlet 对话框，选择 Multiphase 选项卡，保持默认参数 0，表明进口蒸汽体积分数为 0，如图 10-143 所示。

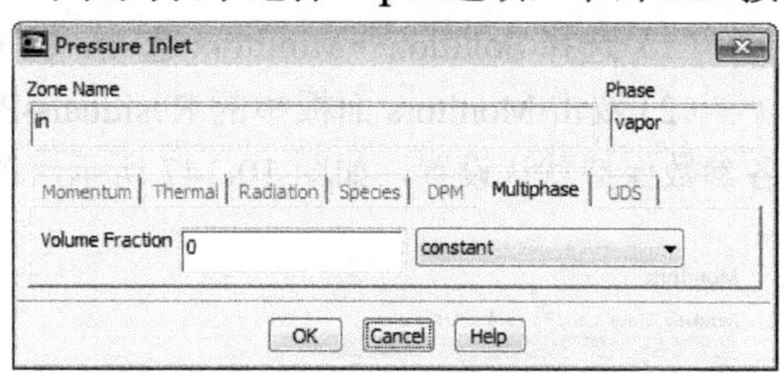

图 10-143 设置进口蒸汽体积分数

（4）双击 Boundary Conditions 面板中 Zone 列表中的 out 选项，弹出 Pressure Outlet 对话框，Gauge Total Pressure（pascal）设置为 100 000，Turbulent Kinetic Energy（m2/s2）和 Turbulent Dissipation Rate（m2/s3）都设置为 0.01。

（5）出口体积分数的设置与进口的相同，设置出口蒸汽体积分数为 0。

10.5.3 求解计算

1. 求解控制参数

（1）选择 Solution→Solution Methods 选项，在弹出的 Solution Methods 面板中对求解控制参数进行设置。

（2）在 Scheme 下拉列表中选择 Coupled 算法，在 Pressure 下拉列表中选择 PRESTO!，Momentum、Volume Fraction、Turbulent Kinetic Energy 和 Turbulent Dissipation Rate 都选择 QUICK 选项，如图 10-144 所示。

2. 设置求解松弛因子

（1）选择 Solution→Solution Controls 选项，在弹出的 Solution Controls 面板中对求解松弛因子进行设置。

（2）面板中相应的松弛因子都设置为 0.1，其他选择默认设置，如图 10-145 所示。

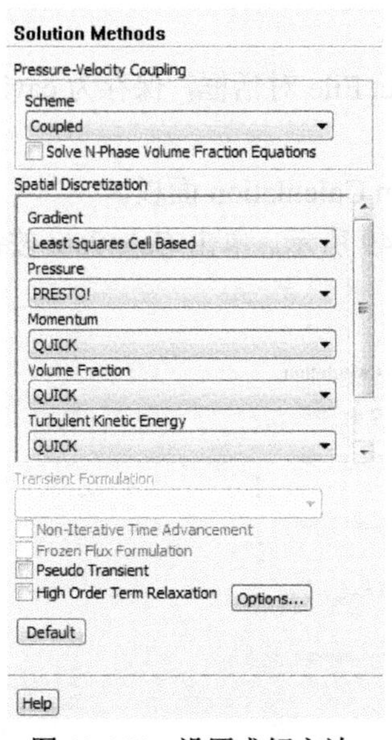

图 10-144 设置求解方法

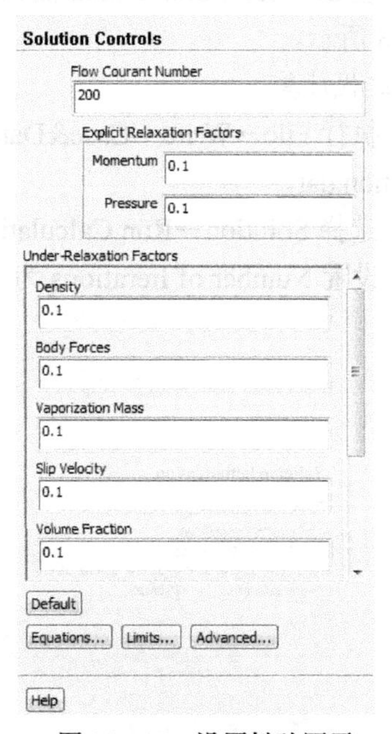

图 10-145 设置松弛因子

3. 设置收敛临界值

（1）选择 Solution→Monitors 选项，打开 Monitors 面板，如图 10-146 所示。

（2）双击 Monitors 面板中的 Residuals-Print，Plot 选项，打开 Residual Monitors 对话框，各参数保持默认设置，如图 10-147 所示，单击 OK 按钮完成设置。

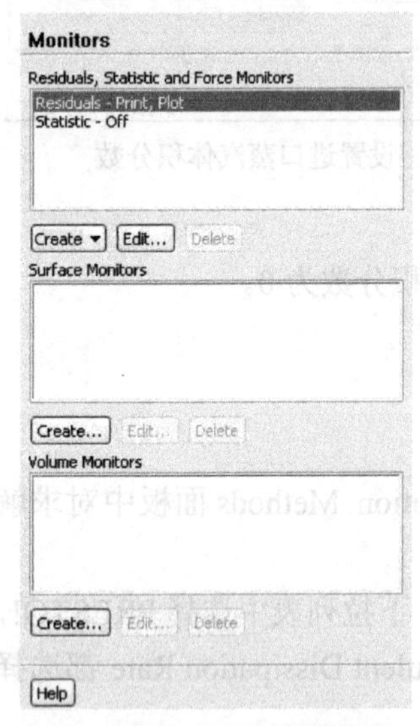

图 10-146　残差设置面板

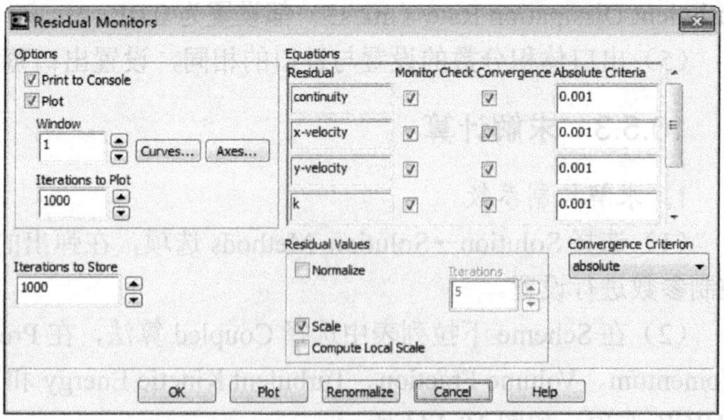

图 10-147　设置迭代残差

4. 设置流场初始化

（1）选择 Solution→Solution Initialization 选项，打开 Solution Initialization 面板进行初始化设置。

（2）在 Solution Initialization 面板中保持默认设置，单击 Initialize 按钮完成初始化，如图 10-148 所示。

5. 迭代计算

（1）执行 File→Write→Case&Data 命令，弹出 Select File 对话框，保存为 cavitation.cas 和 cavitation.dat。

（2）选择 Solution→Run Calculation 选项，打开 Run Calculation 面板。

（3）设置 Number of Iterations 为 10 000，如图 10-149 所示。单击 Calculate 按钮进行迭代计算。

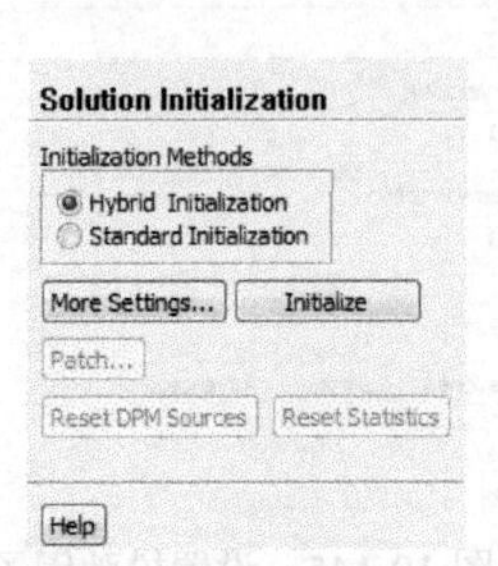

图 10-148　流场初始化设定

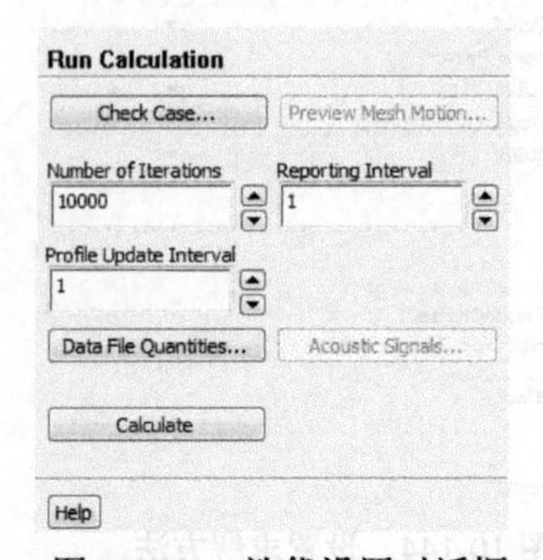

图 10-149　迭代设置对话框

（4）迭代残差曲线如图 10-150 所示。

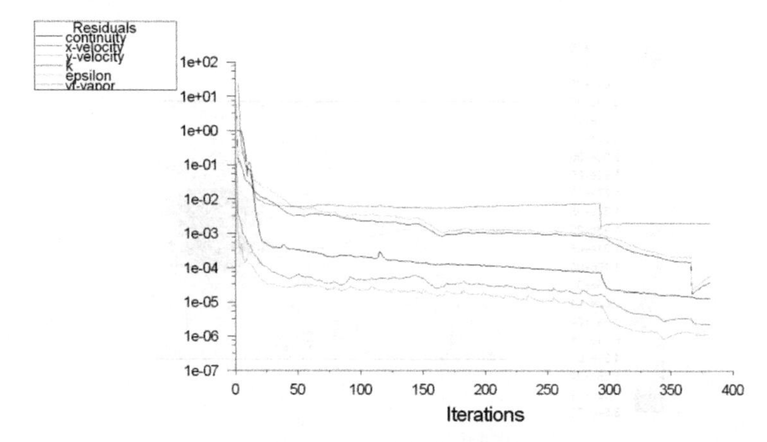

图 10-150 迭代残差曲线

10.5.4 计算结果后处理及分析

（1）选择 Results→Graphics 选项，打开 Graphics and Animations 面板。

（2）双击 Graphics 中的 Contours 选项，打开 Contours 对话框，在 Options 下选中 Filled 复选框，在 Contours of 下的第一个下拉列表中选择 Velocity 选项，在 Phase 下拉列表中选择 mixture 选项，如图 10-151 所示。单击 Display 按钮，显示速度云图，如图 10-152 所示。

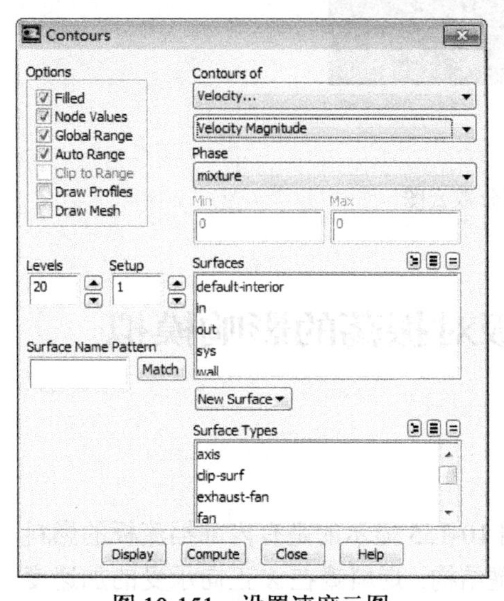

图 10-151 设置速度云图

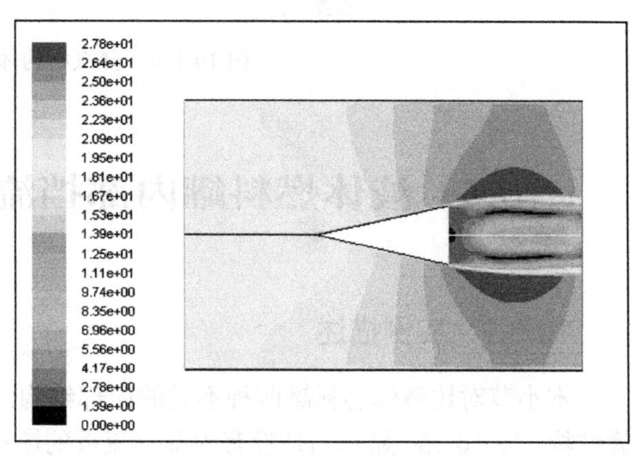

图 10-152 速度云图

由速度云图可以看出，在锥形体的正后方有一个低速区，且出现了回流。

（3）重复上述操作，在 Contours of 下的第一个下拉列表中选择 Pressure 选项，单击 Display 按钮，显示压力云图，如图 10-153 所示。锥形体的正后方出现了低压区。

（4）重复上述操作，在 Contours of 下的第一个下拉列表中选择 Phases 选项，在 Phase 下拉列表中选择 vapor 选项，单击 Display 按钮，显示蒸汽相的体积分数云图，如图 10-154

所示。锥形体的正后方是低压区的部分，发生了气体渗出的现象，这正是气穴现象。

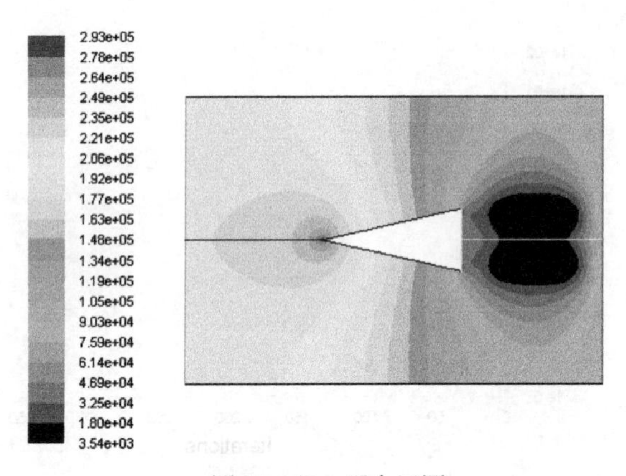

图 10-153 压力云图

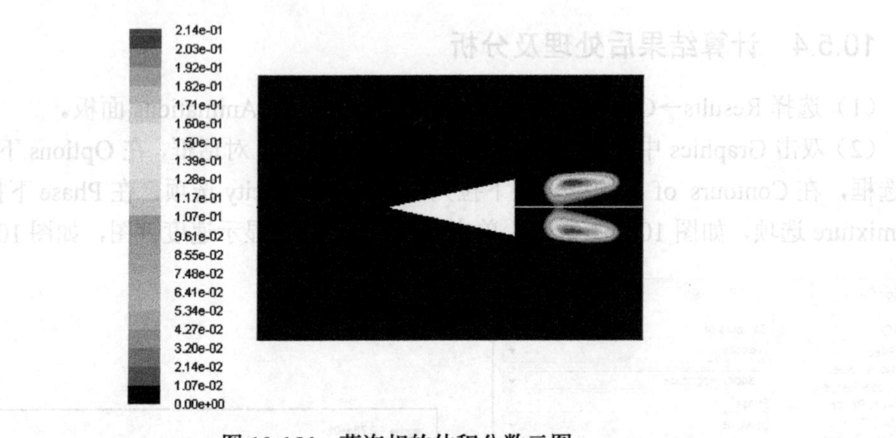

图 10-154 蒸汽相的体积分数云图

10.6 液体燃料罐内部挡流板对振荡的影响模拟

10.6.1 实例描述

本小节对比液体燃料罐两种不同的内部结构，图 10-155 显示的是有内部挡流板的燃料罐结构，图 10-156 显示的是没有内部挡流板的燃料罐结构。燃料罐在 X 正向承受的加速度为 9.81m/s^2。如果燃料罐在+X 方向有加速度，则燃料罐中的液体在反方向 $-X$ 有个大小相等的加速度。1.5s 之后，在 X 向的加速停止，则作用在燃料罐中液体燃料上的只有 $-Z$ 方向的重力。

预先的分析表明，在加速后的 0.45s 和 1.25s 时提取导管没有完全浸没在燃料中。以下将对 0.45s 和 1.25s 时两种燃料罐设计进行对比，可以证实没有内部挡流板燃料罐的提取导管没有完全浸没在燃料中，而有内部挡流板燃料罐的提取导管完全浸没在燃料中。首先分析有内部挡流板的燃料罐，然后将挡流板的壁面边界转换为内部边界，这样可以在相同的条件下分析无内部挡流板的燃料罐。

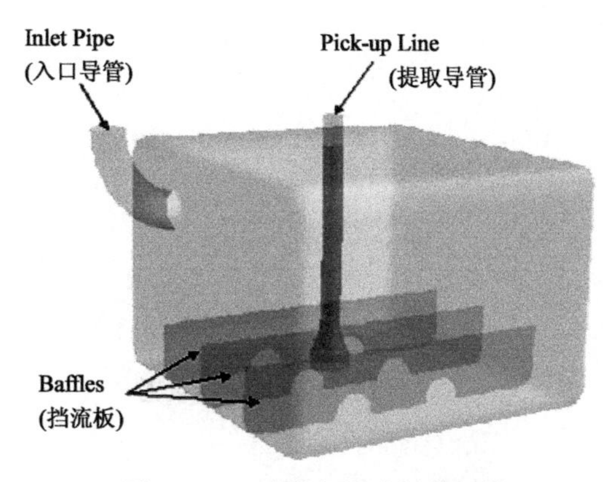

图 10-155 有内部挡流板燃料罐

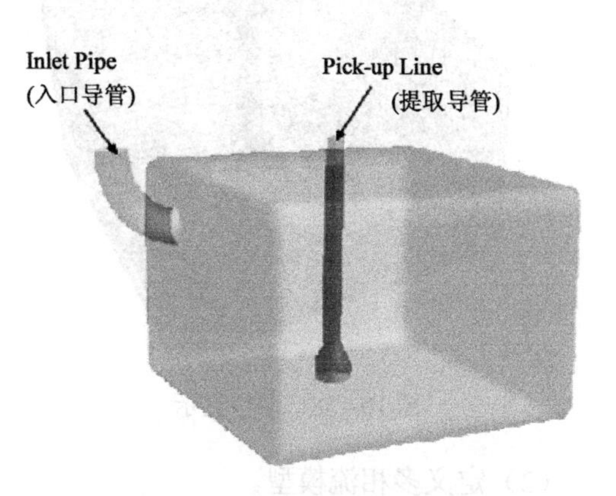

图 10-156 无内部挡流板燃料罐

10.6.2 FLUENT 求解计算设置

1. *启动* FLUENT-3D

（1）双击桌面上的 FLUENT 16.0 图标，进入启动界面。

（2）选中 Dimension 中的 3D 单选按钮，取消选中 Display Options 下的 3 个复选框。

（3）其他保持默认设置，单击 OK 按钮进入 FLUENT 16.0 主界面。

2. *读入并检查网格*

（1）执行 File→Read→Mesh 命令，在弹出的 Select File 对话框中读入 ft11.msh 三维网格文件。

（2）执行 Mesh→Info→Size 命令，得到模型网格信息。

（3）执行 Mesh→Check 命令，可以看到计算域三维坐标的上下限，检查最小体积和最小面积是否为负数。

（4）设置网格尺寸比例。

选择项目树 Setup→General 选项，打开 General 面板。单击 Scale 按钮，打开 Scale Mesh 对话框，将 Scaling Factors 中 X、Y 和 Z 的值均设为 0.01，如图 10-157 所示。

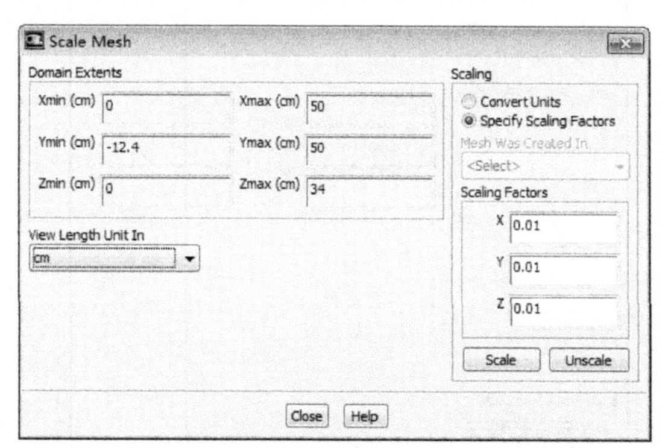

图 10-157 Scale Mesh 对话框

（5）显示网格。

显示网格，得到如图 10-158 所示的网格。

（6）选择 Mesh→Reorder→Domain 选项，重构区域直到 Bandwidth reduction 为 1.00。

3. *设置求解器参数*

（1）基本求解器的设置。

打开 General 面板，在 Time 下选中 Transient 单选按钮，如图 10-159 所示。

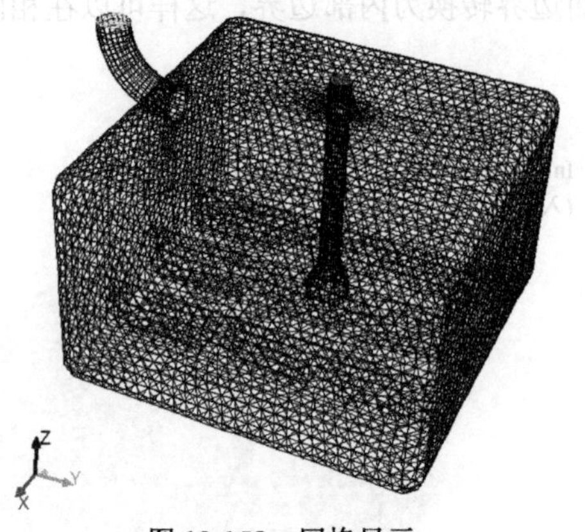

图 10-158　网格显示

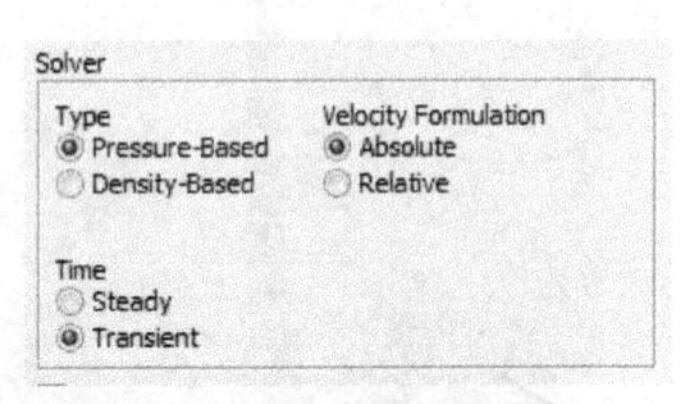

图 10-159　求解器设置

（2）定义多相流模型。

① 选择项目树 Setup→Models 选项，打开 Models 面板。

② 双击 Multiphase-Off 选项，打开 Multiphase Model 对话框，在 Model 列表下选中 Volume of Fluid 单选按钮。

③ 选中 Implicit Body Force 复选框，如图 10-160 所示。

④ 单击 OK 按钮，关闭 Multiphase Model 对话框。

4．定义材料物性

（1）选择项目树 Setup→Materials 选项，打开 Materials 面板。

（2）双击 Materials 列表中的 Fluid 选项，弹出材料物性参数设置对话框。

（3）单击 FLUENT Database 按钮，打开 FLUENT Database Materials 对话框。

（4）在 FLUENT Fluid Materials 列表中选择 kerosene-liquid[c12h23<1>]选项，如图 10-161 所示。

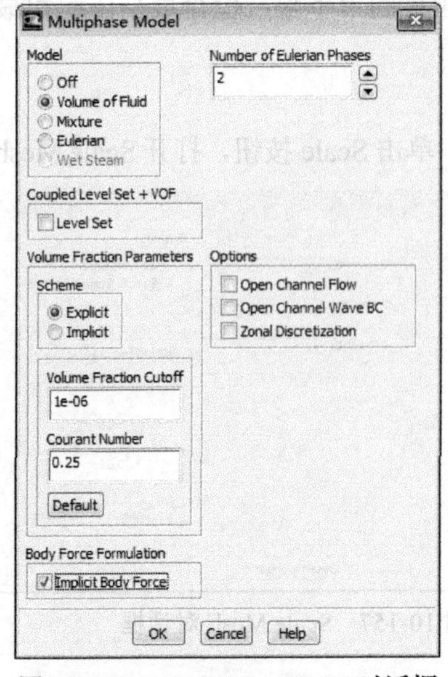

图 10-160　Multiphase Model 对话框

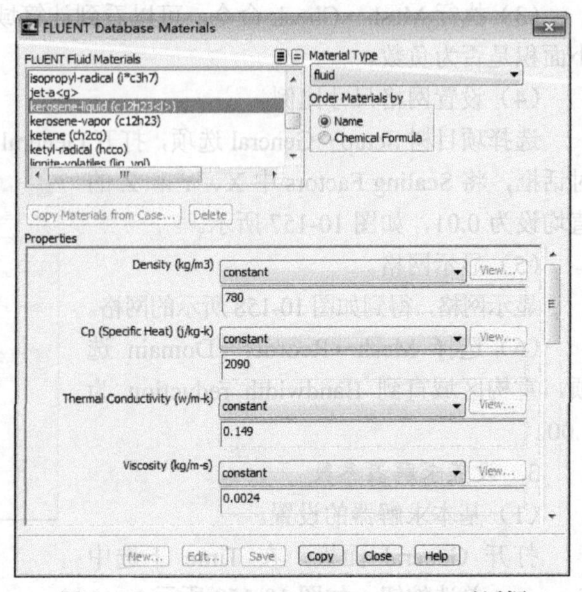

图 10-161　FLUENT Database Materials 对话框

（5）单击 Copy 按钮，然后关闭 FLUENT Database Materials 对话框。

5. 设置两相属性

（1）定义初始相(air)。

① 选择项目树 Setup→Models→Multiphase→Phases 选项，打开 Phases 面板，在 Phases 列表中选择 phase-1-Primary Phase 选项，单击 Edit 按钮，打开 Primary Phase 对话框。

② 在 Phase Material 列表中选择 air 选项。

③ 在 Name 中输入 air，如图 10-162 所示。

④ 单击 OK 按钮，关闭 Primary Phase 对话框。

（2）相似地定义第二相(kerosene-liquid)。在 Phase Material 列表中选择 kerosene-liquid 选项，在 Name 中输入 kerosene-liquid，如图 10-163 所示。

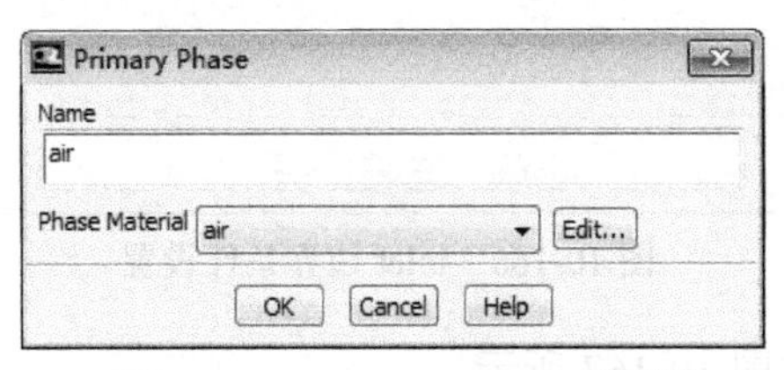

图 10-162 Primary Phase 对话框

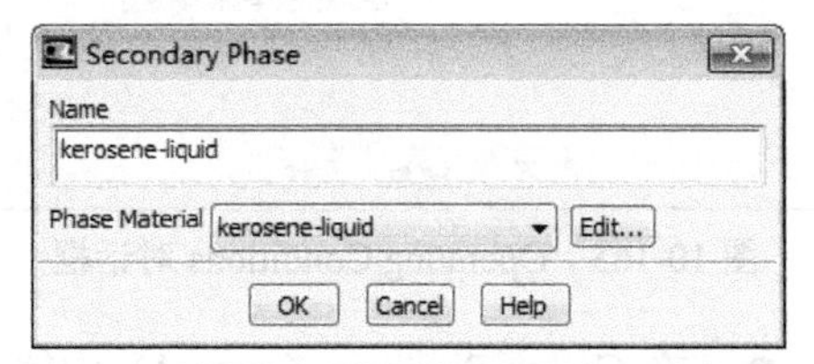

图 10-163 Secondary Phase 对话框

（3）定义完之后的 Phases 面板如图 10-164 所示，关闭 Phases 面板。

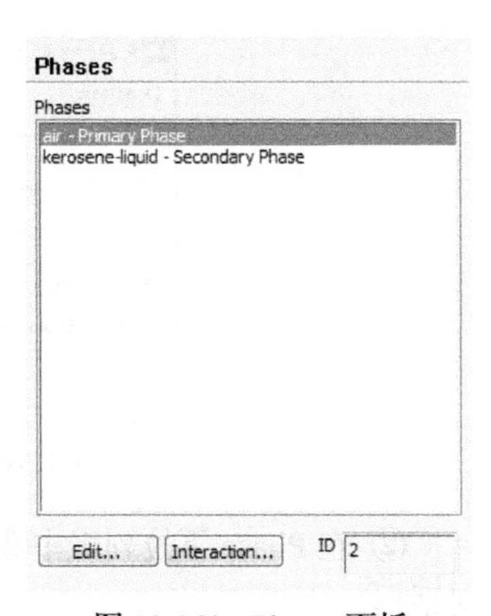

图 10-164 Phases 面板

6. 操作条件的设置

（1）选择 Define→Operating Conditions 选项，打开 Operating Conditions 对话框，选中 Gravity 复选框。

（2）在 Gravitational Acceleration 列表下的 X（m/s2）和 Z（m/s2）中输入−9.81。

（3）选中 Specified Operating Density 复选框，保持 Operating Density（kg/m3）的默认值 1.225。

（4）在 Reference Pressure Location 列表下的 X（cm）、Y（cm）、Z（cm）中输入 25，如图 10-165 所示。

（5）单击 OK 按钮，关闭 Operating Conditions 对话框。

7. 设置边界条件

（1）设置入口的边界条件。

① 选择项目树 Setup→Boundary Conditions 选项，打开 Boundary Conditions 面板。

② 选中 Zone 列表中的 inlet 选项，在 Type 下拉列表中选择 wall 选项。

③ 单击 Edit 按钮，弹出 Wall 对话框，保持默认设置，如图 10-166 所示。单击 OK 按钮，关闭 Wall 对话框。

（2）设置 pick-out 的边界条件。

① 在 Zone 列表中选择 pick-out 选项，在 Phase 下拉列表中选择 mixture 选项，单击 Edit 按钮，打开 Pressure Outlet 对话框。

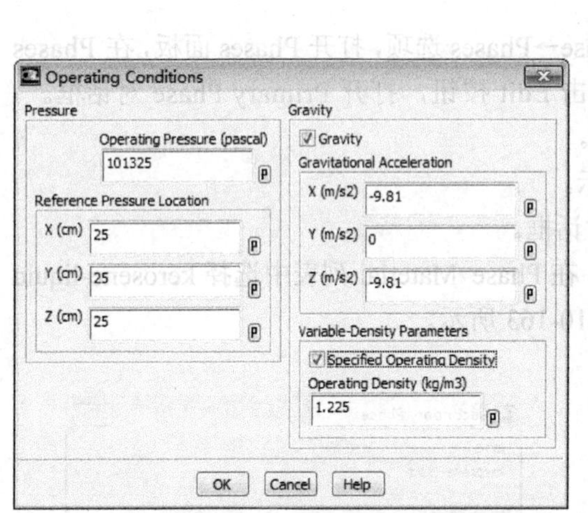

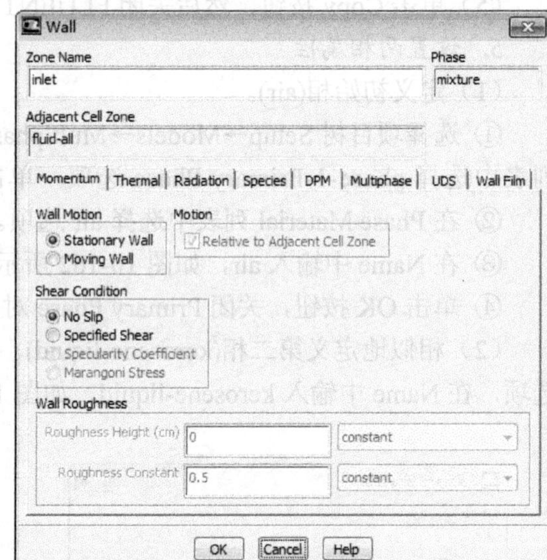

图 10-165 Operating Conditions 对话框

图 10-166 inlet 边界条件设置

- 在 Gauge Pressure（pascal）中输入 0，如图 10-167 所示。
- 单击 OK 按钮，关闭 Pressure Outlet 对话框。

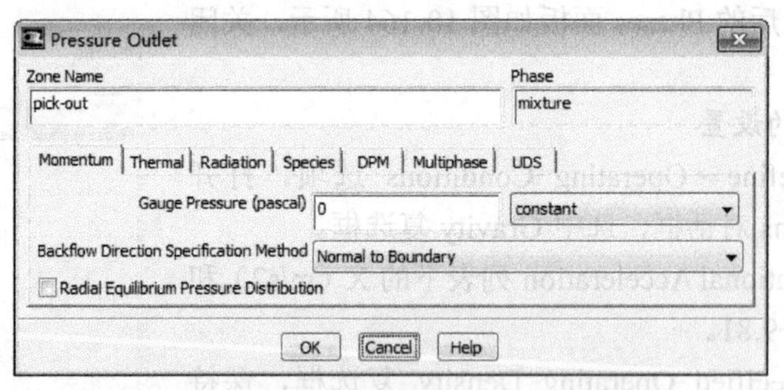

图 10-167 pick-out 边界条件 mixture 相设置

② 在 Phase 下拉列表中选择 kerosene-liquid 选项，单击 Edit 按钮，打开 Pressure Outlet 对话框。

- 单击 Multiphase 选项卡，在 Backflow Volume Fraction 中输入 0，如图 10-168 所示。
- 单击 OK 按钮，关闭 Pressure Outlet 对话框。

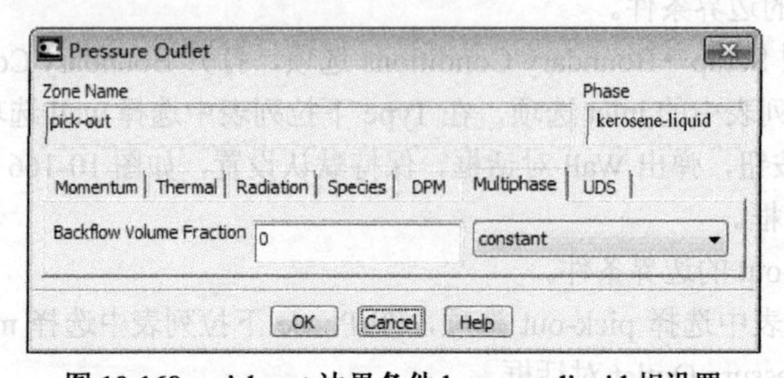

图 10-168 pick-out 边界条件 kerosene-liquid 相设置

10.6.3 求解计算及后处理

1. 求解控制参数

(1) 选择 Solution→Solution Methods 选项，打开 Solution Methods 面板。

(2) 在 Pressure 下拉列表中选择 Body Force Weighted 选项。

(3) 保持 Momentum 的默认设置 First Order Upwind 和 Volume Fraction 的默认设置 Geo-Reconstruct。

(4) 在 Pressure-Velocity Coupling 下拉列表中选择 Fractional Step 选项。

(5) 在 Gradient 下拉列表中选择 Green-Gauss Node Based 选项。

(6) 选中 Non-Iterative Time Advancement 复选框，如图 10-169 所示。

2. 设置求解松弛因子

(1) 选择 Solution→Solution Controls 选项，打开 Solution Controls 面板。

(2) 设置 Pressure 为 0.6，Momentum 为 0.8，如图 10-170 所示。

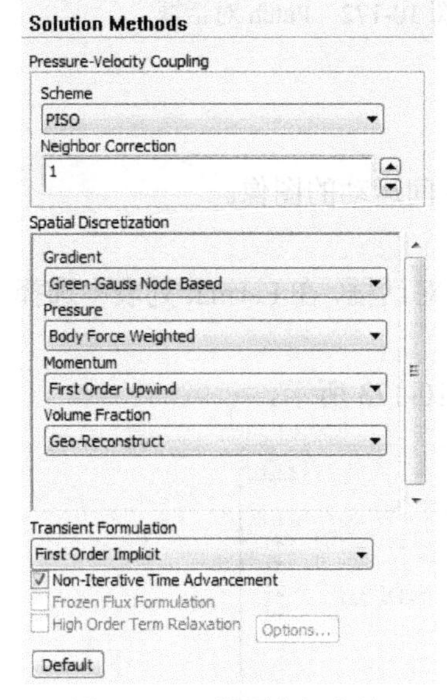

图 10-169 设置求解方法

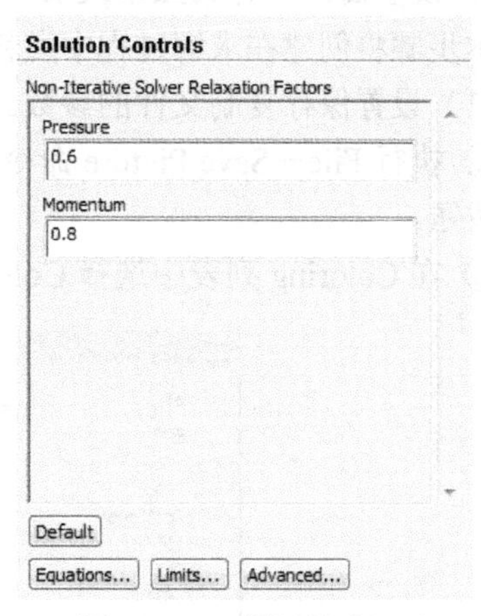

图 10-170 设置松弛因子

3. 设置流场初始化

(1) 保持 Solution Initialization 面板中所有参数的默认值。

(2) 单击 Initialize 按钮。

4. 创建一个补充的区域

(1) 执行 Adapt→Region 命令，打开 Region Adaption 对话框。

① 根据图 10-171 所示设置参数。

② 单击 Mark 按钮，然后关闭 Region Adaption 对话框。

(2) 补充流体体积分数。

① 单击 Solution Initialization 面板中的 Patch 按钮，打开 Patch 对话框。在 Phase 列表中选择 kerosene-liquid 选项。

② 在 Variable 列表中选择 Volume Fraction 选项。

③ 将 Value 的值设为 1。

④ 在 Registers to Patch 列表下选择 hexahedron-r2（刚才 Mark 的区域）选项，如图 10-172 所示。

图 10-171　Region Adaption 对话框

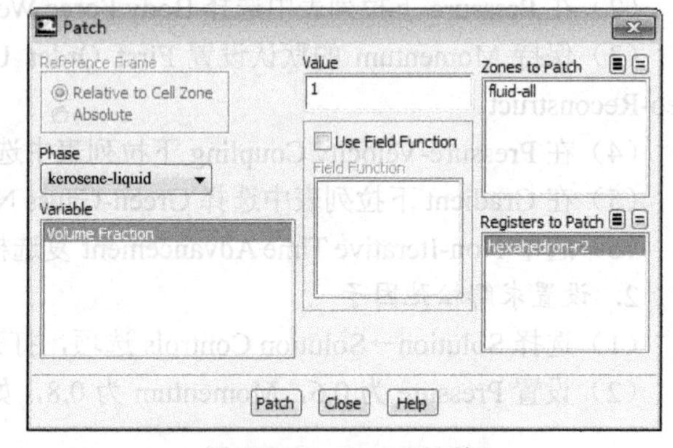

图 10-172　Patch 对话框

⑤ 单击 Patch 按钮，然后关闭 Patch 对话框。

5. 设置图片保存及显示效果

本步骤将创建在求解过程中燃料罐中液体表面随时间运动的图像。

（1）设置保存复制文件的参数。

① 执行 File→Save Picture 命令，打开 Save Picture 对话框，在 Format 列表中选择 TIFF 单选按钮。

② 在 Coloring 列表中选择 Color 单选按钮，如图 10-173 所示。

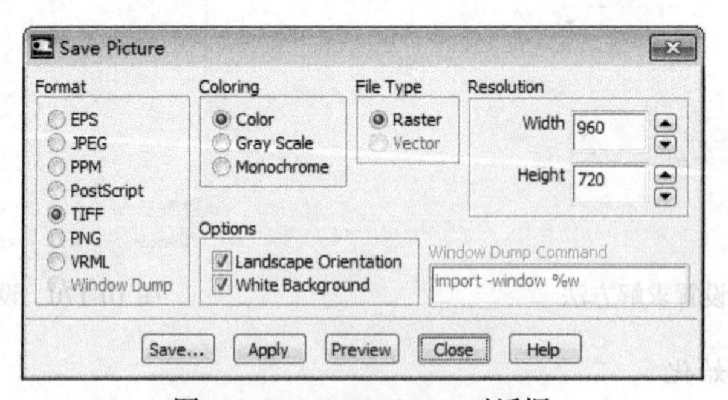

图 10-173　Save Picture 对话框

③ 单击 Apply 按钮，然后关闭 Save Picture 对话框。

（2）在 fluid-all 区域创建一个表面。

① 执行 Surface→Zone 命令，打开 Zone Surface 对话框，在 Zone 列表中选择 fluid-all 选项，如图 10-174 所示。

② 单击 Create 按钮，然后关闭 Zone Surface 对话框。

（3）打开一个绘制液体界面的图形窗口。

① 执行 Display→Options 命令，打开 Display Options 对话框，将 Active Window 的值设为 1，单击 Open 按钮。

② 单击 Set 按钮，将 Window 2 设为活动窗口，如图 10-175 所示。

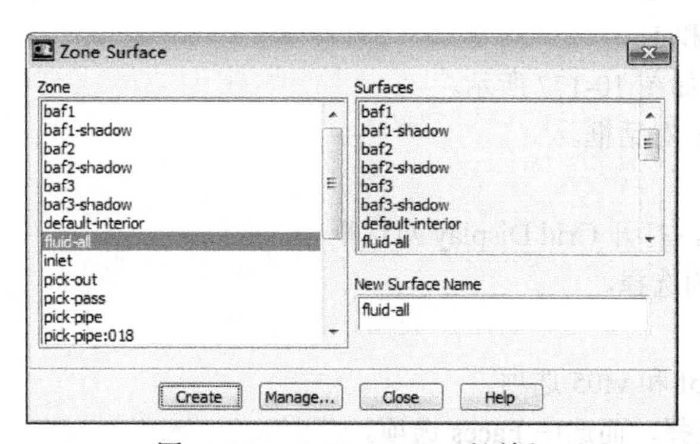

图 10-174 Zone Surface 对话框

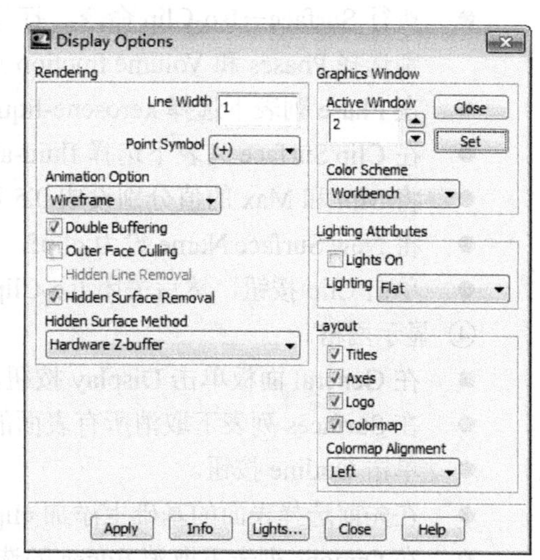

图 10-175 Display Options 对话框

③ 关闭 Display Options 对话框。

（4）创建一个跟踪燃料罐中液体界面随时间运动的日志文件，该日志文件将被用于后期的图像处理。

① 开始写入日志文件 baffles.jou。

执行 File→Write→Star Journal 命令，打开 Select File 对话框。在 Journal File 文件名下输入 baffles.jou，单击 OK 按钮。

② 为 kerosene-liquid 体积分数创建一个等截面。

- 选择 Surface→Iso-Surface 命令，打开 Iso-Surface 对话框，在 Surface of Constant 列表下分别选择 Phases 和 Volume fraction 选项。
- 在 Phase 列表下选择 kerosene-liquid。
- 将 Iso-Values 的值设为 0.5。
- 将 New Surface Name 设为 vf05，如图 10-176 所示。
- 单击 Create 按钮，然后关闭 Iso-Surface 对话框。

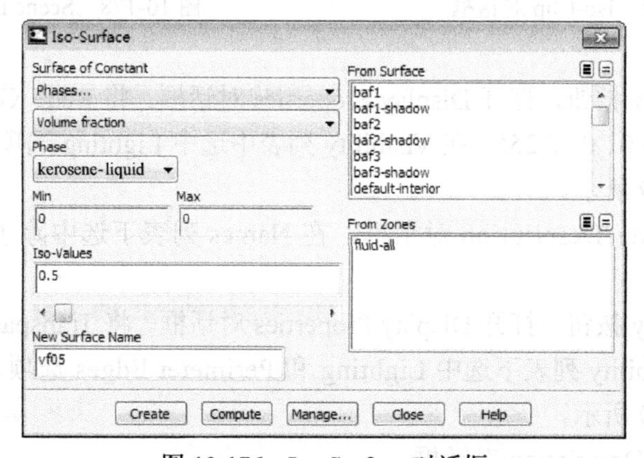

图 10-176 Iso-Surface 对话框

③ 将 fluid-all 表面 kerosene-liquid 的体积分数值限制在 0.5～1。

- 执行 Surface→Iso-Clip 命令，打开 Iso-Clip 对话框，在 Clip to Values of 列表下分别选择 Phases 和 Volume fraction 选项。
- 在 Phase 列表下选择 kerosene-liquid 选项。
- 在 Clip Surface 列表下选择 fluid-all 选项。
- 将 Min 和 Max 的值分别设成 0.5 和 1。
- 将 New Surface Name 设为 clipf，如图 10-177 所示。
- 单击 Clip 按钮，然后关闭 Iso-Clip 对话框。

④ 显示网格。

- 在 General 面板单击 Display 按钮，打开 Grid Display 对话框。
- 在 Surfaces 列表下取消所有表面的选择。
- 单击 Outline 按钮。
- 在先前选择表面的基础上添加 clipf 和 vf05 选项。
- 在 Options 列表下取消 Edges 的选择，而选中 Faces 选项。
- 单击 Display 按钮，然后关闭 Grid Display 对话框。

⑤ 利用 Scene Description 对话框来处理显示。

- 执行 Display→Scene 命令，打开 Scene Description 对话框，在 Names 列表下选择 clipf 和 vf05 选项，如图 10-178 所示。

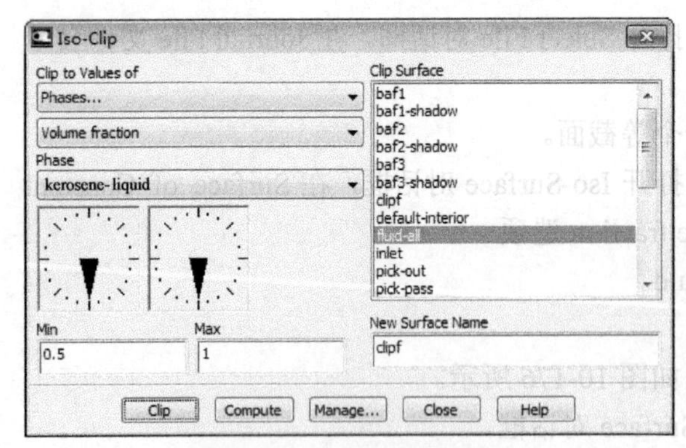

图 10-177 Iso-Clip 对话框

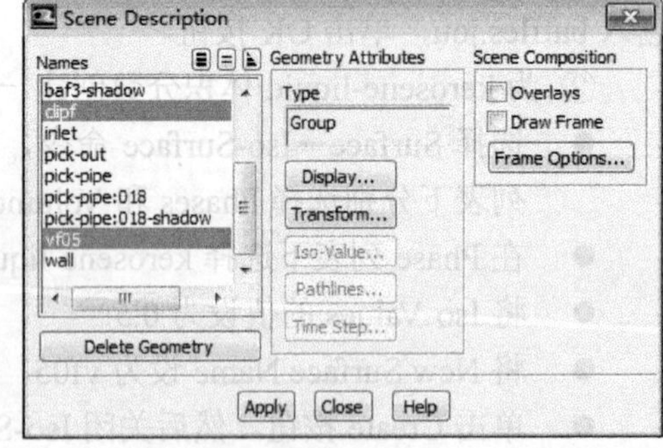

图 10-178 Scene Description 对话框

- 单击 Display 按钮，打开 Display Properties 对话框。将 Red、Green 和 Blue 的滑块值分别设为 0、0 和 255，在 Visibility 列表中选中 Lighting 选项，单击 Apply 按钮，如图 10-179 所示。
- 返回到 Scene Description 对话框，在 Names 列表下选中除了 clipf 和 vf05 的所有面。
- 单击 Display 按钮，打开 Display Properties 对话框。将 Transparency 的滑块值设为 80，在 Visibility 列表下选中 Lighting 和 Perimeter Edges 选项，单击 Apply 按钮，如图 10-180 所示。
- 关闭 Scene Description 对话框。

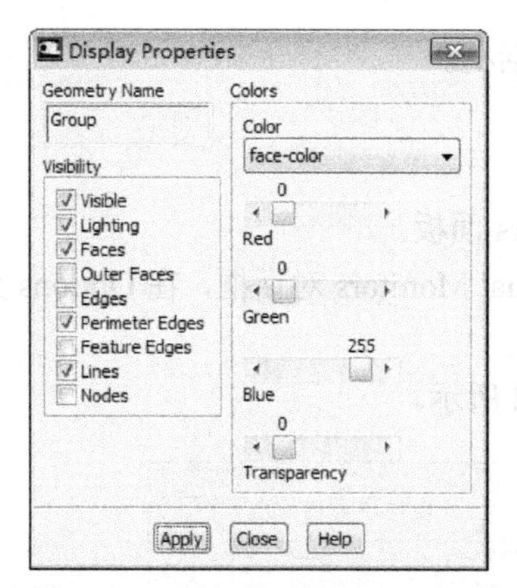

图 10-179　Display Properties 对话框

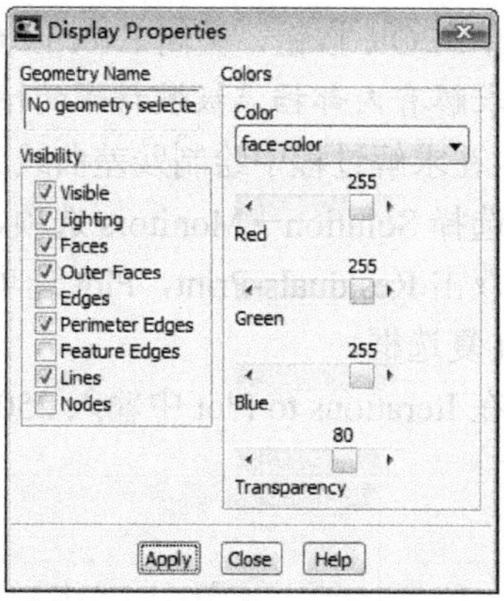

图 10-180　Display Properties 对话框

⑥ 删除 clipf 和 vf05。

执行 Surface→Manage 命令，在 Surfaces 列表下选中 clipf 和 vf05 项，单击 Delete 按钮。

⑦ 执行 File→Write→Stop Journal 命令，停止写入日志文件。

（5）将图形窗口中的图像方位设置成如图 10-177 所示的方位。

（6）创建一个流体界面的复本。

① 执行 File→Save Picture 命令，打开 Save Picture 对话框。

② 单击 Save 按钮，打开 Select File 对话框。

③ 在 Hardcopy File 中输入 image-%t.tif，单击 OK 按钮。

在文件名中包含字符串%t 可以自动地对复制文件进行编号。FLUENT 在保存复制文件时会自动地将时间步数作为文件名，这在模拟完成后创建动态图像很有用。

④ 关闭 Save Picture 对话框。

（7）执行 Display→Options 命令，打开 Display Options 对话框，将窗口 0 设为活动窗口。

（8）指定自动执行复制命令的时间间隔，以便捕获图形来进行后处理。

单击 Solution Activities 面板中的 Execute Commands 按钮

① 打开 Execute Commands 对话框，将 Defined Commands 的值设为 4。

② 设置如图 10-181 所示的命令。

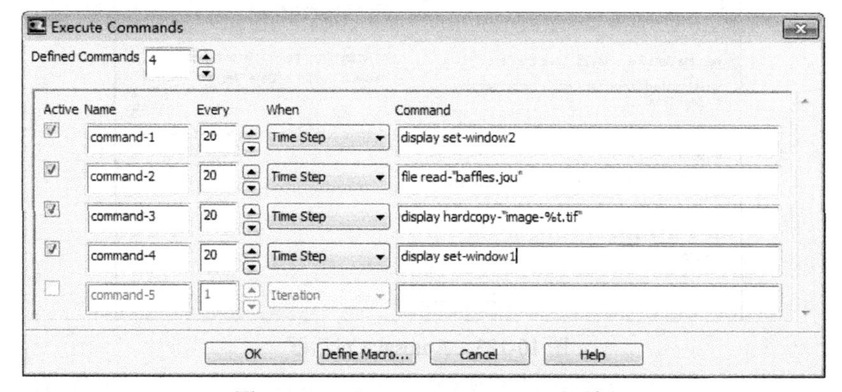

图 10-181　Execute Commands 对话框

③ 单击 OK 按钮，关闭 Execute Commands 对话框。

6. 求解有内部挡流板燃料罐的情况

（1）在求解过程中绘制残差曲线。

① 选择 Solution→Monitors 选项，打开 Monitors 面板。

② 双击 Residuals-Print，Plot 选项，打开 Residual Monitors 对话框，在 Options 列表下选中 Plot 复选框。

③ 在 Iterations to Plot 中输入 250，如图 10-182 所示。

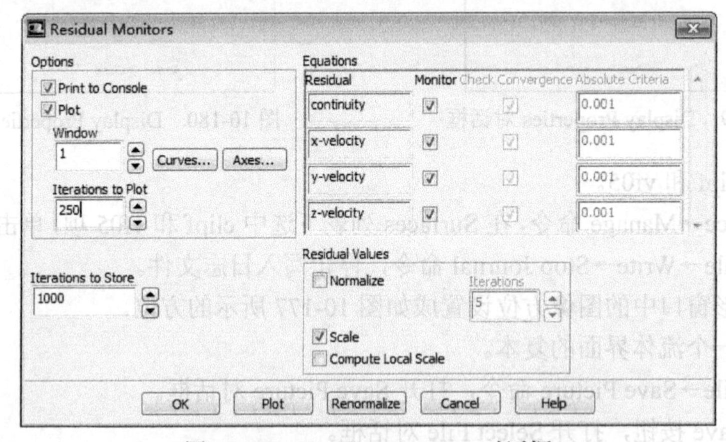

图 10-182　Residual Monitors 对话框

④ 单击 OK 按钮，关闭 Residual Monitors 对话框。

（2）设置每 20 个时间步自动保存 data 文件。

① 在 Solution Activities 面板中，单击 Autosave Every 右边的 Edit 按钮，打开 Autosave 对话框，在 Save Data File Every（Time Steps）中输入 20。

② 选中 Retain Only the Most Recent Files 项，将 Maximum Number of Data Files 的值设为 2。

③ 在 File Name 中输入文件名，如图 10-183 所示。

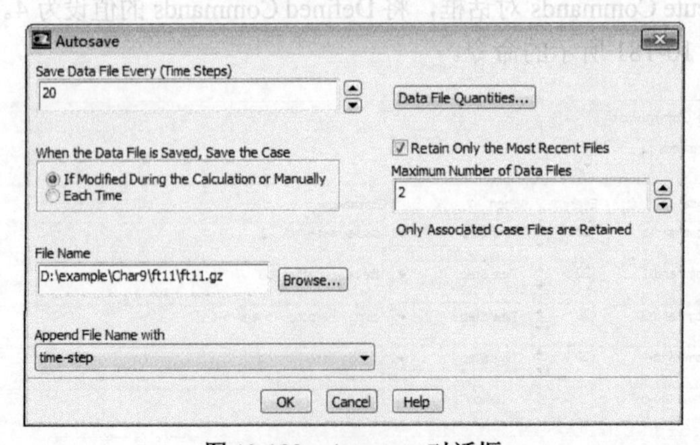

图 10-183　Autosave 对话框

④ 单击 OK 按钮，关闭 Autosave 对话框。

（3）迭代求解。

① 选择 Solution→Run Calculation 选项，打开 Run Calculation 面板。在 Time Stepping Method 下拉列表中选中 Variable 选项，如图 10-184 所示。

② 单击 Settings 按钮，弹出 Variable Time Step Settings 对话框。

③将 Ending Time(s)的值设为 0.45，将 Minimum Time Step Size(s)和 Maximum Time Step Size(s)的值分别设为 1e-05 和 0.002 5。

④ 在 Maximum Step Change Factor 中输入 1.5，如图 10-185 所示。

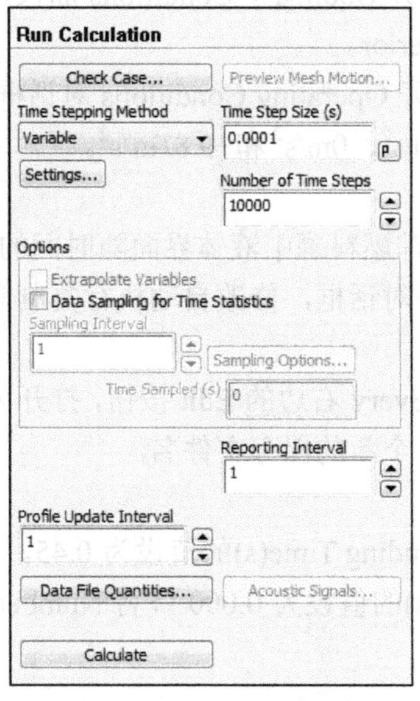

图 10-184 迭代参数设置

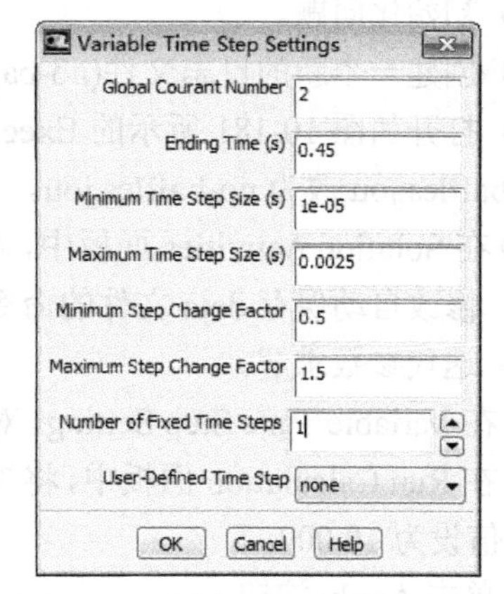

图 10-185 Variable Time Step Settings 对话框

⑤ 单击 OK 按钮，关闭 Variable Time Step Settings 对话框。

⑥ 返回 Run Calculation 面板，将 Time Step Size(s)的值设为 0.000 1，将 Number of Time Steps 的值设为 10 000。

⑦ 保存 case 和 data 文件(t=0.0s.cas.gz 和 t=0.0s.dat.gz)。

⑧ 单击 Calculate 按钮。

（4）读入日志文件 baffles.jou，在 t=0.45 s 时创建一个液体界面的复制文件。

（5）保存 case 和 data 文件(t=0.45s.cas.gz 和 t=0.45s.dat.gz)。

（6）迭代求解到时间 t=1.25 s。

（7）读入日志文件 baffles.jou，在 t=1.25 s 时创建一个液体界面的复制文件。

（8）保存 case 和 data 文件(t=1.25s.cas.gz 和 t=1.25s.dat.gz)。

（9）迭代求解到时间 t=1.50 s。

（10）读入日志文件 baffles.jou，在 t=1.50 s 时创建一个液体界面的复制文件。

（11）改变加速场。

① 选择 Define→Operating Conditions 选项，打开 Operating Conditions 对话框。

② 在 Gravitational Acceleration 列表下的 X(m/s2)中输入 0。

③ 保持 Y(m/s2)和 Z(m/s2)先前的设置。

④ 单击 OK 按钮，关闭 Operating Conditions 对话框。

（12）保存 case 和 data 文件(t=1.5s.cas.gz 和 t=1.5s.dat.gz)。

（13）迭代求解到最大时间 t=2.50 s。

（14）读入日志文件 baffles.jou，在 t=2.50 s 时创建一个液体界面的复制文件。

（15）保存 case 和 data 文件(t=2.5s.cas.gz 和 t=2.5s.dat.gz)。

7. 求解无内部挡流板燃料罐的情况

（1）执行 File→Read→Case 命令，读入 case 文件(t=0.00s.cas.gz)。

（2）选择 Define→Boundary Conditions 选项，打开 Boundary Conditions 面板，将挡流板表面 baf1、baf2 和 baf3 的边界条件从 wall 改为 interior。

（3）选择 Define→Operating Conditions 选项，打开 Operating Conditions 对话框，将 X、Y和 Z方向 Gravitational Acceleration 分别设为−9.81m/s^2、0m/s^2 和−9.81m/s^2。

（4）初始化问题。

（5）创建一个新的日志文件(no-baffles.jou) 来跟踪燃料罐中液体界面随时间的运动。

（6）打开如图 10-181 所示的 Execute Commands 对话框，修改自动执行复制命令的设置，将 baffles.jou 改为 no-baffles.jou。

（7）在 Solution Activities 面板中，单击 Autosave Every 右边的 Edit 按钮，打开 Autosave 对话框。修改自动保存 data 文件的命令，重新输入一个新的保存文件名。

（8）迭代参数求解。

① 在 Variable Time Step Settings 对话框中，将 Ending Time(s)的值设为 0.45。

② 在 Run Calculation 面板中，将 Time Step Size(s)的值设为 0.000 1，将 Number of Time Steps 的值设为 10 000。

③ 单击 Apply 按钮。

④ 保存 case 和 data 文件(t=0.0s.cas.gz 和 t=0.0s.dat.gz)。

⑤ 单击 Calculate 按钮。

（9）读入日志文件 no-baffles.jou，在 t=0.45 s 时创建一个液体界面的复制文件。

（10）保存 case 和 data 文件(t=0.45s.cas.gz 和 t=0.45s.dat.gz)。

（11）迭代求解到时间 t=1.25 s。

（12）读入日志文件 no-baffles.jou，在 t=1.25 s 时创建一个液体界面的复制文件。

（13）保存 case 和 data 文件(t=1.25s.cas.gz 和 t=1.25s.dat.gz)。

（14）迭代求解到时间 t=1.50 s。

（15）读入日志文件 no-baffles.jou，在 t=1.50 s 时创建一个液体界面的复制文件。

（16）改变加速场。

① 选择 Define→Operating Conditions 选项，打开 Operating Conditions 对话框。

② 在 Gravitational Acceleration 列表下的 X（m/s2）中输入 0。

③ 保持 Y（m/s2）和 Z（m/s2）先前的设置。

④ 单击 OK 按钮，关闭 Operating Conditions 对话框。

（17）保存 case 和 data 文件(t=1.5s.cas.gz 和 t=1.5s.dat.gz)。

（18）迭代求解到最大时间 t=2.50 s。

（19）读入日志文件 no-baffles.jou，在 t=2.50 s 时创建一个液体界面的复制文件。

（20）保存 case 和 data 文件(t=2.5s.cas.gz 和 t=2.5s.dat.gz)。

8. 后处理

（1）显示两种情况下 0.45 s 和 1.25 s 时液体的分界面，分别如图 10-186～图 10-189 所示。

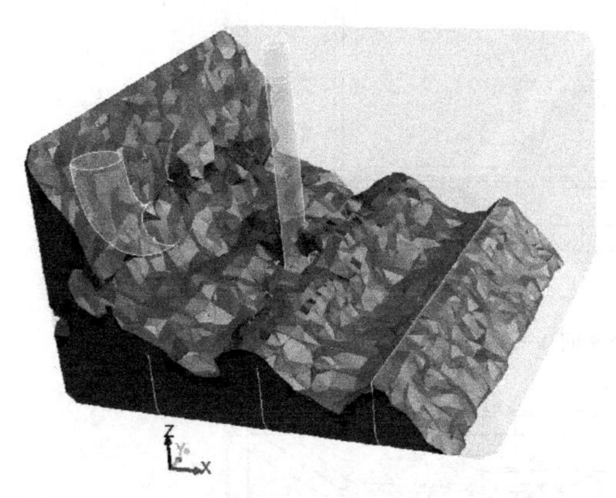

图 10-186　有挡流板燃料罐 t=0.45 s 时液体界面

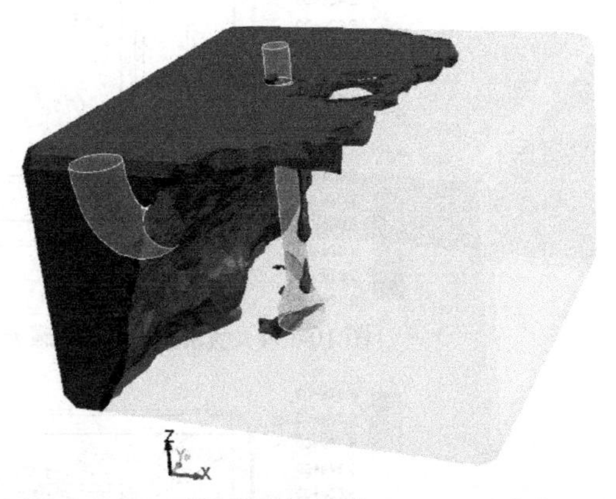

图 10-187　无挡流板燃料罐 t=0.45 s 时液体界面

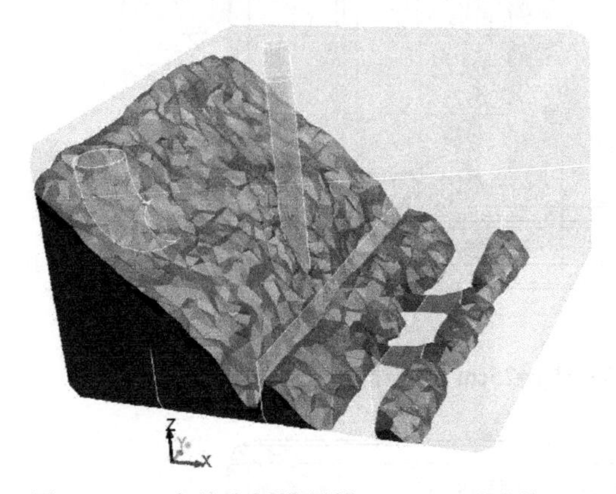

图 10-188　有挡流板燃料罐 t=1.25 s 时液体界面

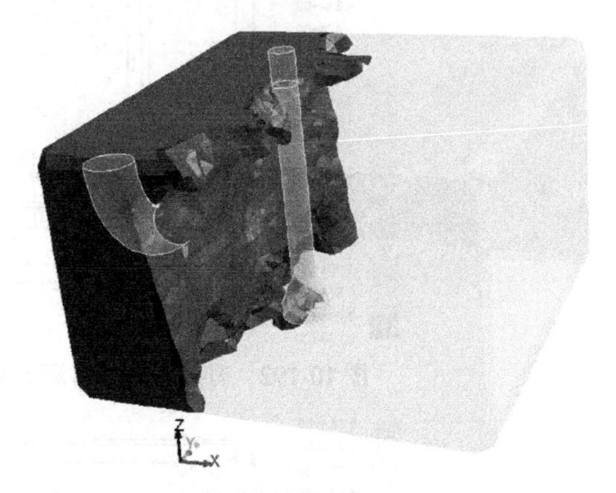

图 10-189　无挡流板燃料罐 t=1.25 s 时液体界面

（2）显示 0.45s 和 1.25s 时 y＝25cm 平面的速度矢量图，分别如图 10-190～图 10-193 所示。

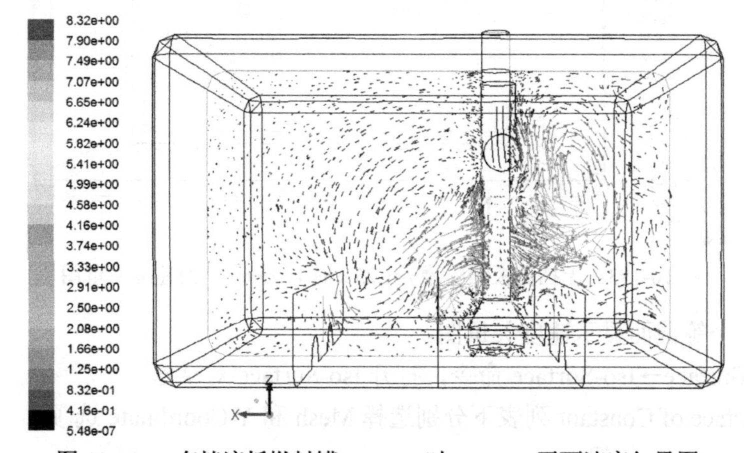

图 10-190　有挡流板燃料罐 t=0.45 s 时 y=25cm 平面速度矢量图

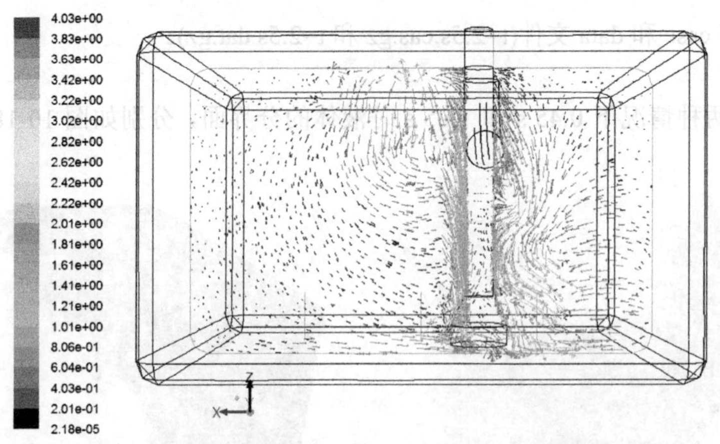

图 10-191　无挡流板燃料罐 t=0.45 s 时 y=25cm 平面速度矢量图

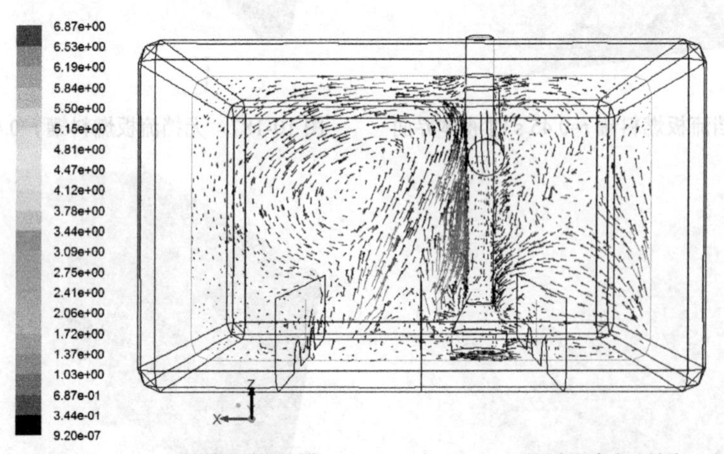

图 10-192　有挡流板燃料罐 t=1.25 s 时 y=25cm 平面速度矢量图

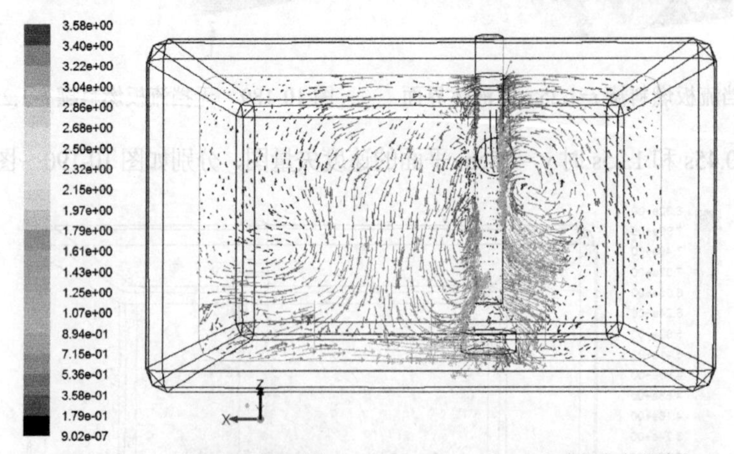

图 10-193　无挡流板燃料罐 t=1.25 s 时 y=25cm 平面速度矢量图

① 创建一个等截面显示速度矢量图。

- 选择 Surface→Iso-Surface 命令，打开 Iso-Surface 对话框。
- 在 Surface of Constant 列表下分别选择 Mesh 和 Y-Coordinate 选项。
- 单击 Compute 按钮。

- 将 Iso-Values 的值设为 25。
- 在 New Surface Name 中输入 y=25。
- 单击 Create 按钮，然后关闭 Iso-Surface 对话框。

② 显示 *y*=25cm 等截面的速度矢量图。

- 执行 Results→Graphics 命令，打开 Graphics and Animations 面板，双击 Vectors 选项，打开 Vectors 对话框。
- 在 Options 列表下选中 Draw Mesh 复选框，打开 Mesh Display 对话框。在 Options 列表下选中 Edges 项，取消 Faces 的选择；在 Edge Type 列表下选择 Feature 项，保持 Feature Angle 的默认值。在 Surfaces 列表下取消所有面的选择，单击 Outline 按钮，在先前选择的面中添加 y=25，单击 Display 按钮。
- 在 Scale 中输入 5，将 Skip 的值设为 3。
- 在 Surfaces 列表下选择 y=25。
- 单击 Display 按钮。

10.7 本 章 小 结

本章首先介绍了多相流的基础知识，然后介绍了 FLUENT 中关于多相流的 3 种求解模型，即 VOF 模型、Mixture 模型和 Eulerian 模型，对 3 种模型的特点进行了阐述，并对其优缺点做进一步的说明。然后通过 5 个实例对 3 种模型进行讲解。其中孔口出流、气泡上升和储油罐液面模拟属于 VOF 模型，水流对沙滩的冲刷模拟属于 Eulerian 模型，气穴现象的模拟属于 Mixture 模型。

通过对本章的学习，读者能掌握 FLUENT 对 3 种模型的求解模拟，以及对结果进行后处理和分析。

第 11 章　离散相的数值模拟

多相流模型用于求解连续相的多相流问题，对于颗粒、液滴、气泡、粒子等多相流问题，当其体积分数小于 10%时，就要用到离散相模型。本章通过对两个算例的分析求解，使读者掌握 FLUENT 离散相模型的使用方法。

学习目标：

- 通过实例掌握离散相数值模拟的方法；
- 掌握离散相问题边界条件的设置方法；
- 掌握离散相问题的后处理和结果分析。

11.1　离散相模型概述

当颗粒相体积分数小于 10%时，利用 FLUENT 离散相模型进行求解可得到较为准确的结果。粒子被当作离散存在的一个个颗粒时，首先计算连续相流场，再结合流场变量求解每一个颗粒的受力情况获得颗粒的速度，从而追踪每一个颗粒的轨道。这就是在拉氏坐标下模拟流场中离散的第二相。

FLUENT 提供的 Discrete Model 可以计算这些颗粒的轨道以及由颗粒引起的热量/质量传递，即颗粒发生化学反应、燃烧等现象，相间的耦合以及耦合结果对离散相轨道、连续相流动的影响均可考虑进去。

FLUENT 提供的离散相模型功能十分强大：对于稳态与非稳态流动，可以考虑离散相的惯性、拽力、重力、热泳力、布朗运动等多种作用力；可以预报连续相中由于湍流涡旋的作用而对该粒造成的影响（即随机轨道模型）；颗粒的加热/冷却（惰性粒子）；液滴的蒸发与沸腾；挥发分析以及焦炭燃烧模型（可以模拟煤粉燃烧）；连续相与离散相间的单向、双向耦合；喷雾、雾化模型；液滴的迸裂与合并等。

FLUENT 中的离散相模型假定第二相非常稀疏，因此可以忽略颗粒—颗粒之间的相互作用、颗粒体积分数对连续相的影响。这种假定意味着离散相的体积分数必然很低，一般要求颗粒相的体积分数小于 10%，但颗粒质量载荷可大于 10%，即用户可以模拟离散相质量流率等于或大于连续相的流动。

离散相模型的限制有：稳态的离散相模型适用于具有确切定义的入口与出口边界条件的问题，不适用于模拟在连续相中无限期悬浮的颗粒流问题。例如，流化床中的颗粒相可处于悬浮状态，应该采用 Mixture 模型或者欧拉模型，而不能采用离散相模型。

选择项目树 Setup→Models→Discrete Phase-Off 选项，弹出 Discrete Phase Model 对话

框，如图 11-1 所示。

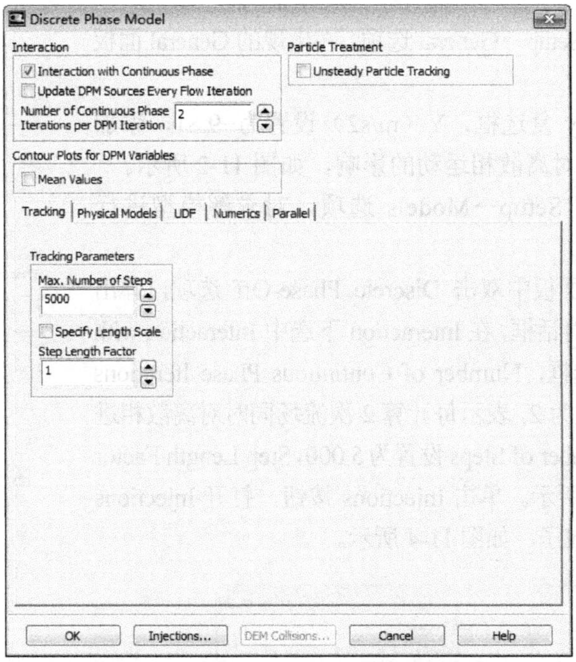

图 11-1　Discrete Phase Model 对话框

Discrete Phase Model 对话框允许用户设置与粒子离散相的计算相关的参数，包括是否激活离散相与连续相间的耦合计算、设置粒子轨迹跟踪的控制参数、计算中使用的其他模型、用于计算粒子上力平衡的阻力率液滴破碎及碰撞的有关参数，以及通过引入用户自定义函数对离散相模型参数进行修改。

11.2　引射器离散相流场的数值模拟

11.2.1　案例简介

7.2 节中对引射器内的单相流场进行了数值模拟，流场区域只存在单独的烟气相，本节要加入烟灰颗粒相，即在烟气进口加载烟灰颗粒，利用 DPM 模型，对烟气与烟灰颗粒的耦合流场进行计算，得到烟灰颗粒的运动数据。

11.2.2　FLUENT 求解计算设置

1．*启动* FLUENT-2D

（1）双击桌面上的 FLUENT 16.0 图标，进入启动界面。

（2）保持默认设置，单击 OK 按钮，进入 FLUENT 16.0 主界面。

2．*读入数据文件*

执行 File→Read→Case&Data 命令，在弹出的 Select File 对话框中读入 ejector.cas 和

ejector.dat 文件。

3. 离散相设置

（1）选择项目树 Setup→General 选项，在出现的 General 面板中进行求解器的设置。

（2）选中 Gravity 复选框，Y（m/s2）设置为−9.81，添加重力是为了计算重力对离散相运动的影响，如图 11-2 所示。

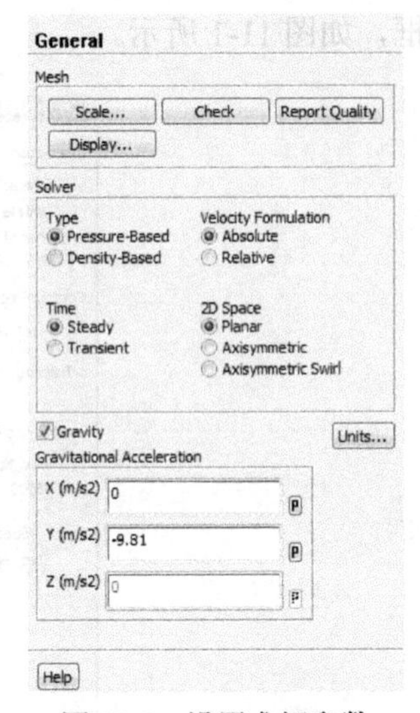

图 11-2　设置求解参数

（3）选择项目树 Setup→Models 选项，对求解模型进行设置。

（4）在 Models 面板中双击 Discrete Phase-Off 选项，弹出 Discrete Phase Model 对话框，在 Interaction 下选中 Interaction with Continuous Phase 复选框，Number of Continuous Phase Iterations per DPM Iteration 设置为 2，表示每计算 2 次流场同时对离散相进行 1 次计算，Max. Number of Steps 设置为 5 000，Step Length Factor 设置为 1，如图 11-3 所示。单击 Injections 按钮，打开 Injections 对话框，创建离散相粒子，如图 11-4 所示。

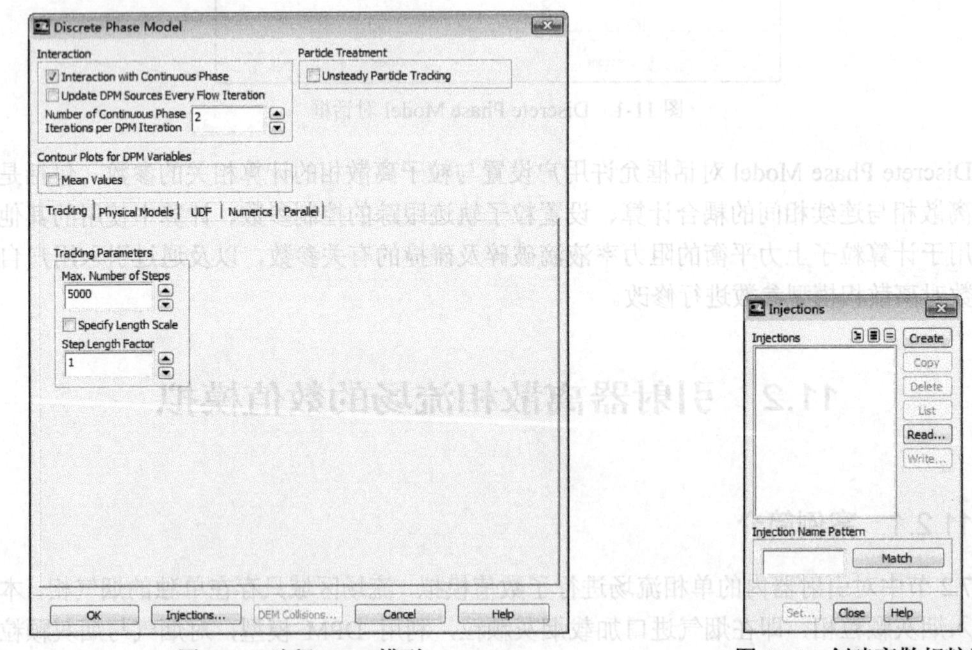

图 11-3　选择 DPM 模型

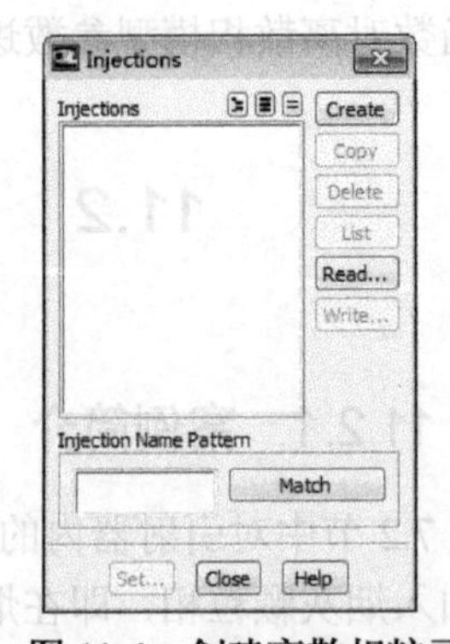

图 11-4　创建离散相粒子

（5）在 Injections 对话框中单击 Create 按钮，弹出 Set Injection Properties 对话框，设置离散相物性。在 Injection Type 下拉列表中选择 surface 选项，在 Release From Surfaces 列表中选择 ingas 选项，在 Point Properties 选项卡中设置初始速度均为 0，Diameter（mm）设置为 0.005，温度保持默认值，Total Flow Rate（kg/s）设置为 0.000 15，如图 11-5 所示，单击 OK 按钮完成设置。

4. 定义材料物性

（1）选择项目树 Setup→Materials 选项，在出现的 Materials 面板中对所需材料进行设置。

（2）双击 Materials 列表中的 Inert Particle 选项，如图 11-6 所示，弹出材料物性参数设置对话框。

Set Injection Properties
Injection Name: injection-0
Injection Type: surface
Surface Name Pattern　Match
Release From Surfaces: default-interior, inair, ingas, line-8, neis, neix, out
Particle Type: Massless　Inert　Droplet　Combusting　Multicomponent
Laws: Custom
Material: arsenic-hydride　Diameter Distribution: uniform　Oxidizing Species　Discrete Phase Domain: none
Evaporating Species　Devolatilizing Species　Product Species
Point Properties | Physical Models | Turbulent Dispersion | Parcel | Wet Combustion | Components | UDF | Multiple Reactions

Variable	Value
X-Velocity (m/s)	0
Y-Velocity (m/s)	0
Diameter (mm)	0.005
Temperature (k)	300
Total Flow Rate (kg/s)	0.00015

Scale Flow Rate by Face Area
Inject Using Face Normal Direction
OK　File...　Cancel　Help

图 11-5　设置离散相粒子属性

（3）在材料物性参数设置对话框中，设置 Density（kg/m3）为 2 500，其他保持默认设置，如图 11-7 所示。

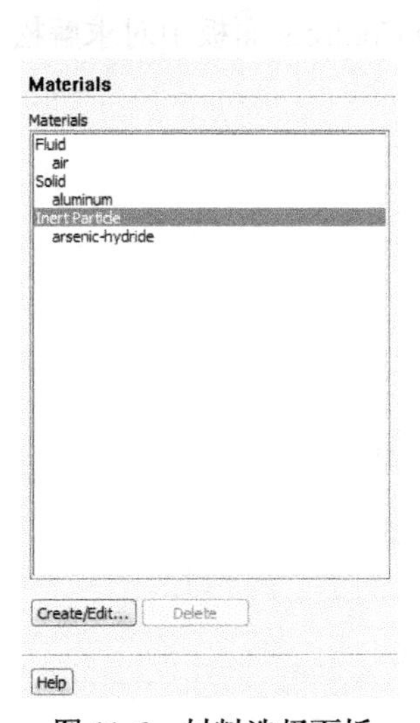

图 11-6　材料选择面板

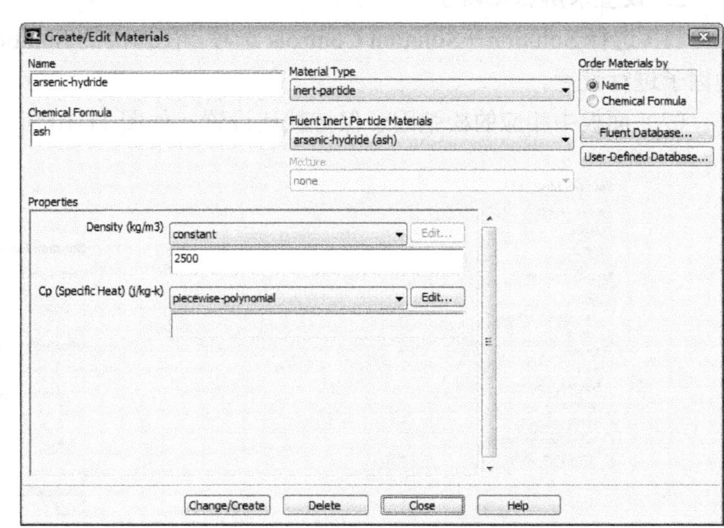

图 11-7　设置烟灰物性参数

5. 定义边界条件

（1）选择项目树 Setup→Boundary Conditions 选项，在打开的 Boundary Conditions 面板中对边界条件进行设置。

（2）双击 Zone 列表中的 out 选项，弹出 Pressure Outlet 对话框，在 DPM 选项卡中设置 Discrete Phase BC Type 为 trap，如图 11-8 所示，单击 OK 按钮完成设置。

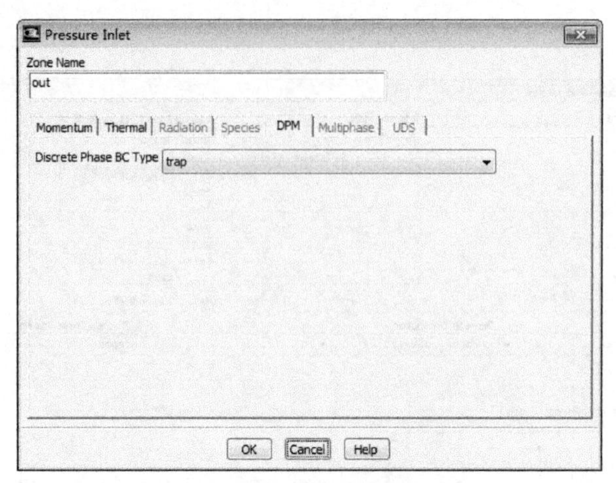

图 11-8　设置出口 DPM 边界条件

（3）其他边界的 DPM 保持默认设置即可。

11.2.3　求解计算

1．求解控制参数

（1）选择 Solution→Solution Methods 选项，在弹出的 Solution Methods 面板中对求解控制参数进行设置。

（2）面板中的各个选项采用默认值，如图 11-9 所示。

2．设置求解松弛因子

（1）选择 Solution→Solution Controls 选项，在弹出的 Solution Controls 面板中对求解松弛因子进行设置。

（2）面板中相应的松弛因子保持默认设置，如图 11-10 所示。

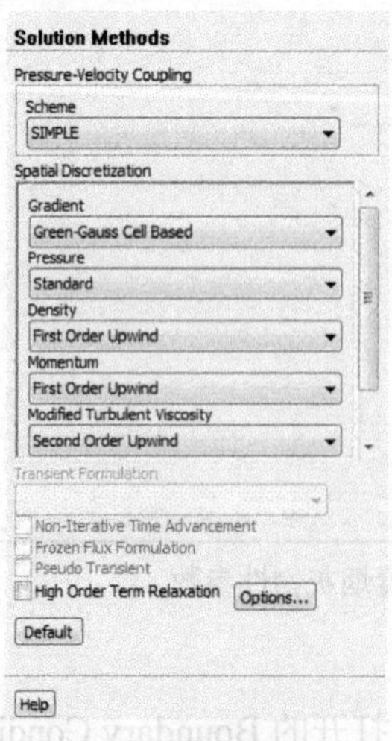

图 11-9　设置求解方法

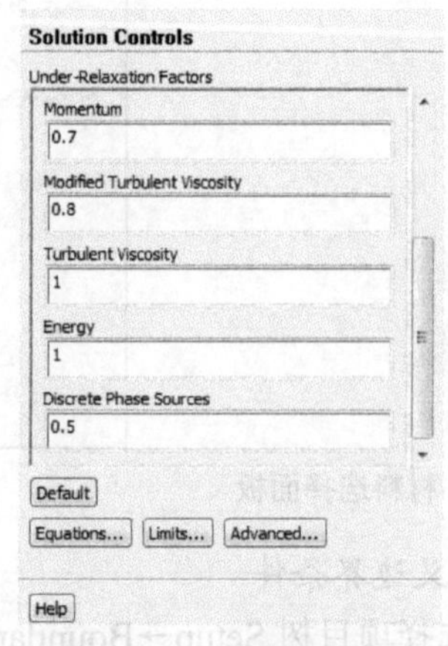

图 11-10　设置松弛因子

3．设置收敛临界值

（1）选择 Solution→Monitors 选项，打开 Monitors 面板，如图 11-11 所示。

（2）双击 Monitors 面板中的 Residuals-Print，Plot 选项，打开 Residual Monitors 对话框，收敛值都设为 1e-05，如图 11-12 所示，单击 OK 按钮完成设置。

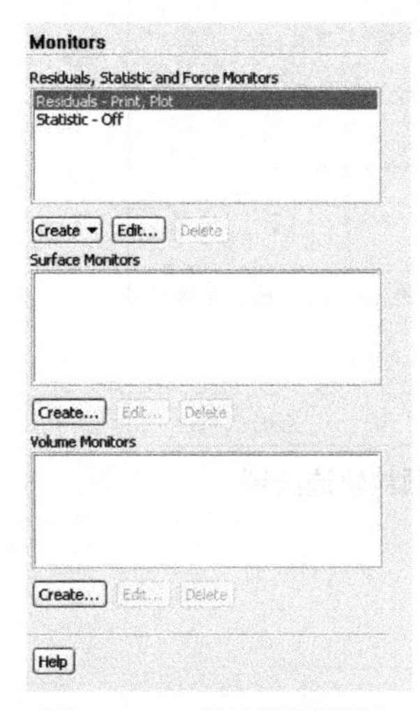

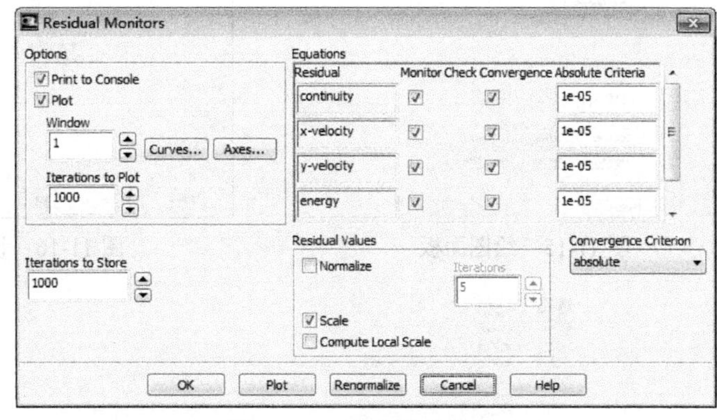

图 11-11 残差设置面板

图 11-12 修改迭代残差

4. 迭代计算

（1）选择 Solution→Run Calculation 选项，打开 Run Calculation 面板。

（2）设置 Number of Iterations 为 10 000，如图 11-13 所示。

（3）单击 Calculate 按钮进行迭代计算。

（4）在原流场迭代计算的基础上，继续迭代 500 次左右，达到收敛条件，收敛残差如图 11-14 所示。

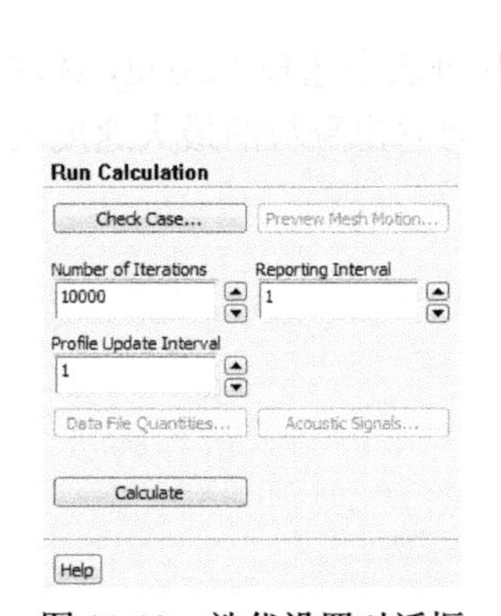

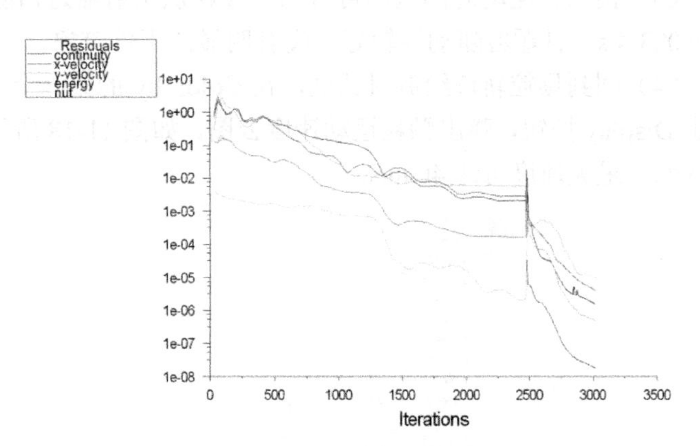

图 11-13 迭代设置对话框

图 11-14 迭代残差图

11.2.4 计算结果后处理及分析

（1）选择 Results→Graphics 命令，打开 Graphics and Animations 面板，双击 Particle Tracks 选项，如图 11-15 所示，打开颗粒轨迹绘制对话框，如图 11-16 所示。

（2）选中 Release from Injections 列表中的 injection-0 选项，单击 Display 按钮，弹出颗粒运动时间云图，如图 11-17 所示。

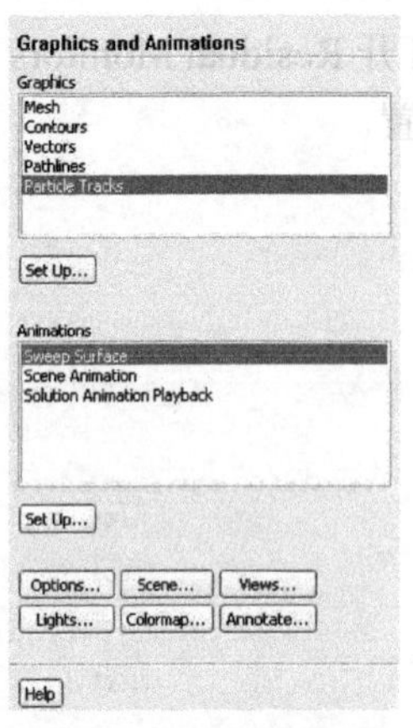

图 11-15　绘图面板

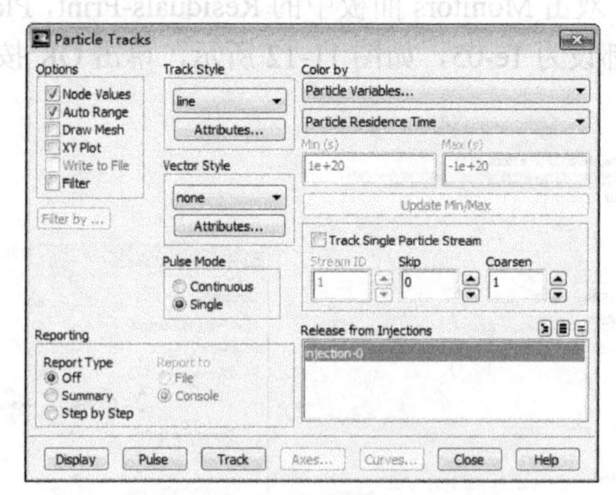

图 11-16　设置颗粒轨迹绘图

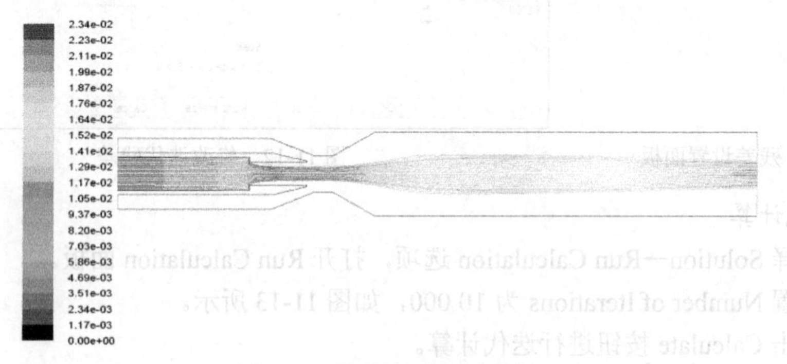

图 11-17　颗粒运动时间云图

（3）由颗粒运动时间云图可看出，颗粒从引射器进口随烟气运动至引射器出口，共耗时 0.023 4 s，且颗粒随动性较好，没有明显的下落迹象。

（4）回到颗粒轨迹绘制对话框，在 Color by 的第一个下拉列表中选择 Velocity 选项，单击 Display 按钮，弹出颗粒运动速度云图，如图 11-18 所示，可看出颗粒的最大速度出现在喉部，最大速度可达 40 m/s。

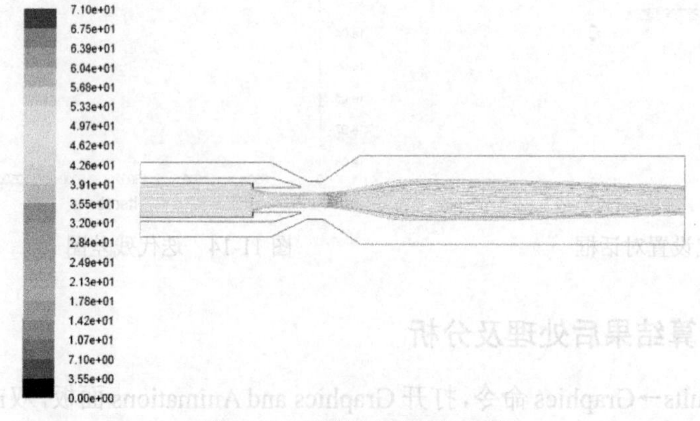

图 11-18　颗粒运动速度云图

（5）把颗粒运动速度云图放大，如图 11-19 所示，可以明显地看到，在图中的两个方框内，分别有 2 个颗粒与壁面发生了弹性碰撞和反弹，反弹后又跟随主流一起流动。

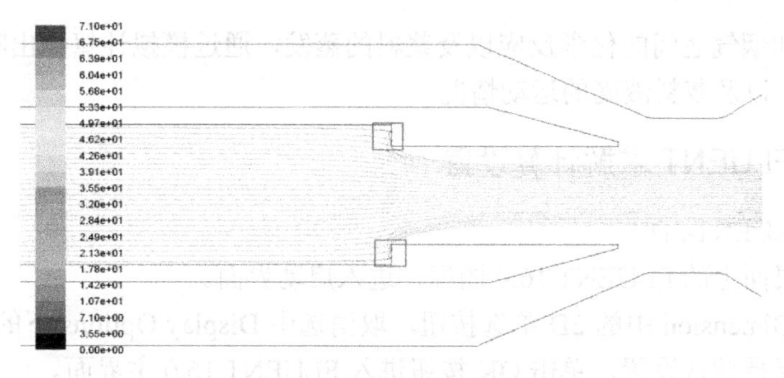

图 11-19 颗粒运动速度放大图

（6）单击颗粒轨迹绘制对话框的 Track 按钮，可在命令行看到颗粒跟踪信息，如图 11-20 所示。tracked = 27 表示共跟踪了 27 个粒子，trapped = 27 表示捕获了 27 个粒子，即粒子全部被捕获，也就是粒子全部从引射器出口流出。

```
number tracked = 27, escaped = 0, aborted = 0, trapped = 27, evaporated = 0, incomplete = 0
```

图 11-20 颗粒跟踪信息

11.3 喷淋过程的数值模拟

11.3.1 案例简介

本案例利用 DPM 模型对喷淋过程进行数值模拟。图 11-21 是喷流塔的二维模型，喷流塔高 20 000 mm，直径为 11 500 mm，烟气从右侧倾斜进口进入喷淋塔，然后从喷淋塔上部出口流出。距离底部 17 m 高的地方有浆料从喷口喷出，浆料在下降过程中与烟气之间有相互作用力，最后浆料落至塔底部。

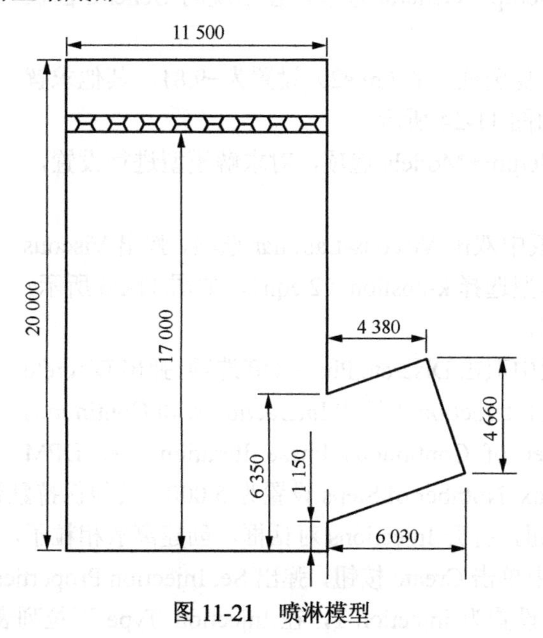

图 11-21 喷淋模型

忽略浆料和烟气之间的化学反应以及浆料的蒸发，通过模拟计算得出喷流塔内的压力场、速度场等，以及浆料液滴的运动情况。

11.3.2 FLUENT 求解计算设置

1. 启动 FLUENT-2D

（1）双击桌面上的 FLUENT 16.0 图标，进入启动界面。

（2）选中 Dimension 中的 2D 单选按钮，取消选中 Display Options 下的 3 个复选框。

（3）其他保持默认设置，单击 OK 按钮进入 FLUENT 16.0 主界面。

2. 读入并检查网格

（1）执行 File→Read→Mesh 命令，在弹出的 Select File 对话框中读入 spray.msh 二维网格文件。

（2）执行 Mesh→Info→Size 命令，得到如图 11-22 所示的模型网格信息：共有 27 093 个节点、53 822 个网格面和 26 730 个网格单元。

（3）执行 Mesh→Check 命令，反馈信息如图 11-23 所示。可以看到计算域二维坐标的上下限，检查最小体积和最小面积是否为负数。

```
Mesh Size

Level    Cells    Faces    Nodes   Partitions
    0    26730    53822    27093            1

1 cell zone, 5 face zones.
```

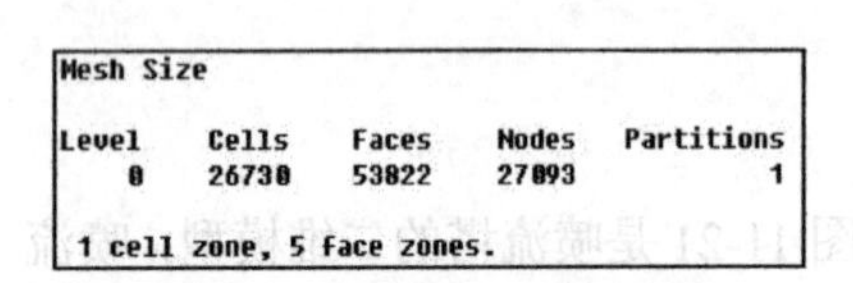

图 11-22 FLUENT 网格数量信息

```
Domain Extents:
   x-coordinate: min (m) = 0.000000e+00, max (m) = 1.606866e+01
   y-coordinate: min (m) = -5.438345e-32, max (m) = 2.000000e+01
Volume statistics:
   minimum volume (m3): 8.931802e-03
   maximum volume (m3): 1.015271e-02
     total volume (m3): 2.502998e+02
Face area statistics:
   minimum face area (m2): 9.153850e-02
   maximum face area (m2): 1.013726e-01
Checking mesh.........................
Done.
```

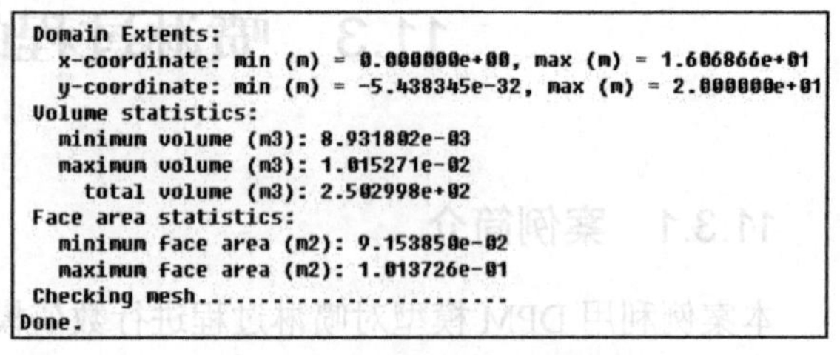

图 11-23 FLUENT 网格信息

3. 设置求解器参数

（1）选择项目树 Setup→General 选项，在出现的 General 面板中进行求解器的设置。

（2）选中 Gravity 复选框，Y（m/s2）设置为-9.81，其他求解参数保持默认设置，如图 11-24 所示。

图 11-24 设置求解参数

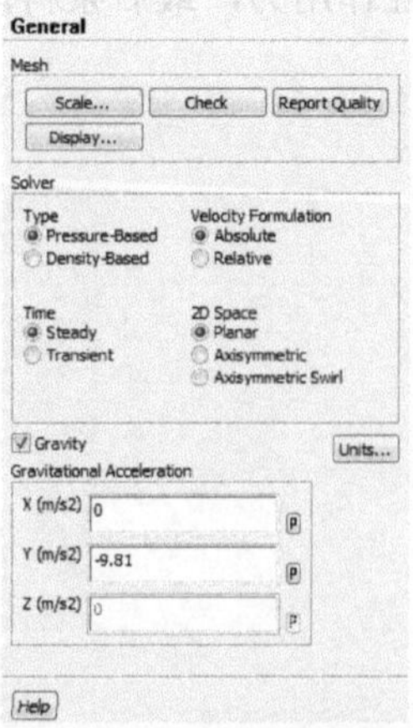

（3）选择项目树 Setup→Models 选项，对求解模型进行设置，如图 11-25 所示。

（4）在 Models 面板中双击 Viscous-Laminar 选项，弹出 Viscous Model 对话框，湍流模型选择 k-epsilon（2 eqn），如图 11-26 所示，单击 OK 按钮完成设置。

（5）在 Models 面板中双击 Discrete Phase-Off 选项，弹出 Discrete Phase Model 对话框，在 Interaction 下选中 Interaction with Continuous Phase 复选框，Number of Continuous Phase Iterations per DPM Iteration 设置为 10，Max. Number of Steps 设置为 5 000，其他保持默认设置，如图 11-27 所示。单击 Injections 按钮，打开 Injections 对话框，创建离散相粒子，如图 11-28 所示。

（6）在 Injections 中单击 Create 按钮，弹出 Set Injection Properties 对话框，设置离散相属性。Injection Name 设置为 injection-1，在 Injection Type 下拉列表中选择 single 选项，

Material 先保持默认选项，随后在材料设置里把其改为浆料的物性参数。在 Point Properties 选项卡中设置粒子属性，初始位置坐标 X-Position（m）为 0.75，Y-Position（m）为 17；初始速度 Y-Velocity（m/s）设置为−5，Diameter（m）设置为 0.001，Flow Rate（kg/s）设置为 10，如图 11-29 所示，单击 OK 按钮完成设置。

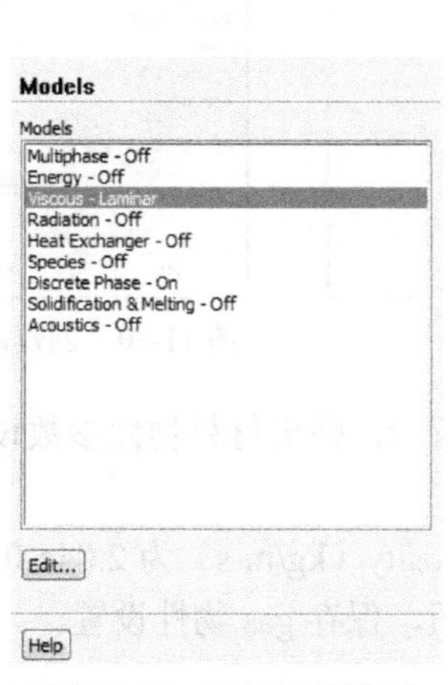

图 11-25 选择计算模型

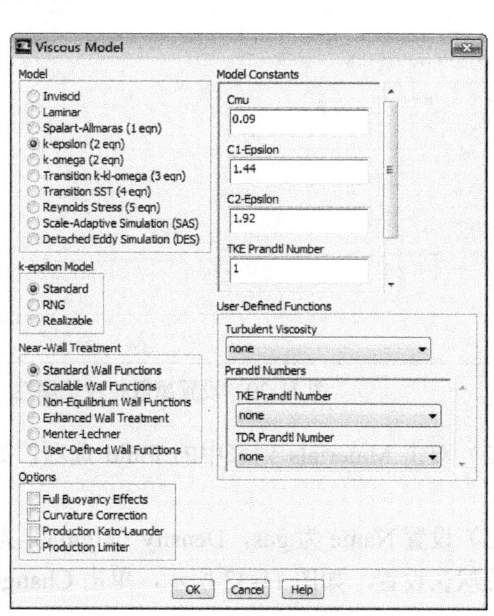

图 11-26 选择湍流模型

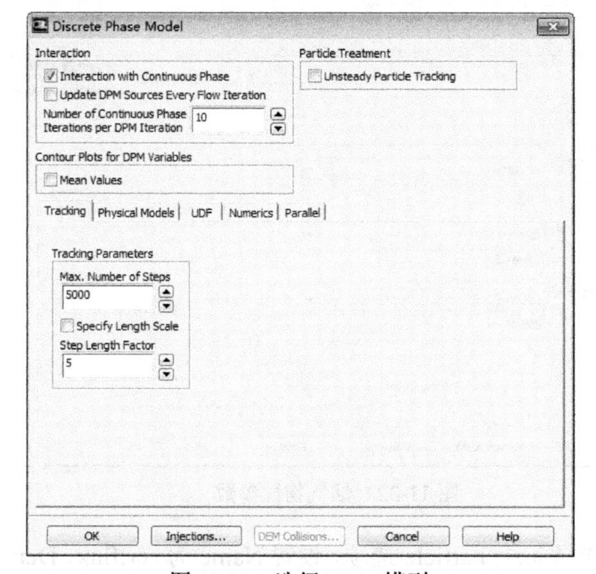

图 11-27 选择 DPM 模型

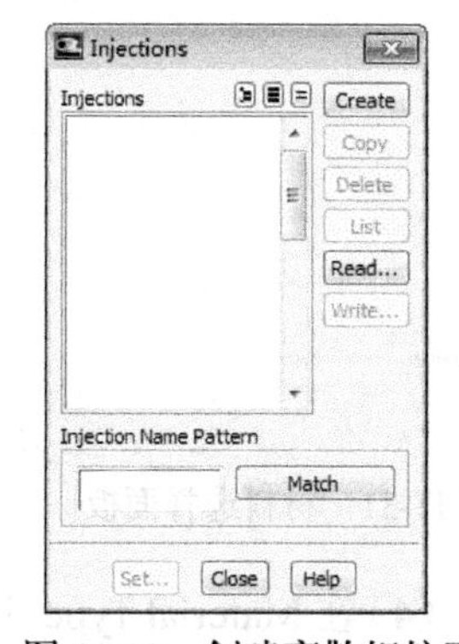

图 11-28 创建离散相粒子

（7）重复上述操作，在 X 方向上每隔 0.5 m 设置一个相同的粒子源，总共设置 20 个粒子源，最终结果如图 11-30 所示。

4. 定义材料物性

（1）选择项目树 Setup→Materials 选项，在出现的 Materials 面板中对所需材料进行设置。

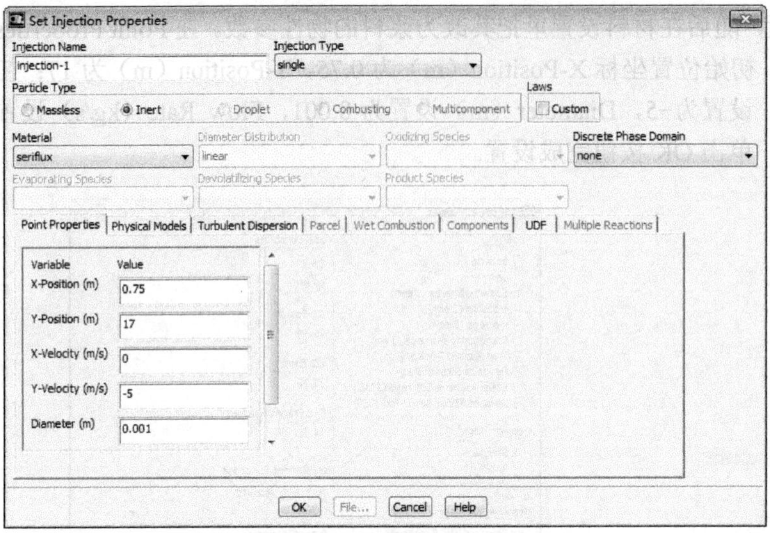

图 11-29　设置离散相粒子属性

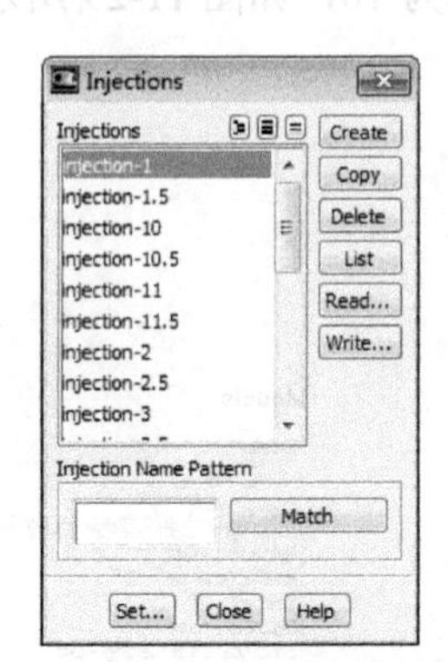

图 11-30　创建离散相

（2）双击 Materials 列表中的 Fluid 选项，如图 11-31 所示，弹出材料物性参数设置对话框。

（3）设置 Name 为 gas，Density（kg/m3）为 0.95，Viscosity（kg/m-s）为 2.04e-05，其他保持默认设置，如图 11-32 所示，单击 Change/Create 按钮，保存 gas 物性设置。

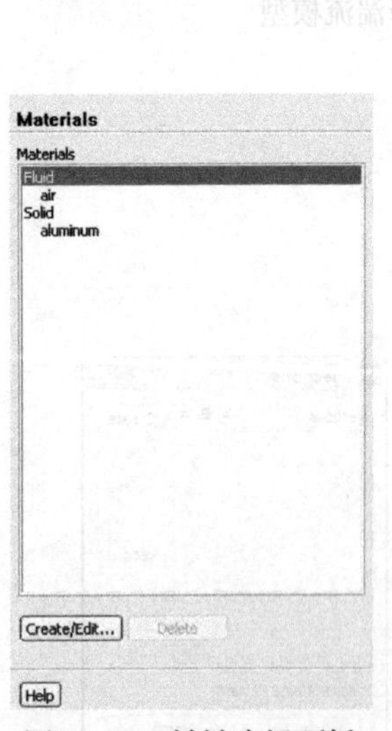

图 11-31　材料选择面板

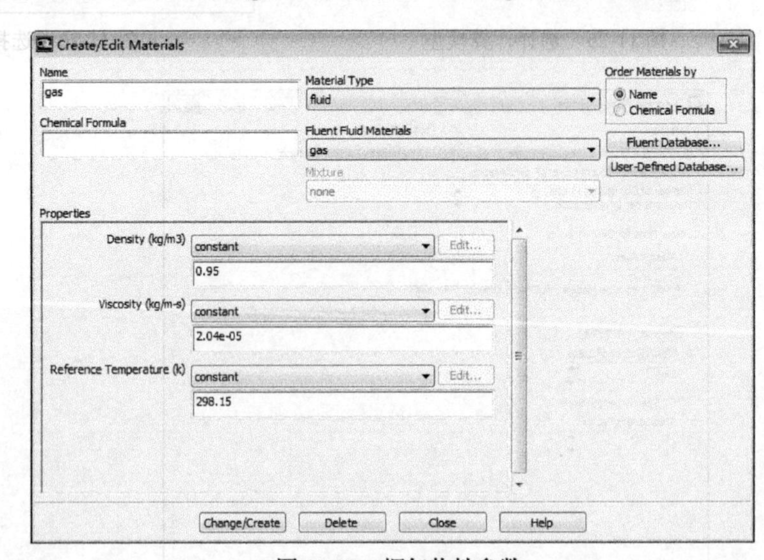

图 11-32　烟气物性参数

（4）在 Material Type 下拉列表中选择 inert-particle 选项，设置 Name 为 seriflux，Density（kg/m3）为 1 126，单击 Change/Create 按钮，保存浆料的物性，粒子的物性也会自动改为浆料的物性。

5. 设置区域条件

（1）选择项目树 Setup→Cell Zone Conditions 选项，在弹出的 Cell Zone Conditions 面板中对区域条件进行设置。

（2）选择 Zone 列表中的 fluid 选项，如图 11-33 所示，单击 Edit 按钮，弹出 Fluid 对话框，在 Material Name 右侧的下拉列表中选择 gas 选项，如图 11-34 所示，单击 OK 按钮完成设置。

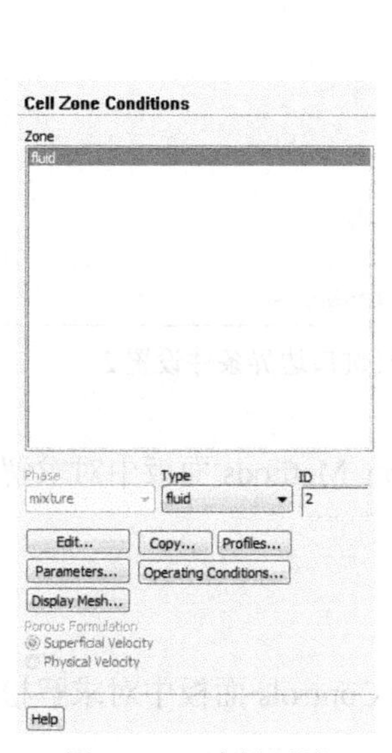

图 11-33　选择区域

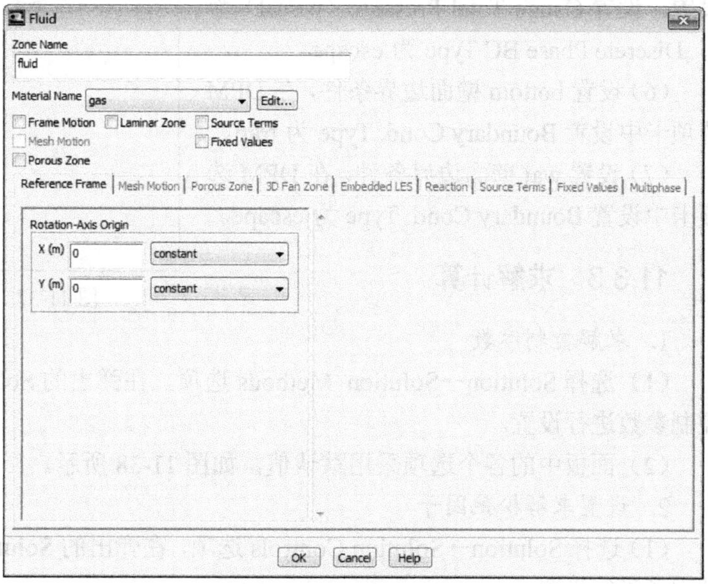

图 11-34　设置区域属性

6. 设置边界条件

（1）选择项目树 Setup→Boundary Conditions 选项，在打开的 Boundary Conditions 面板中对边界条件进行设置。

（2）双击 Zone 列表中的 in 选项，如图 11-35 所示，弹出 Pressure Inlet 对话框，对烟气进口边界条件进行设置。

（3）在对话框中单击 Momentum 选项卡，设置 Gauge Total Pressure（pascal）为 25，Supersonic/Initial Gauge Pressure（pascal）为 0，Turbulent Kinetic Energy（m2/s2）湍动能设置为 0.052 66，Turbulent Dissipation Rate（m2/s3）湍流耗散率设置为 0.005 67，如图 11-36 所示。

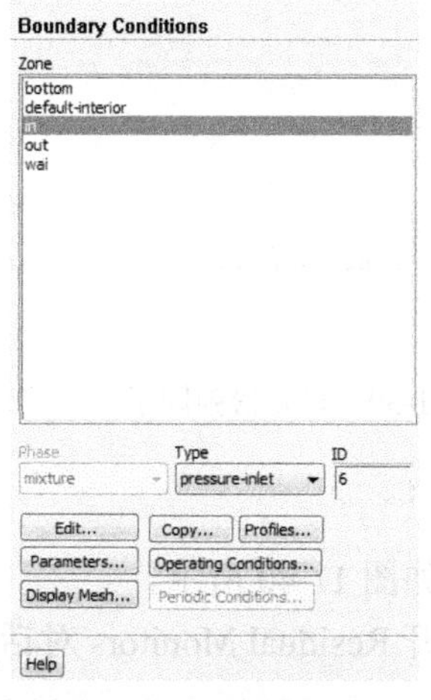

图 11-35　选择进口边界

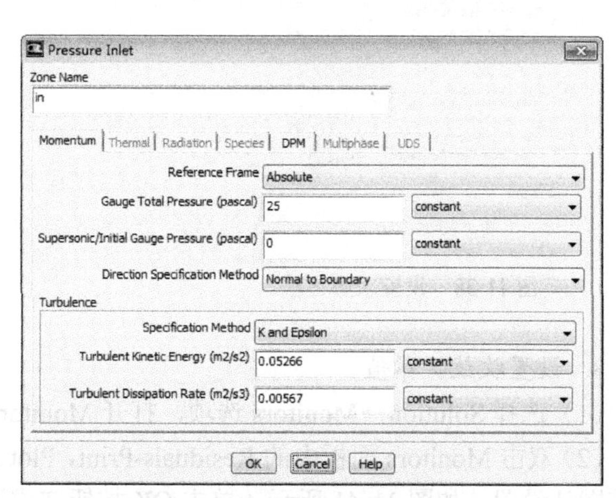

图 11-36　烟气进口边界条件设置 1

（4）单击 DPM 选项卡，设置 Discrete Phase BC Type 为 escape，如图 11-37 所示。

（5）重复上述操作，完成烟气出口边界设置，设置 Gauge Total Pressure（pascal）为 0，Discrete Phase BC Type 为 escape。

（6）设置 bottom 壁面边界条件，在 DPM 选项卡中设置 Boundary Cond. Type 为 trap。

（7）设置 wai 壁面边界条件，在 DPM 选项卡中设置 Boundary Cond. Type 为 escape。

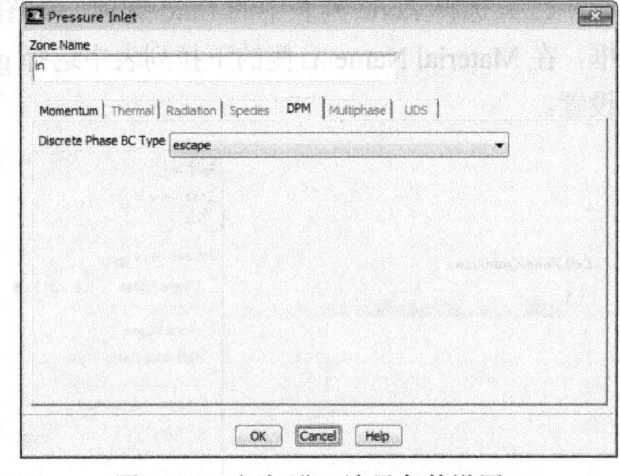

图 11-37　烟气进口边界条件设置 2

11.3.3　求解计算

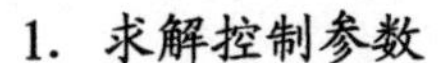

1. 求解控制参数

（1）选择 Solution→Solution Methods 选项，在弹出的 Solution Methods 面板中对求解控制参数进行设置。

（2）面板中的各个选项采用默认值，如图 11-38 所示。

2. 设置求解松弛因子

（1）选择 Solution→Solution Controls 选项，在弹出的 Solution Controls 面板中对求解松弛因子进行设置。

（2）面板中相应的松弛因子保持默认设置，如图 11-39 所示。

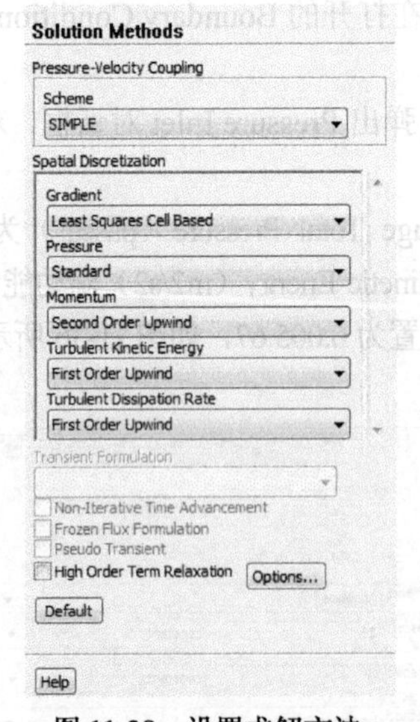

图 11-38　设置求解方法

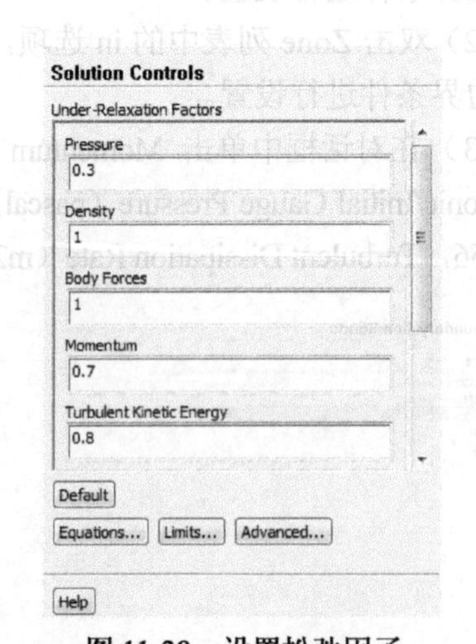

图 11-39　设置松弛因子

3. 设置收敛临界值

（1）选择 Solution→Monitors 选项，打开 Monitors 面板，如图 11-40 所示。

（2）双击 Monitors 面板中的 Residuals-Print, Plot 选项，打开 Residual Monitors 对话框，保持默认设置，如图 11-41 所示，单击 OK 按钮完成设置。

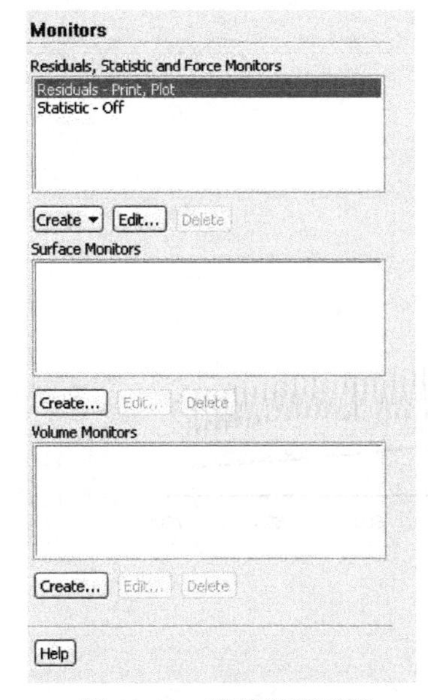

图 11-40　残差设置面板

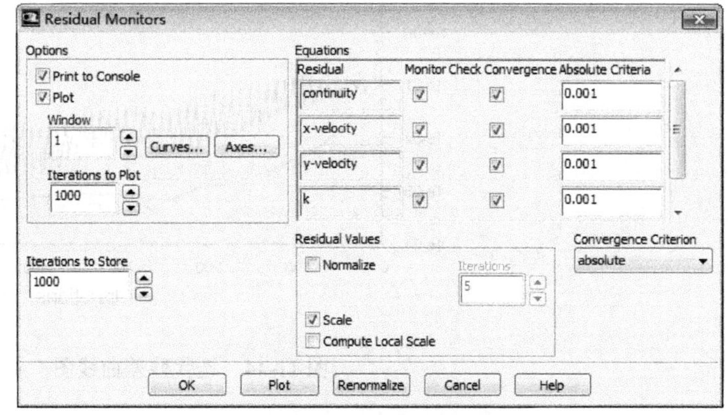

图 11-41　设置迭代残差

4. 设置流场初始化

（1）选择 Solution→Solution Initialization 选项，打开 Solution Initialization 面板进行初始化设置。

（2）单击 Initialize 按钮完成初始化，如图 11-42 所示。

5. 迭代计算

（1）执行 File→Write→Case&Data 命令，弹出 Select File 对话框，保存为 ejector.cas 和 ejector.dat。

（2）选择 Solution→Run Calculation 选项，打开 Run Calculation 面板。

（3）设置 Number of Iterations 为 1 000，如图 11-43 所示。

图 11-42　设定流场初始化

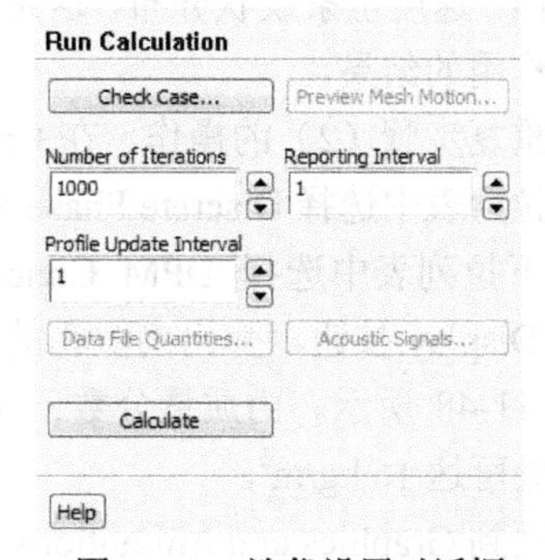

图 11-43　迭代设置对话框

（4）单击 Calculate 按钮进行迭代计算。

（5）大约计算 680 步之后，迭代残差收敛，迭代残差曲线图如图 11-44 所示。

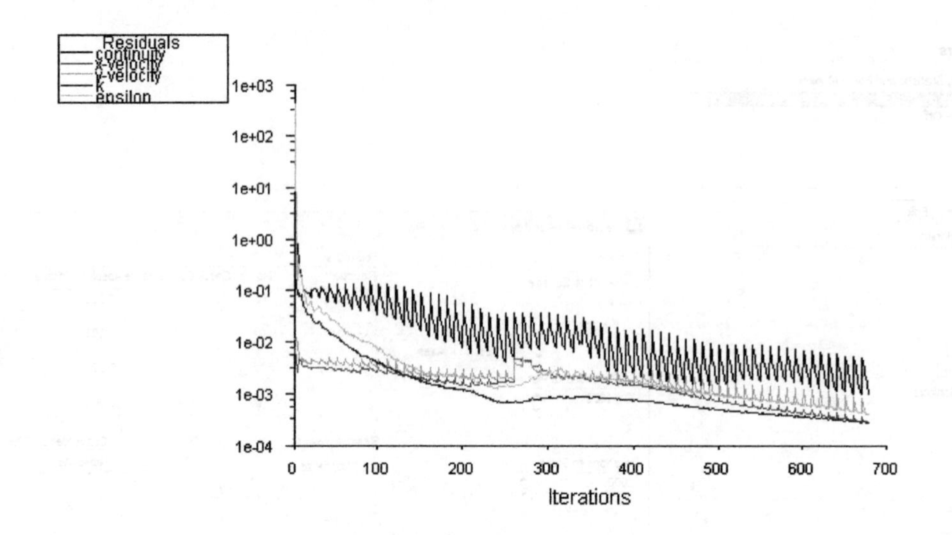

图11-44　迭代残差曲线图

11.3.4　计算结果后处理及分析

（1）选择Results→Graphics选项，打开Graphics and Animations面板。

（2）双击Graphics中的Contours选项，打开Contours对话框，如图11-45所示。单击Display按钮，弹出压力云图窗口，如图11-46所示。由压力云图可以看出，喷流塔底部压力最大，越往上压力越小。

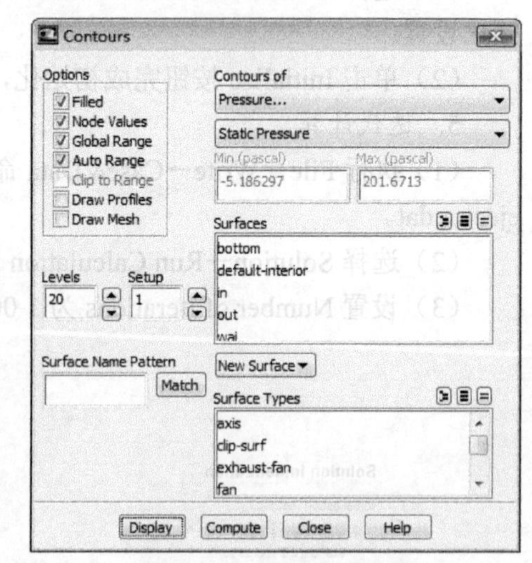

图11-45　设置压力云图

（3）重复步骤（2）的操作，在Contours of的第一个下拉列表中选择Velocity选项，单击Display按钮，弹出速度云图，如图11-47所示。由速度云图可以看出，速度呈条纹状分布，这是烟气与喷流液滴相互作用的结果。

（4）重复步骤（2）的操作，在Contours of的第一个下拉列表中选择Discrete Phase Model选项，在第二个下拉列表中选择DPM Concentration选项，单击Display按钮，弹出离散相的质量分数云图，如图11-48所示。由质量分数云图可以明显看出浆料喷流形成的流线，喷流塔内浆料浓度最大处可达16 kg/m^3。

（5）回到Graphics and Animations面板，双击Particle Tracks选项，打开颗粒轨迹绘制对话框，如图11-49所示。选中Release from Injections下的所有选项，单击Display按钮，显示离散相的运动时间，如图11-50所示。液滴从喷口落至喷流塔底部所需的最长时间为2.96 s。

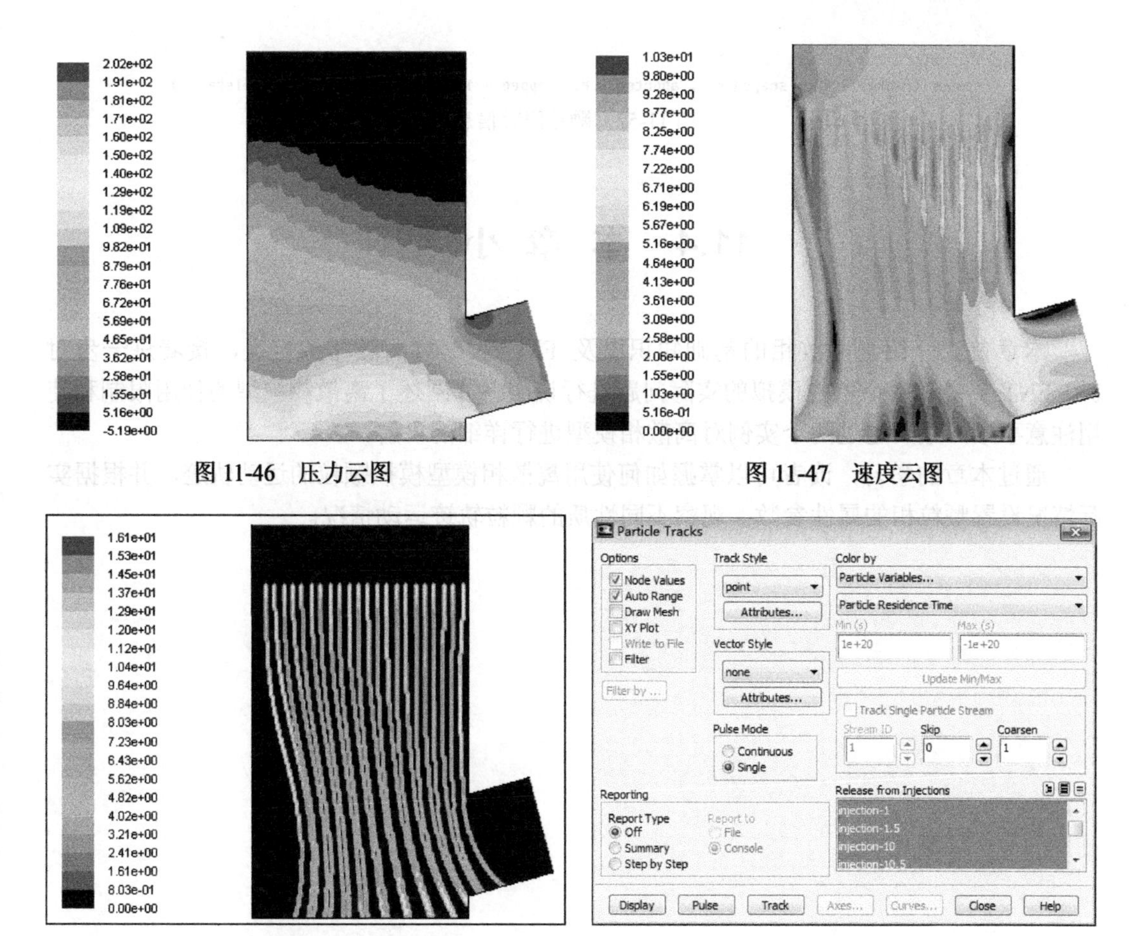

图 11-46　压力云图

图 11-47　速度云图

图 11-48　离散相的质量分数云图

图 11-49　颗粒轨迹绘制对话框

（6）在 Color by 的第一个下拉列表中选择 Velocity 选项，单击 Display 按钮，显示离散相粒子的运动速度，如图 11-51 所示。

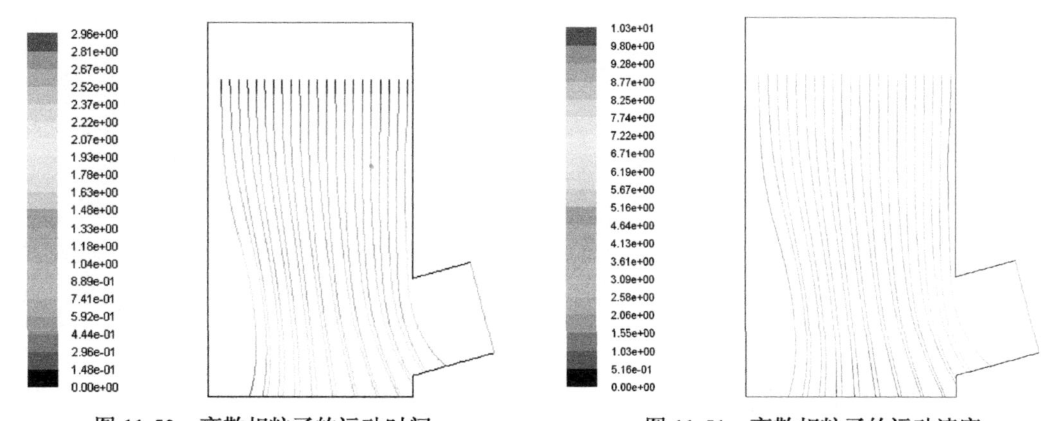

图 11-50　离散相粒子的运动时间

图 11-51　离散相粒子的运动速度

（7）单击 Track 按钮，在程序行显示颗粒的跟踪情况，如图 11-52 所示。可以看到共跟踪 22 个颗粒，其中 5 个逃离，17 个被捕捉。

```
number tracked = 22, escaped = 5, aborted = 0, trapped = 17, evaporated = 0, incomplete = 0
```

图 11-52　颗粒跟踪信息

11.4　本章小结

本章首先介绍了离散相的基础知识以及 FLUENT 对离散相的定义，接着进一步对 FLUENT 离散相模型所能模拟的实际问题进行说明，并阐述了离散相模型的使用限制和使用注意事项。最后通过两个实例对离散相模型进行详细的讲解。

通过本章的学习，读者可以掌握如何使用离散相模型模拟颗粒的运动轨迹，并根据实际情况设置颗粒相的属性参数，观察不同性质的颗粒轨迹运动情况。

第 12 章　组分传输与气体燃烧的数值模拟

本章介绍化学组分混合和气体燃烧的数值模拟。首先利用组分传输模型对室内污染物的扩散进行数值模拟分析，然后利用有限速率化学反应模型对焦炉煤气的燃烧进行模拟计算，通过对这两个实例的学习，读者初步掌握组分传输和气体燃烧模型。

学习目标：

- 学会利用组分传输模型计算污染物的扩散过程；
- 学会利用气体燃烧模型模拟焦炉煤气的燃烧；
- 掌握组分传输与气体燃烧问题边界条件的设置方法；
- 掌握自然对流和辐射换热问题计算结果的后处理及分析方法。

12.1　组分传输与气体燃烧概述

FLUENT 可以通过求解描述每种组成物质的对流、扩散和反应源的守恒方程来模拟混合和输运，当用户选择解化学物质的守恒方程时，FLUENT 通过第 i 种物质的对流扩散方程预估每种物质的质量分数 Y_i。守恒方程采用以下的通用形式。

$$\frac{\partial}{\partial t}(\rho Y_i)+\nabla\cdot(\rho\vec{v}Y_i)=-\nabla\vec{J}_i+R_i+S_i$$

其中 R_i 是化学反应的净产生速率，S_i 为离散相及用户定义的源项导致的额外产生速率。当系统中出现 N 种物质时，需要解 N−1 个这种形式的方程。由于质量分数的和必须为 1，第 N 种物质的分数通过 1 减去 N−1 个已解得的质量分数得到。为了使数值误差最小，第 N 种物质必须选择质量分数最大的物质，如组分是空气时第 N 种物质设置为 N_2。

化学反应模型，尤其是湍流状态下的化学反应模型自 FLUENT 软件诞生以来一直占有很重要的地位。多年来，FLUENT 强大的化学反应模拟能力帮助工程师模拟了各种复杂的燃烧过程。

FLUENT 可以模拟的化学反应包括：NO_x 和其他污染形成的气相反应；在固体（壁面）处发生的表面反应（如化学蒸气沉积）；粒子表面反应（如炭颗粒的燃烧），其中的化学反应发生在离散相粒子表面。FLUENT 可以模拟具有或不具有组分输运的化学反应。

涡耗散模型、PDF 转换以及有限速率化学反应模型已经加入 FLUENT 的主要模型中，包括均衡混合颗粒模型、小火焰模型以及模拟大量气体燃烧、煤燃烧、液体燃料燃烧的预混合模型。

在许多工业应用中，设计发生在固体表面的化学反应时，FLUENT 表面反应模型可以用来分析气体和表面组分之间的化学反应及不同表面组分之间的化学反应，以确保准确预测表面沉积和蚀刻现象。对催化转化、气体重整、污染物控制装置及半导体制造等的模拟都受益于这一技术。

FLUENT 的化学反应模型可以和大涡模拟的湍流模型联合使用，这些非稳态湍流模型只有混合到化学反应模型中，才可能预测火焰的稳定性及燃尽特性。

FLUENT 提供了 4 种模拟反应的模型：通用有限速率模型、非预混燃烧模型、预混燃烧模型和部分预混燃烧模型。

通用有限速率模型基于组分质量分数的输运方程解，采用所定义的化学反应机制，对化学反应进行模拟。反应速率在这种方法中以源项的形式出现在组分输运方程中，计算反应速度的方法有：从 Arrhenius 速度表达式计算、从 Magnussn 和 Hjertager 的漩涡耗散模型计算或者从 EDC 模型计算。

非预混燃烧模型并不是解每一个组分输运方程，而是解一个或两个守恒标量（混合分数）的输运方程，然后从预测的混合分数分布推导每一个组分的浓度。该方法主要用于模拟湍流扩散火焰。

对于有限速率公式来说，这种方法有很多优点。在守恒标量方法中，通过概率密度函数或者 PDF 来考虑湍流的影响。反应机理并不是由用户来确定，而是使用 flame sheet（mixed-is-burned）方法或者化学平衡计算来处理反应系统。层流 flamelet 模型是非预混燃烧模型的扩展，它考虑到了从化学平衡状态形成的空气动力学的应力诱导分离。

预混燃烧模型主要用于完全预混合的燃烧系统。在预混燃烧问题中，完全的混合反应物和燃烧产物被火焰前缘分开，解出反应发展变量来预测前缘的位置。湍流的影响是通过考虑湍流火焰速度计算出的。

部分预混燃烧模型用于描述非预混合燃烧与完全预混合燃烧结合的系统。在这种方法中，解出混合分数方程和反应发展变量来分别确定组分浓度和火焰前缘位置。

解决包括组分输运和反应流动的任何问题，首先都要确定合适的模型。模型选取的大致原则如下。

通用有限速率模型主要用于化学组分混合、输运和反应的问题，壁面或者粒子表面反应的问题（如化学蒸气沉积）。

非预混燃烧模型主要用于包括湍流扩散火焰的反应系统，这个系统接近化学平衡，其中的氧化物和燃料以两个或者 3 个流道分别流入所要计算的区域。

预混燃烧模型主要用于单一或完全预混合反应物流动。

部分预混燃烧模型主要用于区域内具有变化等值比率的预混合火焰的情况。

本章利用 FLUENT 模拟燃烧及化学反应，将用到以下 3 个 FLUENT 中的具体模型：有限速率化学反应（finite rate chemistry）模型、混合组分（PDF）模型以及层流小火焰（laminar imelet）模型。

有限速率化学反应模型的原理是求解反应物和生成物输运组分方程，并由用户来定义化学反应机理，反应速率作为源项在组分输运方程中通过阿累纽斯方程或涡耗散模型来描述。有限速率化学反应模型适用于预混燃烧、局部预混燃烧和非预混燃烧。该模型可以模拟大多数气相燃烧问题，在航空航天领域的燃烧计算中有广泛的应用。

混合组分模型不求解单个组分输运方程，但求解混合组分分布的输运方程。各组分浓度由混合组分分布求得。混合组分模型尤其适合于湍流扩散火焰的模拟和类似的反应过程。在该模型中，用概率密度函数 PDF 来考虑湍流效应。该模型不要求用户显式地定义反应机理，而是通过火焰面方法（即混即燃模型）或化学平衡计算来处理，因此比有限速率模型有更多的优势。该模型可应用于非预混燃烧（湍流扩散火焰），可以用来计算航空发动机的环形燃烧室中的燃烧问题及液体和固体火箭发动机中的复杂燃烧问题。

层流小火焰模型是混合组分模型的进一步发展，用来模拟非平衡火焰燃烧。在模拟富油一侧的火焰时，典型的平衡火焰如果失效，就要用到层流小火焰模型。层流小火焰近似法的优点在于，能够将实际的动力效应融合在湍流火焰之中，但层流小火焰模型适合预测中等强度非平衡化学反应的湍流火焰，而不适合于反应速度缓慢的燃烧火焰。层流小火焰模型可以模拟形成 NO_x 的中间产物的燃烧问题、火箭发动机的燃烧问题、冲压发动机的燃烧问题及超声速冲压发动机的燃烧问题。

选择项目树 Setup→Models→Species-Off 选项，弹出 Species Model 对话框，如图 12-1 所示。

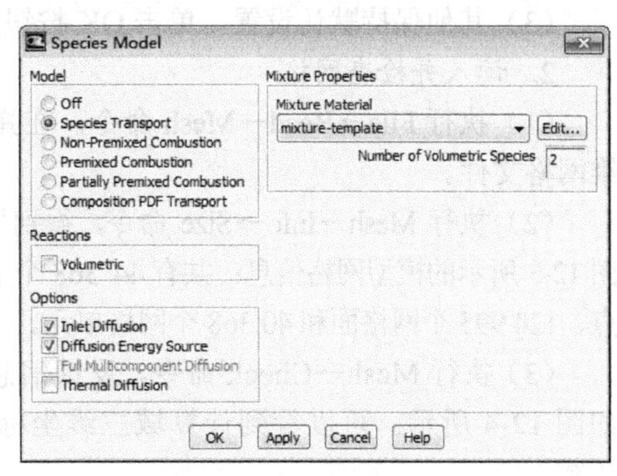

图 12-1　Species Model 对话框

Species Model 对话框中显示了可供选择的组分模型。在默认情况下，FLUENT 屏蔽组分计算，选择某种组分模型后，对话框将会扩展以包含该模型相应的设置参数。

12.2　室内甲醛污染物浓度的数值模拟

12.2.1　案例简介

本案例利用组分传输模型对室内甲醛污染物浓度进行数值模拟。新买的家具往往都会有甲醛释放，本案例利用房间通风来降低室内甲醛浓度，计算污染物浓度是否达到环保要求。

图 12-2 是一个办公室的三维简化模型，其长为 4.8 m，宽为 3.1 m，高为 2.9 m；室内有一张长 1.4 m、宽 0.4 m、高 0.75 m 的办公桌；还有一个长为 1.6 m、宽为 0.4 m、高为 1.9 m 的书柜。门的进口高为 2 m，宽为 0.9 m；窗户为出口，尺寸为高 1.5 m，宽 0.7 m。甲醛污染物从办公桌和书柜的外表面挥发出来，通过门窗通风来降低室内甲醛浓度。

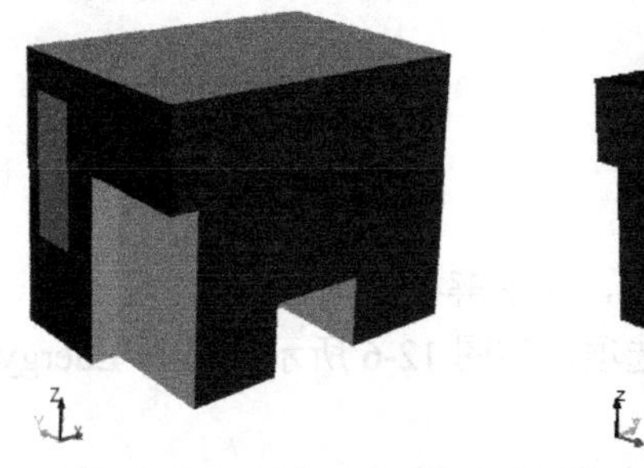

图 12-2　办公室三维模型

12.2.2　FLUENT 求解计算设置

1. 启动 FLUENT-3D

（1）双击桌面上的 FLUENT 16.0 图标，进入启动界面。

（2）选中 Dimension 中的 3D 单选按钮，并选中 Double Precision 复选框，取消选中 Display Options 下的 3 个复选框。

（3）其他保持默认设置，单击 OK 按钮进入 FLUENT 16.0 主界面。

2. 读入并检查网格

（1）执行 File→Read→Mesh 命令，在弹出的 Select File 对话框中读入 pollutant.msh 三维网格文件。

（2）执行 Mesh→Info→Size 命令，得到如图 12-3 所示的模型网格信息：共有 44 368 个节点、124 995 个网格面和 40 368 个网格单元。

Mesh Size

Level	Cells	Faces	Nodes	Partitions
0	40368	124995	44368	1

1 cell zone, 6 face zones.

图 12-3　FLUENT 网格数量信息

（3）执行 Mesh→Check 命令，反馈信息如图 12-4 所示。可以看到计算域三维坐标的上下限，检查最小体积和最小面积是否为负数。

3. 设置求解器参数

（1）选择项目树 Setup→General 选项，在出现的 General 面板中进行求解器的设置。

（2）保持默认单位为 m，选中 Gravity 复选框，在 Z（m/s2）文本框中输入–9.81，其他保持默认设置，如图 12-5 所示。

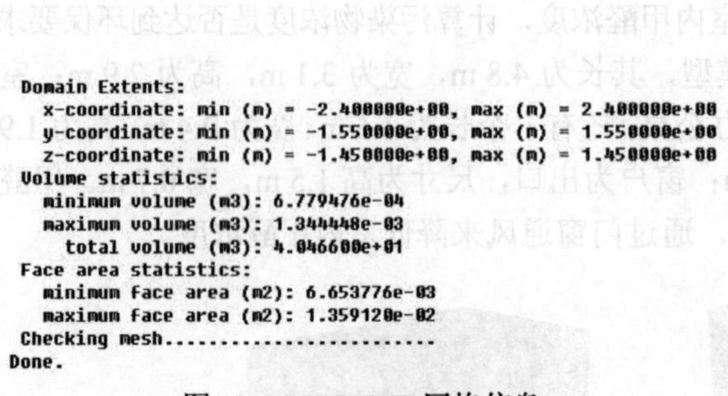

```
Domain Extents:
   x-coordinate: min (m) = -2.400000e+00, max (m) = 2.400000e+00
   y-coordinate: min (m) = -1.550000e+00, max (m) = 1.550000e+00
   z-coordinate: min (m) = -1.450000e+00, max (m) = 1.450000e+00
 Volume statistics:
   minimum volume (m3): 6.779476e-04
   maximum volume (m3): 1.344448e-03
     total volume (m3): 4.046600e+01
 Face area statistics:
   minimum face area (m2): 6.653776e-03
   maximum face area (m2): 1.359120e-02
 Checking mesh.........................
Done.
```

图 12-4　FLUENT 网格信息

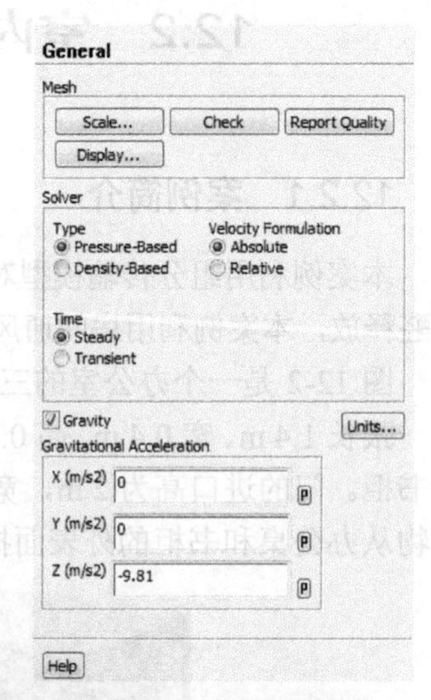

图 12-5　设置求解参数

（3）选择项目树 Setup→Models 选项，对求解模型进行设置。

（4）双击 Models 中的 Energy-Off 选项，如图 12-6 所示，打开 Energy（能量方程）对话框。

（5）选中 Energy Equation 复选框，如图 12-7 所示，单击 OK 按钮，启动能量方程。

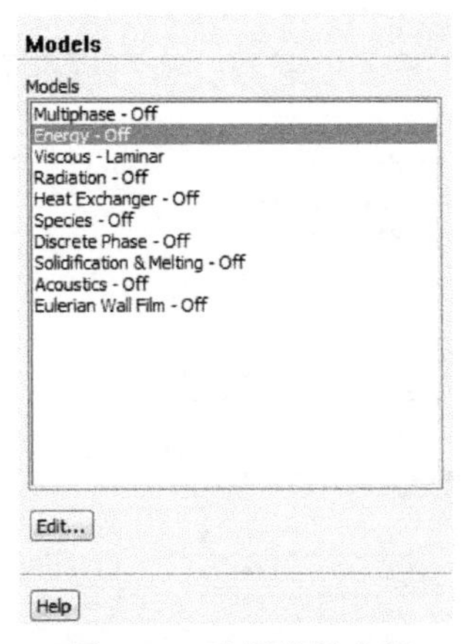

图 12-6 选择能量方程

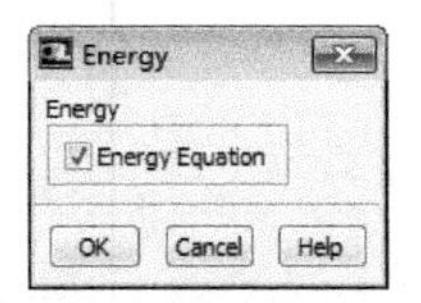

图 12-7 启动能量方程

（6）在 Models 面板中双击 Viscous-Laminar 选项，弹出 Viscous Model 对话框，湍流模型选择其中的 k-epsilon（2 eqn），如图 12-8 所示，单击 OK 按钮完成设置。

（7）再次在 Models 面板中双击 Species-Off 选项，弹出 Species Model 对话框，选中 Species Transport 单选按钮，在 Options 下选中 Inlet Diffusion 复选框，如图 12-9 所示，单击 OK 按钮。

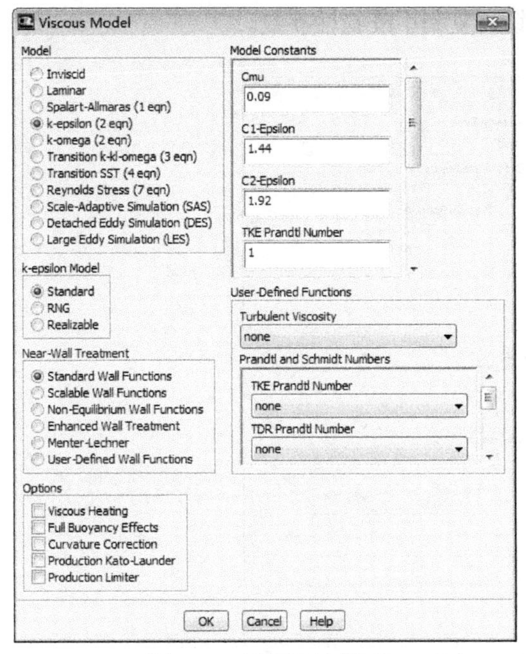

图 12-8 选择湍流模型

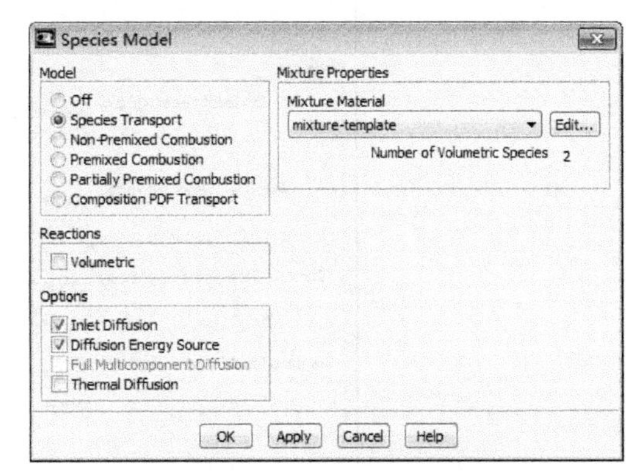

图 12-9 选择组分传输模型

4. 定义材料物性

（1）选择项目树 Setup→Materials 选项，在出现的 Materials 面板中对所需材料进行设置，如图 12-10 所示。

（2）双击面板中的 Materials→Mixture 选项，弹出材料物性参数设置对话框，如图 12-11 所示。

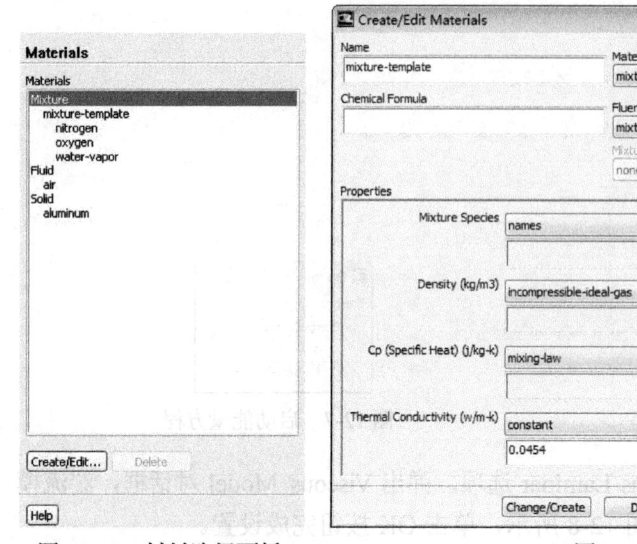

图 12-10　材料选择面板

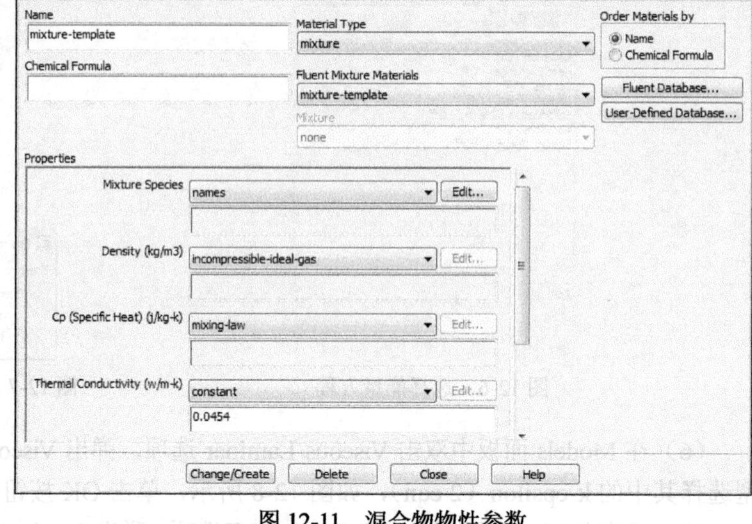

图 12-11　混合物物性参数

（3）在材料物性参数设置对话框中，单击 Fluent Database 按钮，弹出 Fluent Database Materials（材料数据库）对话框，选择 Fluent Fluid Materials（流体材料）列表中的 formaldehyde（ch2o）选项，如图 12-12 所示，单击 Copy 按钮，复制甲醛物性参数。

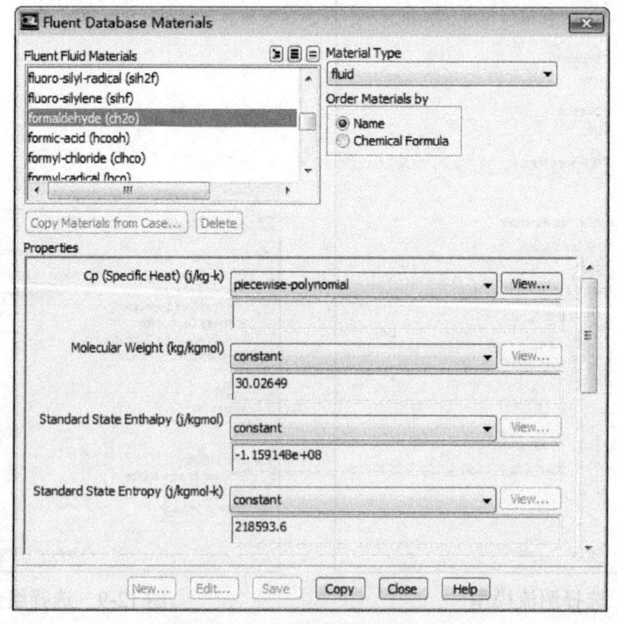

图 12-12　甲醛物性参数选择

（4）在材料物性参数设置对话框中，单击 Change/Create 按钮，保存甲醛物性参数。

5. 修改混合物的材料属性

（1）回到 Models 面板，双击 Species-Species Transport 选项，再次打开 Species Model 对话框，单击 Edit 按钮，打开 Edit Material 对话框，如图 12-13 所示，单击 Mixture Species

右侧的 Edit 按钮，打开 Species 对话框。

（2）在 Species 对话框中对混合物材料进行设置，改为甲醛和空气的混合物，如图 12-14 所示，单击 OK 按钮完成设置。

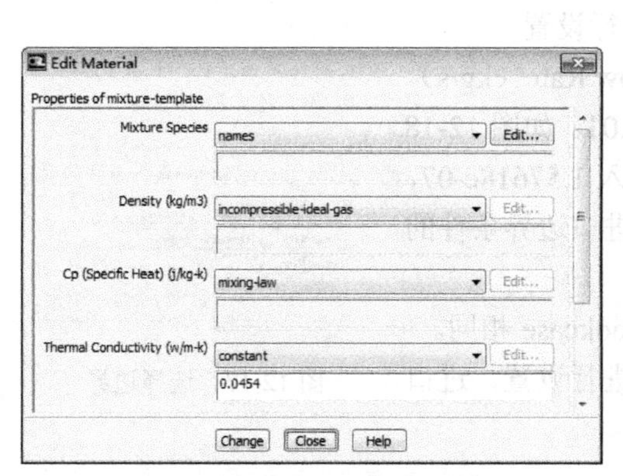

图 12-13 材料编辑对话框

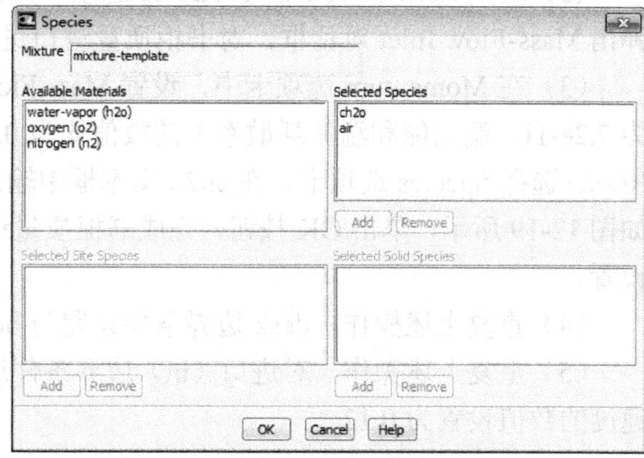

图 12-14 修改混合物材料

6. 设置区域条件

（1）选择项目树 Setup→Cell Zone Conditions 选项，在弹出的 Cell Zone Conditions 面板中对区域条件进行设置。

（2）选择 Zone 列表中的 fluid 选项，如图 12-15 所示，单击 Edit 按钮，弹出 Fluid 对话框，在 Material Name 右侧的下拉列表中选择 mixture-template 选项，如图 12-16 所示。

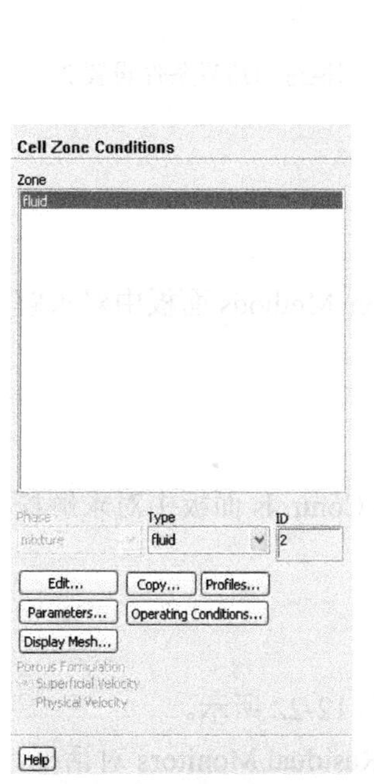

图 12-15 选择区域

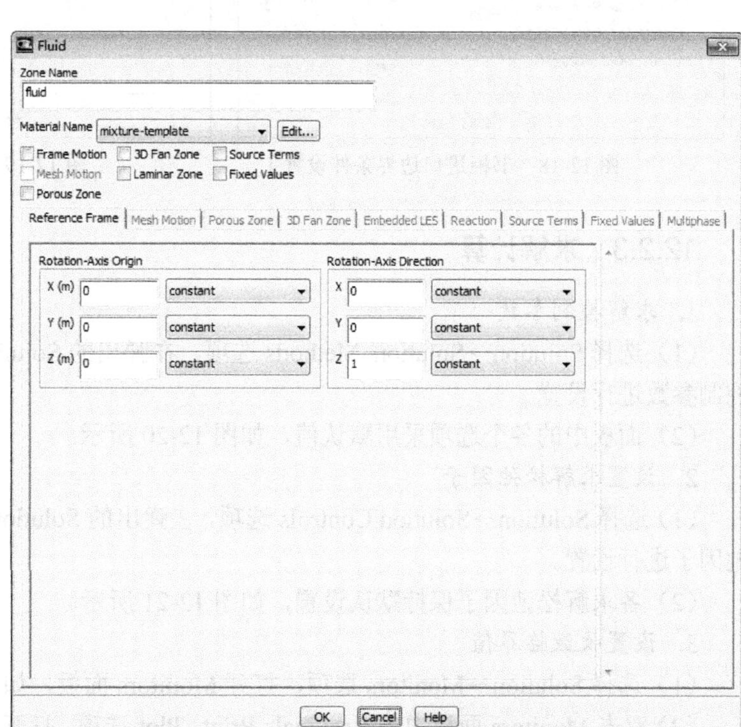

图 12-16 设置区域属性

7. 设置边界条件

（1）选择项目树 Setup→Boundary Conditions 选项，在打开的 Boundary Conditions 面板中对边界条件进行设置。

（2）双击 Zone 列表中的 bookcase 选项，如图 12-17 所示，弹出 Mass-Flow Inlet 对话框，对书柜质量进口进行设置。

（3）在 Momentum 选项卡中，设置 Mass Flow Rate（kg/s）为 7.2e-11，湍动能和湍流耗散率中的数值均为 0.01，如图 12-18 所示。选择 Species 选项卡，在 ch2o 文本框中输入 1.57618e-07，如图 12-19 所示，单击 OK 按钮，完成书柜质量进口边界条件的设置。

（4）重复上述操作，desk 边界条件设置与 bookcase 相同。

（5）重复上述操作，对进口（in）边界条件进行设置，进口速度的数值设置为 0.12。

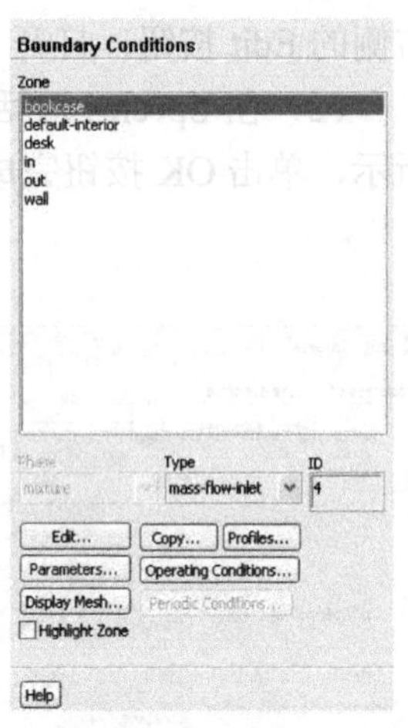

图 12-17 选择边界

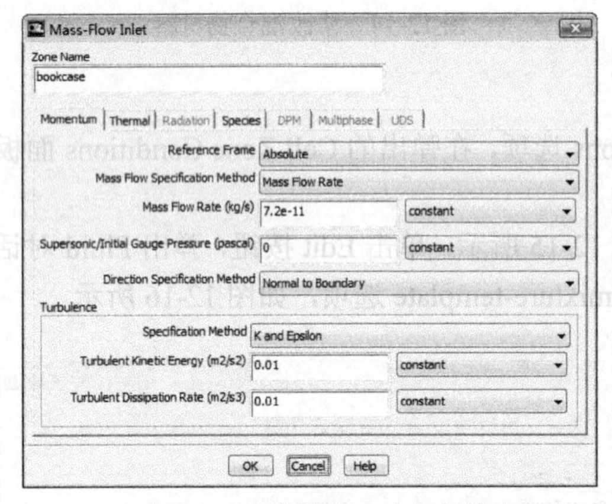

图 12-18 书柜进口边界条件设置 1

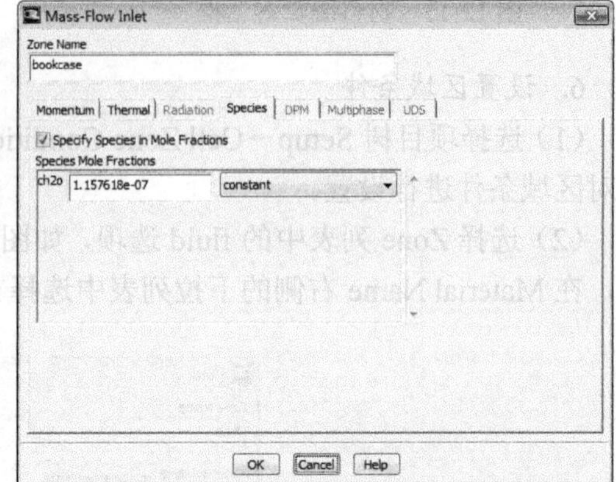

图 12-19 书柜进口边界条件设置 2

12.2.3 求解计算

1. 求解控制参数

（1）选择 Solution→Solution Methods 选项，在弹出的 Solution Methods 面板中对求解控制参数进行设置。

（2）面板中的各个选项采用默认值，如图 12-20 所示。

2. 设置求解松弛因子

（1）选择 Solution→Solution Controls 选项，在弹出的 Solution Controls 面板中对求解松弛因子进行设置。

（2）各求解松弛因子保持默认设置，如图 12-21 所示。

3. 设置收敛临界值

（1）选择 Solution→Monitors 选项，打开 Monitors 面板，如图 12-22 所示。

（2）双击 Monitors 面板中的 Residuals-Print，Plot 选项，打开 Residual Monitors 对话框，保持默认设置，如图 12-23 所示，单击 OK 按钮完成设置。

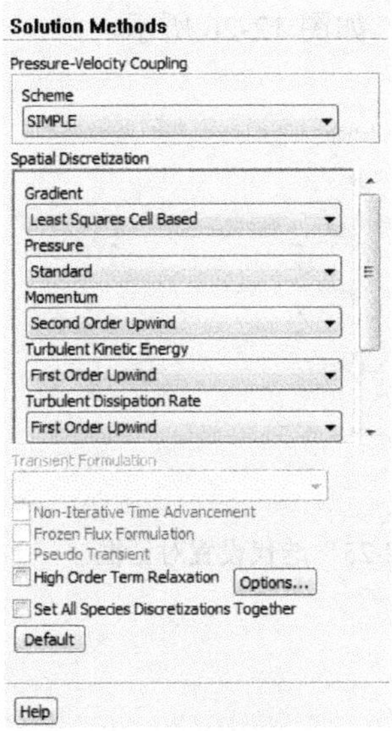

图 12-20 设置求解方法

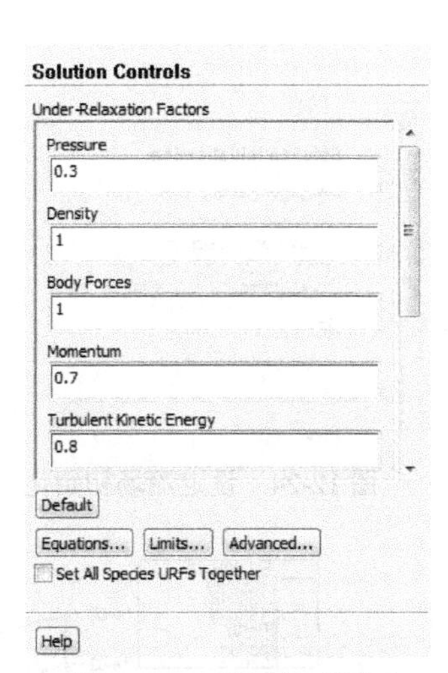

图 12-21 设置松弛因子

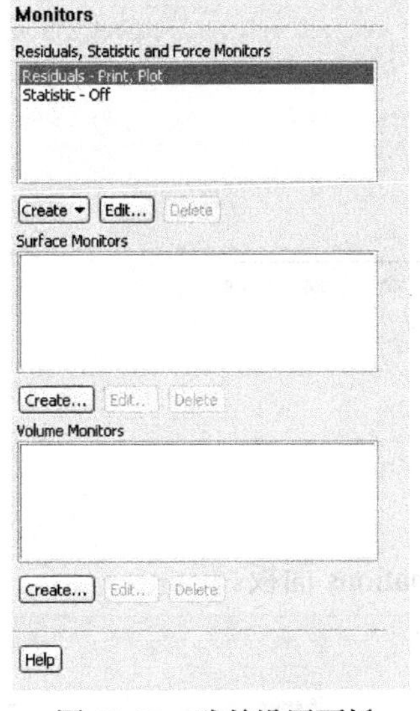

图 12-22 残差设置面板

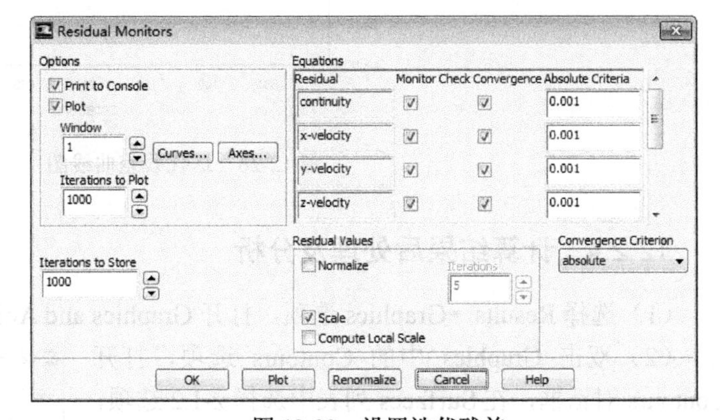

图 12-23 设置迭代残差

4. 设置流场初始化

（1）选择 Solution→Solution Initialization 选项，打开 Solution Initialization 面板进行初始化设置。

（2）保持默认设置，单击 Initialize 按钮完成初始化，如图 12-24 所示。

5. 迭代计算

（1）执行 File→Write→Case&Data 命令，弹出 Select File 对话框，保存为 classroom.cas 和 classroom.dat。

（2）选择 Solution→Run Calculation 选项，打开 Run Calculation 面板。

（3）设置 Number of Iterations 为 1 000，如图 12-25 所示。

（4）单击 Calculate 按钮进行迭代计算。

（5）进行370步迭代计算之后，残差达到收敛低限，如图12-26所示。

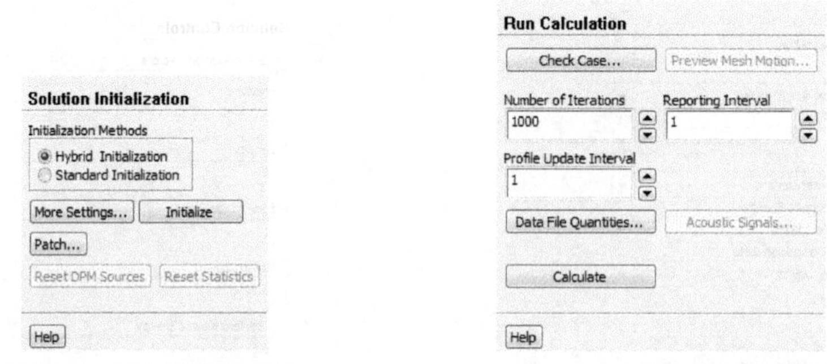

图12-24 设定流场初始化　　　　图12-25 迭代设置对话框

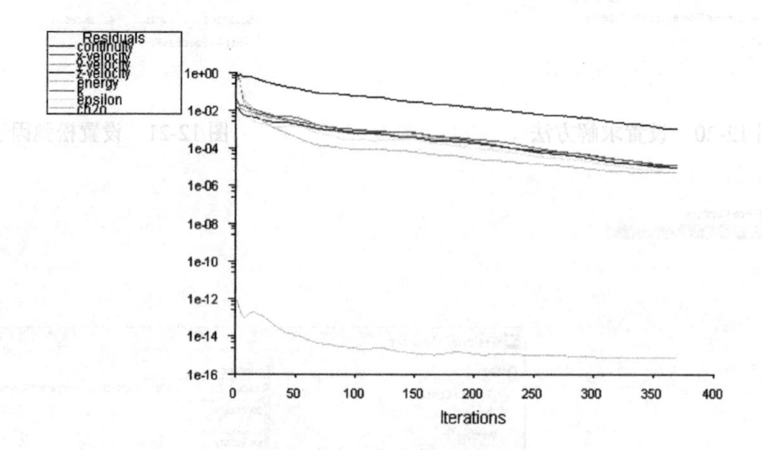

图12-26 迭代残差曲线图

12.2.4 计算结果后处理及分析

（1）选择Results→Graphics选项，打开Graphics and Animations面板。

（2）双击Graphics中的Contours选项，打开Contours对话框，在Surfaces列表中选择z-1.2选项，如图12-27所示，单击Display按钮，弹出压力云图窗口，如图12-28所示。

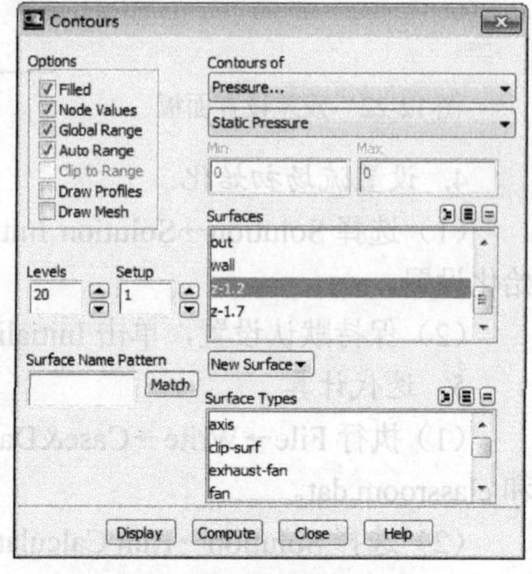

图12-27 设置压力云图

（3）重复上述操作，在Conours of的第一个下拉列表中选择Velocity选项，单击Display按钮，弹出1.2 m平面的速度云图，如图12-30所示。

（4）重复上述操作，在Conours of的第一个下拉列表中选择Species选项，在第二个下拉列表中保持默认的甲醛质量分数，单击Display按钮，弹出1.2 m平面的甲醛质量分数云图，如图12-32所示。

（5）重复上述操作，绘制出1.7 m高度处的压力云图（见图12-29）、速度云图（见图12-31）和甲醛质量分数云图（见图12-33）。

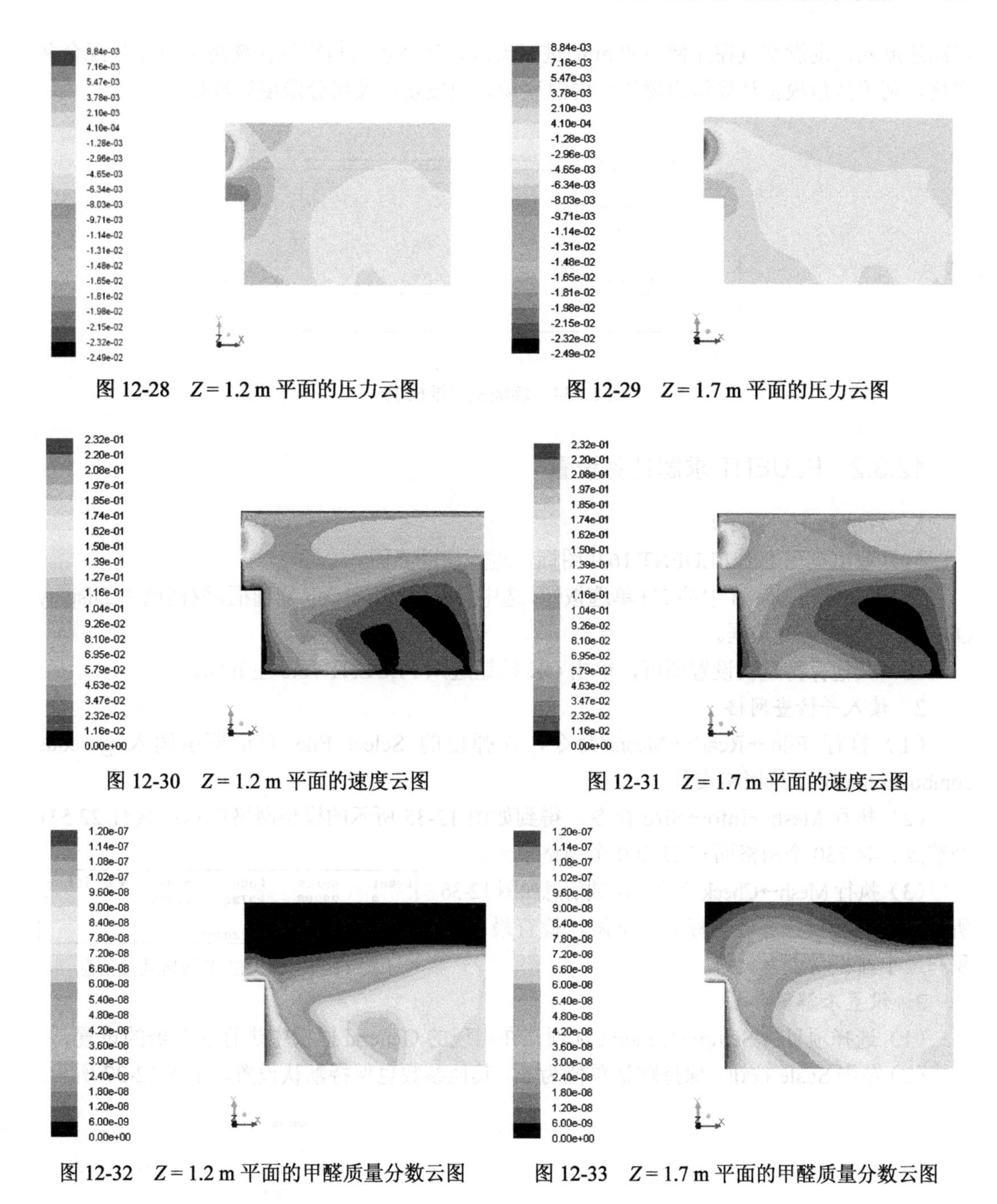

图 12-28 $Z=1.2$ m 平面的压力云图

图 12-29 $Z=1.7$ m 平面的压力云图

图 12-30 $Z=1.2$ m 平面的速度云图

图 12-31 $Z=1.7$ m 平面的速度云图

图 12-32 $Z=1.2$ m 平面的甲醛质量分数云图

图 12-33 $Z=1.7$ m 平面的甲醛质量分数云图

12.3 焦炉煤气燃烧的数值模拟

12.3.1 案例简介

本案例利用有限速率化学反应模型，对焦炉煤气的燃烧过程进行数值模拟。燃烧室二维模型如图 12-34 所示，燃烧室长 2 000 mm，高 500 mm，焦炉煤气从左侧 10 mm 高的进口高速流入，助燃空气在左侧 490 mm 进口流入，气体燃料与空气在燃烧室内充分混合并燃烧，利用数值模拟计算得出燃烧室内温度场、速度场以及组分浓度等数据。

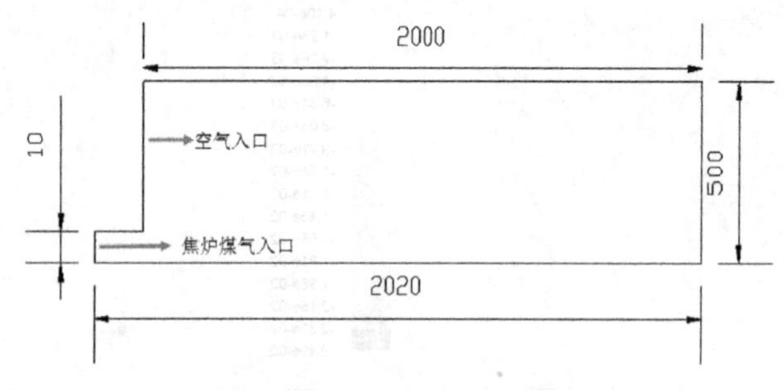

图 12-34　燃烧室二维模型

12.3.2　FLUENT 求解计算设置

1. *启动 FLUENT-2D*

（1）双击桌面上的 FLUENT 16.0 图标，进入启动界面。

（2）选中 Dimension 中的 2D 单选按钮，选中 Double Precision 复选框，取消选中 Display Options 下的 3 个复选框。

（3）其他保持默认设置即可，单击 OK 按钮进入 FLUENT 16.0 主界面。

2. *读入并检查网格*

（1）执行 File→Read→Mesh 命令，在弹出的 Select File 对话框中读入 gaseous combustion.msh 二维网格文件。

（2）执行 Mesh→Info→Size 命令，得到如图 12-35 所示的模型网格信息：共有 22 531 个节点、44 730 个网格面和 22 200 个网格单元。

（3）执行 Mesh→Check 命令，反馈信息如图 12-36 所示。可以看到计算域坐标的上下限，检查最小体积和最小面积是否为负数。

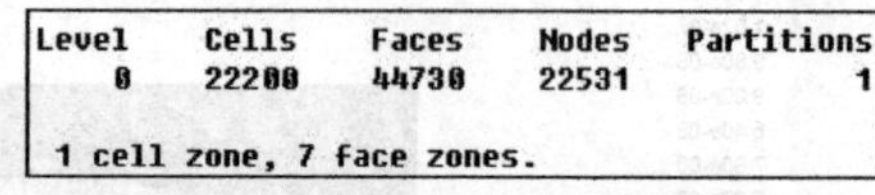

Level	Cells	Faces	Nodes	Partitions
0	22200	44730	22531	1

1 cell zone, 7 face zones.

图 12-35　FLUENT 网格数量信息

3. *设置求解器参数*

（1）选择项目树 Setup→General 选项，在出现的 General 面板中进行求解器的设置。

（2）单击 Scale 按钮，保持默认单位为 m，其他参数也保持默认设置，如图 12-37 所示。

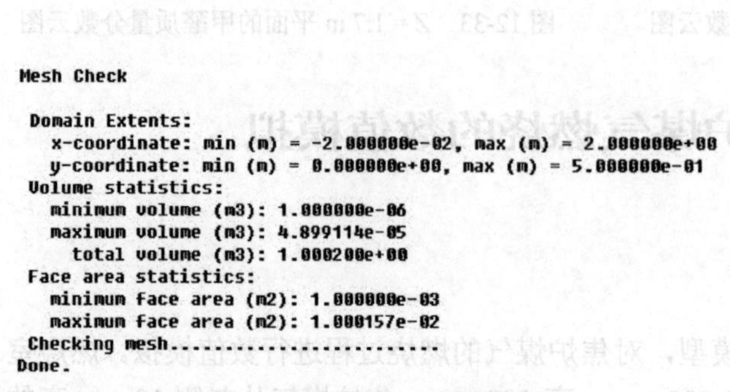

```
Mesh Check

 Domain Extents:
   x-coordinate: min (m) = -2.000000e-02, max (m) = 2.000000e+00
   y-coordinate: min (m) = 0.000000e+00, max (m) = 5.000000e-01
 Volume statistics:
   minimum volume (m3): 1.000000e-06
   maximum volume (m3): 4.899114e-05
     total volume (m3): 1.000200e+00
 Face area statistics:
   minimum face area (m2): 1.000000e-03
   maximum face area (m2): 1.000157e-02
 Checking mesh.........................
Done.
```

图 12-36　FLUENT 网格信息

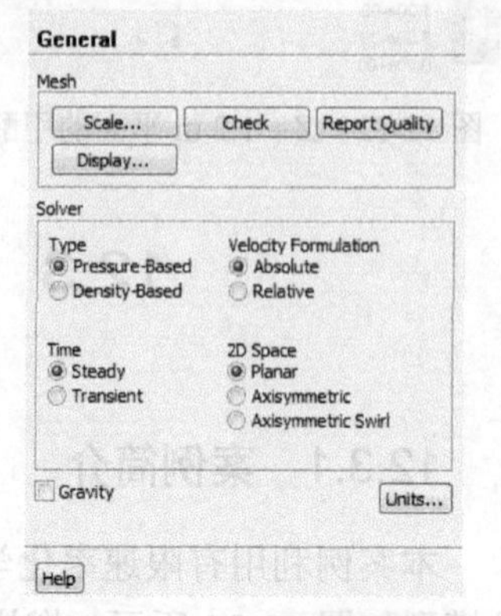

图 12-37　设置求解参数

（3）选择项目树 Setup→Models 选项，对求解模型进行设置，如图 12-38 所示。

（4）双击 Models 中的 Energy-Off 选项，打开 Energy（能量方程）对话框。

（5）选中 Energy Equation 复选框，如图 12-39 所示，单击 OK 按钮，启动能量方程。

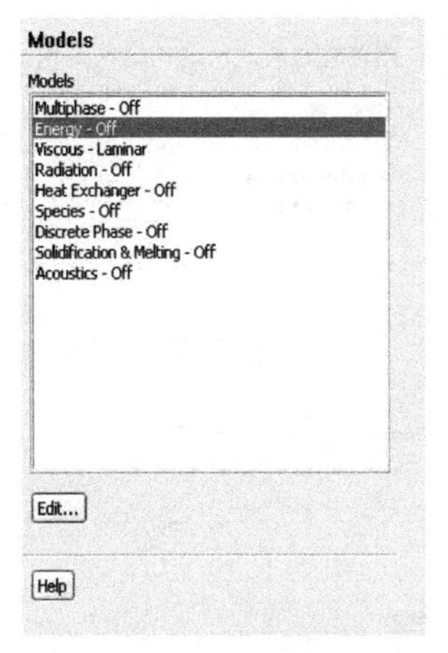

图 12-38　选择能量方程

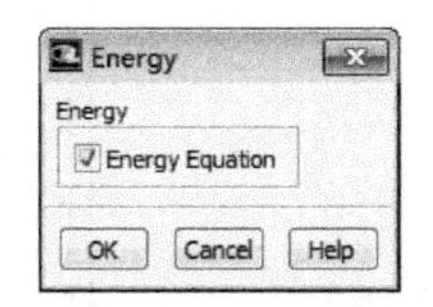

图 12-39　启动能量方程

（6）在 Models 面板中双击 Viscous-Laminar 选项，弹出 Viscous Model 对话框，湍流模型选择其中的 k-epsilon（2 eqn），如图 12-40 所示，单击 OK 按钮完成设置。

（7）再次在 Models 面板中双击 Species-Off 选项，弹出 Species Model 对话框，选中 Species Transport 单选按钮，在 Reactions 下选中 Volumetric 复选框，在 Options 下选中 Inlet Diffusion 复选框，在 Turbulence-Chemistry Interaction 下选中 Finite-Rate/Eddy-Dissipation 单选按钮，如图 12-41 所示，单击 OK 按钮。

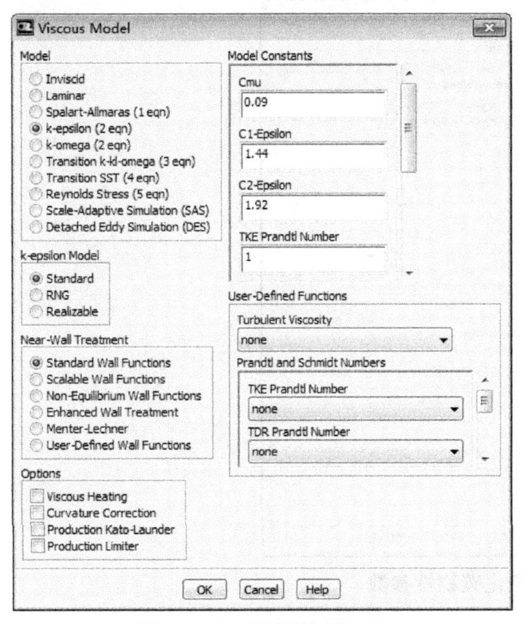

图 12-40　湍流模型选择

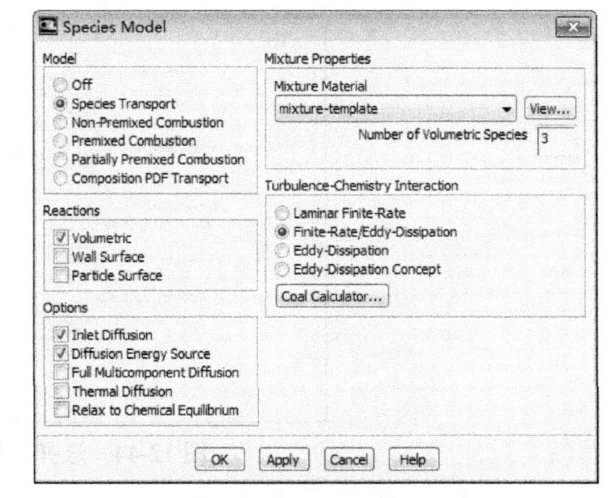

图 12-41　组分传输模型选择

4. 定义材料物性

（1）选择项目树 Setup→Materials 选项，在出现的 Materials 面板中对所需材料进行设置，如图 12-42 所示。

（2）双击面板中的 Materials→Mixture 选项，弹出材料物性参数设置对话框，如图 12-43 所示。

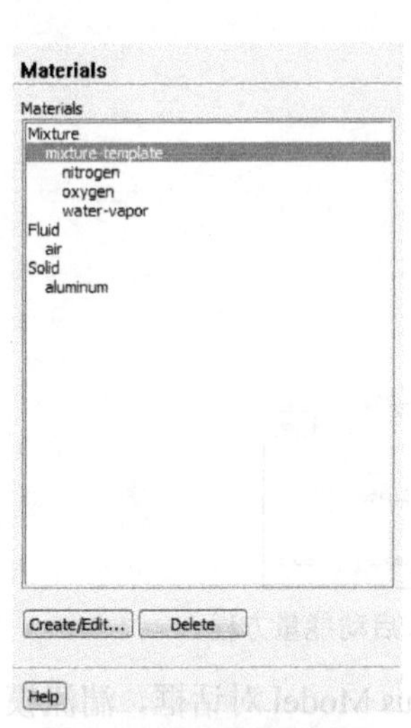

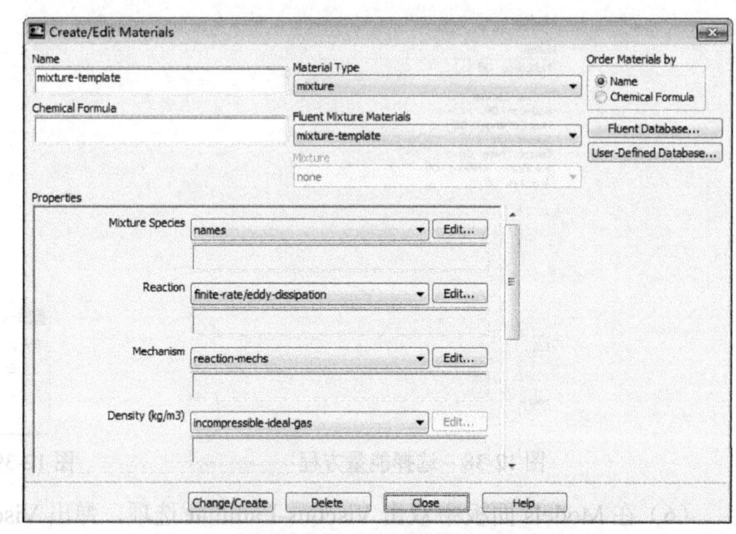

图 12-42　材料选择面板　　　　图 12-43　混合物物性参数

（3）在材料物性参数设置对话框中单击 Fluent Database 按钮，弹出材料数据库对话框，在 Material Type 下拉列表中选择 fluid 选项，选择流体材料列表中的 co（carbon-monoxide）选项，如图 12-44 所示，单击 Copy 按钮，复制一氧化碳物性参数。

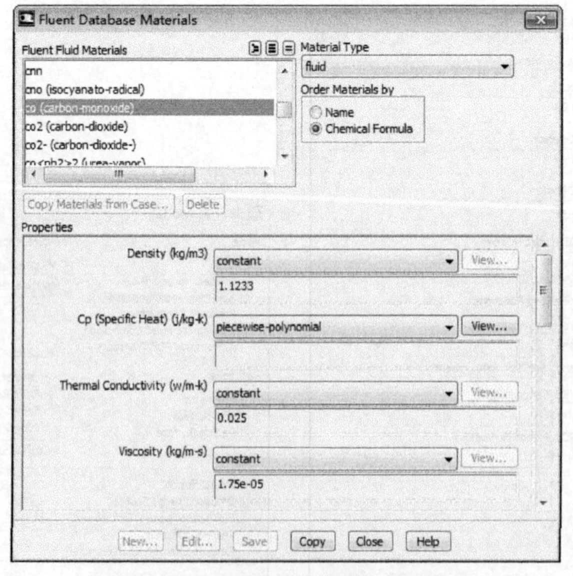

图 12-44　选择一氧化碳物性参数

（4）在 Create/Edit Materials 对话框中单击 Change/Create 按钮，保存一氧化碳的物性参数。

（5）重复上述操作，分别从材料数据库复制加载 CH_4、CO_2、H_2 的材料属性。

5. 修改混合物的材料属性

在材料物性参数设置对话框中，单击 Mixture Species 右侧的 Edit 按钮，弹出材料组分对话框，调整 Selected Species 下的各个组分，最终组分为 ch4、o2、co2、h2o、h2、co、n2，如图 12-45 所示。

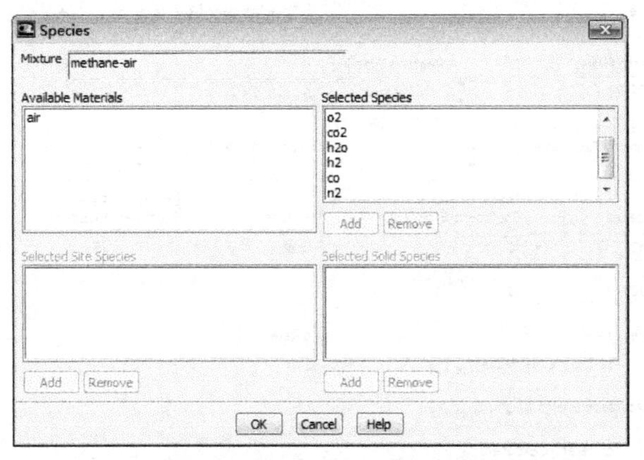

图 12-45 混合物物性修改

注意：n2 一定是在列表的最后位置。

6. 设置化学反应方程

（1）在材料物性参数设置对话框中，单击 Reaction 右侧的 Edit 按钮，弹出 Reactions 对话框，设置 Total Number of Reactions 为 3，表示有 3 个化学反应。ID 设为 1，Number of Reactants 设置为 2，表示反应物为 2 种，在 Species 下的两个下拉列表中分别选择 ch4 和 o2，Stoich. Coefficient 分别设置为 1 和 2；Number of Products 设置为 2，表示生成物为 2 种，在 Species 下的两个下拉列表中分别选择 co2 和 h2o，Stoich. Coefficient 分别设置为 1 和 2，其他保持默认设置，如图 12-46 所示。这样就完成了甲烷与氧气化学反应的设置。

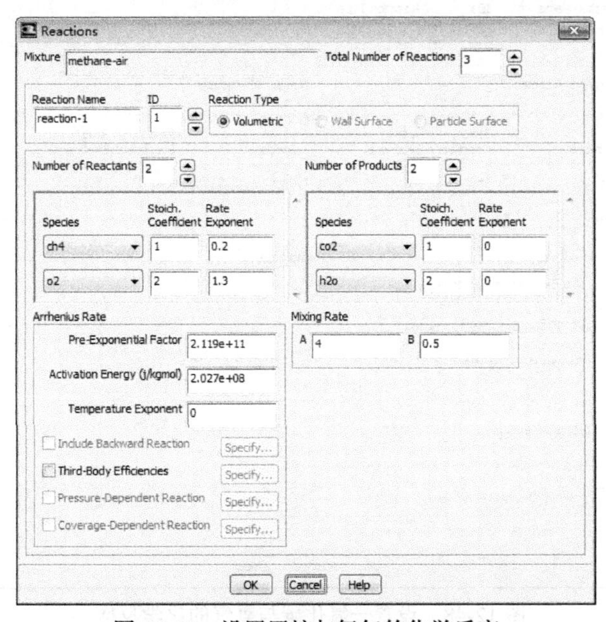

图 12-46 设置甲烷与氧气的化学反应

（2）重复上述操作，ID分别选择2和3，完成h2和o2，co和o2的化学反应设置，如图12-47和图12-48所示。

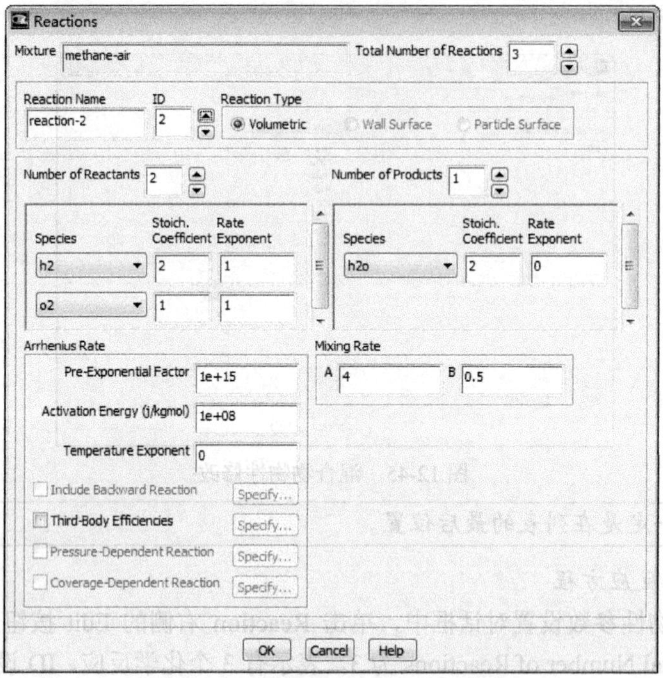

Reactions
Mixture methane-air
Total Number of Reactions 3
Reaction Name reaction-2
ID 2
Reaction Type
Volumetric
Wall Surface
Particle Surface
Number of Reactants 2
Number of Products 1
Species
Stoich. Coefficient
Rate Exponent
h2 2 1
o2 1 1
Species
Stoich. Coefficient
Rate Exponent
h2o 2 0
Arrhenius Rate
Pre-Exponential Factor 1e+15
Activation Energy (j/kgmol) 1e+08
Temperature Exponent 0
Include Backward Reaction
Third-Body Efficiencies
Pressure-Dependent Reaction
Coverage-Dependent Reaction
Specify...
Mixing Rate
A 4
B 0.5
OK
Cancel
Help

图12-47 设置氢气与氧气的化学反应

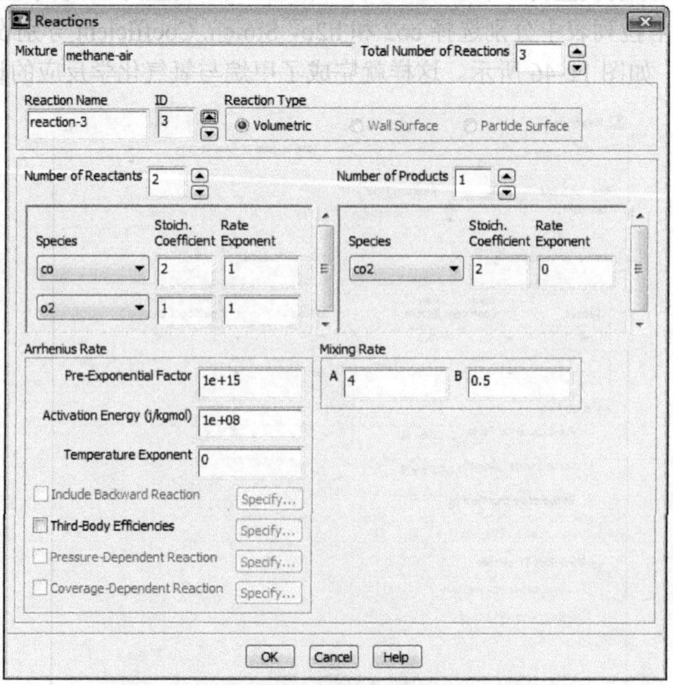

Reactions
Mixture methane-air
Total Number of Reactions 3
Reaction Name reaction-3
ID 3
Reaction Type
Volumetric
Wall Surface
Particle Surface
Number of Reactants 2
Number of Products 1
Species
Stoich. Coefficient
Rate Exponent
co 2 1
o2 1 1
Species
Stoich. Coefficient
Rate Exponent
co2 2 0
Arrhenius Rate
Pre-Exponential Factor 1e+15
Activation Energy (j/kgmol) 1e+08
Temperature Exponent 0
Include Backward Reaction
Third-Body Efficiencies
Pressure-Dependent Reaction
Coverage-Dependent Reaction
Specify...
Mixing Rate
A 4
B 0.5
OK
Cancel
Help

图12-48 设置一氧化碳与氧气的化学反应

7. 设置区域条件

（1）选择项目树 Setup→Cell Zone Conditions 选项，在弹出的 Cell Zone Conditions 面板中对区域条件进行设置，如图 12-49 所示。

（2）选择 Zone 列表中的 fluid 选项，单击 Edit 按钮，弹出 Fluid 对话框，在 Material Name 右侧的下拉列表中选择 methane-air 选项，如图 12-50 所示。

图 12-49　选择区域

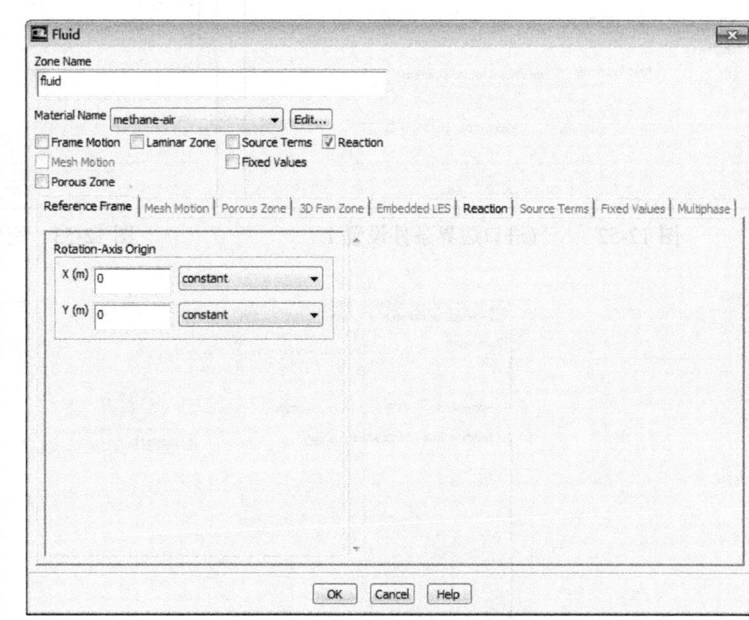

图 12-50　设置区域属性

8. 设置边界条件

（1）选择项目树 Setup→Boundary Conditions 选项，在打开的 Boundary Conditions 面板中对边界条件进行设置。

（2）双击 Zone 列表中的 air_in 选项，对空气进口进行设置，如图 12-51 所示。

（3）打开 Velocity Inlet 对话框，在 Momentum 选项卡中设置 Velocity Magnitude（m/s）为 0.5，Specification Method 选择湍流强度和水力直径选项，Turbulent Intensity（%）和 Hydraulic Diameter(m)分别设置为 10 和 0.98，如图 12-52 所示。选择 Species 选项卡，设置进口氧气质量分数为 0.22，如图 12-53 所示。单击 OK 按钮，完成空气条件的设置。

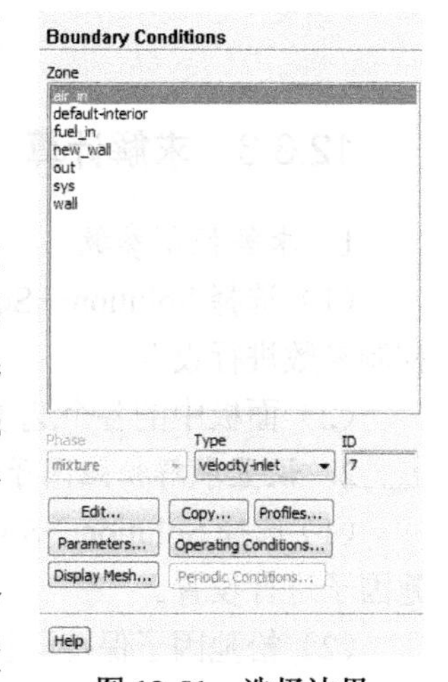

图 12-51　选择边界

（4）重复上述操作，对 fuel_in 边界进行设置。设置 Velocity Magnitude（m/s）为 60，湍流强度和水力直径中的数值分别设置为 10 和 0.02，进口各组分的质量分数 ch4 为 0.25，o2 为 0.005，co2 为 0.02，h2 为 0.6，co 为 0.05。

（5）重复上述操作，对出口边界进行设置。设置 Thermal 选项卡下的回流温度为 2 500 K，如图 12-54 所示。

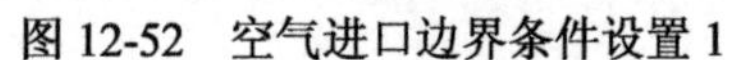

图 12-52 空气进口边界条件设置 1

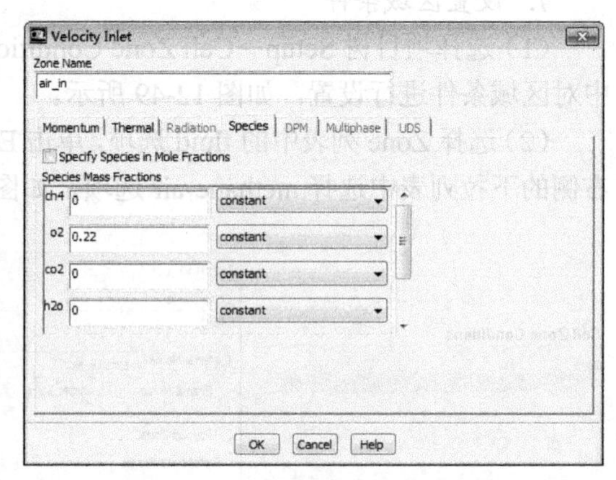

图 12-53 空气进口边界条件设置 2

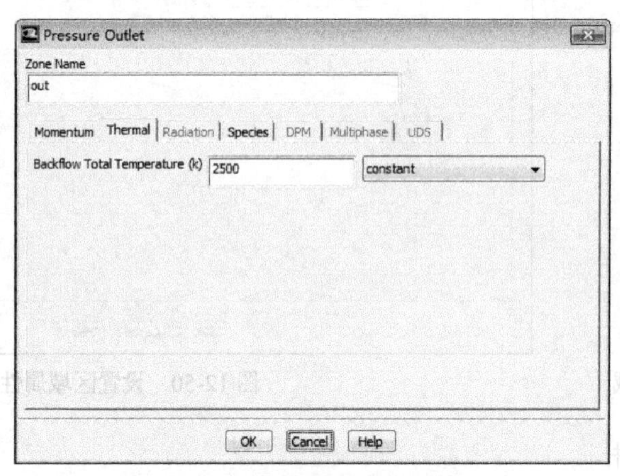

图 12-54 设置出口回流温度

12.3.3 求解计算

1. 求解控制参数

（1）选择 Solution→Solution Methods 选项，在弹出的 Solution Methods 面板中对求解控制参数进行设置。

（2）面板中的各个选项采用默认值，如图 12-55 所示。

2. 设置求解松弛因子

（1）选择 Solution→Solution Controls 选项，在弹出的 Solution Controls 面板中对求解松弛因子进行设置。

（2）松弛因子保持默认设置，如图 12-56 所示。

3. 设置收敛临界值

（1）选择 Solution→Monitors 选项，打开 Monitors 面板，如图 12-57 所示。

（2）双击 Monitors 面板中的 Residuals-Print, Plot 选项，打开 Residual Monitors 对话框，保持默认设置，如图 12-58 所示，单击 OK 按钮完成设置。

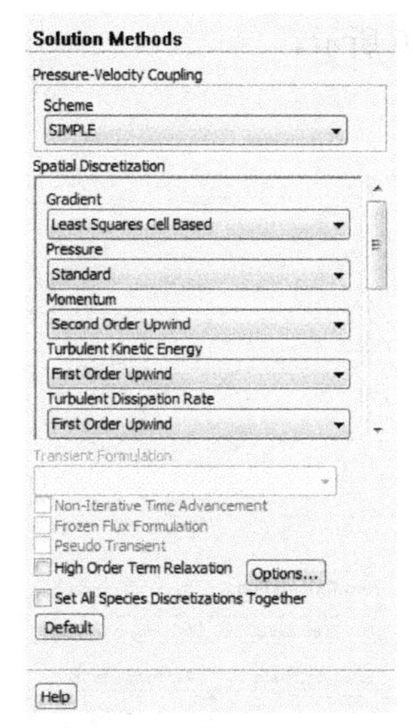

图 12-55　设置求解方法

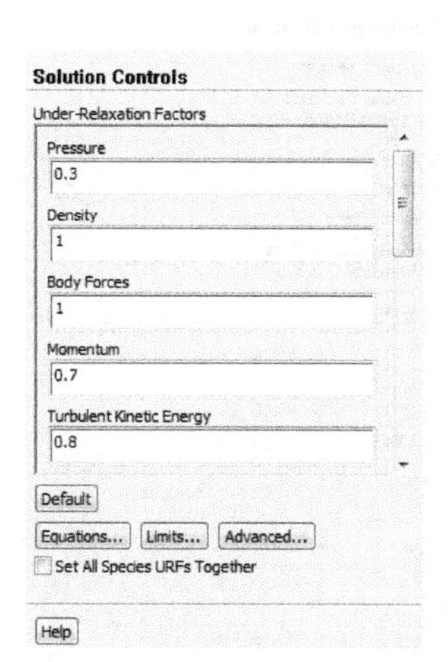

图 12-56　设置松弛因子

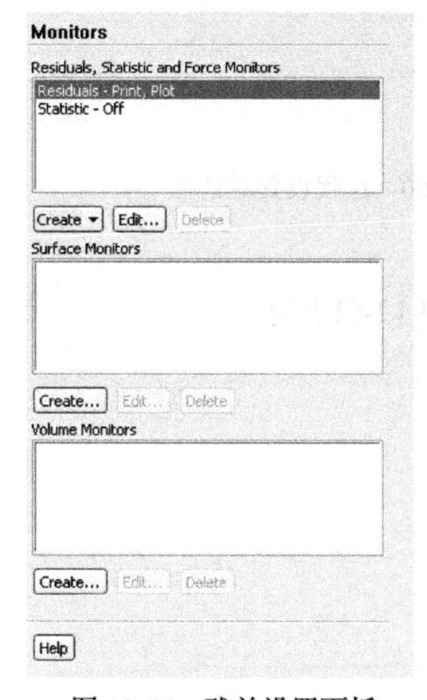

图 12-57　残差设置面板

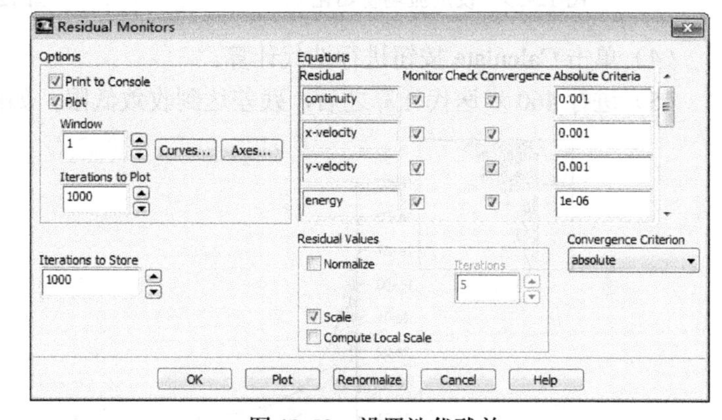

图 12-58　设置迭代残差

4. *设置流场初始化*

（1）选择 Solution→Solution Initialization 选项，打开 Solution Initialization 面板进行初始化设置。

（2）在 Initialization Methods 下选中 Standard Initialization 单选按钮，在 Compute from 下拉列表中选择 all-zones，设置初始化温度为 2 000 K，其他保持默认，单击 Initialize 按钮完成初始化，如图 12-59 所示。

5. *迭代计算*

（1）执行 File→Write→Case&Data 命令，弹出 Select File 对话框，保存为 gaseous combustion.cas 和 gaseous combustion.dat。

（2）选择 Solution→Run Calculation 选项，打开 Run Calculation 面板。

（3）设置 Number of Iterations 为 1 000，如图 12-60 所示。

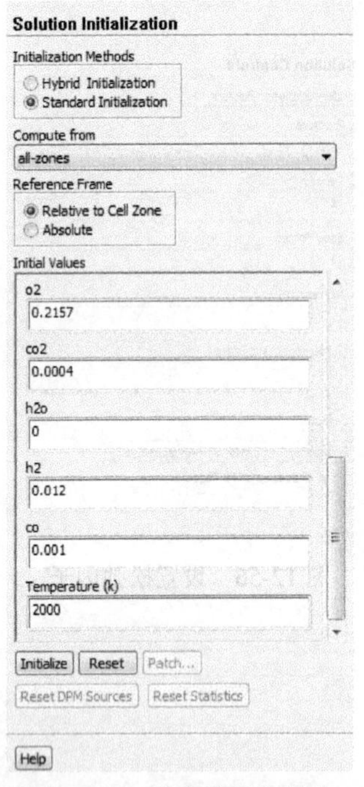

图 12-59　设定流场初始化

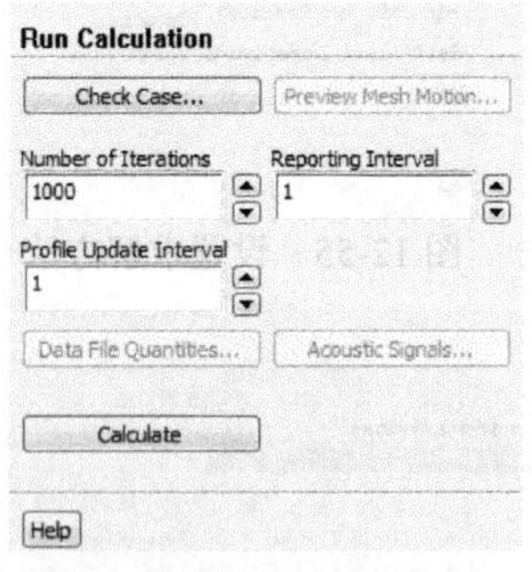

图 12-60　迭代设置对话框

（4）单击 Calculate 按钮进行迭代计算。

（5）进行 460 步迭代计算之后，残差达到收敛低限，如图 12-61 所示。

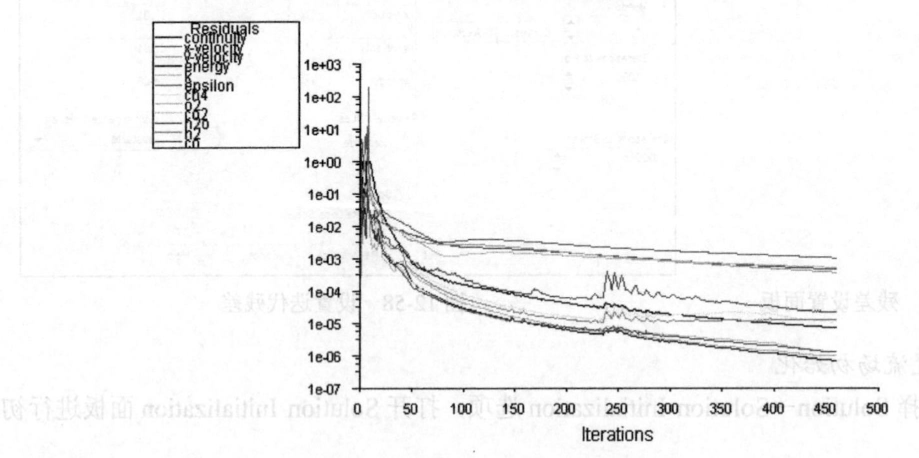

图 12-61　迭代残差曲线图

12.3.4　计算结果后处理及分析

（1）选择 Results→Graphics 选项，打开 Graphics and Animations 面板。

（2）双击 Graphics 中的 Contours 选项，打开 Contours 对话框，在 Options 下选中 Filled 复选框，在 Contours of 下选择 Temperature 选项，如图 12-62 所示，单击 Display 按钮，弹出温度云图窗口，如图 12-63 所示。由温度云图可看出，随着反应的进行，由喷口向燃烧器内部温度逐渐升高，且在中间区域温度最高，达到 2 500 K。

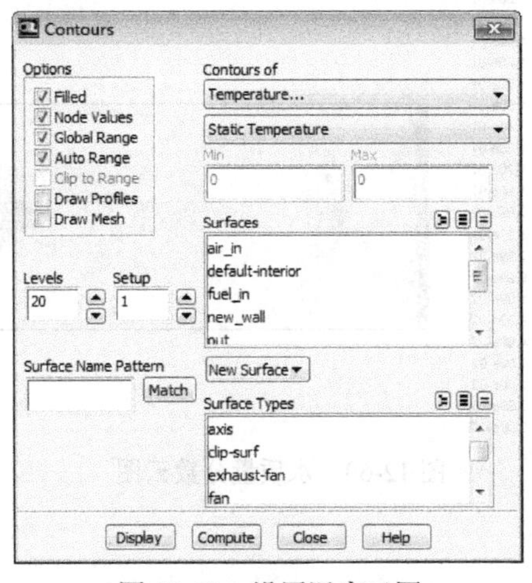

图 12-62 设置温度云图

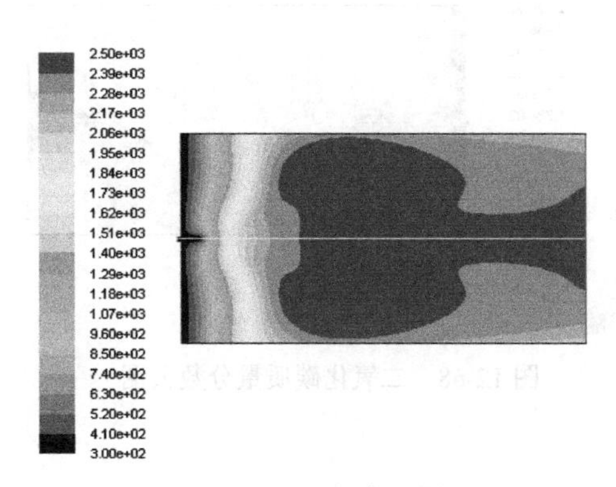

图 12-63 温度云图

（3）重复上述操作，在 Conours of 的第一个下拉列表中选择 Species 选项，在第二个下拉列表中选择 Mass fraction of ch4 选项，单击 Display 按钮，弹出甲烷质量分数云图，如图 12-64 所示。

（4）重复上述操作，依次完成氢气、一氧化碳、氧气、二氧化碳和水的质量分数云图绘制，分别如图 12-65～图 12-69 所示。

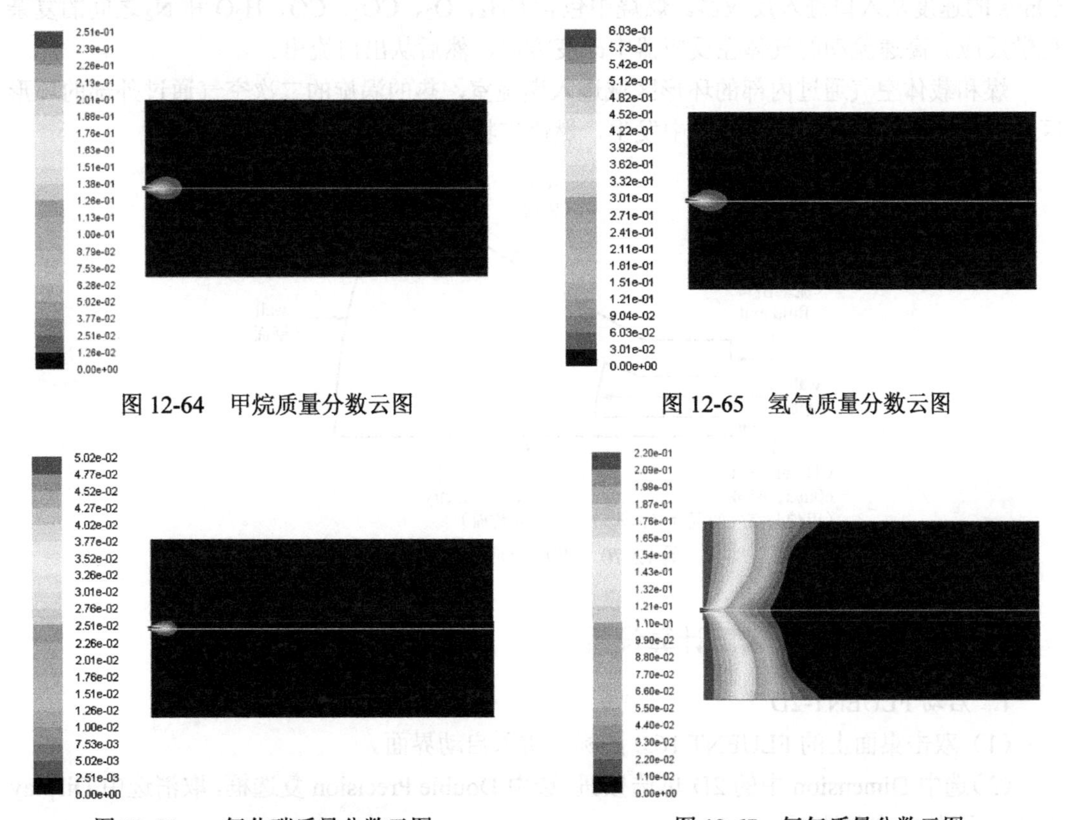

图 12-64 甲烷质量分数云图

图 12-65 氢气质量分数云图

图 12-66 一氧化碳质量分数云图

图 12-67 氧气质量分数云图

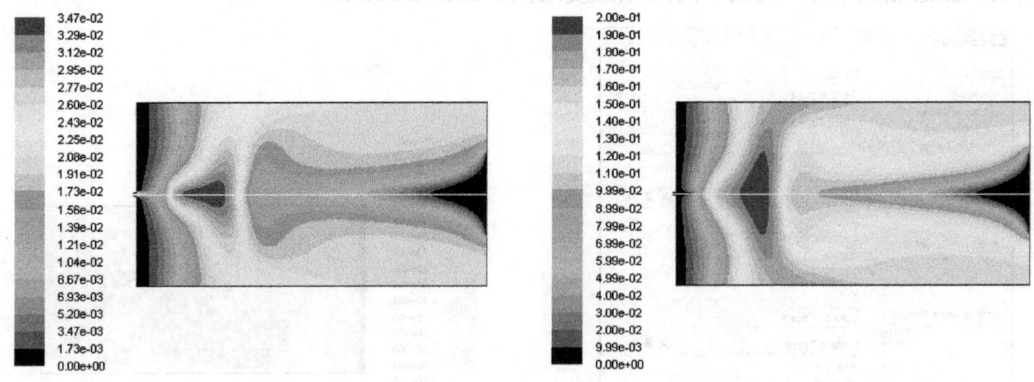

图 12-68　二氧化碳质量分数云图　　　　图 12-69　水质量分数云图

12.4　预混气体化学反应的模拟

12.4.1　案例简介

锥形反应器如图 12-70 所示。温度为 650K 的甲烷与空气的混合气体(混合比为 0.6) 以 60m/s 的速度从入口进入反应器。燃烧中包含 CH_4、O_2、CO_2、CO、H_2O 和 N_2 之间的复杂化学反应。高速流动的气体在反应器中改变方向，然后从出口流出。

煤和载体空气通过内部的环形区域进入燃烧室，热的涡旋的二次空气通过外部的环形区域进入燃烧室。燃烧在燃烧室中发生，燃烧产物通过压力出口排出。

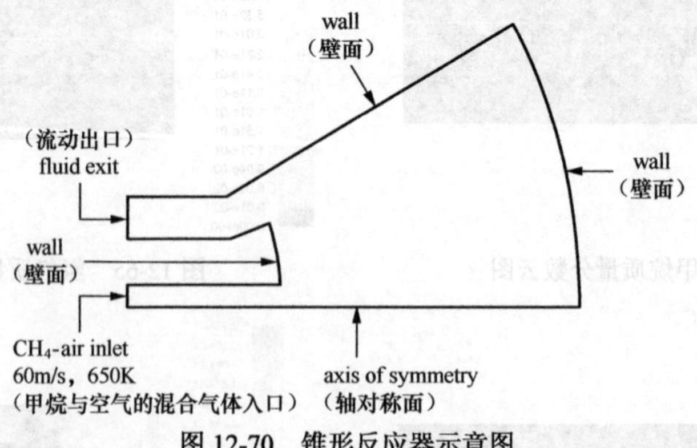

图 12-70　锥形反应器示意图

12.4.2　FLUENT 求解计算设置

1. *启动* FLUENT-2D

（1）双击桌面上的 FLUENT 16.0 图标，进入启动界面。

（2）选中 Dimension 中的 2D 单选按钮，选中 Double Precision 复选框，取消选中 Display Options 下的 3 个复选框。

（3）其他保持默认设置即可，单击 OK 按钮进入 FLUENT 16.0 主界面。

2. 读入并检查网格

计算模型已经确定，甲烷与空气预混燃烧化学反应模拟计算模型的 Mesh 文件的文件名为 conreac.msh。将 conreac.msh 复制到工作的文件夹下。

具体操作步骤如下。

（1）执行 File→Read→Mesh 命令，在弹出的 Select File 对话框中读入网格文件 conreac.msh。

（2）检查网格。

单击 General 面板上的 Check 按钮。

（3）显示网格。

得到如图 12-71 所示的网格。

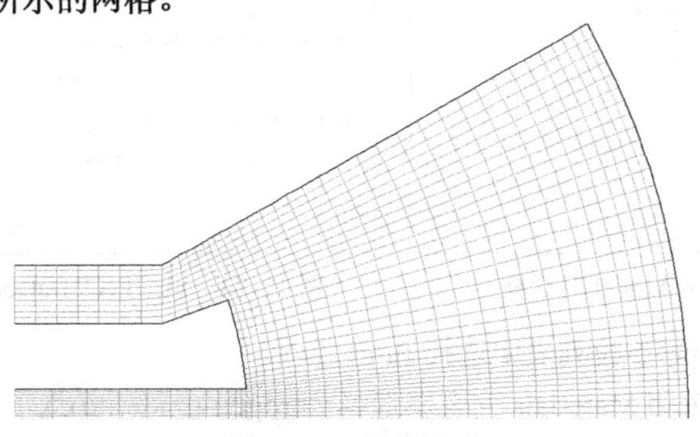

图 12-71 网格显示

3. 设置求解器参数

（1）选择项目树 Setup→General 选项，在出现的 General 面板中进行求解器的设置。

在 General 面板中的求解器（Solver）下选择 Pressure-Based 类型、Axisymmetric 空间和 Steady 时间条件，如图 12-72 所示。

（2）激活能量方程。

在 Models 面板中双击 Energy-Off 选项，打开 Energy 对话框，选中 Energy Equation 复选框，单击 OK 按钮。

（3）选择标准的 k-epsilon(2 eqn)湍流模型。

图 12-72 求解器设置

（4）组分模型的定义。

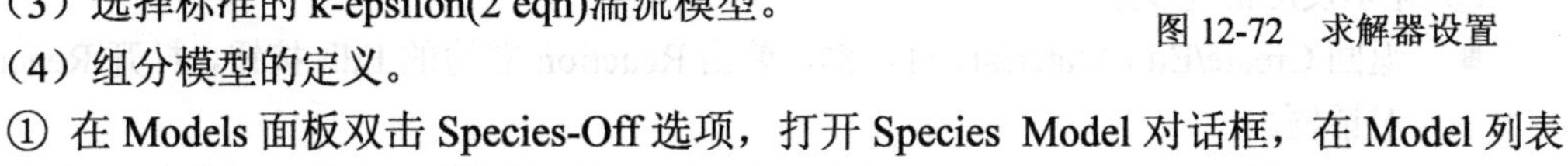

① 在 Models 面板双击 Species-Off 选项，打开 Species Model 对话框，在 Model 列表中选中 Species Transport 单选按钮。

② 在 Reactions 列表中选中 Volumetric 复选框。

③ 在 Turbulence-Chemistry Interaction 列表下选中 Finite-Rate/Eddy-Dissipation 复选框。

④ 在 Mixture Material 下拉列表中选择 methane-air-2step 选项，如图 12-73 所示。

⑤ 单击 OK 按钮，关闭 Species Model 对话框。

4. 定义材料物性

（1）选择项目树 Setup→Materials 选项，在出现的 Materials 面板中对所需材料进行设置。

① 在 Materials 面板单击 Create/Edit 按钮，打开 Create/Edit Materials 对话框。

② 单击 FLUENT Database 按钮，打开 FLUENT Database Materials 对话框，如图 12-74 所示。

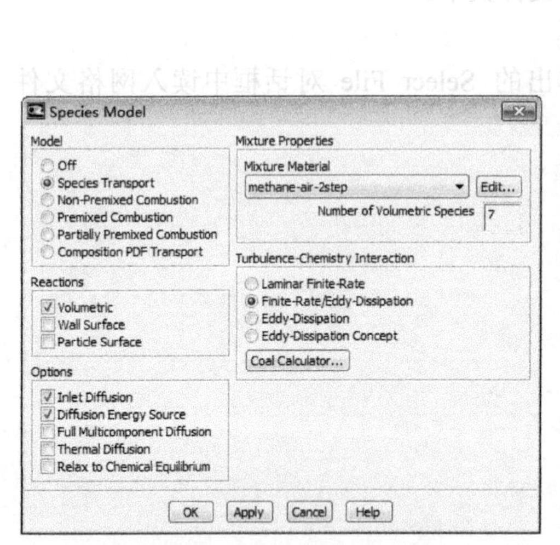

图 12-73　Species Model 对话框

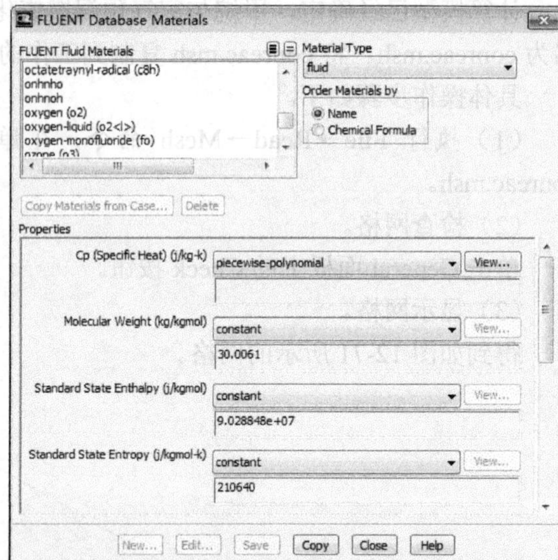

图 12-74　FLUENT Database Materials 对话框

③ 在 Material Type 下拉列表中选择 fluid 选项。

④ 在 FLUENT Fluid Materials 列表下选择 nitrogen-oxide(no)选项。

⑤ 单击 Copy 按钮，然后关闭 FLUENT Database Materials 对话框。

（2）修改混合气体 methane-air-2step。

① 返回 Create/Edit Materials 对话框，在 Material Type 下拉列表中选择 mixture 选项。

② 将 Properties 中 Thermal Conductivity 的值设为 0.0241。

③ 单击 Mixture Species 右边的 Edit 按钮，打开 Species 对话框。

- 将 nitrogen-oxide(no)添加到 Species 列表。
- 确保氮气(N_2)是列表中的最后一个组分，如果不是，移出氮气再重新添加。
- 单击 OK 按钮，关闭 Species 对话框。

④ 化学反应的定义。

- 返回 Create/Edit Materials 对话框，单击 Reaction 右边的 Edit 按钮，打开 Reactions 对话框。
- 将 Total Number of Reactions 的值增加到 5，并根据表 12-1 定义 5 种化学反应。

其中，PEF=Pre-Exponential Factor，AE=Activation Energy，TE=Temperature Exponent。

- 单击 OK 按钮，关闭 Reactions 对话框。

表 12-1　　化学反应组分表

Reaction ID	1	2	3	4	5
Number of Reactants	2	2	1	3	2
Species	CH_4, O_2	CO, O_2	CO_2	N_2, O_2, CO	N_2, O_2

续表

Reaction ID	1	2	3	4	5
Stoich. Coefficient	CH_4 = 1 O_2 = 1.5	CO = 1 O_2 = 0.5	CO_2 = 1	N_2 = 1 O_2 = 1 CO = 0	N_2 = 1 O_2 = 1
Rate Exponent	CH_4 = 1.46 O_2 = 0.5217	CO = 1.6904 O_2 = 1.57	CO_2 = 1	N_2 = 0 O_2 = 4.0111 CO = 0.7211	N_2 = 1 O_2 = 0.5
Arrhenius Rate	PEF=1.6596e+15 AE=1.72e+08	PEF=7.9799e+14 AE=9.654e+07	PEF=2.2336e+14 AE=5.1774e+08	PEF=8.8308e+23 AE=4.4366e+08	PEF=9.2683e+14 AE=5.7276e+08 TE = −0.5
Number of Products	2	1	2	2	1
Species	CO, H_2O	CO_2	CO, O_2	NO, CO	NO
Stoich. Coefficient	CO = 1 H_2O = 2	CO_2 = 1	CO = 1 O_2 = 0.5	NO = 2 CO = 0	NO = 2
Rate Exponent	CO = 0 H_2O = 0	CO_2 = 0	CO = 0 O_2 = 0	NO = 0 CO = 0	NO = 0
Mixing Rate	default values	default values	default values	A = 1e+11 B = 1e+11	A = 1e+11 B = 1e+11

⑤ 返回 Create/Edit Materials 对话框，单击 Mechanism 右边的 Edit 按钮，打开 Reaction Mechanisms 对话框。

- 在 Reactions 列表中选择所有化学反应。
- 单击 OK 按钮，关闭 Reaction Mechanisms 对话框。

⑥ 对于所有组分在 Cp 列表下选择 piecewise-polynomial，对于混合物选择 mixing law。

（3）单击 Change/Create 按钮，并且关闭 Create/Edit Materials 对话框。

5. 设置操作条件

选择 Define→Operating Conditions 选项，打开 Operating Conditions 对话框，单击 OK 按钮，保持操作条件的默认值。

6. 设置边界条件

在 Boundary Conditions 面板中设置边界条件。

（1）按照表 12-2 所示给出口 pressure-outlet-4 设置边界条件。

表 12-2 出口边界条件参数

参　数	值
Backflow Total Temperature	2 500 K
Backflow Turbulence Length Scale	0.003 m
Species Mass Fractions	O_2 = 0.05 H_2O = 0.1 CO_2 = 0.1

（2）按照表 12-3 所示给入口 velocity-inlet-5 设置边界条件。

表 12-3　　入口边界条件参数

参　数	值
Velocity Magnitude	60 m/s
Temperature	650 K
Turbulence Length Scale	0.003 m
Species Mass Fractions	$CH_4 = 0.034$ $O_2 = 0.225$

（3）保持 wall-1 的默认边界条件。

（4）关闭 Boundary Conditions 面板。

12.4.3　求解计算及后处理

1. 求解无化学反应的流动

（1）修改组分模型。

在 Models 面板双击 Species 选项，打开 Species Model 对话框。在 Reactions 列表中取消对 Volumetric 的选择。

（2）修改求解参数。

① 在 Equations 列表中选择所有方程，如图 12-75 所示。

② 选择 Solution→Solution Controls 选项，打开 Solution Controls 面板，将 Under-Relaxation Factors 中所有组分及 Energy 的值设为 0.95。

③ 单击 OK 按钮，关闭 Solution Controls 面板。

（3）设置收敛临界值。

在 Monitors 面板中双击 Residuals-Print，Plot 选项，打开 Residual Monitors 对话框，保持默认设置。

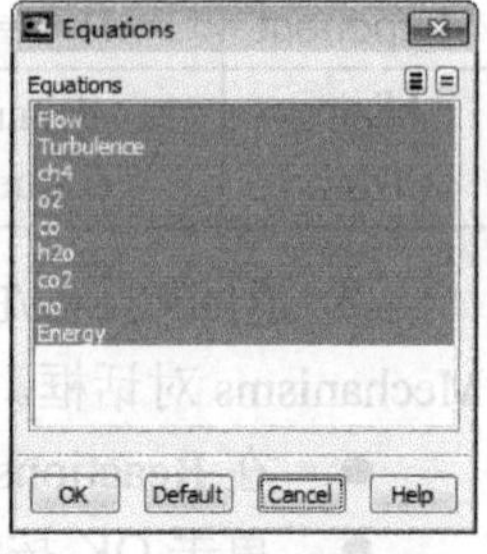

图 12-75　选择求解的 Equations

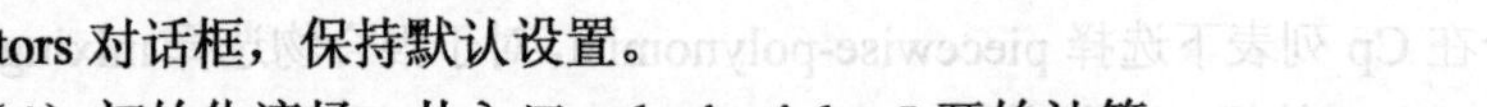

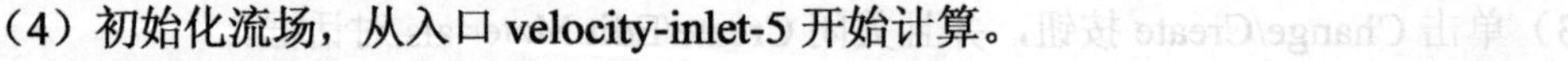

（4）初始化流场，从入口 velocity-inlet-5 开始计算。

打开如图 12-76 所示 Solution Initialization 面板，在 Compute from 下拉列表中选择 velocity-inlet-5。

（5）保存 case 文件(5step_cold.cas.gz)。

（6）进行 200 步迭代求解。

在 Run Calculation 面板单击 Calculate 按钮进行迭代计算。

（7）保存 data 文件(5step_cold.dat.gz)。

2. 无化学反应解的后处理

（1）显示速度矢量图。

在 Vectors 对话框的 Scale 中输入 10，单击 Display 按钮，得到速度矢量图，如图 12-77 所示。

（2）显示流函数分布图。

在 Contours of 下拉列表中分别选择 Velocity 和 Stream Function，单击 Display 按钮，得到流函数分布图，如图 12-78 所示。

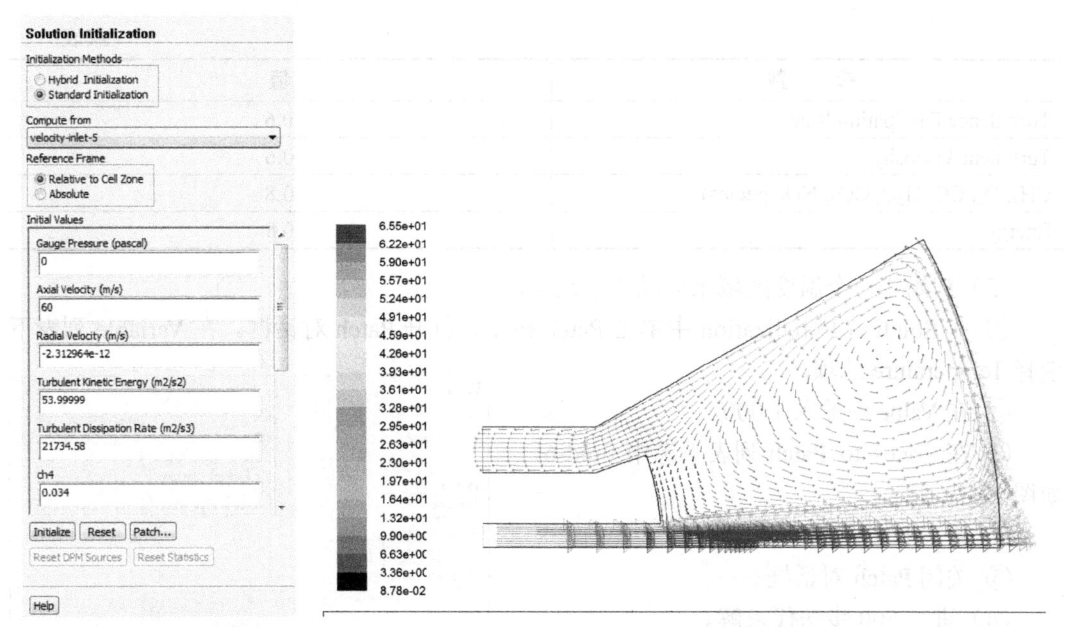

图 12-76 在 Solution Initialization 面板中进行初始化

图 12-77 速度矢量图

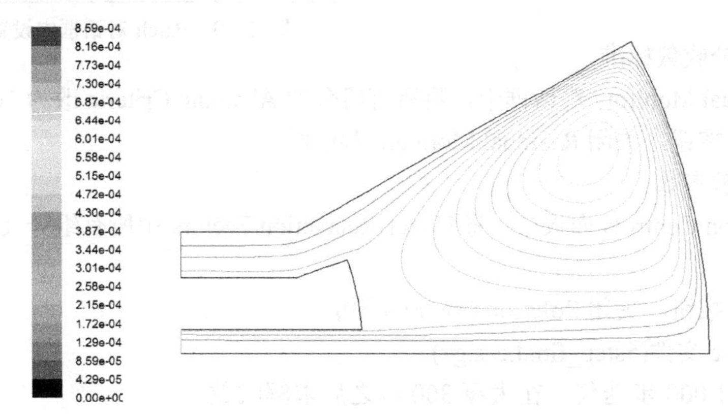

图 12-78 流函数分布图

3. 求解有化学反应的流动

（1）引入体积反应。

在 Species Model 对话框的 Reactions 列表中选中 Volumetric 复选框。

（2）修改求解参数。

① 在 Equations 列表下选择所有方程。

② 打开 Solution Controls 面板，按照表 12-4 设置 Under-Relaxation Factors 中的参数。

③ 单击 OK 按钮，关闭 Solution Controls 对话框。

表 12-4 Under-Relaxation Factors 中的参数

参　数	值
Density	0.8
Momentum	0.6
Turbulence Kinetic Energy	0.6

续表

参　数	值
Turbulence Dissipation Rate	0.6
Turbulent Viscosity	0.6
CH_4, O_2, CO, H_2O, CO_2, NO(species)	0.8
Energy	0.8

（3）初始化一个温度区域来启动化学反应。

① 在 Solution Initialization 中单击 Patch 按钮，打开 Patch 对话框。在 Variable 列表下选择 Temperature 选项。

② 在 Value 中输入 1 000。

③ 在 Zones to Patch 列表下选中 fluid-6，如图 12-79 所示。

④ 单击 Patch 按钮。

⑤ 关闭 Patch 对话框。

（4）进行 500 步迭代求解。

（5）保存 case 和 data 文件(5step.cas.gz 和 5step.dat.gz)。

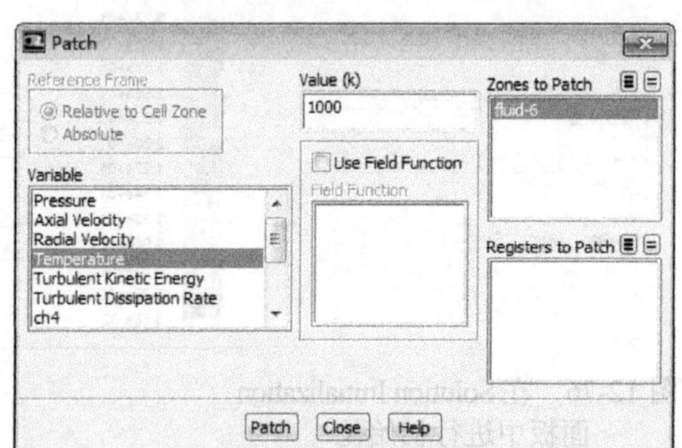

图 12-79　Patch 对话框中设置温度区域

（6）减小组分收敛标准。

① 在 Residual Monitors 对话框中，将所有组分的 Absolute Criteria 改为 1e-06。

② 单击 OK 按钮，关闭 Residual Monitors 对话框。

（7）修改求解参数。

① 在 Solution Controls 面板中，将 Under-Relaxation Factors 中所有组分及 Energy 的值设为 0.95。

② 单击 OK 按钮，关闭 Solution Controls 面板。

（8）保存 case 文件(5step_final.cas.gz)。

（9）再进行 1 000 步迭代，在大概 300 步之后求解收敛。

（10）保存 data 文件(5step_final.dat.gz)。

（11）计算气体通过所有边界的质量通量。

① 计算入口边界 velocity-inlet-5 的质量流速率。

- 在 Report 面板双击 Fluxes 选项，打开 Flux Reports 对话框。
- 在 Options 列表中选择 Mass Flow Rate 单选按钮。
- 在 Boundaries 列表中选择 velocity-inlet-5 选项。
- 单击 Compute 按钮，如图 12-80 所示。

② 计算出口边界 pressure-outlet-4 的质量流速率。

- 在 Options 列表中选择 Mass Flow Rate 单选按钮。
- 在 Boundaries 列表中选择 pressure-outlet-4 选项。
- 单击 Compute 按钮，如图 12-81 所示。

以上两个速率应该大小相等、方向相反（大小不一定要完全相等，误差在一定范围之内即可）。

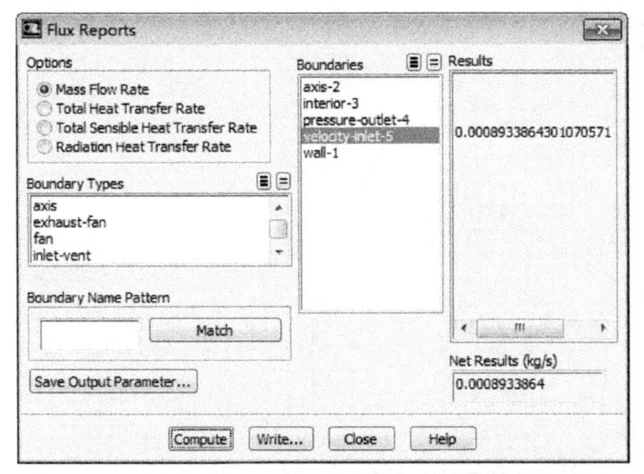

图 12-80 入口边界 velocity-inlet-5 的质量流速率

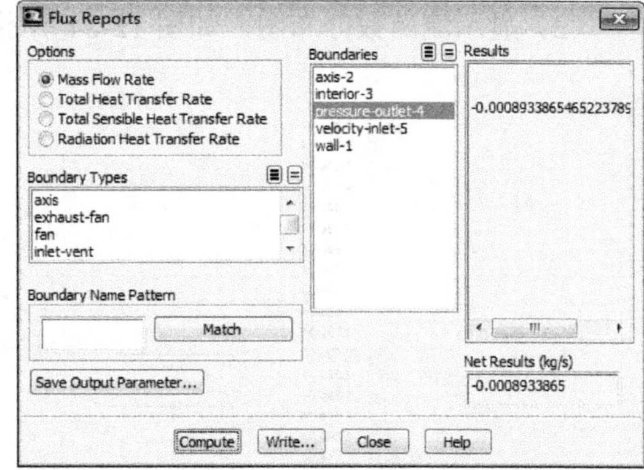

图 12-81 出口边界 pressure-outlet-4 的质量流速率

（12）计算气体通过所有边界的能量通量。

① 在 Options 列表中选择 Total Heat Transfer Rate 单选按钮。

② 在 Boundaries 列表中选择所有区域。

③ 单击 Compute 按钮，得到如图 12-82 所示结果。

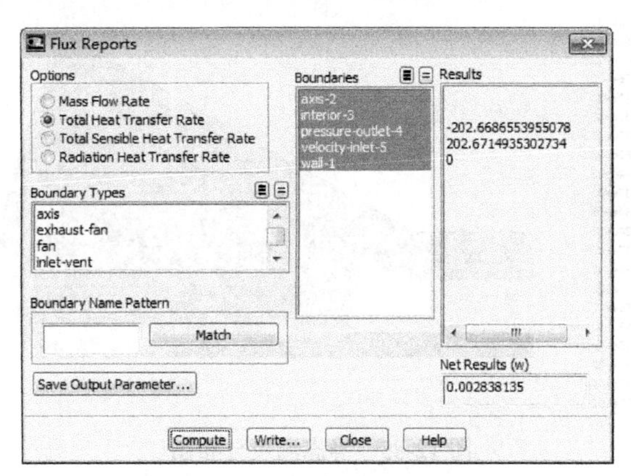

图 12-82 能量通量的计算

4. 化学反应解的后处理

（1）显示区域中的速度矢量图，如图 12-83 所示，Scale 的值为 10。

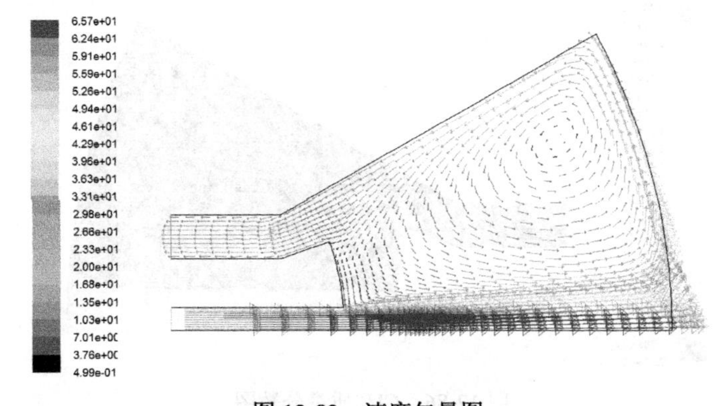

图 12-83 速度矢量图

（2）显示流函数分布图，如图 12-84 所示。

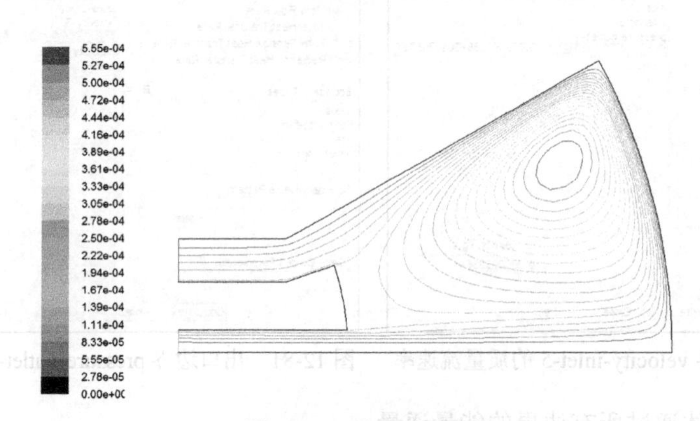

图 12-84 流函数分布图

（3）显示静态温度分布图，如图 12-85 所示。

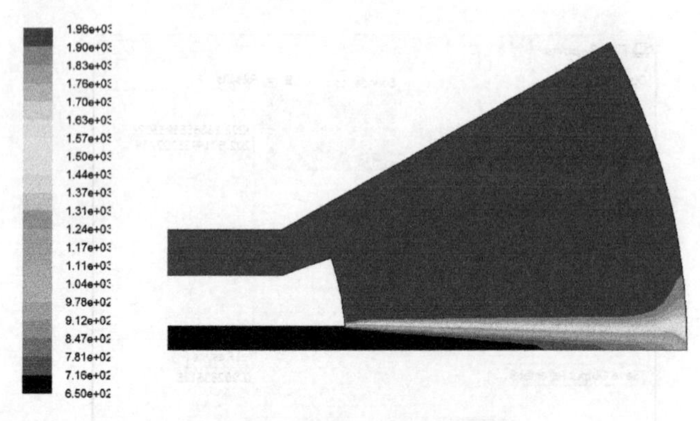

图 12-85 静态温度分布图

（4）显示组分质量分数图：CH_4（见图 12-86），CO_2（见图 12-87），CO（见图 12-88），H_2O（见图 12-89），NO（见图 12-90），O_2（见图 12-91）。

图 12-86 CH_4 质量分数图

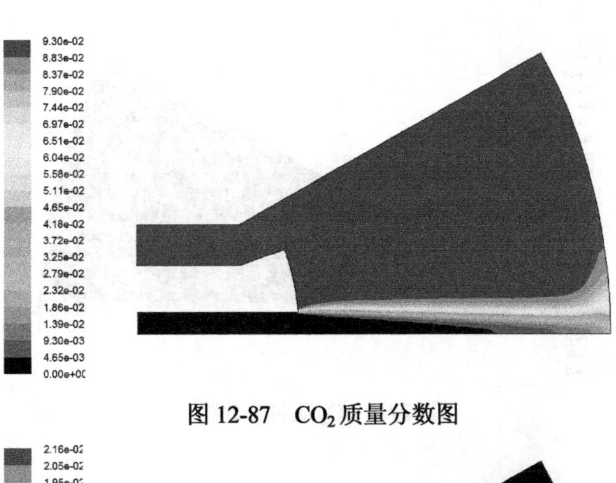

图 12-87 CO_2 质量分数图

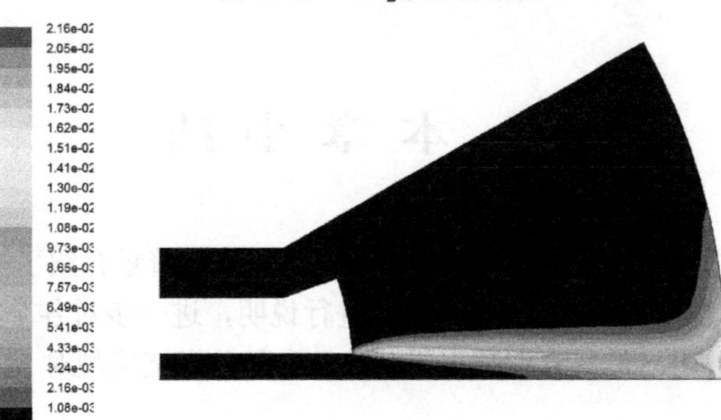

图 12-88 CO 质量分数图

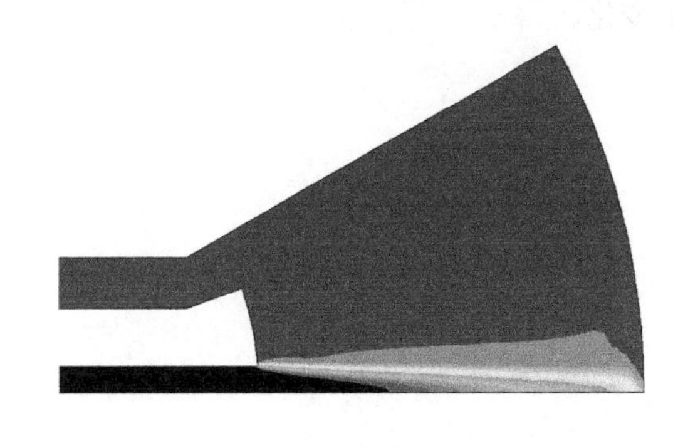

图 12-89 H_2O 质量分数图

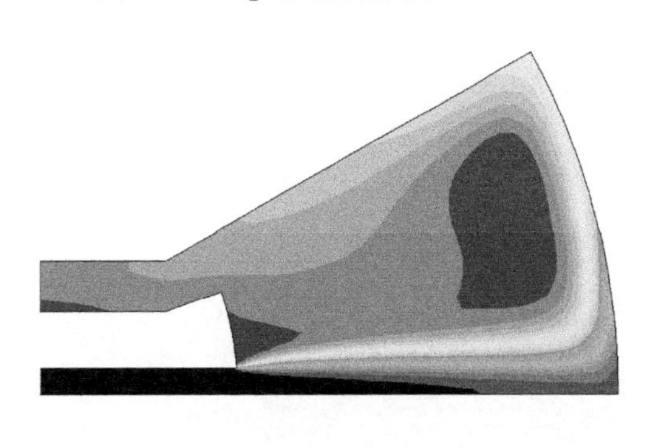

图 12-90 NO 质量分数图

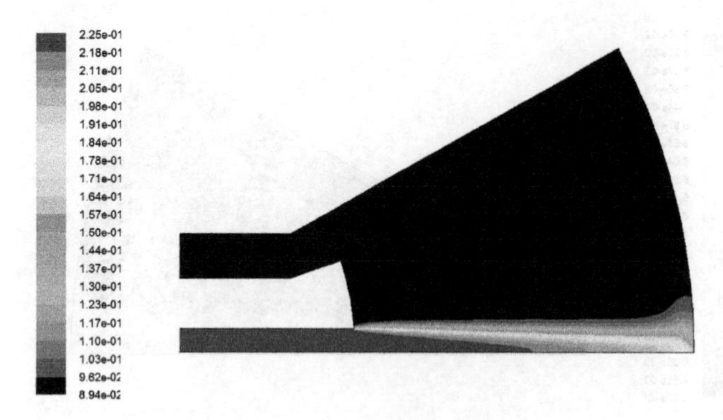

图 12-91 O_2 质量分数图

12.5 本 章 小 结

本章首先介绍了组分传输与气体燃烧的基础知识，然后着重介绍了 FLUENT 中对化学反应的求解方法，并对其所能求解的实际问题进行说明，进一步对各个模型的使用限制和使用注意事项进行了阐述。最后分别利用组分传输和气体燃烧模型对 3 个实例求解过程进行详细的说明。

通过本章的学习，读者能掌握组分传输和化学反应的模拟方法，组分传输模型可准确地预测室内污染物的变化。

第13章　动网格问题的数值模拟

本章将重点介绍FLUENT中的动网格模型，通过对本章的学习，读者能掌握计算区域中包含物体运动的数值模拟，进而对流固耦合问题有一定的了解，并且能够解决其中的简单问题。

学习目标：

- 掌握动网格模型的具体设置；
- 掌握Profile定义运动特性的方法；
- 掌握动网格问题边界条件的设置方法；
- 掌握动网格问题计算结果的后处理及分析方法。

13.1　动网格问题概述

动网格技术主要用来模拟计算区域变化的问题。动网格模型可以用来模拟流场形状由于边界运动而随时间改变的问题。边界的运动形式可以是预先定义的运动，即可以在计算前指定其速度或角速度：也可以是预先未定义的运动，即边界的运动要由前一步的计算结果决定。

网格的更新过程由FLUENT根据每个迭代步中边界的变化情况自动完成。在使用动网格模型时，必须首先定义初始网格、边界运动的方式并指定参与运动的区域。可以用边界型函数或者UDF定义边界的运动方式。

FLUENT要求将运动的描述定义在网格面或网格区域上。如果流场中包含运动与不运动两种区域，则需要将它们组合在初始网格中以对它们进行识别。

那些由于周围区域运动而发生变形的区域必须组合到各自的初始网格区域中，不同区域之间的网格不必是正则的，可以在模型设置中用FLUENT软件提供的非正则或者滑动界面功能将各区域连接起来。

动网格的更新方法可用3种模型进行计算，即弹簧光顺模型、动态分层模型和局部网格重构模型。下面对这三种模型进行说明。

1．弹簧光顺模型

原则上，弹簧光顺模型可以用于任何一种网格体系，但在非四面体网格区域（二维非三角形），最好在满足下列条件时使用弹簧光顺模型。

- 移动为单方向。
- 移动方向垂直于边界。

如果两个条件都不满足，可能使网格畸变率增大。另外，在系统默认设置中，只有四面体网格（三维）和三角形网格（二维）可以使用弹簧光顺模型，如果想在其他网格类型中激活该模型，需要在 dynamic-mesh-menu 下使用文字命令 spring-on-all-shapes，然后激活即可。

2. *动态分层模型*

动态分层模型的应用有如下限制。

- 与运动边界相邻的网格必须为楔形或者六面体（二维四边形）网格。
- 在滑动网格交界面以外的区域，网格必须被单面网格区域包围。
- 如果网格周围区域中有双侧壁面区域，则必须先将壁面和阴影区分割开，再用滑动交界面将二者耦合起来。
- 如果动态网格附近包含周期性区域，则只能用 FLUENT 的串行版求解，但如果周期性区域被设置为周期性非正则交界面，则可以用 FLUENT 的并行版求解。

如果移动边界为内部边界，则边界两侧的网格都将作为动态层参与计算。如果在壁面上只有一部分是运动边界，其他部分保持静止，则只需在运动边界上应用动网格技术，但动网格区与静止网格区之间应该用滑动网格交界面进行连接。

3. *局部网格重构模型*

需要注意的是，局部网格重构模型仅能用于四面体网格和三角形网格。在定义动边界面后，如果在动边界面附近同时定义了局部重构模型，则动边界上的表面网格必须满足下列条件。

- 需要进行局部调整的表面网格是三角形（三维）或直线（二维）。
- 将被重新划分的面网格单元必须紧邻动网格节点。
- 表面网格单元必须处于同一个面上并构成一个循环。
- 被调整单元不能是对称面（线）或正则周期性边界的一部分。

选择项目树 Setup→Dynamic Mesh 选项，弹出 Dynamic Mesh 对话框，如图 13-1 所示。对话框中显示了可供选择的 3 种网格重构模型，选择其中的某种模型后，对话框会扩展以包含该模型相应的设置参数。

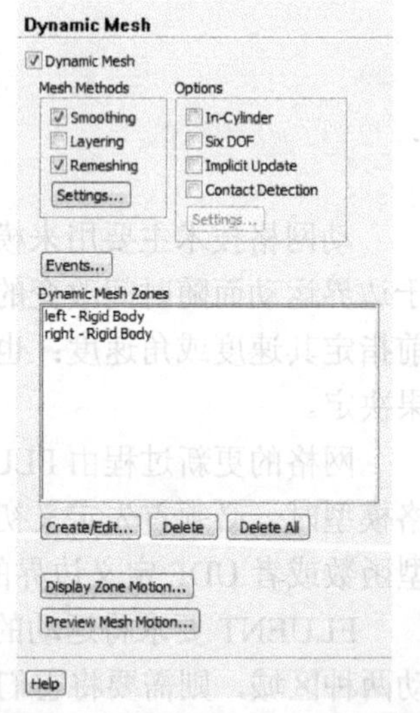

图 13-1 Dynamic Mesh 对话框

13.2 两车交会过程的数值模拟

13.2.1 案例简介

本案例主要对两个高速运动的长方形物体交会错车时的速度场和压力场进行数值模拟，计算区域长 10 m，宽 5 m，两个长方形物体长 4 m、宽 1.5 m，两物体横向和纵向间距均为 0.5 m，运动速度均为 55 m/s，运动方向相反，如图 13-2 所示。

通过对两车交会过程进行数值模拟，得到物体周围气流的速度场和压力场的计算结果，并对结果进行分析说明。

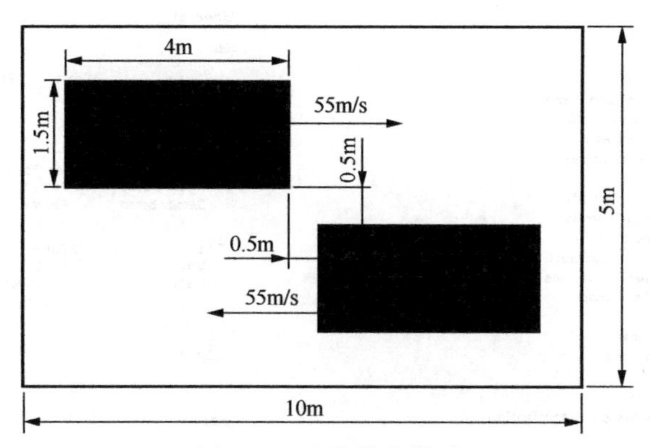

图 13-2 交会错车模型

13.2.2 FLUENT 求解计算设置

1. *启动* FLUENT-2D

（1）双击桌面上的 FLUENT 16.0 图标，进入启动界面。

（2）选中 Dimension 中的 2D 单选按钮，取消选中 Display Options 下的 3 个复选框，选中 Double Precision 复选框。

（3）其他保持默认设置，单击 OK 按钮进入 FLUENT 16.0 主界面。

2. *读入并检查网格*

（1）执行 File→Read→Mesh 命令，在弹出的 Select File 对话框中读入 passing.msh 二维网格文件。

（2）执行 Mesh→Info→Size 命令，得到如图 13-3 所示的模型网格信息：共有 19 974 个节点、58 865 个网格面和 38 890 个网格单元。

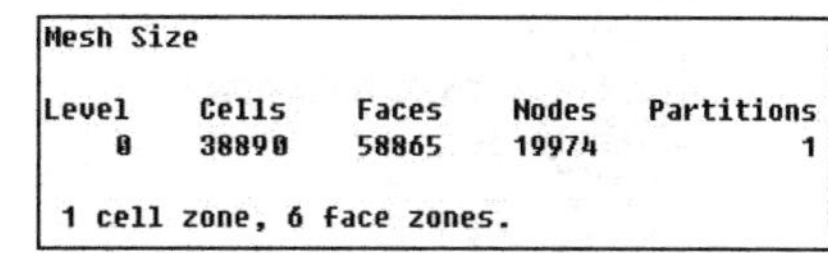

```
Mesh Size

Level    Cells    Faces    Nodes    Partitions
    0    38890    58865    19974             1

 1 cell zone, 6 face zones.
```

图 13-3 FLUENT 网格数量信息

（3）执行 Mesh→Check 命令，反馈信息如图 13-4 所示。可以看到计算域二维坐标的上下限，检查最小体积和最小面积是否为负数。

```
Domain Extents:
  x-coordinate: min (m) = -5.000000e+00, max (m) = 5.000000e+00
  y-coordinate: min (m) = -2.750000e+00, max (m) = 2.750000e+00
Volume statistics:
  minimum volume (m3): 5.091258e-04
  maximum volume (m3): 1.581521e-03
    total volume (m3): 4.300000e+01
Face area statistics:
  minimum face area (m2): 3.020502e-02
  maximum face area (m2): 6.969169e-02
Checking mesh.........................
Done.
```

图 13-4 FLUENT 网格信息

3. *设置求解器参数*

（1）选择项目树 Setup→General 选项，如图 13-5 所示，在出现的 General 面板中进行求解器的设置。

（2）选择非稳态计算，在 Time 下选中 Transient 单选按钮，如图 13-6 所示。

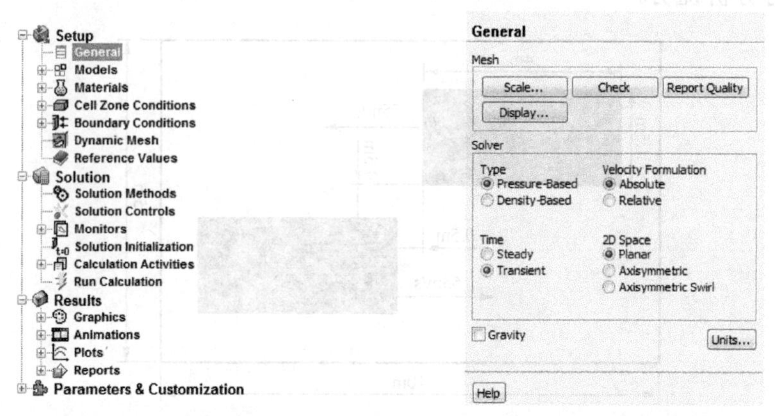

图 13-5 选择求解器项目树　　图 13-6 设置求解参数

（3）选择项目树 Setup→Models 选项，对求解模型进行设置，如图 13-7 所示。

（4）双击 Viscous-Laminar 选项，弹出 Viscous Model 对话框，选择 k-epsilon（2 eqn）选项，如图 13-8 所示，单击 OK 按钮完成设置。

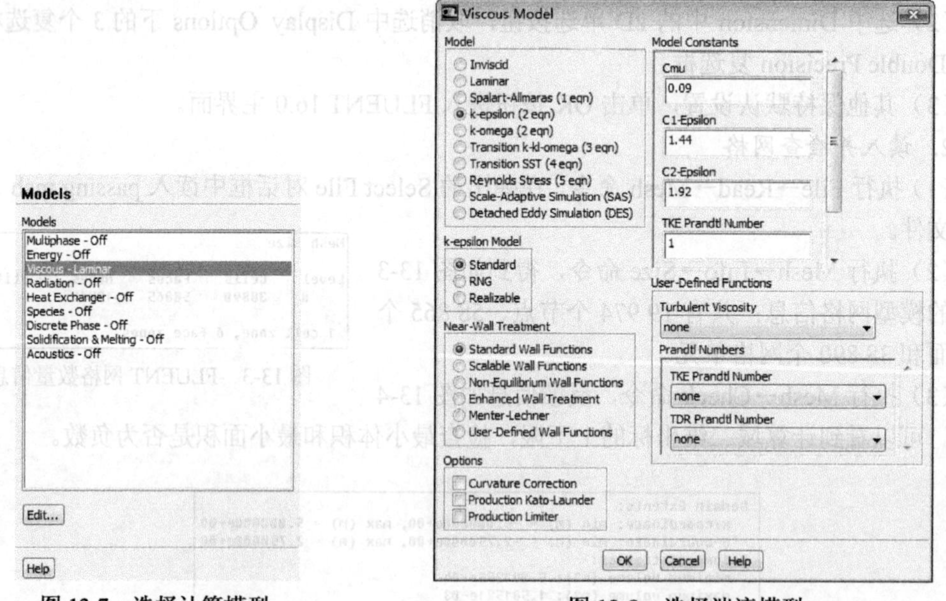

图 13-7 选择计算模型　　图 13-8 选择湍流模型

4. 定义材料物性

（1）选择项目树 Setup→Materials 选项，在出现的 Materials 面板中对所需材料进行设置。

（2）双击 Materials 列表中的 Fluid 选项，如图 13-9 所示，弹出材料物性参数设置对话框。

（3）在材料物性参数设置对话框中保持默认设置，如图 13-10 所示。

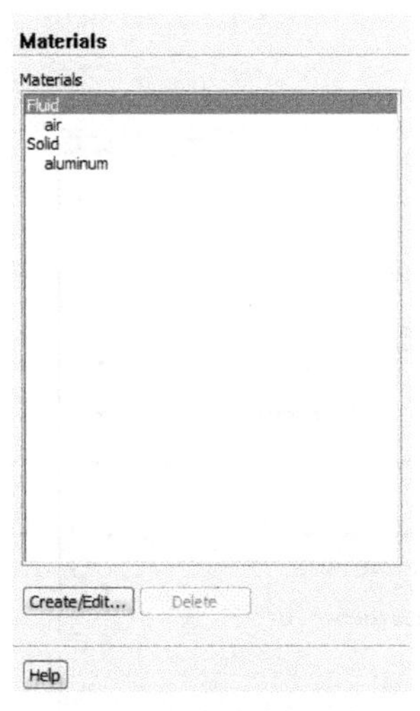

图 13-9 材料选择面板

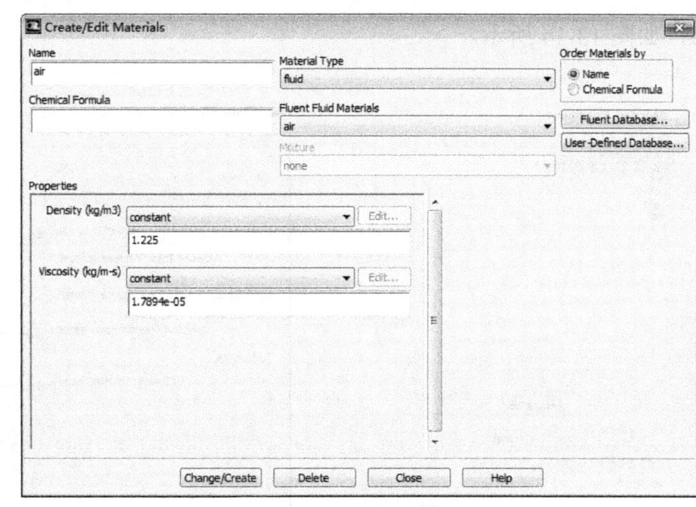

图 13-10 空气物性参数

5. 设置区域条件

（1）选择项目树 Setup→Cell Zone Conditions 选项，在弹出的 Cell Zone Conditions 面板中对区域条件进行设置。

（2）选择 Zone 列表中的 fluid 选项，如图 13-11 所示。单击 Edit 按钮，弹出 Fluid 对话框，保持默认参数，如图 13-12 所示，单击 OK 按钮完成设置。

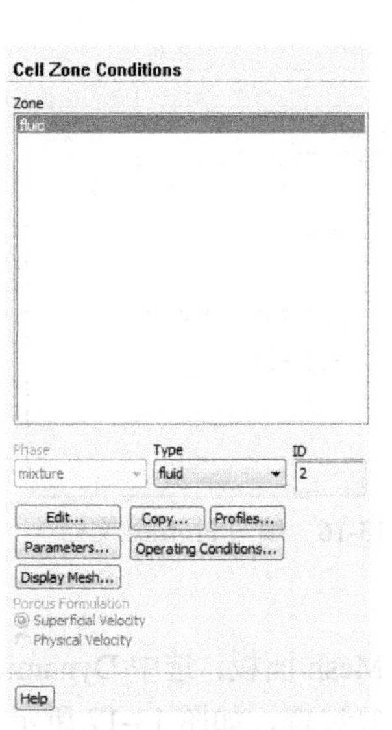

图 13-11 选择区域

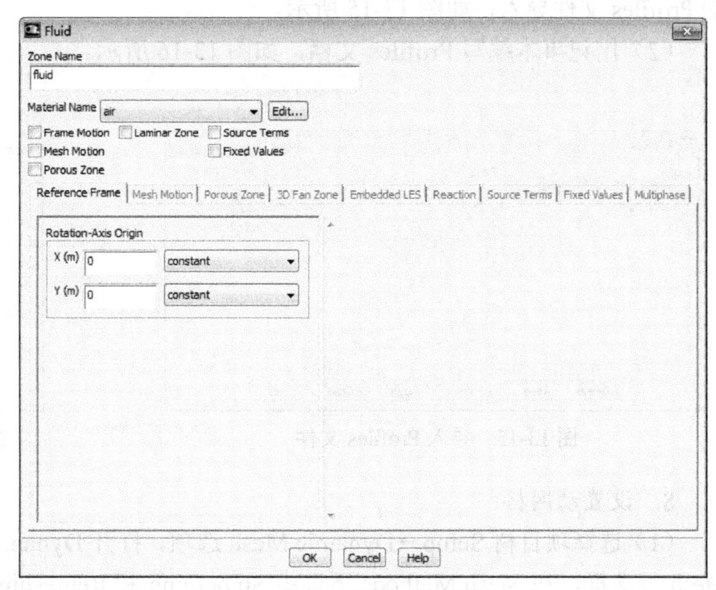

图 13-12 设置区域属性

6. 设置边界条件

（1）选择项目树 Setup→Boundary Conditions 选项，在打开的 Boundary Conditions 面板中对边界条件进行设置。

（2）双击 Zone 列表中的 in 选项，如图 13-13 所示，弹出 Pressure Inlet 对话框，选择湍流强度和水力直径选项，设置 Turbulent Intensity（%）为 5，Hydraulic Diameter（m）为

5.5，如图 13-14 所示。

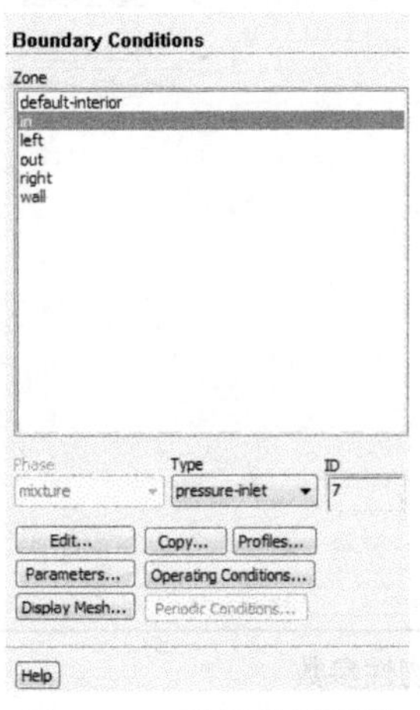

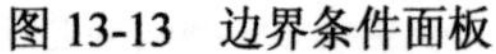

图 13-13 边界条件面板

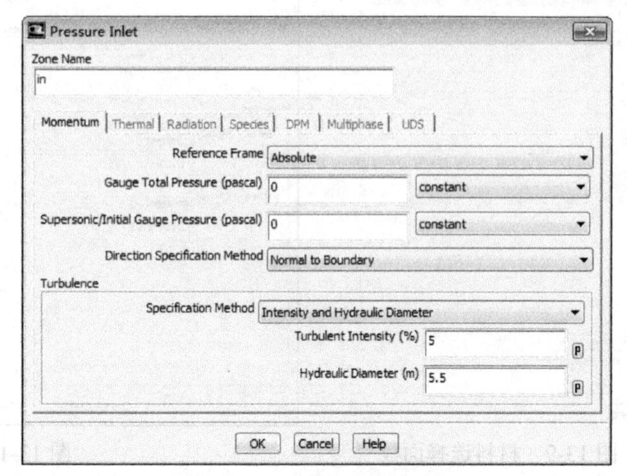

图 13-14 设置进口边界条件

（3）重复上述操作，完成出口边界条件设置，出口湍流强度和水力直径数值与进口相同。

7. 导入 Profiles 文件

（1）执行 Define→Profiles 命令，弹出 Profiles 对话框，单击 Read 按钮，将已经编写好的 Profiles 文件导入，如图 13-15 所示。

（2）用记事本编写 Profiles 文档，如图 13-16 所示。

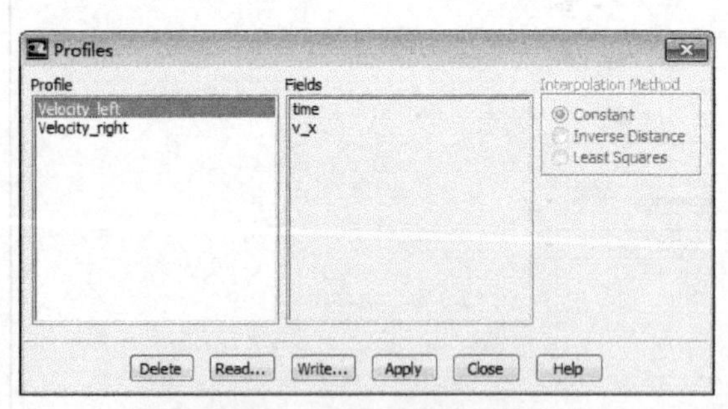

图 13-15 导入 Profiles 文件

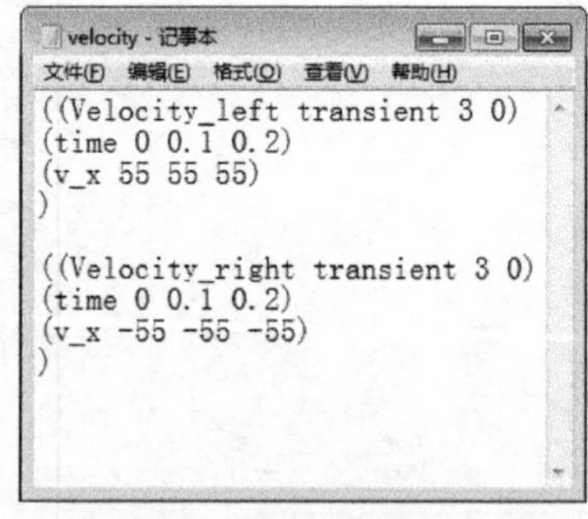


```
((Velocity_left transient 3 0)
(time 0 0.1 0.2)
(v_x 55 55 55)
)

((Velocity_right transient 3 0)
(time 0 0.1 0.2)
(v_x -55 -55 -55)
)
```

图 13-16 编写 Profiles 文档

8. 设置动网格

（1）选择项目树 Setup→Dynamic Mesh 选项，打开 Dynamic Mesh 面板，选中 Dynamic Mesh 复选框，在 Mesh Methods 下选中 Smoothing 和 Remeshing 复选框，如图 13-17 所示。

（2）单击 Mesh Methods 下的 Settings 按钮，打开 Mesh Method Settings 对话框，在 Smoothing 选项卡中设置 Spring Constant Factor 为 0.5，Laplace Node Relaxation 为 0.3，如图 13-18 所示。

（3）单击 Remeshing 选项卡，设置 Minimum Length Scale（m）为 0.02，Maximum Length Scale（m）为 0.08，Maximum Cell Skewness 为 0.3，如图 13-19 所示。

（4）回到 Dynamic Mesh 面板，单击 Create/Edit 按钮，弹出 Dynamic Mesh Zones 对话

框，在 Zone Names 下拉列表中选择 left 选项，在 Motion UDF/Profile 下拉列表中选择 Velocity_left 选项，单击 Create 按钮，创建左侧区域的运动特性。重复上述操作，在 Zone Names 下拉列表中选择 right 选项，在 Motion UDF/Profile 下拉列表中选择 Velocity_right 选项，单击 Create 按钮，创建右侧区域的运动特性。最终结果如图 13-20 所示。

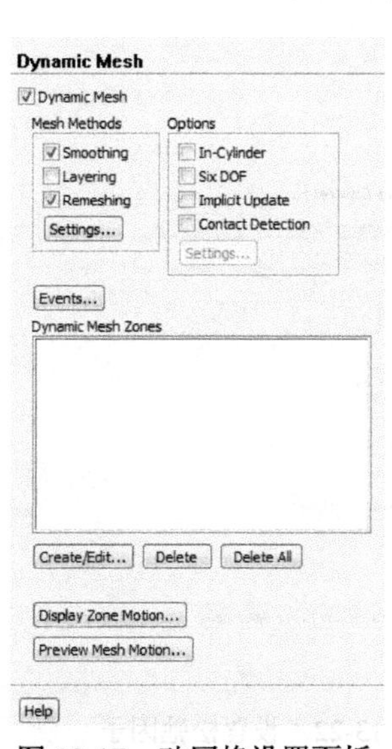

图 13-17 动网格设置面板

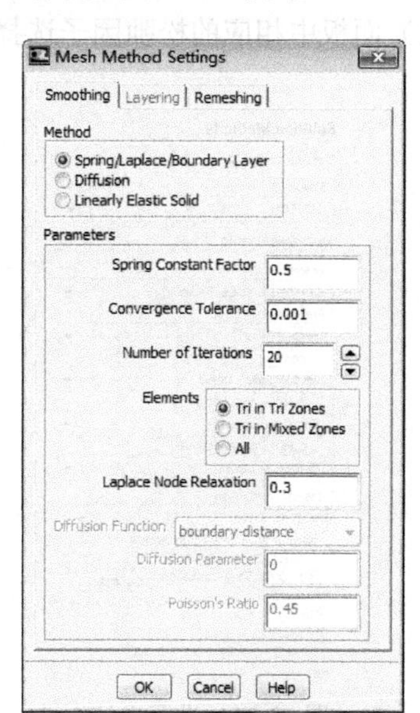

图 13-18 设置弹簧光顺网格

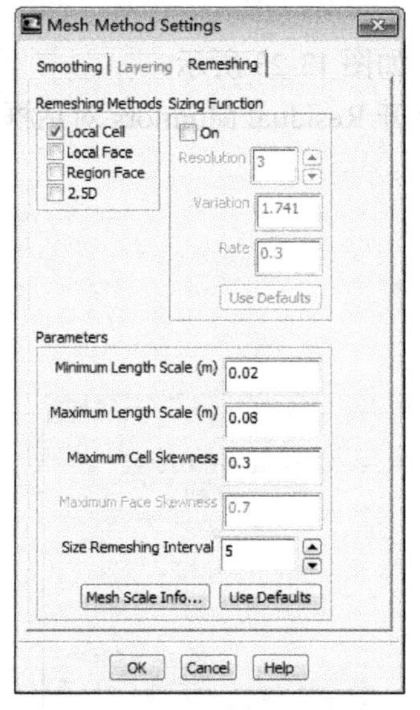

图 13-19 设置网格重构

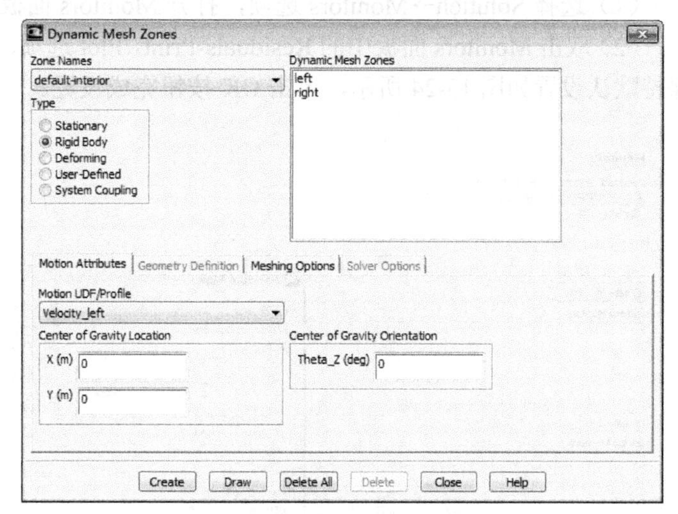

图 13-20 设置区域运动属性

13.2.3 求解计算

1. 求解控制参数

（1）选择 Solution→Solution Methods 选项，在弹出的 Solution Methods 面板中对求解控制参数进行设置。

（2）面板中的各个选项采用默认值，如图13-21所示。

2. 设置求解松弛因子

（1）选择Solution→Solution Controls选项，在弹出的Solution Controls面板中对求解松弛因子进行设置。

（2）面板中相应的松弛因子选择默认设置，如图13-22所示。

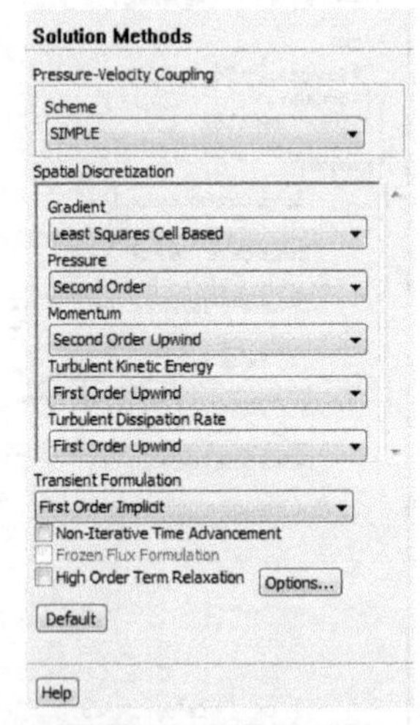

图13-21 设置求解方法

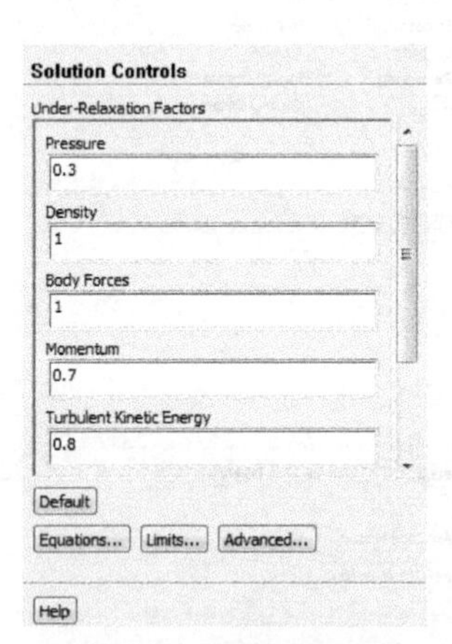

图13-22 设置松弛因子

3. 设置收敛临界值

（1）选择Solution→Monitors选项，打开Monitors面板，如图13-23所示。

（2）双击Monitors面板中的Residuals-Print，Plot选项，打开Residual Monitors对话框，保持默认设置如图13-24所示，单击OK按钮完成设置。

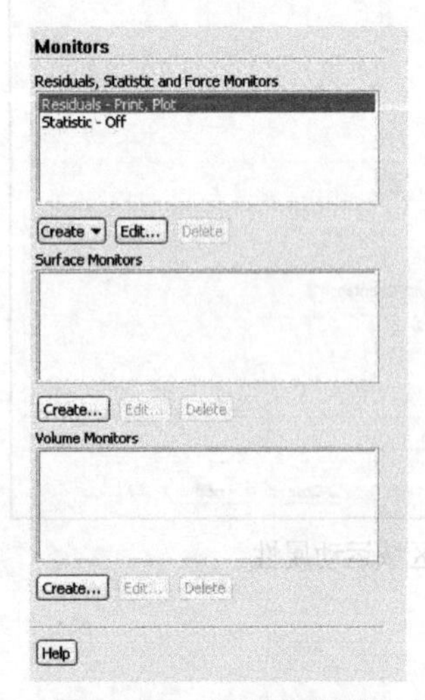

图13-23 残差设置面板

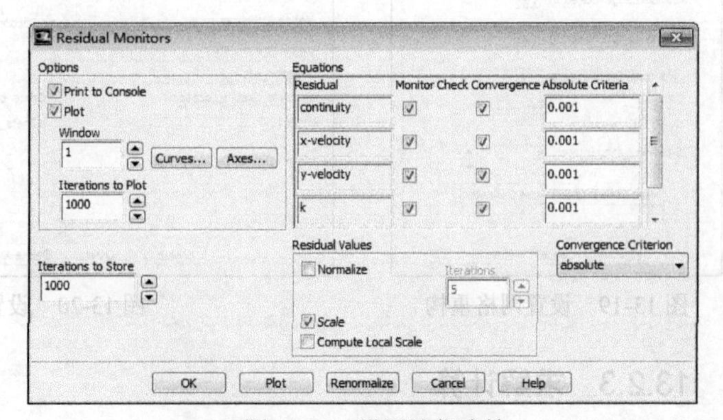

图13-24 设置迭代残差

4. 设置流场初始化

（1）选择Solution→Solution Initialization选项，打开Solution Initialization面板进行初

始化设置。

（2）在 Initialization Methods 下选中 Standard Initialization 单选按钮，在 Compute from 下拉列表中选择 all-zones，其他保持默认设置，单击 Initialize 按钮完成初始化，如图 13-25 所示。

5. 设置速度场动画

（1）选择 Solution→Calculation Activities 选项，打开 Calculation Activities 面板，设置 Autosave Every（Time Steps）为 3，表示每计算 3 个时间步，保存一次计算数据。

（2）单击 Solution Animations 下的 Create/Edit 按钮，弹出 Solution Animation 对话框，Animation Sequences 设置为 1，在 When 下拉列表中选择 Time Step 选项，如图 13-26 所示。

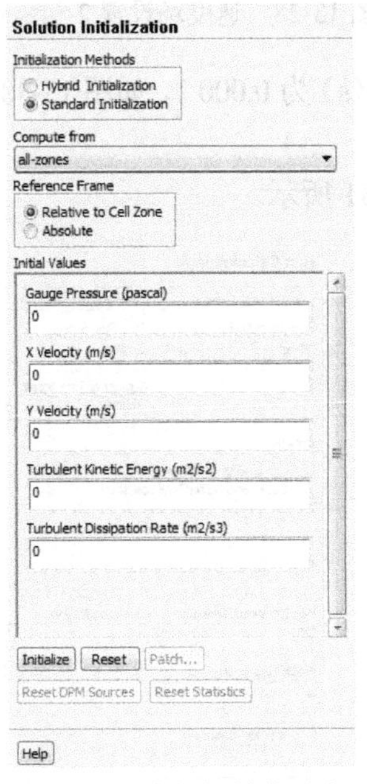

图 13-25　流场初始化设定

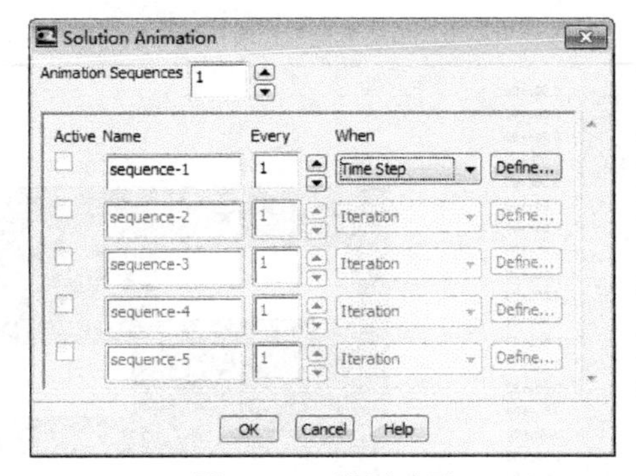

图 13-26　设置动画

（3）单击第一个 Define 按钮，弹出 Animation Sequence 对话框，选中 Storage Type 下的 In Memory 单选按钮，Window 设置为 2，如图 13-27 所示。

（4）单击 Set 按钮，弹出监视窗口。在 Display Type 下选中 Contours 单选按钮，弹出 Contours 对话框，在 Options 下选中 Filled 复选框，在 Contours of 下拉列表中选择 Velocity 选项，其他保持默认设置，如图 13-28 所示。

（5）单击 Display 按钮，则监视窗口变为初始时刻的速度场云图，如图 13-29 所示。单击 Close 按钮，关闭 Contours 对话框。单击 OK 按钮，关闭 Animation Sequence 对话框，完成设置。

6. 迭代计算

（1）执行 File→Write→Case&Data 命令，弹出 Select File 对话框，保存为 passing.cas 和 passing.dat。

（2）选择 Solution→Run Calculation 选项，打开 Run Calculation 面板。

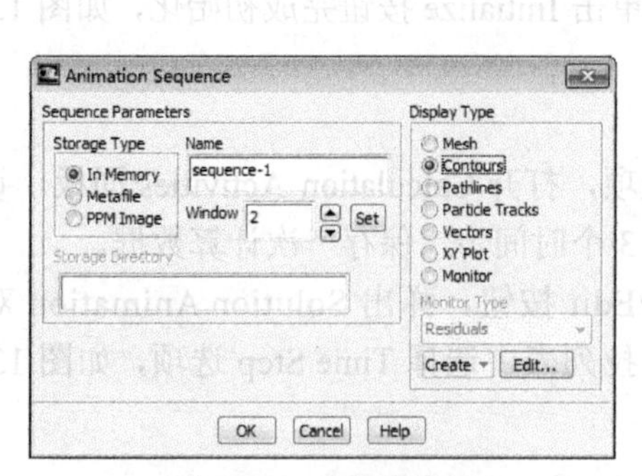

图 13-27　速度场设置 1

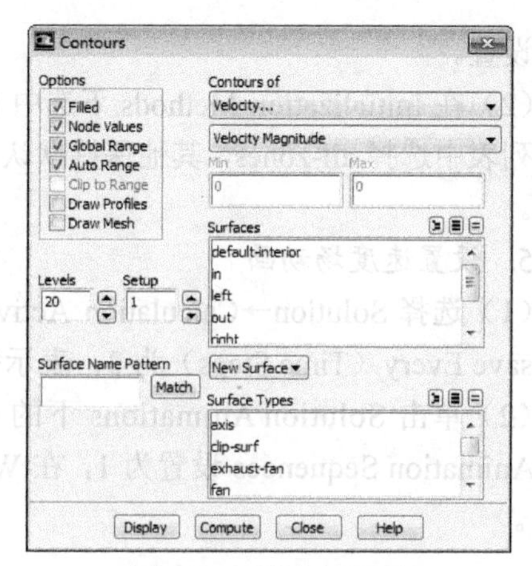

图 13-28　速度场设置 2

（3）设置 Number of Time Steps 为 10 000，Time Step Size（s）为 0.000 1，如图 13-30 所示。

（4）单击 Calculate 按钮进行迭代计算。

（5）迭代计算至 1 654 步时，计算完成，残差如图 13-31 所示。

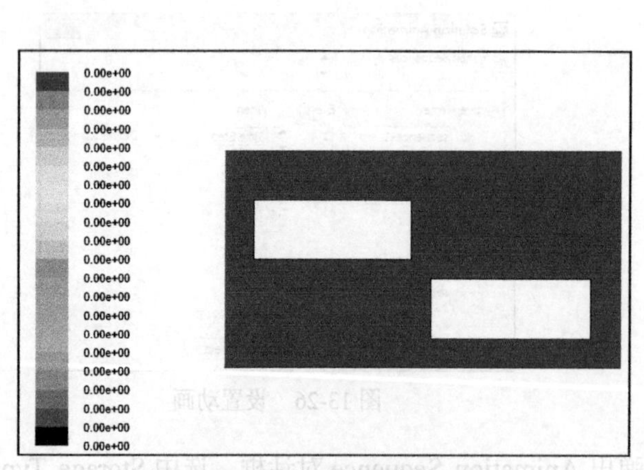

图 13-29　初始时刻速度场云图

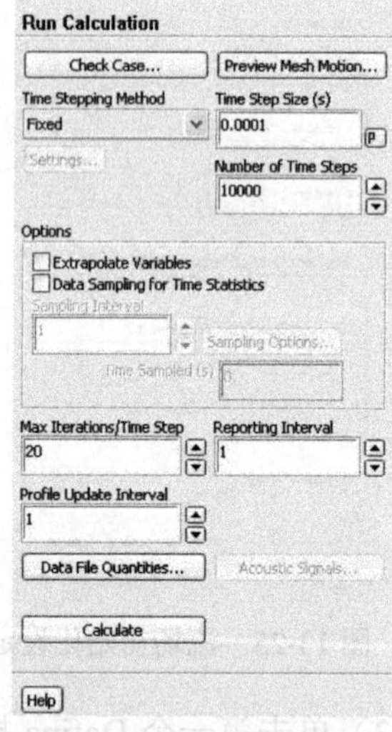

图 13-30　迭代设置对话框

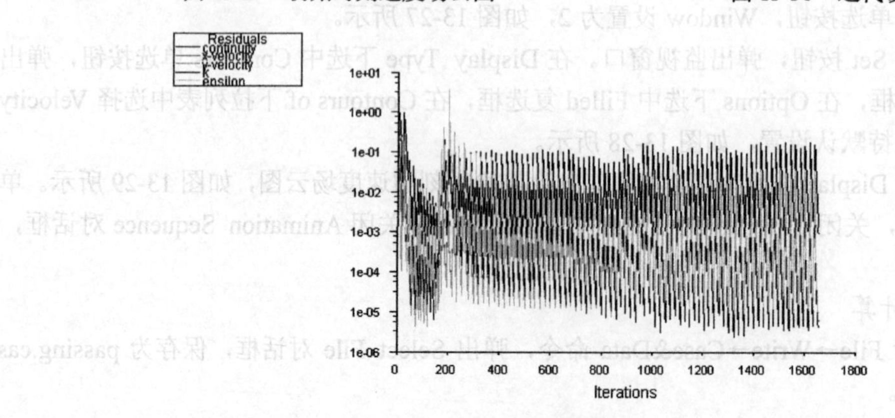

图 13-31　残差监视窗口

13.2.4 计算结果后处理及分析

1. 0.004 5 s 时刻的速度场和压力场

（1）执行 File→Read→Case&Data 命令，读入 passing-1-00018.cas 和 passing-1-00018.dat 文件。选择 Results→Graphics 选项，打开 Graphics and Animations 面板。

（2）双击 Graphics 中的 Contours 选项，打开 Contours 对话框，如图 13-32 所示。单击 Display 按钮，显示压力云图，如图 13-33 所示。

（3）重复上述操作，在 Contours 对话框中的 Contours of 下拉列表中选择 Velocity 选项，单击 Display 按钮，显示速度云图，如图 13-34 所示。

（4）由压力云图和速度云图可以看出，在 0.004 5 s 时刻，两运动物体开始交会。

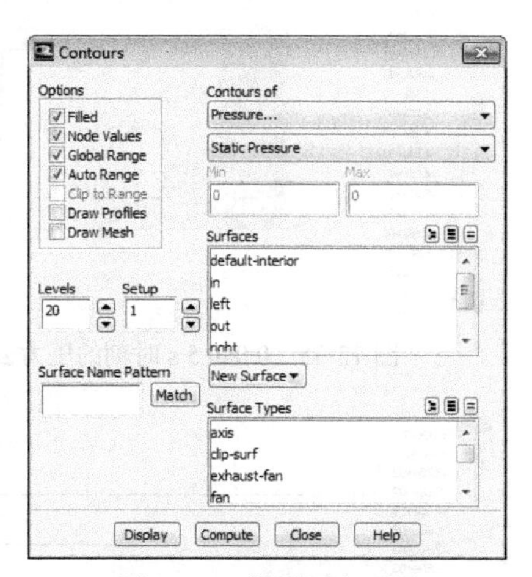

图 13-32 设置压力云图

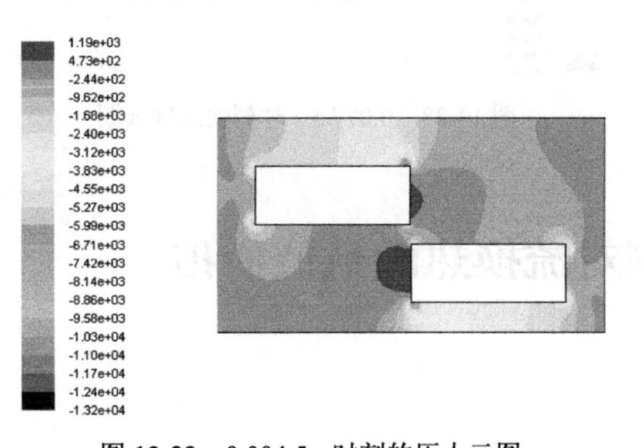

图 13-33 0.004 5 s 时刻的压力云图

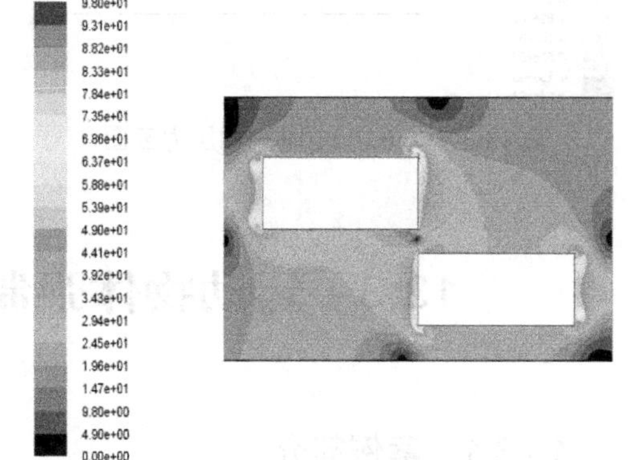

图 13-34 0.004 5 s 时刻的速度云图

2. 0.0405 s 时刻的速度场和压力场

（1）执行 File→Read→Case&Data 命令，读入 passing-1-00054.cas 和 passing-1-00054.dat 文件。

（2）重复上述操作，分别绘制压力云图和速度云图，如图 13-35 和图 13-36 所示。

（3）在 0.040 5 s 时刻，两运动物体完全交会，由压力云图可看出，两运动物体的夹层区域明显出现了低压区，而外侧为压力较高的区域，致使两物体有相互靠近的趋势。

3. 0.077 5 s 时刻的速度场和压力场

（1）执行 File→Read→Case&Data 命令，读入 passing-1-00091.cas 和 passing-1-00091.dat 文件。

（2）重复上述操作，分别绘制压力云图和速度云图，如图 13-37 和图 13-38 所示。

（3）由压力云图和速度云图可看出，在 0.077 5 s 时刻，两运动物体交会完成。

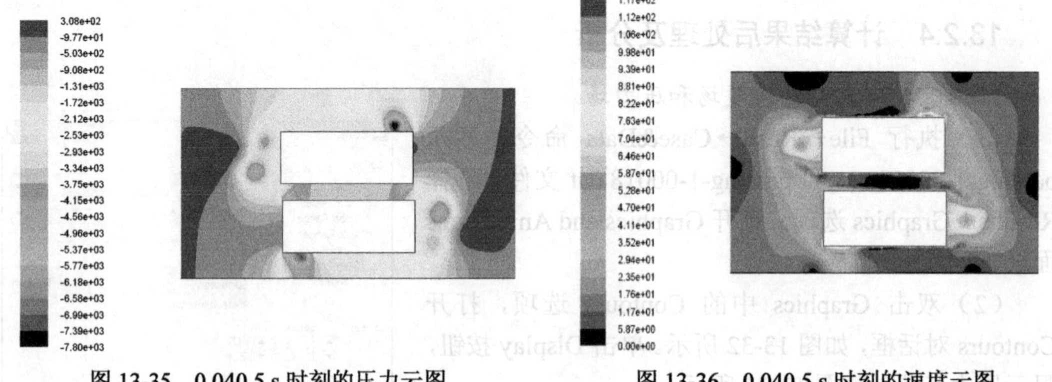

图 13-35　0.040 5 s 时刻的压力云图　　　　图 13-36　0.040 5 s 时刻的速度云图

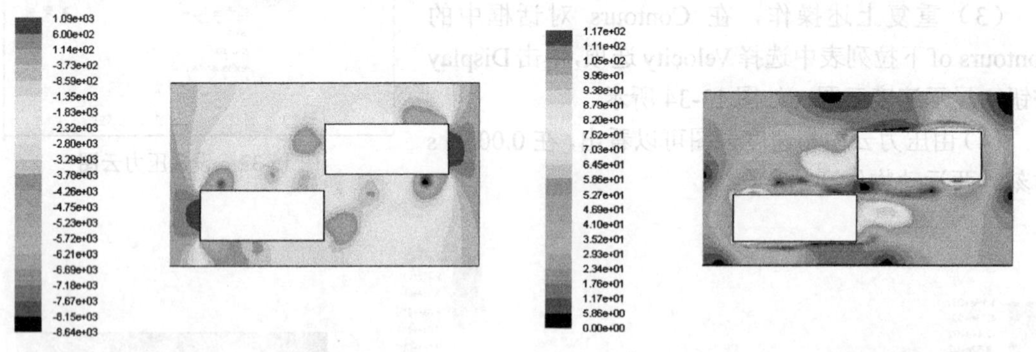

图 13-37　0.077 5 s 时刻的压力云图　　　　图 13-38　0.077 5 s 时刻的速度云图

13.3　运动物体强制对流换热的数值模拟

13.3.1　案例简介

在本案例中，计算区域长 5 m，宽 3 m，长宽均为 1 m 的正方形高温铁块，以 10 m/s 的速度向右运动，计算区域下方有冷空气吹入对铁块进行冷却，速度为 5 m/s，右侧为空气出口，如图 13-39 所示。

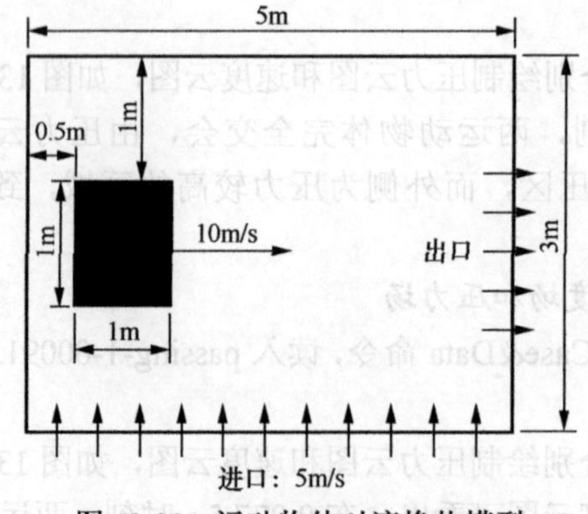

图 13-39　运动物体对流换热模型

通过对运动物体强制对流换热过程进行数值模拟，计算出铁块表面强制对流换热系数和冷却时间。

13.3.2 FLUENT 求解计算设置

1. 启动 FLUENT-2D

（1）双击桌面的 FLUENT 16.0 图标，进入启动界面。

（2）选中 Dimension 中的 2D 单选按钮，取消选中 Display Options 下的 3 个复选框，并选中 Double Precision 复选框。

（3）其他保持默认设置，单击 OK 按钮进入 FLUENT 16.0 主界面。

2. 读入并检查网格

（1）执行 File→Read→Mesh 命令，在弹出的 Select File 对话框中读入 cooling.msh 二维网格文件。

（2）执行 Mesh→Info→Size 命令，得到如图 13-40 所示的模型网格信息：共有 14 868 个节点、41 381 个网格面和 26 514 个网格单元。

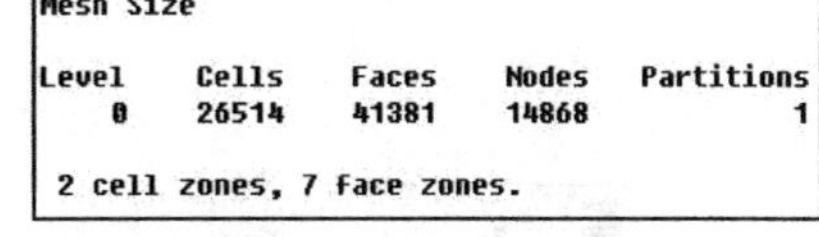

```
Mesh Size

Level    Cells    Faces    Nodes    Partitions
    0    26514    41381    14868             1

 2 cell zones, 7 face zones.
```

图 13-40 FLUENT 网格数量信息

（3）执行 Mesh→Check 命令，反馈信息如图 13-41 所示。可以看到计算域二维坐标的上下限，检查最小体积和最小面积是否为负数。

```
Domain Extents:
  x-coordinate: min (m) = -2.500000e+00, max (m) = 2.500000e+00
  y-coordinate: min (m) = -1.500000e+00, max (m) = 1.500000e+00
Volume statistics:
  minimum volume (m3): 1.330298e-04
  maximum volume (m3): 1.590993e-03
    total volume (m3): 1.500000e+01
Face area statistics:
  minimum face area (m2): 1.497548e-02
  maximum face area (m2): 6.526608e-02
Checking mesh.........................
Done.
```

图 13-41 FLUENT 网格信息

3. 设置求解器参数

（1）选择项目树 Setup→General 命令，在出现的 General 面板中进行求解器的设置。

（2）选择非稳态计算，在 Time 下选中 Transient 单选按钮，如图 13-42 所示。

（3）选择项目树 Setup→Models 选项，对求解模型进行设置，如图 13-43 所示。

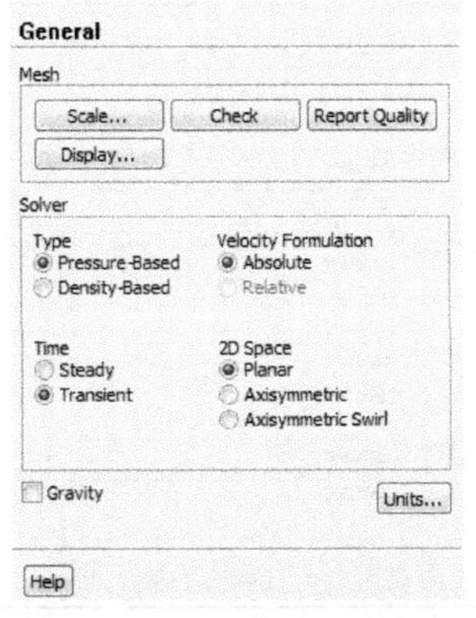

图 13-42 设置求解参数

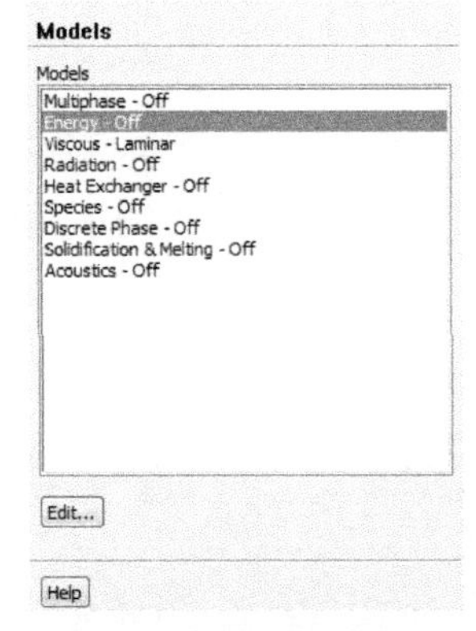

图 13-43 选择计算模型

（4）双击 Energy-Off 选项，弹出 Energy 对话框，选中 Energy Equation 复选框，如图 13-44 所示，单击 OK 按钮，开启能量方程。

（5）在 Models 面板双击 Viscous-Laminar 选项，弹出 Viscous Model 对话框，选择 k-epsilon（2 eqn）选项，如图 13-45 所示，单击 OK 按钮完成设置。

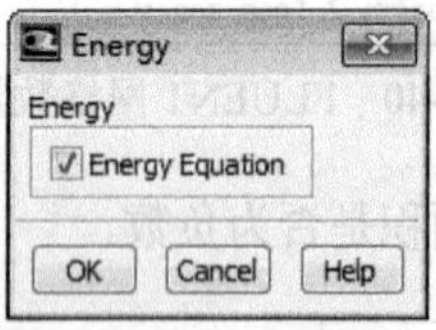

图 13-44　开启能量方程

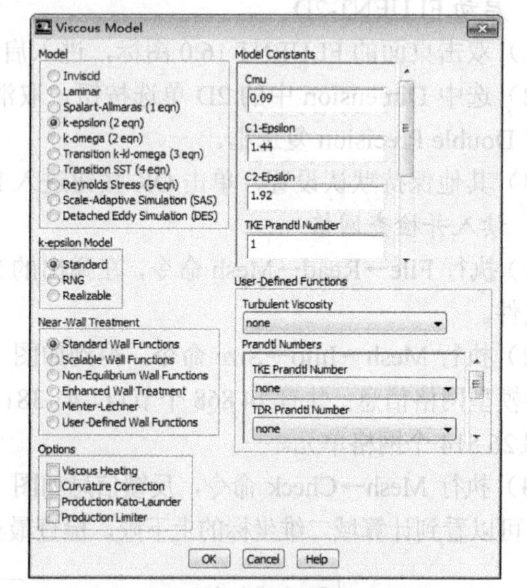

图 13-45　选择湍流模型

4. 定义材料物性

（1）选择项目树 Setup→Materials 选项，在出现的 Materials 面板中对所需材料进行设置，如图 13-46 所示。

（2）双击 Materials 中的 Solid 选项，弹出材料物性参数设置对话框。

（3）单击 Fluent Database 按钮，打开材料库，选择其中的 steel 材料，如图 13-47 所示，单击 Copy 按钮，复制 steel 物性参数。

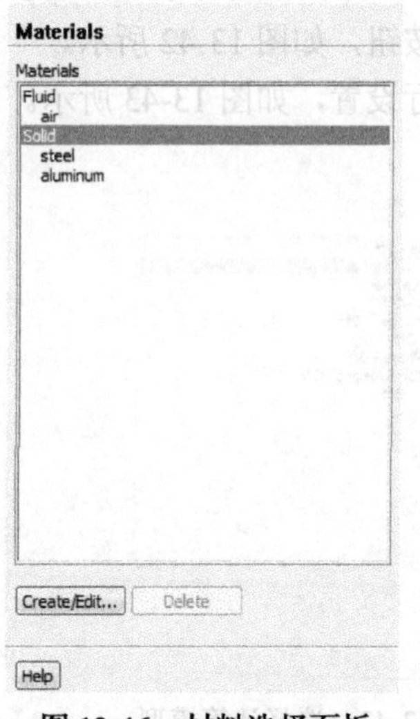

图 13-46　材料选择面板

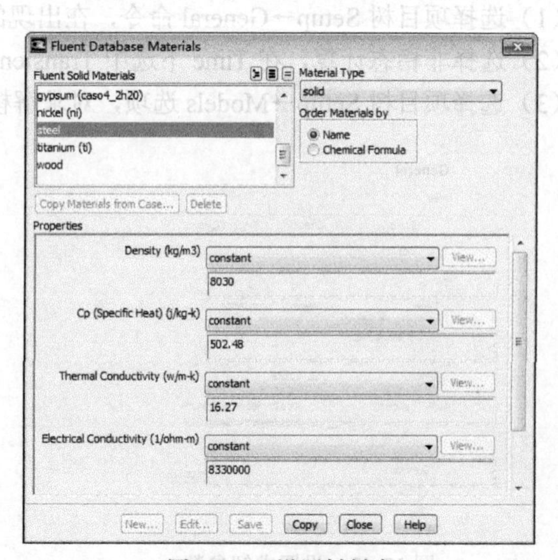

图 13-47　设置材料库

（4）回到材料物性参数设置对话框，单击 Change/Create 按钮，保存 steel 物性，如图 13-48 所示。

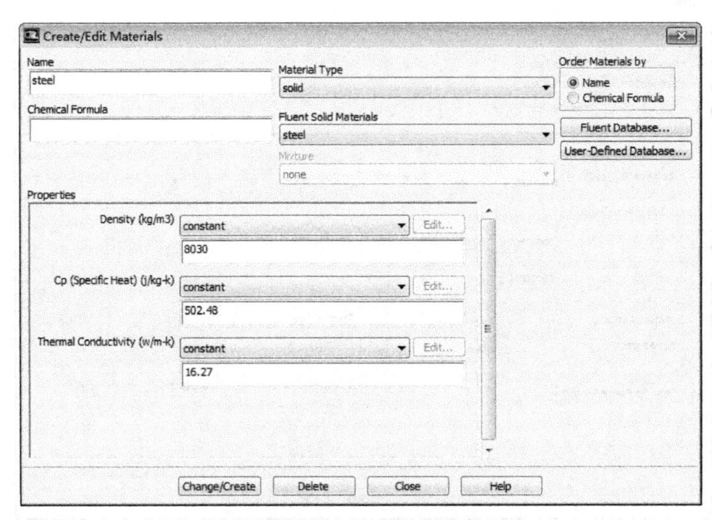

图 13-48　steel 物性参数

5. 设置区域条件

（1）选择项目树 Setup→Cell Zone Conditions 选项，在弹出的 Cell Zone Conditions 面板中对区域条件进行设置。

（2）选择 Zone 中的 air 选项，如图 13-49 所示，单击 Edit 按钮，弹出 Fluid 对话框，保持默认参数，如图 13-50 所示，单击 OK 按钮完成设置。

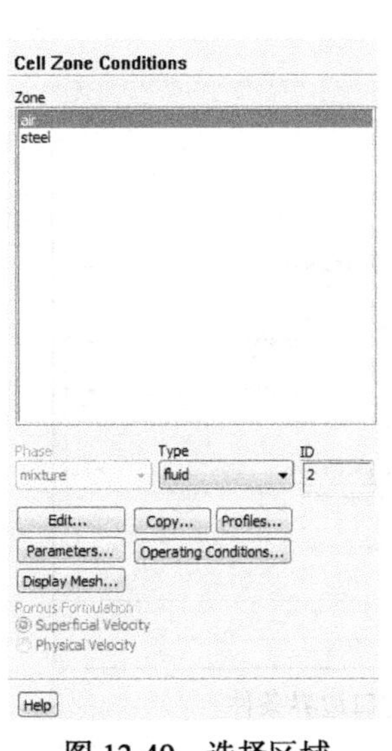

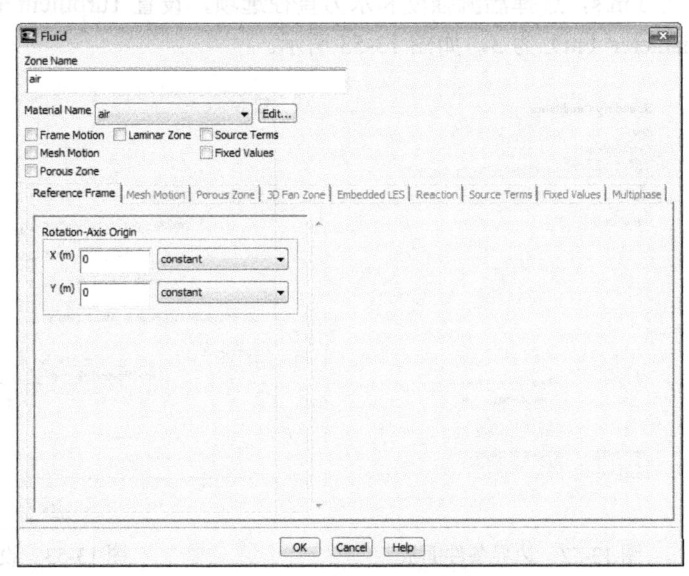

图 13-49　选择区域　　　　图 13-50　设置空气区域属性

（3）选择 Zone 中的 steel 选项，单击 Edit 按钮，弹出 Solid 对话框，材料名称选择 steel，选中 Mesh Motion 复选框，在 Mesh Motion 选项卡中设置 *X* 方向的移动速度为 10 m/s，如图 13-51 所示，单击 OK 按钮完成设置。

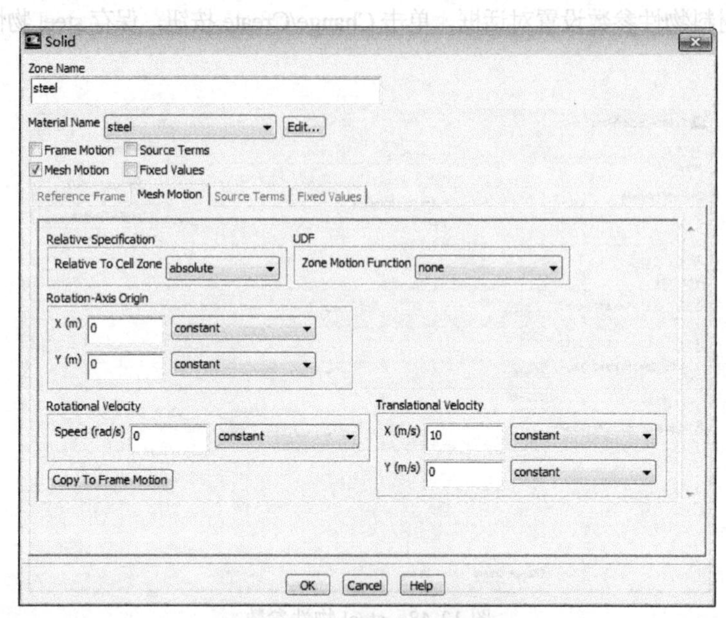

图 13-51 设置钢铁区域属性

6. 设置边界条件

（1）选择项目树 Setup→Boundary Conditions 选项，在打开的 Boundary Conditions 面板中对边界条件进行设置。

（2）双击 Zone 中的 in 选项，如图 13-52 所示，弹出 Velocity Inlet 对话框，进口速度设置为 5 m/s，选择湍流强度和水力直径选项，设置 Turbulent Intensity（%）为 5，Hydraulic Diameter（m）为 3，如图 13-53 所示。

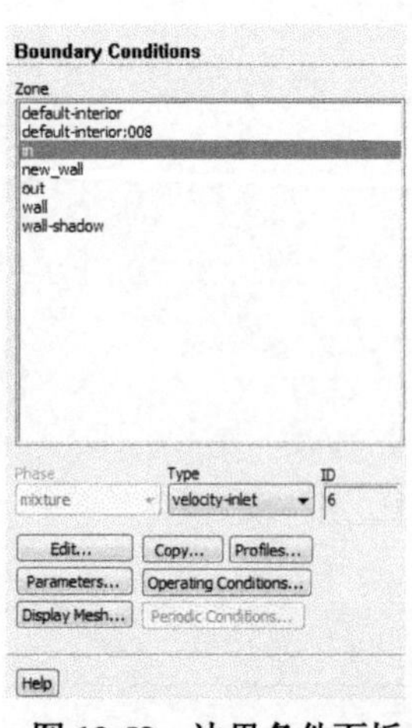

图 13-52 边界条件面板

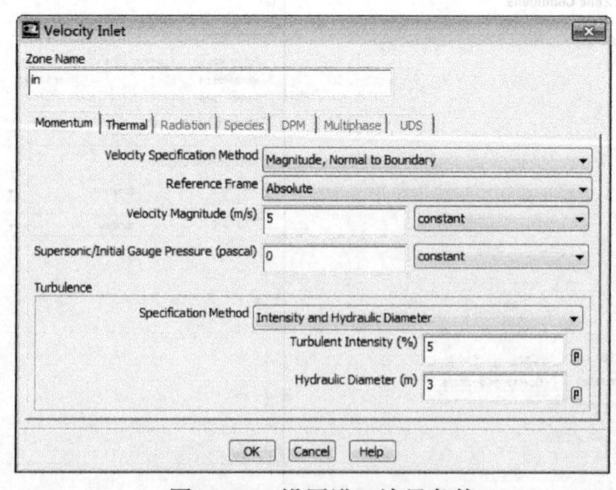

图 13-53 设置进口边界条件

（3）单击 Thermal 选项卡，设置进口温度为 298 K。

7. 导入 Profiles 文件

（1）执行 Define→Profiles 命令，弹出 Profiles 对话框，单击 Read 按钮，将已经编写好的 Profiles 文件导入，如图 13-54 所示。

（2）用记事本编写 Profiles 文档，如图 13-55 所示。

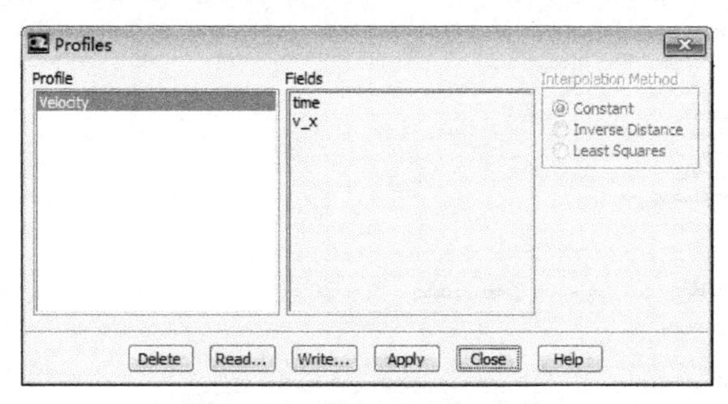

图 13-54 导入 Profiles 文件

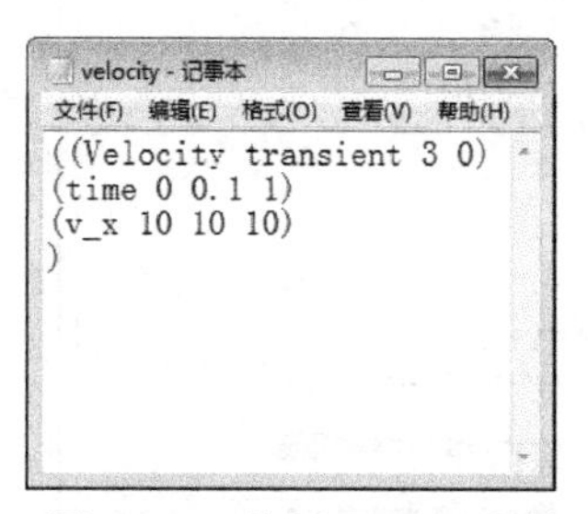

图 13-55 编写 Profiles 文档

8. 设置动网格

（1）选择项目树 Setup→Dynamic Mesh 选项，打开 Dynamic Mesh 面板，选中 Dynamic Mesh 复选框，在 Mesh Methods 下选中 Smoothing 和 Remeshing 复选框，如图 13-56 所示。

（2）单击 Mesh Methods 下的 Settings 按钮，打开 Mesh Method Settings 对话框，在 Smoothing 选项卡中设置 Spring Constant Factor 为 0.5，Laplace Node Relaxation 为 0.3，如图 13-57 所示。

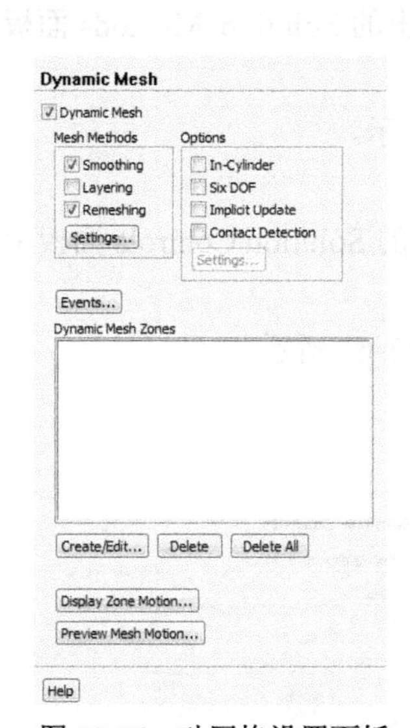

图 13-56 动网格设置面板

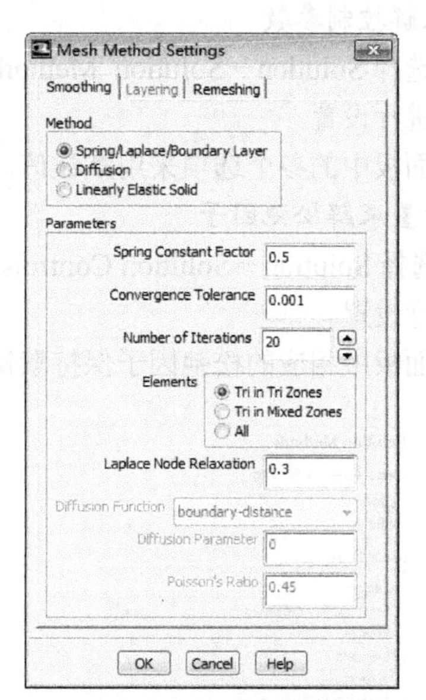

图 13-57 弹簧光顺网格设置

（3）单击 Remeshing 选项卡，设置 Minimum Length Scale（m）为 0.01，Maximum Length Scale（m）为 0.08，Maximum Cell Skewness 为 0.6，如图 13-58 所示。

（4）回到 Dynamic Mesh 面板，单击 Create/Edit 按钮，弹出 Dynamic Mesh Zones 对话框，在 Zone Names 下拉列表中选择 wall 选项，在 Motion UDF/Profile 下拉列表中选择 Velocity 选项，单击 Create 按钮，创建区域的运动特性，最终结果如图 13-59 所示。

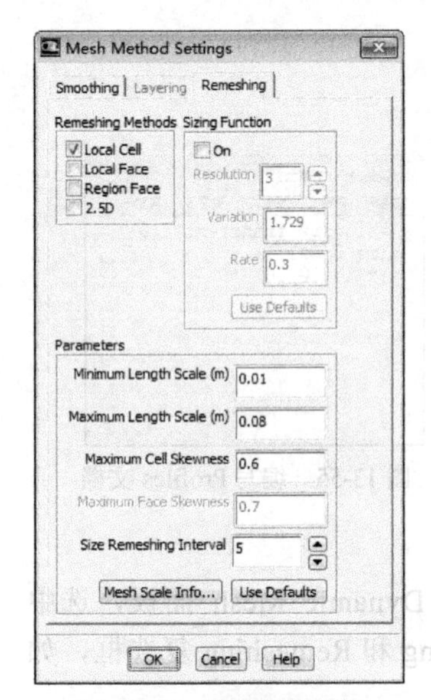

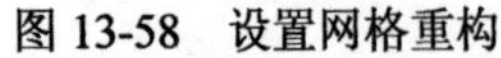

图 13-58　设置网格重构

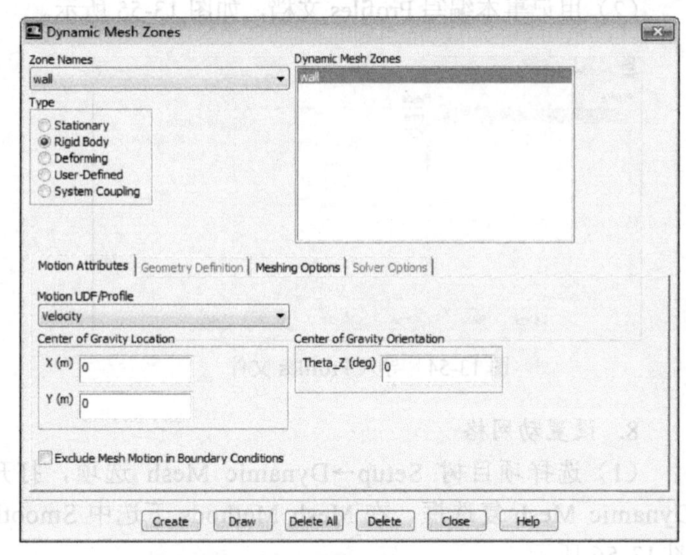

图 13-59　设置区域运动属性

13.3.3　求解计算

1. 求解控制参数

（1）选择 Solution→Solution Methods 选项，在弹出的 Solution Methods 面板中对求解控制参数进行设置。

（2）面板中的各个选项采用默认值，如图 13-60 所示。

2. 设置求解松弛因子

（1）选择 Solution→Solution Controls 选项，在弹出的 Solution Controls 面板中对求解松弛因子进行设置。

（2）面板中相应的松弛因子保持默认设置，如图 13-61 所示。

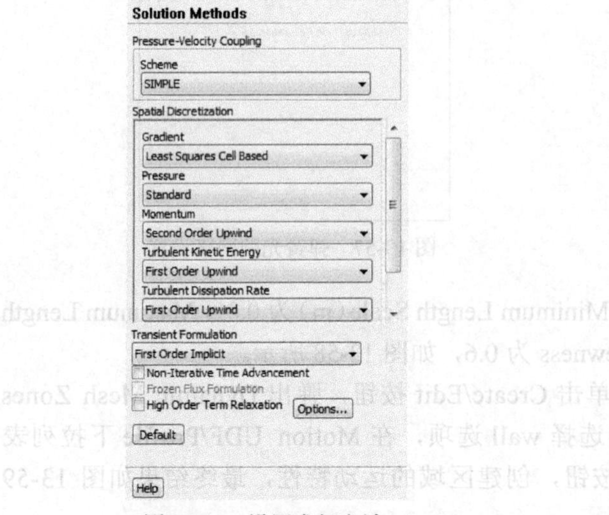

图 13-60　设置求解方法

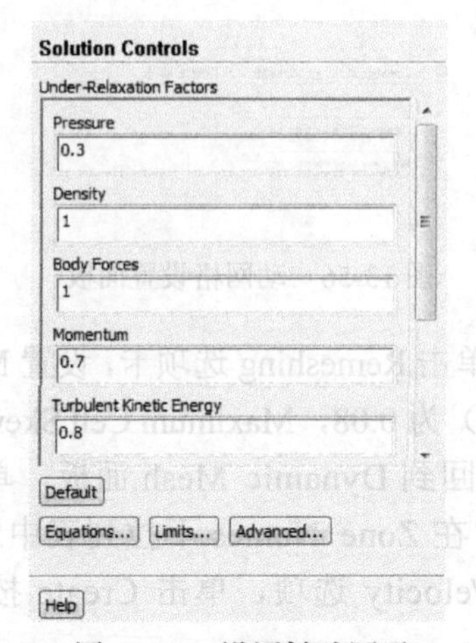

图 13-61　设置松弛因子

3. 设置收敛临界值

（1）选择 Solution→Monitors 选项，打开 Monitors 面板，如图 13-62 所示。

（2）双击 Monitors 面板中的 Residuals-Print，Plot 选项，打开 Residual Monitors 对话框，保持默认设置，如图 13-63 所示，单击 OK 按钮完成设置。

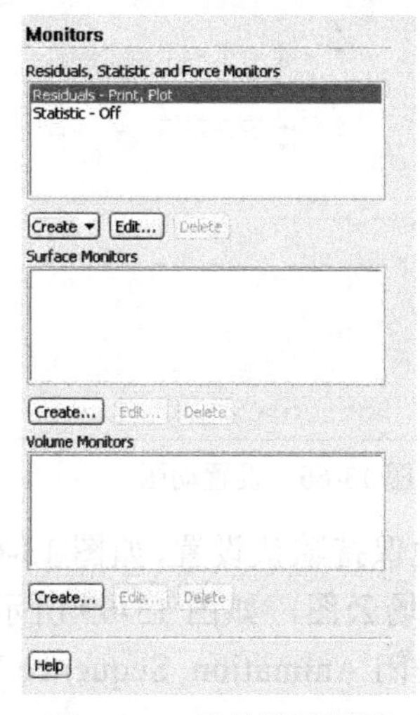

图 13-62 残差设置面板

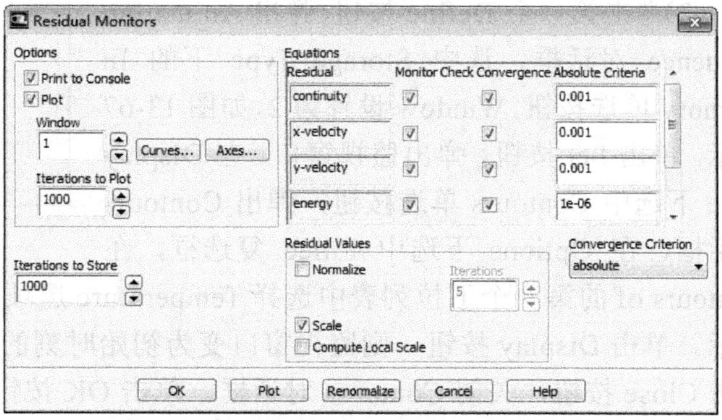

图 13-63 设置迭代残差

4. 设置流场初始化

（1）选择 Solution→Solution Initialization 选项，打开 Solution Initialization 面板进行初始化设置。

（2）在 Initialization Methods 下选中 Standard Initialization 单选按钮，在 Compute from 下拉列表中选择 all-zones，其他保持默认设置，单击 Initialize 按钮完成初始化，如图 13-64 所示。

（3）单击 Patch 按钮，对铁块初始温度进行设置，如图 13-65 所示。

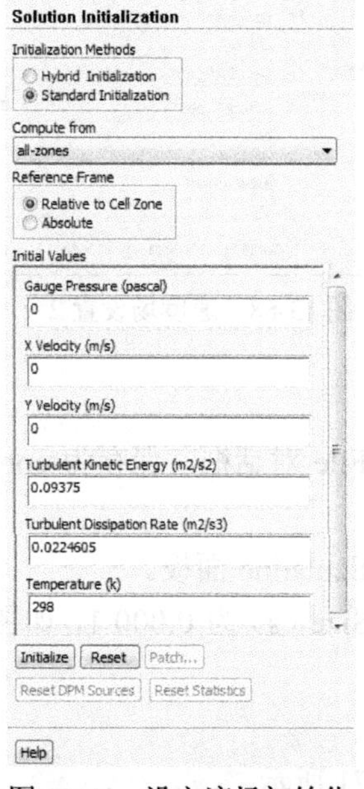

图 13-64 设定流场初始化

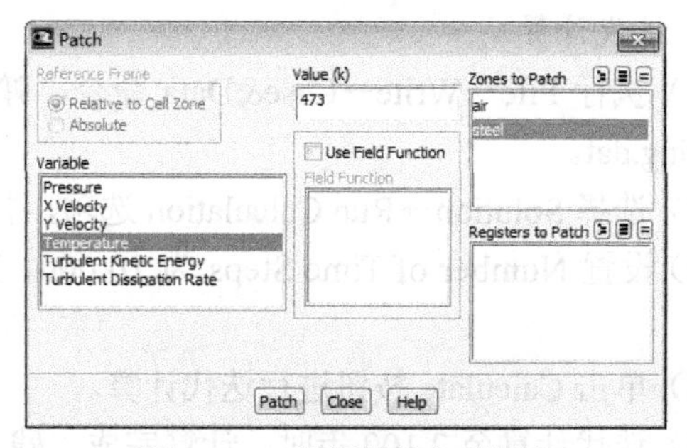

图 13-65 设置铁块初始温度

5. 设置速度场动画

（1）选择 Solution→Calculation Activities 选项，打开 Calculation Activities 面板，设置 Autosave Every（Time Steps）为 3，表示每计算 3 个时间步，保存一次计算数据。

（2）单击 Solution Animations 下的 Create/Edit 按钮，弹出 Solution Animation 对话框，Animation Sequences 设置为 1，在 When 下拉列表中选择 Time Step 选项，如图 13-66 所示。

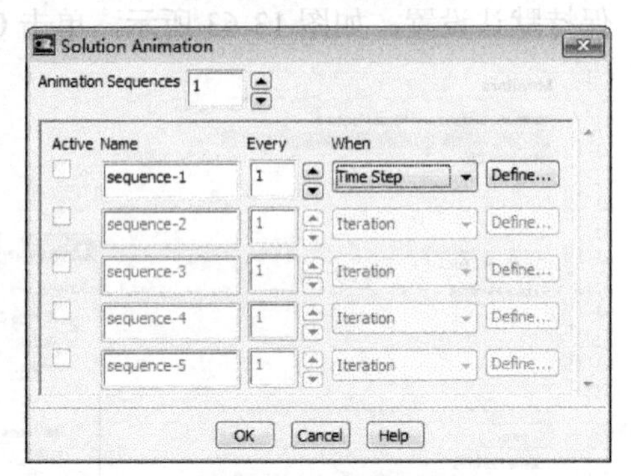

图 13-66　设置动画

（3）单击第一个 Define 按钮，弹出 Animation Sequence 对话框，选中 Storage Type 下的 In Memory 单选按钮，Window 设置为 2，如图 13-67 所示。单击 Set 按钮，弹出监视窗口。在 Display Type 下选中 Contours 单选按钮，弹出 Contours 对话框，在 Options 下选中 Filled 复选框，在 Contours of 的第一个下拉列表中选择 Temperature 选项，其他保持默认设置，如图 13-68 所示。单击 Display 按钮，则监视窗口变为初始时刻的温度场云图，如图 13-69 所示。单击 Close 按钮，关闭 Contours 对话框。单击 OK 按钮，关闭 Animation Sequence 对话框，完成设置。

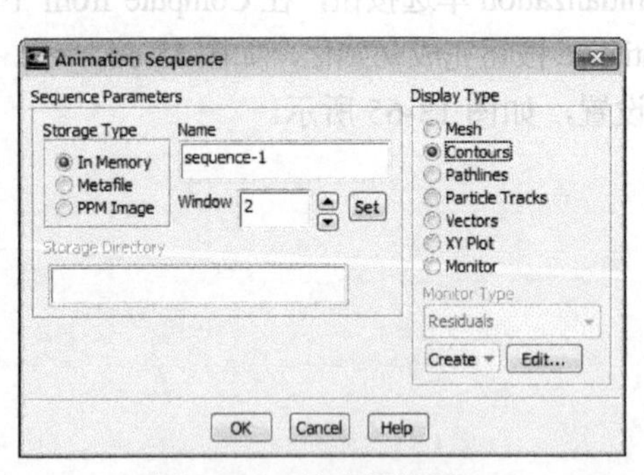

图 13-67　速度场设置 1

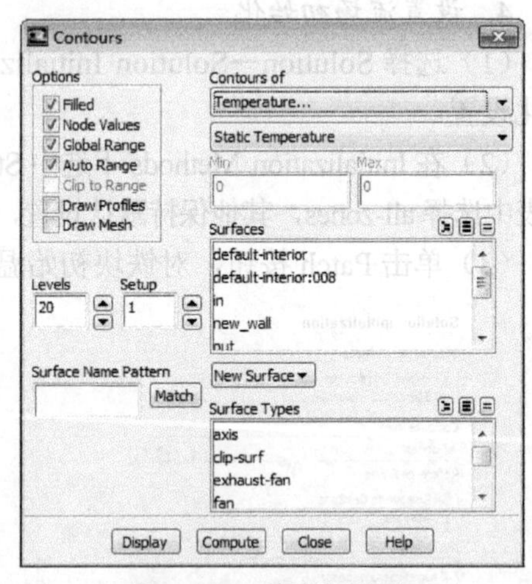

图 13-68　速度场设置 2

6. 迭代计算

（1）执行 File→Write→Case&Data 命令，弹出 Select File 对话框，保存为 cooling.cas 和 cooling.dat。

（2）选择 Solution→Run Calculation 选项，打开 Run Calculation 面板。

（3）设置 Number of Time Steps 为 10 000，Time Step Size（s）为 0.000 1，如图 13-70 所示。

（4）单击 Calculate 按钮进行迭代计算。

（5）迭代计算至 2 100 步时，计算完成，残差如图 13-71 所示。

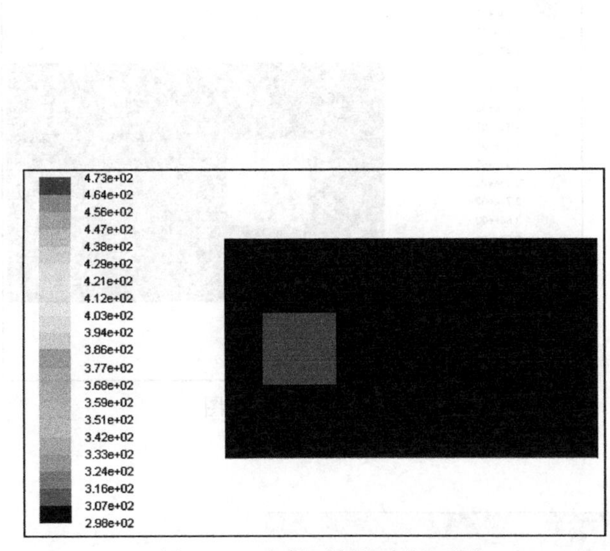

图 13-69 初始时刻温度场云图

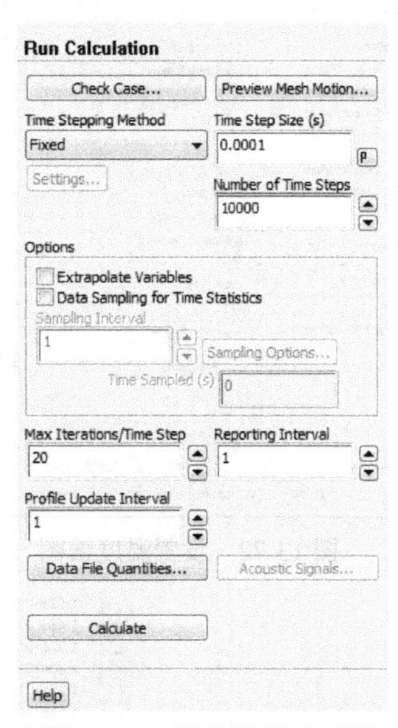

图 13-70 迭代设置对话框

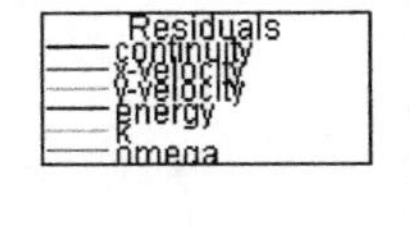

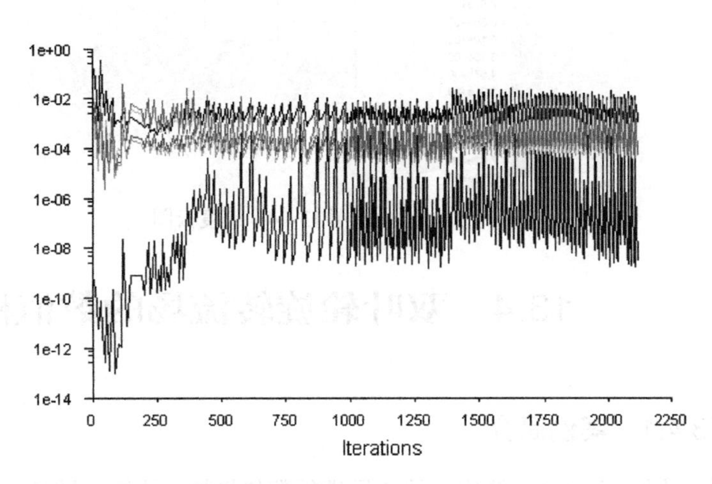

图 13-71 残差监视窗口

13.3.4 计算结果后处理及分析

（1）执行 File→Read→Case&Data 命令，读入 cooling-1-00126.cas 和 cooling-1-00126.dat 文件。选择 Results→Graphics 选项，打开 Graphics and Animations 面板。

（2）双击 Graphics 中的 Contours 选项，打开 Contours 对话框，在 Contours of 下选择 Temperature 选项，如图 13-72 所示。单击 Display 按钮，显示温度云图，如图 13-73 所示。

（3）重复上述操作，在 Contours 对话框中的 Contours of 下拉列表中选择 Velocity 选项，单击 Display 按钮，显示速度云图，如图 13-74 所示。

（4）由温度云图可以明显看出冷空气对铁块的冷却效果，且前部区域和下部区域冷却较快。

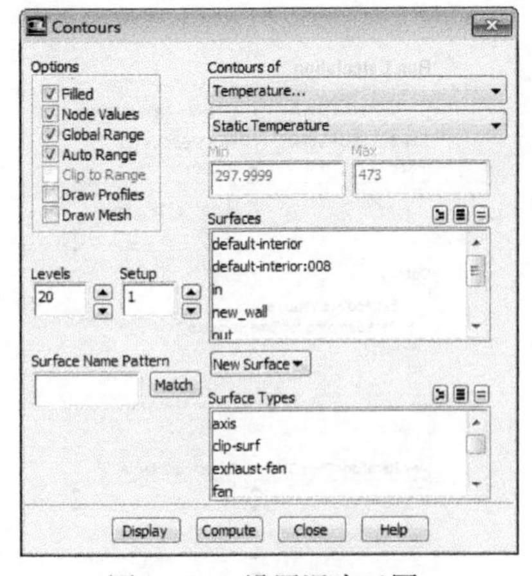

图 13-72　设置温度云图

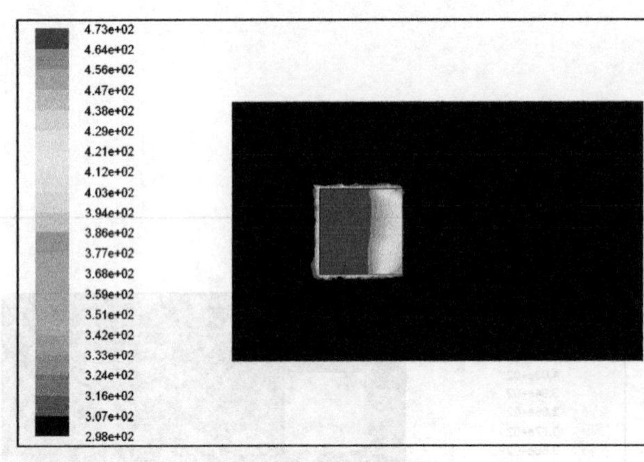

图 13-73　温度云图

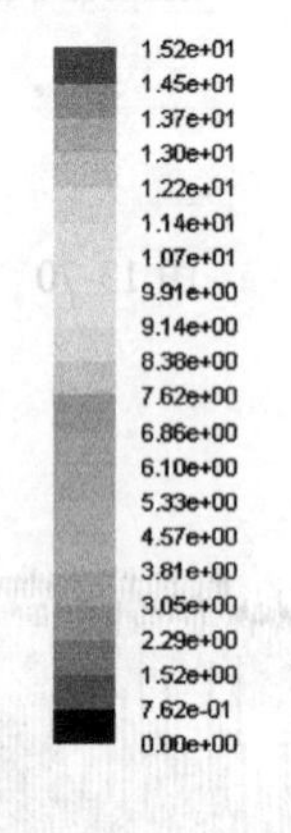

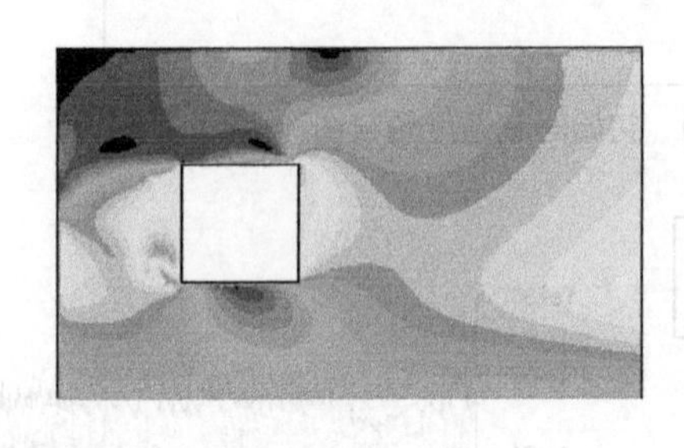

图 13-74　速度云图

13.4　双叶轮旋转流场的数值模拟

13.4.1　案例简介

本案例主要对双叶轮旋转的流场进行数值模拟，计算区域长 5 m、宽 3 m，中间有两个旋转的叶轮，以顺时针旋转，两旋转叶轮间隔 0.5 m，如图 13-75 所示。

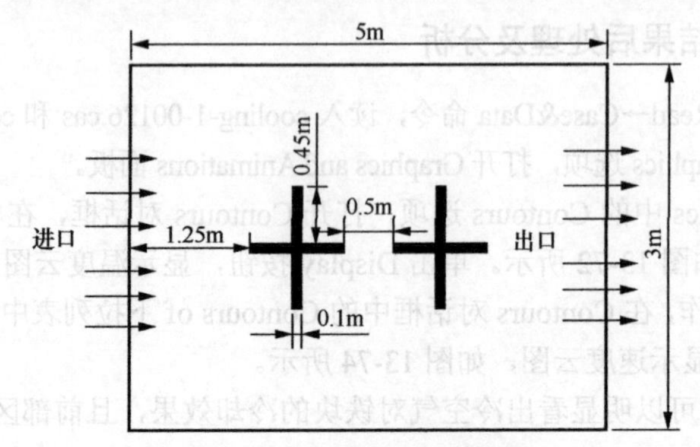

图 13-75　双叶轮旋转模型

左侧为进口，右侧为出口，通过计算模拟，得到叶轮旋转带动的速度场和压力场。

13.4.2　FLUENT 求解计算设置

1. *启动* FLUENT-2D

（1）双击桌面上的 FLUENT 16.0 图标，进入启动界面。

（2）选中 Dimension 中的 2D 单选按钮，取消选中 Display Options 下的 3 个复选框，并选中 Double Precision 复选框。

（3）其他保持默认设置，单击 OK 按钮进入 FLUENT 16.0 主界面。

2. *读入并检查网格*

（1）执行 File→Read→Mesh 命令，在弹出的 Select File 对话框中读入 impeller.msh 二维网格文件。

（2）执行 Mesh→Info→Size 命令，得到如图 13-76 所示的模型网格信息：共有 18 718 个节点、55 437 个网格面和 36 718 个网格单元。

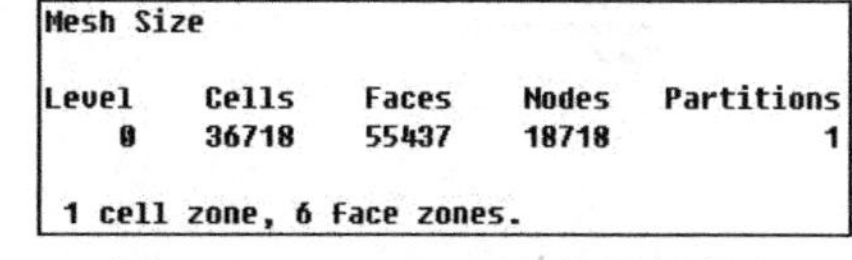

```
Mesh Size

Level     Cells     Faces     Nodes    Partitions
    0     36718     55437     18718             1

 1 cell zone, 6 face zones.
```

图 13-76　FLUENT 网格数量信息

（3）执行 Mesh→Check 命令，反馈信息如图 13-77 所示。可以看到计算域二维坐标的上下限，检查最小体积和最小面积是否为负数。

```
 Domain Extents:
   x-coordinate: min (m) = -2.500000e+00, max (m) = 2.500000e+00
   y-coordinate: min (m) = -1.500000e+00, max (m) = 1.500000e+00
 Volume statistics:
   minimum volume (m3): 1.220564e-04
   maximum volume (m3): 1.573592e-03
     total volume (m3): 1.462000e+01
 Face area statistics:
   minimum face area (m2): 1.474370e-02
   maximum face area (m2): 6.398136e-02
 Checking mesh.........................
Done.
```

图 13-77　FLUENT 网格信息

3. *设置求解器参数*

（1）选择项目树 Setup→General 选项，如图 13-78 所示，在出现的 General 面板中进行求解器的设置。

（2）选择非稳态计算，在 Time 下选中 Transient 单选按钮，如图 13-79 所示。

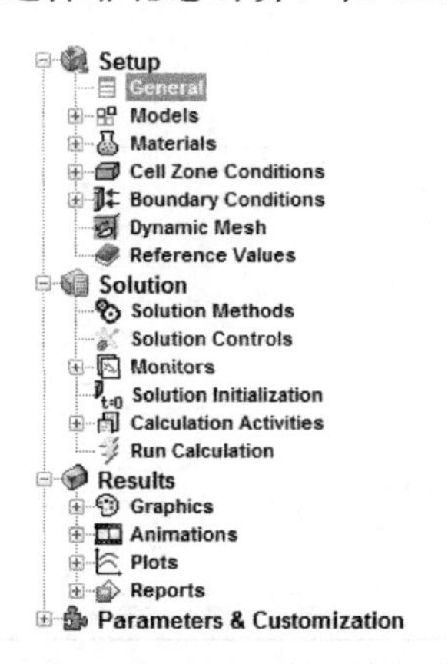

图 13-78　选择求解器项目树

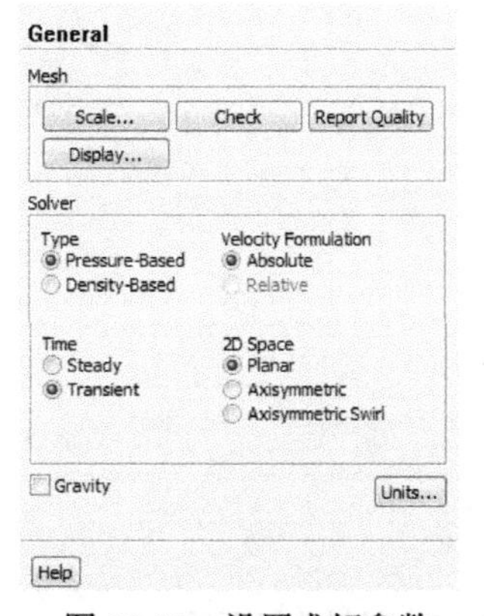

图 13-79　设置求解参数

（3）选择项目树 Setup→Models 选项，对求解模型进行设置，如图 13-80 所示。

（4）双击 Viscous-Laminar 选项，弹出 Viscous Model 对话框，选择 k-epsilon（2 eqn）选项，如图 13-81 所示，单击 OK 按钮完成设置。

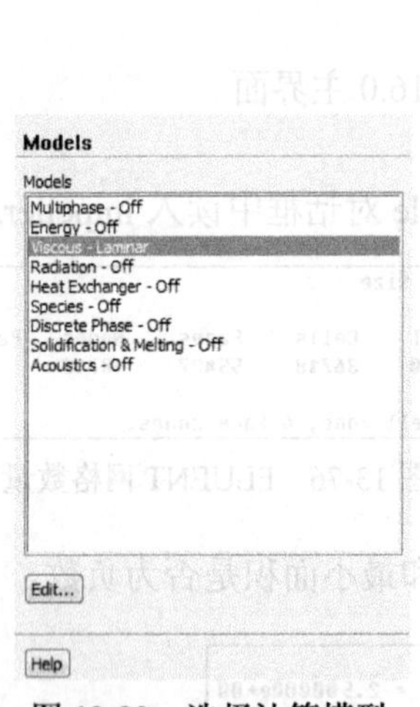

图 13-80　选择计算模型

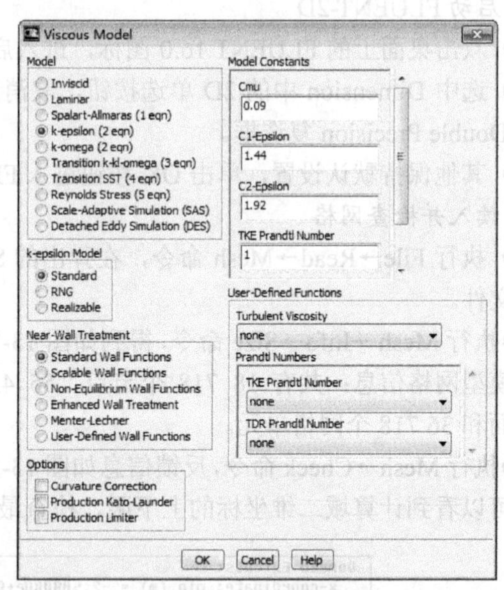

图 13-81　选择湍流模型

4．定义材料物性

（1）选择项目树 Setup→Materials 选项，在出现的 Materials 面板中对所需材料进行设置。

（2）双击 Materials 中的 Fluid 选项，如图 13-82 所示，弹出材料物性参数设置对话框。

（3）单击 Fluent Database 按钮，弹出材料库对话框，选择 Fluent Fluid Materials 列表中的 water-liquid（h2o<l>）选项，单击 Copy 按钮，复制水的物性参数，如图 13-83 所示。

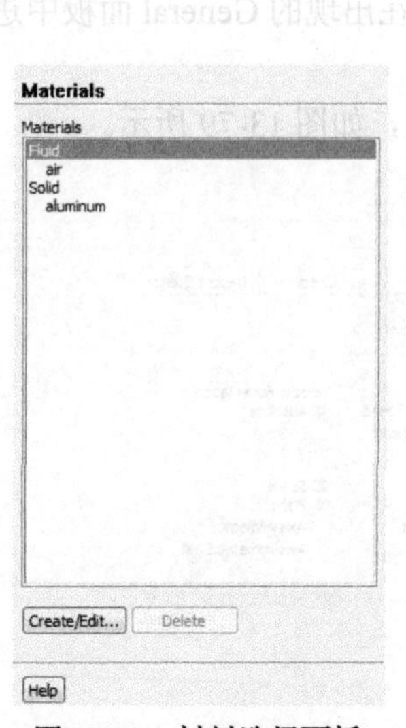

图 13-82　材料选择面板

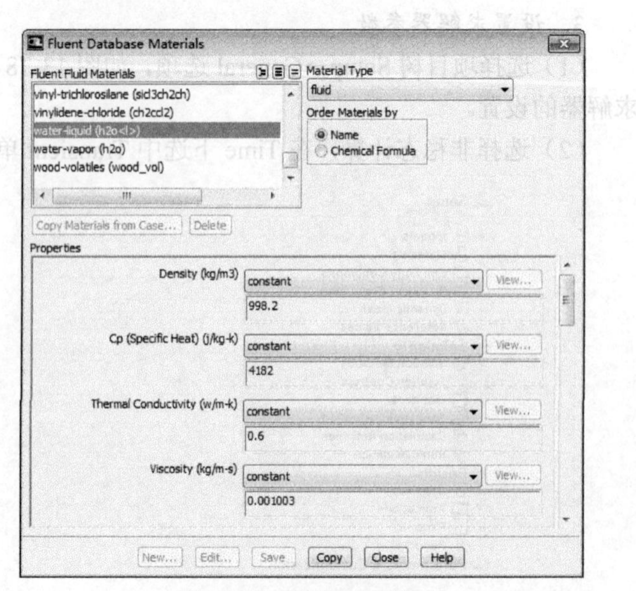

图 13-83　材料库对话框

（4）单击 Change/Create 按钮，保存水的物性参数，如图 13-84 所示。

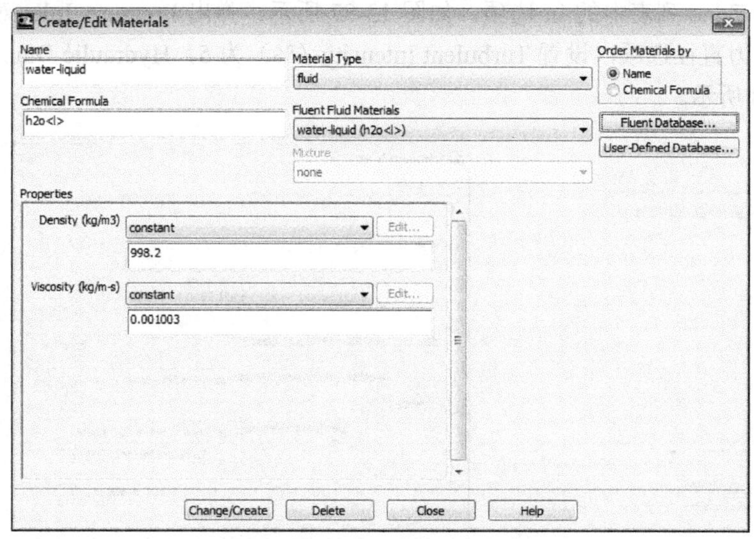

图 13-84 保存水的物性参数

5. 设置区域条件

（1）选择项目树 Setup→Cell Zone Conditions 选项，在弹出的 Cell Zone Conditions 面板中对区域条件进行设置。

（2）选择 Zone 列表中的 fluid 选项，如图 13-85 所示，单击 Edit 按钮，弹出 Fluid 对话框，材料名称选择 water-liquid 即可，如图 13-86 所示，单击 OK 按钮完成设置。

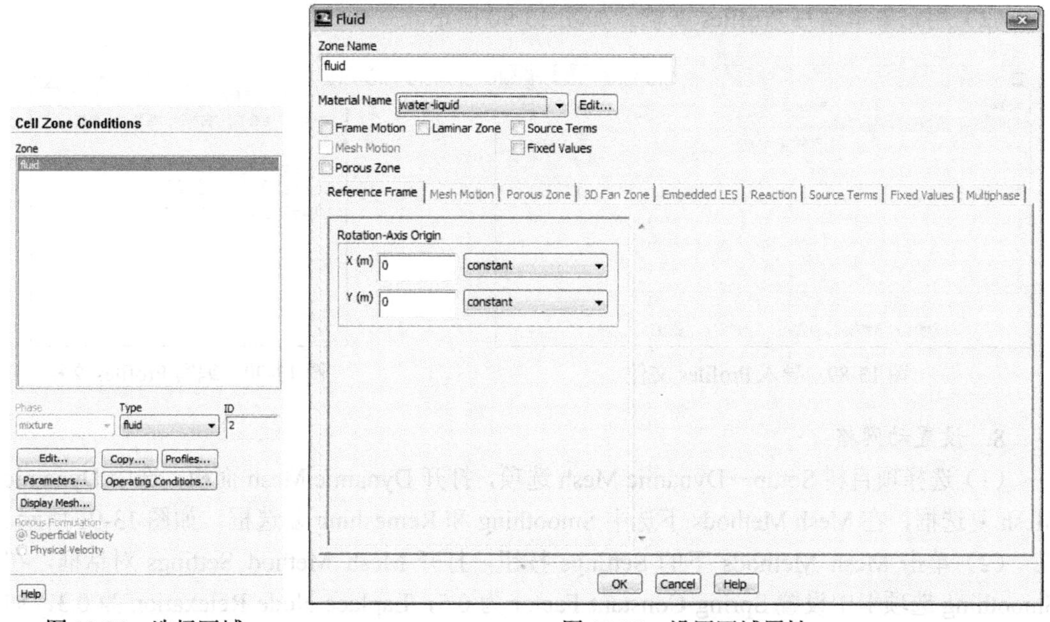

图 13-85 选择区域　　　　图 13-86 设置区域属性

6. 设置边界条件

（1）选择项目树 Setup→Boundary Conditions 选项，在打开的 Boundary Conditions 面板

中对边界条件进行设置。

（2）双击 Zone 列表中的 in 选项，如图 13-87 所示，弹出 Pressure Inlet 对话框，选择湍流强度和水力直径选项，设置 Turbulent Intensity（%）为 5，Hydraulic Diameter（m）为 3，如图 13-88 所示。

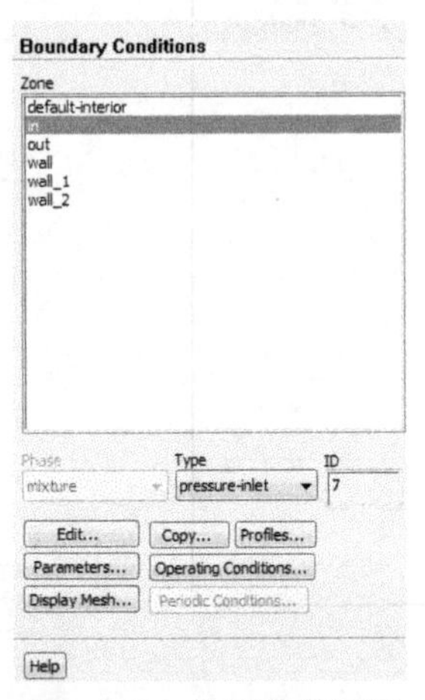

图 13-87 边界条件面板

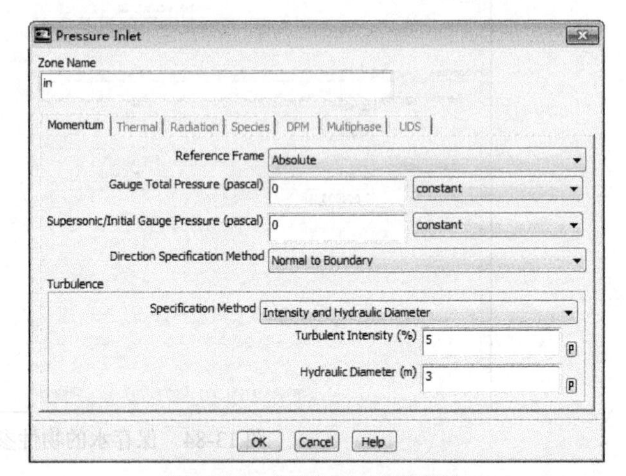

图 13-88 设置进口边界条件

（3）重复上述操作，设置出口边界条件，出口湍流强度和水力直径数值与进口相同。

7. 导入 Profiles 文件

（1）执行 Define→Profiles 命令，弹出 Profiles 对话框，单击 Read 按钮，将已经编写好的 Profiles 文件导入，如图 13-89 所示。

（2）用记事本编写 Profiles 文档，如图 13-90 所示。

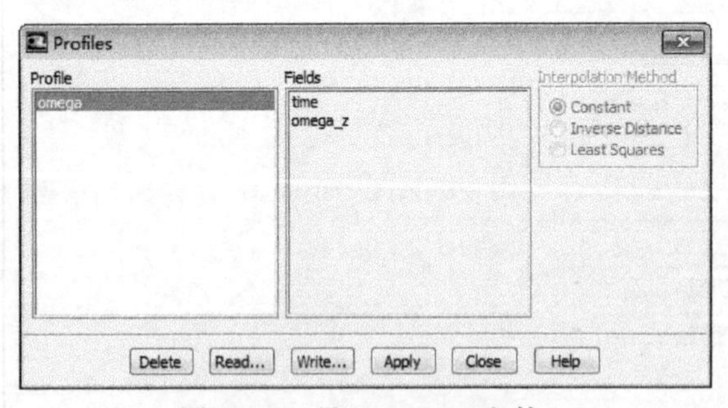

图 13-89 导入 Profiles 文件

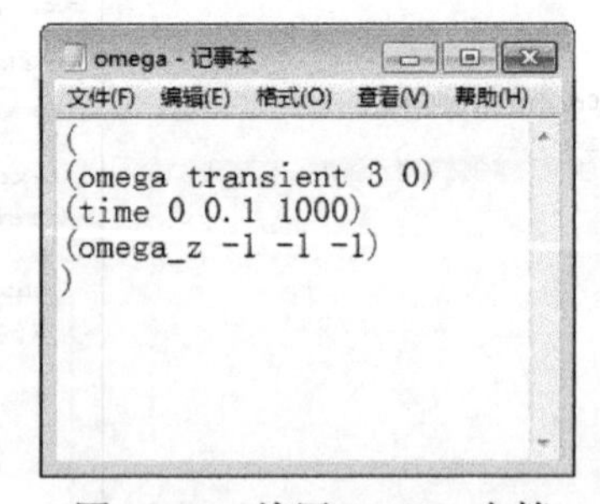

图 13-90 编写 Profiles 文档

8. 设置动网格

（1）选择项目树 Setup→Dynamic Mesh 选项，打开 Dynamic Mesh 面板，选中 Dynamic Mesh 复选框，在 Mesh Methods 下选中 Smoothing 和 Remeshing 复选框，如图 13-91 所示。

（2）单击 Mesh Methods 下的 Settings 按钮，打开 Mesh Method Settings 对话框，在 Smoothing 选项卡中设置 Spring Constant Factor 为 0.5，Laplace Node Relaxation 为 0.3，如图 13-92 所示。

（3）单击 Remeshing 选项卡，设置 Minimum Length Scale（m）为 0.014，Maximum Length Scale（m）为 0.06，Maximum Cell Skewness 为 0.323，如图 13-93 所示。

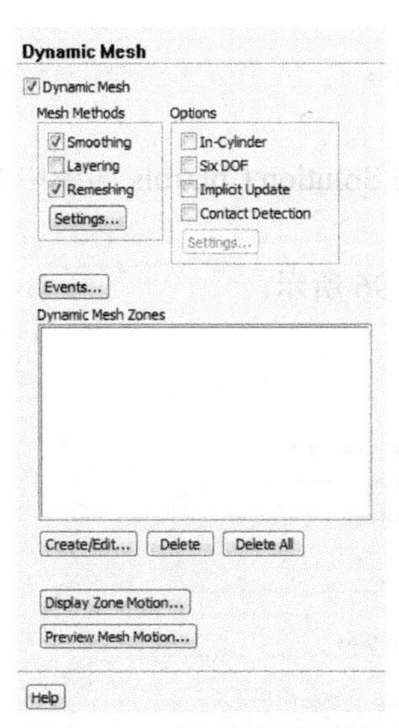

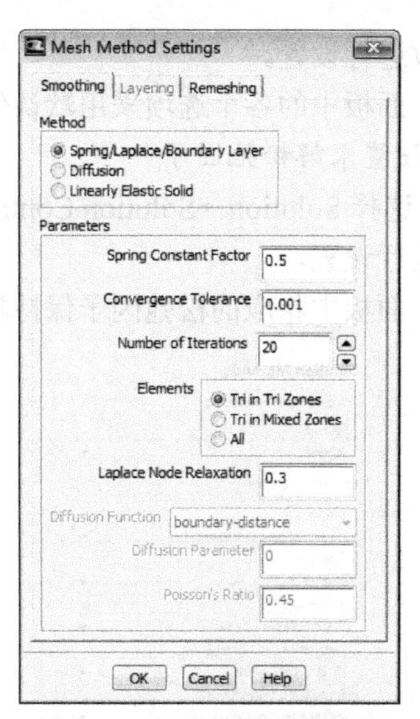

图 13-91 动网格设置面板

图 13-92 设置弹簧光顺网格

（4）回到 Dynamic Mesh 面板，单击 Create/Edit 按钮，弹出 Dynamic Mesh Zones 对话框，在 Zone Names 下拉列表中选择 wall_1 选项，在 Motion UDF/Profile 下拉列表中选择 omega 选项，单击 Create 按钮，创建左侧叶轮的运动特性。重复上述操作，在 Zone Names 下拉列表中选择 wall_2 选项，在 Motion UDF/Profile 下拉列表中选择 omega 选项，单击 Create 按钮，创建右侧叶轮的运动特性。最终结果如图 13-94 所示。

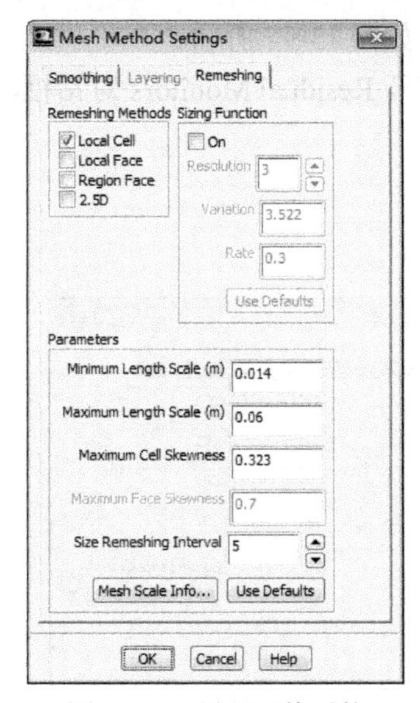

图 13-93 设置网格重构

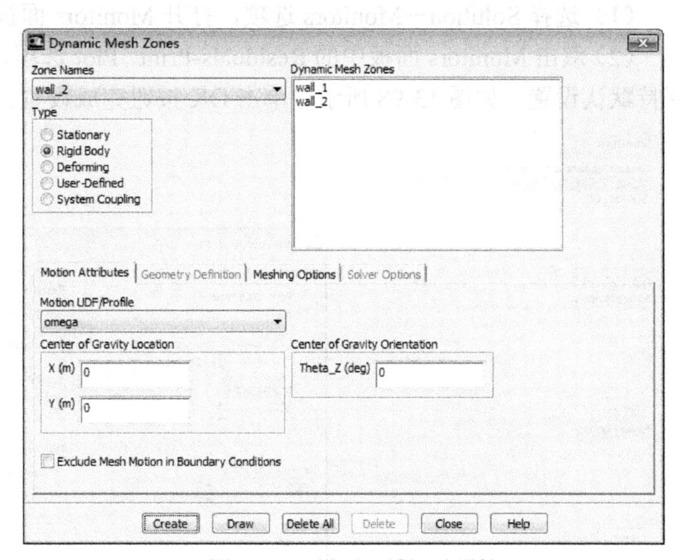

图 13-94 设置区域运动属性

13.4.3 求解计算

1. 求解控制参数

（1）选择 Solution→Solution Methods 选项，在弹出的 Solution Methods 面板中对求解

控制参数进行设置。

（2）面板中的各个选项采用默认值，如图 13-95 所示。

2. 设置求解松弛因子

（1）选择 Solution→Solution Controls 选项，在弹出的 Solution Controls 面板中对求解松弛因子进行设置。

（2）面板中相应的松弛因子保持默认设置，如图 13-96 所示。

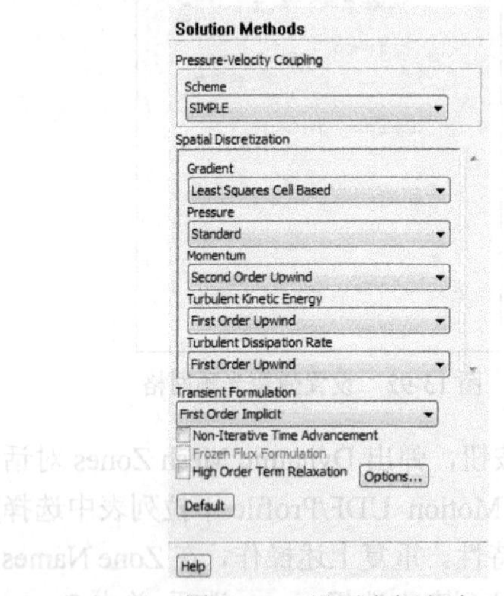

图 13-95　设置求解方法

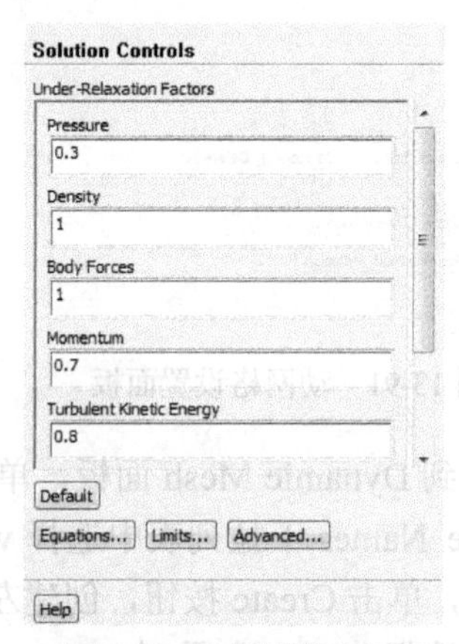

图 13-96　设置松弛因子

3. 设置收敛临界值

（1）选择 Solution→Monitors 选项，打开 Monitors 面板，如图 13-97 所示。

（2）双击 Monitors 面板中的 Residuals-Print，Plot 选项，打开 Residual Monitors 对话框，保持默认设置，如图 13-98 所示，单击 OK 按钮完成设置。

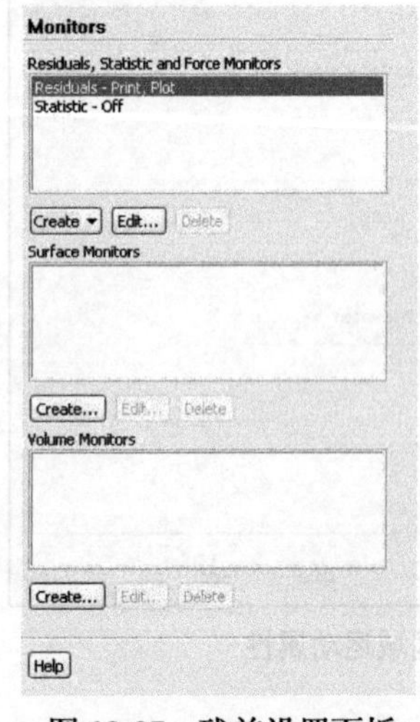

图 13-97　残差设置面板

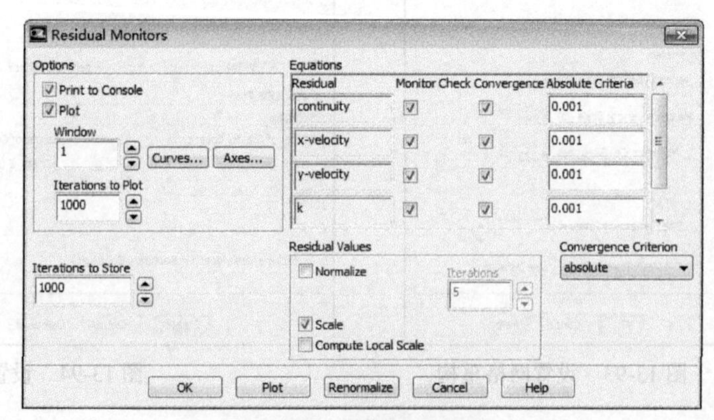

图 13-98　设置迭代残差

4. 设置流场初始化

（1）选择 Solution→Solution Initialization 选项，打开 Solution Initialization 面板进行初始化设置。

（2）在 Initialization Methods 下选中 Standard Initialization 单选按钮，在 Compute from 下拉列表中选择 all-zones 选项，其他保持默认设置，单击 Initialize 按钮完成初始化，如图 13-99 所示。

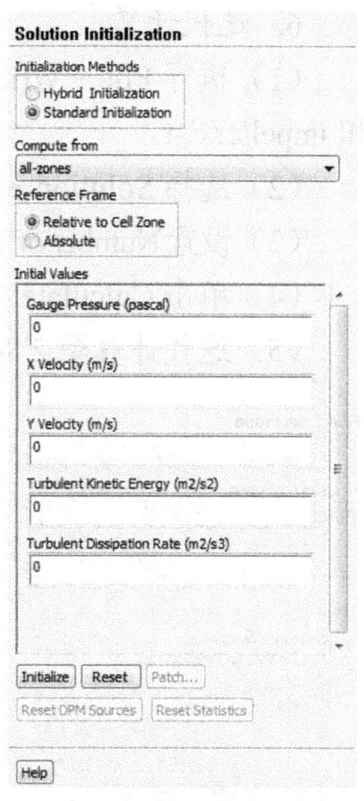

图 13-99　设定流场初始化

5. *设置速度场动画*

（1）选择 Solution→Calculation Activities 选项，打开 Calculation Activities 面板，设置 Autosave Every（Time Steps）为 3，表示每计算 3 个时间步，保存一次计算数据。

（2）单击 Solution Animations 下的 Create/Edit 按钮，弹出 Solution Animation 对话框，Animation Sequences 设置为 1，在 When 下拉列表中选择 Time Step 选项，如图 13-100 所示。

（3）单击第一个 Define 按钮，弹出 Animation Sequence 对话框，在 Storage Type 下选中 In Memory 单选按钮，Window 设置为 2，如图 13-101 所示。单击 Set 按钮，弹出监视窗口。

在 Display Type 下选中 Contours 单选按钮，弹出 Contours 对话框，在 Options 下选中 Filled 复选框，在 Contours of 下拉列表中选择 Velocity 选项，其他保持默认设置，如图 13-102 所示。单击 Display 按钮，监视窗口变为初始时刻的速度场云图，如图 13-103 所示。单击 Close 按钮，关闭 Contours 对话框。单击 OK 按钮，关闭 Animation Sequence 对话框，完成设置。

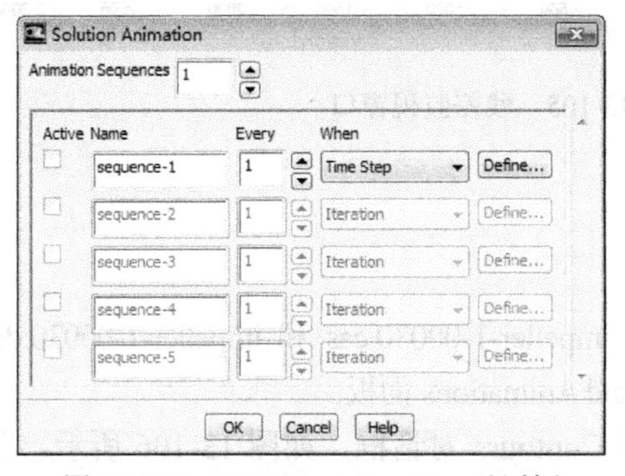

图 13-100　Solution Animation 对话框

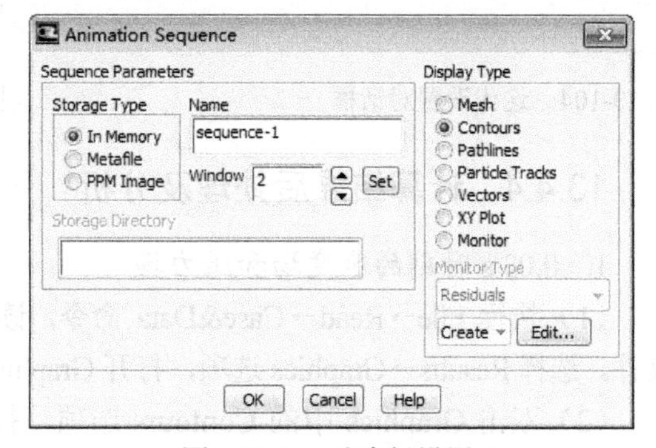

图 13-101　速度场设置 1

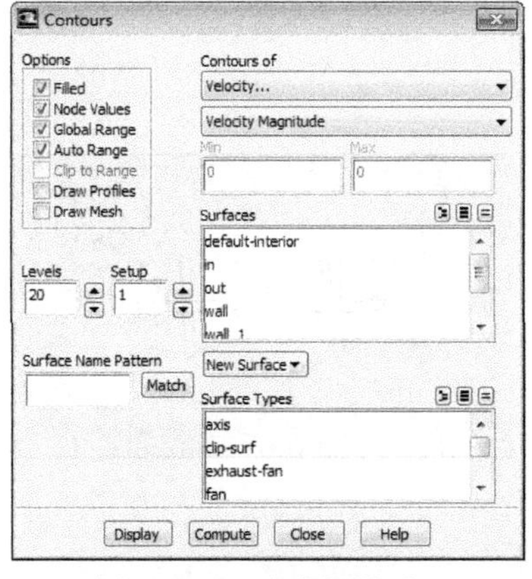

图 13-102　速度场设置 2

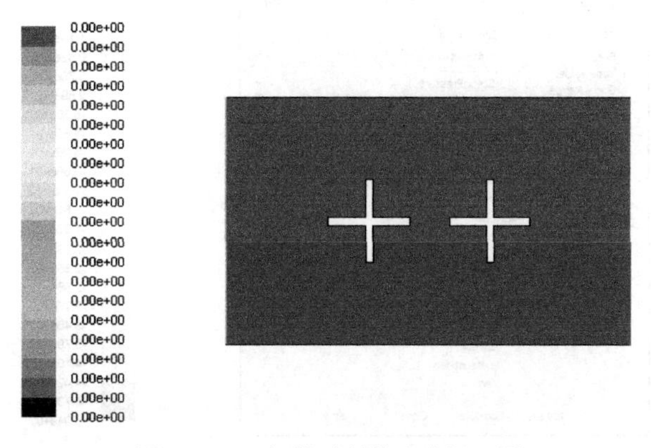

图 13-103　初始时刻的速度场云图

6．迭代计算

（1）执行 File→Write→Case&Data 命令，弹出 Select File 对话框，保存为 impeller.cas 和 impeller.dat。

（2）选择 Solution→Run Calculation 选项，打开 Run Calculation 面板。

（3）设置 Number of Time Steps 为 10 000，Time Step Size（s）为 0.000 1，如图 13-104 所示。

（4）单击 Calculate 按钮进行迭代计算。

（5）迭代计算至 2 848 步时，计算完成，残差如图 13-105 所示。

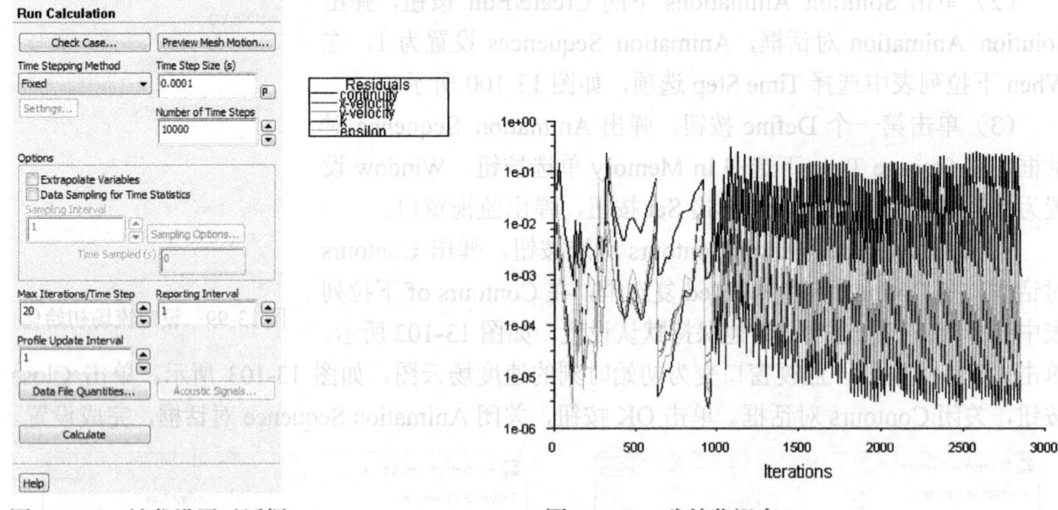

图 13-104　迭代设置对话框　　　　图 13-105　残差监视窗口

13.4.4　计算结果后处理及分析

1．0.03 s 时刻的速度场和压力场

（1）执行 File→Read→Case&Data 命令，读入 impeller-1-00030.cas 和 impeller-1-00030.dat 文件。选择 Results→Graphics 选项，打开 Graphics and Animations 面板。

（2）双击 Graphics 中的 Contours 选项，打开 Contours 对话框，如图 13-106 所示。单击 Display 按钮，显示压力云图，如图 13-107 所示。

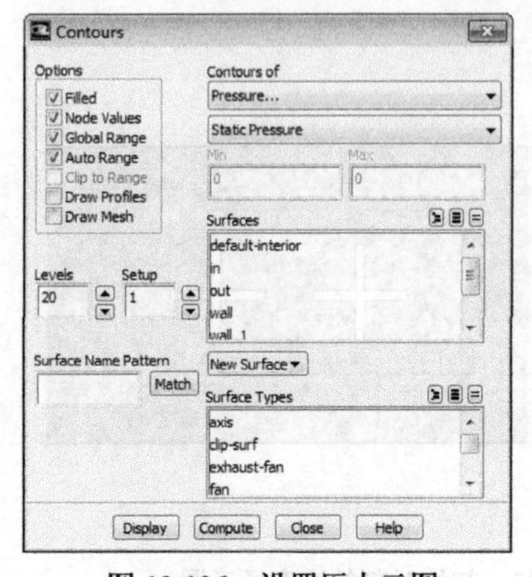

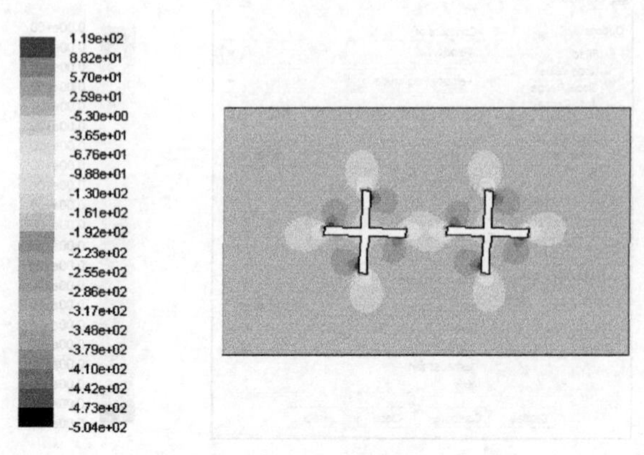

图 13-106　设置压力云图　　　　图 13-107　0.03 s 时刻的压力云图

（3）重复上述操作，在 Contours 对话框中的 Contours of 下拉列表中选择 Velocity 选项，单击 Display 按钮，显示速度云图，如图 13-108 所示。

（4）由压力场云图和速度场云图可以看出，在 0.03 s 时刻，最高流速达到 0.6 m/s。

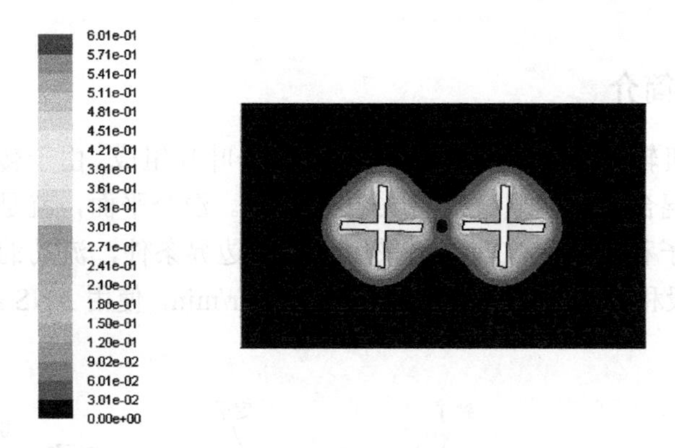

图 13-108　0.03 s 时刻的速度云图

2. 4.883 s 时刻的速度场和压力场

（1）执行 File→Read→Case&Data 命令，读入 impeller-1-00120.cas 和 impeller-1-00120.dat 文件。

（2）重复上述操作，分别绘制压力云图和速度云图，如图 13-109 和图 13-110 所示。

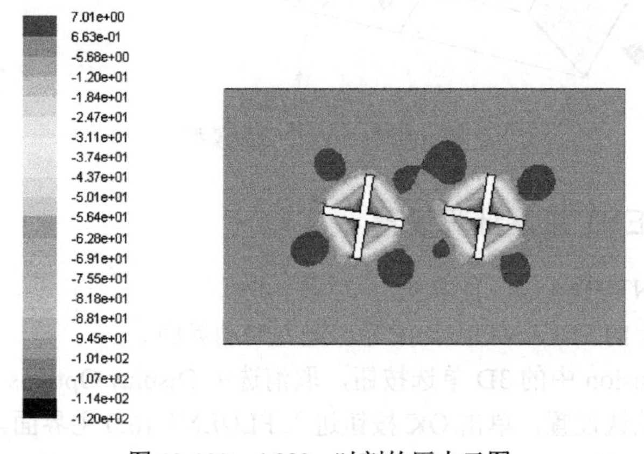

图 13-109　4.883 s 时刻的压力云图

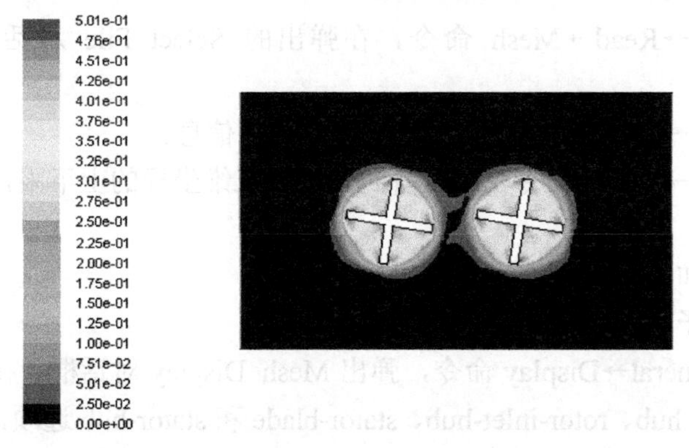

图 13-110　4.883 s 时刻的速度云图

13.5　单级轴流涡轮机模型内部流场模拟

13.5.1　案例简介

单级轴流涡轮机转子和定子分别由 9 个和 12 个叶片组成。由于转子和定子的周期角度不同，必须使用混合平面模型，如图 13-111 所示。混合平面，就是指转子出口与定子入口处的平面。转子和定子两边的网格采用周期性边界条件，流动的上游与下游采用压力进出口条件，轮毂和转子叶片的旋转速度为 1 800r/min。使用 ANSYS FLUENT 计算该模型的流场。

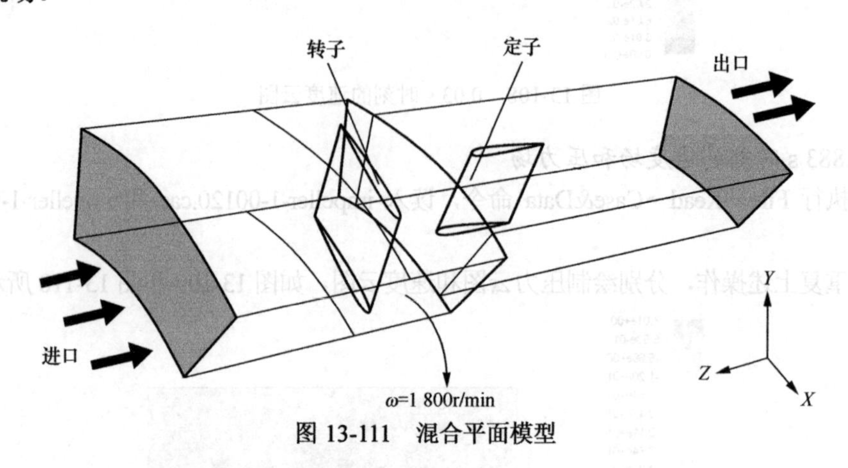

图 13-111　混合平面模型

13.5.2　FLUENT 求解计算设置

1. *启动* FLUENT-3D

（1）双击桌面上的 FLUENT 16.0 图标，进入启动界面。

（2）选中 Dimension 中的 3D 单选按钮，取消选中 Display Options 下的 3 个复选框。

（3）其他保持默认设置，单击 OK 按钮进入 FLUENT 16.0 主界面。

2. *读入并检查网格*

（1）执行 File→Read→Mesh 命令，在弹出的 Select File 对话框中读入网格文件 fanstage.msh。

（2）执行 Mesh→Info→Size 命令，得到模型网格信息。

（3）执行 Mesh→Check 命令，可以看到计算域三维坐标的上下限，检查最小体积和最小面积是否为负数。

初始显示网格如图 13-112 所示。

（4）转子与定子显示。

执行主菜单 General→Display 命令，弹出 Mesh Display 对话框。在 Surfaces 列表中选择 rotor-blade、rotor-hub、rotor-inlet-hub、stator-blade 和 stator-hub 选项，如图 13-113 所示，然后单击 Display 按钮显示出转子与定子，如图 13-114 所示。单击 Close 按钮，关闭 Mesh

Display 对话框。

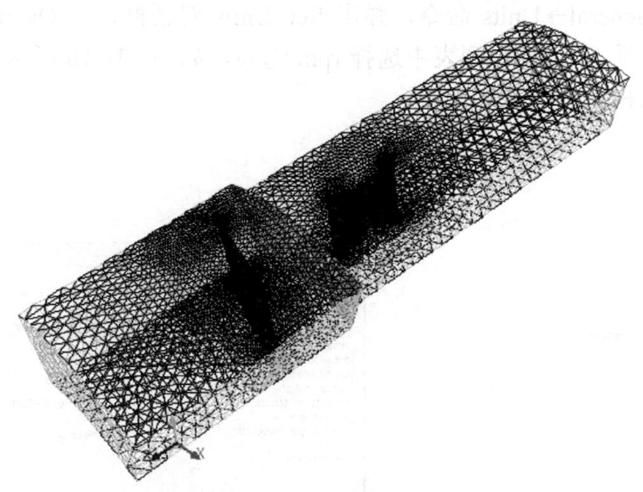

图 13-112 网格显示

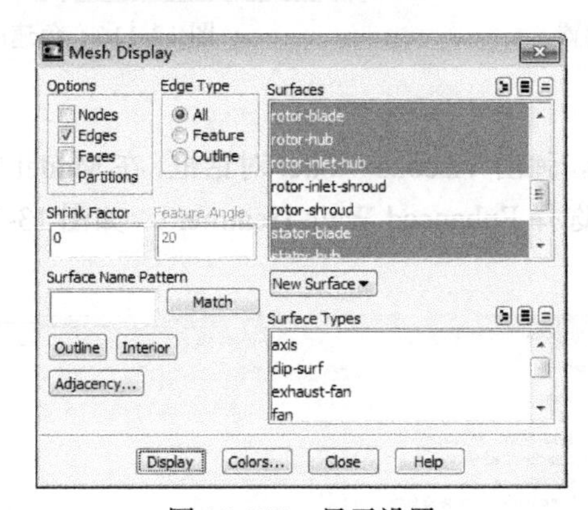

图 13-113 显示设置

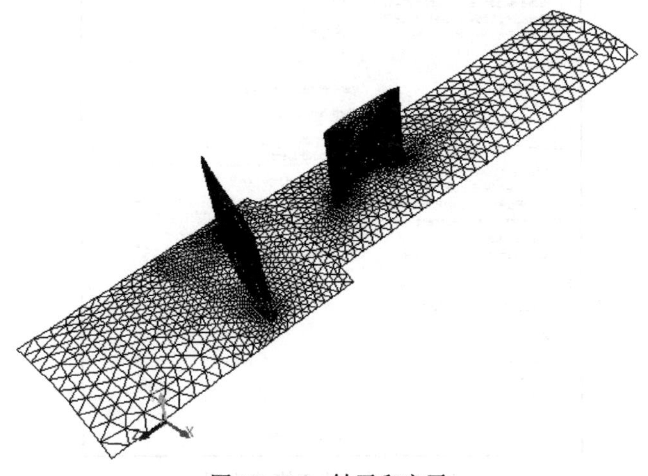

图 13-114 转子和定子

3. 设置求解器参数

本例中，保留如图 13-115 所示的默认设置即可。

（1）设置角速度的单位。

执行主菜单 General→Units 命令，弹出 Set Units 对话框，在 Quantities 列表中选择 angular-velocity 选项，在 Units 列表中选择 rpm 选项，如图 13-116 所示，然后单击 Close 按钮，关闭该对话框。

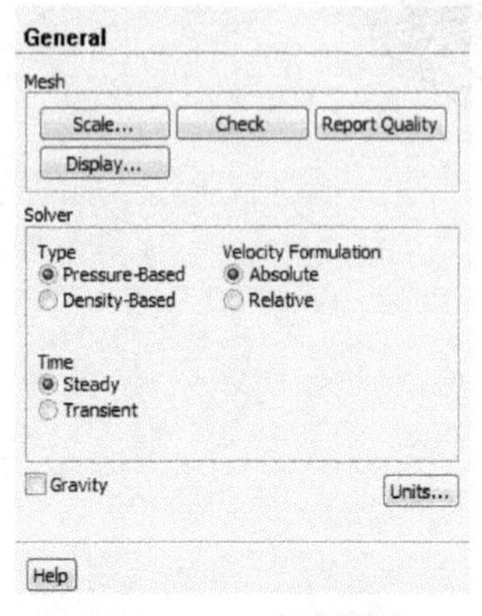

图 13-115　常规设置

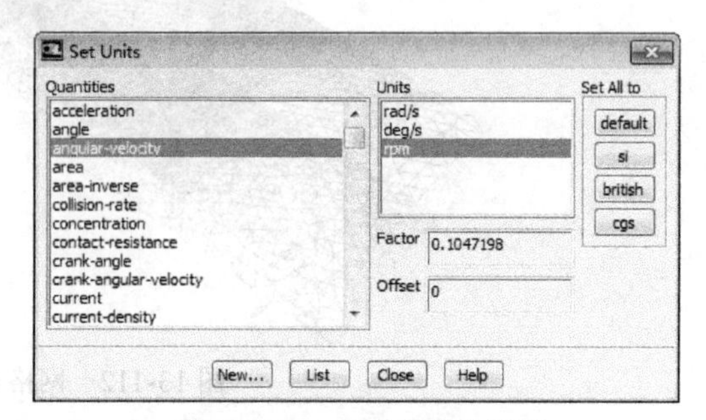

图 13-116　角速度单位设置

（2）设置湍流模式。

选择 Models→Viscous，弹出 Viscous Model 对话框，在 Model 中选择 k-epsilon（2 eqn），在 Near-Wall Treatment 中选择 Enhanced Wall Treatment，如图 13-117 所示，单击 OK 按钮完成设置。

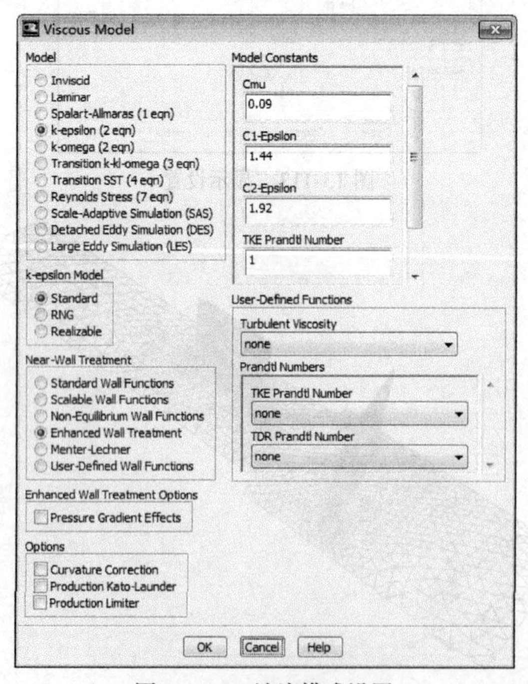

图 13-117　湍流模式设置

（3）设置混合平面。

执行菜单栏 Define→Mixing Planes 命令，弹出 Mixing Planes 对话框，在 Upstream Zone

中选择 pressure-outlet-rotor，在 Downstream Zone 中选择 pressure-inlet-stator，如图 13-118 所示，单击 Create 按钮完成设置，单击 Close 按钮关闭对话框。

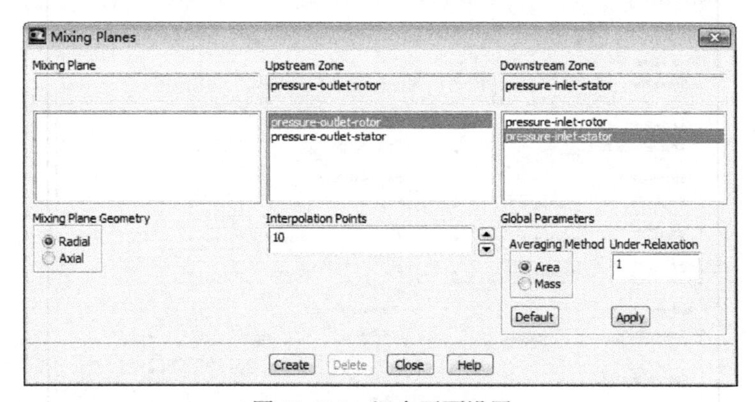

图 13-118 混合平面设置

4. 定义材料物性

（1）选择项目树 Setup→Materials 选项，在出现的 Materials 面板中对所需材料进行设置。

（2）双击 Materials 中的 Fluid 选项，打开 Greate/Edit Materials 对话框。本例中，保留如图 13-119 所示的默认设置即可。单击 Close 按钮，关闭 Create/Edit Materials 对话框。

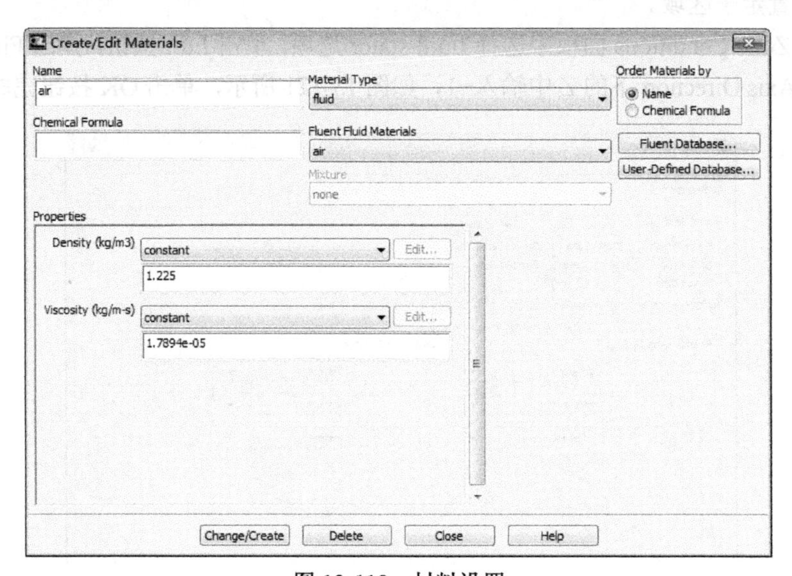

图 13-119 材料设置

5. 设置区域条件

（1）选择项目树 Setup→Cell Zone Conditions 选项，在弹出的 Cell Zone Conditions 面板中对区域条件进行设置。

（2）设置转子区域。选择 fluid-rotor 选项，单击 Edit 按钮，弹出 Fluid 对话框。

在弹出的 Fluid 对话框中勾选 Frame Motion 复选框，在 Rotation-Axis Direction 下的 Z 中输入-1，在 Rotational Velocity 下的 Speed（rpm）中输入 1 800，如图 13-120 所示，单击 OK 按钮完成设置。

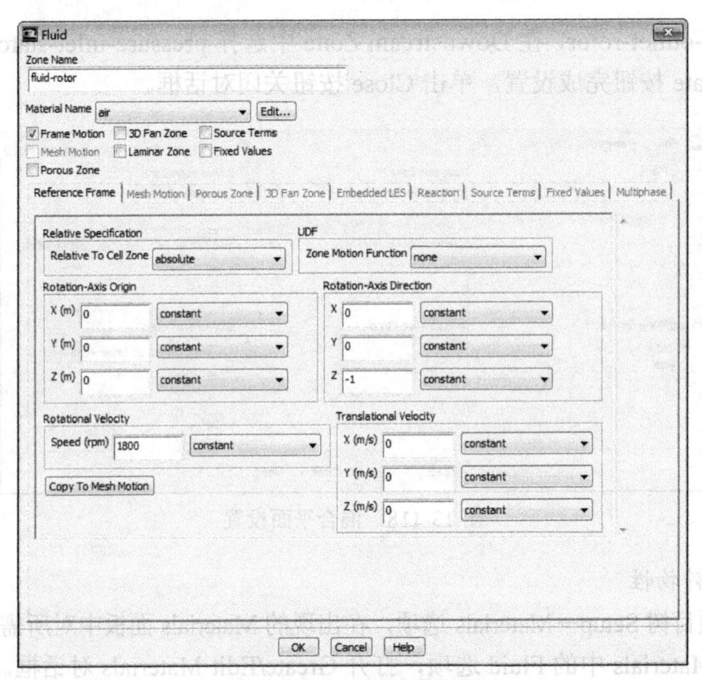

图 13-120　转子区域设置

（3）设置定子区域。

在 Cell Zone Conditions 面板中选择 fluid-stator 选项，单击 Edit 按钮，弹出 Fluid 对话框，在 Rotation-Axis Direction 下的 Z 中输入−1，如图 13-121 所示，单击 OK 按钮完成设置。

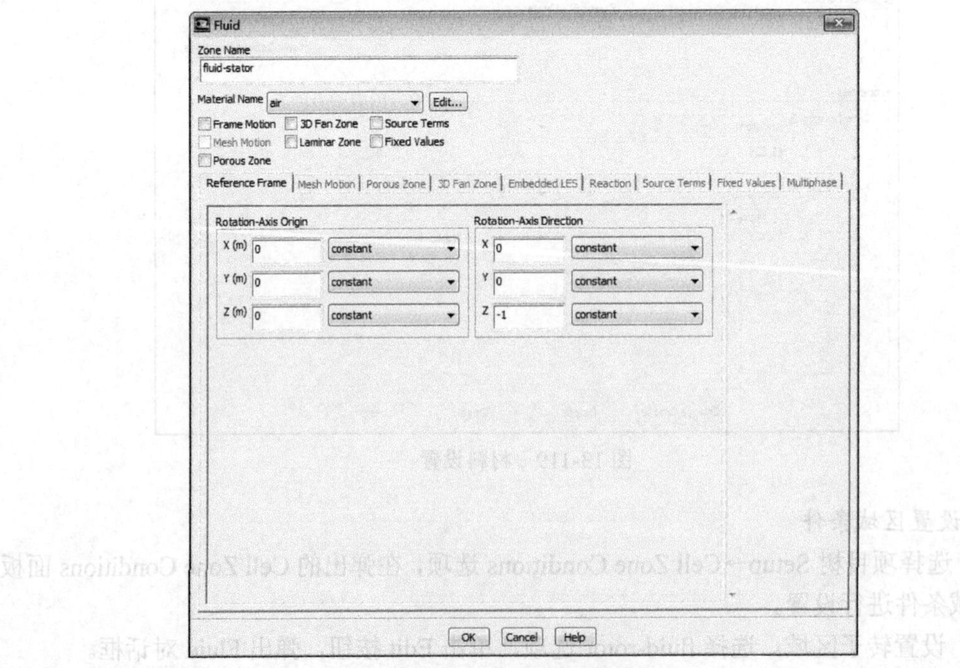

图 13-121　定子区域设置

6. 设置边界条件

（1）选择项目树 Setup→Boundary Conditions 选项，在打开的 Boundary Conditions 面板

中对边界条件进行设置。

（2）双击 Zone 中的 periodic-11 选项，在弹出的 Periodic 对话框中选择 Rotational 单选按钮，如图 13-122 所示，单击 OK 按钮完成设置。

（3）类似地，将定子旋转周期性边界条件（periodic-22）进行同样设置，如图 13-123 所示。

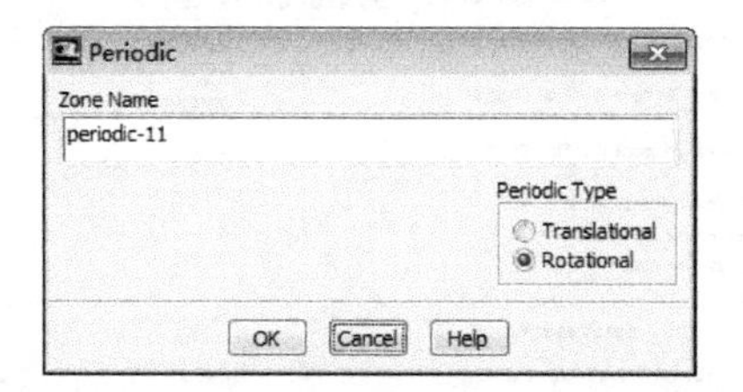

图 13-122　转子旋转周期性边界条件设置

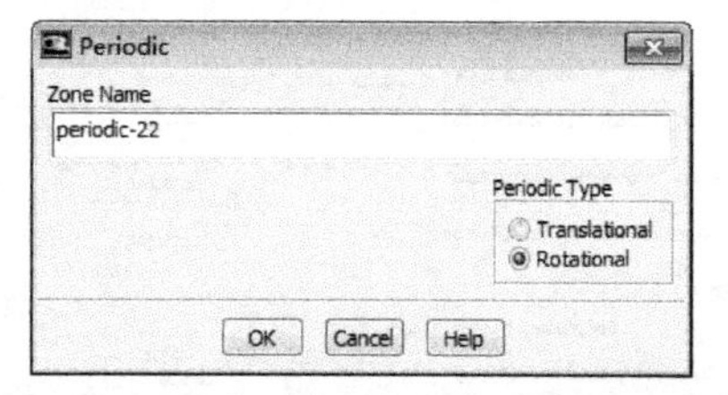

图 13-123　定子旋转周期性边界条件设置

（4）设置转子压力进口。

双击 Zone 中的 pressure-inlet-rotor 选项，在弹出的 Pressure Inlet 对话框中进行如下设置。

在 Direction Specification Method 和 Coordinate System 下拉列表中分别选择 Direction Vector 和 Cartesian（X,Y,Z），在 Z-Component of Flow Direction 中输入−1，在 Specification Method 下拉列表中选择 Intensity and Viscosity Ratio，在 Turbulent Intensity（%）和 Turbulent Viscosity Ratio 中分别输入 5 和 5，如图 13-124 所示，单击 OK 按钮完成设置。

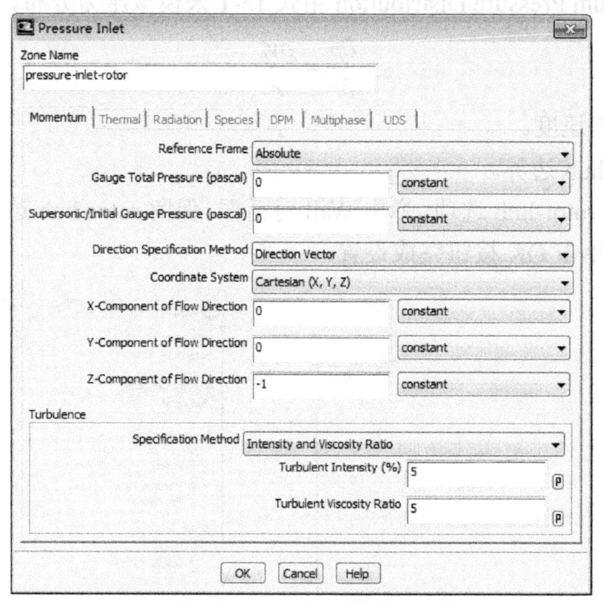

图 13-124　转子压力进口设置

（5）设置定子压力进口和转子压力出口。

双击 Zone 中的 pressure-inlet-stator 选项，弹出 Pressure Inlet 对话框，保留如图 13-125 所示的默认设置，单击 OK 按钮完成设置。

类似地，保留转子压力出口默认设置，如图 13-126 所示，单击 OK 按钮完成设置。

（6）设置定子压力出口。

双击 Zone 中的 pressure-outlet-stator 选项，在弹出的 Pressure Outlet 对话框中进行如下设置。

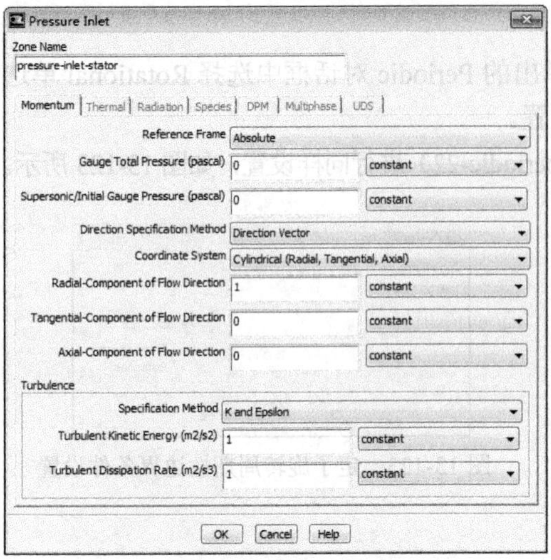

图 13-125 定子压力进口设置

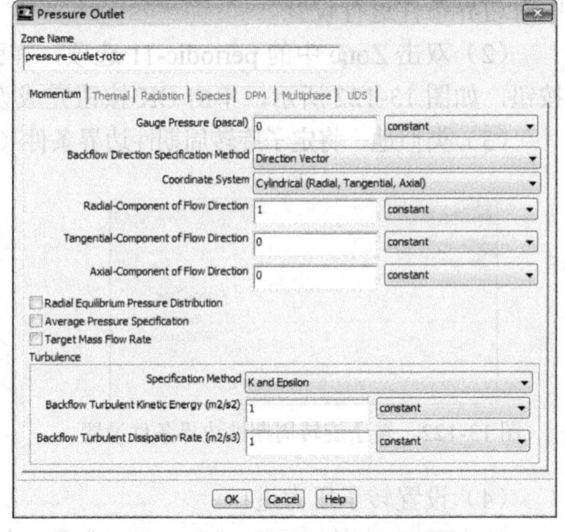

图 13-126 转子压力出口设置

勾选 Radial Equilibrium Pressure Distribution 复选框，在 Specification Method 下拉列表中选择 Intensity and Viscosity Ratio，在 Backflow Turbulent Intensity(%)和 Backflow Turbulent Viscosity Ratio 中分别输入 1 和 1，如图 13-127 所示，单击 OK 按钮完成设置。

Radial Equilibrium Pressure Distribution 由式 13-1 来模拟压力分布。

$$\frac{\partial p}{\partial r}=\frac{\rho v_{\theta}^{2}}{r} \tag{13-1}$$

式中，v_θ 为切向速度。

（7）设置 rotor-hub 边界。

双击 Zone 中的 rotor-hub 选项，弹出 Wall 对话框，保留 rotor-hub 边界条件的默认设置，如图 13-128 所示，单击 OK 按钮完成设置。

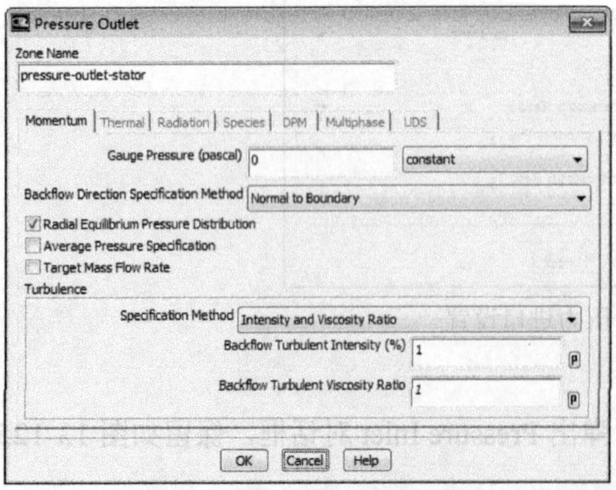

图 13-127 定子压力出口设置

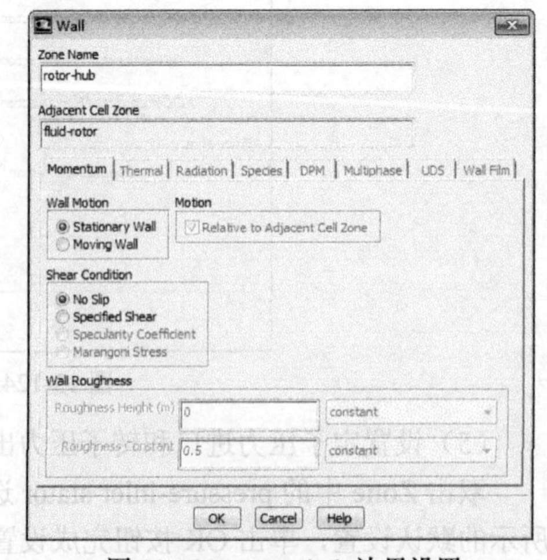

图 13-128 rotor-hub 边界设置

（8）设置 rotor-inlet-hub 边界。

双击 Zone 中的 rotor-inlet-hub 选项，在弹出的 Wall 对话框中进行如下设置。

在 Wall Motion 中选择 Moving Wall，在 Motion 中分别选择 Absolute 和 Rotational，在 Rotation-Axis Direction 下的 Z 中输入-1，如图 13-129 所示，单击 OK 按钮完成设置。

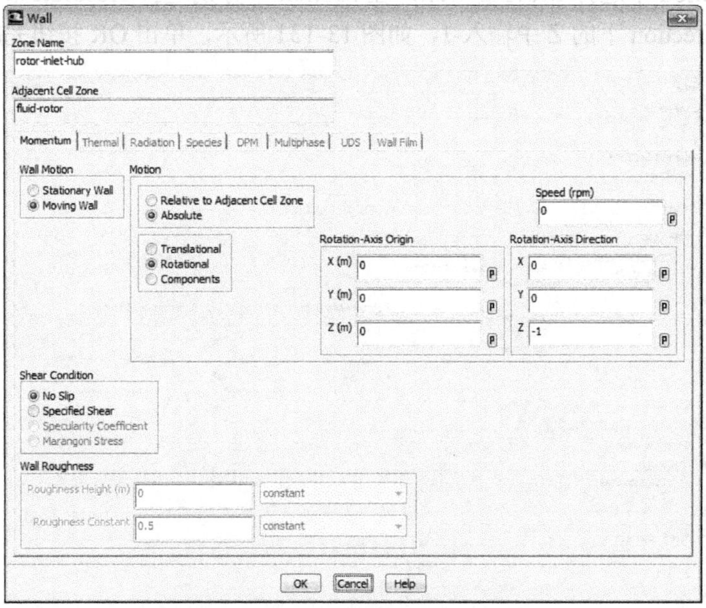

Wall
Zone Name
rotor-inlet-hub
Adjacent Cell Zone
fluid-rotor
Momentum | Thermal | Radiation | Species | DPM | Multiphase | UDS | Wall Film
Wall Motion
Stationary Wall
Moving Wall
Motion
Relative to Adjacent Cell Zone
Absolute
Speed (rpm)
0
Translational
Rotational
Components
Rotation-Axis Origin
X (m) 0
Y (m) 0
Z (m) 0
Rotation-Axis Direction
X 0
Y 0
Z -1
Shear Condition
No Slip
Specified Shear
Specularity Coefficient
Marangoni Stress
Wall Roughness
Roughness Height (m) 0 constant
Roughness Constant 0.5 constant
OK Cancel Help

图 13-129 rotor-inlet-hub 边界设置

（9）设置 rotor-inlet-shroud 边界。

双击 Zone 中的 rotor-inlet-shroud 选项，在弹出的 Wall 对话框中进行如下设置。

在 Wall Motion 中选择 Moving Wall，在 Motion 中分别选择 Absolute 和 Rotational，在 Rotation-Axis Direction 下的 Z 中输入-1，如图 13-130 所示，单击 OK 按钮完成设置。

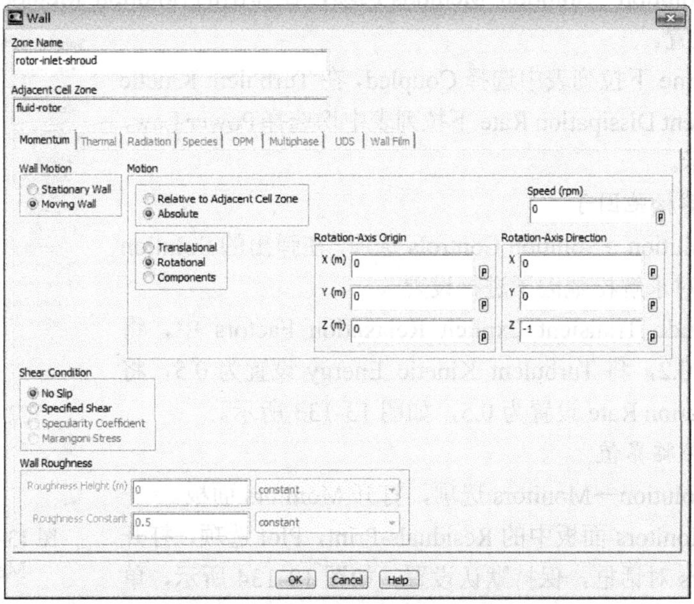

Wall
Zone Name
rotor-inlet-shroud
Adjacent Cell Zone
fluid-rotor
Momentum | Thermal | Radiation | Species | DPM | Multiphase | UDS | Wall Film
Wall Motion
Stationary Wall
Moving Wall
Motion
Relative to Adjacent Cell Zone
Absolute
Speed (rpm)
0
Translational
Rotational
Components
Rotation-Axis Origin
X (m) 0
Y (m) 0
Z (m) 0
Rotation-Axis Direction
X 0
Y 0
Z -1
Shear Condition
No Slip
Specified Shear
Specularity Coefficient
Marangoni Stress
Wall Roughness
Roughness Height (m) 0 constant
Roughness Constant 0.5 constant
OK Cancel Help

图 13-130 rotor-inlet-shroud 边界设置

（10）设置rotor-shroud边界。

双击Zone中的rotor-shroud选项，在弹出的Wall对话框中进行如下设置。

在Wall Motion中选择Moving Wall，在Motion中分别选择Absolute和Rotational，在Rotation-Axis Direction下的Z中输入-1，如图13-131所示，单击OK按钮完成设置。

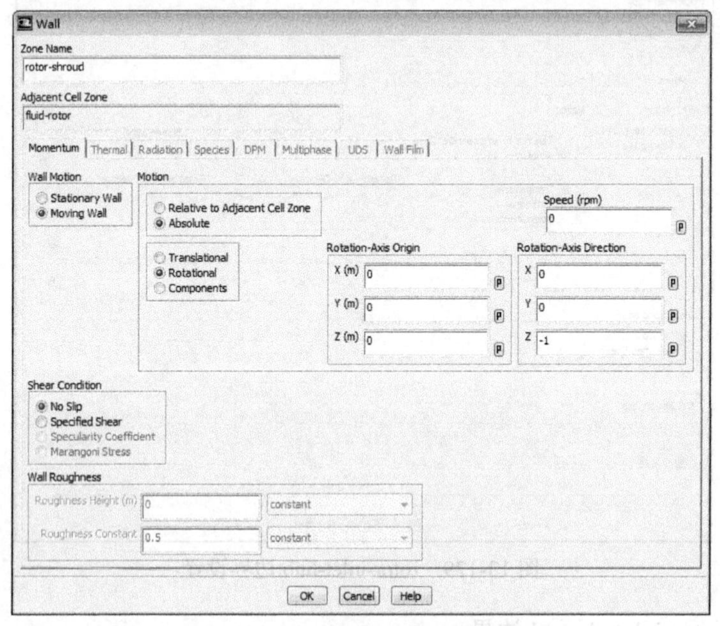

图13-131 rotor-shroud边界设置

13.5.3 求解计算

1. 求解控制参数

（1）选择Solution→Solution Methods选项，在弹出的Solution Methods面板中对求解控制参数进行设置。

（2）在Scheme下拉列表中选择Coupled，在Turbulent Kinetic Energy和Turbulent Dissipation Rate下拉列表中均选择Power Law，如图13-132所示。

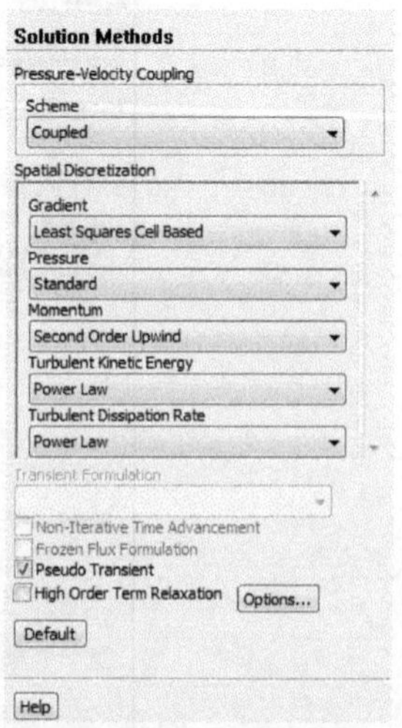

图13-132 Solution Methods设置

2. 设置求解松弛因子

（1）选择Solution→Solution Controls选项，在弹出的Solution Controls面板中对求解松弛因子进行设置。

（2）在Pseudo Transient Explicit Relaxation Factors中，将Pressure设置为0.2，将Turbulent Kinetic Energy设置为0.5，将Turbulent Dissipation Rate设置为0.5，如图13-133所示。

3. 设置收敛临界值

（1）选择Solution→Monitors选项，打开Monitors面板。

（2）双击Monitors面板中的Residuals-Print，Plot选项，打开Residual Monitors对话框，保持默认设置，如图13-134所示，单击OK按钮完成设置。

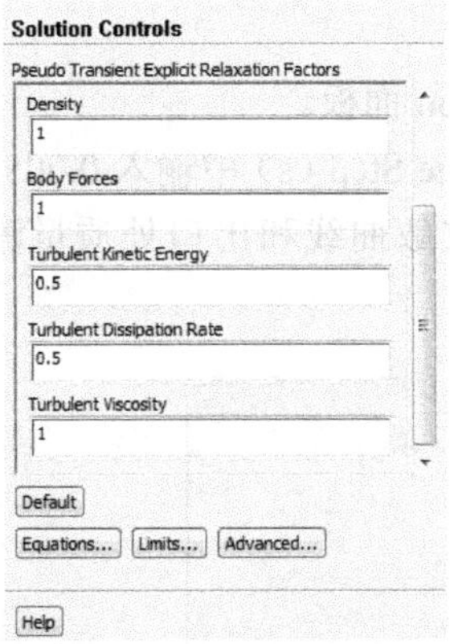

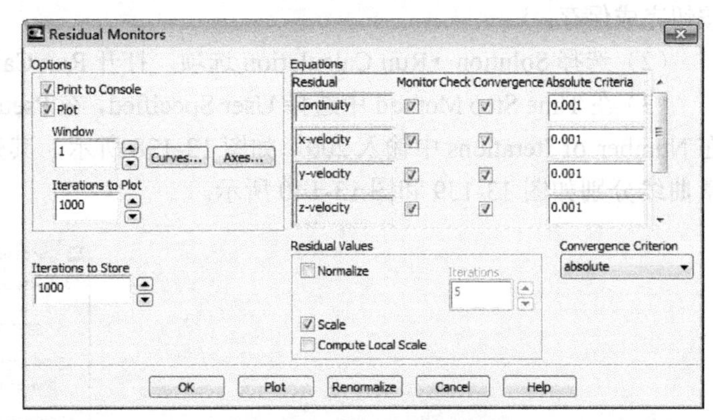

图 13-133　Solution Controls 设置

图 13-134　设置迭代残差

4. 设置出口处质量流量监控

在 Monitors 面板的 Surface Monitors 下单击 Create 按钮，弹出 Surface Monitor 对话框，勾选 Plot 和 Write 复选框，在 Report Type 下拉列表中选择 Mass Flow Rate，在 Surfaces 中选择 pressure-outlet-stator，如图 13-135 所示，单击 OK 按钮完成设置。

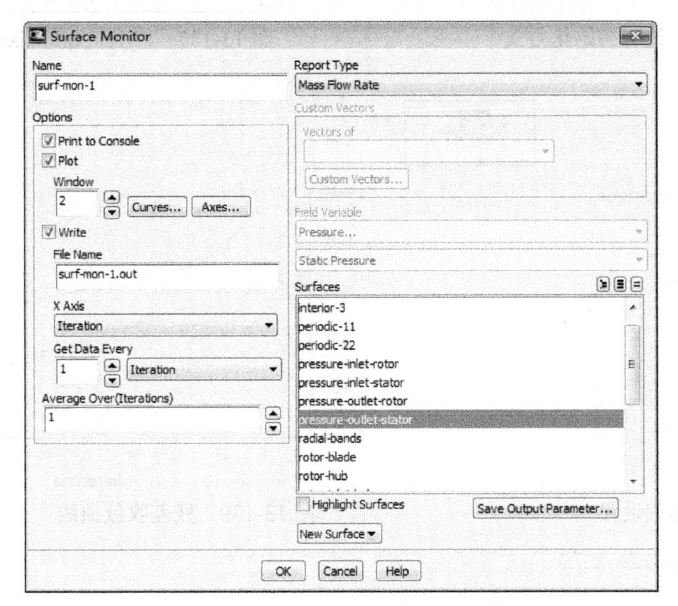

图 13-135　出口质量流量监控设置

5. 设置流场初始化

（1）选择 Solution→Solution Initialization 选项，打开 Solution Initialization 面板进行初始化设置。

（2）选择 Hybrid Initialization 初始化方式，如图 13-136 所示。

（3）单击 More Settings 按钮，弹出 Hybrid Initialization 对话框，将 Number of Iterations 改为 15，如图 13-137 所示，单击 OK 按钮完成设置后重新初始化。

6. 迭代计算

（1）保存文件：执行 File→Write→Case&Data 命令，弹出 Select File 对话框，单击 OK

按钮完成保存。

（2）选择 Solution→Run Calculation 选项，打开 Run Calculation 面板。

（3）在 Time Step Method 中选择 User Specified，在 Pseudo Time Step（s）中输入 0.005，在 Number of Iterations 中输入 200，如图 13-138 所示，其残差收敛曲线和出口处质量流量曲线分别如图 13-139 和图 13-140 所示。

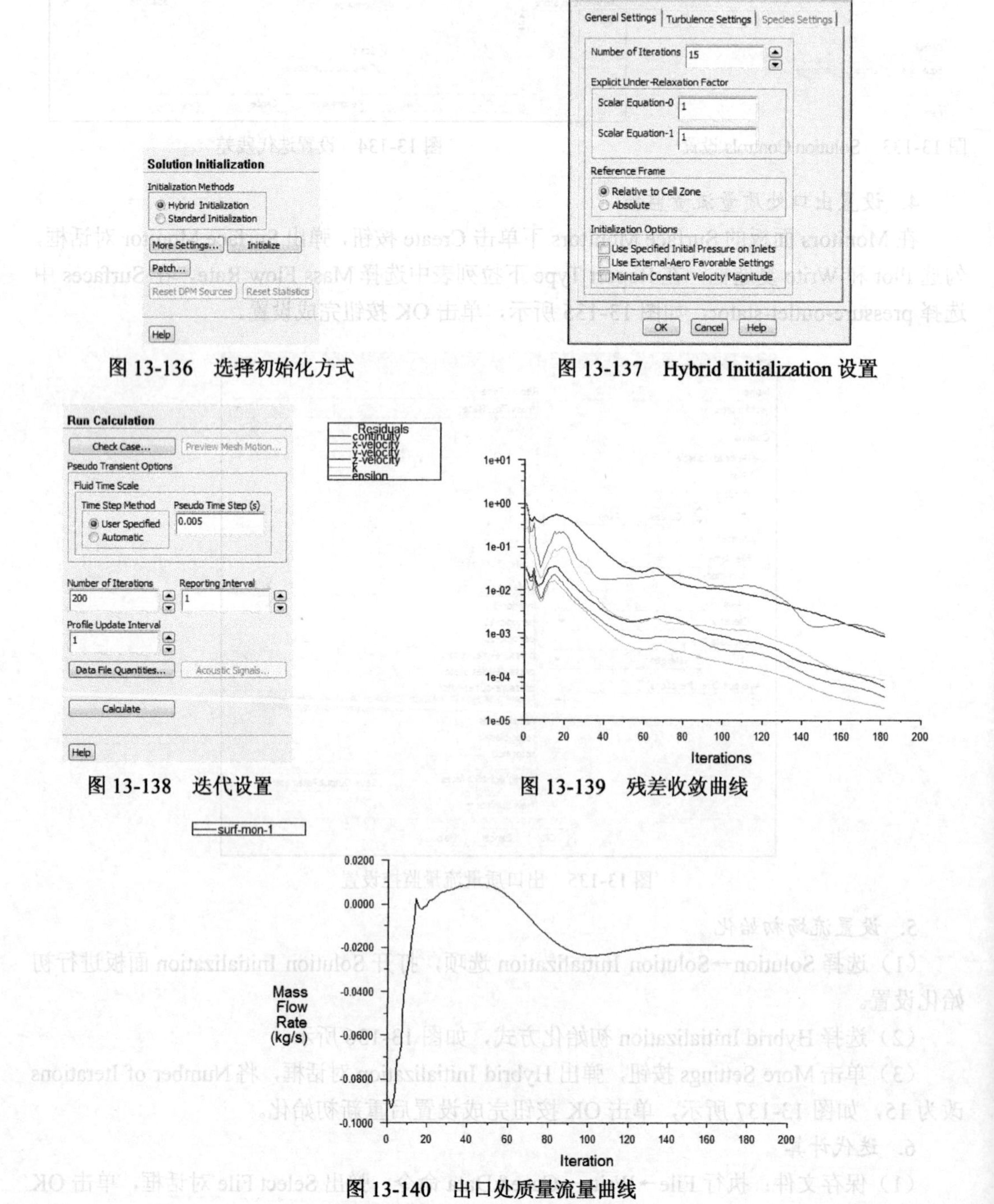

图 13-136　选择初始化方式　　图 13-137　Hybrid Initialization 设置

图 13-138　迭代设置　　图 13-139　残差收敛曲线

图 13-140　出口处质量流量曲线

13.5.4 计算结果后处理及分析

1. 计算净质量流量

执行菜单栏 Reports→Fluxes→Set Up 命令，弹出 Flux Report 对话框，在 Boundaries 中选择 pressure-inlet-rotor, pressure-inlet-stator, pressure-outlet-rotor 和 pressure- outlet-stator，单击 Compute 按钮计算质量流量，如图 13-141 所示，然后单击 Close 按钮关闭 Flux Report 对话框。

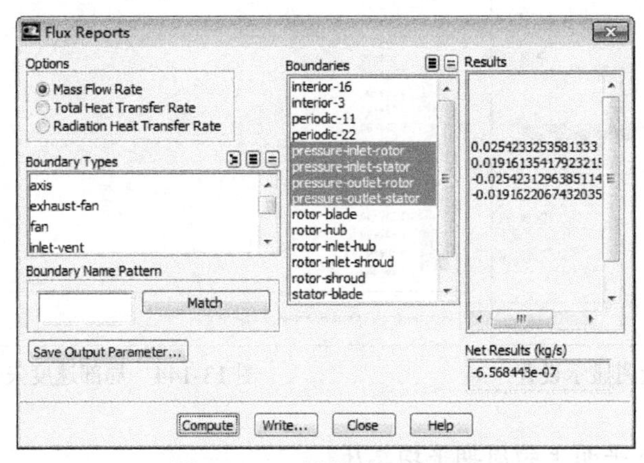

图 13-141 计算净质量流量

可以看到，其入口和出口处的净质量流量为一个高阶小量。

2. 创建 y=0.12m 处的截面

执行菜单栏 Surface→Iso-Surface 命令，在弹出的 Iso-Surface 对话框中进行如下设置。

在 Surface of Constant 下拉列表中分别选择 Mesh 和 Y-Coordinate，在 Iso-Values（m）中输入 0.12，在 New Surface Name 中输入 y=0.12，如图 13-142 所示，单击 Create 按钮完成创建。然后单击 Close 按钮关闭 Iso-Surface 对话框。

类似地，创建 z=-0.1m 处的截面。

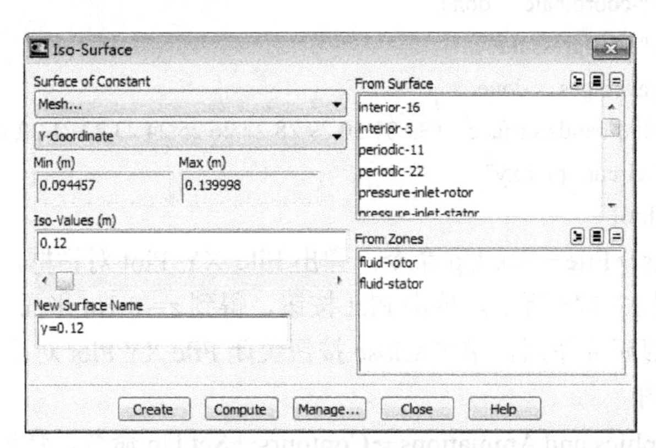

图 13-142 创建截面设置

3. 显示 y=0.12m 处的速度矢量图

执行主菜单 Graphics and Animations→Vectors→Set Up 命令，弹出 Vectors 对话框，在

Scale 和 Skip 中分别输入 10 和 2，在 Surfaces 中选择 y=0.12，如图 13-143 所示。单击 Display 按钮，显示速度矢量图，使用工具栏中的放大、平移等工具得到局部速度矢量图，如图 13-144 所示。然后单击 Close 按钮关闭 Vectors 对话框。

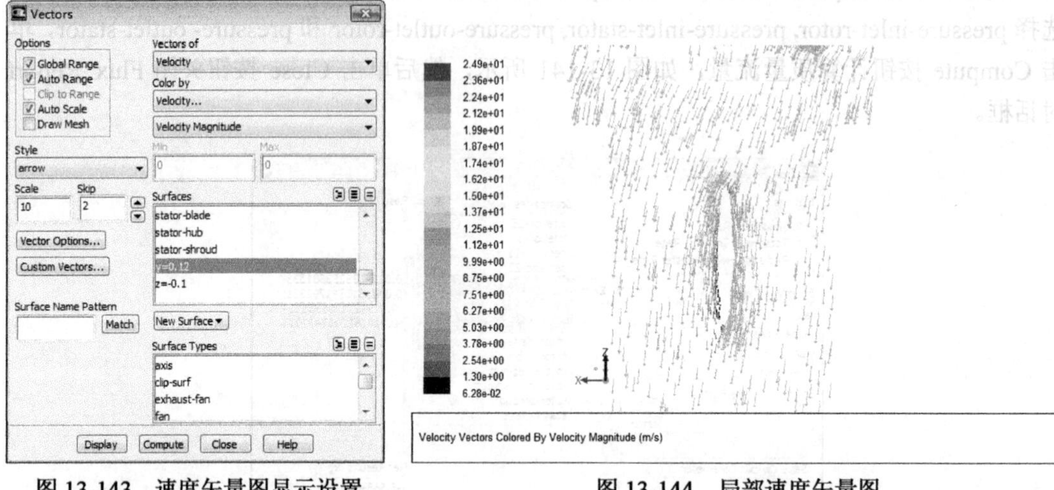

图 13-143 速度矢量图显示设置　　　　图 13-144 局部速度矢量图

4. 绘制 z=-0.1m 平面上的周期平均总压

依次在控制窗口中按照提示输入：

```
plot
/plot> circum-avg-radial

averages of> total-pressure
on surface [] 17
number of bands [5] 15
  Computing r-coordinate ...
  Clipping to r-coordinate ... done.
  Computing "total-pressure" ...
  Computing averages ... done.
  Creating radial-bands surface （32 31 30 29 28 27 26 25 24 23 22 21 20 19 18）.
filename [""] "circum-plot.xy"
order points? [no]
```

执行主菜单 Plots→File→Set Up 命令，弹出 File XY Plot 对话框，单击 Add 按钮加入 circum-plot.xy，如图 13-145 所示。单击 Plot 按钮，得到 z=-0.1m 平面上的周期平均总压，如图 13-146 所示。显示完毕后，单击 Close 按钮关闭 File XY Plot 对话框。

5. 显示总压云图

执行主菜单 Graphics and Animations→Contours→Set Up 命令，弹出 Contours 对话框，在 Contours of 下拉列表中分别选择 Pressure 和 Total Pressure，在 Surfaces 中选择 rotor-blade 和 rotor-hub，如图 13-147 所示。单击 Display 按钮，得到总压云图，如图 13-148 所示。然后单击 Close 按钮关闭 Contours 对话框。

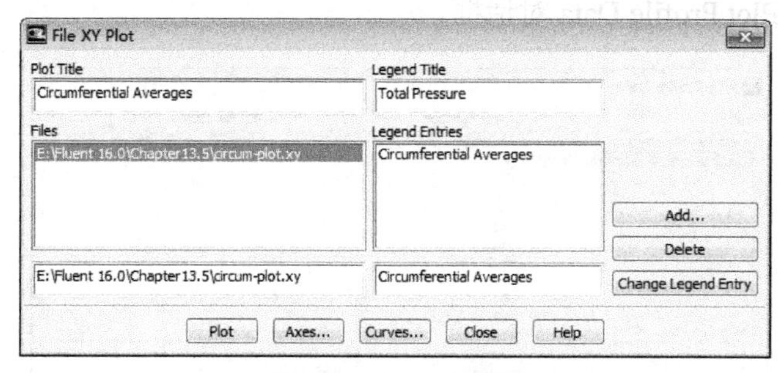

图 13-145 plot 设置

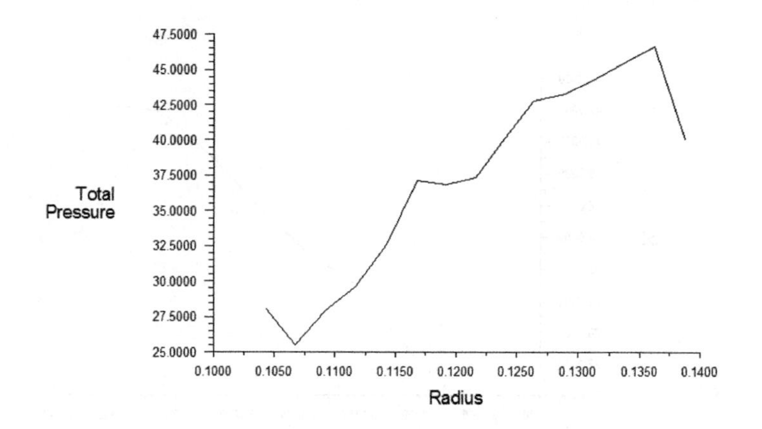

图 13-146 周期平均总压示意图

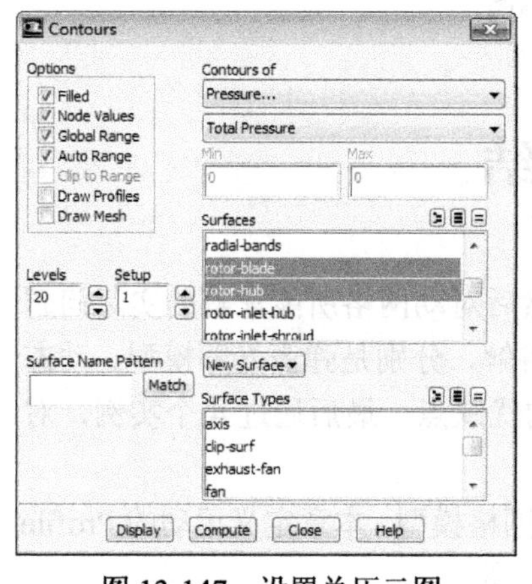

图 13-147 设置总压云图

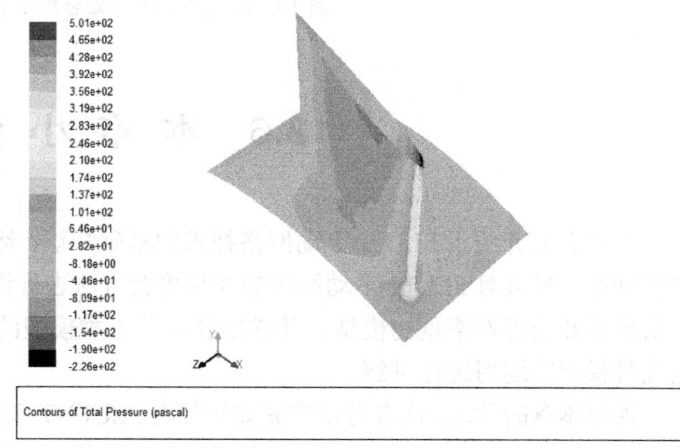

图 13-148 总压云图

6. 显示转子出口处总压

执行主菜单 Plots→Profile Data→Set Up 命令，弹出 Plot Profile Data 对话框，在 Profile 中选择 pressure-outlet-rotor，在 Y Axis Function 中选择 p0，在 X Axis Function 中选择 r，如图 13-149 所示。单击 Plot 按钮，得到转子出口处总压示意图，如图 13-150 所示。然后单

击 Close 按钮关闭 Plot Profile Data 对话框。

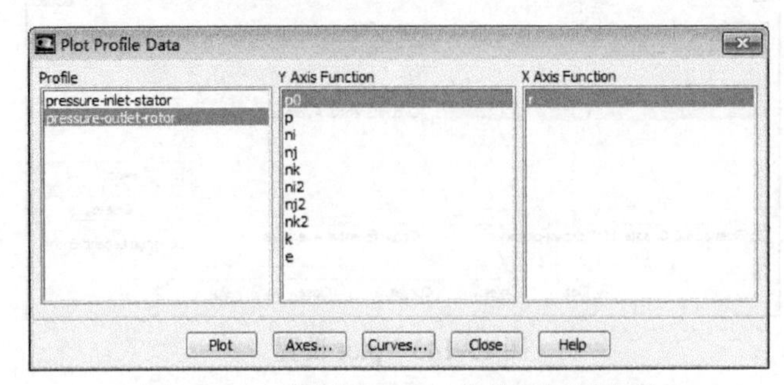

图 13-149　设置转子出口处总压显示选项

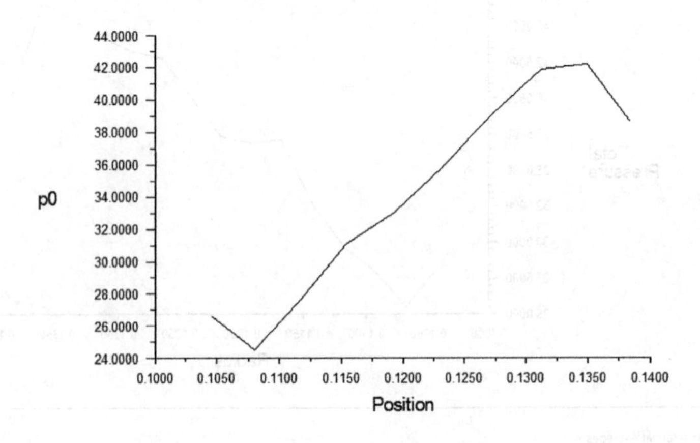

图 13-150　转子出口处总压示意图

13.6　本 章 小 结

本章首先介绍了 FLUENT 动网格技术的基础知识，然后对动网格所能求解的实际问题进行阐述，接着对 FLUENT 动网格的 3 种更新方法进行讲解，分别是弹簧光顺模型、动态分层模型和局部网格重构模型，并详细说明了 3 种模型的优缺点，最后通过 4 个实例，对这几种模型的运用进行讲解。

通过本章的学习，读者可以掌握如何使用 FLUENT 动网格模型。本章定义运动的 Profile 文件，也可以利用 UDF 编写程序来代替，计算结果是相同的。

第 14 章 多孔介质内流动与换热的数值模拟

工程上存在大量的多孔介质内流动与换热的问题，本章利用 FLUENT 多孔介质模型，对冷风对高温烧结矿的冷却过程进行数值模拟，使读者能够掌握多孔介质模型的应用。

学习目标：

- 学会使用多孔介质模型；
- 掌握多孔介质内流动与换热问题边界条件的设置方法；
- 掌握多孔介质内流动与换热问题计算结果的后处理及分析方法。

14.1 多孔介质模型概述

多孔介质是指内部含有众多空隙的固体材料，如土壤、煤炭、木材等均属于不同类型的多孔介质。多孔材料是由相互贯通或封闭的孔洞构成网络结构，孔洞的边界或表面由支柱或平板构成。孔道纵横交错、互相贯通的多孔体，通常具有 30%～60%体积的孔隙度，孔径 1～100μm。典型的孔结构有以下几种。

- 由大量多边形孔在平面上聚集形成的二维结构。
- 形状类似于蜂房的六边形结构，也称为“蜂窝”材料。
- 更为普遍的是由大量多面体形状的孔洞在空间聚集形成的三维结构，通常称之为“泡沫”材料。

如果构成孔洞的固体只存在于孔洞的边界（即孔洞之间是相通的），则称为开孔；如果孔洞表面也是实心的，即每个孔洞与周围孔洞完全隔开，则称为闭孔；而有些孔洞则是半开孔半闭孔的。

FLUENT 多孔介质模型就是在定义为多孔介质的区域结合了一个根据经验假设为主的流动阻力。本质上，多孔介质模型仅仅是在动量方程上叠加了一个动量源项。

多孔介质的动量方程具有附加的动量源项。源项由两部分组成，包括黏性损失项和内部损失项。

选择项目树 Setup→Cell Zone Conditions 选项，在弹出的面板中选择定义的多孔介质区域，弹出 Fluid 对话框，如图 14-1 所示。选中 Laminar Zone 和 Porous Zone 复选框，表示所定义的区域为多孔介质区且流动属于层流。

多孔介质模型主要是设置两个阻力系数，即黏性阻力系数和内部阻力系数，且在主流方向和非主流方向相差不超过 1 000 倍。

Fluid
Zone Name
sjk
Material Name air　Edit...
Frame Motion　Laminar Zone　Source Terms
Mesh Motion　Fixed Values
Porous Zone
Reference Frame | Mesh Motion | Porous Zone | 3D Fan Zone | Embedded LES | Reaction | Source Terms | Fixed Values | Multiphase
Relative Velocity Resistance Formulation
Viscous Resistance (Inverse Absolute Permeability)
Direction-1 (1/m2)　2e+09　constant
Direction-2 (1/m2)　2e+07　constant
Inertial Resistance
Alternative Formulation
Direction-1 (1/m)　1500000　constant
Direction-2 (1/m)　15000　constant
Power Law Model
OK　Cancel　Help

图 14-1　Fluid 对话框

14.2　多孔烧结矿内部流动换热的数值模拟

14.2.1　案例简介

本案例利用 FLUENT 软件中自带的多孔介质模型，对一个实际的烧结矿气固换热过程进行数值模拟，让读者对 FLUENT 多孔介质模型有初步的了解。

换热本体如图 14-2 所示。进口管道直径为 159 mm，烧结矿区域直径为 500 mm，高为 1 500 mm，内部矿层厚度最低为 1 000 mm，最高不超过 1 400 mm。

下部为冷却空气进口管路，上部为热空气出口管路，冷风从进口管路进入换热本体，流过高温烧结矿多孔介质层并与之换热，高温热风从出口流出。

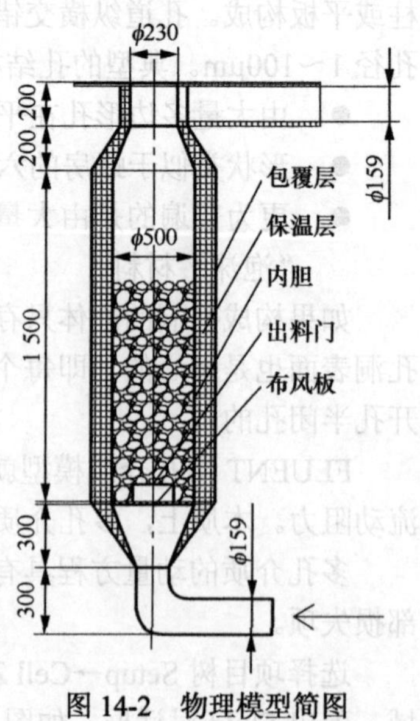

图 14-2　物理模型简图

14.2.2　FLUENT 求解计算设置

1. *启动 FLUENT-2D*

（1）双击桌面上的 FLUENT 16.0 图标，进入启动界面。

（2）单击 Dimension 中的 2D 单选按钮，取消选中 Display Options 下的 3 个复选框，选中 Options 下的 Double Precision 复选框。

（3）其他保持默认设置，单击 OK 按钮进入 FLUENT 16.0 主界面。

2. *读入并检查网格*

（1）执行 File→Read→Mesh 命令，在弹出的 Select File 对话框中读入 porous.msh 二维

网格文件。

（2）执行 Mesh→Info→Size 命令，得到如图 14-3 所示的模型网格信息：共有 13 858 个节点、27 337 个网格面和 13 480 个网格单元。

（3）执行 Mesh→Check 命令，反馈信息如图 14-4 所示。可以看到计算域二维坐标的上下限，检查最小体积和最小面积是否为负数。

```
Mesh Size

Level    Cells    Faces    Nodes   Partitions
    0    13480    27337    13858            1

 2 cell zones, 7 face zones.
```

图 14-3 网格数量信息

3. 设置求解器参数

（1）选择项目树 Setup→General 选项，在出现的 General 面板中进行求解器的设置。

（2）选中 Time 下的 Transient 单选按钮，其他求解参数保持默认设置，如图 14-5 所示。

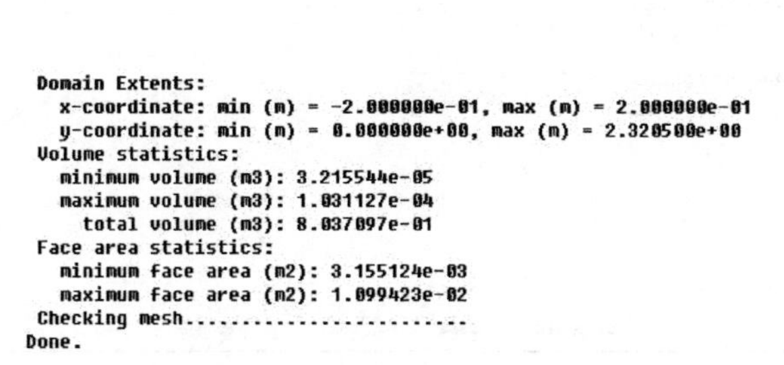

```
Domain Extents:
  x-coordinate: min (m) = -2.000000e-01, max (m) = 2.000000e-01
  y-coordinate: min (m) = 0.000000e+00, max (m) = 2.320500e+00
Volume statistics:
  minimum volume (m3): 3.215544e-05
  maximum volume (m3): 1.031127e-04
    total volume (m3): 8.037097e-01
Face area statistics:
  minimum face area (m2): 3.155124e-03
  maximum face area (m2): 1.099423e-02
Checking mesh.........................
Done.
```

图 14-4 FLUENT 网格检测信息

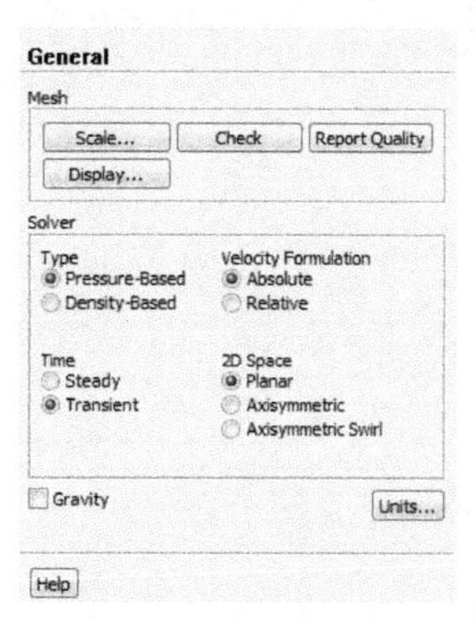

图 14-5 设置求解参数

（3）选择项目树 Setup→Models 选项，对求解模型进行设置。

（4）在 Models 面板中双击 Viscous-Laminar 选项，如图 14-6 所示，弹出 Viscous Model 对话框，湍流模型选择其中的 k-epsilon（2 eqn），如图 14-7 所示，单击 OK 按钮完成设置。

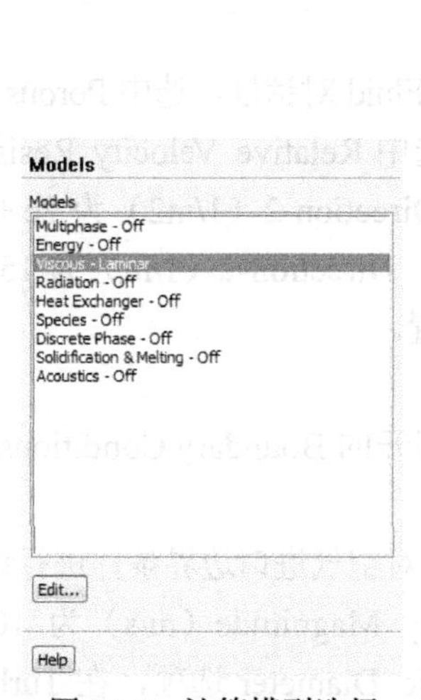

图 14-6 计算模型选择

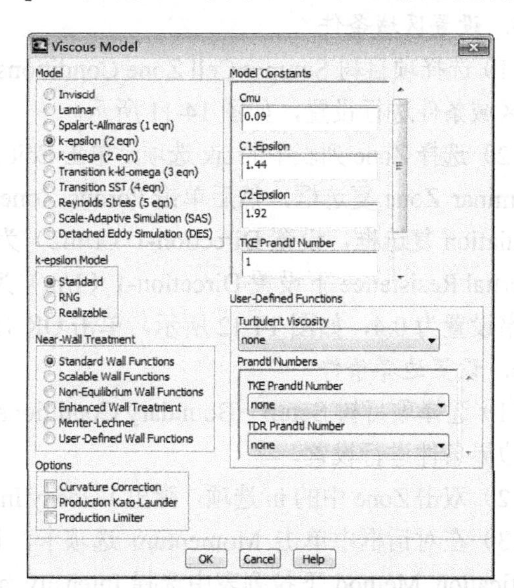

图 14-7 湍流模型选择

（5）回到 Models 面板，双击 Energy-Off 选项，打开 Energy 对话框，选中 Energy Equation

复选框，如图 14-8 所示，单击 OK 按钮，启用能量方程。

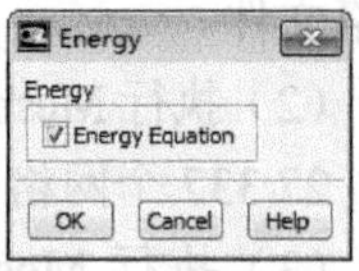

图 14-8 启用能量方程

4. 定义材料物性

（1）选择项目树 Setup→Materials 选项，在出现的 Materials 面板中对所需材料进行设置。

（2）双击 Materials 中的 Fluid 选项，如图 14-9 所示，弹出材料物性参数设置对话框。

（3）在材料物性参数设置对话框中，保持默认设置，如图 14-10 所示。

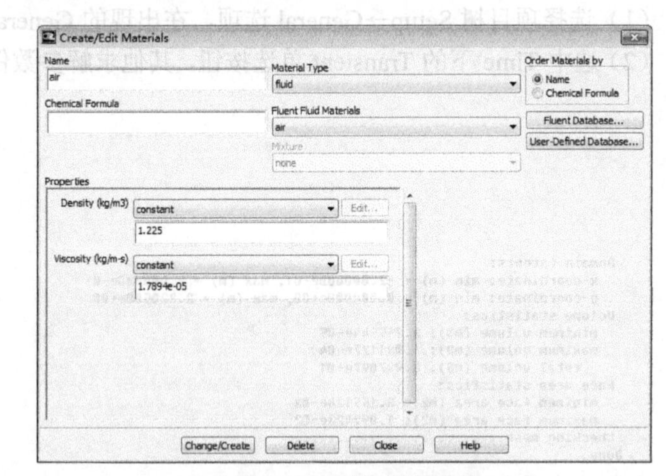

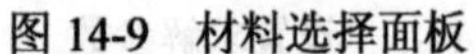

图 14-9 材料选择面板

图 14-10 空气物性参数

（4）双击 Materials 中的 Solid 选项，再次打开材料物性参数设置对话框，设置 Name 为 porous，Density（kg/m3）为 3 500，导热系数设置为 8，其他保持默认设置，单击 Change/Create 按钮完成设置。

5. 设置区域条件

（1）选择项目树 Setup→Cell Zone Conditions 选项，在弹出的 Cell Zone Conditions 面板中对区域条件进行设置，如图 14-11 所示。

（2）选择 Zone 列表中的 sjk 选项，单击 Edit 按钮，弹出 Fluid 对话框，选中 Porous Zone 和 Laminar Zone 复选框，然后单击 Porous Zone 选项卡，选中 Relative Velocity Resistance Formulation 复选框，设置 Direction-1（1/m2）为 2e + 09，Direction-2（1/m2）为 2e + 07；在 Inertial Resistance 下设置 Direction-1（1/m）为 1 500 000，Direction-2（1/m）为 15 000，孔隙率设置为 0.4，如图 14-12 所示，单击 OK 按钮完成设置。

6. 设置边界条件

（1）选择项目树 Setup→Boundary Conditions 选项，在打开的 Boundary Conditions 面板中对边界条件进行设置。

（2）双击 Zone 中的 in 选项，弹出 Volocity Inlet 对话框，对空气进口边界条件进行设置。

（3）在对话框中单击 Momentum 选项卡，设置 Velocity Magnitude（m/s）为 10，在 Specification Method 下拉列表中选择 Intensity and Hydraulic Diameter 选项，在 Turbulent Intensity（%）文本框中输入 5，在 Hydraulic Diameter（m）文本框中输入 0.4，如图 14-13 所示。

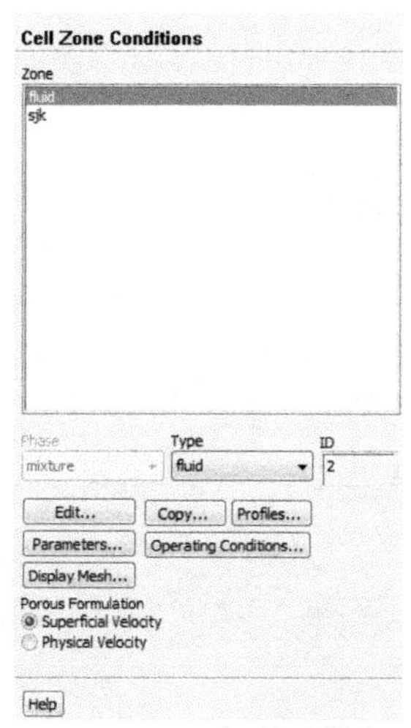

图 14-11 选择区域

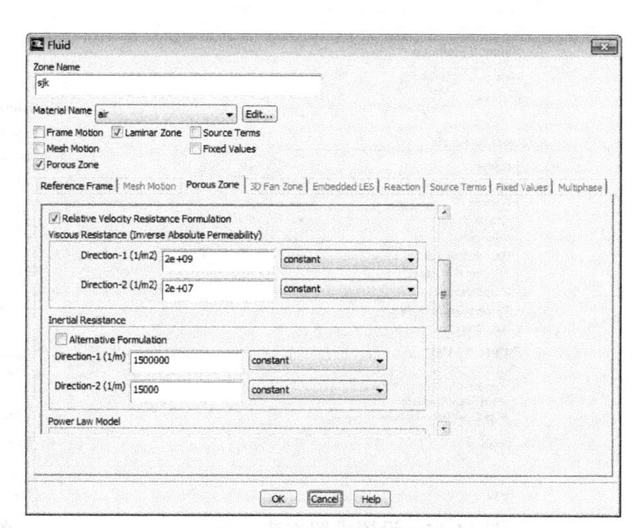

图 14-12 设置区域属性

（4）单击 Thermal 选项卡，设置 Temperature 为 298 K，如图 14-14 所示，单击 OK 按钮，完成空气进口条件的设置。

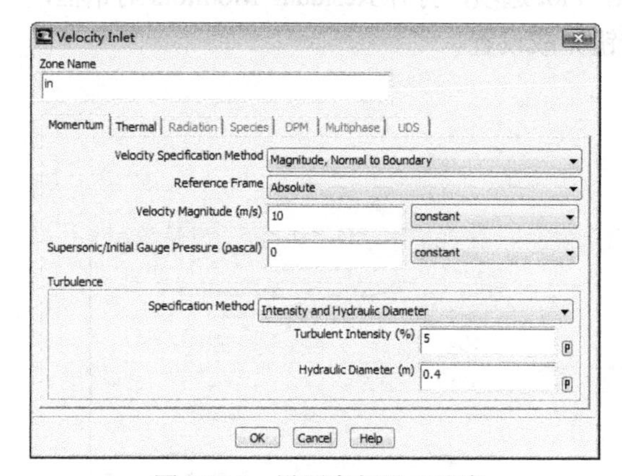

图 14-13 设置空气进口速度

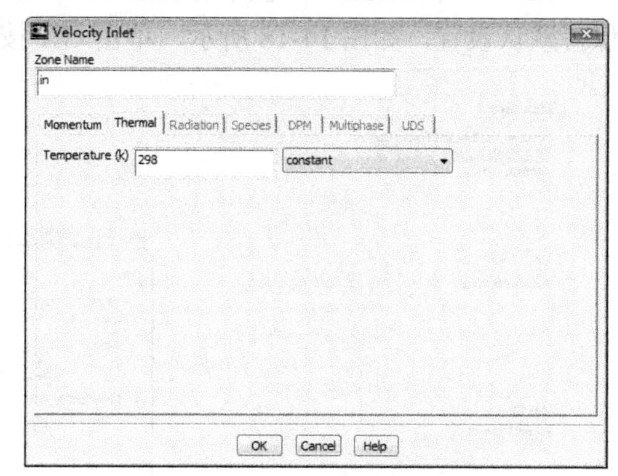

图 14-14 设置空气进口温度

（5）其他边界条件保持默认设置。

14.2.3 求解计算

1. 求解控制参数

（1）选择 Solution→Solution Methods 选项，在弹出的 Solution Methods 面板中对求解控制参数进行设置。

（2）面板中的各个选项采用默认值，如图 14-15 所示。

2. 设置求解松弛因子

（1）选择 Solution→Solution Controls 选项，在弹出的 Solution Controls 面板中对求解松弛因子进行设置。

（2）面板中相应的松弛因子保持默认设置，如图 14-16 所示。

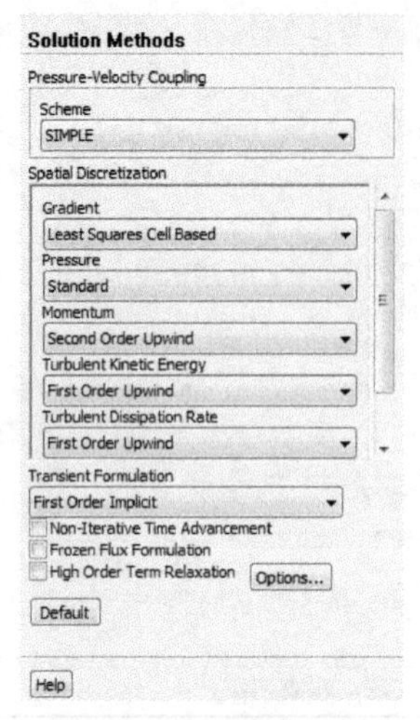

图 14-15　设置求解方法

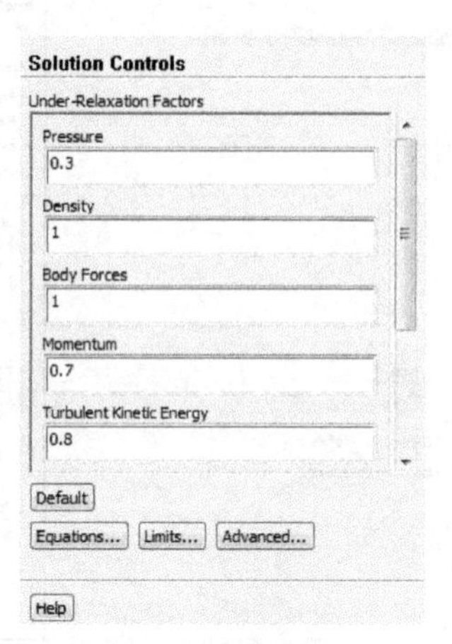

图 14-16　设置松弛因子

3. 设置收敛临界值

（1）选择 Solution→Monitors 选项，打开 Monitors 面板，如图 14-17 所示。

（2）双击 Monitors 面板中的 Residuals-Print，Plot 选项，打开 Residual Monitors 对话框，保持默认设置，如图 14-18 所示，单击 OK 按钮完成设置。

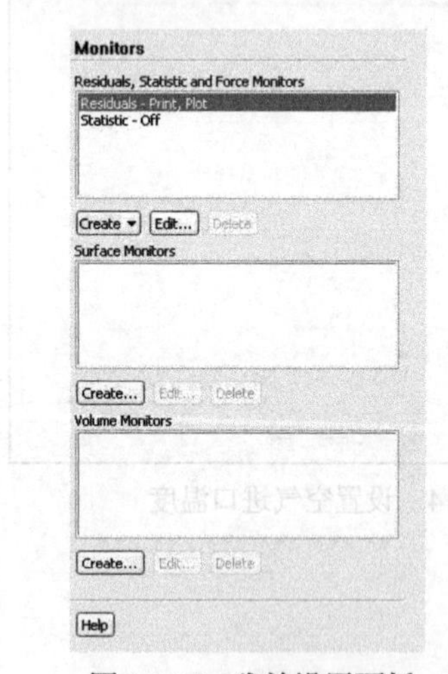

图 14-17　残差设置面板

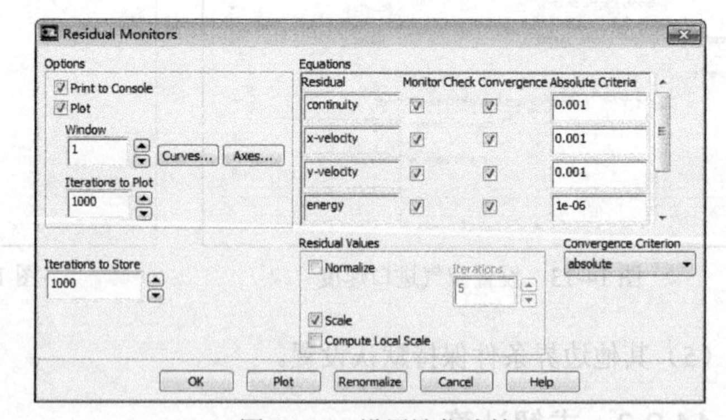

图 14-18　设置迭代残差

4. 设置流场初始化

（1）选择 Solution→Solution Initialization 选项，打开 Solution Initialization 面板进行初始化设置。

（2）在 Initialization Methods 下选中 Standard Initialization 单选按钮，在 Compute from 下拉列表中选择 all-zones，其他保持默认设置，单击 Initialize 按钮完成初始化，如图 14-19 所示。

（3）在 Solution Initialization 面板中单击 Patch 按钮，弹出 Patch 对话框，对烧结矿区域的初始温度进行设置。在 Zones to Patch 列表中选择 sjk 选项，在 Variable 列表中选择 Temperature 选项，设置 Value 为 873 K，如图 14-20 所示，单击 Patch 按钮完成设置。

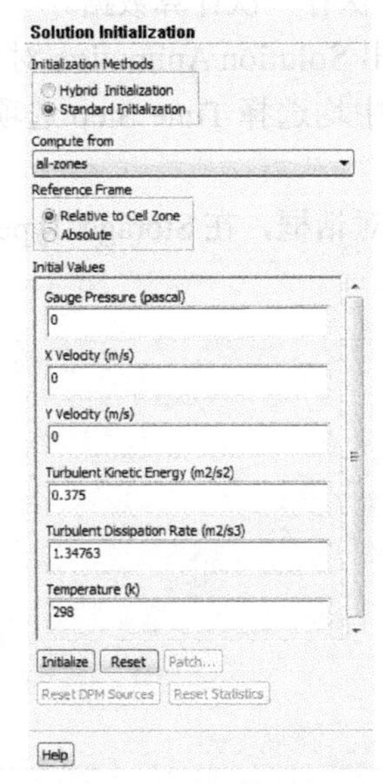

图 14-19　设定流场初始化

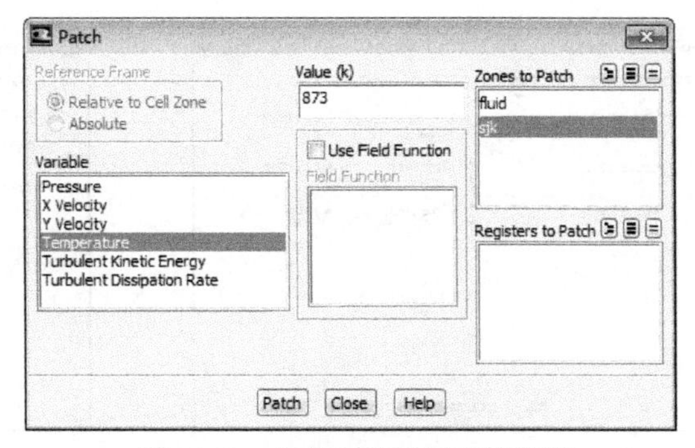

图 14-20　设置烧结矿区初始温度

5. 出口温度变化监视曲线

（1）选择 Solution→Monitors 选项，打开 Monitors 面板。

（2）单击 Surface Monitors 下的 Create 按钮，弹出 Surface Monitor 对话框。

（3）选中 Options 下的 Plot 复选框；设置 Window 为 4；在 X Axis 下拉列表中选择 Flow Time 选项；在 Report Type 下拉列表中选择 Area-Weighted Average 选项；在 Surfaces 列表中选择 out 选项，其他保持默认设置，如图 14-21 所示，单击 OK 按钮完成设置。

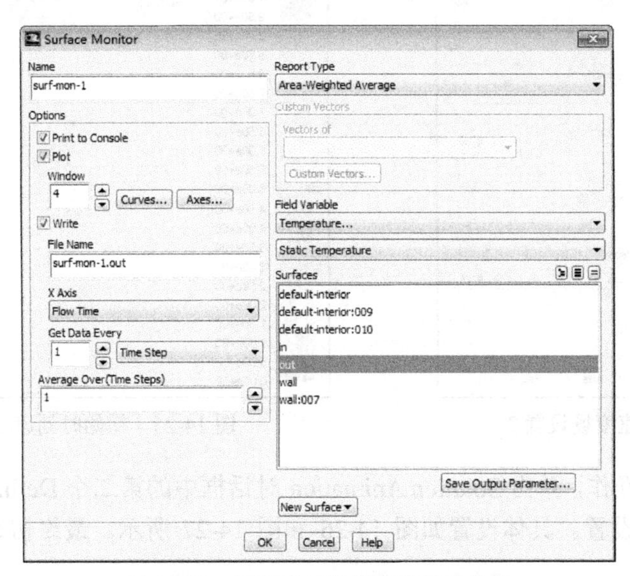

图 14-21　设置出口温度变化监视曲线

6. 设置速度场与温度场动画

（1）选择 Solution→Calculation Activities 选项，打开 Calculation Activities 面板，设置

Autosave Every（Time Steps）为 3，表示每计算 3 个时间步，保存一次计算数据。

（2）单击 Solution Animations 下的 Create/Edit 按钮，弹出 Solution Animation 对话框，Animation Sequences 设置为 2，在 When 下方两个下拉列表中均选择 Time Step 选项，如图 14-22 所示。

（3）单击第一个 Define 按钮，弹出 Animation Sequence 对话框，在 Storage Type 下选中 In Memory 单选按钮，Window 设置为 3，如图 14-23 所示。

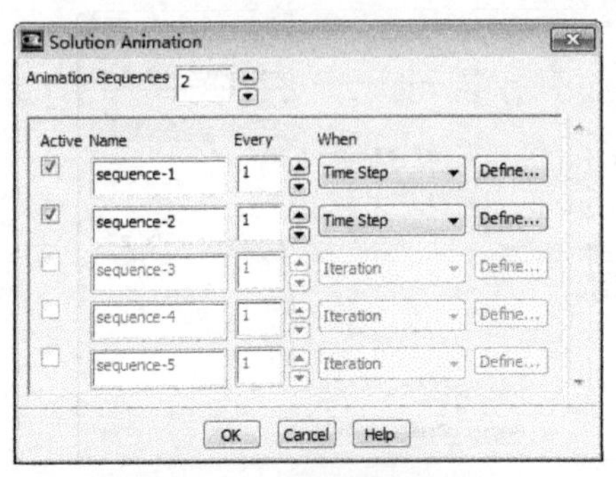

图 14-22　动画设置主窗口

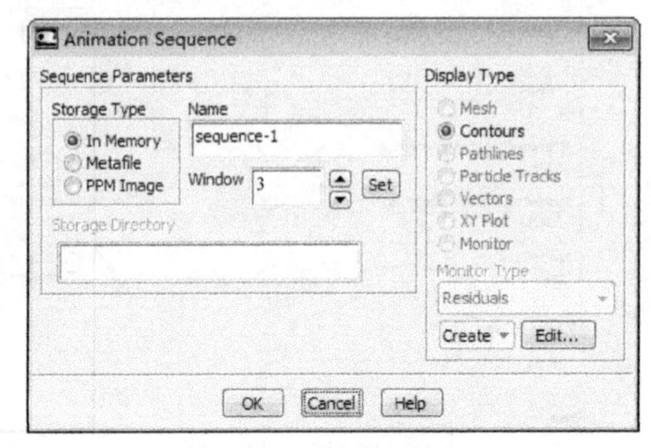

图 14-23　速度场设置 1

单击 Set 按钮，弹出监视窗口。在 Display Type 下选中 Contours 单选按钮，弹出 Contours 对话框，在 Options 下选中 Filled 复选框，在 Contours of 下的第一个下拉列表中选择 Velocity 选项，其他保持默认设置，如图 14-24 所示。单击 Display 按钮，监视窗口变为初始时刻的速度场云图，如图 14-25 所示。单击 Close 按钮，关闭 Contours 对话框。单击 OK 按钮，关闭 Animation Sequence 对话框，完成设置。

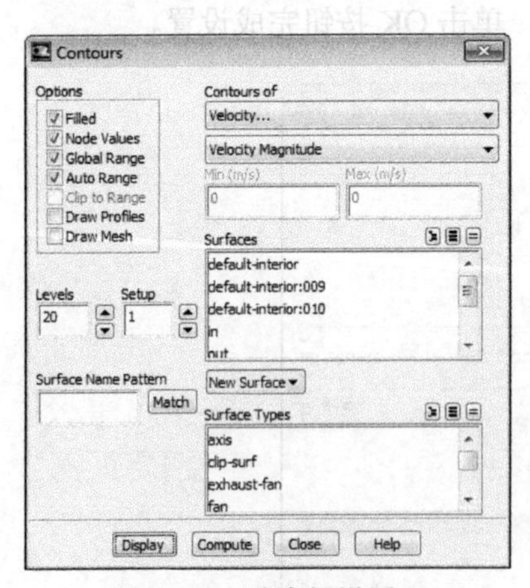

图 14-24　速度场设置 2

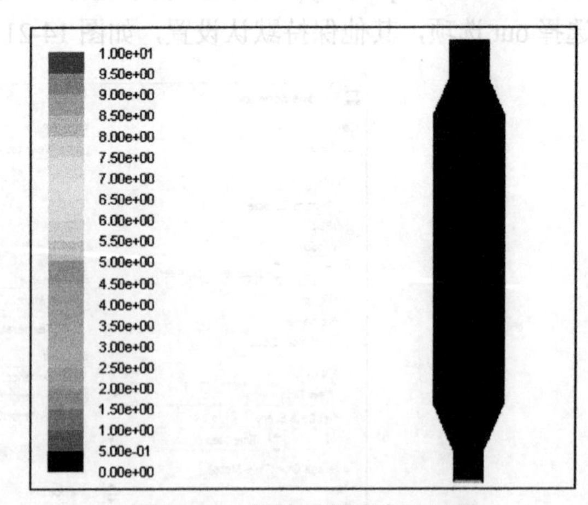

图 14-25　初始时刻速度场云图

（4）重复上述操作，单击 Solution Animation 对话框中的第二个 Define 按钮，对温度场动画监视窗口进行设置。具体设置如图 14-26 和图 14-27 所示。最终初始时刻的温度场云图如图 14-28 所示。

7. 迭代计算

（1）执行 File→Write→Case&Data 命令，弹出 Select File 对话框，保存为 porous.cas 和 porous.dat。

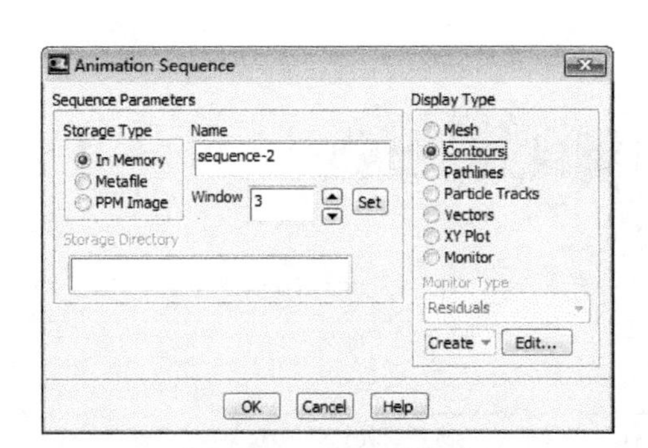

图 14-26 温度场设置 1

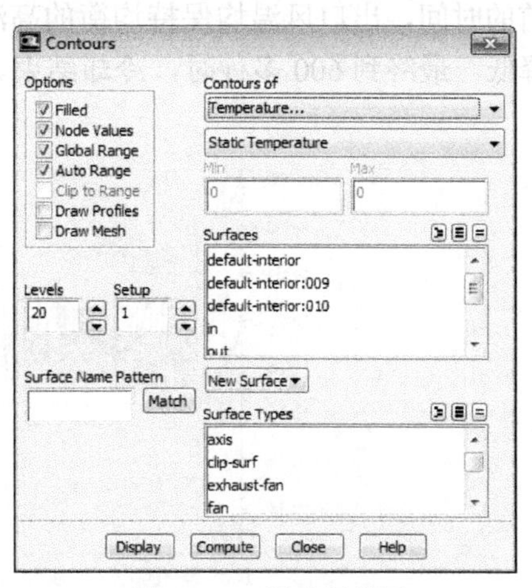

图 14-27 温度场设置 2

（2）选择 Solution→Run Calculation 选项，打开 Run Calculation 面板。

（3）设置 Time Step Size（s）为 0.001，Number of Time Steps 为 10 000，如图 14-29 所示。

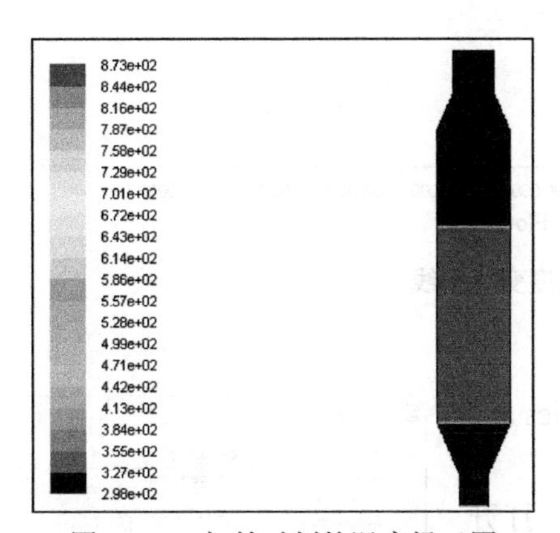

图 14-28 初始时刻的温度场云图

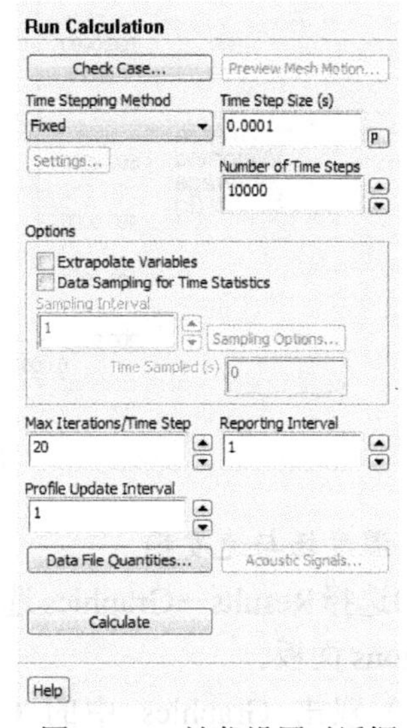

图 14-29 迭代设置对话框

（4）单击 Calculate 按钮进行迭代计算。

14.2.4 计算结果后处理及分析

1. 残差与出口质量流量曲线

（1）单击 Calculate 按钮后，迭代计算开始，弹出残差监视窗口和出口温度变化监视窗口，分别如图 14-30 和图 14-31 所示。

（2）由出口温度变化曲线可看出，出口热风达到最高温度所需的时间很短，由于采用的是气固换热热平衡方程，所以最高风温与烧结矿最高区域温度相等，均为 873 K，230 s

之前的时间，出口风温均保持均衡的高温。在这之后，随着矿层不断被冷却，出口风温逐渐降低，最终到 600 多秒时，冷却结束。

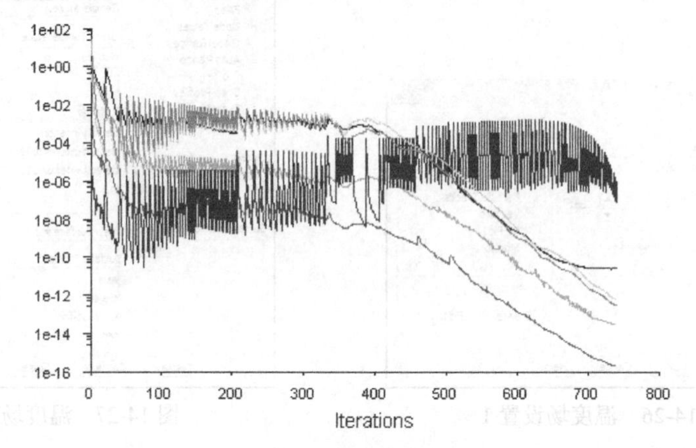

图 14-30　残差监视窗口

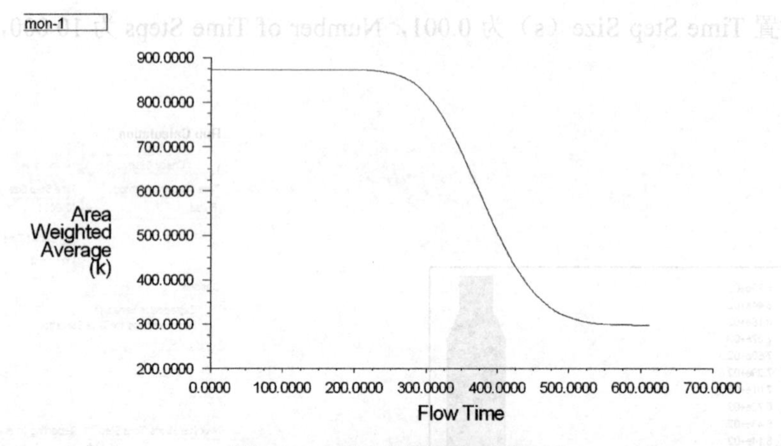

图 14-31　出口温度变化曲线

2. *温度场与速度场*

（1）选择 Results→Graphics 选项，打开 Graphics and Animations 面板。

（2）双击 Graphics 中的 Contours 选项，打开 Contours 对话框，在 Contours of 的第一个下拉列表中选择 Teperature 选项，如图 14-32 所示，单击 Display 按钮，弹出温度云图窗口，如图 14-33 所示。由温度云图可看出，烧结矿是自下而上逐层冷却的，流动方向上温度梯度大，横向温度梯度几乎为 0。

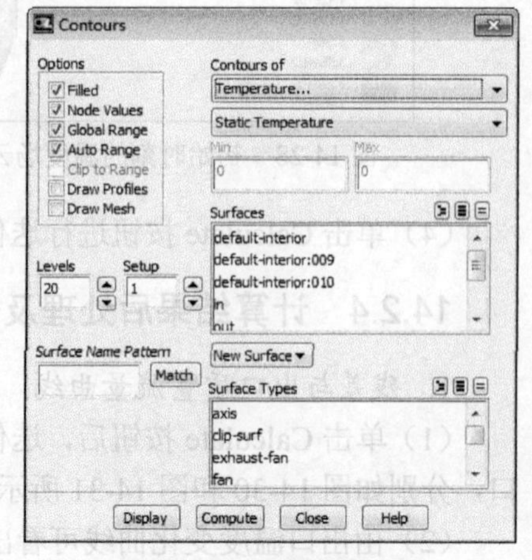

图 14-32　设置温度云图

（3）重复步骤（2）的操作，Contours of 的第一个下拉列表中选择 Velocity，单击 Display 按钮，弹出速度云图，如图 14-34 所示。由速度云图可看出，在进口和出口区域空气流速较大，在中间烧结矿区域流速最小。

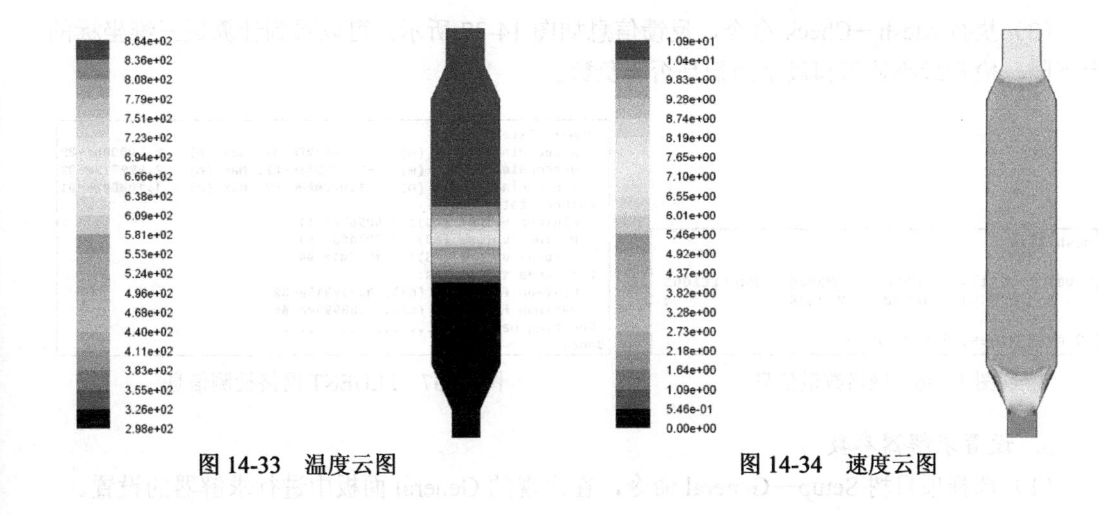

图 14-33 温度云图　　图 14-34 速度云图

14.3 三维多孔介质内部流动的数值模拟

14.3.1 案例简介

本案例利用 FLUENT 软件自带的多孔介质模型，对三维多孔介质内部流动进行数值模拟。

换热本体如图 14-35 所示。图 14-35（a）为计算区域的整体图，整个计算区域是直径为 50 mm、高为 100 mm 的圆柱。图 14-35（b）为内部的两个多孔介质圆柱，其直径为 20 mm，高为 80 mm，空气从柱体下方进入，从上方流出。通过对此案例进行数值模拟，得到空气流通过双圆柱的流场，分析双多孔介质圆柱对气流的影响。

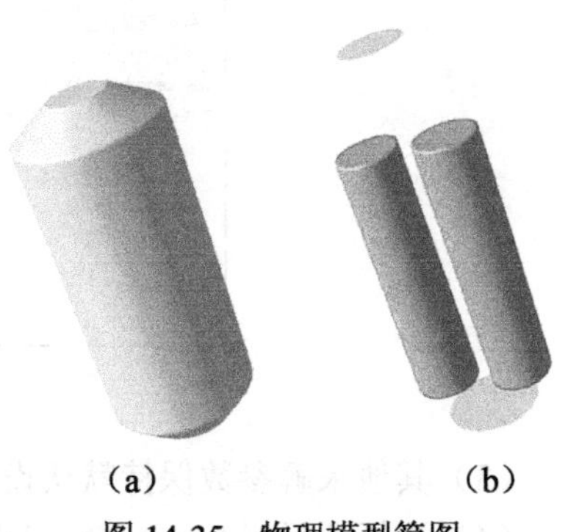

图 14-35 物理模型简图

14.3.2 FLUENT 求解计算设置

1. *启动* FLUENT-3D

（1）双击桌面上的 FLUENT 16.0 图标，进入启动界面。

（2）选中 Dimension 中的 3D 单选按钮，取消选中 Display Options 下的 3 个复选框，选中 Options 下的 Double Precision 复选框。

（3）其他保持默认设置，单击 OK 按钮进入 FLUENT 16.0 主界面。

2. *读入并检查网格*

（1）执行 File→Read→Mesh 命令，在弹出的 Select File 对话框中读入 porous_2.msh 三维网格文件。

（2）执行 Mesh→Info→Size 命令，得到如图 14-36 所示的模型网格信息：共有 298 418 个节点、869 307 个网格面和 285 551 个网格单元，共有 3 个网格区域和 8 个面域。

（3）执行 Mesh→Check 命令，反馈信息如图 14-37 所示。可以看到计算域三维坐标的上下限，检查最小体积和最小面积是否为负数。

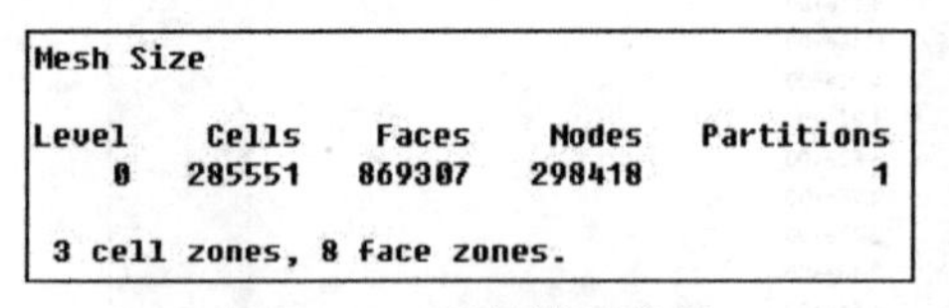

图 14-36　网格数量信息

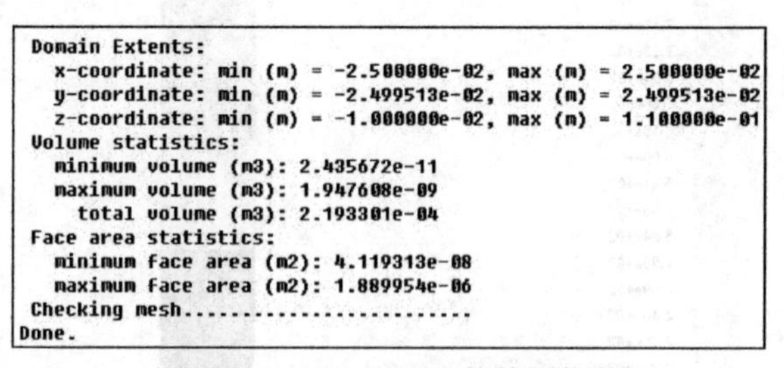

图 14-37　FLUENT 网格检测信息

3．设置求解器参数

（1）选择项目树 Setup→General 命令，在出现的 General 面板中进行求解器的设置。

（2）单击 Scale 按钮，打开 Scale Mesh 对话框，在 Mesh Was Created In 下拉列表中选择 mm，单击 Scale 按钮，计算模型尺寸单位变为 mm，如图 14-38 所示。

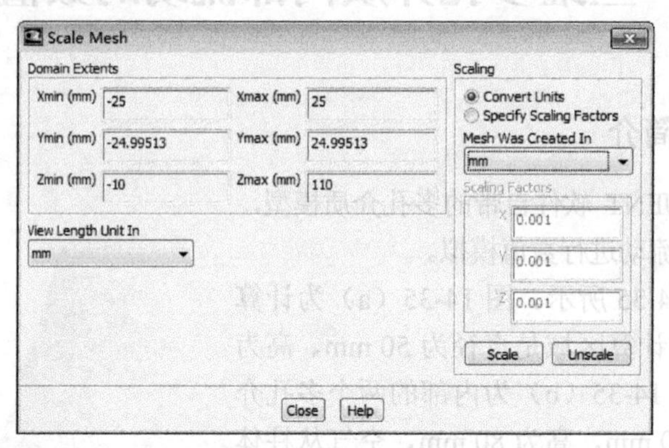

图 14-38　修改尺寸单位

（3）其他求解参数保持默认设置，如图 14-39 所示。

（4）选择项目树 Setup→Models 选项，对求解模型进行设置，如图 14-40 所示。

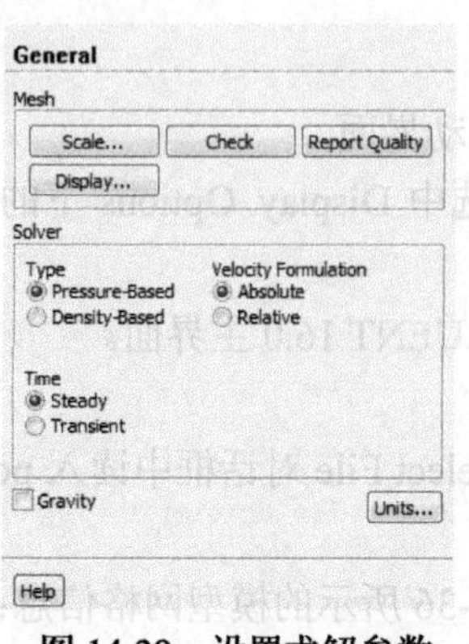

图 14-39　设置求解参数

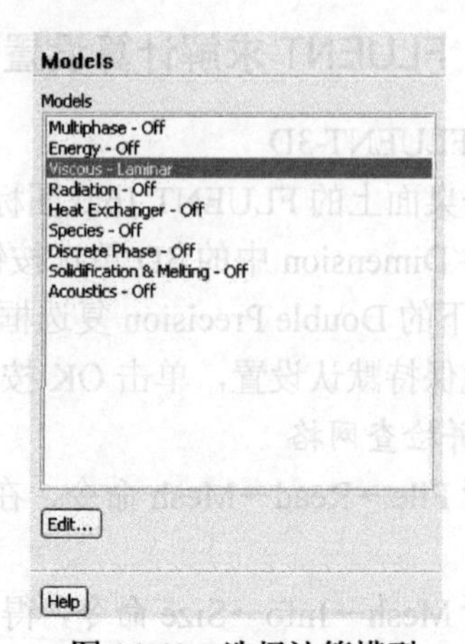

图 14-40　选择计算模型

（5）在 Models 面板中双击 Viscous-Laminar 选项，弹出 Viscous Model 对话框，湍流模型选择其中的 k-epsilon（2 eqn），如图 14-41 所示，单击 OK 按钮完成设置。

4. 定义材料物性

（1）选择项目树 Setup→Materials 选项，在出现的 Materials 面板中对所需材料进行设置。

（2）双击面板中的 Fluid 选项，如图 14-42 所示，弹出材料物性参数设置对话框。

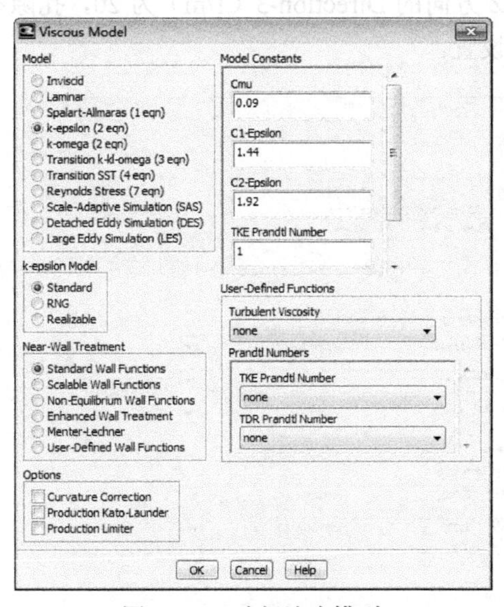

图 14-41　选择湍流模型

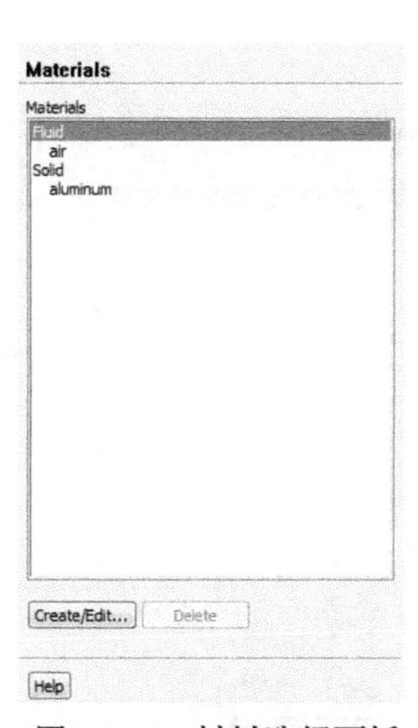

图 14-42　材料选择面板

（3）在材料物性参数设置对话框中，保持默认设置，如图 14-43 所示。

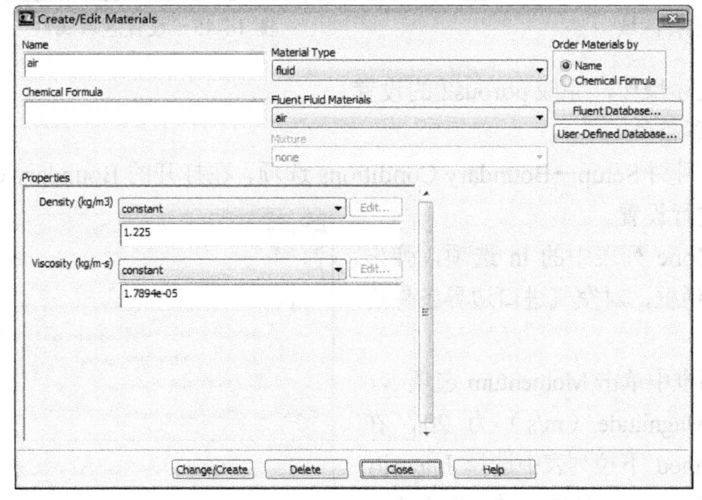

图 14-43　空气物性参数

（4）由于本案例只对多孔介质内流场进行数值模拟，所以骨架的材质不需要设置。

5. 设置区域条件

（1）选择项目树 Setup→Cell Zone Conditions 选项，在弹出的 Cell Zone Conditions 面板

中对区域条件进行设置，如图 14-44 所示。

（2）选择 Zone 列表中的 porous1 选项，单击 Edit 按钮，弹出 Fluid 对话框，选中 Porous Zone 和 Laminar Zone 复选框，然后单击 Porous Zone 选项卡，选中 Relative Velocity Resistance Formulation 复选框，设置 *X* 方向、*Y* 方向和 *Z* 方向的 Direction-1（1/m2）、Direction-2（1/m2）和 Direction-3（1/m2）均为 3e + 07；在 Inertial Resistance 下设置 *X* 方向和 *Y* 方向的 Direction-1（1/m）及 Diection-2（1/m）均为 20 000，*Z* 方向的 Direction-3（1/m）为 20，孔隙率不必设置，如图 14-45 所示，单击 OK 按钮完成设置。

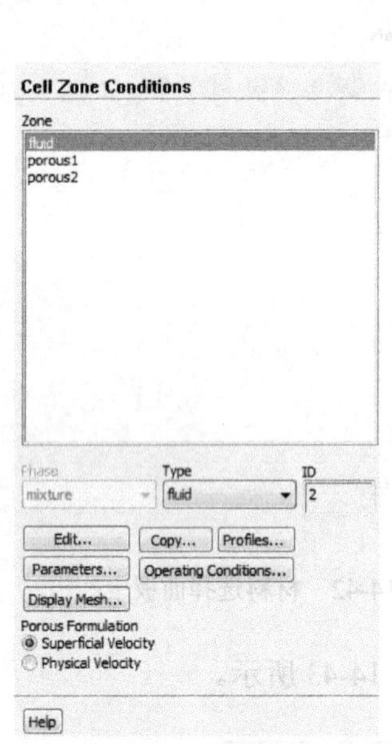

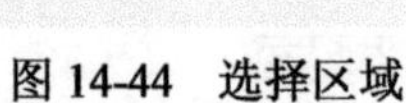

图 14-44　选择区域

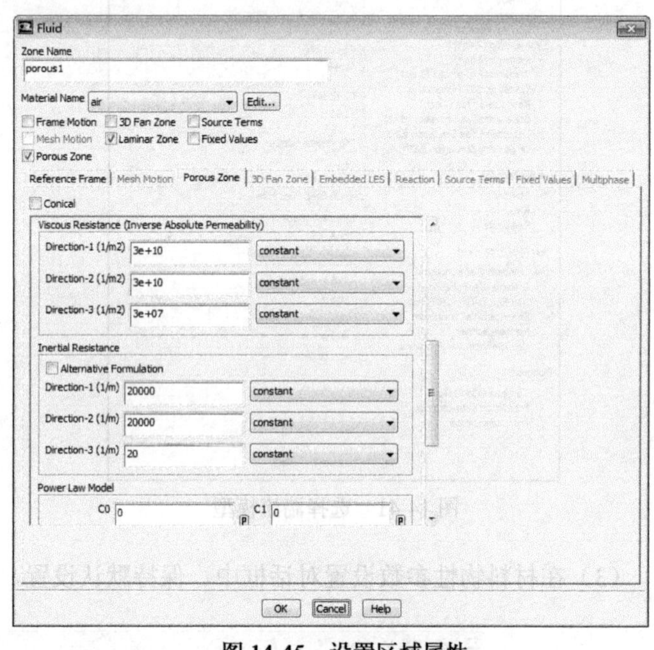

图 14-45　设置区域属性

（3）重复上述操作，完成 porous2 的设置。

6. 设置边界条件

（1）选择项目树 Setup→Boundary Conditions 选项，在打开的 Boundary Conditions 面板中对边界条件进行设置。

（2）双击 Zone 列表中的 in 选项，弹出 Volocity Inlet 对话框，对空气进口边界条件进行设置。

（3）在对话框中单击 Momentum 选项卡，设置 Velocity Magnitude（m/s）为 20，在 Specification Method 下拉列表中选择 Intensity and Hydraulic Diameter 选项，在 Turbulent Intensity（%）文本框中输入 5，在 Hydraulic Diameter（mm）文本框中输入 20，如图 14-46 所示。

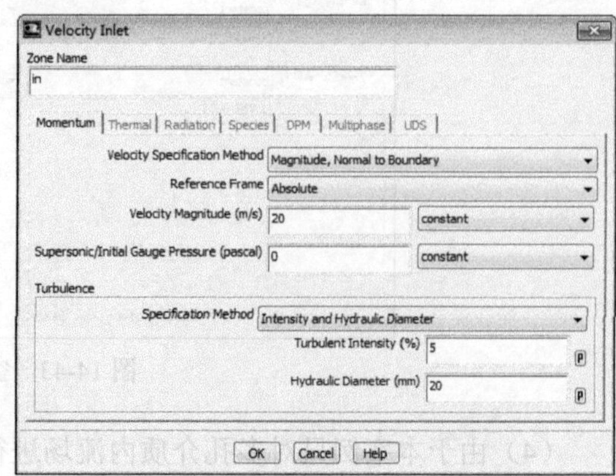

图 14-46　设置空气进口边界条件

14.3.3 求解计算

1. 求解控制参数

（1）选择 Solution→Solution Methods 选项，在弹出的 Solution Methods 面板中对求解控制参数进行设置。

（2）面板中的各个选项采用默认值，如图 14-47 所示。

2. 设置求解松弛因子

（1）选择 Solution→Solution Controls 选项，在弹出的 Solution Controls 面板中对求解松弛因子进行设置。

（2）面板中相应的松弛因子保持默认设置，如图 14-48 所示。

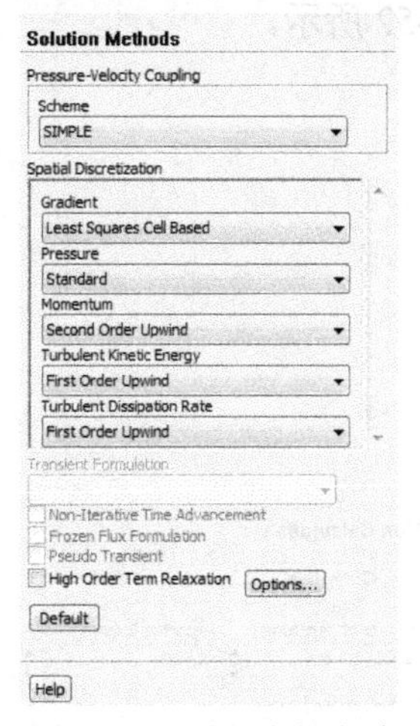

图 14-47 设置求解方法

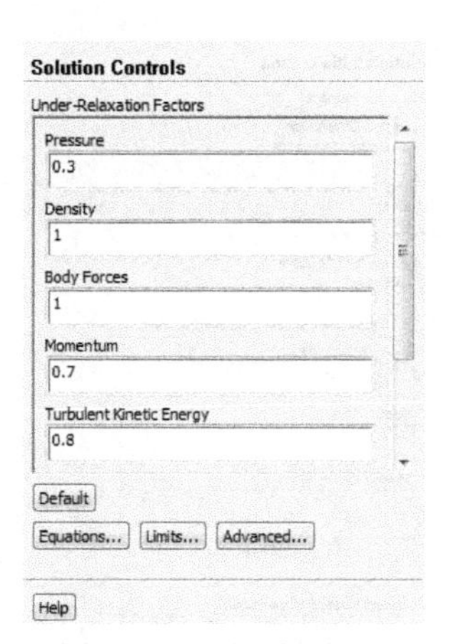

图 14-48 设置松弛因子

3. 设置收敛临界值

（1）选择 Solution→Monitors 选项，打开 Monitors 面板。

（2）双击 Monitors 面板中的 Residuals-Print，Plot 选项，如图 14-49 所示，打开 Residual Monitors 对话框，保持默认设置，如图 14-50 所示，单击 OK 按钮完成设置。

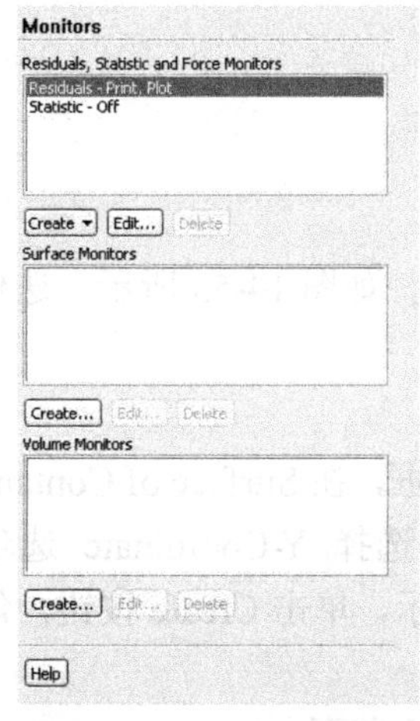

图 14-49 残差设置面板

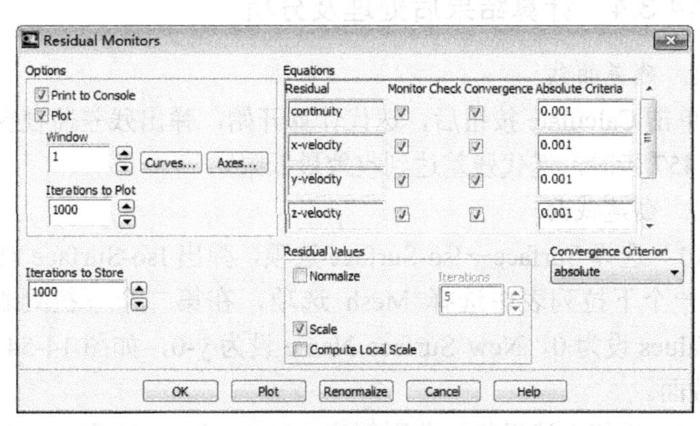

图 14-50 设置迭代残差

4. 设置流场初始化

（1）选择 Solution→Solution Initialization 选项，打开 Solution Initialization 面板进行初始化设置。

（2）在 Initialization Methods 下拉列表中选择 Standard Initialization 选项，在 Compute from 下拉列表中选择 all-zones，其他保持默认设置，单击 Initialize 按钮完成初始化，如图 14-51 所示。

5. 迭代计算

（1）执行 File→Write→Case&Data 命令，弹出 Select File 对话框，保存为 porous_2.cas 和 porous_2.dat。

（2）选择 Solution→Run Calculation 选项，打开 Run Calculation 面板。

（3）设置 Number of Iterations 为 1 000，如图 14-52 所示。

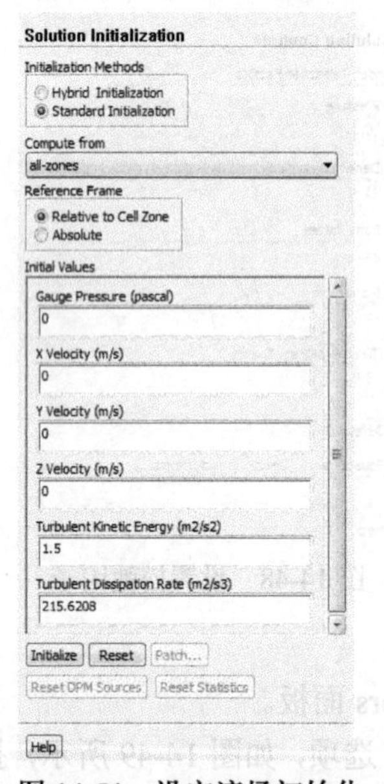

图 14-51　设定流场初始化

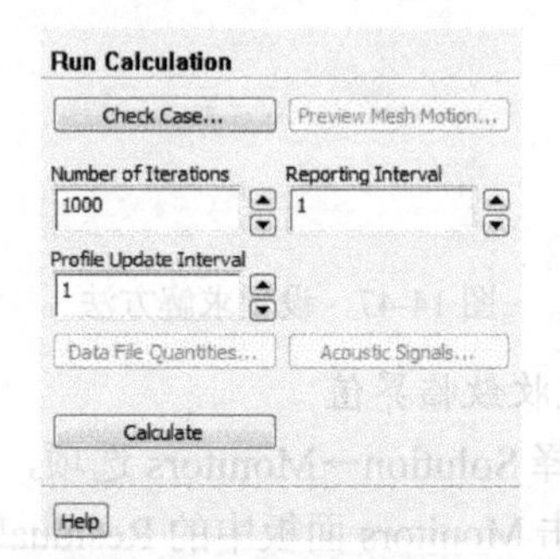

图 14-52　迭代设置对话框

（4）单击 Calculate 按钮进行迭代计算。

14.3.4　计算结果后处理及分析

1. 残差曲线

单击 Calculate 按钮后，迭代计算开始，弹出残差监视窗口，如图 14-53 所示。迭代计算至 457 步时，迭代残差达到收敛最低限。

2. 创建截面

（1）选择 Surface→Iso-Surface 选项，弹出 Iso-Surface 对话框，在 Surface of Contant 下的第一个下拉列表中选择 Mesh 选项，在第二个下拉列表中选择 Y-Coordinate 选项，Iso-Values 设为 0，New Surface Name 设为 y-0，如图 14-54 所示，单击 Create 按钮，创建 y-0 截面。

（2）重复上述操作，分别创建 z-0、z-40、z-80 和 z-100 四个截面。

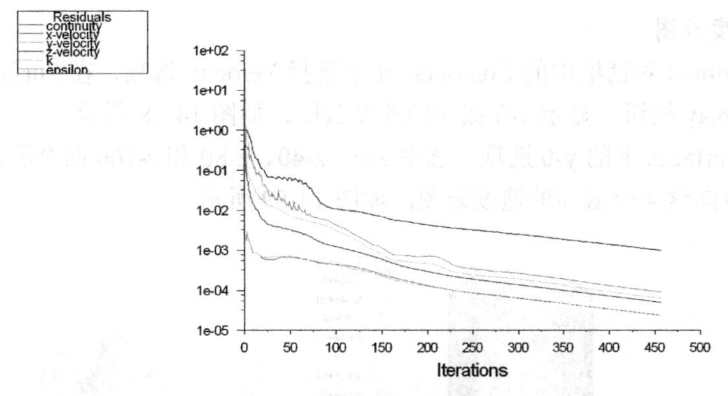

图 14-53 残差监视窗口

3. 截面压力云图

（1）选择 Results→Graphics 选项，打开 Graphics and Animations 面板。

（2）双击 Graphics 中的 Contours 选项，打开 Contours 对话框，在 Contours of 下的第一个下拉列表中选择 Pressure 选项，在 Surfaces 下选择 y-0 选项，如图 14-55 所示，单击 Display 按钮，弹出 y-0 截面的压力云图窗口，如图 14-56 所示。

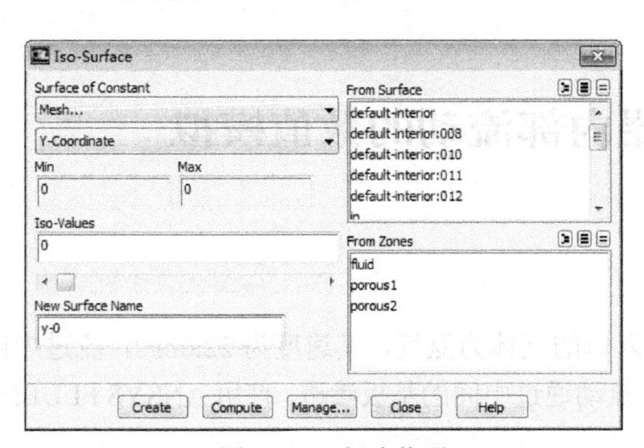

图 14-54 创建截面

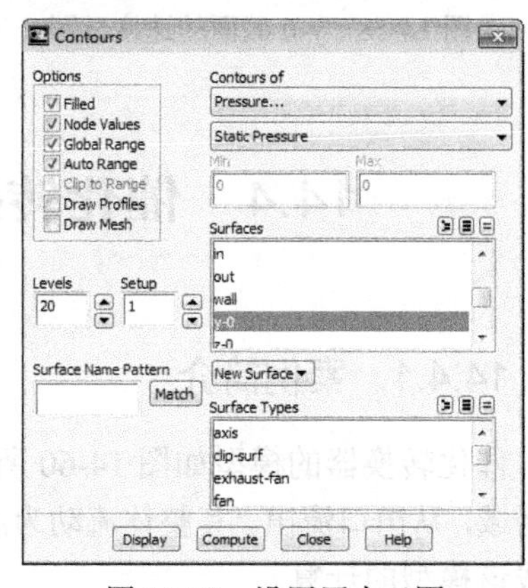

图 14-55 设置压力云图

（3）取消 Surfaces 下的 y-0 选项，选中 z-0、z-40、z-80 和 z-100 四个面，单击 Display 按钮，显示 Z 方向这 4 个截面的压力云图，如图 14-57 所示。

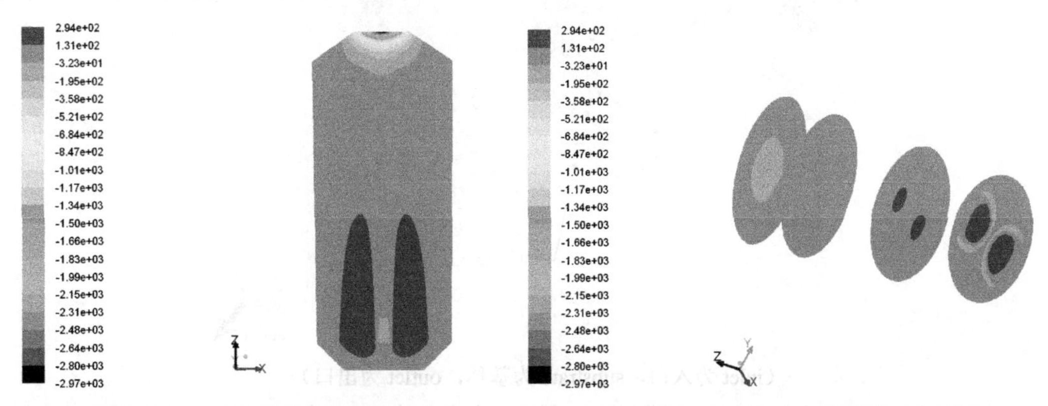

图 14-56 y-0 截面的压力云图　　图 14-57 Z 方向 4 个截面的压力云图

4. 截面速度云图

（1）在 Contours 对话框中的 Contours of 下选择 Velocity 选项，在 Surfaces 下选择 y-0 选项，单击 Display 按钮，显示 y-0 截面的速度云图，如图 14-58 所示。

（2）取消 Surfaces 下的 y-0 选项，选中 z-0、z-40、z-80 和 z-100 四个面，单击 Display 按钮，显示 *Z* 方向这 4 个截面的速度云图，如图 14-59 所示。

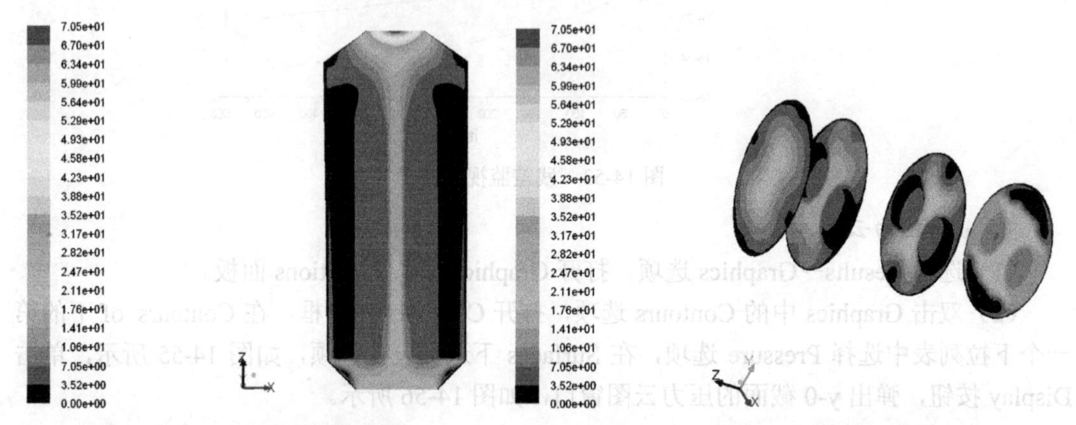

图 14-58　y-0 截面的速度云图　　　　图 14-59　*Z* 方向 4 个截面的速度云图

14.4　催化转换器内部流动的数值模拟

14.4.1　案例简介

催化转换器的模型如图 14-60 所示。入口的气体为氮气，其速度为 22.6m/s，流过中间的区域，从出口流出。其整体流动为湍流，流动通过中间的基板渗透。使用 ANSYS FLUENT 完成该模型的计算。

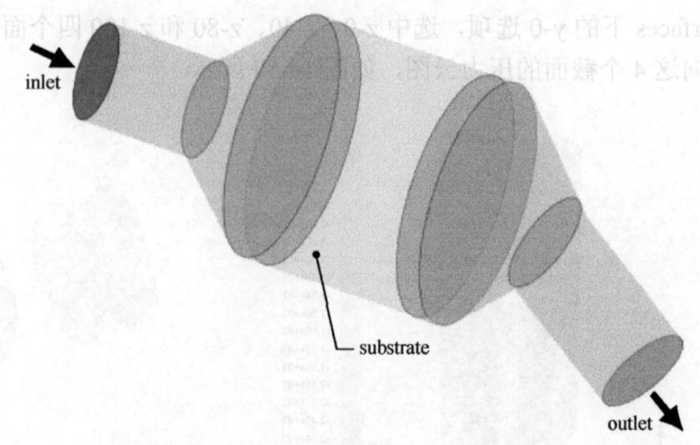

（inlet 为入口，substrate 为基体，outlet 为出口）

图 14-60　催化转换器模型

14.4.2 FLUENT 求解计算设置

1. 启动 FLUENT-3D

（1）双击桌面上的 FLUENT 16.0 图标，进入启动界面。

（2）选中 Dimension 中的 3D 单选按钮，取消选中 Display Options 下的 3 个复选框。

（3）其他保持默认设置，单击 OK 按钮进入 FLUENT 16.0 主界面。

2. 读入并检查网格

（1）读入网格。执行菜单栏 File→Read→Mesh 命令，在弹出的 Select File 对话框中选择 catalytic_converter.msh，然后单击 OK 按钮将网格读入到 FLUENT 中。此时，在窗口中显示出的网格如图 14-61 所示。

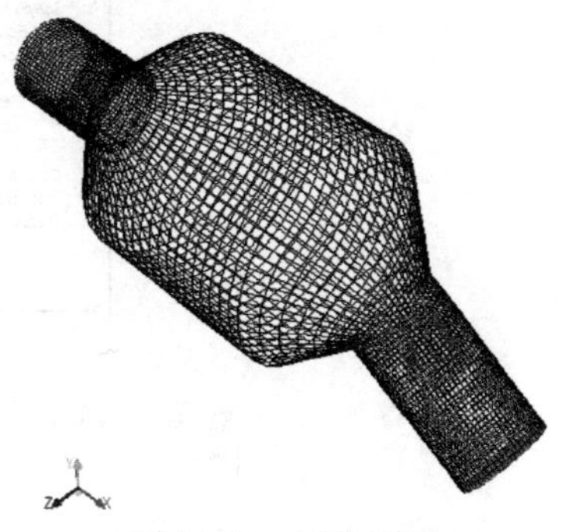

图 14-61　网格显示

（2）缩放网格。在 General 面板中单击 Scale 按钮，弹出 Scale Mesh 对话框，在 Mesh Was Created In 下拉列表中，选择 mm 作为缩放单位，单击 Sacle 按钮完成缩放，在 View Length Unit In 下拉列表中选择 mm 作为显示单位，如图 14-62 所示，之后单击 Close 按钮关闭对话框。

（3）检查网格。在 General 面板中单击 Check 按钮，完成网格检查。

3. 设置求解器参数

（1）保持如图 14-63 所示的默认常规设置即可。

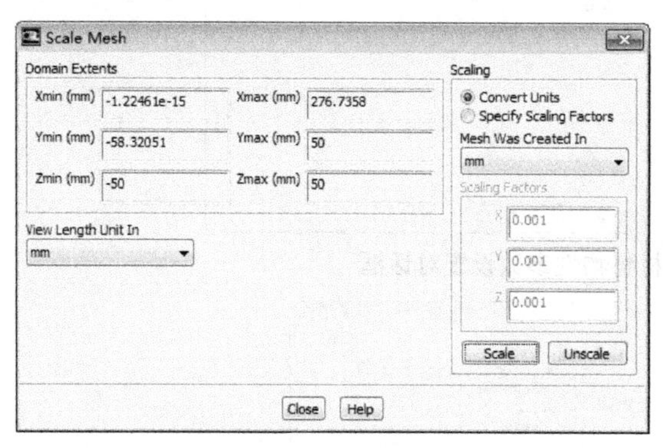

图 14-62　缩放设置

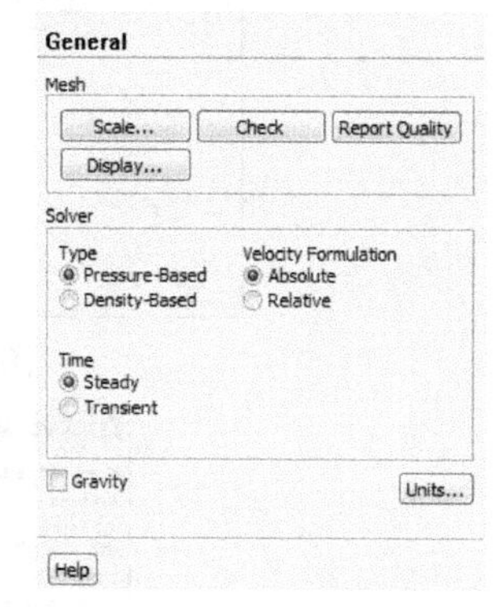

图 14-63　常规设置

（2）模型设置。执行主菜单 Models→Viscous→Edit 命令，在弹出的 Viscous Model 对话框中选择 k-epsilon（2 eqn），如图 14-64 所示，单击 OK 按钮完成设置。

4. 定义材料物性

执行主菜单 Materials→air→Create/Edit 命令，弹出 Create/Edit Materials 对话框，如图 14-65 所示。单击 Fluent Database 按钮，打开 Fluent Database Materials 对话框，在其中选择 nitrogen（n2）材料，如图 14-66 所示，单击 Copy 按钮，复制材料物性参数，单击 Close 按钮关闭对话框。回到 Create/Edit Materials 对话框，单击 Change/Create 按钮，保存材料物性参数，单击 Close 按钮关闭对话框。

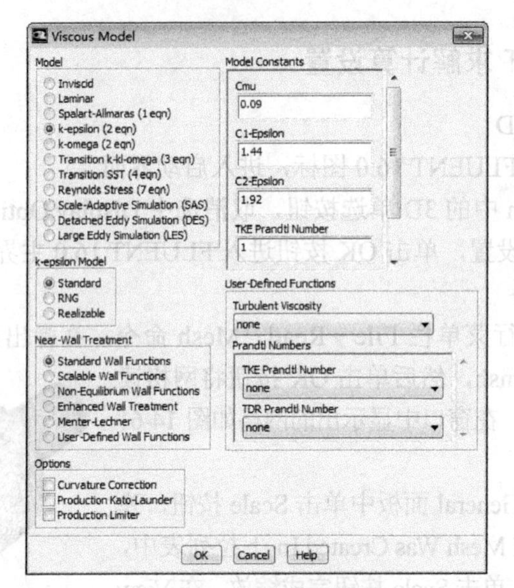

图 14-64 湍流模型设置

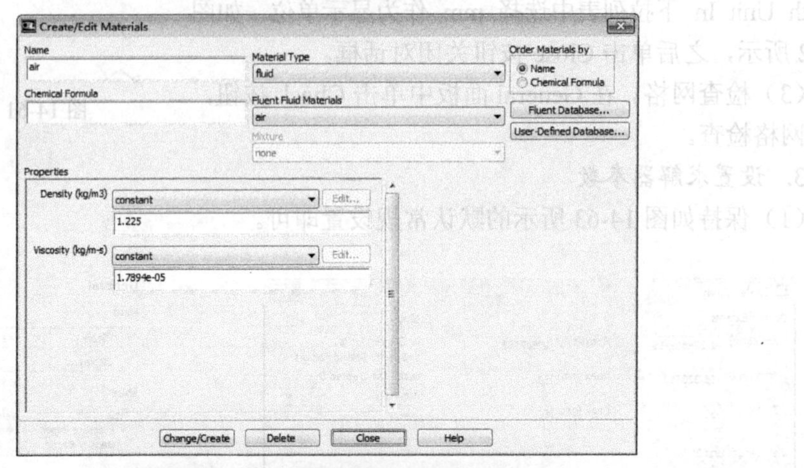

图 14-65 材料物性参数设置对话框

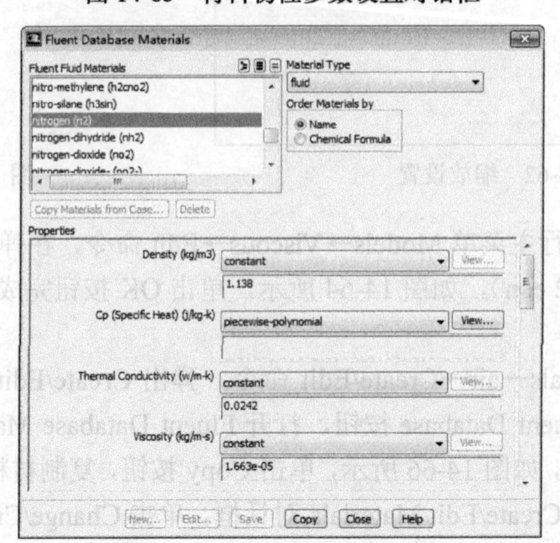

图 14-66 FLUENT Database Materials 对话框

5. 设置区域条件

（1）将计算区域设置为 nitrogen。

执行主菜单 Cell Zone Conditions→fluid→Edit 命令，弹出 Fluid 对话框，在 Material Name 下拉列表中选择 nitrogen 选项，如图 14-67 所示，单击 OK 按钮完成设置。

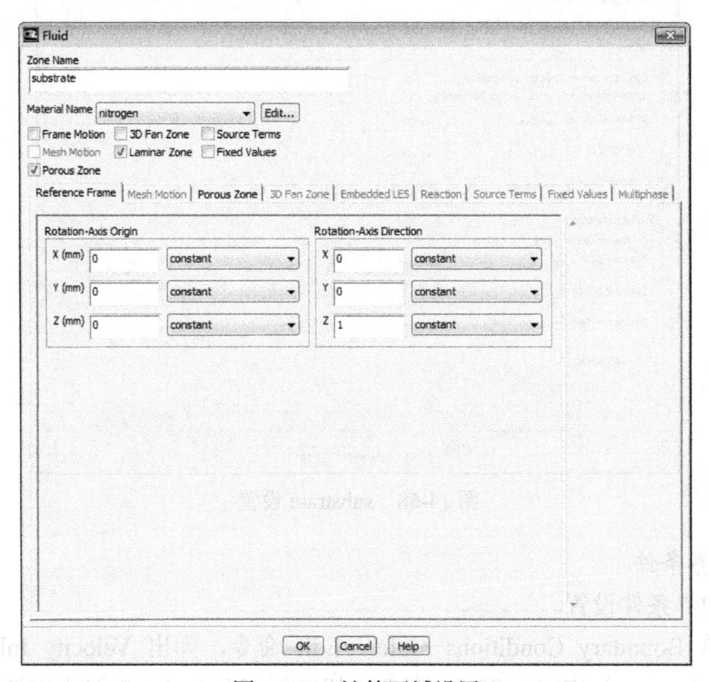

图 14-67 计算区域设置

（2）设置多孔介质材料。

执行主菜单 Cell Zone Conditions→substrate→Edit 命令，弹出 Fluid 对话框。在 Material Name 下拉列表中选择 nitrogen 选项；选中 Porous Zone 和 Laminar Zone 复选框；选择 Porous Zone 选项卡，将 Direction Vectors 设置成如表 14-1 所示的参数；将 Viscous Resistance 和 Inertial Resistance 设置成如表 14-2 所示的参数，设置结果如图 14-68 所示。之后单击 OK 按钮完成设置。

表 14-1 Direction Vectors 设置

Axis	Direction−1 Vector	Direction−2 Vector
X	1	0
Y	0	1
Z	0	0

表 14-2 Viscous Resistance 和 Inertial Resistance 设置

Direction	Viscous Resistance（1/m2）	Inertial Resistance（1/m）
Direction-1	3.846e+07	20.414
Direction-2	3.846e+10	20414
Direction-3	3.846e+10	20414

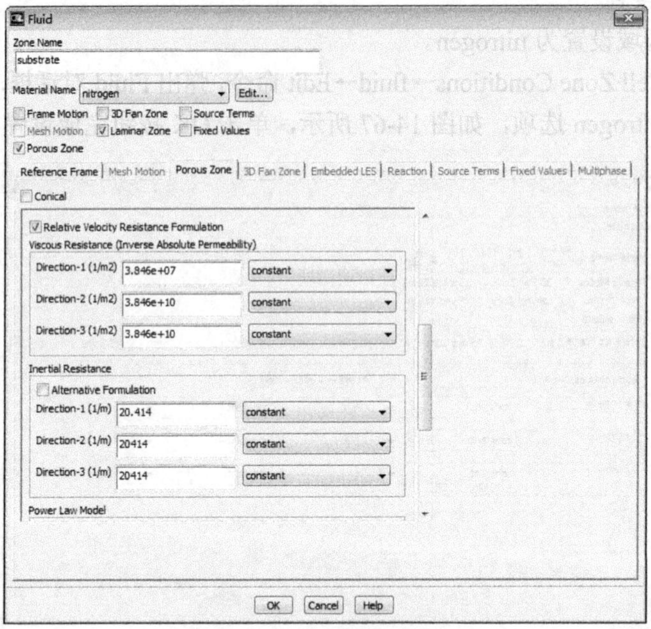

图 14-68 substrate 设置

6. 设置边界条件

（1）进口边界条件设置。

执行主菜单 Boundary Conditions→inlet→Edit 命令，弹出 Velocity Inlet 对话框，在 Velocity Magnitude（m/s）中输入 22.6，在 Specification Method 下拉列表中选择 Intensity and Hydraulic Diameter，在 Turbulent Intensity（%）和 Hydraulic Diameter（mm）中分别输入 10 和 42，如图 14-69 所示。然后单击 OK 按钮完成设置。

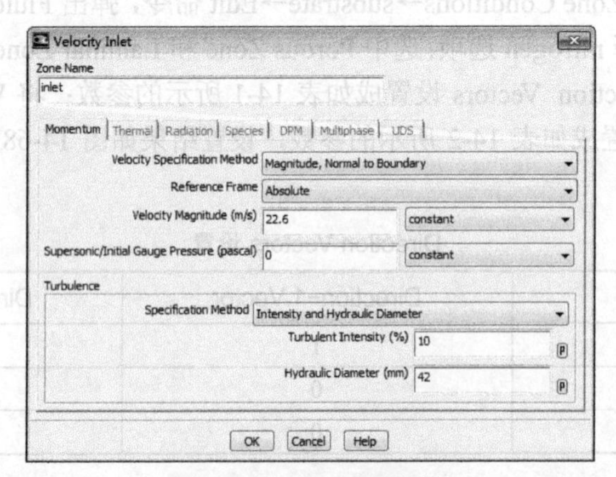

图 14-69 进口边界条件

（2）出口边界条件设置。

执行主菜单 Boundary Conditions→outlet→Edit 命令，弹出 Pressure Outlet 对话框，在 Specification Method 下拉列表中选择 Intensity and Hydraulic Diameter，在 Backflow Turbulent Intensity（%）和 Backflow Hydraulic Diameter（mm）中分别输入 5 和 42，如图 14-70 所示。

然后单击 OK 按钮完成设置。

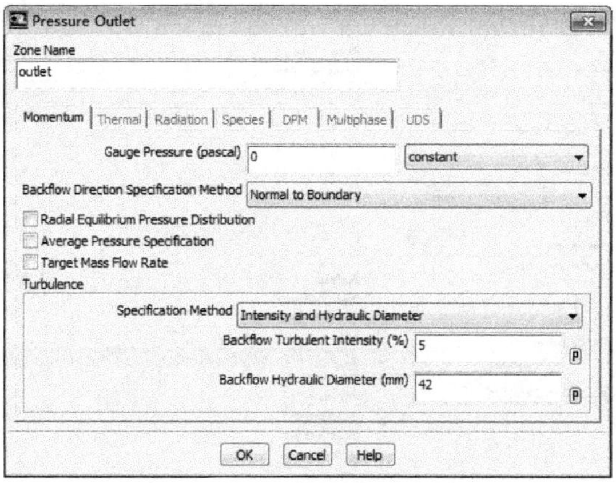

图 14-70 出口边界条件

14.4.3 求解计算

1. 求解控制参数

选择 Solution→Solution Methods 选项，打开 Solution Methods 面板，将 Scheme 设置为 Coupled 并勾选 Pseudo Transient 复选框，如图 14-71 所示。

2. 设置收敛临界值

执行主菜单 Monitors→Residuals→Edit 命令，弹出 Residual Monitors 对话框，保持默认设置，如图 14-72 所示，单击 OK 按钮完成设置。

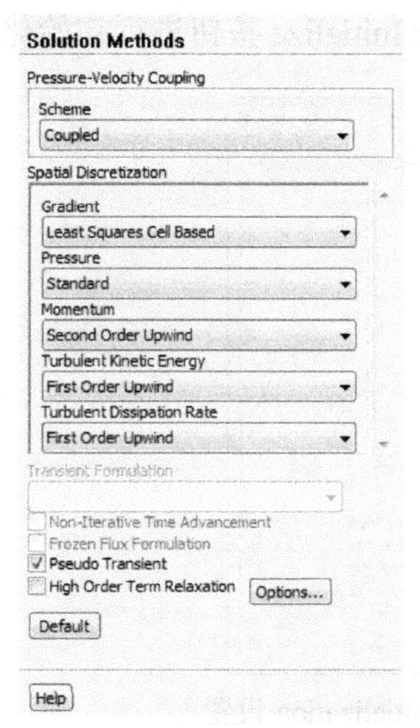

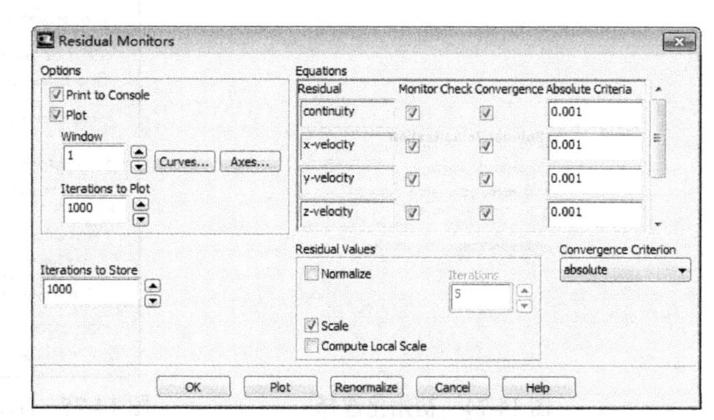

图 14-71 Solution Methods 设置

图 14-72 求解监控设置

3. 设置出口处质量流量监控

执行主菜单 Monitors（Surface Monitors）→Create 命令，弹出 Surface Monitor 对话框，勾选 Write 复选框，在 Report Type 下拉列表中选择 Mass Flow Rate，在 Surfaces 中选择 outlet，

如图 14-73 所示，单击 OK 按钮完成设置。

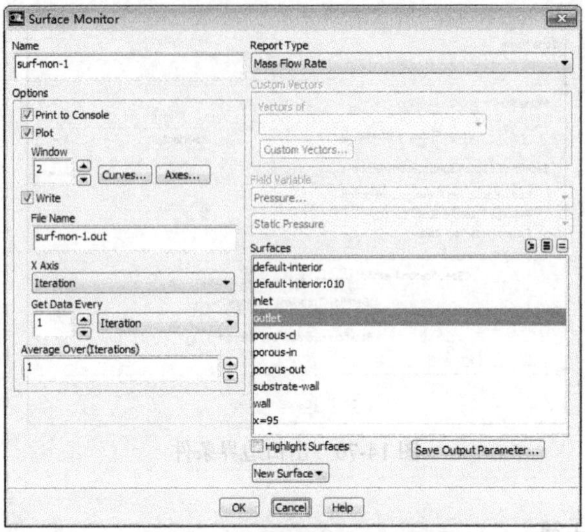

图 14-73　质量流量监控设置

4. 设置流场初始化

（1）选择 Solution→Solution Initialization 选项，打开 Solution Initialization 面板，选择 Hybrid Initialization 单选按钮，如图 14-74 所示，单击 Initialize 按钮进行初始化。

此时控制窗口会显示警告 Warning：convergence tolerance of 1.000000e-06 not reached during Hybrid Initialization.，这意味着需要更多的初始化步数。

（2）单击 More Settings 按钮，弹出 Hybrid Initialization 对话框，将 Number of Iterations 设置成 15，如图 14-75 所示，单击 OK 按钮完成设置，再次单击 Initialize 按钮进行初始化。

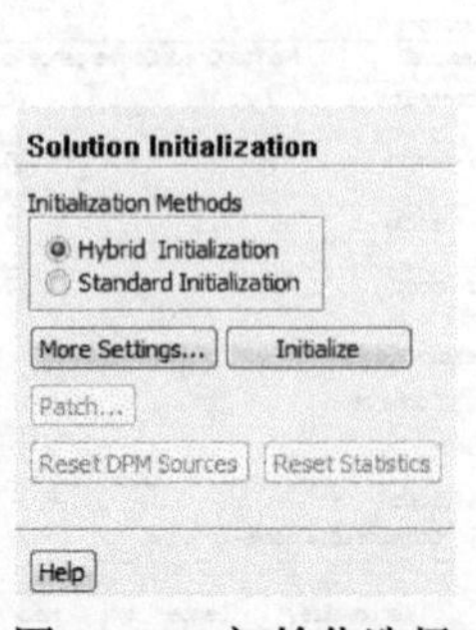

图 14-74　初始化选择

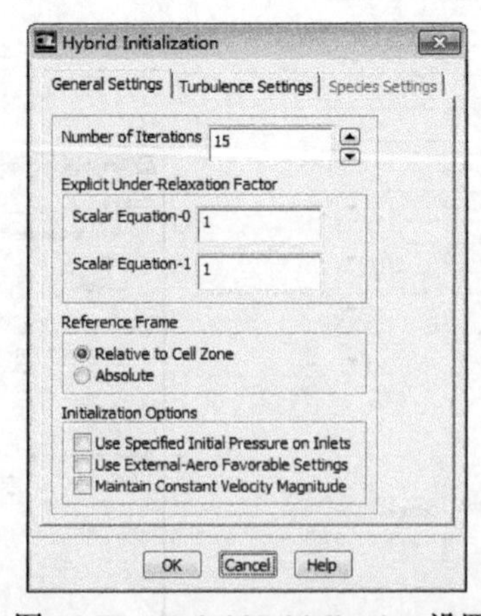

图 14-75　Hybrid Initialization 设置

在弹出的 Question 对话框中单击 OK 按钮，此操作意味着不保存当前的流场而重新初始化。

5. 迭代计算

（1）保存文件。执行主菜单 File→Write→Case&Data 命令，弹出 Select File 对话框，

单击 OK 按钮完成保存。

（2）请求 100 步迭代，其残差收敛曲线与出口处质量流量监控曲线分别如图 14-76 和图 14-77 所示。

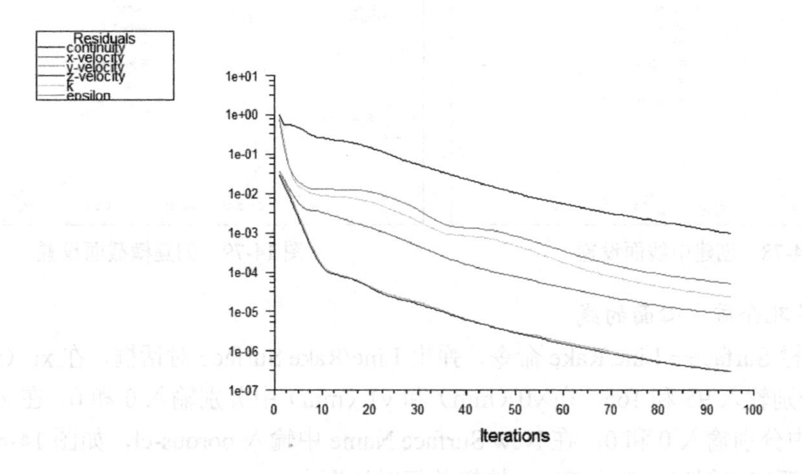

图 14-76 残差收敛曲线

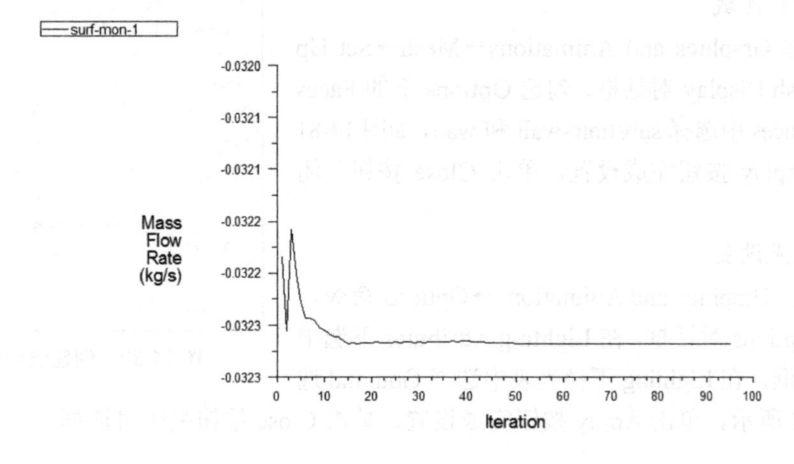

图 14-77 出口处质量流量监控曲线

14.4.4 计算结果后处理及分析

1. 创建通过中线的面

执行菜单栏 Surface→Iso-Surface 命令，弹出 Iso-Surface 对话框，在 Surface of Constant 下拉列表中分别选择 Mesh 和 Y-Coordinate，在 Iso-Values（mm）中输入 0，在 New Surface Name 中输入 y=0，如图 14-78 所示。单击 Create 按钮完成创建，单击 Close 按钮关闭对话框。

2. 创建横截面

执行菜单栏 Surface→Iso-Surface 命令，弹出 Iso-Surface 对话框，在 Surface of Constant 下拉列表中分别选择 Mesh 和 X-Coordinate，在 Iso-Values（mm）中输入 95，在 New Surface Name 中输入 x=95，如图 14-79 所示。单击 Create 按钮完成创建，单击 Close 按钮关闭对话框。

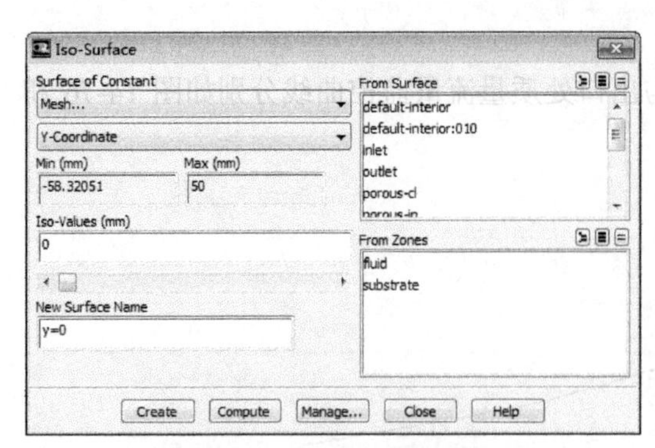

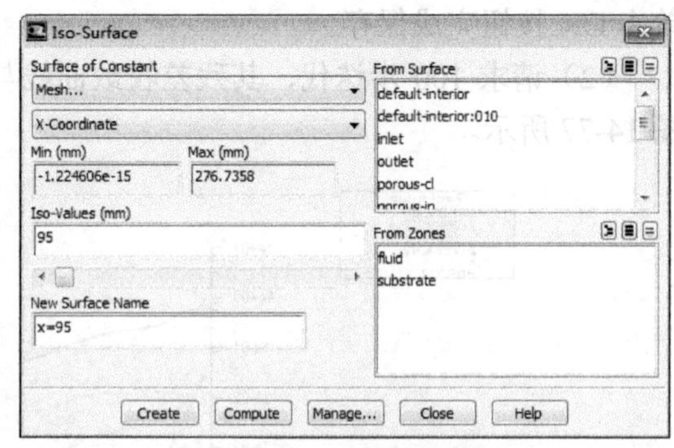

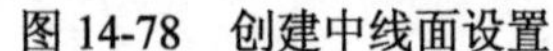
图 14-78　创建中线面设置　　　　图 14-79　创建横截面设置

3. 创建多孔介质中心面的线

执行菜单栏 Surface→Line/Rake 命令，弹出 Line/Rake Surface 对话框，在 x0（mm）和 x1（mm）中分别输入 95 和 165，在 y0（mm）和 y1（mm）中分别输入 0 和 0，在 z0（mm）和 z1（mm）中分别输入 0 和 0，在 New Surface Name 中输入 porous-cl，如图 14-80 所示。单击 Create 按钮完成创建，单击 Close 按钮关闭对话框。

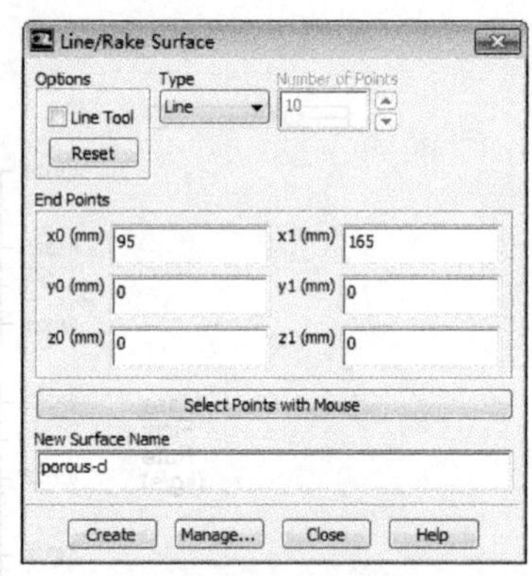

图 14-80　创建线设置

4. 显示壁面区域

执行主菜单 Graphics and Animations→Mesh→Set Up 命令，弹出 Mesh Display 对话框，勾选 Options 下的 Faces 复选框，在 Surfaces 中选择 substrate-wall 和 wall，如图 14-81 所示。单击 Display 按钮完成设置，单击 Close 按钮关闭对话框。

5. 显示灯光设置

执行主菜单 Graphics and Animations→Options 命令，弹出 Display Options 对话框，在 Lighting Attributes 下选中 Lights On 复选框，在 Lighting 下拉列表中选择 Gouraud 选项，如图 14-82 所示。单击 Apply 按钮完成设置，单击 Close 按钮关闭对话框。

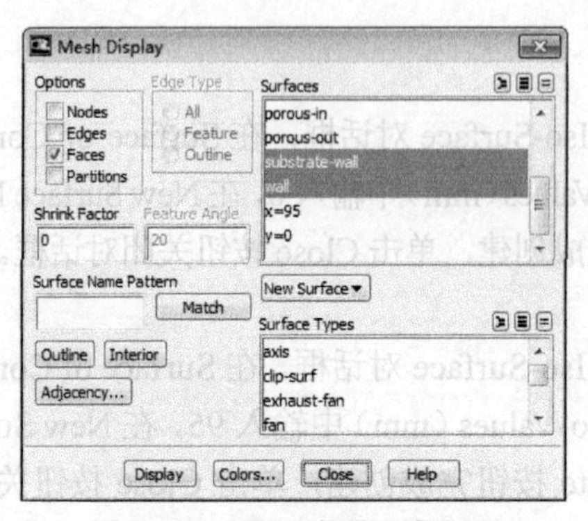

图 14-81　显示壁面区域设置

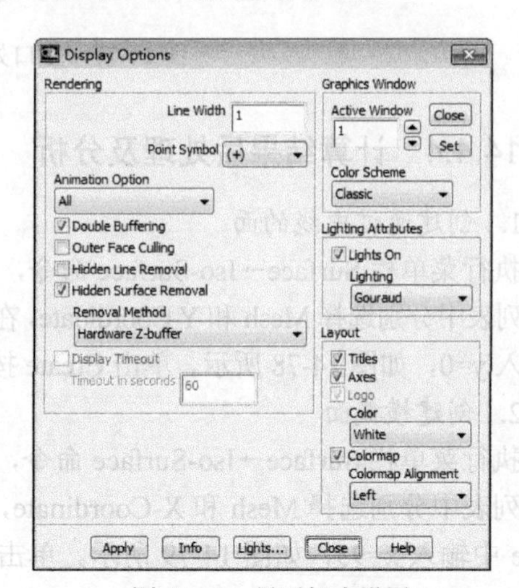

图 14-82　显示灯光设置

6. 为壁面区域设置透明参数

（1）执行主菜单 Graphics and Animations→Scene 命令，弹出 Scene Description 对话框，在 Names 中选择 substrate-wall 和 wall，如图 14-83 所示。

（2）单击 Display 按钮，弹出 Display Properties 对话框，将 Blue 设置为 70，如图 14-84 所示。单击 Apply 按钮完成设置，单击 Close 按钮关闭对话框。回到 Scene Description 对话框，单击 Apply 按钮应用设置，单击 Close 按钮关闭对话框。

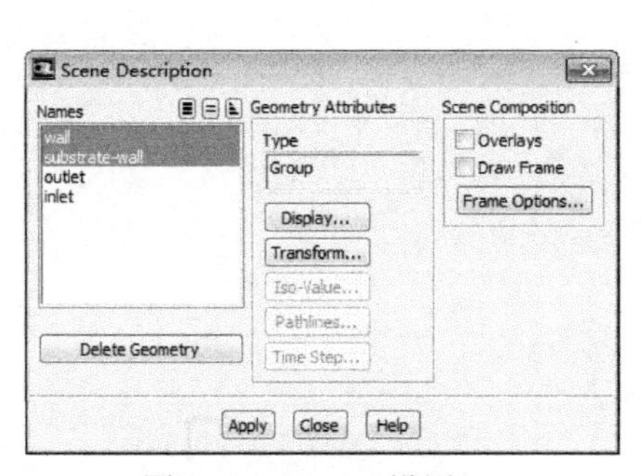

图 14-83 Scene 设置

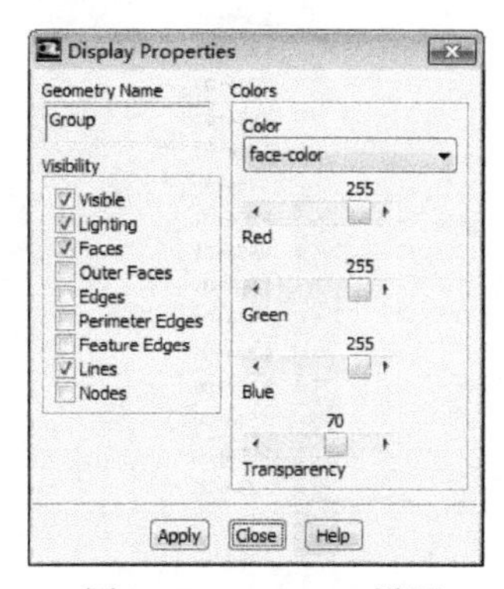

图 14-84 Display 设置

7. 显示 y=0 截面上速度矢量

（1）执行主菜单 Graphics and Animations→Vectors→Set Up 命令，弹出 Vectors 对话框，将 Scale 和 Skip 分别设置为 5 和 1，在 Surfaces 中选择 y=0，如图 14-85 所示。

（2）勾选 Draw Mesh 复选框，弹出如图 14-86 所示的 Mesh Display 对话框，在 Surfaces 中选择 substrate-wall 和 wall，单击 Display 按钮后单击 Close 按钮关闭对话框。

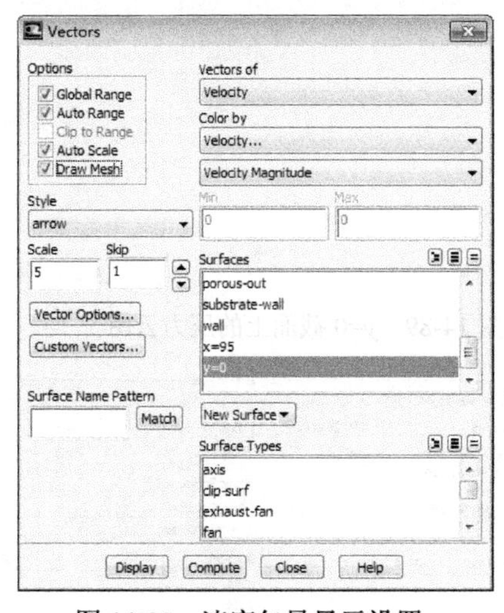

图 14-85 速度矢量显示设置

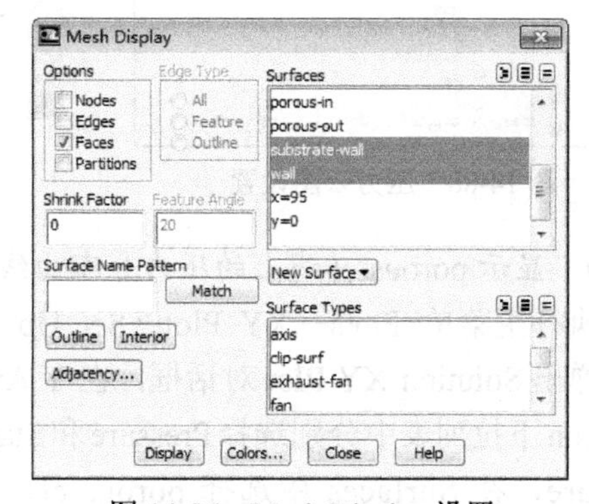

图 14-86 Mesh Display 设置

（3）回到 Vectors 对话框，单击 Display 按钮得到速度矢量图，如图 14-87 所示，单击 Close 按钮关闭对话框。

8. 显示 y=0 截面上压力云图

执行主菜单 Graphics and Animations→Contours→Set Up 命令，弹出 Contours 对话框，

在 Contours of 下拉列表中分别选择 Pressure 和 Static Pressure，在 Surfaces 中选择 y=0，如图 14-88 所示。单击 Display 按钮得到压力云图，如图 14-89 所示，单击 Close 按钮关闭 Contours 对话框。

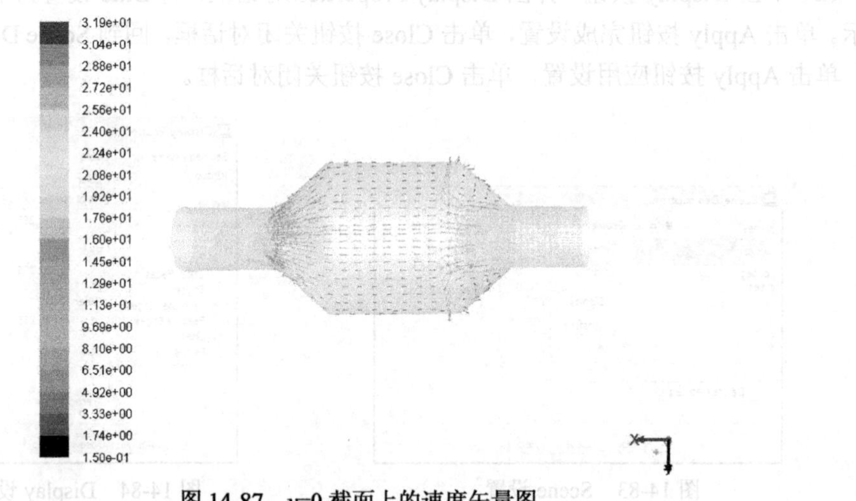

图 14-87 y=0 截面上的速度矢量图

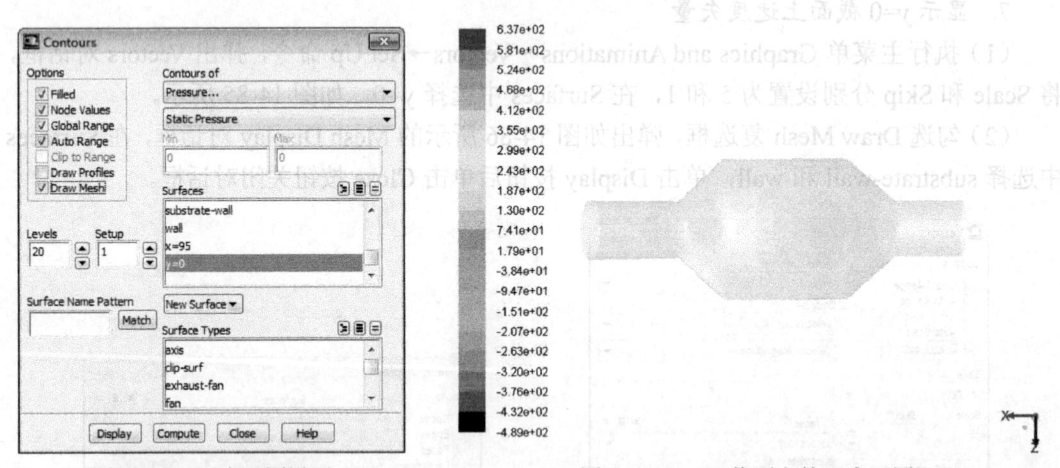

图 14-88 压力云图设置　　图 14-89 y=0 截面上的压力云图

9. 显示 porous-cl 线上的压力分布曲线

执行主菜单 Plots→XY Plot→Set Up 命令，弹出 Solution XY Plot 对话框，在 Y Axis Function 下拉列表中分别选择 Pressure 和 Static Pressure，在 Surfaces 中选择 porous-cl，如图 14-90 所示。单击 Plot 按钮，得到 porous-cl 线上的压力分布曲线，如图 14-91 所示。然后单击 Close 按钮关闭 Solution XY Plot 对话框。

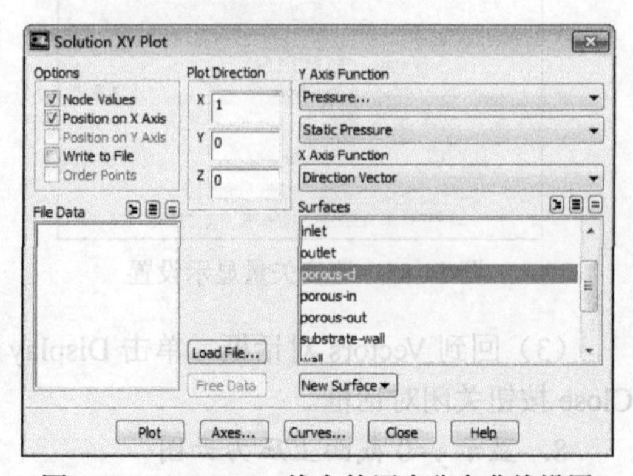

图 14-90 porous-cl 线上的压力分布曲线设置

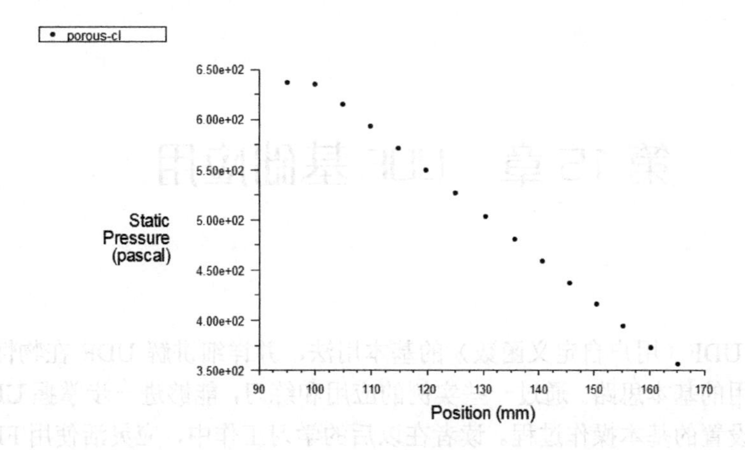

图 14-91 porous-cl 线上的压力分布曲线

14.5 本章小结

本章首先介绍了多孔介质的基础知识，然后对 FLUENT 中多孔介质的求解方法进行介绍。多孔介质的求解方法主要是在多孔介质区域假想两个阻力，即内部阻力和黏性阻力，并没有真正设置多孔骨架，这样可以简化求解计算。最后通过实例对多孔介质模型进行详细的讲解。

通过对二维多孔介质气固换热过程进行数值模拟分析，读者能掌握多孔介质模型的使用，在生产中可根据实际情况修改多孔介质属性，得到准确的模拟结果。

第 15 章　UDF 基础应用

本章将介绍 UDF（用户自定义函数）的基本用法，并详细讲解 UDF 在物性参数修改及多孔介质中应用的基本思路。通过一些实例的应用和练习，能够进一步掌握 UDF 的基本用法及相关案例设置的基本操作过程。读者在以后的学习工作中，应灵活使用 FLUENT 中的 UDF 来解决实际问题。

学习目标：

- 学会 FLUENT UDF 基础技术；
- 学会 FLUENT 利用 UDF 对物性参数进行自定义的方法；
- 练习 FLUENT 利用 UDF 的求解案例。

15.1 UDF 介绍

本节将简要地介绍 UDF 的概念及其在 FLUENT 中的用法。

15.1.1 UDF 的基本功能

UDF 是用户自编的程序，它可以被动态地连接到 FLUENT 求解器上来提高求解器性能。标准的 FLUENT 界面并不能满足每个用户的需要，UDF 的使用可以定制 FLUENT 代码来满足用户的特殊需要。UDF 有多种用途，以下是 UDF 所具有的一些功能。

（1）定制边界条件，定义材料属性，定义表面和体积反应率，定义 FLUENT 输运方程中的源项，自定义标量输运方程（UDS）中的源项扩散率函数等。

（2）在每次迭代的基础上调节计算值。

（3）方案的初始化及后处理功能的改善。

（4）FLUENT 模型（如离散项模型、多项混合物模型、离散发射辐射模型）的改进。

UDF 可执行的任务有以下几种不同的类型。

（1）返回值。

（2）修改自变量。

（3）修改 FLUENT 变量（不能作为自变量传递）。

（4）写信息（或读取信息）到 case 或 data 文件。

需要说明的是，尽管 UDF 在 FLUENT 中有着广泛的用途，但是并非所有的情况都可以使用 UDF，它不能访问所有的变量和 FLUENT 模型。

15.1.2 UDF 编写基础

UDF 可使用标准 C 语言的库函数，也可使用 FLUENT 公司提供的预定义宏，通过这些预定义宏，可以获得 FLUENT 求解器得到的数据。由于篇幅所限，这里不具体介绍 FLUENT 软件所提供的预定义宏（这些宏就是指 DEFINE 宏，包括通用解算器 DEFINE 宏、模型指定 DEFINE 宏、多相 DEFINE 宏、离散相模型 DEFINE 宏等）。

简单归纳起来，编写 UDF 时需要明确以下基本要求。

（1）UDF 必须用 C 语言编写。

（2）UDF 必须含有包含源代码开始声明的 udf.h 头文件（用#include 实现文件包含），因为所有宏的定义都包含在 udf.h 文件中，而且 DEFINE 宏的所有参变量声明必须在同一行，否则会导致编译错误。

（3）UDF 必须使用预定义宏和包含在编译过程的其他 FLUENT 提供的函数来定义，也就是说 UDF 只使用预定义宏和函数从 FLUENT 求解器中访问数据。

通过 UDF 传递到求解器的任何值或从求解器返回 UDF 的值，都指定为国际（SI）单位。

编辑 UDF 代码有两种方式：解释式 UDF（Interpreted UDF）及编译式 UDF（Compiled UDF），即 UDF 使用时可以被当作解释函数或编译函数。

编译式 UDF 的基本原理和 FLUENT 的构建方式一样，可以用来调用 C 编译器构建的一个当地目标代码库，该目标代码库包含高级 C 语言源代码的机器语言，这些代码库在 FLUENT 运行时会动态装载并被保存在用户的 case 文件中。此代码库与 FLUENT 同步自动连接，因此当计算机的物理结构发生改变（如计算机操作系统改变）或使用的 FLUENT 版本发生改变时，需要重新构建这些代码库。

解释式 UDF 则是在运行时，直接从 C 语言源代码进行编译和装载，即在 FLUENT 运行中，源代码被编译为中介的、独立于物理结构的、使用 C 预处理程序的机器代码，当 UDF 被调用时，机器代码由内部仿真器直接执行注释，不具备标准 C 编译器的所有功能，因此不支持 C 语言的某些功能，如以下几个方面。

- goto 语句。
- 非 ANSI-C 原型语法。
- 直接的数据结构查询。
- 局部结构的声明。
- 联合（Unions）。
- 指向函数的指针（Pointerst of Unctions）。
- 函数数组。

解释式 UDF 虽然用起来简单，但是有源代码和速度方面的限制，而且解释式 UDF 不能直接访问存储在 FLUENT 结构中的数据，它们只能通过使用 FLUENT 提供的宏间接地访问这些数据。编译式 UDF 执行起来较快，也没有源代码限制，但设置和使用较为麻烦。另外，编译式 UDF 没有任何 C 编程语言或其他求解器数据结构的限制，而且能调用其他语言编写的函数。

无论UDF在FLUENT中是以解释方式还是编译方式执行，用户定义函数的基本要求都是相同的。

编辑UDF代码，并且在用户的FLUENT模型中有效使用它，有以下7个基本步骤。

（1）定义用户模型，例如，希望使用UDF来定义一个用户化的边界条件，则首先需要定义一系列数学方程来描述这个条件。

（2）编制C语言源代码，写好的C语言函数需以.c为后缀名保存在工作路径下。

（3）运行FLUENT，读入并设置case文件。

（4）编译或注释（Compile or Interpret）C语言源代码。

（5）在FLUENT中激活UDF。

（6）开始计算。

（7）分析计算结果，并与期望值比较。

综上所述，采用UDF解决某个特定的问题时，不仅需要具备一定的C语言编程基础，还需要具体参照UDF的帮助手册提供的技术支持。

15.1.3 UDF中的C语言基础

本节将省略循环、联合、递归结构及读写文件的C语言基础知识，只是根据需要介绍与UDF相关的C语言的一些基本信息，这些信息对处理FLUENT的UDF很有帮助。如果对C语言不熟悉，可以参阅相关书籍。

1. FLUENT的C数据类型

UDF解释程序支持下面的C数据类型。

- int：整型。
- long：长整型。
- real：实数。
- float：浮点型。
- double：双精度。
- char：字符型。

UDF解释函数在单精度算法中定义real为float型，在双精度算法中定义real为double型。因为解释函数自动进行如此分配，所以，在UDF中声明所有的float和double数据变量时，使用real数据类型是很好的编程习惯。

除了标准的C语言数据类型（如real、int）外，还有几个FLUENT指定的与求解器数据相关的数据类型。这些数据类型描述了FLUENT中定义的网格的计算单位，使用这些数据类型定义的变量既补充了DEFINE macros的自变量，也补充了其他专门访问FLUENT求解器数据的函数。

由于FLUENT数据类型需要进行实体定义，因此需要理解FLUENT网格拓扑的术语，如图15-1所示，具体说明如表15-1所示。

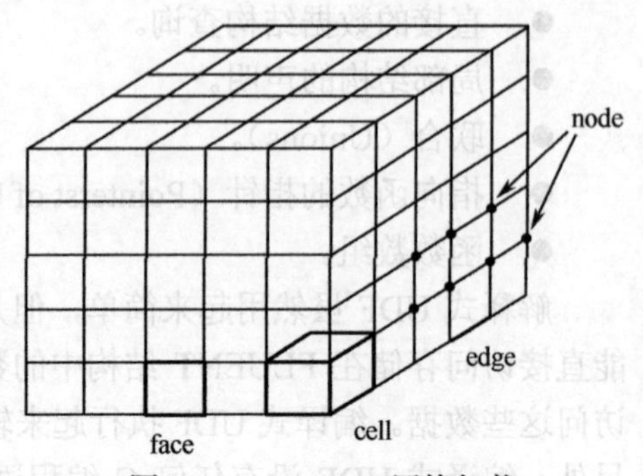

图15-1 FLUENT网格拓扑

表 15-1 网格拓扑术语的定义

术　语	定　义
单元（cell）	区域被分割成的控制容积
单元中心（cell center）	FLUENT 中场数据存储的地方
面（face）	单元（2D 或 3D）的边界
边（edge）	面（3D）的边界
节点（node）	网格点
单元线索（cell thread）	在其中分配了材料数据和源项的单元组
面线索（face thread）	在其中分配了边界数据的面组
节点线索（node thread）	节点组
区域（domain）	由网格定义的所有节点、面和单元线索的组合

一些更为常用的 FLUENT 数据类型如下所述。

cell_t：线索（Thread）内单元标识符的数据类型，是一个识别给定线索内单元的整数下标。

face_t：线索内面标识符的数据类型，是一个识别给定线索内面的整数下标。

thread：FLUENT 中的数据结构，充当了一个与它描述的单元或面的组合相关的数据容器。

domain：代表了 FLUENT 中最高水平的数据结构，充当了一个与网格中所有节点、面和单元线索组合相关的数据容器。

node：也是 FLUENT 中的数据结构，充当了一个与单元或面的拐角相关的数据容器。

2. 常数和变量

常数是表达式中所使用的绝对值，在 C 程序中用语句#define 来定义。最简单的常数是十进制整数（如 0,1,2），包含小数点或者包含字母 e 的十进制数被看成浮点常数。按惯例，常数的声明一般都使用大写字母。例如，用户可以设定区域的 ID 或者定义 YMIN 和 YMAX 为#define WALL_ID 5。

变量或者对象保存在可以存储数值的内存中。每个变量都有类型、名字和值。变量在使用之前必须在 C 程序中声明，这样，计算机才会提前知道应该如何给相应变量分配存储类型。

变量声明的结构如下：首先是数据类型，然后是具有相应类型的一个或多个变量的名字。变量声明时可以给定初值，最后用分号结尾。变量名的头字母必须是 C 程序所允许的合法字符，变量名中可以有字母、数字和下画线。需要注意的是，在 C 程序中，字母是区分大小写的。例如：

```
int n;                                    /*声明变量 n 为整型*/
```

变量又可分为局部变量、全局变量和外部变量、静态变量。

局部变量：只用于单一的函数中。当函数调用时，就已经被创建了，函数返回之后，这个变量就不存在了，局部变量在函数内部（大括号内）声明，例如：

```
real temp = C_T(cell, thread);
if (temp1 > 1.)                           /*temp1 为局部变量*/
temp2= 5.5;                               /*temp2 为局部变量*/
else if (temp1 > 2)
temp2= -5.5;
```

全局变量：全局变量在用户的 UDF 源文件中对所有的函数都起作用，它们是在单一函数的外部定义的。全局变量一般在预处理程序之后的文件开始处声明。

外部变量 extern：如果全局变量在某一源代码文件中声明，但是另一个源代码的某一文件需要用到它，那么必须在这个文件中声明它是外部变量。外部变量的声明很简单，只需要在变量声明的最前面加上 extern 即可。如果有几个文件涉及该变量，最方便的处理方法就是在头文件（.h）里加上 extern 的定义，然后在所有的.c 文件中引用该头文件。

静态变量 static：在函数调用返回之后，静态局部变量不会被破坏。静态全局变量在定义该变量的.c 源文件之外对任何函数保持不可见。静态声明也可以用于函数，使该函数只对定义它的.c 源文件保持可见。

3. 函数和数组

函数包括一个函数名及函数名之后的零行或多行语句，其中函数主体可以完成所需要的任务。函数可以返回特定类型的数值，也可以通过数值来传递数据。

函数有很多数据类型，如 real、void 等，其相应的返回值就是该数据类型，如果函数的类型是 void，就没有任何返回值。要确定定义 UDF 时所使用的 DEFINE 宏的数据类型，需要参阅 udf.h 文件中关于宏的#define 声明。

数组的定义格式：名字[数组元素个数]。C 数组的下标是从零开始的，变量的数组可以具有不同的数据类型。例如：

```
a[0] = 1;                    /*变量 a 为一个一维数组*/
b[6][6] = 4;                 /*变量 b 为一个二维数组*/
```

4. 指针

C 程序中指针变量的声明必须以*开头。指针广泛用于提取结构中存储的数据，以及在多个函数中通过数据的地址传送数据。指针变量的数值是其他变量存储于内存中的地址值。

例如：

```
int a = 100;                 /*整型变量赋初值为 100*/
int *ip;                     /*声明了一个指向整型变量的指针变量 ip*/
ip = &a;                     /*整型变量 a 的地址值分配给指针 ip */
printf（"content of address pointed to by ip =%d\n", *ip）; /*用*ip 来输出指针 ip 所指向的值（该值为 100）*/
*ip = 400;                   /* a = 400 即用*ip 间接地给变量 a 赋值为 400*/
printf（"now a =%d\n", a）;   /*输出 a 的新值*/
```

指针还可以指向数组的起始地址，在 C 程序中指针和数组具有紧密的联系。

在 FLUENT 中，线程和域指针是 UDF 常用的自变量。当在 UDF 中指定这些自变量时，FLUENT 解算器会自动将指针所指向的数据传送给 UDF，从而使函数可以存取解算器的数据。

5. 常用数学函数及 I/O 函数

常用数学函数如表 15-2 所示。

表 15-2　常用数学函数

C 函数	表 达 式
double sqrt (double x);	$\sqrt{x}$
double pow(double x, double y);	x^y

续表

C 函数	表 达 式
double exp (double x);	e^x
double log (double x);	$\ln x$
double log10 (double x);	$\log_{10}x$
double fabs (double x);	$\vert x \vert$
double ceil (double x);	不小于 x 的最小整数
double floor (double x);	不大于 x 的最大整数

标准输入/输出（I/O）函数如表 15-3 所示。

表 15-3 I/O 函数

I/O 函数	含 义
FILE *fopen(char *filename, char *type);	打开一个文件
int fclose(FILE *ip);	关闭一个文件
int fprintf(FILE *ip, char *format, ...);	以指定的格式写入文件
int printf(char *format, ...);	输出到屏幕
int fscanf(FILE *ip, char *format, ...);	格式化读入一个文件

之外，所有的函数都声明为整数，这是因为该函数所返回的整数会告诉我们这个文件操作命令是否成功执行。

例如：

```
FILE *ip;
    ip = fopen（"data.txt","r"）;              /*r 表明 data.txt 是以可读形式打开的*/
    fscanf（ip, "%f , %f", &f1, &f2）;        /*fscan 函数从 ip 所指向的文件中读入两个浮点数，
并将它们存储为 f1 和 f2*/
    fclose（ip）;
```

以下将讲解如何利用 UDF 对物性参数进行自定义，以及利用 UDF 对多孔介质进行求解。

15.2 利用 UDF 自定义物性参数

本节将利用 FLUENT 对液态金属流入二维通道的问题进行数值模拟，其中，液态金属的黏性系数是与温度有关的一个物理量，我们利用 UDF 函数对该物理量进行定义。本节主要完成以下任务。

- 编写 UDF，对液态金属物性参数进行定义；
- 对计算结果进行简单后处理。

15.2.1 案例简介

图 15-2 所示为液态金属的流通模型示意图。由于对称面边界条件，所以只需要一半模型。流通通道中的壁面被分为两部分，其中 wall-2 为 280K 的壁面温度，wall-3 为 290K 的

壁面温度。液态金属与温度相关的黏性系数可通过该不同壁面得以表现。

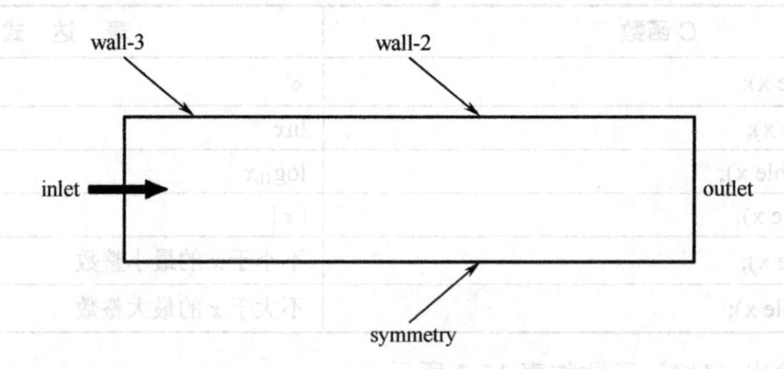

（wall 壁面从 290K 至 280K 分布，symmetry 为对称面，inlet 为入口，outlet 为出口）

图 15-2　液态金属流通模型

通过 DEFINE_PROPERTY 在单元上定义一个名为 cell_viscosity 的函数，其中引入两个实变量，temp 为 C_T（cell, thread），mu 为层流黏性系数。根据计算得到的温度范围对 mu 进行计算，在函数结尾，计算得到的 mu 将会返回 FLUENT 求解器。

这里液态金属的黏性系数与温度相关，见式 15-1。

$$\mu=\begin{cases}5.5\times10^{-3} & T>288\\143.2135-0.49725 & 286\leqslant T\leqslant 288\end{cases}\tag{15-1}$$

式中，T 代表流体温度，K；μ 代表分子黏性系数，kg/(m • s)。

15.2.2　FLUENT 求解计算设置

1. *启动* FLUENT-2D

（1）双击桌面上的 FLUENT 16.0 图标，进入启动界面。

（2）单击 Dimension 中的 2D 单选按钮，取消选中 Display Options 下的 3 个复选框。

（3）其他保持默认设置，单击 OK 按钮进入 FLUENT 16.0 主界面。

2. *读入并检查网格*

（1）读入网格文件 user-vis.msh。执行菜单栏 File→Read→Mesh 命令，弹出 Select File 对话框后选择网格文件，单击 OK 按钮完成读入。当 FLUENT 读入网格文件时，控制窗口会报告读入过程的信息及网格的信息，且在图形窗口中显示读入的网格，如图 15-3 所示。

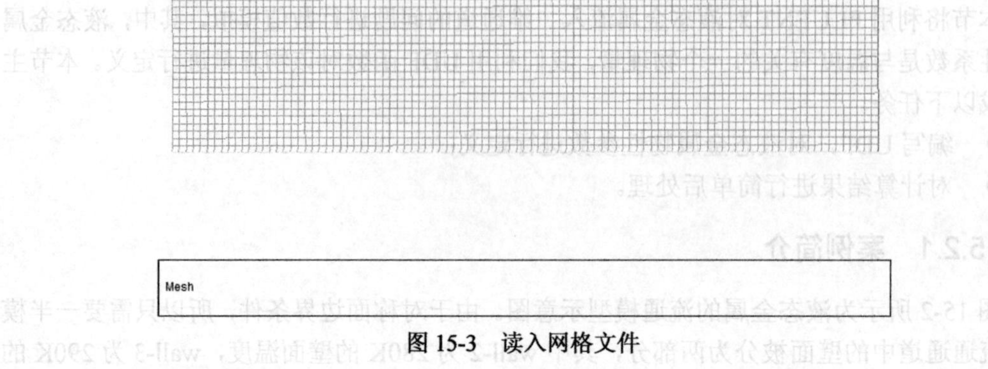

图 15-3　读入网格文件

（2）检查网格。单击项目树Setup中的General，继续单击右侧操作栏中Mesh下的Check按钮检查网格，如图15-4所示。

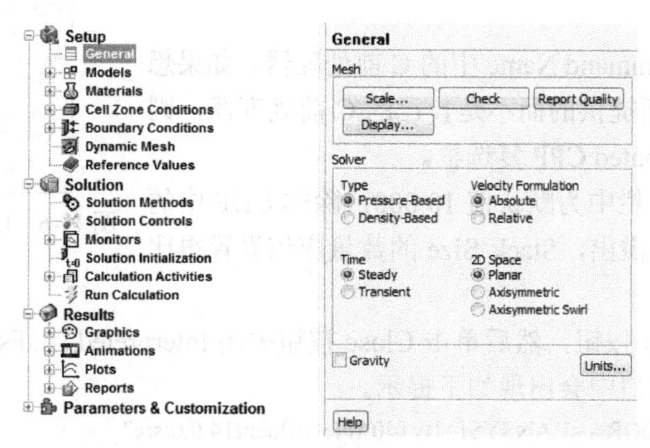

图15-4 检查网格

3. 设置求解器参数

（1）保留默认的求解器设置。

（2）开启能量方程。单击主菜单下的Models，继续双击右侧操作栏中Models下的Energy，弹出Energy对话框，勾选Energy Equation复选框，如图15-5所示，最后单击OK按钮关闭对话框。

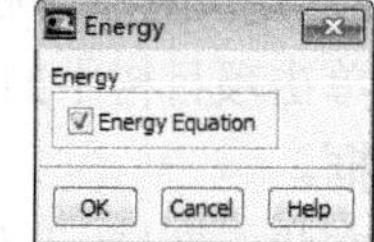

图15-5 能量方程对话框

4. 编写UDF并编译

（1）浏览UDF函数，可以知道UDF函数viscosity.c是用来定义分子黏性系数与温度的函数关系。利用其他的文本编辑工具或者编程工具可以打开该文件的内容。编写的UDF及部分说明如下。

```
#include "udf.h"
DEFINE_PROPERTY(user_vis, cell, thread)
{
  float temp, mu;
  temp = C_T(cell, thread);
  {
/*  如果温度高，则使用较小的常数黏性系数  */
  if (temp > 288.)
    mu = 5.5e-3;
  else if ( temp >= 286. )
    mu = 143.2135 - 0.49725 * temp;
  else
    mu = 1.0;
  }
  return mu;
}
```

上述方程将被应用于所有与该问题区域有关的网格单元。该UDF将被调用以求得材料的物性参数中的黏性系数。

（2）编译UDF。执行菜单栏Define→User-Defined→Functions→Interpreted命令，弹出

Interpreted UDFs 对话框，如图 15-6 所示。

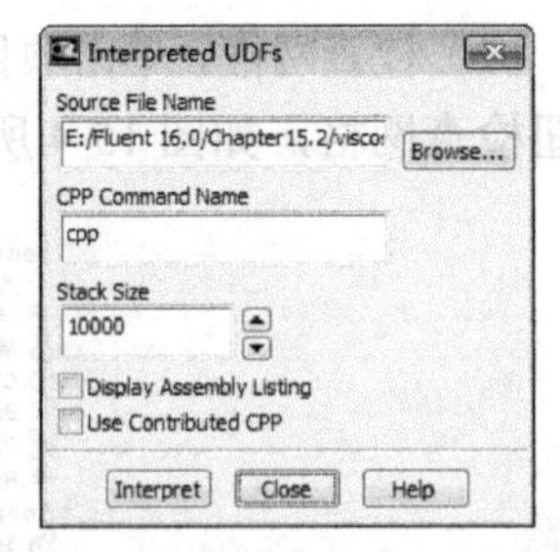

图 15-6 Interpreted UDFs 对话框

① 单击 Browse 按钮，选择复制到工作文件夹中的 viscosity.c 文件。

② 指定 CPP Command Name 中的 C 前处理器。如果想使用 FLUENT 软件所提供的而不是自己的 C 前处理器，则可以勾选 Use Contributed CPP 复选框。

③ Stack Size 一栏中为默认值 10 000，除非 UDF 中的局部变量会导致堆栈溢出，Stack Size 的数量应该设置得比局部变量数大才行。

④ 单击 Interpret 按钮，然后单击 Close 按钮关闭 Interpreted UDFs 对话框。

此时，在控制窗口中会出现如下提示。

```
cpp -I"D:\PROGRA~1\ANSYSI~1\v140\fluent\fluent14.0.0/src"
-I"D:\PROGRA~1\ANSYSI~1\v140\fluent\fluent14.0.0/cortex/src"
-I"D:\PROGRA~1\ANSYSI~1\v140\fluent\fluent14.0.0/client/src"
-I"D:\PROGRA~1\ANSYSI~1\v140\fluent\fluent14.0.0/multiport/src" -I. -DUDF
ONFIG_H="<udfconfig.h>" "E:\fluent\chapter15\viscosity.c"
temp definition shadows previous definition
```

5. 定义材料物性

单击项目树中的 Materials，再双击右侧操作栏中的 Fluid 项，弹出 Create/Edit Materials 对话框。

在此，将 Name 修改为 liquid_metal，并将 Properties 中 Density 的数值修改为 8 000，Cp 修改为 680，Thermal Conductivity 改为 30，而在黏性系数一项中打开下拉列表并选择 user-defined 一项，此时弹出另外一个对话框让用户选择所使用的具体函数，如图 15-7 所示，在这里，选择 user_vis 一项，单击 OK 按钮关闭此对话框。

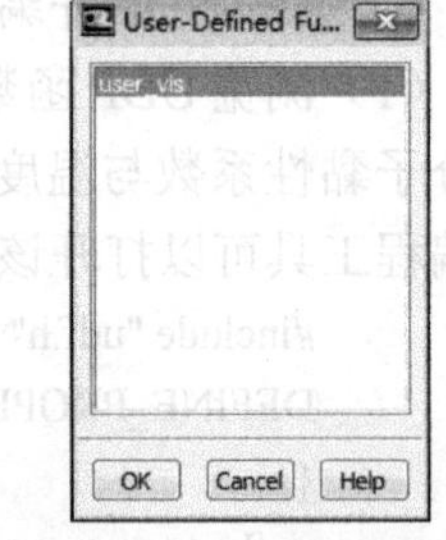

图 15-7 UDF 函数的选择

全部设置之后如图 15-8 所示，最后依次单击 Change/Create 按钮和 Close 按钮完成此步骤。

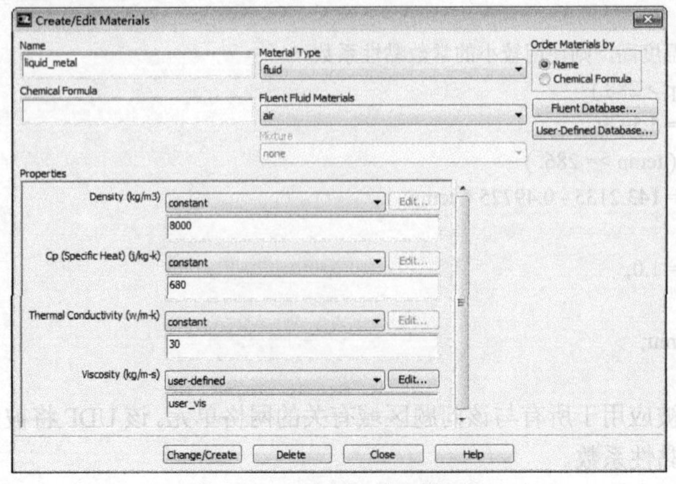

图 15-8 流体的物性参数修改

6. 设置边界条件

单击项目树中的 Boundary Conditions，则在右侧操作栏中可以看到需要进行的设置。

（1）设置 wall-2 的边界条件。

① 在操作栏的 Zone 中选择 wall-2 并单击下面的 Edit 按钮，弹出 Wall 对话框。

② 单击该对话框中的 Thermal 选项卡，在 Thermal Conditions 下选中 Temperature 单选按钮，在其右侧为该项值输入 280，如图 15-9 所示。

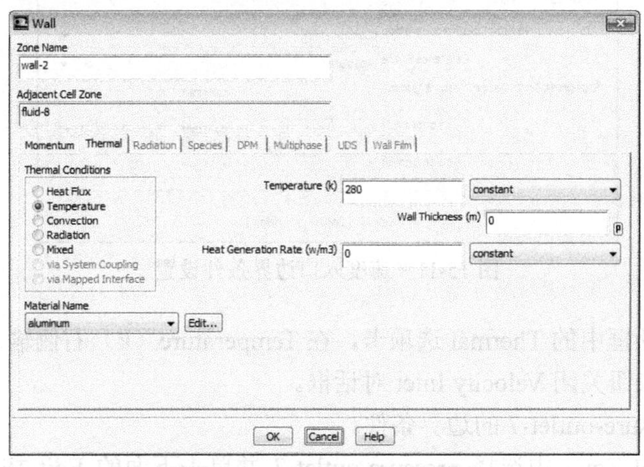

图 15-9　wall-2 边界条件设置

③ 单击 OK 按钮关闭 Wall 对话框。

（2）设置 wall-3 的边界条件。

① 在操作栏的 Zone 中选择 wall-3 并单击下面的 Edit 按钮，弹出 Wall 对话框。

② 单击该对话框中的 Thermal 选项卡，在 Thermal Conditions 下选中 Temperature 单选按钮，在其右侧为该项值输入 290，如图 15-10 所示。

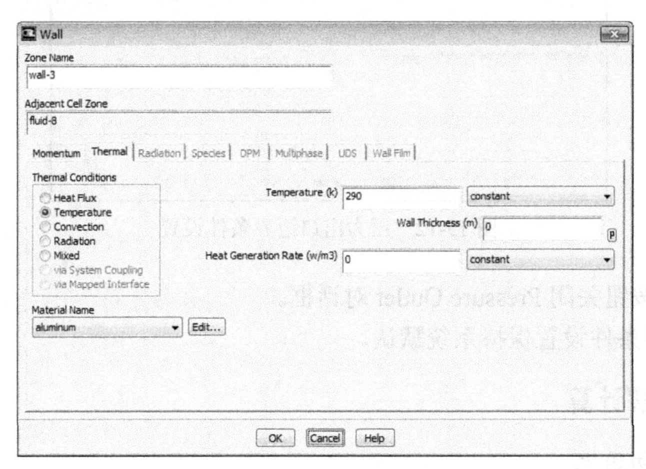

图 15-10　wall-3 边界条件设置

③ 单击 OK 按钮关闭 Wall 对话框。

（3）设置 velocity-inlet-6 的边界条件。

① 在操作栏的 Zone 中选择 velocity-inlet-6 并单击下面的 Edit 按钮，弹出 Velocity Inlet

对话框。

② 在该对话框默认选项卡的 Velocity Specification Method 下拉列表中选择 Components，并在 X-Velocity（m/s）中输入 0.001，如图 15-11 所示。

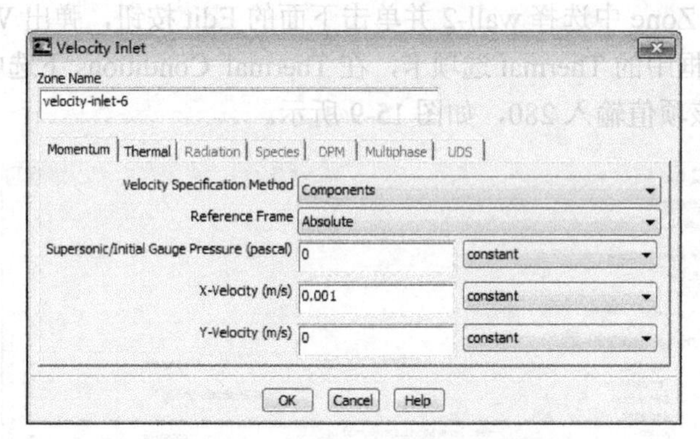

图 15-11　速度入口边界条件设置

③ 单击该对话框中的 Thermal 选项卡，在 Temperature（k）右侧输入 290。

④ 单击 OK 按钮关闭 Velocity Inlet 对话框。

（4）设置 pressure-outlet-7 的边界条件。

① 在操作栏的 Zone 中选择 pressure-outlet-7 并单击下面的 Edit 按钮，弹出 Pressure Outlet 对话框。

② 单击该对话框中的 Thermal 选项卡，在 Backflow Total Temperature（k）一项后面填入数值 290，如图 15-12 所示。

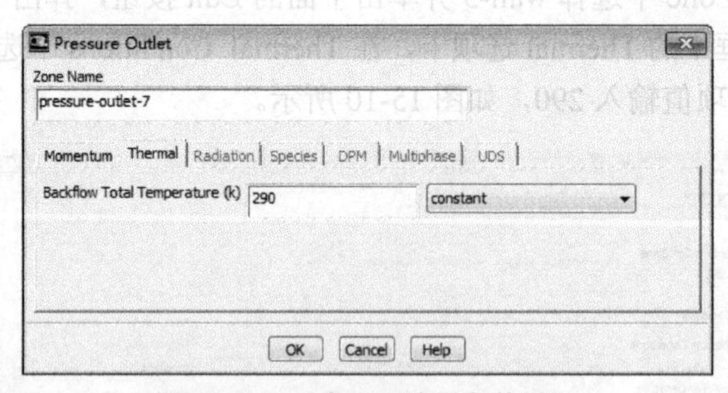

图 15-12　压力出口边界条件设置

③ 单击 OK 按钮关闭 Pressure Outlet 对话框。

（5）其余边界条件设置保持系统默认。

15.2.3　求解计算

1. 设置流场初始化

单击主菜单中 Solution 下的 Solution Initialization 进入右侧操作栏，选择 Compute from 下拉列表中的 velocity-inlet-6，单击 Initialize 按钮来初始化流场，如图 15-13 所示。

2. 迭代计算

单击主菜单 Solution 下的 Run Calculation，在操作栏的 Number of Iterations 中输入 300，

单击 Calculate 按钮，求解 270 步左右完成，图 15-14 所示为计算残差曲线。

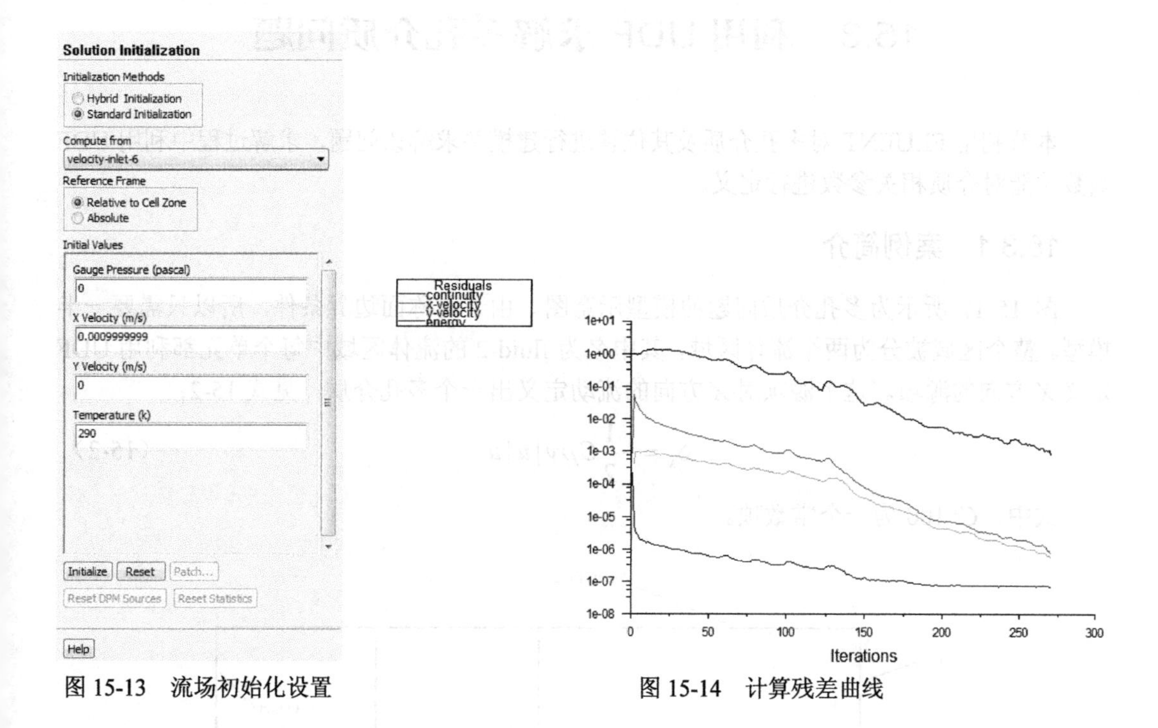

图 15-13 流场初始化设置

图 15-14 计算残差曲线

15.2.4 计算结果后处理及分析

利用 FLUENT 的后处理工具显示流体分子黏性系数。单击主菜单中 Results 下的 Graphics and Animations，在右侧操作栏的 Graphics 中双击 Contours，弹出 Contours 对话框，在 Contours of 下拉列表中分别选择 Properties 和 Molecular Viscosity，如图 15-15 所示。单击 Display 按钮显示云图，然后单击 Close 按钮关闭 Contours 对话框。

图 15-16 所示为暖流体从左到右进入一个较低温度通道的流体分子黏性系数分布云图。它的黏性系数通过 UDF 随流动方向升高。

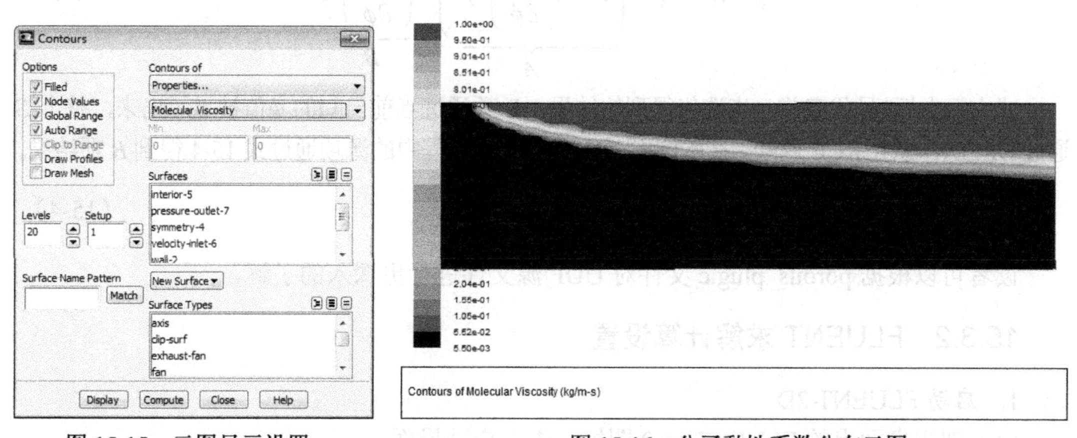

图 15-15 云图显示设置

图 15-16 分子黏性系数分布云图

15.3 利用UDF求解多孔介质问题

本节利用FLUENT对多孔介质及其位置进行建模并求解该问题，求解过程中利用UDF函数功能对介质相关参数进行定义。

15.3.1 案例简介

图15-17所示为多孔介质问题的模型示意图。由于对称面边界条件，所以只需要一半模型。整个区域被分为两个流体区域，其中名为fluid-2的流体区域中每个单元都利用UDF定义X方向的源项。这个源项对X方向的流动定义出一个多孔介质，见式15-2：

$$S_x = -\frac{1}{2} C \rho y |u| u \tag{15-2}$$

式中，C=100为一个常数项。

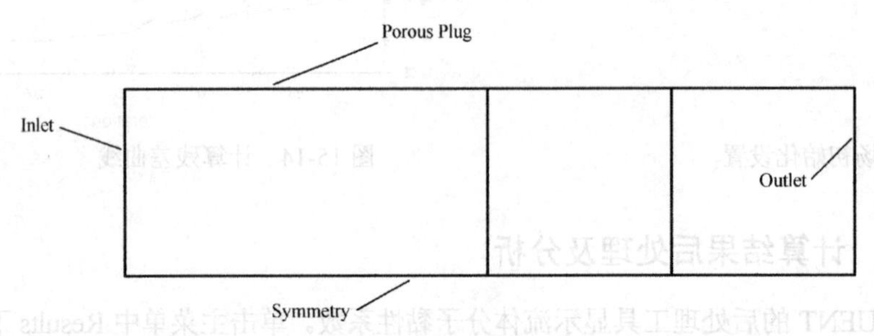

（Porous Plug为多孔塞，Symmetry为对称面，Inlet为入口，Outlet为出口）

图15-17 多孔介质模型

方程中源项通过DEFINE_SOURCE语句进行定义。采用有限体积法的FLUENT求解器需要对源项进行如式15-3所述的线性化处理。

$$S_\phi = A + B\phi = \underbrace{\left(S^* - \left(\frac{\partial S_\phi}{\partial \phi} \right)^* \phi^* \right)}_{A} + \underbrace{\left(\frac{\partial S_\phi}{\partial \phi} \right)^*}_{B} \phi \tag{15-3}$$

式中，上标*号代表前一步迭代得到的结果，B项通过当前已知的ϕ值被显示出来，整个S通过DEFINE_SOURCE返回。在本例中X方向的动量方程中的源项通过式15-4得到B项结果。

$$B = \frac{\partial S_x}{\partial u} = -C \rho y |u| \tag{15-4}$$

读者可以根据porous_plug.c文件对UDF源文件进行更深入的了解。

15.3.2 FLUENT求解计算设置

1. *启动* FLUENT-2D

（1）双击桌面上的FLUENT 16.0图标，进入启动界面。

（2）单击 Dimension 中的 2D 单选按钮，取消选中 Display Options 下的 3 个复选框。

（3）其他保持默认设置，单击 OK 按钮进入 FLUENT 16.0 主界面。

2. 读入并检查网格

（1）读入网格文件 porous_plug.msh。执行菜单栏 File→Read→Mesh 命令，弹出 Select File 对话框，选择网格后单击 OK 按钮完成读入。当 FLUENT 读入网格文件时，控制窗口会报告读入过程的信息及网格的信息，且在图形窗口中显示读入的网格，如图 15-18 所示。

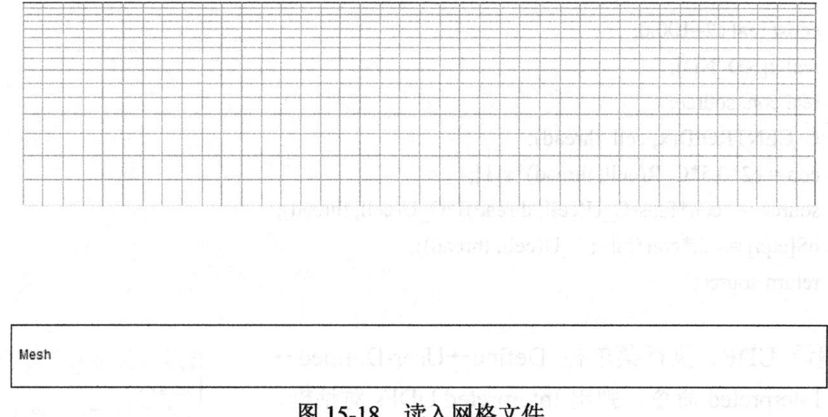

图 15-18　读入网格文件

（2）检查网格：单击项目树中的 General，继续单击右侧操作栏中 Mesh 下的 Check 按钮检查网格，如图 15-19 所示。

3. 设置求解器参数

（1）保留默认的求解器设置。

（2）设置湍流模型。单击主菜单下的 Models，继续双击右侧操作栏中 Models 下的 Viscous，弹出 Viscous Model 对话框，选择具有标准壁面函数的 k-epsilon（2eqn）模型，其余设置保持默认，如图 15-20 所示，单击 OK 按钮关闭 Viscous Model 对话框。

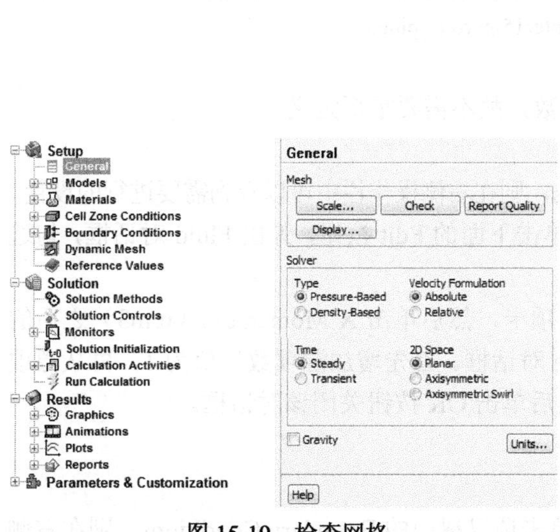

图 15-19　检查网格

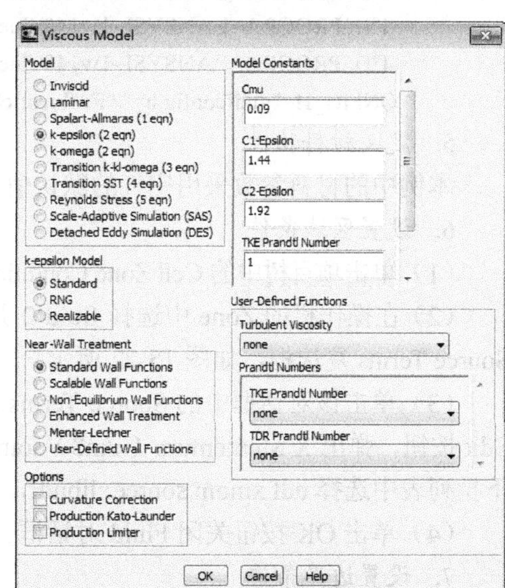

图 15-20　湍流模型设置

4. 编写 UDF 并编译

UDF 函数可以通过编译或者直接解释得到，在本案例中我们通过直接解释得到。

（1）浏览 UDF 函数，可以知道 UDF 函数 porous_plug.c 是如何定义源项的。利用其他的文本编辑工具或者编程工具可以打开该文件的内容，编写的 UDF 及部分说明如下。

```
#include "udf.h"
DEFINE_SOURCE(xmom_source, cell, thread, dS, eqn)
{
  const real c2=100.0;
  real x[ND_ND];
  real con, source;
  C_CENTROID(x, cell, thread);
  con = c2*0.5*C_R(cell, thread)*x[1];
  source = - con*fabs(C_U(cell, thread))*C_U(cell, thread);
  dS[eqn] = - 2.*con*fabs(C_U(cell, thread));
  return source;
}
```

（2）编译 UDF。执行菜单栏 Define→User-Defined→Functions→Interpreted 命令，弹出 Interpreted UDFs 对话框，如图 15-21 所示。

① 单击 Browse 按钮，选择工作文件夹的 porous_plug.c 文件。

② 单击 Interpret 按钮，然后单击 Close 按钮关闭 Interpreted UDFs 对话框。

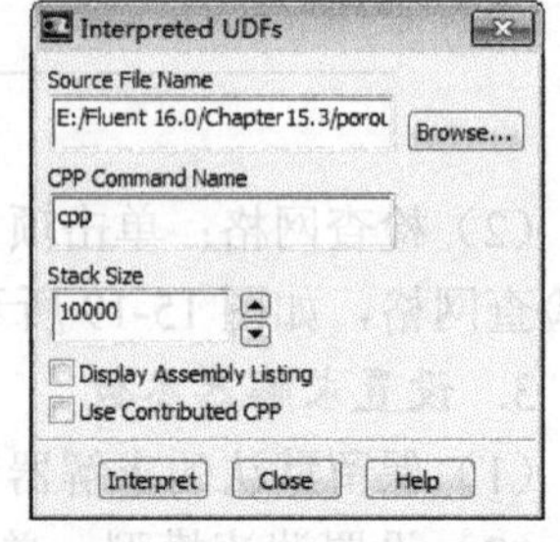

图 15-21　Interpreted UDFs 对话框

此时，控制窗口出现如下提示。

```
cpp -I"D:\PROGRA~1\ANSYSI~1\v140\fluent\fluent14.0.0/src"
-I"D:\PROGRA~1\ANSYSI~1\v140\fluent\fluent14.0.0/cortex/src"
-I"D:\PROGRA~1\ANSYSI~1\v140\fluent\fluent14.0.0/client/src"
-I"D:\PROGRA~1\ANSYSI~1\v140\fluent\fluent14.0.0/multiport/src" -I. -DUDF
ONFIG_H="<udfconfig.h>" "E:\fluent\chapter15\porous_plug.c"
```

5. 定义材料物性

本例中的材料参数采用空气的默认值参数，故不需要重新定义。

6. 设置区域条件

（1）单击项目树中的 Cell Zone Conditions，则在右侧操作栏中可以看到需要进行的设置。

（2）在操作栏的 Zone 中选择 fluid-2 并单击下面的 Edit 按钮，弹出 Fluid 对话框，勾选 Source Terms 复选框，如图 15-22 所示。

（3）单击该对话框中的 Source Terms 选项卡，然后单击 X Momentum（n/m3）之后的 Edit 按钮，弹出 X Momentum（n/m3）source 对话框。首先增加源项数量值为 1，再从源项下拉列表中选择 udf xmom source::libudf，然后单击 OK 按钮关闭该对话框。

（4）单击 OK 按钮关闭 Fluid 对话框。

7. 设置边界条件

（1）设置 velocity-inlet-1 的边界条件。单击项目树中的 Boundary Conditions，则在右侧

操作栏中可以看到需要进行的设置。

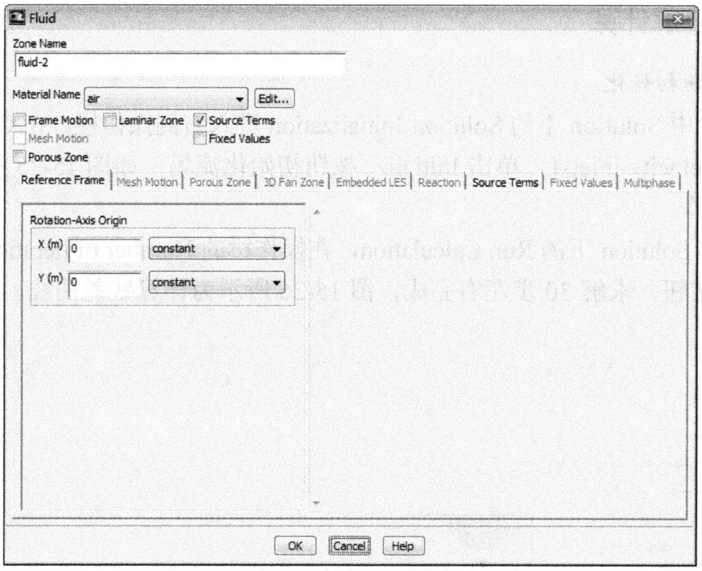

图 15-22 fluid-2 区域条件设置

① 在操作栏的 Zone 中选择 velocity-inlet-1 并单击下面的 Edit 按钮，弹出 Velocity Inlet 对话框，在 Velocity Magnitude（m/s）中输入数值 1。

② 在 Specification Method 下拉列表中选择 Intensity and Hydraulic Diameter，在 Turbulent Intensity（%）和 Hydraulic Diameter（m）中分别输入 5 和 4。

③ 其余的设置保持默认值，如图 15-23 所示，单击 OK 按钮关闭 Velocity Inlet 对话框。

（2）设置 pressure-outlet-1 的边界条件。

① 在操作栏的 Zone 中选择 pressure-outlet-1 并单击下面的 Edit 按钮，弹出 Pressure Outlet 对话框，其中的 Gauge Pressure（pascal）设为 0。

② 在 Specification Method 下拉列表中选择 Intensity and Viscosity Ratio，在 Backflow Turbulent Intensity（%）和 Backflow Turbulent Viscosity Ratio 中分别输入 5 和 10。

③ 其余的设置保持默认值，如图 15-24 所示，单击 OK 按钮关闭 Pressure Outlet 对话框。

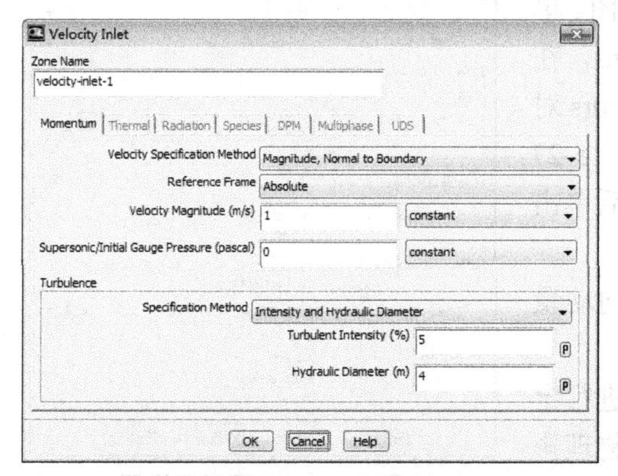

图 15-23 速度入口边界条件设置

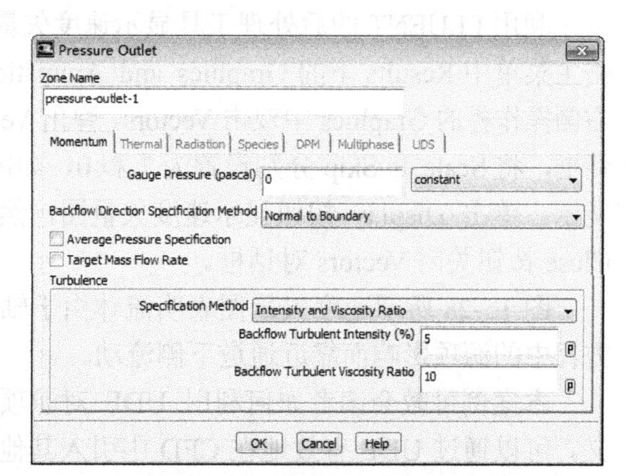

图 15-24 压力出口边界条件设置

（3）其余边界条件设置保持系统默认。

15.3.3　求解计算

1. 设置流场初始化

单击主菜单中Solution下的Solution Initialization进入右侧操作栏，在Compute from下拉列表中选择velocity-inlet-1，单击Initialize按钮初始化流场，如图15-25所示。

2. 迭代计算

单击主菜单Solution下的Run Calculation，在操作栏的Number of Iterations中输入100，单击Calculate按钮，求解30步左右完成，图15-26所示为计算残差曲线。

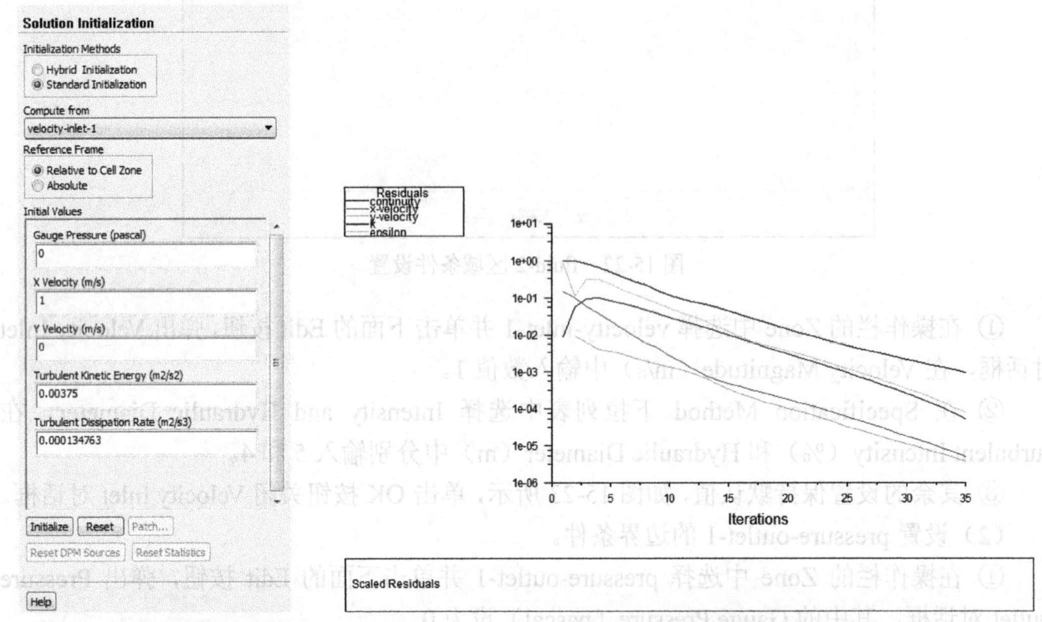

图15-25　流场初始化设置　　　图15-26　计算残差曲线

15.3.4　计算结果后处理及分析

利用FLUENT的后处理工具显示速度矢量图。单击主菜单中Results下的Graphics and Animations，在右侧操作栏的Graphics中双击Vectors，弹出Vectors对话框，将Scale和Skip分别设置为1和0，如图15-27所示。单击Display按钮显示速度矢量图，然后单击Close按钮关闭Vectors对话框。

图15-28所示速度矢量图表明流体由于轴向动量方程中的源项影响而靠近通道下侧流动。

本案例可教会读者如何利用UDF对源项进行定义。可以通过UDF有效地在CFD中引入其他物理影响因素，而且可以对质量、动量、能量、组分等进行

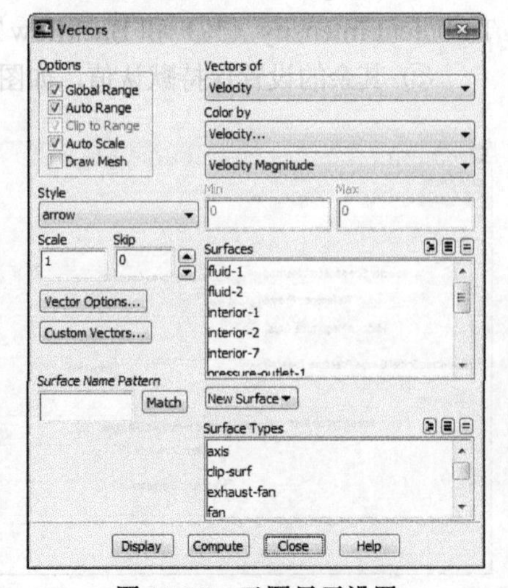

图15-27　云图显示设置

源项的添加。

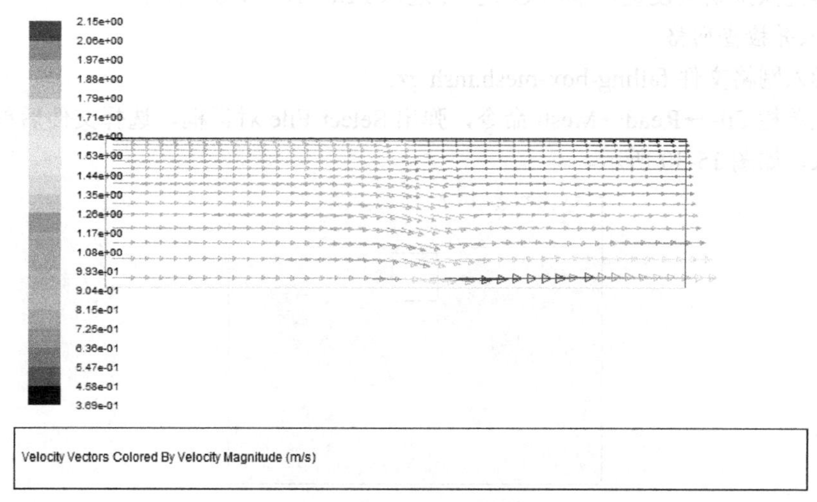

图 15-28 速度矢量图

15.4 水中落物的数值模拟

15.4.1 案例简介

本案例的目的是给带有六自由度（6 DOF）的动网格（DM）的问题提供一些指导性的建议。同时，该问题中存在 VOF 多相流模型。

6 DOF UDF 主要是为了计算移动的物体表面的位移，同时得到当物体落入水中之后产生的浮力（利用 VOF 多相流模型）。物体的重力与受到的水流的浮力决定着物体的运动状态，同时动网格也会随之决定。

本问题的示意图如图 15-29 所示。水缸中只有一部分的水，上面部分为空气。一个箱子在 *t*=0 时刻从图示位置自由落下。在落水之前，箱子受到空气的摩擦阻力和重力的作用。当落入水中之后，它同时还受到浮力的作用。

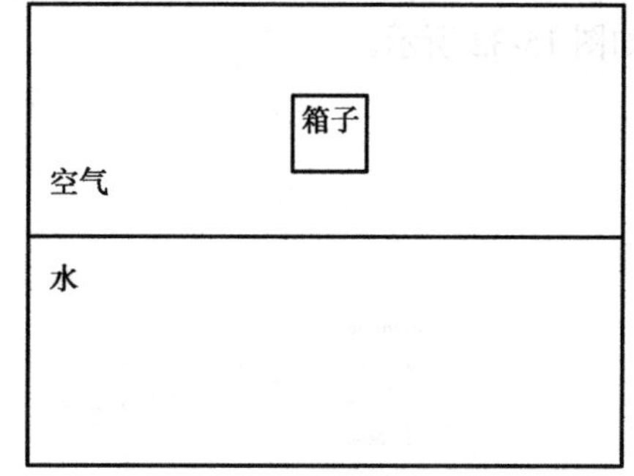

图 15-29 箱子落水的示意图

箱子的壁面按照刚体运动规律由 6 DOF 求解器计算出其位移。当箱子及其表面边界层附近网格发生位移，然后它外围的网格就会自动光顺或者重划分。使用 ANSYS FLUENT 计算该模型。

15.4.2 FLUENT 求解计算设置

1. *启动* FLUENT-2D

（1）双击桌面上的 FLUENT 16.0 图标，进入启动界面。

（2）单击Dimension中的2D单选按钮，取消选中Display Options下的3个复选框。

（3）其他保持默认设置，单击OK按钮进入FLUENT 16.0主界面。

2. 读入并检查网格

（1）读入网格文件falling-box-mesh.msh.gz。

执行菜单栏File→Read→Mesh命令，弹出Select File对话框，选择文件后单击OK按钮完成读入，如图15-30所示。

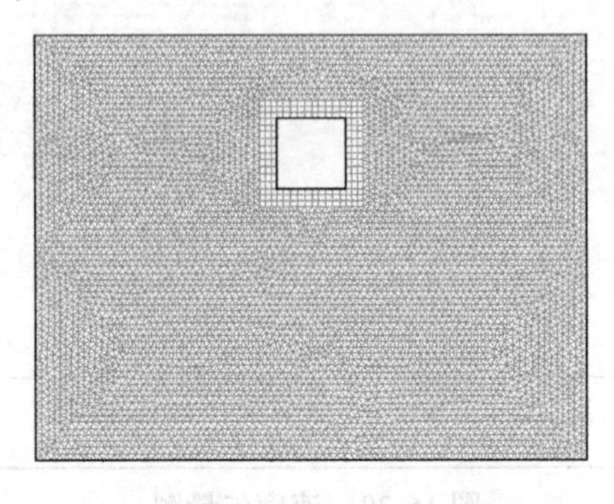

Mesh

图15-30 读入的网格

（2）检查网格。

单击General面板中的Check按钮检查网络。

3. 设置求解器参数

（1）求解器的设置。

① 打开General面板，选择Time下的Transient单选按钮，如图15-31所示。

② 打开Solution Methods面板，在Transient Formulation下拉列表中选择First Order Implicit，在Spatial Discretization中的Gradient下拉列表中选择Green-Gauss Node Based，如图15-32所示。

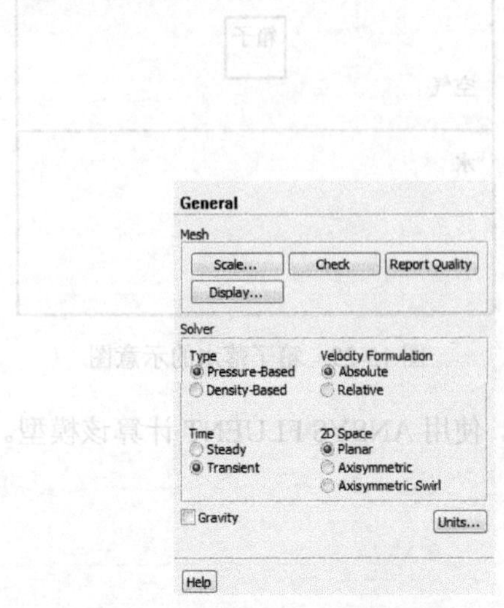

图15-31 常规设置

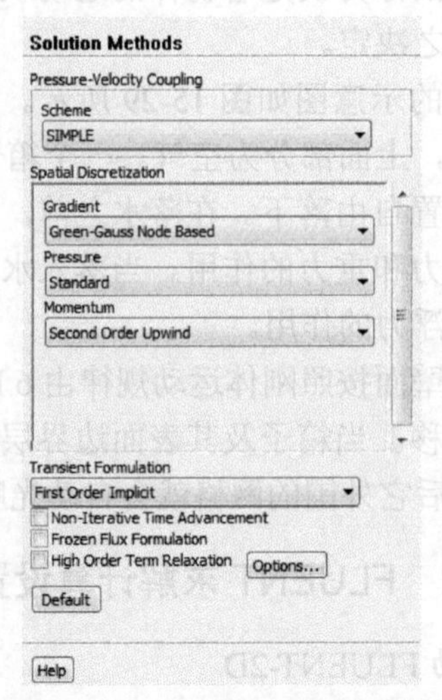

图15-32 Solution Methods设置

（2）设置多相流模型。

① 在 Models 面板中双击 Multiphase-Off 选项，弹出 Multiphase Model 对话框。

② 在弹出的对话框中选择 Volume of Fluid。

③ 设置 Number of Eulerian Phases 为 2。

④ Volume Fraction Parameters 中的参数为默认值。

⑤ 勾选 Body Force Formulation 中的 Implicit Body Force 复选框，如图 15-33 所示。

⑥ 单击 OK 按钮完成设置。

（3）设置湍流模型。

在 Models 面板中双击 Viscous-Laminar 选项，弹出 Viscous Model 对话框，选择 k-epsilon（2 eqn）为湍流模型，其余为默认值，如图 15-34 所示。单击 OK 按钮完成设置并关闭 Viscous Model 对话框。

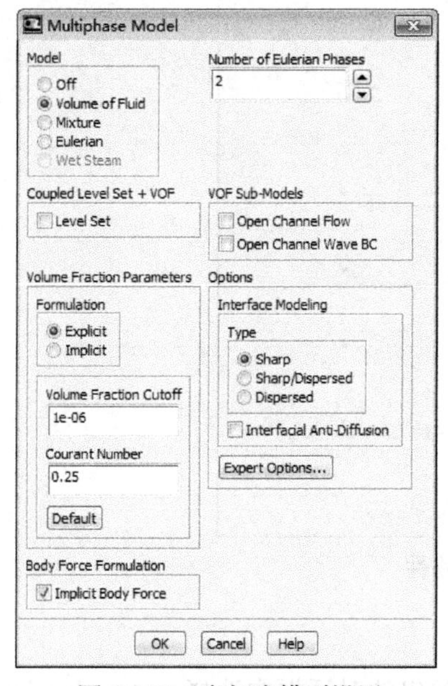

图 15-33 多相流模型设置

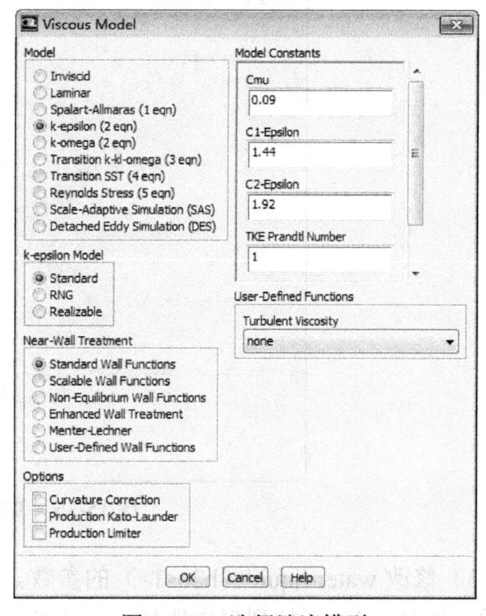

图 15-34 选择湍流模型

4. 编译（解释）UDF 文件

执行主菜单 Define→User-Defined→Functions→Interpreted 命令，弹出 Interpreted UDFs 对话框。

（1）在 Source File Name 框下单击 Browse 按钮。弹出 Select File 对话框。

（2）选择 falling-box-6dof_2d.c 文件，单击 OK 按钮关闭该对话框。

（3）返回 Interpreted UDFs 对话框，如图 15-35 所示。单击 Interpret 按钮，然后单击 Close 按钮关闭 Interpreted UDFs 对话框。

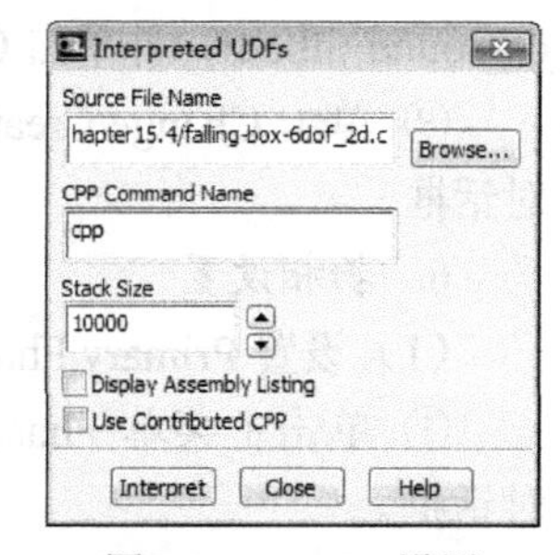

图 15-35 UDF 设置

此时，在控制窗口中显示出 UDF 信息如下。

```
cpp -I"D:\PROGRA~1\ANSYSI~1\v140\fluent\fluent14.0.0/src"
-I"D:\PROGRA~1\ANSYSI~1\v140\fluent\fluent14.0.0/cortex/src"
```

```
-I"D:\PROGRA~1\ANSYSI~1\v140\fluent\fluent14.0.0/client/src"
-I"D:\PROGRA~1\ANSYSI~1\v140\fluent\fluent14.0.0/multiport/src" -I. -DUDF
ONFIG_H="<udfconfig.h>" "E:\fluent\chapter17\falling-box-6dof_2d.c"
```

5. 定义材料物性

单击主菜单 Materials→Fluid→Create/Edit 命令，弹出 Create/Edit Materials 对话框。

（1）保留对话框中空气的参数。

（2）单击 Fluent Database 按钮，弹出 Fluent Database Materials 对话框，在 Fluent Database Materials 列表中选择 water-liquid（h2o<l>）选项，如图 15-36 所示。然后依次单击 Copy 按钮和 Close 按钮。

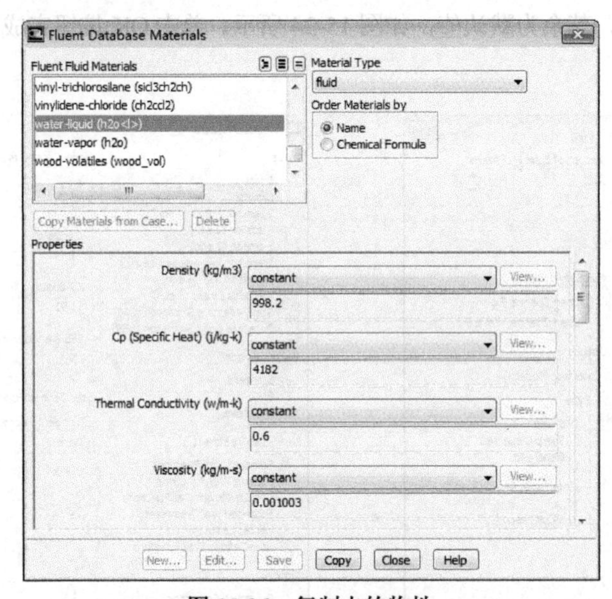

图 15-36 复制水的物性

（3）修改 water-liquid（h2o<l>）的参数。

① 从 Density 下拉列表中选择 user-defined，在弹出的对话框中选择 water_density，并单击 OK 按钮。

② 在 Speed of Sound 下拉列表中选择 user-defined，在弹出的对话框中选择 water_speed_of_sound::libudf，并单击 OK 按钮，如图 15-37 所示。

③ 单击 Change/Create 按钮完成设置，然后单击 Close 按钮关闭 Create/Edit Materials 对话框。

6. 物相设置

（1）设置 Primary Phase（water）相。

① 单击主菜单 Phases，然后双击 Phases 操作栏中的 phase-1，打开 Primary Phase 对话框。

② 在 Name 中输入 water。

③ 在 Phase Material 下拉列表中选择 water-liquid，如图 15-38 所示。

④ 单击 OK 按钮完成设置。

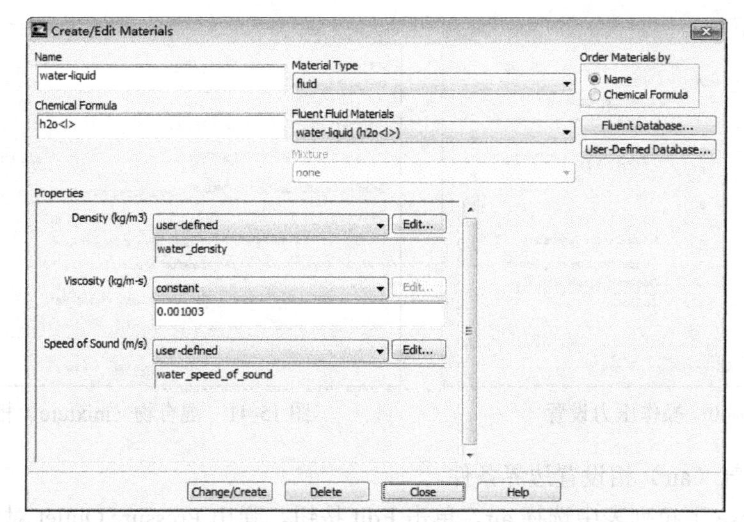

图 15-37 修改 water-liquid（h2o<l>）的参数

（2）同样，设置 Secondary Phase（air）相，在 Name 中输入 air，在 Phase Material 下拉列表中选择 air，如图 15-39 所示，单击 OK 按钮完成设置。

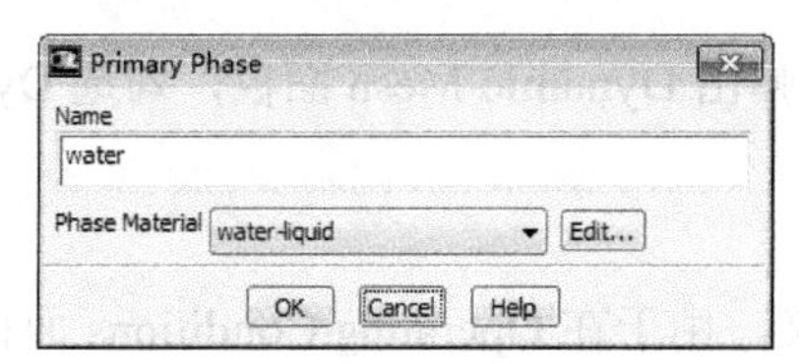

图 15-38 water（水）相设置

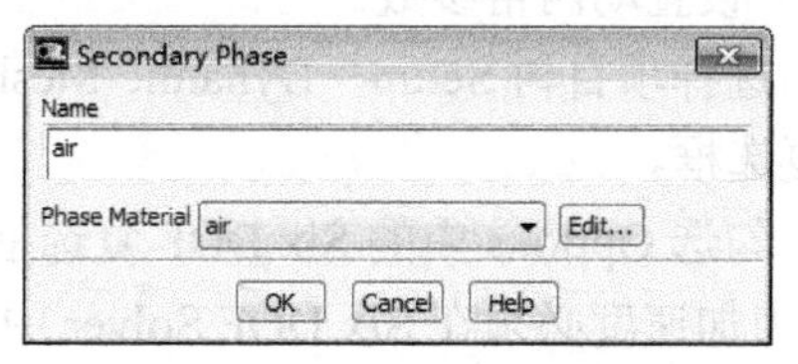

图 15-39 air（空气）相设置

7. 定义工作环境

执行菜单栏 Define→Operating Conditions 命令，弹出 Operating Conditions 对话框。

（1）将 Operating Pressure 置为默认值 101 325Pa。

（2）勾选 Gravity 复选框，面板会展开其余设置参数。

（3）在 Gravitational Acceleration 下的 Y（m/s2）中输入−9.81。

（4）勾选 Specified Operating Density 复选框，保持下面的默认值 1.225，如图 15-40 所示。然后单击 OK 按钮完成设置。

8. 设置边界条件

打开 Boundary Conditions 面板，选择 Zone 列表中的 tank_outlet 选项，为 tank-outlet 定义边界条件。

（1）为混合物（mixture）相设置边界条件。

① 在 Phase 下拉列表中选择 mixture，单击 Edit 按钮，弹出 Pressure Outlet 对话框。

② 在 Specification Method 下拉列表中选择 Intensity and Viscosity Ratio。

③ 在 Backflow Turbulent Intensity（%）中输入 1，在 Backflow Turbulent Viscosity Ratio 中输入 10，如图 15-41 所示。

④ 单击 OK 按钮完成设置。

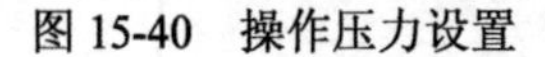

图 15-40　操作压力设置

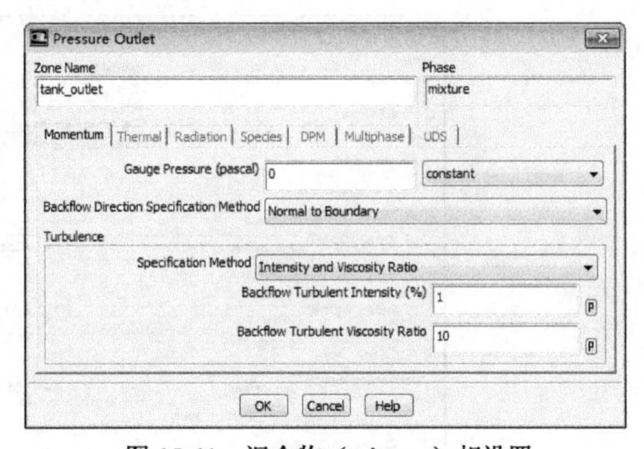

图 15-41　混合物（mixture）相设置

（2）为空气（air）相设置边界条件。

① 在 Phase 下拉列表中选择 air，单击 Edit 按钮，弹出 Pressure Outlet 对话框。

② 单击 Multiphase 选项卡，将 Backflow Volume Fraction 设置为 1，如图 15-42 所示。

③ 单击 OK 按钮完成设置。

9. 动网格设置

（1）设置动网格参数。

① 选择项目树 Setup→Dynamic Mesh 选项，弹出 Dynamic Mesh 面板，勾选 Dynamic Mesh 复选框。

② 勾选 Options 中的 Six DOF 复选框。

重力加速度必须在 Six DOF Solver 中进行定义，由于在 Operating Conditions 面板中已经定义，所以这里不用再定义。

③ 勾选 Mesh Methods 中的 Smoothing 和 Remeshing 复选框，如图 15-43 所示。单击其下的 Setting 按钮，弹出 Mesh Method Settings 对话框。

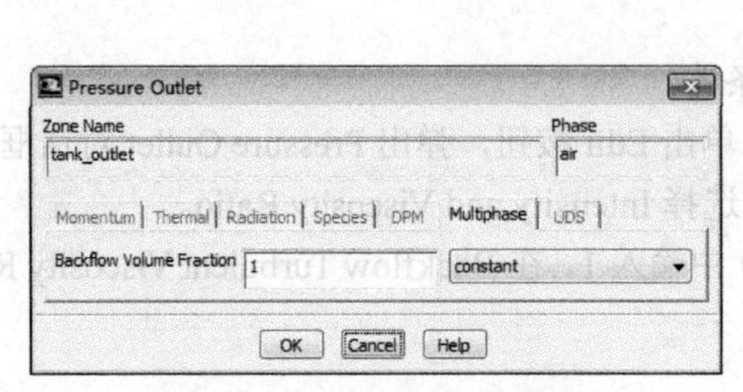

图 15-42　空气（air）相设置

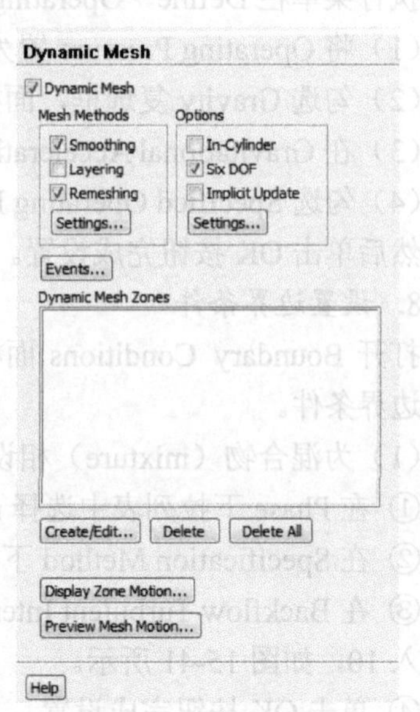

图 15-43　动网格设置

④ 设置 Spring Constant Factor 为 0.5，如图 15-44（a）所示。

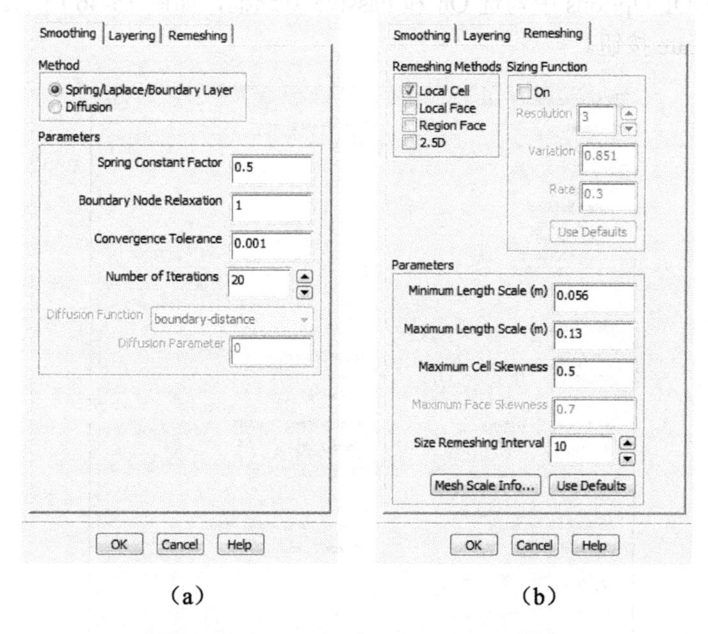

（a）　　　　　　（b）

图 15-44　Mesh Method Settings 对话框

⑤ 在该对话框中单击 Remeshing 选项卡，并进行参数设置。

- 将 Minimum Length Scale（m）设置为 0.056，Maximum Length Scale（m）设置为 0.13，如图 15-44（b）所示。

Minimum Length Scale 和 Maximum Length Scale 的参数可以从 Mesh Scale Info 中得到。单击 Mesh Scale Info 按钮，弹出 Mesh Scale Info 对话框，如图 15-45 所示，单击 Close 按钮关闭该对话框。

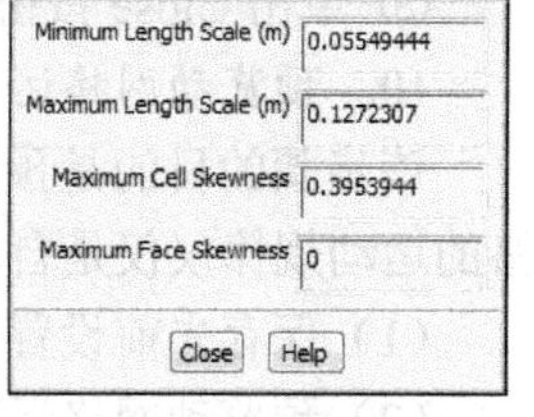

图 15-45　网格缩放信息

- 将 Maximum Cell Skewness 设置为 0.5，之后单击 OK 按钮完成设置。

（2）设置移动区域（moving zones）。

在 Dynamic Mesh 面板中，单击 Dynamic Mesh Zones 下的 Create/Edit 按钮，弹出 Dynamic Mesh Zones 对话框。

① 新建一个动网格区域 moving_box。

- 在 Zone Names 下拉列表中选择 moving_box。
- 在 Type 中选择 Rigid Body。
- 在 Six DOF UDF 下拉列表中选择 test_box。
- 在 Six DOF Options 中勾选 On 复选框。
- 单击 Create 按钮。

FLUENT 会创建名为 moving_box 的动网格区域，在 Dynamic Mesh Zones 中可见。

② 新建一个动网格区域 moving_fluid。

- 在 Zone Names 下拉列表中选择 moving_fluid。
- 在 Type 中选择 Rigid Body。

● 在 Six DOF UDF 下拉列表中选择 test_box。
● 在 Six DOF Options 中勾选 On 和 Passive 复选框，如图 15-46 所示。
● 单击 Create 按钮。

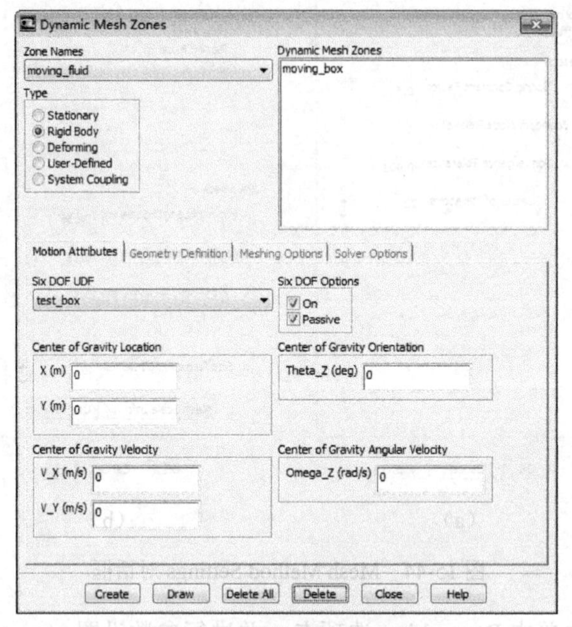

图 15-46 动网格区域设置

FLUENT 会创建名为 moving_fluid 的动网格区域，在 Dynamic Mesh Zones 中可见。

③ 单击 Close 按钮，关闭 Dynamic Mesh Zones 对话框。

10. 预览动网格运动

该步骤的目的是预览网格在运动过程中的质量变化情况，由于没有加载流体，所以网格的运动规律仅仅是自由落体。

（1）保存先前设置的 case 文件，取名为 falling-box-init.cas.gz。

（2）预览动网格运动。

① 执行菜单栏 Display→Mesh→Display 命令，再次显示网格。

② 打开 Dynamic Mesh 面板。

③ 单击 Preview Mesh Motion 按钮，弹出 Mesh Motion 对话框，设置 Time Step Size（s）为 0.005，Number of Time Steps 为 150，其余为默认值，如图 15-47 所示。

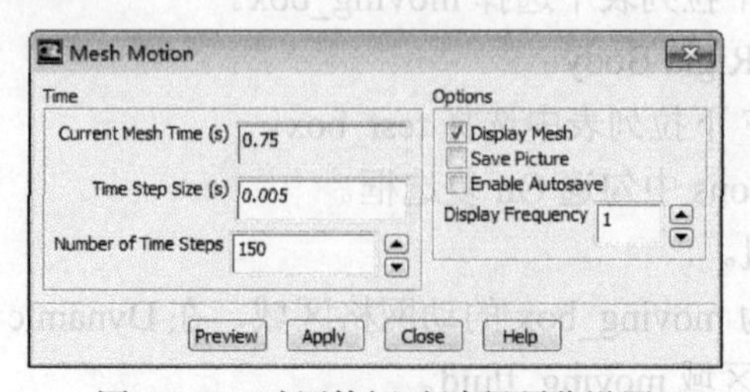

图 15-47 动网格运动过程预览设置

④ 单击 Preview 按钮进行预览，如图 15-48～图 15-50 所示。

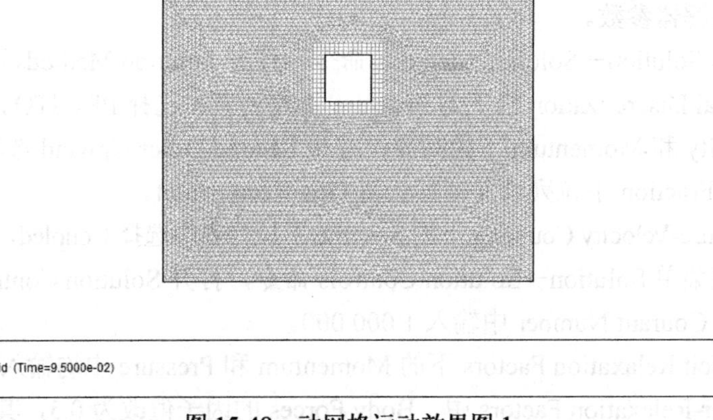

图 15-48 动网格运动效果图 1

⑤ 单击 Close 按钮，关闭 Mesh Motion 对话框。

（3）不保存，并退出 FLUENT。

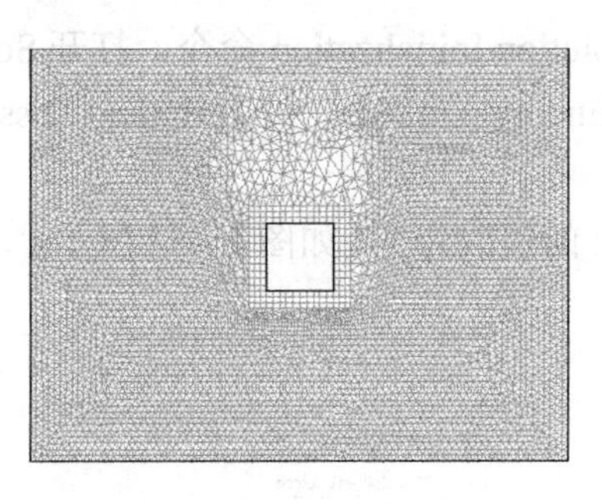

图 15-49 动网格运动效果图 2

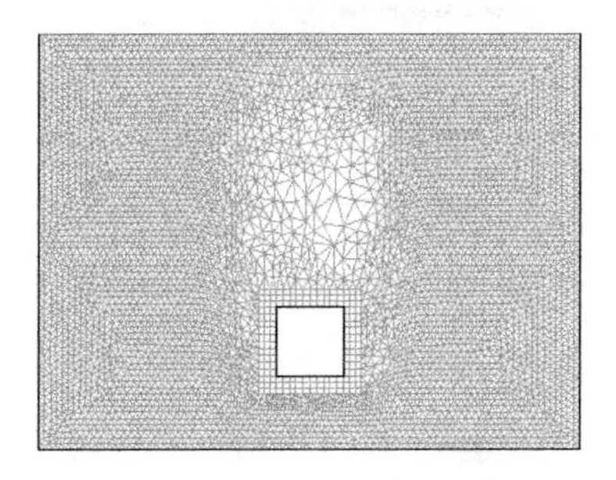

图 15-50 动网格运动效果图 3

15.4.3 求解计算

1. 求解控制参数

（1）打开二维版本的 FLUENT，并读入先前保存的 falling-box-init.cas.gz 文件。

（2）设置求解器参数。

执行主菜单 Solution→Solution Methods 命令，打开 Solution Methods 面板。

① 在 Spatial Discretization 框下的 Pressure 下拉列表中选择 PRESTO。

② 在 Density 和 Momentum 下拉列表中选择 Second Order Upwind 选项。

③ Volume Fraction 下拉列表保持默认值 Geo-Reconstruct。

④ 在 Pressure-Velocity Coupling 下的 Scheme 下拉列表中选择 Coupled，如图 15-51 所示。

（3）执行主菜单 Solution→Solution Controls 命令，打开 Solution Controls 面板。

① 在 Flow Courant Number 中输入 1 000 000。

② 在 Explicit Relaxation Factors 下的 Momentum 和 Pressure 中均输入 1。

③ 在 Under-Relaxation Factors 中，Body Forces 的因子值改为 0.5，其余保留为默认，如图 15-52 所示。

2. *设置流场初始化*

（1）流场基本参数初始化。

执行主菜单 Solution→Solution Initialization 命令，打开 Solution Initialization 面板。

① 将 Turbulent Kinetic Energy（m2/s2）和 Turbulent Dissipation Rate（m2/s3）的值均改为 0.001。

② 将 air Volume Fraction 的值改为 1，如图 15-53 所示。

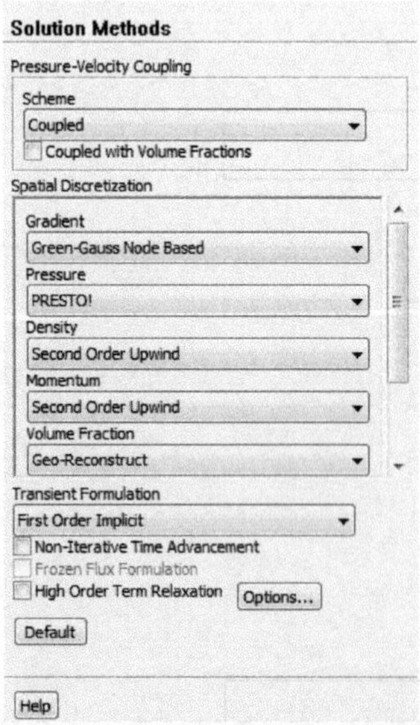

图 15-51 Solution Methods 设置

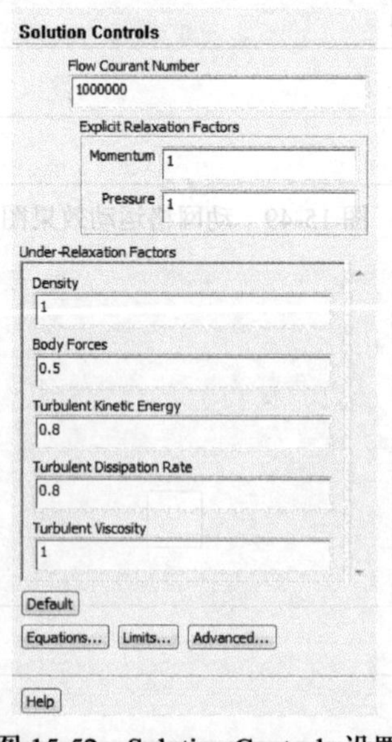

图 15-52 Solution Controls 设置

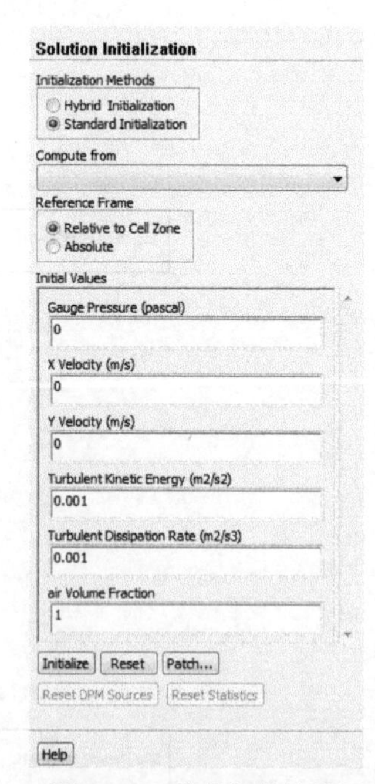

图 15-53 流场初始化设置

③ 单击 Initialize 按钮进行初始化。

（2）为之后的 Patch 标记区域。

① 执行菜单栏 Adapt→Region 命令，弹出 Region Adaption 对话框，在 X Min（m）和 X Max（m）中分别输入-5 和 5，在 Y Min（m）和 Y Max（m）中分别输入-5 和-1.5，如图 15-54 所示。

② 单击 Mark 按钮。

③ 单击 Close 按钮，关闭 Region Adaption 对话框。

（3）为 air volume fraction 进行修正。

① 在 Solution Initialization 面板。单击 Patch 按钮，弹出 Patch 对话框。

② 在 Phase 下拉列表中选择 air。

③ 在 Variable 中选择 Volume Fraction。

④ 在 Registers to Patch 中选择 hexahedron-r0。

⑤ 将 Value 栏中的值设为 0，如图 15-55 所示。

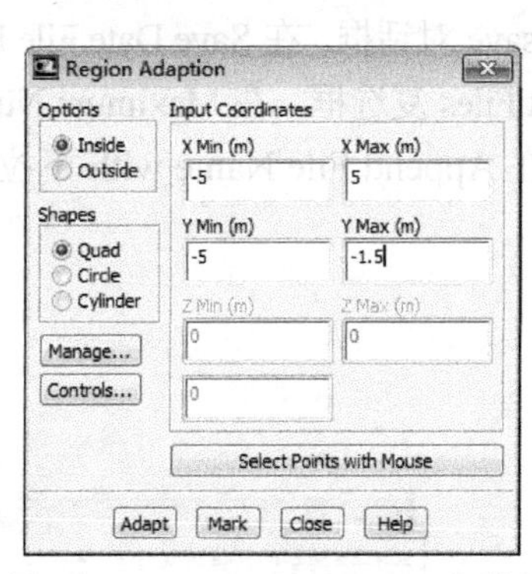

图 15-54　Region Adaption 对话框

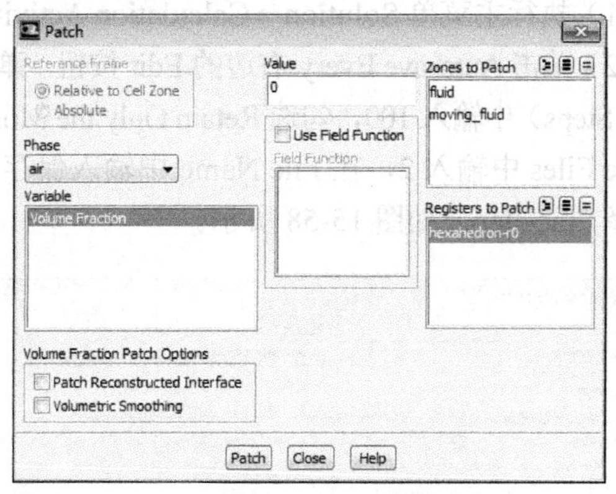

图 15-55　Patch 对话框

⑥ 其余保持默认，单击 Patch 按钮，然后单击 Close 按钮关闭对话框。

3. 设置收敛临界值

（1）执行主菜单 Solution→Monitors 命令，打开 Monitors 面板。

（2）双击面板中的 Residuals-Print，Plot 选项，弹出 Residual Monitors 对话框，在 Iterations to Plot 和 Iterations to Store 中均输入 400，如图 15-56 所示。

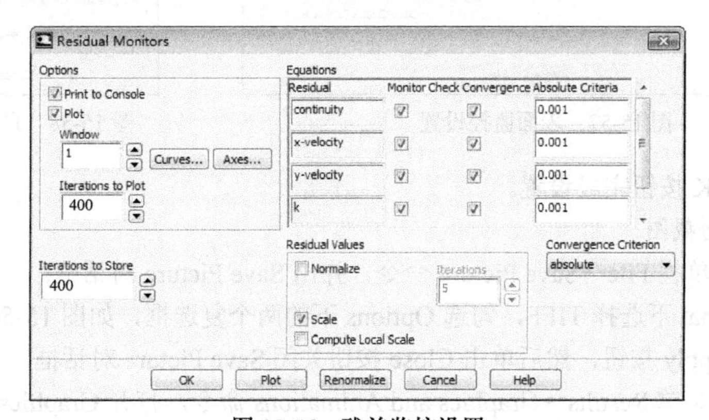

图 15-56　残差监控设置

（3）单击 OK 按钮关闭对话框。

4. 设置监控窗口

（1）在 Monitors 面板的 Surface Monitors 下单击 Create 按钮，弹出 Surface Monitor 对话框。

（2）在 Options 中勾选 Print to Console、Plot 和 Write 复选框，其中 File Name 改为 falling-box-yvel.out。

（3）在 X Axis 下拉列表中选择 Flow Time，在 Get Data Every 下拉列表中选择 Time Step，数值默认为 1。

（4）在 Report Type 下拉列表中选择 Area-Weighted Average，在 Field Variable 下拉列表中选择 Velocity，如图 15-57 所示。

（5）单击 OK 按钮关闭对话框。

5. 设置 Autosave 选项

（1）执行主菜单 Solution→Calculation Activities 命令，打开 Calculation Activities 面板。

（2）单击 Autosave Every 右边的 Edit 按钮，弹出 Autosave 对话框。在 Save Date File Every（Time Steps）中输入 100，勾选 Retain Only the Most Recent Files 复选框，在 Maximum Number of Date Files 中输入 2，在 File Name 中输入保存路径，在 Append File Name with 下拉列表中选择 time-step，如图 15-58 所示。

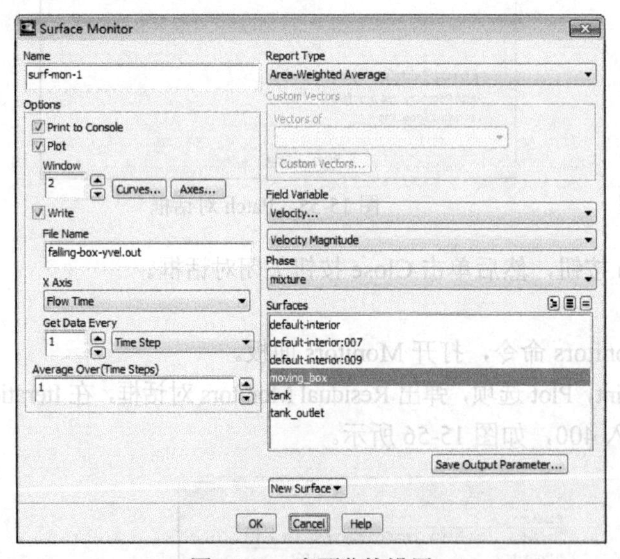

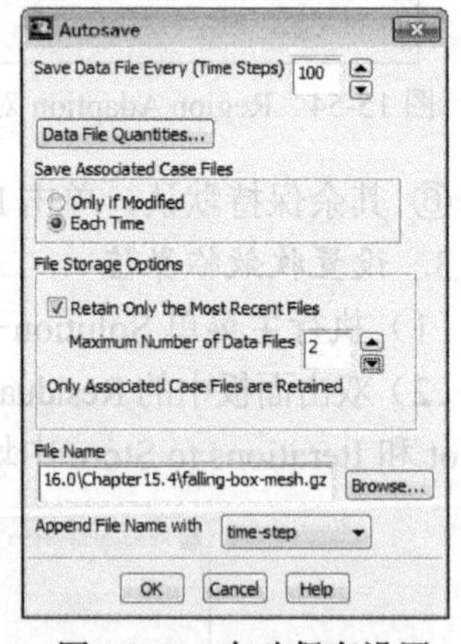

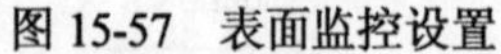

图 15-57　表面监控设置　　　　图 15-58　自动保存设置

（3）单击 OK 按钮完成设置。

6. 设置自动截图

（1）执行菜单栏 File→Save Picture 命令，弹出 Save Picture 对话框。

（2）在 Format 下选择 TIFF，勾选 Options 下的两个复选框，如图 15-59 所示。

（3）单击 Apply 按钮，然后单击 Close 按钮关闭 Save Picture 对话框。

（4）执行主菜单 Results→Graphics and Animations 命令，打开 Graphics and Animations 面板，双击 Graphics 中的 Contours，弹出 Contours 对话框。

（5）在 Levels 中输入 100，在 Contours of 下拉列表中分别选择 Phases 和 Volume fraction，如图 15-60 所示，单击 Display 按钮完成设置，单击 Close 按钮关闭对话框。

7. 为创建 TIFF 动画定义命令

（1）执行主菜单 Solution→Calculation Activities 命令，打开 Calculation Activities 面板。

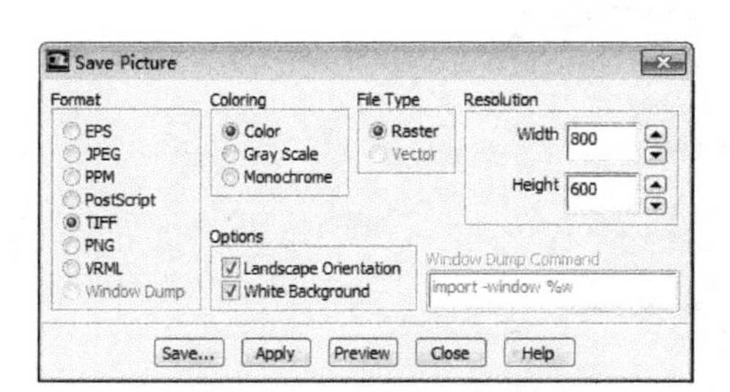

图 15-59 保存图片设置

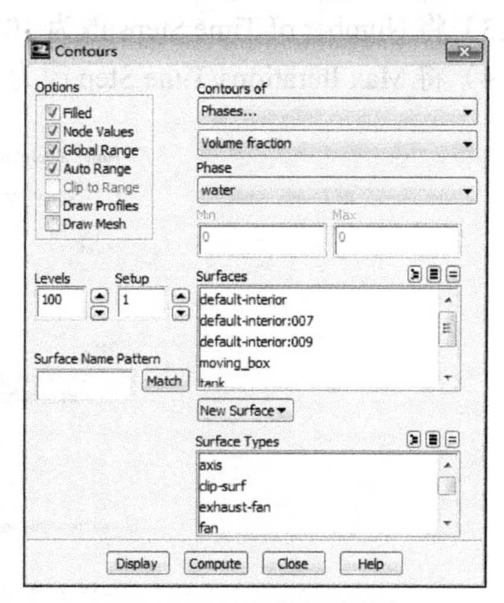

图 15-60 云图显示设置

（2）在 Execute Commands 下单击 Create/Edit 按钮，弹出 Execute Commands 对话框，将 Defined Commands 设置为 4，如图 15-61 所示。

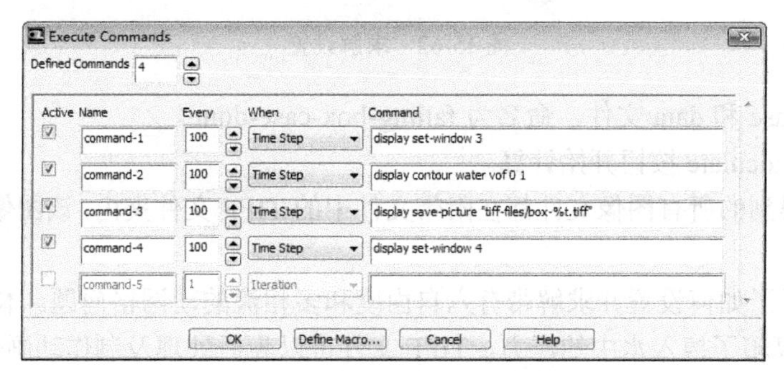

图 15-61 执行命令设置

（3）定义命令如表 15-4 所示。

表 15-4 命令定义

	Every	When	Command
Command-1	100	Time Step	display set-window 3
Command-2	100	Time Step	display contour water vof 0 1
Command-3	100	Time Step	display save-picture "tiff-files/box-%t.tiff"
Command-4	100	Time Step	display set-window 4

在单击 OK 按钮之前，必须确定工作目录下含有名为 tiff-files 的子目录。

（4）将 4 个命令之前的 Active 全部勾选上。

（5）单击 OK 按钮关闭对话框。

8. 迭代计算

（1）执行主菜单 Solution→Run Calculation 命令，打 Run Calculation 面板。

（2）将 Time Step Size（s）改为 0.000 5。

（3）将 Number of Time Steps 改为 10 000。

（4）将 Max Iterations/Time Step 改为 50，如图 15-62 所示。

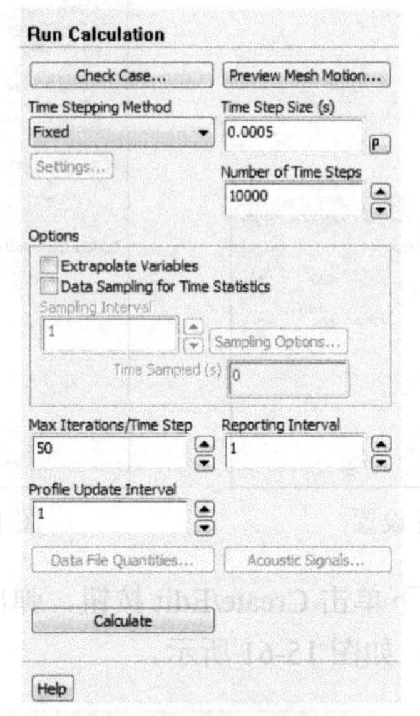

图 15-62　求解设置

（5）保存 case 和 data 文件，命名为 falling-box-case-done。

（6）单击 Calculate 按钮开始计算。

经过计算得到的所有图像文件都在附带文件中的 TIFF 文件夹内，该图像序列为箱子落水的全部过程。

本算例展示了如何设置并求解带有六自由度和多相流的动网格问题。本算例中，6DOF UDF 是为了计算箱子掉入水中的浮力，TIFF 文件可以为后处理及制作动画做准备。

15.5　本 章 小 结

本章在介绍 UDF 基本用法的基础上，通过示范 UDF 在物性参数修改、多孔介质及运动定义中的应用介绍其基本使用方法。UDF 的具体编写法则可以参考 FLUENT 用户手册及参阅帮助中对 UDF 宏命令的介绍。通过功能介绍和实例讲解使读者能够进一步掌握 UDF 的基本用法及设置的基本操作过程。

第 16 章　燃料电池问题模拟

本章案例主要向读者介绍如何使用FLUENT中的燃料电池附件模块来求解单通道逆流聚合物电解质膜（PEM）燃料电池问题。

学习目标：

- 建立和构造单直通道逆流 PEM 燃料电池的网格；
- 指定 FLUENT 中 PEM 燃料电池附件模块中所需要的计算区域的名字和类型。

16.1　单直通道逆流 PEM 燃料电池

16.1.1　案例简介

图 16-1 所示为单直通道逆流 PEM 燃料电池。该物体在 *X*、*Y* 和 *Z* 方向的尺寸分别为 2.4 mm、2.88 mm 和 125 mm，图示为重复的PEM燃料电池堆中的一个单元。电解质交换膜的面积为 2.4×125=300mm²。在图示中标记的所有单元（除了冷却通道）都必须通过 GAMBIT 定义为单独的区域。可以定义出多个区域，如多个阴极气体扩散层，每个的物性参数也可以不同。

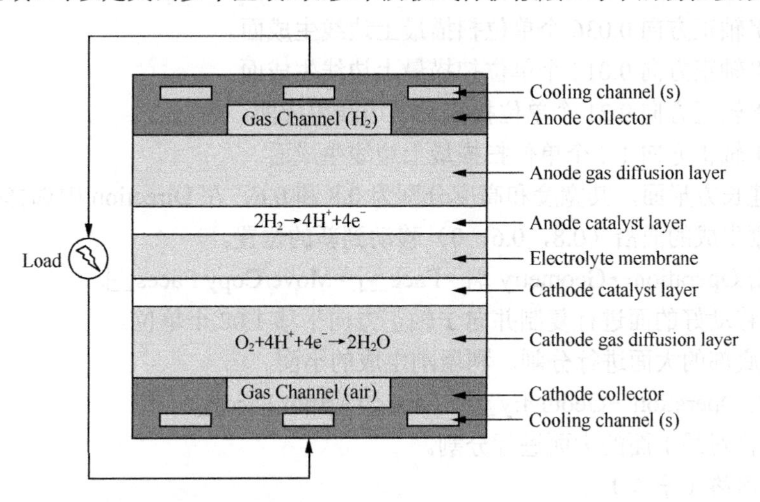

（Load 为负载，Gas Channel 为气体通道，Cooling channel 为冷却通道，Cathode collector 为阴极集电极，Anode collector 为阳极集电极，Anode catalyst layer 为阳极催化层，Cathode catalyst layer 为阴极催化层，Anode gas diffusion layer 为阳极气体扩散层，Cathnode gas diffusion layer 为阴极气体扩散层，Electrolyte membrane 为电解质膜）

图 16-1　PEM 燃料电池区域示意图

在 FLUENT 中，所有连续的区域都是流体（Fluid）类型，除了电流收集器以外（它可以是固体，也可以是流体）。简便起见，推荐读者将电流收集器设置为固体连续的区域类型。

在具体的求解过程之前，需要进行如下的准备。

在工作目录中创建一个名为 pem-single-channel 的文件夹，来存放该案例生成的所有文件。

启动 GAMBIT，并指定上述文件夹为工作目录，如图 16-2 所示。

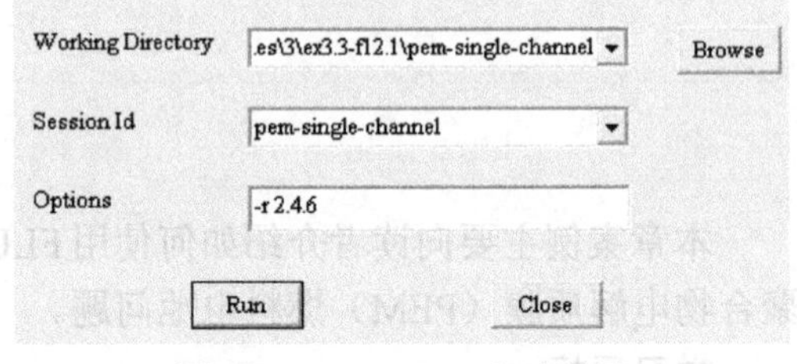

图 16-2　GAMBIT 启动设置

为了简化建模过程和划分网格的过程，在这里直接给出了 GAMBIT 对该问题建模和划分网格过程的日志记录文件。该文件中含有 GAMBIT 对该案例建模和画网格的所有记录。推荐用户不使用该文件进行快速建模，从而对燃料电池的建模步骤及设置方式有所了解。

16.1.2　GAMBIT 建模

1. 模型建立

（1）在 *XY* 平面创建长方形面。

顺次单击 Operation→Geometry→Face→Create Real Rectangular Face。

① 在 Width 和 Height 中分别输入 2.4 和 1.2。

② 在 Direction 中选择+X +Y。

③ 单击 Apply 按钮关闭该面板。

（2）通过沿 *Y* 轴正方向 0.21 个单位扫描上边线生成面。

顺次单击 Operation→Geometry→Face→Sweep Edges。

（3）沿 *Y* 轴正方向 0.012 个单位扫描最上边线生成面。

（4）沿 *Y* 轴正方向 0.036 个单位扫描最上边线生成面。

（5）沿 *Y* 轴正方向 0.012 个单位扫描最上边线生成面。

（6）沿 *Y* 轴正方向 0.21 个单位扫描最上边线生成面。

（7）沿 *Y* 轴正方向 1.2 个单位扫描最上边线生成面。

（8）创建长方形面，其宽度和高度分别为 0.8 和 0.6，在 Direction 中选择+X +Y。

（9）将刚生成的面沿（0.8，0.6，0）移动到新的位置。

顺次单击 Operation→Geometry→Face→Move/Copy Faces。

（10）将移动好的面进行复制并向 *Y* 轴正方向平移 1.08 个单位。

（11）对底部的大面进行分割，利用刚生成的小面。

顺次单击 Operation→Geometry→Face→Split Face。

（12）同样对最上面的大面进行分割。

2. 划分网格（手工）

（1）对图 16-3 中的边划分网格。

图中每条边旁边的数字表示所需要划分的段数，模型是上下对称的，所以下部可以参照上部进行划分。

顺次单击 Operation→Mesh→Edge→Mesh Edges。

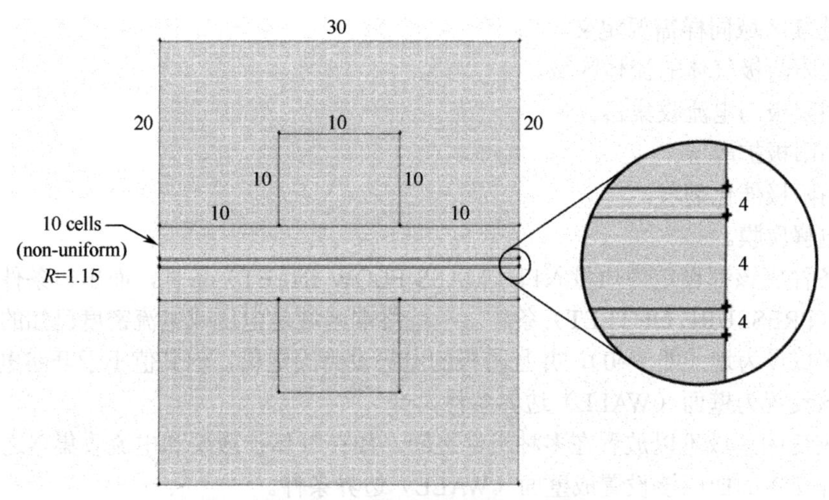

图 16-3 边线及面的网格划分

（2）对 9 个面划分面网格，格式采用 Quad Submap。

顺次单击 Operation→Mesh→Face→Mesh Edges。

（3）沿 Z 轴正方向建立一条扫描边线，选择其中任何一点即可，长度为 125 个单位。

顺次单击 Operation→Geometry→Edge→Sweep Edges。

① 在 Path 中选择 Vector，再单击 Define 按钮。

② 在 Direction 中选择 Z 的正方向。

③ 勾选 Magnitude 选项，并输入 125。

④ 单击 Apply 按钮，并关闭 Vector Definition 对话框。

⑤ 单击 Apply 按钮，并关闭 Sweep Vertices 对话框。

（4）对刚刚生成的边划分网格。使用 Double-Sided 形式，划分 60 段。

① 勾选 Double sided 选项。

② 在 Ratio 1 和 Ratio 2 中都输入 1.1。

③ 单击 Apply 按钮，并关闭对话框。

（5）沿着刚划好网格的边线扫描 9 个面以生成体网格。

顺次单击 Operation→Geometry→Volume→Sweep Facess。

① 勾选 With Mesh 选项。

② 单击 Apply 按钮，并关闭对话框。

生成的体网格如图 16-4 所示。

3. 设定区域及边界条件导出网格

FLUENT 的 PEM 燃料电池附件模块需要的模型边界和连续的区域都要严格按照要求定义。

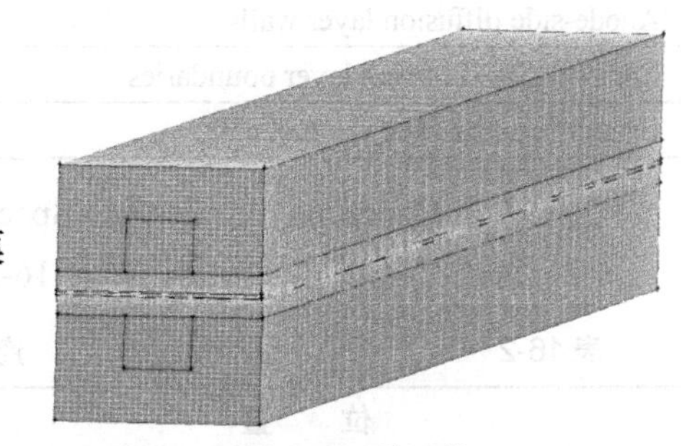

图 16-4 体网格

边界区域需要至少以下几种。

- 阳极气体通道的入口及出口区域。
- 阴极气体通道的入口及出口区域。
- 表示阴阳两极交界面区域。

可以定义一些如有电压突变的面，内部流动面及不一致相交界面区域是可选择的。

以下连续区域同样需要定义。

- 阴阳两极气体的流体区域。
- 阴阳极的电流收集器。
- 阴阳极扩散层。
- 阴阳极催化剂层。
- 电解质膜。

入口条件应该都设定为质量入口（MASS FLOW INLET）条件，而出口条件都设置为压力出口（PRESSURE OUTLET）条件。一些终端区域是电压或电流密度已知的区域。通常，阳极区域设为地（即 V=0），并且阴极的电势设为固定值，但其值小于开路电压。两个终端都应该设置为壁面（WALL）边界条件。

电压突变的区域可以放置在多种组件之间，如在气体扩散层和电流收集器之间。代表流体与固体交界的面应该设置成壁面（WALL）边界条件。

多余的内部区域可以定义出来为后处理所用。这些区域的定义不应该对求解造成影响。

FLUENT 的 PEM 附件模块支持两侧网格数不一致的交界条件。在该种情况下，推荐 INTERFACE 边界的两侧的网格有着类似的长细比、大小及朝向。此时，电解质膜会由两个流体区域构成。

（1）对边界进行边界类型设定，如表 16-1 所示。

表 16-1　边界类型指定

位　置	名　称	边 界 类 型
Anode-side inlet （Z=125, upper）	inlet-a	MASS FLOW INLET
Cathode-side inlet （Z=0, lower）	inlet-c	MASS FLOW INLET
Anode-side outlet （Z=0, upper）	outlet-a	PRESSURE OUTLET
Cathode-side outlet （Z=125, lower）	outlet-c	PRESSURE OUTLET
Anode terminal （Y=2.88）	wall-terminal-a	WALL
Cathode terminal （Y=0）	wall-terminal-c	WALL
Anode-side flow channel walls	wall-ch-a	WALL
Cathode-side flow channel walls	wall-ch-c	WALL
Fuel cell ends	wall-ends	WALL
Anode-side diffusion layer walls	wall-gdl-a	WALL
Cathode-side diffusion layer boundaries	wall-gdl-c	WALL
Lateral boundaries of the fuel cell	wall-sides	WALL

顺次单击 Operation→Zones→Specify Boundary Types。

（2）对连续区域进行指定，如表 16-2 所示。

表 16-2　连续区域指定

位　置	名　称	边 界 类 型
Anode-side catalyst layer	catalyst-a	FLUID
Cathode-side catalyst layer	catalyst-c	FLUID
Anode-side flow channel	channel-a	FLUID

续表

位　置	名　称	边 界 类 型
Cathode-side flow channel	channel-c	FLUID
Anode-side gas diffusion layer	gdl-a	FLUID
Cathode-side gas diffusion layer	gdl-c	FLUID
Electrolyte membrane	membrane	FLUID
Anode current collector	current-a	SOLID
Cathode current collector	current-c	SOLID

顺次单击 Operation→Zones→Specify Continuum Types。

（3）导出网格文件，文件名为 pem-single-channel.msh。

执行主菜单 File→Export→Mesh 命令，在保存过程中，不要勾选 Export 2-D（X-Y）Mesh。

16.1.3 FLUENT 求解计算设置

1. *启动 FLUENT-3D*

（1）双击桌面上的 FLUENT 16.0 图标，进入启动界面。

（2）单击 Dimension 中的 3D 单选按钮，取消选中 Display Options 下的 3 个复选框，启动双精度选项。

（3）其他保持默认设置，单击 OK 按钮进入 FLUENT 16.0 主界面。

2. *读入并检查网格*

（1）读入网格文件。

执行菜单栏 File→Read→Mesh 命令，弹出 Select File 对话框，选择 pem-single- channel.msh 文件后单击 OK 按钮。

（2）检查网格质量。

选择项目树 Setup→General 选项，打开 General 面板，单击 Mesh 下的 Check 按钮即可。

（3）修改模型比例。

在 General 面板中，单击 Mesh 下的 Scale 按钮，弹出 Scale Mesh 对话框。

① 在 Mesh Was Created In 下拉列表中选择 mm 选项，如图 16-5 所示。

② 单击 Scale 按钮，完成比例修改。

③ 单击 Close 按钮退出对话框。

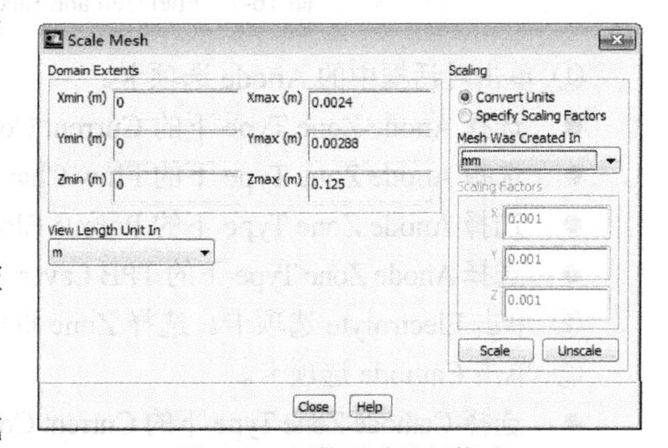

图 16-5　网格尺寸比例修改

3. *设置求解器参数*

（1）为了加载 PEMFC 模块，需要在控制台中输入以下命令。

/define/models/addon-module 3

输入该命令并回车之后，求解器会加载和该模块有关的 Scheme 和 GUI 及 UDF 库。在显示 Addon Module: fuelcells...loaded!语句后，代表模块加载成功。

（2）为后处理过程计算交换膜的面积。

在本案例中，交换膜的面积和阴极终端表面的面积是相等的，该面名称为 wall-terminal-c。

执行菜单栏 Reports→Result Reports 命令，打开 Reports 面板，选择 Projected Areas 选项，再单击下面的 Set Up 按钮，弹出 Projected Surface Areas 对话框。在 Projection Direction 下选择 Y，在 Surfaces 列表中选择 wall-terminal-c，单击 Compute 按钮，得到面积为 0.000 3 m^2，如图 16-6 所示。然后单击 Close 按钮关闭该对话框。

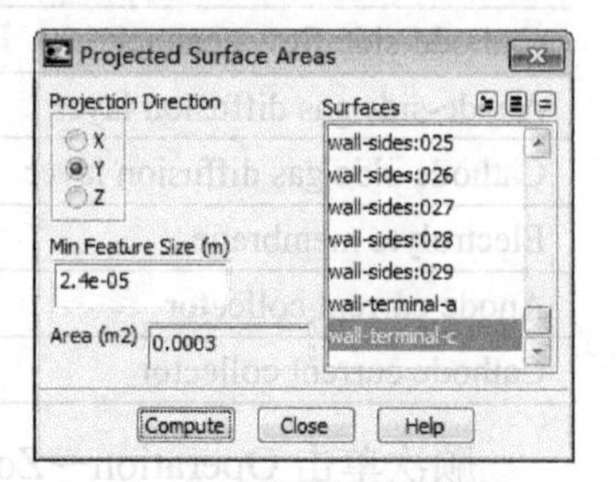

图 16-6　投射面积设置

（3）改变求解区域，使得用户自定义标量在全部区域有效。

执行菜单栏 Define→User-Defined→Scalars 命令，弹出 User-Defined Scalars 对话框，单击 OK 按钮完成设置。

该步操作是可选择的，该操作为后处理提供了便利。

（4）设置 PEM 模型。

执行主菜单 Models→Fuel Cell and Electrolysis 命令，单击下面的 Edit 按钮，弹出如图 16-7 所示的 Fuel Cell and Electrolysis Models 对话框。

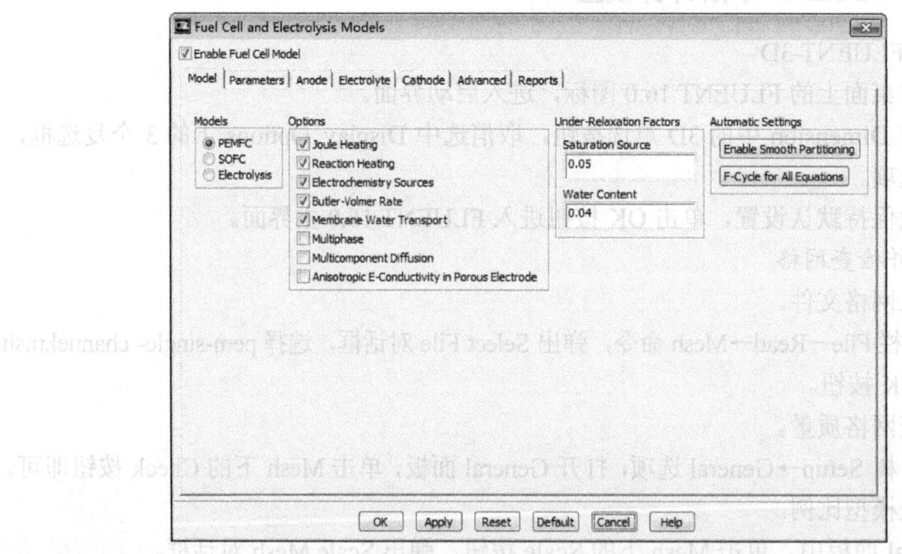

图 16-7　Fuel Cell and Electrolysis Models 对话框

① 单击对话框中的 Anode 选项卡。

- 选择 Anode Zone Type 下的 Current Collector，并选择右侧 Zone 框中的 current-a。
- 选择 Anode Zone Type 下的 Flow Channel，并选择右侧 Zone 框中的 channel-a。
- 选择 Anode Zone Type 下的 Porous Electrode，并选择右侧 Zone 框中的 gdl-a。
- 选择 Anode Zone Type 下的 TPB Layer（Catalyst），并选择右侧 Zone 框中的 catalyst-a。

② 单击 Electrolyte 选项卡。选择 Zone 框中的 membrane。

③ 单击 Cathode 选项卡。

- 选择 Cathode Zone Type 下的 Current Collector，并选择右侧 Zone 框中的 current-c。
- 选择 Cathode Zone Type 下的 Flow Channel，并选择右侧 Zone 框中的 channel-c。
- 选择 Cathode Zone Type 下的 Porous Electrode，并选择右侧 Zone 框中的 gdl-c。
- 选择 Cathode Zone Type 下的 TPB Layer（Catalyst），并选择右侧 Zone 框中的 catalyst-c。

④ 单击 Reports 选项卡。

- 设置 Electrolyte Projected Area 的值为 0.000 3，该值在前面已经得到。
- 选择右侧 Anode 框下的 wall-terminal-a，Cathode 框下的 wall-terminal-c。

⑤ 单击 OK 按钮关闭该对话框。

4. 定义材料物性

该步骤直接跳过，所有材料物性采用系统默认设置即可。

5. 工作环境参数设置

执行菜单栏 Define→Operating Conditions 命令，弹出 Operating Conditions 对话框。

（1）将 Operating Pressure（pascal）设置为 200 000，如图 16-8 所示。

（2）单击 OK 按钮关闭对话框。

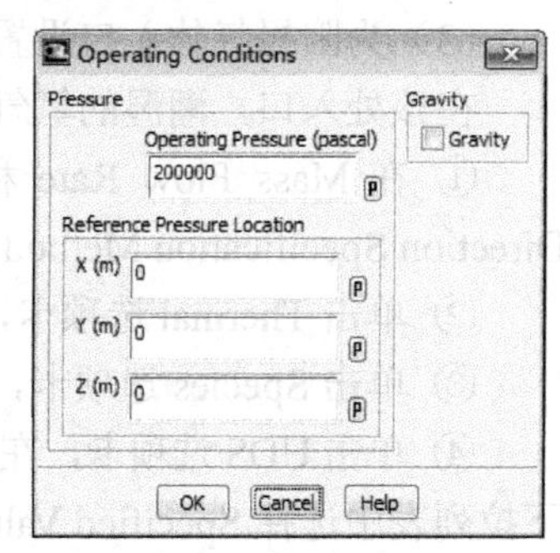

图 16-8 工作环境参数设置

6. 设置边界条件

单击主菜单中的 Boundary Conditions，然后选择需要的区域并单击下方的 Edit 按钮。在边界条件的设置中，有几个区域是一定得设置的，包括阴极、阳极、入口及出口。

（1）为阳极终端设置边界条件，wall-terminal-a。

在该面上，其电势为零，而且温度为常数。

① 单击 Thermal 选项卡，并设置 Thermal Conditions 为 Temperature，右侧的温度值设为 353K，如图 16-9 所示。

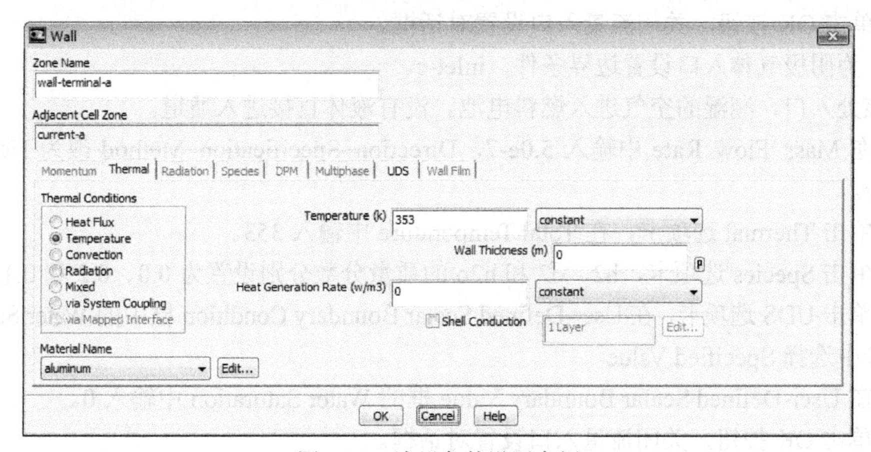

图 16-9 边界条件设置实例

② 单击 UDS 选项卡。

- 在 User-Defined Scalar Boundary Condition 框中的 Electric Potential 下拉列表中选择 Specified Value。
- 在 User-Defined Scalar Boundary Value 框中输入 0。

该边界代表该处为地，电势设为零。

- 单击 OK 按钮，关闭壁面边界设置对话框。

（2）为阴极终端设置边界条件，wall-terminal-c。

在该面上，其电势为常数，且为正值。

① 单击 Thermal 选项卡，并设置 Thermal Conditions 为 Temperature，右侧的温度值设为 353K。

② 单击 UDS 选项卡。

- 在 User-Defined Scalar Boundary Condition 框中的 Electric Potential 下拉列表中选择 Specified Value。
- 在 User-Defined Scalar Boundary Value 框中输入 0.75。

该边界代表该处电势为 0.75V。

- 单击 OK 按钮，关闭壁面边界设置对话框。

为了得到伏安特性曲线，读者需要将阴极电势从开路电压起开始设置，然后逐步降低该电势，每次求解收敛后再改变该值。

（3）为阳极气体入口设置边界条件，inlet-a。

在该处入口，潮湿的氢气进入燃料电池。没有液体直接进入通道。

① 在 Mass Flow Rate 和 Supersonic/Initial Gauge Pressure 中分别输入 6.0e-7 和 0，Direction Specification Method 改为 Normal to Boundary。

② 单击 Thermal 选项卡，在 Total Temperature 中输入 353。

③ 单击 Species 选项卡，h2、o2 和 h2o 的质量分数分别设置为 0.8、0.0 和 0.2。

④ 单击 UDS 选项卡，在 User-Defined Scalar Boundary Condition 框中的 Water Saturation 下拉列表中选择 Specified Value。

⑤ 在 User-Defined Scalar Boundary Value 框中的 Water Saturation 中输入 0。

⑥ 单击 OK 按钮，关闭流量入口设置对话框。

（4）为阴极气体入口设置边界条件，inlet-c。

在该处入口，潮湿的空气进入燃料电池。没有液体直接进入通道。

① 在 Mass Flow Rate 中输入 5.0e-7，Direction Specification Method 改为 Normal to Boundary。

② 单击 Thermal 选项卡，在 Total Temperature 中输入 353。

③ 单击 Species 选项卡，h2、o2 和 h2o 的质量分数分别设置为 0.0、0.2 和 0.1。

④ 单击 UDS 选项卡，在 User-Defined Scalar Boundary Condition 框中的 Water Saturation 下拉列表中选择 Specified Value。

⑤ 在 User-Defined Scalar Boundary Value 框的 Water Saturation 中输入 0。

⑥ 单击 OK 按钮，关闭流量入口设置对话框。

（5）设置阳极气体出口边界条件，outlet-a。

① 单击 Thermal 选项卡，在 Backflow Total Temperature 中输入 353。

② 单击 OK 按钮，关闭压力出口边界条件设置对话框。

（6）将 outlet-a 的边界条件复制至阴极出口边界（outlet-c）即可。

16.1.4　求解计算

1. 求解控制参数

系统默认的求解器设置参数还不足以让求解收敛，因此需要经过以下修改。

（1）单击主菜单中的 Solution Controls，修改面板中的 Under-Relaxation Factors，将 Pressure、Momentum、Protonic Potential 和 Water Content 分别修改为 0.7、0.3、0.95 和 0.95，如图 16-10 所示。

（2）单击 Solution Controls 面板中的 Advanced 按钮，打开 Advanced Solution Controls 对话框，如图 16-11 所示。

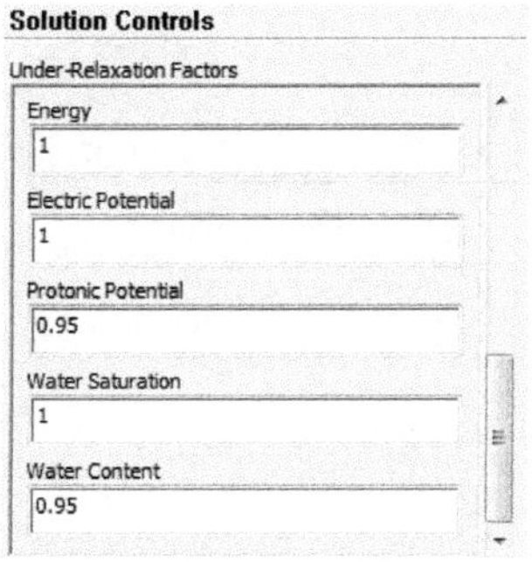

图 16-10 Solution Controls 设置

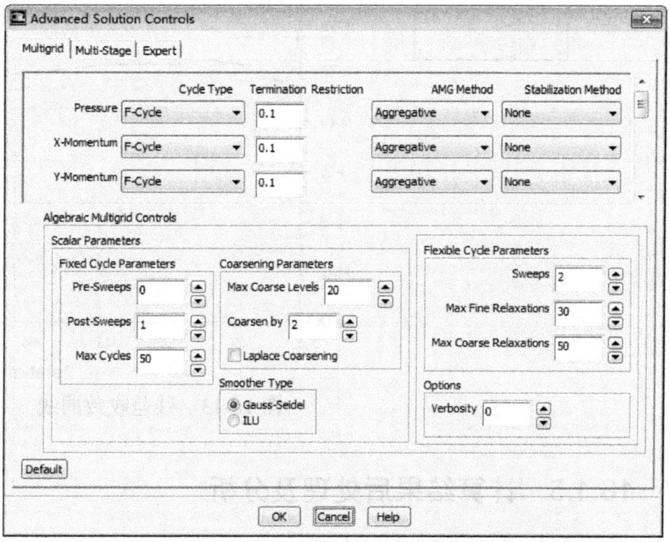

图 16-11 Advanced Solution Controls 对话框

① 将所有方程的 Cycle Type 都改为 F-Cycle。读者需要利用鼠标滚轮查看所有方程。

② 在 Termination Restriction 中，将 h2、o2、h2o 和 Water Saturation 的值改为 0.001。

③ 将 h2、o2、h2o、Water Saturation、Electric Potential 和 Protonic Potential 的 Stabilization Method 通过下拉列表改为 BCGSTAB。

④ 将 Electric Potential 和 Protonic Potential 的 Termination Restriction 改为 0.000 1。

⑤ 将 Fixed Cycle Parameters 框下的 Max Cycles 改为 50。

⑥ 单击 OK 按钮关闭该对话框。

2. 设置流场初始化

单击主菜单中的 Solution Initialization，将面板中的 Temperature（k）改为 353，单击 Initialize 按钮进行初始化，如图 16-12 所示。

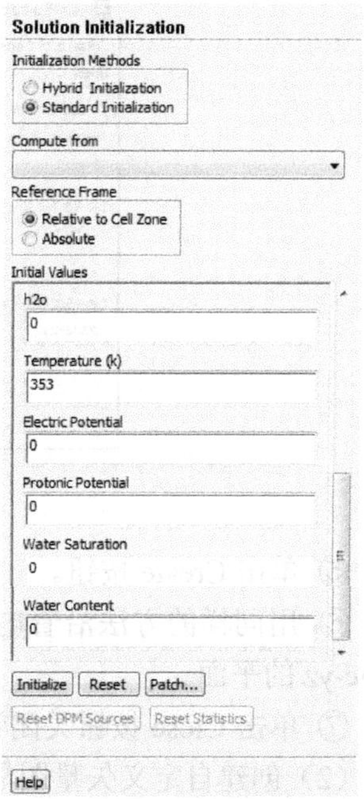

3. 迭代计算

（1）保存 case 和 data 文件为 pem-single-channel.cas.gz 和 pem-single-channel.dat.gz。

（2）求解。

单击主菜单中的 Run Calculation，将面板中的 Number of Iterations 设为 400。单击 Calculate 按钮开始计算。

求解过程中的残差收敛曲线如图 16-13 所示。每次迭代过程中，平均电流密度在控制台中都有显示。

图 16-12 Solution Initialization 设置

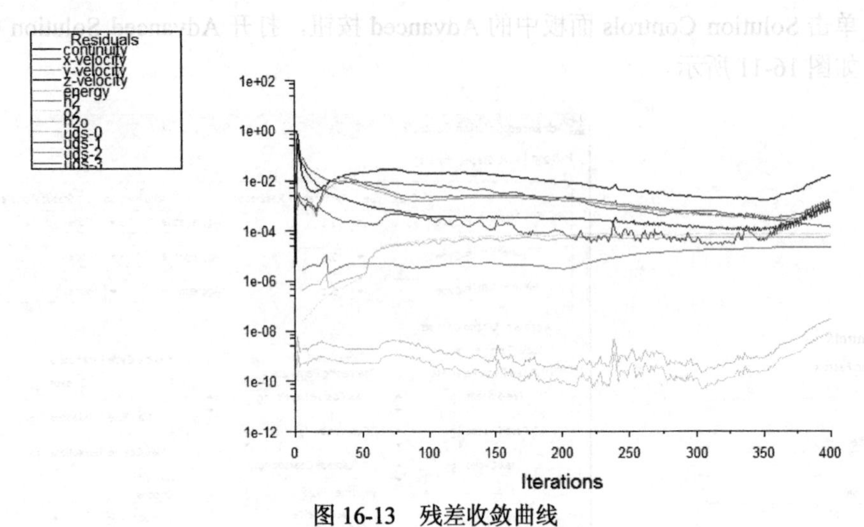

图 16-13 残差收敛曲线

16.1.5 计算结果后处理及分析

（1）建立后处理所需要的面。

执行菜单栏 Surface→Iso-Surface 命令，弹出 Iso-Surface 对话框。

① 从 Surface of Constant 下拉列表中分别选择 Mesh 和 Z-Coordinate。

② 单击 Compute 按钮。

③ 在 Iso-Values（m）中输入 0.062 5。

④ 在 New Surface Name 中输入 plane-xy，如图 16-14 所示。

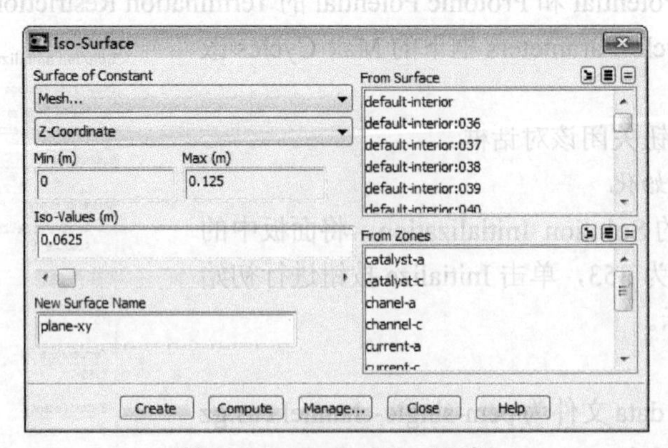

图 16-14 Iso-Surface 对话框

⑤ 单击 Create 按钮。

⑥ 用同样的方法沿着电池长度方向，选择 X-Coordinate 创建值为 0.001 2、名称为 plane-yz 的平面。

⑦ 单击 Close 按钮关闭该对话框。

（2）创建自定义矢量图显示。

执行菜单栏 Display→Graphics and Animations 命令，打开 Graphics and Animation 面板，

双击 Vectors 选项，弹出 Vectors 对话框，如图 16-15 所示。

① 单击对话框中的 Custom Vectors 按钮，弹出 Custom Vectors 对话框。

- 在 Vector Name 中输入 current-flux-density。
- 在 X Component 下拉列表中选择 User Defined Memory 和 X Current Flux Density。
- 在 Y Component 下拉列表中选择 User Defined Memory 和 Y Current Flux Density。
- 在 Z Component 下拉列表中选择 User Defined Memory 和 Z Current Flux Density，如图 16-16 所示。
- 单击 Define 按钮完成设置，单击 Close 按钮关闭该对话框。

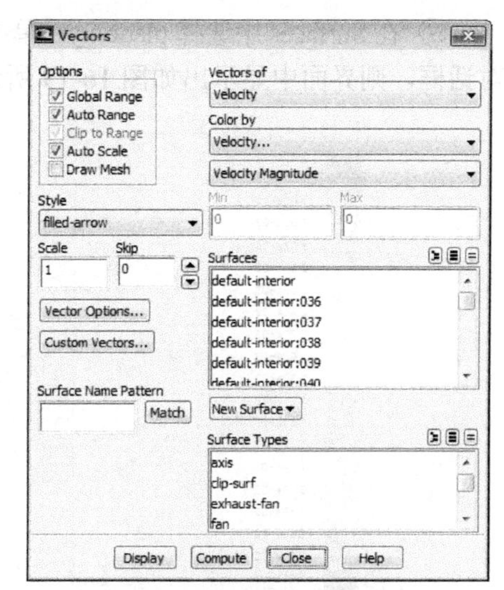

图 16-15　Vectors 对话框

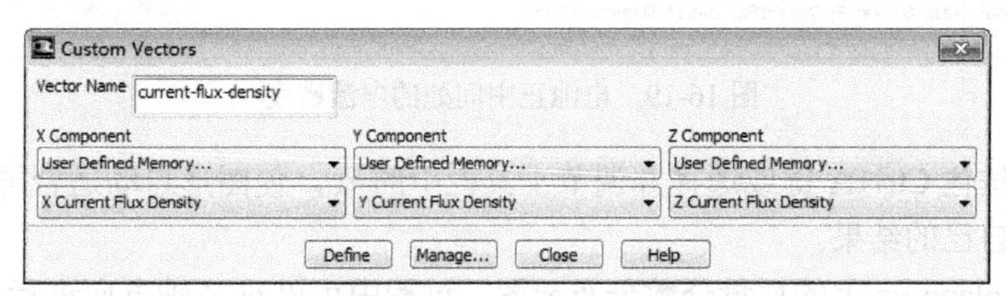

图 16-16　Custom Vectors 对话框

② 从 Vectors 对话框的 Vectors of 下拉列表中选择 current-flux-density。

③ 在 Style 中选择 filled-arrow。

④ 单击 Vector Options 按钮，弹出 Vector Options 对话框，将 Scale Head 设为 0.5，如图 16-17 所示。单击 Apply 按钮完成设置，单击 Close 按钮关闭该对话框。

⑤ 在 Color by 下拉列表中选择 User-Defined Memory 和 Current Flux Density Magnitude。

⑥ 勾选 Draw Mesh 复选框，此时弹出 Mesh Display 对话框，在 Surfaces 中仅选择 plane-xy，在 Edge Type 中选择 Feature，如图 16-18 所示。单击 Display 按钮完成设置，单击 Close 按钮关闭该对话框。

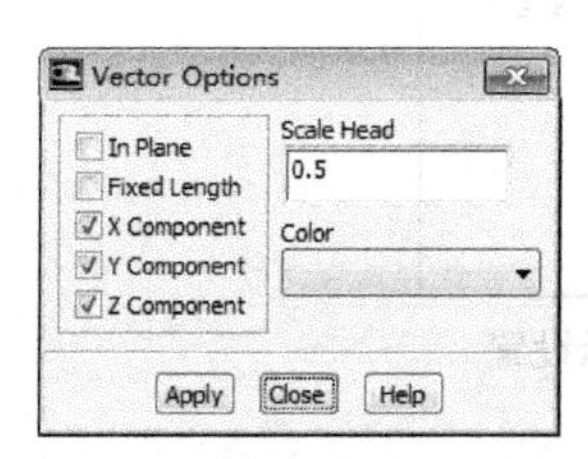

图 16-17　Vector Options 对话框

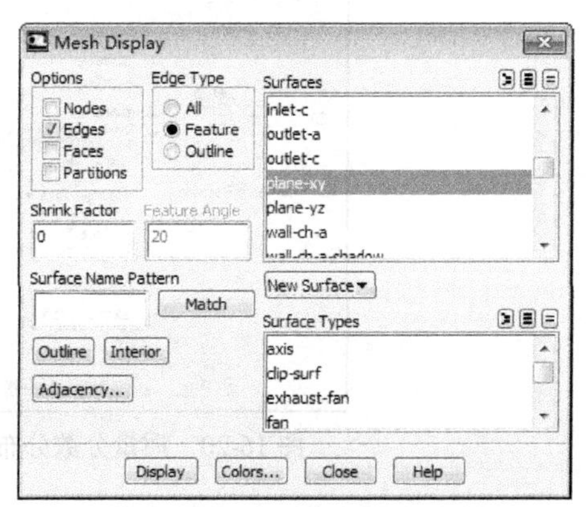

图 16-18　Mesh Display 对话框

⑦ 在 Surfaces 中选择 plane-xy，单击 Display 按钮完成设置，单击 Close 按钮关闭 Vectors 对话框，则界面中显示出如图 16-19 所示的图形。

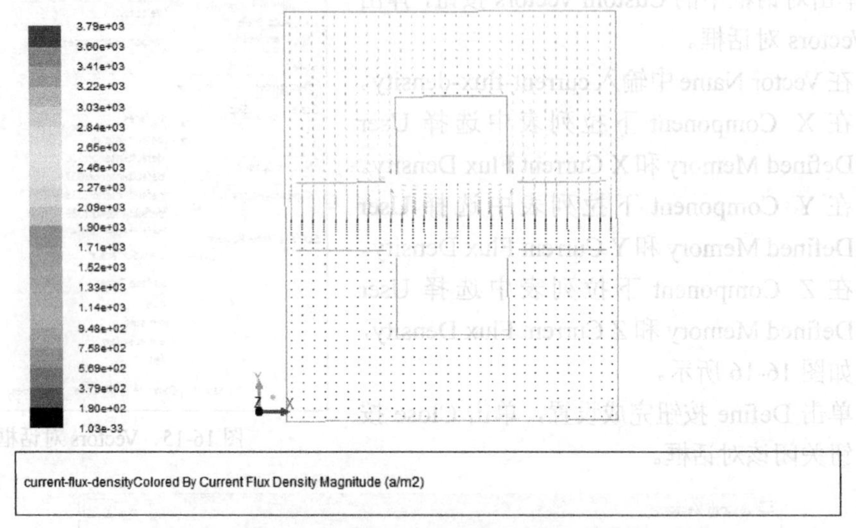

图 16-19　电池正中间处的电流密度

（3）可以按住 Ctrl+A 键或选择并调节工具栏中的，使图形自动适合屏幕显示窗口。

（4）对比自己的结果。

（5）显示 plane-yz 上的质量分数分布云图，过程中可以对 Z 轴方向进行显示缩放，其操作如下：执行主菜单 Display→Graphics and Animations 命令，打开 Graphics and Animations 面板，双击 Contours 选项，弹出 Contours 对话框，在 Contours of 下拉列表中分别选择 Species 和 Mass fraction of h2，在 Surfaces 中选择 plane-yz，如图 16-20 所示。单击 Display 按钮完成设置，单击 Close 按钮关闭 Contours 对话框。

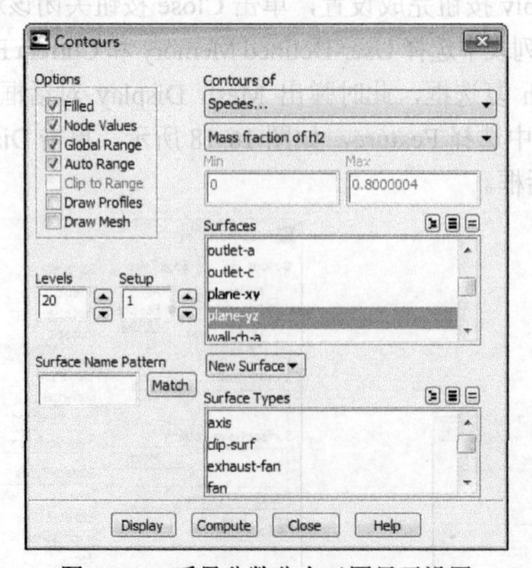

图 16-20　质量分数分布云图显示设置

图 16-21 所示为该面上的 h2 质量分数分布云图。

图 16-21 plane-yz 上的 h2 质量分数分布云图

16.2 本 章 小 结

本章介绍了 FLUENT 中燃料电池的案例，读者应学会如何建模并设置单通道 PEM 燃料电池，并且通过 FLUENT 进行具体的求解。

附录 1　UDF 宏简列

通 用 类 型	离散相类型	多相流类型
DEFINE_ADJUST	DEFINE_DPM_BODY_FORCE	DEFINE_DRIFT_DIAMETER
DEFINE_DIFFUSIVITY	DEFINE_DPM_DRAG	DEFINE_SLIP_VELOCITY
DEFINE_HEAT_FLUX	DEFINE_DPM_EROSION	
DEFINE_INIT	DEFINE_DPM_INJECTION_INIT	
DEFINE_ON_DEMAND	DEFINE_DPM_LAW	
DEFINE_PROFILE	DEFINE_DPM_OUTPUT	
DEFINE_PROPERTY	DEFINE_DPM_PROPERTY	
DEFINE_RW_FILE	DEFINE_DPM_SCALAR_UPDATE	
DEFINE_SCAT_PHASE_FUNC	DEFINE_DPM_SOURCE	
DEFINE_SOURCE	DEFINE_DPM_SWITCH	
DEFINE_SR_RATE		
DEFINE_UDS_FLUX		
DEFINE_UDS_UNSTEADY		
DEFINE_VR_RATE		

附录 2 UDF 宏具体解释

附录 2.1 通用宏及其定义的函数

DEFINE_ADJUST

Name	Arguments	Arguments Type	Return Type
DEFINE_ADJUST	domain	Domain *domain	void

该函数在每一步迭代开始前，即在求解输运方程前执行。可以用来修改流场变量，计算积分或微分等。参数 domain 在执行时，传递给处理器，通知处理器该函数作用于整个流场的网格区域。

DEFINE_DIFFUSIVITY

Name	Arguments	Arguments Type	Return Type
DEFINE_DIFFUSIVITY	c, t, i	cell_t c, Thread *t, int i	real

该函数定义的是组分扩散系数或者用户自定义标量输运方程的扩散系数，c 代表网格，t 是指向网格线的指针，i 表示第几种组分或第几个用户自定义标量（传递给处理器）。函数返回的是实型数据。

DEFINE_HEAT_FLUX

Name	Arguments	Arguments Type	Return Type
DEFINE_HEAT_FLUX	f, t, c0, t0, cid, cir	face_t f, Thread *t, cell_t c, Thread *t0, real cid[], real cir[]	void

该函数定义的是网格与邻近壁面之间的扩散和辐射热流量。f 表示壁面，t 指向壁面线，c0 表示邻近壁面的网格，t0 指向网格线。函数中需要给出热扩散系数（cid）和辐射系数（cir），才能求出扩散热流量（qid）和辐射热流量（qir）。

DEFINE_INIT

Name	Arguments	Arguments Type	Return Type
DEFINE_INIT	domain	Domain *domain	void

该函数用于初始化流场变量，它在 FLUENT 默认的初始化之后执行。作用区域是全场，无返回值。

DEFINE_ON_DEMAND

Name	Arguments	Arguments Type	Return Type
DEFINE_ON_DEMAND			void

该函数不是在计算中由 FLUENT 自动调用，而是根据需要手工调节运行。

DEFINE_PROFILE

Name	Arguments	Arguments Type	Return Type
DEFINE_PROFILE	t, i	cell_t c, Thread *t	real

该函数定义边界条件。t 指向定义边界条件的网格线，i 用来表示边界的位置。函数在执行时，需要循环扫遍所有的边界网格线，值存储在 F_PROFILE（f, t, i）中，无返回值。

DEFINE_PROPERTY

Name	Arguments	Arguments Type	Return Type
DEFINE_PROPERTY	c, t	cell_t c, Thread *t	real

该函数用来定义物质物性参数。c 表示网格，t 表示网格线，返回实型值。

DEFINE_RW_FILE

Name	Arguments	Arguments Type	Return Type
DEFINE_RW_FILE	fp	FILE *fp	void

该函数用于读写 case 和 data 文件。fp 是指向所读写文件的指针。

DEFINE_SCAT_PHASE_FUNC

Name	Arguments	Arguments Type	Return Type
DEFINE_SCAT_PHASE_FUNC	c, f	real c, real *f	real

该函数定义 DO（Discrete Ordinate）辐射模型中的散射相函数（radiation scattering phase function）。计算两个变量：从 i 向到 j 向散射的辐射能量分数和前向散射因子（forward scattering factor）。c 表示 i 和 j 向夹角的余弦值，散射的能量分数由函数返回，前向散射因子存储在指针 f 所指的变量中。处理器对每种物质都会调用此函数，分别建立各物质的散射矩阵。

DEFINE_SOURCE

Name	Arguments	Arguments Type	Return Type
DEFINE_SOURCE	c, t, dS, i	cell_t c, Thread *t, real dS[], int i	real

该函数定义除了 DO 辐射模型之外，输运方程的源项。在计算中，函数需要扫描全场网格。c 表示网格，t 表示网格线，dS 表示源项对所求输运方程的标量的偏导数，用于对源项的线性化；i 标志所定义的源项对应于哪个输运方程。

DEFINE_SR_RATE

Name	Arguments	Arguments Type	Return Type
DEFINE_SR_RATE	f, t, r, mw, yi, rr	face_t f, Thread *t, Reaction *r, real *mw, real *yi, real *rr	void

该函数定义表面化学反应速率。f 表示面，t 表示面的线，r 是结构指针，表示化学反

应；mw 和 yi 是实型指针数组，mw 存储物质的分子量，yi 存储物质的质量分数，rr 设置函数的一个相关参数，函数无返回值。

DEFINE_UDS_FLUX

Name	Arguments	Arguments Type	Return Type
DEFINE_UDS_FLUX	f, t, i	face_t f, Thread *t, int i	real

该函数定义用户自定义标量输运方程（user-defined scalar transport equations）的对流通量。f、t 分别表示所求通量的面和面的线，i 表示第几个输运方程（由处理器传递给本函数）。

DEFINE_UDS_UNSTEADY

Name	Arguments	Arguments Type	Return Type
DEFINE_UDS_UNSTEADY	c, t, i, apu, su	cell_t c, Thread *t, int i, real *apu, real *su	void

该函数定义用户自定义标量输运方程的非稳态项。c 表示网格，t 表示网格线，i 表示第几个输运方程。本函数无返回值。

DEFINE_VR_RATE

Name	Arguments	Arguments Type	Return Type
DEFINE_VR_RATE	c, t, r, mw, yi, rr, rr_t	cell_t c, Thread *t, Reaction *r, real *mw, real *yi, real *rr, real *rr_t	void

该函数定义体积化学反应速率。c 表示网格，t 表示网格线，r 表示结构指针，mw 指针数组指向存储物质分子量的变量，yi 指向物质的质量分数，rr 和 rr_t 分别设置层流和湍流时函数的相关参数。该函数无返回值。

附录 2.2　离散相模型宏及其定义的函数

离散模型（DPM）的宏定义的函数与通用宏所定义的函数书写格式相同。对于离散相需要强调结构指针 p，可以用它得到颗粒的性质和相关信息。下面是具体的宏定义。

DEFINE_DPM_BODY_FORCE

Name	Arguments	Argument Type	Return Type
DEFINE_DPM_BODY_FORCE	p, i	Tracked_Particle *p, int i	real

该函数用于定义除了重力和拉力之外的所有体积力。p 为结构指针，i 可取 0、1、3，分别表示 3 个方向的体积力。函数返回的是加速度。

DEFINE_DPM_DRAG

Name	Arguments	Argument Type	Return Type
DEFINE_DPM_DRAG	Re, p	Tracked_Particle *p, real R	real

该函数定义拉力系数 C_D，Re 为 Reynolds 数，与颗粒直径和相对于液相速度有关。

DEFINE_DPM_EROSION

Name	Arguments	Argument Type	Return Type
DEFINE_DPM_EROSION	p, t, f, normal, alpha, Vmag, mdot	Tracked_Particle *p, Thread *t, face_t f, real alpha, real normal, real Vmag, real mdot	void

该函数定义颗粒撞击壁面时的湮灭或产生的速率。p 为结构指针，t 为撞击面的线，f 为撞击面；数组 normal 存储撞击面的单位法矢量；alpha 中存储颗粒轨道与撞击面的夹角；Vmag 存储颗粒的速度，mdot 存储颗粒与壁面的撞击率。该函数无返回值。

DEFINE_DPM_INJECTION_INIT

Name	Arguments	Argument Type	Return Type
DEFINE_DPM_INJECTION_INIT	i	Injection *I	void

该函数用于定义颗粒注入轨道时的物理性质。i 是指针，指向颗粒产生时的轨道。对于每一次注入，该函数需要在第一步 DPM 迭代前调用两次，在随后颗粒进入区域前每一次迭代中再调用一次。颗粒的初始化，诸如位置、直径和速度可以通过该函数设定。该函数无返回值。

DEFINE_DPM_LAW

Name	Arguments	Argument Type	Return Type
DEFINE_DPM_LAW	p, ci	Tracked_Particle *p, int ci	void

该函数定义液滴和燃烧颗粒的热和质量传输速率。p 为结构指针，ci 表示连续相和离散相是否耦合求解，取 1 时表示耦合，取 0 时表示不耦合。颗粒的性质随着液滴和颗粒与其周围物质发生传热、传质而改变。该函数无返回值。

DEFINE_DPM_OUTPUT

Name	Arguments	Argument Type	Return Type
DEFINE_DPM_OUTPUT	header, f p, p, t, plane	int header, FILE *fp, Tracked_particle *p, Thread *t, Plane *plane	void

该函数可以得到颗粒通过某一平面时的相关变量。header 在函数第一次调用时，设为 1，以后都为 0；fp 为文件指针，指向读写相关信息的文件；p 为结构指针，t 指向颗粒所经过的网格线；plane 为 Plane 型结构指针（dpm.h），如果颗粒不是穿过一个平面而是仅仅穿过网格表面，值取为 NULL。输出信息存储于指针 fp 所指向的文件，该函数无返回值。

DEFINE_DPM_PROPERTY

Name	Arguments	Argument Type	Return Type
DEFINE_DPM_PROPERTY	c, t, p	cell_t c, Thread *t, Tracked_Particle *p	real

该函数用于定义离散相物质的物理性质。p 为结构指针，c 表示网格，t 表示网格线。该函数返回实型值。

DEFINE_DPM_SCALAR_UPDATE

Name	Arguments	Argument Type	Return Type
DEFINE_DPM_SCALAR_UPDATE	c, t, initialize, p	cell_t c, Thread *t, int initialize, Tracked_particle *p	void

该函数用于更新与颗粒相关的变量或求它们在整个颗粒寿命时间的积分。与颗粒相关的变量可用宏 P_USER_REAL（p, i）取出。c 表示颗粒当前所处的网格，t 为网格线。initialize 在初始调用本函数时，取值为 1，其后调用时，取值为 0。P 为结构指针。在计算变量对颗粒轨道的积分时，FLUENT 就调用本函数。存储颗粒相关变量的数组大小需要在 FLUENT 的 DPM 面板上指定。该函数无返回值。

DEFINE_DPM_SOURCE

Name	Arguments	Argument Type	Return Type
DEFINE_DPM_SOURCE	c, t, S, strength, p	cell_t c, Thread *t, dpms_t *S, real strength, Tracked_Particle *p	void

该函数用于计算给定网格中的颗粒在与质量、动量和能量交换项耦合 DPM 求解前的源项。c 表示当前颗粒所在的网格，t 为网格线，S 为结构指针，指向源项结构 dpms_t，其中包含网格的源项。strength 表示单位时间内流过的颗粒数目。p 为结构指针。函数求得的源项存储于 S 指定的变量中，无返回值。

DEFINE_DPM_SWITCH

Name	Arguments	Argument Type	Return Type
DEFINE_DPM_SWITCH	p, ci	Tracked_Particle *p, int ci	void

该函数是 FLUENT 默认的颗粒定律与用户自定义的颗粒定律之间，或不同的默认定律和自定义定律之间的开关函数。p 为结构指针，ci 为 1 时，表示连续相与离散相耦合求解，为 0 时表示不耦合求解。参数类型中的 Tracked_Particle，dpms_t 等是 FLUENT 为相关模型定义的数据类型。

附录 2.3　多相模型的宏及其定义的函数

DEFINE_DRIFT_DIAMETER

Name	Arguments	Argument Type	real
DEFINE_DRIFT_DIAMETER	c, t	cell_t c, Thread *t	real

该函数用于定义代数滑流混合模型（algebraic slip mixture model）颗粒或液滴的直径。c 为网格，t 为网格线。函数返回颗粒或液滴的直径。

DEFINE_SLIP_VELOCITY

Name	Arguments	Argument Type	real
DEFINE_SLIP_VELOCITY	domain	Domain *domain	void

该函数用于定义代数滑流混合模型（algebraic slip mixture model）的滑流速度（slip velocity）。该函数作用范围是整个网格区域，无返回值。

附录 3 UDF 的部分常用函数

1. 辅助几何关系

Name(Arguments)	Argument Type	Returns	Source
C_NNODES(c, t)	cell_t c, Thread *t	网格节点数	mem.h
C_NFACES(c, t)	cell_t c, Thread *t	网格面数	mem.h
F_NNODES(f, t)	face_t f, Thread *t	面节点数	mem.h

2. 网格坐标与面积

Name(Arguments)	Argument Type	Returns	Source
C_CENTROID(x, c, t)	real x[ND_ND], cell_t c, Thread *t real x[ND_ND], face_t f, Thread *t	x（网格坐标）	metric.h
F_CENTROID(x, f, t)	A[ND_ND], face_t f, Thread *t A[ND_ND]	x（面坐标）	metric.h
F_AREA(A, f, t) NV_MAG(A) C_VOLUME(c, t)	cell_t c, Thread *t	A（面矢量）	metric.h metric.h metric.h

3. 节点坐标与节点（网格）速度

Name(Arguments)	Argument Type	Returns	Source
NODE_X[node]	Node *node	节点的 x 坐标	metric.h
NODE_Y[node]	Node *node	节点的 y 坐标	metric.h
NODE_Z[node]	Node *node	节点的 z 坐标	metric.h
NODE_GX[node]	Node *node	节点的 x 向速度	mem.h
NODE_GY[node]	Node *node	节点的 y 向速度	mem.h
NODE_GZ[node]	Node *node	节点的 z 向速度	mem.h

4. 面变量

Name(Arguments)	Argument Type	Returns	Source
F_P(f, t)	face_t f, Thread *t	压力	mem.h(all)
F_U(f, t)	face_t f, Thread *t	u 速度	
F_V(f, t)	face_t f, Thread *t	v 速度	
F_W(f, t)	face_t f, Thread *t	w 速度	

续表

Name(Arguments)	Argument Type	Returns	Source
F_T(f, t)	face_t f, Thread *t	温度	mem.h(all)
F_H(f, t)	face_t f, Thread *t	焓	mem.h(all)
F_K(f, t)	face_t f, Thread *t	湍流动能	
F_D(f, t)	face_t f, Thread *t	湍流能量耗散系数	
F_YI(f, t, i)	face_t f, Thread *t, int i	组分质量分数	
F_UDSI(f, t, i)	face_t f, Thread *t, int i	用户自定义标量（i 表示第几个方程）	
F_UDMI(f, t, i)	face_t f, Thread *t, int i	用户自定义内存变量（i 表示第几个）	

5. 网格变量

下面三个表是网格变量，不像面变量，网格变量在耦合与非耦合计算中都能获取，下表依次列出计算变量、导数和物性参数。

Name(Arguments)	Argument Type	Returns	Source
C_P(c, t)	参数类型都定义为：cell_t c, Thread *t, int i, int j	压力	mem.h
C_U(c, t)		u 速度	
C_V(c, t)		v 速度	
C_W(c, t)		w 速度	
C_T(c, t)		温度	
C_H(c, t)		焓	
C_YI(c, t)		组分质量分数	
C_UDSI(c, t, i)		用户自定义标量	
C_UDMI(c, t, i)		用户自定义内存变量	
C_K(c, t)		湍流动能	
C_D(c, t)		湍流能量耗散率	
C_RUU(c, t)	cell_t c, Thread *t, int i, int j	uu 雷诺应力	sg_mem.h
C_RVV(c, t)		vv 雷诺应力	
C_RWW(c, t)		ww 雷诺应力	
C_RUV(c, t)		uv 雷诺应力	
C_RVW(c, t)		vw 雷诺应力	
C_RUW(c, t)		uw 雷诺应力	
C_FMEAN(c, t)		第一平均混合物分数	
C_FMEAN2(c, t)		第二平均混合物分数	
C_FVAR(c, t)		第一混合物分数偏差	
C_FVAR2(c, t)		第二混合物分数偏差	
C_PREMIXC(c, t)		反应进程变量	
C_LAM_FLAME_SPEED(c, t)		层流火焰速度	
C_CRITICAL_STRAIN_RATE(c, t)		临界应变率	

续表

Name(Arguments)	Argument Type	Returns	Source
C_POLLUT(c, t, i)	cell_t c, Thread *t, int i, int j	污染物组分	sg_mem.h
C_VOF(c, t, 0)		第一相体积分数	
C_VOF(c, t, 1)		第二相体积分数	
C_DUDX(c, t) C_DUDY(c, t) C_DUDZ(c, t) C_DVDX(c, t) C_DVDY(c, t) C_DVDZ(c, t) C_DWDX(c, t) C_DWDY(c, t) C_DWDZ(c, t)	cell_t c, Thread *t, int i, int j	各向速度导数	mem.h
C_DP(c, t)[i] C_D_DENSITY(c, t)[i]	cell_t c, Thread *t, int i, int j	压力梯度（i 表示方向） 密度梯度（i 表示方向）	mem.h
C_R(c, t)		密度	
C_MU_L(c, t)		层流黏性系数	
C_MU_T(c, t)		湍流黏性系数	
C_MU_EFF(c, t)		有效黏性系数	
C_K_L(c, t)		导热系数	
C_K_T(c, t)		湍流导热系数	
C_K_EFF(c, t)		有效导热系数	
C_CP(c, t)		比热容	
C_RGAS(c, t)		气体常数	
C_DIFF_L(c, t, i, j)		层流组分扩散系数	
C_DIFF_EFF(c, t, i)		有效组分扩散系数	
C_ABS_COEFF(c, t)		吸收系数	
C_SCAT_COEFF(c, t)		散射系数	

参 考 文 献

[1] 钱翼稷．空气动力学［M］．北京：北京航空航天大学出版社，2004．

[2] 吴光中．FLUENT 基础入门与案例精通［M］．北京：电子工业出版社，2012．

[3] 周力行．湍流两相流动与燃烧的数值模拟［M］．北京：清华大学出版社，1991．

[4] 周俊波．FLUENT 6.3 流场分析从入门到精通［M］．北京：机械工业出版社，2012．

[5] 李进良，李承曦．精通 FLUENT 6.3 流场分析［M］．北京：化学工业出版社，2009．

[6] 温正，石良臣，任毅如．FLUENT 流体计算应用教程［M］．北京：清华大学出版社，2009．

[7] 李鹏飞，徐敏义，王飞飞．精通 CFD 工程仿真与案例实战——FLUENT GAMBIT ICEM CFD Tecplot[M]．北京：人民邮电出版社，2011．

[8] 周俊杰，徐国权，张华俊．FLUENT 工程技术与实例分析［M］．北京：中国水利水电出版社，2010．

[9] 常欣．FLUENT 船舶流体力学仿真计算工程应用基础［M］．北京：人民出版社，2011．

[10] 于勇．FLUENT 入门与进阶教程［M］．北京：北京理工大学出版社，2008．

[11] 江帆，黄鹏．FLUENT 高级应用与实例分析［M］．北京：清华大学出版社，2008．

[12] 朱红钧．FLUENT 流体分析及仿真实用教程［M］．北京：人民邮电出版社，2010．

[13] 刘鹤年．流体力学［M］．2 版．北京：中国建筑工业出版社，2004．

[14] 王福军．计算流体动力学——CFD 软件原理应用［M］．北京：清华大学出版社，2004．

[15] 韩占忠，王敬，兰小平．FLUENT——流体工程仿真计算实例与应用［M］．北京：北京理工大学出版社，2010．

[16] 章梓雄，董曾南．黏性流体力学［M］．北京：清华大学出版社，1998．

[17] 陶文铨．数值传热学［M］．2 版．西安：西安交通大学出版社，2001．

[18] ANSYS FLUENT 14.0 User's Guide, ANSYS Inc.

[19] Gambit 2.4 User's Guide, FLUENT Inc.

[20] ANSYS ICEM CFD 14.0 User's Guide, ANSYS Inc.